世界鉄道百科図鑑

蒸気、ディーゼル、電気の機関車・列車のすべて
1825年から現代

THE ENCYCLOPEDIA OF TRAINS AND LOCOMOTIVES

THE COMPREHENSIVE GUIDE TO OVER 900 STEAM, DIESEL, AND
ELECTRIC LOCOMOTIVES FROM 1825 TO THE PRESENT DAY

訳者紹介

小池　滋（こいけ・しげる）

1931年東京生まれ。東京大学文学部卒業後、東京都立大学や東京女子大学で英語・英文学の教師を勤めた。専門の英文学関係の著書・邦訳書の他に、『英国鉄道物語』（1980年、晶文社）など鉄道関係の著書・訳書もある。鉄道を文化の一部としてとらえることを基本姿勢とする。

和久田康雄（わくだ・やすお）

1934年生まれ。東京大学卒業後、運輸省、日本民営鉄道協会、日本鉄道建設公団などに勤務。著書には『私鉄史ハンドブック』（1993年、電気車研究会）、『人物と事件でつづる鉄道百年史』（1991年、鉄道図書刊行会）、『やさしい鉄道の法規』（1997年、成山堂書店）など多数。

世界鉄道百科図鑑

2007年8月30日　第1刷発行

編著者　デイヴィッド・ロス
訳　者　小池　滋　和久田康雄
装　丁　桂川　潤
発行者　長岡正博
発行所　悠書館
　　　　〒113-0033　東京都文京区本郷2-35-21-302
　　　　TEL：03-3812-6504　FAX：03-3812-7504
　　　　URL：http://www.yushokan.co.jp/

ISBN978-4-903487-03-8

定価はカバーに表記してあります。

訳者まえがき

本書はThe Encyclopedia of Trains and Locomotives : The Comprehensive Guide to over 900 Steam, Diesel, and Electric Locomotives from 1825 to the Present Day. General Editor : David Ross. Published by Silverdale Books, 2003. の全訳である。表題を邦訳すると『列車・機関車百科全書——1825年から現在までの蒸気・ディーゼル・電気機関車900項目以上の総合ガイド』となる。最近では1両の機関車が客車や貨車の列を引くだけでなくて、固定編成となった列車の複数車両に動力が分散したものや、その一端または両端に動力専用車(客を乗せないから機関車扱いにしてよい)が付いたものが多いので、わざわざ「列車・機関車」とし、対象の主力は広い意味での機関車である。

編集主幹のデイヴィッド・ロスは、自身「序文」と「第1部　蒸気機関車」も執筆しているが、交通史家としてイギリスで著名なプロ、『イギリス蒸気鉄道』などの主要著作がある。

その他の共同執筆者に、コリン・ブーコック、デイヴィッド・ブラウン、ニック・ローフォード、ブライアン・ソロモンの4名がいて、いずれも鉄道関係のプロの著作家・写真家であって、イギリスではよく知られている。

内容については、ここでくどくど記す必要あるまい。以下のページのどこでも開いていただければおわかりの通りで、イラストを豊富に入れて、説明は簡にして要を得て、データ(プロが「諸元表」と呼ぶもの)は充実している。ただし、原書ではヤード・ポンド法による数値が必ずカッコに入れて示されているが、訳書では特に必要と思えるもの以外は省略した。訳書は筋金入のプロや鉄道ファンだけでなく、一般読者でも充分ついていけるようにという原則を守ったつもりである。

邦訳に当って、小池滋が前半(第1部の終わりまで)、和久田康雄が後半(第2、3部)を担当し、用語解説は両者が共同で担当した。原書の記述を尊重したのは当然だが、客観的に明らかな誤り(原執筆者によるものか印刷時に生じたものかは不明)は訳者の責任で訂正・補足してある。それでもなお誤りが残っているかもしれない。読者諸氏のご叱正をお願いしたい。

今回の翻訳については、訳者2人と同じ赤門鉄路クラブ会員である久保敏氏と鈴木康夫氏のご協力があったことを、感謝をもって付記させていただく。

編集段階において、悠書館の岩井峰人氏のご尽力が大きかったことをここに記して、深い感謝を捧げたい。

2007年1月

小池　滋
和久田　康雄

Picture Credits

Milepost 92½: 7, 8, 14(t), 15(b), 16(tl), 24(t), 28(t), 32(all), 33(both), 35(m), 35(b), 36(t), 36(b), 37(t), 39, 41(b), 43(t), 45(t), 46, 51(t), 52, 54(both), 56(b), 58(m), 59(both), 60(both), 62(t), 64, 66(both), 67(both), 68, 69, 71(both), 74(t), 75(b), 77(m), 78, 80, 81(t), 82(m), 83(t), 84(b), 86(t), 87(b), 88(t), 90(both), 92(b), 93(t), 95, 96, 97, 98(all), 101(t), 101(b), 102(b), 103(both), 105(t), 106(m), 107, 110(b), 111(t), 115(t), 116(t), 121(t), 122, 123(all), 126(t), 128, 129, 131(tr), 132(both), 133(br), 134(m), 135(m), 136(t), 137(b), 138(both), 140, 141(b), 143(m), 144(both), 145(b), 147, 148(tr,b), 149(b), 150(t), 151(t), 153, 154(both), 155, 157, 160(both), 162, 164, 166(t), 169(b), 170, 171(b), 172, 173(t), 174(all), 175(b), 177(b), 178(b), 179(r), 182(t), 185(both), 186(b), 189(t), 190(b), 194(b), 196(b), 197(b), 198(both), 199(t), 200(t), 201(b), 204(b), 206(both), 207(both), 208(t), 208(b), 209(b), 210(t), 216(t), 216(m), 216(b), 217(t), 218(t), 219(b), 220(t), 222(all), 224(both), 226(t), 227(t), 228(t), 229(t), 231(b), 234(both), 235(both), 236(tl,tr), 237(b), 238(b), 239(t), 241(t), 245, 247(r), 248, 249, 250, 253, 257, 263(b) 267(both), 270(b), 273(both), 276(t) 277(both), 278(t), 281(b), 282(b), 283(t), 286(t), 287(both), 288(b), 290(t), 294(t), 296(both), 298(b), 300(t), 301(both), 302(t), 309(both), 310(b), 311(t), 317(b), 318(b), 319, 320(t), 323, 329(b), 330(b), 332(t), 332(m), 333(both), 334(t), 336(b), 337(b), 338(b), 339(t), 340(m), 341(b), 342(b), 343(b), 346(t), 347(b), 348(b), 350(b), 351(t), 353(t), 354(both), 355(b), 356(t), 356(b), 357(both), 358(t), 359(b), 360(t), 362(both), 363(b), 365(t), 366(t), 367, 368, 369(b), 375(b), 376, 380, 383, 385(b), 389, 390(t), 390(b), 395(b), 398, 400, 401, 406 (t), 408 (b), 410, 412 (b), 414(b), 415 (t), 416 (t), 417, 421 (b), 423 (b), 424, 425 (t), 427(b), 429(b), 432(b), 433, 434(b), 435(t), 436(t), 438(t), 440(t), 441(b), 442(t), 443(m), 444(m), 447(t), 448(both), 450, 453(both), 454(t), 455, 457(t), 458(both), 459(t), 459(b), 461, 436(b), 464, 465(b), 466(t), 467, 468(b), 470(t), 472(t), 473(t), 473(b), 474(t), 476(b), 477, 478, 480(t), 481(b), 482(t), 482(b), 484(t), 484(b), 485(b), 490(b), 491, 494, 495, 496(b), 497, 501(t) 502(t), 502(b), 508, 511, 512, 514, 518(b), 520, 521, 522, 523, 524(both), 526, 528(both), 533, 534

Milepost/Brian Solomon: 258, 294(b), 295(b), 330(b), 347(b), 367

Cassell/Milepost 92½: 1, 9, 12(b), 15(ml), 16(tr), 16(b), 17(t), 18(b), 19(b), 20(t), 20(b), 21(b), 22(m), 23(t), 25, 28(b), 29(b), 31, 34, 38(b), 40(b), 45(b), 51(b), 55(b), 57(t), 58(t), 58(b), 62(b), 65(t), 72(t), 72(b), 73(b), 76(b), 77(t), 77(b), 84(t), 85(t), 89(t), 92(t), 94(t), 104, 108(t), 109(b), 110(t), 121(m), 124(b), 139(t), 139(m), 142(t), 149(m), 150(b), 156, 159(b), 161, 165(b), 167(t), 169(b), 194(b), 200(b), 211, 213, 214(t), 218(b), 223(b), 226(b), 236(b), 243, 288(t), 317(t), 381, 418, 423(t), 430(b), 456(b), 457(b)

Millbrook House: 12(t), 13(t), 13(b), 14(b),15(t), 15(mr), 17(b), 18(t), 19(t), 21(t), 22(t), 22(b), 23(b), 24(b), 26(t), 26(b), 27, 29(t), 35(t), 36(m), 37(b), 38(t), 40(t), 41(t), 42(t), 42(b), 43(b), 47, 48(t), 48(b), 49(all), 50, 53, 55(t), 56(t), 57(t), 61, 63(t), 63(b), 65(b), 70, 73(t), 74(b), 75(t), 76(t), 76(m), 79(t), 79(b), 81(b), 82(t), 82(b), 83(b), 85(b), 86(b), 87(t), 88(b), 89(b), 91(t), 91(b), 92(m), 93(b), 94(b), 99(all), 100(both), 101(t), 102(t), 105(b), 106(t), 106(b), 108(b), 109(t), 111(b), 113(t), 113(b), 114(all), 115(b), 116(t), 117(tr), 117(tl), 118(t), 119(t), 119(m), 119(b), 120, 121(b), 125(all), 126(t), 127(t), 127(b), 130, 131(tl), 131(b), 133(t), 133(bl), 134(t), 134(b), 135(t), 135(b), 136(b), 137(t), 139(b), 141(t), 142(b), 143(t), 143(b), 145(t), 146(t), 146(b), 148(tl), 149(t), 151(b), 152(t), 152(b), 158(t), 158(b), 159(t), 163, 165(t), 166(b), 167(b), 168(t), 168(b), 171(t), 173(b), 175(t), 176, 177(t), 178(t), 179(l), 180(t), 180(b), 181, 182(b), 183(t), 184, 187, 188, 189(b), 190(b), 191, 195(t), 195(b), 196(t), 197(b), 199(b), 201(t), 202(t), 202(b), 203(t), 203(b), 204(t), 205(t), 205(b), 208(m), 209(t), 210(b), 212(t), 214(m), 214(b), 215(t), 215(b), 217(b), 219(t), 220(b), 221(t), 221(b), 223(t), 225, 227(b), 228(b), 229(m), 229(b), 230, 231(t), 232(t), 232(b), 233, 237(t), 238(t), 239(m), 239(b), 240, 241(b), 242, 244, 251, 252, 254, 255, 259(t), 263(t), 264(t), 264(b), 265, 266(both), 269, 272(t), 274(b), 275(t), 275(b), 276(b) 278(t), 279(t), 279(b), 282(t), 283(b), 284, 285(t), 286(b), 290(b), 291(t), 292, 293, 298(t), 302(b), 303(b), 304, 305, 306(t), 307, 308(t), 308(b), 311(b), 312(t), 313(t), 313(b), 314(t), 314(b), 315, 318(t), 322(t), 322(b), 324(b), 325(t), 326, 329(tl), 330(t), 331(t), 335(b), 336(t), 337(t), 338(t), 340(t), 340(b), 342(t), 343(t), 344(t), 349, 350(t), 374(b), 382, 384, 385(t), 386, 391(b), 393(t), 393(b), 394(t), 394(b), 395(t,m), 404, 405, 406(b), 407(t), 407(b), 411(b), 412(t), 415(b), 416(b), 419(t), 420(t), 422(b), 423(m), 426(b), 426(t), 428, 429(t), 430(t), 431, 436(m), 437, 438(b), 440(b), 442(b), 449(b), 456(b), 457(t), 460, 462(t), 463(b), 465(t), 466(b), 471(t), 475, 481(t), 486, 490(t) 492(t) 492(b), 493, 498, 499, 501(b), 503, 507, 515(t) 518(t), 525, 529, 530, 531, 532(t), 535(t)

Brian Solomon: 246, 247(l), 259(b), 261, 262, 268(t), 268(b), 270(t), 271, 272(b), 274(t), 280(t), 280(b), 281(t), 289, 295(t), 303(t), 310(t), 312(b), 316, 320(b), 321(t), 324(t), 325(b), 327(t), 327(b), 328(t), 328(b), 329(tr), 332(b), 334(b), 335(t), 339(b), 345, 346(b), 347(t), 348(t), 351(b), 352(b), 353(b), 358(m), 360(b), 361, 363(t), 364, 365(b), 366(b), 369(b), 370, 371, 374(t), 377(t), 378, 387, 392(t), 403(b), 408(t), 409(b), 419(b), 432(t), 441(t), 443(b), 444(b), 445, 446(b), 452(t), 468(t), 469, 472(t), 474(b) 480(b), 487, 489, 496(b), 500, 504, 506(b), 515(b), 516(t), 516(b), 519, 527, 535(b)

Science and Society Picture Library: 388, 403(t), 414(t), 425(b), 435(t), 439, 532(b)

Mary Boocock: 285(b)

Colin Boocock: 291(b), 297, 300(b), 306(b), 321(b), 341(t), 352(t), 358(b), 359(b), 373, 375(t), 377(b), 396, 399, 421(t), 422(t), 447(b), 470(b) 488(t), 506(t)

Adrian Senn: 413, 411, 479, 483, 488

TRH Pictures: 6, 10, 11, 118(b), 124(t), 186(t), 212(b), 256, 331(b), 344(b), 391(t), 402, 452(b), 462(b), 471(t), 485(t)

Alvey & Towers: 392(b), 434(t), 446(t), 449(t), 449(m), 451, 467(t), 505

Petr Kaderavek: 513

The Encyclopedia of Trains and Locomotives, the comprehensive guide to over 900 steam, diesel, and electric locomotives from 1825 to the present day

Copyright © 2003 Amber Books Ltd

Copyright © 2003 De Agostini UK Ltd

All rights reserved. Japanese edition rights arranged with 2003 Amber Books Ltd, 2003 De Agostini UK Ltd through Motovun Tokyo. Japanese translation © 2007 Yushokan.

Printed in Singapore.

目　次

はじめに	6
第1部：蒸気機関車	**8**
1825〜1899年	12
1900〜1924年	64
1925〜1939年	126
1940〜1981年	186
第2部：ディーゼル機関車とディーゼル列車	**242**
1906〜1961年	246
1962〜2002年	312
第3部：電気機関車と電車列車	**380**
1884〜1945年	384
1946〜2003年	418
用語解説	524
索引	536

更新改造された機関車「ハミルトン公爵夫人」が、1980年代の初頭に旧ミッドランド鉄道幹線リーズ〜カーライル間のバーケット・コモンを、貸切り臨時旅客列車を引いて走る。

はじめに

多くの専門家たちから、究極の蒸気機関車と見られているのが、ユニオン・パシフィック鉄道の4-8-8-4（2D・D2）「ビッグ・ボーイ」型。現在ワイオミング州シャイアンに保存されている。

近代とは数多くの発明がなされた時代のことである、と説明してもよかろうが、そうした諸々の発明の頂点に立つのが鉄道列車である。1804年に最初の蒸気機関車が自力で地上を走ったが、蒸気機関はそれより100年前からあった。1825年までには列車は真価を認められ、近代世界が真の意味で幕開けしたのは列車の登場によってである。大衆旅行、大量貨物輸送、モノと情報の国内・国外での急速な普及の時代がやって来た。大陸横断鉄道はアメリカでは国家統一に役立ち、後にはロシア革命に貢献した。鉄道こそアフリカやオーストラリア大陸の広大な植民地での交易と産業に欠かせなかった構造基盤(インフラストラクチャー)だった。

ヨーロッパで競い合う諸国の間でも、鉄道の戦略的価値は初めから理解されていた。この新しい機械が持つ可能性に着目した科学技術者たちは、次から次へと大胆な発想を生み出した。トンネル、鉄橋、電気による通信、信号技術、巨大な公共建築物——これらすべてが実証してくれたのは、鉄道が日常生活にどのような革命をもたらしてくれたか、である。以前は各地域住民が自分に都合いいように時計を合わせたり、太陽の動きに従って生活していたのだが、同じ標準時が適用されるようになった。これほどはっきり目立たぬ実例もある。冶金学、統計学、物理学、力学、経営学において正確な計測により実験と知識が進歩したのは、鉄道が誕生して、いろいろ要求を突きつけたからだった。

100年以上もの間、鉄道の基本となったのは蒸気動力であ

はじめに

り、石炭が主要燃料だった。とは言え、例えば、木材、粉末泥炭、砂糖キビの茎、木綿の屑、トウモロコシの軸など他の燃料も用いられたし、1890年代以後は石油が次第に増えて来た。

鉄道の黄金時代は1850～1920年で、陸上交通の主役であった。内燃機関の発明で自動車による道路交通が可能となったが、初めのうちは鉄道をそれ程脅かすようには思えなかった。石炭生産が比較的少ない、例えばイタリアのような国では、電気による列車運転が歓迎され、開発が進んだ。路面電車が郊外の蒸気列車運転を廃業させた例もあったが、例えばフランスやベルギーで見られたように、路面電車は補助的交通機関として認められる場合が多かった。

第一次世界大戦が乗用・貨物自動車の急速な進歩をもたらした。1920年代にヘンリー・フォードのベルト・コンヴェヤー生産方式が安い自動車を登場させた。乗用車、バス、トラックが、工業化された国では鉄道にとって現実のライヴァルとなった。鉄道も負けてはいられぬとばかり、新しい技術開発を行い、より巨大、高速、高性能の蒸気機関車を生産した。これがもっともはっきり見られたのがアメリカで、蒸気の巨人たちが次々に誕生したが、迫り来る電気式ディーゼル機関車によって、彼らの栄光にかげりが見えることとなった。

1950年代までに、蒸気機関車の引く列車は急速に減っていった。電気動力とディーゼル動力による方が、エネルギー効率もよくて、コストも節約できたし、スピードも高まり、主要幹線により多くの列車を走らせることができ、煙による汚染も、沿線の火災の危険も減った。旅客列車では機関車の使用が次第に少なくなり、動力車を持つ固定編成列車が、区間列車だけでなく長距離列車でも、それにとって替った。

それでも、大半の国の有力な世論は、撤退しかないということになり、鉄道システムは縮小の一途、都市間交通はますます高速道路とジェット機にとって替られた。中国とインドだけが、いまだに国の主要交通機関として鉄道を保ち、また蒸気機関車の引く列車を残す最後の大国ともなった。

だが、20世紀も末近くなってから、変化が生じた。鉄道は灰で汚れた交通界のシンデレラではなくなって、新しい魅力を見せ始めたのである。道路渋滞が世界的難題となった。環境に対する関心が日に日に高まって来て、列車こそクリーンで効率のよいエネルギー消費者と認められたのである。新しい技術開発によって、中距離都市間交通では、鉄道が航空機と競争できるようになった。新しい高速鉄道建設の先頭に立ったのは、フランスと日本である。コンピューター科学のお陰で、鉄道貨物輸送が道路輸送と競走できるようになった。例えば、デンマークとスウェーデン間、イギリスとフランス間、日本の島相互間などの、土木工学上の壮挙は鉄道を基本として成し遂げられている。オーストラリア西部地区の鉱石運搬専用線のような新しい鉄道が建設されて、数キロメートルの長さの列車で巨大な重量の貨物を運んでいる。ロンドン、オスロ、ホンコン、その他多くの大都市と空港を結ぶ高速鉄道が運行している。

鉄道は魅惑にみちた過去とともに、疑いなく有望な未来を持っている。以後のページで読者の皆さんは、その過去と未来の両方をご検討いただけるとともに、年毎の最先端動力技術の全貌をご覧いただけると思う。世界最初の蒸気動力鉄道から、現在開発中の磁気浮上システムに至るまで、まだ200年に達していない。とり上げた歴史の面でも領域の面でも、他に類のない本書は、世界中から1000ちかくの実例を収録して、鉄道の中でもっとも視覚的に魅力のある要素、すなわち機関車と編成列車の進化の過程を示すことにしている。

完全な状態で保存されているニュージーランド国鉄の4-8-4（2D2）Ka型。No942「ナイジェル・ブルース」号が、1991年9月30日オークランド～ロトルア間観光臨時列車を引いている。

第1部

蒸気機関車

アメリカの歴史家、ジョン・H・ホワイト・ジュニアは、かつて蒸気機関車について、次のように書いていた。

「これこそ文字通り腹の中で火を燃やしていた機械だ。やかましく鐘と汽笛を鳴らして、ガタガタと線路の上を走り、大声でがなり立てたデカい奴。重たくて、どっしりしていて、自信満々。誰にも頼らず、恐れも知らずに走り続けた。唯一の悪癖は、ガブガブ飲み、モクモク煙を吐くことだけ。だから何千もの人びとが蒸気機関車の魅惑と力にうっとりしたのも無理はない」

実際に多くの人たちが魅せられたのだ。実用目的に働くことがなくなってしまった今日でさえ、その魅惑は続いている。しかも、単なる過去への郷愁だからとは限らない。蒸気機関車は、感情と個性を両方とも表現してくれる極めて稀有な機械のひとつなのだ。登場した当初から、想像力に深い衝撃を与えた。その当時は、これ以前に地上を走る機械といったら、たったひとつしかなかった——すなわち、ゼンマイ仕掛けのネズミであった。蒸気機関車に敵意を持った人もいた。恐怖を覚えた人もいた。しかし、大半の人は好意的に見てくれて、愛情のこもったニックネーム、「鉄の馬」は早い時期から用いられていた。

1804年以前のほぼ1世紀にわたって、蒸気機関は産業界に

上：最初のボギー台車付きの蒸気機関車。ジョン・ジャーヴィス製作の4-2-0（2A）「エクスペリメント」号は1832年アメリカ、ウェストポイント鉄工場で製造された。後に「ブラザー・ジョナサン」号と改名。

左：南アフリカ鉄道2-8-4（1D2）24型式のNo.3669とNo.3652の重連が特急列車を引いて、インド洋海岸沿いのケイプ州カイマン川橋梁を渡る。1983年7月9日。

9

第1部　蒸気機関車

おいてはよく知られ、充分に受け入れられた事実となっていた。少数の先駆者たちは、それを応用して船を動かすことに成功した。しかし陸上では、道路を走る蒸気車として一、二の実験が行なわれたのを別にすると、蒸気機関はいつもある場所に固定されて、ポンプその他の機械を動かすのに使われていた。陸上でものを引っ張って動く自動蒸気

> 蒸気機関車のデザインの大きな「流派」が5種類ある。すなわちイギリス、アメリカ、フランス、ドイツ、ロシアである。これらは他の国で1950年代までに新造されたすべての機関車に大きな影響を及ぼしている。

機関というものはなかった。

ところが、1804年2月、南ウェイルズのペニダーレン鉄工場のサミュエル・ホムフリーという男が、500ギニー（525ポンド）の賭け金で、ある大壮挙をやってみせると提案した。コーンウォール出身の技術者リチャード・トレヴィシックの製作した蒸気動力を使った「動く機械」が、ペニダーレンからアバーカノンまでの16kmの炭鉱専用線路の上を、10トンの貨物を引いて走ってみせる、というのだ。

この賭けに応じる者がいた。そこで、世界最初のレールの上を走る機関車が、銑鉄を積んだ上に、70人の人間がしがみついた貨車の列を引き、4時間5分かけて走った。ところが、フランジのついた鋳鉄製のもろいレールは、蒸気機関車の車輪が通ると砕けたりひび割れたりしてしまったので、ペニダーレン鉄工場はその後30年間、馬の引く貨車に戻した。

トレヴィシックの機関車は先駆とはなったが、後の蒸気機関車の直系の先祖とはならなかった。トレヴィシックは1833年に貧窮のうちに死んで、彼の機関車はもはや時代遅れの古物と見なされた。しかし、この時、鉄道は既に商業的に現実の産業となっていたのである。

最初の鉄道はイギリスで誕生したが、それはすぐに国際的財産となり、19世紀を通じて多くのヨーロッパ諸国やアメリカの技術者や発明家が、さまざまな改良を加えた。初期の機関車技術者の中には、空想家もいるにはいたが、ほとんどが徹底した実践主義者だった。そうならざるを得なかったのだ。新分野で仕事をするに際しては、古い技術を新しいニーズに適合させ、絶えず問題を発見しては解決法を考案せねばならなかった。同じ発明や改良が、イギリス海峡の両側で、あるいは大西洋の両側でなされることもあった。

例えば、フランス人のマルク・セガンが煙管ボイラー製作に取り組んでいた時、イギリス人ヘンリー・ブースがこの思いつきをロバート・スティヴンソンに教えていた。別のフランス人アンリ・ジファールが、蒸気動力によるインジェクターを発明した。ベルギー人のアルフレッド・ベルペールとエジード・ワルシャートは、火室と弁装置の改良に貢献した。アメリカ人ジョン・ジャーヴィスとジョウゼフ・ハリソンは、ボギー台車による効果的な車体支持方式を考案した。別のアメリカ人ジョージ・ウェスティングハウスは、走っている列車にどのような自動ブレーキをかけるかの問題に最良の解答を与えた。スコットランド人ジェイムズ・アーコートは、ロシアで仕事をしていたが、石油を混ぜて燃やす蒸気機関車に成功した最初の技術者であった。ドイツ人ヴィルヘルム・シュミットは、真に効果的な過熱蒸気機関車を最初に開発した。これらよりも数十年も前に、あるイギリス人が線路に立ち入る牛の群で苦労したあげく、最初の蒸気による汽笛を発明した。19世紀末までには、どの新製蒸気機関車も、外観はそれぞれ典型的イギリス風、オーストリア風、アメリカ風であっても、他の国で誕生した諸々の特色を内に抱くようになっていた。

蒸気機関車のデザインの大きな「流派」が5種類ある。──すなわち、イギリス、アメリカ、フランス、ドイツ、ロシアである。専門家の中には、いやもっと多いと言う人もいるだろう。例えば、1880年代と1920年代の間のオーストリア製機関車の独特の形とか、ベルギー製機関車の多くの個性などなど、と。しかし、最初に挙げた5種類が、それ以外の国で製造された機関車や、1950年代（アメリカではほぼこの頃）まで新造されたすべての機関車のデザインに

原始的に見えるかもしれないが、1829年にスティヴンソンが製作した「ロケット」号は、それ以前の機関車に比べて、構造上も、形の洗練においても、かなりの進歩を遂げていた。（この写真はレプリカである）

第1部　蒸気機関車

イギリスの最後の蒸気機関車型式のひとつ、2-6-4T（1C2タンク）「スタンダード」No.80002が、キースリー・アンド・ワース・ヴァレー鉄道を走る。1996年10月12日。

大きな影響を及ぼしている。中国は現在蒸気機関車を多く製造・使用している最後の国だが、ロシアの影響が強い。スペイン、オーストラリア、チェコスロヴァキア、南アフリカ、日本などの国々では、5種のうちの2種、あるいはそれ以上のデザインの伝統を借用し、その土地固有のニーズや、設計者固有の好みや思想に応じた独自の細部を加味していた。

これまで製造された蒸気機関車の総両数は、誰も計算できない。鉱工業や農業の狭軌専用線のための多くを含めると、30万両を超えるのではあるまいか。今日では世界のどこでも蒸気機関車の時代は終っている。が、「鉄の馬」への愛着は残っていて、多くの国で交通博物館、観光のための保存鉄道、特定のメンバーの団体などで保存されているものもある。最優秀蒸気機関車のいくつかは、いまでは記憶だけのものとなってしまい、本書以下のページで再現することしかできないが、スペース・シャトルのご時世でも、まだ生き残っていて、興奮と感動を与え続けることができるものも多い。

蒸気機関車のデータについてのご注意

以下の各機関車の主要データはメートル法と英国法定規格〔いわゆるヤード・ポンド法のこと。本訳書ではこちらは省略してある〕の両方で示してある。若干のデータが得ることができなかったケースもある。原則としてデータはその型式の最初の車両のものである。両数の多い型式では後続の車両が変わることがしばしばある。

「牽引力」の数値は相対的引張り力を示している。動輪直径、シリンダーの寸法、ボイラー圧力を使って計算するジローの公式に基づいた数値だが、しばしば「理論上の牽引力」と呼ばれている。動輪がレールに接する点ではたらくエネルギー数値だから、実際の機関車の活動を正確に示すことは稀である。例えば、動輪がスリップしたり空転した時の牽引力はゼロである。シリンダー数が多い時や複式シリンダーの時には、公式はもっと複雑になる。

製造所が発表した数値を示したケースもある。以下に記されたデータは、ボイラー圧力、シリンダーの直径と行程、動輪直径、火床面積、伝熱面積、過熱面積（必要に応じて）、牽引力、テンダーを含めた全重量である。ボイラー圧力は推定数値のケースもあり、それには「*」印を付けてある。

第1部　蒸気機関車

ロコモーションNo.1　0-4-0（B）　　ストックトン&ダーリントン鉄道（S&D）　　イギリス：1825年

ボイラー圧：3.5kg/cm²
シリンダー直径×行程：241×609mm
動輪直径：1220mm
火床面積：0.74m²
伝熱面積：5.6m²
牽引力：861kg
全重量：6.9t

世界最初の公共鉄道の開業日、1825年9月27日には、蒸気機関車はこれしかなかった。ニューカースル・アポン・タイン市のロバート・スティヴンソン社製造で、以前スティヴンソン一家が開発した1435mmゲージの線路を走る炭鉱用機関車が原形となっていた。後にこのゲージが国際「標準」ゲージとなる。

最初のボイラーは錬鉄製、煙管は1本だけで高い煙突に通じている。シリンダーは2個でボイラー上の中央に置かれ、クロスヘッドと連結棒を使って車輪を動かした。シリンダーが垂直になっているのは、定置蒸気機関にならったものである。台枠は鋳鉄製で、運転室はおろか機関士が立つための足場さえ設けられていない。炭水車（テンダー）は木造で、水タンクは鉄板製だった。

最初のボイラーは1828年1月に破裂したので、その後この鉄道会社の専任技師ティモシー・ハックワースが実質的には再製作した。後に三代目のボイラーが設置された。技術進歩のスピードは急速で、間もなくロコモーションは時代遅れとなったが、1841年まで現役で、同鉄道の新線の開通式には大先輩として敬意を表され、記念パレードの先頭を飾った。

1840年後半にはポンプ汲み出し蒸気機関として使用され、1857年にはダーリントン市ノース・ロード駅に静態保存された。後にバンク・トップ駅に移され、1975年以降はダーリントン鉄道博物館に保存されている。1975年同鉄道開業150周年記念行事では、レプリカが原型の走行を再現して見せた。

バンク・トップ駅に保存されていた頃のロコモーション。登場当時の記録によると、ダーリントン～ストックトン間64kmを、53トンの石炭列車を引いて、9ないし11時間かけて走ったとのこと。

ロイヤル・ジョージ　0-6-0（C）　　ストックトン&ダーリントン鉄道（S&D）　　イギリス：1827年

イギリスの貨物用機関車では、長いことこの車輪配列が標準形だったが、これがその第1号である。ティモシー・ハックワース設計で、同鉄道シルドン工場で製造。ハックワースは世界最初の公共鉄道で2年間動力車を走らせるという苦労の成果として、この作品を生み出したのだった。彼は開発者というよりは、むしろ勤勉な実践エンジニアで、充分な蒸気を発生させて効率よい牽引力を作ることに専念した——もっとも、1829年のレインヒルのコンテストでは、サン・パレイユ号機関車を製作して参加することになるのだが。

蒸気発生を改良するために彼は伝熱面積をロコモーションの2倍以上に増し、牽引力を増すために動輪6個を3個ずつ連結棒でつないだ。それ以外の点では前の機関車の特徴を多く受け継いでいる。例えば、垂直シリンダーの動きを最後部の動輪に伝えるなど。ボイラーは直径1320mm、長さ3959mmで、トレヴィシックが機関車で用いたU字形の煙管1本を持つ。吐出管（ブラストパイプ）の出口を小さくした最初の機関車で、ドラフト改良の画期的試みであった。

これ以前にもボイラーに送る冷水でボイラーが冷えることにどう対処するかで、多くのエンジニアが頭を痛めていた。ロバート・スティヴンソンは排気の一部を給水温め器に送る装置を考案していたが、ハックワースはこれをロイヤル・ジョージで取り入れた。

0-6-0の車輪配列はこの後いろいろ改良を加えられて、最終的デザインに落ち着き、スティヴンソン社が1834年に製作した0-6-0機関車が基本的なモデルとなったが、ロイヤル・ジョージこそが、遅い貨物列車を引く際の安定した出力の初期の手本であった。19世紀を通して、この車輪配列の機関車が、イギリス、フランス、スペイン、インド、その他諸国で欠くことのできぬ主力となっていた。20世紀半ばにおいてすら、まだ多くが使用されていた。

ロイヤル・ジョージの絵図。台枠はなくて、ボイラー自体が主な車体となっている。紐のついた鐘が描かれているが、これは画家が勝手につけ加えたもの。イギリスの蒸気機関車にこんなものが着いたことは、いつの時代にもなかった。

ボイラー圧：3.65kg/cm²
シリンダー直径×行程：279×507mm
動輪直径：1218mm
火床面積：不明
伝熱面積：13m²
牽引力：997kg
全重量：不明

蒸気機関車　　1825〜1899年

セガンの機関車　0-4-0（B）　　　　　　　　　　　　　　　　　　　　　　　　　　　　　　　　　フランス：1828年

　1827年にフランスの科学者でエンジニアでもあるマルク・セガンが、多管式ボイラーを製作して特許を取り、翌年これを使った機関車を紹介した。往復煙管、すなわち円筒の先端まで達し、そこでカーブして火室に戻る方式で、火室と煙突が同じ端にある。火室はボイラーの下にあり、別の構造物となっている。垂直シリンダーが連結棒でつながれた動輪を動かす。
　炭水車は機関車によって後から押される。大きな特色として、テンダーの車軸のひとつの回転を使って大きなフイゴを動かし、風を送ってボイラーの煙管に熱を伝える。ボイラー自体も効率がよく、毎時1500kgの蒸気を生み出した。それまでボイラーは毎時500kg程度しか生み出さなかった。

詳細なデータ不明。

ロケット　0-2-2（A1）　　リヴァプール＆マンチェスター鉄道（L&M）　　　　　　　　　　　　　　　イギリス：1829年

　新設鉄道の機関車を選ぶために、1829年10月に同社がレインヒルで行なったコンテストの諸条件に合わせて、ロバート・スティヴンソン社が製作した。その条件とは次の通り。
・制作費が550ポンド以下。
・煙はそれ自身のものを排出する。
・重量は6トン以下。
・20.3トンの荷重を引いて時速16kmで走る。
・ボイラー圧力は3.5kg/cm²以下。
　この条件を満たしたのはロケットだけだったので、その勝利はイギリスの機関車開発に大きな影響を与えた。ロコモーション以後の5年間に見られた大きな進歩をいろいろ取り入れていた。煙室から通

下：1984年6月イギリス国鉄ドンカスター工場公開日に撮影されたロケットのレプリカ。煙突が高いのはドラフトを大きくするため。これ以後の蒸気機関車では、煙突は煙室の中に隠されることとなる。

上：1829年レインヒルのコンテストのときのように当時の黄色に塗られたロケットの現在のレプリカ。イギリス南東部ケント県のブルーベル保存鉄道で運転された時の姿。

じた煙突には、吐出管（ブラスト・パイプ）がとり付けられてあった。（おそらくティモシー・ハックワースの発明を借用して、コンテストの前日にとり付けたのだろう。）ボイラー自体には複数の煙管があった——フランス人エンジニア、マルク・セガンが同時期に発明したものと同じである。（もっともセガンが1828年にスティヴンソン工場を訪問していたという記録がある。）
シリンダーはボイラーの後方の下に35°の角度で取り付けられて主連棒で動輪を回転させる。火室は銅製で、車輪にはバネが付いている。木製枠組みの炭水車の4つの車輪には、外側に軸受けが付いているが、これは最初の試みだった。
　ロケットもすぐに時代遅れの機関車となってしまったが、蒸気機関車が連日変りなく仕事できることを証明した点で大きな貢献を果たした。1837年に鉄道会社は同機を300ポンドで売却し、現在もなおひどく変形した姿をロンドンの科学博物館で見ることができる。

ボイラー圧：3.5kg/cm²
シリンダー直径×行程：203x432mm
動輪直径：1435mm
火床面積：0.74kg/cm²
伝熱面積：10.9m²
牽引力：1089kg
全重量：4.32t

プラネット（惑星）型　2-2-0（1A）　　リヴァプール＆マンチェスター鉄道（L&M）　　　　　　　　　イギリス：1830年

　ロバート・スティヴンソン社製のプラネットは、型式というものを形作った最初の機関車であった。この時まで機関車は1両単位で、1両毎に設計者と製作者が動く蒸気機関を造る仕事を何とかものにしようと格闘しながら、改良と実験を重ねた証しであった。
プラネット型が誕生して、1830年代後半になると、少々事態が落ち着いて来た。大体において同じスタイルの機関車が、まとめて製造された。0-4-0（B）型もあったが、大多数は2-2-0（1A）型だった。特にプラネット型はイギリス・スタイルを確立することとなった。
シリンダーはいまや水平になって、台枠の内側に置かれ、それまでと違って先頭に位置している。こうしたのは実用的な狙いからだった。重量のバランスをよくして、走る時の安定を確保するためだが、原動力部分を隠して外に見せないという、スタイル上の特色もイギリスの技術者のお気に召したのであった。
　もっとも、すべてがこのやり方に従ったわけではない。1834年リヴァプールのジョージ・フォレスターは、水平のシリンダーを外側にむき出した最初の機関車を製作した。アイルランド最初の鉄道、

第1部　蒸気機関車

プラネット型機関車のレプリカが当時のオープン客車のレプリカを引く。左に立つのは遠方信号機で、反対側から来る列車に向けて「停止」を示している。

ダブリン&キングズタウン鉄道の2-2-0（1A）型であるが、一般に言って、内側にシリンダーを置くのがイギリス機関車の伝統的特色となる。もっとも、これは点検に手間がかかり、金のかかるクランク車軸が必要となるという欠点がある。

外側の「サンドウィッチ」台枠は、両側面に鉄板を張って強化したトネリコかカシの木材製で、これと、外側に付けた軸受けとが、典型的イギリス・スタイルの別の特色となった。それから、これも初めての試みだが、ボイラー自体が車体の中心構造となるのではなくて、ボイラーは台枠に取り着けられた。外側に台枠をめぐらした主な理由のひとつは、クランク車軸が破損する事故——しばしば起こったのだ——の際の安全対策だった。この車軸には内側にも軸受けが付いて守られていた。

手すりの付いた小さな運転台も設けられたが、イギリスの技術者は機関士のために雨を除ける屋根をわざわざ作る費用まで捻出するには及ばぬと考えた。

プラネット型が基本スタイルを確立したとはいえ、これで実験・改良が終ったわけではない。1831年スティヴンソン社は、L&Mの重量貨物列車用として、0-4-0（B）型プラネットを2両製造した。同じ直径の車輪が連結棒でつながれているが、重量は10.1トンで、旅客列車用機関車よりも重い。その名はサムソンとゴリアテ〔『旧約聖書』の中の英雄の名〕で、当時の人びとに与えた印象がよくわかる。

同じ型式の車が他にも多く続いた。1832年にピストン弁を備えた2両が初めて誕生した。後にこれが一般に使われるようになるが、すべり弁が（理論的には効率の点で劣るが）扱いの点でより単純でやさしいため、以後60年間にわたって標準方式として残っていた。当時の鉄道工場というのは、まだ大きな鍛冶屋の仕事場同様で、ハックワースのような職人は、機関車数が増えるにつれて、保守・修理の仕事がどんどん増すのに対処するために、機械用具や作業システムを新たに考案するしかなかった。

初期のイギリスの機関車はすべてそうであったが、この型式が使った燃料はコークスで、できるだけ煙を少なくしようとしたからである。ガス生産の副産物としてコークスが供給されていたが、すべての鉄道会社は自前でコークスを生産せざるを得なくなった。主な機関庫の脇にコークス製造工場の高い煙突が立つようになった。

プラネット型のデザインをさらに発展させたものが、1833年スティヴンソン社製の「パテンティ（特許権所有）」型式であった。車輪配列は2-2-2（1A）で、火室の後に1対の従輪を置き、ボイラーを少し長くできるとともに、動輪の軸重を軽くでき、機関車の安定性を高めた。これは重要な改良だった。なにしろ、機関車の台枠は固定されていて、車輪も固定され、特に4輪車は上下の揺れが激しくなりがちで、運転台にいる人間はひどい目に遭わされることが多かったから。当時はまだ機関車の安定性の問題について、ほとんど理解する人もいなかった。高速で回転する重いクランクは、重量の軽い機関車を不安定なものにした。1837年までに、イギリスのイースト・カウンティーズ（東部諸州）鉄道のジョン・ブレイスウェイトが、動輪にバランス・ウェイトを付けて、クランクの動きに釣り合いをとらせる方法を考案し始めた。この方法を継承・改良したのが同じ鉄道会社のウィリアム・ファーニハウで、この方法が次第に一般化した。

プラネット型もパテンティ型も、車の端から端まで台枠が伸びていたが、それはボイラーと軸受けを支えているだけで、シリンダーはボイラーに固定され、炭水車連結棒は火室の下に付けられていた。後になると、この二つは通常台枠にとり付けられた。

プラネット型式の中で、もっとも壮大なもののひとつは、グレイト・ウェスタン鉄道の2-2-2（1A1）「ノース・スター」号だった。寸法がぐっと大きくなったが、構造は原形と同じである。これは1837年、アメリカのヴァージニア鉄道のために、ゲージ1676mm（5フィート6インチ）でスティヴンソン社が製造したものだが、契約上のトラブルが生じて出荷されなかったため、グレイト・ウェスタン鉄道のゲージ2138mm（7フィート4分の1インチ）用に改造されたのである。1838年6月4日、ロンドンのパディントン駅出発第1号列車を引いて以来、33年間現役で活躍、その後休車となり、最後は1906年スクラップとなった。

1830年代後半までに、鉄道網がイギリスだけでなくヨーロッパ大

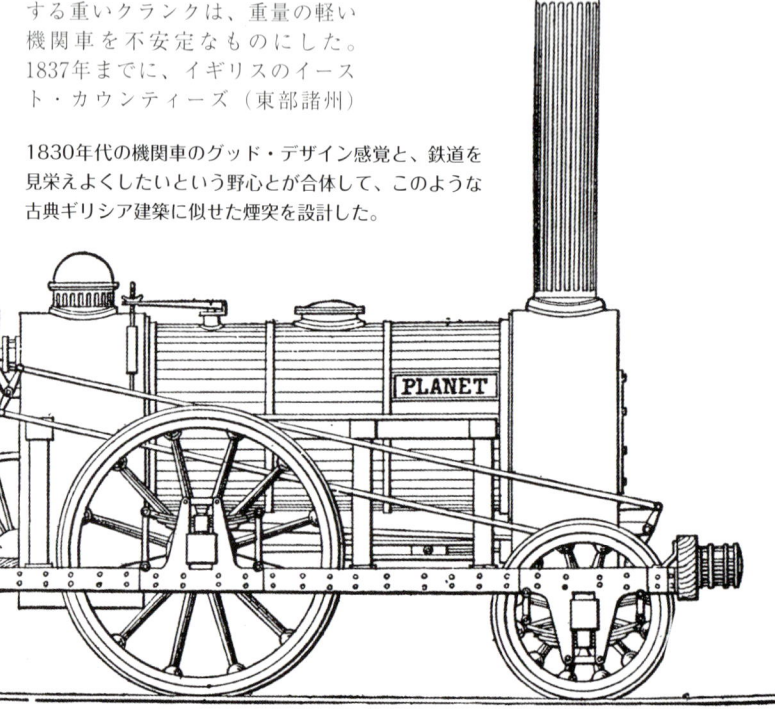

1830年代の機関車のグッド・デザイン感覚と、鉄道を見栄えよくしたいという野心とが合体して、このような古典ギリシア建築に似せた煙突を設計した。

蒸気機関車　1825～1899年

陸でも広まって、新しい機関車への需要が高まった。プラネット型やパテンティー型はイギリスの多くの路線で使われただけではなく、輸出もされて、オランダ、ドイツ、ロシア、イタリア、その他諸国での基本形となった。アメリカ合衆国でも有力であった。スティヴンソン社は注文をさばき切れず、他の製造会社がそのライセンスを取って、スティヴンソン・デザインの機関車を製造した。だが、新しい鉄道会社がすべて保守・修理のために自前の工場を作らねばならなくなると、地方の小製造会社は間もなく消えていった。

鉄道の初期の時代には、通常運転室がなかったことに気付かざるを得ない。機関士や投炭助手は、馬車の駅者と同じと考えられていて、雨風に吹きさらされ、防水布のコートを重ね着するくらいだった。1830年代の機関車に引かれた列車は、まだ軽量の客車しか連結していなかった。客車も貨車もすべて4輪車で、連結器は最初は固い鉄のフックか、ねじリンク、1830年頃に鎖リンクとバッファー（緩衝器）が登場し始めた。1834年からL&Mの1等客室に、バネつきバッファーが取りつけられた。

ブレーキ装置もまだ原始的段階で、機関車の炭水車とブレーキ車の車輪にしか付いていなかった。客車も最初は馬車の構造を継承していたが、次第に長く、重くなってきた。客車と貨車の製造は鉄道経営にとっての重要な一側面となった。例えば郵便車、タンク車、家畜車などの特別用途車両製造は、早い時期から始まっていた。

1836年アメリカのカンバーランド・ヴァレー鉄道は、夜行列車に「簡易寝台客車」を使っていた。この例にならって1838年に、イギリスのロンドン＆ノースウェスタン鉄道でも「寝台客車」が登場した。食事は車内ではとれなかった。食事のために列車が駅に停車し、そこに鉄道会社特約の軽食堂があった。トイレも客車に付いていなかったから、客は軽食カウンターの食物・飲物に殺到し、次にトイレに向かってダッシュした。客車の暖房はなかった。照明は1830年代後半から実現したが、客車の天井の穴の中の燈油ランプのぼんやりした明かりで我慢するしかなかった。

プラネット型のレプリカ。背景は19世紀に建てられたマンチェスター科学技術館。1994年撮影。

ボイラー圧：3.5kg/cm²
シリンダー直径×行程：279×406mm
動輪直径：1525mm
火床面積：0.74m²
伝熱面積：46.8m²
牽引力：622kg
全重量：8.1t
（データは「プラネット」型のもの）

チャールストンの最良の友（ベスト・フレンド）　0-4-0T（Bタンク）　チャールストン＆ハンバーグ鉄道　アメリカ：1830年

アメリカの初期の機関車では垂直ボイラーが用いられていたから、通常の台枠が作られた。水平ボイラーはイギリスからの輸入機関車に見習って採用された。

アメリカ合衆国最初の国産蒸気機関車で、設計はE・L・ミラー、製造はニューヨークのウェストポイント鉄工場。すべてのタンク機関車の元祖で、水槽は台枠の内側に収められている。ボイラーは垂直で、正面にある2個のシリンダーに蒸気を送り、それが2個ずつ連結された4個の動輪を動かす。

「チャールストンの最良の友」の動くレプリカは1928年に製作された。機関士シートにクッションが入っているなど、20世紀風洗練がとり入れてある。

記録によると5両の客車を引いて時速32kmで走ったという。この路線の一般営業は1831年1月に始まり、定期的な蒸気列車を運転するアメリカ最初の鉄道となった。6月17日にボイラーが破裂し、再製造されて「フィーニックス（不死鳥）」号となった。

ボイラー圧：3.5kg/cm²
シリンダー直径×行程：152×406mm
動輪直径：1371mm
火床面積：0.2m²
伝熱面積：不明
牽引力：206kg
全重量：4t

ジョン・ブル　0-4-0（B）　カムデン＆アムボイ鉄道　アメリカ：1831

北アメリカを走った最初の蒸気機関車は、1829年デラウェア＆ハドソン運河会社がイギリスから輸入したもので、ロコモーションNo.1に似た、イギリス炭鉱路線の機関車に近いタイプだった。1831年以降になると、新しく生まれた鉄道は、イギリスの改良の恩恵を受けることができた。しかし、イギリスのお手本はアメリカの現状にとって満足できぬケースがしばしばあり、さまざまな変更が加えられ、また機関車の需要が急増したこともあり、アメリカ国産機関車の製造が盛んになって、1840年代末までには、毎年400両ほどの、はっきりとしたアメリカ・スタイルの機関車が誕生した。

ジョン・ブルはカムデン・アンド・アムボイ鉄道の注文で、ロバート・スティヴンソン社が製造した部品を輸入し、ニュージャージー州ボーデンタウンで組立てたもの。価格は約400ドルに及んだ。1831年11月12日、この機関車はニュージャージー州議会議員のための、おひろめ列車を引いて走り、1833年9月には、ホボーケンで製造されたスティヴンソン社タイプの他の3両とともに、部分的に開業した路線で定期運転に入った。

ジョン・ブルのレプリカの写真を見ると、前に大きく突出している排障器と先輪ボギー台車が、いかにもアメリカの技術者の思考をよく表現していることがわかる。つまり機関車を急カーブで先導し安全を守る大切な役割を果たしていた。

第1部　蒸気機関車

ジョン・ブルは車輪が4つ、シリンダーは左右の車輪の内側に設けられた機関車で、プラネット型のうちの貨物用のものと似ていた。ゲージは1472mmであった。働き出して間もなく改造工事が行なわれた。先輪と排障器が加えられ、さらに後には前照燈、運転室、鐘、汽笛が設置された。1840年代後半になると、軽量旅客列車だけに使われ、1849年には運転から外されて、新製機関車のボイラー・テスト場で使われた。1850年代になると既に骨董品扱いされたが、ほとんどの機関車がスクラップにされるか徹底的大改造されたのに反して、ジョン・ブルは生き残り、1876年フィラデルフィアで開かれたアメリカ建国百年記念博覧会では「アメリカ最初の機関車」として展示された。この時に部分的に復元が行なわれ、1871年にカムデン＆アンボイ鉄道を買収統合したペンシルヴェニア鉄道が、1885年にこの機関車をスミソニアン博物館に寄贈した。1893年4月にはニューヨークからシカゴまで走ったが、1940年以降は静態保存されている。炭水車はオリジナルではなく、19世紀中頃に造られたカムデン＆アンボイ鉄道の貨車の改造である。もともとは8輪車だったが、オリジナルに似せるために現在の4輪車に改造されたのである。しかし、ジョン・ブルの原形を止めているものは、ボイラー以外はほとんど何もない。

ボイラー圧：3.5kg/cm²
シリンダー直径×行程：228×508mm
動輪直径：1294mm
火床面積：0.93m²
伝熱面積：27.5m²
牽引力：575kg
全重量：10t

デ・ウィット・クリントン　0-4-0 (B)　モホーク＆ハドソン鉄道　　アメリカ：1831年

アメリカにおける列車運転のニーズに迫られて、0-4-0 (B) 機関車はすぐに時代遅れとなった。ジョン・B・ジャーヴィス設計のこの機関車は大成功をおさめたわけではなかったが、以前見られなかった3つの特色を持っていた。第1は、乗務員のための屋根で、これが発展して運転室となった。第2は、炭水車の一部として水槽が初めから付いていたこと。第3は、完全に鉄製の車輪であった——以前の機関車の車輪は中心部が木造だった。製造当時の絵を見ると、馬車そっくりの客車を引いていたことがわかる。諸データは不明。

デ・ウィット・クリントン号は、水平の線路で5両の客車を引いて、時速48km出したと言われている。運転時の全重量は4トン、ボイラー圧力は3.5kg/cm²とのこと。

アメリカ国産で水平ボイラーを設置した最初の機関車のひとつで、これが将来の形態の基本となった。もっとも、シリンダー（直径139mm×行程406mm）と動輪のクランク軸はイギリス風に車輪の内側に置かれていた。

エクスペリメント（実験）　4-2-0 (2A)　モホーク＆ハドソン鉄道　　アメリカ：1832年

この図はジャーヴィスの独創的なボギー台車を示している。機関士にとっては運転しにくい車であったに違いない。なにしろクランク軸の邪魔にならぬよう、高い足場の上に立たねばならなかったから。

もうひとつのジョン・ジャーヴィス設計の機関車。ウェストポイント鉄工場製造で、先輪ボギー台車を設けた最初の例である。台車は外側に枠と軸受けを持ち、バネを垂らしている。4-2-0 (2A) という車輪配列は典型的アメリカ・タイプの最初となるもので、これは1835〜42年にかけて流行した。アメリカでは台車は軽量であることが多く、自由自在に左右に方向を変える。固定した車輪配列だと脱線するような線路でも、安全に走ることができた。ジャーヴィスがこの考案で特許を申請しなかったのは見上げたものだ。

エクスペリメントは他にもいくつも変わった特色を持つ。例えば、動輪が火室の後に付いていた。装置のひとつとして、「炭水車の水槽と直結した銅製パイプを持つ、優れた便利な手動ポンプ」がある。ボイラーに効率よく注水することは、当時まだ解決されていない問題なのだった。ふたつのシリンダーは車輪の内側に置かれ、スティヴンソン社製0-4-0 (B) 機関車を手本にしたリンク・モーションを備えていた。

外側台枠は充分乾燥させた木材製で、鉄の締め金で補強され、動輪の外側軸受けを支えている。もともとは無煙炭を燃やすように火室を設けてあったが、蒸気発生がよくなかったので、1833年に薪を焚くよう火室に改造した。とはいえ、1832年に時速100kmで走ったといわれている。後に「ブラザー・ジョナサン」と改名され、1846年には4-4-0 (2B) に改造された。

ボイラー圧：3.5kg/cm²
シリンダー直径×行程：228×406mm
動輪直径：1524mm
火床面積：不明
伝熱面積：不明
牽引力：453kg
全重量：6.4t

蒸気機関車　1825～1899年

ランカスター　4-2-0（2A）　　フィラデルフィア＆コロンビア鉄道　　アメリカ：1834年

馬車造りの職人の息子マシアス・ボールドウィン（1795～1866）は、1832年に機関車製作技師になった。彼の3番目の作品がこれで、その年フィラデルフィアで製造された5両のうちのひとつ。ジャーヴィスのエクスペリメントを基本とした設計で、炭水車を含めて5500ドルでペンシルヴェニア州政府に売った。この車輪配列は大成功で、1842年までにボールドウィンは同じ4-2-0（2A）の機関車ばかりを製造し、実験によって得た本物にこだわる技術者という評判を得た。

この機関車の目立つ特色は、連棒が直接動輪を動かす半クランク軸だが、ボールドウィンは1840年頃からこの方式をやめた。運転室を持たず、鉄板で被覆しない木材の台枠を備えていた。1850年まで重量列車を引いて走り、1851年にスクラップとなった。

ボイラー圧：8.4kg/cm²
シリンダー直径×行程：228×406mm
動輪直径：1370mm
火床面積：不明
伝熱面積：不明
牽引力：1110kg
全重量：7.7t

アドラー（わし）　2-2-2（1A1）　　ニュルンベルク・フュルト鉄道　　バイエルン（ドイツ）：1835年

原始的なバッファーが正面と炭水車後部に着いていた。入れ換え作業や逆向き運転の時に必要だった。図には示されていないが、炭水車にもブレーキを備えてあった。

ドイツの最初の営業運転機関車として有名である。国産機関車を製造しようとする計画が挫折したので、急遽ニューカースルのロバート・スティヴンソン社に発注して輸入した。ほとんどの点で「パテンティ」標準型2-2-2（1A1）を受け継いでいる。

この路線はドイツ最初のもので、1835年12月7日に開業し、この機関車は当時の最良とは言えないが、唯一の旅客用機関車だった。詳細なデータは不明な点が多いが、初期のスティヴンソン社製の機関車の大多数と同じく、デザインは単純、端から端まで外側に台枠を設け、小さな直径の高い煙突を持っていた。

1857年まで働いていたが、この年に車輪と動力部分は再利用回収され、ボイラーはスクラップとして売られてしまった。他にもスティヴンソン社製やアメリカ製の機関車が輸入されていたが、アドラーが廃車となった頃までには、ドイツ国産製造が確立されていたのだった。1935年と1950年に、それぞれ1両ずつレプリカが製造された。そのうちの1両は、最初の鉄道の起点であるニュルンベルクの博物館に展示されている。

ボイラー圧：4.2kg/cm²
シリンダー直径×行程：229×406mm
動輪直径：1371mm
火床面積：0.48m²
伝熱面積：18.2m²
牽引力：550kg
全重量：11.4t

ドーチェスター　0-4-0（B）　　チャンプレイン＆セントロレンス鉄道　　カナダ：1836年

この鉄道はカナダ最初のもので、1836年7月21日に開業した。その最初の列車を引いたのがドーチェスターで、1831年にイギリスのリヴァプール＆マンチェスター鉄道のためのスティヴンソン社製「サムソン」〔13ページのプラネット型の項を参照〕を軽量化したものである。基本的にはプラネット型と同じで、同じ直径の車輪が連結棒でつながれ、貨物列車用としてより大きな牽引力を持たせようとした。プラネット型と同じく、サンドウィッチ式の外側台枠が動輪の軸受けを支え、シリンダーと動力部分はすべて車輪の内側にある。カナダ南東部では内陸の都市とセントロレンス河の諸港とを結ぶ鉄道の発達が急速だった。

ボイラー圧：3.5kg/cm²
シリンダー直径×行程：228×355mm
動輪直径：1370mm
火床面積：0.74m²
伝熱面積：不明
牽引力：413kg
全重量：5.7t

ベリー機関車　2-2-0（1A）　　ロンドン＆バーミンガム鉄道（L&B）　　イギリス：1837年

1837年までにイングランドの鉄道は、都市間の線から発達し、全地域に及ぶ網となっていた。首都からの最初の幹線が1838年開業のL&Bで、機関車設計契約をエドマンド・ベリーと結んだ。彼は独創力に富んだデザイナーで、彼の考案した鉄棒台枠は（従来の板台枠と違って）重量を軽減させ、アメリカでの標準方式となり、1830年代に多くの機関車をアメリカに輸出した。彼がL&Bのために設計した標準形機関車は、棒台枠付きの2-2-0（1A）で、円筒形火室が外側に露出し、その上部に独特の小さな「ヘイコック（干し草の山）」形の銅製ドームがついていた。だが、これは牽引力不足で、重量列車のためには、新たに4両以上の機関車を製作せねばならなかった。ベリーの契約は1847年まで続いたが、その頃になると彼の設計した機関車ではニーズをさばき切れなくなっていた。でも、多くの路線に向いた小形機関車の注文は続いた。1861年に彼がファーニス鉄道のために設計し、フェアバーン社で製造した、貨物用0-4-0（B）型式のうちの1両は、「コッパーノッブ（赤毛の人）」の愛称で親しまれ、現在も保存されている。

ベリーが終始守り続けた「小さいが安い」機関車原則は、当時の鉄道会社のほとんどが数マイル延長だけの小会社だったから、多くの依頼主から歓迎された。

ボイラー圧：3.5kg/cm²
シリンダー直径×行程：280×415mm
動輪直径：1546mm
火床面積：0.65m²
伝熱面積：33.2m²
牽引力：629kg
全重量：10t

第1部　　蒸気機関車

ノリス機関車　4-2-0（2A）　ボルティモア&オハイオ鉄道（B&O）　　　　アメリカ：1837年

より大きく長いボイラーのお陰で解消した。坂に強いという評判を聞いたイギリスのバーミンガム&グロスター鉄道から、37分の1（1000分の27）のリッキー坂用として、15両の注文が来た。

ボイラー圧：4.2kg/cm²
シリンダー直径×行程：266×457mm
動輪直径：1220mm
火床面積：0.8m²
伝熱面積：36.6m²
牽引力：957kg
全重量：20t

ノリス社製の機関車は堂々たる煙突を持っているが、ドームはない。蒸気加減装置はボイラーの内側にある。

1927年にボルティモア&オハイオ鉄道マウント・クレア工場が、ノリス社製造のNo.13「ラファイエット」のレプリカを造った。オリジナルは1837年の製造。炭水車（テンダー）の後輪に付いているブレーキ用の連結棒に注目。

フィラデルフィアでボールドウィンの主なライヴァルとなったのがウィリアム・ノリスで、彼は1831年に機関車製造工場を開業した。1837年にアメリカとしては最初にヨーロッパ（オーストリア）に機関車を輸出した工場となった。その前年に、シリンダーを外側に付けた4-2-0（2A）機関車「ワシントン・カントリー・ファーマー」号を、フィラデルフィア&コロンビア鉄道のために製造している。同じスタイルの8両の注文が、翌年B&Oから寄せられた。イギリスのスタイルとアメリカのそれとの合体で、ベリーの棒台枠、円筒形火室と、アメリカの内側軸受け付き先輪ボギー台車、外側シリンダーの両方をあわせ持つ。ノリス社製の機関車は、B&Oの坂の多い区間で良い成績をあげた。イギリスのベリー製の2-2-0（1A）型の牽引力不足が、

4-4-0（2B）　フィラデルフィア・ジャーマンズタウン&ノリスタウン鉄道（PG&NRR）　　アメリカ：1837年

アメリカの4-2-0（2A）型は動輪1対で、効率はよいが、間もなく牽引力不足（とくに貨物列車として）と考えられるようになった。当然の解決策は、もう1対動輪を増やして、粘着重量を大きくすることだった。これを最初に試みたのが、PG&NRRの技師、ヘンリー・R・キャンベルだった。彼はジャーヴィスより抜け目ない男で、1836年4-4-0（2B）の特許を取り、最初の機関車がフィラデルフィアのジェイムズ・ブルック社で製造された。後にこれは「アメリカン」と名づけられ、19世紀のアメリカとイギリスで、もっとも人気のある車輪配列となった。

キャンベル設計の機関車は当時としては世界最大で、水平の線路で450トンの重さの列車を引いて時速24kmで走れると評価された――これはボールドウィン社製標準4-2-0（2A）型に比べて60％の牽引力アップだった。最初の機関車はしばしば脱線したが、それは車輪そのものの罪ではなく、車体懸架があまりにも硬直すぎたからだった。これは後の機関車では改良された。

1850年代になるとキャンベルは――さすが根っからの民間人エンジニアだけあって――屋根付きの運転室の熱烈な擁護者となるのだが、彼設計の最初の機関車にはそれがない。おそらくそれは、原型機関車を買った会社が自社好みの運転室（当時は木造）を自分の費用で作りたかったからであろう。

キャンベルのお株をもう少しで奪ってしまいかけたのが、二人のフィラデルフィアの技術者アンドルー・イーストウィックとジョーゼフ・ハリソンだった。彼らは同じ年に、ビーバー・メドウ鉄道のために、4-4-0（2B）機関車を製作した。（キャンベルは特許権侵害で2人を訴えてやると脅した。）2人が考案したハーキュリーズ号では、台車枠にはめ込まれた先輪軸を釣り合い梁によって結び、線路のデコボコをうまく乗り切ろうとする試みが、部分的ではあるが成功した。1838年にハリソンが考案した特許釣り合いレヴァーがこの問題を解決し、これが大形機関車設計のための大きな前進となった。動輪軸は板バネと接続レヴァーにより主台枠に固定され、レールの衝動の影響を車軸に広げ、すべての車輪が常にレールと接触できるようにした。（初期にはよくあることだが、イギリスの技術者ティモシー・ハックワースも、1827年ロイヤル・ジョージ号のために、似たような板バネを考案していた。）

だが、4-4-0（2B）型機関車は、すぐに諸鉄道会社によって採用されるわけにはいかなかった。この型の生産が急速に増えたのは、1840年以降のことである。しかし、1845年になると、保守的なボールドウィンですらが、4-2-0（2A）型が4-4-0（2B）型によって駆逐された事実を認めざるを得なくなった。

ボイラー圧：6kg/cm²
シリンダー直径×行程：355×406mm
動輪直径：1370mm
火床面積：1.1m²
伝熱面積：67m²
牽引力：1995kg
全重量：12.2t

蒸気機関車　　1825〜1899年

ライオン　0-4-2（B1）　リヴァプール＆マンチェスター鉄道（L&M）　　イギリス：1838年

リヴァプール＆マンチェスター鉄道は自前の工場をリヴァプール市エッジヒルに持っていたが、世界最古の現役機関車であるライオンは、リーズ市のトッド・キットソン＆レアド社が最初に製造した車であった。0-4-2（B1）という車輪配列は一般的にはならなかったが、後のイギリスのいくつかの型式で受け継がれた。いまでは完全に復元されているので、当時の典型を目のあたりに見ることができる。例えば、ボイラーの壁に木材が貼りつけてある。背の高い「ヘ中部イングランドのラグビー〜ウォリック間の旧ロンドン＆ノースウェスタン鉄道線を走るライオン。このオシャレな姿を見ると、かつてリヴァプール埠頭で動かぬままポンプを動かす仕事を長年やっていたとは信じられない。現在リヴァプール市で保存されている。

イコック（干し草の山）」形の銅の火室。「サンドウィッチ」形の台枠の内側に納められた車輪。

ボイラー圧：3.5kg/cm²
シリンダー直径×行程：304.5×457mm
動輪直径：1523mm
火床面積：不明
伝熱面積：不明
牽引力：888kg
全重量：29.8t

2-2-2（1A1）　　ノール（北）鉄道　　　　　　　　　　　　　　　　フランス：1839年

このささやかな機関車は、アンドレ・ケシュラン設計、アルサス州ミュールーズにある、後にアルサス機関車製造会社という大会社に成長したものの前身工場で製造された最初のものである。1839〜42年にかけて、この型が23両製造され、いろいろな鉄道会社に売られたが、ノール鉄道には3両納入された。例えばシリンダーが車輪内側にあり、台枠が外に出ているなど、スティヴンソン社のデザインの影響が強い。
イギリスでは1850年代まで一対の動輪（A型）の機関車がかなりの鉄道会社で採用され、それ以降でさえ僅かながら使われていたが、フランスではそれが標準形となることはなかった。

ボイラー圧：6kg/cm²
シリンダー直径×行程：330×462mm
動輪直径：1370.5mm
火床面積：1.1m²
伝熱面積：5.2m²
牽引力：1866kg
全重量：15.6t

デ・アーレンド（わし）　2-2-2（1A1）　オランダ鉄道会社（HISM）　　オランダ：1839年

これがオランダ最初の鉄道で、アムステルダム〜ハーレム間を1866年まで2000mmのゲージの線路で結んでいたが、その年に標準ゲージに改軌された。デ・アーレンド（わし）はその鉄道第2号機関車で、イギリスのベドリントン市のロングリッジ社製造。第1号スネルヘイト（スピード）と同じく、本質的にはスティヴンソン社製「パテンティ」型である。当時この型式が多くのヨーロッパの鉄道の注文で製造されていた。ヨーロッパ各地、オランダからハンガリーまでに広がった新設鉄道の第1次世代機関車は、「パテンティ」型が独占していた。
デ・アーレンドは1857年にスクラップとなったが、1938年同鉄道開業100周年記念行事のために、実物大の動態レプリカが製造された。

ボイラー圧：4kg/cm²
シリンダー直径×行程：356×450mm
動輪直径：1810mm
火床面積：1.1m²
伝熱面積：不明
牽引力：1074kg
全重量：11.6t

第1部　蒸気機関車

ガウワン&マークス　4-4-0（2B）　　フィラデルフィア&レディング鉄道（P&RR）　　アメリカ：1839年

ガウワン&マークスは当時もっとも牽引力の大きい機関車のひとつだったが、技術進歩の波にとり残される結末となった。煙突に火の粉飛散防止のための「鳥籠」がとり付けられている。

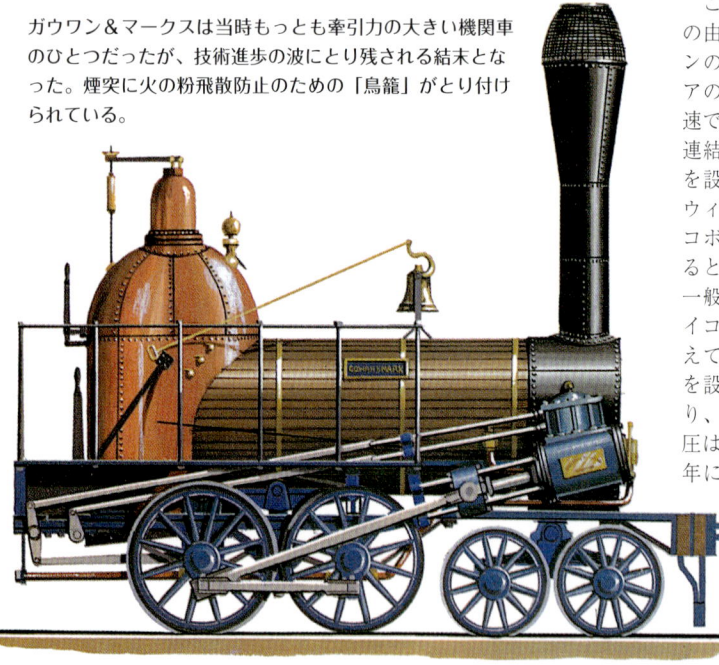

この初期の貨物用4-4-0（2B）機関車の名の由来は、この鉄道と取引のあったロンドンの銀行である。製造所はフィラデルフィアのイーストウィック&ハリソン社で、低速で石炭運搬列車を引くのが目的であった。連結した車輪軸の釣り合いをとるレヴァーを設けていた——これは1838年にイーストウィックとハリソンが開発したもので、デコボコの激しい線路を脱線しないで走らせるという効果があり、お陰でこの機関車が一般に役立つこととなった。ベリーの「ヘイコック（干し草の山）」形のボイラーを備えていたが、円筒形ではなく長方形の火室を設け、他の機関車よりも大きな火床があり、牽引力を増すのに貢献した。ボイラー圧は5.6〜9.1kg/cm²と記録されている。1835年にイーストウィックが特許を取った弁装置は扱いが面倒で、逆転弁を働かせるためには、すべり弁ではなくヴァルヴ・ポートを動かさねばならなかったので、後に改造された。炭水車は6トン積載であった。1836年12月5日、レディング〜フィラデルフィア間の初列車を引き、1840年2月20日には、この線で101両の貨車を引いて429トンの貨物を運んだ。ほとんど人が歩く速さに近かったとはいえ、これは大壮挙であった。さらに改造を加えられて後、1859年にはレディング鉄道のために23,175kmの走行距離を積み重ねた後、新しい機関車を買うための下取りとして、ボールドウィン社に引き渡された。

この機関車はヨーロッパでも大きな関心をまき起し、お陰でイーストウィック社は、ロシアのサンクトペテルブルクに工場を新設するきっかけが出来た。

ボイラー圧：5.6kg/cm²
シリンダー直径×行程：320×406mm
動輪直径：1066mm
火床面積：1.1m²
伝熱面積：不明
牽引力：2331kg
全重量：11t

サン・ピエール　2-2-2（1A1）　　パリ・ルーアン鉄道　　フランス：1843年

ルーアンで製造されたが、イギリスのグランド・ジャンクション鉄道のクルー工場で流行していたスタイルをそっくり反映している。製作者ウィリアム・バディコムは以前同工場で勤務していた。だからデザイン使用料がクルー工場長だったスコットランド人、アレグザンダー・アランに支払われた。

この型式は40両製造され、うち22両が後にタンク機関車に改造された。典型的な「クルー・タイプ」で、例えば、二重の台枠。やや傾斜した外側シリンダーのカーブが火室のカーブにとり込まれている。先輪と従輪の軸受が外側に付いている。逆転機は単純な3位置ギャップ・ギアである。1916年まで現役で、1947年に完全復元され、現在フランスで保存されている最古の機関車である。

ボイラー圧：5kg/cm²
シリンダー直径×行程：335×535mm
動輪直径：1720mm
火床面積：0.97m²
伝熱面積：65.8m²
牽引力：1460kg
全重量：18t

バディコム設計の2-2-2（1A1）のNo.3が、ロンドンのブリックレイヤー・アームズ貨物駅で1951年ロンドン・テムズ南河畔博覧会が開かれた際、フランス国鉄から貸出されて走った。

ボイト　2-2-2（1A1）　　ベルリン・アンハルト（停車場）鉄道　　プロイセン（現ドイツ）：1843年

1837〜38年にかけて、アメリカのエンジニア、ウィリアム・ノリスは自分の機関車にヨーロッパの鉄道の関心を引きつけようと決心を固め、ベルリンの工場経営者で活動力に富むアウグスト・ボルジッヒと提携した。1841年ボルジッヒはノリスの4-2-2（2A1）型を基本にして、自社で機関車を製造した。

1843年にボルジッヒ社24番目の機関車ボイトが誕生した。棒台枠を持ち、高いノリス・スタイルの火室を設けていたが、イギリスのスタイルの影響も受けている。例えば、2-2-2（1A1）の車輪配列や、新しいスティヴンソン社式リンク・モーションの採用などである。

機関車製造において、例えばインジェクターのような重要な開発は、すぐに世界的に採用されたが、

20

蒸気機関車　1825～1899年

局地的にしか関心を呼ばなかったものも多くあった。スティヴンソン社式リンク・モーションの基本は、既に1832年にアメリカ人技術者ウィリアム・ジェイムズによって考案されていた。が、これは忘れられてしまい、この1842年の新しい方式（会社の名をつけているが、実際の設計は同社社員のウィリアム・ウィリアムズとウィリアム・ハウである）が、世界中の機関車で採用されるようになった。

この絵は主連棒が給水ポンプを動かす装置を示している。また機関車重量が巧みに配分され、美しい釣り合いのとれた姿もよく示されている。ボイトのレプリカはミュンヘンのドイツ博物館に保存されている。

これは真の意味で効果的な弁装置の最初の例であったが、あえて特許を申請しなかった。動輪軸に付けた偏心輪に固定された2本の連棒の端を曲線状スロットで結び、これを「リンク」と呼んだ。運転台に置かれたテコを動かしてリンクを上下させるだけで、前進・後進のギアが働き、シリンダーの中の蒸気の膨張に対応するよう中間カットオフもできる。もっともボイトはそこまで進んだ装置は備えていなかった。

ボイラー圧：5.5kg/cm²
シリンダー直径×行程：330×560mm
動輪直径：1543mm
火床面積：0.83m²
伝熱面積：47m²
牽引力：1870kg
全重量：18.5t

2-6-0（1C）　モスクワ・サンクトペテルブルク鉄道　　　　　ロシア：1843年

ロシア最初の機関車は1833年に試作されたものだった。ロシア最初期の鉄道はスティヴンソン社型のイギリス製機関車を使っていたが、間もなくアメリカの影響が次第に増して来た。1843年にアメリカのイーストウィック＆ハリソン社が、皇帝の依頼によって北ロシア、サンクトペテルブルクに工場を設けた。それ以後1862年までの間に、そこで数百両が製造された。

最初にそこで製造されたものの1両は、モスクワとサンクトペテルブルク間の路線で貨物列車を引くための、外側シリンダーのついた0-6-0（C）型だったが、間もなく1対の先輪が加えられ、世界最初の2-6-0（1C）型が誕生した。データは不明である。

フィラデルフィア　0-6-0（C）　フィラデルフィア＆レディング鉄道（P&RR）　　　アメリカ：1844年

この鉄道は炭鉱路線で、フィラデルフィアで石炭を船に積んで海運したから、機関車の必要条件は重量貨物を安全に運べることにあった。炭鉱地域から坂を下る時には、600トンかそれ以上の、おそらく当時としては世界最大重量の列車を引くことになった。そのためには0-6-0（C）型が最適と考えられた。

フィラデルフィア号は新造機関車ではなかった。1844年にまだ新車だったリッチモンド号がボイラー破裂を起こしたので、その残骸を使って組み立てたのである。1848～49年にかけて、また大改造、事実上の新造工事を受けた。もとのボイラーはフィラデルフィアのノリス社の標準形だった。石炭列車用なのに薪を焚いて走った。

ボイラー圧：8.4kg/cm²
シリンダー直径×行程：365.5×508mm
動輪直径：1812mm
火床面積：1m²
伝熱面積：78.8m²
牽引力：4081kg
全重量：18.5t

クランプトン機関車　4-2-0（2A）　リエージュ・エ・ナミュール鉄道　　　ベルギー：1845年

トマス・ラッセル・クランプトンは才能のあるエンジニアで発明家だったが、その影響は母国イギリスよりも、フランスやベルギーでより大きく見られた。広軌ゲージのグレイト・ウェスタン鉄道の技師ダニエル・グーチの指導を受けたが、彼の意図は標準軌用の適度のスピードと安定性を持つ機関車設計だった。彼の方針のひとつに、火室のすぐ後に非常に大きな動輪を置くことがあって、これはアメリカでは行われなかった試みだった。イギリス人の所有するリエージュ・エ・ナミュール鉄道が、クランプトンの特許機関車を最初に注文した会社で、イギリスのホワイトヘイヴンのタルク＆リー社で2両製造された。それぞれ、リエージュ号とナミュール号と命名さ

ナミュール号の絵。ボイラーと蒸気ドームの壁に磨かれた木片が貼りつけてある。イギリスで試走した時の記録によると、高いスピードを出せて、乗り心地は荒っぽいが、基本的には安定した走りだったとのこと。

れたが、蒸気ドーム、安全弁、内側台枠を備えている点で、クランプトンが後に設計した機関車と違っている。機関士が立つ足場のところの左右に大きなバネが横たわり、これが動輪軸箱の役を果たしていた。ボイラーがとても低い位置に置かれているのは、当時は機関車重心はできるだけ低くすべきだという意見が有力だったからで

ある。二つのシリンダーは先輪の内側に置かれ、別々の加減弁によって操作された。これによく似た機関車が、1848年にスコットランドのダンディ＆パース鉄道の注文で、タルク＆リー社で製造された。その時ですら、運転士のために手摺りが設けられただけで、最小限の保護設備しか考えられていなかった。クランプトンの機関車は、設計者が求めたスピードと安定性を発揮できたのに、本国イギリスでは25両しか使用されなかった。しかし、フランス、ドイツ、オランダ、ベルギーでは300両以上が活躍した。

ボイラー圧：6.3kg/cm²　火床面積：1.3m²
シリンダー直径×行程：406×507mm　伝熱面積：91.8m²
動輪直径：2132mm　牽引力：2113kg　全重量：不明

第1部　蒸気機関車

ダーウェント　0-6-0（C）　ストックトン＆ダーリントン鉄道（S&D）　　　イギリス：1845年

クランプトンの例が示すように、1840年代後半になってさえ、スティヴンソン社標準型を受け入れず、独自の機関車を設計したエンジニアもいた。これがその一例で、W・キッチングとA・キッチング設計の機関車のひとつであるが、ストックトン＆ダーリントン鉄道のハックワースの影響がまだ残っていることがわかる。

3つの部分から成っていて、炭車、機関車、水槽車の順である。火室は煙突の下にあり、ボイラーにはU字形をして戻る煙管がついている。シリンダーは傾斜して後部に設けられ、第1動輪を動かしたが、動輪

1975年以後ヨークの国立鉄道博物館から貸し出されて、ダーリントン市バンク・トップ駅にある市立鉄道博物館で展示されている。

もハックワース独特の穴を打ち抜いた鉄板で出来ている。この型式の最後のものは1848年に製造された。ダーウェントは保存されていて、1925年ストックトン＆ダーリントン鉄道開業100周年記念祭で、蒸気を入れて走った。

ハックワースの三部分機関車は後世のデザインを先取りしているように見えるが、連接車とはなっていない。中間の機関車が炭車を押し、水槽車を引っ張ったのである。

ボイラー圧：5.25kg/cm²
シリンダー直径×行程：362×609mm
動輪直径：1218mm
火床面積：0.92m²
伝熱面積：127m²
牽引力：3038kg
全重量：22.7t

オーディン〔北欧神話の主神〕　2-2-2（1A1）　ゼーランド鉄道　　　デンマーク：1846年

カルル・バイエル、後のチャールズ・ベイヤーはドイツのザクセンからイギリスに移住して来て、シャープスと共同で仕事を始め、後にベイヤー・ピーコック社の共同創立者の一人となったが、「シャーピー」型はこのベイヤーが最初に設計した作品と言われている。

このデンマーク最初の鉄道は、1847年7月27日にコペンハーゲン～ロスキルデ間で開業した。イギリス、マンチェスター市のシャープス社で製造されたので、その名を取って「シャーピー」と名づけられた動輪1対の小形機関車が5両あった。

「サンドウィッチ」型台枠を持ち、シリンダーは車輪の内側に置かれた。非常に複雑なクランク軸を持ち、弁装置、主連棒、ふたつの給水ポンプ（当時は故障に備えて2個つけるのが通常）を動かすために全部で8個のクランクがあった。5両のうち4両はボイラーを後につけ替えた。「オーディン」号は

1876年にスクラップとなり、他の4両も1888年までは姿を消した。「シャーピー」型のデザインを見ると、初期の機関車に込められた入念な技術の跡がはっきり例示されているのがわかる。

ボイラー圧：4.9kg/cm²
シリンダー直径×行程：381×507.6mm
動輪直径：1523mm
火床面積：0.99m²
伝熱面積：77m²
牽引力：1952kg
全重量：22.1t

ジェニー・リンド　2-2-2（1A1）　リーズ市のE・B・ウィルソン社　　　イギリス：1846年

1840年代イギリスの標準形だが、他と違っているのは、使用した鉄道会社が設計したのではないことである。ロンドン＆ブライトン鉄道がリーズ市のE・B・ウィルソン社に、旅客列車用機関車を注文し、デイヴィッド・ジョイが設計したのがこれである。シリンダーが動輪の内側に置かれ、動輪軸受けも内側に設けられたデザインは、ハル＆バーンズリー鉄道のジョン・グレイが確立したものであった。名前は当時人気のスウェーデンの女性オペラ歌手から取ったもので、鉄道会社は一般大衆の好みに素早く乗るのが上手だった。ボイラー

圧が高かったために性能抜群で、ウィルソン社は国内・国外の多くの鉄道のために、この後も多く製造し続けた。

動輪の上部を覆う半円形のスプラッシャーに細長い穴がいくつもあいているのは、船の外輪の上部覆いを真似たものだが、単なる装飾ではなくて、内側軸受けに風を送って冷やす実用的役目を果たす。

ボイラー圧：8.4kg/cm²
シリンダー直径×行程：381×508mm
動輪直径：1827mm
火床面積：1.1m²
伝熱面積：74.3m²
牽引力：2211kg
全重量：40.3t

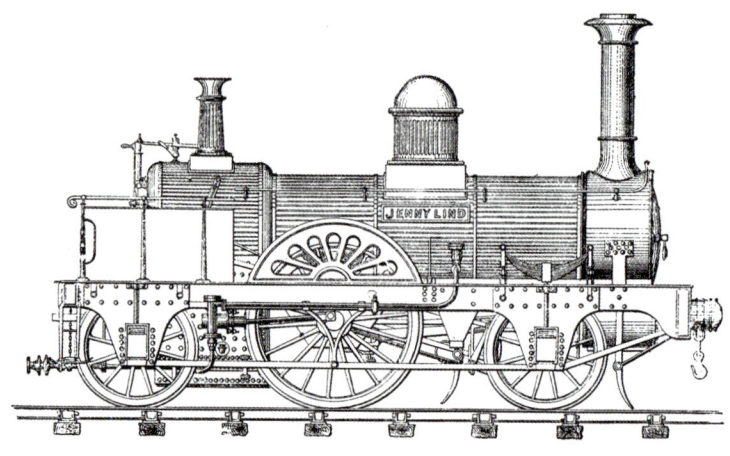

22

蒸気機関車　1825～1899年

アトラス　0-8-0（D）　フィラデルフィア＆レディング鉄道（P&RR）　アメリカ：1846年

ボイラー圧：不明
シリンダー直径×行程：393×508mm
動輪直径：1167.5mm
火床面積：不明
伝熱面積：不明
牽引力：不明
全重量：20.3t

　1840年代のアメリカの蒸気機関車の設計では、重量運搬と、きついカーヴ、上下勾配の多い線路との折り合いをどうつけるかが中心課題だった。マシアス・ボールドウィンは保守的という評判が高か

上が大きく広がった煙突はアメリカの機関車独特のもので、いろいろな形のものがある。火の粉や燃え残りの石炭や薪の飛散を防ぐための、さまざまな特許装置がとり着けられた。

ったが、1837年に（おそらくキャンベルの4-4-0（2B）車輪配列の特許〔18ページ参照〕をうまくかわすためであろうが）ある試みを行った。自分が製造した4-2-0（2A）型機関車の1両を0-6-0（C）型に改造し、すべての動輪直径を同じにして連結棒でつないだのである。

　重要なポイントは次の通り。シリンダーの動き

が全車両に伝えられるが、先頭の4動輪は互いに自由に、後の動輪にはしばられずに動くことができた。そしてすべての車輪は平行したままであった。これは「柔軟ビーム車」と呼ばれ、通常の0-6-0（C）型よりも動輪間に大きな空き間を持たせた。そこで動きの余裕は限られていたが、45m半径のカーヴを曲がることができた。

　ボールドウィンはこの発案をさらに進めて貨物列車用8輪機関車を考案した。先の4動輪と後の4動輪の間に広いスペースを置いたのである。この型式を1866年まで製造し続けた。しかし、「柔軟ビーム車」は低速の列車の場合だけに効果を発揮できるので、後に4-6-0（2C）型の高速・大牽引力の機関車が開発されると、その特色が認められなくなった。

　さらに、この型式はボールドウィン社製としては、砂箱と屋根付き運転室を持つ最初の機関車となった。

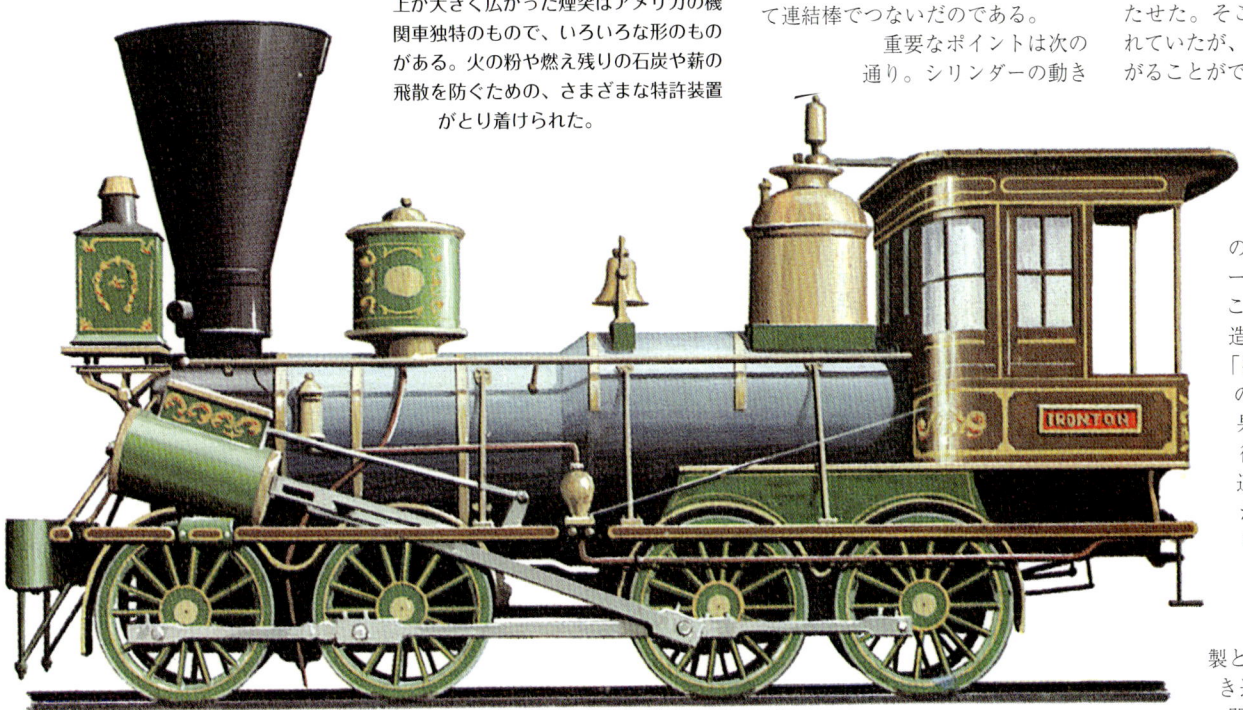

アイアン・デューク〔鉄の公爵 ウェリントン公のこと〕4-2-2（2A1）　グレイト・ウェスタン鉄道（GWR）イギリス：1847年

ボイラー圧：7.05kg/cm²
シリンダー直径×行程：457×609mm
動輪直径：2440mm
火床面積：2m²
伝熱面積：166.2m²
牽引力：3084kg
全重量：24.4t

　標準軌ゲージ1435mm（4フィート8.5インチ）を生み出したのはイギリスだが、1835～92年までは、国内に強大なライヴァルがあった。すなわち、GWRの2138mm（7フィート4分の1インチ）ゲージである。ゲージの違いは他の国々にもあって、列車の直通運転の妨げとなっていた。オーストラリアのニュー・サウスウェイルズ州とヴィクトリア州では、ゲージの違いが長いこと旅客を悩ませていたものだ。イギリスでは王立委員会が1845～46年にかけてゲージ問題を検討し、「標準ゲージ」に軍配をあげたが、GWRには自社の領域内で広軌を持ち続けてもよいという裁定を下した。いわゆる「ゲージ戦争」が機関車のデザインと運転方法の両方の担当者に活を入れ、各ゲージの擁護者はそれぞれの優位を証明しよう

と躍起になった。
　GWRの広軌は、世界最大ゲージのひとつであり、従ってその機関車は堂々たる姿をしていたが、広軌の持つ可能性をすべて実現していたとは言えない。最初のうちは線路規格が極端に厳しく、機関車の中にひどく実験的なものが混っていたので、いろいろ不安もあったが、やがてGWRは、他の鉄道を評価する際の規準となった。機関車の安定のよさ、保線の確実さ、機関車デザインの傑出などによって、幹線の急行列車では世界一速

い鉄道のひとつとなった。機関車客貨車技師長のダニエル・グーチは、会社創立時から、あの有名な大ものイザムバード・キングダム・ブルネルの同僚として、一緒に会社で働いていたが、1846年に2-2-2（1A1）型グレイト・ウェスタン号を使って、同じ性能を持つ後のアイアン・デューク号を造るテストを行った。その年の6月に、ロンドンのパディントン駅からスウィンドンまでの124.3kmを78分で走破したと言われている。その後加えた唯一の変更は、重量を分散さ

せるために、先輪を一対増やしただけである。
　アイアン・デューク型式の22両は、1847～51年にかけて、スウィンドンにある鉄道会社の新工場で製造された。この型式の中で古くなった車が1870年代にスクラップにされた時、運転室をつけ加え、ボイラー圧を9.8kg/cm²に増した――最初の車のボイラー圧は不明だが、それは後に8.4kg/cm²に増圧されたのである――他は、ほとんど前と同じデザインの車を新造したと

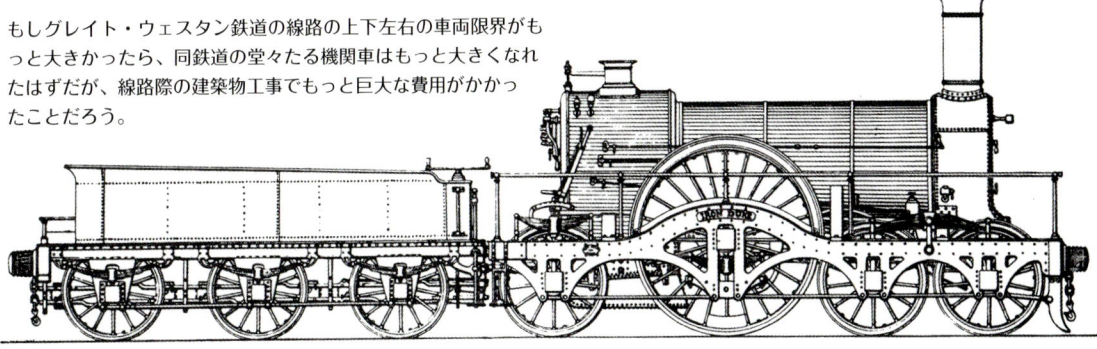

もしグレイト・ウェスタン鉄道の線路の上下左右の車両限界がもっと大きかったら、同鉄道の堂々たる機関車はもっと大きくなれたはずだが、線路際の建築物工事でもっと巨大な費用がかかったことだろう。

第1部　蒸気機関車

鉄道会社は開業初期から、字体、彩色、ロゴなどの「イメージ戦略」に気を使っていた。いわゆるPRを最初に発明したのは鉄道会社だった。

いうが、これはこの型式のすぐれた性能を高く評価したからであろう（もっとも、GWRがこの頃自己満足に浸っていたからでもあるかもしれない）。

外側にサンドウィッチ台枠をめぐらし、内側にはシリンダー2個の後から火室の正面まで3本の鉄板台枠が通っている。すべての台枠は動輪軸を支えているが、従輪は外側台枠だけで支えられている。4つの先輪は独立して車軸が動くようになっている。ボギー台車はまだこの頃イギリスでは使われていなかった。ボイラーには蒸気ドームは着いていなくて、蒸気は煙突内の加減弁箱に通じている穴のあいたパイプから集められた。登場当初は動輪にフランジはついていなかったが、後にフランジ付き車輪にとり替えた。1847年には、これこそイギリス鉄道界の比類なき巨人、チャンピオンであった。1880年まではイギリスの最速列車を引いていた。1848年には、パディントン～ブリストル間の急行列車を引いて、パディントン～ディドコット間85kmをノンストップで56分で走った。ディドコットからスウィンドンまでは、39kmを29分で走った。このようなダイヤを守るためには、112km以上の時速が通常出ていたに違いない。他の国でもそうだったが、郵便を運ぶ必要から最速列車（「郵便列車」と呼ばれていた）のスピードを高くしなければならなかった。これほどのスピードを出していたのだから、ブレーキ装置が重要だったと思われる。ところが、1870年代になるまで、イギリスでもアメリカでも機関車にはブレーキがついていなかった（炭水車にはついていることもあったが）。ブレーキ車に乗っている車掌に頼るしかなかった——もっとも、1840年代には旅客列車はまだ軽量だった。機関士は蒸気をカットし、原始的な逆転機を操作する以外に策はなかった。動輪にブレーキをかけると動輪軸が歪み、主連棒にひずみをかけ過ぎて折れると長い間信じられていたのである。

イギリスの広軌機関車で生き残ったものは1両もない。GWRはアイアン・デューク型の中の1両、ロード・オヴ・ザ・アイル号を現役引退の1884年から1905年まで保存し続けたが、1905年に同鉄道の設計主任、偉大なる技術者ではあったがセンチメンタリストではなかったG・J・チャーチワードが、あっさりスクラップにしてしまった。

20世紀に作られたアイアン・デューク型のレプリカがイングランド中部の特設線路の上をガタゴト走る。昔のグレイト・ウェスタン鉄道の線路はよく「デコボコ道」とからかわれたが、長い木のブロックを並べてその上にレールを置いたのであった。

蒸気機関車　1825〜1899年

リンマット　4-2-0 (2A)　　ノルト(北)鉄道　　　　　　スイス：1847年

スイス最古の蒸気機関車で、ドイツ、カルルスルーエ市のエミール・ケスラー社製造による2両のうちの1両。1847年8月19日開業の、スイスのチューリッヒからドイツのバーデン・バーデンまでの線で走ることになった。車輪配列や高く置かれたボイラー、その上に蒸気溜めと安全弁が設けられているなど、アメリカ機関車の影響が見られる。高い煙突は上部が広がっている、いわゆる「ボンネット（帽子）・タイプ」で、その内側に蓋と火の粉飛散防止装置が付いている。

1866年にボイラーを新品にとり替えて、1882年まで現役で働いた。1947年にスイス鉄道開業100周年記念祭の時に原寸大の動態レプリカが製造され、現在はルツェルンの交通博物館に保存されている。

ボイラー圧：5.5kg/cm²
シリンダー直径×行程：340×500mm
動輪直径：1300mm
火床面積：1.1m²
伝熱面積：63.1m²
牽引力：2302kg
全重量：30t

長いボイラーを支えるのに役立つ先輪は、台枠に固定されていた。この頃はまだボギー台車がヨーロッパでは採用されていなかった。

シュタインブルック　4-4-0 (2B)　　ウィーン・グロッグニッツ鉄道　　　　　　オーストリア：1848年

この鉄道の技師長はスコットランド出身のジョン・ハズウェルだったが、母国の伝統をとり入れることはせず、アメリカのデザインに従ってウィーンのノリス社で製造した。動輪の後に火室を置き、車輪間隔が狭いのはノリス社のトレイドマークだが、ボギー先輪台車は軸受けが左右に動くラディアル方式で、これはハズウェルが考案し、後にアメリカで特許を取ったビッセル台車を先取りしていた。大きな煙突には火の粉飛散防止装置がついていた。

ウィーン・グロッグニッツ鉄道は最終的にはジュッド（南）鉄道の一部となり、その後この機関車はグラーツ・ケルフラッハ鉄道に売られ、1860〜1910年まで現役として走った。現在はウィーン鉄道博物館で保存・展示されている。

ボイラー圧：5.5kg/cm²
シリンダー直径×行程：369×790mm
動輪直径：1422mm
火床面積：1m²
伝熱面積：70.6m²
牽引力：2610kg
全重量：31.75t

エレファント(象)　4-4-0 (2B)　　サクラメント・ヴァレー鉄道 (SVR)　　　　　　アメリカ：1849年

1855年にこの鉄道に買い取られる前に、さまざまな遍歴を経験していた。2個のシリンダーは車輪の内側に置かれ、外側の弁装置は台枠に斜にとり付けられた円筒入りのヴァルヴ・ボックスを通して操作された。これはボストンのジョン・サウザー社グローヴ工場製造で、ゲージは1524mm（5フィート）、おそらくヴァージニア州ノーフォーク線の注文であっただろう。

1850年7月にサン・フランシスコに運ばれ、短期間港で積み降ろしの仕事をしていたが、市当局から追放処分を受けた。しかし、カリフォルニア州としては最初の機関車であった。同州最初の鉄道サクラメント・ヴァレー社が買い取って、既に所有していた2両の小さな機関車の手助けをすることになり、社長の名を貰ってギャリソンと改名した。1863年に脱線して少し損傷を受けたが、10年間よく働き、1865年この鉄道が大陸横断鉄道の西端となることに決まり、ゲージを標準1435mmに改めた。

原形では鋲で組み立てた外側の棒台枠に手摺りがとり付けてあった。1869年に近代化改造を施し、リンク・モーションを設置したが、シリンダーはあい変らず内側にあった。さらにパイオニアと改名し、1879年まで走った後、退役した。

1849年製造当時は大機関車だったが、進歩にとり残され、時々仕事をすることもあったが、1886年、歴史的に価値あるものであるのに解体されスクラップとなった。

ボイラー圧：不明
シリンダー直径×行程：381×508mm
動輪直径：1802mm
火床面積：0.9m²
伝熱面積：66m²
牽引力：不明
全重量：25.4t

第1部　蒸気機関車

「ブルーマー」型式　2-2-2（1A1）　ロンドン＆ノースウェスタン鉄道　　イギリス：1851年

ロンドン～バーミンガム間急行列車用として、J・S・マコンネルが設計。最終的には40両製造され、さらに1853年以降「スモール・ブルーマー」も1980mmの動輪つきで製造されて、補助となった。当時のイギリス機関車として抜群に高いボイラー圧だったが、マコンネルの最初の設計10.51kg/cm²は、現役時には8.4kg/cm²に減らされた。当時は高圧力にすると機関車は転覆すると信じられていたが、彼は

1879年頃の撮影で、南行きの急行を引いたアポロ号が、コヴェントリー駅で給水中。左側の通過線で待避しているのは、ラムズボトム型式DX 0-6-0（C）の引く短距離貨物列車。

それに耳をかさずに高圧を主張した。成績は抜群で、後に運転室を加えて長年働き続けた。この名前は鉄道とは関係なくて、アメリカの女性解放運動家の先駆者アミーリア・ブルーマー夫人の名を貰ったもの。彼女が（考案ではなく）推奨した女性のための細いズボンが女性の脚を（スカートの中に隠すのではなく）かなり露出したように、この機関車も車輪をむき出しにしたから。

ボイラー圧：10.6kg/cm²
シリンダー直径×行程：406×558mm
動輪直径：2130mm
火床面積：1.33m²
伝熱面積：106.6m²
牽引力：3854kg
全重量：30t

クランプトン・タイプ　4-2-0（2A）　パリ・ストラスブール鉄道　　フランス：1852年

リル市のJ・F・カイユの工場で12両製造された。蒸気ドームがなく、ボイラーの外に蒸気パイプと加減弁がついている、典型的なクランプトン・タイプである。この鉄道は後のエスト（東）鉄道の前身で、この機関車はこの線を1890年代末まで走った。No.80コンティナン（大陸）号は、62年間の現役の後に1914年7月に引退し、戦時中であったため軍の仕事をするため解体は免れた。

少々変形されて保存されているストラスブール鉄道クランプトン4-2-0（2A）型No.80コンティナン号が、1966年9月15日、タラール行きの列車を引いて操車場で待機しているところ。

1925年に復元され、1946年に動けるように改造工事がなされたが、この時インジェクターがつけ加えられ、原型の銅の火室に代って鋼鉄の火室となった。フランスではクランプトン・タイプの人気絶大で、「列車に乗る」と言うところを「クランプトンに乗る」と一般に言われるほどだった。

ボイラー圧：8kg/cm²
シリンダー直径×行程：400×560mm
動輪直径：2300mm
火床面積：1.31m²
伝熱面積：100.4m²
牽引力：3457kg
全重量：26.75t

「ブルボネ」型　0-6-0（C）　パリ・リヨン鉄道　　フランス：1854年

リル市のJ・F・カイユの工場で第1号が製造され、パリ・リヨン・地中海鉄道の貨物列車用標準機関車として、1854～82年にかけて1057両製造された。1882年までにボイラー圧が10kg/cm²まで上げられ、蒸気ドームと運転室が設けられた。

それ以外は第1号とあまり変っていない。スティヴンソン社製0-6-0が基本となっていて、シリンダーは外側につき、車輪内側にすべり弁を操作するスティヴンソン社式リンク・モーションが備えられている。1868年にこの型式の第413番目となるNo.1814が製造されたが、新しいボイラー圧は9kg/cm²となった。

1907年から13年にかけて、215両がサイド・タンク機関車に改造されて入れ換え作業に従事した。「ブルボネ（ブルボン王家）」は単独の機関車の名ではなくて、型式の総称である。第1号機はミュールーズの鉄道博物館で保存されている。

ボイラー圧：10kg/cm²
シリンダー直径×行程：450×650mm
動輪直径：1300mm
火床面積：1.34m²
伝熱面積：85.4m²
牽引力：8616kg
全重量：35.56t

4-4-0（2B）　ノルト・オスト（北東）鉄道　　スイス：1854年

ドイツのミュンヘン市のマッファイ工場で、1854～56年にかけて8両製造された。主として貨物列車用で最大時速は50km。この鉄道の本社があるのはチューリッヒで、多く幹線が集っている。小さなボイラーで、蒸気ドームはなく、煙突は高く、先輪ボギー台車の車輪間隔は狭い。

1871～76年にかけて同鉄道チューリッヒ工場で、ほとんどの車が新しいボイラーにとり替えられたが、1887～89年の間にスクラップにされた。幹線現役の仕事をしていた機関車の寿命は信頼できる成績をあげると30～35年が通常で、その間に少なくとも1回は新しいボイラーにとり替えられた。

ボイラー圧：7kg/cm²
シリンダー直径×行程：380×559mm
動輪直径：1676mm
火床面積：1.1m²
伝熱面積：83m²
牽引力：2890kg
全重量：43.7t

蒸気機関車　　　1825〜1899年

サスケハナ　0-8-0（D）　　フィラデルフィア＆レディング鉄道（P&RR）　　　　　　　　　アメリカ：1854年

ボイラー圧：6.3kg/cm²
シリンダー直径×行程：482×558mm
動輪直径：1091mm
火床面積：2.2m²
伝熱面積：約93m²
牽引力：6970kg
全重量（炭水車を除く）：27.43t

ロス・ワイナンズはアメリカ機関車製造業界の一匹狼であった。1840年ごろ、ボルティモア市のボルティモア＆オハイオ鉄道（B&O）工場のすぐ隣に工場を設立した。彼の懸案は（当時全国的問題となっていた）性能のよい石炭焚き火室の開発で、1848年に奇妙な形をした「キャメル（らくだ）」型機関車を製造した。後部に傾斜した火室を設け、ボイラーの上に運転室を置いたものであった。ワイナンズの工場ではこの型のものしか造らず、しかも総計300両ほど製造した。最初の性能のよい石炭焚き機関車で、火床は台枠と車輪の後に置かれたから、長さも幅もぎりぎりまで大きく取ることができた。投炭者は炭水車の上に立つ。

このタイプの第1号「キャメル」は1848年にボストン＆メイン鉄道に送ったが、本線テストの後拒絶されてしまったので、次にレディング鉄道に売った。成績は良好だったようだが、その外観だけでなく、さまざまの奇妙な特色があって、一般の技術者のお気には召しそうになかった。しかしワイナンズは根気よく、より大きな火室を作り続けた。B&O（彼はそこの大株主だった）とP&RRが、いつもお得意さまになってくれた。両鉄道とも重量低速石炭運搬列車を走らせていたからで、キャメル号は時速24km以上の走行には適していなかった。だから他の鉄道は関心を寄せなかったのである。1862年までに需要が減り続け、ワイナンズ工場は廃業となった。

サスケハナ号はまさに典型的なキャメル・タイプで、どこかよそから信号扱い小屋をかっさらって来た感がある。煙突は一見二重のように見えるが、正面に灰の容器を設け、底に扉がついている。この大火室に石炭をくべるのは乗務員にとって悪夢だった。ワイナンズは最初給炭ホッパーまで設計したのだが、投炭職員がテンダーの上段まで石炭をシャベルで持ち上げるという余計な仕事までやらねばならぬと反対したので沙汰止みになった。

高い運転台は抜群に見晴らしはよいが、前に巨大なドームがあるので視界は狭くなるし、投炭職員に前方警戒の役目を助けて貰うことができないという主な欠陥があった。構造上の問題となったのは、ともすれば沈下しがちな火室と、ボイラーとをどう結びつけるかだった。ボイラー自体も蒸気ドームのお陰で性能が弱まり、おそらくそのために最大圧力が比較的低くなったのだろう。給水ポンプが火室のすぐ横で冷水を注ぐので、ボイラーのもっとも高熱の部分の温度を無駄に下げることとなった。火室の設けた場所のお陰で、

1850年ワイナンズ工場製のボルティモア＆オハイオ鉄道No.65。もっともこれには、一見二重に見える煙突がなくなっているか、あるいは初めからついていなかった。投炭職員は時々階段を上って運転室に逃げ込むことができた。

第1部　蒸気機関車

炭水車の連結棒に困難な問題が生じた。この棒が灰箱の中を貫通していたため、運転中赤熱することがしばしば起った。当時でさえキャメル号はライヴァルの機関車製造業者たちから広く笑いものにされた。ワイナンズは不細工でも単純こそ大切と主張したのだが、仕上げが雑で、多くの鉄道で絶対必要と見なされていたボイラー被覆材などが欠けていた。1両約1万ドルと価格も安くなかった。

後世の設計に与えた主な影響は、ウォトン式火室を備えた「キャメルバック（らくだの背中）」型機関車だが、それは石炭ではなく無煙炭の屑を燃料としていたのだし、少なくとも部分的に車輪で支えられていたのである。

実際の仕事ではワイナンズの設計は多くの長所を発揮した。ジョン・H・ホワイト・ジュニアが1859年ごろの走行記録を引用している。ポッツヴィルからフィラデルフィアまで95マイル（152.8km）を、4輪石炭車110両を引いて平均時速13kmの走行だった。燃料の石炭は4.5トン、1マイル当たり11.74セントの燃費だった。薪を燃料とする機関車の1マイル当たり25セントと比べると大幅の節約である。ところが奇妙なことに、1851年にワイナンズ工場はイーリー鉄道のために薪焚きのキャメル型を製造していた。キャメル型はいろいろ欠点はあるにせよ、19世紀末近くまで、着実に仕事をこなしていた。その最後がB&Oのマウント・クレア工場でスクラップにされたのは、1898年のことだった。

ザ・ジェネラル〔将軍〕　4-4-0（2B）　　ウェスタン＆アトランティック鉄道　　アメリカ：1855年

ボイラー圧：9.8kg/cm²　火床面積：1.15m²
シリンダー直径×行程：381×558mm　伝熱面積：72.8m²　牽引力：3123kg
動輪直径：1523mm　全重量：22.8t

4-4-0（2B）の「アメリカン」車輪配列で、1855年までには、ひどく派手な色彩、ピカピカの銅や真鍮細工、気球形の火の粉飛散防止装置のついた煙突、大きな前照燈など、多くのイラストや西部劇映画でおなじみの姿になっていた。

ニュージャージー州パターソン市のロージャー機関車製造所製の「ザ・ジェネラル」号は、南北戦争の時にジョージア州ビッグ・シャンティでハイジャックされ、機関車同士の大追跡となったことで有名だ。ドラマの相手役となったテキサス号同様、この機関車は急速に発展するアメリカ鉄道網の縁の下の力持ちとなった多くの名優（この2両ほど有名にはならなかったが）たちの絶好の代表格なのである。デザインの基本的特色は、水平に置かれたシリンダー、車輪間の広い間隔、幅が狭くて上下に大きい薪焚きのための火室、棒台枠、大きな木造の運転室、8輪の炭水車などである。弁装置も大きく進歩している。前進か後進かしか操作できなかった旧式のギャップ・ギヤにとって替って、スティヴンソン社式リンク・モーションが備えられた。

設計者は美しさを大いに意識していた。マサチューセッツ州の製造業者ウィリアム・メイソンは、1853年に次のように記している。「もちろん、私たちは機関車たちが力持ちの働き手であって欲しいと同時に美形であって欲しいとも思っているのです。…『車輪のついた料理用ストーブ』とは違ったものに、間もなくお目にかかることができましょう」

ザ・ジェネラル号は現在復元され、しかし苦情が出ぬよう重油焚きに改造されて、チャタヌーガで保存されている。

このザ・ジェネラル号の版画を見ると、アメリカ風の棒台枠が比較的軽いものだったことがよくわかる。ボイラーに沿って走り坂がついていないから、動力機械がよく見える（つまりは保守点検修理の際容易に手をつけやすいということである）。

Q34型　2-4-0（1B）　　グレイト・インディアン半島鉄道　　インド：1856年

19世紀のインドの機関車は概してイギリス製で、デザインもイギリスのそれに従い、これが1940年代末まで続いた。

インドに送られた最初の幹線用機関車は、1853年4月16日開業のインド最初の公共鉄道、1676mm（5フィート6インチ）ゲージのボンベイ・サナ鉄道の注文で、イギリスのヴァルカン・ファウンドリー工場が製造した、小形の2-4-0（1B）であった。1856年に製造されたQ34型式は、同じようなデザインだが、より大形となり、リーズ市のキットソン社の製造である。（この会社は1855年に、現在復元されている東インド鉄道の2-2-2（1A1）型「フェアリー・クイーン（妖精の女王）」号も製造している。）イギリス標準型2-4-0で、台枠と軸受けは車輪の内側にあるが、日光と豪雨を避けるためにインドでは当然のことながら、長いひさし屋根のついた運転室を設けている。その後20年ほど、インドの急速に発展した鉄道網のほとんどの旅客列車を引いて走ったのは、このタイプの機関車だが、シリンダーはもっと大型になっていった。2両が入れ換え用としてスクラップを免れ、1両は現在保存されている。

シリンダー直径×行程：381×533mm
動輪直径：1676mm
その他のデータは入手不能。

蒸気機関車　　1825〜1899年

030型　0-6-0（C）　　マドリード・サラゴサ・アリカンテ鉄道　　　　　　　スペイン：1857年

ボイラーの上に砂箱が置かれ、ストーブのような煙突の形をしている点を除くと、いかにもイギリス風の外観を持っている。同鉄道の貨物列車を長年引いていた。中には100年以上現役だった車もある。最初の10両は、1857年にイギリス、リーズ市のリトソン・ウィルソン社製、他はイギリスのキッ

1858年にカイユ社で製造されたNo.2041が、1956年2月にマドリードのアトーチャ駅で元気に入れ換え作業をしていた。

トソン社製と、フランス、リル市のカイユ社製である。その後ほとんどの車に加えられた改造は、空気ブレーキと木造の運転室だけである。車輪の内側にシリンダーがあり、弁装置と、4輪の小さな炭水車（テンダー）を持つ。最初に製造されたものの1両、No.030.213は保存されている。

ボイラー圧：8kg/cm²　　火床面積：1.3m²
シリンダー直径×行程：440×600mm　伝熱面積：不明
　　　　　　　　　　牽引力：5532kg
動輪直径：1430mm　　全重量：49.2t

プロブレム型　2-2-2（1A1）　　ロンドン＆ノースウェスタン鉄道　　　　　　　イギリス：1859年

19世紀中頃には、イングランドのクルー市に世界最大の機関車工場、ロンドン＆ノースウェスタン鉄道のクルー工場が出来ていた。これは60両にも及ぶクルー工場製の型式で、ジョン・ランズボトムの設計、「レイディ・オヴ・ザ・レイク〔湖の麗人。ウォルター・スコット作の長篇詩の題名〕」型式という別名でも知られている。

車長が短く軽量で、走行に信頼がおけた誠実な作りなので、20世紀まで（1890年代に改造されたが）全車が生き残った。最初の10両はクロスヘッド・ポンプで給水していたが、それ以後の全車は、1859年にフランスのアンリ・ジファールの発明したばかりの新しいインジェクターを

1860年11月から取り付けた。こんなに速く採用したというのは、この装置がいかに国際的に重要と認められていたかを証明している。この時まではボイラーへの給水はクロスヘッドかクランクでポンプを動かして行っていたから、機関車が動いている時しかできなかった。蒸気インジェクターによって停車中でも給水できるようになった。こうした特許装置によくあることだが、似たような装置が多く出現したけれども、古い給水ポンプは間もなく姿を消した。（この後に造られた多くの機関車にも古い給水ポンプが付けられたが、それは給水温め器を備えていたので仕方なくそうしたのである。インジェクターは熱い湯では使えなかったから。）

この型式はねじ操作による逆転器を備えた最初の機関車であり、左右のレールの中間に設けられた給水溝から水を吸い上げる装置を持つ最初の機関車の一例である。どちらの装置もラムズボトムの発明であった。

ボイラー圧：8.4kg/cm²　火床面積：1.4m²
シリンダー直径×行程：406×609mm　伝熱面積：102m²
　　　　　　　　　牽引力：3102kg
動輪直径：2322mm　全重量：27.43t

1850年代までに、機関士の前方に風除け覗き窓がやっと出現した。もっともこの目的は、乗務員への思いやりよりは、むしろ高速運転をやりやすくすることであったが。ラムズボトムは改良型安全弁の特許も取った。これはプロブレム型で採用され、その後他のいくつかの鉄道でも採用された。

4-4-0型（2B）　　タラゴナ・バルセロナ・フランス鉄道　　　　　　　スペイン：1859年

イギリス、ブリストル市のスローター・グルーニング社の製造で、イギリスで製造された最初の内側シリンダーつき4-4-0（2B）急行用機関車であった。この型が19世紀後半に旅客列車用機関車の主流となった。

この鉄道は1891年に合併されて、マドリード・サラゴサ・アリカンテ鉄道となったが、ゲージ1668mm（5フィート6インチ）である。板台枠は内側につき、先輪は外側台枠ボギー台車である。スペインの鉄道にはこの4-4-0（2B）車輪配列の

機関車は極めて少なかったが、この型式だけは1890年代まで現役だった。スローター・グルーニング社は、ノース・ロンドン鉄道注文の内側シリンダー4-4-0（2B）タンク機関車で有名だが、このスペイン向けの車は最初からテンダー機

関車として設計されていた。

ボイラー圧：9.8kg/cm²
シリンダー直径×行程：393×558mm
動輪直径：1903mm
火床面積：1.3m²
伝熱面積：92.4m²
牽引力：3803kg
全重量：36.83t

第1部　蒸気機関車

2-2-2（1A1）　急行旅客列車用機関車

エジプト：1862年

　スコットランド、グラスゴー市のカレドニアン鉄道セント・ロロックス工場製。正面は美しい曲線を持ち、シリンダーは水平に置かれた「クルー工場タイプ」を基本として、1859年にベンジャミン・コナーが設計したカレドニアンタイプの機関車である。この時には既に多くの機関車にはドイツのクルップ社が考案生産した鋼鉄製車輪タイヤと車軸がとり付けてあった。運転室が設けてあるのは特徴的で、当時はイングランドよりもスコットランドでより多く見られた。1862年のロンドン博覧会に1両展示されたニールソン社製の機関車を見たエジプト総督が注文したもので、平地の多いナイル河流域やデルタ地帯の線路で、軽量列車を引き、無理のない時刻表通りによい成績をあげることができた。

- ボイラー圧：8.4kg/cm²
- シリンダー直径×行程：438×609mm
- 動輪直径：2487mm
- 火床面積：1.29m²
- 伝熱面積：108.6m²
- 牽引力：3370kg
- 全重量：31.14t

Y43型　4-6-0（2C）タンク機関車　グレイト・インディアン半島鉄道（GIPR）

インド：1862年

　J・カーショウの設計、マンチェスター市のシャープ・ステュアート社で5両製造された。この鉄道のガットの37分の1（1000分の27）勾配線で使われた。ゲージは1676mm（5フィート6インチ）。
　外観が異様で、正面にサドル・タンクが設けられ、外側サンドウィッチ型台枠を持つ。幅に比べて前後は短いボギー先輪台車は左右に動くことができる。イギリス製のものの中では最大の内側シリンダーと、レールを抑えつけるスレッジ・ブレーキを備えていた。初めて登場した時には、インドの気候を無視して、運転室はついていなかった。
　実績はあまりよくなくて、ガットの上り坂は長いこと問題となっていたが、20世紀になってから電気機関車を導入して解決した。

- ボイラー圧：8.4kg/cm²
- シリンダー直径×行程：508×609mm
- 動輪直径：1318mm
- 火床面積：2.4m²
- 伝熱面積：133.5m²
- 牽引力：8540kg
- 全重量：49.79t

250型　2-6-0（1C）　イーリー鉄道

アメリカ：1862年

　この鉄道は1827mm（6フィート）・ゲージ線路で、4-4-0（2B）型を使っていたが、貨物列車の牽引力を増やしたいと考えて、1862年この2-6-0（1C）型を、ニュージャージー州パターソン市のダンフォース・クック社に10両発注し、見事な成績をあげたので、更に注文を増やした。
　外側シリンダーを2個持つ典型的アメリカ・スタイルで、無煙炭を焚く。火床は正面の水のスペースと火室の後部をつなぐ鉄パイプで出来ていて、これはフィラデルフィア＆レディング鉄道のジェイムズ・ミルホランドが考案し、他の炭鉱路線の多くで採用されたものだった。
　アメリカ最初の2-6-0（1C）機関車は1850年に製造されたが、全車輪が固定されていた。先輪がボギー台車で自由に動ける方式は、1860年にミルホランドが発明したものである。この車輪配列を「モーガル」と呼ぶようになったのは1872年からである。

- ボイラー圧：8.4kg/cm²
- シリンダー直径×行程：431×558mm
- 動輪直径：1370mm
- 火床面積：1.95m²
- 伝熱面積：116.5m²
- 牽引力：4805kg
- 全重量（炭水車を除く）：36.07t

No.1　4-4-0（2B）　グレイト・ノーザン鉄道（GNR）

アメリカ：1862年

　アメリカ中西部に鉄道網が急速に広がり、ミネソタ州に列車を最初に乗り入れたのは、グレイト・ノーザン鉄道の系列下にあったセントポール＆パシフィック鉄道で、後に大陸横断鉄道の一翼を担うこととなった。
　No.1は「ウィリアム・クルック」号と名づけられて、後に大きく復元したものが現在保存されている。1861年にニュージャージー州パターソン市のスミス＆ジャクソン社の製造、線路でラクロスまで運び、そこからミシシッピー河の船でセントポールまで運んだが、まだ鉄道が開業していなくて、1862年から現役に入った。この鉄道の動力車の代表となったが、太平洋岸まで線路が到達したのは1893年のことだった。

- ボイラー圧：8.4kg/cm²
- シリンダー直径×行程：304×558mm
- 動輪直径：1599mm
- 火床面積：不明
- 伝熱面積：不明
- 牽引力：2267kg
- 全重量：46.27t

0-6-6-0（CC）貨物列車用機関車　ノール（北）鉄道（NORD）

フランス：1863年

　ノール鉄道のジュール・プティエ技師の設計で、必ずしも優秀ではなかったが、時代を先取りしている点もあった。ベルペールの考案した火室を採用し、火床面積が抜群に大きかった。
　「デュプレックス」式動力伝達装置は各枠に固定されていて、その両端に連結された動輪の左右の動きは、充分な柔軟性を与えられていなかった。連接方式はまだ開発されていなかったのである。
　もうひとつの注目すべき特徴は、長い排気管がボイラーの上部を後に伸びて、運転室前部の煙突に通じており、蒸気乾燥器と給水暖め器の役をしていたことであった。
　蒸気発生効率は悪く、630トンの貨車しか引けなかった。20両製造されたが、改造されて40両の入れ換え用タンク機関車になった。

- ボイラー圧：9kg/cm²
- シリンダー直径×行程：440×440mm
- 動輪直径：1065mm
- 火床面積：3.3m²
- 伝熱面積：197.3m²
- 牽引力：10.798kg
- 全重量：59.71t

0-6-0（C）型　ミッドランド鉄道（MR）

イギリス：1863年

- ボイラー圧：9.8kg/cm²
- シリンダー直径×行程：431×609mm
- 動輪直径：1586mm
- 火床面積：1.56m²
- 伝熱面積：101.5m²
- 牽引力：5980kg
- 全重量：35.56t

　1850年代の末頃に、イギリスとアメリカで、どうしたら石炭をよりよく燃やし、煙を少なくできるかという研究が進められた。コークスは高価だが、どちらの国でも瀝青炭も無煙炭も豊富に埋蔵があった。奇妙なことに両方の国でほぼ同時に、別々の発明者が特許を申請した。それ以前の多くの試み、例えばふたつの火室その他さまざまな工夫よりも、遥かに単純な方法だった。
　耐火性煉瓦のアーチを火室の上部を横断するように設け、火室扉に転向板をとり付けるというものだった。このようにして火炎は転向し、遠くまで及び、燃焼温度を高め、蒸気発生率をよくし、煙の量を減らすことができた。
　イギリスで先駆的にこれを採用したのがミッドランド鉄道で、この技師チャールズ・マーカムは1859年末までにこの方法を完成させた。アメリカではジョージ・S・グリッグズが1859年12月に煉瓦アーチの特許を取った。もっとも、それより数年前に、ボールドウィン社製の機関車が最初にこのアイデアを実行に移していたという。1860年以降、耐火煉瓦アーチは火室にとり入れられ、ほとんどの路線で石炭が標準燃料となった。
　1863年製の0-6-0（C）型は、内側

蒸気機関車　　1825〜1899年

にシリンダーと外側に台枠を持ち、最初から煉瓦アーチ付き火室を採用した。この型式は1874年までに315両が製造され、ミッドランド鉄道貨物列車の主力となった。外側台枠につけられた運転士が立つ足台にギザギザと細い穴を刻んだのは、エジプトからの注文で、マンチェスター市のシャープ・ステュアート社が製造した0-6-0（C）型を真似たものである。

この型式の多くは1940年代末まで現役で、最後の1両が退役したのは1951年だった。

サッチャー・パーキンズ型4-6-0（2C）　　ボルティモア＆オハイオ鉄道（B&O）　　アメリカ：1863年

　4-6-0（2C）型の始まりは1840年代後半である。1847年3月にフィラデルフィア市のノリス工場が、フィラデルフィア＆レディング鉄道の注文で、「テンホイーラー」チェサピーク号を製造した。設計したのはセプティマス・ノリスだと一般に認められている。確かに彼はその後4-6-0（2C）車輪配列の特許を取ろうとしたことがある。

　成績はよかったのだが、このタイプはすぐには認められなかった。ボールドウィン社はまだこの時は4-2-0（2A）型に執着していて、同社のカタログ——広く鉄道会社に配布していた——では、1852年まで4-6-0（2C）型を掲載していない。多くのエンジニアは、先輪の軸重が小さすぎるために、レールから跳ね上がりがちで、この車輪配列が4-4-0（2B）に比べて実際の利点はないと感じていた。初期の4-6-0（2C）型では、先輪と第2動輪にはフランジがついていなかった。

　最初の4-6-0（2C）型は貨物列車用として設計されていたが、1850年代中頃になると、いくつかの路線で客貨両用、すなわち、速い列車と貨物列車の両方に使える便利な機関車という評価が確立した。

　サッチャー・パーキンズ技師は1840年代から機関車設計の仕事を続けていた。大型機関車、例えば当時彼が技師長をしていたB&Oが1848年発注の0-8-0（D）型などが彼の専門だった。1851年に彼はヴァージニア州アレクサンドリア市のスミス・パーキンズ機関車製造工場の共同経営者となった。ここで1856年に、ペンシルヴェニア鉄道発注の「テンホイーラー」ウィルモア号を製造した。

　1863年にB&Oは、ピエドモントとグラフトンの間のアレゲニー山脈越え路線のために、4-6-0（2C）型の設計をサッチャー・パーキンズに依頼した。これは同鉄道のマウント・クレア工場で製造し、旅客列車用であったが、全重量が重すぎたために、線路と橋の補強工事が終るまで使用できなかった。この型のNo.117は1890年まで現役で活躍してから引退した。その後もあちこちの博覧会で展示され、1927年のB&O創業100周年記念祭で蒸気を入れて走った。大幅な復元作業を施した後、現在なお同鉄道博物館で保存されている。

　この機関車は技術、あるいはスタイルの点で、特に何か新しい傾向を創り出したものとは言えないし、また特に成績抜群というわけでもなかったが、この時代の美しい様式をよく示しているし、生みの親の名前を貰っている。

　ボイラー圧は5.25kg/cm²で、奇妙なほど低いが、シリンダーに蒸気を送り込む装置に問題があったに違いない。パーキンズは他にも4-6-0（2C）型を設計した。例えば、彼が1868年に技師長となったルイヴィル＆ナッシュヴィル鉄道の1524mm（5フィート）ゲージ機関車。これはNo.117とは違って、動輪直径が1497mm、動輪軸間隔が7614mmと大きく、貨物列車用であった。

　アメリカでは多くの4-6-0（2C）型が製造されたが、19世紀の間は4-4-0（2B）型に、1910年頃以降は「パシフィック」4-6-1（2C1）型やD型やE型に押されて影が薄くなってしまった。大西洋の反対側では事情は違っていた。イギリスとヨーロッパで4-6-0（2C）テンダー機関車が導入されるのに時間がかかった。イタリアでは1884年にヨーロッパ最初の4-6-0（ヴィットリオ・エマヌエーレ型）がチェザーレ・フレスコット設計で誕生している。しかし、イタリアでも他の諸国でも、2-6-2（1C1）の方がより歓迎された。北ヨーロッパでは「テンホイーラー」導入により積極的だった。イギリスで最初に製造されたのは、1888年インドのインダス・ヴァレイ官営鉄道の有名なL型だが、本国での最初は、スコットランドのハイランド鉄道が1894年に使用したものだった。20世紀になってやっと、イングランドの鉄道が4-6-0（2C）型を導入した。しかし1930年代になると、イギリスでもっとも広く使用されるテンダー機関車となった。例えば、ロンドン・ミッドランド＆スコティッシュ鉄道では、ステイニア設計の「ブラック・ファイヴ」型が何百両も活躍し、蒸気機関車引退までイギリスの標準型となっていた。

ボイラー圧：5.25kg/cm²　火床面積：1.8m²
シリンダー直径×行程：482×660mm　伝熱面積：103.4m²
動輪直径：1472mm　牽引力：4670kg
全重量：不明

1型　2-4-2（1B1）　　エタ・ベルジュ（EB）　　ベルギー：1864年

ボイラー圧：12kg/cm²
シリンダー直径×行程：430×560mm
動輪直径：2000mm
火床面積：不明
伝熱面積：不明
牽引力：5306kg
全重量：33.5t

　急行旅客列車用機関車で、ベルギー国鉄技師長アルフレッド・ベルペールの最初の重要設計業績のひとつである。彼の設計したボイラーと火室は、その後約100年近くにわたって、他の多くの機関車で採用された。独特の外観を呈していた——ボイラーの直径が後へ行くほど大きくなって、最後に背の高い、肩が角張った火室となる。ボイラーのもっとも温度の高い部分、すなわち火室の周囲と上に、蒸気発生スペースを最大にするという目的を達成するためである。

　最初の試作機はセラン市のコッケリル工場で製造され、その後他の多くのベルギーやフランスの工場でも製造を請負い、1884年までに合計153両が誕生した。内側に2個の単式シリンダーがあり、走り板が動輪の上まで高くなっているので、連結棒クランクが外に露出している。ストーブ・パイプ形の煙突は最初からついていて、すぐ後に蒸気ドームが置かれている。

　他にも新しい装置、例えばジフ

これは角形煙突であるが、原型はストーブ・パイプ型だった。

ァール式インジェクターを備えている（後期の車にはロンジー式インジェクターがついた）。ウェスティングハウス社式ブレーキとポンプは1878年から、屋根付き運転室は1882年から設けられた。1889〜96年にかけて、ボイラーがとり替えられ、どっしりした角形煙突がついた。これは急行用機関車としては他に類のない形だが、同じ煙突のものはベルギーでは多くある。後に同じくらいの大きさの楕円形の煙突にとり替えられた。

　1890年まで、ルクセンブルク行きの線以外のすべての路線で急行列車を引いて走ったが、それ以後は1920年代まで普通列車用に格下げされ、1926年には全車スクラップになった。

第1部　蒸気機関車

メトロポリタン・タンク　4-4-0 (2B)　メトロポリタン鉄道　　イギリス：1864年

メトロポリタン鉄道4-4-0 (2B) タンク機関車の後期の姿。ロンドン交通営団の色に塗られている。同鉄道がグレイト・セントラル鉄道と共同で所有していた路線の北端にあるヴァーニー・ジャンクションで撮影。

しには全く貢献しない。何年もかけていろいろの改造を加えた。例えばビッセル式ボギー台車をアダムズ式ボギー台車にとり替えた。合計120両の蒸気機関車はよい成績をあげた。石炭積載量は最大1トンであった。

1897年に第1号機が解体された時、総走行距離は1,689,810kmだった。1905年に電化された時、何両かは他の鉄道に売られて生き延びた。ウェイルズのカンブリアン鉄道に売られた車はテンダー機関車に改造された。No.23は1両だけ生き残って保存されている。メトロポリタン鉄道型と同じものが他の路線の注文で製造されたこともある。例えば、1871年ドイツのレニシュ鉄道の発注による5両など。

ボイラー圧：9.16kg/cm²
シリンダー直径×行程：432×609mm
動輪直径：1753mm
火床面積：2.7m²
伝熱面積：94m²
牽引力：5034kg
全重量：42.83t

「ガス燈の明かりが絶えず深まりつつある暗闇をかえって際立たせる添黒の中を手さぐりしつつ進むにつれて、トンネルの硫黄の息吹きがわたしたちをとり巻く」

ロンドン中央部の底を貫く世界最初の地下鉄道について、歴史家ハミルトン・エリスはこのように描写していた。その最初の注文機関車はマンチェスター市のベイヤー・ピーコック社製の4-4-0 (2B) タンク機関車だった。先輪はビッセル式ボギー台車で、センター・

メトロポリタン鉄道タンク機関車の原型には運転室はついていなかった。ボイラー前部に先端が銅製の細い煙突と蒸気ドームが設けられていた。

ラインより2030mm後に支点皿があった。

もっとも個性的な装置はトンネル内で使用するための蒸気凝結装置であった。排気はブラスト管から長い水平の管で水槽の中に入れられる。蒸気を消耗させ、給水を温めるのに役立つが、煙の吐き出

No.148　0-6-0 (C)　ルーズ・ヴァルナ鉄道　　ブルガリア：1865年

ブルガリアの最初の鉄道の開業は1865年11月7日で、使用された4両の機関車は、イギリス、マンチェスター市のシャープス社製で、黒海に面したヴァルナ港まで直接船で運んだ。この鉄道は国の北東部にあって、ゲージは標準軌、延長は224kmだった。当時のイギリスの内側シリンダー0-6-0 (C) の典型とも言えるタイプで、旅客・貨物の両列車を引いて走った。

現在ルーズに保存されているNo.148。1869年製造、1873年にトルコのオリエント鉄道に売られたが、1888年にブルガリアに戻った。

ボイラー圧：8kg/cm²
シリンダー直径×行程：432×610mm
動輪直径：1371mm
火床面積：1.3m²
伝熱面積：92.6m²
牽引力：5347kg
全重量：30.6t

蒸気機関車　　1825〜1899年

コンソリデイション型　2-8-0（1D）　　リハイ＆マハノイ鉄道　　　　　　　　　　　アメリカ：1866年

ボイラー圧：8.4kg/cm²
シリンダー直径×行程：507×609mm
動輪直径：1218mm
火床面積：2.3m²
伝熱面積：不明
牽引力：10.070kg
全重量：38.88t

デンヴァー＆リオグランデ鉄道は早い時期からコンソリデイション型を採用し、その実績が山岳路線での価値を大いに宣伝してくれた。

この鉄道は石炭運搬のために新設されたもので急勾配がある。そこで同社の技師長アレグザンダー・ミッチェルは、それに対処するために1865年「スーパー貨物」機を設計した。8つの動輪をつなぎ、先輪はビッセル式台車、先輪はすべてスポークも穴もない。

製造所を見つけるのに少々苦労したが、1866年4月にボールドウィン社が引き受け、8月までには働きだした。製造中にこの鉄道はリハイ・ヴァレー鉄道と合併し、それを祝うためにコンソリデイション（統合）という名がつけられた。最新の開発がとり入れられている。例えば、ドイツのクルップ社製の鋼鉄タイヤ（同社はこれの開発の先駆となった）や蒸気インジェクターなど。

製造費用は19,000ドルに戦時特別税950ドルが加算されたが、会社としてはこの設備投資に大満足だった。技師長のジェイムズ・I・ブラクスリーは、ボールドウィン社に宛てて、次のような手紙を送った。「成績は申し分なしです。（中略）同じ重量で製造されたどの機関車よりも重い荷を引いて走れるので、わたしは大満足です」

コンソリデイション号の真の長所は牽引力ではなかった。牽引力では他の0-8-0（D）型でも太刀打ちできた。

それは、最大軸重が8.5トンなのに、他の鉄道がいくらしゃっちょこ立ちしてもかなわなかった高速で、重量列車を引いて急カーブの線路を走破できる性能だった。あらゆる点で時代の設計技術の最先端を行く機関車だった。先輪台車はビッセル式ではなくて、ロジャーズ機関車製造工場の技術主任ウィリアム・ハドソンが新しく特許を取ったもので、台車枠を第1動輪スプリング・ハンガーに接続する重い釣り合いレヴァーを備えたものだった。

火室から煙室まで4568mmもある長いボイラーは大量の蒸気を発生させることができ、大きなシリンダーがその力を長い主連棒で第3動輪に伝えて動かした。ひとつだけのインジェクターの補助として、両側に給水ポンプがあり、第4動輪のリターン・クランクで動かしていた。上質の無煙炭を焚き、ふたつの4輪台車で支える炭水車は、石炭置き場の上に高い屋根を付けて雨を除けていた。

この型式に追加注文が出され、他の鉄道会社がかなり注目を寄せるようになったが、買うことには二の足を踏んだ。ひとつには車長が並はずれに大きく、もうひとつには2万ドルであまりお釣りが来ない高価格であったからだ。しかし2-8-0（1D）型は重量貨物用機関車としての評判を着々と高めていった。標準軌でも狭軌でも、その利点が同じように認められた。1873年には、ボールドウィン社が、デンヴァー＆リオグランデ鉄道のガーランド延長線のための913mm（3フィート）・ゲージの「コンソリデイション」を製造した。この路線は技師長の説明によると、「211フィート（65m）上り勾配と30度カーブを、まるでうちの旅客列車用のカマが3両の客車と1両の荷物車を引いて75フィート（23m）上り勾配を登る時のように楽々と走っているみたいだ」

1876年にペンシルヴェニア鉄道の貨物列車用標準機関車としてコンソリデイション型が採用されると、以後急速に人気を増した。投資金額が大きくても、すぐに成績で元が取れたのだから。1878年にイーリー鉄道の幹部が計算の結果、2-8-0（1D）型55両で4-4-0（2B）型100両分の仕事ができるとの答を出した。コンソリデイション型の大成功で、アメリカはさらに大型・強力な機関車を望む気運が高まった。最終的には何万両というコンソリデイション車輪配列の機関車が世界中で製造され使用されることとなる。これよりもっと大型・強力な車も現れるが、蒸気運転時代が終る日まで、2-8-0（1D）は標準形として製造され続けた。

デンヴァー＆リオグランデ鉄道が後期に採用した2-8-0（1D）型。2シリンダー、単式コンソリデイション機によく見られることだが、主連棒は第2動輪を動かしていた。

第1部　蒸気機関車

ラントヴュールデン　0-4-0 (B)　　オルデンブルク国鉄　　　　　　　　　　　　　　　　　　　　ドイツ：1863年

　後世に影響を及ぼした機関車で、ドイツ、ミュンヘン市のゲオルク・クラウスが製造した第1号となった。クラウスの同僚にリヒャルト・フォン・ヘルムホルツがいて、2人で共同設計したクラウス・ヘルムホルツ式先輪ボギー台車は、後にヨーロッパの機関車の多くで使用されることとなった。この会社は後にマッファイ社と合併して、クラウス・マッファイ社となった。
　ラントヴュールデン号は1867年のパリ博覧会で陳列されて、デザイン・工芸金賞を獲得した。特色のひとつに、給水を温めるために鋲で締めた箱台枠と一体となった水タンクがある。
　1900年に現役を引退し、現在は炭水車はついていないが、ニュールンベルク交通博物館で保存されている。

ボイラー圧：10kg/cm²
シリンダー直径×行程：355×560mm
動輪直径：1500mm
火床面積：0.98m²
伝熱面積：不明
牽引力：4350kg
全重量：不明

G型　0-6-0 (C)　　スウェーデン国鉄　　　　　　　　　　　　　　　　　　　　　　　　　　　スウェーデン：1867年

　1866～74年にかけて、イギリス、マンチェスター市のベイヤー・ピーコック社とスウェーデン、トロールホッタン市のニドクヴィスト・ホルム社が、この型の機関車を57両製造し、これはGa型と呼ばれた。
　外観はイギリス風で、内側シリンダーを2個備え、スティヴンソン社式リンク・モーションがすべり弁を操作している。性能のよい貨物列車用機関車で、1921年まで現役に就いていたものもあった。
　新しいボイラーに取り替えたものはGb、Gc型と呼ばれ、Gcの最初期の1両は現在保存されている。吹きさらしの運転台はスウェーデンの冬では酷というもの。スウェーデンでも他の国同様機関車乗務員は労働組合を組織して、労働条件や労働時間の充分な改善を勝ち取らねばならなかった。

ボイラー圧：8.5kg/cm²
シリンダー直径×行程：406×610mm
動輪直径：864mm
火床面積：1.4m²
伝熱面積：不明
牽引力：8425kg
全重量：不明

335型　0-6-0 (C)　　ハンガリー国鉄 (MÁV)　　　　　　　　　　　　　　　　　　　　　　　　ハンガリー：1869年

　ハンガリーは1918年までオーストリアのハプスブルク帝国の一部だったが、古くからある王国で多くの独自のものを持っていた。鉄道システムもそのひとつであった。ハンガリー国鉄は1867年に組織され、次第に小私鉄を併合していった。というわけで、当然のことながらさまざまなタイプの機関車を抱え込み、大幅な点では似ていたが、標準化はまったくされておらず、修理や新品補給に苦労した。
　そこで機関車の標準化が始まり、その最初の成果がこの335型貨物列車用と、同年に製造された2-4-0 (1B) 旅客列車用338型である。335型は国内のほとんどの貨物列車を担当、国鉄線のみならず私鉄線でも走った。外側台枠を持ち、単式シリンダーは外側に2個で、スティヴンソン社式リンク・モーションが内側の弁を作動させていたというわけで、ほとんどの点で古いオーストリアの伝統をそのまま受け継ぎ、製造所もオーストリアであった。オーストリア連邦鉄道の工場で1866年から製造していた0-6-0 (C) 33型より少し小さい動輪を持ち、諸データにも少々の違いはある。ボイラー直径は小さく、その上に蒸気ドーム、給水用シリンダー、火の粉飛散防止装置を上に付けたストーブ・パイプ形の煙突などがある。1両が現在保存されている。

ボイラー圧：8.5kg/cm²
シリンダー直径×行程：460×632mm
動輪直径：1220mm
火床面積：1.65m²
伝熱面積：128.4m²
牽引力：8570kg
全重量：39.6t

2型「ウートランス」4-4-0 (2B)　　ノール (北) 鉄道 (NORD)　　　　　　　　　　　　　　　　　フランス：1870年

ボイラー圧：10kg/cm²
シリンダー直径×行程：462×609mm
動輪直径：2087.5mm
火床面積：1.95m²
伝熱面積：99m²
牽引力：5400kg
全重量 (炭水車を除く)：42.16t

　「ウートランス」とは「最大限」という意味であるが、この機関車はパリの北部の長い坂の多い区間で、クランプトン型の後を継いで、英仏海峡沿岸都市やフランス北東部の都市行きの重い旅客列車を引いて、まさに最大限の活躍をしたが、1891年以降はド・グレーン開発の新しい複式機関車に仕事を奪われてしまった。
　1866年にイギリスのグレイト・ノーザン鉄道の発注で、アーチボルド・スタロックが設計した2-4-0 (1B) 型を手本にして、ノール鉄道の技師長ジュール・ペティエが設計したものである。スタロックの後任として、グレイト・ノーザン鉄道技師長となったスターリングは、この2-4-0 (1B) 型を2-2-2 (1A1) 型に改造してしまった。しかし「ウートランス」型の方は、4つの先輪を持ち、諸データも少し大きかったので、成績は上々で1885年まで追加製造された。
　外側に台枠があり、内側に単式シリンダーを持ち、長いベルペール式火室を設けている。イギリス風とはいえない特色は、煙突の後の突起と蒸気室の間に前方に傾斜した蒸気管が外側に露出していることである。運転台といっても名ばかりで、覗き窓の外枠程度でしかない。最初は4輪炭水車を付けていたが、後に6輪車にとり替えた。
　「ウートランス」は名声を広め、スペインのマドリード・カセレス・ポルトガル鉄道は同じ設計の機関車を使用した（ただし製造したのはドイツ、ヒェムニッツ市のハルトマン社であるが）。アルゼンチンのフランス資本のロザリオ・プエルトベルグラノ鉄道でも採用された。こちらは1910年ベルリン市のシュワルツコップフ社製で、アルゼンチンで最初に過熱装置を持った機関車となった。

ジュール・ペティエは進取の気性に富み、背の高い幅広のベルペール火室を採用した最初の設計者の1人であった。お陰で「ウートランス」の蒸気発生性能が増強された。

34

蒸気機関車　　1825〜1899年

No.1　4-2-2（2A1）　　グレイト・ノーザン鉄道（GNR）　　　　　　　　　　　　　　　　　　　イギリス：1870年

1982年5月9日、グレイト・セントラル保存鉄道ラフバラ〜ロスリー間でNo.1保存機が走る姿。

　その第1号機は現在なお保存されている。もっとも、これは設計者の根強い偏見に背いて先輪ボギー台車をはき——重量のため止むを得なかったのだ——外側シリンダーを付けている——これは動輪軸の高さから仕方なかったのだ。
　こうした「欠点」にもかかわらず、これはスターリングの設計した車の中でのお気に入りで、その成績をじっくりと観察した。もうひとつ彼が嫌ったのは重連で、機関車は単独で仕事できなくてはいけないという持論だった。彼の機関車を重連運転させた機関庫主任は、後でお小言を頂戴することになった。
　GNRの単動輪機関車と、他の鉄道の同じ型の多くの機関車が引いて走ったのは、決して軽量の列車ではなかった。キングズ・クロス発リーズ行き急行は、1880年代初頭には254トンの重さで、始発駅からポターズ・バーまで200分の1（1000分の5）の上り坂13kmを時刻表通りに12分半で走らねばならなかった。1875年10月に、No.22はキングズ・クロスからピーターバラまでの122.7kmを、18両の客車を引いて92分で走破した。平均時速80kmである。1890年代になると、車輪に鋼製のタイヤが付き、レールの重さも増したので、8フィート動輪機関車は時速133kmという大変な記録を出した。このような成績

　動輪が1対だけの、いわゆる「単動輪機関車」（シングル・ドライヴァー）は、他のほとんどの国では多動輪型にとって代られた後も、ずっと長いことイギリスでは引続き用いられていた。外国人にとっては古くさい車輪配列と思われたものに、イギリス人が変らず愛着を持った理由は、鉄道会社の技術者と経営者の大半が保守的で島国根性の持主で、しかも自社工場をわがもの顔に使えたからである。イギリスの独立機関車製造会社は海外からの発注に頼っていたから、動輪が6ないし8個の機関車が自国で採用されるかなり前から、こうした型式のものを海外向けに製造していた。
　だが、イギリスで単動輪型が好まれたのには、他にも原因がある。イギリスの鉄道の距離が比較的短いこと。GNR幹線の距離は200マイル（322km）ちょっとに過ぎなかった。それに1870年代には、車両も比較的軽かった。機関庫の設備、とくに転車台（ターンテイブル）が短い車に合うように作られていた。線路状態が概して良かったから、単動輪車の軸重が比較的重くても（この機関車の場合は15.2トン）大して問題にはならなかった。さらに単動輪車は多動輪車より製造費が安かった。とはいえ、性能効率とは直接無関係に、単純志向とでも言うべき流行があった。これがもっともはっきり示されている設計者の一人がパトリック・スターリングだった。彼はスコットランド出身で、グラスゴー＆サウスウェスタン鉄道から1860年代末にGNRに移り、1895年に死ぬまでその職に就いていた。
　スターリングはまるで執念のように単純な機関車にこだわった。余計なものをつけるのを嫌った。彼の設計した機関車のほとんどには蒸気ドームがついていない。ボギー台車も嫌った。シリンダーは車輪の内側の見えない所に設ける方を大いに好み、シリンダーが外側についている機関車は「ズボンを下ろして駆け出した若い衆みたいなもの」と言った。
　彼がドンカスター工場に着任して間もなく、彼の古典的傑作となるものを設計した。4-2-2（2A1）型で、動輪直径は8フィート（2436mm）、

1938年ロンドンのキングズ・クロス駅で臨時列車を引くNo.1。横に見えるのは、近郊区間列車用タンク機N2型0-6-2（C1）No.4766。

1938年8月24日、グレイト・ノーザン鉄道の6輪保存古典客車7両の観光臨時列車を引いて、ロンドンに向けてケンブリッジ駅を出発する直前のNo.1機。

35

第1部　蒸気機関車

を上げるためには、機関士は機関車に「鞭入れ」、すなわち、かなり無理な運転を強いなくてはいけなかったし、単純・強健な設計のお陰で何度となくこのよう奇跡が生まれたのである。ある作家は、スターリングの単動輪機関車が全速力で走るさまを、火山の爆発にたとえていた。火を吹くというのは危険であり浪費であるが、充分な成績をあげるためには、これしか方法がなかった。でも、それができたということは、蒸気の通りがよく、動力部分のバランスがよくなるよう、入念巧妙に設計されていたからこそであった。スターリングの機関車はめったに車輪がスリップしたことがなかった。GNRのこの型式、それからこれより少し小さい7フィート7インチ（2309mm）直径の単動輪機関車は、現役引退まで急行列車を引いていたが、その成績が優秀なのを見て、他のイギリス鉄道会社も単動輪型を復活させることとなった。1899年にスクラップが始まった。No.1は本線引退後ドンカスター工場で入れ換えの仕事をしたが、1907年に引退し、現在ヨーク国立鉄道博物館で保存されている。いまでも火を入れ蒸気を出すことができる。

No.93の図。ここでは機関車の全体構造において、さまざまな曲線をとり入れるような設計上の配慮がなされていることが示されている。

ボイラー圧：9.9kg/cm²
シリンダー直径×行程：457×711mm
動輪直径：2460mm
火床面積：1.6m²
伝熱面積：108m²
牽引力：5034kg
全重量：39t

1号　2-4-0（1B）タンク機関車　日本官営鉄道　日本：1871年

日本は狭軌を選んだが、個々の技術、例えば連結器、バッファー、信号などの点では、日本最初の鉄道はイギリスの方式を踏襲していた。

日本最初の鉄道は1872年10月14日、東京の新橋駅から横浜駅まで28kmの1067ミリ（3フィート6インチ）・ゲージの路線で開業した。使われたのは2-4-0（1B）小形のタンク機関車10両で、イギリスの5社で製造され輸入された。運転室がないので日本人は驚き（イギリスの気候は日本よりよいとは言えないのに）、運転室をつけ加えることとなった。1875年に発表された版画は、東京の海岸を走っている列車を描いている。

No.1はヴァルカン・ファウンドリー社製で、1911年に九州の島原鉄道に売られたが、1936年に東京の交通博物館に買い戻され、現在そこで保存されている。

ボイラー圧：8.4kg/cm²
シリンダー直径×行程：304.5×456.8mm
動輪直径：1294mm
火床面積：0.97m²
伝熱面積：52.5m²
牽引力：2350kg
全重量：18.8t

フェアリー　0-4-4-0（BB）　フェスティニオグ鉄道　イギリス：1872年

山間の曲りくねった狭軌の線路のために、連節機関車が早い時期から試みられた。1832年アメリカ人のホレイショ・アレンは、2個のボイラーが背中合わせに置かれ、中央にひとつの火室があり、動輪台車がそれぞれのボイラーの下に1個ずつという双子機関車を、サウス・カリフォルニア鉄道のために設計した。

リチャード・トレヴィシックの息子フランシスは、コーンウォール鉱山鉄道のために、背中合わせにタンク機関車がふたつ連結されている機関車を設計した一人であった。イギリスとベルギーの合弁コッケリル社は、1852年にボイラー2個、火室2個の0-4-4-0（BB）型を、ゼンメリング勾配線の試験走行のために製造した。

最終的にロバート・フェアリーが1865年に連節2ボイラー機関車設計の特許を取るも、これは新しい発想ではなかった。イギリスの工

フェスティニオグ鉄道の重油焚きのフェアリー型機関車。ウェールズ山中の同社ボストン・ロッジ工場にて。

36

蒸気機関車　　1825～1899年

場が、ラテン・アメリカやロシアの発注で輸出用フェアリー型機関車を製造した。ほぼ火室は1個で、2個のものも若干あった。急カーブでも曲がれ、牽引力もあるというのが利点だが、燃料の格納場所がないこと、ふたつのボイラー間の運転室が窮屈なこと、ボイラーとボギー台車内の動輪との間の自由に動く蒸気管が弱いこと、などが欠点だった。イギリスでのフェアリー型機関車の最盛期はウェイルズの狭軌路線で、1979年という最近になっても、観光路線フェスティニオグ鉄道（600mmゲージ）が重油焚きの機関車を1両製造した。1872年製造以来100年以上も経っていた。しかし既に1911年には、連節機関車製造の原則としては、マレー方式とベイヤー・ギャラット方式しか行なわれていなかったのである。

ボイラー圧：9.9kg/cm²
シリンダー直径×行程：216×355mm
動輪直径：812mm
火床面積：1m²
伝熱面積：66.2m²
牽引力：3400kg
全重量：20.37t

［テリヤ］　0-6-0（C）タンク機関車　ロンドン・ブライトン南海岸鉄道　　イギリス：1872年

1870年代になっても、南ロンドンの通勤路線の多くは、開業当初の軽量レールをそのまま残したひどい状態だった。こうした路線のために、1872～80年にかけて、10両の内側シリンダーの小型機関車が製造された。最大軸重8トンなので、こうした軽いレールでも大丈夫だった。設計したのはロンドン・ブライトン南海岸鉄道の機関車担当技師ウィリアム・ストラウドリーで、彼の設計した車は、実利的に上出来だからだけでなく、芸術的美しさでも有名だ。「テリヤ（犬）」と愛称を貰って、成績優秀で20世紀になっても多くが現役だった。動態で保存されているものが2両ある。

1958年4月13日ニューヘイヴン駅で入れ換え作業中のNo.32636。ロンドン・ブライトン南海岸鉄道の標準色である、ストラウドリーの「改良グリーン機関車」から、1950年代後半の英国鉄道の標準色である白線引きブラックまで、このテリヤ犬は何度お色直しをしたことだろうか。

ボイラー圧：9.9kg/cm²
シリンダー直径×行程：330×508mm
動輪直径：1220mm
火床面積：1.4m²
伝熱面積：49m²
牽引力：3810kg
全重量：25t

第1部　蒸気機関車

2-4-2（1B1）型　パリ・オルレアン鉄道（PO）　　　　　フランス：1873年

　フランスの急行旅客用機関車では2-4-2（1B1）の車輪配列が人気高かったが、これはその2-4-2流行の最初となったもので、他の鉄道もこれに追随して、エタ（東）鉄道は古い2-4-0（1B）をこれに改造し、パリ・リヨン地中海鉄道は390型を新製した。先輪は外側シリンダーの後に置かれ、従輪は運転室の下にある。アラン式リンク・モーション装置が外側についている。これはスティヴンソン社式リンク・モーションのカーブしたリンクに対して、「直線リンク」として知られたものだった。

　2-4-2（1B1）テンダー機関車はベルギーとドイツで少々流行したが、それ以外の国ではほとんど見られなかった。フランスでも1890年代になると、多くは4-4-0（2B）型にとって代られた。

ボイラー圧：10kg/cm²
シリンダー直径×行程：441.6×652.3mm
動輪直径：1999mm
火床面積：1.6m²
伝熱面積：142.7m²
牽引力：5408kg
全重量：42.47t

プレジデント〔先例〕型　2-4-0（1B）　ロンドン＆ノースウェスタン鉄道（LNWR）　　　イギリス：1874年

　「ジャンボ」という愛称がつけられていたが、ロンドン～クルー～マンチェスター間の列車を引くために、同鉄道の技師長F・W・ウェッブの設計、同鉄道のクルー工場で製造された。成績良好で長い間現役で活躍し、クルー～カーライル間の坂道で真価を発揮した。1874年頃のクルー工場は大工場で、ジョン・ラムズボトムの手で近代化改造が施されていた。1876年に同鉄道第2000番目の機関車を製造することとなる。同鉄道の機関車は輝く黒色に塗られ、一切の装飾抜きだった。（当時アメリカでも同じような傾向が見られた。）

　イギリスの急行列車用機関車の多くがそうであったが、これもボイラーの最大性能に欠けるところがあったため、運転にかなりの無理を強いなくてはならず、燃料費が高くついたが、それでも成績は優秀だった。この型式の中の1両、大文豪の名を貰ったチャールズ・ディケンズ号は、ユーストン～マンチェスター間の急行列車だけに通しで使われ、1882～1902年の間に3,218,500kmの距離を走破し、1902～12年は別の列車を引いた。しかし、機関車史研究家のE・H・アーロンズはこう書いている。「原型のまま残っていた部分がどの程度あったか、知りたいくらいだ」

　確かに、たった22mmの厚さしかなかった台枠が、20年間もこんな激務に耐えられたかどうか？

1895年頃、ロンドンからスコットランドへ行く東海岸まわりと西海岸まわりで「北行き競走」が激しかったが、西まわりのロンドン＆ノースウェスタン鉄道の名選手であった、同鉄道標準色の黒に塗られたNo.790「ハードロック」号は「ブラックベリー・ブラック」の愛称を貰った。1982年10月3日ディンティング鉄道センターに保存中を撮影。

「プレジデント」型は、F・W・ウェッブがこの鉄道の技師長に就任して早い時期に設計された。その後彼は例の悪評高い複式機関車を何型式も試作することになるが、「プレジデント」は複式がすべて使用されなくなった後まで、現役で生き残った。

蒸気機関車　　1825〜1899年

DIV型　0-4-0（B）タンク機関車　　バイエルン王国営鉄道（KBSTB）　　　　　　　　　　　　ドイツ：1875年

　1875〜97年にかけて、この軽量タンク機関車が132両、ミュンヘン市のクラウス・マッファイ社で製造された。後に改造が加えられて最大軸重が12トンから14トンに増えた。入れ換え作業が主な仕事だった。

　後にドイツ国鉄が誕生すると、88⁷¹⁻⁷²型式となるが、1930年までにすべてスクラップになった。
　1892年以降、ドイツのプファルツ鉄道にこれとほとんど同型のものが31両あり、ドイツ国鉄になってから88⁷³型となったが、こちらのうち1両が1961年まで工場内で働いていた。工場内で動けなくなっている機関車を引張る軽作業に従事し、時には「ペット」扱いされることもあったが、お陰でもっとも長いこと生き残ることができたというわけだ。

ボイラー圧：10kg/cm²
シリンダー直径×行程：330×508mm
動輪直径：1006mm
火床面積：1m²
伝熱面積：64.3m²
牽引力：4671kg
全重量：21.3t

F型　0-6-0（C）　　インド国鉄　　　　　　　　　　　　　　　　　　　　　　　　　　　　インド：1875年

　1メートル・ゲージのインドの鉄道では、これと同じような機関車が多数使われて、長いこと貨物列車用標準型となっていた。最初に製造したのはスコットランド、グラスゴー市のダッブズ社で、その後他の工場も造るようになった。
　外側に台枠があるのは典型的イギリス・スタイルだが、外側にシリンダーがついているのはイギリスでは少数派だ。動輪にはホール式特許のクランクがつき、主連棒は連結棒の内側に付いている。大きさの割には強力で、スピードは遅いが、609トンもの貨物列車を引いたと言われている。原型では6輪の炭水車に走り板と手摺りがついていた。
　19世紀末には、インドの鉄道のすべてで、0-6-0（C）型がもっとも一般的だった。大インド半島鉄道は1676ミリ（5フィート6インチ）・ゲージで、1877〜84年にかけて、K型とL型というふたつの違った型式を102両購入したし、東インド鉄道では1886〜1906年にかけて、C型とCA型を470両以上購入した。広軌用は石炭焚きだが、1メートル・ゲージ用F型の多くは薪焚きで、炭水車に高い手摺りが設けられた。
　F型は1882年までに164両製造されたが、1882〜1922年にかけて、さらに1メートル・ゲージ用871両が製造された。後期製造のものは動輪直径が1079mm、シリンダー直径が355mmと大きくなっている。1902年にラジプターナ・マルワ鉄道に新設したアジマール工場で、最初に製造されたのがF型だった。このうちの1両が現在デリーで保存されている。

　インドの鉄道では、さまざまな工場で製造された1500両以上の0-6-0（C）型が活躍した。これは現在保存されている1メートル・ゲージ用F型2両のうちの1両である。

ボイラー圧：9.8kg/cm²
シリンダー直径×行程：343×508mm
動輪直径：1028mm
火床面積：1.1m²
伝熱面積：60m²
牽引力：4858kg
全重量（炭水車を除く）：21.54t

第1部　蒸気機関車

複式タンク機関車　0-4-2（B1）　バイヨンヌ・ビアリッツ鉄道　フランス：1876年

　フランス人アナトール・マレーは、しばしば連節機関車を思い出させてくれる人だが、フランス最初の複式機関車を設計したのも彼で、これはル・クルーゾー工場で製造された。横腹に水槽を持つ小型で、フランス南西部の二つの町を結ぶ短い線で軽量列車を引いて走った。

　2個のシリンダーは外側にあり、美しさを狙ったものか、費用を安くするためかはわからぬが、小さい高圧シリンダーにも、大きな低圧シリンダーと同じ見せかけの覆いがついている。

　1878年のパリ万博の時、複式機関車への熱意で有名なマレーが、「通常の」機関車を展示したというので皆から賞讃された。マレーというとすぐ思い浮かべる後期の複式機に比べると、この初期のものは小ぶりで、機関車設計史上異彩を放つものの先駆者と言ってよかろう。

ボイラー圧：10kg/cm²
高圧シリンダー直径×行程：241×450mm
低圧シリンダー直径×行程：340×450mm
動輪直径：1199mm
火床面積：1m²
伝熱面積：91m²
牽引力：1895kg
全重量：33.78t

H型　0-4-2（B1）タンク機関車　ニュージーランド国鉄（NZR）　ニュージーランド：1876年

　1955年、トンネル線路開通直前にフェル式機関車が引く最後の列車のひとつ。9両客車編成列車の、前部、中間部、後部に最大4両までの機関車が使われた。

　イギリス人J・B・フェルが発明したフェル式走行法というのは、左右の走行レールの中間に大きな双頭レールを設けて、機関車の内側にある2個の独立したシリンダーが動かす水平車輪が、強いバネの力でこの中央レールの両側に押しつけられて、通常の走行車輪を助けながら急勾配を上るのである。下り坂の時は、この第3レールにハンマー式のブレーキを押しつけることができる。この方式は有名な15分の1（1000分の66.7）リムタカ坂で採用された。

　ニュージーランド最初のフェル式機関車4両は、イギリスのH・W・ウッドマーク設計で、エイヴォンサイド工場で製造され、1876年に納入された。1886年にはグラスゴー市のニールソン社で2両追加製造された。走行動輪用のシリンダーはすべて外側についているが、最初の4両がスティヴンソン社式リンク・モーションを備えているのに対して、追加の2両はジェイ式外側ラディアル弁装置を備えている。

　水平車輪は30トンに相当する圧力を加えていて、走行動輪軸重は32トンであった。上り坂で66トンの列車を引いて時速4.8kmで走ることができた。しかし、もっとも重い列車は264トンあったので、1列車を分割して、各列車4両の機関車を用いた。

　1950年代に8.8kmのトンネルができて、勾配区間は廃線となり、フェル機関車も引退した。

ボイラー圧：11kg/cm²
外側シリンダー直径×行程：355×406mm
内側シリンダー（中央レール用）直径×行程：304.5×355mm
動輪直径：812mm
火床面積：不明
伝熱面積：不明
牽引力（粘着用のみ）：6044kg
全重量：44t

93型　0-6-0（C）　ニュー・サウスウェイルズ州営鉄道　オーストラリア：1877年

　93型のうち最後まで現役として残ったNo.1904とNo.1923が、ニューカースル市ワラター機関車で、炭水車に石炭を積み込む木造の高架石炭庫まで石炭車を押し上げる仕事をしていた。

　オーストラリアでもっとも長寿の機関車型式で、1970年代でもまだ数両は現役であった。1890年代後半以後ベルペール式ボイラーを新設するなど、いくつかの改造が施されている。1865年ロバート・スティヴンソン社製0-6-0の17型式を基本として設計され、1889年には型式がA-93となって、全部で78両製造された。1900年代初期には14両がイヴリー工場で2-6-4（1C2）タンク機関車に改造されたが、他はその性能を認められてバートロウ～オベロン間の勾配線でテンダー機関車のまま使用された。

ボイラー圧：9.8kg/cm²
シリンダー直径×行程：457×609mm
動輪直径：1218mm
火床面積：1.66m²
伝熱面積：120.2m²
牽引力：8960kg
全重量：57.5t

蒸気機関車　　1825～1899年

97型　0-6-0（C）タンク機関車　　エリザベート皇后鉄道（KEB）　　　　オーストリア：1878年

　この鉄道が他のいくつかの小鉄道と合併して、オーストリア帝国営鉄道となった1884年に、97という型式が与えられた。最終的には225両に達し、それ以外に全国の私鉄用として1913年まで何両も製造された。データは同じだが、蒸気ドーム、煙突などなどが個々に違っている。
　シリンダーは外側、すべり弁で作動するスティヴンソン社式リンク・モーションを備える単式機関車である。この型式のうちの1両は1900年にチェコスロヴァキアのPCM工場で製造され、同国製造最初の機関車となった。短距離旅客列車から入れ換えまで、さまざまな仕事ができた。

ボイラー圧：11kg/cm²
シリンダー直径×行程：345×480mm
動輪直径：930mm
火床面積：1m²
伝熱面積：59.1m²
牽引力：5770kg
全重量：30t

2131型　0-8-0（D）　　ノルテ（北）鉄道（NORTE）　　　　スペイン：1879年

　1980年代に至るまでスペインは、ヨーロッパ諸国の中でほとんど唯一の国として、19世紀製のさまざまな蒸気機関車が、そのさまざまな「古めかしさ」の程度を見せながら現役で働いていた。
　1879～91年にかけて、この型式の47両が、イギリス、フランス、ドイツの諸工場で分担製造された。そのうち30両がスペインの川の名をつけられている。
　外側に単式シリンダーを持ち、スティヴンソン社式リンク・モーションを備え、低い位置の走り板の上部に動輪覆いが出っぱり、ボイラーの上にはいろいろな形の煙突、蒸気ドームがあり、まさにスペイン独特のごちゃ混ぜスタイルの典型だ。1909年に2-8-0（1D）型が採用されるまでは同鉄道の貨物列車用の主力で、1960年代中頃になっても、ほとんど全車両が現役だった。

ボイラー圧：9kg/cm²
シリンダー直径×行程：500×660mm
動輪直径：1300mm
火床面積：1.72m²
伝熱面積：不明
牽引力：9762kg
全重量：73.86t

「カリフラワー」　0-6-0（C）　　ロンドン＆ノースウェスタン鉄道（L&NWR）　　　　イギリス：1880年

　イギリスで貨物列車用標準機関車は0-6-0型で、幹線鉄道はすべて、それぞれ違ったスタイルのものを大量に所有していた。1913年には、これが7204両となり、イギリスの全蒸気機関車数の46%に達した。
　ティモシー・ハックワース設計のロイヤル・ジョージ号以来、原型となるのは堅固で単純な構造、台枠は通常内側、シリンダーはほとんどすべて内側に2個で、どのような状態の線路にも適していた。幹線をゆっくり走ることもできれば、炭鉱や工場の引込み線で入れ換え作業もできた。牽引力が足りない時は補機をつけた。
　1890年代以降、ほとんどの0-6-0（C）型には何らかの形の運転室、蒸気ブレーキ、銅鉄の火室、鋼製の車輪タイヤがついた。L&NWRでは、かなりの量の石炭その他の貨物を運んでいたので、技師長F・W・ウェッブが、最初の幹線専用機として、ジョイ式弁装置のついた0-6-0型を新製した。「カリフラワー」という愛称がつけられたが、おそらく第2動輪の上部の覆いについていた同鉄道社紋からであろう。1902年までに300両以上製造された。これが特に評判を高めたのは、その後ウェッブが設計した複式機関車の成績がよくなかったので、こちらの単純な作りが、機関士や投炭助手の間で一層受けがよかったのであった。
　1920年代になると、「カリフラワー」は同鉄道幹線のペンリス～カーライル間の下り坂で、旅客列車を引いて時速119kmの記録を達成した。
　1922年に全国的大統合の結果、ロンドン・ミッドランド＆スコティッシュ鉄道が誕生した時、既に40歳の年齢に達していた「カリフラワー」は、同鉄道の新しい動力分類法に従って、軽量貨物列車用の「2F」という型式を与えられた。

ボイラー圧：9.9kg/cm²
シリンダー直径×行程：457×609mm
動輪直径：1560mm
火床面積：1.6m²
伝熱面積：112m²
牽引力：6800kg
全重量：33.88t

第1部　蒸気機関車

1932年9月17日、ロンドンのウィルズデン機関庫の給水給炭線に停車中のNo.28585。炭水車(テンダー)の上の道具箱にご注目下さい。

L型　4-6-0（2C）　インダス・ヴァレイ官営鉄道（IVSR）　　　インド：1880年

　この型式は、イギリスで製造（グラスゴー市のニールソン社）された最初の4-6-0（2C）機関車であるとともに、インドで走った最初の4-6-0（2C）でもある。(もっとも、タンク機関車では1862年に大インド半島鉄道が4-6-0型を所有していたが)。

　1676ミリ（5フィート6インチ）・ゲージ用で、単式シリンダーを外側に置き、インドではおなじみの広い運転室を持っていた。最大軸重は11.1トンで粘着力は充分にあったろうが、標準設計149両の他に、動輪直径1294mmで最大軸重12.4トンの「重量L型」（動力部分はまったく同じ）77両があった。

　1886年この鉄道はノースウェスタン鉄道に統合されたが、L型は成績優秀なので、その後50年間現役で活躍した。

ボイラー圧：11.2kg/cm²
シリンダー直径×行程：457×660mm
動輪直径：1269mm
火床面積：2m²
伝熱面積：117.3m²
牽引力：10,390kg
全重量：41.4t

B50型　2-4-0（1B）　国営鉄道　　　オランダ領東インド（現インドネシア）：1880年

　1880～85年にかけて、マンチェスター市のシャープ・ステュアート社製造の17両は、インドネシアでもっとも長い間現役で働いていた。短距離旅客列車用として設計された4動輪の小型機関車である。単式の小型シリンダーが外側についていて、内側に弁装置が付けられている。納入されて90年後全車が現役——3両だけスマトラ島に移された——だったが、1980年代末までに引退した。

1980年代までジャワ島で現役だったものもあった。1983年3月2日に撮影されたB5004。

ボイラー圧：10kg/cm²
シリンダー直径×行程：381×457mm
動輪直径：1413mm
火床面積：1.1m²
伝熱面積：50m²
牽引力：3930kg
全重量（炭水車を除く）：22.47t

蒸気機関車　　1825～1899年

4-2-2(2A1)型　フィラデルフィア＆レディング鉄道(PRR)　　アメリカ：1880年

フィラデルフィア市ボールドウィン社で製造された第5000番目の機関車で、一対の動輪を持つ。フィラデルフィア～ニューヨーク間のバウンド・ブルック線で、時速96.5kmという当時としては高速で軽量旅客列車を引くためであった。特色としてあげるべきものは、火室のすぐ前に補助蒸気シリンダーが設けられていて、動輪軸と従輪軸をつなぐ釣り合いレヴァーの支点に重みをかけていること。出発時に重量を動輪に移し、その後は再分配するのが狙いであった。

この機関車は後に売却され、新所有者の名をとって「ラヴェット・イームズ」号として広く知られることとなった。この人は真空ブレーキの発明者で、彼は自分の発明を証明宣伝するためにこの機関車をイギリスに送った。その後1883年に、ロンドンのウッド・グリーンで解体された。

ボイラー圧：9.5kg/cm²
シリンダー直径×行程：457×609mm
動輪直径：1980mm
火床面積：不明
伝熱面積：130m²
牽引力：5187kg
全重量：21t

シェイ式機関車　　アメリカ：1880年

エフレイム・シェイは真に高性能の歯車式機関車を最初に発明した人である。最初の試作機を1880年に売り、1881年6月に特許を取った。臨時に山中に敷いた線路の上で、材木を積んだ貨車を引いて、低速で最大牽引力を出すことのできる機関車を造ろうと考えたのである。解決策として、垂直に設けたシリンダーの動力を、ピストンで動くクランク・シャフトに移し、さらに自在接手（ユニヴァーサルジョイント）を通してシャフトを動かし、これが動輪軸を回転させる方法を考案した。

最初のシェイ式機関車は動輪台車が2個あった。最後のシェイ式は1945年メリーランド鉄道チャフィ支線のために製造されたが、3個の台車があった。最大のD型は4個の

3台車付きのシェイ式をシリンダー側から見たもので、自在に動ける動力伝達装置がよくわかる。下に示す現在保存中されている機関車と同じ型のものである。

台車が付いて、全重量は150トンあった。全車軸が動輪軸で、機関車の粘着重量だけに頼って、10分の1（1000分の100）勾配で列車を引くことができた。

動力伝達方式の他に、もっとも注目すべき特色としてあげるべき点は、シリンダーが3個すべて右側に付いているため、重量のバランスをとるのに、ボイラー胴が中心線より左に置かれていることである。

1882年にシェイは製造権を、後にライマ機関車製造会社として大きく発展した会社に譲った。ライマ社のカタログには、2個、3個、4個の台車付きの標準型が載っていた。シェイ式は世界中で使用されたが、大多数のものは北アメリカの木材会社に買われた。林業用には歯車式の機関車のいろいろな方式のものがあるが、シェイ式がもっとも多く使用された。次にあげるデータは、1930年代に製造された3台車付き過熱シェイ機関車のものである。

ボイラー圧：14kg/cm²
シリンダー直径×行程：330×381mm
動輪直径：914mm
火床面積：2.6m²
伝熱面積：84m²
加熱面積：17.5m²
牽引力：17,324kg
全重量：85.28t

アメリカのメリーランド州で完全保存されている3シリンダー、3台車付きのシェイ式機関車。2000年9月撮影。

43

第1部　蒸気機関車

220型　4-4-0（2B）　　ハンガリー国鉄（MÁV）　　　　　　　　　　　　　　　　　　オーストリア・ハンガリー帝国：1881年

　1880年にブダペスト機関車工場が創業すると、この鉄道も、他のハンガリーの諸鉄道も、ほとんどの機関車をここから買った。最初期のもののひとつがこれで、最初の4-4-0（2B）型であった。1881～1905年にかけて201両が製造された。火の粉飛散防止のため、バッファー梁と2個の内側単式シリンダーのある所まで煙室が延びている。
　急行旅客列車用で、軽量の列車を引いてかなりの高速で走ることができた。1939年までにほとんどがスクラップとなったが、1900年製造の1両が保存されている。この鉄道には山岳線もあったが、この型式のほとんどがドナウ河流域やハンガリー大平原地域で使用されたから、高速走行が可能だった。例えば、オーストリアとハンガリーの両首都を結ぶ幹線の、ブダペスト～エスターゴム間などである。

ボイラー圧：12kg/cm²
シリンダー直径×行程：450×650mm
動輪直径：1826mm
火床面積：2.1m²
伝熱面積：135.6m²
牽引力：7380kg
全重量（炭水車を除く）：48.8t

中国のロケット号　2-4-0（1B）タンク機関車　開平（カイピン）路面軌道　　　　　　　　　　中国：1881年

　中国最初の鉄道は1876年開業の上海～呉淞（ジャンウー）間の8km路線で、1877年に多くの死者を出した大事故後に廃業となった。次に開業したのが狭軌の炭鉱路線であるこの開平路面軌道で、最初はラ馬で引く予定だったが、現地に住んでいたイギリス人技術者が、許可なしにこの小さな機関車を製造した。
　当時の中国では蒸気機関車に対する偏見が強く、初期の鉄道を建設すると民衆の反乱が起った。視察の後、人が来るというので、技術者はあわててこの機関車を地下に掘った穴に隠したという。

シリンダー直径×行程：362×558mm
他のデータは不明。

「ヴィットリオ・エマヌエレ」型　4-6-0（2C）　　イタリア上部鉄道（SFAI）　　　　　　　　　　イタリア：1884年

　この鉄道（後に地中海鉄道となる）のトリノ～ジェノヴァ間には、多くの急坂があったが、特にジオヴィ峠越えには機関車重連が必要だった。そこで勾配を緩和した新線を建設し、そこで使用するために、同鉄道の技師長チェザーレ・フレスコットが、このヨーロッパで最初の4-6-0（2C）型を設計した。新線でも23.5kmにわたって62分の1（1000分の16）勾配が続き、8.3kmのトンネルがあった。トンネル対策であろうが、この線ではウェルズ産の良質炭を使ったので、普通の石炭に比べて煙が少なく済んだ。新線でこの機関車は130トンの列車を引いて、上り坂で時速40kmを維持することができた。
　単式シリンダーを2個つけた、客貨両用機で、55両が製造され、1905年にイタリア国鉄となると650型式と名づけられた。トリノ工場製の第1号は統一イタリア王国初代国王の名がつけられ、それ以外はミラノ市のアンサルド・サンピエルダリノ工場やミヤニ・シルヴェストリ工場などの民間工場で製造された。さらに12両がドイツ、ミュンヘン市のマッファイ工場で追加製造された。
　火室は初期の燃焼室を持つタイプで、先輪台車は軸距離がたった1200mmしかない変わったもので、その後にシリンダーが置かれ、蒸気管が後部に向けて急角度でつけられている。機関庫の転車台（ターン・テーブル）と格納線が13.66mしかなく、それ以内に納めようと、フレスコットは軸距離に悩んだ。1914年までにジオヴィ峠旧線も、トンネルを通る新線も、ともに電化されたので、4-6-0（2C）型は引退した。

ボイラー圧：11kg/cm²
シリンダー直径×行程：470×620mm
動輪直径：1676mm
火床面積：2.25m²
伝熱面積：124m²
牽引力：6960kg
全重量：59.9t

7型　2-6-0（1C）　　ブエノスアイレス大南部鉄道（BAGS）　　　　　　　　　　　　　　アルゼンチン：1885年

　マンチェスター市のベイヤー・ピーコック社で貨物列車用として28両製造された。単式シリンダーが外側に置かれ、中にはその直径が457mmするものも数両あった。当時アルゼンチンでは重油焚きはまだ広まっていなかったので、薪焚き時の火の粉飛散防止のために煙突が長く延びていた。
　1901年にもう少し大型の機関車が、旅客・貨物列車両用として同じ工場で追加製造された。1924年になると現役に残ったのは4両だけで、1926年には全車が引退した。
　貨物列車がより重く、より長くなるにつれ、7型では手に余るようになり、1903年には11型2-8-0（1D）複式機関車が登場して、その仕事の多くを肩代りするようになった。

ボイラー圧：10.5kg/cm²
シリンダー直径×行程：431×609mm
動輪直径：1269mm
火床面積：1.9m²
伝熱面積：100.8m²
牽引力：6825kg
全重量：78.7t

L-304型　2-6-0（1C）　　ニュー・サウスウェイルズ州営鉄道　　　　　　　　　　　　　　オーストラリア：1885年

　オーストラリアはイギリスの植民地だったため、当然経営も運転もイギリス人によって行われ、初期の機関車がほぼイギリス製だった。ところが1885年になると、アメリカ、フィラデルフィア市ボールドウィン社製の、小ぢんまりした2-6-0（1C）型が登場して、シドニー市の西方ブルー・マウンテン線の旅客列車を引くことになった。後にニュー・サウスウェイルズ州西部に移った。原型はボイラーに蒸気ドームがついていないアメリカらしからぬスタイルで、おそらく発注者の要請だろう。しかし、同時に、ドームのついたL型も、10両同じボールドウィン社から納入された。長年勤勉に働き、ほとんどの車が現役中2度もボイラーをとり替えている。最後の1両が引退したのは1939年だった。

ボイラー圧：9.8kg/cm²
シリンダー直径×行程：457×660mm
動輪直径：1548mm
火床面積：1.5m²
伝熱面積：120.9m²
牽引力：7014kg
全重量：48.26t

フォーニー・タンク機関車　0-4-4（B2）　　マンハッタン鉄道　　　　　　　　　　　　　　　アメリカ：1885年

　マシアス・フォーニーは、アメリカの技術関係ジャーナリストであり、同時に機械製作の実践者でもあったが、アメリカでタンク機関車を擁護した少数派の一人だった。1866年に彼は、重量を集中させることで大きな牽引力が得られると主張し、タンク機関車の特許を取った。
　しかし、タンク機関車は他の諸地域では広く使われたが、アメリカでは貯水量に限りがあることや、軸重が大きくなることで、あまり評価されず、フォーニー型を買おうとする鉄道会社はほとんどなかった。ところが、1878年ニューヨーク高架鉄道（いわゆる「エル」）が採用してくれた。エルは1868年に市内高速交通機関の最初として開業したが、ロンドンが地下に潜ったのに対し、こちらは高架線を作った。鉄骨を組み立てた上に敷いた線路は、重い機関車を支えられないので、最初は小型の機関

蒸気機関車　　1825〜1899年

フォーニー型機関車はニューヨーク高架鉄道以外の多くの線でも活躍した。ヨーロッパにもいくつかの路線があったが、ほとんどはアメリカであった。サウス・カロライナ州のバークリー鉄道No.3は薪焚きであった。

を使ったが、これでは長い列車を引くには力不足だった。フォーニー型が条件にぴったりで、電化完成の1903年までの間にニューヨーク市全体で300両以上が活躍した。電化後は多くが他の路線に転売された。

マンハッタン高架鉄道のフォーニー型。すらりと細い煙突、完全密閉式の運転室、ベルペール式火室、小さな石炭置き場など、まさに最初の高架線用機関車の典型。鐘と排障器(カウ・キャッチャー)は不要だった。

高架鉄道最初のフォーニー型は全重量15トン以下で、以後少しずつ重いものが増えていって、最終的には24トン車となった。4軸だから線路に過大な負担をかけることがなかった。派手な赤に塗られ、頻繁に停車・発車をくり返すのに適した性能を持ち、ラヴェット・イームズ式真空ブレーキを備え、アメリカでは最初にブレーキ設備を持った機関車の中に数えられる。ジョン・H・ホワイトの言葉を借りると、「おしめをしていた」──つまり、灰や油や水が鉄骨組み立て高架線の下になるべく落ちないように、である。同じ理由から、最上質の固い石炭だけを焚いた。

ボイラー圧：8.4kg/cm^2
シリンダー直径×行程：304.5×456.8mm
動輪直径：1294mm
火床面積：0.97m^2
伝熱面積：52.5m^2
牽引力：2350kg
全重量：18.8t

第1部　蒸気機関車

1913年に609ミリ（2フィート）・ゲージのモンソン鉄道の注文でヴァルカン社が製造したフォーニー型タンク機関車。マサチューセッツ州エダヴィル「ファミリー・ファン・パーク」鉄道で撮影。現在はマサチューセッツ州ポートランドの博物館で保存されている。

R型　4-6-0（2C）　南オーストラリア鉄道　　　　　　　　　　オーストラリア：1886年

　オーストラリア最初の4-6-0（2C）型機関車は、クイーンズランド州営鉄道の貨物列車用F型（後にB-13型となる）だった。R型はこれを古典的な旅客・貨物両用にしたもので、1920年代までこの鉄道の主力だった。最終的には84両製造され、本国の同鉄道イズリントン工場とジェイムズ・マーティン社で製造されたものもあれば、スコットランドの会社で製造されたものもある。

　1925年以後多くが過熱式に改造され、アデレイド～メルボルン間のデラックス特急から区間貨物に至るまで、あらゆる列車を引いた。オーストラリアの機関車に多く見られる、正面に長い庇のついた運転室は、日射しを遮り、前方をよく見られるようにするためである。R型は1960年代でも現役に残っていたものがあり、現在でも数両が保存されている。

ボイラー圧：10kg/cm²
シリンダー直径×行程：457×609mm
動輪直径：1370mm
火床面積：1.9m²
伝熱面積：120.2m²
牽引力：7575kg
全重量：65t

「デカポッド（10本足）」　2-10-0（1E）　ドン・ペドロ・セグンド鉄道　　　　　ブラジル：1886年

　ボールドウィン社としては最初に製造した2-10-0（1E）型で、ブラジルへの輸出用だった。最前車軸から最後車軸まで5178mmもあって、車輪設計には充分念を入れた。第2・第3動輪にはフランジはなく、第5動輪は6.3mm左右に動ける遊びが与えられている。というわけで、実質的には第1動輪から第4動輪までが固定され、低速で12.7mのカーブを曲がることができる。

　後にこの型が貨物列車用機関車の主力となるわけだが、この頃は「デカポッド」型を争って求めようとする気運はなかった。より大きな機関車を望む鉄道は連節型を欲したからである。この車輪配列が貨物列車用として世界中で採用されるようになったのは、ずっと後になってからだった。

ボイラー圧：不明
シリンダー直径×行程：558×660mm
動輪直径：1142mm
火床面積：不明
伝熱面積：不明
牽引力：不明
全重量（炭水車を除く）：64t

蒸気機関車　1825〜1899年

4シリンダー　2-4-0（1B）　　ノール（北）鉄道（NORD）　　　　　　　　　　　　　　　　　　　　　フランス：1886年

　ガストン・デュ・ブスケ設計の急行列車用機関車で、フランス最初の4シリンダー複式である。台枠の内側にある高圧シリンダー2個が第1動輪を動かし、外側にある低圧シリンダーが第2動輪を動かす。（ノール鉄道が後に採用したド・グレン式4シリンダー機関車では逆になる。）動輪は最初連結されていなかったが、後に連結棒がつけ加えられ、さらに先輪がボギー台車になって、4-4-0（2B）型に改造された。
　デュ・ブスケ式複式が成功した陰には、蒸気力の理論面について教えるフランスの機関士教育方法の貢献があった。その結果、機関士は複式について明確に理解でき、いかに操作すれば最良の結果が得られるか納得していたのである。このようにして確立された伝統は、フランスの蒸気機関車の最後の日まで消えることがなかった。

ボイラー圧：11kg/cm²
高圧シリンダー直径×行程：330×609mm
低圧シリンダー直径×行程：462×609mm
動輪直径：2113mm
火床面積：2.4m²
伝熱面積：103m²
牽引力：入手不能
全重量：41.4t

56型　0-6-0（C）　　帝国営鉄道（KKSTB）　　　　　　　　　　　　　　　　　　　　　　　　　　オーストリア：1888年

　国営鉄道結成の1884年以降、標準化政策が実施されて、この貨物列車用機関車は153両にも及んだ。1888〜90年にかけて、同鉄道のフロリズドルフ、StEG（国営鉄道会社）、ウィーン・ノイシュタットの諸工場で製造され、全国鉄道網に広く配属された。1918年には大戦後にオーストリア帝国が消滅して新しく独立した国々、例えばポーランド、チェコスロヴァキア、ユーゴスラヴィアなどの鉄道もこの型式を継承することとなった。
　この型式は1950年代まで、軽量貨物列車と駅での入れ替えに活躍を続けた。オーストリア風機関車で長い寿命を持ったものは皆そうであったが、この型式も所有者が新しくなると、さまざまな改造を施された。ボイラーもとり替え、新しいブラスト管や煙突をつけるなど、姿は変っていったが、基本的な役割自体は一度も変ることがなかった。

ボイラー圧：11kg/cm²
シリンダー直径×行程：450×632mm
動輪直径：1258mm
火床面積：1.8m²
伝熱面積：119.4m²
牽引力：9524kg
全重量（炭水車を除く）：41.5t

ラルティグのモノレール　　リスタウェル＆バリーバニヨン鉄道　　　　　　　　　　　　　　　　　　　アイルランド：1888年

　フランソワ・ラルティグは、自分が特許を取ったモノレールは、建設も運転も容易で経済的だと主張した。技術的に正確を期するならば、これはモノレールではない。A形の鉄骨の頂点にレールがあり、地面から4分の1くらいの高さの左右にガイド・レールが1本ずつあった。

現在ではモノレールの跡が全然残っていないが、このリスタウェル駅停車中の列車の写真を見ると、機関車方向転換のためのループ線があったことがわかり、分岐点での線路の転換の仕組みもわかる。

のだから。ラルティグはベルギーとフランスで失敗して後にアイルランドに渡った。バリーバニヨン町は、14.9m離れたリスクウェル町の間に線路を建設しようと躍起になっていた。ラルティグがこの方式を提案し、この鉄道が発足した。処女列車は1888年2月29日に走った。機関車は3両あって、アナトール・マレーの設計、イギリス、リーズ市のハンスレット工場の製造だった。頂点の走行レールの両側にボイラーと火室がそれぞれ1個ずつある双胴機関車が水平区間では142.2トン、100分の1（1000分の10）上り勾配では71.1トンの重さの車を引くことができた。2個のボイラーで挟んで、頂点の走行レールを二重フランジの3つの車輪（互いに連結してある）が走る。炭水車には補助エンジンのシリンダーがついていたが、これは後にとり外された。
　運転装置は左右両側につき、機関士は右側の運転台に立って、運転と薪焚きの両方を兼務した。交差点や分岐点では線路を転換させられた。大きな問題はバランスで、グランド・ピアノを運ぶ時には、反対側に牛を積んで重さを相殺させた。もっとも驚くべき点は、36年間も続いたということだろう。内戦で被害を受けた上、赤字を出して廃業となった。最後の列車は1924年10月14日に走った。その後資材はスクラップにされた。

ボイラー圧：10.5kg/cm²
シリンダー直径×行程：178×304.5mm
動輪直径：609mm
火床面積：0.46m²（×2個）
伝熱面積：6.6m²
牽引力：998kg
全重量（炭水車は除く）：11.07t

第1部　蒸気機関車

2-4-2（1B1）タンク機関車　　ランカシャー＆ヨークシャー鉄道（L&YR）　　イギリス：1889年

サー・ジョン・アスピナル設計、同鉄道ホーリッジ工場製造で、イギリスでは最大の2-4-2（1B1）タンク機関車、乗客の多い地方都市間連絡線である同鉄道旅客列車用の主力であった。マンチェスター市への通勤快速列車運転ができるようにと、左右のレール間の給水管から水を吸い上げる装置ウォーター・スクープを備え、原型の石炭2.5トン、水1340ガロン（約6キロリットル）の収納能力を、1898年以降製造のものはさらに増量した。

先軸と従輪は自由に独立に動けるような車軸の構造になっている。他にも同じような2-4-2（1B1）タンク機関車が走っている線がある。

ボイラー圧：11.3kg/cm²
シリンダー直径×行程：457×660mm
動輪直径：1720mm
火床面積：1.7m²
伝熱面積：113m²
牽引力：7664kg
全重量：56.85t

1961年にマンチェスターで撮影。イギリス国鉄の番号50850がついている。これは1905年以降製造のもので、石炭置き場が大きくなり、ベルペール火室を備え、煙室が長く延ばされている。1912年には第3次改良型が製造された。

チュートニック　2-2-2-0（1AA）　　ロンドン＆ノースウェスタン鉄道（LNWR）　　イギリス：1889年

1878年のパリの万国博覧会で、スイスの技術者アナトール・マレーが、自作の複式タンク機関車を披露した。これを見て感心した一人が、ロンドン＆ノースウェスタン鉄道の技師長F・W・ウェッブで、彼は1879年以後複式機関車の試作を続け、1882～90年にかけて急行列車用として、4種類のそれぞれ違った複式機を設計製造した。チュートニック型はその最後のもので、合計10両が製造された。それ以前の複式型と同じく、シリンダーは3個、外側に置かれた2個が高圧用、内側の1個が低圧用である。外側のシリンダーが後の動輪を動かし、内側のシリンダーが前の動輪を動かす。動輪同士は連結されていない。

複式機関車は複雑で価格が高く、それまでのウェッブの単純・低価格という原則とは正反対のものだった。しかも成績がよくなかった。チュートニックはその中でもいちばん信頼のおける型で、ジーニー・ディーンズ号は、1891～99年にかけて、ユーストン～クルー間で最大重量305トンにもなるスコットランド行き急行列車を引き、上り坂の多い下り列車では平均時速80km、下り坂の多い上り列車では84kmを出し、どちらも定時運転を守った。No.1306アイオニック号は、1904年までに総走行距離1,140,240kmの記録を樹立したが、これは「プレジデント」型チャールズ・ディケンズ号の3,218,500kmとは比較にならない。

複式機関車は多量の石炭を消費し、単式機関車よりも点検・修理に多くの手間をとった。1903年にウェッブは不本意ながら辞職し、1907年までには彼が設計したすべての複式はスクラップになった。

ボイラー圧：12kg/cm²
高圧シリンダー直径×行程：355×609mm
低圧シリンダー直径×行程：761×609mm
動輪直径：2157mm
火床面積：1.9m²
伝熱面積：126.5m²
牽引力：不明
全重量：46.23t

クルー工場から出たばかりの時のジーニー・ディーンズ〔スコットの有名な小説『ミドロージアンの心臓』の女主人公の名〕号。出発時に動輪が反対に動いて、人びとをあわてさせることがあった。

蒸気機関車　　1825～1899年

B型　0-4-0（B）サドル・タンク機関車　　ダージリン・ヒマラヤ鉄道（DHR）　　インド：1889年

ボイラー圧：9.8kg/cm²
シリンダー直径×行程：279×355mm
動輪直径：660mm
火床面積：0.8m²
伝熱面積：29.3m²
牽引力：3515kg
全重量：15.5t

No.797がカーソン発ダージリン行き列車を引いて、ソナダに向かうカーブ線路を通っている。1984年12月2日撮影。

この型式のサドル・タンク機関車を最初に製造したのはシャープ・ステュアート社で、この有名な610mm（2フィート）・ゲージの山岳鉄道の基本となった。同鉄道は現在でも（一部はディーゼル機関車が引くが）運行されていて、ドラマチックなジグザグやループを繰り返しながら、素晴らしい景色の中87kmの坂道を走る。途中の最も高い地点は海抜2258mのグム駅で、起点からの上下差は2000m以上ある。

B型は40数年にわたり34両製造された。大半はイギリスから輸入されたものだが、3両はアメリカから、3両は輸入された部品を同鉄道ティンダリア工場で組み立てた。

もっとも高い地点にあるグム駅に停車中のNo.795が引くダージリン発ニュー・ジャルパイグリ行き列車。2002年1月29日撮影。

W型　2-6-2（1C1）タンク機関車　　ニュージーランド国鉄（NZR）　　ニュージーランド：1889年

ニュージーランド南島のパラロア付近の上り坂線路で石炭列車を引いて走るWa型2-6-2（1C1）タンク機関車。フェル式線路であるが、中央レールを使うのはブレーキを操作するためだけである。

この型式の2両は、ニュージーランド国鉄直営アディントン工場で設計・製造された最初の機関車で、1950年代まで現役だった。1874年製造されたJ型2-6-0（1C）「カンタベリー・グッズ」号と同じ寸法で、この2型式はウェリントン付近のアッパー・ハットの急勾配線路で使用されたり、有名なリマタカの中央レール区間の坂道で、フェル式機関車〔40ページ、H型の項参照〕の補機となったりした。W型は中央レールを使って力行することはできなかったが、中央レールを使って操作できるブレーキを備えていた。

1900年代初期以降は、W型は南島にある炭鉱支線の急勾配区間で使用された。初期に製造されたNo.192は現在保存されている。

ボイラー圧：12kg/cm²
シリンダー直径×行程：355×508mm
動輪直径：926mm
火床面積：1.1m²
伝熱面積：63m²
牽引力：7040kg
全重量：37.5t

第1部　蒸気機関車

マレー式　0-4-4-0 (BB) タンク機関車　スイス中央鉄道(SZE)　スイス：1889年

　1885年にアナトール・マレーが連節機関車の特許を取ったが、この方式の最初の機関車は、1888年にコルシカ鉄道の注文で製造された、1メートル・ゲージの0-4-4-0(BB)タンク機関車である。1890年にゴットハルト鉄道が同じ型を1両だけ注文し、さらに同型の26両がスイス中央鉄道から発注された。16両は1891～93年にかけて、ミュンヘン市のマッファイ社製、残りの10両は（少し細部の寸法に違いはあるが）1897～1900年にかけて、ウィンタートゥール市のスイス機関車製造工場で造られた。すべてマレー式標準型の半連節方式である。前方の低圧動力装置は動輪の後に置かれた回転軸につながれ、後方の高圧動力装置は台枠に固定されている。重量列車を引くのが目的で、貨物列車だけではなく旅客列車も引く場合を考えて、蒸気暖房装置を備えている。最大時速は55km。外側に置かれた4個のシリンダーはすべり弁で操作する。

　世界中のマレー式機関車の機関士が後に思い知らされたが、出発時には注意せねばならなかった。低圧シリンダーに蒸気を導く弁はあったけれども、4個2組の動輪は各組毎に別々に連結されていたから、高圧シリンダーで動かされる動輪はともすればスリップしがちであった。

　後にマレー式と名乗る大型機関車が複式でなく単式になったのは、複式信奉者だったマレーにとって口惜しいことだったろう。1961年までにさまざまな大きさのマレー式機関車が5000両以上も製造された。スイス中央鉄道の最初期のマレー式は1910年に、最後のマレー式は1936年に引退した。最後まで現役で働いていたのは、スイス連邦鉄道ポン・ブラッシュ線だった。

ボイラー圧：12kg/cm²
高圧シリンダー直径×行程：355×640mm
低圧シリンダー直径×行程：550×640mm
動輪直径：1280mm
火床面積：1.8m²
伝熱面積：113m²
牽引力：入手不能
全重量：60.41t

ハイスラー式歯車機関車　アメリカ：1889年

会社用略号で「アークティック」と呼ばれた2台車のハイスラー式機関車。平坦線では800トンの列車を、10分の1（1000分の10）上り勾配では15.5トンの列車を引くことができた。W・H・エックレス木材会社の注文で製造され、現在でも多く保存されている車のひとつ。

ボイラー圧：11.2kg/cm²
シリンダー直径×行程：241×254mm
動輪直径：762mm
火床面積：不明
伝熱面積：不明
牽引力：15,875kg
全重量：16.33t

　ハイスラー式機関車はシェイ式と同じように、カーブの多い急勾配に軽量レールを敷いた線路で木材列車を引く目的で開発され、同じように動力をクランク・シャフトを通して複数の4輪台車に伝える。しかし、ボイラーは従来通り中央線上に置かれ、シリンダーは重量のバランスを取るよう左右それぞれにV型に設置され、中央に置かれたクランク・シャフトを動かす。それぞれの台車の1軸だけに動力を伝え、他の軸には外側の連結棒によって伝える。

　チャールズ・ハイスラー考案の最初の機関車は、1891年にニューヨーク市ダンカーク工業会社で製造され、翌年彼は特許を取った。1894年にペンシルヴェニア州イーリー市のスターンズ機関車製造会社で本格製造が開始されたが、こ

蒸気機関車　　1825〜1899年

の会社は1904年に倒産し、1907年にハイスラー機関車工場となって、引続き製造したが、1941年需要がなくなって工場閉鎖となった。
　歯車式の機関車ではスピードはほとんど要求されることがないけれども、ハイスラー式はその中ではもっともスピードの出るものと認められていた。主としてアメリカの木材会社、鉱山会社で使用され、およそ625両製造された。
　上にあげたデータは、ハイスラー社1908年カタログの中のもっとも小さい2台車機関車、会社用略号では「アークティック（北極）」から取ったもので、平坦線では800トンの列車を、10分の1（1000分の10）までの上り坂では15.5トンの列車を引くことができるとある。

エックレス木材会社所有の機関車No.3は、当然のことながら薪焚きであるが、現在でもお披露目運転をしている。シェイ式とは違って、ハイスラー式では推進装置は内側に隠れていて見えない。

P-6型　4-6-0（2C）　　ニュー・サウスウェイルズ州営鉄道　　オーストラリア：1892年

ボイラー圧：11.2kg/cm²
シリンダー直径×行程：508×660mm
動輪直径：1523mm
火床面積：2.5m²
伝熱面積：177.9m²
牽引力：10,062kg
全重量：90.12t

　クイーンズランド鉄道は、オーストラリアとしては最初であるが、1883年から4-6-0（2C）型を走らせた。南オーストラリア鉄道とニュー・サウスウェイルズ州営鉄道がそれを継承した。後者の鉄道では1891年にP型機関車の完成が遅れて、急行列車を引く機関車が足りなくなったので、その穴埋めに急遽ボールドウィン社に4-6-0（2C）標準形を発注して納入させた。P型50両は1892年に、やっとマンチェスター市のベイヤー・ピーコック社から50両が到着した。
　設計は同鉄道が行った。単式シリンダーが2個外側に付き、すべり弁と内側に納めた弁装置で操作する。最初の50両のうちの最後の2両だけが変わっていて、こちらは3シリンダー複式で、一方の側に高圧シリンダーが1個、反対側に低圧シリンダーが2個付いている。だが、この方式は成績がよくなかったので、1901年に単式シリンダー2個に改造された。
　全車にベルペール式火室が付いている。他に独特の点というと、走り板がバッファー梁に向かって下り坂になっていること、第1動輪の上部覆いのところに砂箱が付け足されていること、などである。
　全体としてこの型式は成績がよく、最終的にこの鉄道は191両を所有することとなった。うち106両がベイヤー・ピーコック社製、20両がボールドウィン社製、残りはオニュー・サウスウェイルズ州営鉄道技師の設計であるが、P6型が先祖のイギリス機関車の血を引いていることは、単純な線の引き方と外側に最小限のものしか出していない特色に、はっきりと示されている。

第1部　蒸気機関車

ーストラリア国産で、45両がクライド工業会社製、20両がイヴリー工場製である。1911～39年にかけてシュミット式過熱装置とピストン弁をとりつけた。1924年には型式変更でC-32となった。ほとんどの車の炭水車にはボギー台車がついていたが、大きな機関車を乗せる転車台(ターン・テイブル)の設備のない地方の終着駅のことを考慮して、元の6輪炭水車のままにした車もあった。1930年代に、多くの車の台枠を補強した。

1914年から17年にかけて、コモンウェルス（連邦）鉄道の有名なナラバー砂漠の456km直線区間を含む1691kmの大陸横断新線で走るために、同じ寸法の26両がG型として製造された。4両がシドニー市のクライド工業会社製、12両がボールドウィン社製、最後の10両がクイーンズランド州トゥーウーンバ工場製である。乾燥した土地を長距離にわたって走るので、炭水車(テンダ)の後部に水槽を増設した。

1917年10月22日午前9時32分、10両編成の最初のオーストラリア大陸横断列車を引いて、ポート・オーガスタ駅を出発したのはNo.G21だった。2回機関車をとり替えて、10月24日午後2時50分にカルガリー駅に到着。そこから先は西オーストラリア鉄道の狭軌線が既に出来ていたので、乗客は乗換えてパースに向かった。

G型のうちの7両が過熱式に改造されてGa型となったが、大陸横断鉄道を引く役目は、1938年以降C型4-6-0（2C）機関車がとって替った。

P型はこれより長く現役で働いた。幹線急行列車から外された後も、区間各駅停車、準急行列車、急行貨物列車などを引いて、ブルー・マウンテン線南海岸線、ニューカースル地区線などで活躍した。1956年には191両全部がまだ現役だったが、それ以後多くが引退した。48両が320万km以上走行の記録を達成、No.3242は3,802,024kmのオーストラリア蒸気機関車走行記録を樹立した。これはどこの国の蒸気機関車でもめったに実現できなかった記録である。No.3246は1971年7月に、ニューカースル～シングルトン間で、オーストラリア最後の蒸気機関車の引く定期列車の仕事を果たした。これ以後はディーゼル機関車にとって替ったのである。No.G1の他に、4両が現在保存されている。

7型　4-8-0（2D）　ケイプ州営鉄道（CGR）　南アフリカ：1892年

この鉄道は後に南アフリカ鉄道となるが、4-8-0（2D）が客貨両用機関車の標準型となった。これがその最初の型式で、後にいろいろなものが登場し、これより大きな寸法の8型も製造された。貨物列車を引くのが主な役目であったが、晩年になると主として入換えの仕事に使われた。

南アフリカ鉄道になってからベルペール式火室がとり付けられた。長い間現役で働き、1969年にまだ8両の7型が活躍していた。

原7型のうち8両が1969年になってもまだ現役だった。1978年2月4日撮影のこの写真で、1892年ニールソン社製のNo.975が、ヨハネスブルグ郊外のガーミストン機関庫の側線で休車になっていたことがわかる。

ボイラー圧：11kg/cm²
シリンダー直径×行程：431.5×584mm
動輪直径：1079mm
火床面積：1.6m²
伝熱面積：93.8m²
牽引力：8462kg
全重量（炭水車を除く）：46.23t

蒸気機関車　　1825〜1899年

Cc型　スウェーデン国鉄(SJ)　　　　　　　　　　　　　　　　　　　　　　　　　　　　　　　　スウェーデン：1892年

1891年にスウェーデンがボギー客車を導入した結果、より重い列車となったため、その対策としてCc型が設計された。F・A・アルムグレン設計、ニドクヴィスト・ホルム社製造で、1903年までに79両が登場した。薪焚き用のものもあり、粉泥炭を焚くものも1両あった。スウェーデン典型の火の粉飛散防止装置が煙突についている。後に48両が過熱式に改造されてCd型となった。

軽量列車向きであったCc型は、1900年代にボイラーをとり替えたが、充分な牽引力を持たなかった。最終的に引退したのは1956年であった。晩年は主として、重量列車や高速走行を必要としない支線で使用された。

ボイラー圧：11kg/cm²
シリンダー直径×行程：420×560mm
動輪直径：1880mm
火床面積：1.86m²
伝熱面積：108m²
牽引力：4860kg
全重量：41t

K型　2-8-4(1D2)タンク機関車　西オーストラリア州営鉄道(WAGR)　　　　　　　　　　　　　オーストラリア：1893年

オーストラリアの諸都市の周辺に郊外鉄道網が発達するようになったので、パース市地域用としてグラスゴー市のニールソン社で製造された大型機関車である。ゲージは1067mm（3フィート6インチ）である。24両製造されたが、6両が1899年に南アフリカでの戦争に使用するためイギリス政府によって徴用された。

オーストラリアの他の多くの機関車と同じく、基本はイギリス・スタイルで、そこに多くのアメリカ的特色が加えられている。例えば排障器（カウ・キャッチャー）が前後に付けられ、中央にバッファー連結器がある。過熱装置を設けようとしたが失敗したので、1930年代後半にボイラーを付け替えた。1940年代にほとんどが引退したが、数両が1964年まで入換え機として生き残った。

ボイラー圧：8.3kg/cm²
シリンダー直径×行程：431×533mm
動輪直径：964mm
火床面積：1.55m²
伝熱面積：90.4m²
牽引力：6953kg
全重量：53.85t

S3型　4-4-0(2B)　プロイセン王国営鉄道(KREV)　　　　　　　　　　　　　　　　　　　　　　　ドイツ：1893年

プロイセン王国営鉄道は20世紀初頭になってから独自のスタイルを持つようになるのだが、成績優良のため1904年までに1027両も製造されたこの型式は、同鉄道技師長アウグスト・フォン・ボリエスがアメリカ訪問中の影響の跡を示している。例えば、棒台枠や車軸間の間隔を長くするなど。複式で2個のシリンダーを持ち、フォン・ボリエスが以前から開発していた独特の方法を使っている。弁装置は新方式（ワルシャート式をホイジンガーが改良したもの）だが、すべり弁がまだ用いられた。ウィルヘルム・シュミットが過熱式の実験を行ったのは、この型式を使ってのことだった。フォン・ボリエスは後に弁装置2個だけで操作できる4シリンダーの複式を開発して有名になるのだが、彼の2シリンダー複式も、既にイギリスで注目されていた。イギリスではシリンダーを車輪の内側に収め、動力部分を人目にさらさないのが設計者の好みだったからである。結果1884〜93年にかけて、グレイト・イースタン鉄道とノース・イースタン鉄道で、ワーズデル=フォン・ボリエス式複式機関車が登場した。アイルランドでも1890〜1908年にかけて、ベルファスト&ノーザン・カウンティーズ鉄道で登場した。

ボイラー圧：12kg/cm²
高圧シリンダー直径×行程：480×600mm
低圧シリンダー直径×行程：680×600mm
動輪直径：1980mm
火床面積：2.3m²
伝熱面積：117.7m²
牽引力：入手不能
全重量（炭水車を除く）：50.8t

1912年12月シュトラスブルク（当時エルザス地方はドイツ領だった）で、過熱式S3型が東行き急行列車を引いて出発しかけたところ。

第1部　蒸気機関車

C12型　2-6-0（1C）タンク機関車　国営鉄道(SS)　　オランダ領東インド（現インドネシア）：1893年

オランダ人の鉄道管理方針はヨーロッパ大陸のやり方に従うことだったから、単式の先輩C11型に続いて、この2シリンダー複式のC12型全43両も、ドイツ、ヒェムニッツ市のハルトマン社の製造だった。煙室を長く延ばした車もある。1970年代にはまだ13両が現役で、ジャワ島東部の支線で、客貨両用として働いていた。

No.C1206は、煙突の先端と蒸気ドームがまだ銅製なので、ジャワ島の輝かしい日没時の光を華やかに反射している。

ボイラー圧：12kg/cm²
高圧シリンダー直径×行程：380×509mm
低圧シリンダー直径×行程：580×509mm
動輪直径：1106mm
火床面積：1.1m²
伝熱面積：61.1m²
牽引力：入手不能
全重量：34.14t

2-4-2（1B1）タンク機関車　日本官営鉄道(JNR)　　日本：1893年

日本で最初に製造された機関車である。といっても、正確に言うならば、ほとんどイギリスで製造された部品を組み立てたのであった。この計画の指導に当たったのは、リチャード・トレヴィシックの孫のR・F・トレヴィシックで、神戸工場で誕生した。

2シリンダー複式で、シリンダーは日本で鋳造された。1両だけ製造され、860の番号が与えられた。日本市場への売り込み競争が激しかったことを証明しているのだが、次の国産はアメリカ、ボールドウィン社製造の部品を組み立てたモーガル（1C）型だった。

このように日本での機関車製造のスタートは遅く、その上自信不足だったが、その後は急速に規模も自信も増大していった。1912年以後、国内需要はいまやすべて国産でまかなうことができると宣言し、1920〜30年代にかけて、日本は機関車輸出国となった。

ボイラー圧：10.2kg/cm²
高圧シリンダー直径×行程：381×508mm
低圧シリンダー直径×行程：572×508mm
動輪直径：1346mm
火床面積：1.1m²
伝熱面積：71.5m²
牽引力：入手不能
全重量：39.08t

6型　4-6-0（2C）　ケイプ州営鉄道(CGR)　　南アフリカ：1893年

南アフリカ最初の4-6-0（2B）型で、H・M・ビーティー設計。ゲージは1067mm（3フィート6インチ）で、2個の単式シリンダーは内側からスティヴンソン社式リンク装置で操作される。

ケイプタウン〜ヨハネスブルグ間の幹線で急行列車用として登場し、所有時間を48時間にまで短縮した。原型の6型に、その後いろいろな変更が加えられ、1904年には6L型式までができた。最初の型式はノース・ブリティッシュ社製で、多くはイギリス製だが、6K型はアメリカのボールドウィン社製である。

ボイラー圧：12.6kg/cm²
シリンダー直径×行程：431×660mm
動輪直径：1370mm
火床面積：1.6m²
伝熱面積：96.7m²
牽引力：8517kg
全重量：75.2t

長大な夜行貨物列車を引こうと格闘している姿。この6型は素晴らしい花火の見せ物にもなり、もちろんすごい音も発したであろう。1970年代まで現役で活躍していた。

54

蒸気機関車　1825～1899年

999（スリー・ナイン）4-4-0（2B）　ニューヨーク・セントラル・ハドソン・リヴァー鉄道（NYC&HRR）　アメリカ：1893年

同会社のウェスト・オールバニー工場で、ニューヨーク～シカゴ間の「エンパイア・ステイト特急」の東部区間を担当するための駿足レーサーとして、たった1両だけ製造された。棒台枠と外側の単式シリンダー2個など、典型的なアメリカ・スタイルだが、動輪が並はずれて大きいところは変っている。

この動輪が1893年5月10日に4両編成の列車を引いて、350分の1（1000分の2.8）下り勾配で時速180kmの世界スピード記録を樹立した。その前日には最大時速166kmを連続して出した。しかし両方とも列車の車掌が計測したもので確認はできていない。スピード記録というものは、経験を積んだ人間か、自動計測器によって確認されねばならないのだ。

デッキ付きのしゃれた木造客車を引いてNo.999がカメラの前でポーズを取っている。「エンパイア・ステイト特急」は機関車と列車が一体となって流行スタイルを確立した早い時期の例である。

しかし、列車と鉄道の素晴らしい宣伝となったし、確かに非常に速い機関車だったことは間違いない。この実績に基づいて1893年には有名な「20世紀特急」が誕生した。999は動輪を標準の1981mmのものに変えるなど、いくつかの改造を施して現在シカゴで保存されている。

ボイラー圧：12.6kg/cm²
シリンダー直径×行程：483×610mm
動輪直径：2184mm
火床面積：2.8m²
伝熱面積：179m²
牽引力：7378kg
全重量：92.53t

K型　4-4-0（2B）　デンマーク国鉄（DSB）　デンマーク：1894年

改造前のK型。この型式はデンマーク最大の機関車のひとつ。

デンマーク最初の4-4-0（2B）型はO・F・A・ブッセ設計で、1882年に誕生した。同じ設計者による1894年のK型は、外観と機構は同じだが、ボイラーとシリンダーが大きくなった。1894～1902年にかけて100両が製造され、この鉄道の全線にいきわたった。シリンダー、アラン式リンク・モーションの両方が外側に設けられ、複雑なクランク、偏心輪、往復棒などが見えている。

1915～25年にかけて全車に過熱装置が付けられ、50両が1925～32年にかけて改造された。除雪装置と煙突に国旗が巻きつけられているのは、デンマーク独特である。

ボイラー圧：12kg/cm²
シリンダー直径×行程：430×610mm
動輪直径：1866mm
火床面積：1.8m²
伝熱面積：87.9m²
牽引力：6220kg
全重量：42.67t

第1部　蒸気機関車

「ビッグ・グッズ」4-6-0（2C）　ハイランド鉄道　　　イギリス：1894年

最初に納入されたNo.103は、現在保存されている。西の終点カイル・オヴ・ロカルシュ駅で撮影。もっともハイランド鉄道で現役の頃は、この型式がカイル線で走ることはめったになかった。

イギリス最初の4-6-0（2C）型は、ハイランド鉄道のデイヴィッド・ジョーンズの設計、グラスゴー市のシャープ・ステュアート社製造であった。製図板で引かれた設計図をすぐに製造所に渡して15両も発注したのは危険に思えるかもしれない。しかし、鉄道史家ブライアン・リードが指摘したように、ハイランド鉄道の製図部主任のデイヴィッド・ヘンドリーは、以前グラスゴー市のダッブズ社に勤め、インドのナイザム州営鉄道のA型4-6-0（2C）機関車の設計に携わったことがあった。このA型は、1880年に製造した、同じインドのインダス・ヴァレー鉄道L型4-6-0を大型にしたものだった。というわけで、この3型式は似ていることがはっきりわかる。

1894年にNo.104が混合貨物列車を引いていた時の写真。ルーヴァー（鎧形小窓）の付いた煙突に注意。もうひとつのジョーンズ設計の特色は、蝶番のついた真空ブレーキ管である。

ともかく、この「ビッグ・グッズ（大貨物機関車）」は、早々に成績良好だった。急坂が続くインヴァネス〜パース間で貨物列車を引き、夏には旅客列車も任された。来るべき時代を象徴する機関車だったと言ってもよい。つまりイギリスでも、他国で一般的になった大型機関車使用の方向に向かった。2個の単式シリンダーは外側に付き、内側からアラン式弁装置で操作された。ジョーンズのトレイド・マークともいうべきルーヴァー（鎧形小窓）付き煙突は、下り坂で蒸気排出を助け、煙を高く吹き上げられる。煙突下部に火の粉飛散防止装置が取り付けてある。原型はル・シャトリエ式背圧ブレーキを備えていた。50年以上活躍し、晩年には前部補機や後部補機をつとめた。最初に納入されたNo.103は現在保存されている。

ボイラー圧：12.3kg/cm²　火床面積：2m²
シリンダー直径×行程：508×660mm　伝熱面積：155m²
動輪直径：1600mm　牽引力：11,050kg　全重量：56.9t

蒸気機関車　　　1825〜1899年

5500型　4-4-0 (2B)　　日本官営鉄道　　　　　　　　　　　　　　　　　　　　　　　　　　　　日本：1894年

1962年2月に東武鉄道館林機関庫で撮影されたNo.8。煙突の脇にエア・ブレーキ用シリンダーが設けられ、炭水車の側板が高くなっているのは、後からの変更だが、それ以外の点では原型のおもかげをほとんど残している。

1911年に日本の蒸気機関車は国産に頼るべしとの決定が下されたが、それ以前はイギリスとアメリカから輸入されていた。この型式は幹線用としてベイヤー・ピーコック社で製造され、60年以上も現役を続け、晩年は支線で使われた。外観は純イギリス風で、外側にシリンダーを付けたために走り板の前方が傾斜して高くなっている点とか、先輪ボギー台車の外軸受け同士に釣り合いバネがついている点などが、その特色の例である。バッファー梁は内側台枠で支えられていて、左右の走り板には固定されていない。

ボイラー圧：12kg/cm²
シリンダー直径×行程：406×559mm
動輪直径：1400mm
火床面積：1.33m²
伝熱面積：73m²
牽引力：6750kg
全重量：55.81t

F3型　4-6-0 (2C)　　メキシコ鉄道 (FCM)　　　　　　　　　　　　　　　　　　　　　　　　　　メキシコ：1894年

メキシコ最初の4-6-0 (2C)型は、1882年ボールドウィン社製のF1型だが、グラスゴー市ニールソン社製のF3型はさらにもっと強力になった。メキシコの鉄道にはイギリス資本が多く投入されていて、アメリカとイギリスはこの頃まだ売り込み競争で張り合っていた。その後間もなくアメリカ・タイプが一般的となった（ただしフェアリー式軽便用機関車は別）。F3型はシリンダー2個、内側にスティヴンソン社式リンク弁装置を備え、合計4両製造された。ボギー台車をはいた大形の炭水車は、路線の途中に給水設備を置くことが難しかったことを示している。約30年間現役の後、1927年にスクラップにされた。このイギリス・タイプはメキシコの機関車タイプとしては、かなり一般的だった。アメリカより機関車の絶対総数が少なかったメキシコでは、より一層目立ったのである。それ以外の点では、アメリカはメキシコの機関車開発に大きな影響力を及ぼしていた。

ボイラー圧：12.3kg/cm²
シリンダー直径×行程：469.5×660mm
動輪直径：1370mm
火床面積：2.2m²
伝熱面積：123.3m²
牽引力：11,116kg
全重量（炭水車を除く）：58.16t

0-6-6-0 (CC)　　ヤロスラフ・ウォログダ・アルハンゲルスク鉄道　　　　　　　　　　　　　　　　ロシア：1895年

この1067ミリ（3フィート6インチ）・ゲージの鉄道は、ロシアでマレー式複式・連節機関車を使用した多くの路線の中で最初だった。この薪焚き機関車の牽引力がとても大きかったので、貨車の連結フックを引きちぎってしまうことがしばしばあった。そのため、長い貨物列車では牽引用の鉄ケーブルを余分に付けなくてはいけなかった。

台枠は前方の左右3個ずつの動輪の内側にあったが、火室を大きく取るために、後方の台枠は動輪の外側に来る。4個のシリンダーはすべて外側にあり、弁装置はワルシャート式である。乗務員を守るために1870年代に皇帝アレクサンドル2世の命令で、全車両の走り坂に手摺りがつけられた。

この路線は軍事戦略目的で建設されたものだが、後にロシア鉄道の標準ゲージ1524mm（5フィート）に改軌され、他のロシア鉄道の中に組み入れられた。

ボイラー圧：12kg/cm²
高圧シリンダー直径×行程：330×550mm
低圧シリンダー直径×行程：455×550mm
動輪直径：1091mm
火床面積：1.8m²
伝熱面積：111.5m²
牽引力：10,712kg
全重量：71.9t

［アトランティック］No.153　　アトランティック・コースト（大西洋岸）線　　　　　　　　　　　アメリカ：1895年

ボイラー圧：不明
シリンダー直径×行程：482×609mm
動輪直径：1827mm
火床面積：2.4m²
伝熱面積：190m²
牽引力：不明
全重量：不明

間もなく「アトランティック」の名で、アメリカだけでなくイギリスやフランスでも広く呼ばれるようになった、この4-4-2 (2B1)車輪配列の機関車は、より大きな牽引力が一般から求められたために、それに最初に応じたもので、ボールドウィン社で製造された。

設計上の要点は、外側に置かれたシリンダーと、従輪に支えられた大きな火室である。火室は従来よりも幅・奥行きとも304mmほど大きくできた。もっとも最初の「アトランティック」型は、ほとんどこの長所を利用していなかった。ボールドウィン社史によると、運転室が従来のように動輪の真上ではなく、その後に置かれたため、乗務員の安全と乗心地が改善されたという。

No.153は堂々たる機関車で、ボイラー直径は1523mm、通常の前が細く後が太いスタイルではなくて、前後同じ太さである。煙室が前に延びていて、煙突の前に前照燈を置く余地ができた。シリンダーからの動きが主連棒によって後の動輪に伝えられ、上にあるすべり弁によって操作される。弁装置は内側にあって、ロッカー・シャフトによって操作する。

最初に製作された「アトランティック」型は、従輪がなかった場合に比べて火室の奥行きが約304mm深くなっていた。ボイラーの腹が輝いているのは、「ロシヤ鉄」の細片をよく磨いて貼りつけたからである。

非常に成績のよい車だったので、翌年コンコード＆モントリオール鉄道の発注で、同型のものが製造されたが、まだ火室は小さいままだった。しかし間もなく、この型の長所がよりよく発揮されることになる。（60ページ、1897年の「キャメルバック」を参照。）

57

第1部　蒸気機関車

T-524型　2-8-0（1D）　ニュー・サウスウェイルズ州営鉄道（NSWGR）　オーストラリア：1896年

　この鉄道は1891年から2-8-0（1D）型を使っていた（その最初はボールドウィン社製のJ-483型だった）。T型は最終的には280両にも及び、この鉄道の貨物用機関車の基本となり、信頼できると高い人気を得た。設計はオーストラリアで行われたが、製造はすべてイギリスで、1896〜1916年にかけて151両がマンチェスター市のベイヤー・ピーコック社、それ以外はグラスゴー市にあるいくつかの工場であった。

　1924年にD-50と型式変更され、1920年代に多くが過熱式に改造された。主な用途はニューカースル周辺の炭鉱地帯からの重量石炭列車を引くことだったが、鉄道の全線に配置された。1916年にはコモンウェルス（連邦）鉄道が、新設の大陸横断線の貨物列車用として、同じ設計の車を発注した。同じ年に、イギリス政府鉄道運行局が、この型式10両を戦争に使う目的で製造所から徴用したが、1918年以降それはベルギー国鉄で使用された。

　後に重量貨物列車を引く仕事は、より新しい強力な車にとって替られることとなったが、1964年になってもまだ114両が現役で、各駅停車貨物列車や入換えなどの仕事を主としてやっていた。過熱化されていないNo.5069が最後まで生き残り、1973年に引退した。それと他に3両が現在保存されている。

T型はほとんど外観に変りはなかったが、過熱化されたものは煙室が長くなり、電気装備がつけられた。

ボイラー圧：11kg/cm²
シリンダー直径×行程：533×660mm
動輪直径：1294mm
火床面積：2.7m²
伝熱面積：204.1m²
牽引力：13.050kg
全重量：113t

No.5112は過熱化されず、容量を増した新炭水車を付けた。1969年9月、グールバーンで入換え中の姿。背後に見えるのは機関車給炭設備の鉄骨。

170型　2-8-0（1D）　帝国営鉄道（KKSTB）　オーストリア：1897年

　スイスとオーストリアの国境を通るアールベルク山岳線の建設に伴って、この型式の設計が必要になった。急な坂と峠の長いトンネルのある路線で、信頼できる牽引力が求められたのである。カルル・ゲルスドルフは、73型0-8-0（D）と63型2-6-0（1C）を基本として、この型式を設計した。

　2シリンダー複式機関車で、成績は抜群だった。1918年までに908両製造され、オーストリア帝国全土で使用された。煙室は「パン屋の焼

製造された当時はヨーロッパでもっとも強力で最新技術導入の機関車だった。

きがま」と呼ばれた独特の扉を持つ。煙突には火の粉飛散防止装置が付き、高い蒸気ドーム2個の間にはクレンチ式蒸気乾燥管が設けられ、外観は美しいとは言えないが独特の個性があって、ゲルスドルフがイギリスに移る前のこの時期の仕事の特色がよく出ている。

　技術的に見ると最新・強力、当時のヨーロッパの機関車の中で最大の伝熱面積を持っていた。オーストリアとチェコスロヴァキアのすべての主

蒸気機関車　　1825〜1899年

完全保存されている170型2-8-0（1D）。大きな火の粉飛散防止装置のついた煙突は独特のもの。1969年5月、ウィーン・ジュド（南）機関庫で撮影。

な機関車工場で製造され、急行列車牽引から外された後でも、区間旅客列車や貨物列車を引いて活躍した。過熱式に改造されたものも多く、その工事はチェコスロヴァキアでは1947年まで続いていた。

1917年以後、ゲルスドルフの後任として同鉄道技師長となったリオセックは、この型式を単式・過熱式とした270型を設計し、これもまた大量に製造された。

1918年にハプスブルク家のオーストリア帝国が解体すると、それぞれの元の所属地であった北イタリア、新しく生まれたポーランド、ユーゴスラヴィアなどでも活躍することとなった。最後まで現役として知られている車は、オーストリアのグラーツ・ケフラハー鉄道に所属し、1970年に引退した。そのうちの1両は現在も保存されている。チェコスロヴァキアとスロヴェニアでも、それぞれ1両ずつ保存されている。

ボイラー圧：13kg/cm²
高圧シリンダー直径×行程：540×632mm
低圧シリンダー直径×行程：800×632mm
動輪直径：1298mm
火床面積：3.9m²
伝熱面積：240.7m²
牽引力：不明
全重量：68.5t

No.776「ダナラスター2世」4-4-0（2B）　　カレドニアン鉄道　　　　　　　　　　　　　　　　イギリス：1897年

ヴィクトリア朝末期のイギリスの鉄道では、4-4-0（2B）型は旅客列車用標準機関車としての地位を確立していたが、1895年に「ダナラスター1世」型が登場したことで、大きく一歩前進した。理由は簡単で、以前のどのイギリスの機関車よりも大きい直径1421mmのボイラーを備えていたから。

設計者はカレドニアン鉄道の技師長J・F・マキントッシュで、以前機関士だったから実務的精神の持ち主だった。1895年にロンドンからエディンバラま

改良進化の頂点に達した1904年製「ダナラスター4世」。

で、東海岸線と西海岸線との間で「北行き競争」が生まれたことで、彼が必要としていた奮起のチャンスが到来した。大型ボイラーにふさわしく、火室、火床も以前より大きくなり、内側シリンダーの直径も大きくなった。

その結果、強力で性能を自在に発揮できる機関車が誕生し、その価値はたちまち実証された。スピード記録測定の先駆者チャールズ・ルース・マーテンが1896年に記しているように、前年の時刻表通りの時刻を守ったまま、

第1部　蒸気機関車

二倍の重量の列車を引いて走ることができたのである。
　マキントッシュは続けて拡大・改良型を発表し、その頂点は1904年製の「ダナラスター4世」型である。好評だったためベルギー国鉄からお声がかかった。1898〜1906年のベルギー国鉄は、まるでカレドニアン鉄道の植民地のようであり、彼の設計の4-4-0（2B）型や0-6-0（C）型機関車が、何百両も製造された。

1897年に製造された「ダナラスター」の原型は、後に製造された妹たちに比べると細身に見えるが、それでも1897年誕生時には大センセイションをまき起したものである。

ボイラー圧：12.3kg/cm²
シリンダー直径×行程：482×660mm
動輪直径：1980mm
火床面積：1.9m²
伝熱面積：139m²
牽引力：8095kg
全重量：53.67t

321型　4-6-0（2C）　ハンガリー国鉄（MÁV）　　　　　　　　　　　　　ハンガリー：1897年

　オーストリアが2-6-2（1C1）型を好んだのに対して、ハンガリーは、わが道を行くという国民性をよく示したものか、4-6-0（2C）を多く製造した。これは1891年以降導入された外側台枠付きの320型に続く、4-6-0（2C）の2代目で、ブダペスト機関車工場製であるが、スタイルがより近代化され、台枠は内側に収め、2シリンダー複式として、幹線の重量旅客列車用を目ざした。
　1897〜99年にかけて18両製造されたが、最初は1K型と分類され、特に山岳地帯で急行列車を引くようにと、動輪と炭水車の6輪に強力なブレーキがとり付けられた。ボギー先輪台車のセンター・ピンはかなり後にあり、ボギー台車が自在に左右に動ける装置をつけた最初のハンガリーの機関車となった。走り板は足の爪先がやっとかかるくらいの幅しかないが、それはシリンダーと弁装置容器の大きさを証明している。

ボイラー圧：13kg/cm²
高圧シリンダー直径×行程：510×650mm
低圧シリンダー直径×行程：750×650mm
動輪直径：1606mm
火床面積：2.6m²
伝熱面積：163.6m²
牽引力：8210kg
全重量（炭水車を除く）：57.7t

「ミカド」型　2-8-2（1D1）　日本鉄道　　　　　　　　　　　　　　　　日本：1897年

　日本の1067mm（3フィート6インチ）・ゲージのためにボールドウィン社が製造したものだが、この車輪配列は最初「変形コンソリデイション」と呼ばれていた。設計の要点は、低カロリー石炭を焚くために大きく広い火室が必要であったこと。そこで火室を動輪の後に置き、それを支えて全体のバランスを保つために従輪2個を新設した。それ以外の点では、従来通りのスタイルで、2個の単式シリンダーが外側に付いて、第3動輪を動かす。
　日本の「ミカド」（日本の皇帝の称号をあらわす）は成績がよかったので、ボールドウィン社は1902年までにアメリカの路線のために2-8-2（1D1）型を製造した。最初は同じような低カロリー石炭を使うビスマーク・ウォッシュバーン＆グレイトフォール鉄道のような路線用であったが、重量貨物列車用機関車に大火室を設けることの利点が、良質の石炭を使う鉄道からも認められるようになり、かなり大きな牽引力のミカド型が製造された。狭軌鉄道で特に歓迎された（199ページ、1942年の「マッカーサー」を参照）が、標準軌鉄道の旅客列車用や貨物列車用としても広く使われた。貨物列車用の場合には、従輪台車に補助エンジンを付けることがしばしばあった。

ボイラー圧：12.7kg/cm²
シリンダー直径×行程：469×609mm
動輪直径：1117mm
火床面積：2.79m²
伝熱面積：207.1m²
牽引力：不明
全重量（炭水車を除く）：55.5t

「キャメルバック〔らくだの背〕」4-4-2（2B1）　フィラデルフィア＆レディング鉄道　　アメリカ：1897年

　1887年にジョン・H・ウトンが特許を取った広いウトン式火室はカルム（炭鉱のボタ山から採った無煙炭の屑）を焚くためのものだが、アトランティック型にはもってこいだった。カルムは普通の石炭よりも安かったが、使用上注意が必要だった。半分しか燃えないうちに煙突から全部吐き出してしまうといけないから「薄く燃やして軽いドラフト」をモットーとするのがよいとされていた。この火室を設けると、通常の運転室の前方の窓を付ける余地がなくなってしまうので、運転室をまず火室の上に、次にはボイラーに沿ってもっと前に置くことになった。
　機関士にとって見晴らしが格段によくなったわけだが、これは結果としてたまたまそうなっただけで、これが主目的だったわけではない。1896年、ニュージャージー州のアトランティック・シティ鉄道の発注で（同鉄道はその直後フィラデルフィア＆レディング鉄道に買収されてしまう）、ボールドウィン社が4-4-2（2B1）型機関車を製造したが、巨大なウトン式火室が設けられ、運転室がボイラーの上にまたがったような格好になったので、（童謡に出て来る）「マザー・ハバード」とか「キャメルバック」とか呼ばれた。
　これが1890年代のアメリカで大変な人気を呼んで、急行列車用から入れ換え用まで、さまざまな機関車がこの形を採用した。（ただし、少し

ペンシルヴェニア鉄道はアメリカの鉄道の中で「アトランティック」型を積極的に採用した最大手である。ほとんどは運転室を後部に置くが、「キャメルバック」型も3両所有した。火床面積は63m²で、当時としては巨大。

60

蒸気機関車　　1825〜1899年

後期の「キャメルバック」の一例。イーリー鉄道の4-4-2（2B1）E2型No.934が1931年1月ジャージー・シティで石炭積込みのところ。1907年に複式として製造されたが、後に単式に改造された。幅広の火室の上にブレーキ用空気シリンダーが置かれている。

前にロス・ワイナンが設計した「キャメル」型機関車と混同しないこと。）近代的設備が付いていて、機関士と投炭職員は互いに電話で連絡し合っていた。1897年にこの型式が、カムデム〜アトランティック・シティ間の90kmを50分で走る、当時表定世界最速列車と言われた「アトランティック・フライヤー」号に使用された。ボールドウィン社史が誇らかに記しているところによれば、炭水車の後に6両の客車を引いて、いつもこれよりずっと速いスピードで走り、最高平均時速114.5kmに達したことすらあったという。編成は5両の時も6両の時もあり、約420人の乗客を運んだという。

「アトランティック」とは「スピード」を意味する言葉にさえなった。

1901年にニューヨーク・セントラル鉄道では、アメリカン・ロコモティヴ（通称アルコ）会社製の「アトランティック」が、オールバニー〜シラキューズ間237.8kmを、996トンにも達する寝台車特急列車を引いて、表定所要時間3時間半をさらに下回って走った。フィラデルフィア＆レディング鉄道の「キャメルバック」型は、サミュエル・M・ヴォークレインが特許を取ったヴォークレイン式複式機関車だった。ヴォークレインは以前ボールドウィン社の主任技師、後に同社共同経営者、最後は同社社長となり、アメリカ最大の鉄道プロの一人であった。シリンダーは4個ですべて外側にあり、低圧シリンダーの上に高圧シリンダーが置かれ、両方が一体となって、蒸気室と煙室サドルの半分とともに鋳造されている。両方のシリンダーのピストンが一つのクロスヘッドと主連棒を動かし、一つのピストン弁が左右両側のシリンダーを操作する。このようにして、動力部分を内側に置く必要を省くことができた（アメリカの技術者は初めからクランク車軸を毛嫌いしたのだ）。出発時にはバイパス弁を使って生蒸気を直接低圧シリンダーに入れることができた。

炭水車は4輪台車を2個はき、石炭9.14トンと水4958ガロン（約22.3キロリットル）を積むことができた。この鉄道でアトランティック型はよい成績を残したが、複式というシステムはいくつも問題を抱えていた。例えば、ひとつにはピストンの動きに釣り合うようにと、往復運動の部分を重くせねばならなかった。また、高・低圧両シリンダーの働きのバランスを取るのが難しかった。ヴォークレインは豊かな発明の才の持ち主で、複式機関車についてこの後も開発を続け、彼の名をつけた多くの特許を取ることとなった。例えば、柔軟に動くことのできるボイラーを発明し、これは1910〜11年にかけて、サンタフェ鉄道の6両の機関車にとり付けられたが、すぐに外された。

ボイラー圧：14kg/cm²
高圧シリンダー直径×行程：381×609mm
低圧シリンダー直径×行程：634×609mm
動輪直径：2134mm
火床面積：7.5m²
伝熱面積：236m²
牽引力：10,390kg
全重量：99t

384型　2-6-0（1C）　エジプト国鉄　　　　　　　　　　　　　　　　　　　　　　　　　　　　　　　　　　　　エジプト：1898年

エジプト国鉄は1877年に創立、イギリスとヨーロッパ諸国から機関車を買っていたが、この型式18両は1898年ボールドウィン社製である。機関車主任はリチャード・トレヴィシックの孫であるF・H・トレヴィシックだった。

よくあることだったが、イギリスやフランスの機関車製造会社が忙しすぎて納入期限を守ってくれないので、アメリカから買ったのだった。この時はそれ以上の両数をアメリカから買うことはなかったが、後に再びボールドウィンから同じ2-6-0（1C）型を買い入れている。1920〜40年にかけて、2-6-0型はこの鉄道の客貨両用機関車の主力であった。列車は軽量のものが比較的多く、イスタンブール、アレッポ経由で入って来る国際列車は、せいぜいワゴンリ（国際寝台車会社）所有の客車2両程度だった。

ボイラー圧：12.6?kg/cm²
シリンダー直径×行程：457×679mm
動輪直径：1529mm
火床面積：2.35m²
伝熱面積：184.5m²
牽引力：7900kg
全重量：不明

第1部　蒸気機関車

ヘンリー・オークリー　4-4-2（2B1）　グレイト・ノーザン鉄道（GNR）　イギリス：1898年

　イギリスは「アトランティック」型の受け入れが遅く、最初に採用したのはH・A・アイヴァットだった。彼はパトリック・スターリングの後任としてGNRの技師長となり、旧来の動輪1対機関車の代りに急行列車を引く強力な機関車の必要を感じていた。この型式は当時南アフリカで起ったゴールドラッシュの地名「クロンダイク」と呼ばれていたが、4-4-2（2B1）型の長所を活かしきれていなかった。火室は狭く、ボイラーも小ぶりで、同じ頃に製造された4-4-0（2B）型に伝熱面積では負けていた。

現在保存されているNo.990　ヘンリー・オークリーが、1977年9月11日、イギリス、ヨークシャー県のキースリー＆ワースヴァレー鉄道に貸し出されて、専門家から点検を受けているところ。

ボイラー圧：12.3kg/cm²
シリンダー直径×行程：476×609mm
動輪直径：2020mm
火床面積：2.5m²
伝熱面積：134m²
牽引力：8160kg
全重量：58.93t

C型「クープ・ヴァン」4-4-0（2B）　パリ・リヨン地中海鉄道（PLM）　フランス：1899年

ボイラー圧：15kg/cm²
高圧シリンダー直径×行程：340×620mm
低圧シリンダー直径×行程：540×620mm
動輪直径：2000mm
火床面積：2.48m²
伝熱面積：190m²
牽引力：10,990kg
全重量：101.38t

　後世の流線形車両と違って、この機関車の先頭部分の形態は実用目的があった。つまり、ローヌ河谷に吹く強い風「ミストラル」の影響をできるだけ小さくするためで、そこから「風切り」という愛称が生まれた。

いかにもフランス風の外観の4シリンダーC型原型機関車。中世の騎士の鎧姿がここに見られる。

　設計者は同鉄道のM・リクールだが、C型（複式）の原型は、1888年にA・アンリが単式2-4-2（1B1）型の何両かを、4シリンダー複式に改造したところにあった。これが4シリンダーが連結された2動輪軸を動かす型の最初であった。アンリ

蒸気機関車　　1825〜1899年

C型の後期車。より大形になり、煙突と蒸気ドームの間に流線形の覆いがつけられた。車軸間隔が大きく、先輪ボギー台車の後に外側シリンダーがついているのが特色。また運転室の前面の中央が前に突き出てV字形になっているのも特色。

はさらに4-4-0（2B）型を新たに2両製造し、彼の後継者シャルル・ボードリーはそれより大きい型を40両追加製造し、流線形の外装を導入した。高圧シリンダーは車輪の内側にあって、前の動輪を動かし、低圧シリンダーは先輪ボギー台車の後に置かれて後の動輪を動かす。

1899〜1902年にかけてC型機関車120両が、PLMのアルル工場ほかいくつかの会社の手で製造された。ボイラーの容量をさらに大きくし、煙突と巨大な蒸気ドームの間を覆うなど、外形も少し変えてあった。この新型では低圧シリンダーは63%・カットオフに固定してある。これより前に製造された40両も、同じように改造した。出発を容易にするために、低圧シリンダーのための生蒸気弁はほとんどの車に設けてあるが、全車ではない。パリ〜リヨン〜マルセイユ間の急行列車で200トン重量の客車を引いて時速100kmを守るなどの好成績をあげた。試運転では最大時速150kmの記録を達成した。1両が現在ミュールーズの博物館で保存されている。

T9型　4-4-0（2B）　ロンドン&サウスウェスタン鉄道　　イギリス：1899年

「グレイハウンド」の愛称で知られるこの型式と、1897年のカレドニアン鉄道の4-4-0〔59ページ参照〕型を比べてみると興味深いことに気付くだろう。こちらの型式の設計者デュゴルド・ドラモンドは、カレドニアン鉄道の技師長マキントッシュの前任者だった。

T9型66両は3期に分けて製造された。全車が内側にシリンダーを2個持つ。違っているのは、最初の20両の後に製造された車が火室の中にクロス・ウォーター管を新設したことで、伝熱面積が15.3m²増えた。成績良好で、半世紀にわたって現役で働き、現在は1両が保存されている。

ボイラー圧：12.3kg/cm²
シリンダー直径×行程：470×660mm
動輪直径：2000mm
火床面積：2.2m²
伝熱面積：124m²
牽引力：7574kg
全重量（炭水車を除く）：51.2t

現在保存されているT9型No.30120。英国鉄道最後の時期の南部管理局の標準色に塗られている。1986年4月26日ハンプシャー県ロプリーの「ウォータークレス」保存鉄道のオールトン〜オールズフォード間で撮影。

G3型　2-8-0（1D）　メキシコ鉄道（FCM）　　メキシコ：1899年

メキシコの標準軌鉄道全線では、2-8-0（1D）が主力機関車となっている。

この車輪配列のものは最初1881年に採用され、軽量レール、急カーブ、急勾配の多いメキシコの鉄道でその真価を発揮した。（この最初のものの1両は現在保存されている。）個々の車に大きな違いが見られ、薪焚き、重油焚きの車もあった。

メキシコ鉄道は少しずつに分けて機関車を買っていた。この型式10両も1899〜1908年にかけてボールドウィン社が納入した。全車とも単式シリンダーを2個持つ。長期間の現役中に少しずつあちこちで改造の手を加えた。例えば、本来のスティヴンソン社式リンク弁装置をアメリカのベイカー社式に変えた車もある。G3型のほとんどは1960年頃以降にスクラップにされた。

ボイラー圧：12.2kg/cm²
シリンダー直径×行程：507.6×660mm
動輪直径：1117mm
火床面積：3m²
伝熱面積：187.3m²
牽引力：14,047kg
全重量（炭水車を除く）：64.8t

第 1 部　　蒸気機関車

180型　0-10-0（E）　オーストリア帝国営鉄道（KKÖSTB）　　　　　　　　　　　　　オーストリア：1900年

ボヘミアの炭鉱地帯からの重量列車を引くために、カルル・ゲルスドルフが設計した最初の0-10-0（E）型で、複式シリンダーを2組持つ。巨大な高圧・低圧シリンダーを両方一緒に前部外側に置くという堂々たる正面のつら構えである。2個の蒸気ドームの間をつなぐクレンチ式蒸気乾燥装置を持つ。

線路にかかる軸重の制限が13.7トンという軽いもので、さらに半径200mのカーブもあるので、第1、3、5動輪が左右に動ける遊びを持ち、主連棒は第4動輪を動かす。成績は抜群で239両が製造され、結果として他の10動輪（E）型も後に登場した。No.180.01がウィーンで保存されている。

この写真はユーゴスラヴィア国鉄イエセニーチェ〜ノヴァ・ゴリカ間で、同鉄道28型0-10-0（E）を撮影したもの。この機関車はもともと20世紀初頭にお隣りのオーストリアで製造された旧オーストリア帝国鉄道80型で、同型式には2シリンダー複式の車もあった。

ボイラー圧：14.3kg/cm²
高圧シリンダー直径×行程：560×635mm
低圧シリンダー直径×行程：850×635mm
動輪直径：1258mm
火床面積：3.4m²
伝熱面積：202.1m²
牽引力：不明
全重量（炭水車を除く）：65t

64

蒸気機関車　　1900〜1924年

複式2.6型　4-4-2（2B1）　　ノール（北）鉄道　　　　　　　　　　　　　　　　　　フランス：1900年

真の意味で最初の性能のよい急行列車用複式機関車として、2.6型は全世界から異例までの注目を引いた。

ノール鉄道で複式機関車が開発された始まりは1885年で、イギリスで生まれたアルフレッド・ド・グレンとフランス人ガストン・デュ・ブスケの手による。シリンダーは4個で、高圧用が外側にあって後の動輪を、低圧用が内側にあって前の動輪を動かした。それぞれのシリンダーは別々の弁装置を持ち、カットオフも高圧・低圧別々に2個の加減弁で操作された。逆転弁も2セットあった。機関士は低圧シリンダーを閉めて、すべての排気をブラスト管から放出することもできた。

上手に操作すれば発車時の牽引力はほとんど50%も増やすことができたのだから、引く重量と状況に応じて自由自在に使える装置となっていたのだが、運転と保守が複雑困難だったことも否定できない。複式機関車をちゃんと操作できなくてはいけないという必要から、フランスの高度な機関士教育の伝統が生まれたといっても、半分は正しかろう。

フランスではこれ以外の複式システムも採用された——例えば、急行列車用に複式を使った国はフランスだけである——けれども、全国標準方式に近いものとなったのは、このド・グレン+デュ・ブスケ式が後の1928年からアンドレ・シャプロンの手で改良されたものである。

ド・グレンとデュ・ブスケが最初に製作したのは1885年の2-2-2-0（1AA）型で、これは1892年に4-2-2-0（2AA）型に改造された。（もともと各動輪は互いに連結されてなくて、実際各動輪軸は別々の機関で動かされていたわけなので、このような普通と違った車輪配列表記法となっている。）

しかし、この方式が実際に人びとの注目を引いた最初のものは、1900年製造の4シリンダー複式4-4-2（2B1）試作機関車で、すぐに量産に入り最終的には35両が製造された。最初の試作車は、ド・グレンが技師長をしていたミュールーズ市のアルサス機関車製造会社で、量産車はリル市のJ・F・カイユ工場製、動輪が連結棒でつながれているが、それ以外の点、例えばベルペール式火室や先輪ボギー台車の外側軸受けなどでは、1885年製の先輩の特色を踏襲している。

最初からスターとして人気を呼んだが、その潜在的能力をフルに発揮したのは、1912年にシュミット式過熱装置をとり入れ、ピストン弁の付いた大直径高圧シリンダーを備えて以後のことだった。ある権威ある歴史家（フランス人ではない）は書いている。

「登坂性能において、同じような大きさと牽引力で、この機関車に勝るものはこれまで全くなかった」

こうした性能は、しばしば400トンにも達する重量のカレー臨港列車を引くには絶対必要だった。カレー〜パリ間はもちろんのこと、英仏海峡の港からベルリン、ウィーン、ローマ、ブカレスト——それから「オリエント特急」の登場以後は——アテネ、イスタンブールまでの国際連絡直通客車をも引かねばならなかったのだから。平坦線ではこの「アトランティック」型は、これらの列車を引いて時速120kmを出した。

イギリスのグレイト・ウェスタン鉄道はフランス北鉄道に敬意を表して、この複式機を3両買い、（複式として運転することはなかったが）よい成績をあげた。アメリカの大ペンシルヴェニア鉄道も同様の理由から1両買った。プロイセン王国営鉄道は79両、エジプト国鉄は10両買った。

母国ではノール鉄道の「アトランティック」型は1930年代まで走り続けた。その時までにより太い煙突や、ル・メートル式ブラスト管を備えたものもあり、石炭7トンと水5070ガロン（約22.8キロリットル）を積む炭水車を付けたものもあった。しかし、この頃になると特急列車の重量はさらに増え、4動輪型では手に余るようになったので、ノール鉄道パシフィック型に後を託して花道を飾った。1912年に改造されたNo.2670はミュールーズの国立鉄道博物館で保存されている。

ボイラー圧：16kg/cm²
高圧シリンダー直径×行程：390×640mm
低圧シリンダー直径×行程：560×640mm
動輪直径：2040mm
火床面積：2.76m²
伝熱面積：138m²
過熱面積：39m²
牽引力：7337kg
全重量：120t

1900型「クロード・ハミルトン」　4-4-0（2B）　　グレイト・イースタン鉄道　　　　　　　イギリス：1900年

同鉄道のフレッド・ラッセル設計の「ビッグ・ボイラー」単式2シリンダーの4-4-0（2B）型は、1895年のカレドニアン鉄道の流行を確立したタイプと覇を競ったものだった。同鉄道の急行列車のほとんど、例えば、夏季の「ノーフォーク海岸急行」や、表定ぎりぎりの速度を強いられたリヴァプール・ストリート〜ノリッジ間の列車などを引いた。

最初期の「クロード」型は上部が丸いボイラーだったが、後期になるとベルペール式の角張った火室を設けた。1893年にジェイムズ・ホールデンが同鉄道で採用した「液体燃料装置」（ガス会社でとれる液体タールを燃料とする）を付けた車も多く、成績はよかったが石炭の値段が下がったので、これはとり止めとなった。

初期の車No.1870が1900年ケンブリッジ駅でロンドン行き急行列車を引いて炭水車に給水のため停車中。

ボイラー圧：12.7kg/cm²
シリンダー直径×行程：483×660mm
動輪直径：2130mm
火床面積：1.9m²
伝熱面積：151m²
牽引力：7755kg
全重量：51t

第1部　蒸気機関車

複式4-4-0（2B）型　　ミッドランド鉄道（MR）　　　　　　　　　　　　　　　　　　　　　　　　　　　イギリス：1900年

ロンドン・ミッドランド＆スコティッシュ鉄道の標準色に塗られた複式No.1028が、ダービー工場の転車台（ターン・テイブル）に乗っている。1905〜06年にかけて製造されたR・M・ディーリー最初の設計による30両のうちの1両で、原型のNo.1000に比べて煙突が少し長く延ばされている。1923年に過熱式に改造された。

複式機関車を試みたイギリスの鉄道はいくつもあったが、成功したのはMRだけだった。開発したのはノース・イースタン鉄道のウォルター・スミスで、シリンダーは3個、うち高圧の1個は内側に置かれ、3個とも前の動輪を動かした。重要な特色はスミス考案による弁装置で、発車時には外側の低圧シリンダー2個だけを使う。実際に機関車は、単式としても、複式としても、それから生蒸気を直接低圧シリンダーに導く「強化複式」としても動かすことができた。

当時ノースイースタン鉄道は、スミスの方式を実用化しようとはしなかった。ところが、MRの技師長で、洗練されたスタイルの機関車設計で有名だったS・W・ジョンソンは、スミスの方式は小さな機関車で高い効率・実績をあげる潜在能力を持っていると魅力を感じた。最初のMRの複式機関車は運転に技巧を必要としたが、成績は良好だった。原則として軽量列車ばかり引いていたからだと批判する者もいたが、より重い列車を引かせても、熟練した機関士が運転すれば、MRの複式機は容易に任務を全うした。

1904年早々にジョンソンが退任しR・M・ディーリーが技師長職を引き継ぐと、スミスが考案した変換弁方式を廃棄した。単純さと便利に使えるという目的で「強化複式」の代りに、低圧シリンダーによって出発するための特別な加減弁を使用することにした。ディーリーの改造で牽引力は低下したが、運転がやりやすくなった。1923年に大統合によってMRが消滅して、ロンドン・ミッドランド＆スコティッシュ鉄道が誕生するまで、「ミッドランド複式」はすべての主要急行列車を引いた。統合後ですら、同じ方式の新しい複式機関車が製造されて、スコットランド南部の旅客列車用に使われた。

ボイラー圧：15.5kg/cm²
高圧シリンダー直径×行程：482×660mm
低圧シリンダー直径×行程：514×660mm
動輪直径：2134mm
火床面積：2.6m²
伝熱面積：159.75m²
牽引力：10,884kg
全重量：60.8t

「プリンセス・オヴ・ウェイルズ〔皇太子妃〕」4-2-2（2A1）　　ミッドランド鉄道（MR）　　　　イギリス：1900年

イギリスで動輪1対の機関車が復活したのは、蒸気で砂まき弁を動かす装置が発明されたからであった——細かい砂を車輪とレールの接点に吹きつけて、出発時や油に濡れたレールを通る時の粘着力を増すことができたのである。

1901年9月2日ロンドンのセント・パンクラス駅で、午後1時30分発のスコットランド行き急行列車の先頭に立つNo.2601。MRは4-2-2（2A1）型を全部で95両持ち、うち「プリンセス・オヴ・ウェイルズ」型は10両あった。

サミュエル・W・ジョンソン設計のこのNo.2601は巨大な動輪の両側から砂をまくことができた。最後で、同時に最強力の単動輪急行用機関車が製造されたわけであった。8輪付きの大形炭水車は、機関車とほぼ同じ長さを持つ。

ボイラー圧：12.6kg/cm²
シリンダー直径×行程：500×666mm
動輪直径：2397mm
火床面積：2.3m²
伝熱面積：113m²
牽引力：7337kg
全重量：51t

蒸気機関車　　1900〜1924年

B51型　4-4-0（2B）　国営鉄道（SS）　　　　　オランダ領東インド（現インドネシア）：1900年

1900〜09年にかけて、この型式40両が製造された。第1号車はドイツ、ハノーファー市のハノマーグ社、それ以外はドイツ、ヒェムニッツ市のハルトマン社とオランダのウェルクスポール社の製造である。複式2シリンダーで、ジャワ島幹線の急行列車用として登場した。1970年代初期には、まだ20両くらいが現役で、ババット、ボジョネゴロ、チェプ機関庫に所属して区間列車を引き、またランカスベトゥング〜ジャカルタ・タナハバン駅間列車を引いていた。

インドネシア国鉄B51.12のピカピカに磨かれた姿。1973年12月29日、ジャワ島ボジョネゴロ機関庫にて。

ボイラー圧：12kg/cm²
高圧シリンダー直径×行程：380×510mm
低圧シリンダー直径×行程：580×510mm
動輪直径：1503mm
火床面積：1.3m²
伝熱面積：85.5m²
牽引力：不明
全重量（炭水車を除く）：35.4t

500型　4-6-0（2C）　アドリア鉄道網（RA）　　　　　　　　　　　　イタリア：1900年

ジョゼッペ・ザラ設計、試作機はフィレンツェのRA工場の製造。運転室が前面に付いていて、プランシェ考案の変わった配置の4シリンダー複式である。高圧シリンダーが2個とも片側に、低圧シリンダーが2個ともその反対側に置かれている。すべてのシリンダーは第2動輪軸を動かす。ワルシャート式弁装置を備えていて、外側に付いている1個のピストン弁が、蒸気をそれぞれの側の2個のシリンダーに配分する。シリンダーは煙室の先に延びた台枠の上に置かれている。

通常は「逆向き」で運転していた。出発時には弁装置が生蒸気を低圧シリンダーに直接送り込む。石炭は火室の横にある石炭箱に入れられ、6輪つきの水槽車はシリンダー側に連結され、自在に曲がるホースでインジェクターにつながっている。

客貨両用で、記録によると830トンの貨物列車も引き、旅客列車を引いて時速90kmを維持したという。この機関車は運転台からの見晴らしがよく、乗務員が煙や蒸気に悩まされることもなかったのだが、流行をつくることにはならなかった。高圧・低圧シリンダーへの蒸気の配分がうまくいかなかったために、左右のシリンダーの動きの速さが違うことがあった。プランシェ式は低速の機関車にしか向いていなかったのである。さらに、石炭を積む量が限られていたため、長距離運転は難しかった。

1905年に国鉄になってからは670型（過熱式の車は671型）となり、1940年代まで43両が現役で、ヴェローナとボローニアの機関庫に所属していた。

ボイラー圧：15kg/cm²
高圧シリンダー直径×行程：365×656mm
低圧シリンダー直径×行程：596×656mm
動輪直径：1938.5mm
火床面積：3m²
伝熱面積：153.5m²
牽引力：6698kg
全重量：100t

7B型　2-6-0（1C）　ブエノスアイレス大南部鉄道（BAGS）　　　　　　　アルゼンチン：1901年

1885年ベイヤー・ピーコック社製の7型を大形にした2シリンダー複式機関車で、同じ会社の製造である。この型式の後の歴史を見ると、金欠病になって間に合わせのオンボロを繕いながら切り抜けた様子がわかる。1938年以降はほとんどが休車となった。複式機関車の保守はあまりにも問題が多かったのである。

ところが、1949年以降、機関車不足が深刻になって、これらを再検討することとなった。4両を重油焚きに改造、そのうちの1両には別の型式の半分廃車になった機関車のシリンダーを転用した。別の1両は、こわれた低圧シリンダーの内側に鋳鉄のブッシュをとり付けた。

1967年までに全車がスクラップになった。1921年にはこの型式のNo.3096が、同鉄道の最南端であるカルメン・デ・パタゴーネスに乗り入れる最初の列車を引いたので、マラガータの名を与えられたが、この型式で名が付けられたのはこの1両だけであった。

10型式2-6-0（1C）No.85。1902〜03年にかけて、西部鉄道の発注でキットソン社とベイヤー・ピーコック社がこの型式27両を製造した。重油焚き特有の煙を吐いている。

ボイラー圧：12.2kg/cm²
高圧シリンダー直径×行程：455×660mm
低圧シリンダー直径×行程：660×660mm
動輪直径：1726mm
火床面積：1.9m²
伝熱面積：48.8m²
牽引力：6866kg
全重量：79.5t

Q型　4-6-2（2C1）　ニュージーランド国鉄（NZR）　　　　　　　　ニュージーランド：1901年

これは「パシフィック」と呼ばれる車輪配列の最初の機関車である。太平洋（パシフィック・オーシャン）を渡ってニュージーランドに納入されたので、そう名づけられた。同鉄道の技師長A・W・ビーティーは、南島で産出される低カロリーの亜炭を焚くために、広い火室を持つ機関車を、同島の1067ミリ（3フィート6インチ）・ゲージの幹線で旅客列車を引くために走らせたいと考えた。もっぱら燃焼室の広さを大きくしたいというために、火室を支える従輪を置いただけなのであった。

ビーティーの注文は、その他の点では流行の最先端を取り入れたもので、ヨーロッパ大陸を除きワルシャート式弁装置を備えた最初の機関車だった。その弁装置も外

67

第1部　蒸気機関車

側ピストン弁も、最新式のものだった。当時はまだすべり弁が一般に使われていたのである。棒台枠、ドーム形の砂箱、ウェスティングハウス式空気ブレーキを持っていた。製造はアメリカのボールドウィン社が行なった。

ボールドウィン社は1902年からアメリカ向けに「パシフィック」型を製造し始めた。最初はセントルイス・アイアンマウンテン＆サザン鉄道用であった。広い火室を持つ6動輪機関車が大いに役立つことは明々白々であり、間もなく全世界に広まった。元祖のQ型も成績良好で、ゆっくり走ってもダイヤを守ることができた。何両かは北島の路線に転じたが、最後の1両が引退したのは1957年だった。

ボイラー圧：14kg/cm²
シリンダー直径×行程：406×559mm
動輪直径：1245mm
火床面積：3.72m²
伝熱面積：155m²
牽引力：8863kg
全重量：75t

2-4-2 (1B1) 型　シャム王立鉄道 (RSR)　　　　　　　　　　　　　　　　　　　　　　　　　　　　　タイ：1901年

2-4-2（1B1）という車輪配列は20世紀では珍しい。この鉄道がお手本にしたのは、1873年に製造されたパリ・オルレアン鉄道の2-4-2（1B1）型である。10両がミュンヘン市のクラウス社で製造され、1901年に4両、1902年に2両、1912年に1両が納入された。

1メートル・ゲージはシャムの鉄道の標準軌であり、同鉄道の他の機関車同様薪焚きで、丈夫で長もち、1940年にまだ軽量旅客列車を引いていた。クラウス社はこれ以前にも、ユーゴスラヴィアの狭軌のために2-4-2（1B1）型の複式機関車を製造した経験を持っていたが、シャム側は複式を断わって単式にした。従輪は運転室の下にあり、それと動輪の間に深い灰箱を置く余裕を持っている。

ボイラー圧：12.4kg/cm²
シリンダー直径×行程：360×500mm
動輪直径：1350mm
火床面積：不明
伝熱面積：不明
牽引力：3042kg
全重量（炭水車を除く）：28t

K9型　4-6-0 (2C)　プラント・システム (サヴァンナ・フロリダ＆ウェスタン鉄道)　　　　　　　　　　　アメリカ：1901年

アメリカン・ロコモティヴ（アルコ）社ロード・アイランド工場で、高速旅客列車用として製造された。1901年にNo.111が時速193kmを樹立したと言われているが確たる証拠はない。

ワシントンから西インド諸島への郵便を運ぶ契約をアメリカ郵政局から得ようと、シーボード線とプラント・システムが競い合った。8両の郵便車編成の列車がサヴァンナで両社に分割され、フロリダ州ジャクソンヴィルに早く着いた会社が契約を手に入れることになっていた。最初にプラント・システムの列車を引いたのはNo.107だったが、軸箱に異常な熱が生じたので遅れ、代理を務めたNo.111がジェサップからジャクソンヴィルまでの186kmを、平均時速124kmで走破した。No.111は1942年に解体された。

ボイラー圧：12.6kg/cm²
シリンダー直径×行程：487×718mm
動輪直径：1846mm
火床面積：3m²
伝熱面積：不明
牽引力：9633kg
全重量：114.7t

18型　4-4-0 (2B)　エタ・ベルジュ (EB)　　　　　　　　　　　　　　　　　　　　　　　　　　　　　ベルギー：1902年

1898年にグラスゴー市のニールソン・リード社がEBの発注で5両の4-4-0（2B）型を製造したが、これはJ・F・マキントッシュ設計のカレドニアン鉄道の「ダナラスター2世」〔59～60ページ参照〕型と実質上同じデザインである。ベルギー国鉄ではマキントッシュ型時代が1906年まで続いたが、その間に他にもカレドニアン鉄道タイプの4-4-0（2B）型と0-6-0（C）型が719両も、すべてベルギーの工場で製造された。そのうち140両がこの急行旅客列車用で、主にブリュッセル～アントウェルペン間で使用された。最後の6両にはシュミット式過熱装置が付けられた。本家スコットランドの同型機よりも早い装備だった。またピストン弁も設けられた。1両がカレドニアン鉄道タイプの炭水車を付けて保存されている。

ブリュッセル北駅で現在保存されている18型。いましがたグラスゴーから到着したばかりと誰もが思いたくなる。運転室の3つ窓は、カレドニアン・タイプらしからぬところ。後に古典的客車を引いている。

ボイラー圧：13.5kg/cm²
シリンダー直径×行程：482×660mm
動輪直径：1980mm
火床面積：2.2m²
伝熱面積：126.8m²
牽引力：8930kg
全重量（炭水車を除く）：50.3t

蒸気機関車　　1900～1924年

D1型　2-6-0（1C）　デンマーク国鉄（DSB）　　　　　　　　　　　　　　　　　　　　　デンマーク：1902年

　1892年にデンマーク国鉄が誕生し、以前ユトランド・フーネン鉄道の技師長だったオットー・ブッセが初代技師長として任命され、1910年まで務めた。彼は広範囲な標準化に取り組み、彼の設計した貨物列車用のD型は、最終的に100両にも達した。そのうちの41両がこのD1型である。

　主として1902～06年にかけて、ドイツのヘンシェル・ハルトマン社で製造されたが、8両は1908年スウェーデンのニドクヴィスト・ホルム社製である。2シリンダー単式である。

　ブッセは保守的なエンジニアで、いまだにすべり弁を使ったが、ワルシャート式弁装置を付けた。1914～20年にかけて過熱式に改造、1925～40年にかけて新しいボイラーに取り替えて、D1v型になった。

　1950年代から引退する車が出て来たが、1960年代初期になっても、まだ18両が現役で働いていた。

ボイラー圧：12kg/cm²
シリンダー直径×行程：431.4×609mm
動輪直径：1383mm
火床面積：1.8m²
伝熱面積：106.7m²
牽引力：8340kg
全重量（炭水車を除く）：44.7t

G8型　0-8-0（D）　プロイセン王国営鉄道（KPEV）　　　　　　　　　　　　　　　　　　　　ドイツ：1902年

　プロイセン鉄道の分類法によると、Gは'Güterzuglokomotive'つまり「貨物列車用機関車」を意味する。8はもともと牽引力による分類のある段階を示すものだが、この頃になると、この特定の機関車型式となってしまった。動輪8個というのは偶然の一致にすぎない。

　真の意味での古典的機関車で、多くの路線で主力として働いた。1893年に製造されたG7型0-8-0（D）を近代化したものであるが、もとのG7型もその後G7²型として1917年まで製造が続いた。G8の第1号機は、同鉄道の設計によって、シュテッティン市の東プロイセン・ヴァルカン社工場で製造された。G7型は単式と複式の両方があったが、G8は単式だけで、2個のシリンダーは外側に付き、ピストン弁、外側ワルシャート式弁装置、初期のタイプのシュミット式過熱装置を備えている。

　こうした点を見ると、かなり革新的であることがわかる。プロイセン王国営鉄道は1897年以来過熱式の実験を行なっていて、もともと物理学者であったウィルヘルム・シュミット博士は、この方式を発明したことで、20世紀蒸気機関車史上もっとも重要な開発を成し遂げたのであった。

　ボイラーの先端に置かれた過熱管は、蒸気本管の上部から蒸気を受け、それを蒸気溜めに導き、そこから小管を通ってボイラー上部に戻して、さらに過熱する。そこから第2の過熱蒸気溜め（第1のものと結ばれている）に送り、そこから大蒸気管を通ってシリンダーに導く。

　その後、他の技術者がそれぞれの新方式を開発して特許を取り、例えばフランス人のウーレはさらに高熱をもたらしたが、多くのものはシュミットの特許に触れない

長生きのG8がトルコのブルドゥール機関庫で出発準備中。ここで区間旅客列車を引いて1980年代後半まで働いていた。

69

第1部　蒸気機関車

ように工作したに過ぎなかった。ともかくシュミットの発明は決定的なものだった。1910年頃以降は、近代機関車は（ごく小さなものを除くと）過熱管を備えないわけにはいかなくなった。それ以前の、いわゆる「飽和式」はすべて時代遅れとなり、何千両もの機関車が新しい過熱管を設けるよう改造された。

主な恩恵は、高熱の乾いた蒸気がシリンダーの中で膨張を続け、蒸気のすべてにより大きな力を与えるだけではなく、経済性が大きく増したことにある。これに比べると「飽和」蒸気はシリンダーの中で凝固して水滴になりやすい。一方、過熱式の短所というと、蒸気がより高熱になり乾燥すればするほど、過熱状態で金属表面がこすれ合うのだから、より上質の潤滑油がより多量に必要となること

である。過熱蒸気を用いた結果、シリンダーの操作において、ピストン弁の方が効率がよいので、平らなすべり弁の廃棄のスピードが速まった。平らな表面と乾いた蒸気が、あまりにも大きな摩擦を生むものだから。シュミット自身がブロード・リング・ピストン弁を開発し、多くの鉄道がこれを採用したが、1920年代になってナロー・リング・ピストン弁が発明される（これもドイツ人の手による）と、こちらの方が一般に使われるようになった。

その後の10年間に100両以上のG8型が製造され、これが同鉄道の貨物列車用機関車の標準型となった。P8型と同じように上が丸くなった火室を持ち、火床は狭い。最大軸重が14.2トンで、車軸の間隔が小さいので、どんな線区でも走れた。1913年にはより重いG8¹型が導入さ

れ、初期のものはハノーファー市のハノマーグ社で、それ以後はドイツの製造工場すべて、12社で製造された。

1914〜18年にかけての大戦中には、この型の価値がはっきり証明された。以前になかったほどの重さの列車を引いて、平和時にはなかったほどの苛酷なダイヤに従って任務をやり遂げたのである。1921年までに合計5087両が製造され、1933〜41年にかけて688両が2-8-0（D）型に改造されてG8²型式となった。

プロイセンの他の古典的機関車である4-6-0（2C）P8型と同じく、G8も広く外国に輸出された。1918年大戦の賠償としてヨーロッパ大陸から中東にかけて、東はシリアまで送られた。これが0-8-0（D）型の中でもっとも安かったからではなくて、成績、経済性、信頼性が

抜群だったからである。しかも丈夫で長くもちた。1970年代になってさえ、まだトルコ国鉄で重量石炭列車を引いて働いていた。ドイツでは第二次世界大戦前の政権下の国鉄で55$^{25\text{-}57}$という型式を与えられ、戦後の1945年以後は西側のDB（ドイツ連邦鉄道）でも東側のDR（東ドイツ国鉄）でも現役だった。現在でも何両かがドイツその他の国で保存されている。

ボイラー圧：14kg/cm²
シリンダー直径×行程：600×660mm
動輪直径：1350mm
火床面積：2.66m²
伝熱面積：139.5m²
過熱面積：40.4m²
牽引力：20,660kg
全重量（炭水車を除く）：55.7t

「セイント〔聖人〕」型　4-6-0（2C）　グレイト・ウェスタン鉄道（GWR）　　　　イギリス：1902年

1902年、ジョージ・ジャクソン・チャーチワードは、GWRの機関車客貨車部主任になった。しかし、それ以前でも彼はナンバー・ツーとして、技術開発に影響力を持ち、後のイギリスの機関車デザインを大きく左右していた。彼は計画を慎重にめぐらし、他分野での実績を熱心に勉強する人でもあったから、スピードと牽引力の双方に優れた機関車が必要であることをよく理解していた。

基礎から出発して、彼は新しいボイラーを開発した。これが同鉄道の一連のものの第1号となったわけで、蒸気ドームはなし、ゆるやかに後方に向かって胴太になっていき、肩が角ばったベルペール式火室につながるボイラーで、これはアメリカの機関車の「ワゴン・トップ」デザインからいくらか学んだものであった。ボイラー圧力は14kg/cm²以上で、蒸気は充分に保証できる。このボイラーのもうひとつの特色は、一方だけに流れるクラック弁を通して上から給水する方式である。イギリスの設計者は概して給水温め器を使いたがらなかったが、この方式はいくつもの受け皿を通して給水することで、火室の周囲の蒸気や沸騰する湯と混じる前に、ある程度温めておくことになる。この方式は、後にイギリス国鉄標準型機関車で採用されることとなった。

チャーチワードは1900年以前にもひとつかふたつの試作をしていたけれども、彼の最初の4-6-0（2C）型は1902年に登場した。これはGWRの後の客貨両用4-6-0（1C）機関車の模

「セイント」型No.2941「イーストン・コート」号が1932年9月、ウルヴァーハンプトン下層駅で各駅停車列車を引いて待機中。左に隠れて見えているのは「スター」型No.4027。

蒸気機関車　　1900〜1924年

範となったもので、外側に置いたシリンダーは762mmという長い行程を持ち、台枠の内側にスティヴンソン社式リンク・モーションを備える。台枠は動輪軸を支えるイギリス風の板台枠と、アメリカ風の各シリンダーと煙室サドルの半分とを結びつけて主台枠に鋲で固定した横棒で支えるというやり方の統合であった。

依然として慎重なチャーチワードは、4-6-0型の1両「アルビヨン」をアトランティック車輪配列（4-6-2）に改造し「ディーンズ」型と、フランスのド・グレン設計のアトランティック型を買入れた「ラ・フランス」号の両方と比較した。1906年にやっと4-6-0型の量産が始まり、その時には過熱式（最初はシュミット式、後にはスウィンドン式）が採用された。鉄道会社としては過熱式を抑えたかったのだが、チャーチワードや他の設計者たちは、過熱式の潜在能力をフルに利用するためには、弁装置の作用を再検討することが必要だと悟ったのである。

「セイント」型No.2933「ビバリー・コート」号がヘレフォード行き列車を引いて、ウスター・シュラブ・ヒル駅を発車。1924年に行った煙室実験によって、煙突が少し前方に移された。

古いスティヴンソン社式弁装置はいまだに広く使われていたが、蒸気がシリンダーに出入りするのに支障を与えた。いまや効率のよい最新機関車には、もっと長い距離を動けて、蒸気の出入口がもっと広くて、より多くの蒸気をとり入れることのできる、より大きな弁がとり付けられていると同時に、もっと短いカットオフ、ピストンの動きの20％かそれ以下が可能になっている。過熱蒸気の潜在膨張能力をひき出すには、これが絶対必要なのだ。同鉄道の2シリンダー機関車に付けたスティヴンソン社式弁装置は、短いカットオフに対応できるようにもなっていた。

チャーチワード設計の4シリンダー4-6-0（2C）「スター」型やそれ以後の型式では、ワルシャート式弁装置を採用した。これは1844年の発明であったが、1906年頃以降になり、そのラディアル弁装置ないし応用方式が、ヨーロッパ大陸以外でも一般に使用されるようになった。それは、ヴァルヴ・チェストからシリンダーに蒸気を導入するやり方を容易にしてくれたからである。過熱式、より行程の長いピストン、より長い弁の動き、より短いカットオフのお陰で機関士は、より多くの蒸気、蒸気の

1923年頃、「セイント・ヘレナ」号が、カーライル発プリマス行きの「北から西へのティとランチョン客車」列車を引いて、エクセター・セント・デイヴィッド駅へ進入。

より大きな膨張に恵まれ、蒸気をより自由自在に制御することができるようになった。まさに蒸気機関車の活動と潜在能力を劇的に増大できるとともに、より正確に評価できる時代の始まりであった。1911年までに「セイント」型77両が製造された。同鉄道の後継者である「グランジ」型と「ホール」型は、より小さな動輪を持つ2シリンダー機であるが、490両近くにも達した。以上の3型式は同鉄道の4-6-0型の中で抜群の大家族となっている。設計は客貨両用だったが、急行列車を引いた時でも、4シリンダーの「スター」型や「カースル」型に匹敵できる成績をあげた。「セイント」型は1950年代まで現役で残り、最後の1両がスクラップにされたのは1953年のことだった。

ボイラー圧：15.75kg/cm²
シリンダー直径×行程：461.5×769mm
動輪直径：2064mm
火床面積：2.5m²
伝熱面積：199m²
過熱面積（1906年以降）：24.4m²
牽引力：11,066kg
全重量（炭水車を除く）：71.3t

第1部　蒸気機関車

B2型　0-6-0（C）　中央メキシコ鉄道（FCC）　　　メキシコ：1902年

　B型はメキシコ唯一の0-6-0（C）入換え用機関車で、全部で31両あるが、うち24両がB2型。完全にアメリカ風の棒台枠、外側2シリンダーを持つ。14両は1902〜04年にかけて、アルコ・ブルックス社ロード・アイランド工場製、10両は1907年ボールドウィン社製である。

ベルペール式火室を持ち、重油焚きである。ボギー台車をはいた炭水車は、いかにも古典的な入換機らしく、後部が斜に低くなっている。
　メキシコでは通常入れ換えは、いつも貨物列車を引いている2-8-0（1D）型が兼ねて行なっている。貨物の量が多いのと、鉄道会社が貧乏なので、入換え専用機関車を多数持つわけにはいかなかったのである。だから、B2型は大きな操車場でしか見られなかった。こうした類の他の仲間と同様、この機関車も永年勤続者となった。

ボイラー圧：12.6kg/cm²
シリンダー直径×行程：482×609mm
動輪直径：1269mm
火床面積：3m²
伝熱面積：154m²
牽引力：9900kg
全重量（炭水車を除く）：57t

2-6-0（1C）型　コルドバ・フアトスコ鉄道（FCCH）　　メキシコ：1902年

　メキシコには標準軌線の他に多くの狭軌線があって、幹線への培養線もあれば、遠い辺鄙な地域に独立している線もある。典型的な機関車はこの2-6-0（1C）3両で、ベラ・クルス州の609mm（2フィート）・ゲージ線の注文でボールドウィン社が製造した。この線は山地とベラ・クルス〜メキシコ市間の幹線とを結んでいる。1909年に中央メキシコ鉄道に買収併合された。
　この機関車の高さは2893mmで、アメリカの標準軌用「モーガル」型を縮小したもの。シリンダーは外側に付いている。この機関車が製造された頃から、早くもメキシコの支線鉄道は、道路交通との競争で脅威を感じ始めていたのである。

ボイラー圧：11kg/cm²
シリンダー直径×行程：304×457mm
動輪直径：774mm
火床面積：0.6m²
伝熱面積：38.5m²
牽引力：4541kg
全重量：37.6t

Ma型　2-8-0（1D）　スウェーデン国鉄（SJ）　　スウェーデン1902年

室となっているのは、この線が北極圏内に入っているからである。

　スウェーデンの機関車には、すべて火の粉飛散防止装置が付いていた。Ma型の1両は、それが煙突の根元の「チョーカー」リングの中にはめ込まれていた。これはスウェーデンの機関車特有のもので、しばしば行なわれていた。

　スウェーデン国ラップランドのキルナから、ノルウェーのナルヴィクまで、約1000トンにも及ぶ鉄鉱石を運ぶ列車を引くために、特に設計された機関車である。ニドクヴィスト・ホルム社製で、2シリンダー複式であったが、特に成績がよかったとはいえない。板台枠と大ボイラーを持ち、シリンダーは煙室の後に置かれて、第3動輪を動かす。もともとはすべり弁が設けられていたが、この型式中もっとも成績のよかった2両は、より大きなシリンダーとピストン弁が付けられていた。完全密閉式の運転

ボイラー圧：14kg/cm²
高圧シリンダー直径×行程：530×640mm
低圧シリンダー直径×行程：810×640mm
動輪直径：1296mm
火床面積：2.9m²
伝熱面積：211.7m²
牽引力：16,780kg
全重量：107.7t

A3/5型　4-6-0（2C）　スイス連邦鉄道（SBB）　　スイス：1902年

ボイラー圧：15kg/cm²
高圧シリンダー直径×行程：360×660mm
低圧シリンダー直径×行程：570×660mm
動輪直径：1780mm
火床面積：2.6m²
伝熱面積：155.6m²
牽引力：入手不能
全重量：105t

　ユラ・シンプロン鉄道の発注で、ウィンタートゥール市のスイス機関車製造会社製。ド・グレン式複式シリンダーを4個もち、高圧シリンダーは外側に付いていて、真中の動輪を動かし、低圧シリンダーは前の動輪を動かす。どちらのシリンダーにも独立の弁装置が付いている。最終的には111両に達し、100分の1（1000分の10）上り勾配で300トンの列車を引いて、時速50kmで走ることができたが、これを上まわる成績を上げることもあった。例えば、400トンに達する列車をしばしば引いた。1913年以降、半分の車にシュミット式過熱装置がとり付けられた。現在1両が保存されている。

1913年以降約半分にシュミット式過熱装置がとり付けられ，近代的機関車に仲間入りした。

蒸気機関車　1900～1924年

S型　4-6-4（2C2）タンク機関車　ニュー・サウスウェイルズ州営鉄道（NSWGR）　オーストラリア：1903年

いまだに復元保存され蒸気を入れているS型No.3112。1988年10月15日、オールベリー～シドニー間幹線のウォンガラッタ付近のアルマッタ待避場で撮影。

1903～12年にかけて、この大形タンク機関車145両が、マンチェスター市のベイヤー・ピーコック社と、州営鉄道イヴリー工場で製造された。シドニー市周辺通勤列車の主力となり、近郊列車大活躍時代にはウォロンゴングとニューカースル付近でも働いていた。

バッファー梁の上に、巻き上げ式行き先指示装置が置かれた。1924年にはC-30型式に変更となり、1928年にシドニー市周辺路線が電化されると、地方の機関庫に移された。牽引力と信頼性を高くかわれて、77両が4-6-0（2C）テンダー機関車に改造され、C-30T型として、石炭と水を多く積まねばならぬ地方の支線で働いた。29両は過熱式に改造された。

近郊列車と区間列車がさびれると、この型式は主として貨物列車用や入換え用に使われたが、1960年でさえ、まだニューカースルやウォロンゴング付近で旅客列車を引いていた。1960年代にほとんどが引退し、タンク機関車として1971年に現役に残ったのは3両だけとなった。現在タンク機関車とテンダー機関車両方が数両保存されている。

ボイラー圧：11.2kg/cm²
シリンダー直径×行程：474×615.4mm
動輪直径：1410mm
火床面積：2.3m²
伝熱面積：144.2m²
牽引力：9211kg
全重量：72.3t

206型　4-4-0（2B）　帝国営鉄道（KKÖSTB）　オーストリア：1903年

カルル・ゲルズドルフ設計の4-4-0（2B）型急行列車用機関車は、1894年の6型から始まり、1896年の106型は「オリエント特急」や「タウエルン特急」を引いてオーストリア国内を走ったものだが、この206型はその集大成とでも言ってよい。

彼の設計した車はすべて複式シリンダーが2個とも外側に置かれ、高圧シリンダーは右側、低圧シリンダーは左側、ホイジンガー式弁装置を部分改造して操作に当てていた。206型が以前のものと違っている点は、蒸気ドームが1個だけで、外側に管が露出していないことである——これはゲルズドルフがイギリスを訪問して、イギリス機関車のすっきりした外観に感銘を受けたからである。

1903～07年にかけて7両が製造された。製造所は国鉄フロリズドルフ工場、ウィーン・ノイシュタット社、プラハ市PCM社で、主としてボヘミアやモラヴィア地方の路線の急行列車用として使用された。2シリンダー複式機関車には限界があり、急坂の多い路線でより重くなった列車を引かねばならなくなると、国鉄はより大形の機関車を使う方向に転じ、国際特急列車用としては、ゲルズドルフ設計の4シリンダー複式にとって替られることとなった。本来の真空ブレーキに加えて、空気ブレーキも付けられた。1945年まで数両が引退し、1950年までには全車が引退した。

ゲルズドルフほど自分の作品に個性をはっきり刻みつけた設計者はいなかった。ゲルズドルフ・スタイルは誰が見てもすぐにそれとわかる。頑丈さ、一見単純そうに思える外観の陰に、高度の洗練がひそんでいる。

ボイラー圧：13kg/cm²
高圧シリンダー直径×行程：500×680mm
低圧シリンダー直径×行程：760×680mm
動輪直径：2100mm
火床面積：3m²
伝熱面積：150m²
牽引力：不明
全重量（炭水車を除く）：54.2t

第1部　蒸気機関車

クロス・コンパウンド型　2-8-0（1D）　フランコ・エチオピア鉄道　　　　エチオピア：1903年

　エチオピアのジブーティ～アディス・アババ間の鉄道は1897年に工事を開始した1mゲージ785kmの路線だが、首都アディス・アババに到達したのは1917年であった。しかし、1902年までに309kmが開通し定期列車が運行された。最初の機関車は2-8-0（1D）型2両で、スイス、ウィンタートゥール市のスイス機関車製造会社製であった。さらに2両がフランス、ミュールーズ市のアルサス機関車製造会社製だった。

　クロス・コンパウンド式、つまり高圧シリンダーが一方の側、低圧シリンダーが反対側に置かれる構造だった。1910年以後に過熱式2-8-0（1D）型が導入されるまでは、こちらがこの路線で最強力の機関車だった。

　クロス・コンパウンド型は棒台枠構造であることが、この写真で証明されている。No.22は「ピュイサン」と名づけられているが、これはフランス語とエチオピアの公用言語アムハラ語で「強力な」の意味である。炭水車(テンダー)の両側に補助の水タンクが置かれているが、これは大いに役立った。

ボイラー圧：13kg/cm²
高圧シリンダー直径×行程：420×550mm
低圧シリンダー直径×行程：630×550mm
動輪直径：1000mm
火床面積：1.3m²
伝熱面積：91.5m²
牽引力：不明
全重量（炭水車を除く）：34.5t

Tk2型　2-8-0（1D）　フィンランド国鉄（VR）　　　　フィンランド：1903年

　フィンランドの鉄道はほとんどが軽量レールであり、2-8-0（1D）型は軸重8.3トンで好都合だった。TK1型は1900年にボールドウィン社から輸入したが、TK2型は国産で、タンペラ工場製の2シリンダー複式機関車である。

　ゲージはロシアの標準1524mm（5フィート）で、フィンランドは木材の豊富な国だから、ほとんどの機関車は薪焚きで、これはヨーロッパでは珍しいことだ。というわけで、気球のようにふくらんだ煙突も、高い柵をつけた炭水車も普通に見られる。1957～60年にかけて引退した。

　TK2型のNo.411は1903年の製造、1952年8月にカヤーニ駅で貨物列車を引いて停車中の姿。隣りの客車は木造でドアが奥に引込んでいる、まさに時代もの。

ボイラー圧：12.5kg/cm²
高圧シリンダー直径×行程：410×510mm
低圧シリンダー直径×行程：590×510mm
動輪直径：1120mm
火床面積：1.4m²
伝熱面積：84.8m²
牽引力：4660kg
全重量（炭水車を除く）：37.6t

蒸気機関車　　1900～1924年

242.12型　2-8-0 (1D)　　エスト(東)鉄道(EST)　　　　　　　　　　　　　　　　　　フランス：1903年

フランス最初の2-8-0 (1D) 型で、試作機2両がミュールーズ市アルサス機関車製造会社で造られた。量産は1905年以降で、最終的には175両に達した。4シリンダー複式で、高圧シリンダーは車輪の内側に（これはフランスの機関車では珍しい）あり、第2動輪を動かす。連結棒に余裕を与えるため第1動輪軸と第2動輪軸の間が広くあいている。すべり弁は、外側シリンダーはワルシャート式弁装置によって、内側シリンダーはスティヴンソン社式リンクによって操作される。1926年に2-10-0 (1E) 型が導入されるまでは、この型式がエスト鉄道強力な242.12型2-8-0 (1D) 機関車は20世紀最初の10年間で75両に達した。

貨物列車用機関車の最高スターだった。

ボイラー圧：16kg/cm²
高圧シリンダー直径×行程：391×650mm
低圧シリンダー直径×行程：599×650mm
動輪直径：1396mm
火床面積：2.8m²
伝熱面積：242m²
牽引力：12,702kg
全重量：72.8t

「シティ」型　4-4-0 (2B)　　グレイト・ウェスタン鉄道(GWR)　　　　　　　　　　　　イギリス：1903年

この鉄道の「シティ」型は一方では、二重台枠、内側シリンダー、走り板の上に置かれたバネなどの古い伝統を示しているが、他方では、G・J・チャーチワードが導入したベルペール火室で、後方に向かって太くなり、蒸気ドームのないボイラーのような新しいスタイルもとり入れている。この型式は軽量・高速旅客列車用として設計された。当時プリマスやエクセターからロンドンまで、GWRとロンドン＆サウスウェスタン鉄道とは競争路線だったからだ。そして、この型式はたちまち高速の人気を確立した。1903年7月14日「シティ・オヴ・トルーロ」号は、

保存されている「シティ・オヴ・トルーロ」号が、ダービー発ロンドン・パディントン行きの臨時列車を引いて、ハーベリーの切通し部分を快走。

第1部　蒸気機関車

パディントンからブリストル経由エクセター行きの臨時列車を引き、311kmを2時間52分30秒で走破、平坦区間では時速120.7kmを維持した。1904年5月9日、同機関車はプリマスからブリストルまでの坂の多い区間で、145.6トンの重さの「オーシャン・メイル」号特急列車を引き、205.6kmを2時間3分15秒で走った。チャールズ・ルース・マーティンはウェリントン・バンクの下り坂で、時速164km（102マイル）を記録したと言っている。時速100マイルを超え

この記念銘板はひっぱりだこで、もし売りに出されれば機関車全体よりも高値がつくだろう。

た最初の信頼できる記録だと認められていたが、後の研究は疑問視している。真の時速は100マイルに少し足りない（159km）ところだったらしい。「シティ・オヴ・トルーロ」は1931年まで現役で、新聞のキャンペインによりスクラップを免れた。1957年に復元され、53年前の輝かしい記録の現場、ウェリントン・バンクで8両編成の臨時列車を引いて、135km（84マイル）の記録を達成した。現在はスウィンドン市のGWR博物館で保存されている。

ボイラー圧：12.6kg/cm²　火床面積：1.91m²
シリンダー直径×行程：457×660mm　伝熱面積：169m²
動輪直径：2045mm　牽引力：8070kg
全重量：94t

蒸気動車　グレイト・ウェスタン鉄道(GWR)　イギリス：1903年

自分の蒸気力で動く客車が初めて登場したのは1847年のことで、イースタン・カウンティ鉄道のために、ロンドンのボウ町にあるW・ブリッジズ・アダムズ工場が製作した路線探察車からヒントを得たという。翌年同じ工場が、ブリストル＆エクセター鉄道のために、旅客を乗せる蒸気動車を製造した。長いこと忘れられていたが、1903年に支線用軽量車として復活した。同じ台枠の上に機械部分と客室とが載り、GRW用の車では、小さなボイラーの周囲まで客室部分が取り巻き、素人目には動力推進装置の見えない客車のようだ。こうした車のほとんどは後に「オート・トレイン」に改造された。つまり「プッシュプル列車」で、小さなタンク機関車が客車の後について押し、客車の先頭に置かれた運転台から蒸気機関車の諸装置を制御する。

GWRの蒸気動車99両のうちNo.11は1903年製造で、1905年にロンドン西部アクトン付近を走行中。先頭に運転士が立っているが乗客がいないところを見ると、臨時の試運転らしい。

4-6-0（2C）型　ケイプ州営鉄道　南アフリカ：1903年

ボイラー圧：12.6kg/cm²
シリンダー直径×行程：474×666mm
動輪直径：1384mm
火床面積：1.7m²
伝熱面積：99m²
過熱面積：28.8m²
牽引力：7806kg
全重量：86.9t

南アフリカでは線路が完全に柵で囲まれているとは限らないから、前照燈は機関士の助けとなるよりはむしろ、線路にうっかり入り込んだ人や動物に警告する役目を果たしている。

同鉄道の機関車部主任H・M・ビーティーの設計で、グラスゴー市の工場で製造された。イギリスで製造された最初のシュミット式過熱機関車であり、また南アフリカ最初の過熱機関車でもある。

1067mm（3フィート6インチ）・ゲージの線路を走る。
もうひとつ新しい特色を持っている。それはピストン弁（シュミット博士が特許を持つ方式のもの）が2個の外側シリンダーの上に設けられていることで、それはスティヴンソン社式リンク・モーションによって操作された。
ケイプ州西部の客貨両用として使われたのだが、最終的には遥か北の方、ローデシア（現在のジンバブエ）のブラワーヨあたりまで働いていた。

「サンタフェ」900型　2-10-2（1E1）　アチソン・トピカ＆サンタフェ鉄道　アメリカ：1903年

1902年にボールドウィン社は2万両の機関車を製造したが、これまででもっとも重い機関車を製造したのが、サンタフェ鉄道発注の2-10-0（1E）貨物列車用機関車である。これは「タンデム（2人乗り自転車）複式」と呼ばれ、4つのシリンダーが2個ずつ左右の外側に置かれ、それぞれの側で低圧シリンダーは高圧シリンダーの後にあり、2個が1本の共通ピストン棒を持っていた。
これをさらに大形にしたのが、1903年製の2-10-2（1E1）――この車輪配列はこれが最初で、主連棒はフランジのない第3動輪を動かす。この複式システムもまたサミュエル・ヴォークレインの発明であったが、一時期人気を呼んで、アメリカの他の鉄道ばかりでなく、ロシアその他諸外国でも採用された。しかし、その人気は長続きしなかった。彼の前の発明である上下に2個のシリンダーを重ねた複式装置と同じように、蒸気の配分に

不均衡が生じるとストレスが起り、乗り心地が悪くなるだけでなく、効率を悪くした。主連棒が2倍の力で突出すると、牽引力は増すがストレスを生じるという問題があった。
1903〜04年にかけて、この型式は76両製造され、すべて貨物列車

76

蒸気機関車　1900〜1924年

に使われた。最初の40両は石炭焚き、残りは重油を燃料とした。後に全車が2シリンダー単式に改造された。直径718mm×行程820mmという大シリンダーで、理

少なくともアメリカでは、「サンタフェ」が2-10-2（1E1）車輪配列を意味する語となった。この時代ではまだアメリカの機関車の炭水車は巨大にはなっていない。

論上の牽引力は33,922kgに増えた。この後アメリカで複式機関車は連節機関車を別とすると少数派になった。大ボイラーと効率のよい単式シリンダーを付ければ、必要な牽引力を出すこ

とができて、運転上・保守上の問題がぐんと減ったからである。

ボイラー圧：15.75kg/cm²
高圧シリンダー直径×行程：482×812mm
低圧シリンダー直径×行程：812×812mm
動輪直径：1461mm
火床面積：5.43m²
伝熱面積：445.4m²
牽引力：28,480kg
全重量（炭水車を除く）：130.2t

U型　4-6-0（2C）　ロシア国鉄　　　　　　　　　　　　　　　　　　　　ロシア：1903年

A・O・ドラクロア技師がこの旅客列車用機関車を設計し、1903〜10年にかけて製造された。4シリンダーのド・グレン式複式で、外側のシリンダーが第2動輪を動かし、最高時速105kmを出した。U型はリアザン・ウラルとタシケントの鉄道で活躍した。1917年レーニンがフィンランドからサンクトペテルブルクに帰って来た列車を引いた

国宝となった蒸気機関車。U型No.127は、1924年レーニンの柩を乗せた列車を引き、現在モスクワで保存されている。

のも、1924年レーニンの柩を乗せた列車を引いたのもこの型式の1両であった。その2両とも、フィンランドとロシアで保存されている。

ボイラー圧：14kg/cm²
高圧シリンダー直径×行程：370×650mm
低圧シリンダー直径×行程：580×650mm
動輪直径：1730mm
火床面積：2.8m²
伝熱面積：182m²
牽引力：入手不能
全重量（炭水車を除く）：72.1t

プレイリー型　2-6-2（1C1）　レイクショア&ミシガン南部鉄道　　　　　　　　アメリカ：1903年

ボイラー圧：14kg/cm²
シリンダー直径×行程：525.6×718mm
動輪直径：2076mm
火床面積：不明
伝熱面積：不明
牽引力：11,337kg
全重量：145t

1901年ボールドウィン社は最初の「プレイリー」型機関車を売った。2-6-0（1C）型よりも強力なものとして考案した車輪配列だったが、多くの鉄道会社は旅客列車用としては「アトランティック」4-4-2（2B1）型の方を好んだ。先輪は2輪よりも4輪ボギー台車の方が高速を出した時安定していたし、直

先輪より従輪の方が大きいので、「プレイリー」型は6動輪と「アトランティック」型のような大火室とを兼ね備えている。

径の大きい動輪の方が、軽量の旅客列車を引いて苛酷なダイヤ通りに走るのに向いていたから。しかし、「プレイリー」型はいろいろな種類の列車に向いていて、貨物列車用として使う鉄道もあった。この型式はレイクショア鉄道の発注をアルコ社

が製造したもので、当時アメリカでもっとも洗練されたタイプのひとつだった。1906〜07年にかけて、ノーザン・パシフィック鉄道がブルックス工場製の直径1615mm動輪を持つ2-6-2（1C1）型を買った。これはレイクショア鉄道のものより軽量だ

が、牽引力は50％増した。多くは入換え用として1950年代まで現役だった。「プレイリー」型はヨーロッパ、特にイタリアと東ヨーロッパ諸国に広がった。「キャメルバック」型もある。例えば1902年製造のレハイ・ヴァレー鉄道の機関車である。

S9型　4-4-4（2B2）　プロイセン王国営鉄道（KPEV）　　　　　　　　　　　ドイツ：1904年

カッセル市のヘンシェル・ウント・ゾーン社は、常にドイツ蒸気機関車テクノロジーの最先端をいく工場だったが、1904年に運転室が先頭にある半流線形機関車を試作した。ボイラーと水槽・石炭庫が客車のような車体の中にまとめ

られ、その屋根から煙突が突き出ている。V形をした運転室に操縦装置が収められ、機関車炭水車の中程の密閉した部屋の中で投炭職員が仕事をする。（炭水車の中に通り抜け通路があるのはこれが世界最初であった。）

3シリンダー複式で、急行旅客列車用として試作されたのだが、ドイツではこの後を継ぐものは現れなかった。

ボイラー圧：14kg/cm²
シリンダー直径×行程：526×636mm
動輪直径：2226mm
火床面積：4.4m²
伝熱面積：258m²
牽引力：9348kg
全重量：85.5t

第1部　蒸気機関車

C4/5型　2-8-0（1D）　スイス連邦鉄道（SBB）　スイス：1904年

　この4シリンダー複式機関車に要求されたのは、理論上の牽引力10,000kg、200トンの重量列車を引いて38分の1（1000分の26）上り勾配で時速20〜25kmを出せることであった。1904〜06年にかけて、ウィンタートゥール市スイス機関車製造会社が製造した。1902年製のA3/5型と同じ炭水車（テンダー）を従える。シリンダーは高圧用を内側にして1列に並び、駆動軸は2本ある。この型式で1959年に最後に引退したのは、1904年製のもっとも古いNo.2701だった。

　機関車設計の際に、まず明確な要因から始めるというのは、スイス独特のやり方で、本当は他の国の鉄道も同じであって欲しいのだが、これほど厳格に要求項目を設定することはなかろう。スイスの場合、急勾配と重量国際列車運行という条件から、運転状況が前もってわかっていて、しかも確実に信頼できるものでなくてはいけない。

ボイラー圧：14kg/cm²
高圧シリンダー直径×行程：370×600mm
低圧シリンダー直径×行程：600×640mm
動輪直径：1330mm
火床面積：2.8m²
伝熱面積：174.2m²
牽引力：10,000kg
全重量（炭水車を除く）：109t

マレー型　0-6-6-0（CC）　ボルティモア＆オハイオ鉄道（B&O）　アメリカ：1904年

　「オールド・モード」の愛称で知られている、この当時世界最大の機関車は、アメリカ最初のマレー式で、この後もっと強大型が出現することを予言しているかのようだった。アルコ社製で、ペンシルヴェニア州西部の山地で貨物列車を引いた。

　複式で、低圧シリンダーが前の方の一連の動輪を、高圧シリンダーが後の方の固定された一連の動輪を動かす。固定した動輪軸の間隔を広く取るという難題にとらわれずに、カーブの多い長い急坂で重量列車を引いて最大粘着力を得たいという、アメリカの鉄道会社の願望を満たしてくれた。

　約80両製造され、2-6-6-0（1CC）型に改造されたものもある。初期にマレー式を使ったアメリカの鉄道会社は、幅広で奥行きの深い火床の余裕を見込んで、2-6-6-2（1CC1）の車輪配列を望むのが一般的だった。スピードは遅いが、当時はしっかりした足取りの力強さが最重要だった。この上もなく重い列車を引くのだから。

ボイラー圧：16.45kg/cm²
高圧シリンダー直径×行程：513×820mm
低圧シリンダー直径×行程：820×820mm
動輪直径：1436mm
火床面積：6.7m²
伝熱面積：518.8m²
牽引力：32,426kg
全重量（炭水車を除く）：151.7t

BESA型旅客列車用機関車　4-6-0（2C）　西部鉄道（WR）　インド：1905年

　1メートル・ゲージ鉄道網をインドよりも広く持つ国といったら、ブラジルしかない。1969年でもインドにはこれが25,845kmもあった。インドの鉄道ではメートル法を使うのはゲージだけで、他の寸法はすべてヤード・ポンド法である。

　最初の路線は1873年に開業し、以後国と地方自治体の管理の下で鉄道網が広がっていった。機関車購入に際し、最初は国の管理下に置かれていたが、1886年以降個々の路線が機関車を発注できるようになった。というわけで、さまざまなタイプと規格が生まれたが、

北部鉄道BESA「重量急行」型No.2441の出発準備。強風で煙が吹き返されている。隣りにいるのは、0-6-0（C）F型No.36809。

蒸気機関車　1900～1924年

過熱式のBESA「重量急行」型。1978年1月13日ウォルテア機関庫で撮影。外側に蒸気管がつけられているのがわかる。この当時まだ100両以上が現役だった。

終るまで4-6-0（2C）型に固執した路線があった。インド亜大陸の事実上どの地域でも、1mゲージ鉄道が見られる。ほとんどは地方線で、単線の上を農産物や鉱産物を運ぶ列車が走る。乗客は平均時速19kmくらいの遅い混合列車で運ばれる。しかし、例えば「デリー・メイル」のように、アーマダバードから首都デリーまでの965km以上を走る長距離列車もある。これは1970年代には、途中停車駅22で、24時間以内で到達した。BESA型はさまざまな外国の――多くはイギリスの――工場で製造されたが、アジマー工場製のような国産もある。4-6-0（2C）型は何百両もあり、1970年代にはまだ多くが現役だった。

古い0-6-0（C）F型が圧倒的に多かった。交通量が増大するにつれて、動力近代化が必要となり、1902年にはベンガル＆ノースウェスタン鉄道が、グラスゴー市のニールソン社に4-6-0（2C）2型式を発注した。A型は直径1218mmの動輪と内側弁装置を持ち、B型は直径1218mmの動輪とワルシャート式弁装置を持つ。1903年には英国技術規格協会（British Engineering Standard Association. BESA）が、インドの1mゲージ機関車のための標準設計を設定し、1905年には広軌機関車についても同じものを定めた。

BESAは4-6-0（2C）型の設計2種類を発表した。ひとつは客貨両用機関車、もうひとつがこれ、「重量急行」機関車である。重要なのは、簡単に手に入る機械、単純な運転法、軽い軸重（10トン）である。炭水車（テンダー）の前方にも屋根が付いている、インド独特のスタイル。この標準設計は長年にわたってインドの鉄道に大いに役立ったが、時がたつにつれさまざまな変更がなされた。1914～18年にかけての大戦中に、多くのインドの1mゲージ機関車が、軍用目的のためにメソポタミア（イラク）や東アフリカに送られた。戦後「インド鉄道標準規格」が新しく設けられ、BESA規格に従った新しい機関車（過熱装置とピストン弁が加わった）が、1939年まで製造された。それ以後は「パシフィック」4-6-2（2C1）型が、多くの重量急行列車を引き継いだが、例えばロヒルクンド・クマオン鉄道のように、蒸気時代が

ボイラー圧：11.2kg/cm²
シリンダー直径×行程：423×564mm
動輪直径：1461mm
火床面積：1.5m²
伝熱面積：90.5m²
牽引力：6481kg
全重量：37.5t

基本型に別な変更が加えられている例。ベンガル・ナグプール鉄道の4-6-0（2C）型No.254。1944年に撮影。

21型　2-6-0（1C）　ノルウェー国鉄（NSB）　ノルウェー：1905年

比較的長い支線の交通を支えたのが2-6-0（1C）21型45両で、最大軸重約10トンの軽量機関車である。最初に製造されたのは21a型で、2シリンダー複式、プロイセン国営鉄道のフォン・ボリエス式のもので、すべり弁を備えている。少し変更を加えた21b型から21c型（1919年製）が続き、こちらは過熱式、2シリンダー単式でピストン弁付き。薪焚きで火の粉飛散防止装置付きの車もある。もともと木造車を引くために設計されたので、1920年代になって重量列車を引くようになると力不足で、ごく軽い列車以外のほとんどの列車牽引は4-6-0（2C）型にとって替られた。

ボイラー圧：12kg/cm²
シリンダー直径×行程：432×610mm
動輪直径：1445mm
火床面積：1.8m²
伝熱面積：78.1m²
牽引力：8020kg
全重量：58.9t

第1部　蒸気機関車

12B型　4-6-0（2C）　ブエノスアイレス大南部鉄道（BAGS）　アルゼンチン：1906年

アルゼンチンのほとんどの鉄道はイギリスの資本で建設されたので、車両デザインや経営方法のすべての面でイギリスの影響が強い。2シリンダー複式の急行列車用タイプのこの型式は、マンチェスター市のヴァルカン・ファウンドリー社製で、ゲージは1676mm（5フィート6インチ）。

走り板が低くて、その上に動輪覆いがついているのは典型的なイギリス・スタイル。後に全車が重油焚きに改造され、1924年以降は過熱式となった。複式機関車は保守に手間がかかるので、1937年には引退した。

ボイラー圧：15kg/cm²
高圧シリンダー直径×行程：355×660mm
低圧シリンダー直径×行程：598×660mm
動輪直径：1827mm
火床面積：2.6m²
伝熱面積：156.9m²
牽引力：入手不能
全重量：116.8t

当時アルゼンチンではほとんど石炭が産出されなかったし、機関車用石炭を輸入すると目の玉が飛び出るほど高かった。チュゴット州で石油田が発見されたので、石炭焚き機関車がどっとばかりに重油焚きに改造された。

蒸気機関車　1900～1924年

P8型　4-6-0（2C）　プロイセン王国営鉄道（KPEV）　ドイツ：1906年

　P8型はこれまででもっとも成績優秀で、製造両数の多い機関車のひとつである。当時としては完全にモダンであったが、設計には息を呑むばかりの新しさとか特色とがあったわけではない。確かに、シュミット式過熱装置を持っていて、その種のものとしてはもっとも効率がよかった。ワルシャート式弁装置は外側に付いていて、外側2個の単式シリンダーの上にピストン弁が設けられていた。堅固な作りで、最大軸重は17.2トンと、大形機関車にしては軽かった。

　火室は上部が丸く、長くて狭い火床を持つ。ボイラーは真直ぐの筒形で、蒸気ドームと砂箱がついている。後にボイラー上部に第2ドームを持つものも登場し、そこからクノール式給水温め器とポンプを通った水がボイラーに供給される。炭水車(テンダー)は内側にバネを持つ4輪ボギー台車を2個はき、水4700ガロン（約21.15キロリットル）と石炭5トンを積む。

　最初の車はベルリン市のシュワルツコップフ社製だが、間もなく他の製造所も参加して、1921年（ドイツ国鉄に統合された年）までに3370両も製造された。ドイツ国鉄になってから101両追加製造された。ドイツの他の鉄道会社や他の諸国の鉄道もこれを買った。例えば、ラトヴィア、リトアニア、ルーマニア、トルコなど。ドイツのメクレンブルク、オルデンブルク、バーデン鉄道などもP8型を採用した。ポーランド国鉄も100両買ったが、火床を大きくしてある。総数にしてほぼ4000両が製造され、第一次・第二次世界大戦後の1918年と1945年に、賠償として多くがフランス、ベルギー、その他東ヨーロッパの諸国に与えられた。

　製造当初から過熱式だったため、重大な改造はほとんどなされていない。ボイラーを新しくして伝熱面積を大きくしたことはあった。ドイツ国鉄になってからの1926年以降は大きな排煙板が走り板にとり付けられたが、後にもっと小さいものに変り煙室にとり付けられることとなった。もっと後になると炭水車(テンダー)の多くがもともとの真四角形から浴槽形のクリーグスロック（戦時型機関車）に変わった〔日本でいう「船底形」〕。東ドイツ国鉄にいた何両かにはギースル式吐出管が煙突に付けられた。他の多くの型式でも見られたことだが、1920～30年代にかけて、いろいろな弁装置の試作品を付けた車も多かった。しかし、本質的にはP8型は最初のデザインを残している。

　客貨両用機関車で、どのような路線でも使用できたし、幹線の旅客列車から支線の貨物列車まで、ありとあらゆる種類の列車を引いた。基本性能は、平坦線では700トンの重さの列車を引いて時速80km、100分の1（1000分の10）上り勾配線では300トンの列車を引いて時速50kmで走れる。しばしばこれを超えることもできたが、それはあくまで例外である。スピード記録を樹立したこともないが、これは鉄道経営者のお気に入りの「万能選手」で、特別な技能を持つ機関士

1968年7月西ドイツ連邦鉄道のP8型No.038.3551が、いわゆる「浴槽形(テンダー)（日本でいう船底形）」炭水車を従え、4両編成の区間列車を引いて駅に停車中。

後の東ドイツ国鉄と西ドイツ連邦鉄道で働くP8型の多くには、翼形の排煙板がとり付けられた。

もいらないし、標準的部品を使えて、どんな任務もこなせる車なのだ。

　第二次世界大戦後は、生き残ったP8型は、連邦共和国（いわゆる西ドイツ）のドイツ連邦鉄道と、民主共和国（いわゆる東ドイツ）の東ドイツ国鉄に二分された。1975年1月までに、ドイツ（連邦鉄道側）に最後まで残った車が引退したが、他の諸国ではまだ現役で働いていた。少なくとも8両が現在保存されている。

ボイラー圧：12kg/cm²
シリンダー直径×行程：575×630mm
動輪直径：1750mm
火床面積：2.6m²
伝熱面積：143.3m²
過熱面積：58.9m²
牽引力：12.140kg
全重量：78.5t

第1部　蒸気機関車

カーディアン号　4-6-0（2C）　カレドニアン鉄道（CR）　　イギリス：1906年

イングランドとスコットランドを直通する急行列車を引いて、カレドニアン鉄道幹線、例えばカーライル～グラスゴー間のビートック峠（海抜314m）越えを走るために設計された機関車で、たった5両の小家族だが、技師長J・F・マキントッシュの「大ボイラー主義」の究極点とでも言うべきもの。CRのセント・ロロックス工場製で、6動輪の「ダナラスター」型を大きくしたものである。当時グレイト・ウェスタン鉄道のスウィンドン工場や、スコットランドのグラスゴー市の工場（これは輸出用）製の機関車に比べると、こちらは外観も機構も古めかしい。しかしNo.903「カーディアン」号は、午後2時グラスゴー・セントラル駅発ロンドン・ユーストン行きの「コリドー（側廊つき客車編成）」急行列車を引き、乗客から大評判だった。8輪の大形炭水車は5000ガロン（約22.5キロリットル）の水を積み、161km以上無停車で走れた。目覚ましい記録の樹立はないが、長い坂道

「進メ」の信号柱の脇を「コリドー」急行列車を引いて走るカーディアン号——こうした広告ポスターが当時の少年たち全員を蒸気力の魅惑でうっとりさせたものである。

カーディアン号の仕事は毎日グラスゴーからカーライルへ行って帰る、往復約500km走行だった。機関士も決まっていて、機関車と同じくらい人気があった。

でも信頼できる機関車で、事故はクランク車軸がこわれ車輪が1個外れた時の1件のみである。プレストン～カーライル間の坂の多い路線で、1909年にロンドン＆ノースウェスタン鉄道の4-4-0（2B）「エクスペリメント」型と競争を行い、出力において勝った。1911～12年に過熱式に改造された。1915年5月22日のクインティンズヒルの衝突事故（イギリス最悪の鉄道事故）でNo.907が廃車となり、他は1930年までに引退した。

ボイラー圧：14kg/cm^2
シリンダー直径×行程：527×660mm
動輪直径：1981mm
火床面積：2.4m^2
伝熱面積：223m^2
牽引力：10,282kg
全重量：133.5t

835型　0-6-0（C）タンク機関車　イタリア国鉄（FS）　　イタリア：1906年

1903年ミラノ市のエルネスト・ブレダ製作所が、地中海鉄道のために外側シリンダーつきのサイド・タンク機関車を製造したが、これを原型としてシリンダーを大きくしたのが、この835型である。イタリアの入換え用機関車の標準型で、最終的には370両も製造された。他でも似たようなことがあったが、「コーヒー・ポット」の愛称がつけられた。ボイラーが老朽化すると、台枠と車輪をそのまま利用して、入換え用電気式ディーゼル機関車に改造され

た。1910年製のNo.835.106は現在保存されている。

ボイラー圧：12kg/cm^2
シリンダー直径×行程：410×580mm
動輪直径：1310mm
火床面積：1.4m^2
伝熱面積：78m^2
牽引力：7434kg
全重量：45t

ボイラーが老朽化すると、835型の多くは旧台枠と車輪を利用して、入換え用の電気式ディーゼル機関車E321型として再生した。

蒸気機関車　　1900〜1924年

835型の仕事場の典型は臨港線であった。車軸距離が短いので、きついカーブでも曲ることができたからだ。港では火の粉は厳禁だったから、特別の防止装置が煙突に付けられた。

P1型　4-4-2（2B1）　デンマーク国鉄（DSB）　　　　　　　　　　　　　デンマーク：1907年

　デンマークにも国産機関車製造工場、オールフス市のフリックス社があったけれども、DSBは通常ドイツに発注していた。DSB最初の大型機関車もハノーファ機関車製造会社で合計19両が製造された。ヴォークレイン式4シリンダー複式で、内側の高圧シリンダーが前の動輪を、外側の低圧シリンダーが後の動輪を動かす。ワルシャート式弁装置が操作するピストン弁が内側に2セットあり、それぞれの側の低圧・高圧両シリンダーを作動させる。1910年に過熱装置のついた14両がドイツのシュワルツコップフ社で追加製造され、P2型となった。1940年代後半に身長が伸びて「パシフィック」4-6-2（2C1）の車輪配列になったものがある。現在4-4-2型が2両保存されている。

ボイラー圧：15kg/cm²
高圧シリンダー直径×行程：360×640mm
低圧シリンダー直径×行程：620×640mm
動輪直径：1984mm
火床面積：3.2m²
伝熱面積：192.5m²
牽引力：18,140kg
全重量：119t

デンマーク国鉄No.52――全身これ急行列車用機関車の風格。蒸気ドームと砂箱がまとめられてひとつになり、運転台の屋根のてっぺんから安全弁が覗いている。炭水車（テンダー）が縦縞模様のついた構造なのは珍しい。

第1部　蒸気機関車

4500型と3500型　4-6-2（2C1）　パリ・オルレアン鉄道（PO）　フランス：1907年

ボイラー圧：16kg/cm²
高圧シリンダー直径×行程：390×650mm
低圧シリンダー直径×行程：640×650mm
動輪直径：1846mm
火床面積：4.33m²
伝熱面積：195m²
牽引力：不明
全重量：99.6t

4500型はヨーロッパの標準からすると非常に大形なので、おそらくその理由から同鉄道経営陣はアメリカに発注したのかもしれない。アメリカは「パシフィック」型が最初に製造された国だから。

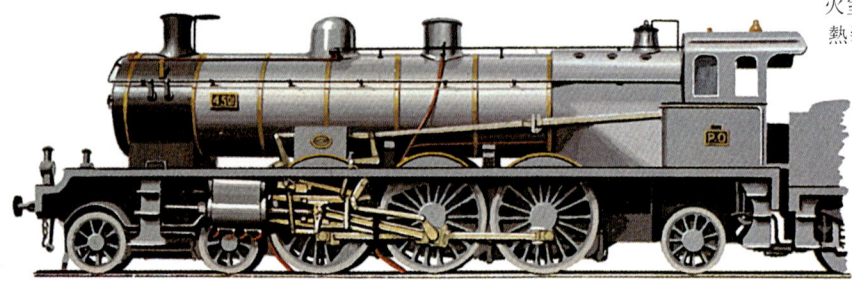

フランスは都市間が長く隔たっていて、人口が少ない地域となっているので、そこを鉄道で結ぶためには大形の旅客列車用機関車が必要となる。そこでヨーロッパ最初の「パシフィック」4-6-2（2C1）車輪配列の機関車が、パリ・オルレアン鉄道とベルフォール市のアルザス機関車製造会社の共同開発によって誕生した。
ド・グレン＋デュ・ボスケ式の4シリンダー複式で、1908年までに70両が製造され、1910年にはさらに過熱式が30両追加された。最初の70両のうちの30両はニューヨーク州スケネクタディ市のアルコ社工場製、残りがベルフォール市のアルザス社製である。

1909～18年にかけて、動輪直径が1948mmと大きくなった3500型が製造された。当時はまだ新しかったピストン弁が高圧シリンダーを、伝統的なすべり弁が低圧シリンダーを操作する。
1926年同鉄道の若い気鋭の技師アンドレ・シャプロンの設計により、3500型1両を大改造する決定が下された。給水温め器を付ける。火室に熱サイフォンを設ける。過熱装置を再設計し拡大する。蒸気の流れを改善する。ポペット弁により弁装置を改善する。新しい二重煙突によりドラフトを増大する。排煙板をつける――などなどにより、内も外も一新された。性能が根本から改善された。技術界を驚嘆させ、機関車内部設計の新時代が到来した。他の3500型の改造もすぐ始まり、最終的に102両が改造あるいは新造された。
ここに示したデータは、もとの非過熱式4500型のものである。

640型　2-6-0（1C）　イタリア国鉄（FS）　イタリア：1907年

イタリア最初の2-6-0（1C）機関車は1904年製の複式600型だった。山の多いこの国には、距離の長い亜幹線が多数あったが、そこで評判がよかった。
640型は173両あって、複式はやめて過熱式にした。No.640.01はイタリア最初の過熱機関車である。シリンダーは内側にあって第2動輪を動かす。ワルシャート式弁装置が外側のピストン弁を操作する。きついカーブを曲れるようにと、第1動輪軸は先輪軸とヘルムホルツ式台車によって連結されている。
最初の48両はベルリン市、シュワルツコップフ社製、他はブレダ社などイタリアの会社の国産である。
No.640.106は現在保存されている。

他の諸国でもそうであったが、イタリアでは効率のよい過熱装置が発明されると、複式に対する関心が消えた。640型では、通常シリンダーなどの動力部は、台枠の内側に、弁装置は外側に置かれる。

ボイラー圧：12kg/cm²
シリンダー直径×行程：540×700mm
動輪直径：1850mm
火床面積：2.4m²
伝熱面積：108.5m²
過熱面積：33.5m²
牽引力：10,830kg
全重量：不明

470型　0-10-0（E）　イタリア国鉄（FS）　イタリア：1907年

イタリア国鉄12標準型式のひとつで、プランシェ式4シリンダー複式機関車。左右両側それぞれに高圧シリンダーと低圧シリンダーが台枠の内側と外側に付いている。
最初の12両はミュンヘン市マッファイ社製、残りの131両はイタリア国内のいろいろな会社製である。上り勾配用、山地での貨物列車牽引用などのために、この機関車が開発された。
燃料を積む場所が珍しい。石炭4トンが左側の走り板の上とボイラー後部の上に設けられた置き場に積まれ、水は4輪テンダーに積まれる。1920～30年代にかけて普通の6輪炭水車にとって替えられた。その後30年以上貨物列車を引いて奉仕し、1970年テルニで、最後の現役車が引退した。No.470.092は現在保存されている。

ボイラー圧：16kg/cm²
高圧シリンダー直径×行程：375×650mm
低圧シリンダー直径×行程：610×650mm
動輪直径：1360mm
火床面積：3.5m²
伝熱面積：不明
牽引力：不明
全重量：67t

0-6-0（C）型タンク機関車　中国鉄道　日本：1907年

イギリス、ストーク・オン・トレント市のケア・スチュアート社が、この1067mm（3フィート6インチ）ゲージ0-6-0（C）型タンク機関車を製造し、日本へ輸出したのが1907年だった。サイド・タンクを持ち、シリンダーは2個で外側にある。これは同社の輸出用及び国内の産業専用鉄道用機関車の標準型で、同じものがアルゼンチンやコロンビアの1mゲージ路線や、イングランドやウェイルズの標準ゲージの炭鉱路線などで使われていた。小形にしては力持ちで、平坦線では600トンの列車を引くことができた。
1930年に製造会社は廃業したが、日本へ行った車はさらに長生きして、1952年には川崎製鉄会社に売られ、そこで働いた後に1966年とうとうスクラップにされた。こうした経歴は日本や他の諸国の多くの小さな産業用機関車の典型で、何十年も働きながら、所有者、働き場所、時にはゲージさえ変えて生き残るのであった。

ボイラー圧：11.2kg/cm²
シリンダー直径×行程：368×508mm
動輪直径：1067mm
火床面積：1.67m²
伝熱面積：59.2m²
牽引力：6170kg
全重量：不明

蒸気機関車　1900〜1924年

A型　4-4-2（2B1）　スウェーデン国鉄（SJ）　スウェーデン：1907年

スウェーデンのニドクヴィスト・ホルム社とモタラ社で25両製造されたこの型式は、内側にシリンダーを持ち、スウェーデン南部で快速旅客列車を引くのが用途だった。目立つ特色は、砂箱を一緒にまとめた蒸気ドーム、前面

ボイラーの上に蒸気ドームと砂箱をひとつにまとめたものが置かれている。砂を温め乾燥させて、流れやすくするためである。アトランティック型はしばしば車輪がスリップすることがあるので、この仕掛けは大いに役立った。

がくさび形に折れ曲がった運転室である。先輪ボギー台車は外側に軸受けがあり、従輪の軸受けは内側にある。「アトランティック」型の長所は広い火室を置く余裕を持つことだが、それにもかかわらず、この型式の火室は狭い。後に4両が4-6-0（2C）型に改造された。

ボイラー圧：12kg/cm^2
シリンダー直径×行程：500×600mm
動輪直径：1880mm
火床面積：2.6m^2
伝熱面積：133m^2
牽引力：7980kg
全重量：不明

マレー式複式型　2-6-6-0（1CC）　エスト（東）鉄道（EST）　フランス：1908年

1890年にアナトール・マレーが、スイスのゴットハルト鉄道用に0-6-6-0（CC）の車輪配列の半連節機関車の第1号を設計して特許を取った。その後同じような小形機関車が多く登場し、すべてミュンヘン市のマッファイ工場製であった。

1904年にこのシステムを大規模にした機関車が、アメリカのボルティモア＆オハイオ鉄道に採用され、マレー式というと、小さなアルプス用機関車だけではなく、大

きなアメリカの機関車が思い出されるようになった。アメリカからヨーロッパへの逆輸出ということになるが、エスト鉄道がスケネクタディ市のアルコ（アメリカン・ロコモティヴ）社に、この型式2両を発注した。

マレー式の標準形では、前部の6動輪は連節台車によって支えられていて、後部の6動輪は主台枠に固定されている。これもマレーの意図であるが、4シリンダー複式で、外側の2個の高圧シリンダーは後方の動輪軸の最後のものを動かし、2個の低圧シリンダーは前の方の動輪軸の最後のものを動かす。

当時としては、少なくともヨーロッパの常識では非常に大きな機関車で、ナンシーやミュールーズ周辺の山の多い工業地帯の急坂区間で、短距離貨物列車を引くなど、勾配線用補機に使うのが目的だったから、炭水車は4輪の小さなもので、4.75トンの石炭と2900ガロン

（約13.05キロリットル）の水を積むだけでよかった。

ボイラー圧：15kg/cm^2
高圧シリンダー直径×行程：444×660mm
低圧シリンダー直径×行程：802.3×660mm
動輪直径：1274mm
火床面積：3.8m^2
伝熱面積：124.9m^2
牽引力：不明
全重量（炭水車を除く）：103t

S3/6型　4-6-2（2C1）　バイエルン王国営鉄道（KBSTB）　ドイツ：1908年

1837年ヨーゼフ・アントン・マッファイがバイエルン王国の首都ミュンヘンに機関車製造工場を開き、1900年代初期になると有能な設計技師アントン・ハンメルやハインリッヒ・レプラのお陰で大繁昌した。ドイツやアメリカのヴォークレイン式やド・グレン式複式を買って研究し、自社独自の機関車を開発した。棒台枠を持ち、外側に低圧シリンダーを置くものだった。

最初の「パシフィック」型は1907年にバーデン国営鉄道の発注で製造し、続いて翌1908年にこのS3/6型を製造し始め、1931年までに159両にも達した。最後の18両はカッセル市のヘンシェル社製だが、それ以外はすべてマッファイ社ヒルシャウ工場製である。

細部の違いはいろいろあって、例えば、1912〜13年にかけて製造された18両は、より大きい2000m直径の動輪を持つ。ブレーキ・ポンプや給水温め器のような補助設備の位置や種類にも、いろいろ違いがある。4シリンダーすべてが第2動輪を動かし、内側のシリンダー

第二次世界大戦前のドイツ国鉄の典型的なひとコマ。複式パシフィックS3/6型が、「ラインゴルト」特急を引いて、南ドイツの美しい風景の中をフルスピードで走る。

第1部　蒸気機関車

はロッカー・シャフトを使って外側の弁装置によって操作される。大きな低圧シリンダーは、蒸気管と一体になって鋳造され、円錐形の煙室扉や、やや高くて格好いい煙突などとともに、前面の外観に独特の力強さを与えている。といっても、全体の印象は頑丈というよりは洗練そのものではある。

最大軸重は18トンで足が軽いから、出力・スピード・経済性・信頼性とあいまって、評判が大いに高まり、ドイツ国鉄になってからも、さらに40両が発注されて他の路線で使われ、同時に排煙板がとり付けられた。

S3/6型は20世紀初頭の真に優れた設計成果のひとつと、これまでも評価されていた。重量列車を引いていつも高速を維持させるという能力は、常に求められてはいるが、めったに実現しないものだ。1927年に製造されたドイツ国鉄No.18.518は、トロイヒトリンゲン～ドナウウェルト間の128分の1（1000分の7.8）上り勾配線で、670トンの列車を引いて時速70kmを維持し、その南方の平坦線では時速116kmを達成した。

第二次世界大戦中に5両が破壊されたが、残りは戦後も活躍した。1952～56年にかけて、より大きな全熔接製のボイラーにとり替えた。最後のご奉公は、ウルム～フリードリッヒスハーフェン間とミュンヘン～リンダウ間で特急列車を引き、さらに、ミトローパ社（中欧寝台・食堂車会社。ワゴンリ社に張り合ってドイツが作った会社）が運営する有名な「ラインゴルド（ラインの黄金）」特急をフック・ファン・ホランド～バーゼル間で引いたことだった。最後まで残った数両が1966年にリンダウで引退し、現在は13両が保存されている。

ボイラー圧：16kg/cm²
高圧シリンダー直径×行程：425×610mm
低圧シリンダー直径×行程：650×670mm
動輪直径：1870mm
火床面積：4.5m²
伝熱面積：197.4m²
過熱面積：74.2m²
牽引力：不明
全重量：149t

「グレイト・ベア〔大熊〕」型　4-6-2（2C1）　グレイト・ウェスタン鉄道（GWR）　イギリス：1908年

イギリス最初のパシフィック型は、GWR機関車部主任G・J・チャーチワード設計で、GWRスウィンドン工場で製造されたが、たった1両だけであった。同じ主任設計の4-6-0（2C）「スター」型の車長を伸ばしたもので、4シリンダー単式、蒸気ドームの付いていない長いボイラー、側面が垂直なベルペール式火室と、単純素朴厳格な外観。主任の意図がどこにあったのかは不明だが、長すぎると同時に（10.5m）重すぎて、ロンドン～ブリストル間幹線以外では使えない上に、成績は先輩の4-6-0（2C）に比べて向上しなかったので、1両以上製造されることはなく終った。

1924年にロンドン&ノースイースタン鉄道が新しいパシフィック型を開発しようとしていた頃、GWRはこっそりとこの怪物を改造して、4-6-0（2C）「カースル」型に入れてしまった。

ボイラー圧：15.75kg/cm²
シリンダー直径×行程：381×660mm
動輪直径：2043mm
火床面積：3.9m²
伝熱面積：263m²
過熱面積：50.5m²
牽引力：13,346kg
全重量（炭水車を除く）：99t

1924年には台枠を短く縮め、新しいボイラーに変えて改造、4-6-0（2C）「カースル」型に変身し、名前も「ポートマン子爵」となる。

AP型　4-4-2（2B1）　東インド鉄道（EIR）　インド：1908年

インドでは「アトランティック」型はあまり見かけない。1920年には117両で、4-4-0（2B）型847両、4-6-0（2C）型812両に比べると少数派だ。1676mm（5フィート6インチ）ゲージの東インド鉄道は、「インド第1の鉄道」と呼ばれ、カルカッタと首都デリーを結ぶ。この型式は1908～09年にかけて、ノース・ブリティッシュ機関車会社とヴァルカン社で製造された。シリンダーは外側にあり、ベルペール式火室を持ち、煙突には蓋がついている。APとは'Atlantic Passenger'の略で、急行旅客列車用であった。

1944年に撮影されたAP型「アトランティック」No.127。インジェクターとボイラー上の給水弁の間に給水管が斜めに通っているのがわかる。

ボイラー圧：12.6kg/cm²
シリンダー直径×行程：482×660mm
動輪直径：2005mm
火床面積：2.9m²
伝熱面積：184.8m²
牽引力：8244kg
全重量：67,809t

蒸気機関車　　1900〜1924年

マレー型　0-4-4-0（BB）　マダガスカル鉄道　　　　　　　　　　　　　　　　　　　　マダガスカル：1908年

1mゲージのマダガスカル鉄道では、ディーゼル客車が導入されるまで、マレー複式機関車の天下だった。ほとんどがアルサス機関車製造会社製だが、1916年にはボールドウィン社が6両納入した。この型式は56両あり、ほとんどが飽和式であり約18両だけが過熱式だった。

ボイラーの横に水タンクが付いていたが、木の棚の付いた4輪の炭水車も従えていた。全車薪焚きで、煙突には火の粉飛散防止装置がついていた。1950年代末でも何両かが入換え用として働いていた。

蒸気時代のマダガスカルの旅は興味津々だが苦しいもので、世界を旅した鉄道ファンC・S・スモールはタマターヴ〜タナナリーヴ間の列車について、次のように記している。「木の車輪と四角い車輪のついた木造車だけの編成だ」

ボイラー圧：12kg/cm²
高圧シリンダー直径×行程：280×500mm
低圧シリンダー直径×行程：425×500mm
動輪直径：1000mm
火床面積：1.2m²
伝熱面積：71.4m²
牽引力：入手不能
全重量：35.4t

K型ベイヤー・ガラット　0-4-0+0-4-0（B+B）　タスマニア鉄道　　　　　　　　　　　　オーストラリア：1909年

ボイラー圧：13.6kg/cm²
高圧シリンダー直径×行程：282×410mm
低圧シリンダー直径×行程：436×410mm
動輪直径：799mm
火床面積：1.4m²
伝熱面積：52.7m²
牽引力：6521kg
全重量：34t

ベイヤー・ガラット式として特許を取った機関車の第1号である。特許を取ったのはH・W・ガラットで、マンチェスター市のベイヤー・ピーコック社が製造した。1個のボイラー前後にふたつの独立した機関が置かれている構造で、ボイラーが載っているガーダー付き台枠の前後を、2個の台車が中心皿で支えている。蒸気管はボール・ジョイント（球継手）でつながれている。この型の長所は、ボイラーを2両の機関車分まで大きくできて、しかも前後2台車によって、きついカーブを曲がれるところにある。狭軌でも充分使えるが、後にガラット型というと巨人という相場になった。しかし、このK型は610mm（2フィート）ゲージ用のポケット巨人で、発注者の希望で複式となった。高圧シリンダーが後の台車を、低圧シリンダーが前の

台車を動かす。後のシリンダーは運転室の下にあり、乗務員は足下が熱くてたまらないので、後の車ではシリンダーを動輪台車の外側の車端にとり付けることにした。

ベイヤー・ガラット型第1号のK-1号。イギリス、ヨーク市の国立鉄道博物館で撮影。現在はウェイルズのフェスティニオグ鉄道工場で復元保存されている。

1910〜30年にかけて、ニッケル鉱石を積んだ列車を引いて成績は概して抜群だったが、1930年に休車となった。ベイヤー・ピーコック社はK-1号を買い戻し、K-2号から外した多くの部品も使って、歴史的記念物として復元した。1965年にベイヤー・ピーコック社が廃業となったので、ウェイルズのフェスティニオグ鉄道が買い取った。

429型　2-6-2（1C1）　帝国営鉄道（KKÖSTB）　　　　　　　　　　　　　　　　　　オーストリア：1909年

ボイラー圧：14kg/cm²
高圧シリンダー直径×行程：450×720mm
低圧シリンダー直径×行程：690×720mm
動輪直径：1574mm
火床面積：3m²
伝熱面積：131.7m²
過熱面積：23.8m²
牽引力：不明
全重量（炭水車を除く）：61.2t

オーストリア連邦鉄道の35.233号。これは過熱式で、南オーストリアのゼルツタール駅で、4輪客車編成の列車を引いている。

東ヨーロッパでは2-6-2（1C1）は人気のある車輪配列で、この型式は1918年オーストリア帝国崩壊後も、さまざまな国で、さまざまな形に変えられて健在だった。準急旅客列車用として設計され、最初は2シリンダー複式過熱式として57両製造され、低圧シリンダーをすべり弁で、高圧シリンダーをピストン弁で操作した。しかし、1911年以後は単式のみが429.9型として、最終的には197両が製造された。製造所はオーストリアのフロリズドルフ、StEG（国営鉄道会社）、ウィーナー・ノイシュタットの諸工場、さらにプラハ市のPCM工場など。

第1部　蒸気機関車

ポーランドでは01.12型、チェコスロヴァキアでは354.7型、ユーゴスラヴィアでは106型となった。それぞれの国で改造を行い、複式の多くは単式となった。チェコスロヴァキアでは、蒸気管とつながったダブル・ドームが付けられた。

1950年代から引退が始まり、より近代的な2-6-2（1C1）型や4-6-0（2C）型が登場すると、こちらの数は激減したが、最後に消滅したのは1970年代になってからだった。現在チェコスロヴァキアの1両が保存されている。

上のデータは最初の複式のものである。

324型　2-6-2（1C1）　ハンガリー国鉄（MÁV）　　　　ハンガリー：1909年

客貨両用機関車として、1943年までの34年間に、ブダペスト機関車製造所で総計900両が製造された。時代によって細部に変更があり、中には実質的改造もある。オーストリア帝国営鉄道のために329型として製造されたものもある。

最初のものは2シリンダー複式飽和式だったが、後のものは2シリンダー単式過熱式だった。給水管火室、ブロータン式ボイラー、ペツ・レイト式給水浄化装置の付いたものも多数あった。成績はよくて、最後に引退したのは1970年のことだった。

下のデータはもとのボイラーが付いた単式過熱式のものである。

ペツ・レイト式給水浄化装置がボイラーの上に付いた324型。円錐形の煙室扉は煙室の容積を増やすためのものだが、同時にスピード感を与える助けにもなった。

ボイラー圧：12kg/cm²
シリンダー直径×行程：510×650mm
動輪直径：1440mm
火床面積：3.1m²
伝熱面積：159.2m²
過熱面積：37.9m²
牽引力：11,895kg
全重量：60.1t

B型　4-6-0（2C）　スウェーデン国鉄（SJ）　　　　スウェーデン：1909年

スウェーデンの旅客用機関車型式の中では最大の家族で98両を擁する。主台枠は棒構造だが、先輪ボギー台車は車輪の外に板台枠がある。外側にあるシリンダーはピストン弁を持ち、ワルシャート式弁装置で操作される。過熱式で、1909年にしては先端技術であった。

円錐形の煙室扉と、前面中央がV形に突出している運転室（扉が前方の走り板に開く）は、スウェーデンの新しい旅客列車用機関車の典型である。煙突の内側に、スウェーデンの機関車では厳しく義務づけてある火の粉飛散防止装置がついている。

プロイセン王国営鉄道のP8型をお手本にしたB型は、1944年まで製造が続けられ、スウェーデンで最後まで現役だったのもこの型式だった。現在数両が保存されている。1916年製のNo.1379が、2002年6月4日、1950年代の客車編成の列車を引いて、ニケビング・シュド～オクセレスンド間を走っている。

ボイラー圧：12kg/cm²
シリンダー直径×行程：590×620mm
動輪直径：1750mm
火床面積：2.6m²
伝熱面積：143.3m²
過熱面積：58.9m²
牽引力：12,190kg
全重量：91.09t

蒸気機関車　　1900〜1924年

1500型　4-6-2（2C1）　ブエノスアイレス太平洋鉄道（BAP）　アルゼンチン：1910年

ボイラー圧：10.5kg/cm²
シリンダー直径×行程：533×660mm
動輪直径：1701mm
火床面積：2.5m²
伝熱面積：148m²
過熱面積：40.5m²
牽引力：11,995kg
全重量：53.5t

アルゼンチンの鉄道のほとんどがそうであるが、この鉄道は特に水質の悪さで悩んでいる。ボイラーの腐蝕が大問題なのである。

　1676mm（5フィート6インチ）ゲージ用の、パシフィック型は、グラスゴー市のノース・ブリティッシュ機関車製造会社製で、50年間も元気に列車を引いて来た。2シリンダー単式で、ベルペール式火室つきボイラーを持つ。ワルシャート式弁装置を備え、過熱式である。同鉄道は家畜を育てるパンパス（大草原）の土地を横切っているため、動物たちを傷つけないよう、正面のバッファーは連結しない時には後方に傾け、カウ・キャッチャーも木製だ。アルゼンチンの機関車のほとんどがそうであるが、これも重油焚きで、ボギー台車をはいたテンダーの中の油槽から燃料を流し込む。

10型　4-6-2（2C1）　エタ・ベルジュ（EB）　ベルギー：1910年

1950年代末期の10型の最終的な姿。No.10018が空の客車を引いてバック運転でブリュッセル・ノール（北）駅とミディ（南）駅の間を走る。炭水車（テンダー）に煉炭と粉炭が混ぜて積んであるのも、いかにもこの機関車にふさわしい。

　「大砲を載せられる広さ」——J・B・フラム設計のパシフィック型の煙室前の空間について、こんなことを言った人がいた。シリンダーが外側に吊り下がり、さらにその内側に2個シリンダーが隠されていた。確かに外国人には変に見えただろうが、ベルギー人は異を唱えなかった。フラムは1904年以来ベルギー国鉄の機関車部主任として、フランスの複式をじっくり検討し、同時代のイギリス人チャーチワードと同じように、結論として急行列車用には複式はノー、4シリンダーがイエスと答えたのだった。内側のシリンダーは第一動輪を動かすので、シリンダーが前方に置かれ、煙室の前に広い空間ができた。

　この10型は同時に製造された貨物列車用の2-10-0（1E）36型と同じボイラーを持っていた。アメリカ風のワゴン・トップ形で、後方がぐっと太くなっている。火室は低質の石炭を焚いてもよいよう背が高く、それに合うようにボイラーも大きくしたのである。

　1910〜12年にかけて28両が製造され、オーステンドから中央ヨーロッパへの英仏海峡連絡船接続国際特急列車の重い荷を引いて、その真価を証明した。1914年には総数が58両となった。この追加分には若干の小さい変更が加えられ、重量が4トン減った。1918年以降さらに多くの変更が加えられた。2本煙突、より大きな過熱管、ACFI社式給水温め器、排煙板などである。もともとの6輪の小さな炭水車を、ドイツから戦争の賠償として貰ったボギー台車付きの炭水車にとり替えた。1930年代になっても変更が続いた。キルシャップ式2重ブラスト煙突や過熱管のさらなる増大などである。近代化した10型は、1956年電化されるまでルクセンブルクへ行く線で活躍した。

　1959年に最後の車が引退した。

ボイラー圧：14kg/cm²
シリンダー直径×行程：500×660mm
動輪直径：1980mm
火床面積：4.6m²
伝熱面積：232m²
過熱面積：76m²
牽引力：19,800kg
全重量：160t

第1部　蒸気機関車

375型　2-6-2（1C1）タンク機関車　ハンガリー国鉄（MÁV）　ハンガリー：1910年

同鉄道は1907～13年にかけて、多数の2シリンダー複式サイド・タンク機関車を支線用に製造した。375型305両もその中に入る。これは最大軸重たった9トン、飽和式だがピストン弁を持ち、何十年も成績良好で働いた。

かつてのユーゴスラヴィアは375型原型が最後のご奉公をした土地で、51型と呼ばれ、区間列車や各駅停車貨物列車に使われた。

最後まで生き残った区間は、ザグレブから海岸沿いの山地を越えて、今はスロヴェニアとなっている、ダルマチア海岸のリエカへ行く路線である。

1945年にクロアチアがユーゴスラヴィアに譲られた時、65両がユーゴ国鉄に移り、さらに単式過熱機関車が40両追加製造された。これらは51型と呼ばれ、1970年代まで現役に残ったものもいた。

ボイラー圧：14kg/cm²
高圧シリンダー直径×行程：410×600mm
低圧シリンダー直径×行程：590×600mm
動輪直径：1180mm
火床面積：1.85m²
伝熱面積：81.7m²
牽引力：入手不能
全重量：52.1t

27型　4-6-0（2C）　ノルウェー国鉄（NSB）　ノルウェー：1910年

1900年に同鉄道は4-6-0（2C）型を初めて採用した。最初のものは18型で、単式・複式混合の客貨両用機関車、ドイツ、ヒェムニッツ市のハルトマン社製造。

27型はこれより大きい直径の動輪を持つ旅客列車用で、1910～21年にかけて15両が製造された。1927年に18型のうちの複式18b型の2両が単式に改造されて27型に加わり、過熱装置とピストン弁を備えて、ハマール市の同鉄道工場で誕生した。

同鉄道はオスロから、スタヴァンガー、ベルゲン、トロンヘイム、もっと北のボドゥー、それからスウェーデンとの国境までの長距離列車を走らせていたが、幹線でも単線で、列車本数も少なく、スピードは遅かった。この4-6-0（2C）型は、寝台列車を含む重量旅客列車をすべて引いていたが、1930年代により大形の機関車にとって替られた。

ボイラー圧：12kg/cm²
シリンダー直径×行程：450×600mm
動輪直径：1600mm
火床面積：1.5m²
伝熱面積：76.4m²
過熱面積：22.7m²
牽引力：7730kg
全重量：72t

N1型　2-6-0（1C）　ウルグアイ中央鉄道（CUR）　ウルグアイ：1910年

同鉄道はウルグアイ最大の鉄道で、標準軌の1569kmの路線を持つ。イギリス人の所有で、ほとんどの機関車はイギリスで製造された。N1型はマンチェスター市のベイヤー・ピーコック社製である。国を横切る旅客・貨物両列車に使われ、約380トンの木造車15両を引いて、時速80kmで走ることができた。1938年以降ボイラーを付け替え、過熱式となってN3型となった。現在1両が動態保存されている。

保存中のN型No.120が夜間撮影のために蒸気を上げているところ。1942年に重油焚き、過熱式に改造された。実際はNo.119なのだが、現役中に改番されていた。

ボイラー圧：12.6kg/cm²
シリンダー直径×行程：457×609mm
動輪直径：1523mm
火床面積：1.8m²
伝熱面積：101.5m²
牽引力：8993kg
全重量：不明

蒸気機関車　　1900〜1924年

E6型　4-4-2（2B1）　ペンシルヴェニア鉄道（PRR）　　アメリカ：1910年

ペンシルヴェニア鉄道「アトランティック」活躍中。E7型の保存機No.8063が、1985年8月23日ペンシルヴェニア州ミドルタウンで、D16sb4-4-0（2B）型（これはE6型より8年前の製造）の前部補機となって走った。

　この型式が登場した時には、アメリカでは「アトランティック」型がすでに退潮に向かいつつあったが、ペンシルヴェニア鉄道では、軽量の「パシフィック」を製造しないで、4-4-2（2B1）型を続けて製造した。E6型82両は1910〜14年にかけて、同鉄道ジャニアータ工場で製造され、従輪上のスペースを最大限活用して広いベルペール式火室を設けた。原型機には過熱装置が付いていなかったが、その後のすべての車は過熱式である。長いこと旅客列車を引いて活躍し、原型機は1950年に引退、他も1953年までには引退した。

ボイラー圧：14.4kg/cm²
シリンダー直径×行程：558×660mm
動輪直径：2030mm
火床面積：5.8m²
伝熱面積：266.3m²
牽引力：14,186kg
全重量（炭水車を除く）：105t

310型　2-6-4（1C2）　帝国営鉄道（KKÖSTB）　　オーストリア：1911年

　カルル・ゲルズドルフは豊かな独創力と直観力に恵まれた機関車設計者で、オーストリア国鉄に最後まで彼の足跡を残した。1884年に諸私鉄が統合されて国鉄ができてから1916年に他界するまで、彼は国鉄技師長を務めた。1906年以前の過熱式時代には、多くの設計者たちは、複式こそ同じ量の蒸気からより多くの力を引き出せるから燃料費節約の手段であると注目を集めた。ゲルズドルフは、複式の効用を理論上、また実用上証明しようと努力した技術者の一人だった。

　この堂々たる4シリンダー複式は、オーストリアの複式全盛時代の頂点を極めたもので、4シリンダーすべて煙室の下に高圧シリンダーを内側にして一列に並び、第2動輪を動かした。前進全開（出発時）と逆転ギヤの場合には入口（機関士がノッチを進めヴァルヴの動きが短くなる時は蓋が閉められている）を通して生蒸気が低圧シリンダーに送り込まれる。1911年以前は、ゲルズドルフ設計の機関車の特色として、蒸気乾燥器がボイラーの上の2個のドームの間に（しばしば露出して）置かれていたが、過熱装置が定着すると、その方がよいので廃止された。

　1908〜11年にかけて、2-6-4（1C2）210型が10両製造された。それに続いて1911〜16年にかけて、310型が

1965年10月、ウィーン南機関庫で、310型の一両がスクラップを待つ廃車の中に入っていた。ゲルズドルフ独特の彫りの深い炭水車（テンダー）は切り離されて、その間に別のタンク機関車が割り込んでいる。

第1部　蒸気機関車

同時代の機関車設計者と違って、ゲルズドルフは複式と過熱式を一緒に使うことに躊躇しなかった。この点でアンドレ・シャプロンなど後の時代の仕事を先取りしていたことになる。

111両製造された。このうち後期に登場した車には、蒸気乾燥器の代りに、シュミット式過熱装置がとり付けられた。

先輪は第1動輪と一体となってクラウス・ヘルムホルツ・ボギー台車を形成し、従輪のボギー台車——約17年も前からアメリカの「スーパーパワー」を先取りしていた——が、大きく幅広い火室——オーストリアの鉄道はしばしば低質炭を焚くので必要なのである——を支えている。2-6-4（1C2）という車輪配列は「アドリアティック」と呼ばれることもある。

この型式を製造したのはオーストリアの3社とチェコスロヴァキアの1社——フロリスドルフ社、国営鉄道会社（いわゆるStEG）、ウィーナー・ノイシュタット社。それからプラハ市のPCM社——である。

休車となって側線に隠居させられても、その正面は極めて堂々たる気迫に満ちている。

大きな直径の動輪は高速運転を目指しているかのように見えるが、実際の目的は、左右それぞれの2シリンダー両方を操作する1個の大きなピストン弁の摩耗を減らすためにピストンのスピードを小さくすることにあった。最大時速は100kmだったが、これは全線にわたってレールが軽量だったことと、急坂が多かったことで止むを得なかった。310型の最大軸重は、たった14.4トンだった。

オーストリアだけではなく、大戦後はポーランドやチェコスロヴァキアやハンガリーになった地域の機関庫にも所属していて、これらはすべて1930年代まで幹線の特急旅客列車を引いていた。オーストリア鉄道は首都ウィーンを経由しない国際列車の進入を認めなかったということもあって、多くの特急列車はウィーンに集まった。ベルリン～ブダペスト・オリエント特急、オーステンデ～ウィーン～ブカレスト・オリエント特急、サンクトペテルブルク～ウィーン～ニース～カンヌ特急などな。ワゴン・リ社の直通客車を別の列車の客車につないだだけ、というのもあった。寝台車と食事車を寄せ集めたのもあった。第一次世界大戦でこれら国際列車は運転中止となったが、1920年代に多くが再開した。

1930年代になると310型は次第に準急列車用に格下げとなった。さまざまな近代化が、さまざまな機関車にとり入れられたからである。でも、この型式の3両が1954年まで、チェコスロヴァキア国鉄において現役で残った。堂々たる外観、大きなアセチレン前照燈、抜群にハンサムだった。No.310.23は現在保存されている。

ボイラー圧：15kg/cm²
高圧シリンダー直径×行程：390×720mm
低圧シリンダー直径×行程：660×720mm
動輪直径：2100mm
火床面積：4.6m²
伝熱面積：193m²
過熱面積：43m²
牽引力：不明
全重量：146t

2-8-0（1D）型　グレイト・セントラル鉄道（GCR）　　イギリス：1911年

1903年グレイト・ウェスタン鉄道がイギリス最初の2-8-0（1D）型を採用したが、それ以後追随する鉄道はなかった。この型式が2番目である。グレイト・セントラル鉄道は1903年に中部イングランドからロンドンへの幹線を開通させたが、主な営業区間はそれより北の方で、ヨークシャー県やノティンガム県の工業地帯の中心を貫く路線の貨物列車用として重量機関車が必要となったのである。

J・G・ロビンソン設計で単式2シリンダーが外側に付いて、第3動輪を動かす。台枠の内側にピストン弁があり、スティヴンソン社式リンク・モーションの改良型が操作する。

第一次世界大戦中に国外出征を支援するため軍用機関車が必要となり、政府鉄道運転局がこの型式を選び、521両がさまざまな会社と、マンチェスター市にあるグレイト・セントラル鉄道のゴートン工場で製造された。これには、フランスやベルギーの貨車をつなぐことを考えて、ウェスティングハウ

1964年5月、もとグレイト・セントラル鉄道ノティンガム～リンカーン線のレットフォート機関区で休む04型。

蒸気機関車　　1900〜1924年

英国鉄道になってからのNo.6383が、シェフィールドとマンチェスターを結ぶウッドヘッド・トンネル線で石炭列車を引く。

ス式空気ブレーキ用ポンプも備えてあった。
　1918年終戦後、多くのイギリスの鉄道がこの軍用機関車を買い取ったが、ヨーロッパ、メソポタミア、イランなど海外に残って働いたものも多い。

ボイラー圧：11.2kg/cm²
シリンダー直径×行程：533×660mm
動輪直径：1436mm
火床面積：2.4m²
伝熱面積：125m²
過熱面積：23.7m²
牽引力：12,630kg
全重量：75t

Z530型　2-6-0(1C)タンク機関車　　ピラエウス・アテネ・ペロポネソス鉄道　　ギリシャ：1911年

　この鉄道は750km以上の1mゲージ路線を持ち、いろいろな型の機関車を走らせていたが、その中でこの型式がもっとも一般的なものだった。ミュンヘン市のクラウス社製で、ギリシャ最初の過熱式機関車だった。以前に複式型はいくつかあったが、これは2シリンダー単式で、ワルシャート式弁装置と内側ピストン弁を持つ。当時としては先端技術の車で、他の鉄道が買ったものや、複式を改造したものをも含めて、最終的には25両となった。

Z530型No.552が、260(1C) No.508タンク機関車と並んでカラマイ駅で待機中。No.508はスティヴンソン社式リンク弁装置を備えていた先輩である。

ボイラー圧：12kg/cm²
シリンダー直径×行程：420×500mm
動輪直径：1200mm
火床面積：1.2m²
伝熱面積：56.1m²
過熱面積：16.5m²
牽引力：7480kg
全重量：37.2t

第1部　蒸気機関車

フェアリー型機関車　0-6-6-0（CC）　メキシコ鉄道

メキシコ：1911年

メキシコの鉄道には急坂や急カーブが多いので、フェアリー型〔36～37ページを参照〕を標準軌線でも大いに好む国のひとつである。ブレーキが故障して25分の1（1000分の40）のカーブした下り坂を11km逆送、一時は時速96kmにまでなったのに脱線しなかったという実例がある。

これはフェアリー型としては最大のもので、高さは4416mm、ホイールベース10.812mである。マンチェスター市ヴァルカン社製で、25分の1（1000分の40）上り勾配で粘着力だけに頼って300トンの列車を引くことができた。この両頭機関車が得意とする力わざがこれでわかる。

ボイラー圧：12.6kg/cm²
シリンダー直径×行程：482×634.5mm
動輪直径：1218mm
火床面積：4.4m²
伝熱面積：271.6m²
牽引力：26,096kg
全重量：140.2t

PO³　4-6-0（2C）　オランダ国営鉄道（SS）

オランダ：1911年

静かで力もちのこの型式は、イギリス、マンチェスター市のベイヤー・ピーコック社で36両製造された。その後はオランダのウェルクスポール社とドイツのいろいろな工場でも製造されて総計120両となった。

単式4シリンダーが1列に並び第1動輪を動かす。2組のワルシャート式弁装置が内側シリンダーのピストン弁を操作する。1929年まで最重量急行列車を担当し、1936年には5両が流線形化された。No.3737はオランダで最後まで定期列車を引いていた機関車で、現在は保存されている。

ボイラー圧：12kg/cm²
シリンダー直径×行程：400×660mm
動輪直径：1850mm
火床面積：2.8m²
伝熱面積：145m²
過熱面積：41m²
牽引力：8900kg
全重量（炭水車を除く）：72t

大きな前照燈と空気ブレーキ装置が目立ち、イギリスとヨーロッパ大陸スタイルの混合した外観である。20年間オランダ急行旅客列車牽引の主力だった。

E型　2-4-6-0（1B-C）タンク機関車　ポルトガル国鉄（CP）

ポルトガル：1911年

ポルトガルでは1905年以降、曲りくねった谷間を行く1mゲージ鉄道で、多くのマレー式機関車が使われていた。この型式は1911～23年にかけて、ドイツ、カッセル市のヘンシェル社が製造し、ドゥロ河谷のレグア～ヴィラ間、その他の支線で走った。

動輪の配列が前後で違うのは珍しいが、成績は非常によく、全部で8両あった。過熱式ではないが、ピストン弁を備えていた。1両だけ後にギースル式ブラスト管を付けたが、それ以外近代化は行なわれなかった。しかし1970年代末まで現役だった。この時には50歳以上だったが、このカーブが多くて、短いが急な坂が多い線をゆっくり走るのには向いていたのである。

ボイラー圧：14kg/cm²
高圧シリンダー直径×行程：350×550mm
低圧シリンダー直径×行程：500×550mm
動輪直径：1000mm
火床面積：2m²
伝熱面積：137m²
牽引力：入手不能
全重量：59.5t

S型　2-6-2（1C1）　ロシア国鉄

ロシア：1911年

この型式は3700両以上製造され、1960年代までほとんどのロシア幹線で旅客列車牽引の主力だった。1908年帝政ロシア時代の仕様で発注された。すなわち、2-6-2（1C1）の車輪配列、クラウス式先輪台車、広い火床、ノットキン式過熱装置である。これが1910年サンクトペテルブルク市ソルモヴォ工場で製造され、同市周辺で使われて、名機S型の原型となった。

1918年までに約900両が製造され、ソヴィエト政権になってからも、さまざまな工場で製造が続いた。例えば、コロムナ工場は1925年にSu型を製造したが、これは車輪間隔が大きくなっている。S型という基本設計はさまざまな要求に

旅客列車を引くNo.250.74。運転室前面のドアが走り板に向かって開く。

蒸気機関車　　1900〜1924年

合わせることができるので、諸変型が生まれた。例えば、Sv（C^B）型は1915年に製造されたが、国際標準軌に合わせ、高さ制限も少し低くして、ワルシャワ〜モスクワ間路線に使われた。後にロシア標準の1524mm（5フィート）ゲージに改軌され、重油焚きに改造されて、モスクワ〜クルスク間路線に使われた。

1951年まで製造が続き、あらゆる種類の旅客列車に使われた。そのスピード性能の証拠をひとつあげると、1936年にモスクワ〜レニングラード間650kmの幹線で、軽量列車を引いて6時間20分（途中で機関車を交換する時間も含む）で走った。

ボイラー圧：13kg/cm^2
シリンダー直径×行程：575×700mm
動輪直径：1850mm
火床面積：4.7m^2
伝熱面積：198m^2
過熱面積：89m^2
牽引力：13,650kg
全重量（炭水車を除く）：85.3t

緑色の標準色に塗られたNo.251.86が、ヘルシンキ（フィンランド）〜レニングラード（現在のサンクトペテルブルク）間の国際急行列車を引いている。

EB3/5型　2-6-2（1C1）タンク機関車　スイス連邦鉄道（SBB）　　スイス：1911年

スイスの機関車の型式称号の中の数字は、動輪軸と全車輪軸を示している。例えば、3/5とは、動輪軸が3で、全車輪軸が5——先輪軸と従輪軸は2——を意味する。

郊外路線や地方路線の交通量が増えたので、急勾配路線での各駅停車列車用としてこの型式が登場することとなった。1910年にマッファイ社製2-6-2（1C1）タンク機関車が、ボーデンゼー・トッゲンブルク鉄道に登場して、よい成績をあげたので、連邦鉄道も同じ型を採用することに決めた。2-6-0（1C）B3/4型のボイラーと動力部分を利用したが、タンク機関車の牽引力を増やすためにシリンダーの直径を小さくした。1911〜16年にかけて34両がスイス機関車製造会社で製造され、とくに冬期に成績が抜群だった。

現在3両が保存されている。

ボイラー圧：12kg/cm^2
シリンダー直径×行程：520×600mm
動輪直径：1520mm
火床面積：2.3m^2
伝熱面積：120m^2
過熱面積：33.5m^2
牽引力：10,350kg
全重量：57.8t

95

第1部　蒸気機関車

34型　2-6-(2)-0（1C（1））　オスマン・アナトリア鉄道（CFOA）　トルコ：1911年

　奇妙な車輪配列の機関車だが、1911年にドイツのハノマーク社とボルジッヒ社で製造された時、この路線はドイツの経営下にあった。後にトルコ鉄道のイスタンブール〜アンカラ間幹線となった。この路線には最大軸重15.25トンしか許さない軽量レールが使われている区間があり、この機関車は重すぎた。そこで、第2と第3の動輪の間にスペースがあったので、そこに従輪を1対付け足して、軸重を2トンほど軽くした。

　それ以外の点では、ごく普通のドイツ・タイプである。確かにこの車輪配列は変っている。車輪配列を変えるというと、車軸を増やすのではなくて、減らす方が普通だから。

ボイラー圧：12kg/cm²
シリンダー直径×行程：540×630mm
動輪直径：1500mm
火床面積：2.25m²
伝熱面積：130.1m²
過熱面積：39.3m²
牽引力：12,570kg
全重量（炭水車を除く）：59.6t

109型　4-6-0（2C）　ジュッドバーン（南部鉄道）　オーストリア・ハンガリー帝国：1912年

　1912〜14年にかけて、この型式44両が製造された。頑丈な2シリンダー単式で、ピストン弁と過熱装置を付けている。この鉄道の大部分はハンガリーを通っていて、大戦後の1918年には、ハンガリー鉄道が12両を受け継ぎ、さらにブダペストで4両追加製造して302型にした。4両がユーゴスラヴィアに移り、ユーゴ国営鉄道33型となった。

　オーストリアの機関車はドームが1個で、上に安全弁が付いている。ハンガリーの車はさらに2個ドームが追加されて、給水洗浄器と蒸気溜めとなっている。客貨両用として成績優秀で、しばしば急行貨物列車用にも使われた。平坦線では270トンの列車を引いて運転時速は100km、355トンの列車を引いて90kmであった。

　現在1両がオーストリアで保存されている。

ボイラー圧：13kg/cm²
シリンダー直径×行程：550×660mm
動輪直径：1700mm
火床面積：3.6m²
伝熱面積：237m²
過熱面積：52.8m²
牽引力：12,910kg
全重量：66.9t

H-6-g型　4-6-0（1C）　カナダ・ノーザン鉄道　カナダ：1912年

　北米大陸では珍しいことだが、カナダ・ノーザン鉄道は4-6-0（1C）型を大量に、いろいろな型式合せて330両以上も所有していた。H-6-g型は66両で、1912〜13年にかけて、ブリティッシュ・コロンビアのヴァンクーヴァーまでの大陸横断路線開通に合わせるように、モントリオール機関車製造工場で製造された。この鉄道は間もなく、第一次世界大戦が終った直後にカナディアン・ナショナル鉄道に統合されることとなる。

　この型式の引退は1954年から始まったが、蒸気時代が終るまでカナディアン・ナショナル鉄道で生き残り、最後は1961年に完全引退した。この型式のNo.1932は1913年の製造だが、現在エドモントン市アルバータ鉄道博物館で保存されている。まだ蒸気を入れることはできるが、炭水車は後の時代のものである。

ボイラー圧：12.6kg/cm²
シリンダー直径×行程：558×660mm
動輪直径：1599mm
火床面積：不明
伝熱面積：不明
過熱面積：入手不能
牽引力：13,860kg
全重量：87.9t

231C型　4-6-2（2C1）　パリ・リヨン地中海鉄道（PLM）　フランス：1912年

　後に登場するノール（北）鉄道の231C型「スーパー・パシフィック」とは別ものだから注意。PLMの231C型は全部で462両もあり、最初に登場した複式試作機を除くと、すべて単式・複式の混合であって、4個のシリンダーが1列に並んでいる。しかし1913年以降は、すべて複式として製造され、以前のものも複式に改造された。1921年までに177両が製造された。

　1928年以降シャプロン設計がフランスにおける機関車性能についての考えを革命的に一新したので、この型式の半分くらいが改造され、30両は新しいボイラーと蒸気管をとり付けた。1969年までは現役も数両あり、現在4両が保存されている。

ボイラー圧：16kg/cm²
高圧シリンダー直径×行程：440×650mm
低圧シリンダー直径×行程：650×650mm
動輪直径：2000mm
火床面積：4.3m²
伝熱面積：203m²
過熱面積：65m²
牽引力：入手不能
全重量：145.5t

引退後若干の改装を受け、ピカピカに磨き上げられた231C型4シリンダー複式機関車が、フランスのフィーヴ・リル工場で保存されている。

蒸気機関車　　　1900〜1924年

T18型　4-6-4（2C2）タンク機関車　　プロイセン王国営鉄道（KPEV）　　　　　　　　　　ドイツ：1912年

1927年までの間に500両以上がシュテッティン市のヴァルカン社と、カッセル市のヘンシェル社で製造された。この型式は事実上客貨両用の4-6-0（2C）P8型式をタンク機関車にしたものだが、細部の寸法などでは違いはある。

原型と同じく経済性と信頼性が特色で、ベルリンその他プロイセン王国の諸都市周辺の列車を引き、ドイツ国鉄になってからも、1927年まで製造が続いた。

サイド・タンク機関車としての4-6-4（2C2）型は安定がよくないので悪名高いが、このT18型は別に問題なかった。1925年にはトルコが7両買った。

最後は78$^{0.5}$型となって、1972年東ドイツ国鉄で最終的に引退し、現在2両が保存されている。

T18型は後にO78型となり、No.078 235-9が、西ドイツ連邦鉄道の工場の検査ピットの上で休んでいる。

ボイラー圧：12kg/cm^2
シリンダー直径×行程：560×630mm
動輪直径：1650mm
火床面積：2.4m^2
伝熱面積：138.3m^2
過熱面積：49.2m^2
牽引力：12,085kg
全重量：105t

第1部　蒸気機関車

4-6-2（2C1）タンク機関車　　ロンドン・ブライトン南海岸鉄道（LBSCR）　　イギリス：1912年

ボイラー圧：12kg/cm²
シリンダー直径×行程：533×660mm
動輪直径：2038mm
火床面積：2.5m²
伝熱面積：141m²
過熱面積：31.8m²
牽引力：9450kg
全重量：87.4t

弁装置を備えている。2000ガロン（約9キロリットル）の水と3トンの石炭を積むことができる。ロンドン～ブライトン間の最速急行列車を引いていたが、1914年にもっと大形の4-6-4（2C2）タンク機関車の引くプルマン客車編成「ブライトン・ベル（美女）」特急にとって代られた。

1910年製のNo.325「アバガヴェニー」号はたった1両でJ1型を造った。ブライトンの同鉄道終着駅にて。J型はすべて1951年にスクラップとなった。

1912年製、ワルシャート式弁装置を付けたJ2型No.326「ベスバラ」号。ロンドン・ブリッジ駅にて。

この時代には、130kmの距離の幹線を、6動輪のタンク機関車が急行列車を引いて走るのは珍しくなくなった。ロンドンから南海岸の諸都市までの距離は80～130kmくらいで、そこを担当していた同鉄道は、イギリスで2番目にシュミット式過熱装置を採用した結果、成績がよかった。1908年に、同鉄道のI3型4-4-2（2B1）タンク機関車が、130km区間の燃費節約競争で、ロンドン＆ノースウェスタン鉄道のテンダー機関車を制して勝ったことがあった。というわけで、同鉄道が2番目に導入したのが、この4-6-2（2C1）型タンク機関車で、D・アール・マーシュの設計、同鉄道ブライトン工場製造、ワルシャート式

F10型　2-12-2（1F1）タンク機関車　　国営鉄道　　オランダ領東インド（現インドネシア）：1912年

ボイラー圧：12kg/cm²
シリンダー直径×行程：540×510mm
動輪直径：1106mm
火床面積：2.6m²
伝熱面積：122.2m²
過熱面積：40.7m²
牽引力：14,970kg
全重量：80t

マランやブリタール周辺の肥沃で人口が多い山地の路線で、長い混合列車を引いた。1970年頃スマトラ島西部のソロク機関庫に移されたものも数両ある。

外観は立派で、インドネシアの鉄道では12動輪車はこれだけである。1970年9月、インドネシア国鉄開業25周年記念の機関車パレードでは、No.F10.18がピカピカに磨き上げられて先頭に立った。

パレード参加機ほどよく手入れはされていないF10型。最近インドネシア国鉄では機関庫によって蒸気機関車保守の水準が大きく違っているが、概して大形車の手抜きがもっともひどくなりがちのようだ。

1920年までに単式2シリンダー過熱式のこの型が28両製造された。第1号機を含む18両がドイツ、ハノーファー市のハノマーク社製、他はオランダのウェルクスポール社製である。シリンダーはフランジのない第2動輪を動かす。第1動輪軸から第6までの距離は6.25mと非常に長く、第1と第6動輪は左右に動ける遊びが許されているが、これは同時代のオーストリアのフォルデンベルク歯車鉄道の0-12-0（F）タンク機関車のためにカルル・ゲルズドルフが考案したのと同じである。しかし、走り板にジャッキが置かれていたところを見ると、脱線を覚悟していたのだろう。サイド・タンクは小さなもので、もっと大きい水槽が後部の石炭置場の下にある。

主としてジャワ島東部で活躍し、

98

蒸気機関車　　1900～1924年

685型　2-6-2（1C1）　　イタリア国鉄（FS）　　　　　　　　　　　　　　　　　　　　　イタリア：1912年

クロスティ式ボイラーを持つ685型のうちの1両が、1950年9月にヴェネチアで撮影された。流線形になっているので、正面の煙突は見えなくなり、機関車の見た目の貫録が減っている。

流線形に改造され、フランコ・クロスティ式ボイラーに替えて、S685型となった。1918年以降、1912年製の初期複式機119両が過熱式に改造された。そのうちの何両かはカプロッティ式弁装置を持ち、何両かは排気で動かすフリードマン式インジェクターを備えている。

改造計画は1930年代まで続き、その頃になると初期の車両は高圧シリンダーを4個、三本ブラスト管煙突、クノール式給水ポンプと予熱装置、カプロッティ式弁装置などがとり付けられた。1908年製造の1両、S685.600号は、ミラノ市のエルネスト・ブレダ社開業以来1000台目の製造で、現在保存されている。

ボイラー圧：12kg/cm²
シリンダー直径×行程：420×650mm
動輪直径：1850mm
火床面積：3.5m²
伝熱面積：178.6m²
過熱面積：48.5m²
牽引力：12,586kg
全重量：120.4t

1906年イタリアは初めて「プレイリー」車輪配列を導入した。南アドリア海鉄道の4シリンダー複式で、S・ブランシェの設計で、20両はベルリン市シュワルツコップフ社製、他はすべて国産、ブレダ社とアンサルド社製である。後に国鉄680型となった。

複式をやめて1912年以降、単式4シリンダーの新型式685が登場して、最終的には241両が製造された。4個のシリンダーは一列に並び、第2動輪を動かす。2シリンダー毎に1個の共通ピストン弁で操作される。

この型式は複雑な歴史を持っていた。1924年に4両が、カプロッティ式ロータリー・カム弁装置を付けて改造され、686型となった。1926年には30両がカプロッティ式弁装置を付けて新造されたが、そのうちの5両は1939～41年にかけて

1955年8月、No.685.568が区間列車を引いてミラノ中央駅を発車。右手に見えるのはNE636.118で、イタリアに非常に多い6軸連節電気機関車の1両。

E型　0-10-0（E）　　ロシア国鉄　　　　　　　　　　　　　　　　　　　　　　　　　　ロシア：1912年

20世紀の初頭以降、中央集権のロシア鉄道官僚組織は、より強力な貨物列車用機関車のニーズが高まるのに、どう対処しようかと頭を悩ましていた。1912年にやっと現れた設計は主としてV・I・ロブシンスキーの功績によるもので、最初の試作機数両が彼の指導のによりルガンスク工場で製造された。外側に単式シリンダーが2個付き、ワルシャート式弁装置で操作するピストン弁で作動した。

1973年9月撮影の写真で、E型がゆっくりバックして旅客列車に連結されようとしている。

最初の試作機数両は重油焚きで、コーカサス奥地行き路線で使うためであった。より大きな直径のシリンダーを持った石炭焚き機関車が次に登場し、これは北ドネツ地方向けであった。最大軸重は16.2トンで、かなり広範囲の状態の線路の上を走ることができた。最初の試作機の成績がよかったので、1915年以降いくつかの工場でE型の量産が進み、この型式は最大の両数を持つことになる。1923年までに2800両となり、1960年には総数は13,000両以上となった。

1917年の革命で機関車製造が一時中止となったので、ソヴィエト

第1部　蒸気機関車

政府はスウェーデンやドイツの工場にE型を大量に発注した。スウェーデン、トロールホッタン市のニドクヴィスト・ホルム社に500両、ドイツの19の工場に700両も。1917年ルガンスク工場製のものの仕様で発注され、代金は純金塊で支払われたとか言われている。

1926年にはロシア政府下の機関車製造が確立され、ブリヤンスク工場で改良型が誕生、Eu型と名づけられた（uはusilenny「より強力」の意味）。1926～33年にかけて、ブリヤンスク工場、もとルガンスクが名を変えたヴォロシーロフグラド工場、コロムナ工場、ソルモヴォ工場、カルコフ工場などで、約3350両が製造された。ボイラー圧力は12kg/cm²、最大軸重は16.4トンであった。

1931年には、さらなる改良型Em710xxが登場した。重量トン当たりの出力がより大きくなり、ボイラー圧力は14kg/cm²、最大軸重は17トンで、1936年までに約2700両が製造された。これらの多くは、炭水車（テンダ）の上に補助の円筒形水槽を載せて走行距離を伸ばしていた。E型の中には蒸気凝結装置を備えているものもあった。

1930年初期に、ムロン修理工場で重量をさらに増やしたEr型を開発し、この型の約850両がブリヤンスク工場とヴォロシーロフグラド工場で製造された。1944年には、Er型の何両かが、Su型2-6-2（1C1）のために設計されたボイラーにとり替えてEsu型となった。蒸気ドームと砂箱をひとつに合わせたものがボイラーの上に置かれ、運転室の屋根がダブル・ルーフとなった。このスタイルは第二次世界大戦後製造のものにも続けられた。

大戦後、多くの機関車が破壊され、ボイラーとり替えその他の大改造工事を切に迫られていたので、1952年までに大量のEr型が増産された。ほとんどは国産だが、ポーランド、チェコスロヴァキア、ハンガリー、ルーマニアで製造されたものもあり、総数は正確にはわからないが、少なくとも2200両、おそらくは3000両以上であろう。

ソヴィエト・ロシアでは主に貨物輸送が優先された。E型は事実上国内のどこででも見かけられ、入換えや短距離貨物列車牽引などの仕事をした。ロシア鉄道の旅行者の目にいちばんつきやすいのがこの型である。1959年になってさえ、1912年に製造された機関車が現役でいるのが見られ、ソ連の全鉄道から最終的に蒸気機関車が追放されるまで、この型は生き残った。

以下のデータは1915年製造のものである。

機関士が油を差している。機関車全体が大きいので、比較的小さい動輪がいっそう小さく見える。

Er型No.799-36は現在保存されていて、1995年7月ウクライナの支線で観光用臨時列車を引いている。

ボイラー圧：12kg/cm²
シリンダー直径×行程：647×705mm
動輪直径：1333mm
火床面積：4.2m²
伝熱面積：207m²
過熱面積：50.8m²
牽引力：22,675kg
全重量（炭水車を除く）：80t

蒸気機関車　　1900〜1924年

No.101　2-8-0（1D）　スミルナ・カッサバ鉄道（SCP）　　　　トルコ：1912年

このアナトリアの路線のために、ドイツのフンボルト社が2シリンダー過熱機関車を12両製造した。後にトルコ国鉄45.121型となる。マッファイ社の設計で、同じタイプのものがシリアにも納入された。最大軸重12.5トンで、小ぢんまりとして強力、客貨両用として役に立った。イスタンブールとヨーロッパ鉄道網とを結ぶオリエント鉄道が、1924〜27年にかけて、この型を27両フランスの工場から買ったが、1937年に会社とともにトルコ国鉄に統合された。

1910〜50年まで、中東の鉄道の幹線では、旅客貨物ともすべての長距離列車牽引の主力は2-8-0（1D）型だった。牽引力、重量、大きさがぴったり適していたからである。

ボイラー圧：12kg/cm²
シリンダー直径×行程：530×660mm
動輪直径：1400mm
火床面積：2.4m²
伝熱面積：173.9m²
過熱面積：32m²
牽引力：13,480kg
全重量：60.1t

20型　2-6-0（1C）　セルビア国鉄（SDZ）　　　　セルビア（後のユーゴスラヴィア）：1912年

一見「イギリス」風の外観だが、ベルリン市のボルジッヒ社の工場で誕生したことが、よく見ればわかる。最初の5両はトルコのオスマン鉄道の発注で製造されたが、1912年のバルカン戦争のためセルビアに引き取られた。その後セルビア国鉄が40両追加発注し、そのうち23両が納入されたところで第一次世界大戦が起った。戦後ドイツから賠償として200両が送られた。

実用に役立つ近代的な設計で、単式シリンダー2個、ピストン弁、過熱装置付き。大きな炭水車がボギー台車をはいている。

ボルジッヒ社製20型2-6-0（1C）機関車が、4両編成の区間列車を引いて、もとユーゴスラヴィアの小駅に停車中。

ボイラー圧：12kg/cm²
シリンダー直径×行程：520×630mm
動輪直径：1350mm
火床面積：2.4m²
伝熱面積：113.8m²
過熱面積：48.9m²
牽引力：12,960kg
全重量（炭水車を除く）：55.2t

629型　4-6-2（2C1）タンク機関車　ジュッドバーン（南鉄道）　　　　オーストリア：1913年

「パシフィック」型タンク機関車は最初、南鉄道の発注を受けStEG（オーストリア国営鉄道会社）工場で製造されたが、その後オーストリア国鉄の標準型となり、1918年までに45両が製造された。単式シリンダー2個、過熱装置、ピストン弁を備えていた。

さらに55両が1927年までオーストリアで製造され、細部が少し変わった35両がチェコスロヴァキアで製造された。オーストリアのものの多くにはギースル式ブラスト管が付いていた。

1970年にはまだ何両かが現役だった。変り方がもっとも少ないのは、ユーゴスラヴィア国鉄C18型となった車であろう。

ユーゴスラヴィア国鉄No.18.003が区間列車を引いて出発。もと629型4-6-2（2C1）タンク機関車で、ユーゴに残っていたものは、もっとも長生きし、原形をもっとも多く留めている。第一次世界大戦前にオーストリアで製造され、チェコスロヴァキアやユーゴスラヴィアに輸出され、成績がよく長く生き残った。

ボイラー圧：13kg/cm²
シリンダー直径×行程：475×720mm
動輪直径：1625mm
火床面積：2.7m²
伝熱面積：142.7m²
過熱面積：29.1m²
牽引力：11,080kg
全重量：80.2t

0-6-6-0（CC）　アリカ・ラパス鉄道　　　　ボリビア：1913年

1005mmゲージのこの鉄道は、内陸国ボリビアのアンデス山中の高地にある首都と、チリの海岸の町アリカとを結んでいる。この機関車はマレー式複式で、客貨両用としてドイツのハノマーク社とアメリカのボールドウィン社で、1913〜18年にかけて製造された。過熱装置は付いていないが、アメリカ製の方がより近代的で、すべり弁ではなくピストン弁がつき、動力逆転装置も備えている。

アンデス山地の鉄道は、建設・運行ともども世界でもっとも困難度の高いものである。雪、洪水、土砂崩れが多い上に、急坂、急カーブ、スイッチバック連続の単線である。幸いなことに、標高が高くても蒸気機関車に支障は起きていない。

ボイラー圧：14kg/cm²
高圧シリンダー直径×行程：406×558.5mm
低圧シリンダー直径×行程：634.5×558.5mm
動輪直径：1104mm
火床面積：2.9m²
伝熱面積：136.4m²
牽引力：入手不能
全重量：69t

第1部　蒸気機関車

900型　2-10-0（1E）　ブルガリア国鉄（BDZ）　ブルガリア：1913年

この鉄道は1888年の開業で、機関車についてはオーストリアやドイツの影響を強く受けているが、国内に大きな機関車製造工場を持っていないのに、独特の面構えをしている。4個のシリンダーが一列に並んでいるが、その先端が正面に突き出ていて、まるで銃口を向けているみたいな、荒々しい喧嘩ごしの外観である。貨物列車用として70両が1913～17年にかけてハノーファー市ハノマーク社で製造されたが、マッファイ社式複式装置を付けている。

1930年に近代化政策が導入されるまでは、これがブルガリアでももっとも強力な機関車だった。高圧シリンダーは内側にあり、共通の1個のピストン弁が左右それぞれの高圧・低圧シリンダーを操作する。すべてのシリンダーがフランジのない第3動輪を動かす。煙突に蓋がついているものや、煙突の両側にカラーのような排煙板がついてい

引退直前に区間列車に連結されようとしている姿。第一次世界大戦後の電化がすでに始まっている。

るものも多い。
1935年に番号改訂があり、19型となったが、この頃にはより近代的な新車が導入されていたので、こちらは幹線から追放された。しかし何両かは1960年代まで中央や東部の支線で生き残っていた。

ボイラー圧：15kg/cm²
高圧シリンダー直径×行程：430×720mm
低圧シリンダー直径×行程：660×720mm
動輪直径：1450mm
火床面積：4.5m²
伝熱面積：201.8m²
過熱面積：50m²
牽引力：入手不能
全重量：83.8t

4-4-2（2B1）　エジプト国鉄　エジプト：1913年

エジプトでは1900年から「アトランティック」型が少数ながら導入されていたが、カイロからアレクサンドリアやナイル河上流の遠い地域への幹線の旅客列車用として、過熱機関車が主力となったのは、両大戦間の時期であった。

1913～26年にかけて、80両がドイツ、アメリカ、スコットランドの諸工場で製造された。外観も寸法も性能もほぼ同じだが、シュワルツコップフ社製のNo.S1-5の次からの車は、シリンダー行程が711mmとなった。外側の単式シリンダー2

個にピストン弁がつき、ワルシャート式弁装置で操作され、後の動輪を動かす。1930年に2両が試験的に4-6-0（2C）に改造されたが、その後は続かなかった。1940年までに全車がスクラップとなった。

シリンダー直径×行程：507.6×660mm
動輪直径：1980mm
それ以外のデータは入手不能

Vr1型　0-6-0（C）タンク機関車　フィンランド国鉄　フィンランド：1913年

フィンランド国鉄最初の入換え専用機関車で、1927年までに43両製造された。1925年までは飽和式だったが、この年以降全車が過熱式となった。1918年以降6両がロシアに移ったが、そのうち4両が1928年に戻った。すべて石炭焚きで、1921～23年にかけドイツのハノマーク社で製造された10両を別とすると、すべてタンペラ市のタンペーレ社製造。ドイツのホイジンガー式弁装置とピストン弁が付いている。有能で、1970年まで現役、全国の機関庫に配備された。

ボイラー圧：12kg/cm²
シリンダー直径×行程：430×550mm
動輪直径：1270mm
火床面積：1.44m²
伝熱面積：52.9m²
過熱面積：15.4m²
牽引力：8230kg
全重量：44.8t

Vr1型No.670は1923年ハノマーク社製。これではないが、現在4両が保存されている。

蒸気機関車　　1900〜1924年

T161型　0-10-0(E)タンク機関車　プロイセン王国営鉄道(KPEV)　　ドイツ：1913年

　1924年製造終了までに1250両も誕生した大家族で、ドイツ国営鉄道になると94.5-17型となった。G10型0-10-0(E)と同じ設計で、2個の外側シリンダー、ワルシャート式弁装置、シュミット式過熱装置、長くて狭い火床を持つ。第1・第5動輪は横に動く遊びを与えられている。全動輪の粘着力が働くため強力で効率のよい重要入換え用機関車となり、1973年まで数両が現役として生き残った。

ドイツ連邦鉄道094型として最後まで残ったT161型が機関庫で休んでいる。現在No.094.249の1両が、ハイリゲンシュタット鉄道博物館で完全動態保存され、地元のファンに喜ばれている。

ボイラー圧：12kg/cm²
シリンダー直径×行程：610×660mm
動輪直径：1350mm
火床面積：2.3m²
伝熱面積：129.4m²
過熱面積：45.3m²
牽引力：18,594kg
全重量：84.9t

429型「ディレクター」　4-4-0(2B)　グレイト・セントラル鉄道(GCR)　　イギリス：1913年

現在保存されている「ディレクター」型No.506「バトラー・ヘンダーソン」号。1984年3月、グレイト・セントラル保存鉄道ラフバラ中央駅で撮影。楕円形のバッファーはグレイト・セントラル鉄道のトレイド・マーク。

　イギリスの4-4-0(2B)型の古典的タイプで、他の大多数のものよりひとまわり大形である。J・G・ロビンソンの設計、シリンダー2個も動力部分もすべて内側に収められ、走り板は連続していて、スプラッシャーが個々の動輪ではなく、2個分まとめて上部を覆い隠している。最初に10両製造され、次に1920〜23年にかけて「ディレクター改良型」が11両製造された。さらに1924年、同鉄道がロンドン＆ノースイースタン鉄道に統合された後に24両追加導入された。最後に製造された車はスコットランドに配属されて、旧ノース・ブリティッシュ鉄道線の線路規格に合うように重量を軽減する改造工事が施された。

ボイラー圧：12.6kg/cm²
シリンダー直径×行程：513×660mm
動輪直径：2077mm
火床面積：2.4m²
伝熱面積：154m²
過熱面積：28.2m²
牽引力：8910kg
全重量（炭水車を除く）：62t

103

第1部　蒸気機関車

9600型　2-8-0（1D）　鉄道院
日本：1913年

1912年日本国鉄は、今後特別なケースを除き全機関車を国産すると宣言した。この時まで、いろいろなタイプのイギリス、アメリカ産の機関車が輸入されていたが、日本国内の川崎造船所、汽車製造会社、国鉄小倉工場で製造されたこの国産機関車の主要スタイルはアメリカ風だった。日本が独自の設計で貨物列車用の大形を製造したのはこれが最初の試みで、アメリカの影響がはっきり見えている。

成績がよくて1926年までに770両が製造され、日本最初の「大量生産機関車」となった。1930年代にD51型が導入されるまでは、こちらが幹線貨物列車用の主力だったが、それ以後は支線や入換え用に転じた。

ボイラー圧：12.7kg/cm²
シリンダー直径×行程：508×610mm
動輪直径：1250mm
火床面積：2.32m²
伝熱面積：163.6m²
過熱面積：33.7m²
牽引力：13,900kg
全重量：94.85t

C5/6型　2-10-0（1E）　スイス連邦鉄道（SBB）
スイス：1913年

ボイラー圧：15kg/cm²
高圧シリンダー直径×行程：470×640mm
低圧シリンダー直径×行程：690×640mm
動輪直径：1330mm
火床面積：3.7m²
伝熱面積：不明
過熱面積：不明
牽引力：20,408kg
全重量：128t

信頼性こそがスイスの幹線用機関車の優先条件だった。山岳路線では、1913年に電化が始まったばかりだから、それまでは蒸気機関車が事実上独占していた。

スイスでもっとも強力な蒸気機関車であった。1913～17年にかけて、ゴットハルト線の旅客と貨物列車用として30両製造された。車体重量300トンの列車を引いて、40分の1（1000分の25）上り勾配を時速25kmで走れることが条件だった。最初の2両試作機は4シリンダー単式だったが、後に複式に改造された。他はすべて複式として製造され、台枠の内側に高圧シリンダーが置かれて、第2動輪を動かす。低圧シリンダーは第3動輪を動かす。他のヨーロッパの機関車と同じく、先輪は第1動輪と結びついたクラウス・ヘルムホルツ式ボギー台車となる。

現在、数両が保存されている。

MS型　2-6-4（1C2）タンク機関車　ウガンダ鉄道（UR）
ウガンダ：1913年

ウガンダ鉄道は1895年開業で、後に東アフリカ鉄道に統合された。S型2-6-2（1C1）タンク機関車より大形・強力なものとして、このMS型飽和機関車8両が、イギリスのナスミス・ウィルソン社で製造された。

入換え用と支線列車用として造られ、空のサイド・タンクでは粘着力不足ということもあって、補助水槽を設けたものもある。外側に単式シリンダー2個を持ち、ベルペール式火室を備えて、支線では150トンの列車を引いて時速48kmで走った。

1929年にEE型と改称、1960年代中頃まで現役に残った。

ボイラー圧：11kg/cm²
シリンダー直径×行程：381×558.5mm
動輪直径：1091mm
火床面積：1.18m²
伝熱面積：95.1m²
牽引力：7100kg
全重量：53.2t

11B型　2-8-0（1D）　ブエノスアイレス大南部鉄道（BAGS）
アルゼンチン：1914年

以前の2シリンダー複式2-8-0（1D）型にとって代わった、この大形の11B型は単式で、1932年までに100両が製造された。最初はイギリスとドイツ両方の工場に発注された。貨物列車として設計されたが、同鉄道のほぼ全線で貨物列車を引いただけではなく、支線の旅客列車も引いた。

1965年ブエノスアイレスのASTARSA社が、この型式に改良工事を施し、お陰でアルゼンチンから蒸機が消えるまで生き残った。100両以上がラプラタ市のASTARSA社工場（1997年に廃業）で改良工事を受けた。

L・D・ポルタの機関車に関する理論と実践上の貢献は、20世紀後半になってますます広く評価されるようになったが、彼はアルゼンチン出身である。〔240～241ページ参照〕

ボイラー圧：11.2kg/cm²
シリンダー直径×行程：482×660mm
動輪直径：1409mm
火床面積：2.3m²
伝熱面積：141.4m²
過熱面積：不明
牽引力：9818kg
全重量：106.4t

601型　2-6-6-0（1CC）　ハンガリー国鉄（MÁV）
オーストリア・ハンガリー帝国：1914年

ブダペスト機関車工場製で、ハンガリー鉄道最大の機関車である。現在はスロヴェニアとなっているザグレブ～リエカ間の困難な路線で使用するよう設計されたが、カルパチア山地、その他の山岳路線でも活躍した。トルコのオリエント鉄道に移った3両をも含めて全部で63両が製造された。

マレー式複式4シリンダー機関車で、ブロータン式ボイラーとペッツ・レイト式浄水装置を持つ。投炭作業のために2人を乗務させねばならなかった。1960年までユーゴスラヴィア国鉄スプリット～ザグレブ間で補機として生き残ったものも数両あった。

この国はマレー式機関車に適した国だし、ほとんどが単線で列車走行密度が小さいし、新設備に投資する金に欠けていたということもあって、運転に金がかかり、保守・修繕に手間がかかる、この種の機関車が長いこと生き延びることができたのである。

ボイラー圧：15kg/cm²
高圧シリンダー直径×行程：520×660mm
低圧シリンダー直径×行程：850×660mm
動輪直径：1440mm
火床面積：5.1m²
伝熱面積：275.2m²
過熱面積：66m²
牽引力：入手不能
全重量（炭水車を除く）：106.5t

蒸気機関車　　　1900～1924年

HS型　2-8-0(1D)　　ベンガル・ナグプール鉄道(BNR)　　　　　　　　　　　　　　　　インド：1914年

　BESA〔英国技術規格協会。78～79ページ参照〕の改良計画の一環として、1906年インドの鉄道に2シリンダーの貨物列車用重量機関車HG型が導入された。HS型はHG型を過熱式にしたもので、最初はシュミット式過熱装置、後にロビンソン式改良装置が設けられた。174両と、この鉄道最多数の家族である。

　ノース・ウェスタン鉄道も132両のHS型を所有した。1913～20年にかけて、グレイト・インディアン・ペニンシュラ（大インド半島）鉄道、マドラス＆サザンマハラッタ鉄道、イースト・インディア鉄道なども同じHS型を購入した。製造所はリーズ市のキットソン社、ノース・ブリティッシュ社、ヴァ

HG型機関車が石炭を積んだ貨車を引いて積み込み場から発車。隣りではコンベヤーから貨車に石炭を積み込み中。

ルカン・ファウンドリー社、ロバート・スティヴンソン社である。

ボイラー圧：12.6kg/cm²
シリンダー直径×行程：558.3×660mm
動輪直径：1434mm
火床面積：2.9m²
伝熱面積：164.4m²
過熱面積：36.1m²
牽引力：15,419kg
全重量（炭水車を除く）：74.4t

F型　4-6-2(2C1)　　スウェーデン国鉄(SJ)　　　　　　　　　　　　　　　　　　　　スウェーデン：1914年

　スカンジナヴィア半島最初のパシフィック型で、1914～16年にかけて11両がニドクヴィスト・ホルム社で製造され、ノルウェー国境～ストックホルム間と、イエテボリ～ストックホルム間の幹線で急行列車を引いた。大きな前照燈と除雪器が堂々たる姿の正面で人目を引く。
　ヴォークレイン式複式4シリンダーが一列に並んで第2動輪を動かす。高圧シリンダーは台枠の内側に、低圧シリンダーは外側にあり、それぞれ外側のワルシャート式弁

後に製造された1両No.978を、1971年10月5日、コペンハーゲン市ディヴェズプロ機関庫で撮影。煙突が2本となり、デンマーク国旗の色の帯が巻かれている。ドイツ風の「浴槽形〔日本でいう船底形〕」炭水車(テンダー)を従えている。

第1部　蒸気機関車

装置によって操作される1個のピストン弁が作動している。先輪も従輪も外側に軸受けを持つ。ボイラーの上の加減弁ドームと砂箱はひとまとめに覆われている。運転室の側面は木造だが、これはスウェーデン独特のもので、冬はこの方が鉄の側板よりも保温効果があるからだ。

この型式は成績抜群だったが、1937年電化のために不要となり、デンマーク国鉄に売却された。デンマークでは右側運転用に改造されてE型となった。1942〜50年にかけて、デンマークのフリックス工場が25両追加製造した。つまり運転室側面は鉄板で、ボイラーの上に蒸気乾燥装置のためのドームを1個追加した。そのうちの15両はル・メートル式ブラスト管を持つ2本煙突となっている。

最初に製造された第1号機、No.1200はスウェーデンに戻されて、現在保存されている。

ボイラー圧：13kg/cm²
高圧シリンダー直径×行程：420×660mm
低圧シリンダー直径×行程：630×660mm
動輪直径：1880mm
火床面積：3.6m²
伝熱面積：184.5m²
過熱面積：63.5m²
牽引力：入手不能
全重量（炭水車を除く）：86.8t

P1型3連節機関車　2-8-8-8-2（1DDD1）　イーリー鉄道　　アメリカ：1914年

ボイラー圧：14.7kg/cm²
シリンダー直径×行程：923×820mm
動輪直径：1615mm
火床面積：8.3m²
伝熱面積：639.5m²
過熱面積：147m²
牽引力：72,562kg
全重量：392t

この型式4両がボールドウィン社で製造された。3両はイーリー鉄道、1両はヴァージニア鉄道用であった。ヴァージニア鉄道用がイーリー鉄道と違う点は、動輪直径が少し小さいことと、炭水車が4輪台車をはいていることである。発注は1913年になされた。

ボールドウィン社の設計顧問ジョージ・R・ヘンダーソンの持つ特許に従って設計された。彼の狙い

3連節機関車の運転室は両側のシリンダーの真上で騒音と高熱に悩まされた。炭水車の後部の排気パイプが見える。

は本線用大形機関車の粘着力を最大限に上げることで、牽引力も最大限に上げることだった。6個のシリンダーは同じ寸法で、同じ鋳型から造られた。蒸気はボイラーから直接中央の左右のシリンダーに送られ、これが高圧シリンダーの役をする。そこの排気が前と後の

低圧シリンダーに送られる。前方のシリンダーの排気は火室の燃焼をよくするためのドラフトに利用される。後方のシリンダーの排気は給水温め器を通って、水槽の後のパイプから外に吐き出される。全長は32.005m。

イーリー鉄道の第1号は、同社

3連節機関車の理論は正しいのだが、実際の運転では1個のボイラーから6個のシリンダーに蒸気を供給するのはうまくいかなかった。

の最高齢機関士の名を顕彰してマット・H・シェイと名付けられた。試運転で18,203トンの重さと2.5kmの長さの250両編成貨物列車を引いて走った。ガルフ峠の坂道での後部補機とするのが目的だった。残念ながら蒸気の配分がうまく行かず、期待以下の成績に終り、1929〜33年にかけて解体された。

ヴァージニア鉄道へ行った1両は、後に2-8-8-0（1DD）の車輪配列に改造された。

K4型　4-6-2（2C1）　ペンシルヴェニア鉄道（PRR）　　アメリカ：1914年

「機関車中の機関車」と『ペンシー・パワー』の著者A・F・ストーファーから評された通り、世界の鉄道のパシフィック型の中で最大・成績最優秀の1型式だった。同鉄道の動力車部門の主任J・T・ウォリスに示された指示は、旅客列車用機関車の主力をつくることだった。そして試作機が1914年に製造された。

アトランティックE6型を基本として、当時のアメリカの標準によってさえ小ぶりだったが、牽引力は20,166kgで、その中に充分の力が

潜んでいた。過熱式だったが、投炭は手で行ない、ねじ式逆転器をつけていた。1917年から量産型が登場、それから14年間でごく小さな変更しか施されなかった。設計の準備が完全だったこと、アルトゥナの試験場と本線でのテストも充分だったことが、これで実証された。

1920〜30年代にかけて、幹線で

1947年12月の雪の日の夜、K4型No.5354がグランド・ラピッズ行きの旅客列車を引いて、インディアナ州フォート・ウェインで給水中。

106

蒸気機関車　　　1900〜1924年

流線形が流行った1930年代に、5両が流線形外装をつけたが、1940年代初頭にはずされた。

抜群の成績をあげ、1950年代まで支線で現役に残った。K4型は最終的には425両製造され、74両はボールドウィン社製だが、それ以外はすべてPRRジャニアータ工場製である。1927〜28年にかけて、100両追加発注決定が下された時議論がまき起った。もっと強力な「ハドソン」4-6-4（2C2）型を導入すべきだという批判が出た。

1930年代中頃までに、K4型全車に動力逆転器と自動給炭装置がとり付けられた。火床面積が6.5m²で、長距離運転では投炭職員にきついからである。長年にわたって28種類の炭水車(テンダー)が試みられた。石炭12.7トン水7000ガロン（約31.5キロリットル）を積む70-P75型から、そのほぼ2倍の量を積む130-P75に至るまで。

K4型は平坦線かごくゆるい坂道区間では、1000トン重量の列車を引いて時速96kmないし120kmを出せた。最高スピード記録はNo.5354が試運転で出した時速148kmである。引く車が重くなるにつれて重連運転となることが多くなった。1917年には客車にエアコンをつける贅沢など考えられもしなかったが、その20年後にはエアコンは特急列車の箔づけに役立つようになっていた。

K4型はニューヨーク〜シカゴ間の特急列車を、次の4区間に分割して担当した。マンハッタン・トランスファー（ハドソン河の西側）〜ハリスバーグ間301km。ハリスバーグ〜ピッツバーグ間394km。ピッツバーグ〜クレストライン間304km。クレストライン〜シカゴ間449km。

最後まで旅客列車を引いたNo.5351は、1957年11月に引退した。K4型の第1号機No.1737は保存されることになっているが、状態がひどすぎたために、ちょっと工学上の手品を使って、その銘板をNo.3750に付け替えた。

ボイラー圧：15kg/cm²
シリンダー直径×行程：692×718mm
動輪直径：2051mm
火床面積：6.5m²
伝熱面積：375m²
過熱面積：87.6m²
牽引力：20,163kg
全重量：140.5t

4-6-2（2C1）　　ジボウティ・アディスアババ鉄道（CICFE）　　エチオピア：1915年

驚くほど波乱に富んだ一生を送った機関車もある。このアフリカの鉄道のNo.231機関車は、ベルギーのエーヌ・サンピエール社で、スペインの1mゲージ鉄道からの6両の発注の一部として製造されたのだが、大戦勃発のため納入できなかった。20年以上お蔵入りしていた後、やっと1936年にジボウティ・アディスアババ線の旅客列車用として売られた。成績がよかったので、3両の追加注文があり、1938年に納入した。

ここの列車は2日がかりで、夜間は停車している。この小さな「パシフィック」型は堂々たる排煙板を誇示しているが、そのスピードではそんなもの不要である。他のエチオピアの機関車同様、重油焚きである。大きな煙突が煙室のぐっと先の方についているところに、ベルギー風のおもかげが見えるが、他の点では、外側2個単式シリンダーとワルシャート式弁装置つき小形「パシフィック」のごく普通のスタイルである。

ボイラー圧：8.4kg/cm²
シリンダー直径×行程：400×560mm
動輪直径：1000mm
火床面積：不明
伝熱面積：不明
過熱面積：入手不能
牽引力：5546kg
全重量（炭水車を除く）：48t

Hv1型　4-6-0（2C）　　フィンランド国鉄（VR）　　フィンランド：1915年

1524mm（5フィート）ゲージ鉄道の客貨両用として非常に性能のよい機関車で、総数43両、過熱装置とホイジンガー式弁装置を持つ。同じようなHv2型とHv3型も1941年までに製造された。

ほとんどは石炭焚きで、煙突の突端には、網のついた火の粉飛散防止装置がとり付けてある。この型式のNo.575は、タンペーレ市のロコモ工場製造第1号である。同じ市のタンペラ社で製造されたものも何両かある。

フィンランドは1937年になるまで「パシフィック」型を使わなかったので、この型がすべての長距離旅客列車を引いていた。最大運転時速は95kmで、この当時としては高速である。

ヘルシンキ〜タンペーレ間約160kmはもっとも交通量の多い区間で、すべての列車は途中いくつかの乗り換え駅で停車して、2時間足らずで走る。

ボイラー圧：12kg/cm²
シリンダー直径×行程：510×600mm
動輪直径：1750mm
火床面積：1.9m²
伝熱面積：108.6m²
過熱面積：30.7m²
牽引力：8985kg
全重量（炭水車を除く）：55.2t

第1部　蒸気機関車

Ab型　4-6-2（2C1）　ニュージーランド国鉄（NZR）　ニュージーランド：1915年

ボイラー圧：12.6kg/cm²
シリンダー直径×行程：431×660mm
動輪直径：1370mm
火床面積：2.6m²
伝熱面積：106.6m²
過熱面積：17m²
牽引力：9639kg
全重量（炭水車を除く）：54.3t

1906年に製造された最初の複式「パシフィック」A型は、A・L・ビーティーの設計で、オークランドとウェリントンを結ぶ新しい幹線開通に間に合うことができた。Ab型はその後継車だが、ビーティーの後継者H・H・ジャクソンが単式を望んだので、同鉄道設計事務所のS・H・ジェンキンソンは単式を設計した。1909年に同鉄道はアメリカのアルコ社から導入したコール式過熱機関車をテスト使用したところ成績に満足したので、複式をやめて将来は過熱式を採用することにした。また1914年には、機関車が不足したので、いつでもすぐに注文に応じてくれるフィラデルフィア市のボールドウィン社から10両のパシフィック型を買ってAa型と称した。ボールドウィン社は発注60日後に納入してくれた。

Ab型はニュージーランドでもっとも大きな家族を持つパシフィックで、1915～26年にかけて141両が製造された。外側の2シリンダーがワルシャート式弁装置で操作される。ニュージーランド独特の広い運転室、排障器（カウキャッチャー）、大きな前照燈を持つ。半分にちょっと足りない両数が国産、83両がグラスゴー市のノース・ブリティッシュ機関車製造会社製、そして2両は運搬中に船の難破で海底に沈んでしまった。

ニュージーランドは南太平洋の孤島で人口は少なく、鉄道は狭軌なのだが、機関車設計に関しては時代の先端をいく伝統があり、これは蒸気時代の終りまで変わることがなかった。

Q型パシフィックとは違って、こちらは良質の瀝青炭を焚く予定で、火室は小さい。1947～57年にかけて、同鉄道ヒルサイド工場で11両が追加誕生したが、これはWab型4-6-4（2C2）タンク機関車を改造したものである。

ヴァンダービルト式炭水車（テンダー）をニュージーランドとしては最初に付けた。スコットランドの路線に見られるような、半自動タブレット交換装置が運転室の横腹にとり付けられた。ほとんどが単線区間なので、行き違い場を高速で通過できるためである。Ab型はよく「何でも屋」と呼ばれたが、国内のどこででも見かけ、旅客列車でも貨物列車でも引ける。主目的は急行旅客列車牽引で、成績のよい車は皆そうだが、特別の栄誉に輝いている。

重量100ポンド（45.3kg）当たり1馬力出せた最初の機関車と言われている。南島での試運転で、No.608はティマル～クライストチャーチ間160kmを、429トンの列車を引いて2時間7分で走破、最高時速96.5kmを出した。1948年には同じ区間でNo.611が、391トンの列車を引いて、オラリ～テムカ間で瞬間最高時速107kmを出した。1067mm（3フィート6インチ）ゲージの鉄道で、1370mm直径の動輪の機関車が出した記録なのだから素晴らしい。1924年オークランド～ウェリントン間に特急列車が誕生した時、その停車時を含めての平均時速は48kmだった。

K型やJ型が登場して特急列車牽

南島インヴァーカーギルから分かれる支線の終点キングストンで、古典的客車を引いて待機中のAb型保存機関車No.795。1997年2月撮影。

蒸気機関車　　1900～1924年

引から外されると、Ab型は貨物列車用にまわされて、762トンの重さの列車をゆるい坂道の区間で引くことになった。大半は南島の機関庫に配属され、1956年以降引退が始まった。

Ab型の先輩に当たる複式パシフィックA型。オークランドにて。蒸気が漏れていることや、磨かれていないことなどから、時代は1930年代と思われる。

32a型　2-6-2（1C1）タンク機関車　ノルウェー国鉄（NSB）　　ノルウェー：1915年

ボイラー圧：12kg/cm²
シリンダー直径×行程：525×600mm
動輪直径：1600mm
火床面積：1.9m²
伝熱面積：88m²
過熱面積：27m²
牽引力：10,310kg
全重量：66.6t

ノルウェー国産ハマール社製の小ぶりの機関車で、オスロに集まる郊外路線で主として働く車の典型である。アメリカ風の外観を持ち、

これの姉妹型式32c型はボールドウィン社製で、棒台枠を持っている。しかし、こちらの型式は板台枠である。大きな外側シリンダー、ワルシャート式弁装置、ピストン弁を持つ。ボイラーの上には蒸気ドームと砂箱を一つに合わせ持つ長いコブがついている。

32a型の主な働き場所は、ドラメン、リレストレーム、スキーなど、オスロ周辺の都市へ行く郊外路線である。

Ye型　2-10-0（1E）　ロシア国鉄　　ロシア：1915年

1914年と15年に、ボールドウィン社の副社長S・M・ヴォークレインは、セールス目的でロシアを訪問した。第一次世界大戦の初期には、ロシアは連合国側についていたのである。1915～17年にかけて、この型式1300両が発注され、881両が納入されたところでソヴィエト革命が起り、アメリカとの通商は途絶えてしまった。1両は船で運んでいる途中地中海に沈んでしまったと言われている。製造されて納入差し止めとなった100両をアメリカ政府が買い取って、標準軌に変え、イーリー鉄道、シーボード鉄道その他のアメリカの鉄道に売った。残りはキャンセルとなった。スケネクタディ市のアルコ社、モントリオール市のカナダ機関車製造会社、ボールドウィン社などが、この製造計画に参加していた。

ロシアに来た車はシベリアや極東地域で使用された。かなり多くがロシアの管理下にあった東清鉄道その他の中国の鉄道でも使われた。1935～36年にかけて標準軌に変えられたものもある。成績良好で、第二次世界大戦でソ連が再び連合国側につくと、「借款計画」による取り決めがなされて、同じ型の車が製造されてYe.a型となった。1944～47年にかけて、アルコ社とボールドウィン社が2120両を製造した。

戦後アメリカとソ連の関係が悪化したので、最後の20両はフィンランドに納入された。最初期の何両かは1950年代末までシベリアにおいて現役で働いていた。

ボイラー圧：12.6kg/cm²
シリンダー直径×行程：634.5×710.6mm
動輪直径：1320mm
火床面積：6m²
伝熱面積：210m²
過熱面積：63.6m²
牽引力：17,780kg
全重量：90t

第1部　蒸気機関車

2-8-0（1D）　エタ鉄道　　　フランス：1916年

ボイラー圧：12kg/cm²
シリンダー直径×行程：590×650mm
動輪直径：1450mm
火床面積：3.1m²
伝熱面積：170m²
過熱面積：不明
牽引力：16,000kg
全重量：74.9t

第一次世界大戦中多くの機関車がイギリスからフランスに送られた。例えば、1905年製のハイランド鉄道の旅客列車用「カースル」型50両など。
　この2-8-0（1D）型もスコットランド産（グラスゴー市のノース・ブリティッシュ機関車製造会社）で、エタ鉄道の貨物用機関車が不足したので応援に行ったのである。フランス側の設計によるため、ボイラーは前後とも同じ太さで、火室の上部は丸く、単式シリンダー2個は煙室後部の外側に置かれ、ワルシャート式弁装置によって操作される。

マレー式DD50型　2-8-8-0（1DD）　国営鉄道　　　　　　　　　　　　　　　　　　　　　オランダ領東インド（現インドネシア）：1916年

オランダ領東インドで走ったアメリカ製機関車は数少ないが、その中にこのマレー型の大機関車8両がある。アルコ社製で、この後1919年にさらによく似た12両が追加されてDD51型になった。複式・過熱式で、1067mm（3フィート6インチ）ゲージの路線で重量貨物列車を引くのが用途だった。高圧シリンダーはピストン弁で、低圧シリンダーはすべり弁で操作される。
　DD50型は全車1960年代末までに引退しスクラップとなった。1970年中頃までには、インドネシアの鉄道でまだ現役のマレー式機関車というと、ドイツとオランダで製造されたDD52型数両だけとなった。この地の鉄道の蒸機時代には、稼ぎ手の主力は貨物列車だった。石炭、鉱石、熱帯林産物など、すべて強力な機関車を必要とするものばかりだったから、さまざまなマレー式が役に立った。その当時ですら、老朽した車から部品を外して、他の車にまわしていたのであった。

ボイラー圧：14kg/cm²
高圧シリンダー直径×行程：445×610mm
低圧シリンダー直径×行程：711×610mm
動輪直径：1106mm
火床面積：4.2m²
伝熱面積：213.4m²
過熱面積：64.4m²
牽引力：入手不能
全重量：95.4t

C27　4-6-4（2C2）タンク機関車　国営鉄道　　　　　　　　　　　　　　　　　　　　　　　オランダ領東インド（現インドネシア）：1916年

この型式の最初の14両は、ウィンタートゥール市のスイス機関車製造会社製だった。その後20両がオランダのウェルクスポール社から、さらに5両がイギリス、ニューカースル市のアームストロング・ウィットワース社で製造された。最後の5両が納入された1922年には、すでにこれより大形のC28型の58両がドイツで製造されて働いていた。この2型式がジャワ島で短距離快速旅客列車用に使われていた。

C27型独特の低く置かれたサイド・タンクが、この写真でよくわかる。この機関車にはまた火の粉除けも付いている。

110

蒸気機関車　　1900〜1924年

　C27型のサイド・タンクは極めて小さく、水はほとんど後部のタンクに積まれていた。これに反してC28型は、普通のサイド・タンクで上部が傾斜しているが、広い火室の横にまでは達していない。C28型はまた独特の大きな排煙板を持っていた。というのは、この鉄道でもっとも速い機関車のひとつだったからで、動輪直径は1503mm、1067mmゲージ線路で時速113km以上を出すことができた。同地の鉄道員の大のお気に入りだったと言われている。

　C27、28両型とも、単式2シリンダー過熱式で、ワルシャート式弁装置で操作するピストン弁が付いている。インドネシア国鉄の蒸気時代の最後まで、多くが現役として、ジャワ島の地方線特有の低速混合列車を引いていた。

ボイラー圧：12kg/cm²
シリンダー直径×行程：450×550mm
動輪直径：1350mm
火床面積：1.9m²
伝熱面積：99.9m²
過熱面積：30.8m²
牽引力：8416kg
全重量：66t

Tv1型　2-8-0（1D）　　フィンランド国鉄（VR）　　　　　　　　　　フィンランド：1917年

　1917〜44年にかけてフィンランド国鉄はこの型式を144両購入した。ほとんどは国産のタンペラ社とロコモ工場製だが、ドイツのハノマーク社とスウェーデンのノハブ社製造のものもある。薪焚きの幹線貨物列車用で、単式2シリンダー付き、軸重が13トンなので、北部の軽量レールの路線でも走ることができる。27年も製造年度の差があるので、給水温め器など設備にいろいろ違いがある。1938年以後の車ではボイラー圧力が13kg/cm²に上っている。1950年代までには全車とも電燈がついた。1965〜69年にかけて引退した。

　1972年にはまだTv1型が何両か働いていた。この冬の光景では、ロシア国境に近いヒリンサルミで砂を積んだ貨車を引いている。

ボイラー圧：12kg/cm²
シリンダー直径×行程：560×650mm
動輪直径：1400mm
火床面積：2.3m²
伝熱面積：123.8m²
過熱面積：38.6m²
牽引力：11,350kg
全重量（炭水車を除く）：61.5t

C53型　4-6-2（2C1）　　国営鉄道　　　　　　　　　　オランダ領東インド（現インドネシア）：1917年

　1067mm（3フィート6インチ）ゲージの「パシフィック」型はオランダのウェルクスポール社製で、重油焚き、4シリンダー複式だが、主連棒が第1動輪を動かしているところは、動輪3対の機関車にしては珍しい。20両製造されて、主としてバタヴィア（現ジャカルタ）〜スラバヤ間北海岸幹線で使用された。ここで時速120kmの記録をしばしば出したと言われている。第二次世界大戦中、日本の占領軍が16両をタイとマレー半島の鉄道に移した。1973年に最後の2両がスラバヤで引退した。現在1両が保存されている。

　重油焚き機関車では煙管を掃除するためにシャベルで砂を何杯か火室に投げ入れた。砂はドラフトで吸い込まれ、いつも多量の黒煙を吐き出すこととなった。

ボイラー圧：14kg/cm²
高圧シリンダー直径×行程：340×580mm
低圧シリンダー直径×行程：520×580mm
動輪直径：1600mm
火床面積：2.7m²
伝熱面積：123m²
過熱面積：43m²
牽引力：入手不能
全重量（炭水車を除く）：66.5t

第1部　蒸気機関車

56型　2-10-0（1E）　トルコ国鉄（TCDD）
トルコ：1917年

　トルコの近代機関車では「デカポッド（10本足）」車輪配列がもっとも典型的だが、これはその最初の型式だった。1917年にはオスマン・トルコ帝国とドイツとは大戦での同盟国だったので、これはドイツ製、プロイセン国鉄G12型をほぼ踏襲している。単式2シリンダーで、ベルペール式火室ではなく、上が丸い火室を持つが、動輪とシリンダーの直径は先輩のより小さい。

　15両製造され、うち10両がオスマン帝国軍用に使われた。1927年に共和国となってトルコ国鉄が誕生すると、56型と名づけられた。1950年代初頭にスクラップにされたが、5両が生き残ってルクセンブルグに移った。トルコでは、もっと近代的なドイツ、アメリカ、イギリス製の2-10-0（1E）型や2-8-0（1D）型が導入されて、これら古い機関車にとって代わった。

ボイラー圧：16kg/cm²
シリンダー直径×行程：650×660mm
動輪直径：1450mm
火床面積：4m²
伝熱面積：222.9m²
過熱面積：106m²
牽引力：23,180kg
全重量（炭水車を除く）：105.9t

328型　4-6-0（2C）　ハンガリー国鉄（MÁV）
ハンガリー：1918年

　「傲慢で、痩せぎすなのに、どこかプレイボーイ風」とこの機関車の外観を評した人がいた。1918年以降初めて旅客列車用として登場した型式だが、設計は実は大戦前になされ、1914年に発注したのだが、戦争のために製造が遅れてしまった。ドイツ、カッセル市のヘンシェル社が1920年までに100両を、1919〜22年にかけてブダペスト工場（1945年以降はMÁVAGという名で知られている）が58両を製造した。

　この機関車、それから1920年代中頃までのハンガリーの他の多くのものの特色のひとつは、ブロータン式ボイラーである。オーストリア帝国営鉄道の技師が1906年に発明したもので、火室管ドラムの上に蒸気管ドラムを置く二重ボイラーである。そして火室の側壁（時には後壁）に水管を並べる。ハンガリー国鉄はこの方式を採用したので、機関車の中には、この二重ボイラーを持つものがあった。火室管ドラムより小さな直径の蒸気管ドラムもさまざまなドームを持つので、奇妙な姿の機関車となった。運転の際これはあまり満足のいくものではなく、ハンガリー国鉄の技術者は、火室管と水管をひとつにまとめたボイラーにした。もともとブロータンの狙いは、銅製の火室の内壁が硫黄分のひどく高い石炭によって腐蝕されるのをできるだけ小さくしようというもので、ハンガリーで使う石炭は硫黄分が高いので、ブロータン式を採用したのだった。

　中央ヨーロッパ以外では、ブロータン式ボイラーはほとんど相手にされなかった。火床の上にボイラーを置くので、328型はひどく背の高い外観を持った。60本も水管があるので、火室は幅が非常に広くなった。通常ブロータン式ボイラーを採用したのは、ある型式の中のごく一部であったが、ハンガリー国鉄では1920年代に全機関車の約4分の1がこのボイラーを持っていた。しかし、後にこの割合は次第に減っていった。

　ハンガリー国鉄で、これよりもっと一般的な特色は給水浄化装置である。給水の中のカルシウム分その他の不純物の量を減らすためのもので、当時もっとも典型だったのは、円筒形のペッツ・レイト式浄水器で、328型のボイラーの上に置かれ、蒸気を入れる弁も付いていて、ある程度給水温め器のはたらきもした。その後により広く使われたのは円形のテイタン式浄水器で、これはドームの中に入れられた。

　328型には他にも目立つ特色があった。ボイラーの先端部に大きなドームがあり、その横腹から安全弁が突き出ていた。ドームのすぐ前の過熱管蒸気溜めから蒸気管が外に露出して、外側シリンダーの上の蒸気室まで下りていた。煙室扉は円錐形（これはハンガリーの他のひとつかふたつの型式やイタリアのいくつかにも見られる）で、煙突は後方に傾き、運転室の前面は中央が突出している。これらはすべて、おそらく、この機関車が「急行用」であることを強調するためであろう。

　外側にあるワルシャート式弁装置が動かすピストン弁がシリンダーを操作する。近代のハンガリーの機関車は他もそうだが、運転室は広く、炭水車の前部とひと続きの屋根を持つ。後になって、いろいろな変更が加えられた車もある。排煙板をつけたり、イスター式排気装置を備えたり、また浄水器を外したものも多い。

　国際列車では通常機関車は国境で取り換えることになっているが、新しい328型が引く異常な「軍用列車」が、1919年2月から運転を開始した。これはパリからウィーン、ブダペスト経由でブカレストまで、戦勝連合軍の幹部軍人・外交官などを運ぶ目的の列車で、独立したハンガリー最初の国産機関車328型が外国の線路を走った。最初期に製造された100両のうちの17両が、ドイツの戦争賠償としてフランスに送られたが、軸重が重すぎたので、フランスはこれをチェコスロヴァキアへ転送し、そこで375.1型となった。チェコの線路で最高時速120kmの記録を樹立した。このうち8両が1939年にハンガリーに里帰りした。そのうち5両が1943年にユーゴスラヴィアに送られた。

　終戦後の1945年以降、急行列車用には前ほど使われなくなったが、1960年代中頃まで区間列車を引き続けた。引退間近になってからでも、最大重量485トンの14両編成の各駅停車列車を引いて最高時速75kmで走ることができた。

ボイラー圧：12kg/cm²
シリンダー直径×行程：570×650mm
動輪直径：1826mm
火床面積：3.25m²
伝熱面積：164.7m²
過熱面積：45.2m²
牽引力：11,760kg
全重量（炭水車を除く）：69t

740型　2-8-0（1D）　イタリア国鉄（FS）
イタリア：1918年

　これはイタリアでもっとも家族の多い型式で、1923年までに470両も製造された。外側に単式シリンダーを2個持ち、標準形となって、1917〜19年にかけて北米大陸で製造された735型393両にとって代わった。この2型式は幹線の貨物列車のほとんどを担当した。740型はまたシシリー島やサルディニア島の路線でも使われた。

　大家族の型式は他でもそうだが、いろいろな変更がなされた。特に原型では成績がよくなかったドラフト装置について。No.740.324は、1922年に最初にカプロッティ式ロータリー・カム弁装置を付けた車である。1980年頃でも約80両がまだ現役に残っていた。

　イタリア国鉄の貨物運送は、北部のミラノとトリノとジェノヴァの三角形に集中している。ジェノヴァと他の二都市の間には急坂があり、740型の大半はこの区間で働いた。また北行きの国際貨物列車のほとんども担当した。国内の長距離貨物運送、とくにミラノ〜フィレンツェ〜ローマ〜ナポリ区間でも活躍した。この路線では高速旅客列車の間を縫って都市間貨物列車が走るので、スピードが肝要だった。イタリアには複々線や追い越し場がほとんどないので、740型は牽引力だけでなくスピードにも強くなくてはいけなかった。そして線路さえよければ時速80kmを出した。

ボイラー圧：12kg/cm²
シリンダー直径×行程：540×700mm
動輪直径：1370mm
火床面積：2.8m²
伝熱面積：152.9m²
過熱面積：41.2m²
牽引力：13,424kg
全重量：66t

蒸気機関車　　1900～1924年

ミカ1型　2-8-2（1D1）　　朝鮮総督府鉄道（KGR）　　　　　　　　　　　　　　朝鮮（現韓国）：1918年

ニューヨーク州スケネクタディ市のアルコ社が、最初にこの強力貨物列車用機関車を製造したが、その後は満鉄の沙河口工場、日本の汽車製造会社、川崎造船所で製造した。朝鮮の工業化が進むにつれて、鋼鉄台枠のより大きく重いボギー貨車が登場し、より大きな牽引力の必要に迫られた。デザインは完全にアメリカ型で、棒台枠、2個の単式シリンダーが外側に付いていた。性能は抜群で、ミカ型は1951～52年にかけて製造されたミカ7型まで、400両以上が製造された。韓国最後の2-8-2（1D1）型は中国製の上游型〔240ページ参照〕で、1994年まで製造された。

ボイラー圧：13.4kg/cm²
シリンダー直径×行程：584×711mm
動輪直径：1370mm
火床面積：5m²
伝熱面積：337.8m²
過熱面積：66m²
牽引力：20,195kg
全重量（炭水車を除く）：98.7t

アメリカ軍病院車を引くミカ2-8-2（1D1）型No.161。1954年ヨンリンポにて。朝鮮戦争で鉄道網は2分されたが、南北どちら側でも補給や救助活動に使われたのは鉄道だった。

韓国国鉄No.150の写真を見ると、ミカ1型のアメリカ風デザインがはっきりわかる。1954年頃の撮影。

113

第1部　蒸気機関車

434.2型　2-8-0（1D）　チェコスロヴァキア国鉄（CSD）　チェコスロヴァキア：1920年

1930年以降、434型全車を少しずつ改造し、いろいろな改良を加えて1947年に完了した。1939年以後より大きな直径の過熱管に変え、2個のドームを結ぶ蒸気乾燥管は残した。この改造はルーニー、ピルゼン、ニンブルクの3工場で行なわれた。1945年以降この型式の127両に、ギースル式イジェクター付き煙突と、揺れ火床を設けた。最大重量1400トンの貨物列車に使われたが、旅客列車も引く万能型だった。1960年代には全車まだ現役、1970年代から引退が始まったが、1978年でもまだ駅の入換えや区間旅客列車用として健在だった。

現在数両が保存されている。

以下のデータは1939年以前の直径の小さな過熱管のものである。

1966年10月、プラハ市テスノー機関庫の転車台に乗る434型No.2246。炭水車（テンダ）には石炭をより多く積むため木板を継ぎ足してある。

チェコスロヴァキアは第一次世界大戦後にオーストリア・ハンガリー帝国から独立したが、この型式の基本となるものは、カルル・ゲルズドルフ設計のオーストリア帝国営鉄道複式2シリンダー飽和式170型である。チェコ国鉄はこのゴツゴツした外観の、当時すでに少々時代遅れになっていた170型を368両も継承して434型としたが、そのうち9両を改良したのが、この434.2型である。改良工事は徹底的で、ボイラーを新しくし、単式・過熱式に改造した。その結果出力を25％増すことに成功した。

ボイラー圧：13kg/cm²
シリンダー直径×行程：570×632mm
動輪直径：1308mm
火床面積：3.9m²
伝熱面積：163m²
過熱面積：77.3m²
牽引力：17,370kg
全重量（炭水車を除く）：69.5t

1967年5月15日ピルゼン（現チェコ共和国）で入換え作業中の434型。1945年以降他の多くのチェコの機関車にも見られたことだが、ギースル式イジェクター付き煙突を持つ。

K1型　2-6-0（1C）　グレイト・ノーザン鉄道（GNR）　イギリス：1920年

ボイラー圧：12.6kg/cm²
シリンダー直径×行程：474×666mm
動輪直径：1744mm
火床面積：2.6m²
伝熱面積：176.5m²
過熱面積：37.8m²
牽引力：12,018kg
全重量：117.4t

イギリス国鉄になってからのK1型、No.61809。1959年8月30日、ドンカスターにて。この時ほぼ30歳であった。

イギリスでは車両限界の高さが13フィート（3959ミリ）と低いので、広い区間に使用できる近代的機関車設計に制限が加えられていた。大きな動輪の上に大きなボイラーを置くことが難しかったので、ボイラー上の突起はなるべく小さくせざるを得なかった。この型式はイギリスで最初の直径6フィート（1829ミリ）の大ボイラーを持ったので、その結果煙突が低くなって、前面のずんぐりした外観を一層増した。

主として高速貨物列車用を目指したので、単式3シリンダーを持ち、すべて第2動輪軸を動かす。H・N（後のサー・ナイジェル）・グレズリーが開発した合成弁装置を採用した最初の機関車で、外側の2組のワルシャート式弁装置が、シリンダーの前に置かれ、弁を結びつけているクロス・レヴァーによって、内側シリンダー1個をも操作する。

114

蒸気機関車　　　1900～1924年

No.114が手動ターン・テーブルに乗っている。

その結果この機関車は、その大きさの割にとても強力になった。

1923年以降、GNRは統合されて新しいロンドン＆ノースイースタン鉄道となり、グレズリーはそこの技師長に任命され、この型式を基本として、以後多くの2-6-0（1C）型を多数生み出すこととなる。すなわち、2シリンダーのK2型、3シリンダーのK3、K4型など。グレズリー考案の合成弁装置は以後永遠に保守要員の頭痛の種となったが、彼は3シリンダーを強く擁護した。初期の機関車は水3500ガロン（約15.75キロリットル）と石炭7.6トンを積む炭水車を引いていた。

12M型　4-6-2（2C1）　アルゼンチン国鉄（FCS）　　　　　　　　　　　　　　　　　　　　　アルゼンチン：1921年

この鉄道は1921～34年にかけて、リオ・ネグロ河流域開発のために、パタゴーネスからバリローチェまで、1676mm（5フィート6インチ）ゲージで開通した。ほとんどの列車を引いたのがこの「パシフィック」型18両で、うち13両がドイツのマッファイ社製、4両がベルギーのコッケリル社製、1両がベルギーのエーヌ・サン・ピエール社製である。

単式2シリンダーで、ドイツ風の造り、棒台枠、ボイラーの上に砂箱を持ち、この条件の厳しい路線で30年以上も働いた。全線827キロを最短22時間で走った。1953年にはディーゼル機関車が導入されたので引退した。後期のアルゼンチンの蒸気機関車はほとんどがそうであるが、重油焚きだった。サン・アントニオ～インヘネイロ・ハコバッチ間の荒地を走るので、いつも補助水タンク車を連結していた。

ボイラー圧：12kg/cm²
シリンダー直径×行程：500×629mm
動輪直径：1599mm
火床面積：3m²
伝熱面積：215.3m²
過熱面積：不明
牽引力：9433kg
全重量：123.9t

940型　2-8-2（1D1）タンク機関車　イタリア国鉄（FS）　　　　　　　　　　　　　　　　　　イタリア：1921年

2-8-0（1D）740型〔112ページ参照〕をタンク機関車として設計したもので、4両がミラノ市の機関車製造会社製、46両がナポリ市とレッジョ・エミリア市で製造された。さらに3両が私鉄サンティア・ビエラ鉄道の発注で製造された。山地路線用を目指したもので、1980年代初期までコモやスルモナ付近で現役として働いていた。サイド・タンクの前方が少し低くなっているのは、水の動きを小さくするのと、運転室からの前方の眺めをよくするためである。No.940.001は現在ミラノで保存されている。

保存されているNo.940.022が、グリエーノ発カルパネ・ヴァルスタエナ行きの臨時貸切り列車を引く。チスモン・デル・グラッパで2001年5月9日撮影。

ボイラー圧：12kg/cm²
シリンダー直径×行程：540×700mm
動輪直径：1370mm
火床面積：2.8m²
伝熱面積：152.9m²
過熱面積：41.2m²
牽引力：15.065kg
全重量：87t

第1部　蒸気機関車

31b型　4-8-0（2D）　ノルウェー国鉄（NSB）　　　　ノルウェー：1921年

ノルウェー最初の4-8-0（2D）型機関車は、1910年にスイス機関車製造会社製の26型であった。31b型は最大・最重量で、複式4シリンダー、最大軸重14トン、オスロ～ベルゲン間幹線の旅客列車用として、1921～26年にかけて27両製造された。

シリンダーは1列に並べられ、低圧シリンダーが外側で、4個とも第2動輪軸を動かす。ワルシャート式弁装置がピストン弁を操作する。興味あることに、これ以前の1915～21年に単式同型が4両製造されていたのであるが、こちらの複式・過熱式はその量産型となった。

1966年トロンヘイム機関庫で、まだ現役中のNo.452。でも背後に重油槽が既に設けられていることに注意。ディーゼル化が近いことがわかる。

ボイラー圧：16kg/cm²
高圧シリンダー直径×行程：420×600mm
低圧シリンダー直径×行程：630×600mm
動輪直径：1350mm
火床面積：3m²
伝熱面積：166m²
過熱面積：45.5m²
牽引力：不明
全重量：118t

S型　2-8-0（1D）　ウルグアイ中央鉄道　　　　ウルグアイ：1921年

この単式3シリンダー機関車はイギリス、ニューカースル市のホーソン・レズリー社の製造。この頃はまだ南米の鉄道は不況を迎える前の黄金時代で、内陸地方からモンテビデオ港まで家畜や農産物を大量に運び、その主な輸送手段は鉄道だった。南米の他の諸国同様、2-8-0（1D）型が貨物列車用の標準型だった。この鉄道は1949年国有化された。現在1両がペニャロール機関庫で保存されている。

最後まで残ったS型No.139が貨物列車を引いて出発。この車は現在ウルグアイ市鉄道研究グループの手で保存されているが、動かすことはできない。

ボイラー圧：12.6kg/cm²
シリンダー直径×行程：431.5×660mm
動輪直径：1523mm
火床面積：1.8m²
伝熱面積：133.7m²
過熱面積：不明
牽引力：8690kg
全重量：不明

蒸気機関車　　1900～1924年

K型　2-8-0（1D）　ヴィクトリア州営鉄道（VR）　　　　　　　　　　　　　　　　　　　オーストラリア：1922年

　輸送需要はしばしば鉄道経営者に不意打ちを喰らわせることがある。しかし、経営者は過去の実績に基づいて将来の計画を立てねばならないし、機関車の設計から完成納入まで少なくとも1年はかかるものだから、あまり厳しく経営者を責めることはできまい。機関車製造は短時間でできることもあるが、いつもそうとは限らない。

左：1987年8月23日、保存されているNo.K160が木造客車を引いて、カースルメイン＆モールドン保存鉄道の上り坂を力走。

上：保存されているNo.k153。1980年12月7日ジーロングにて。信頼性が高く牽引力の強いK型は、保存鉄道の列車の人気者となっている。

　1919年貨物列車用機関車が不足したので、ヴィクトリア鉄道は急いで軽量貨物列車用新造に踏み切った。K型が走り出したのはその3年後だったが、これは賢明な投資だった――1972年でもまだ数両が現役で残っていたから。最初の10両は同鉄道ニューポート工場製である。1940年にまた不足が生じたので、43両を追加発注し、1946年までに全部が完成納入された。
　1600mm（5フィート3インチ）ゲージ線を走る貨物列車用機関車だが、しばしば旅客列車を引くこともあった。がっちりした造りで信頼性が高く、単式2シリンダー、ベルペール式火室を持ち、ボイラー圧は比較的低いが、どんな用途にも融通がきいた。単線をノンストップで走るため、全車がタブレット交換装置を備えている。1940年以降製の最後の車はスポークなしの打抜き動輪を持つ。
　1958年から引退が始まったが、1972年になっても少なくとも12両が現役に残り、主として駅で入れ換えの仕事をしていた。現役数両が保存されている。

ボイラー圧：12.25kg/cm^2
シリンダー直径×行程：508×660mm
動輪直径：1397mm
火床面積：2.4m^2
伝熱面積：134.4m^2
過熱面積：26m^2
牽引力：12,756kg
全重量：104.6t

22型　2-8-2（1D1）　ドイツ国鉄（DRG／DRB）　　　　　　　　　　　　　　　　　　　　　ドイツ：1922年

　ドイツ国鉄誕生で22型と名づけられた急行列車用単式3シリンダー機関車で、長生きできた。85両全部が大戦後の1945年以降東ドイツ国鉄に引き取られ、1958～62年にかけて改造されて「レコロック（改造機関車）」と呼ばれた。より大形になり、車長も増し、ロシアで開発されたトロフィモフ式ピストン弁を備えた。
　この改造は事実上新造と言ってもよいほど大規模なもので、1970年代初頭まで現役に留まり、東ドイツ内とその東側と南側の国境に至る幹線急行列車を担当した。
　1992年まで東西ドイツを結ぶ鉄道線はひとつしかなかった。西ドイツの連邦鉄道運営の、ヘルムシュテット、マグデブルク経由で西ドイツに至る路線だった。

ボイラー圧：16kg/cm^2
シリンダー直径×行程：520×660mm
動輪直径：1750mm
火床面積：4.23m^2
伝熱面積：206.3m^2
過熱面積：83.8m^2
牽引力：13,918kg
全重量：107.5 t

A1型　4-6-2（2C1）　グレイト・ノーザン鉄道（GNR）　　　　　　　　　　　　　　　　　　イギリス：1922年

　第一次世界大戦中イギリスの鉄道は政府の監督下にあった。荒廃した鉄道システムが各私鉄に戻されると、政府は以前の100以上の鉄道会社を4つの大会社に統合する新しい制度を強く要請した。1922年末に改革が実施されると、仕事と職能の大規模合理化が生まれた。
　GNRの技師長H・N・グレズリーは、新しくロンドン＆ノースイースタン鉄道（LNER）に統合された4つの大鉄道といくつかの小鉄道の機関車すべての責任者となった。イギリス最大の技術者の一人といわれた彼の最初の「パシフィック」型は、すぐにこの新鉄道の重量急行列車用標準形となった。多くの欠点や問題を持ってはいたものの、その本質は高速機関車にあった。
　その最初のものであるA1型は1921年にGNRドンカスター工場で製造されて本線で走った。なめらかな線形の美しい外観で、以後25年間LNER「パシフィック」型の基本スタイル――流線形のA4型を別とすると――となった。それはグレズリーの設計者としての才能を証明してくれるが、同時に設計上の欠点を修正しようとしない彼の欠点をも露呈している。
　3個の単式シリンダーが第2動輪を動かす。合成弁装置を使っているが、これは1920年製K1型2-6-0（1C）機関車で最初に採用されて、しばしば問題をひき起こしたものだった。他にも問題の種となった細

第 1 部　蒸気機関車

かい点がいろいろあった。こうした点のほとんどが解決されるのは1928年で、後継のA3型はイギリスの「スーパー・パシフィック」と呼んでも褒めすぎではない。ロンドン～エジンバラ間632kmをノンストップで走ることができたのだから。

1963年リーズ駅側線に停車中のNo.60154。

ボイラー圧：12.6kg/cm²
シリンダー直径×行程：508×660mm
動輪直径：2032mm
火床面積：3.8m²
伝熱面積：272m²
過熱面積：49m²
牽引力：13,333kg
全重量：151t

復元されたLNER No.4472「ウィリアム・シェイクスピア」号が、1993年オックスフォードシャー県の田園地帯を走る。

118

蒸気機関車　　1900～1924年

パシフィック型　4-6-2（2C1）　ノース・イースタン鉄道（NER）　　　　イギリス：1922年

鉄道統合でロンドン＆ノースイースタン鉄道になる直前に、サー・ヴィンセント・レイヴンの指導の下で設計され、ダーリントン工場で製造された「パシフィック」型である。単式3シリンダーが第1動輪を動かすため、車長が非常に長くなり、乗務員から「スキットル〔球ころがしゲーム〕・レイン」の愛称を貰った。

レイヴン設計のNER「パシフィック」「シティ・オヴ・ダラム」号。この写真ではLNERの側板の高い炭水車（テンダ）を従え、同鉄道の番号No.2403をつけている。全車が1937年にスクラップにされた。

同じ型式の中でも、細かい点でいろいろな違いがある。例えば、最後の3両の従輪の外側軸受けなど。ほぼ同時代のグレイト・ノーザン鉄道のグレズリー設計の「パシフィック」と比較検討の結果、グレズリーの方に軍配が上がった。こちらの5両の現役時代は比較的短かった。

ボイラー圧：14kg/cm²
シリンダー直径×行程：482×660mm
動輪直径：2032mm
火床面積：3.8m²
伝熱面積：225m²
過熱面積：36.75m²
牽引力：9045kg
全重量：98.5t

E10型　0-10-0(E)タンク機関車　スマトラ国鉄　　　　オランダ領東インド（現インドネシア）：1922年

赤道近くの蒸暑い気候の大きな島スマトラが、ドイツのエスリンゲン社製のE10型最初の10両の故郷だった。西海岸のパダン港から山地へ入る鉄道は1891年の開業で、急坂が多く、一部は歯車式区間となっている。炭鉱があって経済的には恵まれているが、強力な機関車を必要とした。ゲージは1067mm（3フィート6インチ）である。

ほとんどの機関車は、もっとも勾配の急な区間に近いパダン・パンジャン機庫に配属されている。複式4シリンダー過熱式で、外側に弁装置があり、内側シリンダーが中央の歯車用レールに噛み合う車輪を動かす。重量列車を引く性能は良好で、1960年代になってかなり老朽化した時でさえ、同じ型のE10が1964～67年にかけて追加製造され、E10²型となった。そのうち10両はエスリンゲン社製、6両は日本車輌社製である。機構上では新型は1920年代製の古典型と同じだが、外観はよりモダンになり、いくつかの重要な変更がある。例えば、ギースル式吐出管つき煙突など。これは定期営業用としては最後に製造された粘着・歯車両用機関車であった。

以下のデータは初代のE10¹のものである。

右と下：1964年ドイツ、エスリンゲン社製のE10²型No.E10.53。1982年8月撮影。背景はいかにもスマトラ島らしい。

No.E10.53。1982年8月11日パダン・パンジャン機関庫で撮影。1960年代製のものはすべてギースル式吐出管つきの煙突となっている。

ボイラー圧：14kg/cm²
全シリンダー直径×行程：450×520mm
動輪直径：1000mm
火床面積：1.9m²
伝熱面積：71.6m²
過熱面積：30.8m²
牽引力：12,504kg
全重量：54.3t

第1部　　蒸気機関車

741型　2-8-0（1D）　　イタリア国鉄(FS)　　　　　　　　　　　　　　　　　　　　　　　　　　　イタリア：1922年

741型の最後の車は1980年まで現役に残った。保存されたNo.741.120の2001年5月7日ピストイア機関庫での姿。

もっとも異常な外観の持ち主のひとつが、このイタリアのフランコ・クロスティ式ボイラーに改造した機関車である。旅行者は煙突がなさそうな機関車を見て、しばしばギョッとしたものだ。

イタリアでは車輪配列に従って型式をまとめているが、いろいろな2-8-0（1D）型はすべて720型から745型の中に入れられている。1型式がさらにこまかく分割されることがある。ボイラーや弁装置が変ると、分割されて番号が変る。

741型は2つに分割される。その1は1918年製の740型5両で、カプロッティ式弁装置を備えているが、これは後に740型に戻された。その2の方が数は多くて81両あるが、これももと740型に1955～60年にかけてクロスティ式ボイラーに改造したものである。この時までにイタリア国鉄は電化計画を決定していて、電化されない区間はディーゼル化することになっていた。蒸気機関車の新造はやらず、現在ある型を改造して残す方針となった。

さて、この新しいボイラーを発案したのはイタリア人技術者アッティリオ・フランコで、1932年にベルギーで試作されたことがあったが、現実の開発は1930年代末になって、イタリア国鉄のピエロ・クロスティ博士と共同で行なわれた。

基本となる考え方は次の通りである。蒸気の熱い排気を、ボイラーと平行に置かれた円筒を通して後方に戻し、それから後方に置かれた煙突か火室の右手にある排気口から外へ出す。この円筒は事実上第二のボイラーのはたらきをして、その熱で炭水車から送られた水が、ある程度の圧力を持つ蒸気となって主ボイラーに送り込まれる。その結果、従来のやり方でボイラーに冷水または少し温められた水が時どき送り込まれるよりも、このようにして蒸気に送り込む方がボイラーの効率が安定してよくなる。第二の利点は、火の粉や燃えかすが外に飛び散る量を減らし、水の節約にもなることで、これは暑い乾燥した地域では重要なことだ。

イタリアでの最初の実験は、運転台が前方に置かれた670型に、補助ボイラーをつけた水槽車を連結して行なわれた。1940年にはボイラーの左右に給水温め補助円筒をつけた2-6-2（1C1）685型が製造され、これには流線形の外被がつけられた。1942年には2-8-0（1D）740型5両に同じ装置をとりつけ、間に合わせの雑な鉄板の覆いをつけた。

1951～53年にかけて、さらに740型88両にフランコ・クロスティ式ボイラーをとり付けて改造したが、流線形にはしなかった。これは743型となった。最終的な型はクロスティの開発によるものだが、主ボイラーの下、台枠の内側に1本の円筒が置かれて給水を熱した。これが741型の方式である。煙室は水を熱する円筒の後方に置かれ、煙突はボイラーの右側、火室のすぐ前につけられた。

従来のボイラーを持つ740型と比べて、燃費の節約は最大25％と言われた。動力機械部分には変更はなく、出力にも違いはない。クロスティ式ボイラーを持つ機関車は、740型と同じダイヤで互いに交換し合って走らせることができた。ある専門家の評するところによると、改良された点は、給水を予熱したことだけでなく、ボイラーの均衡と火室内部のドラフトにも及んだという。

ともかく、この方式の潜在的価値は広く関心を呼び、多くの国の鉄道が1両か2両試作機を製造した。1955年イギリス国鉄の技術者がクルー工場で、2-10-0（1E）標準9F型10両にクロスティ式ボイラーをつけて製造した。ドイツでも試作された。しかし他の1945年以降の蒸気機関車改良計画と同じく、もはや手遅れで開発されることがなかった。改造された743型は1970年代末に引退した。741型の最後の車は1980年まで生き残った。

ボイラー圧：12kg/cm²
シリンダー直径×行程：540×700mm
動輪直径：1370mm
火床面積：2.8m²
伝熱面積：112.6m²
過熱面積：44m²
牽引力：14,700kg
全重量：68.3t

120

蒸気機関車　　1900～1924年

Ok-22型　4-6-0（2C）　ポーランド国鉄（PKP）　　　　　　　　　　　　　　　　　　　　　　　　　　　　ポーランド：1922年

ポーランド国鉄最初の旅客列車用機関車で、お手本はプロイセンのP8型である。P8型よりボイラーが大きく、より高い位置に置かれているが、台枠と車輪は同じである。5両がドイツ、ハノーファ市のハノマーグ社製で、しばらくして1928～38年にかけて185両が、ポーランドのクルザノフ工場で製造された。1930～32年にかけて、4-8-2（2D1）Po-29型と2-8-2（1D1）Pt-31型が登場するまでは、この型式がすべての旅客列車を引いていたが、1932年以降は主として各駅停車列車を担当した。1960年代中頃までは現役の車もあった。

ボイラー圧：12kg/cm²
シリンダー直径×行程：575×630mm
動輪直径：1750mm
火床面積：4m²
伝熱面積：182.1m²
過熱面積：61.6m²
牽引力：12,100kg
全重量：78.9t

保存されているOk-22 No.31が2両編成の列車を引いている。ポーランド独特の背の高い外観、とくに通風器を屋根につけた背の高い運転室がはっきりわかる。

8E型　2-6-4（1C2）タンク機関車　ブエノスアイレス大南部鉄道　　　　　　　　　　　　　　　　　　　　アルゼンチン：1923年

最初この型式にはウィア式給水温め器、給水ポンプ、機械式注油装置がついていたが、燃費節約よりも保守コストの方が高くついたので廃止した。

1920年代初頭にアルゼンチンの人口が急速に増えつつあったので、この鉄道は首都ブエノスアイレスへの通勤輸送を大幅に発展させ、ターミナル駅プラザ・コンスティトゥシオンを改装し、そこからテンペルレーまでの18.5kmの1676mm（5フィート6インチ）ゲージ線路を複々線にした。マンチェスター市ヴァルカン・ファウンドリー社で、この3シリンダー単式タンク機関車を61両製造して輸送力増強に対処した。水1953ガロン（約8.79キロリットル）は後部に、石炭4.1トンを短い横側の貯蔵庫に積んだが、最初から全車に重油焚き装置がついていた。

ボイラー圧：14kg/cm²
シリンダー直径×行程：444×660mm
動輪直径：1726mm
火床面積：2.3m²
伝熱面積：113.6m²
過熱面積：28m²
牽引力：13,536kg
全重量：102.6t

231C型　4-6-2（2C1）　ノール（北）鉄道　　　　　　　　　　　　　　　　　　　　　　　　　　　　　　フランス：1923年

ノール鉄道は1912年から「パシフィック」型を使用していたが、ほとんどはド・グレン式複式機関車だった。大戦が終って平和になると乗客数が増えたので、新しい改良型を発注した。当時「スーパー・パシフィック」と呼ばれたもので、最初の40両はリル市のブラン・ミスロン社で製造された。ベルペール式火室を持っていたが、通常と違ってパシフィック型の長所とされている従輪の上の広い火室を置いてはいない。狭くて台枠の間に完全に納まっている。

ロンドン～パリ間の「黄金の矢」——イギリスでは「ゴールデン・アロウ」、フランスでは「フレーシュ・ドール」——プルマン客車特急をフランス側で引いて、英仏海峡を渡る乗客におなじみの機関車となった。また、ブカレストまで

1958年8月、パリのラ・シャペル工場の正面のトラヴァーサーに乗っているNo.231C.57。後に加えられた変更のいくつかが見てとれる。

第1部　蒸気機関車

直通客車を走らせた「アールベルク・オリエント特急」とか、「ローマ特急」とかの素晴らしい国際列車の、青と金色に塗られたワゴンリ客車の長い列の先頭には、この輝く機関車がついていた。

この型式は、機関士がシリンダーに蒸気を送る時の判断に従って、複式にも、半複式にも、単式にもなることができた。2両だけは試作車として、カプロッティ式とダベーグ社式弁装置をつけた単式に製造された。

最終的には86両の大家族となり、後にいろいろな変更が加えられたものもある。例えば、ル・メートル式ブラスト管と煙突をつけたもの、低圧シリンダーに容易に触れられるようにと走り板を高くしたもの、排煙板をつけたもの、などなど。

確かに信頼のおける人気ものではあったが、「スーパー」という呼び名は、シャプロン設計の「パシフィック」型がノール鉄道に登場したことで、その輝きに影がさしてしまった。重量特急列車からはずされてしまったのである。

ボイラー圧：16kg/cm²
高圧シリンダー直径×行程：440×660mm
低圧シリンダー直径×行程：620×690mm
動輪直径：1700mm
火床面積：3.5m²
伝熱面積：249m²
過熱面積：57m²
牽引力：入手不能
全重量：160t

「カースル」型　4-6-0（2C）　グレイト・ウェスタン鉄道（GWR）　　　　　イギリス：1923年

1907年までにGWRの旅客列車用機関車の公式は、「スター」型によって決まってしまった。つまり、単式、4シリンダー、内側ワルシャート式弁装置、である。しかしスウィンドン工場では、弁装置の応用についての研究が続き、1923年には、線路状態が向上したことと、往復運動のいわゆる「ハンマー打撃」によるストレスがよりよく理解できたことが相まって、より大重量の機関車の製造が可能となった。その結果として生まれたのがこの型式で、後部が太くなった新しいボイラー（No.7ボイラーで、とくにこの型式のために造られた）を持ち、性能が大幅によくなるとともに、石炭消費量が目に見えて節約された。「カースル」型は他のイギリス諸鉄道の強い関心を呼び、1925～26年にかけて、ロンドン・ミッドランド＆スコティッシュ鉄道やロンドン＆ノースイースタン鉄道の機関車との比較テストにおいて、ひとつの基準を定めることとなった。最終的には171両の大家族となり（そのうちの15両は以前の4-6-0（2C）型の改造である）、GWR全線において高速旅客列車用標準機と認められた。もっとも有名な——といっても、それほど困難

1995年3月12日、グレイト・セントラル保存鉄道のラフバラ～レスター・ノース間列車を引くNo.5029「ナニー・カースル」号。

蒸気機関車　　　1900～1924年

1985年8月GWR開業150年記念祭でスウィンドン工場内を走るNo.7029「クラン・カースル」号。前照燈を2個つけ、2本煙突となっている。

なものではなかったが——走行は、スウィンドン～ロンドン・パディントン間の午後の軽量急行「チェルトナム・フライヤー」号だった。1932年6月5日、No.5006「トレジェナ・カースル」号は198.2トンの重さの列車を引いて、124kmある全区間を56分47秒で走破した。終点まで2km地点でも、まだ時速130kmで走っていた。

1957～60年にかけて、この型式の多くの車に二本煙突とより大きい過熱管がとり付けられて、性能がさらに向上した。しかし引退が1962年から始まり、1965年に完了した。現在第1号機「カーフィリー・カースル」号など7両が保存されている。

ボイラー圧：15.75 kg/cm²　火床面積：2.8m²
シリンダー直径×行程：406×660mm　伝熱面積：190.4m²
動輪直径：2045mm　過熱面積：30m²
牽引力：14,285kg　全重量：81.1t

01型　2-6-2（1C1）　セルビア・クロアチア・スロヴェニア鉄道　　　ユーゴスラヴィア：1923年

ドイツ製の機関車で、設計は1912年だが、鉄道に納入されたのは大戦後の1923年だった。この鉄道は1928年以降ユーゴスラヴィア国鉄となる。

126両あって、1912～13年にかけて4シリンダー複式と単式の両方あるが、外観はほとんど同じ。ワルシャート式弁装置とピストン弁を持ち、それぞれの側のシリンダーを作動させる。

01型は登場した当時は近代型だったが、その後の成績もよく1980年代でも現役だった。煙突が広がった機関車がベオグラード駅から郊外列車を引いて出発。

ボイラー圧：12kg/cm²
シリンダー直径×行程：410×650mm
動輪直径：1850mm
火床面積：3m²
伝熱面積：126.5m²
過熱面積：38.6m²
牽引力：6444kg
全重量（炭水車を除く）：67t

ユーゴスラヴィア国鉄の単式No.75が都市間各駅停車列車を引いている。

123

第1部　蒸気機関車

1400型　2-8-2（1D1）　ミズーリ・パシフィック鉄道　　　　　　　　　　　　アメリカ：1923年

全部で171両製造され、蒸気時代が終るまで同鉄道の標準貨物列車用機関車として、長距離急行貨物列車から家畜・生鮮食料品運搬に至るまで、事実上すべての種類の貨物列車を担当した。アルコ社製造で、主連棒は第3動輪を動かし、ボイラーは後の方が少し太くなっている。全体の約半分には従輪を動かす補助蒸気機関がつき、出発時に牽引力を2030kg増やす。

重油焚きも数両あるが、ほとんどが石炭焚きで、ボギー台車をはいた炭水車の水槽の上にブレーキ係員室がある。1950年代まで多数が現役として生き残り、各駅停車貨物列車や入れ換えの仕事をした。

ボイラー圧：14kg/cm²
シリンダー直径×行程：685×812mm
動輪直径：1599mm
火床面積：6.2m²
伝熱面積：369.6m²
過熱面積：97.6m²
牽引力：28,548kg
全重量：138.4t

1400型No.1906が混合貨物列車を引いている。隣りの線には同型式No.1901がいる。両方ともミズーリ・パシフィック鉄道の関連会社であるルイヴィル＆ナッシュヴィル鉄道の標準色に塗られている。

M1型　4-8-2（2D1）　ペンシルヴェニア鉄道（PRR）　　　　　　　　　　　　アメリカ：1923年

ボイラー圧：17.5kg/cm²
シリンダー直径×行程：685×761mm
動輪直径：1827mm
火床面積：6.2m²
伝熱面積：379m²
過熱面積：97.6m²
牽引力：29,274kg
全重量：254t

M1a型No.6707の図。これはPRRの仕様に従って、ボールドウィン社が製造したもの。特色は幅広の鞍形の砂箱、動力逆転装置、ベルペール式火室など。

「マウンテン」と呼ばれるこの車輪配列の最初の機関車は、ニューヨーク州スケネクタディ市のアルコ社で、チェサピーク＆オハイオ鉄道のために製造された。アレゲニー山脈中の同鉄道のクリストン・フォージ支線で旅客列車を引くのが仕事だった。当時は連節式ではない機関車としては世界最強力と認められ、粘着力、牽引力、スピードなど必要とするものすべて高く評価された。1918年にはアメリカ合衆国戦時政府が8種の標準型機関車のひとつとして認定し、山地の路線用として多くが製造された。

PRRはこの型式の第1号を試作機としてアルトゥーナ市の同鉄道ジャニアータ工場で製造し、その後200両が量産された。アメリカの慣習に従って、単式2シリンダー、ワルシャート式弁装置、ピストン弁を持つ。ボイラーは煙突の直後では直径2144mm、次第に太くなって直径2436mm、長いベルペール式火室に複式投炭器がついている。エア・コンプレッサーを置くために走り板が一段と高くなっている。

この型式では牽引力と同じく制動力も絶対不可欠なのだ。なにしろ4776トンにも及ぶ140両の石炭車を引いて長い坂道を走るのだから。

アメリカとカナダでは4-8-2（2D1）は1920年代末まで好評だったが、その頃になると、さらに大きな火室を持つ4-8-4（2D2）型をほとんどの線が採用するようになった。M1型は1950年に引退した。

蒸気機関車　　1900〜1924年

11C型　4-8-0（2D）　　ブエノスアイレス大南部鉄道　　　　　　　　　　　　　　　アルゼンチン：1924年

アルゼンチンで最初の4-8-0（2D）型で、単式3シリンダーを持ち、この国の1676mm（5フィート6インチ）ゲージの線路を走る最大重量・最強力機関車だった。アルゼンチンの外国経営による鉄道は、この型式の登場によってその頂点に達した。この後1930〜40年代にかけて、同国の鉄道は次第に衰退の一途を辿ることになる。1924〜25年に75両がイギリス、ニューカースル市のアームストロング・ウィットワース社と、マンチェスター市のベイヤー・ピーコック社で製造され

1972年3月21日トロサ機関庫で休車中のロカ将軍鉄道の11C型。この後再び走ることはなかった。

た。全車が重油焚きで、そのうち40両にはウィア式給水温め器とポンプが付いていたが、保守が面倒なために後にとり外された。広野の平坦線で2030トンの列車を引くことができ、軸重が16.2トンなのでどんな線路でも走れた。1957年にASTARSA社でオーバーホール修理され、その後10年間は順調に働いていた。

ボイラー圧：14kg/cm²
シリンダー直径×行程：444×660mm
動輪直径：1434mm
火床面積：2.7m²
伝熱面積：213.3m²
過熱面積：不明
牽引力：15,600kg
全重量（炭水車を除く）：85.3t

S型　2-6-4（1C2）タンク機関車　　デンマーク国鉄（DSB）　　　　　　　　　　　　　デンマーク：1924年

この単式3シリンダー大型タンク機関車は、ベルリン市のボルジッヒ社で設計され、2両製造された。その後18両がデンマークのフリックス社で製造され、すべてコペンハーゲン近郊線で働いた。蒸気凝結装置がつき、排気がサイド・タンクに入れられる。左側に給水ポンプが設けられている。1930年代に排煙板がとり付けられた。首都近郊線のいくつかが電化された後は、長距離列車を引くことになり、石炭積載量が4.1トンに増えて、1960年代初期まで現役だった。

コペンハーゲン行き各駅停車列車を引いてエルシナー駅を出発しようとしているS型No.740の写真を見ると、その背の高い堂々たる外観がわかる。長距離列車用にと石炭積載量が4.1トンに増やされていた。

ボイラー圧：12kg/cm²
シリンダー直径×行程：431×672.5mm
動輪直径：1726mm
火床面積：2.4m²
伝熱面積：118.1m²
過熱面積：45.9m²
牽引力：入手不能
全重量：100.1t

424型　4-8-0（2D）　　ハンガリー国鉄（MÁV）　　　　　　　　　　　　　　　　　ハンガリー：1924年

「ハンガリーでもっとも役に立つ型式で、健実、単純、誠実で、異国的な特色は一切ない客貨両用機関車」と評されていた。2シリンダー単式で26両製造され、その後1929年に1両だけ追加製造されたが、1940〜44年にかけて、さらに216両が、1945年以降にも数両が追加された。ユーゴスラヴィアやスロヴァキアの鉄道のためにも製造され、中国にも両数は不明だが輸出された。第二次世界大戦後は多くがロシアに送られたが、1960年代初期までには故国に戻された。1958年までに全部で365両ほどが、すべてブダペスト機関車製造工場で誕生した。

後に製造されたものはドイツ式の排煙板とイスター式2本ブラスト管煙突（ギースル式と同じようなもの）を持つ。火床が動輪の上に

置かれているので、その結果ボイラー全体も高い位置にある。第3のドームはハンガリーでは不可欠の浄水装置を納めている。ハンガリー国鉄の蒸気時代が終るまで、もっともよく見られた型式で、旅客列車も貨物列車も担当した。ちょうどイギリスの4-6-0（2C）5型と同じで、勤務命令通り何でもやってのけたのである。

ボイラー圧：13kg/cm²
シリンダー直径×行程：600×660mm
動輪直径：1606mm
火床面積：4.45m²
伝熱面積：162.6m²
過熱面積：58m²
牽引力：16,325kg
全重量（炭水車を除く）：83.2t

第二次世界大戦中も戦後も、ハンガリーでもっとも役に立つ型式だった。

第1部　蒸気機関車

C-36型　4-6-0（2C）　ニュー・サウスウェイルズ州営鉄道（NSWGR）　オーストラリア：1925年

この頃にはオーストラリアで国産機関車製造産業が充分に根づいていたので、この型式は1925～28年にかけて州営鉄道の設計で、同鉄道のイヴリー、クライド2工場で製造された。古い1914年製の4-6-0（2C）NN型にとって代って、ブリスベイン、ウォロンゴン、ウェリス・クリーク線などの幹線列車や、隣のヴィクトリア州へ行く急行列車をオールベリーまで引いた。

「ピッグ〔豚〕」というあだ名をつけられたが、非常に成績優秀で、高速を出すことができた。外側2シリンダー、ピストン弁、ワルシャート式弁装置を持ち、原型は上が丸い火室だったが、1953年以降73両が上が角張った高圧ベルペール火室つきボイラーに改造され、以前「パシフィック」C-38型で採用されたスロットル弁を煙室につけた。1958年にはNo.3616にギースル式吐出管つき煙突と過熱増強装置をつけた。これで性能は向上したが、この頃は鉄道全体がディーゼル化に向かっていたので、これ以上の近代化は行なわれなかった。

改造されなかった原型のままの2両は1958年に引退、それ以後の10年間に両数が次第に減っていき、1968年には全部引退したが、6両だけ例外として生き残り、動力逆転機その他の近代装置が動力車労働組合の要求でつけられて、1969年中頃まで現役で働いた。最後に引退したのは1969年9月で、現在3両が保存されている。

ボイラー圧：12.6kg/cm²
シリンダー直径×行程：584×660mm
動輪直径：1751mm
火床面積：2.8m²
伝熱面積：184.8m²
過熱面積：60.4m²
牽引力：15,060kg
全重量：159t

現在保存されているNo.3642が、全面的改造後初めて蒸気を入れたところ。ベルペール式火室がつけられている。ボイラー新設または復元後は厳しいテストに合格せねばならない。同機は1969年に公式には「引退」したが、その後も元気に働いている。

急行用の緑色に塗られてシドニー中央駅に停車中のNo.3642。火室の脇に動力逆転器用シリンダーが見える。後に連結されているのは2-8-2（1D1）59型で、もっと実用的な貨物用の黒色に塗られている。

蒸気機関車　　1925～1939年

241-A型　4-8-2（2D1）　エスト（東）鉄道　　　　　　　　　　　　　　　　　　　　フランス：1925年

ヨーロッパ最初の「マウンテン」車輪配列をエスト（東）鉄道が採用した。ド・グレン+デュ・ブスケ式4シリンダー複式で、フィーヴ・リル工場製、ワルシャート式弁装置を4組持つ。蒸気ドームはふたつあって、運転室に近い方のドームには、穴のあいた蒸気乾燥器が入っている。

1928年以降はシリンダーを大きくした機関車がエタ（国営）鉄道の発注で製造されたが、これは最終的には原型を発注したエスト鉄道（後のフランス国鉄東部管理局）に譲渡された。1933年以後はシャプロン〔65, 84, 187ページ参照〕の方針に沿って48両が改造された。

ボイラー圧：16kg/cm²
高圧シリンダー直径×行程：425×720mm
低圧シリンダー直径×行程：660×720mm
動輪直径：1950mm
火床面積：4.43m²
伝熱面積：217m²
過熱面積：16m²
牽引力：11,205kg
全重量：123.5t

1955年9月、パリのラ・ヴィレット機関庫で出庫前の点検を受けているNo.241.A5。

01型　4-6-2（2C1）　ドイツ国鉄（DRG／DRB）　　　　　　　　　　　　　　　　　　　ドイツ：1925年

1920年にDRGが発足して、212両のさまざまな機関車を引き継いだ。しかし、第一次世界大戦後賠償として多くの機関車が諸外国に譲渡されたので、深刻な機関車不足に悩まされた。そこで同鉄道は主な製造会社と協力して機関車委員会を結成し、標準型を作ることにした。委員長は有名な技術者R・P・ワグナー博士で、もとプロイセン王国営鉄道にいた人だから、新標準型にはプロイセン鉄道の影響が強く見られた。

急行旅客列車用には「パシフィック」型が選ばれ、条件として平坦線では800トンの重さの列車を引いて時速100kmで、1000分の10上り勾配では500トンの列車を引いて時速50kmで走れることが課された。1925～26年にかけて20両が仕事に就いた。そのうちの10両は2シリンダー単式、10両が4シリンダー複式だった。比較テストを行った結果、単式で行くことに決め、01型と名づけた。1925～38年にかけて、231両が製造された。（最初複式だった10両は1942年に単式に改造された。）

01型は棒台枠、銅製の火室を持ち、ボイラーの上に2個の蒸気ドー

急行列車を引いて全速で走るNo.01.1082。翼形の排煙板をつけ、石油焚きで、後期の車独特の広い煙突を持つ。

第1部　蒸気機関車

ムがある。前のドームはボイラーに埋め込まれてクノール式給水器を納め、後のドームはワグナー考案の加減弁を納める。2つのドームの間に砂箱があり、スリップした際に全動輪に砂を撒く。アメリカの機関車の設計に似た点が多くあるが、その一例は煙室の上部に半分はめ込まれている円筒形の給水温め器である。ワルシャート式弁装置がピストン弁を操作するが、点検に便利なようにどちらも外側についている。

従輪は火室の後、運転室の下にあって、内側に軸受がある。最初期に作られた車では、走り板の先頭が下方に傾斜して、そこに大きな排煙板がとり付けてあったが、後期の車ではウィッテの考案した小さな翼形の排煙板が煙室の側面にとり付けられ、走り板の傾斜はなくなり、内側の機械部分がさらに露出している。

C1型の最初期の車はボルジッヒ社とAEG（アルゲマイネ）社の製造だが、後にヘンシェル社とクルップ社も加わった。1930年以降は、外観は同じだが軽量の「パシフィック」03型が登場し、1937年までに298両製造された。こちらは最大軸重が17.5トンで、より広い範囲の線路を走ることができたから、これが量産されると、マッファイ社製の「パシフィック」S3/6型は製造中止となった。

最初は最高時速が130kmと定められたが、多くの路線は速度制限がたった時速100kmだったので、1930年代中頃から一般路線のスピード向上が行なわれた。1934〜35年にかけて03型の2両が流線形化されたが、本当に高速で走るためには3シリンダーが必要なので、1939〜41年にかけて3シリンダーの01型と03型115両が製造され、それぞれ01^{10}型と03^{10}型となった。01^{10}型55両の中の1両だけが流線形化され、03^{10}型は60両全部が流線形化されたが、1945年以後はすべて外被がとり外されてしまった。

1951年以後、ドイツ連邦鉄道（西ドイツ側の国鉄）の2シリンダー原型と3シリンダー機の何両かが燃焼室つきの大形ボイラーにとり替えられた。クノール式給水ポンプのような補助設備からの排気を助けるために、より広い煙突がとり付けられた。

こうした改造機の多くは重油焚きに変えられ、連邦鉄道標準色である黒に塗られ、車輪が赤く塗られて、見映えがよかった。こうした大家族の型式だから当然のことながら、多くの変更があり、8輪炭水車（テンダー）を従えた車もある。

1945年ドイツが二分されると、機関車も分けられた。01型の171両は西ドイツの連邦鉄道に、70両は東ドイツに行って名前はそのまま国営鉄道となった。連邦鉄道では1973年まで急行列車を引いていた。東側の国鉄では1981年まで現役で働いていたものがいる。

01、03両型式とも、2シリンダー、3シリンダーの両方が何両か現在保存されている。

完全保存されている01型。大きな排煙板、先端が傾斜した走り板など、原型をよく保っている。

ボイラー圧：16kg/cm²
シリンダー直径×行程：600×660mm
動輪直径：2000mm
火床面積：4.3m²
伝熱面積：244.3m²
過熱面積：85m²
牽引力：16,160kg
全重量（炭水車を除く）：109t

蒸気機関車　　1925〜1939年

4F型　0-6-0（C）　ロンドン・ミッドランド＆スコティッシュ鉄道（LMS）　　　　イギリス：1925年

この鉄道のどこでも見られた型式で、1914年に登場したミッドランド鉄道の3835型以来ほとんど変っていない。1923年の大統合までに191両製造され、それ以後もさらに500両が追加された。古い型と違っている主な点は、ボイラーが大きくなり、ベルペール式の角張った火室を持ち、過熱式になったところ。全車に真空ブレーキ装置がついている。幹線と亜幹線ではスピードを重視しない貨物列車を引く他、区間旅客列車、重連用、入れ換え用などの仕事も多くした。

1998年4月25日チャーネット・ヴァレー保存鉄道で、かつての現役時代の典型的な仕事を再現してみせた。保存されたNo.44422がイギリス国鉄標準色に塗られて、4輪の貨車や車掌車の各停貨物列車を引く。先頭のランプは「空車貨物列車」を表示する。

ボイラー圧：12.2kg/cm²
シリンダー直径×行程：507×660mm
動輪直径：1294mm
火床面積：1.95m²
伝熱面積：107.4m²
過熱面積：23.5m²
牽引力：9796kg
全重量：91.4t

第1部　蒸気機関車

2-8-2（1D1）型　ナイジェリア官営鉄道　　　　　　　　　　　　　　　　　　　　　　ナイジェリア：1925年

　他のイギリス領アフリカ植民地の鉄道と同じく、ナイジェリアでも1067mm（3フィート6インチ）ゲージの長距離単線の上を、たまに重量列車が走るだけだった。その結果、重い機関車が必要だが、最大軸重は制限される。ここでは16.75トンである。1925年にそうした必要条件に合った2-8-2（1D1）型がイギリスで製造された。3シリンダー単式で、グレズリー開発の合成弁装置を持つ。

　燃焼室がベルペール式火室を拡大させ、ボイラー管を短縮したので蒸気発生力を向上させた。1930年までに、より効率のよい大形の4-8-2（2D1）型にとって代られ、その後は主としてラゴスやポート・ハーコート周辺の短区間運転に従事した。

ボイラー圧：12.6kg/cm²
シリンダー直径×行程：457×717mm
動輪直径：1370mm
火床面積：3.5m²
伝熱面積：213m²
過熱面積：47m²
牽引力：17,487kg
全重量：127.8t

020型　2-8-4（1D2）タンク機関車　ポルトガル国鉄（CP）　　　　　　　　　　　　　ポルトガル：1925年

　この鉄道の機関車の多くの製造所であるドイツのヘンシェル社が、ポルトガルの広軌ゲージ1668mm（5フィート6インチ）用として2-8-4（1D2）タンク機関車を2両製造した。

　018型は重量がより軽く、ポルトガル南部で働いていた。24.020型は主としてリスボン市とオポルト市周辺で使われている。どれも典型的なドイツ・タイプで、棒台枠、外側単式2シリンダーを持つ。重量郊外列車用として信用が厚く、1960年代末でもほとんどの車がまだ現役だった。

ボイラー圧：13kg/cm²
シリンダー直径×行程：610×660mm
動輪直径：1350mm
火床面積：3.6m²
伝熱面積：不明
過熱面積：不明
牽引力：11,072kg
全重量：103.7t

No.0190の最後のオーバーホール終了直後の姿。1973年9月15日レグアにて。

蒸気機関車　　1925～1939年

1972年5月25日バルセロス9時48分発モンカオ行き混合列車を引くNo.0187。（駅舎の屋根の上の風向き計にご注目を。）

これと対照的に側線で錆ついた悲しい姿の018型。南ヨーロッパの諸国では解体場がほとんどなくて、放置されたまま廃棄された機関車の長い列がしばしば見られる。

16D型　4-6-2（2C1）　南アフリカ鉄道（SAR）　　　　南アフリカ：1925年

　アメリカの機関車製造会社は、輸出用となると注文に応じてどんな形でも作る。この型式は見たところ完全にイギリス・スタイルの1067mm（3フィート6インチ）ゲージ「パシフィック」だが、実はフィラデルフィア市ボールドウィン社製である。でも、アメリカの特色を多くとり入れているところから、実験製造であったことがわかる。例えば、硬いグリースの潤滑油、煙室正面の自動清掃装置、揺れ火床など。保守と納入までの所要時間について言うならば、アメリカの方がイギリスよりずっと先進国だった。

　この型式は4両製造され、後1929年に8両が追加製造された。ケイプタウン～ヨハネスブルグ間1538kmを走る「ユニオン特急」を引いて、途中機関車交替なしで平均時速59kmで走り、以前よりも1時間41分所要時分を短縮した。現在No.860はケイプ州ダル・ヨサファット駅で完全動態保存されていて、ケイプタウンからこの駅まで保存蒸気列車を引いている。

ボイラー圧：13.7kg/cm²
シリンダー直径×行程：558×660mm
動輪直径：1523mm
火床面積：4.2m²
伝熱面積：227.8m²
過熱面積：55m²
牽引力：15,206kg
全重量（炭水車を除く）：87.4t

「バークシャー」型　2-8-4（1D2）　イリノイ・セントラル鉄道　　　　アメリカ：1925年

ボイラー圧：16.8kg/cm²
シリンダー直径×行程：710×761mm
動輪直径：1599mm
火床面積：9.84m²
伝熱面積：479m²
過熱面積：196m²
牽引力：31,473kg
全重量（炭水車を除く）：174.6t

　ライマ機関車製造会社の技師長ウィリアム・ウダードが、2-8-4（1D2）という車輪配列の最初の機関車を設計した。ライマ社が宣伝用として試作したものが、後にイリノイ・セントラル鉄道に売られたのである。この型を設計したのは、大きな馬力を出しても燃費節約を目指したからだった。その点では成績優秀で、以後登場する他

後にこの車輪配列が「バークシャー」と呼ばれることとなるが、1946年ライマ社製のチェサピーク＆オハイオ鉄道No.2746で信号燈設置桁の下を幹線貨物列車を引いて走る。同鉄道はこの型の大機関車を1943～47年にかけて合計90両も持っていた。

第1部　蒸気機関車

のすべての「スーパー強力」機関車のお手本となった。
　単式2シリンダーを持ち、ボイラーの長さの4分の1近い長さの大火室が4輪台車で支えられている。従輪そのものに補助蒸気機関が作動して、低速の場合牽引力が5986kg増える。ライマ社製「スーパー強力」機関車は単純牽引力の増大ではなくて、シリンダーと中間引張り棒で測定した単位時間当たりの牽引力の向上によって蒸気機関車再評価の先頭に立つこととなった。

387型　4-6-2（2C1）　チェコスロヴァキア国鉄（CSD）　チェコスロヴァキア：1926年

　美しいスタイルの急行旅客列車用機関車で、設計と製造はスコダ工場、1937年までに全部で43両が製造された。単式3シリンダーを持ち、ホイジンガー式弁装置が内側のシリンダーを左側の第3動輪軸の動きを受ける揺れレヴァーによって操作する。後期の車両、No.387.022からNo.387.043までは、直径1950mmの動輪を持ち、伝熱面積がやや小さくなっている。
　1945年以後に14両に、原型のイギリス・スタイルの煙突に代って、キルシャップ式二本ブラスト管・煙突がとり付けられた。1974年まで現役で働き、最後に製造されたNo.387.043は現在保存されている。
　ホイジンガー式弁装置とは、ワルシャート式弁装置と事実上同じものだが、早くも1849年にドイツのエドムント・ホイジンガーによって独自に開発された。

ボイラー圧：13kg/cm²
シリンダー直径×行程：525×680mm
動輪直径：1900mm
火床面積：4.8m²
伝熱面積：260m²
過熱面積：93m²
牽引力：11,030kg
全重量（炭水車を除く）：89.6t

44型　2-10-0（1E）　ドイツ国鉄（DRG／DRB）　ドイツ：1926年

　01型「パシフィック」と同じく、これもR・P・ワグナー博士の後援によって設計され、ドイツ国鉄の標準型となった。一般重量貨物列車用として設計され、「パシフィック」と同じく成績抜群で、1926～44年にかけて1753両が製造された。単式3シリンダー、棒台枠、銅製火室を持ち、乗務員の乗り心地を楽にするために4点支持を採用した。しかし軸重が20トンもあるため幹線しか走れない。最大運転時速は70kmである。

ボイラー圧：16kg/cm²
シリンダー直径×行程：600×660mm
動輪直径：1400mm
火床面積：4.5m²
伝熱面積：237m²
過熱面積：100m²
牽引力：23,140kg
全重量（炭水車を除く）：114.1t

戦後の1977年10月に西ドイツ連邦鉄道最後の44型が貨物列車を引いている。東ドイツでは1980年代まで現役だった。

「ロード・ネルソン」型　4-6-0（2C）　サザン鉄道（SR）　イギリス：1926年

　合計16両のこの型式を導入した理由は、ロンドンからドーヴァーやフォークストン行きの英仏海峡連絡船接続の重量旅客列車や、イギリス南西部へ行く行楽急行列車に使うことにあった。鉄道会社が豪語したように、イギリスで最大の牽引力を持つ急行旅客列車用機関車だった。

　保存されているNo.850「ロード・ネルソン」号。1980年9月4日、ランカシャー県カーンフォース市の、もと「スチームタウン」鉄道センターにて。背景に見えるのは鉄骨強化コンクリート造りの石炭積込み塔。

132

蒸気機関車　　1925〜1939年

設計はR・E・L・マンセルで、単式4シリンダーを持つ。イギリス海軍の名提督の名を貰って、性能は優れていたが、火室の設計が不備で、高熱を充分に保つのに骨が折れた。1930年代末にル・メートル式多重ジェット煙突をとり付けたことで、大いに改善された。

1981年1月24日、カーライル行きの貸し切り列車「カンブリアン・マウンテン・エクスプレス」号を引く「ロード・ネルソン」。

ボイラー圧：15.5kg/cm²
シリンダー直径×行程：419×610mm
動輪直径：2007mm
火床面積：3.1m²
伝熱面積：183m²
過熱面積：35m²
牽引力：15,196kg
全重量：142.5t

12型　4-8-2（2D1）　ローデシア鉄道　　　　　ローデシア（現ジンバブウェ）：1926年

ボイラー圧：13.3kg/cm²
シリンダー直径×行程：507.6×660mm
動輪直径：1294mm
火床面積：不明
伝熱面積：187m²
過熱面積：33.6m²
牽引力：14,940kg
全重量：86.4t

もとローデシア（現ジンバブウェ）鉄道の改造12A型。原型は1929年グラスゴー市ノース・ブリティッシュ機関車製造会社で製造された。より太く短いボイラーとより大きな炭水車（テンダー）を持つよう改造された。

1926年にこの型式の19両が、1067mm（3フィート6インチ）ゲージの同鉄道に登場し、さらに1930年に11両が追加製造された。一部の車にはレンツ式弁装置作動のピストン弁がつけられていたが、後にワルシャート式弁装置にとって替えられた。最初はソールズベリー〜グウェロ間の路線で使用された。1944年により太く短いボイラーとより大きな炭水車を持つように改造され、12A型となった。うち2両は1964年にモザンビーク鉄道に売られた。

1976年5月14日ブラワーヨ操車場で撮影された12型No.247。

9000型「ユニオン・パシフィック」4-12-2（2F1）　ユニオン・パシフィック鉄道（UP）　アメリカ：1926年

アルコ社ブルックス工場製で、1934年までは世界最大車長・最大重量の非連節蒸気機関車だった。第1から第6までの動輪軸距離は9m34cmあった。88両製造され、鉄道会社の言うところによると「1マイルの長さの貨物列車を引いて旅客列車のスピードで走る」のが目的だった。

アメリカの一般慣習に従って3シリンダーを持つが単式だった。第1と第6動輪は左右に動く遊びが与えられ、第4動輪はもともとはフランジがなかったが、後にそのようにする必要がないとわかった。他の路線では使用されることのなかった4-12-2（2F1）型だが、UPでは1956年まで働いた。非連節蒸気機関車では最大出力のもので、最初は同鉄道幹線のワイオミング州あたりに配属されたが、後にカンザス州やネブラスカ州でも使用された。

第1号機No.9000は現在保存されている。

ボイラー圧：15.5kg/cm²
外側シリンダー直径×行程：685×812mm
内側シリンダー直径×行程：685×787mm
動輪直径：1700mm
火床面積：10m²
伝熱面積：543.8m²
過熱面積：237.8m²
牽引力：43,832kg
全重量：354.6t

第1部　蒸気機関車

4-12-2 (2F1) 型 No.9007が重荷を引いて平原を横断する。1955年9月4日ワイオミング州アーチャーにて。西行きの貨物列車は102両編成で、スピードは時速40km。

Tk3型　2-8-0 (1D)　フィンランド国鉄(VR)　　　　フィンランド：1927年

冬の風景の中をNo.1163が薪を焚いて走る。この型式の愛称は「ピック・ジャンボ」すなわち「小さなジャンボ」である。幹線貨物列車が主な仕事だが、しばしば旅客列車や混合列車も引く。

貨物運搬量が増えたために登場したのがこの型式で、最大軸重が10.7トンと、軽いレールの区間でも走れるよう設計された。登場して4年後には100両の大家族となり、最後に製造された1953年には158両となっていた。単式2シリンダーで、薪焚きである。1939～40年にかけての「冬の戦争」が終った後24両がソ連に送られた。1943年以降70両が追加製造された。20両がデンマークのオールフス市のフリック社製で、それ以外は全部国産である。1960年代に引退が始まったが、フィンランド最大蒸気機関車ということで、数両が現在保存されている。

ボイラー圧：14kg/cm²
シリンダー直径×行程：460×630mm
動輪直径：1270mm
火床面積：1.6m²
伝熱面積：84.8m²
過熱面積：26m²
牽引力：9550kg
全重量（炭水車を除く）：51.8t

1968年9月、スウェーデンとの国境に近いケミ北駅で、区間列車を引いて発車を待つNo.1150。こちらも薪焚きで、炭水車（テンダー）には薪が山積み。

蒸気機関車　　1925〜1939年

「キング」型　4-6-0（2C）　グレイト・ウェスタン鉄道（GWR）　　イギリス：1927年

「キング」型の第1号No.6000「キング・ジョージ5世」のボイラー外被の一部が外されている。1962年2月10日、ウルヴァーハンプトン市スタフォード・ロード工場にて。

なかったのである。

1930年までに全部で30両に達した。「キング」型の最速記録は時速174.6キロだが、真の意味での価値は、最大重量508トンの列車を引いて、時速96〜105kmを維持できたところにある。

1948年国有化以後、2本煙突など多くの技術改良を受けた結果、性能はさらに向上した。1963年初頭に引退するまで、急行列車を担当していた。

1926〜27年はイギリスの機関車発達の上で大事な年となっている。4大鉄道各社が互いに競争し合い、宣伝作戦が大きな価値を持つことを痛感したのだった。GWRもその一端を担って、単式4シリンダーの「キング」型を登場させた。当初「イギリス最強力の急行旅客列車用機関車」と銘打ったものである。

実際これは1907年に始まった設計方針が究極に達したものだった。蒸気ドームのつかない、後に行くほど太くなるボイラーは、最大直径が2837mmに達した。イギリスで最大重量の4-6-0（2C）型で、イングランド西部やバーミンガム市をロンドン・パディントンと結ぶ急行列車を引くことを目的としていた。

最大軸重は22.8トンもあるので、使用路線は限られているが、ロンドン〜プリマス間363kmを走る「コーニッシュ・リヴィエラ・リミテッド」特急の所要時間を4時間に縮めた。プリマスの西のロイヤル・アルバート橋は軸重の関係で通れ

ボイラー圧：17.6kg/cm²
シリンダー直径×行程：413×711mm
動輪直径：1980mm
火床面積：3m²
伝熱面積：204.4m²
過熱面積：29m²
牽引力：18,140kg
全重量（炭水車を除く）：90.4t

上：No.6000正面のクローズ・アップ。鐘は1927年にアメリカ巡回の折贈られたもの。「ウェルシュ・マーチス・エクスプレス」とは、1985年8月25日に運転されたシュルーズベリー、ヘレフォード行き貸切り臨時列車。

左：No.6005「キング・ジョージ2世」と他の「キング」が、イギリス国鉄標準色に塗られて、ウルヴァーハンプトン市スタフォード・ロード機関庫で、出発を待っている。

135

第1部　蒸気機関車

「ロイヤル・スコット」型　4-6-0（2C）　ロンドン・ミッドランド＆スコティッシュ鉄道（LMS）　イギリス：1927年

No.6100は珍しく煙室扉にも「ロイヤル・スコット」の名札をつけている。正面の鐘は1933年アメリカ訪問の際に贈られたものだが、1950年改造の際とり外された。

　この名で呼ばれている型式は実は2種の違った機関車を含んでいる。すなわち、原型の「ロイヤル・スコット」と、1943～55年にかけて改造されたものである。

　この鉄道が新たにロンドン～グラスゴー間481.3kmに「ロイヤル・スコット」号という特急列車を走らせて、ロンドン～カーライル間をノンストップにしたのだが、そこを引くことのできる機関車がなかったために、大あわてでグラスゴー市のノース・ブリティッシュ機関車製造会社に50両発注したのが、その原型だった。グレイト・ウェスタン鉄道から単式4-6-0（2C）「カースル」型を借りてテストしてみた後、複式「パシフィック」型を計画したのだが、計画段階で断念したのだった。設計段階で参考としてサザン鉄道が新車4-6-0（2C）「ロード・ネルソン」型の図面を貸してもよいと言ってくれたこともあった。こうしたエピソードを知ると、比較的狭い国の中で4つの鉄道会社が独自の標準型を作ろうと競い合っていたのが馬鹿らしく思えて来る。大あわてで発注したこの単式3シリンダー機関車は、結果としてよい成績をあげた。シャップ峠で457トンの重さの列車を補機なしで引くことができたのだから。そこで20両を追加製造した。ずんぐりした外観で、高さは4022mm、煙突もドームも小さくて、横腹が垂直のベルペール式火室を持つ。原型の小さな炭水車（テンダー）は後に同鉄道の標準型、4000ガロン（18キロリットル）の水と9.1トンの石炭を積むものに替えられた。13年間の激務の後、原型は次々に改造されて、後が太くなるボイラーと2本煙突に変えられた。中には、変らないのは運転室と炭水車だけという、事実上新造に近い車さえあった。でも、この手術は大成功で、以後20年間も特急を引く仕事を続けた。

車両限界の関係で煙突とドームの高さが切りつめられていたことが、この写真でよくわかる。炭水車（テンダー）は後のLMS標準型に変えてからのものである。

ボイラー圧：17.5kg/cm²
シリンダー直径×行程：457×660mm
動輪直径：2056mm
火床面積：2.9m²
伝熱面積：193m²
過熱面積：41.3m²
牽引力：13,242kg
全重量：86.2t

136

蒸気機関車　　1925〜1939年

XC型　4-6-2（2C1）　インド国鉄　　インド：1927年

XC型No.22228。1976年12月31日カルカッタで撮影。1937年に平坦線でXB型が転覆した事故の後、X型すべてが改造された。

　インドの鉄道の中には、例えばベンガル・ナグプール鉄道のように独自の急行列車用機関車（4シリンダー複式「パシフィック」型）を開発したところもあったが、大多数は1924年にインド鉄道標準規格委員会が決めた。XA、XB、XCの3種類の2シリンダー単式「パシフィック」型の仕様に従った。

　XCは重量急行列車用で、多くの両数が製造されたが、性能はいまいちのところだった。先輪台車と引張り装置の設計が不備で、特に線路状態の悪い区間を走る時に安定が悪くなった。1937年にXBが転覆する事故が起きた後にやっと改善されたのだった。

ボイラー圧：12.6kg/cm²
シリンダー直径×行程：584×711mm
動輪直径：1880mm
火床面積：4.75m²
伝熱面積：226m²
過熱面積：59m²
牽引力：13,895kg
全重量：178t

スウィッチャー（入換え用機関車）　0-6-0（C）　カリフォルニア州ベルト鉄道　　アメリカ：1927年

　終点駅や客貨車操車場などでの列車入換え作業に主として従事するが、工場専用線や地方の車庫から区間貨物列車を引くこともよくある。この時代には、大形の10動輪スウィッチャーもあって、炭水車の車輪に補助機関がつき、1マイル（1.6キロ）以上の長さの貨物列車を引いていたが、一般に使われていたのは0-8-0（D）型か0-6-0（C）型が多く、「コンソリデイション」（1D）や「モーガル」（1C）からの改造もよく見られた。本線を走ることはめったになく、スピー

ユニオン・パシフィック鉄道の0-6-0（C）型スウィッチャーNo.4466は現在保存されている。炭水車の後部が低く傾斜している。シリンダーと火室の重量が、間に動輪が置かれているために、互いによく釣り合っている。

137

第1部　蒸気機関車

ども低く抑えられていたから、先輪は必要ないと考えられたのである。動輪の粘着力と、きついカーブを曲れる能力の方が、より重要な条件となった。台枠の長さが、最前・最後動輪軸間距離の2倍以上という車もあった。例えば、イリノイ・セントラル鉄道の1927年ボールドウィン社製0-8-0（D）型スウィッチャーは、車長が11,167ミリなのに、第1、第4動輪軸間距離はたったの4568mmだった。

アメリカではタンク機関車が嫌われたので、テンダー機関車が一般的で、後進する際に機関士がよく見えるようにと、炭水車（テンダー）の後部がしばしば低く傾斜している。労働組合が長いこと要求して来た動力逆転器が、1927年までにはほとんどすべてのスウィッチャーに付けられたので、機関士は大いに助かった。比較的単純な機構であるし、走る距離も程々なので寿命は長く、20世紀初頭に製造された車でも、多くの路線で蒸気時代が終るまで生き残ることができた。

ボイラー圧：13.3kg/cm²
シリンダー直径×行程：508×609mm
動輪直径：1294mm
火床面積：3m²
伝熱面積：145.3m²
過熱面積：40.4m²
牽引力：15,000kg
全重量：67t

ヨーロー短距離線の0-6-0（C）型No.1233は本線で貨物列車を引いている。通常の後が低く傾斜した炭水車（テンダー）ではなく、サザン・パシフィック鉄道の0-6-0（C）S-14型と同じようなヴァンダービルト式炭水車（テンダー）を従えている。

JI「ハドソン」型　4-6-4（2C2）　ニューヨーク・セントラル鉄道（NYC）　アメリカ：1927年

ボイラー圧：15.75kg/cm²
シリンダー直径×行程：634×711mm
動輪直径：2005mm
火床面積：7.6m²
伝熱面積：389m²
過熱面積：162.1m²
牽引力：19,183kg
全重量：256.3t

最初の「ハドソン」車輪配列の機関車で、同鉄道の「エンパイア・ステイト特急」などの特急列車を「パシフィック」型にとって代って引いたが、確かに牽引力は増加していた。JI型はアルコ社製で全部で225両もある。同じ型式の中での進化は急速で、1930年にはJIc型が登場して、ボイラー圧は19.3kg/cm²に上り、シリンダーの直径×行程も571×736mmとなって牽引力が向上した。従輪直径は1294mmで先輪直径より381mm大きく、その従輪に補助機関が作動している。1937年以降に大きく変わったJ3「ハドソン」型が登場し、そのうち10両が流線形化されて、いかにも優等列車を引くのに相応しくなった。

4-6-4（2C2）型は確かに高速旅客列車を引くのに適任であることが証明された。もっとも速いのは、おそらく、1930年シカゴ・ミルウォーキー・セントポール＆パシフィック鉄道の発注でボールドウィン社が製造したF6「ハドソン」型であろう。1934年7月にNo.6402が、シカゴ午前9時発「ミルウォーキー・エクスプレス」号を引いて、平均時速123.4km、最高時速166.5kmを記録した。

JI型No.5271が、1935年頃にNYCの特急独特の10両客車編成列車を引いた姿。その荒々しい外観がよくここに示されているが、後に流線形になるとそれは隠れてしまった。

138

蒸気機関車　　1925〜1939年

3000型　2-8-2（1D1）　　ブエノスアイレス・太平洋鉄道　　　　アルゼンチン：1928年

ボイラー圧：14kg/cm²
シリンダー直径×行程：622×761mm
動輪直径：1700mm
火床面積：4.27m²
伝熱面積：256m²
過熱面積：62.8m²
牽引力：18,272kg
全重量：208.25t

イギリスの工場では国内用よりは大きな機関車が輸出用に製造されていた。この単式2シリンダーの「ミカド」型がそのよい例で、ベイヤー・ピーコック社製造。1676mm（5フィート6インチ）ゲージ、ボイラーの外側の直径は2094mmもあった。平原の中を長距離走るので、石炭15.24トンを積むボギー台車つき大形炭水車を従えている。動力給炭装置のついた機関車がイギリスで製造された最初の例のひとつである。

3000型のボギー台車つき炭水車(テンダー)は、イギリスで製造された最初の動力給炭装置を持ち、蒸気力で石炭を焚き口まで運ぶ。

S型　4-6-2（2C1）　　ヴィクトリア州営鉄道（VR）　　　　オーストラリア：1928年

ボイラー圧：14kg/cm²
シリンダー直径×行程：520×710mm
動輪直径：1852mm
火床面積：4.6m²
伝熱面積：294m²
過熱面積：57.7m²
牽引力：17,786kg
全重量：197.7t

この小さいが有名な1600mm（5フィート3インチ）ゲージの「パシフィック」型は総数4両である。メルボルン〜シドニー間の「スピリット・オヴ・プログレス〔進歩の精神〕」号特急列車を、メルボルン〜オルベリー間で引くためにVR技師長アルフレッド・スミス主導のチームによって設計され、VRのニューポート工場で製造された。3シリンダー単式で、鋳鉄製の台枠、外側ワルシャート式弁装置、グレズリー式合成弁によって作動される内側シリンダーを持つ。

完成するとすぐに「進歩の精神」特急を担当し、1937年には大々的な宣伝とともに、全鋼鉄製新造客車に相応しいようにと機関車は流線形化され、ボイラーと煙室は外被をすっぽりかぶせられたが、車輪部分は露出していた。6輪台車を2個はいた、より大きな炭水車が新造されたので、メルボルンからオルベリーまで317kmをノンストップで走ることができるようになった。客車に合わせて機関車も青色に塗られた。

投炭は手で行なわれたので助手にとってはきつい仕事となった。なにしろ、3時間15分かけて6トンの石炭をくべなくてはいけないのだから。でも、特別の給料を貰えた。客車は通常10両編成で508トンの重量だが、12両に増えることもあった。1951〜52年にかけて、機関車は重油焚きに変った。しかし、後にB型電気式ディーゼル機関車が導入されると、S型蒸機は青色特急から外された。何年もの苛酷な仕事でボイラーが痛み、全4両とも1953年10月から1954年9月にかけて引退し解体された。

ここに示されているのは1937年流線形化される前の元の姿である。流線形になって外観は一変したが、機械部分は変っていない。

CC50型　2-6-6-0（1CC）　　国営鉄道　　　　オランダ領東インド（現インドネシア）：1928年

1067mm（3フィート6インチ）ゲージ線路が山中をくねくねと通るため、ここでは連節式機関車に適している。ここの鉄道はマレー式を好み、少なくとも8型式を採用した。例えば1904〜11年にかけて製造された2-6-6-0（1CC）タンク機関車CC10型など。最後のマレー式は1962年に日本車輌会社で製造された0-4-4-2（BB1）タンク機関車BB81型である。CC50型は4シリンダー複式で、1927〜28年に30両が納入された。うち16両はオランダのウェルクスポール社製、14両はウィンタートゥール市のスイス機関車製造会社製である。ジャワ島各地に配属されて、客貨車用として活躍した。

ボイラー圧：14kg/cm²
高圧シリンダー直径×行程：340×510mm
低圧シリンダー直径×行程：540×510mm
動輪直径：1106mm
火床面積：3.4m²
伝熱面積：150.8m²
過熱面積：50m²
牽引力：入手不能
全重量（炭水車を除く）：74.6t

いくつもの前照燈をつけたマレー式CC5001号。1980年12月3日バヨンボンで撮影。これはウェルクスポール社製である。

第1部　蒸気機関車

80型　0-6-0（C）タンク機関車　　ドイツ国鉄（DRG／DRB）　　　　　　　　　　　　　　　　　　　　ドイツ：1928年

　入換え用過熱機関車で、DRG最初の「アインハイツロック（標準型機関車）」のひとつである。多くの路線では古くなった幹線用機関車を入換え用に使っていたが、これは資産運用としては節約になるけれども、現実には保守や部品調達に金がかかって不経済となる。

　80型39両は1928～29年にかけて製造され、ケルンやライプチッヒなどの大ターミナル駅に配属された。第1から第3までの動輪軸間距離はたった3200mmだが、この中に驚くほどの出力が詰め込まれている。平坦線では900トンの重量の車を時速45kmで動かすことができた。

　西ドイツ連邦鉄道では1965年まで、東ドイツ国鉄では1977年まで現役だった。
　東ドイツ国鉄では、この強力機関車は晩年工場内の入換え作業に使われたが、時々本線に出て臨時列車を引きファンを喜ばせた。

ボイラー圧：14kg/cm²
シリンダー直径×行程：450×550mm
動輪直径：1100mm
火床面積：1.5m²
伝熱面積：69.6m²
過熱面積：25.5m²
牽引力：11,988kg
全重量：54.4t

86型　2-8-2（1D1）タンク機関車　　ドイツ国鉄（DRG／DRB）　　　　　　　　　　　　　　　　　　　ドイツ：1928年

　前項のものと同じ「標準型機関車」だが、こちらはずっと両数が多く、1943年までに774両も製造された。ドイツのほとんどの製造会社が参加した。前進後進どちらもできるよう設計され、最大軸重が15トン、最高運転時速70kmで、どのような線路でも客貨両用として使えるよう目指した。外側に単式シリンダーが水平に置かれ、ホイジンガー式弁装置を使って第3動輪を動かす。

　砂を入れた2個のドームから圧搾空気を使ってレールに砂を撒き粘着力を高める。他の2個のドームは、それぞれ給水弁と蒸気加減弁を納める。クノール式給水温め器と、クノール＝トルキーン式給水ポンプが設けられてある。ドイツ国鉄の蒸気機関車はすべてそうであるが、蒸気力により発電機を動かし前照燈を備えている。後期の大戦中に製造された車は、原型よりも5.5トン軽くなっている。

　最初に登場した車はモーゼルやスワビア地方の山岳線で使われ、最初の16両には下り坂のための背圧ブレーキが付いている。大戦中に20両以上が破壊され、戦後は184両がチェコ、ポーランド、オーストリア、ソ連にそのまま残った。西ドイツ連邦鉄道が385両、東ドイツ国鉄が約175両を所有した。東ドイツで最後に1976年まで現役だったものは、主としてザクセン地区で働いたが、ヘリングスドルフからウーゼドム島へ行く土手線を走ったものあった。こちらはいつも東風が吹くので排煙板が付けられた。

ボイラー圧：14kg/cm²
シリンダー直径×行程：570×660mm
動輪直径：1400mm
火床面積：2.3m²
伝熱面積：117.3m²
過熱面積：47m²
牽引力：18,195kg
全重量：88.5t

西ドイツ連邦鉄道の山地の路線で働く性能のよい、4ドームつきの86型タンク機関車。

蒸気機関車　1925～1939年

22型　2-4-2（1B1）タンク機関車　ハンガリー国鉄（MÁV）　　　　ハンガリー：1928年

　他の地域と同じようにハンガリーでも、1920年代中頃から鉄道産業は道路交通との競争で悩み始めた。蒸気機関車に頼っていた製造工場や修理工場にも、ディーゼル車との競争の脅威の影がさして来た。こうした手ごわい相手に対処できる高速ローカル列車を走らせるために、MÁVはこの小形の過熱タンク機関車を導入した。単式2シリンダーを外側に持ち、1939年までには136両に達し、さらに35両をユーゴスラヴィアに供給した。1948年には275型と改号された。

No.275.038。バラタンにて撮影。煙突の上部に火の粉飛散防止装置がついている。走り板がないのはMÁVタンク機関車としては珍しい。

ボイラー圧：13kg/cm²
シリンダー直径×行程：355×460mm
動輪直径：1220mm
火床面積：1.25m²
伝熱面積：49.2m²
過熱面積：16.7m²
牽引力：5240kg
全重量：34.4t

「先頭運転室つき」AC-5型　4-8-8-2（2DD1）　サザン・パシフィック鉄道（SPR）　　アメリカ：1928年

　先頭に運転室を置くことは、以前からドイツやイタリアで考えられていたが、SPRはそれを最大限にやってのけた。シエラ・ネヴァダ山脈を通る線は長いトンネルや雪除け覆いが多く、運転室が煙をかぶらずに済むというのは乗務員にとって大きな幸せだった。トラッキーとブルー・キャニオンの間の線路には、15～60mもの高さの雪だまりを防ぐために61kmにも及ぶ雪除け覆いが設けられてあった。
　重油焚きであったから、燃料供給の問題は容易に解決できた。6輪ボギー台車を2個はいたテンダー車は水と重油を積み、重油は2.2キロ圧で火室に送られる。AC型の最初の車は1910年製のマレー式連節複式「コンソリデイション（1D）」型を前後逆向きにして走らせたもので、これを1927年以降単式に改造した。AC-5型はこれより大規模で、最初から4シリンダー単式だった。1928年に5両がボールドウィンで製造され、翌年に16両が、さらに1930年にはボイラー圧を17.5kg/cm²に上げた25両が追加製造された。
　SPRはAC型を全部で200両以上も1937年までに導入し、そのうちAC-9型だけは運転室が先頭についていない。最初に使用を予定していた区間は、カリフォルニア州ローズヴィルとネヴァダ州スパークスの間であったが、その出力と煙に悩まされない運転室が評価されて、他の多くの区間でも使われるようになった。
　イタリアの671型と同じく、いつも「逆向き」で走っていた。現役の最後はNo.4274が1956年12月に走った時で、最後のNo.4294は現在保存されている。

運転室の見晴らしは上々だが、乗務員は最初のうち衝突を心配していた。No.4100はAC-4型に入り、寸法その他のデータはAC-5型と同じである。AC-4型はNos.4100～4109、AC-5型はNos.4110～4125である。

ボイラー圧：16.5kg/cm²
シリンダー直径×行程：609×812mm
動輪直径：1612mm
火床面積：12.9m²
伝熱面積：604.1m²
過熱面積：277.5m²
牽引力：46,848kg
全重量（炭水車を除く）：278.4t

141

第1部　蒸気機関車

X型　2-8-2（1D1）　ヴィクトリア州営鉄道(VR)　　オーストラリア：1929年

ボイラー圧：14.3kg/cm²
シリンダー直径×行程：558×710mm
動輪直径：1548mm
火床面積：3.9m²
伝熱面積：242.8m²
過熱面積：38.3m²
牽引力：17,556kg
全重量：188.3t

鉱石を運ぶ重量貨物列車用として、ゲージ1600mm（5フィート3インチ）のVRがこの型を選定し、1929～47年にかけてVRニューポート工場で29両製造した。2両以外の全車は従輪を補助機関で作動させ、出発時に4083kg牽引力を増強した。X型はスピードでも大記録を達成した。No.X-32は、かつて看板特急「進歩の精神」号（139ページS型の項を参照）をダイヤ通りに引いたことがある。X-32は石炭粉砕装置を備えていた。

初期の車の中には、後に燃焼室つきの新ベルペール式火室をつけたものがある。排煙板つきの車もある。1957～61年にかけてスクラップにされ、現在1両が保存されている。

ベルペール式火室つきに改造され、同時に排煙版をとり付けたX型。ドラフト装置も変えられてストーブ形の煙突が（オーストラリアの俗語でいうところの）「バッシャー」正面にとり付けられた。

ベイヤー・ガラット型　4-6-2+2-6-4（2C1+1C2）　レオポルディナ鉄道　　ブラジル：1929年

カンポス～ヴィクトリア間のカーブの多い1mゲージ路線の旅客列車用として、まず2両製造され、後に1937～39年にかけて12両が追加製造された。製造所はすべてベイヤー・ピーコック社である。ベルペール式火室、ワルシャート式弁装置、ピストン弁を持つ。低質石炭を焚くように設計され、炭水車(テンダー)に高い棚がつけられているところから、薪を焚くこともよくあることがわかる。大きな灰落し箱もこれにうまく対応するためであっただろう。

ブラジルの鉄道は貨物輸送が主目的で、1940年後期にフランス風の機関車を試行したことがある以外は、もっぱらアメリカの製造会社から買っていて、アメリカ・スタイルの2-8-0（1D）型や2-8-2（1D1）が主流である。マンチェスター市の工場製のガラット型は例外的存在であった。

ボイラー圧：12.3kg/cm²
シリンダー直径×行程：393×558mm
動輪直径：1015mm
火床面積：3.1m²
伝熱面積：157.6m²
過熱面積：31.1m²
牽引力：13,300kg
全重量：113.3t

T1「セルカーク」型　2-10-4（1E2）　カナディアン・パシフィック鉄道(CPR)　　カナダ：1929年

2-10-4（1E2）という車輪配列を最初に採用したのは、アメリカのテキサス＆パシフィック鉄道で、1925年にライマ機関車製造会社製の10両を導入した。そこで「テキサス」車輪配列と呼ばれたのも当然だった。重量貨物列車用として成績優秀で、同鉄道は1929年までにさらに60両追加発注した。同じライマ社製の「バークシャー」（2-8-4, 1D2）タイプと同じく、いやそれ以上に「スーパー強力」機関車だった。

CPRの動力車主任技師ヘンリー・ブレイン・ボウェンも、2-10-4（1E2）型を選び、これの名前を同僚間で20ドルの懸賞金をつけて募集した。当選したのがロッキー山「セルカーク」型2-10-4（1E2）No.5903が、カナダ大陸横断列車を引いて、ループ・トンネル、急勾配、急カーブを乗り越えて、明るい平坦線に差しかかる。

142

蒸気機関車　　　1925〜1939年

中を通過する途中の山脈の名「セルカーク」であった。
1929年にモントリオール機関車工場でNos.5900〜5919が、続いて5920〜29が1938年に、最後に5930〜35が1949年に製造された。これが同鉄道用として製造された最後の機関車となった。半流線形、2シリンダー単式で、ロッキー山中のカルガリー〜レヴェルストーク間で旅客と貨物の両列車を素晴らしい光景の長い上り坂区間で、キッキング・ホース峠の2つのループ・トンネルを抜けて、総重量約100トンの14両客車編成の大陸横断特急

1949年製造直後のNo.5935。現在モントリオール市近くのカナダ鉄道博物館で保存されている。

「ドミニオン」号を補機なしで引いた。
1954年までに全列車がディーゼル機関車牽引にとって代られた。「セルカーク」型の最後の2両は現在保存されている。

ボイラー圧：20kg/cm²
シリンダー直径×行程：634×812mm
動輪直径：1599mm
火床面積：8.7m²
伝熱面積：453.8m²
過熱面積：196.1m²
牽引力：34,877kg
全重量（炭水車を除く）：202.7t

0-8-0(D)タンク機関車　　サザン鉄道(SR)　　　　　　　　　　　　　　　　　　　　　　　イギリス：1929年

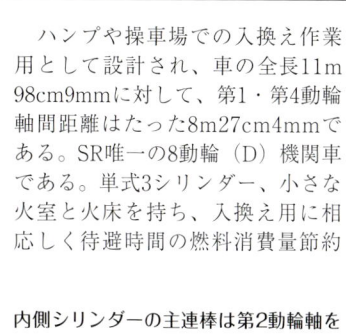

ハンプや操車場での入換え作業用として設計され、車の全長11m98cm9mmに対して、第1・第4動輪軸間距離はたった8m27cm4mmである。SR唯一の8動輪（D）機関車である。単式3シリンダー、小さな火室と火床を持ち、入換え用に相応しく待避時間の燃料消費量節約を目指している。8両全部がSRブライトン工場製で、機関士にとって便利な動力逆転器が付けられている。

内側シリンダーの主連棒は第2動輪軸を動かすので、第1と第2動輪の間が広くとってある。サイド・タンクは小さいが水の供給量は充分である。

ボイラー圧：12.6kg/cm²
シリンダー直径×行程：406×711mm
動輪直径：1421mm
火床面積：1.72m²
伝熱面積：118.8m²
牽引力：14,568kg
全重量：72.7t

P04型　4-6-0（2C）　　オランダ国鉄(NS)　　　　　　　　　　　　　　　　　　　　　　　オランダ：1929年

4-6-0（2C）の3700型にとって代って、鋼鉄製国鉄新客車やワゴンリ社の豪華客車編成の重量特急旅客列車を引くために、1929〜30年にかけて、ドイツのカッセル市のヘンシェル社で36両が製造された。単式4シリンダーを持ち、最大軸重が18トンなので、最初から使用できる区間は限定されていた。例えば、ユトレヒト〜フローニンゲン間のイーセル河鉄橋は通れなかった。
鉄道路線の総延長が比較的小さいので、経費節約のため、ボギー台車つきの炭水車（テンダー）は、もとからある国鉄の3700型や、オランダ中央鉄道（この2つが後に統合されてNSとなった）の3600型のそれと同じにした。またボイラーも、後の1930〜31年にかけて製造された4-8-4（2D2）タンク機関車6300型のそれと同じにしてある。
2個の外側シリンダーは、内側のワルシャート式弁装置によって、第1動輪を動かす。最高運転時速は110kmである。当時既に電化計画やディーゼル化計画が検討されていて、これがオランダ最後の急行用蒸気機関車になることは明らかにわかっていた。蒸気機関車はとことん酷使され、1両につき3人の乗務員が1日3交代で勤務していた。
ところが、この機関車の成績が非常に良かったので、これをタンク機関車にした6300型22両が、1930〜31年にかけて発注された。この機関車が引いた国際特急には次のものがある。週1往復の「ロッテルダム・ロイド」号は、ロッテルダムからフランスのマルセイユまで行き、そこで地中海の汽船に連絡する。「ネーデルランド・ロイド」号は、デン・ハーグからパリ、モンスニ・トンネルを経由して、イタリアのジェノヴァ港まで行く。どちらも1936年から運転された。

ボイラー圧：14kg/cm²
シリンダー直径×行程：420×660mm
動輪直径：1850mm
火床面積：3.2m²
伝熱面積：150m²
過熱面積：53m²
牽引力：13,575kg
全重量（炭水車を除く）：84t

S型　0-8-0（D）　　南アフリカ鉄道(SAR)　　　　　　　　　　　　　　　　　　　　　　　南アフリカ：1929年

S型、S1型、S2型合わせて100両ほどが1929〜53年にかけて製造された。どれも単式2シリンダーを持つが、牽引力や軸重はそれぞれ違う。S1型がもっとも出力が大きく、S2型がもっとも軽い。最初の11両

6輛ボギー台車を2個はいたヴァンダービルト式炭水車（テンダー）をつけたS型が、ポート・エリザベス埠頭で貨車の入換えをしている。1971年6月23日撮影。

第1部　蒸気機関車

はドイツのヘンシェル社製である。S1型は1947年に誕生、ケイプ・タウン市にあるSARソルト・リヴァー工場で製造した最初の機関車だった。入換え作業用で、ガーミストン（ヨハネスブルグ市）、キンバリー、ダーバン、ケイプ・タウンなどの操車場に配属されている。下に示すデータはS型のものである。

ボイラー圧：15kg/cm²
シリンダー直径×行程：590×634.5mm
動輪直径：1218mm
火床面積：3.7m²
伝熱面積：157m²
過熱面積：40.3m²
牽引力：20,590kg
全重量（炭水車を除く）：62.9t

原型の炭水車（テンダー）をつけたS型が、ヨハネスブルク東方のガーミストンの広大な操車場で入換え作業中。

「ノーザン」S1型　4-8-4（2D2）　グレイト・ノーザン鉄道（GN）　アメリカ：1929年

4-8-4（2D2）型が最初にノーザン・パシフィック鉄道を走ったのは1927年だったが、GNが特急「エンパイア・ビルダー」号を新設して、大陸横断列車の所要時間を5時間短縮できたのは、ボールドウィン社製のこの4-8-4（2D2）型6両を使ったからだった。モンタナ州の大陸分水嶺を越える長い区間があって、西行き列車の最急上り勾配は1.8‰（1000分の18）だが、14両編成の列車を補機なしで引いた。以前使用していた4-8-2（2D1）「マウンテン」車輪配列の機関車に比べて、牽引力が22％増えた。

ボイラーの直径は2487mmで、ベルペール式火室を持つ。先輪台車、従輪台車ともに外側に台枠があり、すべての車軸にはローラー・ベアリングがついた。アメリカの機関車ではよくあることだが、煙室の正面にコンプレッサー・ポンプが置かれている。No.2552の1両を除いて全車重油焚きで、6輪ボギー台車を2個はいたヴァンダービルト式炭水車は、4800ガロン（21.7キロリットル）の重油と18,300ガロン（82.35キロリットル）の水を積む。高さ4874mm、長さ33,071mmの堂々たる姿で、会社はその運転実績だけでなく、その宣伝効果もたっぷり利用した。

しかし同鉄道が動輪直径が2030mmもある4-8-4（2D2）S2型を特急旅客用に導入すると、S1型は貨物用に回されてしまった。

ボイラー圧：17.5kg/cm²
シリンダー直径×行程：710×761mm
動輪直径：1853mm
火床面積：8.7m²
伝熱面積：423m²
過熱面積：188.3m²
牽引力：30,385kg
全重量：418.7t

「スクール」型　4-4-0（2B）　サザン鉄道（SR）　イギリス：1930年

「ポケット特急用」と呼ばれた、この小ぶりの機関車がまず10両、GRイーストリー工場で製造され、有名な学校の名を貰って付けた。主としてロンドン～ヘイスティング間に使用された。ここは車両限界上きつい制限があったのである。

成績が抜群によく、30両が追加製造され、ヨーロッパ最強の4-4-0（2B）機関車と評された。単式3シリンダーがワルシャート式弁装置によって操作され、第1動輪を動かす。350～360トンの重量の急行列車を引いて、4-6-0（2C）「ロード・ネルソン」型に負けない働きができた。うち20両はル・メートル式ブラスト管つきの広い煙突によって排気する。

ボイラー圧：15.5kg/cm²
シリンダー直径×行程：419×660mm
動輪直径：2005mm
火床面積：2.6m²
伝熱面積：149m²
過熱面積：26m²
牽引力：11,396kg
全重量：68t

蒸気機関車　　1925～1939年

現在保存されている4-4-0（2B）「スクール」型No.928「スタウ」号が、1986年9月7日、ケント州の「ブルーベル」保存鉄道で、シェフィールド・パーク午前11時30分発ホーステッド・ケインズ行きの列車を引いて、スリー・アーチズの切通しを通過中。

No.10000　4-6-4（2C2）　　ロンドン＆ノースイースタン鉄道（LNER）　　　　　　　　　　　　　　　　イギリス：1930年

イギリスでは唯一の4-6-4（2C2）車輪配列の機関車で、高圧水管ボイラーを持つ複式試作機。LNER技師長ナイジェル・グレズリーが船舶用ボイラーの潜在能力を開発してみようと考えて、独特の流線形外被を設計した。4シリンダー複式で、主な意図は、LNER「パシフィック」型に負けない出力を持ちながら、大幅に燃料消費を節約することにあった。

多くの定期列車を引いたが、保守に多大の費用と手間がかかるので、1938年に従輪数はそのままにして、従来からのA4型のボイラーに改造した。

ボイラー圧：31.5kg/cm²
高圧シリンダー直径×行程：304.5×660mm
低圧シリンダー直径×行程：507.6×660mm
動輪直径：2030mm
火床面積：3.2m²
伝熱面積：184.4m²
過熱面積：13m²
牽引力：14,510kg
全重量：168.6t

1型式1両のNo.10000は、英国鉄道になってからはNo.60700となった。普通のボイラーをつけて、ロンドンのキングズ・クロス発の北行き急行列車を引いて、ロンドン郊外のホーンジーを通過中。

第1部　蒸気機関車

GT03型　4-8-4（2D2）タンク機関車　オランダ国鉄(NS)　　　　オランダ：1930年

後部だけに水槽を持つ重量機関車の主な用途は、南リンブルクの炭鉱地帯から西部まで石炭列車を引くことだった。1930～31年にかけて、ヘンシェル社とベルリン機関車製造会社（もとのシュワルツコップフ社）で22両製造した。4-6-0（2C）P0¹型と同じく、単式4シリンダーが第1動輪を動かし、棒台枠、ベルペール式火室を持つ。必要に応じて旅客列車を引く時の最高運転時速は90kmである。製造当時はヨーロッパで最大重量・最大出力のタンク機関車で、車長は17m38cm5mm、石炭4.5トンと水3090ガロン（13.85キロリットル）を積んだ。

1935年頃にドルドレヒトで撮影したNo.6321。4動輪軸（D型）で主連棒が第1動輪を動かすのは珍しい。煙突のてっぺんが銅製なのは、オランダの長い伝統であった。

ボイラー圧：14kg/cm²
シリンダー直径×行程：420×660mm
動輪直径：1550mm
火床面積：3.2m²
伝熱面積：150m²
過熱面積：50m²
牽引力：14,720kg
全重量：127t

15CA型　4-8-2（2D1）　南アフリカ鉄道(SAR)　　　　南アフリカ：1930年

南アフリカの鉄道は距離が長いし、重い鉱石を運ばねばならないから、1067mm（3フィート6インチ）ゲージなのに重い機関車を必要とした。1920年代から新世代の重量蒸気機関車が開発された。1904年以来4-8-2（2D1）型が使われていたが、その後12型とその改良型のような、より大形の新型式が1920年代中頃に登場して、最大軸重17.8トンで約18,594kgもの牽引力を出すことができた。

1930年に、これらにとって代る15CA型（愛称は「でかビル」）が登場した。SARはいつもアメリカの実績に関心を示していたので、この型式の最初の数両はボールドウィン社で製造された。その後はミラノ市のブレダ社やグラスゴー市のノース・ブリティッシュ機関車製造会社も参加した。最大軸重は18.8トンだが、牽引力は12型よりもずっと大きくなった。高さは13フィート（3959ミリ）、幅は10フィート（3045ミリ）で、ゲージが3フィート6インチだからその3倍近くある。実に堂々たる外観だ。単式2シリンダー、ワルシャート式弁装置、ピストン弁を持つ。

1935年に「でかビル」もまた、もっと大きなボイラーを持った15E型にとって代られることとなる。こちらは回転カム軸ポペット弁を持ち、いろいろな点でドイツ製の「パシフィック」16E型に似ている。

デ・アール機関庫で石炭を積み込み中のNo.2826。デ・アールは、ケイプタウン～キンバリー～ヨハネスブルグ間の幹線から、イースト・ロンドンや南西アフリカへ行く線が分岐する駅である。

ボイラー圧：14kg/cm²
シリンダー直径×行程：609×710.6mm
動輪直径：1447mm
火床面積：4.5m²
伝熱面積：257.7m²
過熱面積：64.6m²
牽引力：21.809kg
全重量：176.2t

蒸気機関車　　1925～1939年

4-8-2（2D1）15CA型重連で貨物列車を引いているから、牽引力は合計で4500kgに近い。軸重が比較的大きいので、幹線だけの使用に限られた。

ガラット式　4-6-2+2-6-4（2C1+1C2）　　中央アラゴン鉄道　　　　　　　　　　　　　　　　　　　　スペイン：1930年

　この急行列車用機関車の動輪はガラット式として最大である。ビルバオ市のエスカルドゥーニャ社で6両製造され、バレンシア～カラタユード間の旅客列車を引いた。山岳地帯では46分の1（1000分の21.8）上り勾配と半径300mのカーブのある線路を、300トンの重さの列車を引いて時速40kmで走った。

ワルシャート式弁装置、ピストン弁、ベルペール式火室、ACFI〔フランスの機関車部品製造会社〕式給水温め器を持つ。もともとは石炭焚きだが、後に重油焚きに改造された。旅客列車用ガラット式機関車としてはヨーロッパ唯一の例で、性能は優秀で、RENFE（スペイン国鉄）になってからも1970年まで現役に残った。現在1両がバルセロナ鉄道博物館で保存されている。ガラット式機関車はイギリスのベイヤー・ピーコック社が独占製造しているが、エスカルドゥーニャ社はライセンスを取って、もう1両2-6-2+2-6-2（1C1+1C1）ガラット式を、シエラ・ミネラ鉱山会社で使用するために製造した。

ボイラー圧：14kg/cm²
シリンダー直径×行程：482×660mm
動輪直径：1751mm
火床面積：4.9m²
伝熱面積：298.9m²
過熱面積：68.9m²
牽引力：18,540kg
全重量：183.4t

Z-5型　2-8-8-4（1DD2）　　ノーザン・パシフィック鉄道（NP）　　　　　　　　　　　　　　　　　　アメリカ：1930年

　ユニオン・パシフィック鉄道の「ビッグ・ボーイ」型が1941年に誕生するまでは、これが世界最大の機関車だった。そして、火床面積、伝熱面積、過熱面積に関する限り、世界一の王座を最後まで失うことがなかった。

　試作機は1928年にアルコ社で製造されたが、1930年に量産型11両の発注先はボールドウィン社だった。「イエローストーン」型と呼ばれ、北ダコタ州マンダンとモンタナ州グレンディヴの間の、大陸横断路線中の「バッドランド（悪地）」と呼ばれた1000分の11上り勾配347.6kmで、4000トンの貨物列車を引くのが用途だった。煙突のてっぺんまでの高さが5m22cm8mm、マレー式構造で、先輪2個と動輪8個は連節台車となり、後の動輪8個と従輪4の車軸は台枠に固定されている。しかし4つのシリンダーは単式である。NP所有の炭鉱でとれる「ローズバッド・コール〔ばらのつぼみ炭〕」と呼ばれる褐炭を焚く目的で、奥行きの深い火室が設けられている。

　従輪は補助機関により作動され、6077kg牽引力を増した。後に全車輪にローラー・ベアリングが付けられたが、この点でNPは先覚者と言ってよい。煙室の上の煙突から第1ドームまで外被が付けられて、管を露出させず半流線形となっている。

ボイラー圧：17.5kg/cm²
シリンダー直径×行程：660×812mm
動輪直径：1599mm
火床面積：17m²
伝熱面積：712.6m²
過熱面積：299m²
牽引力：63,492kg
全重量：499t

147

第1部　蒸気機関車

78型　4-6-4（2C2）タンク機関車　オーストリア連邦鉄道（ÖBB）　オーストリア：1931年

　この大形サイド・タンク機関車は、例えばウィーン〜リンツ間のような短距離急行列車用として、1931〜36年にかけて、10両がウィーンのフロリスドルフ工場で製造された。さらに同国がドイツに併合された1938〜39年にかけて、10両が追加製造された。運転室とボイラーの外側はドイツ国鉄スタイルで、それ以前の型式同様排煙板がとり付けられた。2シリンダー単式で、レンツ式可動カム軸ポペット弁を持ち、1930年代末に全車にギースル式吐出管つき煙突がとり付けられた。

ボイラー圧：16kg/cm²
シリンダー直径×行程：500×720mm
動輪直径：1619mm
火床面積：3.6m²
伝熱面積：170m²
過熱面積：52m²
牽引力：15,260kg
全重量：109t

上：ギースル式吐出管つき煙突を持つNo.78.614。1966年10月、オーストリア・アルプス地方のゼルツタールにて撮影。砂箱は木造のように見える。給水温めパイプが煙室から後部の水槽の方に伸びている。

右：従来通りのボイラーの外観を持つ78型。手前に見えるのは狭軌トロッコ線の転車台（ターンテイブル）。トロッコの鉱石をここで本線の貨車に積み替えるのである。

46.01型　2-12-4（1F2）タンク機関車　ブルガリア国鉄（BDZ）　ブルガリア：1931年

　BDZでは1930年に近代的大形機関車設計の時代が始まった。これは非連節機関車としては世界最大で、ドイツで設計され、ポーランドのセギールスキー工場で12両製造された。山岳地帯の路線、とくにベルニック炭田地帯と首都ソフィアの間の重量石炭列車を引くのが仕事であった。外側に2個のシリンダーがあり、第3動輪を動かす。第3、第4動輪にはフランジがない。先輪と第1動輪はクラウス・ヘルムホルツ式台車を形成し、第6動輪は左右に25mm動く遊びが与えられている。このようにして、急カーブ

No.46.12が、ソフィア近くのベルニック・ループ線を空の石炭車の長い列を引いて、ゆっくり登っている。機関士が窓から顔を出して、インジェクターから出る蒸気を眺めている。10両目の貨車にブレーキの操作係が乗っているのが見える。

148

蒸気機関車　　1925～1939年

を低速で安全に乗り切ることができた。最大軸重は17トンである。
　長いボイラーの上に5個もドームが並んでいる。ワグナー式加減弁、ワグナー式給水装置、砂箱（2ドーム）、主加減弁を納めている。ワルシャート式弁装置とピストン弁が大きなシリンダーを操作する。石炭を10トン積み、水を側面と後部のタンクに4000ガロン（約18キロリットル）積み、これは多くのテンダー機関車以上の量である。
　1943年には、さらに8両の2-12-4（1F2）3シリンダー46.13型がベルリンのシュワルツコップフ社で製造された。こちらのシリンダーの直径×行程は550×700mm、牽引力（計算上の）は29,922kgで、先輩の2シリンダー型より少々劣る。

46型の2シリンダー機関車が2両、引退してファケレルの側線で停車中。形式上は休車扱いだが、長年放置されたままで、現役に戻ったものはほとんどいない。

ボイラー圧：16kg/cm²
シリンダー直径×行程：700×700mm
動輪直径：1340mm
火床面積：4.9m²
伝熱面積：224m²
過熱面積：83.9m²
牽引力：31,836kg
全重量：149.1t

4.1200型　2-8-2（1D1）タンク機関車　　ノール（北）鉄道　　　　フランス：1931年

ボイラー圧：18.3kg/cm²
シリンダー直径×行程：641×700.5mm
動輪直径：1548mm
火床面積：3.1m²
伝熱面積：166.4m²
過熱面積：45m²
牽引力：25,609kg
全重量：104.2t

　1910年以降、フランスの多くの大鉄道会社は、短距離区間旅客車や、郊外線の急行列車用として、2-8-2（1D1）タンク機関車を好んだ。例えば、パリ・オルレアン鉄道は、砂箱ドームが2個付いた名機141.TA型（フランス国有鉄道になった際の型式称号）を所有し、その37両は1924～26年にモロッコ鉄道に送られた。エスト（東）鉄道、エタ（国有）鉄道、ノール（北）鉄道でも、1930～31年に近代的型式を採用した。ノール鉄道の車は（後のフランス国鉄の型式称号では141.TC型となったが）、同鉄道のラ・シャペル工場製で、高出力を誇った。1932年7月、パリからクレイユまでの50kmを、490トンの重さの列車を引き、30分で走破した。1970年12月12日、パリ・ノール駅からの最後の蒸気機関車牽引列車を担当したのは、この型式だった。

フランスの旅客列車用大形タンク機関車は、全身これテンダー機関車に負けない堂々とした急行用のいでたちを見せてくれる。もちろん、性能の点でも同様だ。

FD型　2-10-2（1E1）　ソヴィエト国鉄　　　　　　　　　　　　　ソヴィエト連邦：1931年

　1931年ソヴィエト連邦は（スターリンの急速な産業近代化計画のさなかにあって）、交通が機関車不足のため危機に直面していた。多くの戦略的重要幹線があわてて格上げされて、20トン軸重の機関車が通れるようにした。そして、「フェリックス・ジェルジンスキー」（略してFD。1921年ソ連国鉄を再構成した人）と名づけられた型式の機関車が（秘密警察GPUによって逮捕された技師者たちによって）より重く、より速い貨物列車用として設計された。

FD型No.2714。1両目の客車は暖房車らしく見える。もともとは蒸気機関車が客車に暖房蒸気を送るはずなのだが。

第1部　蒸気機関車

No.2714が出発するところ。つぎ足して高くなった煙突がはっきり見える。

2シリンダー単式で、アメリカ風の特色、例えば、棒台枠、動力給炭装置、火室内の熱サイフォンなどなどを持つ。1933年にヴォロシーロフグラード市で量産が始まり、3000両以上が製造された。1950年代末から1960年代初頭にかけて、1250両くらいが中国に送られ、標準軌に変更して、中国のFD型となった。

ボイラー圧：15kg/cm²
シリンダー直径×行程：672×761mm
動輪直径：1497mm
火床面積：7m²
伝熱面積：294m²
過熱面積：148.1m²
牽引力：29,251kg
全重量（炭水車を除く）：137t

240.P1型　4-8-0（2D）　パリ・オルレアン鉄道（PO）　　フランス：1932年

パリ～トゥールーズ間の急行列車スピードアップを目指して、POは1930年から、いろいろな型の機関車を候補にあげていた。POの研究部門に勤務していたアンドレ・シャプロンの提案によって、同鉄道の以前の複式4シリンダー「パシフィック」型No.4521を、彼の設計する4-8-0（2D）に改造することにした。彼は以前にも同鉄道の「パシフィック」3500型を改造したことがあった。

1931年10月から1932年8月にかけて、POトゥール工場で徹底的改造工事が行なわれた。ノール鉄道の「スーパー・パシフィック」型のボイラーを新たにとり付けた。幅の狭い奥行きの深いベルペール式火室に、ニコルソン式熱サイフォンを備えた。もともとはハンサムだった外観が、諸々の管、ドーム、ポンプ、シリンダー、2本煙突などが寄り集まって、全く違った頑強な外観になってしまった。目に見えぬ内側も、同じく徹底的に変えられた。

性能も驚くほど向上した。蒸気の通りがよくなり、ドラフトとブラストの装置も改善され、ボイラーも火室も優秀で、584トンの重さの列車を引いて、シリンダー出力4000馬力、時速122.6kmで走れた。

1934年にさらに11両が、1940年には25両が改造された。こちらには動力給炭装置がとり付けられた。坂道でも平坦線でも、大戦後電化した列車用として作ったダイヤ通

いかにもシャプロンらしい独特の外観である。蒸気管や外側に露出した諸装置が、ひとつの全体機構としてまとめられて、性能を高めるのに貢献している。

りに、しかもより重い列車を引いて走ることができた。1938年に発足したSNCF（フランス国鉄）が、この素晴らしい型式の機関車を新たに製造しなかったのは、鉄道界の謎のひとつである。

ボイラー圧：20.5kg/cm²
高圧シリンダー直径×行程：436×645mm
低圧シリンダー直径×行程：635×645mm
動輪直径：1846mm
火床面積：3.75m²
伝熱面積：213m²
過熱面積：68m²
牽引力：14,026kg
全重量：110.7t

蒸気機関車　　1925～1939年

85型　2-10-2（1E1）タンク機関車　ドイツ国鉄（DRG／DRB）　　ドイツ：1932年

　ドイツでの型式称号は「1'E1'h3」で、過熱式3シリンダー2-10-2（1E1）機関車をよく説明してくれる。標準型で、多くの部品は他のDRG標準型と共通使用となっている。全部で10両がカッセル市のヘンシェル社で製造された。ドイツ標準型であるホイジンガー式弁装置を持ち、第3動輪軸に付けられた偏心輪によって作動される。内側シリンダーは第2動輪を動かす。クラウス・ヘルムホルツ式台車が従輪を

大戦後東ドイツ国鉄になってからの85型。標準型のいくつかは少数ながら製造されたが、製造されずに終ったものもある。

第5動輪と接続させ、前後進とも時速80キロを出せる。山地向けの強力機関車だから、最初はシュワルツワルト（黒森）地区のフライブルクに配属された。
　1961年に1両を残して解体され、その1両は現在コンスタンツ工業学校で静態保存されている。

ボイラー圧：14kg/cm²
シリンダー直径×行程：600×660mm
動輪直径：1400mm
火床面積：3.5m²
伝熱面積：195.8m²
過熱面積：72.5m²
牽引力：20.299kg
全重量：133.6t

K型　4-8-4（2D2）　ニュージーランド国鉄（NZR）　　ニュージーランド：1932年

　ニュージーランドの鉄道はゲージが3フィート6インチ（1067mm）の狭軌であることの他に、車両限界による厳しい制約がある。高さは3m50cm2mm、幅は2m58cm9mmという小さなスペースの中に、K型は前例のないほどの出力を巧みに押し込んだ。設計上の傑作である。列車重量が大きくなり、輸送ニーズが増えたので、Ab「パシフィック」型より大きな牽引機を必要とする列車が出て来たので、そのために設計されたのがK型だった。最初は4-8-2（2D1）車輪配列を計画したが、最大軸重を14.2トン以内に抑えるためには、火室の下に4従輪台車を置く必要があった。
　1932～36年にかけて、NZRハット工場で30両が製造され、主としてウェリントン～オークランド間

Kb型No.970が、南島の西海岸と東海岸を結ぶ「横断線」、クライストチャーチ～グレイマス間の途中すれ違い場を走る。貨車の大部分は羊を運ぶための二階建て有蓋車である。

第1部　蒸気機関車

の幹線で働いた。多くの近代的装置、例えば、動力逆転器、機械的自動潤滑油供給装置、空気圧使用火室扉などがとり付けられた。客貨両用で、平坦線では500トンの重さの列車を引いて時速80km、1000トンを引いて48kmで走ることができた。通常運転最高時速は88.5kmで、これを遥かに超えることがしばしばあった。

その後Ka型、Kb型が登場した。新たにローラー・ベアリングなどをとり付けた。Ka型は1950年まで製造され、K型を全部合わせると71両となる。

最終的な改装を施されたKa型No.942。北島のハントレーで撮影。Ka型は正面からボイラー上部にかけて外被で覆われた。

ボイラー圧：14kg/cm²
シリンダー直径×行程：508×660mm
動輪直径：1370mm
火床面積：4.4m²
伝熱面積：179.5m²
過熱面積：45m²
牽引力：14,850kg
全重量（炭水車を除く）：88t

464型　4-8-4（2D2）タンク機関車　チェコスロヴァキア国鉄（CSD）　　チェコスロヴァキア：1933年

後にチェコスロヴァキアとなる地域での機関車製造の始まりは、1900年PCM工場の創立だった。1918年チェコ共和国誕生とともに、工業が大きく広がり、1920年代初頭には既に主要工業コンツェルンとなっていたスコダ・グループが機関車工場を作った。もうひとつの大製造会社CKDは、PCMと他の2つの小会社、ブライトフェルト・ダネックとエミール・コルベンが合併して生まれたものだった。

チェコ国鉄は当然のことながら国産重視方針を打ち出し、次々に機関車を登場させて着々と進化していったが、その象徴とも言うべきものが、この強力タンク機関車の系列である。

1924年に2-8-0（1D）455.1型が登場した。これは以前の6動輪機関車を元にして改良したものであったが、今度はこの455.1型を元にして大型2-8-4（1D2）タンク456.0型を1927年から導入した。当時としては同国鉄最強力タンク機関車で、成績が優秀、1970年代まで現役に

現在保存中の464型。美しく磨かれ保存状態も良好、ドイツ風のウィッテ式排煙板をつけている。1980年9月撮影。

152

蒸気機関車　　1925～1939年

機関庫で日常の労働に従事していた頃の464型。チェコスロヴァキアから蒸気機関車が消える前の姿で、ギースル式吐出管つき煙突が見える。

あった。

1933年になると、さらに大形になった464型が登場した。455型よりも重くて強力だが、水と石炭の積載量は少なくなっている。2シリンダー単式で、ホイジンガー式弁装置を持ち、すべての車輪に軸受けが付けられた。チェコ国産機関車は皆そうであるが、ボヘミアの炭田でとれる低品質の「褐炭」を焚くために幅広い火室を持つ。最初は3両だけ試作したが、1938年までには76両に達し、第4号機以降は過熱装置と排煙板がとり付けられた。（最初の3両も後に排煙板が付けられた。）製作所はピルゼン市のスコダ工場とプラハ市のCKD社である。

CSDは大戦前のオーストリア・ハンガリー帝国の伝統的機関車を受け継いだり、改造したりしたが、1920～30年代になると、独自の特色を持つ機関車を製造した。この国はヨーロッパの中央に位置しているから、そこの技術者たちはイギリス、フランス、アメリカの発達ばかりでなく、ドイツやロシアの技術にも親しく接している。単純な煙室扉やてっぺんに縁どりのある煙突はイギリス風である。最後に製造された9両には、ロシアのトロフィモフ式ピストン弁と、先輪と従輪にスウェーデンのSKF社製ローラー・ベアリングがついている。

進化は大戦後の1945年以降も続いた。1948年からはチェコスロヴァキアはソ連圏に入った。原型の銅製火室は鋼製に変り、より大きな過熱装置がとり付けられた。多くの車に空気圧使用火室扉と、ギースル式2本ブラスト管つき煙突がとり付けられた。ギースル式は本家のオーストリア同様チェコスロヴァキアでもごく一般に見られる。

国際列車が多い重量旅客急行列車とか、比較的短距離の幹線急行列車とかが、この4-8-4（2D2）タンク機関車にうってつけの仕事場である。事実、1955年にCSD最後の蒸気機関車が製造されたが、それはまさにこの急行用4-8-4（2D2）タンク464.2型だった。464.0型は山地の幹線、とくに北西部のチョムトフ～チェブ間で急行用として使われた。ピルゼンの南方クラトフ機関庫に配属されたものもあり、またスロヴァキア地区で使われたものもある。

第二次世界大戦中15両がドイツ国鉄に徴用されたが、1945年に返還された。1970年代になると464型の引退が始まり、1981年に最後の現役車がクラトヴィ機関庫から引退した。これは第1号車No.464.001とともに現在保存されている。

1940年から4-8-4（2D2）タンク機のさらなる進化が始まった。464.1型2両が製造された。464.0型と外観は同じだが、ボイラー圧が18kg/cm²により、シリンダー直径が500mmとなり、太い過熱管が付けられた。戦争中は進化はストップしたが、1945年以降に既成の464.0型の改良に精力を集中した。

ボイラー圧：13kg/cm²
シリンダー直径×行程：600×720mm
動輪直径：1624mm
火床面積：4.38m²
伝熱面積：194m²
過熱面積：62.1m²
牽引力：17,560kg
全重量：114.5t

第1部　蒸気機関車

マレー式R441型　0-4-4-0（BB）タンク機関車　エリトリア鉄道　　エリトリア〔当時はエチオピアの一部〕：1933年

　同鉄道はマッサワからアスマラまで、117.5kmの路線で標高差2175mを登る。ゲージは950mmである。ここを10時間かけて列車を引くのが、このマレー式タンク機関車である。最初に登場したのはマッファイ社が1910年に製造した複式だった。その後単式R441型が15両イタリアで製造され、うち10両にはワルシャート式弁装置が、5両にはカプロッティ式ポペット弁装置がついている。

　さらに1938年には8両がアンサルド社によって製造され、これは複式に戻った。R441型のうち1両が複式に改造され、それは1954年にはまだ現役だった。1911年に製造された古典機関車も1954年にまだ5両が元気に働いていた。

ボイラー圧：12kg/cm²
シリンダー直径×行程：330×500mm
動輪直径：900mm
火床面積：不明
伝熱面積：不明
牽引力：11,636kg
全重量：46t

　低い木ばかりのこの国独特の荒野の中を、マレー式0-4-4-0（BB）タンク機関車が、低床長物貨車を引いて走る。おそらく保線作業のためであろう。

「プリンセス・ロイヤル」型「ダッチェス」型　4-6-2（2C1）ロンドン・ミッドランド＆スコティッシュ鉄道（LMS）　　イギリス：1933年

　1933～39年にかけて、イギリスの急行列車専用機関車の出力と性能に大きな進歩が見られた——そのよい例がLMSの「パシフィック」型で、すべてW・A（のちにサー・ウィリアム）・ステイニアの設計、その指導の下で製造された。

　「プリンセス・ロイヤル（第1王女）」型の最初の2両（Nos.6200, 6201）は1933年に登場し、さらに10両が1935年に製造された。製造所はすべてLMSクルー工場である。試作機2両の経験を生かして、いろいろの変更が加えられた。全車ともボイラーが後方ほど太くなり、もっとも大きい所の直径は1903.5mmである。車両限界の中に大動輪と大ボイラーを何とか納めるために、動輪の上部を少し覆う必要があった。全車とも4シリンダー単式で、内側の2シリンダーが第1動輪を、外側の2シリンダーは独立のワルシャート式弁装置で操作される。外側シリンダーは第2先輪の上に置かれている。先輪ボギー台車は内側に軸受けが付き、従輪は外側に軸受けが付いている。

　「ロイヤル・スコット」型もそうであったが、「プリンセス・ロイヤル」型でもボイラーにほとんど何も器具が付いていないので、横から見ると長く、なめらかな姿である。1933～35年までの間の進化の主なものは、過熱装置の向上と、蒸気流通の改善である。LMSの設計者たちは以前からフランスのアンドレ・シャプロンの仕事に大きな関心を寄せていたが、LMSは冶金術についての独自の経験をかなり蓄積していたので、高性能の機関車を造る一方で、保守や部品取り替えのための膨大な経費を節約するのに大いに役立った。

　最初の2両は小さな炭水車を付け

No.46229「ダッチェス・オヴ・ハミルトン」がロンドン～グラスゴー間「カレドニア特急」の銘板を付けている。1982年4月10日カーンフォース市の蒸気機関車保存施設「スティームタウン」にて。

154

蒸気機関車　　1925～1939年

1982年2月27日、「ダッチェス・オヴ・ハミルトン」が、貸切り臨時列車「カンブリアン・マウンテン・プルマン」号を引いて、もとミッドランド鉄道リーズ～カーライル間のバーケット・コモン高原を横切る。

たが、これをLMS標準型の、石炭10トンと水4000ガロン（約18キロリットル）を積む炭水車に付け替えた。LMSの幹線すべての各所に、水を補給する溝が左右のレール間に設けてあったし、石炭はロンドン～グラスゴー間を走るのに充分な量だった。

1930年代にはロンドン～スコットランド間の鉄道競争が激しく、この頃から航空機という新たなライヴァルが現れた。鉄道はもはや最高速交通機関ではなくなった。1937年LMSは、新しい「コロネイション（戴冠式）特急」のために、流線形に改造した「パシフィック」型を導入した。これに僅かな変更を加えたものが、1938年登場の流線形ではない「ダッチェス（公爵夫人）」型の原型となった。

1935年の「プリンセス・ロイヤル」型と、この「ダッチェス」型の主な違いは、伝熱面積が前者の215から後者の260m²、過熱面積が前者の60.6から後者の79.5m²へと大きく増えたこと、動輪直径が76mm増えたこと、火床面積が0.46m²増えたこと、などである。外側の弁装置はロッカー・アームを通して内側シリンダーも操作し、外側シリンダーは第2先輪のすぐ前に置かれる。ニッケル鋼を使用したため、「プリンセス・ロイヤル」型に比べて重量は748kg増えただけだった。運転室の前面が傾斜しているのは、夜間前方の見晴らしをよくするためで、動力給炭器が付いて、乗務員のつらい仕事に救いの手を差し

のべた。キルシャップ式2本煙突の付いた車もある。特急用「コロネイション」型の流線形外被は、例によって幾分か宣伝効果のためだったが、1945～49年にかけてとり外された。「ダッチェス」型は全部で38両が1948年までに製造された。成績抜群で、記録された最高時速は、1937年6月29日No.6220「コロネイション」号が270トンの重さの列車を引いて出した183.4kmである。同じ機関車はその帰途で、クルーからロンドン・ユーストンの254kmを、平均時速が128km、最高時速は160km以上だった。ダイヤ通りではロンドン～グラスゴー間を平均速93kmで走った（乗務員交代のための停車時間を含む）。

1939年2月に重さ614トンの客車を引く試運転列車で、牽引機No.6234「ダッチェス・オヴ・アバーコーン」は、計算上のシリンダー出力3333馬力（2486キロワット）を出したが、これはイギリスの全機関車中の最大であろう。この型式は1964年まで幹線急行列車を引いていた。「ダッチェス」型の3両は現在保存されている。

下のデータは1938年製の非流線形機関車のものである。

ボイラー圧：17.5kg/cm²
シリンダー直径×行程：419×711mm
動輪直径：2057.5mm
火床面積：4.6m²
伝熱面積：260m²
過熱面積：79.5m²
牽引力：18,140kg
全重量：164t

第1部　蒸気機関車

Ya-01型　4-8-2+2-8-4（2D1+1D2）　ソヴィエト国鉄
ソヴィエト連邦：1933年

革命前のロシアの鉄道は、フェアリー式やマレー式の連節蒸気機関車を広い範囲で使っていた。1932年にソヴィエト国鉄は2540トンの重さの石炭列車牽引の試作機として、イギリス、マンチェスター市のベイヤー・ピーコック社に、連節ガラット式機関車を1両発注した。これまでヨーロッパで製造された最大の蒸気機関車だったが、最大軸重は20トンに抑えられていた。

レニングラードで陸揚げされ、南ウラル山脈のスヴェルドロフスク〜チェリアビンスク間の嶮しい線路状態の悪い区間でテストされた。一説によると保守のための条件がロシア人の運転に適しなかったからというが、ともかくYa型は1両だけで終り、この試作機は1937年に解体された。

- ボイラー圧：14kg/cm²
- シリンダー直径×行程：568.5×741mm
- 動輪直径：1497mm
- 火床面積：7.98m²
- 伝熱面積：337.1m²
- 過熱面積：90m²
- 牽引力：35,692kg
- 全重量：270.2t

4-8-0（2D）　デラウェア＆ハドソン鉄道
アメリカ：1933年

この鉄道は社長L・H・ローリーの下で、設計・保守とも進歩的な方針を打ち出していた。当時いろいろの国の鉄道が超高圧機関車の実験を行っていた。

この機関車はローリーと名付けられたが、1924年に始った同鉄道一連の型式の3番目に当るもので、4シリンダー3複式であった。運転室の右側のシリンダーが高圧蒸気でピストンを動かし、その排気が左側のシリンダーに入ってまたシリンダーを作動させ、その排気が最後に前部にある2個の低圧シリンダーに入る。前後の4個のシリンダーは同じ動輪を動かす。

回転カム軸ポペット弁がとり付けられ、火室では上部にジェット空気が噴出されて燃焼をよくする。炭水車は6輪ボギー台車を2個はいているが、その後部台車を補助機関が作動する。このように、あまりにも多くの新機軸がついたために、たった1両だけで製造が終ってしまったのも驚くには当らない。でも幸せなことに、この鉄道には普通の機関車もたくさんいて、皆設計もよく、保守も充分に行なわれていた。

- ボイラー圧：35kg/cm²
- 高圧シリンダー直径×行程：507.6×812mm
- 中間圧シリンダー直径×行程：698×812mm
- 低圧シリンダー直径×行程：837.5×812mm
- 動輪直径：1599m
- 火床面積：7m²
- 伝熱面積：311m²
- 過熱面積：99.9m²
- 牽引力：53,412kg
- 全重量：不明

KF1型　4-8-4（2D2）　中華民国国鉄
中国：1934年

- ボイラー圧：15.5kg/cm²
- シリンダー直径×行程：530×750mm
- 動輪直径：1751mm
- 火床面積：6.3m²
- 伝熱面積：277.6m²
- 過熱面積：100m²
- 牽引力：14,930kg
- 全重量（炭水車を除く）：118.9t

KF1型は1970年代末まで幹線で働いていて、末期には長春機関庫に配属されていた。そこの石炭積込み塔は1996年まで残されていた。ヨークで保存されている他に、北京鉄道博物館にも1両保存されている。

中国で唯一の4-8-4（2D2）型で、イギリス、マンチェスター市のヴァルカン・ファウンドリー社で合計24両製造された。2シリンダーで、車長はボギー台車をはいた炭水車を含めて30.8m、棒台枠を持ち、火室は外側に枠のある4輪ボギー台車で支えられている。もともとはワルシャート式を改良した、アメリカのベイカー式弁装置が付いていた。急行旅客列車用として使われたが、外観は堂々としていても、4-8-4（2D2）としては特に大出力とは言えなかった。

No.KF17は現在イギリス、ヨーク市の国立鉄道博物館で保存されている。

05型　4-6-4（2C2）　ドイツ国鉄（DRG／DRB）
ドイツ：1934年

合計3両がボルジッヒ社で製造された超高速軽量列車牽引用で、新しく登場した高速ディーゼル客車にどう対応すべきかと、ドイツの蒸気機関車技術者が頭脳をしぼった成果である。DRGから出された要求は、平坦線で250トンの重さの列車を引いて、通常運転時速150km、最大運転時速175kmで走れる機関車だった。このような列車だったら、ベルリン、ハンブルク、フランクフルトを結ぶディーゼル客車の実績に対応でき、しかもより多くの旅客に、より快適な乗り心地を保証できるだろう。（同じ頃イギリスのロンドン＆ノースイースタン鉄道でも、同じようなことを考えていた。）

単式3シリンダーが第1動輪（内側シリンダーが）と第2動輪（外側シリンダーが）を動かし、3個のワルシャート式弁装置がとり付けられた。ボイラーは01「パシフィック」型と同じ直径だが、モリブデン鋼板で出来ている。第1号、2号機は棒台枠を持つ。第3号機はいろいろな点で違っている。もともとは運転室を先頭にして走るよう造られ、粉炭を燃料とする。

全3両ともほとんど完全に近い流線形外被で覆われ、赤色に塗られ、運転室床面の高さに黒と金色の帯が描かれている。この機関車が疾走して近づいて来るのをプラットフォームに立って見ていたら、ゾクゾクしたことだろう。先輪と従輪の前の車輪のブレーキ・シューは1個だが、それ以外のすべての車輪には2個付いていた。

05.001号と05.002号は、高速を長距離区間維持できるよう、完璧に設計され製造された。内壁が銅製の火室に手で石炭を投入するのは意外に思えるかもしれないが、あくまで試作機なのであって、石炭投入量を慎重に測るのもテストの必要項目だった。炭水車は14輪の大形で、6輪は台枠に固定され外側に軸受けがあり、8輪はボギー台車で外側に軸受けがある。石炭10トンと水8200ガロン（約36.9キロリットル）を積む。ドイツの鉄道はレール間に水溝を設けて、走行中にそこから水を吸い上げることはしない。

1936年5月11日、No.05.002は重さ197トンの列車を引いて試運転中、時速200.4kmという世界記録を樹立した。そこは事実上平坦線なので、2年後にイギリスの「マラード」号が時速201.2kmを出して世界記録を奪ったのは、200分の1（1000分の5）下り勾配だったことを考えると、この点は無視できない。05.001号と05.002号は素晴らしい名機で、これ以外にも高速走行をやり遂げた。しかし、かりに量産が行なわれたとしても、例えばベルリン〜ハンブルグ間のような列車密度の大きい区間で、他の列車に邪魔されずに最高速度の能力をフルに発揮できたかどうか。この問題は解決されることのないまま、1970年代に日本とフランスが高速新幹線を建設することとなった。

とはいうものの、1936年10月か

蒸気機関車　　1925〜1939年

ら1939年大戦勃発まで、この型式はヨーロッパ最速の蒸気機関車運転のダイヤを守り続けた——ハンブルク〜ベルリン間286kmを2時間24分で走破、平均時速は118.7kmであるから、かなりの長距離で高速を維持したことになる。

1950年に05.001号と05.002号はクラウス・マッファイ社で改造され、流線形の外被はとり外された。05.003号は成績がよくなくて、1944〜45年にかけて普通の機関車に改造された。3両とも西ドイツ連邦鉄道で1957年まで急行列車を引き、05.001号は現在流線形外観を一部復元したが、車輪部分は外にむき出して保存されている。

ボイラー圧：20kg/cm²
シリンダー直径×行程：450×660mm
動輪直径：2300mm
火床面積：4.71m²
伝熱面積：256m²
過熱面積：90m²
牽引力：14.870kg
全重量：213t

2-6-4（1C2）タンク機関車　　ロンドン・ミッドランド＆スコティッシュ鉄道（LMS）　　イギリス：1934年

LMSダービー工場製のLMS都市近郊列車用大形タンク機関車標準型である。1934年に3シリンダー車として登場したが、1935年2シリンダーで過熱面積を25％増やした型が、将来の改良への基本となった。

LMS圏内の大都市と周辺で活躍した。頻繁に使用されるので、ピストンに自動的に潤滑油を注入する装置やピストン弁・ピストン棒パッキングなどがとり付けられた。強化マンガン・モリブデン鋼が主連棒や連結棒に用いられた。石炭3.5トンと水2000ガロン（約9キロリットル）を積む。レイル間の水溝から水を吸い上げる装置がついているので、運転距離を長くすることができた。

イギリス国鉄になってからはNo.42128となった。エジンバラ市セント・マーガレッツ機関庫で石炭を積み込んでいるところ。ボイラーの上の給水器のカバーが一部外れていてクラック弁が見える。

ボイラー圧：14kg/cm²
シリンダー直径×行程：497×660mm
動輪直径：1751mm
火床面積：2.5m²
伝熱面積：126.8m²
過熱面積：22.75m²
牽引力：9886kg
全重量：96.8t

第1部　　蒸気機関車

P2型　2-8-2（1D1）　　ロンドン＆ノースイースタン鉄道(LNER)　　イギリス：1934年

イギリス唯一の8動輪急行旅客列車用蒸気機関車で、LNERドンカスター工場で設計・製造された。LNERの「適材適所」政策に従って、ロンドン〜エジンバラ間よりも坂が急なエジンバラ〜アバディーン間幹線で、重量急行列車用として導入された。2両の試作機はどちらも3シリンダー単式だが、それぞれ違った弁装置をとり付けた。No.2001「コッコ・ザ・ノース」にはカム軸ポペット弁を、No.2002「アール・マリシャル」にはグレズリー式合成弁装置をとり付けた。1936年に製造された4両には、後者の弁装置がとり付けられた。

2種類の流線型が試みられた結果、1935年の「パシフィック」A4型で設計されたものと同じ形のものに決まった。この型式はイギリスで最初にキルシャップ式二本ブラスト管つき煙突をつけた機関車で、グレズリーとシャプロンの間にはかなりの相関関係がある。

No.2001を上から見た姿。キルシャップ式2本煙突と流線形外被がよく見える。煙突の前に汽笛がついている。

No.2001「コッコ・ザ・ノース」の原型。1934年5月ロンドンのキングズ・クロス駅に最初に現れた時に撮影。

No.2001はフランスに送られてヴィトリー工場でテストを受けた。P2型は堂々たる外観だが、フランスの複式機関車の持つ経済性は持たず、出力もそれに比べるとかなり小さい。火床面積が手で投炭するものとしては最大で、石炭消費量も大きい。1マイル（1.6km）につき約36kgを、100マイル（161km）走るのに4.06トンを投炭せねばならない。軸箱の損傷も大きく、軸受けが熱を出すこともしばしばあった。第二次世界大戦中、サー・ナイジェル・グレズリーの死（1941年）後、6両前部が改造されて、あまり魅力のない「パシフィック」A2/2型となった。

ボイラー圧：15.5kg/cm^2
シリンダー直径×行程：533×660mm
動輪直径：1880mm
火床面積：4.6m^2
伝熱面積：324m^2
過熱面積：59m^2
牽引力：19,955kg
全重量：111.7t

蒸気機関車　　1925～1939年

2-8-2（1D1）タンク機関車　　グレイト・ウェスタン鉄道（GWR）　　　　　　　　　　　　　　　イギリス：1934年

蒸気機関車というものは潜在的に長生きする能力を持ち、鉄道会社は皆この能力を最大限に利用して、必要に応じて改造を施すものだ。この型式はまさにその典型的な一例で、GWRの石炭列車用として製造された2-8-0（1D）タンク機関車4200型と5200型が、1934年以降2-8-2（1D1）タンク機関車に改造され、ウェイルズ地方の石炭輸出量が減って行くので、幹線の低速貨物列車用に切り替えられた。ボイラーはGWR標準型で、他の型式でも使用されている。後部の石炭庫に延長して、その下に置かれた台車も標準型である。このように2-8-0（1D）タンク機関車を長く伸ばして改造した、もとGWR2-8-2（1D1）No.7238。1952年5月、ウルヴァーハンプトン市オックスリー機関庫で撮影。して、新造よりもずっと安い経費で、機関車を役立てることができた。

ボイラー圧：14kg/cm²
シリンダー直径×行程：482×761mm
動輪直径：1408mm
火床面積：1.9m²
伝熱面積：137m²
過熱面積：17.8m²
牽引力：13,288kg
全重量：94t

5P5F型　4-6-0（2C）　　ロンドン・ミッドランド＆スコティッシュ鉄道（LMS）　　　　　　　　　　イギリス：1934年

1934年原型の「ブラック・ファイヴ」の姿。ドームはなく、この鉄道の標準色の黒に塗られている。

1930年代初頭からLMSは機関車規格統一の方針を打ち出した。この「スクラップ＆ビルド」主義に、必ずしも全英の技術者が従ったわけではなかった。例えば、ロンドン＆ノースイースタン鉄道では、それぞれの区間に合わせた機関車を設計し続けた。

この型式は後に5MT（客貨両用）と名づけられたが、1948年までに842両も製造され、イギリスで最多の家族を持つ型式となった。これこそ、まさにLMSの方針にもってこいの機関車だった。万能選手だから、LMSのどんな路線でも、どんな機関士でも運転できた。W・A（後にサー・ウィリアム）・ステイニアの指導の下に設計され、後に行くほど太くなるボイラー、彼が

159

第1部　蒸気機関車

1950年代の少年の憧れの視線の的。南行き急行を引くNo.44870がクルー駅で停車中。ボイラーにドームが付き、「2A」という符号がついているが、これはラグビー機関庫を示す。(この符号は1950年に導入された。)

グレイト・ウェスタン鉄道時代から採用していたベルペール式火室、単式外側2シリンダー、外側ワルシャート式弁装置で操作するピストン弁を持つ。直径254ミリの大ピストン弁は蒸気の流れをよくするのに役立った。

原型ではボイラーにドームがなく、加減弁は煙室内の過熱蒸気溜めにとり付けられ、給水装置は煙室後部の上方にとり付けられていた。後に製造された車では、上方の給水装置はそのままだが、ボイラーにドームがついた。1935年以降は過熱装置のエレメントが従来の14から24に増え、過熱面積が9.3m²近く増加した。1938年以降エレメントがさらに28に増えた。また、この型式は保守作業を容易にするため、走り板を動輪の上に置き、運転室も5XP「ジュビリー」型と同じく、一般のイギリスのそれよりも広くなった。しかし電気照明はなく、逆転器は手動のねじ式である。

最初に70両を発注した。うち50両はヴァルカン・ファウンドリー社、20両はLMSクルー工場で製造された。その後はダービー工場、ホーリッジ工場、ニューカースル市のアームストロング・ウィットワース社でも製造された。乗務員にも保守要員にも評判がよくて、この型式の増備によって古い機関車のスクラップに拍車がかかった。

5型の主な仕事は中距離旅客と貨物列車だったが、しばしば急行用にも使われた。最初の10両はスコットランドのパースに配属された。もとのハイランド鉄道幹線で上り坂に強い性能が歓迎されたのである。ここでは区間列車以外のすべてを引き、インヴァネス～ロンドン間の寝台急行「ロイヤル・ハイランダー」号のような重量列車は重連で引いた。この列車は660トンにも及ぶ重さでブレア・アソルから北のドルーマカダール峠あたり、最大70分の1（1000分の14.3）上り勾配の24km区間では、通常は重連の上にさらに後部補機をつけるという、イギリスでは珍しい旅客列車だった。

また、南西イングランドのサマセット県～ドーセット県連絡線や、中部ウェイルズや、その他いろいろな区間でも、この5型が見られた。見るからにガッシリした頼もしそうな外観で、1939年までに定期全般検査の間に平均233,340kmの距離を走り、1950年代になるとそれが257,500kmに増えた。スピードが高くなると運転室での乗り心地は悪いとの評判だったが、規程を超えて時速145kmを出したことも何度もあったと記録されているし、約120kmを連続して出すこともできた。さらに1936年には、クルーからロンドン・ユーストンまで254kmを、ノンストップで1時間39分30秒で走破した。

1947～48年にかけて、この型式30両にカプロッティ式弁装置、2本煙突、ローラー・ベアリングを試験的にとり付けた。上記のうちの最初のふたつは、イギリスの標準型4-6-0（2C）にはとり付けられていなかったが、ローラー・ベアリングは標準としてとり入れられた。全車はLMS標準6輪炭水車を従えていた。これは高い側面の上部が内側にカーブしていて、石炭9.15トンと水4000ガロン（約18キロリットル）を積む。またレール間の水溝から水を吸い上げる装置もついている。

この型式は1968年英国鉄道蒸機運転最後の日まで現役で働き、イギリス最後の蒸機牽引旅客列車を引いた。現在15両が保存されている。

ボイラー圧：15.75kg/cm²
シリンダー直径×行程：470×711mm
動輪直径：1830mm
火床面積：2.6m²
伝熱面積：135.6m²
過熱面積：33.3m²
牽引力：11,790kg
全重量：72.1t

LMS標準色である黒に塗られたNo.5248。型式の最後に登場したものの1両。アイルランドのダン・レアリーへ行く連絡船に乗り換える終点ホーリーヘッド駅の転車台（ターンテイブル）に乗って、機関車の真空装置を使って回転させている。

蒸気機関車　　　1925〜1939年

SATA 1型　2-10-2（1E1）タンク機関車　　朝鮮総督府鉄道　　　　　朝鮮：1934年

　この強力タンク機関車24両は1934〜39年にかけて日本で製造された。14両は日本車輛社製、10両は京城工場製である。主として操車場での重量貨物列車入換え用である。
　1947年に朝鮮半島が南北に分割されてからは、8両が南側の韓国に、16両が北朝鮮に配属されていた。

　韓国の車は1950年初頭までにすべて引退したが、北朝鮮の車の運命については、いまだ外部の者にはわかっていない。
　最初の10両は1801〜1810の番号が与えられた。1851年にアメリカ人で朝鮮の蒸気機関車について詳しいドン・ロスが、この型式の1両が、ソウルの北にある、かつての南北縦貫線の重要な操車場スーサエクで、半分解体された状態で置かれていたのを発見した。そこは朝鮮戦争後不要になった機関車の捨て場に使われていたのだという。

ボイラー圧：14kg/cm²
シリンダー直径×行程：560×710mm
動輪直径：1450mm
火床面積：4.75m²
伝熱面積：不明
過熱面積：不明
牽引力：19,860kg
全重量：110t

AA20-1型　4-14-4（2G2）　ソヴィエト国鉄　　　　　　　　　　　ソヴィエト連邦：1934年

　一般的にはロシアの機関車設計方針は極めて実用優先で、実験的デザインが試みられたとしても、それは科学的研究精神のためであった。というわけで、このたった1両だけの型式は、ヨーロッパ最大の非連節蒸気機関車であり、最長固定車軸距離を持つものであるが、確かに謎と言ってよい。
　その生みの親アンドレイ・アンドレイエフの頭文字AAを貰ったものだが、ロシアのゲージでの最大寸法の貨物用蒸気機関車を目指したわけで、ロシアの線路が最大軸重20トンまでを許すよう改善されたばかりであった。多くの技術者は、2-10-2（1E1）型にした方が遙かに有用だと言ってこの計画に反対した。最初の計画では2-14-4（1G2）の車輪配列で、ドイツのクルップ社で製造するはずだったが、先輪を4輪に変えて、ヴォロシーロフグラード工場で製造した。
　ドンバス炭田の石炭をモスクワに運ぶ列車用を目指したものだが、実際の営業運転はやらなかった。1935年1月にモスクワでお披露目運転が行なわれ、ソ連工業技術の勝利と大々的に賞讃されたが、それ以後の活動についてはヴェールがかぶせられたままだった。30年後にやっとロシアの工業専門新聞が、AA20型は完全な失敗だったと報じることができた。レールが外側に広がり、ポイントは壊され、すぐ脱線して仕方がなかったとのこと。場所は公表されなかったが、どこかでスクラップにされた。

ボイラー圧：17kg/cm²
シリンダー直径×行程：741×807mm
動輪直径：1599mm
火床面積：12m²
伝熱面積：448m²
過熱面積：174m²
牽引力：40,286kg
全重量（炭水車を除く）：211.3t

S-3型　2-8-4（1D2）　ニューヨーク・シカゴ＆セントルイス鉄道（ニッケル鉄道）　アメリカ：1934年

　「ニッケル鉄道」の発注で、ライマ社が「バークシャー」S-3型70両を製造した。1930年代に他の鉄道の重量貨物列車用として製造された多くの型式と本質的には同じで、単式2シリンダー、アメリカの標準のE型過熱装置を持つ。細部の寸法やデータの違いはあるが、比較的小さい。例えば、従輪が補助機関で動くものとか。この車輪配列の機関車は長距離貨物列車一般を支えていた。通常12車輪の炭水車を従え、約16,600ガロン（74.7キロリットル）の水、22.35トンの石炭を積んでいる。
　ニッケル鉄道は最初この型のものを15両、1934年に導入してS-1型と名づけた。以後15年以上にわたって、S型には変更はなかった。この路線にとっては充分な開発が既に成就されていたからである。S-1型は1943年までに40両製造された。次に1944年にS-2型10両が、さらに1949年にS-3型10両が製造された。
　下のデータはS-3型のものである。

ボイラー圧：17kg/cm²
シリンダー直径×行程：634.5×863mm
動輪直径：1751mm
火床面積：8.4m²
伝熱面積：443.2m²
過熱面積：179.4m²
牽引力：29,070kg
全重量（炭水車を除く）：201.5t

1型　4-6-2（2C1）　ベルギー国鉄（SNCB）　　　　　　　　　　　　　　ベルギー：1935年

　SNCB技師M・ノテッスの設計、ベルギーのコッケリル社の製造。ヨーロッパで最大重量のパシフィック型のひとつで、最大軸重は23.7トンある。当時の流行に沿って、先頭が幾分か流線形になっている。単式シリンダーが4個一列に並び、内側シリンダーが第1動輪を外側シリンダーが第2動輪を動かす。キルシャップ式2本ブラスト管が煙突の中にあり、ACFI（フランスの部品製造会社）式給水ポンプと温め器が付いている。全部で35両あり、もっとも重量の大きい幹線急行列車用に使われた。1両が現在保存されている。

ボイラー圧：18kg/cm²
シリンダー直径×行程：420×720mm
動輪直径：1980mm
火床面積：4.9m²
伝熱面積：234m²
過熱面積：111.6m²
牽引力：9935kg
全重量：126t

ベルギーの1型の先頭のスタイルは、1年前に製造されたイギリスの2-8-2（1D1）P2型の先頭をお手本にしている。

第1部　蒸気機関車

JF「標準」型　2-8-2（1D1）　南満洲鉄道　　　　　　　　　　南満洲（現中国）：1935年

共産党政権後の中国の鉄道は機関車を主としてアメリカ、イギリス、ドイツから輸入した。1932年に日本が満洲を占領して以後、機関車のスタイルはアメリカ風を基本にした日本風が主流となった。1945年終戦後は、日本風が広く残っていたが、1950年代になるとソ連の影響がとって代るようになった。

2-8-2（1D1）型大家族に中国式の称号「標準」が与えられたが、後に「解放」型と名づけられた。

1918年にアルコ社が南満洲鉄道の発注で製造した「ミカド」型が基本となっている。1935〜57年にかけて、2500両以上が製造された。最初は日本の川崎車輌、汽車製造、日立、日本車輛の諸社で、後に中国の大連、青島の工場で製造された。

1930年代に中国の民営鉄道会社が他のいろいろな2-8-2（1D1）型を輸入していたが、これが後に同じJF型の中に組み入れられた。1957年以後、原型に変更を加えたものが中国の工場で製造された。主なデータは同じだが、ピストン弁の行程が、以前の152mmより長くなって161mmとなった。

1958年以後はソ連の設計による2-8-2（1D1）SS型が導入されて、JFにとって代ったが、JF「標準」型は全国的に貨物列車を引いて健在だった。単式2シリンダー、ワルシャート式弁装置、ピストン弁を持つ。入替え用として後部を低く傾斜させた炭水車をつけたものもある。

ボイラー圧：14kg/cm²
シリンダー直径×行程：580×710mm
動輪直径：1370mm
火床面積：5.1m²
伝熱面積：209.4m²
過熱面積：64.9m²
牽引力：20,737kg
全重量（炭水車を除く）：103.8t

60型　2-4-2（1B1）タンク機関車　リューベック・ビューヒェン鉄道　　　　　　　　　　ドイツ：1935年

1930年代にドイツは素晴らしい高速タンク機関車を製造した。この鉄道は1936年1月にドイツ国鉄に統合されたが、それ以前にヘンシェル社製のこの2両の流線形機関車が、ハンブルク〜トラフェミュンデ間84kmを、途中リューベックだけに停車する列車を引いて、1時間で走破していた。急加速が肝要で、5分30秒で時速120kmにまで加速できた。これは特別に編成されたプッシュプル列車で、帰途では機関士が先頭客車の運転室に乗って、電気で動く制御器を操作し、機関車に乗っている投炭職員とは電話で連絡する。第3両目の機関車も製造されたが、若干の変更がある。

この機関車は1939年登場の4-6-6（2C3）「スーパータンク機関車」に至る大事な一歩ともなったのだが、やがてディーゼル固定編成列車が登場して、この系列の開発に終止符を打つこととなる

ボイラー圧：16kg/cm²
シリンダー直径×行程：400×660mm
動輪直径：1980mm
火床面積：1.4m²
伝熱面積：75.4m²
過熱面積：26m²
牽引力：7310kg
全重量：69t

8F型　2-8-0（1D）　ロンドン・ミッドランド＆スコティッシュ鉄道（LMS）　　　　　　　　　　イギリス：1935年

現在保存されている8F No.48773は、イギリス各地の多くの保存鉄道で活躍中だが、貨物列車よりも旅客列車を引くことの方が多い。

蒸気機関車　1925～1939年

LMS独特の標準化された「顔」を持つ機関車で、幹線重量貨物列車用として登場したのが、この型式である。最初の数両は7F型と名づけられたが、後に製造されたものは8F型に昇格した。第二次世界大戦初期にイギリスの供給省が、この型式を国内・国外の軍事輸送用として選定した。煙突の右側に空気ブレーキを動かすためのウェスティングハウス式ブレーキ・ポンプを備えている。

1945年までに700両以上が製造され、国内の事実上すべての製造所が何両かを製造した。大戦が終っても中東に多くが残り、イギリスで蒸気機関車が消えて20年後になっても、トルコでまだ現役だった車もある。この型式を作った経験が、1939年になって素晴らしい61型タンク機関車を生み出すこととなる。

ボイラー圧：15.75kg/cm²
シリンダー直径×行程：470×711mm
動輪直径：1435mm
火床面積：2.6m²
伝熱面積：136m²
過熱面積：21.8m²
牽引力：14,965kg
全重量：72.1t

A4型　4-6-2（2C1）　ロンドン&ノースイースタン鉄道（LNER）　　　イギリス：1935年

戦前の銀色と灰色に塗られたA4原型No.2509「シルヴァー・リンク」。1988年7月2日ヨーク国立鉄道博物館にて撮影。

かりに蒸気機関車の世界一スピード記録という栄誉がなかったとしても、A4型はそのクサビ形の独特な正面スタイルだけでなく、30年以上もの幹線での走行実績によって、もっとも注目に価する型式のひとつに数えてよいだろう。LNERは技師長H・N・グレズリーの下で、1923年以来「パシフィック」型をいくつも製造してきたから、この車輪配列をじっくり研究し、有効に使う時間の余裕はあった。1928年以後A3型「スーパー・パシフィック」を大量に製造したが、これはNo.4472「フライング・スコッツマン」（A1型の改造）の例でわかるように、とくにグレズリー式合成弁装置の問題が解決されてから、素晴らしい成績をあげていた。いまや、何か違ったものが必要となって来た。そのきっかけは、1933年ドイツが開発した2両編成ディーゼル客車特急「フリーゲンデ・ハンブルガー〔飛び行くハンブルク人〕」号の登場だった。LNER経営陣は、ロンドン～ニューカースル間429kmを4時間で結ぶ列車のために、これと似たようなものを新造したらと最初は考えていた。しかし、ディーゼル車では、4時間15分で走るのがせいいっぱいだった。ところがA3型で試運転を行っ

163

第1部　蒸気機関車

てみると、ディーゼル客車よりもっと重い客車を引いて、より短い時間で走れることが実証された。だが、ジョージ5世が王位に就いて25年目のお祝い「シルヴァー・ジュビリー」の名を貰う新設の特急列車のためには、何か特別の出力を持つ機関車が必要と考えられた。そこで、A3型の牽引力と出力を改善した新しい「パシフィック」型の設計図を作った。この計画が認可されてから、A4型第1号機No.2509「シルヴァー・リンク」が納入された1935年9月5日まで、たった6カ月しかかからなかった。当時鉄道は自動車と飛行機との競争を強いられていて、流線形がいろいろな所で行なわれていた。もっとも、流線形といっても、まだ粗野で表面だけ飾ったものが多く、アメリカでレイモンド・ロウィーが大機関車のデザインを決めようとしていたのは例外であった。グレズリーはイタリアの自動車デザイナー、エットーレ・ブガッティの協力を得て、A4型の流線形を科学的基盤のあるもの、空気抵抗を充分減らせるものにした。前面が斜になった運転室は、機関士の見晴らしをよりよくできた。しかし、もっとも重要な流線形化は、外被に隠されて見えぬ内部にあった。17.5kg/cm²のボイラーは後の方が大きくなり、A3型より少し小さい単式3シリンダーに支障なく蒸気を送れるよう入念に設計した。以前P2型2-8-2（1D1）の時にアンドレ・シャプロンと協力した経験から学んだことを実行に移したのである。流線形の連節客車を引き、正面が銀色に輝くクサビ形をした新しい特急をお披露目すると、大センセイションをまき起した。実績の点でも「シルヴァー・リンク」号は、お披露目特別列車を引いて、最高時速181kmの記録を2回も樹立、25マイル（40km）連続時速160.9kmを超えて走った。ロンドン～ニューカースル間を4時間で結ぶ定期列車運転は、1935年9月30日に始まった。

1936～38年にかけて、さらに31両のA4型がLNERドンカスター工場で製造され、これは主として他の臨時列車、例えば、1937年の「コロネイション（戴冠式）」特急を引いて、ロンドン～エジンバラ間を6時間で走るのに使われた。この列車はイギリス最速蒸機牽引列車で、ロンドン～ヨーク間をノンストップで平均時速71.9kmを達成した。9両編成の客車の空車時重量は312トンだった。しかし、A4型の栄光のひとつは、ライヴァルであるロンドン・ミッドランド＆スコティッシュ鉄道（LMS）の特急列車「コロネイション・スコット」号のお披露目臨時列車を引いて、イギリス最高時速記録184.2キロkmを更新したことにあった。1938年初頭に新造A4型の多くはキルシャップ式2本ブラスト管つき煙突を持つが、これはA3型「パシフィック」での実験がよい成果をあげたからだった。その中の1両がNo.4468「マラード」である。同年7月4日、この機関車がブレーキ・テストを行っていた際、グレズリー技師長の許可を得て最高時速テストも行った。彼はイギリス最高記録だけでなく、1936年5月にドイツ国鉄の4-6-4（2C2）No.05.002が樹立した時速200.4kmの世界最高記録も更新しようと狙っていた。「コロネイション」特急用の6両編成連節客車の他に測定車を付けて、全部で243.9トンの重さの列車を引き、東海岸幹線グランサムの南方、ストークの低い峠を時速119kmで越えた。200分の1（1000分の5）下り勾配を、加減弁いっぱいでまずカットオフ40％、次に45％で加速し、遂に時速125マイル（201.1km）に達した。遂に記録は――ギリギリのところだが――破られた。以後、議論が続けられている。ドイツ側は、自分たちの記録は平坦線で樹立したので、下り勾配で重力の助けを借りたわけではないと指摘した。「マラード」号が時速126マイル（202.7km）を達成したという説は、最近では割り

保存されているNo.4468「マラード」は以前の鉄道標準色の青に塗られて、貸切り臨時列車「南ヨークシャー・プルマン」号を引く。1986年10月4日ヨーク駅南方にて。

蒸気機関車　　1925〜1939年

「マラード」号の側面にとり付けられた銘板で、LNERが時速126マイル（203km）記録達成と誇らかに告げている。

が、開発はできなかった。高速機関車に用いられる装置、例えば、給水温め器、熱サイフォン、発電装置、その他が他の国では開発されたが、限られたスペース内にとり込むことは困難だった。だから、第二次大戦後の蒸気機関車発達でより大型化したのは、他の国であった。しかし、1957年以降1本煙突のA4型全車がキルシャップ式2本煙突に替えられ、蒸気機関車が黄昏の時代にあってさえ、この型式は時速100マイル（161km）以上をまだ保持していた。A4型の快挙はスピードにおいても、牽引力においても数々あった。注目すべきものとして、「マラード」号が先の記録破りの地点とは反対のストーク峠を、421.6トンの列車を引き、時速132kmで登り、頂点を125.5kmで越えた。1961年3300馬力（2462キロワット）の「デルティック」型ディーゼル車が、東海岸幹線でのA4型の仕事にとって代り始めた。しかし、それ以後数年間にわたって、スコットランドでグラスゴー〜アバディーン間急行を引き、晩年を元気で過ごしていた。

ボイラー圧：17.5kg/cm²
シリンダー直径×行程：470×660mm
動輪直径：2030mm
火床面積：3.8m²
伝熱面積：239m²
過熱面積：70m²
牽引力：16,326kg
全重量：104.6t

引きされている。しかし、コンピューターによって当時の計測車の記録を再確認した結果、A4型が蒸気機関車世界最高速記録を達成したことに間違いないとの結論を出した。この型式とライヴァルのLMSの「ダッチェス・コロネイション」型の実績は、イギリス蒸気機関車による特急列車運転の最高峰となっている。イギリスの鉄道の車両限界がきついこともあって、より大形の蒸気機関車を計画した

「ターボモーティヴ」型　4-6-2(2C1)　ロンドン・ミッドランド＆スコティッシュ鉄道(LMS)　イギリス：1935年

1両だけ製造された試作機というものは、車庫の裏で防水布を被せられたまま朽ち果てるケースが多いが、これは本線で長年急行列車を引いて稼いだ実績をもっている。LMSクルー工場でメトロポリタン・ヴィッカーズ社と共同製作し

この図では、小さな後進用タービンを備えた右側を示している。しかし、実際は第1動輪の上までは伸びていなかった。排煙板は後になってとり付けられたものである。

た。4-6-2（2C1）「プリンセス・ロイヤル」型の台枠とボイラーを使って、スウェーデンのリュングストレーム設計の非凝縮タービンをとり付けた。タービンは前方、前進用は左側、後進用は右側に置かれ、前進用は最大出力時約99キロの時速で走る。これでわかるように、もともと中程度の速度で重量列車牽引を目指していた。ブラスト管つき2本煙突が最初からとり付けられ、1939年まで3種類の違ったボイラーを試みた。坂道における牽引力と、水・石炭消費量テストの結果は良好で、もし大戦が起らなかったら、もっと多くのタービン機関車が実用化されたかもしれない。

この機関車は原則としてロンドン〜リヴァプール間急行列車を引き、1939年までに年間走行距離は

第1部　蒸気機関車

87,200kmを少し上まわる程度でしかなかった。これはタービンではない「プリンセス・ロイヤル」型〔154～55ページ参照〕の128,740kmと比べると確かに劣るが、たった1両しかない型式だから、部品を替える時に調達に時間がかかるという、止むを得ない事情によるところもある。

1951年に普通の往復動シリンダーの車に改造したが、ロンドン近郊のハロウで大衝突事故を起し、廃車となった。

ボイラー圧：17.5kg/cm²
シリンダー：なし
動輪直径：1981mm
火床面積：4.2m²
伝熱面積：215m²
過熱面積：61m²
牽引力：18,150kg
全重量：166.5t

No.6202の1935年6月製造直後に横から見た姿。LMSでは、普通の「プリンセス・ロイヤル」型と同じ出力として7Pの型式が与えられていた。

49型「ドヴレグッベン」2-8-4（1D2）　ノルウェー国鉄(NSB)　ノルウェー：1935年

2-8-4（1D2）という車輪配列は、最初アメリカのライマ機関車製造会社で1925年に実験的に製造され、成績が非常によかったので広く使われて「バークシャー」と呼ばれた。4輪台車で火室を支えたので、火床面積を9.3m²まで広げることができた。アメリカだけのタイプだったが、NSBがオスロ～トロンヘイム間のドヴレフィエル山地（とくに急坂のドンバス～トロンヘイム間）で使う強力機関車を探していて、これに白羽の矢を立て、ヨーロッパで最初に設計・製造した。

最初の3両はオスロ市のトゥーネス機関車製造会社の製造。次のNos.463，464は49a型、No.465はダヴェグ（フランスの部品製造会社）クルップ社製のNo.472がオスロ行きの列車を引いてトロンヘイム駅で出発を待っている。1956年8月撮影。炭水車（テンダー）の石炭庫のとがった屋根が運転台の向うに見えている。

蒸気機関車　　1925〜1939年

直径は小さくなり、ドイツ風排煙板がついた。戦時中は酷使され、潤滑油も充分に差さなかったので、過熱蒸気温度も440度程度となり、性能を発揮できなかった。

1950年代まで現役で働いたが、この頃からDi3型電気式ディーゼル機関車にとって代られ、1958年に6両がスクラップにされた。クルップ社製の1両が現在保存されているが、第1号の番号No.463と名称銘板がそこにとり付けられている。

この図は1935年製ノルウェー国産2本煙突の「ドヴェレグッベン」の原型外観を示す。

式給水温め器など細部に変更が加えられて49b型となった。No.463は「ドヴェレグッベン」つまり「ドヴレ山の巨人」と名付けられた。4シリンダー複式で、高圧シリンダーは内側にある。ワルシャート式弁装置は外側にあり、両側のすべてのシリンダーを操作する。2本ブラスト管つき煙突と、火室内には熱サイフォンを持つ。

この線では軸重が重要課題で、板台枠と溶接工法を使って、最大軸重を15.5トンに抑えた。火室扉は圧搾空気で動かす。大火床だが投炭は手で行なう。炭水車はヴァンダービルト式で、台枠はなく、水槽の上に石炭庫が置かれ、外側台枠のボギー台車を2個はいている。

導入当初から苛酷な使用に耐え、新しい複雑機構をとり入れたので止むを得ぬトラブルが続出したが、間もなく満足のいく成績を納めた。高速は必要ではなく、最大時速は100kmだが、粘着と加速の性能は申し分なかった。

1940年にドイツ軍に占領された後、4両が追加製造された。2両はエッセン市のクルップ社製、2両はトゥーネス社製で、49c型となった。こちらは1本煙突で、シリンダーの

ボイラー圧：17kg/cm²
高圧シリンダー直径×行程：440×650mm
低圧シリンダー直径×行程：650×700mm
動輪直径：1530mm
火床面積：5m²
伝熱面積：255m²
過熱面積：101m²
牽引力：入手不能
全重量：151.5t

「アンデス」型　2-8-0（1D）　　ペルー中央鉄道　　　　　　　　　　　　　　　　　　　ペルー：1935年

ペルーの鉄道は1870年代から機関車をアメリカに発注していたが、この「コンソリデイション」型は見かけこそアメリカ風だが、イギリスのベイヤー・ピーコック社製である。この機関車のすごい仕事は、中央鉄道の山岳線、リマからフワンカヨまで、海面近くから4783mの高さまで列車を引いて登ることであった。

旅客列車・貨物列車を問わず引いて上る仕事は、（荷の重さは下る時に運ぶ銅鉱石の方がずっと大きいが）車輪対レールの粘着だけに頼って走る機関車にとっては、最大の難行苦行のひとつだった。途中にZ形スイッチバックがいくつもあるから、前進・後進を繰り返す。最急勾配は22分の1（1000分の45）

「アンデス型」2-8-0（1D）No.221が混合列車を引いて、リオ・ブランコに停車中。1952年12月に撮影。列車が近づくのを知らせる駅の鐘と、円板信号機が珍しい特色だ。

167

第1部　蒸気機関車

現在保存されている「アンデス」型No.206が平坦線を走っている。機関車の炭水車(テンダー)さらに後に補助水槽車をつないでいる。

である。
　この型式は全部で29両あって、1935〜51年にかけて製造された。重油焚き、単式2シリンダーで、棒式台枠の上にガッチリ組み立てられ、ボイラーは短い（下り坂の時にボイラーの後部、火室のすぐ上の部分に水がなくなるのを防ぐため）。ブレーキ装置は最高に重要だから、空気管を二重にして、いつも圧力を加えるようにしてある。牽引力を維持する助けとして、圧搾空気力によって砂を車輪に吹きつける。1960年代にディーゼル機関車にとって代ったが、No.206は現在も保存されて蒸気を入れることができる。

ボイラー圧：14kg/cm²
シリンダー直径×行程：508×711mm
動輪直径：1321mm
火床面積：2.6m²
伝熱面積：160m²
過熱面積：32m²
牽引力：16,600kg
全重量：113t

16E型　4-6-2（2C1）　南アフリカ鉄道（SAR）　　　　南アフリカ：1935年

　SARのA・G・ワトソンの設計で、1067mm（3フィート6インチ）ゲージ用として6両がドイツ、カッセル市のヘンシェル社で製造された。材料を別々に納入して、SARソルト・リヴァー工場で組み立てた。高速性能を持ち、SAR唯一の旅客列車専用機である。単式2シリンダー、回転カム軸ポペット弁を持つ。大きな火床で、投炭には2人がいつも付ききり。1935年の試運転では、No.854が時速112kmを出したが、その後の営業運転でキンバリー〜ブレムフォンティン間の「オレンジ・エクスプレス」を引いて、それ以上のスピードを出すことがしばしばあったと言われている。

ボイラー圧：147kg/cm²
シリンダー直径×行程：609×710.6mm
動輪直径：1827mm
火床面積：5.8m²
伝熱面積：249m²
過熱面積：55m²
牽引力：16,000kg
全重量：169.8t

16E型がドイツ生まれであることは、このNo.857の写真を見ただけですぐわかる。1971年7月5日ブレムフォンティンで撮影。

168

蒸気機関車　　1925～1939年

A型　4-4-2（2B1）　シカゴ・ミルウォーキー・セントポール＆パシフィック鉄道（CMSTP&PRR）　アメリカ：1935年

アメリカの「スーパー・アトランティック」A型No.2。独特の外観と抜群の成績にもかかわらず、4両のうち唯の1両も現在保存されていない。1951～52年にかけて全車解体された。

マルーン、褐色の派手な色に塗られた。決して軽量列車ではなかった。9両の客車編成で419.1トンあった。「アトランティック」型としては最大寸法・最大重量機関車で、後に炭水車を大きくしたので、さらに重量が増えた。

1938年に4-6-4（2C2）F4型流線形機関車がこの特急を代って受け持ち、客車12両編成にして同じダイヤを守った。1940年以降「アトランティック」型は新設のシカゴ～オマハ～シュー・フォールズ間「ミッドウェスト・ハイヤワサ」特急を引くことになった。

1948年までにディーゼル機関車にとって代われ、4-4-2（2B1）型は使い道がなくなり、1951年までに引退した。その栄光と輝かしい実績は忘れられ、全車がスクラップになった。

シカゴからミネアポリスとセントポールまでは、3つの路線があって互いにスピードとサーヴィスの高さで競争の火花を散らし合っている。途中坂道はないので、高速走行は可能だ。アルコ社が特別の重油焚き流線形機関車を4両製造して、これで特急「ハイヤワサ・フライヤー」号を引いて、663kmを6時間30分で走破し、平均時速106kmを出すことになった。試運転では、そのうちの1両が、蒸気機関車最高速度記録を樹立した。ミルウォーキーからニュー・リスボンまで227kmを1時間53分で走破した。「ハイヤワサ」特急のダイヤは後に、途中5箇所停車で6時間15分に短縮された。このダイヤ通りに走るためには、時速100マイル（161km）以上を続けなければならない。

機関車と客車は黄、オレンジ、

ボイラー圧：21kg/cm²
シリンダー直径×行程：483×711mm
動輪直径：2134mm
火床面積：6.4m²
伝熱面積：301.5m²
過熱面積：96m²
牽引力：13,900kg
全重量：265.18t

ウィスコンシン州ミルウォーキー駅の時計は午後2時21分。「アトランティック」型No.4「チッペワ」が「ハイヤワサ」号に連結された。「ホッグヘッド」（直訳すると「豚頭」アメリカ鉄道スラングで機関士のこと）はシカゴ行き走行準備万事OKの様子。

169

第1部　蒸気機関車

J3型　4-8-4（2D2）　チェサピーク＆オハイオ鉄道（C&O）　　アメリカ：1935年

この旅客列車用機関車15両が1935〜48年にかけてライマ社で製造された。後期の車はJ3a型となって、ローラー・ベアリングその他の改良が加えられているが、寸法やデータは同じ。最後に製造されたNo.614は特別のイベント列車として保存され、1984年〜85年の冬にACE（アメリカ石炭産業連合）宣伝運転に使うためにあわてて全面的修理を行ったが、まずい結果に終った。

この計画は新世代の「クリーンな石炭」を使う機関車生産を促進させることを目指したのだが、最初のうちチェサピーク鉄道グループやアメリカ石炭業界の支援を得たが、結局1985年に試作機を1両も作ることができずに挫折してしまった（ACE3000型とACE6000型を作る設計図は作られたのだが）。

運の悪いことにJ3型はまともな修理工事を受けることができず、全然「クリーンな」成績を見せることがなかった。1985年1月に宣伝運転を1回だけやった時に、みっともないことに石炭切れを起してしまったのである。

ボイラー圧：17.2kg/cm²
シリンダー直径×行程：699×762mm
動輪直径：1829mm
火床面積：9.3m²
伝熱面積：514m²
過熱面積：218m²
牽引力：33,179kg
全重量（炭水車を除く）：216t

F-2a型　4-4-4（2B2）　カナディアン・パシフィック鉄道（CPR）　　カナダ：1936年

現在保存されているF-1a型No.2928トロント中央駅に停車中。背後に同市のランドマーク建物がそびえている。

1930年中頃に道路交通が次第に人気を増すにつれて、多くの鉄道は自社の交通を守ろうとして、いろいろな「スーパー・トレイン」を考案した。CPRはその先駆で、1936年に危ないと思われた区間に、4往復の都市間快速列車を新設した。トロント〜デトロイト間、エドモントン〜カルガリー間、モントリオール〜ケベック間（2往復）である。4両客車編成で約200トンだから、北アメリカでは軽量と言ってよい。それを引かせるようにと設計した「軽量」機関車がこれである。

4-4-4（2B2）という車輪配列はテンダー機関車では珍しい。1915年にアメリカのフィラデルフィア＆レディング鉄道が短期間使ったことがあったくらいである。F-2a型はモントリオール機関車製造会社製で、通常もっと大形のものに相応しい特色を持っていた。単式2シリンダーは前の動輪を動かす。ヨーロッパの大形「パシフィック」のほとんどどれよりも大きい火室を持ち、動力給炭器を備える。すべての車輪にローラー・ベアリングがついている。

CPRの大陸横断線開通50周年を祝うつもりで、会社は「ジュビリー」型と名づけて宣伝した。実際の必要以上の重量と出力を持たせていたのであろうか、その後の追加機は少し小形になってF-1aとなり、シリンダーは後の動輪を動かすようにした。こちらは28両が1938年に製造され、1両が現在保存されている。それ以外のF-2a、F-1aはすべて1957〜58年にかけてスクラップになった。

ボイラー圧：21kg/cm²
シリンダー直径×行程：438×711mm
動輪直径：2032mm
火床面積：5.2m²
伝熱面積：263m²
過熱面積：102m²
牽引力：12,000kg
全重量：209t

ET6型　0-8-0（D）　中華民国国鉄　　中国：1936年

入換え用・補機用に124両がイギリス、ニューカースル市のアームストロング・ウィットワース社で製造された。1949〜50年にかけて、グラスゴー市のノース・ブリティッシュ機関車会社で追加製造された。イギリス製だがアメリカ・スタイルで、アメリカのE型過熱装置が付いている。最初の4両には煙室の正面に鐘が付いていたが、これは中国では珍しいことだ。

鉄道本線ではなく、事業所私有専用線やコンビナート専用線などで使用され、最大軸重が13.7トンなので、軽いレールや高架橋などでも通ることができた。低質炭を焚くように設計され、第4動輪の内側に深い灰箱が置かれている。操車場や事業所内を走るので鐘が付けられたのである。1936年製の車の炭水車は、アメリカ風の後部が低くなったものだが、1949年製の車には後部が低くなった水槽車が付き、その上に石炭置き場がつけ足されている。

ボイラー圧：15.5kg/cm²
シリンダー直径×行程：420×600mm
動輪直径：1200mm
火床面積：3m²
伝熱面積：104m²
過熱面積：40.8m²
牽引力：11,646kg
全重量（炭水車を除く）：51.8t

蒸気機関車　1925〜1939年

V2型　2-6-2（1C1）　ロンドン＆ノースイースタン鉄道（LNER）　イギリス：1936年

1930年のLNERは、車輪配列について言うならば、イギリス4大鉄道の中で、もっとも冒険精神に富んでいた。これは「プレーリー」型で、幹線の旅客列車と高速貨物列車用として、1936年に試作機4両がLNERドンカスター工場で製造され、最終的には188両に達した。

単式3シリンダーで、グレズリー設計A3「パシフィック」によく似ている。同じ合成弁装置を持ち、煙突の後に過熱蒸気溜めを納めたケースが伸びている。しかし、シリンダーと、煙室サドルと、蒸気管・排気管などが、外側の蒸気管と一緒に鋳造ケースの中に入っている。「バンジョー・ドーム」と呼ばれているものは、実は蒸気溜めなのである。有効な特色として、A4型から借用した斜になった運転室前面がある。イギリスの設計者たちは、先輪台車と第1動輪を接続するヘルムホルツ方式（これは他の諸国ではごく普通である）を避けているが、V2型は円滑な走りの定評がある。

No.4771の「グリーン・アロウ」の銘板。これは1936年新設されたロンドンと北部間の急行貨物列車の名である。

第1号機だけが名前を持っていて「グリーン・アロウ（緑の矢）」という。これは新設高速貨物列車の名を貰ったものである。この型式は最初から旅客列車を引いていて、とくにリーズやハロゲイトをロンドンと結ぶ「ヨークシャー・プルマン」特急を、キングズ・クロス〜ドンカスター間で担当、215km以上の区間で約400トンの重さの列車を引いて、平均時速96.5kmを出した。

最初から長距離走行を目指していたわけではないので、「パシフィック」型より小さな炭水車を従え、石炭7.7トンと水4200ガロン（約18.9キロリットル）を積んだ。もちろん、LNERの幹線用標準型と同じく、左右のレール間の水溝から水を吸い上げる装置を持っている。

ボイラー圧：15.5kg/cm²
シリンダー直径×行程：470×660mm
動輪直径：1880mm
火床面積：3.8m²
伝熱面積：226m²
過熱面積：63m²
牽引力：13,514kg
全重量：94.5t

No.4771が観光臨時列車を引いて、チェスターからホーリーヘッドへ行く、もとロンドン・ミッドランド＆スコティッシュ鉄道線の途中、北ウェイルズのコンウィ城址の傍を通る。この区間は機関車の生まれ育った東海岸地域とは反対の西海岸にある。

第1部　蒸気機関車

42.01型　2-8-2　イラン縦貫鉄道　　　　　　　　　　　　　　　　　　　　　　　　　　　　　　　　　　イラン：1936年

ペルシア湾からテヘラン経由でカスピ海まで達する山地の多い長距離鉄道建設を指導したのは、スカンディナヴィア諸国の共同企業体だった。機関車の多くはドイツ製2シリンダー2-8-0（1D）型だったが、この2-8-2（1D1）42.01型はスウェーデン、トロールホッタン市のノハブ社製である。こちらは3シリンダーで主として旅客列車用を目指した。おそらく戦争中に酷使されたためだろうが、本来なら緊急時に入念に保守点検せねばならぬこの型式は、早ばやと引退してしまった。

外観はハンサムで、見るからにスウェーデン生まれだとわかる。ボイラーの上部は丸く、砂箱も含めた長いドームが2個付き、煙室扉は円錐形である。運転室は前面の中央が前に出ていて、完全密閉形となっている。

1392kmもあり、その大部分に人口の少ない砂漠地帯を通る路線だから、大容量の8輪炭水車を従えている。

ボイラー圧：12.5kg/cm²
シリンダー直径×行程：497.5×660mm
動輪直径：1350mm
火床面積：4.2m²
伝熱（過熱管を含む）面積：216m²
過熱面積：不明
牽引力：12,882kg
全重量（炭水車を除く）：87.3t

D51型　2-8-2（1D1）　鉄道省　　　　　　　　　　　　　　　　　　　　　　　　　　　　　　　　　　日本：1936年

1936～45年にかけて1115両も製造された「ミカド」型は、日本の古典的貨物列車用機関車である。12の会社・工場が製造に参加した。川崎車輌、汽車製造会社、日本車輌、日立製作所、それから鉄道省の諸工場である。その先輩D50より車長と重量は小さくなっているが、牽引力は大きくなっている。日本の機関車の典型で、長いボイラーを持ち、植木鉢形の煙突を付けている。北アメリカ・スタイルと同じで、給水温め筒が煙突の前に横に置かれている。ブレーキや潤滑油のためのいろいろなポンプが、ボイラーの脇にとり付けられている。単式シリンダーが2個外側にあり、ワルシャート式弁装置によるピストン弁が付いている。

日本の機関車としては最初のスポークなし打ち抜き車輪を持つ。最初に製造された96両より後の車は、若干の変更があり、0.9トン重量が増した。1943～46年にかけて製造された車は、戦時中の鉄不足のために、排煙板や歩み板が木造となり、重さを補うためにコンクリートを詰めたものもある。こうした車は1945年終戦後に改造された。1945年以降煙突に特別の排煙装置を付けたり、石炭と重油を混ぜて焚くようにした車もある。

「やりたい放題にやるぞ」という設計方針を臆面もなく打ち出した、ガッシリした職人仕事を思わせる外観だが、ある日本人作家は「真に日本の代表的蒸気機関車」と書いている。

ボイラー圧：14kg/cm²
シリンダー直径×行程：550×660mm
動輪直径：1400mm
火床面積：3.3m²
伝熱面積：221.5m²
過熱面積：64.4m²
牽引力：18,110kg
全重量：76.8t

142型　2-8-4（1D2）　ルーマニア国鉄（CFR）　　　　　　　　　　　　　　　　　　　　　　　　　　　ルーマニア：1936年

現役引退の数年後、生き残った142型No.044。1971年5月ハルタ・デスミール操車場にて。

設計はオーストリアが行ったが、オーストリア連邦鉄道は214型として13両しか製造しなかったのに、ルーマニア鉄道は1936～40年にかけて、マラクサとレジータの工場で79両も製造した。単式2シリンダーで、ルーマニア最大の旅客列車用機関車として、1960年代中頃までに主な旅客列車のほとんどを引いていた。

特色となるものは、煙室の上に高くとり付けた排煙板、ドームなどを覆ったボイラー上部の「スカイライン外被」、走り板がシリンダーの上から先に低くなっている点など。従輪台車は内側に軸受けを持つ。ほとんどの車がレンツ式上部カム・ポペット弁でシリンダーを作動させるが、一時カプロッティ式弁装置に付けた車もある。

172

蒸気機関車　　　1925～1939年

142型No.044が完全復元されて、多種多様な客車の短い列車を引いている。1両目は荷物車である。

　火室には動力給炭装置は付いていないが、ルーマニアの他の大形機関車同様、この型式も、条件が厳しい仕事では石炭と重油を混ぜて焚いた。これはルーマニア人H・コスモヴィッチの考案したやり方で、重油を霧状にして火室に撒いて発火させ、熱源にするのである。ブルガリアでも行なわれ、ドイツの大形機関車でも試行されたことがある。石油タンクは炭水車に、タンク機関車の場合はサイドタンクの上に置かれた。

ボイラー圧：15kg/cm²
シリンダー直径×行程：650×720mm
動輪直径：1940mm
火床面積：4.72m²
伝熱面積：262m²
過熱面積：77.8m²
牽引力：20,040kg
全重量（炭水車を除く）：123.5t

「ユニオン」型　0-10-2（E1）　　ユニオン鉄道　　　　　　　　　　　　　　　　　　　　　　アメリカ：1936年

　この頃になるとアメリカの大形機関車は、他に比較できない独自の特色を持っていた。唯一比較できるものがあるとすれば、ソ連が資本主義国のライヴァルを打ち負かしてやろうと製造した機関車くらいのものである。この型式はたった3両しかないが、ヨーロッパの他の10動輪（E型）機関車と充分匹敵できるという点で興味深い。
　ユニオン鉄道というのは総延長は72kmと短いが、交通量の多いピッツバーグ地区で、6大幹線を結んでいる戦略的に重要な路線で、列車密度は極めて高く、急勾配区間もある。従来からある2-8-0（1D）型より大きな牽引力が必要というので、0-10-2（E1）という車輪配列の最初の機関車をボールドウィン車に発注した。
　転車台は2-8-0（1D）型と同じものを使わねばならないので、車長に制限があり、低速でしか走らないので先輪はなくてもよい。というわけで、先輪と従輪を間違えて付けたのではないかと思わせるような奇妙な恰好の機関車が誕生した。重量列車を引いて上り坂を登るので、炭水車の前の車輪を補助機関で動かし、そのお陰で牽引力が7780kg増えた。線路の距離が短いので、本質的に巨人入換え機関車と言ってよいから、炭水車はアメリカ以外の基準で見れば大形だが、アメリカとしてはとても小さく、石炭14.2トンと水10,000ガロン（約45キロリットル）を積む。

ボイラー圧：18.25kg/cm²
シリンダー直径×行程：711×812mm
動輪直径：1548mm
火床面積：入手不能
伝熱面積：入手不能
過熱面積：入手不能
牽引力：41,220kg
全重量：292.3t

「チャレンジャー」型　4-6-6-4（2CC2）　　ユニオン・パシフィック鉄道（UP）　　　　　　　　アメリカ：1936年

保存されているNo.3985の写真を見ると、前のシリンダーの長いピストン棒と堂々たる貫禄のボイラーがはっきりわかる。

　1936年ユニオン・パシフィックとノーザン・パシフィック（NP）の両鉄道が、この車輪配列の機関車を導入した。マレー式の原理に基づいて、1個の大ボイラーから2個の動力装置に蒸気を送るわけで、2両の機関車を連節によって1両にまとめたものである。シリンダーは単式で、ワルシャート式弁装置とピストン弁を持つ。4個のシリンダーはそれぞれ第3動輪を動かし、UP、NP両鉄道とも、前のシリンダーは後のシリンダーよりも動輪のずっと前方に置かれているので、その分ピストン棒が長くなっている。
　UPの機関車は「チャレンジャー（挑戦者）」と名づけられ、客貨両用として造られたが、実際にはほとんど急行貨物列車だけを引いていた。旅客列車用と考えれば、最大、最強力機関車と言ってよい。1936年に40両がアルコ社に発注され、1942～45年にかけて、若干の変更を加えた65両が追加製造された。
　高速貨物列車用としての成績は抜群で、他の鉄道もあわててこの

173

第1部　蒸気機関車

車輪配列にならった。ボールドウィン社は、デンヴァー＆リオグランデ・ウェスタン鉄道用として1938年に、ウェスタン・メリーランド鉄道用として1939年に製造した。しかし定期旅客列車を引いたのは「チャレンジャー」型だけで、ソルトレイク・シティ、ラスヴェガス、ロサンゼルス間などが主な仕事場だった。

1992年に開かれた鉄道史学会大会のために、開催地サン・ジョゼに向かって出発するNo.3985。ボイラーが長いので機関士にとっては前方が見にくい。

重油焚きに改造された車もあったが、大多数は石炭焚きで、大火床に動力給炭器が付けられた。1958年まで現役だったが、その頃までにディーゼル機関車導入計画が進み、結局「チャレンジャー」は仕事を奪われてしまった。現在1両（No.3985）が動態保存されている。

ボイラー圧：17.9kg/cm^2
シリンダー直径×行程：533×813mm
動輪直径：1753mm
火床面積：10m^2
伝熱面積：431m^2
過熱面積：162m^2
牽引力：44,100kg
全重量：486t

「チャレンジャー」型の動輪直径が普通の大人の背丈くらいと言われれば、その大きさが理解できよう。20両客車編成の列車を引いて、時速110kmでこの動輪が回転する。

H1型「ロイヤル・ハドソン」 4-6-4（2C2）　　カナディアン・パシフィック鉄道（CPR）　　カナダ：1937年

「ハドソン」型を見るとどこかライオンに似てると感じるのは、大きな煙突がボイラーの上で後ろにカーブを描いているのがたて髪のようだからか。でも「ロイヤル」という名がついたのは、百獣の王からではなくて、1939年に英国王ジョージ6世とエリザベス皇后がカナダ訪問の折、No.2850がお召し列車を引いて走ったからである。

この4-6-4（2C2）型が導入されたのは、大陸横断長距離列車のためにより大きな出力の機関車が必要となったからである。CPRがモントリオール機関車製造会社に発注した。燃焼室を設けたので火室の長さが大きくなり、その分ボイラーの長さを縮めることとなった。

モントリオール市近くのカナダ鉄道博物館で静態保存されているNo.2858。

動力給炭装置がとり付けられた。ボイラーの上部は丸く、ドームはないが、安全弁が火室のすぐ前に置かれている。

1937～45年にかけて全部で65両が製造され、多くの変更が加えられたものはH1型となった。その変更には次のようなものがある。動力逆転器の設置。20両は後の従輪（前の従輪より直径が大きい）が補助機関で動くようになっている。ブリティッシュ・コロンビア州で使われるため最後に製造された5両は重油焚きである。大平原地帯に配属された車も後に重油焚きに改造された。

1950年中頃まで急行列車を引いていたが、この頃からスクラップが始まった。1965年までには全車が引退し、現在5両が保存され、そのうち2両は動ける状態にある。

ボイラー圧：19.3kg/cm^2
シリンダー直径×行程：559×762mm
動輪直径：1905mm
火床面積：7.5m^2
伝熱面積：352m^2
過熱面積：143m^2
牽引力：20,548kg
全重量：299t

蒸気機関車　　1925〜1939年

毎年夏には「ハドソン」型保存機が観光臨時列車を引いて、ブリティッシュ・コロンビア州ノース・ヴァンクーヴァー〜スクォーミッシュ間を走る。「ロイヤル・ハドソン」No.2860が「コロンビア」号を引いて山中の上り坂を力走。

Hr1型　4-6-2（2C1）　フィンランド国鉄（VR）　　フィンランド：1937年

1524mm（5フィート）ゲージ線を走るフィンランド唯一の「パシフィック」型で、全部で21両が1937〜57年にかけてタンペレ市のタンペラ社とロコモ社で製造された。蒸気がよく通り成績が優秀なので、30年間たっても変更が加えられたのはほんの些細な点だけであった。例えば、最後に製造された何両かにローラー・ベアリングをとり付けた、とか。単式2シリンダーで、ほとんどのフィンランドの機関車同様、かなりドイツの影響が見られる。1963年まで南部で急行旅客列車を引いていたが、その頃ディーゼル機関車にとって代られ、中部で急行貨物列車を1970年代まで引いていた。

ボイラー圧：15kg/cm²
シリンダー直径×行程：590×650mm
動輪直径：1900mm
火床面積：3.5m²
伝熱面積：195.4m²
過熱面積：68m²
牽引力：15,220kg
全重量（炭水車を除く）：93t

1939年ロコモ社製のHr型No.1004が、田舎の駅でおとなしく休んでいる。1940年製のHr1型の1両は現在保存されている。

第1部　蒸気機関車

Pm-36型　4-6-2（2C1）　ポーランド国鉄（PKP）　　　ポーランド：1937年

1995年7月19日撮影の保存機No.36.2。この型式の珍しい特色は、炭水車(テンダー)の前部にあるドアから運転室に入ることである。

1930年代のポーランドの急行列車は、国内の諸都市間のものと、ドイツやチェコスロヴァキアから来てロシアとの国境（ここでゲージが標準軌からロシアの1524mm＝5フィートに変る）まで行く国際列車の両方があった。重量の大きい急行列車は、1932年から登場した強力で性能のよい2-8-2（1D1）Pt-31型が引いていたが、1937年に急行用2シリンダー「パシフィック」型を導入することに決めた。Pm-36型2両がワルシャワ市クルザノフ工場で製造された。第1号は流線形、第2号は普通の形で、外観はドイツ国鉄の軽量「パシフィック」03型によく似ていた。

構造もドイツ風で、単式2シリンダー、棒台枠を持ち、計画最大時速140km、ポーランド最大の動輪直径だった。ポーランドの近代機関車は皆そうだったが、運転室は完全密閉式だが、この型式は珍しいことに運転室入口が炭水車の台枠の上に作られている。

1939年ドイツ軍がポーランドに侵入・占領したために、2両以上製造されることはなく、大戦中にNo.1の流線形外被はとり除かれた。

ボイラー圧：18kg/cm²
シリンダー直径×行程：530×700mm
動輪直径：2000mm
火床面積：3.9m²
伝熱面積：198m²
過熱面積：71.2m²
牽引力：16,227kg
全重量（炭水車を除く）：94t

46型　2-8-2（1D1）　トルコ国鉄（TCDD）　　　トルコ：1937年

トルコ最初の近代的急行用機関車は、ドイツ、カッセル市のヘンシェル社製の2シリンダー「ミカド」（2-8-2（1D1））型だった。同じ会社製の客貨両用の2-10-0（1E）も使われたことがある。1937年にこの2-8-2（1D）型11両が納入され、1940年にさらに10両追加発注したが、納入されることはなかった。成績優秀で、1960年代中頃まで、イスタンブール〜バグダッド間の「タウルス・エクスプレス」特急をトルコ領内の区間引いた。新しく登場した電気式ディーゼル機関車も同じ仕事をしていたが、こちらの蒸気機関車も肩を並べてひけをとらなかった。1950年代には「タウルス・エクスプレス」は週2往復2655kmの距離を東行きで73時間30分で走った。そのうちの最大10時間くらいは国境の検問で費やされた。この「ミカド」型は通常イスタンブール（海峡の東側ハイダルパシャ駅）〜アンカラ間を走った。この国際特急には、蒸気時代の終り頃に、イギリスとチェコ製の2-10-0（1E）型や、ドイツ製の0-8-0（D）型や、もとイギリス軍事省所属の2-8-0（1D）型や、洗練されたスタイルのイラン鉄道「パシフィック」型などが妍を競い合っていた。

ボイラー圧：16kg/cm²
シリンダー直径×行程：650×660mm
動輪直径：1751mm
火床面積：4m²
伝熱面積：222.9m²
過熱面積：106m²
牽引力：21,700kg
全重量（炭水車を除く）：104.5t

蒸気機関車　　　1925～1939年

F7型　4-6-4（2C2）　　シカゴ・ミルウォーキー・セントポール＆パシフィック鉄道（MSTP&PRP）　　アメリカ：1937年

ボイラー圧：21kg/cm²
シリンダー直径×行程：597×762mm
動輪直径：2134mm
火床面積：8.9m²
伝熱面積：387m²
過熱面積：157m²
牽引力：22,820kg
全重量：359t

シカゴ～ミネアポリス～セントポール間の「ハイヤワサ」特急を、より重い列車にして引ける機関車をという要求に応えて導入された。この区間は競争線がいくつもあって、高速ダイヤを守らねばならなかった。他の鉄道は同じような目的で4-8-4（2D2）型を使っていた。例えば、サザン・パシフィック鉄道の半流線形GS型機関車は、サンフランシスコ～ロサンゼルス間の流線形客車「デイライト（昼間の光）」特急を引いていた。

でも、どんな4-8-4（2D2）型でも、このF7型が達成したスピードを超えることはあり得ないだろう。シリンダーをも含めて正面からボイラー全体を流線形にしたF7型は、旅客用機関車を「機関車らしく」見せたくないというアメリカの設計者たちの意向をよく示しながらも、点検の便を考えて車輪や走行装置はむき出しにしている。先輩の4-4-2（2B1）型〔169ページ参照〕と違って、こちらは石炭焚きである。

最大12両編成、重さ559トンの列車を引いて、途中5カ所の停車を含めて平均時速106kmで走った。193kmを超えたという記録があるが、確認はできていない。でも、1940年に「ハイヤワサ」特急を引いて、スパータ～ポーテージ間126.3kmを平均時速130.75kmで走破

F7型はアメリカ合衆国の寒い北部で重い列車を引くために導入された。

という、世界蒸気機関車表定最高速記録を樹立したことは確かである。これを1930年代のイギリスの「チェルトナム・フライヤー」特急〔122ページ参照〕のスウィンドン～ロンドン間の記録と比べてみると興味深い。

GS2型　4-8-4（2D2）　　サザン・パシフィック鉄道（SP）　　アメリカ：1937年

復元された「デイライト・リミテッド」特急列車。保存されたGS4型No.4449がレプリカ客車を引いて、カリフォルニア州ブロックのカーブを通過中。

すべて重油焚きで、サンタ・マルガリータ峠の45分の1（1000分の22）上り急勾配を乗り切るための補助機関がとり付けられ、568トンの重さの列車を補機なしで引くことができた。GS2型は1両も残っていないが、GS4型とGS6型は1両ずつ保存され、GS4型は動ける状態になっている。

サンフランシスコ～ロサンゼルス間の流線形特急に「デイライト（昼間の光）」という名が付いているのは、756kmを昼間の明るいうちに走れるということを意味する。それを可能にする力を持ったのが、このGS型である。1930年に設計が始められ、ボールドウィン社で製造された。GS2はライマ社製で、流線形の最初となった他、いろいろの変更が加えられた。GS型は全部で74両が1943年までに製造された。

ボイラー圧：21.1kg/cm²
シリンダー直径×行程：648×813mm
動輪直径：2032mm
火床面積：8.4m²
伝熱面積：454m²
過熱面積：194m²
牽引力：32,285kg
全重量：400.5t

ガラット式　4-6-2+2-6-4（2C1+1C2）　　パリ・リヨン地中海鉄道（PLM）　　アルジェリア：1938年

1938年にアルジェリア国鉄が発足するまで、この地の鉄道はPLMが運営していた。この機関車はベイヤー・ガラット式の機構とフランス風スタイルを混合したもので、男っぽいと同時にエレガントでもある。円筒形の水槽・炭庫はボイラーと同じ太さで、大多数のガラット式機関車よりもまとまりのある外観を呈している。

さまざまな新しい装置を備えている。電気の力でカムを動かすコーサール式弁装置、どちらの方向にも進める2つの運転台、密閉した運転室の換気装置、などなど。ガラット式としては最高時速の記録を持ち、パリ～カレー間の試運転で132kmを記録した。ダイヤの上ではアルジール～オラン間422kmを7時間で走る。

北アフリカには他の急行もあり、ワゴンリ社の客車をつないでいることが多い。例えば、チュニジア、アルジェリア、モロッコの諸都市

177

第1部　蒸気機関車

を結ぶ列車で、この機関車はアルジェリア国内幹線のチュニジア国境のガルディマウからモロッコ国境のウージャまで、1,368kmをまるまる引いて走る。

しかし、複雑な細部の機構を持つ機関車は皆そうであるが、この型も保守に技巧が必要なので、1940〜45年にかけて北アフリカが大戦に巻き込まれると、そのような手間はかけられず、ガラット式は荒廃した。アルジェリア国鉄は電気式ディーゼル機関車購入を促進し、1951年以後は1両も生き残れなかった。

ボイラー圧：20kg/cm²
シリンダー直径×行程：490×660mm
動輪直径：1800mm
火床面積：5.4m²
伝熱面積：260m²
過熱面積：91m²
牽引力：24,950kg
全重量：216t

231-132型という型式称号でアルジェリア国鉄所有車となった。これはそのNo.4で、1939年5月4日アルジール駅で列車に連結しようとしているところを撮影したもの。

56型　4-6-2（2C1）　マレー鉄道　現在のマレーシア：1938年

シンガポール〜クアラ・ルンプール間、クアラ・ルンプール〜バタワース間の急行列車を引くために、グラスゴー市のノース・ブリティッシュ機関車製造会社で製造された1mゲージの「パシフィック」型である。最大軸重は12.95トンまでしか許されないので、できるだけ軽くするために、棒台枠を使い、ボイラーや火室の内壁はニッケル鋼を用いた。3シリンダーを持ち、回転カム軸を使うポペット弁で操作する。炭水車はボギー台車をはき、石炭10トンと水3500ガロン（約15.75キロリットル）を積む。1938〜39年にかけて15両が納入され、さらに1940年と大戦後の1945〜46年に51両が追加製造された。

全車グラスゴー市ノース・ブリティッシュ社製である。1960年代末まで活躍したが、ディーゼル客車にとって代わられたため、ローカル旅客・貨物列車を引くことになった。

No.564.36がタパー・ロード駅で給水を済ませ、再び列車に連結のためバックしようとしている。

ボイラー圧：17.5kg/cm²
シリンダー直径×行程：317×609mm
動輪直径：1370.5mm
火床面積：2.5m²
伝熱面積：123.25m²
過熱面積：20.2m²
牽引力：10,928kg
全重量（炭水車を除く）：58.9t

蒸気機関車　　1925～1939年

232型　4-6-4（2C2）　ソヴィエト国鉄　　　　　　　　　　　　　　　　　　ソヴィエト連邦：1938年

モスクワ～レニングラード間650kmを、途中2度機関車をとり替えて8時間で走る、「クラスナヤ・ストレラ（赤い矢）」号特急列車を引くために、特別に10両だけ製造を計画された流線形機関車である。実際には3両しか製造されなかった。2両はコロムナ工場、1両はヴォロシーロフグラード工場製である。

最初に完成した232No.1は、1938年6月29日カリーニン付近で、ロシア蒸気機関車最高時速170.5kmの記録を達成した。ドイツ軍が侵攻したためこの計画は中止され、その後も再開されることはなかった。Nos.2と3は1950年代末まで「赤い矢」号を引いて現役だった。

この計画は、例えばシカゴ・ミルウォーキー鉄道のF-7型など、アメリカの「ハドソン」型に張り合うためになされたもので、ソヴィエト民衆に、わが国の技術水準は資本主義国に負けないぞと見せつけるのが大事だったわけである。

ボイラー圧：15kg/cm²
シリンダー直径×行程：579×700.5mm
動輪直径：1995mm
火床面積：6.5m²
伝熱面積：239m²
過熱面積：124.5m²
牽引力：14,960kg
全重量（炭水車を除く）：148.8t

15F型　4-8-2（2D1）　南アフリカ鉄道（SAR）　　　　　　　　　　　　　　　　南アフリカ：1938年

最初はドイツのヘンシェル社とベルリン機関車製造会社で製造され、1944年には30両がイギリスのベイヤー・ピーコック社で、また他に何両かがノース・ブリティッシュ機関車会社で追加製造されて、最終的には225両の大家族となった。

この鉄道は1910年以来4-8-2（2D1）型を使っていたから、その経験がここにも活かされている。ボイラーは後の方が少し太くなっていて、最大直径は2018mmである。車高は3947mm、幅は3045mmで、車両限界ぎりぎりに押し込んである。先輪、従輪、炭水車の8輪のすべてにローラー・ベアリングが付いている。煙室には自動清掃スクリーンがある。ほとんどの車には自動給炭装置が備えてあるが、若干両はまだ手で投炭している。火室の投炭口は蒸気力で開閉し、火床を動力で揺らして灰を落す設備もある。

15F型はこの鉄道最大型式のひとつであり、当時技術の最先端を行くさまざまな付属設備を持っていた。

ボイラー圧：14.7kg/cm²
シリンダー直径×行程：609×711mm
動輪直径：1523mm
火床面積：5.8m²
伝熱面積：317m²
過熱面積：61.3m²
牽引力：19,202kg
全重量：180.3t

15F型が橋の下をくぐる時、煙と蒸気が大量に吐き出されて、後の列車が見えなくなるほどである。

E-4型　4-6-4（2C2）　シカゴ＆ノースウェスタン鉄道（CNW）　　　　　　　　　アメリカ：1938年

この鉄道はシカゴ・ミルウォーキー鉄道の「ハイヤワサ」特急とライヴァル関係にあったから、何か特別のもので張り合わなくてはいけなかった。アルコ社製の「ハドソン」型流線形機関車を9両持っていたが、これがミルウォーキー鉄道の同じアルコ社製機関車とかなり似ていた。しかし、シリンダーと動力部分をむき出しにしていた。良質石炭を焚き、ライヴァルの4-6-4（2C2）F-7型よりも小さい火床を持っていたが、シリンダー直径はこちらの方が大きいので、理論上の牽引力はこちらの方が上となる（これは宣伝にとって有利である）。しかし、それ以外の点では、両者はほぼ同じだった。

運転実績の点では、両者はまさに五分五分で、ミルウォーキー鉄道の方が、こちらよりも時刻表上の時刻はきつくなっていた。E-4型は平坦線で重さ500トンの列車を引いて、時速160km以上を出すことができた。このような機関車は、まさにアメリカ蒸気機関車実績の頂点にあったわけであった。

ボイラー圧：21kg/cm²
シリンダー直径×行程：634.5×736mm
動輪直径：2132mm
火床面積：8.4m²
伝熱面積：369.5m²
過熱面積：175m²
牽引力：24,940kg
全重量（炭水車を除く）：186.8t

第1部　蒸気機関車

J-3a型　4-6-4（2C2）　ニューヨーク・セントラル鉄道（NYC）　アメリカ：1938年

　同鉄道の看板列車「トウェンティース・センチュリー・リミテッド（20世紀特急）」専用として、アルコ社が39両プラス流線形の9両を製造した。同鉄道の高速「ハドソン」型の頂点を極めたもので、これで同鉄道の「ハドソン」型は275両に達した。さらに1941年には2両が流線形に改造されて特急列車「エンパイア・ステイト・エクスプレス」号を引くことになった。流線形外被で増えた重量はたった2494kgである。従輪を補助機関が動かして出発時の牽引力をさらに5487kg増やすことができた。

ボイラー圧：19.3kg/cm²
シリンダー直径×行程：571×736mm
動輪直径：2005mm
火床面積：81.9m²
伝熱面積：388.9m²
過熱面積：162m²
牽引力：19,700kg
全重量（炭水車を除く）：163.2t

「エンパイア・ステイト」特急は1952年2月、まだ蒸気機関車に引かれていた。ニューヨーク州ダンカークで非流線形J型「ハドソン」が、寒空に真白な蒸気を吐き出している。

GS6型　4-8-4（2D2）　サザン・パシフィック鉄道（SP）　アメリカ：1938年

ボイラー圧：18.2kg/cm²
シリンダー直径×行程：685×761.4mm
動輪直径：1865.5mm
火床面積：8.4m²
伝熱面積：450.6m²
過熱面積：193.75m²
牽引力：29.115kg
全重量（炭水車を除く）：212.4t

　長大な貨物列車を引かねばならないからである。両者とも重油焚きで、同じ標準「E型」過熱装置を備えている。炭水車はどちらも6輪ボギー台車を2個はいて同じように見えるが、GS6型の方が水をより少なく、油をより多く積んでいる。GS6型は花形列車を引くわけではなかったが、同じように半流線形の外被を着けている。しかし、「デイライト」特急の標準色ではなく、つやのある黒色に塗られている。

アメリカの4-8-4（2D2）型は大形ではあるが、ある種の引き締まった筋肉質の観がある。とくに連節機関車と比べるとその印象が強い。1952年6月にサンフランシスコで撮影されたSPのNo.436はパワーがふきこぼれんばかりだが、数年のうちに同鉄道は蒸気機関車をすべてスクラップしてしまった。

　4-8-4（2D2）という車輪配列は主として旅客列車用機関車で用いられるが、貨物列車や客貨両用として、通常高速貨物列車用として使う鉄道も多い。GS6型はすぐに鮮度を失いやすいカリフォルニア産果物や野菜を積んだ、車長12.2mの断熱構造・氷詰めの冷蔵車（1両当り荷物を積んで最大76.2トン）を最大30両引いて、大平原を越えて東に走る仕事に精を出した。
　ライマ社が総計23両を製造したこの型式の寸法や性能を、1937製の同鉄道の急行旅客列車用機関車（177ページGS2型を参照）と比べてみると興味深い。製造会社が発表している計算上の牽引力は、あちらに比べて少しばかり小さいし、多くの点であちらよりほんの少し小形である。動輪直径も蒸気圧もかなり小さいのは、スピードがより遅いからである。貨物列車用標準型は動輪の粘着重量が128.4トンで、これが旅客列車用標準型の125トンと比べると少し大きいのは、

蒸気機関車　　1925〜1939年

12型　4-4-2（2B1）　ベルギー国鉄（SNCB）　　ベルギー：1939年

4-4-2（2B1）車輪配列の機関車はこれが最後となった。例えばカナディアン・パシフィック鉄道の4-4-4（2B2）型〔170ページ参照〕のような、重さが軽い都市間高速旅客列車を引くための機関車を、ヨーロッパ風に少し小形にして再現したのが、この型式である。外被は完全な流線形だが、動力部分は点検しやすいように露出している。緑色の地に黄色の縞模様をつけてスピード感を強調している。

M・ノテッスの設計で、1939年に6両がコッケリル工場で製造された。棒台枠と内側シリンダーを持ち、うち4両はワルシャート式弁装置に外側返りクランクを持ち、前の動輪を動かす。他の2両は回転カム弁装置を持ち、1両はカプロッティ式、1両はダベーグ式である。余った機関車から6輪つき炭水車を召し上げて流線形の外被を付けた。

「アトランティック」型はオーステンド〜ブリュッセル間115kmで重さ250トンの列車を引いて1時間で走り、最高時速は140kmを出したが、高速時は乗り心地が悪いとの評判だった。第二次世界大戦が始まって、この列車はなくなった。戦後オーステンド線が電化されると、この機関車はブリュッセル〜（フランスの）リル間の同じような列車にまわされ、1960年まで続けた。現在1両が保存されている。

ボイラー圧：18kg/cm²
シリンダー直径×行程：480×720mm
動輪直径：2100mm
火床面積：3.7m²
伝熱面積：161m²
過熱面積：63m²
牽引力：12,079kg
全重量（炭水車を除く）：89.5t

この型式の第1号機No.12.001が、フランスのリルの操車場で、途中1ヵ所（トゥールネ）だけ停車のブリュッセル特急を引いて帰途に就くのを待っている。

61型　4-6-6（2C3）タンク機関車　ドイツ国鉄（DRG／DRB）　　ドイツ：1939年

ドイツの流線形タンク機関車運転の頂点を極めたのがこの型式である。原型は1935年にカッセル市のヘンシェル社とウェッグマン車両製造会社が共同で製造した4-6-4（2C2）タンク機関車No.61.001で、これは新しいディーゼル車による軽量急行に張り合って、しかも同じくらい運転しやすい蒸気機関車牽引列車を実現することを目指していた。

機関車は完全流線形で、4両客車編成の列車も流線形、最後部客車の後部に運転台が設けられて、帰途ではこちらが先頭になる。機関車は大形で、単式3シリンダーを持つが、流線形外被が徹底していて、見た目では蒸気機関車だとはわかりにくい。

4両客車編成の「ヘンシェル・ウェッグマン列車」（と呼ばれていた）は、1936年ベルリン〜ドレスデン間で運転開始、その年には、たった1両の機関車が日に2往復して、片道176kmを1時間40分で走った。水と石炭の積載量に限りがあるので、終着駅に着いた時水槽が空ということがよくあった。

そこで4-6-6（2C3）タンク機関車が設計されたのである。後部に6輪の外枠台車が付き、石炭5トンと水1010ガロン（約4545リットル）を積む。大戦が始まったため、この列車は運転休止となった。戦後にこの列車の客車はさらに増結してV-200型の引く「ブラウアー・エンツィアン（青りんどう）」特急となった。No.61.001は1952年に引退し、4-6-6（2C3）型は1961年に東ドイツ国鉄が4-6-2（2C1）テンダー機関車に改造して、新車両試運転用に使った。

ボイラー圧：20kg/cm²
シリンダー直径×行程：390×660mm
動輪直径：2300mm
火床面積：2.8m²
伝熱面積：150m²
過熱面積：69.2m²
牽引力：7380kg
全重量：146.3t

181

第1部　蒸気機関車

WM型　2-6-4（1C2）タンク機関車　東インド鉄道（EIR）　インド：1939年

インドの大都市郊外の1676mm（5フィート6インチ）ゲージ路線用として、1900年に標準型2-6-4（1C2）旅客列車用タンク機関車が設計された。ベンガル・ナムプール鉄道は1906年から製造された2-6-4（1C2）FT型タンク機関車を30両持っていた。イースト・ベンガル鉄道は、1907～27年にわたって製造されたK型とKS（過熱式）型を53両持っていた。

この東インド鉄道は1912～14年にかけて製造されたBT型を15両持っていた。こうした旧型を補強するために、より大形のWM型がインドの鉄道の新標準型として設計さ

WM型13002が重量通勤旅客列車を引いている（正面にも1人余分の客が乗っている）。蒸気管を覆う角ばった正面はインドの機関車の典型的特色である。

れた。外側シリンダーを持ち、スピードも牽引力も増加した。

ボイラー圧：14.7kg/cm²
シリンダー直径×行程：406×710.6mm
動輪直径：1700mm
火床面積：2.3m²
伝熱面積：88.7m²
過熱面積：22.3m²
牽引力：8660kg
全重量：105.9t

800型　4-6-0（2C）　グレイト・サザン鉄道（GSR）　アイルランド：1939年

最後の800型2両が引退した1964年の4月に、北アイルランド、ベルファスト市のアデレイド駅で撮影された「メーヴ」号。

1524mm（5フィート）ゲージのアイルランドの鉄道の機関車のスタイルは、イギリスの伝統と全く同じものである。アイルランドが独立してから経済的に苦しかったため、ほとんど新しく製造できなかった。1939年までダブリン～コーク間の幹線は、いつも機関車不足で悩んでいた。そこで800型3両が設計され、ダブリン市の同鉄道インチコアー工場で製造されて、この区間の急行旅客列車を引くこととなり、それぞれ「メーヴ」「マチャ」「ティルト」と古代アイルランド伝説上の女王の名を付けられた。

単式3シリンダー、ワルシャート式弁装置3組、2本煙突を持ち、アイルランド国産としては最大・最強力機関車である。寸法や性能はイギリスの「カースル」型や「ロ

蒸気機関車　　1925～1939年

イヤル・スコット」型に匹敵する。走行成績は良好だったが、間もなく1939～45年にかけての戦時下の緊急事態や大戦後の燃料不足などで、真価を発揮できなくなる。
　1950年になってやっと本来の輝きをとり戻すことができるようになった。その年にベルファスト～ダブリン間急行が、ダブリン市エイミアン・ストリート終着駅から逆走して、コークまで直通することとなった。列車の最後部に800型を連結して、フィーニクス・パークの下のトンネルを抜けて、グレイト・サザン鉄道幹線に入る。最高時速は100マイル（160km）と噂されたが確認されてはいない。しかし高速性能を持っていたことは疑いない。「ティルト」号は1957年に引退し、他の2両も1964年に引退したが、「メーヴ」号は現在アルスター（北アイルランド）交通博物館で保存されている。

ボイラー圧：15.75kg/cm²
シリンダー直径×行程：470×711mm
動輪直径：2007mm
火床面積：3.1m²
伝熱面積：174m²
過熱面積：43.5m²
牽引力：14,970kg
全重量：137t

右：1996年11月北アイルランド、ベルファスト市近くのカルトラ交通博物館で撮影された「メーヴ」号。

下：アイルランド生まれであることをはっきり示して、「メーヴ」の名をゲール語文字で刻んだ銘板。

131型　2-6-2（1C1）タンク機関車　ルーマニア国鉄（CFR）　　　　　　　　　　　　　ルーマニア：1939年

　機構の上ではハンガリーの375型2-6-2（1D1）タンク機関車（その後継機となったのがこの型式だった）と似ているが、主としてドイツその他の中央ヨーロッパ諸国製設計の車を購入していたルーマニアとしては珍しく数少ない国産機関車である。1939～42年にかけてレジタ工場が65両製造し、近郊・区間旅客列車用として働いた。コスモヴィッチ式石炭・重油両燃焼装置を備え、サイドタンクの上に重油タンクを設けていた。

ボイラー圧：12kg/cm²
シリンダー直径×行程：510×650mm
動輪直径：1440mm
火床面積：3.6m²
伝熱面積：不明
過熱面積：不明
牽引力：11,900kg
全重量：不明

第1部　蒸気機関車

蒸気・ディーゼル機関車　2-8-2（1D1）　ソヴィエト国鉄　　　　ソヴィエト連邦：1939年

　蒸気機関車と内燃機関車の結婚は、悲しい結果に終わってしまった。
　1924年にイギリスのキットソン社が「ディーゼル蒸気機関車」の試作車1両を製造した。「キットソン・スティル」の名で知られているが、2本のピストンを持っていて、内側のものは内燃機関によって、外側のものは蒸気機関によって動かされた。火室はなくて、ボイラーの中に置かれたバーナーを通る蒸気の力で発車し、加速すると最終的にディーゼル機関の燃料を圧縮して点火させ、シリンダーを動かす。発生した熱は水を温めて蒸気に変え、それがシリンダーを動かす。

　イタリアのアンサルド社は1929年に始まった世界的大不況により倒産したが、そのアイデアが1930年代末にソヴィエト連邦で再生し、「テプロパロヴォズ」型が誕生した。キットソン製機関車は、車軸に平行して置かれたクランク・シャフトの反対側に4個ずつ並んだ8個の内側シリンダーを持っていた。ソ連製はもっと大形で、ヴォロシーロフグラード工場製は2-8-2（1D1）と2-10-4（1E2）、コロムナ工場製は2-10-2（1E1）の車輪配列だった。念のためにつけ加えると、こちらもピストンが両方向に動く機関車で、左右の真中あたりに外側シリンダーが置かれ、それが二方向にピストンを動かすので、（少なくとも理論上は）回転力のバランスを保ち、レールに与える打撃力を弱め、機関の回転部分の摩耗も少なくする。

　2-10-2（1E1）型は石油ではなく無煙炭から発生するガスを燃やした。蒸気機関の燃料として無煙炭を粉砕する装置を持っていた。炭水車には蒸気凝結装置を備えていた。このように複雑な機構のため、1948年までに断念してしまった。詳細なデータは入手不能である。

19D型　4-8-2（2D1）　南アフリカ鉄道（SAR）　　　　南アフリカ：1939年

　「マウンテン」車輪配列の19型は、ほとんどがドイツ製で、支線の客貨混合列車用として設計され、蒸気機関車の時代が終るまで万能選手として働いていたが、最後は多くの車にガタが来た。最初の車が納入されたのは1928年である。19D型はクルップ社とボルジッヒ社

　1979年マフェキンで撮影された19D型。1939年から48年にかけて235両製造され、最大軸重が13.8トンなので、支線で使用された。

製造で、先輩の1933年製19C型とほとんど同じだが、19C型が回転カム弁装置とポペット弁を持つのに対して、19D型はワルシャート式弁装置とピストン弁であった。さらに1948年には追加製造され、こちらはヴァンダービルト式6輪台車を2個はいた炭水車を従えている。1両は1979年にL・D・ポルタ開発のガス発生装置を付けて近代化された〔241ページ参照〕。

ボイラー圧：14kg/cm²
シリンダー直径×行程：533×660mm
動輪直径：1370mm
火床面積：3.3m²
伝熱面積：171.5m²
過熱面積：36.2m²
牽引力：16,370kg
全重量：81.2t

蒸気機関車　1925〜1939年

FEF-2型　4-8-4（2D2）　ユニオン・パシフィック鉄道（UP）　アメリカ：1939年

1939〜44年までの時期は、まさに4-8-4（2D2）が旅客列車用として使われた最盛期だった。ノーフォーク＆ウェスタン鉄道のJ型は、平坦線で1025トンの重さの列車を引いて時速177kmに達した。UPのFEF（「フォー・エイト・フォー」と呼ばれた）型も、同じような実績を挙げたと言われている。1938〜44年にかけてアルコ社で45両製造され、細部に若干の変更が加えられている。この型式が出力と効率の絶頂に達したまさにその時、ジェネラル・モーターズ社製のEMD型ディーゼル機関車が、蒸気機関車の領域に喰い込み始めたのは皮肉だった。もはや流線型などでは貫録不充分。FEF型は外見のお化粧やお飾りものなんか不要。単式2シリンダー蒸気機関車の女王——それだけの話。

ユニオン・パシフィック鉄道のFEFシリーズの最後の型式FEF3の最後のNo.844は、1944年の製造。現在復元され、蒸気を入れる状態でカリフォルニア州サクラメントの博物館で保存され、人びとの注目を集めている。

ボイラー圧：21kg/cm²
シリンダー直径×行程：635×813mm
動輪直径：2032mm
火床面積：9.3m²
伝熱面積：393m²
過熱面積：130m²
牽引力：28,950kg
全重量：412t

S1型　6-4-4-6（3B-B3）　ペンシルヴェニア鉄道（PRR）　アメリカ：1939年

蒸気機関車の最盛期と言われた1930年末から40年代初期にかけて登場した型式の、すべてが成功というわけではなかった。この機関車は試運転の時、1364トンの重さの列車を引いて時速162.5kmを出したのに、1両だけで終わってしまった。最大軸重32トンということで使える区間が限定され、粘着重量が総重量のたった26.5%しかないので、発車時に前後両方の動輪が空転しがちだった。PRRのジャニアータ工場で製造され、1939〜40年のニューヨーク世界博覧会で展示されたのに、ほとんど実用に使われることなく、1949年に解体された。

1941年6月24日、No.6100が同鉄道のデラックス特急「ジェネラル」号を引いてシカゴに停車中の姿。全車軸数10のうち6軸が粘着重量として期待できないところに、この型式の設計上の問題のひとつがある。

ボイラー圧：21kg/cm²
シリンダー直径×行程：558×660mm
動輪直径：2132mm
火床面積：12.26m²
伝熱面積：525.2m²
過熱面積：193.6m²
牽引力：35,456kg
全重量：523.4t

第1部　蒸気機関車

Tr1型　2-8-2（1D1）　　フィンランド国鉄（VR）　　フィンランド：1940年

　フィンランドの貨物列車運転の主力は2-8-0（1D）車輪配列のTk型とTv型だったが、もっと重い列車を引けるもっと強力な機関車が必要となって、この型式が誕生した。ボイラーと炭水車は1937年製造の「パシフィック」Hr1型と同じものを使い、他の部品も互いに交換できるようにした。先輪軸と第1動輪軸はクラウス・ヘルムホルツ式台車となって接続し、従輪軸はアダ

右：Tr1型No.1093。1963年ヘルシンキ駅の外で。

下：1955年ロコモ社製のNo.1086。ヘルシンキ～レニングラード間の幹線の途中にある分岐駅クーヴォラで1970年に撮影。

186

蒸気機関車　　　1940〜1981年

ム式ラディアルである。1940〜57年にかけて、Tr1型67両が製造された。大多数は国産で、タンペレ市のタンペラ社とロコモ社製だが、20両はドイツのユング社製である。17年の間に少し変更が加えられ、最後に製造された4両は全車輪にローラー・ベアリングが付いている。第二次世界大戦中薪焚きになった車もある。

幹線の最大重量貨物列車を引く

1967年7月クーヴォラで撮影されたNo.1096。1950年代中頃に製造された最後期の車で、ドイツ風の排煙板を付けている。

のが主な仕事だが、最高運転時速80kmを生かして長距離旅客列車も担当した。1945年以降は、より強力な2-10-0（1E）Tr2型が手助けに参加したが、1960年末になるとあまり使われなくなり、1970年代には南部の不凍港に向かう冬期だけの貨物列車を引いていた。

ボイラー圧：15kg/cm²
シリンダー直径×行程：610×700mm
動輪直径：1600mm
火床面積：3.5m²
伝熱面積：195.4m²
過熱面積：68m²
牽引力：20,740kg
全重量（炭水車を除く）：95t

160.A.1号　2-12-0（1F）　フランス国鉄（SNCF）　　　　フランス：1940年

6シリンダー蒸気機関車なんぞと言うと、理論至上主義の設計者からは途方もない想像の産物のように思われかねまい。2, 3, 4シリンダーまでが標準型として確立していたのだから。しかし、これは決して狂気の沙汰ではない。2-10-0（1E）6000型をアンドレ・シャプロンが改造した機関車であった。6000型は4シリンダー複式で、若干の近代化設備を加えて1909年以来パリ・オルレアン鉄道で貨物列車を引いていた。シャプロンが改造した目的は、低速で経済的な走行のできる大形貨物用機関車を作ることだったが、これはそもそも歴史的に蒸気機関車の不得手とするところを目指したものだ。動輪軸6というのは決してカッコつけではない。ボイラーと火室を長くすれば、当然それを支える車が必要で、最大軸重も小さく抑えなくてはいけない。必要な牽引力を得るためには6シリンダーが必要と考えられた。低圧シリンダーを2個にしたら、巨大なものになって車両限界をはみ出してしまうだろうから。そこで低圧シリンダーを4個並べて第1動輪の前に置き、内側の2個が第2動輪を、外側の2個が第3動輪を動かす。高圧シリンダーも機関車のほぼ中央の内側に置かれ、ウーレ式過熱装置によって蒸気を受け入れて第4動輪を動かす。シリンダーには外壁を冷やさないよう蒸気「ジャケット」が付いている。ボイラーは2つの部分に分けられている。これはイタリア人フランコの考案したものを改良した方式で、前の部分は予熱ドラムで、そこから沸騰しかかった湯が主ボイラーの方にあふれ出て行く。また火室にはニコルソン式熱サイフォンがとり付けられた。蒸気を発生させ、温存させ、最大限に効率よく利用しようと、あらゆる努力が払われた。排気は温めた給水を送り込むACFI社式給水ポンプを動かす。高圧・低圧シリンダーの間に置かれたシュミット式過熱装置によって、蒸気が再過熱される。レンツ式ポペット弁が、ワルシャート式弁装置によって操作される可動カムが作動させるピストン弁を動かす。こうした弁装置はすべて台枠の外にある。また、キルシャップ式2本ブラスト管がとり付けられている。もとの機関車の台枠はかなり延長され、また強化された。動輪軸のうち3本は固定されているが、残りの3本はある程度左右に動く遊びが許され、軸距離が長くてもカーブを曲がれるようになっている。

改造工事はSNCFが発足する前の1936年に始まったが、遅々として進まず完成は1940年6月になったが、その直後フランスはドイツ軍に占領された。新しい機関車は南西部のブリーダでお蔵になったまま終戦を迎えた。1948年になるまで試運転もできなかった。この時までに、シャプロン設計のもうひとつの（これも1両だけの）傑作、4-8-4（2D2）No.242.A.1も試作されていた。No.242.A.1とNo.160.A.1の試作によって得た貴重な教訓もアイデアも、後にフランスでは実地に活用されることなく終ってしまった。試運転はヴィトリーの静態試験施設と本線上の両方で行われ、設計上目指したものは充分に達成された。低速走行の時に熱効率が下ることなく、以前は燃料消費量が増えるのが常識だったのに、逆に減った。予測していなかった貴重な成果として、高圧シリンダーにとり付けたジャケットと、低圧シリンダーへ送る蒸気の適度の過熱のお陰で、極度の過熱により鋳鉄、接合部、潤滑油を塗った表面が絶えず損傷を受け、補修に高額な費用がかかるという従来の悩みを解消できた。スピードは初めから目指していたわけではなかったが、試運転で時速95kmを記録した。65両、重さ1600トンの列車を引いて、ラローシュとディジョンの間の平坦線で時速48kmを維持した。この試運転で記録した実際の最大牽引力は22,200kgの大台に達した。ある時は、1600トンの重さの列車を引いて、125分の1（1000分の8）上り勾配のカーブした区間で、検測車が39,836kgの牽引力を記録した。高圧・低圧シリンダーの過熱度の差をいろいろ変えてテストをした結果、決定的に満足すべき成果を得た。2-12-0（1F）型は当然のことながら試作機でしかなく、設計者はこれを「実験室」と呼んでいた。しかし、これ以上の改造は認められることなく、1両だけで終った。シャプロンがフランス国鉄を退職した2年後の1955年11月、この機関車はスクラップにされた。

ボイラー圧：18.3kg/cm²
高圧及び内側低圧
シリンダー直径×行程：520×540.6mm
外側低圧シリンダー直径×行程：640×649.75mm
動輪直径：1369mm
火床面積：4.4m²
伝熱面積：218m²
過熱面積：174m²
牽引力：25,167kg
全重量（炭水車を除く）：152.1t

PC型　4-6-2（2C1）　*イラク国鉄*　　　　イラク：1940年

戦時中だが、1940年にイギリス、ダーリントン市のロバート・スティヴンソン&ホーソーン社が、流線形の2シリンダー「パシフィック」型3両を、イラクのために納入した。4両目は搬送中に撃沈されてしまった。美しい外観で、イギリスの「コロネイション」型やA4型を思い出させるところがあった。もともとは、イスタンブール発の「タウルス・エクスプレス」が通る予定の、バグダッドからテル・コチェック経由トルコに達する線の開通を目指して発注されたものであった。しかし、時刻表上のスピードは実に遅く、バグダッドからトルコとの国境まで17時間半もかかり、イスタンブールまでの2603kmを三日三晩かけて走る。1950年代には、まだこの機関車が現役だった。その頃までは、イスタンブールの海峡東側ハイダルパシャ駅から、ドイツ製0-8-0（D）型や、以前イギリス軍事省所属の2-8-0（1D）型の機関車に引かれての長旅に疲れきった乗客は、国境で洗練された流線形の機関車に交替したのを見て嬉しくなっただろう。

ボイラー圧：15.4kg/cm²
シリンダー直径×行程：533×660mm
動輪直径：1751mm
火床面積：2.9m²
伝熱面積（過熱面積を含む）：251.3m²
過熱面積：不明
牽引力：14,092kg
全重量：100.2t

第1部　蒸気機関車

H型「ヘヴィー・ハリー（重量級ハリー）」4-8-4（2D2）　ヴィクトリア州営鉄道（VR）　オーストラリア：1941年

　1600mm（5フィート3インチ）ゲージのVR最大の型式だが1両きりであった。またオーストラリアでは最初の4-8-4（2D2）の車輪配列で、この後1943年に南オーストラリア鉄道が採用して520型となった。H型はこの鉄道のニューポート工場で製造され、アメリカ・スタイルの棒台枠を持つ。メルボルン～アデレイド間の「オーヴァーランド（大陸横断）」特急用を目指したものだが、区間旅客列車も引いた。
　機構上珍しい車で、単式3シリンダーを持つが、独立した2本の煙突を付けている。軸重が大きいので走る区間は限られたが、「ヘヴィー・ハリー」は1941～58年にかけて、メルボルン～ウォドンガ間で急行貨物列車を引いて活躍、全走行距離131万4,976kmを達成した。どっしりした炭水車は6輪ボギー台車を2個はき、動力給炭装置を持つ。現在ニューポート鉄道博物館で保存されている。

ボイラー圧：15.4kg/cm²
シリンダー直径×行程：546×711mm
動輪直径：1624mm
火床面積：6.3m²
伝熱面積：369.6m²
過熱面積：72.4m²
牽引力：24,946kg
全重量：264.2t

煙突が2本別々の「ヘヴィー・ハリー」。1980年12月7日撮影。メルボルン市ノース・ウィリアムズタウン鉄道博物館という隠居所で最大の人気者。

97型　2-12-2（1F1）タンク機関車　ドイツ国鉄（DRG／DRB）　オーストリア〔当時ドイツに併合されていた〕：1941年

　フロリスドルフ工場で製造され、アイゼネルツ～フォルデンベルク間の鉱山線で使用された2両きりの型式で、大戦後は297型となった。外側の2シリンダーはレール上を走る動輪を動かし、内側の2シリンダーは2個の歯車を動かした。歯車はラック・レールの区間だけで働き、別の加減弁で操作された。この線は8kmで440m上る急勾配の標準ゲージで、鉄鉱石を積んだ貨車はそのままウィーン～フィラッハ間の幹線へ進む。
　この機関車は400トンの重さの列車を補機なしで上り坂で引くことができたが、以前の197型0-12-0（F）タンク機関車の2倍の重さを引いた。最高時速は25kmだった。ギスル式吐出管を備えていた。しかし、実績上は古い機関車の方がより頼りになった。297型は修理に長い時間がかかったからである。現在1両が保存されている。

ボイラー圧：16kg/cm²
外側シリンダー直径×行程：610×520mm
内側シリンダー直径×行程：400×500mm
動輪直径：1030mm
火床面積：3.9m²
伝熱面積：不明
過熱面積：不明
牽引力：25,620kg
全重量：入手不能

蒸気機関車　　1940～1981年

153～7号　2-8-2（1D1）　ドンナ・テレサ・クリスティナ鉄道　　ブラジル：1941年

この「ミカド」型5両はアルコ社スケネクタディ工場製で、ブラジルに納入された。中位の出力の機関車で、主に貨物輸送の1mゲージ鉄道用に造られた。アメリカ標準型で、棒台枠と外側に単式2シリンダーを持つ。1950年代末になると、輸送ニーズに対して少々力不足だったが、公式に引退したのは1984年である。

1973年3月14日トバラオの側線で石炭車の入換えをしているNo.153。外観上はまるでオーバーホール直後のようなよい状態に見える。

ボイラー圧：12.6kg/cm²
シリンダー直径×行程：406×558mm
動輪直径：1066mm
火床面積：4.42m²
伝熱面積：92.9m²
過熱面積：19.8m²
牽引力：9305kg
全重量（炭水車を除く）：57.8t

11型　4-10-0（2E）　ブルガリア国鉄（BDZ）　　ブルガリア：1941年

珍しい車輪配列の機関車でドイツ製である。1941年に10両がヘンシェル社で、さらに1943年にボルジッジ社とスコダ社（チェコスロヴァキアにあるが当時ドイツ占領下）で製造された。単式3シリンダーというのは1935年以来同鉄道の伝統で、重量旅客・貨物列車兼用を目指していた。

主に使用されたのは首都ソフィアから国境を越えてユーゴスラヴィアのベオグラードまでの区間で、ドラゴマン峠を越える急勾配路線である。ドイツ風の排煙板がとり付けられると同時に、ブルガリア独特の上部がふくれた煙突を持つ。

自国では高く評価されていたが、政治的にヨーロッパから孤立していた国なので、ブルガリアの機関車の性能が正当に評価され難かった。

ボイラー圧：16kg/cm²
シリンダー直径×行程：520×700mm
動輪直径：1450mm
火床面積：4.9m²
伝熱面積：224m²
過熱面積：83.9m²
牽引力：22,570kg
全重量：109.6t

試作機関車　19-1001号　2-8-2（1D1）　ドイツ国鉄　　ドイツ：1941年

第二次世界大戦初期にカッセル市のヘンシェル社がこの実験的機関車を開発していた。シリンダーを8個持ち、4動輪軸の各軸が主台枠から車輪の外側に吊り下げられたV形の2個シリンダーによって作動される。主クランク・シャフトから鎖で動かされる偏心シャフトによって、ピストン弁がシリンダーを操作する。

戦後アメリカ軍がこの試作機を自国のフォート・モンローに運んで、そこで1952年に解体した。戦時中のことなので、この魅力的な実験機関車は完成することなく、充分なテストも行なわれなかった。戦争が終った時カッセル市はアメリカ軍の管理下にあったので、ア

メリカ人技術者がこれをアメリカに運び、フォート・モンローに保管したのだが、アメリカでは蒸気機関車に対する関心が薄れかけていたので、長年放ったらかしにされた後、1952年に解体されたのである。

ボイラー圧：20kg/cm²
シリンダー直径×行程：300×300mm
動輪直径：1244mm
火床面積：4.5m²
伝熱面積：239.7m²
過熱面積：100m²
牽引力：入手不能
全重量（炭水車を除く）：96.5t

「マーチャント・ネイヴィ〔商船隊〕」型　4-6-2（2C1）　サザン鉄道（SR）　　イギリス：1941年

戦時中で製造制限をかわすため、急行旅客列車用を目指した型式なのに、供給省には「客貨両用」と説明した。設計者オリヴァー・ブリードの頭の中では、最大重量600トンの列車を平均時速70マイル（113km）で引く未来の新世代機関車だった。この予見は大胆不敵だが正しかった。同じく大胆不敵だったのは、（流線形とは言わずに）「流気形」の外被の内側に込められた新機軸の数々だった。ブリードは熔接の権威者で、全鋼製の火室やボイラーを熔接して重量を大幅に軽減したのであった。単式3シリンダーはピストン弁によって動かされる。そのピストン弁は油が洩れぬよう密閉容器に入れられた鎖

で動く独創的弁装置で操作される。この密閉容器には、中央主連棒、クロスヘッド、クランクも入っている。この特色のお陰で、多くの保守・修理上の問題が生じた。

「マーチャント・ネイヴィ」型に続いて、より軽量の「ウェスト・カントリー」型110両が製造された。これは先輩と同じデザインで、同じスポークなしの打ち抜き車輪を使っている。最終的には「マーチャント・ネイヴィ」型全車と、「ウェスト・カントリー」型の多くは改造されて、密閉容器なし

この型式の各機関車は有名な商船会社の名を貰っていて、会社名とその社旗が型式名と一緒に銘板に示されている。

189

第1部　蒸気機関車

改造後の「マーチャント・ネイヴィ」型No.35007「アバディーン・コモンウェルスライン」号。1958年ソールズベリー駅で撮影。普通の弁装置をとり付けてから、より信頼性が増し、従来の牽引力もスピードも落ちることがなかった。

の、普通のワルシャート式弁装置3組付きの車となった。このエピソードでもわかるように、イギリスの鉄道会社の技師長の独裁的権力というものが1940年代になってもまだ健在だったのである。200両以上もの新しい機関車の機構の重要な部分に未経験・達成不可能な方式をとり入れて製造するなどとは、他の国だったら絶対認められなかったろうし、イギリスでも間もなく認められなくなった。

ボイラー圧：19.75kg/cm²
シリンダー直径×行程：457×609mm
動輪直径：1880mm
火床面積：4.5m²
伝熱面積：236m²
過熱面積：76.3m²
牽引力：17,233kg
全重量：96.25t

USATC入換え機　0-6-0（C）タンク機関車　アメリカ陸軍輸送部隊（USATC）　アメリカ：1941年

ボイラー圧：14.7kg/cm²
シリンダー直径×行程：419×609mm
動輪直径：1370mm
火床面積：1.8m²
伝熱面積：81.3m²
牽引力：9810kg
全重量：45.6t

　アメリカの3社、ダヴェンポート、ヴァルカン、ポーターが、このサイドタンク機関車382両を製造した。USATCの標準型のひとつで、第二次世界大戦後に、とくにギリシャやユーゴスラヴィアの駅構内でおなじみとなった。イギリス、ヨーロッパ、中東で使うために製造されたので、イギリスの車両限界に合わせている。
　短いボイラーの上に蒸気ドームと2個の砂箱が置かれ、ストーヴ煙突つきという独特の外観である。外側の2個のシリンダーはワルシャート式弁装置で操作される。最初にイギリスにやって来たのは1942年7月で、戦後サザン鉄道が13両を買って、サウサンプトン港埠頭で使った。これらのうち数両は1967

ギリシャ国鉄のもとUSATC 0-6-0（C）型機関車。給水管の先に布のホースがついていないので、水がうまくタンクの穴に入らずあふれ放題。でも、あたりには面倒を見る人が誰もいない。

190

蒸気機関車　　1940〜1981年

年まで現役だった。グレイト・ウェスタン鉄道が1948年に製造した0-6-0（C）外側シリンダー付きタンク機関車のデザインにも影響を与えたように思われる。

フランス国鉄も77両買い、うち数両は1971年まで現役だった。ユーゴスラヴィアも120両買い、さらに1956〜57年にかけて同じ設計の23両を製造した。ギリシャは20両

買い、うち数両を0-6-0（C）テンダー機関車に改造した。1943年には30両が重油焚きとなって中東に送られ、イラク、パレスティナ、エジプトで使われた。何両かは1945

年以後も民間用として留まった。1943〜45年にかけて、4両がジャマイカ島官営鉄道に送られた。
　現在何両かがイギリスで保存されている。

J型　4-8-4（2D2）　　ノーフォーク&ウェスタン鉄道(N&W)　　アメリカ：1941年

　ノーフォーク&ウェスタン鉄道の主な仕事は、莫大な量の石炭を運ぶことで、旅客列車はほんの僅かしかないし、急行用機関車の数も多くないが、その性能は第一級だった。1941〜43年にかけて、J型の11両がこの線の主な旅客列車用として製造され、その第1号機は1950年までに合計160万9千km走った。毎月の走行距離は24,000kmから29,000km、一度に走る最長距離は、ヴァージニア州ローノークからオハイオ州シンシナティまでの682kmであったが、これは起終点駅での方向転換走行も含めてである。この型式は38万6千km走るとオーヴァーホール検査を受けるよう設計されていたが、蒸気機関車を運転させている多くの会社の技術者はあり得ないと言うだろう。だが、機関庫での日常の保守・準備作業のお陰で、結局この会社は充分もとを取ることができた。アメリカの全鉄道会社の中で、蒸気機関車を近代化して温存し、ディーゼル車製造業者が約束する「どこでも使えて便利」というCMに張り合おうと最大の努力を重ねたのは、まさにこの会社だった。最終的にはディーゼル化の大勢に逆らうことはできなかったが、この鉄道の路線が山地だったことを考えると、蒸気機関車による実績はさらに一層立派なものと言ってよい。J型はペンシルヴェニア鉄道のクレスリン付近で行った試運転で、1041トンの重さの列車を引いて最高時速177kmに達した。この機関車の動輪直径は1776mmだから、もっと大きな動輪だったらスピードはもっと上ったことだろう。通常の運転でも14両か15両の客車を引いて最高時速145kmを達成した記録がある。1959年にJ型は引退したが、そのうちの2両は200万マイル（約322万km）以上走破記録を樹立していた。

ボイラー圧：21kg/cm²
シリンダー直径×行程：685×812mm
動輪直径：1776mm
火床面積：10m²
伝熱面積：489.6m²
過熱面積：202.2m²
牽引力：39,506kg
全重量：431t

2000年にヴァージニア州ローノークで保存されていたJ型No.611の美しく磨かれた正面。伝統的なカウキャッチャー（排障器）の代りに除雪器がとり付けられてある。

191

第1部　蒸気機関車

上下線にまたがって立つ給水塔。自然重力を使って、同時に2線で給水できる。

保存機No.611の美しい側面。1993年ヴァージニア州ローノーク付近で臨時列車を引く。

4000型　4-8-8-4（2DD2）　ユニオン・パシフィック鉄道（UP）　アメリカ：1941年

「ビッグ・ボーイ」型の大きさは、機関士の姿を見れば見当がつくだろう。No.4021は1941年製で、貨物列車を引いて坂を上る。

いわゆる「ビッグ・ボーイ」である——アルコ社の工場で製造中に工具の誰かがチョークで煙室に書きつけたこの名が、こびり付いてしまった。

25両あるこの型式は世界最大・最強力の蒸気機関車で、ノーザン・パシフィック鉄道の1928年製「イエローストーン」型より重さでも長さでも上である（車長はあちらの37,185mmに対して、こちらは40,490mm）が、計算上の牽引力ではやや下まわる。

ユニオン・パシフィック鉄道は旅客列車用としては早くからディーゼル機関車を使用していたが、貨物列車をディーゼルが引くようになったのは1947年からである。こちらでは蒸気機関車がまだ優勢だった。とはいえ、要求は厳しかった。この型式は、同鉄道の規格・研究部が、アルコ社と共同で設計したもので、主導権を握ったのは、1936年以降UP動力・機械部長で、1939年以降機械規格研究担当副社長となったオットー・ジェイベルマンであった。彼は同鉄道の他の巨人蒸気機関車たち、例えば「ビッグ・ボーイ」の先輩である1936年製4-6-6-4（2CC2）「チャレンジャー」型などの設計も指導した。

UPは世界で最長の固定台枠を持つ機関車4-12-2（2F1）3シリンダー機88両を、1926～30年にかけて走らせていたのだが、より多くの出力を得るためには、連節式の車輪配列が必要であることは明白だった。「チャレンジャー」型が解答を出してくれた。マレー式機関車で

蒸気機関車　　　1940〜1981年

は単式シリンダーだけを付けていても、後の動輪群が台枠に固定されているのに、前の動輪群が連接台車となっている。初期のマレー式機関車では、先輪台車が水平と同時に垂直にも動くことができるので、第1動輪がスリップしやすくなるという欠点があった。

それまでは連節式機関車というと低速のものと考えられていたが、「チャレンジャー」型は時速130kmで楽々走れる設計で、実際に走った。ライマ社が1925年に製造した2-8-4（1D2）「スーパーパワー」型が、蒸気機関車牽引力の更なる可能性への扉を開いてくれたように、UPとアルコ社共同設計の偉大なる4-6-6-4（2CC2）型も、同じような功績を果たしてくれた。他の鉄道もすぐこのことに気付き、8社がこれと同じタイプの機関車を買った。全部で254両が製造され、うち105両がUP所有だった。

UPは「チャレンジャー」型の発注を続けたが、これではまだ究極のものとは思えなかったので、間もなく4-8-8-4（2DD2）の設計にとり掛かった。「チャレンジャー」型をさらに大きくしたもの、車長も重量も増え、巨大な火室が前に伸びて、後部動輪の後半分の上にのしかかる。台枠は大きな一体鋳鋼製で、熔接が広く——とくに「チャレンジャー」型の19.7kg/cm²より圧力が高まったボイラーの製造に——用いられた。多管排気装置の付いた2本煙突が置かれた。すべての車輪にローラー・ベアリングがとり付けられた。とくに注目すべき新機軸は、先輪台車と台枠の接続を再考して、先輪台車に左右動だけを許した点である。勾配や線路の凸凹による上下の揺れは、効果的な方法で吸収される。これで動輪のスリップを防げるわけで、これは「チャレンジャー」型の最後の車でもとり入れられた。

UPのどの区間でも走れるよう設計され、実際に走ったが、「ビッグ・ボーイ」の運転区間として定められたのは、ユタ州オグデン〜ワイオミング州グリーン・リヴァー間のシャーマン・ヒル幹線がワサッチ山脈を越す区間だった。283kmの距離で標高589mから2442mまで上るので、平均勾配1000分の11.4となる。補機として押すのではなく

ワイオミング州シャーマン・ヒルのカーブを、4-6-6-4（2CC2）「チャレンジャー」型が先導補機となり、4-8-8-4（2DD2）「ビッグ・ボーイ」が本務機となって、長い貨物列車を引いて走る。

ペンシルヴェニア州スクラントンの鉄道博物館で保存されているNo.4012。1997年5月2日撮影。

て、果物を積んだ冷蔵貨車最大70両、重さ3251トンの列車を補機なしで引く。

いまや蒸気機関車発展の上で新しい段階に入っていたのである。設計者はある機関車が（おそらく低速で）何トンの重さの列車を引くことができるか、を考えるだけで済まなくなった。経営者は牽引力をスピードや効率と関連させて考えたがるのだから、設計者もそれに応えて、真に大形の機関車が全力を出した時に何馬力に達するかを考えねばならない。「ビッグ・ボーイ」型の場合で言うと、最大出力は時速70マイル（112km）の時に得られるが、最大時速は80マイル（130km）まで出せる。シリンダー最大出力は1万馬力（7460キロワット）で、これまでのどの蒸気機関車以上の出力であり、同時代のディーゼル車の及びもつかぬ出力である。しかし低速になると、蒸気機関車は潜在的能力を発揮できなくなるという問題があって、こ

れは永久に解決不可能なのだ。

アメリカの『トレインズ』という雑誌の1974年のある号の記事の中で、W・ウィザーンが次のように書いている。「『ビッグ・ボーイ』型の経済的な性能は、時速35マイル（56km）の時の出力6200馬力（4623キロワット）によって決めるわけにはいかない。時速20マイルの時には5200馬力（3877キロワット）しか出せないのだから」

言いかえると、次のようになる。いちばん大事な出発時や加速時に、重い列車を引く4000型は本来持っている出力の半分くらいしか利用できない。以前だったら蒸気機関車設計者は、仕方ないさと肩をすくめていればよかったろうが、いまや電気式ディーゼル機関車との競争の時代で、比較すると蒸気機関車の深刻な弱点となった。ディーゼルは個々の車はずっと低出力でも、固定編成を組んで使用することができ、さまざまな速度領域で全力を発揮することができるの

だから。

とはいえ、「ビッグ・ボーイ」はよい実績をあげ、1941年に製造された最初の車は100万マイル（約160万km）以上の走行を成し遂げた。戦時中はより重い列車を引くこととなり、しばしば重連運転をした。坂を上る時など胸が躍る光景だ。最後の営業運転は1959年7月で、1961年から引退が始まったが、1962年7月までグリーン・リヴァー機関庫に4両が残っていた。

現在「ビッグ・ボーイ」の8両が静態保存で展示されている。ロサンゼルス市のお祭りの際に、No.4018の火室に小学生が何人入れるかという、いささかグロテスクな実験がなされた。答えは32人とのこと。

世界最長の転車台（ターンテイブル）は、グリーン・リヴァーとオグデンの機関庫にあって、長さ41m、「ビッグ・ボーイ」を乗せることができる。働き者の「ビッグ・ボーイ」は1時間に9.9トンの石炭を消費した。炭水車（テンダ）は固定車軸5個の前に4輪ボギー台車が1個付いていて、石炭28.45トン、水20,800ガロン（約93.6キロリットル）を積んでいる。巨大な火床のために動力給炭器2個が付いている。

ボイラー圧：21kg/cm²
シリンダー直径×行程：603×812mm
動輪直径：1726mm
火床面積：14m²
伝熱面積：547m²
過熱面積：229m²
牽引力：61,394kg
全重量（炭水車を除く）：350t

193

第1部　蒸気機関車

52型［クリークスロコモティヴ〔戦時型機関車〕］　2-10-0（1E）　ドイツ国鉄（DRG／DRB）　ドイツ：1942年

1938年ドイツ国鉄は2-10-0（1E）標準型2シリンダー50型を、重量貨物列車用として導入した。まさにドイツ国鉄の伝統を継ぐもので、棒台枠、上部が丸いボイラー、幅広い火室を持つ。1939年第二次大戦が始まると、その生産が止まり、製造をスピードアップするよう設計変更が行なわれた。その結果生まれたのが50UK（Übergangskriegslokomotive「過渡的戦時型機関車」）型で、全部で3164両が製造された。

1941年になると戦争のために機関車不足が深刻となり、大量生産が始まり、その結果生まれたのが52型、真の「戦時型機関車」である。細かい設計はドイツ国鉄と主製造会社の技術者グループによって作られた。試作機52,001号はボルジッヒ社製で、単式2シリンダー、ワルシャート式弁装置とピストン弁が付いていた。1942～45年にかけて約6700両が製造された。速く作れること、長持ちできる材料をなるべく少なく使って済ませることが最重要課題だった。

以前にないほど熔接が行なわれ、ボイラーもすべて熔接、以前だったら鋲で接ぎ止められていた部分はできるだけ熔接された。シリンダーの上の角形蒸気パイプや蒸気室は「フリルなし」――つまり装飾的要素を排除する姿勢の極端なあらわれである。でも、1943年以降フリードリッヒ・ウィッテが開発した軽量排煙板が煙室の横にとり付けられたので、前より丸味を帯びた外観となった。

爆撃で破壊されたクルップ工場以外のすべての工場が52型製造を担当した。チェコスロヴァキア、ピルゼン市のスコダ、フランスのグラッフェンシュターデン、ポーランドのクルザノフやセギールスキーなどの諸工場も参加した。だから全車が同一型とは限らない。製造所が違い、細部についての指令変更などもあって、かなりの差異がある。その他に大幅な変更もあって、下部型式に分けられている。52機の大部分は鋼鉄板台枠を持ち、これは50型の80mm棒台枠よりかなり薄い。

1941年になると、ドイツ人は自国の機関車はロシアのひどい寒さで故障を起しがちだと気づき、煙突に蓋をかぶせたり、外に露出したポンプに保温の覆いを付けたり、運転室を完全密閉したり、いろいろ手を加えた。初期の戦時型の炭水車の水タンクに覆いを付けたこともある。しかし、50型では標準設備だった給水温め器は52型には付いていない。

もともとは石炭焚きだが、後に重油焚きも現れて、炭水車の石炭置き場の中や周辺に油タンクを設けた。蒸気凝結装置をつけた炭水車もあった。多くの機関車にこのような設備を加えたのは、ロシアの前線にいるドイツ軍に物資を補給する列車を引いたからである。なにしろロシア軍は退却する際に自国の機関車や燃料・水補給施設をすべて破壊して行ったのだから。こうした機関車の中には武装を施したものもある。ロシア内の線路をドイツ軍が標準ゲージに変えたところもあったが、他方52型の1500両ほどには、ロシアの1524mm（5フィート）ゲージに変えられる車軸が付いていた。

1943年以後、52型の標準炭水車は熔接された914型になった。これは側面が丸いので「ワンネ」つまり「バスタブ」という名で知られている〔日本では「船底形」と言われている〕。4輪ボギー台車を2個はいていて、これまでの炭水車の3分の1ほどの時間で製造できたし、石炭と水を積む量は増えたし、材料の金属も節約できた。石炭10トンと水7000ガロン（約31.5キロリットル）を積むことができた。ただボキー台車とり付け部分のまわりにひび割れが広がりがちで、戦後この部分に補強工事が加えられた。

50型同様、52型の最高時速は前進・後進とも80kmである。通常の貨物列車運転の他に、兵器輸送臨時列車も引く苛酷な仕事を課せられた。また、死の強制収容所への引き込み線を人間を積んだ貨車を引いて走るという、秘密の陰惨な仕事を行ったのもこの型式だった。ドイツ軍が占領した東ヨーロッパ地域で軍の命令で走ったのも1000両以上あり、またクロアチア、ハンガリー、ルーマニア、セルビア、トルコにも数百両が売られたり貸し出されたりした。

1945年5月以前「戦時型」機関車は、ノルウェーなどドイツ軍の占領地すべてで使用されたが、ドイツ敗戦以後は解放された諸国に多く引き取られたり、ロシアに徴用されたり賠償として与えられたりした。1951年までは限られた数の製造が続いた。150両がポーランドで、100両がベルギーで、84両が西ドイツで製造された。これらは給水温め器が付けられたが、それ以外は戦時中の耐乏時の装備しか持っていない。

イギリスやアメリカでもそうだったが、戦時型は短期間酷使してつぶすことを予想して製造された

「戦時型機関車」の絵を見ると、蝶番の付いた煙突の蓋、密閉した運転室、覆いをかぶせたポンプなど、ロシア前線の低温下の運転への対策がわかる。

オーストリアのある機関庫の薄明かりの中で、間違いなく「戦時型機関車」の列がひっそりと眠っている。もっとも、原型のストーヴ型煙突は長円筒のギースル式ブラスト管付き煙突に変っている。

194

蒸気機関車　　1940〜1981年

のだが、実際にはかなり長持ちした。ドイツでは西側の連邦共和国と東側の民主共和国に分れ、それぞれドイツ連邦鉄道、ドイツ国鉄に所属した。連邦鉄道では1954年以降52型を急速に引退させたが、国鉄ではもっと長く生き残り、1960〜67年にかけて200両が大改造され、全熔接の標準型ボイラー、火室に燃焼室、ハインル式給水温め器、運転室前面窓の回転ガラスなどを設けて、52^{80}型となった。中にはギースル式ブラスト管と2本煙突を持つものもある。また、それ以外の25両は粉末褐炭を焚くように改造された。

東側の国鉄では52型が最多数の主力蒸機となり、1980年代まで残った。改造されない52型は1986年にまだ15両が現役だった。改造された52^{80}型は1989年東ドイツから蒸気機関車が消えるまで実働していた。

東ヨーロッパの諸国では1970年代、あるいはそれ以後まで健在だった。戦後のソ連は「戦利品」機関車を約2130両所有し、ゲージを改め、修理・改造を施して（時には3両を解体して使える部分を集めて1両を生き返らせたりして）TE型となり、ソ連西部やその衛星諸国で1950年代末まで広く配属されていた。多くは重油焚きに変えられた。

1963年ソ連は重油焚きのもと52型100両をチェコスロヴァキアに売り、それは555型となった。ポーランドへは200両、ブルガリアへは140両、ハンガリーへは100両など、総計約700両が転属したが、それはソ連の電化・ディーゼル化計画が効を奏したからである。ユーゴスラヴィアへ行った車は33型と呼ばれ、同国鉄唯一の最大蒸気機関車となった。ユーゴ解体後は休車になっていた数両が1990年中頃にボスニアに引き取られて現役復帰した。もっとも遠くまで飛ばされたのは、1984年頃ロシアやポーランドから北ヴェトナムに移った12両だった。

もっとも長生きできたのはトルコで、最大軸重15トンというのが役立って、東アナトリア地方の支線で、もとアメリカの2-8-0（1D）S-160型と仲よく一緒に1990年まで働いていた。1990年末でも、東ヨーロッパのいくつかの国ではまだ多数の52型が休車で残り、約200両が現在いろいろな国で保存されている。

戦後最後まで現役に残っていた車の1両、No.052.6921が1971年メルストハイムで入換え作業中の姿。炭水車（テンダー）の一部がブレーキ係員室に作り変えてある。

ボイラー圧：16kg/cm^2
シリンダー直径×行程：600×660mm
動輪直径：1400mm
火床面積：3.9m^2
伝熱面積：177.6m^2
過熱面積：63.7m^2
牽引力：23,140kg
全重量（炭水車を除く）：84t

Q1型　0-6-0（C）　サザン鉄道（SR）　　　　　　　　　　　　　　　　　　　　　　イギリス：1942年

英国鉄道標準色に塗られたQ1型No.33017。1962年10月ソールズベリー〜ベイジングストーク間で貨物列車を引いた姿。

飾りっ気なしの究極とも言える外観のイギリス戦時型機関車、同国で最強力の0-6-0（C）型は、「万能用」として製造された。走り板その他がないのは、ボイラーと火室が巨大で重すぎたから重量節約のためである。設計者のオリヴァー・ブリードは、この前の「マーチャント・ネイヴィー」型の時と同じく、重量と製造日数を節約するために熔接技術をとり入れた。大型機関車と同じように、鋳鉄の打ち抜き（スポークなし）車輪をとり付けた。最大軸重が18.8トンなので、SP全線の93%の区間で走ることができた。

内側の2シリンダーにはピストン弁が付き、スティヴンソン社式リンク・モーションで操作する。太い煙突の中には5本のブラスト管吐出孔が納められている。主として貨物列車用を目指していたが、客車暖房装置も持っている。区間列車専用だが、かなりのスピードを出せた。逆進で時速120kmを出し、正面バッファー梁に坐っていた設計者がご満足顔だった、という噂があった。

ボイラー圧：16.1kg/cm^2
シリンダー直径×行程：482×660mm
動輪直径：1548mm
火床面積：2.5m^2
伝熱面積：152.5m^2
過熱面積：20.2m^2
牽引力：13,086kg
全重量：89.8t

第1部　蒸気機関車

V4型　2-6-2（1C1）　ロンドン＆ノースイースタン鉄道（LNER）　イギリス：1942年

　大家族の型式を目指して設計されたが、技師長のサー・ナイジェル・グレズリーが死んだ後、LNERの機関車方針に大変革が起ったので、結局2両しか製造されなかった。この型式が目指した客貨両用万能選手という特色は、1942年の2シリンダー4-6-0（2C）B1型に引き継がれることとなった。こちらのV4型は3シリンダーが内側につき、グレズリー式合成弁装置で操作するものだった。その他にも晩年のグレズリー独特の諸設備、例えば、ドームの後に置かれた蒸気溜めなどがある。

　試作機として製造された2両は、火室が1両は銅製、1両は熔接した鋼鉄製と違っている。主にスコットランドで使われ、1957年と58年にスクラップにされた。

ボイラー圧：17.5kg/cm²
シリンダー直径×行程：380×660mm
動輪直径：1725mm
火床面積：2.6m²
伝熱面積：134m²
過熱面積：33m²
牽引力：11,950kg
全重量：114.9t

英国鉄道になってからのNo.61701。1957年5月アバディーン市フェリー・ヒル機関庫で撮影。第1号機が「バンタム・コック〔雄の闘鶏〕」と名づけられたので、第2号機のこちらは鉄道員から「バンタム・ヘン〔雌の闘鶏〕」という非公式の愛称を頂戴した。

151.3101型　2-10-2（1E1）　スペイン国鉄（RENFE）　スペイン：1942年

　1942～45年にかけて、スペインのラ・マキニスタ社がこの大形22両を製造した。もともとは5001～5022の番号だったが、後に151.3101～3122と改番になった。機関車ファンは初めて見る機関車を、ある特色を基にフランス風とかドイツ風とかイタリア風とか呼びたがるものだが、スペイン風外観とはどのようなものか明確に説明することは難しい。スペインの機関車設計には、フランス、アメリカ、イギリスの影響がすべて入っているのだから。でも、この型式はおそらくフランス風がもっとも強いのだろう。

　単式3シリンダーはすべて1列に並び、内側の1個は第2動輪を、外側の2個は第3動輪を動かす。ワルシャート式弁装置と、レンツ式可動カム軸ポペット弁を持つ。キルシャップ式ブラスト管つき2本煙突がとり付けられている。5本の動輪軸の距離が長いので余裕を持たせるために、先輪軸と第1動輪軸を結ぶクラウス式台車が用いられている。ACF1社式給水ポンプと給水温め器などの設備は走り板にとり付けられている。スペインの鉄道は1668mmゲージだから、充分スペースがとれる。2両には動力給炭装置が付き、7両は重油焚きである。

　重量列車を引ける強力機関車で、もともとはポンフェラーダ炭鉱地帯から海岸のコルーニャ港まで石炭列車を引いていたが、後にレオン～ベンタ・デ・バノス区間に移された。

ボイラー圧：16kg/cm²
シリンダー直径×行程：570×750mm
動輪直径：1560mm
火床面積：5.3m²
伝熱面積：267.6m²
過熱面積：140.9m²
牽引力：21,150kg
全重量：213.1t

4-6-2（2C1）　シャム王立鉄道　タイ：1942年

　1mゲージのこの鉄道最初の「パシフィック」型は、1917年グラスゴー市のノース・ブリティッシュ機関車製造会社だった。日本軍に占領されていた1942年に、10両の「パシフィック」型が日立製作所と日本車輌で新製された。この頃日本国内向けに製造された車と比べ

戦後に製造されたNo.823が1974年1月1日貨物列車を引いて走る姿。英語とタイ語で「新年おめでとうございます」と記されている。

蒸気機関車　　1940〜1981年

ると、実に美しい外観で、煙突の上部に銅製の縁装飾まで付いていた。戦後の1949〜50年にかけて、日本車輛は30両を追加製造した。単式2シリンダー、ワルシャート式弁装置を持ち、どっしりした外観のこの機関車は、1982年タイの鉄道から蒸気機関車運転が消えるまで、急行列車を引いて働いていた。

戦後に製造された日本製「パシフィック」型の最後の車となったNo.850は、1950年納入されるとすぐに、薪焚きから重油焚きに改造された。

ボイラー圧：13kg/cm²
シリンダー直径×行程：450×610mm
動輪直径：1372mm
火床面積：入手不能
伝熱面積：134.5m²
過熱面積：40.7m²
牽引力：8780kg
全重量（炭水車を除く）：58t

H8型　2-6-6-6（1CC3）　チェサピーク＆オハイオ鉄道（C&O）　アメリカ：1942年

　ライマ社がこの時まで製造した最大の機関車で、使用される路線が越える山脈の名を貰って「アレゲニー」車輪配列と呼ばれた。単式4シリンダーを持つ連節型で、全車輪の外側にローラー・ベアリングが付いている。6輪の従輪台車が奥行き4568mmもの大火室を支える。ウェスト・ヴァージニア州ヒントン〜ヴァージニア州クリフトン・フォージ間で、最大5200トンの重さの列車を補機なしで引いた。

　1949年までに60両が製造されたが、やがて1956年には最後の車が引退した。「1両で6000馬力、8000馬力、いや、10000馬力が要求されたとしても——蒸気機関車は天下無敵です」ライマ社は8000馬力の「アレゲニー」型を宣伝してこう豪語した。1944年にはライマ社はこれと同じ型の機関車をヴァージニア鉄道の発注で製造した。これはAG型となり、山越えの石炭列車用として使われた。

ボイラー圧：18.3kg/cm²
シリンダー直径×行程：571×837.5mm
動輪直径：1700mm
火床面積：12.4m²
伝熱面積：631m²
過熱面積：115m²
牽引力：49,970kg
全重量：498.3t

TC-S160型　2-8-0（1D）　アメリカ陸軍輸送部隊（USATC）　アメリカ：1942年

　アメリカ陸軍輸送部隊の命令で4型式の標準機関車が製造されたが、これはそのうちの1型式で、標準ゲージ用である。1942〜45年にかけて、アメリカの大手3社、アルコ、ボールドウィン、ライマが全部で（小さな変更を含む）2120両を製造した。アメリカの標準からすれば小形であるが、これはイギリスの比較的小さい車両限界に合わせたからで、構造は棒台枠、単式2シリンダー、ピストン弁、ワルシャート式弁装置、高い位置に据えたボイラー、幅広で上が丸い火室、などなど典型的アメリカ・スタイルである。

　機関士席は右側で、投炭係側の前面に小さなドアがあって走り板に出られる。蒸気ブレーキとウェ

インドの南部鉄道の標準色に塗られたS-160型。1979年12月30日、同鉄道の重要拠点駅コインバトーレにて。

第1部　蒸気機関車

S-160型ははるばる中国にまで行って、KD6型となった。1980年代まではまだ炭鉱地帯で働いていた。運転室の側面上部がせり出しているのにご注目下さい。

スティングハウス社式空気ブレーキ・ポンプを持ち、空気シリンダーは両側の走り板の下にある。コンプレッサー・ポンプは狭い煙室扉の左に置かれている。イギリスで使われる車には、空気・真空両ブレーキ装置が付いている。火室には揺れ火床と自動落下灰箱が設けられている。ボイラーの上には、蒸気ドームと砂箱がひとつにまとめてある。アメリカ標準の3点支持方式なので、よく整備されていない線路や爆弾でやられた線路でも安定した走りができる。

アメリカ式機関車は乗務員に「便利な」設備が付いていて、お陰でイギリスやヨーロッパの乗務員に人気があったのだが、この型式には動力逆転器は付いていない。大多数は石炭焚きだが、重油焚きとして製造されたり、後から改造された車もある。例えば、フランス南西部は重油焚き用施設が多いので、そちらに向けた106両がそうだった。炭水車(テンダー)は2種類の標準型があり、水は5400ガロン（約24.3キロリットル）、石炭は8.1トンか10.1を積む。設計はよくできていたが、ひとつだけ欠陥があることが時間が経つにつれて明らかになった。火室の天井を支えるネジのとり付けが不備で、火室故障が続出したのだった。

S160型が最初に送られた海外はイギリスで、貸与計画による機関車補充でもあったが、同時にヨーロッパ大陸へ侵攻するための基地を設ける目的でもあった。1943年9月には、南ウェイルズ、ニューポート市のエブー・ジャンクションにあるグレイト・ウェスタン鉄道修理工場が、アメリカ陸軍第756鉄道部隊の本拠地となって、アメリカからの機関車がここで待機した。

北アフリカ作戦援助のため1943年7月中旬までに、139両がオランへ送られた。1944年末までに多量にヨーロッパ大陸に陸揚げされ、解放地域や連合軍占領地域で働いた。軍用鉄道運転管理局が2箇所にあって、これらの機関車と、他にもイギリスの軍事省管理下の軍用機関車などの所属地とその任務を監督した。兵員・武器・軍需物資輸送列車や野戦病院列車の他に、民間活動の足りないところを補う仕事に貸し出されることもあった。活動最盛期は1945年で、ヨーロッパでの戦闘が終るとベルギーのルーヴァンその他の機関庫に集められ、大規模な再配属が行なわれた。これによってアメリカ陸軍機関車を受け入れ永続使用しなかった国は、おそらくフランスだけであったろう。フランス国鉄管内には1946年末まで1両もいなかった。

オーストリアには30両、イタリアには244両（そのうち25両は1959年にギリシャに売られた）、ギリシャには27両、ユーゴスラヴィアには65両、ドイツには40両、トルコには50両、ハンガリーには約50両、ポーランドにも約50両、チェコスロヴァキアには80両、南朝鮮には101両、中国には25両が送られた。チュニジアとアルジェリアの鉄道で、それぞれ30両ほどが残って使用された。残りはおそらくソ連に行ったのであろう。ソ連には既に1943年に直接送られた200両（ソ連の1524mmゲージ用に製造された）がいた。さらに60両がインドの広軌（1676mmゲージ）用として部品が送り出され、現地ボンベイやカルカッタ付近の工場で組み立てられ、1944年8月以降インド官営鉄道で働いた。

これらの機関車の大多数は新しい所有主の規格に合うよう変更がなされたり装置がとり付けられたり、また実質的に改造された車もあった。同じ型の機関車が少数ずつだがジャマイカとペルー（1943年）、メキシコ（1946年）にも送られている。S160型は戦時型として製造されたので、最初から長生きを目指してはいなかったが、ポーランドやハンガリーでは1970年代初期でも多くが現役だった。特にこの2カ国では1940年代後半の経済的に苦しい時期に、S160型は貨物

S-160型の中でNo.611だけがポペット弁を付けている。1965年9月20日、まだヴァージニア州フォート・ユースティスにあるアメリカ軍施設で働いていた。

蒸気機関車　1940〜1981年

用機関車として貴重な存在で、かつての敵国ドイツ製の2-10-0（1E）50型や52型と一緒に働いた。さまざまな国で現在多数保存されている。

S-160型52両がギリシャを終生の地と定め、貨物列車牽引の主力となった。1972年11月2日、生き残ったたった1両のギリシャ国鉄Thg536号がエギニヨンで入換え作業をしていた。

ボイラー圧：15.75kg/cm²
シリンダー直径×行程：482×660mm
動輪直径：1447mm
火床面積：3.8m²
伝熱面積：164m²
過熱面積：43.7m²
牽引力：14,280kg
全重量（炭水車を除く）：73.6t

TC S-118型「マッカーサー」　2-8-2（1D1）　アメリカ陸軍輸送部隊（USATC）　アメリカ：1942年

同部隊の他の大量生産機関車同様、この型式も第二次世界大戦中に役立っただけでなく、戦後も長い間多くの鉄道の主力として働いた。アルコ社で1m、あるいは1067mm（3フィート6インチ）のゲージ用として設計され、1942〜45年にかけて859両が、アルコ社のほかボールドウィン社、ダヴェンポート社、ポーター社、ヴァルカン社でも製造された。「マッカーサー」は非公式の愛称で、当時人気絶大だったアメリカの将軍ダグラス・マッカーサーから貰った名である。

どのような線路状態の区間でも走れることが要求されたので、最

インドの南部鉄道の1mゲージ「マッカーサー」。比較的単純でガッチリした設計であることがよくわかる。

第1部　蒸気機関車

大軸重は9.1トンに抑えられ、きつい車両限界の路線でも走れるよう造られた。いろいろなブレーキ装置、牽引装置がとり付けられるようにもなっていたし、石炭焚きから簡単に重油焚きにも変えられる。製造の際にも運転の際にも、経済的かつ単純を目指したのである。

「マッカーサー」型の大多数はインドの1mゲージ線用として部品を輸出し、現地で組み立てられた。大戦末期にはビルマ、マレー半島、タイにも送られた。チュニジア、ナイジェリア、黄金海岸（ガーナ）、東アフリカ鉄道網、フランス領カメルーン、フィリピンのマニラ鉄道、オーストラリアのクイーンズランド州営鉄道、ホンデュラスの連合果実会社、アラスカのホワイトパス＆ユーコン鉄道などにも送られ――1970年代までそこで現役だった車もある。「マッカーサー」がいなかった唯一の大陸というと――それは鉄道のない南極大陸だった。

インドの鉄道で働く「マッカーサー」。よく整備されていて、（インドの機関車にしては）控え目ながら装飾が施されている。

ボイラー圧：13kg/cm²
シリンダー直径×行程：406×609mm
動輪直径：1218mm
火床面積：2.6m²
伝熱面積：127.3m²
過熱面積：34.7m²
牽引力：9900kg
全重量（炭水車を除く）：54t

T1型「デュプレックス・ドライヴァー」4-4-4-4（2BB2）　　ペンシルヴェニア鉄道（PRR）　　アメリカ：1942年

1940年代初期にはディーゼル動力車との競争が激しくなったので、蒸気機関車製造会社は蒸機がディーゼルに打ち勝つ方法として、単一台枠により多くの出力を詰め込む方法をいろいろと探った。

1942年PRRは、老朽化した「パシフィック」K4型にとって代るべき機関車を検討していた。それ以前からボールドウィン社は、4-8-4（2D2）型より出力が大きくなる「デュプレックス・ドライヴァー」――つまり複動輪群式を推進していて、T1型試作機2両、Nos.6110、6111を製造した。これは左右1対のシリンダーが前後に2対あって、それぞれが大動輪を動かすようになっていた。この長所は各シリンダーを小さくして動力機構部分の重さを軽くでき、その部分のストレスがかなり小さくなり、ピストンの推力を低くすることができる上に、高速走行時に固定台枠がより安定するところにあった。

外観は有名な「鮫型の頭」で、あらゆる点で最新スタイルだった。ポペット弁がシリンダーを動かし、全車軸にティムケン社式ローラー・ベアリングが付けられた。大形の180-P-84炭水車を従える。試作

蒸気機関車　1940〜1981年

車の試運転はよい成績をあげた。2両とも1036トンの重さの列車を引いて時速161kmを出せた。そこでT1型50両を追加発注した。そのうち27両はボールドウィン社、残りの23両はPRRジャニアータ工場製である。

ところが、新機関車が営業運転に入ると、さまざまな問題が山積し始めた。大きな問題は粘着力不足だった。車輪スリップが日常化し、機関士は何とか防止しようと悪戦苦闘した（がほとんど無駄だった）。他にも機構上の、また運転上の問題がいくつか生じた。外観は逞しいが設計としては上出来とは言えなかった。ある鉄道史家は言った。「火床面積とボイラー容量以外はすべてよくできている」だが不幸にして、その2点が機関車にとっての死活問題なのだ。1953年までには全車が引退してしまった。ほとんどの実働期間は10年以下だった。

ボイラー圧：21kg/cm²
シリンダー直径×行程：501×660mm
動輪直径：2032mm
火床面積：8.5m²
伝熱面積：391m²
過熱面積：132.8m²
牽引力：31,925kg
全重量：432.6t

C-38型　4-6-2（2C1）　ニュー・サウスウェイルズ州営鉄道（NSWGR）　オーストラリア：1943年

ボイラー圧：17.1kg/cm²
シリンダー直径×行程：546×660mm
動輪直径：1751mm
火床面積：4.4m²
伝熱面積：243m²
過熱面積：70.2m²
牽引力：17,912kg
全重量：222.5t

保存されているNo.3801は、かつての特急列車の栄光の時代をいまでも思い起させてくれる。1988年10月24日シーマーに向かってカーブを曲って走行中。

C-38型は4-6-0（2C）C-36型にとって代って急行列車を引くことになった。この鉄道の技師長ハロルド・ヤングが最初の5両を設計した。半流線形でクライド工業会社の製造である。その後、流線形でない25両が同鉄道のイヴリーとカーディフの2工場で製造された。全車が鋳鋼製台枠を持ち、全車軸にローラー・ベアリングが付き、カナダ・タイプのスポークなし打ち抜き車輪である。動力逆転器を備えている。全車とも1949年までには営業運転に入り、緑色に塗られて黄色と赤の筋が入った。しかし1950年代までに黒に塗り変えられた。

投炭は手で行われ、500トンの重さの「メルボルン・リミテッド」寝台特急を、シドニー〜オルベリー間（途中40分の1＝1000分の25の上り勾配がある）で引いた。1955年にディーゼル機関車にとって代られたので、急行貨物列車用に転じたが、シドニー〜ニューカースル間急行旅客列車は1970年まで担当した。その年の12月No.3280が最後の定期列車を引いた後に引退した。現在流線形と非流線形の両方が保存されている。

上：「パシフィック」3重連が群集の注目を集めている。モス・ヴェイルでC-38型3両が観光臨時列車を引いて給水中。

左：1967年頃のシドニー機関庫風景。No.3828が「サザン・ハイランド」急行を引いた後入庫して休んでいる。その後にいるのはNo.3808で、モス・ヴェイル行き急行貨物列車を引く準備完了。

第1部　蒸気機関車

520型　4-8-4（2D2）　南オーストラリア鉄道（SAR）　　　　　　　　　　　　　　　　　　　　　オーストラリア：1943年

No.520「サー・マルコム・バークレイ・ハーヴェイ」号が1940年初期に流行の絶頂を迎えた「鮫の鼻」を見せている。この頃アメリカの影響が信じられぬほど強くオーストラリア鉄道に及んだ。

同鉄道は1600mm（5フィート3インチ）ゲージで、27.2kgの軽いレールなので、その上を走れるように設計された半流線形の客貨両用機関車である。外観はアメリカのペンシルヴェニア鉄道T1型を思わせる。これはSARの最後の新型蒸気機関車となった。SARイズリントン工場製で、アデレイド〜ポート・ピリー間やテロウィー〜テイレム・ベンド間で旅客と貨物列車を引いたが、州内の他のほとんどの路線でも活躍した。1948年重油焚きに改造され、1960年代初期まで現役だった。現在2両が保存されている。

ボイラー圧：14kg/cm²
シリンダー直径×行程：521×711mm
動輪直径：1676mm
火床面積：4.2m²
伝熱面積：228m²
過熱面積：60.5m²
牽引力：14,800kg
全重量：221.8t

L4-a型　4-8-2（2D1）　ニューヨーク・セントラル鉄道（NYC）　　　　　　　　　　　　　　　　　　　アメリカ：1943年

NYC内で「モホーク」型として知られていた客貨両用機関車である。この車輪配列は通常「マウンテン」と呼ばれたが、「ウォーター・レヴェル（水平面）線」の通称で知られた同鉄道の幹部たちは「山」という呼び名はふさわしくないと思ったのだろう。1916年以来同鉄道はこの車輪配列の型式を350両以上も所有していたが、L4-a型は1942〜44年にかけて50両製造された。製造所はライマ社だが、この頃蒸気機関車製造のライマ社はディーゼル機関車製造のハミルトン社と合併し、ライマ・ハミルトン社の一部門となっていた。うち25両がL4-a型、25両がほとんど同形のL4-b型である。時速130kmを出すことができたので、特急用「ハドソン」型の代りをつとめることもできた。

ボイラー圧：17.5kg/cm²
シリンダー直径×行程：660×761.4mm
動輪直径：1827mm
火床面積：6.9m²
伝熱面積：434.2m²
過熱面積：195.3m²
牽引力：27,165kg
全重量（炭水車を除く）：181.9t

L4-a型No.3113が、1952年初頭の寒い冬の朝、西行き重量貨物列車を引いて、ニューヨーク州ダンカークを通過中。この頃になると、もっと強力な機関車が導入されたので、この型式はほとんどすべて貨物用となり、旅客列車を引くことはめったになかった。

蒸気機関車　1940〜1981年

U1-f型　4-8-2（2D1）　カナディアン・ナショナル鉄道（CNR）　カナダ：1944年

　CNRは4-8-2（2D1）「マウンテン」車輪配列の機関車を1923年から使っていて、U1という型式称号を与えていた。f型はその最後の型式で20両がモントリオール機関車製造会社で製造された。一体鋳鋼製台枠、スポークなしの打ち抜きバランス・ウェイト付き動輪が付いている。新機軸の注水器と給水温め器を合体した装置が走り板の下に置かれている。6輪ボギー台車を2個はいたヴァンダービルト式炭水車（テンダー）を従えている。カナディアン・パシフィック鉄道との競争区間であるトロント〜モントリオール間で快速旅客列車を引いた。現在6両が保存されている。

ボイラー圧：18.3kg/cm²
シリンダー直径×行程：610×762mm
動輪直径：1854mm
火床面積：6.6m²
伝熱面積：333m²
過熱面積：146m²
牽引力：23,814kg
全重量：290t

ロッキー山脈を背にして、CNRの「マウンテン」型No.6015がアルバータ州ステットラーの本線脇に柵で囲まれて静態保存されている。「ロッキー山鉄道協会」が管理している。

2-10-0（1E）　イギリス政府供給省　イギリス：1944年

　これ以前にイギリスで走った10動輪（E）型はたった2型式で、しかも1型式1両の珍しいものだった。しかし、イギリスの製造会社は輸出用に多くのE型をこれまで製造して来た。1943年に製造された2-8-0（1D）型（これは第二次大戦中最初のイギリス軍用機関車だったロンドン・ミッドランド＆スコティッシュ鉄道8F型をお手本とした）を大形にした、この2シリンダー特別戦時型を最初に送り出した先も国外だった。設計基準は13.5トンという軽い軸重で、軽いレールや仮敷設レールの上でも走れて、しかも大きな牽引力を持つことだった。もうひとつの要求条件は急カーブでも通れることで、第1・第5動輪軸間距離が6396mmもあるのに、第3動輪はフランジがなく、第1と第5動輪は127mm左右に動く遊びが与えられている。
　戦時の「耐乏」生活背景を反映した特色が多くある。例えば、ノース・ブリティッシュ機関車会社が製造時に水槽を縮小したり、ボイラーと火室の上部を丸くしてひと続きにしたのも大量生産促進のためだ。鋳物造りや鍛冶作業の代りに模造の部品を使った。車輪やその部品が鋼鉄でなく鋳鉄製のものもある。ボイラー圧、シリンダー寸法、車輪直径、動力部分は2-8-0（1D）型と同じだが、蒸気発生量や粘着重量は増大し、実績は大いに向上した。真空・空気のほか蒸気ブレーキも備えている。
　固定8輪をはいた炭水車（テンダー）は石炭9.15トンと水5000ガロン（約22.5キロリットル）を積む。短い寿命を予定していたが、戦後の1960年代まで貨物列車を引いていた。1950年代のイギリス国鉄標準2-10-0（1E）型の貴重な基礎を提供してくれたのが、まさにこの型式だった。

ボイラー圧：15.75kg/cm²
シリンダー直径×行程：482×711mm
動輪直径：1434mm
火床面積：3.7m²
伝熱面積：181m²
過熱面積：39.3m²
牽引力：14.913kg
全重量：148t

大戦後も軍用輸送に従事していた数少ない機関車のひとつ、ロングムア軍用鉄道（LMR）のWD型No.600「ゴードン」号。現在は保存されていて、1983年4月30日セヴァーン・ヴァレー保存鉄道ブリッジノースで汽笛一声出発を待っている。

第1部　蒸気機関車

Q2型　4-4-6-4（2BC2）　ペンシルヴェニア鉄道（PRR）　　　アメリカ：1944年

　通称「ペンシー」鉄道は既にT1型4-4-4-4（2BB2）「デュプレックス・ドライヴァー」〔200～201ページ参照〕機関車を製造していたが、この方式の完成をやすやす諦めたわけではなかった。1942年に4-6-4-4（2CB2）Q1型を製造したが、成績は不満足だった。続いてQ2型試作機を造りテストの結果がよかったので、政府の戦時生産局は25両製造の許可を出し、1944～45年にかけて製造された。従輪ボギー台車は補助機関で作動される。
　「デュプレックス・ドライヴァー」型の中では問題が少なかった方だが、この型式は意外なほど短命で1949年には休車となった。この頃PRRのディーゼル機関車は急速に増え、Q2型はすべて1953～56年にかけてスクラップにされた。「鮫の鼻」形ではなくなったが、ボイラー上部は煙突の一部を含めて外被で覆われている。最大軸重は36トンで、当時の機関車としては最重量だから使用区間は限られ、機関庫ではいく分悩みの種だった。

ボイラー圧：21kg/cm²
前部シリンダー直径×行程：502×711mm
後部シリンダー直径×行程：603×737mm
動輪直径：1751mm
火床面積：113m²
伝熱面積：573m²
過熱面積：337m²
牽引力：45,722kg
全重量：280.7t

2900型　4-8-4（2D2）　アチソン・トピカ&サンタフェ鉄道（ATSF）　　　アメリカ：1944年

　サンタフェ鉄道の急行用蒸気機関車はこれで最後の打ち止めとなってしまった。ボールドウィン社が30両製造し、全車輪にローラー・ベアリングが付き、他の4-8-4（2D2）型同様時速161kmで運転したと言われている。活躍コースのひとつはロサンゼルス～サンディエゴ間で、他にもロサンゼルス～カンザス・シティ間の長距離を交替なしで引いた。後にテキサス州やオクラホマ州で貨物列車に転じたが、長いこと重宝がられ完全に引退したのは1959年から60年頃だった。サンタフェ鉄道独特の必要に応じて長く伸ばせる奇妙な煙突を付けた車もあったが、これはドラフト効果を向上させるためだった。現在数両が保存されている。

ボイラー圧：入手不能
シリンダー直径×行程：710×812mm
動輪直径：2030mm
火床面積：10m²
伝熱面積：493m²
過熱面積：219m²
牽引力：29,932kg
全重量：231.4t

サンベルナルディーノから東へ向かって、カリフォルニア州ケイジョン峠の1000分の22上り勾配に挑む「スーパー・チーフ」特急は、電気式ディーゼル機関車に加えて、No.2928を先頭補機に付けた。煙突が最大限まで伸ばされているのがわかる。

534.03型　2-10-0（1E）　チェコスロヴァキア国鉄（CSD）　　　チェコスロヴァキア：1945年

1972年10月、かつてのチェコスロヴァキア、プラハ～ピルゼン間の幹線にあるベロウン駅で、タンク車列車を引くNo.534.0325。改良ドラフト装置と改良ブラスト管付き煙突が付いている。

　本質的に戦前の設計をそのまま受け継ぎ、1945年の深刻な機関車不足に対処するためにあわてて製造された。1947年末までに200両もスコダ社とCKD工場で製造。534.01型は1923年の誕生で、これはオーストリアのゲルズドルフ設計の車を基本としたもの、2個のドームの間に蒸気乾燥管が置かれている。これが非常に成績のよい万能選手だったので、1937年に多くの改良を加えて534.02型が登場した。これを更に改良したものが534.03型である。ローラー・ベアリングや動力逆転器などが新たに加えられた。後にもっと強力な型式が導入されたが、同国鉄から蒸気機関車が消える日まで、亜幹線で重宝がられた。

ボイラー圧：16kg/cm²
シリンダー直径×行程：580×630mm
動輪直径：1310mm
火床面積：4.1m²
伝熱面積：190.8m²
過熱面積：65.8m²
牽引力：17,810kg
全重量：82.7t

蒸気機関車　　1940～1981年

47型　0-8-0 (D)　　オランダ国鉄(NS)　　　　　　　　　　　オランダ：1945年

第二次世界大戦の結果を予測していたオランダ亡命政府は、1944年に早くもスウェーデンのノハブ社に、この単式3シリンダー貨物列車用機関車を発注した。最初の2両は1945年8月にロッテルダムまで船で運んだ。1946年末までに35両すべてが現役に入った。SKF（スウェーデンの会社）式ローラー・ベアリング、発電機、給水温め器などが付いた近代型で、最初は機関車不足だったので旅客列車を引いたが、後に南リンブルクの炭鉱地帯での貨物用に転じた。

1947年アムステルダム駅で旅客列車を引いていたNo.4703。炭水車(テンダー)は4001型と同じ。すぐ後に見えるのは4-6-0 (2C) 39型No.3913。

ボイラー圧：13kg/cm²
シリンダー直径×行程：500×660mm
動輪直径：1350mm
火床面積：3m²
伝熱面積：135.8m²
過熱面積：48.5m²
牽引力：16,680kg
全重量：74.8t

47型はスウェーデンのグレニエスベリ～オクセレズント間鉄道の0-8-0 (D) 型を基本としている。オランダ最初の3シリンダー機で、これは1947年エインドホーフェンで入換え作業中の姿。

205

第1部　蒸気機関車

4001型　4-6-0（2C）　オランダ国鉄（NS）　　　　　　　　　　　　　　　　　　　　　　　　　　　　オランダ：1945年

前項の47型と同時にノハブ社に発注した旅客列車用4-6-0（2C）型15両で、1945～46年にかけて完成するとデンマークまで船で運び、そこからオランダまでは線路を使った。単式3シリンダーで、煙室扉が円錐形、運転室の前面中央が前に出張っているところは、いかにもスウェーデン・スタイルだ。電気照明付きなのは新式だが、ボイラー圧はかなり低い。炭水車はオーストリアのゲルズドルフ設計のものをお手本にした。

幹線の急行列車を引いたが、1960年代初期までに電化・ディーゼル化のために外された。だが、もともとこの型式は一時の穴埋め用と考えられていたのである。大戦によってオランダの機関車が大損害を受けたので、その補充として製造された。オランダのほとんど全鉄道網の電化は、既に1930年代から計画されていたのだった。

ボイラー圧：12kg/cm²
シリンダー直径×行程：500×660mm
動輪直径：1890mm
火床面積：3.25m²
伝熱面積：147m²
過熱面積：50m²
牽引力：11,000kg
全重量：83.6t

L型　2-10-0（1E）　ソヴィエト国鉄　　　　　　　　　　　　　　　　　　　　　　　　　　　　　　ソヴィエト連邦：1945年

L（もともとはPOBYEDA「勝利」の頭文字Pだった）型はL・C・レベディアンスキーの設計により、ロムナ工場で製造された2シリンダー機関車である。軸重が18トンなので簡易敷設の線路でも通ることができたが、幹線貨物列車標準型となり、10年間にわたって5200両が製造された。車高は4873mmで、台枠とボイラーの間に大きなスペースが空いている。煙突とドームはひとつに覆われ、その中に蒸気乾燥管が納められている。スポークなしの打ち抜き車輪を持つロシア最初の機関車で、これが戦後の標準となった。1975年まで現役で働いていた。

左：幹線貨物列車を引いていた最後の時期の姿。No.3767が気密構造貨車を引いて走る。初期の車は外側に手すりが付いていたが、この頃はそれに代ってボイラーにつかまり棒がとり付けられていた。

ボイラー圧：14kg/cm²
シリンダー直径×行程：650×800mm
動輪直径：1150mm
火床面積：6m²
伝熱面積：222m²
過熱面積：113m²
牽引力：27,690kg
全重量（炭水車を除く）：103.8t

L型はかつてのソヴィエト連邦を形成する諸共和国で使われていた。これはエストニア国のタパで引退後静態保存展示されている機関車である。

蒸気機関車　1940〜1981年

S1「ナイアガラ」型　4-8-4（2D2）　ニューヨーク・セントラル鉄道（NYC）　アメリカ：1945年

理論上は客貨両用として設計されたが、事実上は旅客列車専用となったS1型は、「ナイアガラ」型という通称の方がよく知られている。まだ航空機との競争がほとんどなく、ニューヨーク〜シカゴ間の最速旅行は特急列車だった頃に設計されたのだった。10年後には事情は大きく変わっていた。しかしこの機関車は、鉄道独占の時代だからとそれにあぐらをかいていたわけではないことを証明してくれた。重々しい外観だが、高速性能に優れていて、それは蒸気機関車としては天下無敵のものだった。

1945〜46年にかけてアルコ社で25両製造された。設計はNYC動力車主任ポール・キーファーで、ニューヨーク〜シカゴ間1493kmを、以前は4両の蒸気機関車がリレー交替で引いていたのを、この型式は1両で連続走行し、途中1回停車して急いで給炭した。水は左右のレールの間に設けた溝（アメリカでは「パン（平鍋）」と呼ばれる）から走りながら吸い上げる。

1年間に1両が走る距離は44万2000kmを予定していた。平均速度も非常に高い。最優等特急列車「20世紀」号は全区間を16時間で走破、途中停車を含めて平均時速は93kmである。この頃はニューヨーク市内は蒸気機関車走行が禁止されていたので、電気機関車がハーモンまで引き、そこで「ナイアガラ」型に交替する。ダイヤ通りに走るためには、時速128km以上を長距離で維持しなければならない。性能ぎりぎりいっぱいを発揮させるために、起・終点の機関庫では入念な点検を急いで行なわねばならなかった。苛酷な仕事をソツなくやり遂げた点で、この型式は世界の蒸気機関車中天下無敵であった。

アメリカ旅客用蒸気機関車の古典的イメージをまさに絵に描いたような姿。1947年頃ニューヨーク州オスカワナで、客車9両とそれにふさわしい荷物車を引いて走るS1型No.6016。

ボイラー圧：19.3kg/cm²
シリンダー直径×行程：648×813mm
動輪直径：2007mm
火床面積：9.3m²
伝熱面積：448m²
過熱面積：191m²
牽引力：27,936kg
全重量：405t

WP型　4-6-2（2C1）　インド国鉄（IR）　インド：1946年

1676mm（5フィート6インチ）ゲージのインド広軌用機関車で、WP型はIRの機関車設計方針の重要な変更を証拠立てるものだった。アメリカ・スタイルで、試作機はボールドウィン社製、全車両のほぼ半分に当たる320両はアメリカかカナダ製である。他にポーランドのクルザノフ社とオーストリアのウィーン機関車製造会社がそれぞれ30両ずつ製造した。戦前の「インド標準型」で苦い体験をしたので、この信頼のおける新型式のお蔭でほっとひと息つけたのだった。1947〜67年にかけて755両が製造され、最後の435両は1950年に新設したチッタランジャン工場製である。

大ボイラー、小さな煙突、丸みを帯びて先が光った煙室など、堂々たる外観はまさに古典的アメリカ・スタイル。棒台枠、単式2シリンダー、ワルシャート式弁装置とピストン弁を持つ。前後部とも同じ太さのボイラーの上に、長い覆いの突起が付い

「パンジャップ・メイル」、「デカン・クイーン」、「グランド・トランク（大幹線）・エクスプレス」などほとんどの幹線特急列車はWP型に引かれることが多かった。インドではいまだに特急列車に名前を付ける習慣が残っている。

第1部　蒸気機関車

蒸気クレーンが灰か砂利を吊り上げながら働いている横を、WP型が機関庫から駅に向かって堂々とご出陣だ。

て、外に出っぱっている煙突以外の装置はすべてこの中に隠されている。大部分はスポークなしの打ち抜き動輪（バランス・ウェイト付き）を持つ。信頼できて保守点検は簡単、車体支持方式はインドの線路を走るのに適している。緑色の弾丸の形をしたボイラー正面の前照燈の周囲に銀色の8つ星が突き出ているのは、インドの旅行者にとっておなじみの姿だが、後になると手入れが行き届かなくて惨めな姿になっていることが多かった。「パンジャップ特急」やアグラ行きの「タジ・マハール特急」などをよく引いていた。1990年代に引退したが、現在でも何両かは臨時列車を引いている。

ボイラー圧：14.7kg/cm²
シリンダー直径×行程：514×711mm
動輪直径：1705mm
火床面積：4.3m²
伝熱面積：286.3m²
過熱面積：67m²
牽引力：13,884kg
全重量（炭水車を除く）：172.5t

QR-1型　4-8-4（2D2）　メキシコ国鉄（NDEM）　　メキシコ：1946年

ボイラー圧：17.5kg/cm²
シリンダー直径×行程：634.5×761mm
動輪直径：1777mm
火床面積：7.1m²
伝熱面積：388.8m²
過熱面積：154.8m²
牽引力：25,814kg
全重量：175.5t

1961年10月11日ヴァレ・デ・メヒコ機関庫転車台（ターンテイブル）に乗る「ニアグラ」型No.3027。当時北米で最後まで定期列車を引いていた4-8-4（2D2）だった。

普通「ノーザン」と呼ばれているこの車輪配列が、この鉄道では「ニアグラ」と呼ばれている。単式2シリンダーのアメリカ・スタイルで、4-8-4（2D2）としては北米でもっとも軽い機関車である。貨物列車用として32両が製造され、アルコ社とボールドウィン社が半分ずつ引き受けた。メキシコ発注の最後の蒸気機関車であり、また最後まで現役で生き残った車でもあった。この鉄道のほとんどの列車がディーゼル牽引に代った後でも、少数の「ニアグラ」型が補機や緊急時の予備機として健在で、最後の車が引退したのは1965年だった。

Pt-47型　2-8-2（1D1）　ポーランド国鉄（PKP）　　ポーランド：1947年

旅客列車用2-8-2（1D1）Pt型がポーランドに登場したのは1932年のことだった。47型は戦後製造のもので、溶接した火室や動力給炭装置を持っている。セギールスキー工場とクルザーノフ工場が180両を製造し、急行列車用として使われた。シリンダーが大きく、動輪直径が客貨両用として比較的小さいので、牽引力は大きい。1435mm標準ゲージ用として製造されたが、ポーランドの線路はロシアの大きな建築限界を受け継いでいるので、この機関車の高さはレールから4670mmもある。標準ゲージだからポーランドからドイツ、チェコスロヴァキア、ハンガリーに国際列車が走り、Pt-47型は非電化区間で国際急行列車を引いた。

保存されているPt-47型がポーランド田園でいまだ健在。

ボイラー圧：15kg/cm²
シリンダー直径×行程：630×700mm
動輪直径：1850mm
火床面積：4.5m²
伝熱面積：230m²
過熱面積：101m²
牽引力：19,110kg
全重量：173t

蒸気機関車　　1940～1981年

DD.17型　4-6-4(2C2)タンク機関車　　クイーンズランド州営鉄道(QGR)　　オーストラリア：1948年

クイーンズランド州でブリスベイン市だけが郊外線（1067mm＝3フィート6インチ・ゲージ）鉄道網を持っていて、このタンク機関車12両――オーストラリアで製造された最後のもの――は古い型にとって代るために導入された。外観はアメリカ風で、QGRのイプスウィッチ工場製だが、ボールドウィン社製のUSATC〔アメリカ陸軍輸送部隊。197ページ参照〕-160型テンダー機関車を見習ったところが多い。ローラー・ベアリング、動力潤滑油供給装置、自動洗浄式煙室などの近代的装備を持つ。区間旅客列車をディーゼル車に譲った後は、入換え用に転じた。最後に引退したのはNo.1046で、1969年10月のことであった。現在4両が保存されている。

ボイラー圧：12.6kg/cm²
シリンダー直径×行程：431×609mm
動輪直径：1294mm
火床面積：1.7m²
伝熱面積：98.8m²
過熱面積：13.9m²
牽引力：10,275kg
全重量：68.5t

1980年12月14日保存されているNo.1047が、シドニー市の西方、リスゴウ近くの、もとニュー・サウスウェイルズ州営鉄道ジグザグ鉄道線のボトム・ポインツで2両編成の観光臨時列車を引く。

433型　2-8-2(1D1)タンク機関車　　チェコスロヴァキア国鉄(CSD)　　チェコスロヴァキア：1948年

423型を改良した433型がプラル市郊外で、いろいろなタイプの車両を引いている。ギースル式の細長い煙突が見える。

全部で60両あるこの型式の歴史を語るためには、まず423型のことを語らねばならない。423型は1921年に地方支線で働く小さな老朽機関車にとって代るために設計された標準型だった。初期の何両かは比較テストのため過熱装置を付けなかった。その結果（いつでもそうだが）過熱式が合格して、非過熱式も後に改造された。初期の車のボイラーの上に長いドームが付き、加減弁、給水弁、砂箱を中に納めた。煙突には火の粉飛散防止装置がとり付けられた。

423型は1946年までに全部で231両製造され、その後いろいろな時にさまざまな変更が加えられた。主な変更としては、運転室に換気窓つき屋根を付けたこと、シリンダーの上までサイド・タンクを伸ばしたこと、後部の石炭庫を後と上へ伸ばしたことなどがある。ドームにもいろいろな違いがあって、ひとつにまとめた長いドーム、3個のドーム、2個のドームがある。もっと大事な変更はボイラー圧を上げ、過熱面積を増やしたことである。このようにして成績抜群の型式となった。

433型はこれを更に最終的に近代化したもので、20両はローラー・ベアリングを持ち、ギースル式ブラスト管をとり付けた車もある。ボイラー圧を原型の13kg/cm²から上げた他にも、大きな改良がある。原型の高い煙突を短い幅広の煙突に変えた。ひとつにまとめられたドームを、2個のドームと1個の砂箱に分けた。

423型と433型の何両かは現在も保存されている。

ボイラー圧：15kg/cm²
シリンダー直径×行程：480×570mm
動輪直径：1150mm
火床面積：2.1m²
伝熱面積：97.6m²
過熱面積：33.8m²
牽引力：12,956kg
全重量：70.6t

第1部　蒸気機関車

241.P型　4-8-2（2D1）　フランス国鉄（SNCF）　　　フランス：1948年

1968年4月最後まで残った1両がヌヴェールの側線で3両の客車を引いて入換え作業中。客車全体より機関車の方がずっと重い。

南東管理局に新しい急行用蒸気機関車の必要が生じた時、フランス国鉄の下した決定には首をかしげざるを得ない。242.A.1を無視して、1931年に設計された、さまざまな点で劣る、もとPLM（パリ・リヨン地中海鉄道）4-8-2（2D1）241.C型を試作機として選んだのであった。しかし量産が始まる前に、アンドレ・シャプロンに改良を求めた。新しいシリンダー（蒸気回路が改良された）が製作され、台枠は鋼製横桁で補強された。外観はシャプロンの既定のパターンをすっかり踏襲したものだったが、彼が「パシフィック」型改造の際に行った根本的大改革（84ページ4500型、3500型4-6-2（2C1）の項を参照）の規模を盛り込むことは不可能で、実績はまあまあという程度だった。

1948～52年にかけて35両がル・クルーゾー社で製造され、2-8-2（1D1）141.P型40両にとって代わった。1952年までにパリ～ディジョン間が電化されたので、241.P型はまずマルセイユに配属され、そことリヨン間のローヌ河沿い区間で重量急行列車を引いた。後にこの区間も電化されたので、北、東、西管理局の機関庫に転じた。定期列車用複式4シリンダー大形機関車としては最後の型式となったわけで、1970年まで現役に残った。最後の仕事はナント～ルマン間で、最後にルマン機関庫に残った3両が1970年5月に引退したが、現在も保存されている。

ボイラー圧：20.5kg/cm²
高圧シリンダー直径×行程：447×650mm
低圧シリンダー直径×行程：675×700.5mm
動輪直径：2018mm
火床面積：5m²
伝熱面積：244.6m²
過熱面積：108.4m²
牽引力：入手不能
全重量：145.7t

242.A.1型　4-8-4（2D2）　フランス国鉄（SNCF）　　　フランス：1948年

アンドレ・シャプロンの伝記作者はこの型式を「すべての蒸気機関車中で最高」と評しているが、この評価に反論しようと思う人はいないだろう。もしこの型式をそっくり真似た型式がその後作られたら、すごい機関車が誕生しただろうが、不幸にして242.A.1型はたった1両だけの傑作となってしまった。誕生までの経過はお先真っ暗なものだった。

1932年にエタ（戦前のフランス国営鉄道）の4-8-2（2D1）急行旅客列車用機関車の試作機が設計されたが、フィヴ・リル工場で造ってみると、成績も乗り心地も悪いことがわかり、結局営業運転には使われず、量産はされなかった。1930年代末期にSNCF幹部は将来のための大形蒸気機関車開発を計画し、この4-8-2（2D1）型をシャプロンの指導の下で複式3シリンダー機に改造する許可を与えた。戦時中なので実現が遅れ、1942年になってやっと工事がサン・シャモン市の船舶用製鉄・製鋼所で始まった。

改造工事は徹底的で、まず台枠から始まった。シャプロンの究極的意図は一体鋼鉄車台にすることだった。これは戦後の多くの機関車で実現したことだったが、この時は台枠を横切る鋼鉄桁と台枠側面に鋼板を熔接することで強化するしかなかった。当然重量が増して、最大軸重を21トンに抑えるために従輪軸をひとつ増やして4-8-4（2D2）、フランス流に言うと2-4-2となった。高圧シリンダーは外側に置かれた低圧シリンダー2個と並んで内側に置かれて、第1動輪を動かす。外側シリンダーは別々にワルシャート式弁装置によって操作され、内側シリンダーを操作する弁装置は左側の第3動輪軸によって動かされるが、これは、チェコの機関車のあるものと同じである。低圧シリンダーは第2動輪を動かす。最初はポペット弁を用いたが、後に2重ピストン弁にとり替えた。

当然のことながら蒸気流通の位置と寸法、ドラフト装置、排気装置に慎重注意した。3本キルシャップ式ブラスト管つき煙突をとり付けた。大容量のウーレ式過熱装置を設け、ニコルソン式熱サイフォン付きの火室は鋼鉄製で、動力により投炭する。先輪には内側にティムケン社式、従輪には外側にSKF社式のローラー・ベアリングを付けた。こまかい多くの点に気を使った。機関車では軸箱と軸箱守の間の摩擦がいつも震動の原因となり、台枠を痛めることとなる。ヨーロッパで初めてアメリカのフランクリン式自動クサビをとり付

1959年9月ルマン機関庫の側線で既に引退・休車中となっている姿。

蒸気機関車　　1940～1981年

けて、これを小さくする方法を採用して大成功を納めた。大形機関車なのに驚くほど静かで乗心地がよかった。

改造の結果重量は20トン増えたが、潜在出力は事実上その倍に増えた。工事は1946年5月に終り、徹底的なテストが行なわれた。出力については決して計算倒れではなかった。イギリス人の経験豊かな記録者が報告するところによると、831トンの重さの列車を引いて、停止時から時速100kmに達するまでの距離は10.9kmだった。950トンの列車を引いて平坦線で時速120.7kmを出した。71分の1（1000分の14）上り勾配で599トンの列車を引いて、時速65kmを維持した。停車時からの加速性能を測ったのは200分の1（1000分の5）上り勾配のシュールヴィリエであった。867.6トンの列車を引いて、シャンティリーの停車地点から約3.2km先で時速98kmに達し、峠を越えた時は時速106.5kmだった。

出力を馬力で換算すると、最高時速120.7kmで走行中、炭水車の引き棒で連続4000馬力（2984キロワット）を出した。これはシリンダーでは5000馬力（3730キロワット）に相当する。とくに石炭と水を極端に消費しないでもこの成績を出した。燃費節約成績はフランスの複式4シリンダー機関車と同じくらい、イギリスの最強力機関車「パシフィック」型や「コロネイション」型より遥かに良かった。もっ

A.1型を批判する人は、高速で走るとレールが外側に広がってしまうと言ったが、それを証拠立てる記録は公表されていないようだ。

と重要な特色は、上り坂で重い列車を引いても、多くの機関士の頭痛の種であった動輪の空転をしないで済む性能である。こうした状態で計算上25,400kgの牽引力を発揮できた。

こうした成績はたまたまの幸運でも、とくに恵まれた条件下で生まれたものでもなかった。テストは1946～48年にかけて、フランス中のもっとも厳しい状況の幹線で、蒸気を多くの客車の暖房にも使わねばならぬ冬を含む、すべての季節で行った。成績は安定していて、しかも抜群に良かった。

4-8-4（2D2）蒸気機関車はヨーロッパでは大形と見られているが、アメリカの急行用機関車と比べたらごく普通の大きさと言ってよい。だが、このA.1型が出現したことで、これまでのように寸法と出力とを相関させて考えることは改めなければならない。例えば、サザン・パシフィック鉄道の4-8-4（2D2）GS-4型の重量は215.4トンで、このフランスの機関車の約1.5倍ある。ニューヨーク・セントラル鉄道の4-8-4 S-1a型は、伝熱面積が44%多く、過熱面積が40%多く、火床面積はほぼ2倍も広い。これらは急行旅客用として第1流であるが、A.1型は性能の点では少なくともこれらと同等、燃費節約の点では遥かに上である。

だが、その数年後にSNCFは動力に関する方針では電化への方向にはっきり転換してしまった。シャプロンが蒸気機関車はフランスの電気機関車よりもよい成績を出せると実証して見せたことは、偉大な功績ではなく迷惑に思われた。この頃彼の設計した2-10-0（1E）型のテストがやっと遅まきながら行なわれて、蒸気動力の方が有利という説をさらに裏づけた。燃費の安い彼の蒸気機関車が、電化の設備投資費用はその後の経常コストが低いから充分もとが取れるとい

う主張を論破してしまったのだ。

A.1型の主な功績は、電気技術者たちが彼らの新しい電気機関車2-D-2の設計をやり直して、それに負けぬ性能を出せるよう改良したことにあった。A.1型はルマン機関庫に配属されて「パシフィック」型と交代でパリ行き急行を引いたが、その性能からすればやさしすぎる仕事だった。列車が遅れてそれを取り戻さなくてはいけなくなった時に、初めてこの機関車の実力を発揮できた。1960年に現役から引退してスクラップにされた。

ボイラー圧：20.4kg/cm²
高圧シリンダー直径×行程：600×720mm
低圧シリンダー直径×行程：680×760mm
動輪直径：1950mm
火床面積：5m²
伝熱面積：253m²
過熱面積：120m²
牽引力：25,400kg
全重量（炭水車を除く）：150.3t

1500型　0-6-0（C）タンク機関車　英国鉄道（BR）西部管理局　　　　　　イギリス：1948年

1498年になっても、以前のグレイト・ウェスタン鉄道は過去20年以上も同じ形の、内側シリンダー0-6-0（C）タンク機関車をまだ製造していた。しかし、この1500型はより近代化されたパニエ・タンク機関車で、多くの部分が熔接され、ベルペール式火室とワルシャート式弁装置の改良型を持ち、走り板はなく、前面のバッファー梁はごく小さい。こうした変更を加えたのは、ひとつには重量を減らすため、ひとつには保守点検作業をやりやすくするためである。しかしグレイト・ウェスタン時代の煙突の銅製バンドはまだ残っていた。

ロンドンのパディントン駅で入換え作業に使われていて、1959年秋から10両の引退が始まったが、伝統的な設計による、もっと古い0-6-0（C）タンク機関車はその後も数年生き残っていた。

ボイラー圧：14kg/cm²
シリンダー直径×行程：444×609mm
動輪直径：1408mm
火床面積：1.6m²
伝熱面積：入手不能
過熱面積：6.9m²
牽引力：10,204kg
全重量：59.1t

A1型　4-6-2（2C1）　英国鉄道（BR）東部管理局　　　　　　　　　　　　　イギリス：1948年

このA1という型式称号は、もとロンドン＆ノースイースタン鉄道最初の「パシフィック」型から貰ったものである。A・H・ペパーコーンの設計で、1948年から国鉄になったドンカスター工場で49両が製造された。ある人が満足そうに書いていたところによると、「隅から隅までドンカスター製パシフィックだ。（中略）1921年にグレズリーが打ち出した最初の主題が、いまだ1948年に実質上残っている。」

とはいえ、かなり重要な変化もあった。合成弁装置にとって代って3組のワルシャート式弁装置が付けられ、いまだに手で投炭するが火床はずっと広くなった。キルシャップ式ブラスト管を付けた、ずんぐりしたストーヴ形2本煙突となり、電気照明もとり付けられた。いわゆる「バンジョー・ドーム」

の中に蒸気溜めを納めたボイラーは、以前のA2型と同じ寸法である。グレズリーの「ミカド」型を改造したA2/2型、1944年製の「パシフィック」A2/1型、それを改良して1946年製造したA2/3型（これの後期の車は、1946年からドンカスタ

第1部　蒸気機関車

上：A1型No.60128「ボングレイス」。1955年ロンドンのキングズ・クロス駅にて。この型式の多くは競走馬の名を貰っていた。

一工場の主任技師となったペパーコーンの主張で正面の姿が変った）と、この3型式のごった煮のようなところがある。A4型ボイラーと比べると、火室は大きくなったが伝熱面積は小さくなった。

ペパーコーン設計の新A1型は成績良好で、蒸気の流れもよく、概して欠陥無しだった。最後の5両は全車輪にローラー・ベアリングが付き、そのうちの4両は現役期間が比較的短かったが総走行距離が100万マイル（161万km）に達した。最後の1両が引退したのは1966年6月だった。

ボイラー圧：17.5kg/cm²
シリンダー直径×行程：482×660mm
動輪直径：2030mm
火床面積：4.6m²
伝熱面積：228.6m²
過熱面積：64.8m²
牽引力：11,306kg
全重量：105.6t

「クイーン・オヴ・スコッツ」号は全プルマン客車編成の豪華特急列車で、ロンドン～リーズ～エジンバラ～グラスゴーを結ぶ。No.60141「アボッツフォード」号は、リーズ市コプリー・ヒル機関庫所属で、リーズ市ワートリー・サウス・ジャンクション付近を走っている。

蒸気機関車　　　1940〜1981年

C62型　4-6-4（2C2）　運輸省　　　　　　　　　　　　　　　　　　　　　　日本：1948年

ボイラー圧：16kg/cm²
シリンダー直径×行程：520×660mm
動輪直径：1750mm
火床面積：3.8m²
伝熱面積：244.5m²
過熱面積：77.4m²
牽引力：13,925kg
全重量：145.2t

急行列車」燕号が「パシフィック」C51型に引かれて、東京〜神戸間601.4kmを9時間で走った。「つばめ」はその名の特急を引き継いだC62型の通称となり、排煙板にその姿が示されている。

戦後日本の蒸気機関車は戦前からのアメリカ・スタイルや製造法、例えば棒台枠や高く設けた走り板などを踏襲した。排煙板の「つばめ」印にご注目を。

日本の機関車では「C」は6動輪をあらわす。日本の「ハドソン」車輪配列型式は、重量級「パシフィック」C59型の後継機関車だった。最初に登場したのはC61型で、1947年に33両製造された。その直後にC62型49両が、日立製作所、川崎車輌、汽車製造の諸社で製造された。日本では1930年に最初の「特別

「リヴァ（川）」型　2-8-2（1D1）　ナイジェリア鉄道（NR）　　　　　　　　　ナイジェリア：1948年

戦後イギリス政府の植民地への物資供給責任者が、ナイジェリアの1067mm（3フィード6インチ）ゲージ鉄道貨物列車用として2-8-2（1D1）蒸気機関車を発注した。1948〜54年にかけて、事実上同型の機関車がタンガニカ鉄道用、東アフリカ鉄道（こちらは1mゲージ）用として製造された。ナイジェリア鉄道用のものはヴァルカン・ファウンドリー社とノース・ブリティッシュ機関車製造会社が引き受けた。中くらいの出力の貨物用機関車を目指したもので、軸重を13トンにして、軽いレールや状態の悪い線路でも通れるようにした。

ナイジェリア鉄道とタンガニカ鉄道で使うものは、現地で取れる低質石炭を焚くことになっていた。東アフリカ鉄道用は当時の一般方針に従って重油焚きとして造り、必要に応じて石炭焚きに変えられるようにした。いずれも棒台枠、単式2シリンダー、外側ワルシャート式弁装置を持つ。ボイラーは前後とも同じ太さで、側面が垂直のベルペール式火室を持つ。先輪・従輪ともに外側に軸受けが付き、29型と呼ばれる東アフリカ鉄道用は全車輪にローラー・ベアリングがとり付けられた。1960年代にギースル式ブラスト管をとり付けたが、その効果のほどは疑問の余地がある。ナイジェリア鉄道用の機関車はそれぞれ現地の川の名が付けられた。

ボイラー圧：14kg/cm²
シリンダー直径×行程：533×660mm
動輪直径：1218mm
火床面積：3.3m²
伝熱面積：174.4m²
過熱面積：45.4m²
牽引力：14,716kg
全重量：74.9t

4-8-4（2D2）　ブラジル鉄道省（DNEF）　　　　　　　　　　　　　　　　　　ブラジル：1949年

1948年のブラジルは世界最大の1mゲージ鉄道網を持ち、総延長は35,200km以上に及んでいたが、ほとんどの線路状態は悪く、施設も古くなっていた。新製の4-8-4（2D2）と2-8-4（1D2）蒸気機関車発注を仕とめたのはフランスのコンソーシアムGELSAで、設計をアンドレ・シャプロンに依頼した。1mゲージ用単式2シリンダー機関車で、同時に製造されたインド鉄道用YP型やYG型と比べてみると興味深い。キルシャップ式2本吐出管、動力給炭装置、2本の熱サイフォンを持つベルペール式火室がとり付けられている。1970年代になっても、ブラジルの他ボリビアでも現役で働いていたが、成績はとくに良いとは言えない。

ボイラー圧：19.6kg/cm²
シリンダー直径×行程：431×639mm
動輪直径：1523mm
火床面積：5.4m²
伝熱面積：167m²
過熱面積：73.2m²
牽引力：15,894kg
全重量：93t

476.0型　4-8-2（2D1）　チェコスロヴァキア国鉄（CSD）　　　　　　　　　　チェコスロヴァキア：1949年

チェコの鉄道の車両限界は高さが4619mm、幅が3096mmと大きいので、設計者にとっては腕の振い甲斐がある。この型式は複式3シリンダーで、1949年に製造された4-8-2（2D1）2シリンダーの475型を改良したものである。フランスの機関車設計者アンドレ・シャプロン独特のさまざまな特色をとり入れている。高圧シリンダーは台枠の内側に置かれている。しかし複式は成績がよくなかったので、最初の3両だけにして、残りの12両は単式3シリンダーとした。こちらは成績がよくて、国の東西を結ぶ長距離急行列車に使われている。この国は西ヨーロッパ諸国とは政治上絶縁しているので、チェコの機関車のせっかくのよい性能や実績が、東ヨーロッパ圏外では認められることが難しかった。

ボイラー圧：20kg/cm²
高圧シリンダー直径×行程：500×600mm
低圧シリンダー直径×行程：580×680mm
動輪直径：1624mm
火床面積：4.3m²
伝熱面積：201m²
過熱面積：63.3m²
牽引力：入手不能
全重量：108.4t

第1部　蒸気機関車

232.U.1　4-6-4（2C2）　　ノール（北）鉄道／フランス国鉄　　フランス：1949年

この形式はまだノール鉄道時代の1930年代、「パシフィック」型にとって代るべき新世代蒸気機関車計画が樹てられた頃に構想された。同鉄道の技師長ド・カゾー設計の4-6-4（2C2）型が火床が広いということで評価された。比較テストのため単式と複式の両方を製造すること、両方ともシャプロンが実行した近代的装備を利用することが決まった。単式・複式各4両が1938年ミュールーズ市のアルサス機関車製造会社で製造された。単式の232.R型3両が1940年4月に納入され、複式の232S型4両は1940年末に完成した。

未完成の単式1両は最初タービン駆動機関車にする予定だったが、変更して4シリンダー複式となり1949年に完成した。こまかい点がいろいろ違うので、形式称号もこまかく分けられた。例えば、ウーレ式過熱装置を付けたもの、ワルシャート式弁装置で操作する行程の長いピストン弁を持つもの、全車輪にSKF社式ローラー・ベアリングを付けたもの、などなど。全車とも半流線形で、力強く流れる線形は実際の出力以上の効果を与える。

しかしながら、実績はかなり良好で、とくに232.U.1号はパリ～リール間の急行を担当し、576トンの重さの列車を引いて平均時速114.25kmで楽々往復したものの、シャプロンの4-8-4（2D2）242.A.1型に比べると、牽引力でも燃費節約の点でも及びもつかなかった。フランス以外の他の機関車と比べたら不公平と言われるかもしれない。

232.U.1号は現在保存されている。

ド・カゾーの機関車はシャプロンのそれ以上の流線形である。ド・カゾーは232型によって新しい——そして実績の伴う——デザインを創造することができたのである。

1960年パリのラ・シャペル機関庫で撮影された232.U.1号。現在これは保存されている。

ボイラー圧：20.5kg/cm²
高圧シリンダー直径×行程：447×700.5mm
低圧シリンダー直径×行程：680×700.5mm
動輪直径：1999mm
火床面積：5.2m²
伝熱面積：195m²
過熱面積：87.4m²
牽引力：入手不能
全重量：147.2t

「リーダー」型　0-6-6-0（CC）タンク機関車　　英国鉄道（BR）南部管理局　　イギリス：1949年

オリヴァー・ブリードはディーゼル機関車特有の運転方式を持つ蒸気機関車を作ろうと企てたのだが、いろいろ設計上のトラブルにつきまとわれ、1両の試作機も結局のところほとんど実際に使われずに終った。途中まで出来かかった3両も1949年以後は作業中断のままブライトン工場で放置された。車体が6輪ボギー台車を2個はき、各

「リーダー」型の試作機No.36001のテスト期間中、1949年にブライトン工場で撮影。左側にちらと見えるのは工場内入換え機のご老体、ストラウドリー設計の0-6-0（C）「テリヤ」型〔37ページ参照〕。何か皮肉なとり合わせである。

214

蒸気機関車　　1940〜1981年

台車の中央車軸が3個のシリンダーを持つ機関によって動かされ、蒸気分配はスリーヴ弁によって行われる。すべての動力装置やクランクがケースの中に納められて、自動的に潤滑油が供給される。車体の両端に運転台があり、中間に火を燃やす部分がある。火室には4本の熱サイフォンがとり付けられた。

いちおう仮に5MT、すなわち客貨両用と格付けされたが、1951年までにすべて解体されてしまった。この計画廃棄は、新世代蒸気機関車は可能であり望ましいと信じる人たちの間で議論をまき起こしたが、「リーダー」型の新奇・独特のデザインが生む諸問題をクリアするには、莫大な投資が必要になっただろうし、成功の見通しもはっきりとは立っていなかった。国営化されたイギリス鉄道の機関車についての方針は、標準型蒸気機関車製造ということになり——「リーダー」型には列刑判決が下った。

ボイラー圧：19.6kg/cm²
シリンダー直径×行程：311×380mm
動輪直径：1548mm
火床面積：4m²
伝熱面積：221.7m²
牽引力：11,927kg
全重量：132t

YP型　4-6-2（2C1）　　インド国鉄（IR）　　インド：1949年

大家族の急行用機関車で、インドの1mゲージ路線の標準型だった。最初期の車はグラスゴー市のノース・ブリティッシュ機関車会社とミュンヘン市のクラウス・マッファイ社の製造、1956年以降は1972年の最後の車まで国産で、ジャムシェッドプール市のテルコ社かチッタランジャンの工場製である。インドで製造された最後の急行用蒸気機関車となった。

ボイラーは新しい2-8-2（1D）標準型YG型式と共通で、美しく均整のとれた外観だが、車体高はたったの3147mm、最大軸重は10.7トンである。広軌用の新しい標準形WP型と同じ仕様で製造され、アメリカの影響が強くなっている。例えば、単式2シリンダー、棒台枠（両端が単一の鋼鉄鋳造となっている）、燃焼室、熱サイフォン、アーチ管などを持った大きな火室など。従輪と炭水車車輪にはローラー・ベアリングが付いている。この頃までに、大直径・大行程のピストン弁がシリンダーへの蒸気の流れの確保に役立つことが評価されていたので、それをとり付けて、万能ワルシャート式弁装置により操作されるピストン弁の直径は228mmである。排煙板もとりつけた。動輪はスポークを持つ。1974〜75年にかけて750両以上のYP型がまだ現役であった。

ボイラー圧：14.7kg/cm²
シリンダー直径×行程：387×609mm
動輪直径：2128mm
火床面積：2.6m²
伝熱面積：102.25m²
過熱面積：30.7m²
牽引力：8367kg
全重量（炭水車を除く）：58t

1981年1月5日チトガル〜アーメダバード間の大陸横断旅客列車を引くYP型。

1980年になると蒸気機関車の保守点検はしばしば悪化していたが、その年撮影されたNo.269はピカピカに輝き、蒸気洩れなどしていない。

第1部　蒸気機関車

15A型　4-6-4＋4-6-4（2C2＋2C2）　ローデシア鉄道（RR）　　　ローデシア（現ジンバブウェ）：1949年

RRの1930年製の同じ車輪配列を持つベイヤー・ガラット式15型機関車をお手本にしているが、こちらはいろいろ変更がある。もっとも目につくものは、両端の水槽車の端が斜に低くなっているところで、これは実用的理由というよりむしろ美観を狙ったもので、確かにこれ以後のガラット式の外観はよくなった。1949～52年にかけて40両納入され、ブラワヨ～マフェキン間の1067mm（3フィート6インチ）ゲージ線で客貨両用として働いた。ザンビアではまだこの型の多くが現役である。

現在はジンバブウェ鉄道の15A型がワンキー～ブラワヨ間の草原をフルスピードで走る。

ボイラー圧：14kg/cm²
シリンダー直径×行程：445×660mm
動輪直径：1448mm
火床面積：4.6m²
伝熱面積：216m²
過熱面積：46m²
牽引力：21,546kg
全重量：189.5t

No.403の公式写真。真横から全身を眺めると15型のすらりとした姿と構造がよくわかる。

12L型　4-6-2（2C1）　アルゼンチン中央鉄道　　　アルゼンチン：1950年

アルゼンチンの鉄道が国有化される直前の1948年、この型式の何と90両がヴァルカン・ファウンドリー社に発注された。納入されたのは40両だけで、残りはキャンセルされ、1mゲージ用電気式ディーゼル機関車に変更された。この型式はアルゼンチン最後の蒸気機関車となった。ほとんどは中央鉄道で働いたが、5両はもと大南部鉄道に転じた。

単式3シリンダー、カプロッティ式カム軸作動弁装置を持ち、ボイラーは前後同じ太さで、広い火室の上部は丸くなっている。大形の炭水車（テンダ）は満載すると機関車自体以上の重さとなり、6輪台車を2個はいている。1930年にブームストロング・ウィットワース社が製造した4-6-2（2C1）12L型を基本に設計されたもので（乗務員は1930年の方がよいと言っているとのこと）、大炭水車のお陰でブエノスアイレス～ロザリオ間303kmを途中給水なしで走れた。1960年代末に引退した。

ボイラー圧：15.8kg/cm²
シリンダー直径×行程：507.6×660mm
動輪直径：1903mm
火床面積：4m²
伝熱面積：232.8m²
過熱面積：不明
牽引力：11,460kg
全重量（炭水車を除く）：101.5t

TKt48型　2-8-2（1D1）タンク機関車　ポーランド国鉄（PKP）　　　ポーランド：1950年

1958年までにポーランドのセギールスキー工場とクルザーノフ工場がこのタンク機関車約195両を製造した。貨物列車用を予定していたが、実際には旅客列車を引く時の方が多かった。出力と粘着力が大きくなり、軸重が軽くなったため、重量級のOk1-27型2-6-2（1C1）タンク機関車よりも重宝がられた。ワルシャワ近郊で最後となった蒸気機関車牽引列車を引くこととなった。もともとは排煙板が付いていなかったが、後に標準型のものをとり付けた。ポーランドから蒸気機関車が消えかかった頃、まだ充分役に立つということで、この型式20両がアルバニア国鉄に売られた。

1970年代初期にはTKt型はワルシャワ付近でまだ現役だった。機関車内で他の車は煙室扉を開けて清掃中だが、手前のTKt No.48は蒸気を吹き上げてまさに出庫直前。

ボイラー圧：15kg/cm²
シリンダー直径×行程：500×700mm
動輪直径：1450mm
火床面積：3m²
伝熱面積：123.1m²
過熱面積：48.6m²
牽引力：15,420kg
全重量：95t

蒸気機関車　　1940〜1981年

11型　4-8-2（2D1）　ベンゲラ鉄道（CFB）　アンゴラ：1951年

ボイラー圧：14kg/cm²
シリンダー直径×行程：533×660mm
動輪直径：1372mm
火床面積：3.7m²
伝熱面積：165m²
過熱面積：39m²
牽引力：16,375kg
全重量：133.5t

アンゴラはポルトガル領植民地だったが、ポルトガルは機関車製造が盛んでないので、CFBは他の国に頼ることとなった。このシャレた薪焚き、1067mm（3フィート6インチ）ゲージの機関車はノース・ブリティッシュ社製である。燃料は燃えやすいユーカリの木で、線路脇に専用林が造成されて、手で投入しやすいように長さ609mm、太さ253mmの木片に切られた。製造後の変更には、灰箱の通風をよくしたこと、煙室内に火の粉飛散防止装置を付けたことなどがある。この鉄道の主な仕事である鉱石運搬はベイヤー・ガラット式機関車が受け持ち、こちらの4-8-2（2D1）型は主として旅客列車を担当、平均勾配80分の1（1000分の12.5）の区間で500トンの重さの列車を引いた。

1974年5月21日、No.402が短い列車を引いてロビト駅を出発。おそらく海岸の町ベンゲラ行きであろう。

炭水車（テンダー）に薪を山積みしたNo.404が出発しようとしている。隣りの側線には貨物を積んでシートをかぶせた無蓋貨車が見える。

217

第1部　蒸気機関車

R型　4-6-4（2C2）　ヴィクトリア州営鉄道（VGR）　オーストラリア：1951年

1940年代末にVGRは「フェニックス（不死鳥）作戦」というものを開始して、1907年製造の4-6-0（2C）A2型が旅客列車用機関車の主力となっている老朽化体制の近代化をはかった。その一端として、この「ハドソン」車輪配列の型式70両をノース・ブリティッシュ機関車製造会社に発注した。単式2シリンダーを持ち、127mmの厚さの堅固な棒台枠構造である。最初は「パシフィック」を計画したが、動力給炭装置を付けて重量が増えるので、従輪4個に設計変更せざるを得なくなった。

シリンダー、弁装置、蒸気流通に入念な注意を払った。ベルペール式火室を設け、シリンダーの上に直径279.5mmの大ピストン弁を付けた。1600mm（5フィート3インチ）ゲージの線路を走るが、将来標準軌に変えることもできるように設計されていた。走り板は幅広く両端がカーブしている。走り板、排煙板、正面のバッファー梁だけが真赤に塗られ、他の部分は真黒に仕上げている。

R型は急行列車を引いてよい成績をあげたが、ほぼ同時にB型電気式ディーゼル機関車が導入されたため、この型式の潜在的性能はフルに発揮できないで終り、普通列車や貨物列車用に転じた。ある時期粉末石炭を焚くための「スタッグ」という装置が全車にとり付けられる計画があったが、結局とり止めになった。1961年から引退が始まった。

ボイラー圧：14.7kg/cm²
シリンダー直径×行程：546×771mm
動輪直径：1827mm
火床面積：3.9m²
伝熱面積：88.3m²
過熱面積：42.9m²
牽引力：16,197kg
全重量：190t

1988年10月19日ヴィクトリア州ブロードフォードで劇的な行事があった。保存された急行用機関車2両VGRの4-6-4（2C2）R型No.761（右）と、ニュー・サウスウェイルズ州営鉄道の「パシフィック」C-38型No.3801（左）が並んで走った。

W型　4-8-2（2D1）　西オーストラリア州営鉄道（WAGR）　オーストラリア：1951年

ボイラー圧：14kg/cm²
シリンダー直径×行程：406×609mm
動輪直径：1218mm
火床面積：2.5m²
伝熱面積：103.7m²
過熱面積：28.3m²
牽引力：10,701kg
全重量：102.7t

オーストラリアの他の諸州と同じく、この州でも蒸気動力からディーゼルへの転換で、1950年代製造の蒸気機関車でも生き残ることができなくなった。W型は1980年代まで充分働けるはずだったが、ほとんどは20年もたたぬうちに引退してしまった。

同鉄道の設計によりイギリス、マンチェスター市のベイヤー・ピーコック社が製造した1067mm（3フィート6インチ）ゲージ用の60両が1951年から52年にかけて納入された。主として支線の貨物列車用を目指したのだが、幹線の旅客列車その他超重量列車以外は何でも使える万能選手である。この頃になると運転・保守点検ともに簡単にできることが増々重要な条件になって来たので、この型式には煙室自動清掃装置、灰箱の灰自動除去装置、動力逆転器、全車輪にローラー・ベアリングが備わっている。1973年12月には最後まで残った11両が引退した。現在数両が保存されている。

218

蒸気機関車　　1940〜1981年

W型はイギリス、マンチェスター市生まれで、オーストラリアの厳しい土地・気候の中で、幹線旅客列車でも貨物列車でも何でも引ける万能選手だった。

556型　2-10-0（1E）　チェコスロヴァキア国鉄（CSD）　　　　　チェコスロヴァキア：1951年

　1958年5月までに、この型式510両がスコダ社で製造され、60年ほどにわたるチェコ蒸気機関車製造歴史の最後の幕を立派に飾ることとなった。溶接されたボイラー、熱サイフォンとアーチ管と燃焼室つきの火室、キルシャップ式2本ブラスト管つき煙突、動力給炭装置などは、いまや標準型となっていた。この優秀な2シリンダー機関車は1200トンの重さの列車を引いて、平坦線では時速80kmを出すことができたが、しばしばもっと重い、最大4000トンの列車を引くことがあった。1981年4月1日No.556.0506はCSD最後の蒸気機関車牽引定期列車を引く仕事を果たした。現在多数が保存されている。

ボイラー圧：18kg/cm²
シリンダー直径×行程：550×660mm
動輪直径：1400mm
火床面積：4.3m²
伝熱面積：187.2m²
過熱面積：72.2m²
牽引力：23,920kg
全重量：95t

除雪器を付けたNo.556.0381が、プラハ市テスノー機関庫の転車台（ターン・テイブル）に乗っている。

219

第 1 部　蒸気機関車

477.0型　4-8-4 (2D2) タンク機関車　チェコスロヴァキア国鉄(CSD)　チェコスロヴァキア：1951年

CSDの戦後の機関車開発はアンドレ・シャプロンの影響を受けたところが大で、その最初の成果は1947年登場の2シリンダー4-8-2 (2D1) 475.1型に見ることができる。この優秀なタンク機関車477.0型にも同じ成果が見られて、単式3シリンダー、典型的なチェコ・スタイルである左側第3動輪の動きを伝える内側弁装置などを持っている。既にかなり高いボイラーの上に、更に蒸気管を納めた長いドームが付いているが、これは同時代のロシアの機関車にも見られる。

もともとは476.1型と称されていたが、サイド・タンクをつけ加えたので変更された（3番目の数字に10を足すと最大軸重になる。つまり16トンから17トンに増えたわけである）。全部で60両あるが、最後の22両はこのタンクと運転室の間に見せかけのサイド・タンクを設けている。タンク機関車にしては珍しいことだが、この型式の全車に動力給炭装置が付いている。

この型式の愛称は「パプーセク」つまり「オウム」だが、きれいな赤と白と青色に塗られているので付けられたのだ。チェコの機関車はどれも外装が美しく、有名な型式には様々な塗色が施されている。この型式の第1号、No.476.101はCKD社〔152ページ参照〕製造3000両目の機関車に当たるが、この型式は同社がCSDのために製造した最後の蒸気機関車型式となってしまった。現在3両が保存されている。

ボイラー圧：16kg/cm²
シリンダー直径×行程：450×680mm
動輪直径：1624mm
火床面積：4.3m²
伝熱面積：201m²
過熱面積：75.5m²
牽引力：11,680kg
全重量：130.7t

65型　2-8-4 (1D2) タンク機関車　ドイツ連邦鉄道(DB)　西ドイツ：1951年

ボイラー圧：14kg/cm²
シリンダー直径×行程：570×660mm
動輪直径：1500mm
火床面積：2.7m²
伝熱面積：139.9m²
過熱面積：62.9m²
牽引力：16,960kg
全重量：107.6t

DBの戦後新造計画の最初の成果のひとつであるこの型式は、ミュンヘン市クラウス・マッファイ社の製造で、標準型を目指したものであった。ボイラーや燃焼室つき火室などすべて熔接で、近代工学技術を最大限駆使したものだった。ホイジンガー式弁装置が外側2個のシリンダーを操作し、その動きが第3動輪に伝わる。基本的装置としては、クノール式給水温め器の他に、圧搾空気による砂まき弁は前進・後進ともに作動し、砂箱はボイラーの上ではなく、サイド・タンクに造りつけとなっている。圧縮空気による潤滑油供給、ターボ発電機もある。

客貨両用として設計され、頻繁に停車することを予想して加速性能にすぐれ、前進・後進とも85kmの最高時速を出せる。しかし動輪が小さいことから、主目的は貨物列車用であろうか。残念ながら予想していたほどの実績は得られなかった。最大軸重が17.5トンなので、幹線でしか使用できなかった。ブレーキをかけるとタンクから水がこぼれた。水と石炭の積載量が貨物用としてはやや小さかった。時速50kmを超すと急に速くなったり遅くなったりする欠陥が次第に激しくなった。これは往復運動機械と回転運動機械のアンバランスによるものだった。

「ライヴァル」の東ドイツ国鉄 (DR) 65¹⁰型は87両が製造されたのに対して、DBの65型はたった18両しか製造されなかった。1966年には引退が始まり、1972年にはもっと古いタンク機関車がまだ多く現役にいるのに、全車が引退した。

65型は設計上の欠陥がたたって成績はよくなかった。この機関車が撮影されたのは、ヴィースバーデンからタウヌス山脈を越えてリンブルクに達する支線にあるバート・シュワルバッハという田舎の小駅である。

2-6-4 (1C2) タンク機関車　英国鉄道 (BR)　イギリス：1951年

国有化以前のイギリスの鉄道の中で、国有後の「標準型」にもっとも明白な影響を与えたのは、ロンドン・ミッドランド＆スコティッシュ鉄道 (LMS) だった。新しいこの機関車は、1935年製造のLMS2シリンダー機関車を、もっとスラリとさせて角張った線を消したものであった（運転室の前面は角張っているが）。先輩と同じく大都市郊外や地方の区間旅客列車用として、155両が製造された。石炭3.55トンと水2000ガロン（約9キロリットル）を積んでいる。

1964年西ウェイルズのアベリストゥイス駅で撮影されたNo.80182。この型式は広く全英に配属された。

ボイラー圧：15.8kg/cm²
シリンダー直径×行程：457×711mm
動輪直径：1599mm
火床面積：2.5m²
伝熱面積：126.8m²
過熱面積：33m²
牽引力：11,936kg
全重量：88.4t

蒸気機関車　　　1940〜1981年

完全保存されているNo.80079が1982年夏、ブリッジノース〜ビュードリー間の列車を引いて、セヴァン・ヴァレー保存鉄道の史蹟として名高いヴィクトリア鋳鉄橋を渡る。

「ブリタニア」7MT型　4-6-2（2C1）　英国鉄道（BR）　　　　　　　　　　　　　　　　イギリス：1951年

1948年「機関車標準規格委員会」が国有化された英国鉄道の将来の動力についての政策設定にとり掛った。既存の機関車型式が（新車を含めて）実に多種多様であるにもかかわらず——というよりはむしろ、そうであるからこそ、交通ニーズに対処できる新標準型機を何種類か設計する決定を下した。多くの部品は既存の設備のものをそのまま転用したり、手本にして改良したりするが、以前よりももっと幅広い「近代化」の特色を盛り込んだ。その主なものは省力化で、例えば、煙室自動清掃装置、揺れ火床、自動的に灰を落せる灰箱、潤滑油自動供給装置、ローラー・ベアリングなど——それ自体は決して目新しいものではない。熱サイフォンのような既に効果が実証されている装置は採用されなかった。運転室を台枠に載せるという以前からのイギリスの慣習を

カーマーゼン〜ロンドン間の急行列車「レッド・ドラゴン」号を引く4-6-2「ブリタニア」型No.70025「ウェスタン・スター」号。1950年代初頭にチピング・ソドベリーで撮影。

第 1 部　　蒸気機関車

止めて、ボイラーに載せることにした。この委員会やその他いろいろな場所で設計された機関車にしては、「ブリタニア」型は明らかな成功例だった。第1号機No.70000はクルー工場で製造された。これまでの国内用「パシフィック」型と違って、これは2シリンダーしか持たず、客貨両用としての型式称号（MT）を与えられていたが、実際は旅客列車に使われて、既存のより強力な「パシフィック」型の補助をすることとなった。全部で55両が製造され、当初は脱輪する動輪などの問題が生じたが、最大出力などめったに要求されない時代だから、信頼できる実績をあげた。もっともよい成績を出せたのはロンドン～ノリッジ間の線で、それまでの遅い所要時間を20%短縮できた。この型式以上に大形で、より性能のよい急行用「パシフィック」標準型も計画されたが、結局1両試作されただけで終った。

ボイラー圧：17.6kg/cm²
シリンダー直径×行程：508×711mm
動輪直径：1880mm
火床面積：3.9m²
伝熱面積：229.8m²
過熱面積：65.4m²
牽引力：14,512kg
全重量：95.5t

2-8-2（1D1）　ヨルダン王国鉄道（JR）　　　　　　　　　　　　ヨルダン：1951年

ヨルダン鉄道は1050mmゲージで、以前はヘジャス鉄道の一部だった。1908～24年までは、この鉄道がトルコ、シリア、レバノン、ヨルダン、サウジ・アラビアを結んでいたが、現在ではシリアとヨルダンの部分でしか運転していない。同鉄道では以前から「ミカド」型がいつも機関車の主力だったが、1951～55年にかけて、この車輪配列の機関車9両を別々の3社に発注した。すなわち、イギリスのロバート・スティヴンソン＆ホーソーン社、ドイツのユング社、ベルギーのエーヌ・サンピエール社である。設計のお手本にしたのは1920年代に製造されたインド鉄道の標準機関車YD型である。

ボイラー圧：12.6kg/cm²
シリンダー直径×行程：431.4×609mm
動輪直径：1218mm
火床面積：2.4m²
伝熱面積：129.2m²
過熱面積：28.8m²
牽引力：10,026kg
全重量：57.9t

1992年7月ヨルダン王国鉄道No.51が予補の水タンク車を従えて、アンマン発の観光臨時列車を引く。

01.49型　2-6-2（1C1）　ポーランド国鉄（PKP）　　　　　　　　　　ポーランド：1951年

煙突のすぐ脇に空気力学的設計による「象の耳」排煙板を見せてくれるNo.01.4981。ポーランドではこの型式14両が現在保存されている。

ロシアの2-6-2（1C1）Su型を近代化したような機関車で、客貨両用として設計されたが、主として旅客列車用に使われた。1951～52年にかけてクルザノフ工場で112両製造された。ボイラーや火室製造には広く熔接が行なわれ、単式2シリンダーを持ち、同鉄道独特の「象の耳」と呼ばれる排煙板を煙突の脇にとり付けた最初の機関車である。高速運転を達成したとの名声を得た。

完全密閉運転室はポーランド独特のもの。1997年にはこの型式がまだポズナン市ウォルツィン機関庫で現役だった。

ボイラー圧：14kg/cm²
シリンダー直径×行程：500×630mm
動輪直径：1750mm
火床面積：3.7m²
伝熱面積：159.4m²
過熱面積：68.3m²
牽引力：10,810kg
全重量（炭水車を除く）：83.5t

222

蒸気機関車　　1940〜1981年

AD60型　4-8-4＋4-8-4（2D2＋2D2）　ニュー・サウスウェイルズ州営鉄道(NSWGR)　オーストラリア：1952年

「南半球で最強力の機関車」と宣伝されたがこれは正しいとは言えない。しかしオーストラリア最大・最重の蒸気機関車であることは間違いない。この鉄道の最初のガラット式機関車である。同鉄道は標準ゲージだが、車両限界が大きいのでこの形の機関車に向いている。大形だが最大軸重は16.2トンなので、同鉄道のほとんど全線で使えるし、支線に重量列車を走らせる必要が生じた時に役立つ。例えば1500トン以上の石炭やばら積み小麦の貨物列車や、都市間の一般貨物列車も引いた。州の西部ダッボーの先の軽い27キログラム・レールの線にも入れたし、南部の果てのキャプテンズフラット、テモーラ、ナランデラあたりにも足を伸ばした。

最初はマンチェスター市ベイヤー・ピーコック社に60両発注した

AD60型は標準ゲージのガラット式機関車としては成績最優秀のもののひとつ。現在4両が保存されている。

が、後に50両に減らし、結局組み立て完成したのは42両だけだった。3両はキャンセルされ、5両分の部品は組み立てられず「予備用」として納入されたのである。全車が最終的に営業運転に入ったのは1957年1月のことだった。堂々としているが美しい外観で、戦後のアフリカのガラット型と同じく前部の水槽の端が斜にカーブしている。ボイラーは「コモンウェルス」式一体鋳鋼台枠に支えられ、インテグラル・シリンダーを持ち、全車輪軸と主なクランク・ピンにはローラー・ベアリングが付いている。

当時この鉄道では電気式ディーゼル機関車の開発も行われていて、ある筆者が次のような目撃体験を発表していた。ディーゼル機関車重連が引く貨物列車がウィンジェロの55分の1（1000分の18）上り勾配で立ち往生してしまったので、AD60型が救援に駆けつけ、ディーゼル機関車と貨車そっくり1443トンの重さのものを坂の上まで引っぱり上げ「全然危なげもなく、車

輪空転もなかった」とのこと。

AD60型は営業運転に入ってから、さまざまな変更が加えられた。炭水車(テンダー)部分をかさ上げして、石炭積載量を14トン増やして、牽引力を28,570kgに増やした。さらに30両には前進・後進ともに運転できる装置を付けた。終点に充分な長さの転車台(ターンテイブル)のない支線で運転する時にこれは便利だ。ともかく成績のよい機関車だった。もっとも、重量当たりの全出力は不充分だと批判した人もいた。最大ボイラー圧の85%時の牽引力は計算上28,843kgで、それに対して重量がたった214トンの南アフリカ鉄道GL型ガラット式機関車は牽引力が40,421kgであった。アフリカのガラット式機関車にはこの点でより優れたものが多数ある。

とはいえ、AD60型のボイラーと火室の寸法は他に類のないほど優れていた。ボイラーの外側の直径は2208mm、自動給炭装置付き火室の奥行きは2944mmである。25両には熱サイフォンが2本とり付けられ、アーチ管も2本付いていた。他の車はアーチ管1本だけである。

1970年代まで現役だったが、No.6012は早い時期に引退し、No.6003は事故で修復不能の損傷を受けた。No.6042は大幅な修理が必要になったので、手に入る部分をあちこちからかき集めて再生し、1969年まで

1968年夏No.6006がニュー・サウスウェイルズ州キャンベルタウンの信号脇で停車中。これからグレンリー炭鉱の石炭列車を引いてロゼル港へ向かうのである。

活躍した。この型式の晩年はシドニー市の北方、ニューカースル市のブロードメドウ機関庫で過ごし、保守状態も悪く、ニュースタンやニューデルの炭鉱からポート・ウォラター埠頭まで石炭列車を引く仕事が主であった。例のNo.6042はオーストラリア州営鉄道の定期列車を引く最後の蒸気機関車として生き残り、アワバ炭鉱からウォンジ発電所までの短い支線で働いていたが、1973年3月18日に引退した。現在動ける状態で保存されている。他にも3両が現在保存されている。

ボイラー圧：14kg/cm²
シリンダー直径×行程：488.5×660mm
動輪直径：1396mm
火床面積：5.8m²
伝熱面積：282m²
過熱面積：69.5m²
牽引力：29,456kg
全重量：264t

第1部　蒸気機関車

Lv型　2-10-2（1E1）　ソヴィエト国鉄　　　ソヴィエト連邦：1952年

1945年に登場した成績抜群のL型〔206ページ参照〕を改良したもので、後進運転をより容易にし、ボイラーを大きくしようと目指した。給水温め器もとり付けた。試作機はヴォロシーロフグラード工場製で、1954年以後量産に入った。数百両も製造されたが、1956年突然蒸気機関車中止決定が下された。この型式の多くはシベリアの路線で働き、悪名高い「収容所列島」で使われたものもある。この設計図は中国にも送られ、よく似た「前進」型の量産が1956年から始まった。L型の背の高い外観、台枠とボイラーの間が広く空いている特色は、このLv型でも継承している。ボイラーの上に煙突からドームまでの外被が伸びている。多数保存されていて、サンクトペテルブルクやタシュケントなどの鉄道博物館で見ることができる。

ボイラー圧：14kg/cm²
シリンダー直径×行程：650×799mm
動輪直径：1497mm
火床面積：45m²
伝熱面積：256.6m²
過熱面積：149m²
牽引力：26,750kg
全重量（炭水車を除く）：123.4t

P36型　4-8-4（2D2）　ソヴィエト国鉄　　　ソヴィエト連邦：1952年

完全に新品同然の姿で保存されている2両のP36型で、先頭はNo.0064。こまかい点だが注目すべきは、煙突のすぐ脇に小さな排煙板が更に付いていて、そこにクラクションがとり付けられていること。

持ち、従前通りの外観だが、運転室の上部が後方に伸びているのと、大きな排煙板がバッファー梁から煙室に沿って後方に伸びているところは変っている。北アメリカの機関車にも見られるような特色だが、煙室の上の煙突の前に給水を温めるための熱交換器が横向きに置かれ、ボイラーの上に長く保温外被が煙突から運転室まで伸びていて、その中に蒸気本管がドームから煙突のすぐ後ろまで納められている。青色に塗られているのもごく少数あるが、大部分は薄緑色に塗られ、正面に赤い星が付けられている。

ボイラー圧：15kg/cm²
シリンダー直径×行程：574×799mm
動輪直径：1846mm
火床面積：6.7m²
伝熱面積：入手不能
過熱面積：132m²
牽引力：18,160kg
全重量（炭水車を除く）：149.3t

ロシアでは1920～60年に至るまでずっと、旅客列車は貨物列車の居候扱いで冷遇されていた。近代的な急行旅客用機関車が量産されたのは、やっと1953年になってからだった。コロムナ工場のI・S・レベディアンスキーが設計した試作機P36.001が1950年3月に誕生した。ロシアで製造された最初の4-8-4（2D2）機、全車輪にローラー・ベアリングを付けた最初の機関車だった。1954～56年にかけて、コロムナ工場は250両を製造し、その最後のP36.0251はこの工場がソヴィエト国鉄のために製造した最後の幹線用蒸気機関車となった。

性能のよい機関車で、もしソ連政府が突然蒸気機関車中止命令を下さなかったら、更にもっと多く量産されたことだろう。ソ連の機関車の典型で、単式2シリンダーを

こちらも現在保存されている2両、Nos.0218, 0050が、1994年2月ウクライナのトポリシャー付近で、景気よく宣伝のための列車を重連で引いている。

蒸気機関車　　1940～1981年

2MT型　2-6-0（1C）　英国鉄道（BR）　　　　　　　　　　　　　イギリス：1953年

　1950年代初頭のイギリス国鉄標準型の中で、2-6-0（1C）車輪配列のものが3種類あり、用途と使用線区に応じて型式称号や軸重が違っていた。2MT型は本来、例えばシュルーズベリー～アベリストゥイス間ウェイルズ横断線や、イングランドの中部地方とイースト・アングリアを横に結ぶ線と、スコットランド南西部の線のような、長距離亜幹線に使う予定だった。客貨両用の称号（MT）が付いているが、この型式のほとんどは軽量旅客列車を引いていた。

　この型式の第1号No.78000が1957年バンベリーのすぐ南方キングズ・サトン付近で貨物列車を引いている。2個のランプが置いてあるが、特別の意味「貫通ブレーキ装置を持たぬ急行貨物列車」を示している。当時貫通ブレーキを完全に備えた貨物列車はイギリスにはほとんどなかった。

ボイラー圧：14kg/cm²
シリンダー直径×行程：419×609mm
動輪直径：1294mm
火床面積：1.6m²
伝熱面積：95.2m²
過熱面積：11.5m²
牽引力：8396kg
全重量（炭水車を除く）：50t

Ma型　2-10-2（1E1）　ギリシャ国鉄　　　　　　　　　　　　　　ギリシャ：1953年

　ギリシャは通常ドイツやオーストリア製の機関車を買っていたが、この新しい、超大形蒸気機関車はイタリア、サンピエルダレナ市のアンサルド社製で、1953～54年にかけて20両が納入された。だが成績不良で、板台枠が軽すぎて大ボイラーを支えきれず、火室が小さすぎて2個の大シリンダーに充分な量の蒸気を送り込むことができなかった。いろいろ手直しを加えたが結局頼りにならず、1957～61年にかけてオーストリアから何両かの2-10-0（1E）型機関車を借りて穴埋めをした。この型式は1960年代末にスクラップにされた。

　イタリアに製造を依頼したのは、ギリシャに対する大戦賠償の一部としてのことだった。欠陥のいくつかはコストを抑えたから生じたのかもしれない。1953年という時点で、イタリアはもはや自力で大形機関車を新造してはいなかった。その時もそれ以後も、修理や改造を多くやっていた程度だった。

ボイラー圧：18kg/cm²
シリンダー直径×行程：660×750mm
動輪直径：1600mm
火床面積：5.6m²
伝熱面積：不明
過熱面積：不明
牽引力：31.290kg
全重量（炭水車を除く）：135t

第1部　蒸気機関車

Ty51型　2-10-0（1E）　ポーランド国鉄（PKP）　　　　ポーランド：1953年

PKP最後の新造蒸気機関車である（もっとも古い機関車の改造はこの後も続いていたが）。1953～57年にかけて、ポズナン市のセギールスキー工場で232両が製造された。1947年アメリカ製のTy246型を基本にしていて、少し大きくした火室を設け、一本のすべり棒の上に沿って動くレアド式クロスヘッドを持つ。煙突の脇に排煙板をとり付け、ポーランド・スタイルの運転室の後に4輪台車を2個はいた新しい炭水車（テンダー）を従えている。動力給炭装置を備えている。現在1両が保存されている。

1972年10月12日堂々たるTy51型No.57がポーランドのモドリンで貨物列車を引いている。

ボイラー圧：16kg/cm²
シリンダー直径×行程：630×700mm
動輪直径：1450mm
火床面積：6.3m²
伝熱面積：242m²
過熱面積：85.6m²
牽引力：26,175kg
全重量（炭水車を除く）：112t

25型　4-8-4（2D2）　南アフリカ鉄道（SAR）　　　　南アフリカ：1953年

この図は凝結装置つき炭水車（テンダー）を付けた25型の原型である。このどっしりした機関車が1067mmゲージの線路の上を走ったとは驚きである。

　25型の炭水車（テンダー）は機関車本体より長いが、その大部分は蒸気凝結装置が占めている。この装置は1933年以降ドイツのヘンシェル社が技術開発したもので、南アフリカとソヴィエト連邦の2国がこれをもっとも活用している。水を大切にして使うことは荒地の多い土地では重要な上に蒸気を煙突その他から排出せずにリサイクルする効果もある。シリンダーで仕事をした蒸気は自由に曲がれるパイプを通って炭水車に送られ、そこにグリース分離器とタービン・ファンが設けてある。炭水車の側面から空気が発散され、水は再利用のためにボイラーに送られる。排気はまた小さなタービン・ファンを廻し、それが煙室に風を送りボイラー管の熱を引き出す。煙突にブラスト管が付いていないから、この機関車は「ポッポ」という音を出さず、代りにファンの「ヒューン」という音が聞える。
　蒸気凝結装置は水90％節約・燃費約10％節約の効果を呼んだ。水のないカルー砂漠を横切るこの鉄道のケイプタウン～ヨハネスブルグ間幹線では、これは見逃せぬ魅力で、1948年に1両の機関車を使ってヘンシェル社が実験を行って好成績が出た後、25型が登場したのである。1953～55年にかけて89両が、機関車本体はグラスゴー市のノース・ブリティッシュ機関車会社、炭水車はヘンシェル社によって製造された。大多数がケイプタウンとデアールの中間にあるボーフォート・ウェスト機関車庫に所属した。だが、ある専門家の言葉をかりる

226

蒸気機関車　　1940〜1981年

と、蒸気凝結機関車は「完全申し分のない成功とは言えない」そうで、1974年以降普通の炭水車に改造されてしまった。更に蒸気凝結装置の付かない25NC型50両が製造された。そのうち10両はノース・ブリティッシュ社製、40両はヘンシェル社製である。

ボタ山を背景にして、25型が石炭車列車を引いている。この国は石炭が豊富で石油に欠けているので、蒸気機関車が長く生き残ったのも納得がいく。

ボイラー圧：15.5kg/cm²
シリンダー直径×行程：610×711mm
動輪直径：1524mm
火床面積：6.4m²
伝熱面積：284.1m²
過熱面積：58.5m²
牽引力：23,353kg
全重量：238t

141F型　2-8-2（1D1）　スペイン国鉄（RENFE）　スペイン：1953年

RENFEは1943年の発足以来、実に種々雑多なタイプの蒸気機関車を引き継ぎ、その大多数は1960年代末から70年代にかけてスペインから蒸気機関車が消え去るまで生き残ることとなった。しかし少数ながら新しく設計された機関車もあった。例えば、この高速客貨両用「ミカド」型がそれで、1953〜60年にかけて241両製造された。最初の25両はグラスゴー市のノース・ブリティッシュ機関車会社製

141F型のもっとも多い仕事は急行貨物列車牽引で、この写真も1968年10月にその任務の際撮影された。

227

第1部　蒸気機関車

だが、大部分は国産で、エウスカルドゥーニャ社、バブコック＆ウィルコックス社、マキニスタ社、マコーサ社などの製造であった。すべて単式2シリンダー、さまざまな型の給水温め器を持ち、最後の116両は重油焚きで、2本煙突、ワルシャート式弁装置が付いている。

RENFEはポルトガルやフランスに行く国際列車のスペイン領内の牽引を受け持っている。「ルシタニア・エクスプレス」は1943年からマドリード～リスボン間を、パリからの「シュッド・エクスプレス」は1887年から走っている。幹線が電化されるまで、これらの優等列車やマドリードと国内諸都市とを結ぶ列車は、この2-8-2（1D1）型が引いていた。スペインの鉄道は単線区間が多く急坂があって、高速運転には適さず、最高時速は110kmに制限されていた。

ボイラー圧：15kg/cm²
シリンダー直径×行程：570×710mm
動輪直径：1560mm
火床面積：4.8m²
伝熱面積：239m²
過熱面積：74.5m²
牽引力：20,520kg
全重量：166.5t

1971年1月22日 No.2112がビウルン付近のスペイン特有の岩だらけの荒涼たる山地で急行貨物列車を引いて走る。

498.1型　4-8-2（2D1）　チェコスロヴァキア国鉄（CSD）　チェコスロヴァキア：1954年

ボイラー圧：16kg/cm²
シリンダー直径×行程：500×680mm
動輪直径：1830mm
火床面積：4.9m²
伝熱面積：228m²
過熱面積：74m²
牽引力：19,018kg
全重量：194t

スコダ社が設計・製造した最後の蒸気機関車の中に、この堂々たる急行旅客列車用3シリンダー単式型がある。1947年製の498.0型の改良型で、内側シリンダーを操作する弁装置が、左側の第3動輪のクランク・ピンから返りクランクを通して長い棒で動かされているところは、いかにもチェコ独特である。戦後のチェコの機関車はほとんどがそうであるが、外観はドイツ風だが、内部機構はフランスのシャプロンの方式の影響を多く受けている。熔接された火室は燃焼室と熱サイフォンと2本のアーチ管を持つ。10個車輪をはいた大形935.2型炭水車を含む全車輪にローラー・ベアリングが付いている。将来は幹線から外されることを予想して、動輪と先従輪の軸重を調整して亜幹線でも使えるようになっている。

プレロフ～コジス間のような長距離急行列車を引いていたが、電化工事が進むにつれて、急行用蒸気機関車が電気機関車牽引列車用に設定されたダイヤ通りに走るよう要求されることが（例えばプラハ～コリン間のように）あった。498型の2両は見事にこの要求に応えて見せた。No.498.106は1964年8月27日の試運転でチェコスロヴァキア国鉄最高時速162kmの記録を達成した。この機関車と同型式の1両は現在保存されている。

1967年5月14日、既に架線が張ってある区間で、電気機関車牽引列車に設定されたダイヤ通りに、No.498.016は急行列車を引いてウラノフ駅を通過。

蒸気機関車　　1940～1981年

9F型　2-10-0（1E）　英国鉄道（BR）　　　　　　　　　　　　　　　　　　イギリス：1954年

ボイラー圧：15.8kg/cm²
シリンダー直径×行程：508×711mm
動輪直径：1525mm
火床面積：3.73m²
伝熱面積：181m²
過熱面積：49.3m²
牽引力：18,140kg
全重量（炭水車を除く）：88.4t

上と左：現在保存されているNo.9220「4イヴニング・スター」号。1985年3月9日北イングランド、ニューカースル～カーライル間の線のストックスフィールド付近で撮影。

　戦後の英国鉄道重量貨物列車用標準機関車は2-8-2（1D1）型と考えられていたが、戦時中の物質不足の折に製造された「耐乏」型2-10-0（1E）機関車〔203ページ参照〕の成績がよかったので、この車輪配列をもう一度採用することに決定した。これも「客貨両用」として設計されたのだが、まさにそれは正しかった。旅客列車を引いて素晴らしく速く走れた。ボイラーは4-6-2（2C1）「ブリタニア」型と同じだ

　「イヴニング・スター」はこの型式の最後として、もとのスウィンドン工場で製造された車で、名前の付けられている唯一の車でもある。スウィンドン工場がかつて所属した旧グレイト・ウェスタン鉄道独特の字体の銘板がとり付けられている。

が533mm短くて、灰箱のためにできるだけ広いスペースを取れるよう、ボイラーを高い位置にした。ボイラーと台枠の間のスペースが大きくなったので「スペースシップ（宇宙船）」という愛称がつけられた。とはいえ、他の点では申し分ない設計だが、深くて広い灰箱と動輪直径1525mmの間の妥協が唯一の欠点を生むことになったのかもしれない。「耐乏」型と同じように、カーブを回りやすくするために中間動輪にはフランジが付いていない。通常の煉瓦アーチの代りにコンクリート・アーチを火室に付けた車が多くある。貨物用にしては珍しく排煙板が付いているのは、低圧排気のため煙が高く上らないことを予想したからかもしれない。英国鉄道の設計者たちは2本

229

第1部　蒸気機関車

ブラスト管付き煙突を好まなかったが、そのひとつの理由は、この装置は出力をフルに出した時に効果がもっともよく発揮されるが、そんなに出すことはめったにないと考えたからだ。でも、後に製造された車にはこの装置が付いていて、試験的にギースル式ブラスト管を付けた車が1両だけある。1958年3両に動力給炭装置がとり付けられた。

9F型は全部で251両あり、主として真空ブレーキを装備した鉱石運搬貨車を引いた。重量貨物列車を受け持つ、例えばウェリンバラ、マザーウェル、ニューポート、ソルトリー（バーミンガム市）などの大機関庫に配属された。客車暖房装置は付いていないが旅客列車を引くこともあった。何と「フライング・スコッツマン」特急を代理としてグランサムからキングズ・クロスまで引いて、全区間平均時速93km、最高時速145kmを出したこともあった。この最高時速が公式に認められたことが他に少なくとも1度あり、後に運転局はこの型式の最高時速を60マイル（96.5km）と定めた。1955年クルー工場がフランコ・クロスティ式ボイラーを付けた車を10両製造した。これはイタリアで開発された方式〔120ページ参照〕で、ボイラーに入る前の水をあらかじめ温めておくのである。初期の蒸気機関車の頃からこれは望ましいと考えられ、アメリカ、フランス、ドイツその他の機関車では給水温め器は標準設備となっていたが、イギリスでは広く使われなかった。ひとつにはイギリスでは外側にいろいろ器具を付けるのが嫌われたからかもしれない。とはいえ、これは蒸気発生効率を高めるのに役立つ最高に重大な試みだった。排気が主ボイラーの下に置かれた予熱器に送り戻され、給水はインジェクターによってこの予熱器に注入され、それからボイラーの上に置かれたクラック弁を通ってボイラーに送られる。イタリアのクロスティ式ボイラー機関車と違って、イギリスのこちらは先頭の煙突とボイラーの右側に設けた排気孔を残してある。亜硫酸ガスによる管の腐蝕が問題となり、イギリス風クロスティ式はあまり好成績とは言えなかった。この型式は英国鉄道最後の蒸気機関車となり、1960年スウィンドン工場製のNo.92220「イヴニング・スター（宵の明星）」号が、イギリスで製造された最後の定期列車用蒸気機関車となった。

No.92250はギースル式ブラスト管付きの長円形煙突を持つ。1966年1月30日イングランド中部の西、ウルヴァーハンプトン市のオクスリー機関庫で撮影。

P-38　2-8-8-4 (1DD2)　ソヴィエト国鉄　　　　　ソヴィエト連邦：1954年

1954年、蒸気機関車はまだ活気ある未来を持っているように思われた。運輸担当のカガノヴィッチ人民委員は言った。「私は蒸気機関車の味方、将来は蒸気機関車などなくなるだろうと想像する連中の敵だ」このように激励されて大形蒸気機関車が設計され、試作機2両が製造された。3556トンの貨物列車を引くために最大軸重内に留める16.25トンの粘着重量が必要だった。そのためには8動輪軸にせねばならないというわけで、単式シリンダーのマレー式機関車が選ばれた。

1954年12月と1955年1月にコロムナ工場で2両のP-38型が誕生した。1932年製造のベイヤー・ガラット式Ya-01型よりは軽いが、ロシア国産機関車では最大だった。試運転では110分の1（1000分の9.1）上り勾配で3556トンの列車を引いて最高時速24kmを出した。新しい機関車は南シベリアのクラスノヤルスク～ウラン・ウデ間で試用されたが、詳しい実績は公表されなかった。後に発表されたところによると、極度の寒さのために実力を発揮できなかったとのこと。2両とも短い現役期間の後引退した。カガノヴィッチの面目は丸つぶれとなった。彼に対する告発の一部に「蒸気機関車が不経済で時代遅れであることがよく知られていたのに、彼は頑としてそれに固執した」とある。

ロシア蒸気機関車の偉大なる伝統の惨めな終幕だった。

ボイラー圧：15kg/cm²
シリンダー直径×行程：574×799mm
動輪直径：1497mm
火床面積：10.7m²
伝熱面積：396.3m²
過熱面積：236.7m²
牽引力：入手不能
全重量：218.3t

GMA型　4-8-2+2-8-4 (2D1+1D2)　南アフリカ鉄道(SAR)　　　　　南アフリカ：1954年

20世紀中頃の南アフリカの蒸気機関車の歴史は、同時代の南アメリカでのほとんど全面的衰退と極立った対照を見せている。南アフリカでは蒸気機関車は活発に働いていただけでなく、技術の先端を行っていた。ガラット式機関車でその性能の極点に達し、SARは他のどの鉄道よりも多くのガラット式を所有していた。

同鉄道の1067mmゲージ用の最初のガラット式GA型は1919年に導入され、当時でも巨人と言われた。その後、他のいろいろなガラット式や連節蒸気機関車が登場し、その中には性能抜群のものもあり、それ程でないものもあった。1920年代後半に原型のガラット式の特許期限が切れ、マンチェスター市のベイヤー・ピーコック社は新しいガラット式の特許を取ったが、その原理は他の製造所も自由に利用することができるようになった。真っ先に名乗り出たのがドイツの諸社で、ハノマーク社、マッファイ社、クルップ社、ヘンシェル社が1927年以後製造した。グラスゴーのノース・ブリティッシュ社は1924年から製造したが、その「変形フェアリー式」は真のガラット式とは言えない。山地の多い南アフリカではガラット式がおなじみの姿となり、あらゆる種類の列車を引いていた。

1954年にはGMA型、GMAM型、GO型の3型式が新たに登場した。前の2型式は主な点では全く同一で、炭水車がGMA型が石炭11.8トン、水1650ガロン（約74.25キロリットル）を積むのに対して、GMAM型

蒸気機関車　　　1940〜1981年

1986年7月27日、プレトリア市の西方ウィットバンク機関庫で撮影されたGMAM型ガラット式No.4122。この頃は臨時の列車だけを引いていて、定期列車には使われていなかった。

が石炭14.2トン、水2160ガロン（約97.2キロリットル）を積むのが違っていた。最大軸重は同じく15.2トンで、27キログラム・レールの線路でも通ることができる。GMAMは全重量が13.3トン増えている。両型式とも先頭にある水槽の他に、後部にも水槽を持つ。GMAM型は戦後の多くの型と同じく先頭の水槽の端がカーブして、全体が半流線形スタイルになっている。機関車の給水は切り離しのできる独立のタンク車から取るのが通常なので、車体上の水槽は予備用で、全体の粘着重量を増すためである。

「コモンウェルス」式鋳鋼製台枠はアメリカで製造され、ボイラーや火室には広く熔接が行われ、全車輪にローラー・ベアリングが付き、軸箱守にはフランクリン社式バネつきクサビがとり付けられている。全車に動力給炭装置、自動揺れ火床が設けてある。GMA型のうちの数両が後にGMAM型に改造され、その反対の改造が行われた車もある。1953〜58年にかけて、両型式合計で120両が製造され、ガラット式としては世界最大家族の型式である。製造所はヘンシェル社、ベイヤー・ピーコック社、ノース・ブリティッシュ社である。

しかし、南アフリカ最強力のガ

GMAM型が長大な貨物列車を引いて黒煙を吐き出す。機関車の直後に予備用水タンク車が連結されている。

第1部　蒸気機関車

ラット式はこの型式ではなくて、GL型である。これも4-8-2＋2-8-4（2D1＋1D2）車輪配列で、1929年ベイヤー・ピーコック社製、最大ボイラー圧の75％で計算上の牽引力は35,675kgだった。

これほどまで多く時代の先端を行く蒸気機関車を持ち、高度技術開発に熱心な南アフリカ鉄道であったが、同時に電化やディーゼル化計画も推進していて、近代化の大波にあふられたガラット式蒸気機関車は、あちこち転属させられた。その最大拠点はナタール州で、ピーターマリッツブルク機関庫には一時期GMA型・GMAM型全体の半数以上が所属していた。次第に貨物列車専用が増え、平均勾配30分の1（1000分の33.3）のフランクリ

GMAM型No.4103がポート・エリザベス～ケイプタウン間の急行列車を引いて、ケイプ州ジョージ駅で停車中。運転室側面の銘板でヘンシェル社製であることがわかる。

GMAM型No.4137が、ポート・エリザベス行きの線の分岐駅ウスターで貨物列車を引いて停車中。

ン～グレイタウン間の支線などで、最大914トンの石炭列車を重連で引くことが多かった。

1970年代末になっても、GMA型・GMAM型はまだ現役にいたが、休車になっていたものもある。1979年にはジンバブウェ国鉄に21両を貸し出した。1990年代中頃までは蒸気機関車とディーゼル機関車が共存していたが、その頃GMA型とGMAM型は消えて行った。

下のデータはGMA型のものである。

ボイラー圧：14kg/cm²
シリンダー直径×行程：520×660mm
動輪直径：1370mm
火床面積：5.9m²
伝熱面積：298.6m²
過熱面積：69.4m²
牽引力：27,528kg
全重量：190.3t

464.2型　4-8-4（2D2）タンク機関車　チェコスロヴァキア国鉄（CSD）　チェコスロヴァキア：1955年

チェコスロヴァキア国鉄発注の最後の蒸気機関車としてスコダ社がたった2両のこの型式を製造した。1951年製の477.0型より重量は小さいが牽引力は増している。1947年製の4-8-2（2D1）475.1型という成績抜群の2シリンダー機関車をお手本にして、高速旅客列車を短距離引くことを目指したのだが、電化を早める計画のお陰で2両だけで終ってしまった。476.1型と同じく、後部の主水槽の他に小さなサイド・タンクも持つ。走り板が高い位置にあり、翼形の排煙板を持ち、高さが4650mmもあるので、堂々たる外観である。政治的に西ヨーロッパと断絶していたために、チェコスロヴァキアの機関車のよい性能と実績が評価され難かったのである。

ボイラー圧：18kg/cm²
シリンダー直径×行程：500×720mm
動輪直径：1624mm
火床面積：3.8m²
伝熱面積：166m²
過熱面積：67.1m²
牽引力：16,990kg
全重量：112t

蒸気機関車　　1940～1981年

83¹⁰型　2-8-4（1D2）タンク機関車　東ドイツ国鉄（DR）　　　　　　　　　　　　　　　　　　　東ドイツ：1955年

　1955年西ドイツのドイツ連邦鉄道（DB）と東ドイツのDRとが、それぞれ最後のタンク機関車を新造した。DBのは2-6-4（1C2）66型、DRのはそれより大きいこの2-8-4（1D2）で、27両がバーベルスベルク市のカール・マルクス機関車製造所で製造された。前年製造の65¹⁰型を少し小形にしたもので、水はサイド・タンクと後部の石炭庫の下に入れる。外側ホイジンガー式弁装置で操作される2シリンダーが、長い主連棒によって第3動輪を動かす。ボイラーと火室はすべて熔接である。

　最後の機関車というのに、まだ試作機に問題が生じて、後にいろいろ変更が施された。例えば、砂箱を歩み板からボイラーの上に移すとか、過熱蒸気溜めの中の第2加減弁を取り除いて、ドームの中の加減弁だけを残すとか。給水ポンプ、給水温め器、ターボ発電機がとり付けられた。

　重量区間列車を引くのがこの型式の仕事で、平坦線で1000トンの旅客列車を時速60kmで、1500トンの貨物列車を時速45kmで引くことになっていた。ディーゼルのレイルバスやV60型V100型機関車が登場したために、この83¹⁰型の生産も止まり、活動の時期も短いものとなった。大部分がザールフェルトとハルデンスレーベンの機関庫に所属していたが、1970年以後引退が続出、1973年までに全車がブランデンブルク鉄工場でスクラップにされた。

ボイラー圧：14kg/cm²
シリンダー直径×行程：500×660mm
動輪直径：1250mm
火床面積：2.5m²
伝熱面積：106.6m²
過熱面積：39.25m²
牽引力：15,716kg
全重量：99.7t

30型　2-8-4（1D2）　東アフリカ鉄道（EAR）　　　　　　　　　　　　　　　　　　　　　　　　　ケニア：1955年

　1955～56年にかけて2-8-4（1D2）の2型式が導入されたが、こちらはその中の重い方で、グラスゴー市のノース・ブリティッシュ機関車会社で25両製造された。ボイラーは2-8-2（1D1）29型と同じだが、外側に台枠の付いた4輪台車の従輪となったお陰で、ベルペール式火室を支える余裕が増えた。その結果粘着力は若干減ったが、従輪台車に補助機関はとり付けていない。

　6輪台車を2個はいた大形炭水車は、水7000ガロン（約31.5キロリットル）と重油1950ガロン（約8.78キロリットル）を積めるから、水の補給も望めない人の住まぬ荒野でも長距離運転が可能である。1960年代に原型の煙突がギースル式2本ブラスト管をもつ煙突に変えられた。

ボイラー圧：14kg/cm²
シリンダー直径×行程：457×660mm
動輪直径：1218mm
火床面積：3.5m²
伝熱面積：169.6m²
過熱面積：41.4m²
牽引力：13,531kg
全重量：85.9t

第59番型　4-8-2＋2-8-4（2D1＋1D2）　東アフリカ鉄道（EAR）　　　　　　　　　　　　　　　　　ケニア：1955年

　1mゲージの機関車としては世界一強力な機関車で、アメリカの「ビッグ・ボーイ」〔192ページ参照〕が1950年代末にユニオン・パシフィック鉄道から引退した後は、定期運転の蒸気機関車としては世界最大となった。ボイラー直径が2284mmだから、ゲージ幅の2倍以上ある。

　海岸のモンバサからケニアの首都ナイロビまでは531kmあるが、海面から1705mの高さまで上り、平均勾配66分の1（1000分の15）である。東アフリカ鉄道の最高地点は2740mで、海から531km内陸に入った所にある。こうした線路――単線で、ところどころにすれ違い場を設けてある――では通常めったに列車が通らないが、通る列車は重い列車となる。ところが1942年以後交通量が増え続け、渋滞してひどい遅れが出た。

　この鉄道は重量級の固定台枠機関車を多く持っていて、最新のものは1951年に導入された2-8-2（1D1）型だが、1926年以来ガラット式機関車をよく使った。連節台枠を持ち軸重が小さいこの型の機関車は、EARのような重くて遅い列車を引くのに最適だったし、乗務員も機関庫職員も扱いに慣れていた。しかし、いまや、より重い列車をより速く走らせなければならないことが明白になって来た。そこで

1970年12月19日ケニアの海岸の町モンバサの機関庫で撮影されたNo.5918「ジェライ山」号。ここはナイロビ機関庫に次ぐ2番目に大きい機関庫である。

第1部　蒸気機関車

第59番型がモンバサ～ナイロビ間幹線のカーブのある坂道を、1000トン以上もの貨物列車を引いて上って行く。

この型式につけられた銘板。山の名（メル山）とその標高（14979フィート、すなわち約4991m）を刻んでいる。

1950年マンチェスター市のベイヤー・ピーコック社に第59番型を発注し、こまかい設計については一任した。最初の発注は9両だったが、1955年納入が始まる前に34両に増やし、1956年末には全車が営業運転に入った。

当時技術上の不安が鉄道会社を悩ましていた。重油を燃料に使いたいが、石炭の方が安上がりかもしれない。南アフリカやローデシアの鉄道と乗入れ運転をするため、1mゲージを1067mm（3フィート6インチ）ゲージに変えることになるかもしれない。とすると車軸を簡単に伸ばせる機関車を新造せねばなるまい。第59型には、これまでこの鉄道で使ったことのない動力給炭装置を必要となれば付けねばなるまい。煙室の左側に空気ブレーキと真空ブレーキ両方用のポンプをとり付けた。

このようにして34両が発注された。単式4シリンダー、ピストン弁、外側ワルシャート式弁装置が付いた。クロスヘッドに向かって次第に太くなる長い主連棒の端にローラー・ベアリングがとり付けられた。最大軸重21.3トンは軽くはないが、そのためにレールや土手や橋を補強した。

この型式を導入したことで牽引力が飛躍的に増え、モンバサ～ナイロビ間の時刻表上所要時間が最大3分の1縮まった。補機なしで1000分の15の上り勾配とカーブの区間で1200トンの列車を引いて時速22.5kmで走れた。なにしろ、機関士が平行した線路を逆向きに走る列車の最後部を見ることができるほどのすごいカーブがあったのだ。「カブース（乗務員車）・システム」が採用され、その車で交代乗務員が寝て、途中の行き違い場で停車中に交代するのである。

納入後も改良が続けられ、1960年代初頭にギースル式ブラスト管がとり付けられた。この型式に対する誇りは付けられた名前が実証してくれる。東アフリカの大きな山の名を付けたのである。ガラット式の開発は1950年代末に、蒸気

凝結装置付きテンダーを1両試作したあたりで終りとなり、それ以上の新造はなかった。優等列車は電気式ディーゼル機関車にとって代られ、ガラット式は貨物列車や長い支線の混合列車を引き続けたが、1973年に引退が始まり、1980年までには全車が引退した。

ボイラー圧：15.7kg/cm²
シリンダー直径×行程：521×711mm
動輪直径：1372mm
火床面積：6.9m²
伝熱面積：331m²
過熱面積：69.4m²
牽引力：38,034kg
全重量：256t

蒸気機関車　　1940～1981年

500型　4-8-2（2D1）　スーダン鉄道　　スーダン：1955年

　スーダンはもとイギリス保護領で、そこの鉄道はイギリスの鉄道方式に従っていた。というわけで機関車も当然イギリス製である。1067ミリ（3フィート6インチ）・ゲージ用の500型42両は、完全に組み立てられた後にグラスゴーからポート・スーダンに船で運ばれた。重油焚きで、最大軸重は15.2トンと軽く、スーダン政府経営の数少ないが距離は長い路線で客貨両用を目指していた。中央機関庫はアトバラにある。独立後のスーダンでは1970年代に蒸気機関車は全廃になったが、1980年代に2-8-2（1D1）型を復活させて、一時使っていたことがあった。

　一時期スーダンの鉄道は、この青色に塗られた4-8-2（2D1）500型に見られるような重油焚き機関車を使って、能率よく運営されていた。政治的混乱の後、蒸気機関車が復活して南部に向かう飢餓救済列車を引いたことがあった。

ボイラー圧：13kg/cm²
シリンダー直径×行程：546×660mm
動輪直径：1370mm
火床面積：3.7m²
伝熱面積：207m²
過熱面積：50.3m²
牽引力：16,299kg
全重量：96.3t

「前進」型　2-10-2（1E1）　中国鉄道部　　中国：1956年

　1948年以来中国の鉄道標準化計画が進む中で、最大形で、最大の家族数を持つのが、この「前進」型である。1957～80年代末にかけて、4500両以上が製造された。大多数は巨大な大同工場の製造だが、それ以外の中国内の5工場も参加している。中国全土ほとんどどこでも見られる型式で、基本はソ連のLv型で、その仕様と詳しい設計図が中国に売られたか無償で与えられた。しかし、その後多くの変更が加えられた。例えば、燃焼室を新設してボイラーを短くしたりした。
　この型式の仕上がりぶりを、イギリスのドンカスター工場やアメリカ、ヴァージニア州ローノーク工場の技術者がもし見たら、きっ

重連の「前進」型が長い貨物列車を引いて、多忙のハルビン操車場を出発、長春に向けて幹線を南に走る。

第1部　蒸気機関車

と悲嘆にくれたことだろう。しかし、機関車増産の発破を際限なくかけられて、超スピードで製造を余儀なくされて、代用品の部品や完全熔接火室などを大幅に使ったのだった。震動、急に速くなったり遅くなったりする動き、接合部が自然に外れる、などなどは日常茶飯の問題だったから、かなり保守に手間がかかった。しかし、基本部分はしっかり作られていたから、3000トンの重さの列車を引くことができた。

坂道では補機を付けて走った。補助設備として動力給炭装置や給水温め器をとり付けた車もある。標準型炭水車は4輪台車を2個はき、石炭14.5トンと水8700ガロン（約39.15キロリットル）を積むが、水のない地域を走る車には、もっと多くの水を積んだ6輪台車を2個はいた炭水車が付けられた。

ボイラー圧：15kg/cm²
シリンダー直径×行程：650×799mm
動輪直径：1497mm
火床面積：6.4m²
伝熱面積：265.6m²
過熱面積：141.2m²
牽引力：28,725kg
全重量（炭水車を除く）：123.4t

上：2001年11月「前進」型はまだ現役として、シェンムー石炭公社の石炭列車を引いて、シャウウンの「歌う砂丘」上の陸橋を走る。

右：中国の機関車で名前を付けられているのは珍しいが、「前進」型No.2470は、1927〜49年まで中国革命軍の指揮官だった朱徳将軍を顕彰してその名が付けられている。

10型　4-6-2（2C1）　ドイツ連邦鉄道（DB）　　　　　　　　　　　　　　　　　　　　西ドイツ：1956年

ボイラー圧：18kg/cm²
シリンダー直径×行程：480×720mm
動輪直径：2000mm
火床面積：3.96m²
伝熱面積：205.3m²
過熱面積：105.6m²
牽引力：16,797kg
全重量（炭水車を除く）：119.5t

Nos.10.001と10.002はDBの最後の高速旅客列車用蒸気機関車で、長いこと鉄と蒸気に縁の深いエッセン市のクルップ社で製造された。どちらも単式3シリンダーで、内側の1シリンダーは第1動輪を、外側の2シリンダーはそれぞれ第2動輪を動かす。3組のワルシャート式弁装置が行程の長いピストン弁を操作する。2本ブラスト管と2本煙突が付き、全車輪と主な回転部分にローラー・ベアリングがとり付けられている。運転室の前面の窓には回転式清掃スクリーン（水雷艇などに付いているもの）が付いている。空気圧による逆転装置、二種の圧力の空気ブレーキなど、器具の種類の多様さは古い世代の機関士を驚かすほど。

ボイラーより下は部分的に流線形で、シリンダーは深く外被で覆われ、車輪や連棒の一部を隠している。先頭の下部は丸味を帯び、電気前照燈がはめ込まれている。2両の違いの主なものは、001は石炭焚きで、長い坂道や重い列車の場合補助として重油を焚くことがあるのに対して、002は重油だけを焚くことだったが、001も後に重油焚きに改造された。つまりディーゼルと競走できる蒸気機関車を目指したわけで、保守のやりやすいことと、どこの線路でも通れることを目標とした。1ヵ月に平均2万km走れて、燃料消費量は1000km当たり約11トンである。あるイギリス人の専門家はこの機関車の運転台に515kmほど乗った体験を踏まえて、「私がこれまで乗った中で、もっとも乗心地がよく、操作にもっともよく反応する蒸気機関車」と評した。だが、たった2両しか製造されなかった。

効率においてアメリカの最後期の急行列車用蒸気機関車と匹敵する10型は、まさにドイツの偉大な蒸気機関車伝統の最後を飾るにふさわしいものだった。

蒸気機関車　　1940～1981年

4-8-4（2D2）　　スペイン国鉄（RENFE）　　　　　　　　　　　　　　　　　　　　　　　スペイン：1956年

RENFEには単線区間が多いので、列車が多く通る区間では行き違い場が多く設けられている。1968年10月26日No.242.2004が急行旅客列車を引いて、セルグア付近の切り通しを走る。

　この型式10両はバルセロナ市のマキニスタ社で製造され、スペインの蒸気機関車伝統のクライマックスを飾るにふさわしいものとなった。正確に言うと同国で最後に製造された型式ではない——2-8-2（1D1）客貨両用機は1960年まで製造されていたから——が、技術の最先端を行く型式であった。

　スペインには8動輪（D）機関車の長い歴史があったが、それは山地が多くて、軽いレールの線路が多いこの国に適していたからである。RENFEの4-8-2（2D1）機関車を長く伸ばして大形にした、この4-8-4（2D2）型は、スペインの標準ゲージ1668mm（5フィート6インチ）の線路に合わせて製造され、フランスと往復する国際特急列車を、アビラ～ミランダ・デル・エブロの未電化区間で引いた。この寝台特急列車は重さが762トン以上あったが、4-8-4（2D2）型なら悠々こなすことができた。

　スペインは以前は複式機関車の天下だったが、この型式は1943年以降の他のすべての型式同様単式で、シリンダーを2個持つ。他の国と同じくワルシャート式弁装置を付けているが、レンツ式ポペット弁が変動カム軸によって作動する。全車が2本ブラスト管とキルシャープ式2本煙突を持つ。ボイラーの垢を減らす水処理装置、給水ポンプと温め器、客車照明用のターボ発電機などの付属設備もある。全車輪にローラー・ベアリングが付き、石油焚きである。現在1両が保存されている。

ボイラー圧：16kg/cm²
シリンダー直径×行程：640×710mm
動輪直径：1900mm
火床面積：5.3m²
伝熱面積：293m²
過熱面積：104.5m²
牽引力：21,000kg
全重量：213t

給水塔に向かってバックしている4-8-4（2D2）型機関車。こんなに黒煙を吐いているのはカメラマンへのサービスかも。

237

第1部　蒸気機関車

泥炭焚き　0-6-6-0（CC）タンク機関車　アイルランド鉄道（CIE）　アイルランド：1957年

アイルランドは主な燃料として泥炭に頼っているので、CIEは泥炭を乾燥させて焚こうと試みた。1952年古い2-6-0（1C）型No.256蒸気機関車を改造して粉末泥炭焚きテストを行った。1957年にはオリヴァー・ブリードをコンサルタント技師として招き、インチコア工場で機関車1両を製造してテストをまるで装甲車みたいな外観のブリード設計による試作機関車がダブリン市インチコア機関車工場の外に停車していた。1957年撮影。

続行した。ブリードが設計した「リーダー」型〔214～215ページ参照〕を小形にしたようなもので、2個のシリンダーがそれぞれ2個の鎖駆動6輪台車を動かす。2個の動力給炭装置が砕いた泥炭を火室に投げ入れる。多くの問題が起ったので、結局のところ主としてダブリン市のキングズブリッジ～ノースウォール間の短距離連絡線で貨物列車を引くだけの仕事になった。1965年に引退した。

ボイラー圧：17.5kg/cm²
シリンダー直径×行程：304.5×355mm
動輪直径：1091mm
火床面積：不明
伝熱面積：不明
過熱面積：不明
牽引力：不明
全重量：130.5t

「人民」型　4-6-2（2C1）　中国鉄道部　中国：1958年

4m87cm3mmの高さの機関車だが、正面にいろいろなものが作り付けられ、煙突の両側に流線形外被などがあって、実際以上に背が高く見える。先頭に給水温め器、ボイラーの上にロシア・スタイルの覆いが伸びていて、ドームからシリンダーに達する蒸気本管を納めている。

最初はスファン（青島）工場で製造され、1958～64年にかけて約250両に達した。1980年以降はディーゼル機関車や電気機関車にとって代わられたが、何両かは先輩の4-6-2（2C1）流線形SL型とともに保存されている。

ボイラー圧：15kg/cm²
シリンダー直径×行程：570×660mm
動輪直径：1750mm
火床面積：5.75m²
伝熱面積：210m²
過熱面積：65m²
牽引力：15.698kg
全重量：174t

長春機関庫で撮影されたNo.1228。この大形で強力な「パシフィック」型の走り板がいかに高いかは、間に合わせ的にとり付けられている手摺りによってわかる。

蒸気機関車　　1940～1981年

WT型　2-8-4（1D2）タンク機関車　　インド国鉄（IR）　　インド：1959年

　先頭から見るとアメリカ風、後部から見るとイギリス風。郊外線で重量旅客列車を引くのを目的とした強力機関車で、標準部品を使うよう設計された。ボイラーは「パシフィック」WL型と同じもの、シリンダーと車輪はWP型と同じものである。1959～65年にかけて30両がチッタランジャン工場で製造された。電化が進んで大陸横断列車用に廻されたが、1995年インド鉄道定期列車から蒸気機関車が消える日まで現役に残っていた。

WT型左側タンクに給水中。末期になると水・燃料補給装置の多くが雑になった。

ボイラー圧：14.7kg/cm²
シリンダー直径×行程：514×710.6mm
動輪直径：1700mm
火床面積：3.5m²
伝熱面積：121.9m²
過熱面積：41.8m²
牽引力：14,520kg
全重量：136t

282型　2-8-2+2-8-2（1D1+1D1）　　スペイン国鉄（RENFE）　　スペイン：1961年

1966年4月15日アルジミア駅に停車中のNo.0428。この駅は、地中海沿岸のサグントから山を越えて内陸の町テルエルに達する路線にある。

　ヨーロッパで最後に新造された幹線用蒸気機関車は、この10両の重油焚きガラット式で、ライセンスを取ってバブコック＆ウィルコックス社ビルバオ工場で製造された。スペインでは1930年にバレンシアからテルエル経由でカラタユードまでの中央アラゴン鉄道が、ガラット式機関車を客貨両用に使ったのが始まりだった。今回新造された車も同じ区間で重量貨物列車を引くこととなった。1930年に同じ工場で製造された貨物用282型の再発注で、31年の年月を経ているのに両者の性能・外観上の違いはごく僅かである。

ボイラー圧：15kg/cm²
シリンダー直径×行程：440×610mm
動輪直径：1200mm
火床面積：4.2m²
伝熱面積：197m²
過熱面積：69.4m²
牽引力：22,226kg
全重量：170.25t

1968年10月24日撮影のNo.430の横顔。次の貨車の前方上部にちょこんと付いているのはブレーキ係員室。

第1部　蒸気機関車

2型　2-10-2（1E1）　　リオ・トゥルビオ産業鉄道（RFIRT）　　アルゼンチン：1963年

　世界最南にある鉄道で、ゲージは750mm、路線延長は255km、1951年開業で、炭鉱と大西洋岸とを結んでいる。ここで蒸気機関車技術史上画期的事件が起ろうとは誰も想像できなかったろうが、1957年L・D・ポルタがマネージャーとなり、1956年に日本の三菱機関車工場が納入した2-10-2（1E1）型10両の中の3両に、彼自身が考案したガス発生火室と排気装置をとり付けた。

　彼は1960年にこの鉄道を退職したが、1963年には残りの7両と、三菱で追加新造した10両に、彼の考案した装置がとり付けられた。これにより計算上の牽引力は30％増え、燃費は大幅に節約となり、信頼性も大幅に高まった。ポルタの業績は、後に1981年南アフリカ鉄道の25型改良工事の基礎となるわけである。

　この型式15両は1992年にまだ現役で働いていた。

ボイラー圧：15.7kg/cm²
シリンダー直径×行程：420×440mm
動輪直径：850mm
火床面積：2.4m²
伝熱面積：91.9m²
過熱面積：30.3m²
牽引力：12,441kg
全重量（炭水車を除く）：48.5t

「上游（じょうゆう）」型　2-8-2（1D1）　　中国鉄道部　　中国：1969年

　唐山工場製のこの型式は中国標準型として量産された蒸気機関車最後のものとなった。軽量貨物列車用で、1934年に日本占領下の満州で導入された2-8-2（1D1）JF6型を基本にしたように思われる。炭水車に手摺りが付き、後部が斜に低くなっているところから、入換え用、あるいは後進運転を目的の中に入れていたのかもしれない。

　工場専用線などで広く使われ、幹線ではめったに見られなかった。総数は不明だが、おそらく1000両以上であろう。このタイプに若干の変更を加えたものが、アフリカの1mゲージ鉄道の非連節機関車の最盛期をつくることとなる。

　1994年1月6日に撮影された「上游」型No.1719。製鉄所で鉱滓を積んだ貨車や、溶けた鉄を運ぶ鍋形貨車などを引き、鉱山や炭鉱で鉱石や石炭を積んだ貨車を引くのが、この型式の主な仕事で、先輩である1936～50年に製造された英国製0-8-0（D）ET型の後継機となった。現在でも専用線で現役として働いているものもある。

ボイラー圧：14kg/cm²
シリンダー直径×行程：530×710mm
動輪直径：1370mm
火床面積：4.57m²
伝熱面積：171.9m²
過熱面積：42.8m²
牽引力：17,209kg
全重量（炭水車を除く）：88.2t

26型「レッド・デヴィル（赤い悪魔）」　4-8-4（2D2）　　南アフリカ鉄道（SAR）　　南アフリカ：1981年

　アルゼンチンの優秀な技術者L・D・ポルタは、アンドレ・シャプロンの理論と実践を継承した熱力学の専門家で、同時に蒸気機関車運転の資格も持っていた。彼は蒸気機関車の更なる技術改良を進め、1950年代にブエノスアイレス市の彼の工場で、アルゼンチン国鉄の古い機関車改造工事を行った。そして石炭焚きの新しい方式、「ガス発生燃焼方式」を開発した。

　燃える石炭の厚い、しかし比較的低温の層の上に、摂氏1400度もの超高温を発生させる。火室に空気を取り込み、蒸気を噴射するというのは、既に1850年代にも試みられたことだが、今度それを初めて科学的方法で実行したのだった。

　シリンダーで仕事をした蒸気を管で灰箱に導き、空気と混ぜて温度を下げ、燃えがらが出来ないようにする。上から蒸気を噴き出し空気を入れることで、燃えた石炭粉末がすぐに管から煙突を通って外

蒸気機関車　　1940～1981年

に吐き出されるのではなくて、適当な渦巻となって浮遊するのでガス発生を促進させる。このようにして、石炭と水の消費量を減らすことが主目的だったが、煙と煤を減らすことにもなった。

ポルタはまた、機関車のドラフト方式と潤滑油供給方式でも大きな改良を成し遂げた。南パタゴニア地方のリオ・トゥルビオ石炭運搬専用鉄道に4年間勤めていた間に、この鉄道の三菱製の2-10-2（1E1）機関車にガス発生装置をとり付けて、彼の理論に実用価値があることを証明した。性能と燃費節約に劇的改善がもたらされた。

ポルタの開発を引き継いだのが、SAR副主技師長（蒸気担当）のデイヴィッド・ウォーデルだった。1979年に彼は1938年製の4-8-2（2D1）19D型（成績が悪くて悪名高かった）1両を改造してよい結果を生んだ。1981年彼は1953年製4-8-4（2D2）蒸気凝結装置の付かない25型〔226ページ参照〕No.3450への挑戦を許された。当時25型はまだ蒸気機関車設計上の典型と思われていた。ティムケン社式ローラー・ベアリングから自動清掃装置付煙室に至る近代的特色を事実上すべて備えていたからである。

ケイプタウン市のSARソルト・リヴァー工場で、34もの重要な変更が加えられた。その中で最重要なものだけを記すと、ポルタ式ガス発生火室のとり付け、ルムポール（ル・メートルとポルタを合成）式2本排気方式の採用、煙室を長く伸ばして内部に空気力学を応用したこと、過熱装置を大きくして性能を摂氏約440度にまで高めたこと、などがある。蒸気管を新しくして、燃焼室を大きくし、給水温め器（これまで南アフリカ鉄道の機関車には全く無縁のものだった）をとり付け、シリンダーに保温設備を施し、弁とピストンにも多くの改良を加えた。

ウォーデルはこの機をとらえて、蒸気機関車設計にどのような近代テクノロジーを投入できるかを証明しようとしたのである。彼は改造機関車に自分の恩師ともいうべき「L・D・ポルタ」の名を与えたが、真赤に塗られたために「レッド・デヴィル」のあだ名がつけられた。試運転の結果、元の25型より石炭消費量28％、水消費量30％の節約が証明された。その上、時速74kmで走行中最大出力3785馬力（2823キロワット）、元の25型に比べて43％増が記録された。ウォーデルの言うところの「並みの石炭を焚いて、まあまあのボイラー圧を作った、単式2シリンダー機関車」にしては驚くほどの成績だった。改善ぶりが目ざましいので、この機関車に26型という新称号が与えられた。

試作機というのはすべてそうだが、欠点や問題もあった。自動給炭装置でガス発生火室を操作するのは難しかったし、よくスリップした。だが、こうした短所は技術的に解決可能だし、将来の節約や実績に比べたら些細なものだった。

ところが南アフリカ鉄道の方針は、既に断固として蒸気機関車廃止に決められていた。会社内の年長技術者の無関心と敵意にいや気がさし、自分の功績は彼が望んでいたような「第2次世代蒸気機関車」計画を生み出しそうにないとわかったので、彼は1983年退職した。「赤い悪魔」は現役に残ったが、未熟練職員の保守点検のお陰で痛みが激しかった。1962年には南アフリカの幹線から蒸気機関車が姿を消したが、幸運にもNo.3450はスクラップを免れ、動ける状態に復元されている。

1983年撮影の26型。改造後の最終的な姿で、「レッド・デヴィル」と記された大きな排煙板を付けている。この年プレトリア～ウィットバンク間で何度も試運転が行なわれた。時には、この写真のように他の4-8-4（2D2）型やガラット式と重連した。

改造直後の「赤い悪魔」が、1981年7月31日プレトリア市キャピタル・パークで試運転中。この時は独特の排煙板を付けていた。

ボイラー圧：15.5kg/cm²
シリンダー直径×行程：610×711mm
動輪直径：1524mm
火床面積：6.4m²
伝熱面積：288.3m²
過熱面積：171.2m²
牽引力：22,914kg
全重量：136.1t

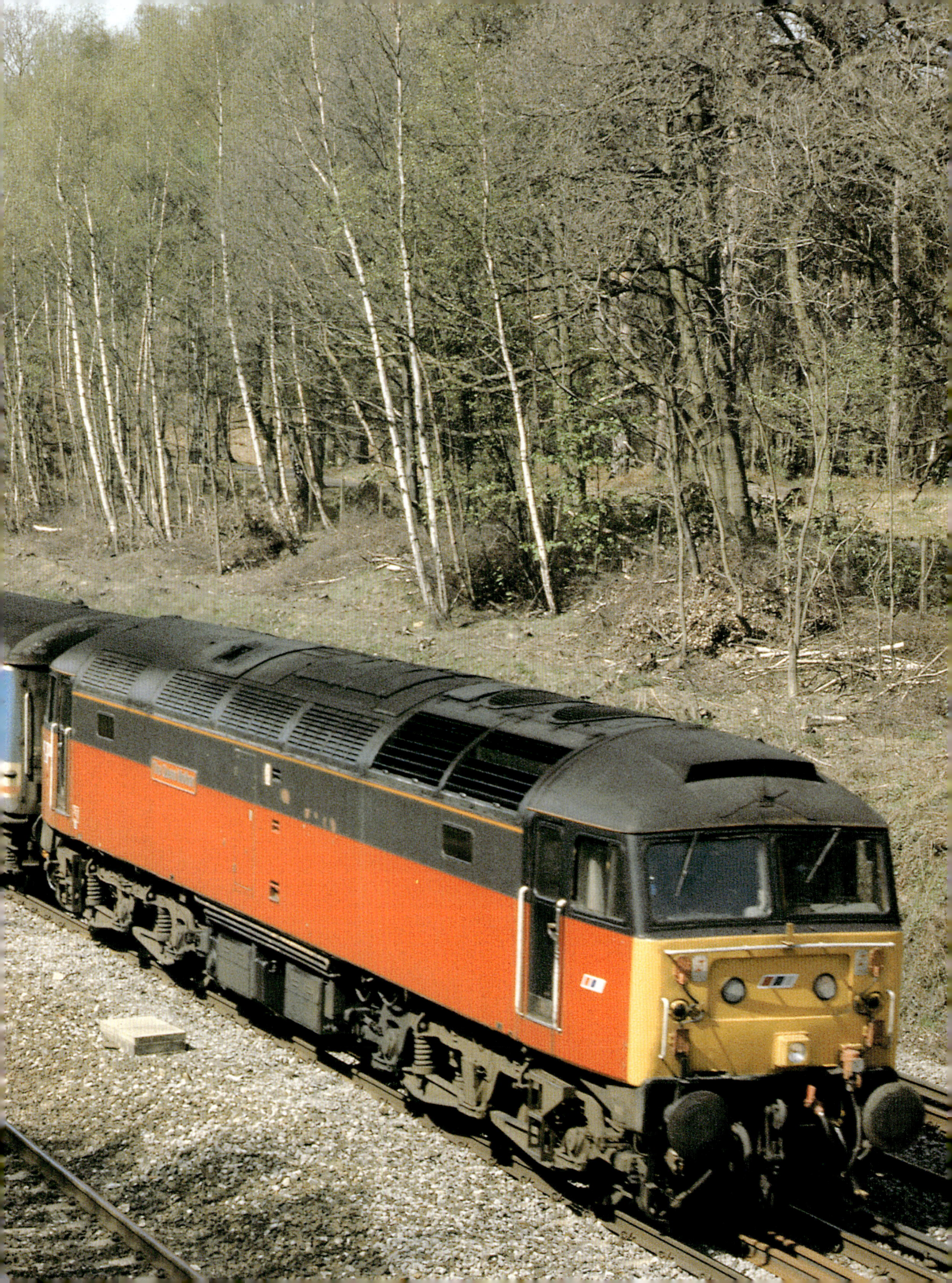

第 2 部

ディーゼル機関車とディーゼル列車

蒸気動力による牽引の基本原理がいち早く確立されたのに比べると、鉄道におけるディーゼル動力の発展は早いとはいえなかった。1896年に英国グランサムのホーンスバィ＆サンズが製造した小さな機関車は、燃料を比較的小さな圧縮率で燃焼室にポンプ注入する方式を初めて採用していた。これはハーバート・アクロイド・スチュアートが特許をとった設計に基づいていた。

ルドルフ・ディーゼル博士はその「合理的熱原動機」を作り上げるのに、ドイツの巨大メーカーであるクルップの援助を受けていた。15年に及ぶ試験の結果、1897年にディーゼルは最初の実用的な高圧縮点火式エンジンをアウクスブルクにあるMAN（アウクスブルク・ニュルンベルク機械製作所）の工場で公開した。ディーゼル機関は蒸気機関と同じようにシリンダーの中を動くピストンを持っていたが、似ているのはそれだけだった。給気はシリンダーの内部で圧縮されて540度の高温に達し、注入された燃料油に点火して、燃焼が行われるのである。これによるガスの膨張がシリンダーの中でピストンを押し下げる。

初期のディーゼル機関車は重い補助機関を持った低出力のものであった。この頃には、蒸気機関車は1000トンもの貨物列車を引いており、急行旅客列車はいつも時速128kmの速度に達していた。こうした実績に対して内燃機関は、道路では成功していたにもかかわらず、とても勝負にならなかった。しかし技術者はそれに秘められた効率性と経済

上：1960年代後半からタイ国鉄で使われたアメリカ製の電気式ディーゼル機関車

左：英国鉄道の47型電気式ディーゼルCC機47703号、愛称ザ・クイーン・マザー（皇太后）が1993年4月20日、ロンドンのウオータールー駅発エクセター行きの列車を引いてパーブライトを通過する。

第2部　ディーゼル機関車とディーゼル列車

性に惹きつけられ、何とかさまざまな技術上の問題を解決しようとする。

そのうちでも重要な点は、機関から車輪への動力の伝達であった。内燃機関は負荷をかけたまま始動することができないので、伝動装置が不可欠である。一つの効果的な方法がディーゼル機関で発電機を駆動することであることは、初期の段階から明らかであった。これにより直流電力が主電動機に供給され、電動機が車輪を動かす。19世紀の終わりには電気機関車の技術は確立されてきており、技術者は主電動機の設計にあたりそうした経験を活用することができた。

20数年にわたりディーゼル動力による機関車は、列車を牽引するものとしては少数の目立たない存在であった。それでも見捨てられることはなかった。電気機関車に対して切札となるのは架線が要らないことで、電気機関車と違い自力で走りまわることができる。蒸気機関車に比べて熱効率はよく、潜在的な最大出力との関係でいえば出発時の牽引力は大きく、機関士の見通しはよく、沿線に火災を発生させるおそれはなく、転車台のような補助施設もあまり必要としなかった。3両連結のディーゼル機関車は1人でも運転できるが、蒸気機関車なら6人が必要となるところだ。とりわけ鉄道の線路が町中の道路に敷かれることの多かった北アメリカでは、市当局が市内で蒸気機関車を走らせることを規制するようになった。問題点が打破できれば、ディーゼルには輝かしい未来があった。1912年には電気式ディーゼル動車が1両ストックホルムのアトラスとASEAで製造され、スウェーデンのスォェーデルマンランド・メインランド鉄道で使われた。鉄道でディーゼル動力が営業用に使われたのはこれが最初である。

1992年南ロシアのクラスノダル操車場における片運転台式ディーゼル機関車の重連

> " 1930年代の終わりには、ゼネラル・モータースは鉄道における蒸気動力の覇権に対して本格的な挑戦を展開しようとしていた。徹底的な試験を重ねて設計された機関車で、特別のデモンストレーション列車を走らせようというのである。"

1930年代の終わりには、ゼネラル・モータースは鉄道における蒸気動力の覇権に対して本格的な挑戦を展開しようとしていた。徹底的な試験を重ねて設計された機関車で、特別のデモンストレーション列車を走らせようというのである。

次の進歩が見られたのは1924年になってからで、発端は当然のことながら電気式ディーゼル機関車が大きな勝利を得ることになるアメリカでの出来事だった。アルコ(アメリカン・ロコモティヴ)がインガソル・ランドとGECの電気部品を使って、電気式ディーゼルのBB級入換機関車を試作したのである。ボールドウィンは1925年にそれより大きい出力746kWの本線用機関車を製造したが、これは総括制御方式を採用し、ウェスティングハウスの電動機を用いていた。これらの機関車の価格(10万ドル前後)は入換用蒸気機関車の2倍以上したが、運行経費は安く、仕業時間はずっと長くすることができた。

とはいえ、すぐに革命がもたらされたわけではない。ディーゼル機関車は、蒸気機関車の仕事としてはいちばん非効率的な、低速の入換用に過ぎないと一般には見られていた。それにしても1936年までにアメリカの鉄道へ売れたのはたった190両ほどで、多くは特定の用途にあてられるものだった。

もう一つの先駆者は、1928年にカナディアン・ナショナル鉄道に出現した最初の本線用ディーゼル機関車だった。303トン、出力1985kWの2車体式で、ベアドモアのV12機関から4個の主電動機を動かすものであり、カナディアン・ロコモティヴで製造された。

2〜3年後、高速気動車時代の到来がディーゼルに対する認識を一変させた。ドイツの「フリーゲンデ・ハンブルガー」、フランスのブガッティ製気動車、アメリカの「バーリ

第2部　ディーゼル機関車とディーゼル列車

ントン・ゼファー」、英国グレイト・ウェスタン鉄道のバーミンガム－カーディフ間の気動車……、これらはディーゼル列車が最高速の蒸気列車に十分対抗し、あるいはそれを上回ることができることを示した。これらの直前、1934年にユニオン・パシフック鉄道は、ゼネラル・モータース製の流線形列車を登場させた。しかし、その点火栓付きディスティレート・エンジンは失敗作だった。すでに大企業であったゼネラル・モータースは、大形ディーゼル・エンジンの重量を軽減して出力を増加させる研究にとりかかり、1935年までには新しい合金を用いて、201―A型と呼ばれる出力672ｋWの12気筒エンジンを製造した。それまで鉄道と関係のなかったゼネラル・モータースが業界の外から乗り込んで来るという挑戦を受けて立ったのが、アルコである。同社では同等の出力を持つものをタービン過給器付きの6気筒で開発した。一方ゼネラル・モータースは、イリノイ州ラ・グレインジにエレクトロ・モーティヴ・ディヴィジョン（EMD）という機関車工場を建設した。

　1930年代の終わりになるとゼネラル・モータースは、徹底的な試験を重ねて設計された機関車の牽く斬新な外観の（鉄道の伝統よりも同社の自動車製造の経験から生まれた）デモンストレーション列車と、意気盛んなセールスマンたちによって、蒸気動力に対し本格的な挑戦を展開しようとしていた。このキャンペーンにはアフターサーヴィスや部品供給の面でも抜かりなかった。

　1939〜45年の軍需がディーゼル技術をさらに進歩させた。アメリカの鉄道は電気式ディーゼルに固まったが、ドイツでは液体式の伝動方式も広く採用され、高速の急行用機関車で実用化されて成功を見るようになった。アメリカの鉄道ではディーゼルへの転換が先を争って行われ、1950年代の初めから多くの他の国でも同様なことが起こり始めていた。軽量の気動車は1930年代から多くの支線で運行されていたが、それより近郊列車や幹線列車の大がかりなディーゼル化が先行するようになった。このことは設計者から整備担当者、運転者、ダイヤ作成者、運行管理者まで、ほとんど全員が自分の仕事をもう一度勉強し直さなければならないという、鉄道の運営に当たっての大きな文化的変革であった。車両基地や工場の外観が変わり、その中の工具や設備も同様だった。

　全国的な鉄道企業だけでなく、機関車製造業界も混乱と変革の状態にあった。ボールドウィン、ライマ、ノースブリティッシュ、ベイヤー・ピーコックといった著名な企業のいくつかが、新しい動力の時代に生き残ることができなかった。他にも統合されたり、さらに再統合されたりするものがあった。アルサシエンヌとトムソン・ウストンはアルストムとなった。ASEAとブラウン・ボヴェリはABBとなった。ヘンシェルはティッセン・クルップの一部となった。これらの国際的コングロマリットはその前身各社以上に、世界的規模のビジネスに依存している。しかし1960年以後、こうしたビジネスの主体はディーゼル・エンジンとディーゼル機関車であった。

1982年12月21日シカゴのウッド・ストリート操車場におけるシカゴ・ノースウェスタン鉄道GP50型機関車の重連

第2部　ディーゼル機関車とディーゼル列車

電気式ガソリン（ガス・エレクトリック）動車　各鉄道

アメリカ：1906年

1906年頃から、アメリカの鉄道は蒸気列車が経済的でない閑散な支線の旅客列車などに自走式のガス・エレクトリック動車を採用しはじめた。「ドゥードゥルバグ」の名で知られるこうした気動車は、何十というメーカーにより多種多様な設計で製造された。初期にはゼネラル・エレクトリックがガス・エレクトリック・カーの最大の供給者に数えられた。1920年代にはエレクトロ・モーティヴがガス・エレクトリック・カーのメーカーとしての評価を高め、最終的にはアメリカにおける電気式ディーゼルの製造者の中でトップに立った。ガス・エレクトリックの中には付随車1両や少数の貨車を牽引できるほど強力なものがあり、混合列車に用いられた。1960年代になるとガス・エレクトリックの時代は終わり、スペリー式レール探傷車に改造された車両もあった。

形態：電気式ガソリン動車
動力と出力：各種
牽引力：各種
最高運転速度：各種
重量：各種
全長：各種
ゲージ：各種

ペンシルヴェニア鉄道のイースト・ブロードトップ線は914mmゲージで、そこに用いられたM-1型ガス・エレクトリックはJ・G・ブリル製の部品を使って同鉄道の工場で製造されたものだった。M-1型は現在では季節的な観光鉄道として走っているこの鉄道で保存されている。

アトラス・ASEA製の気動車　スォーデルマンランド・メインランド鉄道

スウェーデン：1912年

スウェーデンのアトラスとASEAは電気式ディーゼル機関車をまっさきに手がけたメーカーだった。アトラス・ASEA式は世界最初のディーゼル動力による気動車であり、台枠に固定された4軸のうち内側の2軸を電動機が駆動した。

スォーデルマンランド線はストックホルム南方の人口の多い田園地帯を走っており、定員51人のこの気動車は定期列車に用いられた。のちのタイプはさらに強力なエンジンを備え、2軸客車を4両まで牽引することができた。

これこそ電気式ディーゼル動車、とりわけ付随車を牽引する動力車の始祖と呼べるものであったが、こうした先駆的なスウェーデン方式に世界がすぐ追随することはなかった。固定式の台枠は柔軟性に欠けるので使われなくなり、使い勝手の良い短い2軸車だけが残った。動力式ボギー台車が開発されてから、気動車はようやく世界的に普及していった。

形態：電気式ディーゼル動車
動力：1分間55回転、出力55.9kWの6気筒ディーゼル・エンジンが直流発電機に連結され、吊掛式の主電動機2個に電力を供給
牽引力：不明
最高運転速度：不明
総重量：不明
最大軸重：10t
全長：不明
ゲージ：1435mm

電気式ガソリン動車　エジプト国鉄（EGR）

エジプト：1913年

自動車用に大量生産されていたガソリン・エンジンは、鉄道の設計者にとっても動力用に魅力的だった。英国のメトロポリタン客貨車会社で製造されたこの2両編成の動力車は、ふつうの2重屋根式客車に似ていたが、主動力となるエンジンをおおう長いボンネットが前面に突き出し、2枚の正面窓の間には太い排気管が立ち上がっていた。動力台車は外側台枠式のボギーだった。ウエスティングハウス式空気ブレーキを備え、また各車両に便所が付いていた。1・2・3等座席を持つこの最新式編成は、カイロ〜アレキサンドリア間を蒸気列車の合間に走った。イギリス人が運営するエジプトの鉄道にこれが出現したことは、「植民地」の鉄道も「本国」と同様に近代的な考え方を取り入れていることを示すものだった。ちなみにエジプト国鉄の技師長ペケットは、1年前にフランシス・トレヴィシック（初めて蒸気機関車を作った人の孫）の後任となったばかりだった。

形態：2両編成旅客用ガソリン動車
動力：AEG製74.6kWガソリン・エンジンが350Vの発電機と100Vの励磁機に結ばれ、各車1基ずつのボギー台車に搭載された電動機を駆動
牽引力：不明
最高運転速度：不明
総重量：不明
最大軸重：不明
全長：19.2m
ゲージ：1435mm

ディーゼル機関車とディーゼル列車　　1906〜1961年

2B2機　　プロイセン王国鉄道（KPEV）　　　　　　　　　　　　　　　　　　　　　　　　ドイツ：1913年

第一次世界大戦の勃発する前、プロイセン王国鉄道（KPEV）のためにボルジッヒはこの初期の試作ディーゼル機関車を製造した。動力用に2サイクル4気筒V型のクローゼ・ズルツァーのエンジンを備え、もう1台補機として184kWのエンジンを持っていた。直接駆動方式（すなわち動力伝達装置なし）で、エンジンの動力はジャック軸とサイドロッドにより車輪へと伝えられた。縦置きされたエンジンのクランク軸が動軸と同じ高さにあるため、機械的な構造は単純化されていた。1912年秋に試運転が始まり、いろいろ欠点が見つかったので、1913年春運転を再開するまでにいくつかの改良が行われた。1年ほどの間に動力装置そのものが傷んできて、戦争の勃発によりそれ以上の発展は見られなかった。

形態：試作ディーゼル2B2機
動力：883kWズルツァー製エンジン
牽引力：100kN
最高運転速度：時速100km
重量：95t
全長：16.6m
ゲージ：1435mm

1E1機　　ソヴィエト国鉄　　　　　　　　　　　　　　　　　　　　　　　　　　　　　　ソヴィエト連邦：1924年

ソ連の技師はさまざまな動力装置の開発で世界の先駆者だった。1920年代を通して約746kWのエンジンの3方式が試験され、ふたつは電気式伝達、ひとつは機械式駆動だった。MANの883kW潜水艦用エンジンを備えたエスリンゲン製（設計者ロモノソフ）の1E1電気式ディーゼルYue-002型（のちEel-2型）はかなり成功し、1954年まで使われた。残念ながらEel-2型は保存されていないが、ソ連で最初に実用に供されたGe-1型（のちYue-002型、さらにShch-El-1型）は現存する。これはガッケルの設計で、ヴィッカース製（やはり潜水艦用が原形）の746kWエンジン1基が100kWの主電動機10基を動かす。しかしShch-El-1型はエンジンも電気関係も信頼性が低く、40,000km走行したところで牽引機としては退役となり、その後は移動発電所として使われている。この不細工な1CDC1機は長さが22.76mあった。

形態：試作電気式ディーゼル1E1機
動力：883kWの6気筒MANエンジン
牽引力：220kN
最高運転速度：時速50km
重量：124.8t（粘着重量98.2t）
全長：13.822m
ゲージ：1524mm

CNJ1000型　　ニュージャージー中央鉄道　　　　　　　　　　　　　　　　　　　　　　　　アメリカ：1925年

1920年代半ばには、煙害防止のため蒸気機関車の使用が規制されるようになった大都市でディーゼル動力の入換機への需要が高まった。インガソル・ランドは機関車メーカーのアルコ、GEと組んでディーゼルの試作機を製造し、1924年にお目見えさせた。この低速、低出力の入換機に興味を示した鉄道もいくつかあった。1924年にストック品として製造されていた機関車のうちの1両は、1925年にニュージャージー中央鉄道が購入した。そして1000号と名付けられ、ニューヨーク市ブロンクスにある飛び地の埠頭線に配置された。CNJの1000号は30年以上も定期運転されたのち退役し、ボルティモア（メリーランド州）のボルティモア＆オハイオ鉄道博物館に保存されている。

形態：電気式ディーゼルBB機
動力と出力：229kWの6気筒インガソル・ランド製エンジン
牽引力：（引出時）133kN
最高運転速度：入手不能
重量：60t
全長：9.956m
ゲージ：1435mm

初期の箱形ディーゼルの多くは、同時期の電気機関車と同様な外観をしていた。CNJ1000型はアメリカで初めて実用上成功した電気式ディーゼル機関車だった。

近代的なディーゼル・エンジンに比べると、CNJ1000型の原動機はじつに鈍重なものだった。のちの機関車が使ったのは、もともと船舶用に設計されたコンパクトで高出力のディーゼル・エンジンである。

第2部　ディーゼル機関車とディーゼル列車

2090型B機　オーストリア連邦鉄道（ÖBB）　　　オーストリア：1927年

　ウィーンのフロリズドルフ工場で製造されたこの特異な小型機関車は、オーストリア連邦鉄道のある狭軌線で使われた。高齢にもかかわらずこの2090型は保存車両ではなく現役であり、ワイトホーフェン・アン・デア・イプスで入換用に働いている。古い小型の入換機関車では2190型（1934年のB機）、2091型（1936年の1B1機）、2093型（1930年のBB機）が同じ760mmゲージの路線でいまも走っている。実際、これら古豪たちのいくつかにとってオーストリアが安住の地となっていることは明らかである。

　オーストリアの狭軌鉄道は、ほかの古豪たちにも憩いの地となっており、その中にはオーバーグラーフェンドルフにいる2190型Bディーゼル機で唯一の生き残りとか、2091型1B1機（1936年製）の最後の4両などがある。1943年軍用鉄道のために製造された2092型C機では2両を見ることができる。

形態：狭軌用電気式ガソリン2軸機
動力：88kWのザウラーBXD系エンジン
牽引力：102kN
最高運転速度：時速40km
重量：12t
全長：5.62m
ゲージ：760mm

V3201型2C2機　ドイツ国鉄（DRG／DRB）　　　ドイツ：1927年

　ドイツのエスリンゲンはディーゼル牽引では初期の先駆者であり、MANの潜水艦用エンジンを使って（ドイツ向けにもソ連向けにも）試作機を製造した。この時代にはいろいろな試験が平行して行われ、機械式動力伝達では直接式と間接式が、また電気式や液体式の動力伝達が、エンジンでは各種の熱力学サイクルが試みられた。1929年に完成してベルリンでの世界動力会議に華々しくお披露目されたV3201は高温の圧縮ガスを用いる斬新な設計だった。この空気ディーゼル・サイクルの変形を真似する国もいくつかあったが、実用に適さないということで取り上げられなくなった。簡単にいえばV3201は350度の圧縮ガスを蒸気機関車式の水平シリンダーで膨張させ、動輪3軸をサイドロッドで駆動する。当時の失敗作などと同じように、試験が打ち切られるまでにはいくつかの改造が重ねられた。

形態：試作圧縮空気式ディーゼル2C2機
動力：883kWのMANエンジン
牽引力：148kN
最高運転速度：時速45km
重量：96t
全長：13.5m
ゲージ：1435mm

ディーゼル機関車とディーゼル列車　　1906～1961年

ABmot型　　ハンガリー国鉄（MÁV） ハンガリー：1927年

　ハンガリーの支線などには1927年からガンツで2軸や3軸の気動車が計128両製造された。これら固定軸の小型気動車は蒸気列車より経済的であるだけでなく、運転速度を高めることもできることを示した。最初のものはガソリン・エンジン付きだったが、1934年からはガンツのディーゼル・エンジンに置き換えられた。ラジエーターは運転台の上に垂直に置かれた。この気動車は4輪の付随車を牽引することができ、MÁVの路線の55%で運転されるようになった。幸いこうした古典車両の少なくとも1両は動態保存され、ハンガリー国営の機関車や客貨車の見事なコレクションの一部となっている。

　ABmot型2軸ディーゼル気動車は、かつてはハンガリー全土の支線などでおなじみの光景だった。この気動車でとくに目立つ特異な外観は、ディーゼル・エンジンの冷却水用のラジエーターが屋根の上に置かれていることだった。実際、この当時はこうした気動車が革新的なものと見られていたことであろう。

形態：支線旅客用ディーゼル気動車
動力：110kW
牽引力：入手不能
ディーゼル・エンジン（各車に搭載）：ガンツVUaR135床下式ディーゼル・エンジン
歯車箱：4速機械式
最高運転速度：時速60km
重量：18t
全長：12.02m
ゲージ：1435mm

BB機　　ハルムスタッド・ネッシショー鉄道 スウェーデン：1928年

　森林地帯を走り、木材輸送の多いこの路線がディーゼル牽引をいち早く試験したのは、機関車の火花で火災の起こる危険を考慮したからだろう。ストックホルムのアトラスとASEAのコンビは、同社のために機関車や動車をいろいろ製造することになった。5号機は箱形で、これ以後のスウェーデンにおけるディーゼル機関車や電気機関車の形を示すようなものだった。しかし、外側ローラー・ベアリング式の4軸が置かれているのはボギー台車ではなかった。この時代、もっとも効率的な伝動方式はわかっていなかった。一見良さそうな電気式も、高価であり複雑なものだった。
　他の国でも設計者やメーカーは試行錯誤で試験を重ねており、その方法や実験ぶりはずっと洗練されたものだったとはいえ、1830年代に蒸気機関車を開発しようとした人たちに通じるものがあった。1920年代半ばにドイツのMANはディーゼル空気式伝動の2C2機を試験したが、これは圧縮空気で駆動される外側シリンダーと弁装置を備えていた。機関車工学で著名なロシアのゲオルギ・ロモノソフ教授は1924年エッセンにあるクルップ工場で、ソヴィエト国鉄のため電気式と機械式の伝動を試用したディーゼル機関車を製造した。これにはドイツ国鉄も手を貸した。圧縮空気式伝動を用いた設計は失敗に終わり、また液体式伝動を用いたものは走行試験をやってみようというほどの開発は進まず、完成には至らなかった。

形態：貨物用電気式ディーゼル機関車
動力：毎分500回転149.25kWの8気筒エンジンが動軸と歯車で結ばれた電動機2基を駆動
牽引力：不明
最高運転速度：不明
総重量：不明
最大軸重：不明
全長：不明
ゲージ：1435mm

第2部　ディーゼル機関車とディーゼル列車

9000号2D1機　カナディアン・ナショナル鉄道

カナダ：1929年

　新しく組織されたカナディアン・ナショナル鉄道は、勃興してきた電気式ディーゼルの技術を用いて1928年に思い切った実験を行い、これが本線用のディーゼルとして最初の成功作と見られるものになった。2車体式のこの機関車はヘンリー・W・ソーントンの設計で、カナディアン・ロコモティヴ社がカナディアン・ウェスティングハウスの電気部品を用いて製造したものだった。当初、この2車体は9000号という番号を与えられた固定連結で、出力1984kWの2D1+1D2機として運転された。各車には毎分800回転のウイリアム・ベアドモアV12ディーゼル・エンジンがあった。この機関車は貨物・旅客両用として設計されていた。のちに2車体は切り離されて片方が9001号となり、こちらは1947年まで使われた。9000号の同型は作られなかったが、電気式ディーゼルの能力を実証してくれた。

形態：電気式ディーゼル2D1機
動力と出力：992kWのベアドモア製ディーゼル・エンジン
牽引力：222kN
最高運転速度：時速120km
重量：170t
全長：14.34m
軌間：1435mm

100級B機　ドイツ国鉄（DRB）

ドイツ：1929年

　ドイツ国鉄は1930年に、本線から分岐した側線で使うための「クライン機」（小型の入換用動力車）試作14両を手に入れた。ベルリーナ機械製作所（BMAG）製のV6004～V6006号は31kWのカンペル・エンジンを、BMAG製のV6007～6009号は29kWのドイツ・エンジンを、ドイツ製のV6010～6012号は同じエンジンを、ヴィントホフ機械工場（ライン）製のV6013～6015号は35kWのハンザ・エンジンを、フュルスト・シュトルベルク・ヒュッテ製のV6016～6017号は26kWのエンジンを、それぞれ備えていた。これらは1931年に4000～4011号と0001～0002号に改番されたが、3999までの番号は40馬力以下の出力を、4000からはそれ以上の出力を示している。

　この両者は出力グループのI・IIとして画然と区別され、Iの方はフンボルト・ドイッツ、グマインデル、ヴィントホフで、IIの方はBMAG、ドイッツ、ユンク、クラウス・マッファイ、オレンシュタイン＆コッペルで、それぞれ統一的に製造された。1934年になるとさらに高出力の必要から、87kWまたは94kWの新型に移行した。

形態：2軸軽量入換用動力車
動力：I型は29kW以下、II型は29kW以上
牽引力：各種
最高運転速度：時速30km以下
重量：10～16t
全長：6.45m
軌間：1435mm

5軸気動車「ミシュリーヌ」　エスト（東）鉄道（EST）

フランス：1931年

1930年代の気動車の車体構造やスタイルは、それまでの鉄道系よりも近年発達したバスのデザインに大きく影響を受けていた。

　1930年代の鉄道で設計やデザインをする人たちは、内燃機関の可能性を追求する際に他分野の技術を喜んで借りてきた。
　1905年頃リヴァイヴァルした蒸気動車は閑散な支線用の低速車両だったが、内燃機関付きの軽量気動車の使用目的はまったく違っていた。都市間の高速輸送用で、特別料金を払っても快速の特別サーヴィスを受けようという少数の旅客を運ぶのである。この方式には

ディーゼル機関車とディーゼル列車　　1906～1961年

ミシュリーヌの試験車が1933年英国バーミンガム近くのベントレー・ヒース・ジャンクションを行く。看板には「ミシュランの空気入りタイヤで走行」とある。

別の特徴もあった。タイヤ・メーカーのミシュラン兄弟は1920年代の終わりに、鉄道用の形状をした空気入りタイヤに興味を持ち始めた。最初の試作車が1929年、その工場のあるクレルモン・フェランの試験線で試された。さらに2両が造られ、4号で初めて旅客用座席が設けられた。

1931年1月、イスパノ・スイザ製エンジンを備え、ミシュリーヌというすてきな名前を与えられたミシュランの気動車が公開された。その年の9月にパリ～ドーヴィル間で行われたデモンストレーション運転では、10人の旅客を乗せて平均時速107kmを保ってみせた。

ミシュリーヌは当時の自動車と同じ作りであり、エンジンは運転台の前に突き出たボンネットの下にあり、その両側には先輪があった。運転台の後にある次の2軸は動力部とともに、それと連接された客室の車体重量を受ける。さらに2軸が車体後部を支える。5軸も必要だったのは、空気入りタイヤが12.6トン以上の軸重には耐えられなかったからである。

1932年から、イスパノ・スイザではなくパンハール・エンジンを使って製造が開始された。最初に買ったのはフランスの東部鉄道であり、エスト（東部）にノール（北部）が続いた。この気動車は旅客の想像力をかき立て、最先端の流行となって人気も高まった。他の鉄道会社も注目し、イギリスのLMSは1932年に1両を試験した。スウェーデン国鉄も同様だった。いつも進歩の先頭を行くことを怠らないペンシルヴェニア鉄道は1両の試験を行った。他の自動車メーカーもそれぞれの製品を出し、とりわけフランスにはルノー車からブガッティの高速車まで各種のものがあったが、どれもふつうの鋼鉄製車輪を使っていた。

快速気動車がもっとも地位を固めるようになったのは、フランスやその植民地、従属国であった。石油などの燃料統制が行われた第二次世界大戦中、気動車はみんな動かなかったが、1945年以後は復活した。ミシュリーヌは燃料消費が大きく、その運行費のため経済的な使用は困難だった。1953年にはこの型の最終車が退役した。しかしそのインパクトはなかなか消えず、鉄道側も一般市民も1～2両の気動車のことを（それがディーゼルや空気入りタイヤでなくても）、この名前で呼び続けた。

ゴムタイヤは忘れ去られたわけでもなかった。1950年代の半ばにエストはパリ～ストラスブール間で、ゴムタイヤ付きの客車を230K型蒸気機関車で引く急行列車を走らせていた。この発想がもう一度復活するのは1960年前後にパリのメトロ1号線が改築された時で、平坦なコンクリート軌道の上を空気入りタイヤ付きの車両が、垂直の案内レールと水平の案内輪によって走るというものだった。

この方式の元をたずねるとフランス鉄道のごく初期、1848年のパリ～ソー線にさかのぼる。クロード・アルヌー技師が考案したのは、車体を支える車輪は上下に自由に動き、垂直に対し75度に置かれて案内レールに接する案内輪が曲線を曲がる時に機関車を導くというものだった。

最後のミシュリーヌは1960年代の初めまで1mゲージのマダガスカル鉄道で走っており、鉄道の乗り歩きで知られるC・S・スモールによれば、「すてきな乗り心地で早

第2部　ディーゼル機関車とディーゼル列車

い。ただし、タイヤがどれもパンクしていなければだが」ということだった。

形態：連接式気動車
動力：自動車用パンハール・エンジン
牽引力：不明
最高運転速度：時速100km
重量：72t
最大軸重：14t

全長：12.4m
ゲージ：1435mm

アイルランドのディーゼル動車　カウンティ・ドネゴール鉄道（CDRJC）　　アイルランド：1931年

アイルランド、カウンティ・ドネゴールのストラノラール駅に止まっている気動車。カウンティ・ドネゴール鉄道共同体（CDRJC）こそ、ブリテン諸島で最初にディーゼル・エンジンを使ったところだった。

252

ディーゼル機関車とディーゼル列車　1906〜1961年

アイルランドのカウンティ・ドネゴール鉄道共同体（CDRJC）は同国北西部のストラベーン、レターケニー、ストラノラール、ドネゴール・タウン、バリーシャノン、キリーベッグスなどの町々を結ぶ狭軌鉄道を走らせていた。CDRJCはその美しい路線と、内燃機関付きの気動車を初めて使ったことで今でも記憶されている。最初1906年に購入した気動車は、7.46kWの石油エンジン付き、10座席の小さな2軸車だった。この原始的なマシンが、1920〜30年代になってもっと自走式気動車を使うようになるきっかけを作った。気動車は蒸気列車に比べて約3分の1の経費ですみ、閑散路線では大きな節約をもたらした。特記に値するのは1931年に製造された7号と8号で、ブリテン諸島で最初にディーゼル・エンジンを使ったものだった。ストラベーンのドハティーとダンドークのグレイト・ノーザン鉄道（GNR）の工場で製造され、毎分1300回転のガードナー6L2ディーゼル・エンジンが動力ボギー台車を駆動した。どちらも32人乗りで、それの重連もできた。CDRJCは気動車の世帯を小さいながら少しずつ拡げていった。後の車両には保存されているものもあるが、最初のディーゼル車はスクラップになった。

形態：機械式ディーゼル動車
動力と出力：55kWのガードナー6L2ディーゼル・エンジン
牽引力：入手不能
最高運転速度：時速64km
重量：7t
全長：8.534m
ゲージ：914mm

551型2D2機　シャム王立鉄道（RSR）　　　　タイ：1931年

RSRの幹部がデンマーク人のH・A・K・ザカリエであったということは、新しい大型の電気式ディーゼル機関車7両がデンマーク、オールフスのフリックスに発注されたわけを説明するだろう。しかし、船舶用ディーゼル・エンジンで経験豊富なフリックスは電気式ディーゼルの技術で世界の先端をいっており、RSRはその薪焚き蒸気機関車の熱効率の低さからディーゼル牽引にいち早く注目していた。出力746kWのこの強力2D2機は、マレー半島をバンコックからクアラルンプールを経てシンガポールまで行くインターナショナル急行など幹線の長距離列車に用いられた。1932年には551型2両を背中合わせにした重連タイプの2D＋D2が1両だけ作られ、RSRのガラット式機関車の代役として重量貨物列車で働いた。551型は必ずしも成功とは言えず、タイの暑熱、砂埃や線路状態を考慮に入れていなかったし、効果的な注油を行うことや腐食に問題があった。固定動軸も線路上で柔軟性に欠けており、その点では同じ1931年にズルツァーで6両製造されたRSRの335.8kW電気式ディーゼルのA1Aボギーに及ばなかった。551型が1950年代半ばに退役したのに対し、それほど強力でないボギー機の方が結局長持ちして、1970年代にもまだ使われているものがあった。556号は保存されており、2D＋D2も半ば朽ち果てて残っている。

形態：急行用重量級電気式ディーゼル機関車
動力：毎分600回転373.1kWの4サイクル6気筒フリックス6285CLエンジン2基が吊掛式電動機4基を駆動
牽引力：64.5kN
最高運転速度：時速60km
総重量：86.1t
最大軸重：10.9t
全長：15.38m

SVT877型「フリーゲンデ・ハンブルガー」　ドイツ国鉄（DRG／DRB）　　　　ドイツ：1932年

ドイツでは1933年まで蒸気列車の最高速度が時速100kmに押さえられていたが、国有鉄道の技術者はそれ以前から内燃機関を用いた高速車両を試験していた。そのうちクルッケンベルクの2軸車は、飛行機用エンジンで先頭に置かれた大きな4翔プロペラを駆動し、カールシュタット〜デルゲンティン間10kmの線路で鉄道の世界記録となる時速230kmを達成した。他部門との技術交流の例として、新型列車の流線化はフリートリヒスハーフェンにあるツェッペリン工場が作った風洞でその開発が行われた。

最初のSVT（高速内燃動車）2両編成は、1932年に行われた試験で時速198.5kmの速度を達成した。その目的はベルリンと主要地方都市の間を高速鉄道で結び合わせることであった。豪華さよりも快適性が求められ、全68席は2等だった。1933年5月、ベルリン〜ハンブルク間で最初の列車が運転を始めた。この2両は中間のボギー台車を共用する連接式だった。両端のボギー台車にエンジンが載り、それぞれ中間ボギーの手前側に載っている電動機に電流を送った。2両ユニット全体の重量はたいていの小型蒸気機関車よりも小さかったが、機

1932年に初めて営業に入った時、SVTは高速を出せることで一種のセンセイションを巻き起こしたが、これこそこの気動車の評価を確認させる特徴であった。

第2部　ディーゼル機関車とディーゼル列車

関車の場合には列車だけでなく自分自身の相当な重量を動かすためにも力を要したわけである。

この区間は286.6kmあり、ベルリンからは138分、ハンブルクからは140分かかった。両端には速度制限があり、ヴィッテンベルクを通る時にも最高時速60kmしか許されなかった。それ以外での許容最高速度は時速160kmだった。車両は特別な茶色とクリーム色に塗られていた。この新列車は鉄道界にセンセイションを巻き起こし、1934年には2両編成13本が増備されて、1935年中にベルリン～フランクフルト間（「フリーゲンデ・フランクフルター」）、ベルリン～ケルン間、ベルリン～ミュンヘン間、ケルン～ハンブルク間で運転を始めた。その中には世界で初めて起終点間で時速128.7km（80マイル）を超える運転時刻の列車もあった。1936年には3両連接の列車も登場し、エンジンに取り付けた排気タービン過給器によって出力が448kWに強化されていた。3両編成のうち2本にはフォイトの液体式伝動装置が使われ、電気式伝動より重量を10トン軽減できた。

1930年代まで、こうした高速列車をドイツほど走らせている国はなかった。石油不足の第二次世界大戦中は、気動車の出番はなかった。戦争が終わって引っ張り出してみたものの、規模が縮小し分断されたドイツの鉄道網では役に立たないことがわかった。西ドイツからベルリンへのアクセスはヘルムシュテット経由の1本だけであった。ドイツ経済が再建され、西ドイツ国鉄の路線網が整備されるまで、こうした名列車の登場する機会や必要性は乏しかった。動力車の一部は液体式伝動に改造されたが、1959年までに全部退役した。原形の編成が最初の車体や動力ボギー台車の一部を使って再製されている。

形態：2両編成連接式の電気式ディーゼル列車
動力：305kWの12気筒マイバッハ・エンジン2基が中間ボギー台車の軸に吊掛式の電動機に直流を供給
牽引力：不明
最高運転速度：時速161km
総重量：78t
最大軸重：16.4t
全長：41.906m
ゲージ：1435mm

AA（2軸駆動）レールバス　ブレーメン・テディングハウゼン鉄道　　ドイツ：1932年

ドイツの田舎を走る軽鉄道では2軸のレールバスはよく見られるもので、それを得意とするメーカーも多く、エルディンゲン工場はそのひとつである。大部分はディーゼル車だったが、ヴィスマール製の「バス」はガソリン・エンジンだった。

1932～41年の間にヴィスマール車両製作所は、750mmゲージから標準ゲージまで各種の軽鉄道用ガソリン・エンジン付き2軸レールバスを製造した。両端にエンジンのボンネットが突き出たこのレールバスは、「豚鼻」と呼ばれた。屋根には荷物台があり、40人もの旅客を詰め込むこともできた。2基のフォード・エンジンの片方だけを回し、自動車と同じ機械式の歯車箱があったが、アクセルではなくノッチ付きの制御桿を使っていた。

ヴィスマールのT2BThバスはブレーメン～テディングハウゼン間を32年間（1936～68年）走り、現在は保存されている。ボルクム島の築堤線に走っていたものは1970年代まで見られた。

形態：ガソリン・レールバス
動力：フォード自動車用エンジン2基、手動式の歯車箱を経て駆動
牽引力：不明
最高運転速度：時速60km
総重量：不明
最大軸重：不明
全長：不明
ゲージ：1435mm

ブガッティ気動車　エタ鉄道(ETAT)　　フランス：1933年

エットーレ・ブガッティの自動車工場はエスト（東部）鉄道のテリトリーであるアルザスにあったが、設計者やエンジンの製造者として彼の協力を求めたのはパリ西北の地域を走るエタ（国有）鉄道だった。

こうして生まれた気動車にはさまざまな新考案が見られる。中央に突き出たキャビンには両方向への運転席がある。これを置くため旅客用コンパートメントの高さは僅か2.692mと低くしなければならなかったが、これによって長大で低姿勢・スピーディな外観が強められた。ブガッティ車のくさび形の端面は風洞実験を経ており、イギリスのA4型パシフィック機の前面に似ていたが、便所の丸窓とともにこの編成全体を船、あるいは潜水艦のように見せた。ブガッティ気動車時代が到来し、これが自動車レースのようにモダンで魅力的なものと見られるようになると、利用者も増加した。しかしその収容力が小さいため、重要ではあっても支線といったところにしか使えなかった。

ディーゼル機関車とディーゼル列車　　1906～1961年

ィの「ロワイヤル」エンジン4基が中央に置かれ、各4軸ボギー台車の中間2軸をカルダン軸（エンジンと液体式で結ばれたもの）で駆動する。歯車箱は要らない。ボギーは内側台枠・軸受式で、各軸は独立して懸架されていて、曲線に沿って左右に動くことができた。

内部はエンジンと運転台で分けられたふたつの客室があり、各室に24席があった。簡単な機構で座席とその背の向きを変え、旅客が（それも相当な速度で）近づいてくる景色に向かって坐ることができるようになっていた。試運転では時速127kmで走ったが、営業運転では当初フランスの鉄道における最高速度である時速120kmに制限されていた。後に、この気動車については時速140ｋmと高くなった。ブガッティ車が最初運転されたのは、パリからノルマンディにある人気の海浜リゾート、ドーヴィル・トゥルヴィルへ行く路線だった。最後のブガッティ車は1958年に退役したが、原型に復元された1両はミュールーズで保存されている。

形態：機械式ガソリン動車
動力：150kWのガソリン・エンジン4基が各4軸ボギー台車の2軸を液体式連結桿とカルダン軸により駆動
最高運転速度：時速140km
総重量：32t
最大軸重：4t
全長：22.300m

AECディーゼル動車　　グレイト・ウェスタン鉄道　　　　　　　　　　　　　　イギリス：1933年

1933年12月、グレイト・ウェスタン鉄道に流線形の1号というAEC最初のディーゼル動車が入った。その後計38両の気動車が製造され、うち2両は荷物輸送専門だった。これらが最後に走ったのは1962年だった。

各ディーゼル動車には主台枠から釣り下げられたアウトリガー式の台座に縦置きされたAECエンジンが2基（1号は1基だけ）あった。各エンジンは1軸の外側にあるウイルソンの遊星歯車式4段または5段変速歯車箱、カルダン・シャフトおよび逆転用歯車箱を経て駆動していた。この軸は、同じボギー台車にある隣の軸にシャフトと歯車箱で結ばれていた。（2～8号の第2エンジンは歯車箱を使わず、1軸に直結されていた。）

18号以後はふつうの客貨車を牽引することができ、それまでのものより角張った外観をしていた。最後の4両の気動車35～38号は片運転台で、標準型の客車を中間付随車にした3両編成を構成した。

イギリスのボギー式ディーゼル動車のうちでも初期の一例である流線形のGWR7号が1947年コールフォード駅に止まっている。塗色はブラウンとクリームである。

形態：急行および普通旅客用（36両）、荷物用（2両）
動力：90～97kWの6気筒AECエンジン
牽引力：入手不能
歯車箱：ウイルソン遊星歯車式4～5段変速
最高運転速度：時速130km
重量：24～38t
全長：19.406～20.015m
ゲージ：1435mm

第2部　ディーゼル機関車とディーゼル列車

単行用ディーゼル動車22号の車体は、後年のGWRの気動車で使われるようになったものより角張った設計を示している。この22号は英国ディドコットにあるグレイト・ウェスタン・レイルウェイ・ソサイエティの車庫に保存されている。

1B1ガス・タービン機関車　　ハルムスタッド・ネッショー鉄道　　　　　　　　　　　　　　スウェーデン：1933年

ビルガーとフレデリクのユングストロム兄弟は1908年に会社を設立し、ビルガーが考案した2段式回転蒸気タービンの開発を進めることにした。しかし蒸気タービンの改良に努めたものの、このエンジンは商業的には失敗に終わり、結局兄弟は事業から退いた。この最初のタービン式ディーゼル機関車は比較的簡素な構造の小型で、タービン軸からの機械式伝動であった。フリー・ピストン式のディーゼル圧縮機が動力となるガスを供給した。逆転機はあったが、変速用の歯車はなかった。後のタービン式ディーゼル機関車は軸流圧縮機と電気式伝動を使うものが多かったが、これはそれらの先駆者であった。ガス・タービンの主な長所は往復動する部分がなく、低質の燃料を使うことである。また電気式ディーゼルよりトルクが大きく、冷却水もいらない。しかし燃料消費の多さ、圧縮機による出力利用の非効率、高地での効率低下、タービンの騒音といった欠点があって、これ以上開発を進めることは困難だった。

形態：タービン式ディーゼル機関車
動力：485kWのディーゼル・エンジンがガス・タービンを駆動。車輪への伝動は減速歯車、ジャック軸、サイドロッドを経由
牽引力：60kN
最高運転速度：時速72km
総重量：104t
最大軸重：15.5t
全長：不明
ゲージ：1435mm

256

ディーゼル機関車とディーゼル列車　1906～1961年

323型B機　ドイツ国鉄（DRG／DRB）　　　ドイツ：1934年

密閉式で車体幅いっぱいの運転台が、ここに見るような後期のKofⅡ型の特徴であった。一方、入換用動力車はどれも全高がバッファーの2倍ほど低く、機関室の幅が狭いことで共通していた。

ここに見る後年のKofⅡ型は幅広の密閉式運転台が特徴であるが、どの動力車も機関室部分は幅が狭く、全体の車高はやっとバッファーの高さの2倍程度という低さだった。

こうした小型で低姿勢の2軸軽量動力車が1000両以上、1934～66年まで続いて製造されていった。戦前の原型・KofⅡ型を発展させた最終のものは、機器配置や要目が似ていて車輪は850mmだったが、液体式伝動を用い、出力は初期の29kWを大きく上回る87／94kWへと強化されていた。ドイツ、ユンク、BMAG、クラウス・マッファ、クルップの製造で、KHDのエンジンを備えていた。輸送事情の変化、車扱貨物の消滅と気動車や電車列車の増加により、こうした動力車は1990年代に退役していった。専用線には直接購入のもののほか、廃車後第二の職場を得たものもいくつか加わった。ドイツ連邦鉄道のコンピューター・システムにより、KofⅡ型は321001～321626、322001～322663、323001～323999、324001～324060と改番されていた。

形態：軽量液体式ディーゼルB入換用動力車
動力：87または94kW
牽引力：47kN
最高運転速度：時速30または45km
重量：15～17t
全長：6450mm
ゲージ：1435mm

アールパード・ディーゼル動車　ハンガリー国鉄（MÁV）　　　ハンガリー：1934年

20世紀の両大戦間において中欧は西欧の一部の国よりやや立ち後れており、幹線鉄道の低速度はそのひとつの表れだった。イギリス、ドイツ、フランスでは重量級の急行旅客列車が時速130km以上の速度で運転されていた時に、中欧や東欧の鉄道では時速100km以上の速度を出すことのできないものも多かった。

もちろんビジネスマンなど上層階級には、早い旅の要求が強かった。流線形蒸気機関車の牽引する軽量列車やドイツの「フリーゲンデ・ハンブルガー」式のディーゼル動車を導入してこうした要望に応じた国もあった。ハンガリーには流線形タンク機関車による2本の列車があって、その機関車の1両は動態保存されている。しかしハンガリー国鉄はディーゼル牽引の可能性を探ることに熱心だった。ガンツ社は当時の鉄道用ディーゼルの発展で先頭に立っており、加速度が大きく手頃な最高速度を達成できるほど強力な軽量気動車を設計することもできた。

快速の「アールパード」流線形ディーゼル動車7両は1934年から就役した。このシリーズの名前は東からの最後の侵入者として9世紀に現在のハンガリーにあたる地域を占領した勢力の首領にちなんでいる。高加速性能と時速110kmの最高速度によって、この気動車は快速で都市間タイプの列車に用いられた。大型のディーゼル・エンジンが一方のボギー台車に載っており、その台車の両軸を5段変速の機械式歯車箱とプロペラ・シャフトで駆動していた。動力台車後方の床下には冷却水のためのたっぷりしたラジエーターがあった。片方のボギー台車は無動力だった。各車64座席で、そのほか乗降口には折畳式の8座席があった。車両の中央には便所と洗面所があり、無動力側の運転台の次には荷物室があった。各車にはハンガリーの歴史上有名な人物の名前が付いていた。この気動車は付随車の牽引を考慮しておらず、運転台の前面下部には小さなバッファーと牽引用フックがあるだけだった。

「アールパード」気動車はハンガリーの首都ブダペストと主要都市の間の快速列車に使われた。ブダペストからウィーンへの国際列車に使われた時に「アールパード」ディーゼル気動車が両都市を2時間58分で結んだ速度記録は第二次世界大戦のためずっと保たれ、共産主義の崩壊から何年もたった20世紀末になってやっと破られた。

今日の電気牽引のユーロシティ列車でもこの区間は2時間40分を要しており、現在行われている基礎施設の改良が完成してやっと2時間

第2部　ディーゼル機関車とディーゼル列車

という目標が達成される。だから1934年当時の利用者は、設計者や運行者が求めたことを何でも達成した「アールパード」ディーゼル気動車の活躍に大満足して当然であった。

ハンガリー国鉄の「アールパード」気動車23号・愛称タスは動態保存され、特別のイヴェントの時に公開されている。さらに付け加えると、1950年頃同系の気動車をガンツがイギリスのアルスター運輸公団のために製造しているのである。「アールパード」気動車はふつうの欧州大陸サイズの車両より小柄で、実際のところアイルランドの車両限界にごく近かった。このUTA5号ディーゼル動車はベルファストのヨークロードを基地として北アイルランドのローカル列車に使われたが、残念ながら保存はされなかった。

形態：急行旅客用ディーゼル動車
動力：160kWのガンツVIJaR170、ボギー台枠搭載
牽引力：入手不能
ギアボックス：機械式5段変速、一方のボギー台車の2軸を駆動
最高運転速度：時速110km
重量：33t
全長：22.00m
軌間：1435mm

M-10000　ユニオン・パシフィック鉄道　　　アメリカ：1934年

1930年代の初め、自動車産業の巨人ゼネラル・モータースの傘下に入ったばかりのエレクトロ・モーティヴ社（電気式ガソリン動車のメーカー）は、アメリカの鉄道界を一変させる仕事に取りかかった。

自家用自動車と航空旅行の時代の到来に大恐慌が加わって、鉄道の旅客輸送は急坂を落ちるように減少した。ユニオン・パシフィックとバーリントンの両鉄道は、新型の快速旅客列車の導入でこの衰退傾向を逆転させようとした。ユニオン・パシフィックは客車メーカーのプルマンと協力して、3両編成のアルミニューム製連接式流線形列車を製造した。1934年の初めに完成したこの列車は電気式伝動のウイントン製ディスティレート・エンジンを備えていた。（軽油類似の石油燃料を使うこのディスティレート・エンジンには点火栓が必要であり、ディーゼルではなかった。）M-10000と名付けられ、当初「ストリームライナー」と呼ばれたこの列車は、輝かしい芥子色と茶色に塗られており、ユニオン・パシフィックによって全国へ宣伝のため派遣された。これこそアメリカ最初の流線形旅客列車であり、鉄道の流線化に全国の関心を集めることに成功した。

その後、ユニオン・パシフィックはM-10000をカンザス州への「シティー・オヴ・サリナ」号にあてた。長距離列車用には小さすぎたからである。しかしユニオン・パシフィックは、同系の流線形ディーゼル列車群を長距離列車用に発注するようになった。

形態：電気式ディスティレート・エンジンの流線形連接式高速列車
動力：不明
牽引力：入手不能
最高運転速度：時速178km
重量：77t
全長：62.331m
軌間：1435mm

バーリントンの「ゼファー」　バーリントン鉄道　　　アメリカ：1934年

形態：電気式ディーゼル動力の流線形連接式高速列車
動力と出力：44kWのウイントン201Eディーゼル・エンジン
牽引力：入手不能
最高運転速度：時速186km
重量：79t
全長：59.741m
ゲージ：1435mm

バーリントンの輝く「ゼファー」は大恐慌のどん底から登場してアメリカの大衆の目を眩ませ、米国鉄道における旅客輸送と動力方式に恒久的な変革をもたらした。1920年代に鉄道旅客業は道路輸送と空の旅によって大打撃を受けていた。恐慌が状態を悪化させ、多くの鉄道では旅客数が激減することになった。この傾向を逆転させるため、西部の2大鉄道、ユニオン・パシフィックとシカゴ・バーリントン＆クインシーは、全部新製の軽量列車による斬新な新規サーヴィスを始めることにした。バーリントンは1934年4月、最新のウイントン・エンジンによる電気式ディーゼルを動力とする3両編成の軽量連接式旅客列車、きらびやかなステンレス製流線形「ゼファー」をデビューさせた。「ゼファー」は近代的な車両製造技術と最近発展した高出力ディーゼル・エンジンとを組み合わせた成果であった。1930年に自動車メーカーのゼネラル・モータースはウイントン・エンジンと、その最大の顧客に数えられた鉄道車両メーカーのエレクトロ・モーティヴの両社を買収していた。1932年にドイツの「フリーゲンデ・ハンブルガー」が、流線形ディーゼル動車によって高速の列車を運転し旅客を惹き付けることができるという先例を作った。ユニオン・パシフィックはエレクトロ・モーティヴとプルマンの協力で、「ゼファー」より2ヵ月早くアルミニューム車体の「ストリームライナー」を完成させた。「ゼファー」に似ていたものの、「ストリームライナー」はディスティレート油を燃料とするエンジンを使っていて、点火栓が必要だった。それに対し「ゼファー」はディーゼル・エンジンを使っていて、アメリカ最初のディーゼル式旅客列車と呼ぶことができる。ディーゼル・エンジンは圧縮により燃焼するので点火栓は要らない。さらに重要なことは、ディーゼル燃料は石油製品のうちでも低質のものであり、ディスティレート油やガソリンより安く製造できるのである。

「ゼファー」は時速160km以上の速度を楽に出すことができ、水や

「ゼファー」のシャベル型前頭デザインは正面衝突の時に危険であるとわかり、後の電気式ディーゼル列車では使われなくなった。

ディーゼル機関車とディーゼル列車　　1906〜1961年

「ゼファー」の成功が他の鉄道にも流線形車を発注させるようになった。オールド・オーチャード・ビーチ（メイン州）に止まっているボストン＆メイン鉄道の「フライング・ヤンキー」は「ゼファー」そっくりである。

燃料の補給のため停車する必要もなく何百マイルも走り続けることができたので、バーリントンは運転時間を短縮することができた。最初の「ゼファー」（後に「パイオニア・ゼファー」と呼ばれるようになる）の成功に基づき、バーリントンは同系の流線形ディーゼル群を揃えることにした。「パイオニア・ゼファー」より編成は長くなり、旅客の収容力は増えた。こうした流線形列車はめざましい成功であった。バーリントンとユニオン・パシフィックはともに旅客数の劇的な増加を経験し、1930年代

バーリントンの1934年製「パイオニア・ゼファー」の原編成は、シカゴ科学・産業博物館での展示のため、1990年代半ばにミルウォーキー（ウイスコンシン州）近くのノーザン車両で復元された。

第2部　ディーゼル機関車とディーゼル列車

半ばには流線形旅客列車を発注する鉄道がたくさん出ていた。
ボストン&メイン鉄道は「ゼファー」のコピーに近いものを発注し、まず「フライング・ヤンキー」としてボストン（マサチューセッツ州）からポートランドやバンゴール（メイン州）へと走らせた。第二次世界大戦後は流線形の軽量列車がまた人気となり、連接式でない客車を流線形機関車で牽引する列車が何百と出現した。新型客車の最大のメーカーに数えられるようになったのはバッド社で、寝台車、食堂車、ドーム式展望車などあらゆる車種を製造した。
初期のディーゼル列車により機関車メーカーとしての地位を確立したのはエレクトロ・モーティヴであった。同社は行動が迅速で、ディーゼル機関車の成功作を次々と生み出した。「ゼファー」の登場から25年後には、ディーゼルはアメリカの各線で動力車の首位を占めるようになり、エレクトロ・モーティヴはアメリカ最大の機関車メーカーとなっていた。

3両編成「リントーク」列車　デンマーク国鉄（DSB）　　　　デンマーク：1935年

1935年5月14日、ユトランド半島とフュン島を結ぶリトル・ベルト橋が開通した。「リントーク」（稲妻列車）は同じ年、まずエスビアウ～コペンハーゲン間という国内横断列車として走り始めた。この路線はニュボー～コアセー間で連絡船を経由するものであり、列車は鉄道連絡船に合うように製造されていた。この列車は2軸ボギー台車4つを持った連接式だった。動力台車は両端にあり、それぞれ2基のディーゼル・エンジンを備えていた。

形態：3両連接の電気式ディーゼル列車
動力：フリックス205kWエンジン4基が両端ボギー台車にある吊掛式電動機8基に電流を供給
牽引力：不明
最高運転速度：時速144km
総重量：130t
最大軸重：16.5t
全長：63.703m
ゲージ：1435mm

V16型　のちV140型　ドイツ国鉄（DRG／DRB）　　　　ドイツ：1935年

ドイツの液体式ディーゼル機関車の始祖であるV16型は、MANの動力装置とフォイトの伝動装置を用いてクラウス・マッファイで製造された。本線用のこうした機関車をいつも推進し使用してきたのはドイツであり、今日ではフォスローG2000型BB機まで生まれている。V140 01機は支線の貨物用や本線のローカル旅客列車用といった中間的な用途のために開発された。1935年当時83トンで出力1030kWというのは立派なもので、粘着重量52トンが1400mmの動輪3軸に乗っていた。8気筒のMANエンジンと伝動装置がジャック軸とカップリングロッドで駆動していた。いっそうの発展は大戦で妨げられ、原型は1953年ドイツ連邦鉄道の試験機関の手に渡った。1957年からはカールスルーエの技術学校にあったが、1970年にドイツ博物館に納められた。

形態：液体式ディーゼル1C1機の原形
動力：1030kNのMAN W8V 30／38系エンジン
牽引力：137kN
最高運転速度：時速100km
重量：83t
全長：14.4m
ゲージ：1435mm

LMS　C機　ロンドン・ミッドランド&スコッティッシュ鉄道（LMS）　　　　イギリス：1935年

イギリスの鉄道でディーゼル機関車の導入に先頭を切ったのはロンドン・ミッドランド&スコッティッシュ鉄道であった。LMSの1831号は1932年にダービー工場で1891年製の古物蒸気機関車の台枠を使って製造された箱形液圧式ディーゼルC機であった。B級またはC級の小型機関車がいろいろな資材を使って1両あるいは2～3両ずつ計9両製造され、LMSで入換用に試験されたのち、1930年代半ばには最初の量産型が出現した。
LMSの7059～7068号はアームストロング・ホィットワースで1935～36年に、アームストロング-ズルツァー6LDT22エンジンとクロンプトン・パーキンス電気式伝動装置を使って製造された。これらの機関車は中央と後方の動輪の間に主電動機を置く設計のため軸距が不揃いで、奇妙な印象を与えた。
次の量産機10両、外側台枠式の7069～7078号は動軸に結ばれた電動機2基を持ち、1935～36年に車輪や車軸、台枠、車体はニューカースル・アポン・タインのR&Wホーソン・レスリーで、エンジン、変速歯車、伝動装置、配線はイングリッシュ・エレクトリックで製造された。
これはイングリッシュ・エレクトリックが1934年に試作した電気式ディーゼル入換用C機（メーカーからLMSに貸与されていた）に基づく設計だった。やがてこれはLMSに編入されるが、最初の1831号以来試験してきた9両の試作入換機よりも強力だった。その結果、操車場での仕業だけでなく、短区間の貨物列車用にも（最初は支線の旅客列車用にまでも）適しているとされた。このEE社の試作機がイギリスの標準型ディーゼル入換機の先駆者となったのである。
いろいろな試験を繰り返した後、LMSは1936年にこの機関車を購入して量産の7069～78号に続く7079号とした。側面に大型の燃料タンクを加えるなど7079号の外観を量産機に近づけるような改良もされたが、それでも他の入換機より4トンほど軽量だった。エンジンは最初223.8kWとされ、のちに261.1kWとされた。
アームストロング・ホィットワース製に比べてEE製入換機は伝動装置で劣っていた。最高速度の関係で2段減速歯車を持たなかったからである。もう一つは主電動機への送風で、電機子に取り付けたファンではハンプ操車場での低速・高電流運転には不十分だった。1940年に7074号は2段変速歯車と強制通風に改良され、最高速度は時速32.18kmとなったが、同型でほかに改良されるものはなかった。
LMS時代、これらは黒い塗色でバッファー・ビームは赤色だった。主に木製の運転室ドアは当初塗装を嫌ってニス塗りとしていたが、これは実用的でなかった。セリフ体の文字や数字は黒い影をつけた金色だった。英国鉄道（BR）時代まで残っていた7074号と7076号（12000号と12001号に改番）は真っ黒に塗られ、車体の側面にはBR初期に使われたライオンと車輪のロゴがあった。試作7079号はBRで12002号と改番され、これら生き残り3両は1956～62年の間に退役し解体されるまでクルー南機関区の所属であった。もともとこれら入換機は7069～73号と7079号がクルー南に、7074～78号がウィルスデンに配置されていた。カーライルのキングムアで使われた機関車もあった。
しかし、同型の8両はさらに遠くで働くことになった。7069～73、7075、7077、7077号は軍当局に徴用され、1940年フランスに送られた。軍がダンケルクから撤退する時には現地に放棄され、破壊されたものもあったが、7069号と7075号をドイツ人が使ったことは間違いない。のちに7069号は助け出されてフランスのいろいろな持ち主の下で生き残り、1987年12月ドーセット県のスウォニジ鉄道へと送還された。イースト・ランカシァ鉄道で一働きしたのち、現在ではグロスターシャー・ウォーウィックシャー鉄道に現存しており、特筆に値する生存者である。

形態：入換機関車
動力：261.1kWのイングリッシュ・エレクトリック6K自動送風式4極主電動機
牽引力：133.44kN
最高運転速度：時速48.27km
重量：52t
全長：8.84m
ゲージ：1435mm

ディーゼル機関車とディーゼル列車　　1906〜1961年

エレクトロ・モーティヴEA型　　ボルティモア&オハイオ鉄道　　　　　　　　　　　　　　　アメリカ：1936年

　エレクトロ・モーティヴはディーゼル動力の連接式流線形列車でまず成功したのに続いて、連接式の固定編成ではない旅客用ディーゼルを開発することになった。運転席は高くなった上、その前面には強化されたノーズ部分があり、車体は魅力的でモダンな流線形で台枠との一体構造とされ、空気取入口は運転台後方の車体側面に置かれた。この大きく改良された新型機関車の第1号は、1937年に送り出されたボルティモア&オハイオのEA型、51号だった。

形態：旅客用電気式ディーゼルA1A−A1A機
動力と出力：1343kW（1800馬力）の12気筒ウィントン201−Aディーゼル2基
牽引力：（引出時）216kN
最高運転速度：入手不能
重量：129t
全長：入手不能
ゲージ：1435mm

ボルティモア&オハイオ鉄道のEA型は後のE型機よりもいっそうスムースな流線形を採用していた。この機関車の動力はウィントン201Aディーゼル・エンジンだったが、後のモデルはさらに優れた567エンジンを使っていた。

第2部　　ディーゼル機関車とディーゼル列車

保存されたボルティモア＆オハイオ鉄道EA51号の外殻はボルティモア（メリーランド州）のB＆O鉄道博物館で見ることができる。

ディーゼル機関車とディーゼル列車　1906～1961年

BD1型2C2＋2C2機262号　パリ・リヨン地中海鉄道(PLM)　　フランス：1937年

1937～38年に2C2＋2C2試作機が2両製造された。一つはMANエンジンのBD1型で、もう一つはズルツァー・エンジンのAD1型であり、どちらも出力3060kWであった。両機とも急行用蒸気機関車と同様な働きができ、稼働距離を年間275,000kmへといっそう延ばすことを狙っていた。半流線形のこの機関車は連接式ではなかったが、通路付きの固定連結だった。第二次世界大戦中はしまい込まれていたが1945年営業に戻り、1955年まで走っていた。

形態：2両編成急行用電気式ディーゼル機関車
動力：765kWの4サイクル6気筒MANディーゼル・エンジン4基がそれぞれ主台枠に固定された発電機を駆動し、クライナウ式クイル伝動の6基の電動機に給電
牽引力：314kN
最高運転速度：時速130km
総重量：224t
最大軸重：18t
全長：不明
ゲージ：1435mm

3両連接式気動車　ロンドン・ミッドランド＆スコッティッシュ鉄道(LMS)　　イギリス：1938年

鉄道ですぐれたデザインが悪い時期に出現した例となるのが、このLMS／レイランドの3両編成連接式流線形ディーゼル動車だった。ウイリアム・ステイナーの指揮下に1938年ダービィ工場で製造され、3両とも93.251kWのレイランド・エンジン2基を備えて、両端を除く各軸を駆動していた。車掌の操作する空気式の引戸やSKFのローラー・ベアリング付きの軸箱など、各種の最新装備が施されていた。赤とクリームの塗り分けで屋根は銀色、窓の上下に黒い帯という魅力的な塗装をしていた。

1938年秋にはケンブリッジ～オックスフォード間で、1939年3月からはミッドランド本線のセントパンクラス（ロンドン）～ノッティンガム間の定期普通列車で運転された。しかし戦時中は格納され、1945年2月には廃車になり、台枠と台車は保守部門の架線作業車の製造にふり向けられた。これほど斬新な発想の列車には悲しい結末であった。

形態：普通列車用軽量ディーゼル編成
動力：毎分2200回転の93.25kWレイランド製ディーゼル・エンジン6基
最高運転速度：時速120.675km
重量：74t
全長：56.24m
ゲージ：1435mm

流線型のデザインで当時としては画期的な性能を持っていた。3車体式連接列車も、それにふさわしい成功はおさめられなかった。

ロンドン・ミッドランド＆スコッティッシュ鉄道の斬新な発想の気動車編成も、時期が悪いため不運であった。第二次世界大戦勃発の直前に製造され、戦時中はしまい込まれて、戦後はすぐに解体され部品が他の用途に用いられるだけで終わった。

第2部　ディーゼル機関車とディーゼル列車

エレクトロ・モーティヴSW1型　各鉄道
アメリカ：1939年

　エレクトロ・モーティヴのモデルSW1は、このメーカーが初期に製造した入換用ではもっともよく知られたものである。6気筒の567エンジンを動力とするSW1型は、貨車操車場や客車操車場における低速の仕業のために設計されていた。もともとエレクトロ・モーティヴによる命名の由来は、イニシャルのSが600馬力、Wが溶接台枠を示していたというが、もちろんSWといえばスウィッチャー（入換機）に通じる表記であり、後にはさらに強力な入換機もSWで始まる形式名を使い続けるようになった。

　SW1型は1939～53年まで製造され、多くの線で使われた。アメリカの小鉄道ではまだ動いているものがある。SW1型がEMD製の他の入換機と簡単に見分けられるのは、同機の1本の細い排気管や運転室後方の広いデッキ、長い機関室フード前端のラジエーター下部に置かれた砂箱である。

　バーリントン・ノーザン鉄道は前身の各社から多数の形式の入換機を引き継いだ。エレクトロ・モーティヴのSW1型102号とNW2型475号は1982年5月8日にポートランド（オレゴン州）で見られた。

形態：電気式ディーゼル機
動力と出力：450kW（600馬力）の6気筒567エンジン
牽引力：（時速16ｋm で）107kN
最高運転速度：時速80km
重量：90.8t
全長：13.538m
ゲージ：1435mm

エレクトロ・モーティヴの600馬力SW1は、客車操車場でよく使われた型であった。1977年11月のシカゴのラザール・ストリート駅ではシカゴ・ロックアイランド＆パシフィック鉄道の4801号が見られた。

ディーゼル機関車とディーゼル列車　1906〜1961年

エレクトロ・モーティヴFT型4両編成　各鉄道　　　　アメリカ：1939年

1952年のシカゴでサンタフェ鉄道のF級編成が「スーパー・チーフ」の先頭に立つ。FT型の成功からエレクトロ・モーティヴはF級編成の出力を強化し、信頼性を高めるように改良していった。FT型が他の型と違う特徴は機関車の側面に4つ並んだ丸窓だったが、ここに見るような後の型では2〜3個の窓になっている。サンタフェはFT型をもっとも多く走らせたが、残念ながらディーゼルより蒸気機関車ばかりを写すカメラマンが多かったため、そのカラー写真はごく少ない。

1939年になると、エレクトロ・モーティヴはアメリカでの旅客用や入換用のディーゼル販売を我が物にした。商売の次の目標は重量貨物用機関車の市場であった。アメリカの鉄道は貨物輸送で収入の大部分を得ており、その費用を節約する方策に目を光らせていたから、これこそ最大の金額が得られるところなのであった。エレクトロ・モーティヴのFT型貨物用ディーゼルは鉄道が待ち望んでいたマシンであった。5400馬力の4両編成デモンストレーション機が1939年と40年にアメリカ全土を回り、電気式ディーゼルがきびしい条件の下でも重量貨物を引っ張ることができることを実証した。FT型貨物用ディーゼルを購入する機会を逃すまいとする大鉄道は、その後すぐにいくつも現れた。FT型ディーゼルは、固定連結されたABユニットを2組つないでABBAという編成にするものが多かった。Aは機関士の乗る運転台のあるもの、Bは運転台なしのブースターだった。当初は4両ユニット全体が1両の機関車として扱われたが、それはそれぞれ別の機関車だとすると、各車に機関士を乗り組ませるよう労働組合が言い張るのではないかと恐れたからであった。後のF級では固定連結方式が止めになって、ふつうの連結器を使うのが標準となった。

形態：ABBA編成の4両編成電気式ディーゼル機、各車ともBBの軸配置
動力と出力：各車に1007kWのEMC16-567ディーゼルで計4023kW（5400馬力）
牽引力：（引出時）978kN
最高運転速度：入手不能
重量：400t
全長：58.826m
ゲージ：1435mm

265

第2部　ディーゼル機関車とディーゼル列車

アルコDL109　Ⅴ型　各鉄道
アメリカ：1940年

蒸気機関車のメーカー・アルコ（アメリカン・ロコモティヴ）は1920年代から副業としてディーゼルを製造していた。アメリカが第二次世界大戦に加わる前夜に、同社はエレクトロ・モーティヴE型に対抗する本線用高速ディーゼルを登場させた。これらの機関車は同社の分類番号でDL103b～DL110型とされており、もっとも多かったのはDL109型（69両製造）だったが、各DL級は少しの違いしかなかった。毎分740回転で内径と行程が317.5×330.2mmの直列6気筒、タービン過給器付きディーゼル・エンジン2基がその動力だった。車体のデザインはオットー・クーラーの手になり、あっさりしたEMDのE型とは対照的に未来派的なアールデコ調の印象を与えた。

アルコは初期のインダストリアル・デザイナーの中でももっとも高名な1人であるオットー・クーラーを雇って、最初の本線用ディーゼルの流線形車体をデザインさせた。これらはそのDL103b～DL109型という分類番号で知られている。皮肉なことにここに掲げる同社製に使われた塗色は、実際にはエレクトロ・モーティヴがサンタフェ鉄道のためにデザインしたものだった。

形態：電気式ディーゼルA1A－A1A機
動力と出力：1492kW（2000馬力）のアルコ6-539Tディーゼル・エンジン2基
牽引力：（時速32.2kmにおける連続）136kN、（引出時）250kN
最高運転速度：歯車比58：20で時速192km
重量：153t
全長：22.758m
ゲージ：1435mm

アルコS-2型　各鉄道
アメリカ：1940年

1940～50年までの10年間にアルコは、1500両以上の746kW（1000馬力）S-2型入換機関車を北米における仕業のため製造した。1950年にS-2型はS-4型へと交代し、448kW（600馬力）のS-1型もS-3型に取って代わられた。アルコのS級は操車場や短いローカル貨物列車のどこにでもいる働き蜂となった。同社の成功作である539エンジンを動力とし、長く使われたものが多い。当時のアルコ製ディーゼルはみんなゼネラル・エレクトリックの電気部品を使っており、この発電機はGEのGT-533、主電動機はGE-731-Dだった。S-1型とS-2型は珍しいブラント式台車を使っていたが、S-3型、S-4型やその後の入換機はもっと一般的なアメリカ鉄道協会型台車の変種を使っていた。

形態：電気式ディーゼル機
動力：746kW（1000馬力）の6気筒アルコ539ディーゼル・エンジン
牽引力：（時速12.9kmにおける連続）151kN、（引出時）307kN
最大運転速度：入手不能
重量：104t
全長：13.862m
ゲージ：1435mm

トロント（オンタリオ州）の近くで、カナディアン・パシフィック鉄道のS-2型入換機と車掌車（アメリカではカブース、CPRではヴァン）が見える。

266

ディーゼル機関車とディーゼル列車　　1906～1961年

サンフランシスコ湾のアラメダ島（カリフォルニア州）にあるアラメダ・ベルト・ラインは工場への入換線である。このS－2型にはブラント式台車と前面の大きなラジエーターが見える。アメリカの入換機は長く延びたフード側を前方と呼ぶ習わしだった。

GE44トン機　各鉄道

アメリカ：1940年

形態：電気式ディーゼルBB機
動力と出力：207～305kWの8気筒キャタピラーD17000ディーゼル・エンジン2基
牽引力：（引出時）99kN
最大運転速度：時速56km
重量：40t
全長：入手不能
ゲージ：1435mm

この44トン機はゼネラル・エレクトリックが1940～50年代に製造した中央運転台式入換機のひとつである。カナーン（コネティカット州）の元セントラル・ニューイングランド鉄道の線路に、フーザトニック鉄道のそうしたGE製中央運転台機が見える。

ディーゼルへの移行の初期には、鉄道もメーカーも鉄道労働者の強い抵抗を打破しなければならなかった。鉄道員はディーゼルが雇用を大きく削減するはずと知っていた。44トン入換機が出現したのは、90,000ポンド（45米トン）以上の機関車には機関助士を乗せることと

した立法のためである。軽量な中央運転台式の電気式ディーゼル入換機を送り出したメーカーはいくつかあり、GE44トン機はその中でももっともよく使われた。大鉄道の多くが閑散な支線用に購入したほか、小鉄道や専用線にも普及した。16年を超える期間に国内向けに350両以上が製造され、機関車の両端に置かれた小型ディーゼル・エンジンが動力だった。

267

第 2 部　　ディーゼル機関車とディーゼル列車

スイス・ロコモティヴAm4/6型　スイス連邦鉄道(SBB)
スイス：1941年

　1941年のSLM Am4/6型は世界で最初に成功したガス・タービン電気式といえるだろう。出力は大きくなかったが、タービン機関車の実用性をよく証明するものだった。ブラウン・ボヴェリの7段軸流式、毎分5800回転のタービンと18段圧縮機が（毎分876回転への減速ギアを経て）発電機を回し、それが4基の主電動機に給電する。運転のための11段ノッチは毎分3529～5257回転というエンジン速度に対応するものである。取入空気が温度20度の場合、軸出力1620kWでタービン効率は17.7%と測定された。補助ディーゼル・エンジンがタービンの始動と単機での入換用に使われた。18トンの最大軸重でこの機関車は電化のふさわしくない支線に適当なものとなり、試験の結果も一般的には満足されるものだった。SBBの籍に入り、この1101号は1946年にフランス、1950年にドイツで試験された。

形態：試作ガス・タービン電気式1ABA1機
動力：1620kWのブラウン・ボヴェリ工業用タービン
牽引力：不明
最大運転速度：時速110km
重量：92t
全長：16.34m
ゲージ：1435mm

アルコRS-1型　ロックアイランド鉄道
アメリカ：1941年

　アルコRS-1型の基本的な形態こそ、アメリカの近代的貨物用ディーゼルの祖先といえるもので、大きな影響を与えたデザインに数えられる。まず1941年にロックアイランド鉄道のため製造され、本線用としても操車場の入換機としても働くことのできるよう設計された「ロード・スウィッチャー」の最初であった。それまでのディーゼル機はもっと限定された用途のために設計されていた。20年近い間に400両以上のRS－1型が、北アメリカにおける仕業のために製造された。その生産台数よりも重要なのは、それ以後の発展に及ぼした効果である。ロード・スウィッチャー・タイプの成功の鍵は、その万能性にあった。1949年になると主なメーカーはどれもロード・スウィッチャー機を送り出しており、1950年代にはアメリカの鉄道が主に購入するのはこの型になっていた。今日、貨物用ディーゼルはほとんどロード・スウィッチャーの変種である。RS－1型はもうひとつ大きな影響を及ぼした。その改良型であるRSD－1型はCCの軸配置だったが、第二次世界大戦中にアルコは一群のRSD－1型をロシアに送った。ロシアにおけるディーゼルの発展はまさにRS－1型から派生したものであり、何千両ものロシアのディーゼル機がRS－1時代の技術に基づいて製造された。

上：2001年10月、グリーンマウンテン鉄道のRS－1型がチェスター（ヴァーモント州）への観光列車を引く。

グリーンマウンテン鉄道のアルコ RS-1型405号が2001年10月、ベローズ・フォールズ（ヴァーモント州）でコネティカット川の本線を横切るところを撮影された。

形態：電気式ディーゼルBB機
動力と出力：746kW（1000馬力）のアルコ6-539ディーゼル・エンジン
牽引力：（時速12.9kmにおける連続）151kN、（引出時）264kN
最大運転速度：歯車比75：16で時速96.6km
重量：108t
全長：入手不能
ゲージ：1435mm

268

ディーゼル機関車とディーゼル列車　1906～1961年

フェアバンクス・モースH10-44型　各鉄道　　　　　アメリカ：1944年

　1940年代までに、フェアバンクス・モースはアメリカの鉄道部品メーカーとして永年よく知られるようになっていた。多様な商品を手がけていた中に、各種の石油エンジンの製造もあった。第二次世界大戦中、同社の向合ピストン式のディーゼル・エンジンは船舶用、とくに米海軍の潜水艦用に高い評価を受けていた。戦争が終わりに近づくと、フェアバンクス・モースはその向合式ピストン・エンジンの販路を拡げるため、大型機関車の事業に進出しようとした。同社最初の量産機は、ボールドウィンの成功作VO1000型に非常によく似た746kW（1000馬力）の入換機H10-44型だった。フェアバンクス・モースはインダストリアル・デザイナーのレイモンド・ローウィを雇ってH10-44型のスタイルを決めさせたが、これは他の点では実用本位の機関車に多少の彩りを添えるものだった。1950年までの間に200両近くが製造された後、より強力なH12-44型が導入された。

形態：電気式ディーゼルBB機
動力と出力：746kW（1000馬力）のフェアバンクス・モース向合ピストン式6気筒ディーゼル・エンジン
牽引力：275kN
最大運転速度：入手不能
重量：112t
全長：入手不能
ゲージ：1435mm

フェアバンクス・モース「エリー製」　ミルウォーキー鉄道　　　　　アメリカ：1945年

　第二次世界大戦の終わり頃、フェアバンクス・モースが機関車事業に乗り出した時には、本線用の大型機関車を製造するのに適した設備をまだ持っていなかった。そのため大きなA1A＋A1A箱形機の組立てにはゼネラル・エレクトリックと契約して、そのエリー（ペンシルヴェニア州）にあった工場で製造された。1両1492kW（2000馬力）のこの流線形ディーゼルは、EMD最新のE型だけでなく、アルコやボールドウィンにも対抗するつもりだった。これを走らせた鉄道は少なく、主に旅客用だった。

形態：A1A－A1A電気式ディーゼル機
動力と出力：1492kW（2000馬力）のフェアバンクス・モース38D81／8（向合ピストン式8気筒ディーゼル・エンジン）
牽引力：（時速38.6kmにおける連続）117kN、（引出時）265kN
最大運転速度：入手不能
重量：155t
全長：19.761m
ゲージ：1435mm

「センティピード」DR-12-8-1500/2型　ペンシルヴェニア鉄道　　　　　アメリカ：1945年

　第二次世界大戦中、ボールドウィンは主として電気機関車の技術に基づき、多エンジンの高速ディーゼル機を製造しようとしていた。4470kW（6000馬力）のこの機関車は時速187kmの速度を目指したが、製造には入らなかった。実際にボールドウィンはそれを変形して、1両にエンジン2基で2235kW（3000馬力）を出し、軸配置2D＋D2の連接式台枠を使った機関車を製造した。これはたくさん並んだ車輪とベイビーフェイスの運転台から「センティピード」（むかで）として知られ、この型の最初の注文はシーボード・エアラインから来た。ペンシルヴェニア鉄道（PRR）とメキシコ国鉄（NDEM）もこれを購入し、PRRはその最大の保有者となって、最初は旅客列車用に使った。

高速旅客用に製造されたボールドウィン製のペンシルヴェニア鉄道「センティピード」は最後の日々を貨物列車の補機として働いた。ここにはアルトゥーナ（ペンシルヴェニア州）近くの馬蹄形カーヴを行く貨物列車を押している2両が見える。

形態：電気式ディーゼル2D＋D2機
動力と出力：2235kW（3000馬力）のボールドウィン8気筒608SCディーゼル・エンジン2基
牽引力：（時速28.7kmにおける連続）235kN、（引出時）454kN
最高運転速度：歯車比21：58で時速150km
重量：269t
全長：27.889m
ゲージ：1435mm

第2部　ディーゼル機関車とディーゼル列車

アルコFA/FB型　各鉄道　　　　　　　　　　　　　　　　　　　　　　　　　アメリカ：1946年

　本線の重量貨物列車用に製造されたFA/FB型はアルコ／GEの標準的な箱形車体を持ち、多数派のEMD・F型とほぼ同じ機器配置であった。旅客用ディーゼルのPA型に似た流線形だったがやや短く、BBの軸配置だった。FA型は2〜3両編成で運用されることを予定しており、他のアルコ製機、とくにRS-2型やRS-3型と総括制御で運転されることがよくあった。FA/FB型は1946〜56年にかけて製造された。

形態：電気式ディーゼルBB機
動力と出力：1119〜1194kW（1500〜1600馬力）の12気筒アルコ244ディーゼル・エンジン
牽引力：（時速20.1kmにける連続）167kN、（引出時）256kN
最大運転速度：歯車比74：18で時速105km
重量：104t
全長：15.697m
ゲージ：1435mm

EMD・F級、F7型　各鉄道　　　　　　　　　　　　　　　　　　　　　　　　　アメリカ：1946年

　バーリントン・ノーザン鉄道がその「重役用F級」を1996年6月にゲイルスバーグ（イリノイ州）で展示している。同社ではこうしたF級の2連をデラックスなビジネス列車に使っていた。

　EMDは第二次世界大戦中のFT型の成功で、本線用電気式ディーゼル機関車のメーカーのトップに立った。戦争が終わり新設計の採用が自由になると、EMDはFシリーズを改良してF3型を出現させた（過渡期の設計であるF2型は一時期だけ製造された）。F3型はFT型よりほんの少し強力で、それまでの各車1007kW（1350馬力）が1119kW（1500馬力）となっていた。

　ほかにも機械的な改良でF3型の使い勝手や信頼性は向上していた。

　シカゴ＆ノース・ウエスタン鉄道は他の多くのアメリカ鉄道と同様、F級を貨物用にも旅客用にも使った。

　1949年にはF3型の後継機であるF7型が出現したが、出力は同じだった。しかし1954年にはこれに代わって1306kW（1750馬力）のF9型が生まれた。流線形のEMD・F級はどこでも見られるアメリカのディーゼル化のシンボルとなり、ほとんどの鉄道がこれを採用した。

形態：電気式ディーゼルBB機
動力と出力：1119kW（1500馬力）のEMD16-567B
牽引力：各種
最大運転速度：各種
重量：各種
全長：15.443m
ゲージ：1435mm

右：F級は一時アメリカでもっとも多い機関車だったが、その時代はもう終わってしまった。ボストン＆メイン鉄道の4266号は数多いF7型の保存機のひとつで、時々ノース・コンウェイ（ニューハンプシャー州）で運転される。

ディーゼル機関車とディーゼル列車　　1906～1961年

第2部　ディーゼル機関車とディーゼル列車

アルコRS-2/RS-3型　各鉄道　　　　　　　　　　　　　アメリカ：1946年

第二次世界大戦後、アメリカの鉄道は大急ぎでディーゼル化を進めた。アルコはいろいろな新型機を登場させて鉄道側から好評を得ており、1940年代後半によく売れたものには1119kW（1500馬力）の半流線形ロード・スウィッチャーRS-2型があった。ロード・スウィッチャー・タイプは汎用性に優れ、鉄道はいろいろな仕業にこれをあてることができた。例えばニューヨーク・セントラル鉄道は、RS-2型を近郊や区間の旅客用、途中駅で入換作業の必要な区間貨物用、支線の貨物用、そして重連で本線の重量貨物用に使ってい

左：デラウェア＆ハドソン鉄道はアルコのディーゼル・スウィッチャーで列車のディーゼル化を達成した。1952年4月にスケネクタディ（ニューヨーク州）でアルコのロード・スウィッチャー重連が2D2型機の前補機をつとめる。

下：RS3型8223号機がデウィット（ニューヨーク州）で、支線での運行の合間に給油と整備を待っている。

ディーゼル機関車とディーゼル列車　1906～1961年

た。1950年にアルコは、その12-244エンジンの出力を1194kW（1600馬力）に強化した。高出力のRS-2型も若干製造されたが、1950年代半ばにはこれに代ってRS-3型が登場した。北アメリカ向けには1350両以上が製造されたため、RS-3型はアルコの設計の中でもいちばんよく普及したものとなった。

1956年には、新しい251エンジンを動力とするアルコのRS-11型がRS-3型にとって代った。RS-11型の信頼性は向上していたが、その頃にはほとんどの鉄道でディーゼル化がほぼ終わっていたため、それほど売れなかった。こちらはRS-2/RS-3型よりも背の高いフードを持つ、いっそう角張った外観であった。RS-3型の中には非常に長生きしたものが一部あり、2000年以後も小鉄道で使われているものがあった。

形態：電気式ディーゼルBB機
動力と出力：1119kW（1500馬力）の12気筒アルコ244エンジン
牽引力：（引出時）271kN
最高運転速度：歯車比74：18で時速105km
重量：111t
全長：16.91m
軌間：1435mm

イーグル・ブリッジ（ニューヨーク州）の側線に止まるアルコRS-3型。この機関車はRS-2型より大出力のエンジンで製造され、40年以上たってもまだ働き続けているものがある。

EMD・E級、E7型　　各鉄道

アメリカ：1946年

エレクトロ・モーティヴのE級は、鉄道側が特定の列車と一体になったものではなく、普通の連結器を持った実用的な流線形電気式ディーゼル機関車を求めていたことから設計された。流線形のE級を最初に使った鉄道は、ボルティモア＆オハイオ（B&O）とサンタフェであった。

両社ともエレクトロ・モーティヴによるE級以前の初期箱形機を使っていた。E級機はどれもA1A台車の上の流線形車体に2サイクルの高出力ディーゼル・エンジン2基を備えていた。1937年と38年初めに製造されたいちばん初期のE級（EA＋EB型、E1型およびE2型）はウィントン201ディーゼル・エンジンを動力としていた。しかし1938年半ばから、E級はエレクトロ・モーティヴの成功作である12気筒の567ディーゼル・エンジンを動力とするようになった。「E級」というのはこの機関車の当初の出力が1両あたり1800馬力（eighteen-hundred＝1343kW）であったことから来て

いるという。12-567エンジンの導入で1両の出力は2000馬力（1492kW）へと強化されたが、「E」という分類は変わらなかった。

B&O、サンタフェおよびユニオン・パシフィック鉄道向けに製造されたいちばん初期のE級は、各社それぞれ独特の装いをした華やかな流線形であった。E3型からは車体のスタイルは標準化されたが、塗装はなお各鉄道のイメージに沿って、注文どおりに行われた。エレクトロ・モーティヴのアーティストが塗装をデザインすることも

多く、それが鉄道に採用された。1938～42年製のE3型からE6型までの方が、1939年貨物用のFT型ディーゼルに出現した標準的な「ブルドッグ・ノーズ」を使う戦後のE7型、E8型、E9型より前頭部の傾きが急だった。E5型というのはバー

この写真はウィスコンシン＆サザン鉄道のE9型である。1790kW（2400馬力）へと強化されたエンジンを持つE9型は、1963年まで製造が続けられた。

273

第2部　ディーゼル機関車とディーゼル列車

リントン鉄道向けにだけ製造されたもので、その「ハイアワサ」編成に似合うようステンレス鋼製の車体だった。3軸のA1A台車は外側のふたつが動軸で、中間軸は機関車の重量を一部受け持っていた。

E級でいちばん数多く製造されたのは、1946～49年製のE7型と1949～53年製のE8型だった。最後のE級は1790kW（2400馬力）のE9型で、1963年まで製造された。その頃にはアメリカの旅客列車は深刻な減少を見ており、新しい旅客用機関車の需要はほとんどなくなっていた。E級は「A」と「B」のふたつの形で製造され、後者は運転台のない「ブースター」車であった。ほとんどの鉄道でE級は長距離旅客列車の牽引に総括制御で連結運転された。エレクトロ・モーティヴのE級が引いた米国の有名列車には、ニューヨーク・セントラルの「20世紀特急」、ペンシルヴェニアの「ブロードウェイ特急」、サザン・パシフィックの「デイライト」列車群、サザンの「クレッセント」やイリノイ・セントラルの「シティー・オヴ・ニューオーリンズ」があった。アムトラックはE級群をかなり引き継ぎ、中には1980年代半ばまで運転されたものもあった。1960年代に旅客輸送が減少すると、エリー・ラッカワナのようにE級を貨物用にあてるものも一部あり、高速の複合輸送列車に使う場合が多かった。ごく最近、イリノイ・セントラルやコンレールといった貨物鉄道の中には、会社が幹部の視察出張や顧客の接待旅行に専用するデラックスな客車編成の「重役列車」をE級機に牽かせるものが出てきた。E級群を定期列車用に最後まで多く使っていたのはバーリントン・ノーザン鉄道で、3線で構成された同社のユニオン駅・オーロラ間の本線を走るシカゴ圏の近郊列車「ディンキー」にあてていた。

戦後のB＆OのE7型は高さ4547mm、全長21,673mmで、GMのD-4型発電機を2基、GMのD-7電動機を4基用いていた。55：22の歯車比により、同社はこの機関車を最高時速158kmまで認めていた。一方、バーリントン鉄道のE7型は57：20の歯車比で、時速187kmまでの速度を出すことができた。

ウィスコンシン＆サザン鉄道のE8A型801号。1995年、ホリコン（ウィスコンシン州）で。

1952年、ガルフ・モービル＆オハイオ鉄道の塗装をしたEMD・E7型重連が南行きの列車を引いてシカゴを出る

形態：旅客用電気式ディーゼルA1A－A1A機
動力と出力：2681kW（2000馬力）のEMD12-567ディーゼル・エンジン2基
牽引力：（時速53.1kmにおける連続）84kN、（引出時）236kN
最高運転速度：歯車比55：22で時速157.7km
重量：143t
全長：21.673m
軌間：1435mm

アルコPA/PB型　各鉄道　　　　　　　　アメリカ：1947年

長くスッキリした前頭部分を持つ美しい流線形と244ディーゼル・エンジンの発する独特の音から、アルコのPA型はアメリカのディーゼル機の中で鉄道ファンにいちばん人気の高いものになった。このマシンはアルコ／GEがEMDのE級に対抗して、花形旅客列車のために設計したものであった。運転台付きの車両はPA型、それのない「B」車はPB型と呼ばれた。この名前はこの機関車が実際に量産されるようになってから付けられたもので、最初はそれぞれ本来の記号を持っていた。サンタフェ鉄道とサザン・パシフィック鉄道はPA／

ディーゼル機関車とディーゼル列車　　1906〜1961年

PB型ディーゼル群の最大の保有者だった。

　もっとも記憶に残っているのは元サンタフェのPA機4両で、1970年代の終わりにデラウエア＆ハドソン鉄道が使い続け、のちメキシコに行って今では保存されている。

右はニッケル・プレート・ロードのアルコPA型ディーゼル重連が1952年3月にダンカーク（ニューヨーク州）でバッファロー行きの旅客列車を引く。

形態：旅客用電気式ディーゼルA1A－A1A機
動力と出力：1492kW（2000馬力）の16気筒アルコ244ディーゼル・エンジン、ただしPA-2／PB-2型では1676kW（2250馬力）に強化
牽引力：PA-1／PB-1型では227kN
最高運転速度：各種
重量：139t
全長：（PAの場合）20.015m
ゲージ：1435mm

ボールドウィン「シャーク・ノーズ」　　各鉄道　　　　　　　　　　　　　　アメリカ：1947年

　戦後の米国鉄道におけるディーゼル化競争の中で、ボールドウィンはその本線用ディーゼルをEMD製のものより際立たせようとした。初期の本線用車体スタイルはEMDにそっくりだったから、インダストリアル・デザインの専門業者を雇ってその機関車を独特の外観にしようとする。その結果生まれたのがいわゆる「シャーク・ノーズ」式車体であった。この名前は同社が正式に使ったものではないが、いくつかの違った機関車がこのスタイルをとり、その中にはペンシルヴェニア鉄道（PRR）のために製造された軸配置A1A－A1Aの高速旅客用ディーゼルDR-6-4-20型もあった。ほかのDR-6-4-20型はシャーク・ノーズではなく、「ベイビーフェイス」式の車体だった。同様にボールドウィンの貨物用BBディーゼル機DR-4-4-15型にも、シャーク・ノーズとベイビーフェイスのものがあった。これらは1947〜50年にかけて製造された。その中でもいちばん多かったシャーク機は1950年代初めに製造された1192kW（1600馬力）のRF-16型で、PRR、ニューヨーク・セントラル、ボルティモア＆オハイオが購入した。RF-16型は実際にはDR-4-4-15型の改良機である。ボールドウィン機は低速の重量貨物列車に適しており、シャークは石炭列車や鉱石列車に多く使われた。営業用の最後のシ

「シャーク・ノーズ」式車体の旅客用機関車を発注したのはペンシルヴェニア鉄道だけであった。現役の最後も間近い1963年にDR-6-4-20型の重連が見える。

ャークは元ニューヨーク・セントラルのRF-16型2両で、モノンガヘラ鉄道、ついでデラウエア＆ハドソン鉄道、さらにミシガン州の小鉄道で働いていた。

形態：電気式ディーゼルBB機
動力：1194kW（1600馬力）の8気筒ボールドウィン608A
牽引力：328kN
最高運転速度：時速112km
重量：113t
全長：16.739m
ゲージ：1435mm

275

第2部　ディーゼル機関車とディーゼル列車

10000号と10001号　ロンドン・ミッドランド＆スコッティッシュ鉄道（LMS／BR）　　イギリス：1948年

2基の大型ディーゼル・エンジンの咆哮にタービン過給器のヒューヒューという音を加え、1948年の初頭にイギリス最初の電気式ディーゼルCC機10000号と10001号がグラスゴー行きの「ローヤル・スコット」列車を引いてロンドンのユーストン駅を出る。

ロンドン・ミッドランド＆スコッティッシュ鉄道は、英国鉄道（BR）ができる前に最初の本線用電気式ディーゼル機関車を使用開始しようと決意していた。実際、10000号は1947年12月にダービィ工場から送り出されたので、その車体に堂々とLMSの文字を掲げることができた。1948年に完成した10001号は、最初は社名なしで営業に入った。こうした本線急行用ディーゼル機の最初の本格的な試用は、各機が大型のEE823A直流発電機に結ばれたV形16気筒過給器付き低速ディーゼル・エンジンを用いるという、イングリッシュ・エレクトリック社の専門技術を採用したものだった。エンジンのシリンダーは内径254mm、行程305mmで、ここから動力がEE519主電動機6基に伝えられ、電動機は各動軸への吊掛式だった。各機関車は3軸ボギー台車に乗ったCC機となっていた。このエンジンはEE909A補助発電機も駆動し、その電流が蓄電池の充

イギリス国鉄の成立後間もない頃、西海岸本線の急行を引く10001号がウォーター・トラフ（蒸気機関車の炭水車を満たすためのもので、もうすぐ要らなくなる）の上を走って行く。

276

ディーゼル機関車とディーゼル列車　　1906～1961年

電、制御回路、照明、空気圧縮機と真空制動装置のため送られた。

1194kWというディーゼルの出力はクラス5や6の優秀な蒸気機関車から得られるものとほぼ同等だったが、ディーゼル機関車の牽引力（線路上で出せる力）は、ずっと大型のクラス8P蒸気機関車に匹敵していた。ディーゼル機関車ではこの牽引力が6つの動軸により、車輪の空転なしに発揮できたのである。こうしてこれら新型機関車の出発時や加速時の性能は当時としては目覚ましいものであった。こうした持ち前の粘着性の高さからこの機関車には砂撒き装置は要らなかった。

この2両の機関車は最初ミッドランド本線の急行列車に1両で使われた。のち、きびしい線路条件の西海岸本線でロンドンとグラスゴーを結ぶ「ローヤル・スコット」に重連で運転され、計2387kWの出力でこれまでにない性能を示した。これらは重連運転用に設計されており、先頭機関車の先頭運転台にある制御装置で2両を一緒に操縦することができた。各機関車の前頭部にはそれと「ツライチ」のドアがあり、それを開けて車間の連結幌を設備し、乗務員が隣の機関車へ行って、例えば列車暖房用の蒸気ボイラーを見たりすることができた。

1953年にこの2両の機関車は、南部支社での運転に回された。ここでは1両ずつの仕業で、ロンドンのウォータールー駅からボーンマウスやウェイマウスへの頻繁な運行にあてられ、蒸気機関車なら2両要するところをその日のうちにこなした。一部のソーリズベリーやエクセター行きの列車にもあてられた。南部支社生え抜きのディーゼル機関車トリオである10201～10203号とも共通運用だったが、1955年からは5両とも最後の任地であるロンドン・ミッドランド支社で働くために移動させられた。

新造当時この2両の機関車は黒光りする車体と、それとは対照的な銀灰色の屋根や台車を持ち、車体の側面にはステンレス製の飾り帯と大きな番号があった。「車輪の上のライオン」というBRのマークは1948～49年に加えられた。10000号と10001号は1950年代の終わりにBR標準の緑色に塗り直され、ステンレス製の側面帯の上にはグレイト・ウェスタン鉄道ばりの黒とオレンジの線が塗られた。BRが後に採用した「鉄道の車輪を持つライオン」のマークはこの時付けられた。

10000号と10001号は最後の年月を西海岸本線で貨物列車や旅客列車を引いて走っていた。10001号は1963年に退役し、10000号も同じ頃休車となったが、3年後まで公式には廃車されなかった。どちらも残念ながら保存されなかった。

BR式の緑色に塗られると、10000号も10001号も初めの黒色の時ほどスマートには見えなかった。これは1950年代後半の塗り替え後、ダービィ工場の側線での10001号。

ロンドン・ミッドランド＆スコッティッシュ鉄道のため撮影された公式写真に見る完成直後の電気式ディーゼル10000号で、側面にはLMSのイニシャルが輝く。

形態：本線の客貨両用電気式ディーゼル機
車輪配列：CC
動力ユニット：1194kWのV形16気筒イングリッシュ・エレクトリック16SVTディーゼル・エンジン、直流発電機、吊掛式直流主電動機6基
牽引力：184kN
最高運転速度：時速145km
重量：124t
全長：18.644m
ゲージ：1435mm

第2部　ディーゼル機関車とディーゼル列車

CP1500型　ポルトガル国鉄（CP）

ポルトガル：1948年

ポルトガルで最古の本線用ディーゼル機関車は、ちょうど21世紀に入るまで生き残った。この「フード式」はアメリカのアルコから購入され、全国で本線の旅客用および貨物用として使われて、南部のバレイロ〜ファロ間夜行旅客列車やバレイロの近郊地域で最後の日を迎えた。CPは1970年代にこの機関車のエンジンを換装し、出力を1230kWから1600kWに強化していた。

形態：本線の客貨両用電気式ディーゼル機
車輪配列：A1A-A1A
動力ユニット：1230kWのV型12気筒アルコ244ディーゼル・エンジン、のちに1600kWのV形12気筒アルコ251-Cディーゼル・エンジンに換装、ゼネラル・エレクトリックの直流発電機、吊掛式直流主電動機4基
牽引力：153kN
最高運転速度：時速120km
重量：111〜114t
全長：16.99m
ゲージ：1668mm

ポルトガル鉄道のオレンジ一色に塗られたこの典型的なアメリカ製「ヘヴィ・スウィッチャー」機関車は、後年になると客貨両用として国内のどこでも頼りになる実力機であることを証明した。

GE製ガス・タービン機　ユニオン・パシフィック鉄道

アメリカ：1948年

1948年にゼネラル・エレクトリックは、電気式ディーゼル機関車の代わりとなるようにと両運転台の電気式ガス・タービン機を試作した。ガス・タービンが発電機を回し、それが直流の主電動機に給電する。タービンの特徴は非常に高出力であることと、ディーゼルよりずっと安い低質油を燃やすことであった。他方、機関車が比較的低速で走っていてもタービンはいつも高速で運転されるため、タービン機関車の燃料消費量はかなり多かった。タービン機群を買いそろえたのはユニオン・パシフィック鉄道だけで、1950年代には3型式を発注した。最初のものは車輪配列BB＋BBの3357kW（4500馬力）機であった。のちのタービン機はCC台車に乗り、6341kW（8500馬力）を出した。（下記の数字は同社の51〜60号のもの）

ゼネラル・エレクトリックのガス・タービン機はユニオン・パシフィック鉄道で採用されて、実際に同社ではその路線に3型式の両運転台式試作機を運転した。

形態：電気式ガス・タービン機
動力：3357kW（4500馬力）
牽引力：467kN
最高運転速度：時速104km
重量：250t
全長：25.45m
ゲージ：1435mm

z350型BB機　南オーストラリア鉄道（SAR）

オーストラリア：1949年

350型BB機は最初のオーストラリア製ディーゼルで、電気式伝動であった。この2両はSAR製で、1970年代の終わりに退役するまでアデレード地域で入換用に使われた。350号も351号も保存され、前者は今でも完全な動態での保存である。イギリスのイングリッシュ・エレクトリック社がディーゼル・エンジンと駆動装置を供給し、長い間の関係を確立した。その後イングリッシュ・エレクトリックは現地での製造のため、ロックリーに自社の工場を建設した。

SARの350型は4軸のBB機で、EE6KTエンジンがEE801発電機を経てEE506主電動機4基を動かした。この設計は多くの点でイギリス標準のC固定軸機の類に似ていたが、オーストラリア向けのため英国では入換用には使わないボギー台車を採用していた。

形態：入換用電気式ディーゼルBB機
動力：250kWのEE6KT系エンジン
牽引力：（時速28kmで）39kN
最高運転速度：時速40km
重量：50t
全長：5.44m
ゲージ：1600mm

ディーゼル機関車とディーゼル列車　1906〜1961年

18000号　グレイト・ウェスタン鉄道

イギリス：1949年

旧グレイト・ウエスタン鉄道の客車を引いてイギリス西部の本線を轟音とともに走り過ぎる18000号は、急行列車でよく見られる光景であった。

　グレイト・ウエスタン鉄道はスイスのブラウン・ボヴェリに試作の電気式ガス・タービン機関車を発注していて、英国鉄道の西部支社となった1949年に納品された。ガス・タービン・エンジンは直流発電機に結ばれていた。主電動機4基が両3軸ボギー台車の外側軸を動かす。動軸のバネ下重量を減らすため、電動機からは歯車を使って伝動されていた。西部支社では18000号を1960年まで、ロンドンとブリストルやイギリス西南部を結ぶ一流の急行列車に時々使っていた。現在は保存されている。

形態：本線用電気式ガス・タービン機
車輪配列：A1A-A1A
動力ユニット：1865kWのブラウン・ボヴェリ製ガス・タービン、直流発電機、直流主電動機4基
牽引力：267kN
最高運転速度：時速145km
重量：117t
全長：19.22m
ゲージ：1435mm

18000号は現在、原型の外観になって保存されている。英国鉄道の黒色に車体の側面高く大きなマークを掲げ、銀色の屋根や台車という姿で、1994年にはウイルスデンで展示された。

279

第2部　ディーゼル機関車とディーゼル列車

EMD　GP7/GP9型　アメリカとカナダの各鉄道

アメリカ／カナダ：1949年

形態：電気式ディーゼルBB機
動力と出力（GP9型の場合）：1306kW
（1750馬力）のEMD16-567C
牽引力：（時速19.3kmで）196kN
最高運転速度：時速104km
重量（バーリントン・ノーザン鉄道のGP9型
の場合）：115t
全長：17.12m
ゲージ：1435mm

　1949年にEMDがそのロード・スウィッチャーを送り出した時、他の有力ディーゼル機関車メーカーはみんなそれを製造していた。GP7型（GPとはEMDの用語でゼネラル・パーパス（汎用）を意味する）の投入まで、EMDは主としてその製品を小型の入換機か、本線の貨物・旅客用のF級か、旅客用のE級にしぼっていた。
　EMDではGP7型の前にBL2型（BLはブランチ・ライン）機関車というロード・スウィッチャーを試みたことがあったが、あまり成功しなかった。NW3型、NW5型という中間的な入換機も少し製造したことがあった。
　1954年にEMDは機関車の製造を強化し、小さな改良を積み重ねた

GP7型はEMDの成功作であるF7型と内部は事実上同じで、ただ流線形でないだけだった。16気筒の567エンジンを用い、出力1119kW（1500馬力）であった。

結果、性能と信頼性を大きく改善することができた。
　改良後のロード・スウィッチャー機がGP9型で、1306kW（1750馬力）の16-567Cエンジンを使っていた。基本設計を確立したこの機関車こそ、近代アメリカ鉄道界のどこにでもあるシンボルとして、EMDの機関車各形式の中でもベストセラーに数えられるものとなった。アメリカとカナダの鉄道に4000両以上が販売されている。

この写真ではきれいに復元されたEMDのGP9型がイリノイ州の橋の上にいる。基本設計を確立したこのGP9型は広く普及し、販売で競合機をみんな蹴落として、どこにでもある1950年代アメリカ鉄道界のシンボルとなった。

ディーゼル機関車とディーゼル列車 1906〜1961年

EMD SD7/SD9型　サザン・パシフィック鉄道　アメリカ：1949年

形態：電気式ディーゼルCC機
動力：1303kW（1750馬力）のEMD15-567C（SD9型の場合）
牽引力：（時速12.8kmの連続）67,300kN
最高運転速度：時速105km
重量：147t
全長：18.491m
ゲージ：1435mm

上：SD7型とSD9型はきびしい線路条件で使うのに優れた機関車だった。

EMDの言い方では、SDとは「スペシャル・デューティ」の意味である。1952年に同社が最初の6基電動機式ロード・スウィッチャーSD7型を登場させた時、こんな機関車の需要はほとんどなかった。低い軸重で大きな牽引力を出すというのがSD7型の主な特徴であり、基本的にはGP7型「ゼネラル・パーパス」ディーゼル機の6モーター版であった。1954年にEMDは16-567エンジンの出力を増加させ、新型を登場させた。こうしてSD7型に代わるSD9型が生まれた。

勾配区間の多いサザン・パシフィック鉄道は、こうした初期のSD級をいちばん多く採用した。この鉄道はSD7型やSD9型の多くをサクラメント（カリフォルニア州）の工場で改造して寿命を延ばし、40年以上にわたって運用した。サザン・パシフィックでの通称は「キャディラック」であった。

下：サザン・パシフィックはこのSD7型をカリフォルニア州各地で30年以上走らせた。

上：SD9型の4372号が側線で修理と給油を待っている。営業不振の時には休車も多かった。

281

第2部　ディーゼル機関車とディーゼル列車

バッドのレール・ディーゼル・カー（RDC）　各鉄道　　　アメリカ：1949年

シカゴ＆ノース・ウエスタン鉄道のバッド製RDCが1952年シカゴの客車操車場に見える。

エドワード・バッドは1946年に亡くなったが、その会社はディーゼル動車の開発に成功するようになった。1949年にバッドの最初のレール・ディーゼル・カー（RDCの名で知られる）が製造された。同社の客車と同様、RDCも軽量のステンレス製で側面には横のリブがあった。RDCの運転は単行でも総括制御でもできるように設計されていた。

1950年代には何百両ものバッド車が北アメリカの鉄道で購入され、区間旅客列車に使われた。支線や近郊の列車用に回されたRDCもあったが、長距離列車にあてられたものもあった。何種類かの標準型があり、RDC-1は基本となる座席車で、RDC-2は荷物室、RDC-3は荷物室と郵便室を客室の他に持っていた。

形態：旅客用液圧式ディーゼル動車
動力と出力：205kW（275馬力）〜224kW（300馬力）のGM6-110ディーゼル・エンジン2基
牽引力：入手不能
最高運転速度：時速136km
重量：58t
全長：25.908m
ゲージ：1435mm

バッド社の創設者エドワード・バッドは、1900年代の初めにガソリン動力の気動車を製造したマッキーン社でかつて働いたことがあった。しかしフィラデルフィアに本拠を置くバッド社が脚光を浴びたのは、同社の美しい軽量ステンレス製流線形車体を採用したバーリントン鉄道の名高い「ゼファー」の出現によるものだった。

1930年代の終わりには、バッドは多くのアメリカの鉄道に流線形客車を送り出していた。横にリブの入った同社製のステンレス車は、よく知られたサンタフェ鉄道の「スーパー・チーフ」などアメリカの有名列車のいくつかにあてられた。

バッドのレール・ディーゼル・カーは区間旅客輸送によく適していた。1983年、メトロ・ノース鉄道はRDCをコネティカット州のウォーターベリー支線にあてた。下はダービー（コネティカット州）近くで撮影された単行。

282

ディーゼル機関車とディーゼル列車　　1906～1961年

X-3800型ディーゼル動車　フランス国鉄（SNCF）
フランス：1950年

フランスの技師はよく妙な設計をするが、SNCFの「ピカソ」ディーゼル動車もその一例である。乗客の多い時には付随車を牽引することもできる単行用気動車として設計されたが、運転台は奇妙なことにこの車の低い屋根の上に突き出ていた。だから、車体はやや低く延びたものだったのに、運転士はどちらの方向もよく見ることができ

「ピカソ」ディーゼル動車の特徴は客室の屋根から飛び出している運転台で、このため乗客も運転士も前後の線路をよく見ることができる。

できた。X-3800型は高床ホーム用と低床用と高さの違う客用乗降口を持っていることでも変わっていた。ANF、ド・ディートリヒ、ルノー、サウラーの4メーカーで100両以上が製造された。

「ピカソ」はフランスのほとんどの地方で区間列車や支線用に運転された。1980年代の終わりには全部退役しており、保存車も少しある。

形態：区間列車・支線用機械式ディーゼル動車
動力：250～265kWのルノー517G、575またはサウラーBZDS、機械式伝動
牽引力：入手不能
最高運転速度：時速120km
重量：33t
全長：21.85m
ゲージ：1435mm

TMⅡ型　スイス連邦鉄道（SBB）
スイス：1950年

この小さな2軸の入換用動力車には他の用途もあった。除雪用にスノープラウを付けたものもあった。どれも大きな運転台を持っていて係員4人が乗れ、工具や材料を運ぶ長い平らな荷台もあって、小駅や貨物操車場での入換機としての仕業だけでなく、本線の工事現場への人員輸送にも使えた。

このTMⅡ型は荷台が屋根付きだが、たいていはオープン式だった。これは小荷物を運ぶ短編成の列車に使われているところ。

形態：機械式ディーゼルの入換用動力車
車輪配列：B
動力：70kWのサウラーC615Dディーゼル・エンジン、カルダン軸と傘歯車による機械式伝動で両軸を駆動
牽引力：入手不能
最高運転速度：時速45km
重量：10t
全長：5.24m
ゲージ：1435mm

第2部　ディーゼル機関車とディーゼル列車

フェアバンクス・モース（F-M）Cライナー　各鉄道

アメリカ：1950年

フェアバンクス・モースのコンソリデーテッド（C）・ラインは1950年に登場し、鉄道が標準の流線形車体にいろいろな追加仕様や各種の出力を持たせることができるようになっていた。CライナーのA機（運転台付き）は6年間に6種類製造された。いちばん多かったのは1194kW（1600馬力）のF-M 8気筒向合ピストン式エンジンを持つCFA-16-4であった。Cライナーの車体スタイルは同社1940年代のエリー製機に似ていたが、前頭部は少し短く、エリーの荒々しい外観よりも保守的で洗練されたものだった。CライナーにはA機もB機（運転台のないブースター）もあり、車輪配列はBBかB-A1Aかを選んで発注することができた。

形態：電気式ディーゼル機
動力と出力：各種
牽引力：各種
最高運転速度：各種
重量：各種
全長：各種
ゲージ：1435mm

40型 A1A-A1A機　ニュー・サウスウェイルズ州営鉄道

オーストラリア：1951年

ニュー・サウスウェイルズ州営鉄道の40型はオーストラリア大陸で初めて使われた本線用ディーゼル機関車であった。この20両はアメリカのアルコ製で、全体の重量を少なくするためA1A-A1A方式のRSC-3型としていた。後にアルコはライセンス契約とグッドウィンによる現地生産でオーストラリアの各鉄道に多くの機関車を供給し、この市場でEM／クライド、GE／ゴニアン、ロックリーのイングリッシュ・エレクトリックといったライヴァルに対抗した。

現地ではこの型式の車輪配列は具合が悪く、車輪の摩耗の多いことに使用期間中ずっと悩まされた。

40型は最初本線の貨物用にあてられ、後にはふつうの旅客列車に用途が拡がった。40型の退役は1968～71年で、4001号が保存された他は全部解体された。

形態：電気式ディーゼルA1A-A1A機
動力：1305kWのアルコ12-244系エンジン
牽引力：（時速18kmで）205kN
最高運転速度：時速120km
重量：113t
全長：17.26m
ゲージ：1435mm

5両編成ディーゼル列車　エジプト国鉄

エジプト：1951年

この近代的な半流線形の5車体連接式は、イギリス製だというのにむしろアメリカン・スタイルを思わせた。動力車2両と付随車3両で構成され、カイロ南北のナイル川沿いを走る平坦な路線で高速列車として使われた。空調付きの客室では1等客60人と2等客112人が運ばれた。単行運転を予定して、両端にはバッファーだけで連結器はなかった。同じメーカーのよく似た2両編成がアルゼンチン中央鉄道に供給されている。

形態：連接式の電気式ディーゼル列車
動力：298.5kWのイングリッシュ・エレクトリック4 SRKTエンジン2基、電気式伝動によりふたつのボギー台車を駆動
牽引力：80kN
最高運転速度：時速120km
総重量：154.4t
最大軸重：11t
全長：83.14m
ゲージ：1435mm

10201～10203号　英国鉄道

イギリス：1951年

形態：本線用電気式ディーゼル機
車輪配列：1CC1
動力：1194kW／1492kW*のイングリッシュ・エレクトリックV形16気筒16SVTディーゼル・エンジン、直流発電機、吊掛式直流主電動機6基
牽引力：214kN／222kN*
最高運転速度：時速145km
重量：138t／136t*
全長：19.43m
ゲージ：1435mm
*10203号の場合

サザン鉄道は近代的な動力を採用しようと、大がかりな電化や先進技術を持った機関の導入を行った。最初の本線用大型ディーゼル機は10201号で、アシュフォード（ケント県）の工場で製造され、1951年の初めに営業に入った。フェスティヴァル・オヴ・ブリテン博覧会で展示された後、姉妹機である10202号とともにロンドンのウォータールー駅からボーンマウス、ウエイマスやエクセターへ行く急行列車に使われた。10000号や10001号と同様、この機関車の使っていたのは1305kWに強化されたEE16SVTエンジンであった。独特のボギー台車にセンター・ピンなく、機関車の車体は両側面に置かれた潤滑式の支持装置に載っていたが、こうした特徴は（本機の設計の大部分とともに）英国鉄道の40級機関車でまた見られることになった。1954年にはブライトン工場で1492kW版の10203号が製造された。1955年からは3両ともロンドン・ミッドランド支社に移されて働き、1963年に最後を迎えた。

イーストレイ機関車工場の側線に立っているサザン鉄道の電気式ディーゼル1CC1機10203号のスマートな外観は、大ぶりなこのデザインを示している。本機は後のイギリス国鉄40級機関車の先祖であった。

ディーゼル機関車とディーゼル列車　　1906～1961年

RS-3型　　ブラジル中央鉄道（EFCB）　　　　　　　　　　　　　　　　　　　　　　　ブラジル：1952年

形態：貨物用電気式ディーゼルBB機
動力：1193kWのアルコ244または251系エンジン
牽引力：245kN
最高運転速度：時速100km
重量：109t
全長：16.988m
ゲージ：1600mm

　ブラジル中央鉄道（EFCB）はアルコのRS-3型機関車を58両入手し、後に新型機で軽い仕事に落とされるまで主として貨物用に使った。今日でも一部は残っており、サンパウロでもリオデジャネイロでも近郊鉄道の事業者は、改造したRS-3型を通勤列車に使っている。現在ではサンパウロのFLUMITRENS所属機にはGEの7FDL-12エンジンを載せているものがあり、原型どおりアルコ244のままのものもある。サンパウロのCPTM所属機は、やはりU20C機からはずした同様のGEエンジンを付けている。

ブラジルのEFCBがアルコから購入したRS-3型の中には、サンパウロなどの近郊線でまだ通勤列車に使われているものがある。

V80型BB機　　ドイツ連邦鉄道（DB）　　　　　　　　　　　　　　　　　　　　　　　西ドイツ：1952年

　液体式BB機の原形10両が1952年からクラウス・マッファイとMaK（キール機械製作所）で製造された。どれも中速エンジン1基から液体式伝動により、カルダン軸と直角に曲げる歯車箱で全軸を駆動していた。機器配置は非対称で、メイン・エンジンの部分は運転台後方の補助機器の部分よりずっと長かった。なめらかなスタイルをしており、このデザインがドイツ連邦鉄道のディーゼル化推進にあたっての標準型となった。

　V80型はコンパクトな形のデザインが特徴で、このBB台車に乗った1エンジン液体式ディーゼル機に詰めこんだ820kWという出力は、当時は革命的なものだった。

形態：客貨両用液体式ディーゼル機
車輪配列：BB
動力：821kWの12気筒中速エンジン、液体式伝動
牽引力：180kN
最高運転速度：時速100km
重量：58t
全長：12.8m
ゲージ：1435mm

第2部　ディーゼル機関車とディーゼル列車

DB　VT95型ディーゼル・レールバス　ドイツ連邦鉄道(DB)　　ドイツ：1952年

　エルディンゲンがDBのために製造した大量の2軸レールバスは、地方支線用に経費節減を目指すものだった。各車両の床下に自動車用ディーゼル・エンジン2基があり、機械式伝動でそれぞれ1軸を駆動していた。車内はオープン式で旅客から前方がよく見えた。ロングシートは拭き掃除のできる模造皮張りだった。縦揺れを減らす長いリンク式の支持装置はまだ開発されておらず、液体式ダンパーも普及していなかったので、乗り心地は悪かった。レールバス1両で同系の付随車1両を牽引することも多く、4両編成までの列車とすることもできた。

　こうしたエルディンゲン製レールバスの目指した使われ方をよく示すように、1両のレールバスが線路端の停留場に到着する。この2軸式下回りはゴツゴツとまことに乗り心地の悪いものだったが、お客は乗っている間、少なくとも良い展望を楽しんで行くことだけはできた。

形態：区間・支線列車の旅客用
動力：112kWの6気筒エンジン2基
牽引力：入手不能
伝動：機械式
最高運転速度：時速90km
重量：27t
全長：13.95m
ゲージ：1435mm

04型ディーゼル入換機関車　英国鉄道　　イギリス：1952年

　小貨物操車場で貨車の入換をするため、ドルーリィ車両会社はその標準型である機械式ディーゼルの入換用C機をBR向けに製造した。機械式歯車箱を使う入換機関車のため貨車の連結器が引きちぎられたりバッファーがつぶれたりしたが、これはトルクの変化がスムーズにできる電気式や液体式ディーゼルの入換機に劣るものだった。

　実際に04型でこのように長生きしてBRの青色へと塗り直されたものは少なく、大部分はその短命な使用期間中、初期の緑色のままだった。

　133両の04型と192両のBR製姉妹機03型は小さな操車場が閉鎖されたことでお役ご免になり、1960年代末から廃車されていった。現在保存されているものも多い。

形態：機械式ディーゼルC入換機
動力：150kWの8気筒ガードナー8L3ディーゼル・エンジン、4速の遊星式歯車箱とカルダン軸、ジャック軸および外側のカップリングロッドにより伝動
牽引力：75kN
最高運転速度：時速32km
重量：30t
全長：7.93m
ゲージ：1435mm

ディーゼル機関車とディーゼル列車　　1906～1961年

TE3型CC機　　ソヴィエト国鉄

ソヴィエト連邦：1952年

　TE3型「トロイヤック」は、最大の製造両数を持つディーゼル機関車ということができるかも知れない。1953年に製造が開始され、1956～73年まで大量生産された。実際の両数としては、ハルコフ製がTE3 001～598、コロムナ製がTE3 1001～1406、ルガンスク製がTE3 2001～7805、そして1983年に予備部品から作られた7807～7809というわけである。さらに1962年まで製造された3両編成の3TE3 001～073と、歯車比を高めた1956～64年製のTE7 001～113がある。
　ソヴィエトの番号方式では固定編成を1両と見ており、両車体にはAとBを加えて呼ばれる。3両編成の中間車はV、4両編成のもう1両の中間車はGとなる。ソヴィエトの番号方式では1両も2両固定編成も区別が付かずわかりにくかったが、3両固定では3、4両固定では4が必ず加えられることになっていた。後にこれは改められて、2両固定には2が冠せられたが、TE3型にはこの変更が及ばなかった。
　本線用ディーゼルの製造は1948年にハルコフ工場でTE1型とTE2型から始まった。戦後の貸借協定により100両の機関車が輸入され、30両はボールドウィン製(ソヴィエト国鉄のDb型)、70両はアルコ製(Da型)であった。Da型はRS1型の変形であり、ソヴィエトの技術者は1947年にこれをコピーしてTE1型CC機を製造した。2車体BB機の

後年の同機の大部分と同じ車体スタイルをしたTE3型の2両固定編成。見るとおり、ボギー台車は1940年代にアメリカから輸入された形の丸写しである。

TE2型がこれに続き、78トンという重量からソヴィエトの弱い線路でも広く使えるものとなった。1950～55年に計527両のTE2型が製造され、固定連結の各車に746kWのエンジンを備えていた。次がTE3型CC機となる。
　制約となる軸重20トンを守りながら、出力は1492kWへと倍加された。エンジンはフェアバンクス・モースの38D1/8船舶用をコピーした2サイクル向合ピストン式の2D100型で、シリンダー内径210

mm、行程254mmも同じだった。TE3型のボギー台車も輸入Da型のコピーだった。ハルコフ製の初期のTE3型はTE2型の車体デザインを使っていたが、製造が進むにつれてTE7型にまず取り入れられた新しいデザインに変わった。3TE3という改良型はソヴィエトの技術者が2両の固定編成で4416kWを狙っていた時に出現したものであった。このTE10型の遅れにより4416kW機が至急必要になり、運転台のない中間車を2両の運転台付きの間には

さむという当初の予定になかったこの3TE3型が少しだけ製造された。
　TE3型は時速100km用の歯車比を持つ基本的には貨物用の設計だったが、旅客用にも使われた。TE7型はただTE3型を旅客用に改め、主電動機の歯車比を変えて牽引力を犠牲にする代わりに時速120～140kmの速度が常用できるようにしたものだった。TE7型の引く花形旅客列車としては、1960年代初めまでのモスクワ～レニングラード(現在のサンクトペテルブルグ)間の主な急行とか、モスクワとミンスクやキエフを結ぶものがあった。
　1990年代の初めにはTE3型の両数は約3分の1に減り、2000年にはもう使われなくなったが、車両基地や戦略的予備品の集積所に生きた予備車として置かれているものが多い。中国のDF(東風)型は1958年に試作された巨龍型に続くTE3型のコピーである。1964～74年までに東風型706両と東風3型226両が製造され、TE3型よりやや低出力の1325kWで、重量はやや重い126トンであった。

形態：2両固定貨物用電気式ディーゼルCC機
動力：1492kWのコロムナ2D100系エンジン
牽引力：(時速21kmで) 198kN
最高運転速度：時速100km
重量：120.6t
全長：16.974m
ゲージ：1524mm

TE3型は同型の片運転台式2両を背中合わせにつないだもので、ソヴィエトやロシアの鉄道ではAとBと呼ばれるが、北アメリカ式命名ならどちらもA車ということになる。

第2部　ディーゼル機関車とディーゼル列車

V200型BB機　ドイツ連邦鉄道（DB）

西ドイツ：1953年

ドイツ連邦鉄道は「旗艦」であるV200型液体式ディーゼル機の流線形の姿を誇り、広報用の絵画にはステンレスの帯をしめた鮮やかな赤と黒の塗装の本機を描き続けた。

戦後のドイツを代表する外観の機関車といえば、V200型に違いない。1953年に原形5両が生まれ、1955年から量産されて計86両となったこの機関車は、4軸で80トン以下の重さしかないのに600トンの列車を牽引できる1640kWの出力が詰め込まれていることで、多くの局外者から羨望の目で見られた。それはどうやって実現できたのか。

他の鉄道が使っていた船舶用を起源とする毎分750回転でがたがたと回る電気式ディーゼル機の（使い慣れてはいてもやっかいな）エンジンに比べて、この機関車に2基ずつ積まれたエンジンは中速（最大負荷で毎分約1500回転）ではるかに小型軽量であった。V200型のエンジンはそれぞれ液体式コンヴァーターに結ばれ、そこからカルダン軸と常時挿入される傘歯車によって隣接するボギー台車の車輪を駆動していた。

機関車の車体デザインや構造にもさらに革新的な点があった。車体はどの構成部材も重量や牽引・推進・制動などの力を支えるように一体の箱としてつくられていた。側面を覆う鋼板もストレスを加えたものだった。もうひとつの革新はドイツ連邦鉄道がメーカーを説き伏せて、型は別でもどのエンジンや伝動装置も同じ受け具や連結具に合うようにしたことである。だから、マイバッハのエンジンと

V200型機関車は重量対出力比が大きいにもかかわらず、こうした大型機にしては実にコンパクトにつくられていた。車体側面の窓や通風口を観察すれば、前後対称の機器配置であることがわかる。

MTUやMANのエンジンとを取り替えたり、フォイトの伝動装置をメキドロのものと替えることができるようになった。

ボギー台車も変わっていて、車輪は内側軸受式（軸箱が車輪の裏にある）であり、ボギー台枠はこれまで一般に使われていた鋲接の板ではなく強固な構造につくられていた。

V200型は赤の塗装に黒い屋根と床下、ステンレス製の帯やナンバープレートや側面のDEUTSCHE BUNDESBAHNという浮き出し文字が際立つ、優れた外観だった。1950年代初期にV200型は、大部分がハイデルベルクより北にあった非電化鉄道のエースとして、長くその地位を保ったのだった。北はハンブルクから南はミュンヘンまで、重い急行旅客列車を引いて信頼できる活躍ぶりであった。貨物もお手のもので、後にはそれに向けられていく。

1960年には同系の50両が運転を始めた。V200.1型であり、のちに221型と改称された（その頃には初期の機関車は220型となっていた）。これらは1000kWのディーゼル・エンジン2基を持ち、BB機1両で2000kWもの出力を持っていた。

電化がドイツ全土に拡がると

V200型の仕事は支線の客貨輸送となり、1980年代には同機がドイツでは退役となった。

しかし、それが終わりではなかった。ギリシャやアルバニアといった国へ輸出されたものが多く、とりわけ強力な221型はそうだった。後には中古機で、スイスやイタリアの線路工事用として最後を迎えるものも出てきた。21世紀になるとこうした国外移住組の中にはドイツに戻って、オープンアクセス制度で生まれる鉄道事業者に活用されようとするものがあり、もちろん動態保存されて、時々臨時列車で走る姿の見られるものもある。

V200型の設計は英国鉄道の西部支社とノース・ブリティッシュ機関車会社で取り入れられ、そのウォーシップ級液体式ディーゼル機関車となったが、それについては後述する。

形態：本線の客貨両用液体式ディーゼル機
車輪配列：BB
動力：745、820、1000kWのマイバッハ、MAN、MTUエンジン
牽引力：220kN
最高運転速度：時速120、140km
重量：79t
全長：18.53m
ゲージ：1435mm

ディーゼル機関車とディーゼル列車　1906〜1961年

08型ディーゼル入換機関車　英国鉄道

イギリス：1953年

国有化前の鉄道と同じように英国鉄道も電気式ディーゼル入換機関車についてはイングリッシュ・エレクトリックの標準型を増備し続けたが、その最初は1953年に登場した。主電動機2基を納める幅がとれるように外側台枠式の設計としており、それが2段減速歯車で前後の車輪を動かす。そして車輪はクランクに取り付けられたカップリング・ロッドに結ばれていた。自然給気の直列EE6KTエンジンは254mm×305mmの6気筒だった。全部で1010両の08型が製造され、現在残っているものも300両を越える。

たった260kWの低出力にもかかわらず、08型は重量物の輸送に適した、非常に頑丈な機関車だった。この電気式ディーゼル機関車は英国鉄道の各型式の中でも最多数のディーゼル機であり、主として貨物操車場で使われた。

形態：入換用電気式ディーゼルC機
動力：260kWのEE6KTディーゼル・エンジン、直流発電機、2段減速歯車、吊掛式主電動機2基
牽引力：156kN
最高運転速度：時速32km
重量：50t
全長：8.92m
ゲージ：1435mm

CC200型C2C機　インドネシア国鉄(PNKA)

インドネシア：1953年

アメリカのメーカーがインドネシア国鉄に供給した蒸気機関車は多くなかったが、ディーゼル機の場合は違っていた。インドネシア最初の本線用ディーゼル機であり、その後に続くものの先駆者となったこの機関車は、ゼネラル・エレクトリックによって27両供給された。ジャワ島の1067mmゲージの本線でジャカルタからバンドン、ソロ、スラバヤへの旅客列車を引いて走り始めたが、インドネシアの温度や湿度を考慮に入れて設計されていたとはいえ、あまり成功作とはいえなかった。C2Cという車輪配列は変わっているが、最大軸重を12.2トン以下とするようにとの条件によるものだった。従輪は機関車の台枠から取り外しのできる台車に取り付けられ、軸重の制限が緩和されればCC機に改造できるようになっていた。この方式はその後の発注機では使われず、みなCC機となった。1960年代になるとこの型の一部は廃車となり、他機を稼動させるための部品供給に利用された。入換用機関車に大改造されたものも1両あった。20世紀の終わりには3両が残っていて、2001年には200　15号が修理の上で復元されることになった。

形態：客貨両用電気式ディーゼル機関車
動力：毎分1000回転888kWの12気筒アルコ244Eエンジン
牽引力：211kN
最高運転速度：時速100km
総重量：96t
最大軸重：12t
全長：(軸距) 13.147m
ゲージ：1067mm

第2部　ディーゼル機関車とディーゼル列車

DEⅡ型　ディーゼル列車　オランダ国鉄(NS)　　　　　　　　　オランダ：1953年

NSが1960年代から現在まで使っている黄色の塗装の、この2車体連接式ディーゼル列車は、引戸、連接台車、液圧式緩衝装置を持った最新式の試みであった。

のボギー台車は、中心近くのボギー台枠で支えられた長いリンクの先に軸箱があった。ボギー台車の端部に置かれた1次コイルバネには40度の角度で縦付けされた液体式ダンパーがあった。のちNSの型式称号システムでプランX-vと呼ばれたこのDEⅡ型は、国鉄からはすべて退役したものの、ドイツとの国境近くで走り出した私鉄事業者で使われているものもある。

1953～54年にかけてオランダのアラン社は、オランダ国鉄向けに旅客用引戸を持つ2車体連接式のディーゼル列車を23編成送り出した。非電化線の区間列車用といいながら、この列車は先頭運転台の半流線形などスマートな外観だった。吊掛式の直流電動機各2基が両端の台車を駆動する。連接部には附随台車があり、2車体の内側の重量を負担する。各車にはディーゼル・エンジン1基があった。変わった形

形態：区間旅客用電気式ディーゼル2両編成列車
動力：各車の床下に180kWの6気筒カミンズNT895R2、直流発電機、外側のボギー台車に主電動機2基
最高運転速度：時速120km
重量：半編成で45t
全長：半編成で22.7m
ゲージ：1435mm

H-24-66型「トレイン・マスター」　各鉄道　　　　　　　　　アメリカ：1953年

1953年にフェアバンクス・モースは、最強力のロード・スウィッチャー機である1790kWの6軸・6電動機のH-24-66型を「トレイン・マスター」と名付けて登場させた。12気筒のF-M向合ピストン式エンジンがその動力だった。1両の出力は当時市販のロード・スウィッチャーの中で最大で、いろいろな用途に役立った。ヴァージニアン鉄道はそのH-24-66型を重量石炭列車に使った。サザン・パシフィックはこれらを平日にはサンフランシスコ～サンノゼ間の近郊列車に、週末には重量貨物列車にあてた。公称性能や汎用性にもかかわらず、この製造は127両に過ぎず、同じ時期にEMDが製造したロード・スウィッチャーの両数に比べるとごく少数に止まった。

マンハッタンのスカイラインを背景に、1964年5月ニュージャージー中央鉄道のF-M「トレイン・マスター」2413号が5両の近郊列車を引いて、同社のジャージー・シティ・ターミナルから西へ向かう。

形態：電気式ディーゼルCC機
動力と出力：1790kW（2400馬力）の12気筒フェアバンクス・モース向合ピストン式ディーゼル・エンジン
牽引力：500kN
最高運転速度：歯車比により各種
重量：170t
全長：20.117m
ゲージ：1435mm

ディーゼル機関車とディーゼル列車　1906～1961年

2D2機　西オーストラリア州営鉄道　　　　　　　　　　　オーストラリア：1954年

　西オーストラリア州営鉄道のX型は軸重10トンというきびしい仕様から生まれた。メトロポリタン・ヴィッカースはクロスレーの2サイクル・エンジンを載せたこの変わった車両を32両製造した。ひどい震動、アルミニウム製のピストン、シリンダーヘッドの亀裂、排気の黒煙、ピストンリングの摩耗、油漏れなどという問題がこの機関車に押し寄せた。XA型は2両固定連結として新造されたものであり、XB型は1963年にX型を改造したものだった。これらは軽量の客貨列車に使われたのち、1980年代に廃車された。

形態：軽軸重の電気式ディーゼル2D2機
動力：825kWのクロスレーHSTV8系エンジン
牽引力：（最大）116kN、（時速39km連続で）53kN
最高運転速度：時速89km
重量：80t
全長：14.63m
ゲージ：1067mm

この変わったイギリス製機の独特の運転台スタイルを見れば、間違いなくX型とわかる。運転中には油じみた黒煙を盛大に吐き出すことで悪名高い機関車のことだから、いまは停止中のようだ。

EMD16型CC機　各鉄道　　　　　　　　　　　　　　　　チリ／ウルグアイ：1954年

　1950年代の半ばにアメリカのゼネラル・エレクトリックは、ラテン・アメリカの鉄道向けに多種多様な電気式ディーゼル機を製造した。よく目立ったもののひとつがL型車体の片運転台機で、チリやウルグアイ向けに製造されたものには現在も旅客列車用に使われているものがある。

　チリ向けは2群の計17両で、1954年にD7001～D7012号が、その後1956～57年にD7013～D7017号が送られた。パシフィコ鉄道（FEPASA）は現在も5両をD1600型と名付けてラパスからの貨物列車用に使い続けている。

　ウルグアイ向けもやや小出力の47両が2群に分けて製造され、1952年に20両（1501～1520号）が、2年後の1954年に27両（1521～1547号）が送られた。約10両が今日残っているのは恐らく注目に値するものであり、定期旅客列車に今なお使われている。1500型はモンテヴィデオと8月25日駅との1日4回の通勤列車で運転されている。

形態：電気式ディーゼルCC機
動力：チリは1288kW、ウルグアイは1030kWのアルコ12-244系エンジン
牽引力：245kN
最高運転速度：時速120km
重量：106～112t
全長：17m
ゲージ：チリ1676mm、ウルグアイ1435mm

2400型　オランダ国鉄（NS）　　　　　　　　　　　　　　　オランダ：1954年

　130両の2400型フード式BB機は、1950年代におけるアルストムの代表的な製品であった。短距離貨物列車や重量入換用に設計されたこの機関車は、オランダ全土において1人の機関士が4両までの機関車を総括制御して重量貨物列車にも使われた。1990年代の終わりには退役している。

形態：本線貨物用電気式ディーゼル機
車輪配列：BB
動力：625kWのV形12気筒SACM　V12 SHRディーゼル・エンジン、直流発電機、吊掛式直流電動機4基
牽引力：161kN
最高運転速度：時速80km
重量：134t
全長：18.64m
ゲージ：1435mm

ユトレヒトで撮影されたこの2400型BB機2両は、数多い存在として主に貨物列車で長く使われてきたアルストム製汎用ディーゼル機を代表するものである。

第2部　ディーゼル機関車とディーゼル列車

DF型2CC2機　ニュージーランド国鉄(NZR)　　　　　　　　　　　　　　　　　　　　　　　ニュージーランド：1954年

イングリッシュ・エレクトリック製のニュージーランド国鉄DF型はこの鉄道で最初の本線用ディーゼル機であった。当初のNZRの発注は31両だったが10両に修正され、残りは42両のDG型というもっと小型の機関車に変更された。DF型は初期には信頼性に欠けていた。イングリッシュ・エレクトリックが使ったのは英国鉄道が40型に載せたのと同じMkⅡ系のエンジンだっ

長い車体側面、大きな丸窓と長い前頭部がDF型独特の形を構成している。この機関車は重量を10軸に配分しているため、かつてニュージーランドに多かった簡易な線路でも運転することができた。

た。この16SVTエンジンは次第に頼りになるたくましい動力源となっていったが、初期の形は問題が多くたくさんの改良が必要だった。DF型は北島で主に貨物用に使われ

始め、その後新型ディーゼル機が大量に投入されるとDF型は区間用の仕業に回されて、新型に比べ軸重が少ないことから簡易な線路では重宝がられた。両数が少ないことと稼働率が低いことにより、DF型は1972〜75年に早々と退役させられた。

形態：電気式ディーゼル2CC2機
動力：1119kWのEE　16SVT系エンジン
牽引力：180kN
最高運転速度：時速96km
重量：110t
全長：18.7m
ゲージ：1067mm

M2型　A1A−A1A機　セイロン鉄道　　　　　　　　　　　　　　　　　　　　　　　　　　　スリランカ：1954年

以前セイロンといったスリランカは1950年代にディーゼル化を開始し、本線用に2種類の対照的なA1A−A1A機を入れた。M1型はマーリース・エンジン付きのブラッシュ・バグナル（イギリス）製で、M2型はEMDのG12型の輸出用だった。G12型はふつうBB機として製

造されるのだが、セイロンは簡易な線路のためにA1A−A1A版を特注した。塗装は銀色、空色、紺色でバッファーとカウキャッチャーが赤という目立つものだった。この色こそそこの機関車を多くの人々の心に焼き付けたものだった。M2型は1954年から何度かに分けてロ

ンドン（カナダのオンタリオ州）で製造され、1号機には「オンタリオ」という愛称が付けられた。M1型が少し前に退役したのに対し、こちらは大部分が今でも使われている。

形態：電気式ディーゼルA1A−A1A機
動力：1065kWのEMD12-567系エンジン
牽引力：201kN
最高運転速度：時速80km
重量：90t
全長：14.507m
ゲージ：1676mm

202〜204型　ベルギー国鉄(SNCB)　　　　　　　　　　　　　　　　　　　　　　　　　　　ベルギー：1955年

ベルギーの政治理由から、初期のディーゼル機関車は同国のフランドル地方とワロン地方にあるメーカーにそれぞれほぼ同数ずつ発注された。アングロ・フランコ・ベルジュはノハブ／ゼネラル・モータースのディーゼル機関車製造のライセンスを取得して、最初の製品を1955年に登場させた。この39型CC機はアメリカ風の流線

形で、GMの重い2サイクル・エンジン、直流発電機、吊掛式の電動機6基を持っていた。これらは1970年代に52〜54型と改称された。

こうした区別は、53型が列車暖房用ボイラーを持たず、54型が回生制動装置を持たないことから来ていた。その後の用途の変化により、52型と53型とは配置が入れ替わりした。後に残存機は運転

台を新しいものに改造して、機関士の居住性を高めた。

この機関車は客貨両用として、またアルデンヌ山地を越える長編成の重量貨物列車にも重連で使われた。最後の仕事は線路工事用や混合列車用となっている。

形態：本線の客貨両用電気式ディーゼル機
車輪配列：CC
動力ユニット：1265kWの2サイクルV形16気筒GM16-567Cディーゼル・エンジン、直流発電機、吊掛式主電動機6基
牽引力：245kN
重量：108t
全長：18.850m
ゲージ：1435mm

ディーゼル機関車とディーゼル列車　　1906〜1961年

DY型　　インド国鉄（IR）　　　　　　　　　　　　　　　　　　　　　　　　　　　　　　　　　　　インド：1955年

グラスゴー（スコットランド）のノース・ブリティッシュ機関車会社（NBL）で設計・製造されたYDM1型（当初はDY型と呼ばれた）は、インド国鉄の1mゲージ線用で最初のディーゼル機関車だった。これらは蒸気機関車への十分な給水を維持することが困難なアーメダバード〜デリー間本線のカンドラ〜パランプール間における貨物列車用として特別に製造されたものだった。その後別の仕業にあてられたYDM1型は1970年代半ばにCLWで改造されて、当初のV形12気筒パックスマン12PRHXLエンジンがもっと簡単な機構の515kW直列6気筒、MaK6M282系に置き換えられた。フォイトの液体式伝動装置は変わりなかった。NBL製の大部分のディーゼル機と違って、これはインド国鉄でずっと愛用され、比較的軽量なことが評価されて現在でも使われているものがある。

形態：液体式ディーゼル軽量BB機
動力：460kWの12PRH
牽引力：（時速12kmで）80kN
最高運転速度：時速96km
重量：44t
全長：16.63m
ゲージ：1000mm

DA型　　ニュージーランド国鉄（NZR）　　　　　　　　　　　　　　　　　　　　　　　　　　　　ニュージーランド：1955年

形態：電気式ディーゼルA1A－A1A機
動力：1060kWのEMD12-567系エンジン
牽引力：（連続）140kN
最高運転速度：時速100km
重量：81t（GMDおよびEMD製）、79t（クライド製）
全長：GM製14.1m、クライド製14.6m
ゲージ：1067mm

このG12系6軸機に見るように、EMDの輸出用設計の特徴は運転台屋根の曲線だった。この型の場合、両ボギー台車の中間軸は無動力である。

1955〜67年にかけてニュージーランド国鉄が8回に分けて発注したDA型とDAA型は、EMDのG12系である。146両が製造され、EMDのラグレーンジ工場（アメリカ）とGMD（カナダ）およびライセンス生産のクライド社（オーストラリア）からの輸入だった。重量を6軸に配分したA1A－A1A機のため軸重の小さい北島の路線向けだったが、大部分は本線の旅客と貨物用に使われた。最初の30両は曲線で揺れが激しいために使用開始後間もなく貨物専用とされ、後続機はこれに対処するため台車と支持機構を改良した。1970年にDA型のうちの5両がハンプ操車場における低速運転用の制御装置に改められ、DAA型と改称された。1977〜83年には80両がクライド社でDC型に改造された。

DG/DH型　　ニュージーランド国鉄（NZR）　　　　　　　　　　　　　　　　　　　　　　　　　ニュージーランド：1955年

DG型とDH型は大型のイングリッシュ・エレクトリック製DF型21両を改造して製造されたもので、DG/DH型の各機は（イングリッシュ・エレクトリックでは736kWの8SVTエンジンを奨めたのだが）DF型の半分の出力となった。DG型31両とDH型11両の計42両はどちらも重量70トンだったが、A1A－A1A台車の支持装置の違いからDH型の方が動軸上の重量は大きかった。北島の機関車はオークランドとウエリントン周辺の区間輸送に使われ、全機が1962〜76年の間に少しずつ南島へ移された。1968年にはDH型がぜんぶDG型に改造され、また10両は新しい運転台を付け、10両は運転台なしの「スレーヴ」となって2両1ユニットで使われるようになった。DG型は1983年に営業運転から消えたが、4両が保存（うち2両は動態保存）されている。

形態：電気式ディーゼルA1A－A1A機
動力：560kWのEE6SRKT系エンジン
牽引力：DG型114kN、DH型130kN
最高運転速度：時速96km
重量：70t
全長：14.7m
ゲージ：1067mm

M44型入換機　　ハンガリー国鉄（MÁV）　　　　　　　　　　　　　　　　　　　　　　　　　　　ハンガリー：1956年

M44型はMÁVのためにガンツ＝MAVAG（ハンガリー国営製鉄・製鋼・機械製作所）が1956〜71年までというかなり長期間製造し続けた。同じ設計で専用鉄道向けのもの（A25型）やGySEV（ジェール・シェプロン・エーベンフルト鉄道）向けもあり、合計の生産台数はゆうに200両を越えた。この型はハンガリー全土に配置されて入換用や構内作業用、軽量貨物列車用、他線連絡用に使われているが見られた。M44.5型というのはウクライナとの国境で列車の受け渡しに使うための1524mm軌間機の型式区分だった。2002年からMÁVで

第2部　ディーゼル機関車とディーゼル列車

は本来のガンツのイェンドラシック・エンジンを同じ440kWのキャタピラー3508系に載せかえはじめており、50両ほどがM44.4型として2010年以後まで使われるものと思われる。GySEVでも自社の5両に加えて中古のM44型やA25型を若干入手しており、エンジンの載せかえは626kWのドイッツ製とする計画である。ガンツ－MAVAGでは1958～82年に同系機を旧ソ連、ブルガリア、ポーランド、ユーゴスラヴィア、中国（ND1型）へ輸出している。

ハンガリーのM44型が古めかしい腕木式信号機が立っている間での貨車入換という、いかにも旧東ヨーロッパ圏らしい風景の中で働いている。

形態：電気式ディーゼルBB機
動力：440ｋWのガンツ・イェセンドリック16ＪＶ17／24系エンジン
牽引力：(毎時10.7ｋmで) 97ｋN
最高運転速度：毎時80ｋm
重量：66t
全長：11.24m
ゲージ：1435mmまたは1524mm

DL500型　ペルー南部鉄道
ペルー：1956年

イギリス資本のペルー南部鉄道（フェロカリル・デル・スール）はアルコ「ワールド・シリーズ」のDL500型を山岳線用に入れた。これこそアンデス山地を走る、まさに世界「最高」の路線である。

酸素の欠乏する高地山岳線での使用のため標準より低い出力と定められたDL500B型は、2両を背中合わせにしてダイナミック・ブレーキを働かせて使われた。気圧が適当な低高度では後には全出力が認められるようになった。DL500型は1990年代まで残っていたが、2000年までには次第に全機が運転を止めた。

形態：電気式ディーゼルBB機
動力：1324ｋWのアルコ251系エンジン
牽引力：273kN
最高運転速度：毎時96ｋm
重量：104t
全長：17.958m
ゲージ：1435mm

アルコRS-11型　各鉄道
アメリカ：1956年

元セントラル・ヴァーモント鉄道のRS-11型がジェネシー・ヴァレー（機関車リース会社）の塗色になって、ロチェスター（ニューヨーク州）にあるロチェスター＆サザン鉄道のブルックス・アヴェニュー操車場にいる。

第二次大戦後のアルコの本線用機関車はその244系ディーゼル・エンジンを動力としていた。しかしこの設計には残念ながら欠陥があり、保守費用は大幅に増加して、同社の期待どおりの販売は達成不能となった。この状態を修正するためアルコはより良い設計の251系エンジンを開発し、最初は6気筒方式で1954～55年製のS-5型、S-6型入換機に使った。

1956年にアルコは、12気筒の251Bエンジンを動力とする1341kW（1800馬力）のRS-11型ロード・スウィッチャーを登場させた。この機関車はアルコ初期のRS-2型やRS-3型といったロード・スウィッチャーよりフード部分が高く、いっそう角張った外観であった。その後の5年間に425両以上のRS-11型が北アメリカ向けに製造され、多くの鉄道で採用された。その中にはセントラル・ヴァーモント、デラウェア＆ハドソン、リーハイ・ヴァレー、ペンシルヴェニア鉄道もあった。

形態：電気式ディーゼルBB機
動力と出力：1341kW（1800馬力）の12気筒アルコ251Bエンジン
牽引力：入手不能
最高運転速度：入手不能
重量：入手不能
全長：入手不能
ゲージ：1435mm

ディーゼル機関車とディーゼル列車　1906～1961年

EMD　FL9型　ニューヘイヴン鉄道
アメリカ：1956年

　EMDのFL9型は、ニューヘイヴン鉄道のため開発されたハイブリッド機関車である。電気式ディーゼル機関車が電化区間では電気機関車として運転できるように集電靴を設けるという、一風変わった方式。これにより同社はFL9型機をニューヨークのグランドセントラル・ターミナルとペン・ステーションまで、エンジンの排気が禁止の長いトンネル区間を通って直通できるようになった。こうしたデュアル・モード機を使ってニューヘイヴン鉄道は、ボストンからニューヨークまでの直通旅客列車を機関車の交換なしに走らせることができた。

　アムトラックでは保有する少数の旧ニューヘイヴンFL9型を、オーバニー（レンセラー駅）とニューヨーク市内との間の「エンパイヤー・コリドー」を走る列車に常時あてていた。1993年10月、FL9 484号がレンセラー駅に見える。

形態：B-A1A電気式ディーゼル／電気機関車
動力と出力：1305kW（1750馬力）のEMD16-567Cと直流660Vのサードレール集電
牽引力：258kN
最高運転速度：時速145km
重量：130t
全長：17.882m
ゲージ：1435mm

MLW　RS-18型　各鉄道
カナダ：1956年

　アルコ系のモントリオール機関車工場（MLW）では1956～68年までRS-18型を製造した。これはアルコのRS-11型（同社の分類ではNo.701）とほとんど同系だったが、フードは僅かに高くなっていた。1341kW（1800馬力）の出力はEMDのGP9型ロード・スウィッチャーに匹敵するものであり、各種の仕業にあてられた。カナディアン・パシフィック（CPR）とカナディアン・ナショナルはRS-18型の主なユーザーであり、本機はカナダ東部の各線でよく見られた。CPRではほとんどのRS-18型のフードを切り取って視界を改善し、これらはMLW製機で同社が使うものの最終グループとなった。そして1990年代の終わりまで定期運用に残った機関車もあった。

　1993年1月11日、カナディアン・パシフィックのRS-18型がモントリオール（ケベック州）北のセントマーティンス・ジャンクションで働いている。もともとRS-18型の短いフードは背の高いものだった。

形態：電気式ディーゼルBB機
動力と出力：1341kW（1800馬力）の12気筒アルコ251Bエンジン
最高運転速度：時速120km
重量：入手不能
ゲージ：1435mm

第2部　ディーゼル機関車とディーゼル列車

31型　英国鉄道

イギリス：1957年

　263両のブラッシュ2型は、マーリーズ・エンジンを持った中出力の電気式ディーゼル機関車だった。このエンジンは疲労による亀裂を早く生じたので、ブラッシュ製の電気部品はそのままで、より強力なイングリッシュ・エレクトリックのエンジンに交換された。この機関車は東部支社で、後には西部支社やロンドン・ミッドランド支社でも使われた。1980～90年代に大部分は廃車され、少数がフラゴンセットで働いており、保存されたものもある。

形態：本線の客貨両用電気式ディーゼル機
車輪配列：A1A-A1A
動力：933kWのマーリーズJVS12T、のち1095kWの12気筒EE12SVT、ブラッシュ製直流発電機、吊掛式主電動機4基
牽引力：176～190kN
最高運転速度：時速120～145km
重量：106t
全長：17.3m
ゲージ：1435mm

ブラッシュ2型（後の31型）は旅客列車でも貨物列車でもお手のものだったが、貨物列車が非常に重たい時には重連でも使われた。

「トランス・ユーロップ・エキスプレス」　オランダ国鉄（NS）／スイス連邦鉄道（SBB）

1957年

　ヨーロッパの鉄道が戦争の被災から立ち直り、大陸諸国でビジネスがまた繁栄しはじめていた時に、自動車道や航空網など他の交通手段からビジネスマンを惹き付けるため、デラックスな国際ビジネス列車を走らせようという考えが生まれた。当時の国際旅客輸送は機関車牽引の長距離客車列車が一般的で、何カ国からの混成が多く、国境での機関車付け替えや接続駅での行き先の違う客車の入換作業によって遅れがちであった。国境駅での税関とパスポート検査のために列車が半時間も止まるのはふつうだった。フランスとベルギーの間でさえこんなことが起こっていたが、EUとなった今はみんな忘れている。国際列車の多くは一部の区間を蒸気機関車が牽引していた。その頃アムステルダムからミラノへ行こうという人は、たいてい途中の例えばミュンヘンあたりで1泊し、翌日はその先の列車を捕まえるのだった。だから1950年代の国際列車はのろく、首都同士の連絡や他国の主なビジネス・センターの間との連絡には使えないものと思われていた。これに対し5カ国の鉄道は、当時は革新的と見られた方法でビジネス市場に挑戦を開始しようと決定した。

　1957年に導入されたオランダとスイスの「トランス・ユーロップ・エキスプレス」（TEE）列車は、高品質な国際間の鉄道ビジネス旅行を推進しようというこうした共同事業の一部だった。ドイツ、スイス、フランス、イタリア、オランダも列車を準備し、その行き先は北ではハンブルク、ブリュッセル、パリ、アムステルダム、南ではミュンヘン、チューリヒ、ベルン、ミラノに及んだ。NSとSBBはデラックスな独特の編成を両鉄道が共同して製造し、保有した。変わっていたのは各4両編成のうち1両は動力車（事業用車兼用）にあてられたことで、実際には機関車1

TEEのディーゼル列車でいちばん成功したと思われるのはドイツ連邦鉄道の8両編成で、経済的な人数を運べるほどの長編成で（そしてもちろん非常に印象的な外観でも）あった。

ディーゼル機関車とディーゼル列車　　1906〜1961年

両と客車3両のようなものだった。動力車はオランダのヴェルクスポールの設計であり、運転台の前面は列車の反対側の制御車と同様、丸い前頭部を持ついかにもオランダ風のもので、この列車にやや重苦しい印象を与えた。

オランダ・スイス編成の動力装置は高性能の電気式ディーゼルであった。当初のTEEはぜんぶディーゼル牽引だったが、それは4方式もの電圧や電化システムの区間に電気列車を運転するには電気技術の信頼性にまだ疑問があったからである。例えばオランダは直流1500V、ベルギーは直流3000V、フランス北部は50ヘルツの交流25,000V、ドイツとスイスは16.67ヘルツの交流15,000Vを使っていた。いずれにしてもヨーロッパの幹線には、非電化区間もまだ多かった。

TEEの客車はヨーロッパの1等旅行の水準を際立って向上させた。全車両が1等だけだった。空調が完備されており、ヨーロッパでふつうの客車に車室冷房と空気浄化を幅広く採用したのはこれが最初だった。室内は各座席に十分な広さと足を伸ばせる場所があり、食事や飲み物を置くテーブルもあった。2重ガラス窓など車両の外部との絶縁には大きな努力が払われ、気温は安定し騒音は大幅に減少した。これらの列車は当然人気が高かったが、他のディーゼル列車式TEEと同様、営業上は成功したのに編成の短いことで、将来の発展はなかった。この列車は機関車の交換が要らず、パスポートと税関の検査はふつう車内で行われるため、所要時間は大きく縮められた。これには専用の固定編成列車であるための性能の高さもあずかっていた。

ドイツ以外のTEE編成は既存のディーゼル列車の設計を採用していた。フランスは2両編成の液体式ディーゼルRGPの設計をTEE用に変更するため、空調装置を加えて内部をデラックス化した。イタリアもスマートな2両編成のディーゼル列車を取り上げて、TEEの共通標準である空調化された乗り心地の良い内部を備えさせた。しかし、たった2両の客車では不十分であり、フランスやイタリアの編成は、オランダ・スイスのものと同様、列車を長大化する必要に打ち負かされた。

西ドイツのTEE列車は、小さな客室部分もある動力車を両端に置いた8両の固定編成だった。これらはV200型BB機関車に使われて実証ずみの装備となっていたものに似た、各動力車820kWの液体式ディーゼルであった。円球状の前頭部と人目を引く流線形の外観で、この列車はとくに有名であった。列車の長さのため、TEE式旅行の需要が高まっても他の国が設計したものよりはよく対応できた。TEEという考えがその後捨てられ、ユーロシティといったブランド名の国際列車にとって代わられると、これらの編成はドイツ連邦鉄道の国内インターシティ列車を担当するようになった。

東ドイツも西ドイツのTEE編成に対抗して、よく似た8両編成の液体式ディーゼル列車をつくり、ベルリン〜ウィーン間の列車に投入した。スカンディナヴィアへ向かう一部の列車にも見られた。東ドイツ国鉄の列車の流線形端面は西ドイツのものほど丸まってはいなかったが、その基本思想は原形のコピーであることは間違いなかった。

当初のTEE列車はどれも赤とクリームという共通の塗装で走っていた。フランスは座席供給より需要の方がずっと大きいため、ディーゼル列車のTEEへの使用を早々と打ち切らなければならなかった。そこでフランス国鉄は、ステンレスで覆われた空調付きの客車をパリ〜ブリュッセル間などのTEE路線に導入した。RGP気動車はフランス国内の急行用にふり向けられた。スイスはイタリア国鉄とは手を切って、5両編成の電車列車をミラノ〜パリ間の「シザルパン」列車に投入した。ミラノ〜ミュンヘン間でも機関車牽引が標準となった。等間隔で運転されるインターシティ列車やユーロシティ列車が1970〜80年代にヨーロッパ全体に広まると、TEEというブランドは時代遅れになった。こうした機関車牽引の長編成列車では単独の食堂車を連結し、1等客だけでなく2等客用の設備も備えるようになった。

オランダ・スイスのTEE列車はカナダのオンタリオ・ノーザン鉄道に売却され、トロント周辺で（ヴェルクスポール製動力車ではなく）ふつうのディーゼル機関車に引かれて運転されている。

形態：1等専用のTEE電気式ディーゼル列車
動力：746kWの16気筒ヴェルクスポール製ディーゼル・エンジン（各動力車に2基）
伝動：直流発電機、3軸ボギー台車に2基ずつの主電動機計4基
最高運転速度：時速140km
編成重量：253t
全長：96.926m
ゲージ：1435mm

「トランス・ユーロップ・エキスプレス」はヨーロッパの国際鉄道旅行が「不便」だという認識をくつがえして、発展してきた自動車や航空網からビジネス客を取り戻そうという試みだった。

V100型　ドイツ連邦鉄道（DB）　　　　　　　　　　　　　　　　　　　　　　　ドイツ：1958年

小形蒸気機関車の代替として、DBはV100型を発注した。実際上これはV200型の半分の出力であり、一時はこのV100型と、より強力な改良機として後に生まれた212型とを合わせて、700両以上が使われた。これらのコンパクトな液体式BB機は電化まで西ドイツ全土で使われ、電車列車や貨物の合理化で退役に追い込まれた。現在残っているのはごく少ない。

形態：支線の客貨両用液体式ディーゼル機
車輪配列：BB
動力：820kWの中速12気筒MTUディーゼル・エンジン、フォイトL216rs液体式伝動装置
牽引力：183kN
最高運転速度：時速100km
重量：62t
全長：12.1m
ゲージ：1435mm

第2部　ディーゼル機関車とディーゼル列車

タイプ2　CB機　英国鉄道
イギリス：1958年

　メトロポリタン・ヴィッカース製のタイプ2機関車20両は、ふたつの点で変わっていた。ボギー台車の片方は2軸で、他方は3軸だった。ディーゼル・エンジンはクロスレーの2サイクル式で、その特許である「排気パルス圧過給」システムを備えていた。高圧の排気ガスにふれれば、理論上、取り入れた空気の圧力も高まる。これらは終始バロー・オン・ファーネスを基地に働いたが、技術的には成功といえず、1968年までにぜんぶ廃車された。D5705号は保存されている。

形態：本線の客貨両用電気式ディーゼル機
車輪配列：CB
動力：895kWの2サイクルV形クロスレーHSTV8、メトロ・ヴィック直流発電機、吊掛式主電動機5基
牽引力：220kN
最高運転速度：時速120km
重量：97t
全長：17.27m
ゲージ：1435mm

メトロポリタン・ヴィッカース製のタイプ2が早く廃車されたのは、CBという非対称の車輪配列のためではなく、クロスレーの2サイクル式ディーゼル・エンジンの性能が原因だった。

40型　英国鉄道
イギリス：1958年

形態：本線の客貨両用電気式ディーゼル機
車輪配列：1CC1
動力：1490kWの16気筒イングリッシュ・エレクトリック16SVT、直流発電機、吊掛式直流主電動機6基
牽引力：230kN
最高運転速度：時速145km
重量：136t
全長：21.19m
ゲージ：1435mm

　イングリッシュ・エレクトリックとロバート・スティーヴンソン＆ホーソーンはタイプ4に属する40型機関車を200両製造した。設計は機械面でも電気面でも南部支社の10203号ディーゼル機を真似ており、ボギー台車、エンジン、電動機などはほとんど同じものだった。大きく違ったのは車体のスタイルで、側面は平滑であり、運転台は補助機器を収めた前頭部のやや後方に置かれていた。
　時速145kmまでの高い速度を出すことのできる40型は、性能が高く信頼性も優れていたが、重量が

「みめより心」という諺があるが、EEのタイプ4は当時の美しい機関車に数えられるものに違いない。これらは急行旅客列車でも重量貨物列車でも高性能を発揮した。この写真にはBRの緑色に塗られたものが見える。

ディーゼル機関車とディーゼル列車　　1906〜1961年

大きいため幹線でないと高速運転はできなかった。最初はBRの東部、東北部、ロンドン・ミッドランドの各支社に配置され、「ローヤル・スコット」、「フライング・スコッツマン」、「ノーフォークマン」、「マスター・カトラー」とかプルマン車編成の「クイーン・オヴ・スコッツ」といった愛称付き急行を牽引していた。後に40型はもっと地味な仕業や、支線の貨物列車用に回された。

最初のD322号は衝突事故で破損して1967年9月に廃車され、その11月にクルー工場で解体された。「ほんとうの」廃車は1976年1月からで、英国鉄道が高速列車を走らせるようになってから最終的な置き換えが進み、1984年までに全機が退役した。

TE10型CC重連　　ソヴィエト国鉄　　　　　　　　　　　　　　　　　　　　　　　　　　　　　　　　ラトヴィア：1958年

TE10型の中にはいろいろな型を含んでおり、ソ連の技師が生産目標を達成するため成功した型式をひいきにしがちであることを示している。TE10型には単機、重連、3重連、4重連のものがあり、その車体にも2種類がある。

最初のTE10 001号は1958年11月にルガンスク工場で完成した。ソ連最初の2208kW機という設計であり、1492kWのTE3型よりほんの少しだけ重いだけでこれに取って代わろうという狙いだった。鍵となったのは新しいエンジンの開発で、最初は向合ピストン式2サイクルの2D100を12気筒にした9D100を採用していた。

しかし9D100は10D100に交代し、これはブースト圧の向上で10気筒でも2D100と同じ出力を出した。最初の単機式TE10L機は少数で終わり、2TE10L型が1961年から量産されて重連3000組が生まれた。これらは当初のハルコフ工場式の車体であり、これは後の輸出用M62型のものと似ていた。

1974年から2TE10V型が車体を新しくし軸重を増やして生まれた。車体は運転台の窓が（当時つくられていた2TE116型と同じように）上部の突き出たもの（内方傾斜式）となっていた。当初使われた1940年代のアルコDA型輸入機のものをコピーした台車に代わって、TE116型のものが採用された。TE10V型の「V」はヴォロシログラードスキー（当時のルガンスク工場の名前）から来ており、2TE10V 5090号まで製造されたほか、1978年には3TE10V型も1両加わった。

次は重連と3重連のTE10M型というモダーン派（「M」とはモデルニジロヴァンニ）で、3TE10M 0002〜0200、2TE10M 0201〜1000、3TE10M 1001〜1440および2TE10M 2001〜3664が生まれた。

バイカル・アムール管区の路線（第2シベリア鉄道）向けには25編成の4重連型が「S」（セヴェルニィすなわち北）での運転のため、1983年までに製造された（4TE10S 0001〜0025）。量産型としてはさらに2型式が1989〜90年に生まれた。2TE10U 0001〜0549、3TE10U 0001〜0079という「U」（ユニヴェルサルニィ）機と2TE10UT 0001〜0099で、後者は旅客列車用に電空ブレーキを備え、時速120kmの最高速度が出せる力を持っていた。

基本型であるTE10L型の単機での性能は、牽引力が最大で375kN、時速23.3kmの連続で248kNであった。これがTE10V型では最大399kN、時速23.4kmの連続で248kNとなり、主力のTE10S型とTE10U型でも同じ水準であった。

面白い変形として1988年の試作機2TE10G型があり、燃料はディーゼルと天然ガスの両用であった。2TE10G型と名付けられていたものの3連式で、中間には無動力の低温テンダーをはさみ、それが液化ガスを−162℃で運んでいた。試運転と最初の広報ののち消息を聞かないのは、ソ連の機関車開発でよくあることである。

もうひとつ少数生産のものとして1981年からの2TE10MK型があり、2TE116型と同じコロムナ5D49エンジンを備えていた。旅客用は当初TE11型とされたが、TEP10型と改称された。1960年からハルコフ工場で製造され、後にはルガンスク工場も加わった。

形態：貨物用電気式ディーゼルCC機
動力：2208kWのコロムナ10D100系エンジン
牽引力：各種
最高運転速度：時速100km
重量：TE10Lは130t、TE10Vは138t
全長：16.969m
ゲージ：1524mm

7両編成列車　　モロッコ鉄道（CFM）　　　　　　　　　　　　　　　　　　　　　　　　　　　　　　　モロッコ：1958年

1950年代CFMの旅客数は減少しており、鉄道にお客を取り戻そうとフランスで製造されたのが、この空調付き高速7両編成電気式ディーゼル列車であった。動力車は2両で、エンジンは車体台枠に載っていた。補助ディーゼル発電機が列車照明、空調などをまかなっていたから、エンジン出力はぜんぶ走行用にあてることができた。両運転台式で、288人の旅客を輸送することができた。

形態：7両編成電気式ディーゼル列車
動力：毎分1500回転で746kWのMGOエンジン2基、アルストムの電気式伝動により動力台車2基を駆動
牽引力：不明
最高運転速度：時速121km
総重量：251.2t
最大軸重：12t
全長：不明
ゲージ：1435mm

EMD　SD24型　　各鉄道　　　　　　　　　　　　　　　　　　　　　　　　　　　　　　　　　　　アメリカ：1958年

SD24型はEMD最初のタービン過給器付き高出力6基電動機式のディーゼル機であった。1958年に登場し、1963年まで製造されたこの1788kW（2400馬力）機は、アメリカの貨物鉄道のほとんどで標準となる動力車の形の先駆者であった。SD24型の外観は同じEMDのSD9型に似ていたが、運転台後方の長いフード側にタービン過給器を収めた円形のふくらみがあるのですぐ見分けることができた。サンタフェ鉄道とユニオン・パシフィック鉄道は（流行し始めていて1960年代には標準となる）前方のフードを低くしたSD24型を発注し、バーリントン鉄道とサザン・パシフィック鉄道はフードの高いものを採用した。サンタフェではSD24型群のエンジンをEMD16-645に交換して出力と信頼性を高めようとし、これらはSD26型と改称された。

形態：電気式ディーゼルCC機
動力：1788kW（2400馬力）のEMD16-567D3
牽引力：425kN
最高運転速度：入手不能
重量：174t
全長：入手不能
ゲージ：1435mm

V型液体式ディーゼルB機　　ヴィクトリア州営鉄道　　　　　　　　　　　　　　　　　　　　　　オーストラリア：1959年

これは独特な設計の小さな液体式ディーゼル2軸入換機で、かつてオーストラリアの本線鉄道を走った中では最小形に属する。本機はヴィクトリア州営鉄道で製造され、客車の入換に用いられた。

形態：軽入換用液体式ディーゼルB機
動力：30kWのフォードソン・メイジャー・エンジン
牽引力：48kN
最高運転速度：時速16km
重量：22t
全長：6.32m
ゲージ：1600mm

第2部　ディーゼル機関車とディーゼル列車

48型　ニュー・サウスウェイルズ州営鉄道
オーストラリア：1959年

　1959～70年に製造されたニュー・サウスウェイルズの48型は、オーストラリアでもっとも数の多かったもの。最初の45両はぜんぶGEの電気部品を使っており、次の40両はGEの発電機でイギリス設計のAEI電動機を使い、最後の80両はぜんぶAEIだった。GEからAEIへの切り換えは、GEがこれまで協力してきたアルコと競争するようになったことによる。2002年には100両以上が可動状態にあり、主としてニュー・サウスウェイルズ州の穀物や石炭を産出する路線に使われるほか、支線貨物列車にもあてられている。更新されたものもあり、3両はオーストラックの貨物列車に使われている。一時はシドニー～メルボルン間の路線でも運転された。

　4827号は中央からずれた運転台と高いボンネットという典型的なロード・スウッチャー風のスタイルをしており、また、この出力帯の6軸貨物機にしては比較的短い車体長となっている。

形態：貨物用CC機
動力：780kWのアルコ6-251系エンジン
牽引力：（4801～4885号の場合）（時速10kmの連続で）151kN
最高運転速度：時速120km
重量：75t
全長：14.76m
ゲージ：1435mm

44型　英国鉄道
イギリス：1959年

　英国鉄道自体が設計したタイプ4電気式ディーゼル機が南部支社の10201系にこれほど似ていて、イングリッシュ・エレクトリックの丸写しというのは驚きである。少なくとも1Cというボギー台車の設計は南部支社由来のものに違いない。動力はより強力なズルツァーの12LDA28型エンジンを備え、頑丈なクロンプトン・パーキンソンの電気部品に結ばれていた。44型は10両製造され、その後の45型、46型183両の原形となった。44型は本線旅客用として、とりわけロンドン・ミッドランド支社のミッドランド地区で働き始めたが、45型と46型が増えるにつれ貨物用に移った。44型はイングランドとウェイルズのふたつの山にちなんだ愛称を与えられ、「ピーク」級として知られたが、ミッドランド東部のトートン機関区から重量貨物列車を牽引して最後を迎えた。

形態：本線の客貨両用電気式ディーゼル機
車輪配列：1CC1
動力：1715kWのV形12気筒ズルツァー12LDA28ディーゼル・エンジン、クロンプトン・パーキンソン直流発電機、吊掛式直流主電動機6基
牽引力：310kN
最高運転速度：時速145km
重量：141t
全長：20.7m
ゲージ：1435mm

保存された後の展示会で撮影された44型D4号で、愛称は「グレイト・ゲーブル」。

ディーゼル機関車とディーゼル列車　1906〜1961年

060-DA型　ルーマニア国鉄（CFR）　　　　　　　　　　　　　　　ルーマニア：1959年

ルーマニアは主に西ヨーロッパ諸国から、その設計を導入することが多かった。本線用のディーゼル機関車ではスイスを選び、ブラウン・ボヴェリー（BBC）のコンパクトなBB機にズルツァーのディーゼル・エンジンとBBCの電気部品を載せたものが登場した。060-DA型（のち60〜62型）は計1407両がCFR向けに製造され、大部分はルーマニア南部のクラヨヴァにあるエレクトロプテレ工場製であった。この機関車は重量旅客列車にも貨物列車にも適した成功作であり、エレクトロプテレからポーランドとブルガリアの鉄道に供給されたものも多かった。

CFRでは近年、若干のこの機関車を改造して使い続けることにしており、キャタピラーのエンジンと進歩した電気部品で近代化されたものが2両ある。この型はルーマニアとポーランドでなお使われているが、ドイツやイタリアなどの私鉄に売却された余剰機も多い。

CFRの優秀CC機のひとつが典型的な旅客列車を引く。1407両の機関車の大部分はルーマニア製であった。

形態：本線の客貨両用電気式ディーゼル機
車輪配列：CC
動力：1544kWのV形12気筒ズルツァー12LDA28ディーゼル・エンジン、ブラウン・ボヴェリーの直流発電機と吊掛式主電動機6基
牽引力：314kN
最高運転速度：時速120km
重量：118t
全長：17m
ゲージ：1435mm

EMD　GP20型　各鉄道　　　　　　　　　　　　　　　　　　　　アメリカ：1959年

形態：電気式ディーゼルBB機
動力と出力：1492kW（2000馬力）のEMD16-567D2
牽引力：（時速22.4kmで）200kN
最高運転速度：時速104km
重量：116t
全長：17.12m
ゲージ：1435mm

エレクトロ・モーティヴの初期のディーゼル機関車が持っていた強みのひとつは、強力・コンパクトで信頼性が非常に高い567系エンジンだった。何千というF級、GP級、E級や入換機などがこの系列に属するエンジンを動力としていた。もともと567系はルーツの排気ブロワー式過給器を備えていた。

1950年代後半にユニオン・パシフィック鉄道はそのEMD GP9型の一部を改造してタービン過給器を付け、出力の増加を図った。EMDもこの例にならい、タービン過給器付きで1492kW（2000馬力）を出すGP20型ディーゼル機を登場させた。前頭部の短いフード（ノーズ部）が従来どおり高いものと、前方の視界を良くするためにこれを低くしたものと、両方を発売した点でもこの型は早い例である。GP20型は高速の複合輸送列車に適しており、本機は技術上の先例を確立するものだった。しかし比較的短命で、1959〜62年まで製造されただけで終わった。

サンタフェなどいくつかの鉄道では、最初GP20型を高速貨物列車にあてた。後には区間貨物用に使われることが多かった。

301

第2部　ディーゼル機関車とディーゼル列車

MX型　デンマーク国鉄（DSB）　　　　　　　　　　　　　　　　　　　　　　デンマーク：1960年

DSBの塗色である黒と赤をまとってスマートなMX型は、同系機がベルギー、ルクセンブルグ、ハンガリー、ノルウェイ、スウェーデンでも走っていた。

デンマークのMX型とそれに続くMY型はベルギー国鉄の202型によく似ていたが、車輪配列はA1A－A1Aで、各ボギー台車の外側の軸だけが動力付きだった。この客貨両用機は全土の旅客列車、とりわけ最初は花形の急行や国際列車に使われ、もっと強力なディーゼル機が登場すると区間列車用に落とされた。MX型は1990年代の終わりにDSBから退役するまで、重量貨物列車や保線用に働き続けた。スウェーデンのノハブ製であるが設計はアメリカ式で、ゼネラル・モータース製のエンジンと電気部品（実に信頼性の高い組み合わせ）を備えていた。

製造当時はワインレッドに塗られ、流線形の前頭部には「羽根つき車輪」のマークが踊っていた。後にはDSB標準のもっと明るい赤に変わった。廃車後、デンマークその他の私鉄や線路保守事業者に売却された機関車もある。

形態：本線の客貨両用電気式ディーゼル機
車輪配列：A1A－A1A
動力：1050kWのV形12気筒GM12-567Cディーゼル・エンジン、直流発電機、主電動機4基
牽引力：176kN
最高運転速度：時速133km
重量：89t
全長：18.3m
ゲージ：1435mm

「ブルー・プルマン」　英国鉄道　　　　　　　　　　　　　　　　　　　　　イギリス：1960年

「ブルー・プルマン」はイギリス最初の空調付き列車であり、旅客の環境を静粛にするため高度な遮音を取り入れていた。電気式ディーゼルの固定編成という、TEEに似た発想の列車だった。マンチェスターからロンドンへのミッドランド本線用は6両編成がぜんぶ1等だった。バーミンガムからロンドン（パディントン駅）への路線には1・2等座席の8両編成が投入された。両端の流線形動力車にはMAN

西部支社の8両編成ディーゼルプルマン列車が当初の青と白の塗装でウェールズ南部のニューポートを発車し、ロンドンのパディントン駅に向かう。

ディーゼル機関車とディーゼル列車　1906〜1961年

の12気筒エンジンとGECの発電機が1基ずつあった。主電動機のうち2基は動力車の後部ボギー台車に、2基は隣接する客車の前部ボギー台車にあった。後に全編成が西部支社に移り、ブリストルからロンドンへ、スワンジーからロンドンへという混雑時のビジネス列車で働いた。1973年まで使われていた。

形態：ディーゼル式プルマン列車
動力：（各動力車）：746kWのV形12気筒MAN製L12V18／21Sディーゼル・エンジン、GEC直流発電機、ばね上搭載の直流主電動機4基
最高運転速度：時速145km
重量：（6両編成）305t、（8両編成）371t
全長：（動力車）20.9m、（客車）20.725m
軌間：1435mm

02型　液体式ディーゼル入換機　英国鉄道　　イギリス：1960年

BRは急曲線で軽い列車を引く場所のために、小形の入換用Bディーゼル機関車をいろいろ導入した。そのひとつがヨークシャー・エンジン社（YEC）で作られた20両の機関車だった。この型はロールスロイス（RR）の高速ディーゼル・エンジンを用い、それが3段の液体式トルクコンヴァーターに結ばれていた。

形態：液体式ディーゼル入換用B機
動力：125kWのRR　C6NFLディーゼル・エンジン、RR　10000系3段トルクコンヴァーター、YECの1軸への伝動装置と外側のカップリング・ロッド
牽引力：67kN
最高運転速度：時速32km
重量：29t
全長：約6.7m
ゲージ：1435mm

37型　英国鉄道　　イギリス：1960年

形態：本線の客貨両用電気式ディーゼル機
車輪配列：CC
動力：1305kWのV形12気筒イングリッシュ・エレクトリック12CSVTディーゼル・エンジン、直流発電機、吊掛式直流主電動機6基
牽引力：245〜280kN
最高運転速度：時速130km
重量：104〜122t
全長：18.745m
ゲージ：1435mm

BRで1955年の近代化計画当時の原形以後に出現した最初の型式のディーゼル機は、イングリッシュ・エレクトリックのタイプ3で、後に37型となった。この客貨両用機は最初東部支社に送られ、イースト・アングリアへの急行列車に使われたが、後には各地に広まり、主として重量貨物列車用ということになった。新奇なものではないが非常に信頼性の高い電気式ディーゼルCC機であった。1970年代には2両の37型がイミンガム・ドックからスカンソープ製鋼工場への2140トンの鉄鉱石列車という、イギリスで最重量級の貨物列車にあてられた。他機は後に改造されて列車暖房用の交流発電機を備え、最遠隔路線の区間旅客列車用に使われた。この型は急速に姿を消しており、民営の貨物事業者に売却されたものが少しあるほか、原子力事業で用いられているものもある。フランスやスペインでは重い新幹線建設列車の牽引に重宝がられた。

37／4型はスコットランドのハイランド地方などの遠隔地で旅客列車に電力を供給するため、列車暖房用の交流発電機付きに改造された。

124型「トランス・ペナイン」　英国鉄道　　イギリス：1960年

ペナイン山地を越えて高速旅客列車を走らせようという課題には、4両の動力車と2両の付随車から成る強力な6両編成ディーゼル列車、この124型の製造が回答となった。この列車のうち5両は2等車で、ビュフェ車には1等室があった。のちビュフェ車は外された。124型はハルからリヴァプールまでリーズとマンチェスター経由で運転され、1980年代の初めに「スプリンター」ディーゼル列車がこれに代わった。

124型はハル〜リーズ〜マンチェンスター〜リヴァプール間を6両編成で走り始め、利用者の減少により後には5両、さらに4両の編成となった。

形態：6両（のち5両）編成の急行用ディーゼル列車
動力：170kWのレーランド・アルビオン水平6気筒ディーゼル・エンジン（動力車に各2基）、液体式フライホイール、4速遊星式歯車箱、カルダン軸から逆転用歯車箱を経て隣接の動軸へ
最高運転速度：時速110km
重量：（動力車）41t、（付随車）33t
全長：19.66m
ゲージ：1435mm

第2部　ディーゼル機関車とディーゼル列車

TEM2型　ソヴィエト国鉄

ロシア：1960年

ソヴィエト国鉄のTEM2型という重量入換用のC機は、大量生産されて長く製造が続いた設計の一例である。同鉄道では国産のTEM2型のほか、同様な機器配置と出力のChME3型をチェコスロヴァキアから輸入していた。この両型式とも、ソ連とその後進諸国の全鉄道網で同じような仕業にあてられていた。TEM2型の性能向上型や改良型がいろいろ製造され、あるものは輸出された。TEM2型はアメリカから貸与協定により輸入されたDA型（アルコRS1型）の血を直接にひくものということができる。1958～68年に製造された746kWのTEM1型はDA型を模倣したソ連最初のスウィッチャーであり、本気で入換用蒸機を全廃しようとして2000両近くが製造された。TEMというのは「ディーゼル・電気・入換」の意味であり、「1」はただ最初の型式ということである。TEM2型は出力883kWという動力で同じ最大牽引力を持つ性能向上型で、走行速度は時速90kmから100kmに向上し、重量は軽減されていた。最初の試作機3両は1960年にブリアンスク工場から出現した。さらに試作が重ねられ、1967～87年までブリアンスクとルガンスクの両工場で量産された。

TEM2の基本型から生まれた亜種にはいろいろあり、Mと付くのは近代化、Uと付くのは改良、Tと付くのは電気式ダイナミック・ブレーキ装備を表す。TEM2型はBAM線という第2シベリア鉄道建設の大事業と関係が深い。何十年もの遅々とした進展ののち1990年代の終わりに全通したこの（現在でも仮設工事の箇所が多い）新線の全区間

ソ連ではよくあるとおり、重量級の電気式ディーゼル入換機TEM2型は長く製造が続いて、現在でも現役である。ポーランドとキューバの鉄道もまだこの型を使っている。

で、工事用機関車となったのが本機である。1978年に試作され、1984年から製造が開始されたTEM2U型はTEM2型に技術的な改良を加えるとともに新設計の角張った感じの車体を備えており、TEM2UT型とTEM2T型はこの両者を電気ブレーキ化したものである。TEM2M型は標準型であるペンザ直列6気筒エンジンの代わりにコロムナ6D49というV8式動力を試験的に装備したもの、TEM2US型は電磁式の粘着装置を試験したものである。TEM2UM型は994kWのエンジンを持って1988年に試作され、翌年から量産に入った。ポーランドに供給された機関車には標準ゲージと広軌のものがあり、広軌の機関車は国境での列車受渡用のほか、カトヴィツェ地区に拡がる「鉄と硫黄」のLHS線で入換や工場内の列車に見られる。また、シレジアのカトヴィツェ周辺に拡がる広大な砂利線で昔の鉱山を埋め戻すための土砂運搬に使われているものも多い。キューバもまだこの機関車を走らせている。

形態：重量入換用の電気式ディーゼルCC機
動力：883kWのペンザPD1系エンジン
牽引力：(時速11kmで) 206kN
最高運転速度：時速100km
重量：120t
全長：16.97m
ゲージ：1524mm

ディーゼル機関車とディーゼル列車　1906～1961年

TEP-60型CC機　ソヴィエト国鉄　　　　　　　　　　　　　　　　　　　　　　　　　　ロシア：1960年

　TEP-60型の導入まで、ソ連の旅客列車用ディーゼル機関車は量産型貨物機の変形であり、TE3型の歯車比を高めたTE7型とかTE10に基づくTEP10型があった。

　1985年までに1200両以上のTEP-60型が量産され、一部の地域では現在残っているものも多いが、他の地域では予備機や休車となっている。2両固定編成の2TEP60型2組は1964年に試作され、1966～87年に116組が製造されたほか、単機を組み合わせて改造されたものもあった。

　TEP-60型機関車はみなコロムナ工場製で、コロムナ自製の11D45という2サイクルV16形エンジンを動力としていた。このエンジンはソ連でいちばん燃料効率が高いといわれている。

　旅客専用にもかかわらず、ロシアの通例どおり列車暖房装置はなかった。客車はふつう石炭焚きのストーヴかボイラーによる個別暖房方式だった。

形態：旅客用電気式ディーゼルCC機
動力：2208kWのコロムナ11D45系エンジン
牽引力：(時速47kmで) 124kN
最高運転速度：時速160km
重量：129t
全長：19.25m
ゲージ：1524mm

GE　U25B型　各鉄道　　　　　　　　　　　　　　　　　　　　　　　　　　　　　　アメリカ：1960年

　ゼネラル・エレクトリックは長い間電気機関車の製造者であり、電気式ディーゼル機関車の電気部品の供給者であり、入換用や専用線用の小形ディーゼル機関車のメーカーでもあった。しかし、1960年にU25B型ロード・スウィッチャーを登場させるまで、同社は重量級貨物用機関車の市場で直接競争してはいなかった。ゼネラル・エレクトリックのユミヴァーサル系は、電動機4基を持つ重量貨物用機関車のU25B型で始まった。動力はGEがクーパー・ベセマーから設計のライセンスを取得した7FDL-16ディーゼル・エンジンであった。本機によってGEはアメリカ市場での地位を確立し、1963年には電動機6基の本線用ディーゼル機U25C型を登場させた。GE製U25B型の最大の支持者には、より強力なディーゼル機関車を探していたサザン・パシフィック鉄道があった。

1980年代の初めにメイン・セントラル鉄道は、破産したロックアイランド鉄道からゼネラル・エレクトリックのU25B型を少し手に入れた。

形態：電気式ディーゼルBB機
動力と出力：1863kW（2500馬力）のゼネラル・エレクトリック7FDL-16
牽引力：各種
最高運転速度：各種
重量：118t
全長：18.339m
ゲージ：1435mm

212型　ベルギー国鉄(SNCB)　　　　　　　　　　　　　　　　　　　　　　　　　　ベルギー：1961年

　ベルギーの212型（のち62型）ディーゼル機は好評で、計231両が製造された。中量の客貨両用であるこのありふれたBB機は、ゼネラル・モータースの2サイクル式ディーゼル・エンジンを備えていた。ブリュジョワーズ＆ニヴェルで製造され、重連で重量貨物列車に、また単機で軽量貨物列車や区間旅客列車に使われた。アントワープやシャルルロワを発着するプッシュプル運行もあった。1980年代にはリエージュ～ルクセンブルグ間の旅客列車に用いられるものがあって、列車の電気暖房装置が加えられた。現在は退役し、オランダその他の私鉄に売却されたものもある。その中には原形212.001号（のち6391号）もあり、1999年4月に廃車となるまで、ブリュッセル（スハールベーク）・カンカンポア・ルネ・アールスト・メレルベケという5カ所の機関区に所属してきた。過酷な使用にもかかわらず212型が長寿だったことは、初期のものに比べディーゼルの技術が進歩していることを示すものである。

形態：本線の客貨両用電気式ディーゼル機
車輪配列：BB
動力：1050kWのV形12気筒GM12-567Cディーゼル・エンジン、直流発電機、主電動機4基
牽引力：212kN
最高運転速度：時速120km
重量：79t
全長：16.79m
ゲージ：1435mm

第 2 部　ディーゼル機関車とディーゼル列車

クラウス・マッファイ液体式ディーゼル機　サザン・パシフィック鉄道（SP）　　アメリカ：1961年

1960年代の初めにサザン・パシフィック鉄道は、当時の国内メーカー製のものよりずっと大出力のディーゼル機関車を求めていた。同社はその本線の大部分が険しい山岳線であり、そこで大量の貨物を輸送する鉄道であった。この動力問題に対する回答のひとつが液体式ディーゼルの技術であると思われ、勾配線の多い西部の鉄道であるデンヴァー＆ライオグランデ・ウェスタンとサザン・パシフィックの両社は、1961年にドイツのメーカーであるクラウス・マッファイから各3両の液体式ディーゼル機関車を輸入した。エンジンの出力は2984kW（4000馬力）で、2570kW（3450馬力）が列車牽引に使われた。2年後SPは、先の箱形ではなくロード・スウィッチャーの形をした次の液体式ディーゼル機を輸入した。アルコからも試作の液体式ディーゼル機を少し購入した。1960年代の終わりになるとSPは液体式ディーゼル方式を断念し、最新の大出力電気式ディーゼルを選択するようになった。

形態：液体式ディーゼルCC機
動力と出力：計2570kWの16気筒マイバッハMD870エンジン2基
牽引力：400kN
最高運転速度：時速112km
重量：150t
全長：20.1m
ゲージ：1435mm

サザン・パシフィック最初のクラウス・マッファイ機6両は、写真の9000号のように従来どおりの箱形だった。後に製造された液体式はロード・スウィッチャーとなった。

55型「デルティック」　英国鉄道　　イギリス：1961年

5級の「デルティック」機関車22両は英国鉄道で初めて時速160kmで運転するように設計されたディーゼル機関車だった。これは東海岸本線の急行旅客列車で55両のパシフィック型蒸気機関車に取って代わり、堂々とした流線形の前頭部と、それにも増して加速時の深みのある排気音によって、たちまち鉄道ファンの人気の的となった。2460kWの「デルティック」はBRで最強力のディーゼル機であり、BR時代を通してこれを上回るものはなかった。20年以上たってから、58型と59型の貨物用ディーゼル機関車がやっと肩を並べただけである。

まだ愛称名板のない量産型「デルティック」が1963年4月に東海岸本線の急行を引いてヘドレー・ウッズを北へと進む。

ディーゼル機関車とディーゼル列車　　1906～1961年

　技術的にいえば、この機関車が2基ずつ搭載したナピアの「デルティック」ディーゼル・エンジンは、コンパクトな大きさで重量も抑えながら高出力を出そうという、複雑な狙いで設計されたものであった。その基本構想は、エンジンの3つのクランク軸を3角形に配置するというもので、そこから「デルティック」（デルタ状）という愛称が生まれた。各クランク軸ごとに6つのシリンダー（合わせて18となる）を動く6対の向合式ピストンがあった。これはもともと、魚雷艇などの船舶用に設計された高速2サイクル・エンジンであった。その他の点でこの機関車はまったく従来どおりのCC機であり、ふたつの3軸ボギー台車（1次支持装置として釣合梁を持つもの）に吊掛式主電動機6基を置いていた。実際、台車と主電動機はやはりイングリッシュ・エレクトリックが設計した37型機関車のものと同じだった。

　これらは最初真空ブレーキ式の列車にしか使えなかったが、1970年代にはエアブレーキ式のマーク2客車が東海岸本線の列車に配置されるのに備えて、どちらのブレーキの列車にも使えるように改造された。ほぼ同じ頃本機には、列車の電気暖房（ETH）に給電するための発電機が備えられた。この装置で不思議だったのは、ディーゼル・エンジンがアイドリングしている時か全出力を出している時にしかETHから列車への給電が行われず、中間的な速度の時には電圧調整器がETHを切ってしまうということだった。このため列車が高速で走っていない時には客車の空調装置が切られてしまうということで、いろいろ問題が起こった。

　「デルティック」機にはぜんぶ愛称が付けられ、東部支社のものは競走馬に、東北支社とスコットランド支社のものは陸軍の連隊にちなんだものだった。この機関車の登場時は緑色で、車体の裾に薄緑色の帯を巻いていた。真鍮製の愛称名板が付けられると、中央にあったBRのマークは前後の運転台側面に描かれるようになった。黄色の警戒色は1960年代の初めからである。BRの標準である青色と前端黄色への一新は1965年からで、このスタイルにより本機は重々しく見えた。実際には100トンという重量は、当時のイギリスで他の電気式ディーゼル機などと比べると、機械仕掛けの軽量級競走馬であった。

　その全稼動期間を通し、これらはロンドンからニューカースル、エジンバラ、アバディーンへ、またリーズやハルへという最高速の列車を引いて、目覚ましい活躍を見せた。「フライング・スコッツマン」を常時牽引するのは、1961年の登場から1979年HSTに交代するまで、この機関車に決まっていた。最後の日にはロンドンのキングズクロス駅で感傷的な光景があった。最後の「デルティック」牽引の急行が線路の末端に止まると、泣き出す大の男がいたり、もう汽車を見に来ることはないという人がいたと伝えられる。

　民間で保存された55型はいくつかあり、1両は国のコレクションに入っている。保存された「デルティック」のうち3両はレールトラックの線路を走ることが許され、時々特別列車で見られるが、時速150kmで運転することまで認められている。

形態：本線の急行旅客用電気式ディーゼル機
車輪配列：CC
動力：計2462kWのナピア「デルティック」D18.25ディーゼル・エンジン2基、直流発電機、EEの吊掛式直流主電動機6基
牽引力：225kN
最高運転速度：時速160km
重量：100t
全長：21.185m
ゲージ：1435mm

第2部　ディーゼル機関車とディーゼル列車

試験ガス・タービン機GT3号　英国鉄道
イギリス：1961年

まったく予想外の発想による近代的ガス・タービン試験機関車が、蒸気機関車そっくりの台枠に乗ったGT3号として出現した。イングリッシュ・エレクトリックはBRにこうした動力方式の可能性を、簡素化のために機械式伝動と結び付けて、示して見せる決意であった。GT3号は時速145kmの最高速度であり、シャップ越えの勾配線での試験で強力な性能を発揮した。しかしBRは電化とディーゼル化を目指しており、イギリスの鉄道でタービン機の出番はなかった。

形態：客貨両用ガス・タービン試験機
車輪配列：2C
動力：2014kWのEE　EM27Lガス・タービン、機械式伝動
動輪直径：1752mm
牽引力：160kN
最高運転速度：時速145km
重量：126t
全長：20.74m
ゲージ：1435mm

珍しい茶色に塗られた2Cガス・タービン機関車GT3号がイングリッシュ・エレクトリックの工場で運転を待つ。

35型「ハイメック」　英国鉄道
イギリス：1961年

形態：本線の客貨両用液体式ディーゼル機
車輪配列：BB
動力：1270kWのV型16気筒ブリストル・シドレー／マイバッハMD870ディーゼル・エンジン、メキドロK184Uトルクコンヴァーターと歯車箱
牽引力：205kN
最高運転速度：時速145km
重量：75t
全長：15.76m
ゲージ：1435mm

ベイヤー・ピーコックのタイプ3「ハイメック」（ハイドロ＝液体、メカニカル＝機械式）BB機関車の設計は、魅力的なスタイルで多くの人の注目を浴びた。実力があっても小さめのこの機関車101両はマイバッハのディーゼル・エンジンから1270kWを出し、ロンドンからウェールズ南部への急行で13両もの客車を引いてしっかり役立ち、さらにその軽量でいっそうの牽引力を示すこともできた。当初は標準の緑色で車体裾には薄緑色の帯、運転台の窓まわりは薄灰色という塗装だったが、1965年以後は全面

もっと大型の実力を秘め備えた中型機であるハイメックはマイバッハの1270kWディーゼル・エンジンを持ち、重いウェールズ南部への急行で素晴らしい性能を発揮した。

ディーゼル機関車とディーゼル列車　　1906〜1961年

青色で両端が黄色になって魅力を失った。BRのうちでも唯一、液体式ディーゼル機を本線用に使い続けた西部支社に終始配置され、1970年代半ばまで活躍した。この頃には貨物用の鉄道線がほとんど消滅して、余剰となった31型や37型などの電気式ディーゼル機がすぐ手に入るようになっていた。標準型機ではなかったことが「ハイメック」の早すぎる退役を招いた。保存されたものも少しある。

このD7000号の公式写真はBR本社のデザイン担当が細部のデザイン、とくに前端と運転台の形によく注意を払ったことを示している。

52型　英国鉄道

イギリス：1961年

形態：本線の客貨両用液体式ディーゼル機
車輪配列：CC
動力ユニット（2）：1005kWの中速V形マイバッハMD655ディーゼル・エンジン、3段式のフォイトL630rU液体トルクコンヴァーター、隣接のボギー台車へと台車の各車軸間のカルダン軸
牽引力：310kN
最高運転速度：時速145km
重量：110t
全長：20.725m
ゲージ：1435mm

42型、43型「ウォーシップ」の成功（これはDBのV200型から発展したものだった）に基づき、BRは花形の急行旅客列車用としてもっと強力な液体式ディーゼル機74両に投資することを決定した。同じ大きさの機関車に大型のエンジンを入れたDBのやり方とは違って、「ウェスタン」は引き延ばされたCC

民間で復元された「ウェスタン」7両のうちの1両がイギリスの保存鉄道で観光列車を引く。これは（この型の場合には）BR最終の塗装である、青色で端部が黄色に塗られている。

第2部　ディーゼル機関車とディーゼル列車

機となった。DBの221型と同じ大きさの動力を持ち、計2015kWという出力も同じだった。時速145kmという最高速度と極めて高い牽引力により、本機は急行旅客用にも重量貨物用にも適していた。当初は緑色で（別な色も一部試みられた）、その後みなマルーンに塗り直され、最後はBR標準の青色で端部が黄色となった。最後にBRから退役したのは1977年であり、7両が保存されている。

121型BB機　アイルランド鉄道　　　　　　　　　　　　　　　　　　　アイルランド：1961年

年では121型1両がリメリックとリメリック・ジャンクション間のプッシュプル式シャトル列車にあてられている。他機は貨物用となり、セメント列車や季節的な甜菜列車などを引いている。

形態：電気式ディーゼルBB機
動力と出力：652kWのEMD8-567CR
牽引力：（引出時）156kN、（時速12.8km連続で）135kN
最高運転速度：時速123km
重量：65t
全長：12.141m
ゲージ：1600mm

121型BB機は今日でもアイルランドで、セメントや甜菜の列車を引く姿が見られる。

1960年にCIE（アイルランド鉄道）は、アメリカのディーゼル機メーカーEMDに121型BB機関車を発注した。多くの点で121型はアメリカの標準的な入換機の設計をただ移してきたものであり、実際にこれは、ほとんどEMDのSW9型入換機そのものだった。121型の相違点にあげられるのは、アイルランドの車両限界がアメリカより小さいため運転台が低くなっていることと、ボギー台車の形の違いだった。1961年に15両の121型が就役し、40年以上本線用に使われてきた。近

これらの機関車は、とくに全国の本線列車用として、長く着実に働き続けた。

D235型C機　イタリア国鉄（FS）　　　　　　　　　　　　　　　　　　イタリア：1961年

ヨーロッパの鉄道ではほとんどどこでも、操車場でのディーゼル・エンジン付き入換機には車輪配列C（0-6-0）が標準となっていた。1961年のイタリアでは非電化の操車場での入換作業は大部分がタンク式蒸気機関車で行われていたが、新しいディーゼル機が使われ出すとそれに交代することになった。その年FSは液体式伝動のCディーゼル機を2型式投入し、D235型の場合にはハイデンハイム（ドイツ）のフォイト製でトルクコンヴァーター1基と液体式継手2基を備えていた。最終減速歯車は機関車が静止している時に操作して2種類の歯車比を選択でき、小さい方は入換用、大きい方は本線走行用だった。D234型に比べてD235型は、出力で劣るものの歯車比も小さく、車輪径は1070mmとD234型の1310mmより小さかったため、牽引力は大きかった。一方D234型は本線上では最高で時速60kmまでの高速を出すことができた。こうしたちょっとした違いが貨物の大操車場で使われる際の要件とか状態に関しては重要であった。操車場間を走るのであればD234型の方が適していた。

形態：液体式ディーゼル入換機関車
動力：350馬力のディーゼル・エンジンが全軸を液体式伝動装置とカップリング・ロッドで駆動
牽引力：143.2kN
最高運転速度：時速55km
総重量：39t
最大軸重：13t
全長：9.54m
ゲージ：1435mm

ディーゼル機関車とディーゼル列車　　1906〜1961年

1200型　ポルトガル国鉄(CP)

ポルトガル：1961年

形態：本線の客貨両用電気式ディーゼル機
車輪配列：BB
動力ユニット：615kWのV形12気筒MGOV 12ASHRディーゼル・エンジン、直流発電機、主電動機4基
牽引力：157kN
最高運転速度：時速80km
重量：61t
全長：14.68m
ゲージ：1668mm

アルガルヴェ地方で休暇を過ごす人は、海岸沿いでほとんどの列車を引く25両の1200型電気式ディーゼルBB機が見慣れたものとなっていた。フランスで設計されたこのフード式機は、北はベハへのローカル列車、ポルト周辺での旅客や通勤者の輸送、あるいはテージョ川の南のバレイロからの列車でも働いた。強力なイングリッシュ・エレクトリック製機関車やディーゼル動車に交代して、1200型は全土に散らばり入換用に使われている。この低出力機はフランス国鉄向けに800両以上が製造されたブリソノー＆ローツの標準型機関車だった。ポルトガルでは真空ブレーキ付きの車両を牽引し、重連運転はできない。製造当時は青色で、その後はCP標準のオレンジ色で端部には斜めの白い縞という塗装であった。現在では黄色いCP入換機の塗色に変わってきている。

上：原形の濃紺色に塗られた615kWの1200型BB機がポルトガル西海岸近くで、2軸客車の列車を転がしていく。

のち、CPのオレンジ色が塗られた。このBB機はアルガルヴェのトゥネスで仕業を待っている。

311

第2部　ディーゼル機関車とディーゼル列車

17型「クレイトン」　英国鉄道
イギリス：1962年

形態：本線の客貨両用電気式ディーゼル機
車輪配列：BB
動力ユニット(2)：670kWのバックスマン6ZHXLディーゼル・エンジン、直流発電機、主電動機4基
牽引力：178kN
最高運転速度：時速95km
重量：69t
全長：15.24m
ゲージ：1435mm

英国鉄道の小型機関車好きは1960年代まで続いた。スコットランド支社と東北支社は主として炭鉱地帯での貨物用にタイプ1のセンター・キャブ式BB機117両を導入した。「クレイトン」は機関車両端の低いボンネットにディーゼル・エンジン駆動の発電機を2組備えていた。電気部品はクレイトン（88両）とクロンプトン・パーキンソン製だった。中央運転台の運転席はどちらに走る時にも前向きとなるようにふたつあった。この機関車は信頼性が低いとされ、ごく短期間で1971年までにぜんぶ退役した。1両が保存されている。

クレイトンBB機の低いボンネットで運転士の視界は両方向とも良かったが、そのためバックスマンのディーゼル・エンジンは、本線用ディーゼル機関車にしては珍しく水平に置かなければならなかった。

47型　英国鉄道
イギリス：1962年

形態：本線の客貨両用電気式ディーゼル機
車輪配列：CC
動力ユニット：2050kWのV形12気筒ズルツァー12LDA28Cディーゼル・エンジンを1925kWにしたもの、ブラッシュの直流発電機、吊掛式直流主電動機6基
牽引力：265kN
最高運転速度：時速150〜160km
重量：111〜125t
全長：19.355m
ゲージ：1435mm

ブラッシュの47型CC電気式ディーゼルほど広く使われ、どんな仕事もできる機関車は、これまでのイギリスにはなかった。47型は時速145kmの急行列車でもタンク車の重い列車でもお手のものであり、ペンザンス（西南端）からアバディーン（東北端）まで、ラムズゲイト（東海岸）やホーリーヘッド（西海岸）やグラスゴーなどと、どこでも見られた。成功作として512両が製造されたのも当然で、イギリスで走った蒸気機関車以外の本線用としては最大の両数を数えるようになった。1962年に導入された47型は、BRのディーゼル機の中では強力なものであった。ブラッシュの動力装置は大きな牽引力を出すことができ、急行列車の加速性能を高めたり、相当な重量の貨物列車を牽引することもできた。本機は西部支社で（52型とともに）BRのクロスカントリー（本土横断）路線で、またスコットランドで、花形旅客列車の仕業を担当するようになった。東海岸本線では「デルティック」の控えとなり、ロンドンのキングズクロス駅とエジンバラやアバディーンの間の夜行寝台列車でよく働いた。47型で石炭列車に使われたものもあり、その多くは「メリーゴーラウンド」式貨車の自動積込みや積下しのための低速制御付きに改造された。全

47型のひとつ、47738号がオックスフォード駅に進入する。47型はイギリスで走ったディーゼル機関車の中では最多数を占めるものだった。

312

ディーゼル機関車とディーゼル列車　　1962～2002年

国に拡がっていった石油列車網の主な牽引機であったし、急成長したフレートライナー社の路線網を形成するコンテナ列車をいつも牽引するものにもなった。

47型の車内にはおなじみのズルツァー製V形12気筒ディーゼル・エンジンがありブラッシュの主発電機と補助発電機を駆動し、暖房蒸気用のボイラーとたっぷりしたラジエーター装置もあった。6基の主電動機は吊掛式だった。1960年代半ばには1975kWのV形ズルツァー12LVA24エンジン付きの機関車が5両製造されたが、こうした非標準機はやがて標準型ディーゼル機で置き換えられた。

時速150kmという最高速度を超えたのはスコットランド支社がグラスゴー、エジンバラ、アバディーン、インヴァネスを結ぶ都市間プッシュプル列車用に16両をあてた時だけで、これらの47／7型は時速160km運転用に改良された。クロスカントリーの都市間列車用機関車には燃料槽を大形化して運行範囲を拡大したものが多く、この改造には余剰となった蒸気暖房用の水槽が使われた。

近年は新型の旅客列車ができたことや、カナダのゼネラル・モータース製の新しい貨物専用ディーゼル機関車の到来によって、この型は減ってきている。主な47型牽引の客車運行としては、ファースト・グレイト・ウェスタン社やヴァージン・クロス・カントリー社の列車などが最後となった。現在では事故などの時を除いて本機が定期旅客列車を担当することはほとんどない。

製造当時、この機関車は全体が緑色で、車体の中程には感じのいい薄緑色の帯が巻いてあった。後には標準の青色となり、1980年代や1990年代になるとBRの各事業部門ごとに違った塗装が施された。しかし民営化で生まれたヴァージン社の赤に白帯というのが多くの人に記憶されることだろう。現在ではフラゴンセット社からのスポット借入で運転される機関車も少しあり、黒にマルーンの線（金の縁取り）を入れたスマートなものである。47型の退役は迅速に進んでおり、56型の廃車から転用したゼネラル・モータースのエンジンとブラッシュの交流発電機に改装されて車齢を15年ほど延ばしたものも少しあって、57型と改称されている。これはフレートライナー列車用であり、その他、高速列車の救援用ともなっている。

EWS（イギリスの貨物鉄道）社保有の47型2両は近代化機の誇りである。47　798号と47　799号は公式の王室用機関車で、それぞれ「プリンス・ウィリアム」と「プリンス・ヘンリー」と名付けられている。

非常に役立った長い経歴の間に47型は多くの改造を受けており、都市間旅客列車用に大型燃料槽を備えたものもあった。この47　829号はヴァージン社の列車を引いている。

第2部　ディーゼル機関車とディーゼル列車

WDM-2型　インド国鉄

インド：1962年

形態：電気式ディーゼルCC機
動力：1914kWのアルコ16-251系エンジン
牽引力：（時速18kmで）241kN
最高運転速度：時速120km
重量：113t
全長：17.120m
ゲージ：1676mm

　インド国鉄は1958～59年にアルコから100両のWDM1型を輸入し、ディーゼル機の大量投入を始めた。1962年インド国鉄に導入されたWDM2型は最初アルコから完成機として輸入され、のち現地生産に引き継がれた。ヴァラナシにあるディーゼル機関車工場（DLW）は1961年に設立され、最初のWDM2型を1964年初めに製造した。少数のアルコRSD29型（DL560Cの仕様による）が完成機で到着した後、次の12両分は現地組立のための完全ノックダウン・キットの形でDLWに送られてきた。このキットに従い、DLWではWDM2型を製造し続けて合計2700両ほどに達した。
　DLWではインド国鉄だけでなく輸出用にも変形機をいくつか製造した。初期のものはGEの298kWの主電動機を持っており、後には地元製の320kW電動機となった。車両番号は製造順ではなく、最初のアルコからの輸入機は18040号で最初のDLW製は18233号だった。WDM2A型は使用開始後エアブレーキに改造されたものであり、WDM2B型

インド北部鉄道のWDM2型は角張った運転台や大きなイコライザー付きの3軸ボギー台車でまぎれもない北アメリカのアルコ製であるが、両側の丸いバッファーや中央のフック式連結器で非アメリカ風に見える

旅客列車を牽引するWDM2型の典型的な場面で、インドにおけるイギリス鉄道の伝統の深さを示すような腕木式信号機のそばを走っていく。

314

ディーゼル機関車とディーゼル列車　1962〜2002年

は新製時からそれを備えていた。WDM2C型はDCW（ディーゼル動車工場）パティアラによる改造であり、GEの過給器とウッドワードの調速機、そしてローラー・ベアリング支持装置（これはこの型の最大の弱点を克服しようという変更）を備えていた。

最近の新しい機関車の分類システムでは、新しく改造されたWDM2C型はWDM3A型となっている。（ややこしいことに、2281kWのエンジンで新造されるWDM2C型のシリーズもあり、これらは14000番代となっている。）DCWパティアラは直流の主発電機に代えて交流発電機を装備する改造も若干の機関車について行っている。旅客列車のプッシュプル運行用に改造されたWDM2型はWDM2D型となっている。1970年代後半に製造されたWDM2型の中には短いフードを車体幅いっぱいに拡げた、他機とは違うスタイルの車体になっているものがあり、17000番代後半の番号を持ち、列車乗務員から「ジャンボ」と呼ばれている。その他、地方で改造されたものとして、機器を再配置して運転台を端部に移したものがあり、ダイナミック・ブレーキの抵抗器の格子などは新しい運転台の後部になっている。

こうした改造機を除けば、大部分のWDM2型は運転台前後の長短のフードが背の高いもので、初期の北アメリカのロード・スウィッチャー・スタイルを引き継いでいる。

WDM7型は支線運転用に設計された軽量・小出力のもので、11000番代の番号となっている。1980年代の後半に15両だけ製造され、WDM2型の1914kW　16気筒アルコ16-251ではなく1492kW　12気筒の12-251を備えて、最高速度は時速120kmではなく100kmとなっている。WDM7型の最後の5両は最高速度時速105kmの交流式で新造され、現在ではどのWDM7型も通常は入換用に使われている。WDM2型はこれほど大量に製造され使用されていることからして、インド亜大陸の全土で貨物列車の鈍重な牽引機として、また旅客列車でもよく見られるものとなっている。DLWやインド国鉄の各機関区では、原形を改良し、改装し、手を加え続けていくことになるようだ。

TG400型CC機　ソヴィエト国鉄　　　　　　　　　　　　　　　　　　　　　　　　　ロシア：1962年

冷戦にもかかわらず、ソ連鉄道はドイツから液体式伝動の高出力機を2両、見本として手に入れた。そのうちヘンシェル製のTG400型は大型・強力な方で、マイバッハMD870エンジンを2基備えていた。このTG400-01号は、クラウス・マッファイがアメリカのサザン・パシフィック鉄道とデンヴァー＆リオ・グランデ鉄道向けに製造した機関車と技術面では同等と見ることができる。

形態：液体式ディーゼルCC機の原形
動力：2944kW
牽引力：（時速20kmで）303kN
最高運転速度：時速160km
重量：112t
全長：22.98m
ゲージ：1524mm

TG300型CC機　ソヴィエト国鉄　　　　　　　　　　　　　　　　　　　　　　　　　ロシア：1962年

もうひとつのドイツからの見本機はTG300型で、ドイツ社の設計によりMaKで製造された。より軽量・小出力のTG300-01号は、12気筒（TG400型は16気筒）のマイバッハMD655エンジンを2基とフォイトの伝動装置を持っていた。このTG300型は、V200型（ドイツ国鉄）を6軸にしてスペインに輸出されたものに技術面ではよく似ていた。

形態：液体式ディーゼルCC機の原形
動力：計2208kWのマイバッハMD655系エンジン2基
牽引力：（時速22.8kmで）187kN
最高運転速度：時速140km
重量：109t
全長：22.06m
ゲージ：1524mm

352型BB機　スペイン国鉄（RENFE）　　　　　　　　　　　　　　　　　　　　　　　スペイン：1962年

スペイン国鉄（RENFE）の352型機関車は、タルゴ牽引のため特別に設計されたものである。スペインで実用化されたタルゴ（Tren Articuldao Ligero Goicoechea Oriol）は軽量の連接式客車で、1942年の頃からゴイコーチャとオリオールの2人が協力して開発してきたものである。

352型は2000T列車としても知られ、客車にマッチする軽量片運転台式の背の低い車体にドイツ流のノウハウを入れていた。

ドイツのクラウス・マッファイとスペインのバブコック＆ウィルコックスでふたつに分けて製造された10両の機関車は、マイバッハのエンジンとメキドロの伝動装置を備えていた。当時の2000Tの客車はそれぞれ11.1mの長さで、10または15両編成で運転されていた。

最初の運転はマドリードとイルン、バルセロナ、ビルバオ、セヴィリアを結ぶものだった。1968年にはT3000系客車と両運転台式の353型によって列車網がさらに拡大したが、この機関車は1650kWのエンジンで時速180kmを出すことができた。電化と高速鉄道（AVE）によりディーゼル式タルゴの必要性はしだいに薄れ、2001年にはなくなるものと見られていた。しかし2002年になっても、352型2両と353型2両が毎日マドリードを発着する列車に使われている

352型の半流線形運転台とタルゴの客車にマッチした極端な背の低さは、間違いなくスペイン国鉄独特のものである。

形態：タルゴ用の液体式ディーゼルBB機
動力：計2200kWのマイバッハMD655エンジン2基
牽引力：173kN
最高運転速度：時速140km
重量：74t
全長：17.45m
ゲージ：1676mm

第2部　ディーゼル機関車とディーゼル列車

EMD　GP30型　各鉄道

アメリカ：1962年

1950年代後半と1960年代に北アメリカの機関車メーカーは強力型ディーゼル機の出力増大、いわゆるホースパワー・レースを続けていた。1959年に1306kW（1750馬力）のGP9型に代わる1492kW（2000馬力）のGP20型が現れ、1961年にはこのGP20型に代わる1679kW（2250馬力）のGP30型が出現した。GP30型は2年間製造されただけで、1865kW（2500馬力）のGP35型に取って代わられた。

GMDのGP30型はその特徴ある外観で、はっきり他のロード・スウィッチャーと見分けが付いた。フードが伸びてきて半流線形の運転台の屋根に達する。GP30型を発注する際にはノーズ（前頭部）の高いものと低いものが選択できた。運転台なしのGP30B型もあって、ユニオン・パシフィック鉄道で採用された。

GP30型は高速貨物用に製造されたが、後には区間貨物列車用に回されたものが多かった。

形態：電気式ディーゼルBB機
動力と出力：1676kW（2250馬力）のEM16-567D3
牽引力：（時速19.2kmで）227kN
最高運転速度：時速105km
重量：118t
全長：17.12m
ゲージ：1435mm

ライオ・グランデ鉄道のGP30型重連が1998年9月にデンヴァーの北ヤードで入換をする。GP30型は運転台の上まで伸びてきたフードが特徴である。

04型BB機　ブルガリア国鉄（BDZ）

ブルガリア：1963年

ブルガリア国鉄（BDZ）の04型はオーストリアから輸入したエンジン2基の液体式ディーゼル機である。1959年の1両の原形に基づき、1963年に50両がブルガリアに送られた。試作機はオーストリア国鉄の2020.01号であり、1980年の退役後はウィーンの南駅の外に保存されている。

BDZのものは本線用として使われた最初のディーゼル機であり、ブルガリアの全線で貨物列車にも旅客列車にも使われたが、1990年代には次第に退役していった。

形態：液体式ディーゼルBB機
動力：計1620kWのSGP　T12系エンジン2基
牽引力：187kN
最高運転速度：時速120km
重量：82または83.5t
全長：18.24m
ゲージ：1435mm

ディーゼル機関車とディーゼル列車　1962〜2002年

68000型・68500型　フランス国鉄（SNCF）　　　　　　　　　　　　　　　フランス：1963年

68000型と68500型の外観は、通気用格子の派手なまとめ方や白帯など、手の込んだスタイルのものとなっていた。車体の色は薄緑色だった。

フランスの鉄道は長年、本線の電化計画を優先させてきた。SNCFが初期に購入した本線用ディーゼル機は、電気機関車牽引の貨物列車や旅客列車を本線から引き込んで、非電化の操車場で入換したり、低速の支線列車などとして走らせるようにするためのものであった。こうした仕業のため、1950年には小出力の電気式ディーゼルBB機が導入されていた。これらは時速120kmやそれ以上の長編成急行旅客列車とか大量の貨物列車といった、本当の本線用仕業には適していなかった。非電化の本線やこれに次ぐ路線ではSNCFの強力でかなり進歩した蒸気機関車群がまだ主役をつとめていたが、その維持は不評で費用もかかった。将来の電化路線網の範囲が明らかになり、蒸気機関車の運転を廃止する必要性が切迫してきた時になって初めて、もっと大型の本線用ディーゼル機をいくらか導入することが検討されるようになった。本線用ディーゼル機関車を多数購入するなどということは、1960年代初めになってやっと浮かんできた。

当時最大のディーゼル機関車には68000型と、それによく似た68500型があった。100両以上が投入され、そのうち80両以上がズルツァーのエンジンを付けた68000型で、もっと強力な68500型はAGOのエンジンを付けていた。その他の点では同じだった。製造はCAFL，CEM，ズルツァー，SACM，フィーヴ・リール・カイユの5社で行われた。後のフランスの電気式ディーゼル機（1台車に1電動機のモノモーター式）とは違って、これらの機関車は各ボギー台車の外側の軸に主電動機があるA1A-A1Aの車輪配列となっていた。最初は列車暖房用のボイラーを持ち、客貨両用の狙いであった。近年は電化と列車電気暖房の拡大によってこうした設備は不用になり、撤去されている。こうしてこの機関車は、現在では重量貨物列車に専用されている。その運転範囲はノルマンディーやブルターニュからルーアン〜ルマン〜トゥールを結ぶ中部フランス、そしてパリ〜トロワイエ〜ベルフォール間といった東部に及び、ヴォージュ山地で運転されているものもある。これらの路線ではより大型のCC72000型の侵入で地位が脅かされており、退役が進んでいる。CC72000型はマッシフ・サントラールを越える本線の電化で追い出されてきたわけである。

外観を見ると68000型・68500型は、前面の形や側面の機械室格子をかこむ大きな矢形など、手の込んだスタイルである。白線は一端に2本が、他の端に1本があり、接近してくる時に見る端面に違った印象を与える。フランスのディーゼル機関車群は1960年代の製造期以後変化が少なく、1975年以後の新造はないため、どんどん車齢が高まっている。SNCFにとって現在では代替が課題であるが、代替機選定の最終決定についてはまだ知られていない。

形態：本線の客貨両用電気式ディーゼル機
車輪配列：A1A-A1A
動力：（68000型）1950kWのV型12気筒ズルツァー12LVA24ディーゼル・エンジン、（68500型）1985kWのV型12気筒AGO 12DSHRディーゼル・エンジン、直流発電機、直流主電動機4基
牽引力：298kN
最高運転速度：時速130km
重量：102〜104t
全長：17.91m
ゲージ：1435mm

X4300型　フランス国鉄（SNCF）　　　　　　　　　　　　　　　　　　　　フランス：1963年

このよく見かけるディーゼル列車はフランスの非電化線における区間列車では標準的な列車となった。各動力車は床下式ディーゼル・エンジン1基を持ち、6速の機械式歯車箱を駆動して、それが片方のボギー台車の軸に結ばれている。ギアチェンジのたび（とくに低速ギアの場合）に時間がかかるため、加速度は小さい。しかし後音はうるさいが人気のある2両編成のSNCF標準型ディーゼル動車。この大量の型式は営業から退きはじめており、もっと高性能が出せる近代的な動車に置き換えられている。

第2部　ディーゼル機関車とディーゼル列車

の改良型を含めて900両近くが製造されたことはこの車両が広く役立つものだったことを示しており、西南部を除くフランスのほとんど全土で使われた。当初大部分はSNCFの気動車の塗色である赤とクリームに塗られていたが、その後、地域の鉄道輸送を財政的に援助する地方公共団体の色に変わったものもある。

形態：2両編成ディーゼル列車
動力：320kWのポワヨーまたはサルラー製水平形ディーゼル・エンジン、液体式フライホイール、6速の遊星式歯車箱、カルダン軸を経て車軸の歯車箱
最高運転速度：時速120km
重量：(動力車) 35〜36t、(付随車) 23t
全長：21.24m
ゲージ：1435mm

M61型　ハンガリー国鉄（MÁV）　　　　　　　　　　ハンガリー：1963年

ハンガリーのメーカーが本線用ディーゼル機関車を供給できなかった時、MÁVはスウェーデンのノハブ社に20両のCC機を発注した。これはこの本でSNCBの202型として紹介されたものの改良型であった。本機はブダペストの南駅から出る南方行きの急行列車にあてられた。電化が進むとタポルカ機関区に配置され、バラトン湖西側の地域で旅客列車を牽引して晩年を過ごしている。

MÁVでディーゼル機だけが使う明るい赤色に塗られたM61型CC機は、流線形の印象的な外観である。

形態：本線の客貨両用電気式ディーゼル機
車輪配列：CC
動力：1435kWの2サイクルV形16気筒GM16-567D1ディーゼル・エンジン、直流発電機、吊掛式直流主電動機6基
牽引力：198kN
最高運転速度：時速105km
重量：106t
全長：18.9m
ゲージ：1435mm

アルコC-420型　各鉄道　　　　　　　　　　　　　　アメリカ：1963年

1960年代の初めにアルコは、EMDとGEの新型機関車と競争できるように、センチュリー5系を登場させた。C-420型は貨物にも旅客にも向くロード・スウィッチャーであり、1492kW（2000馬力）のRS-32型に似て、その後継機となった。他のセンチュリー系よりフードが長く背も低いことでC-420型は見分けが付くが、ロング・アイランド鉄道は前頭部が背の高いC-420型を採用し、細かいスタイルの点や空気取入口の位置を除けばアルコのRS-11型にそっくりである。

形態：電気式ディーゼルCC機
動力と出力：1492kW（2000馬力）の12気筒アルコ251C
牽引力：入手不能
最高運転速度：入手不能
重量：入手不能
全長：入手不能
ゲージ：1435mm

ロング・アイランド鉄道は旅客用にC-420型を購入した。その珍しくフードの背が高い機関車がウォーターベリー（コネティカット州）でメトロ・ノース鉄道の工事用列車を引いているのが見える。

ディーゼル機関車とディーゼル列車　1962～2002年

GE U50C型　ユニオン・パシフィック鉄道　　アメリカ：1963年

極端に大型で強力な機関車で知られるユニオン・パシフィックは、巨大なダブル・ディーゼル機を1960年代に試作した。ゼネラル・エレクトリックが2種類を納入した。

最初のものはU50型（時にはU50D型とも言われる）で、同社の初期の電気式ガス・タービン機のように2軸台車4組の上に載ったBB+BBという車輪配列であり、1963～65年の間に製造された。次の機関車はもっと普通のCCという車輪配列をとり、1969～71年の間に製造された。

U50型もU50C型も3730kW（5000馬力）を出したが、前者が7FDL-16ディーゼル・エンジンを使っていたのに対し、後者はこれより小さい7FDL-12を使っていた。

これら巨大GE機はどれも非常に背の高い運転台を持っていてノーズ部分はほとんどなく、アメリカのディーゼル史の中でもまことに特異な存在となっている。

形態：電気式ディーゼルCC機
動力と出力：計3730kW（5000馬力）の7FDL-12ディーゼル・エンジン2基
牽引力：入手不能
最高運転速度：入手不能
重量：入手不能
全長：24.079m
ゲージ：1435mm

2043型・2143型　オーストリア連邦鉄道（ÖBB）　　オーストリア：1964年

形態：本線の客貨両用液体式ディーゼル機
車輪配列：BB
動力：1100kWのV形（2043形）イェンバッハLM1500、（2143形）SGPT12cディーゼル・エンジン、フォイトL830 rU2トルクコンヴァーター、カルダン軸から車軸の歯車箱へ
牽引力：197kN
最高運転速度：時速100～110km
重量：68t
全長：14.76～15.8m
ゲージ：1435mm

非電化の支線に、それほど大きくはないが使いやすい客貨両用のこの機関車が約160両運転されている。エンジン1基の液体式ディーゼル機関車で、最近2016型が導入されるまで、オーストリアで最強力のディーゼル機だった。この2型式はイェンバッハ（2043型）とSGP（2143型）で製造された。形態は箱形の両運転台式である。塗装はÖBB標準の赤で車体の側面と端面の下部にはクリームの帯をしめ、運転台の窓まわりは濃い灰色だった。ある国際列車にも使われていたが、それはインスブルックからブレンネロを経てサンカンディドとリエンツへ行く路線で、一部イタリアを通過する。2043型のうち4両はマグネット式のレールブレーキ付きに改造されて、今は廃止されたレオベン～ヒーフラウ間に使われた。

背の低い客車のローカル列車を引く2043型BB機はスマートでありコンパクトで、軽量の客貨両用機としては代表的なものである。

749型BB機　チェコ鉄道（CD）　　チェコ共和国：1964年

1964年の原形に基づき、1967年からこの客貨両用BB機の製造は1970年まで続いて計312両に達した。T478 1001号と1002号（のちの75 1001号と75 1002号、動態保存）は、CKDが同社の内径310mmの4サイクル直列6気筒エンジン付きで製造した。

475.1型と477.0型蒸気機関車に匹敵する仕様で製造された本機は、簡素な設計の成功作だった。当初、T478.1型は客貨両用として蒸気暖房付きで、T478.2型は暖房なしの貨物用だったが、近年は区別がなくなっている。296両がCSDの電算式番号で751型と752型として運転され、チェコ鉄道が145両と81両を、スロヴァキア国鉄が43両と27両を引き継いだ。CDでは1992年から60両を列車電気暖房装置付きにして、改造後の751型と752型は749型と改められた。この両鉄道とも本機はその後製造された（信頼性の低い）753型より長生きしている。

形態：電気式ディーゼルBB機
動力：1102kWのCKD K6S310DR系エンジン
牽引力：185kN
最高運転速度：時速100km
重量：75t
全長：16.5m
ゲージ：1435mm

第2部　ディーゼル機関車とディーゼル列車

CC機　ジブチ・アディスアベバ鉄道(CFE)　　　　　　　　　　　　　　　　　　エチオピア：1964年

　CFEの戦後最初のディーゼル機関車は1951年SLM製のA1A－A1A機12両であり、約65両の蒸気機関車を置き換えるために導入されたものだった。このアルストム製CC機2両が1964～65年に納入された時には、動力はぜんぶディーゼルになっており、残った蒸気機関車は休車となっていた。CFEのメーターゲージ線を走る本線用ディーゼル機25両の中でこの2両は最強力であり、貨物輸送の着実な増加のため必要とされたものだった。本機が燃料を満載すると、この線の最大軸重の限度いっぱいとなる。

　CFEでのディーゼル機の運行には困難が多く、海抜0mのジブチから2470mのアディスアベバへ、0°Cから43°Cまでも気温が変化する中を、最大湿度96%の海岸から乾燥して砂嵐の吹く内陸へと上っていく。アルストムはモーリタニア向けに特別の砂嵐対策をした1864kWのCCディーゼル機、ビルマ向けにBB機、BBB機を供給し、暑熱下で運転される機関車の製造については経験豊かだった。CFE機の場合にはそれが内側に傾斜して眩惑防止を図った前面窓など外観の細部に示されていた。

　20世紀の最後の10年は政治情勢や戦争状態のため運転がほとんどできなくなり、この鉄道には機関車が13両しかなくなって、現在フランスの援助で更新されている。

形態：貨物用電気式ディーゼル機関車
動力：1343.3kWの16気筒シャンティエ・ド・ラトランティックPA4ディーゼル・エンジン、出力（時速17kmで）189.3kN
牽引力：259kN
最高運転速度：時速70km
総重量：86.3t
最大軸重：14.4t
全長：17.398m
製造所：アルストム（フランス）
ゲージ：1000mm

Dv12型　フィンランド国鉄(VR)　　　　　　　　　　　　　　　　　　　　　　フィンランド：1964年

オウル（フィンランド）で空車の貨車の入換をするフィンランド国鉄のDv12型。

形態：客貨両用液体式ディーゼル機
動力と出力：1000kWのタンペラMGO V16 BSHR
牽引力：入手不能
最高運転速度：（貨物用）時速85km、（旅客用）時速125km
重量：60.8t
全長：14m
ゲージ：1524mm
（数字は2501系のもの）

Dv12型は特徴ある角張ったノーズと赤白の塗装で、ディーゼル機の黄金時代を偲ばせてくれる。

　フィンランド国鉄（VR）でいちばん数の多いディーゼル機はDv12型である。1964年以来20年以上の間製造された。製造は2社で分担され、一部はロコモ社で、その他はヴァルメット社で製造された。2501～2568、2601～2664、2701～2760という3シリーズがあり、少しずつ違っている。どれもタンペラの16気筒ディーゼル・エンジン（設計はフランスでライセンスを得て国産したもの）とフォイトのL216rs液体式伝動装置を使っている。

　最初はSv12型と呼ばれ、1976年の機関車称号改正でDv12型となった。この機関車は万能機であり、歯車比は2通りあって貨物列車にも旅客列車にも使われる。重連や3重連で運転されることも多い。

ディーゼル機関車とディーゼル列車　1962〜2002年

290型　ドイツ連邦鉄道（DB）　　　　西ドイツ：1964年

ドイツの貨物列車には今でも路線網の重要箇所ごとに入換作業を繰り返すことが必要なものが多い。到着した列車を仕分けするためのハンプのある大操車場では290型液体式ディーゼル機を使って列車をゆっくりとハンプに押し上げ、貨車はそこから各線に振り分けられて行先別の列車に組成される。290型の機器配置はこの本で前述したV80型と同様なものである。

形態：入換用液体式ディーゼル機関車
車輪配列：BB
動力：820kWの中速V形16気筒MTU　MB 16V 6652 TA10、フォイトL206rs液体式伝動装置
牽引力：241kN
最高運転速度：時速70〜80km
重量：77〜79t
全長：14〜14.32m
ゲージ：1435mm

スマートな赤に塗られた強力な液体式ディーゼル入換機290型は、ドイツ全国（とりわけ西部）の貨物操車場で見られる。

14型　英国鉄道　　　　イギリス：1964年

形態：本線の貨物用液体式ディーゼル機
車輪配列：C
動力：485kWの6気筒パックスマン・ヴェンチューラ6YJX、フォイトL217Uトルクコンヴァーター、ジャック軸、外側カップリングロッド
牽引力：137kN
最高運転速度：時速65km
重量：51t
全長：約11m
ゲージ：1435mm

驚くことにスウィンドン工場では1964年から、タイプ1の貨物用C液体式ディーゼル機を57両製造した。その当時、入換や専用線出入りの仕業は減少していた。この固定軸式ディーゼル機はDBのV60型入換機に似ていた。D9500番台を名乗っただけで終わったこの短命な型式は、1971年までにBRから姿を消した。

BRの本線用ディーゼル機でいちばん短命だった型式はスウィンドン製のC液体式ディーゼル機だった。14型という新型式に改番される前に全機が廃車された。

ChME3型　ソヴィエト国鉄　　　　ロシア：1964年

プラハのCKDがソヴィエト国鉄のために製造したChME3は1型式で世界最大の両数を持ち、ソ連の解体前に7454両が製造された。原形のT669.0型はチェコスロヴァキア国鉄のT669.001（チェコ鉄道が保存）とソヴィエト国鉄のChME3 001、002（前者はサンクトペテルブルクで保存）の3両であった。エンジンはCKDの頑丈な内径310mmの6気筒であり、平行してブリアンスク工場で製造されたTEM2型も同じ993kWの出力だった。チェコ製エンジンの方がソヴィエト製より信頼性が高く、TEM1型からの換装に使われたものもある。ChME3型の亜種として電気ブレーキ付き改良型のChME3T型と、それを電気ブレーキなしとしたChME3E型がある。ChME3B型というのはTE10型の台枠から改造した増結車を持つ低速入換用の増結車付き入換機である。さらに最近はChME3型を重連にした入換機が製造されている。

形態：重量入換用電気式ディーゼルCC機
動力：993kWのCKD　K6S310DR系エンジン
牽引力：（時速11.4kmで）226kN
最高運転速度：時速95km
重量：123t
全長：17.22m
ゲージ：1524mm

第2部　ディーゼル機関車とディーゼル列車

73型　英国鉄道

イギリス：1965年

この73型電気式ディーゼル機2両はBRのインターシティ塗装になっている。空港連絡ガトウィック・エキスプレスのプッシュプル列車専用となった本機もある。

安全上架線やサードレールがつくれない貨物操車場に電気動力牽引の貨物列車を乗り込ませるにはどうしたらよいか。答えは電気式ディーゼル機の使用という、簡単な発想である。BRの南部支社は、電車と同じ装置を持つ直流電気機関車にディーゼル動車用に似た小出力のディーゼル動力を加えたものを設計した。73型は操車場では低速の電気式ディーゼル機関車として運転され、本線に出るとディーゼル・エンジンを切ってもっと強力な電気機関車となることができる。試作の6両とボーンマス線電化（南部支社から蒸気機関車追放）のための量産型を合わせて、計49両が製造された。以下の要目は量産型のものである。

73型の別の任務としてロンドンのウォータールー駅とボーンマスを結んでウェイマスやチャネル諸島への船と連絡する列車の牽引があり、ここには全車ネットワーク・サウスイーストの塗装となっているものが見える。

形態：本線の客貨両用電気式ディーゼル機
車輪配列：BB
動力：イングリッシュ・エレクトリックの直流750Vカムシャフト制御式電気動力装置、計1195kWの主電動機4基、450kWの直列4気筒直立形4SRKTディーゼル・エンジン、直流発電機
牽引力：（電気で）180kN、（ディーゼルで）160kN
最高運転速度：時速145km、一部はその後95km
重量：77t
全長：16.36m
ゲージ：1435mm

ディーゼル機関車とディーゼル列車　1962～2002年

M62型CC機　ハンガリー国鉄(MÁV)

ハンガリー：1965年

「セルゲイ」、「ガガーリン」、「イワン」、「タイガ・トロンメル」、「ウンメン」、「マーシュカ」などいろいろな名前で呼ばれるM62型は、2000両以上がソ連から東ヨーロッパに輸出された。2002年になると現役のものはほとんどない。鉄のカーテンが破られその後貨物輸送が減少すると、(燃料や潤滑油の消費が大きい)M62型はさっそく廃車の対象となった。ドイツ国鉄(DB)は220型の使用を1994年に止めたが、私鉄ではそれ以外のM62型が2000年まで50両以上が使われていた。ハンガリー(MÁV)に残っている数は(減少しているものの)いちばん多く、延命計画により2010年以後も生き残るものが多いだろう。チェコ(CD)での使用はなくなり、スロヴァキア(ZSR)では除雪用だけに残されている。ポーランドの可動機は100両以下で、2002年には運転を止めるものと思われる。

旧ソ連の地域では、M62型は輸出されたものより新しいため、一般的に使われている。今日でもウクライナの工場では新製のM62型を送り出しており、ごく最近はイランに送られた。本機はぜんぶルガンスク工場製で、M62型の製造を始めた頃は「10月革命機関車工場」と呼ばれていた。1962年の試作機M62-01号とM62-02号はソ連国鉄の車両型式でM62S型と呼ばれ、M62-01号は今日サンクトペテルブルクの博物館のコレクションに生き残っている。コロムナ14D40エンジンは内径が230mmで300mmの2サイクル式V形12気筒であり、直流発電機を駆動して永久並列の電動機6基に給電する。15段ノッチの制御でエンジン速度は無負荷時の毎分400回転から均衡運転時の毎分750回転へと高まる。運転の際の外気温度は－30℃から＋35℃までの範囲とされる。

1960～70年代を通して配置の目標は蒸気牽引の代替であり、M62型は重量列車牽引の可能な重量級貨物機として工業化の進んだ地域に向けられ、電化の進展によって他へ流れ出していった。初期の製品には消音器がなく、その騒音から「タイガ・トロンメル」、すなわち「タイガ(北の草原)の太鼓」というあだ名を付けられた。標準ゲージのM62型はヨーロッパ式の螺旋連結器とバッファー付きであり、ロシア・ゲージのものはソヴィエトのSA3型自動連結器を備えていた。列車暖房装置を付けたものはなかった。1965～79年の間に計2479両のM62型が輸出され、ハンガリーではMÁV288両(標準ゲージ270両、広軌18両)とGySEV鉄道6両、チェコスロヴァキアではCSD601両(標準ゲージ574両、広軌25両)と専用線2両、ポーランドではPKP1182両(標準ゲージ1114両、広軌68両)で専用線はなく、東ドイツは378両と専用線18両だった。

M62型はソヴィエト国産の他の機関車に比べて軸重が軽い設計のため、ソヴィエト国鉄自身でも軌道の弱い線区には喜ばれ、増加し続ける貨物輸送の牽引にあたった。改良機のM62U型は運行範囲を拡げるため、燃料槽を大形化して砂の量を増やした。運転の際の外気温度もソヴィエトの厳しい気象条件に合わせて、－50℃から＋45℃と拡大された。

ソヴィエト国鉄向けの生産は少なくともM62型723両、2M62型1261両、2M62U型389両、3M62U型104両あり、総計は専用線向けがあるために明確でない。軍用機関車にはM62UP型41両と3M62UP型9両があり、M62UP型というのは線路上から発射する大陸間弾道ミサイルSS-24「スカルペル」のために1989年から採用されたものである。3M62UP型はバイコヌール宇宙基地(現在はカザフスタン)にあるロシアのスペースシャトル打上塔を輸送するのに用いられている。M62型は北朝鮮、モンゴル、キューバなどのソヴィエトの影響下にある国にも送られた。

形態：貨物用電気式ディーゼルCC機
動力：1492kWのコロムナ14D40系エンジン
牽引力：(時速20.0kmで) 196kN
最高運転速度：時速100km
重量：118～126t
全長：17.56m
ゲージ：1435mmまたは1524mm

東欧ブロックの鉄道向けのM62型は重量貨物用に設計されていたが、ハンガリー国鉄(MÁV)ではこのように旅客列車にあてられるものも多かった。機関車の次は列車暖房用の発電機(ホテルパワー)車である。

第2部　ディーゼル機関車とディーゼル列車

EMD　SD45型　各鉄道
アメリカ：1965年

　タービン過給器付きの20気筒エンジン1基で2686kW（3600馬力）を出すSD45型は、たちまちアメリカの鉄道の多くで輝く星となった。1960年代に高速貨物列車は日常の光景であり、それを牽引するのはSD45型だった。サザン・パシフィックやサンタフェといった西部の鉄道はSD45型とその後の20気筒機をとくに愛用し、これらを何百両も発注した。20気筒エンジンが16気筒の645Eに比べ保守費用と燃料消費の多さから歓迎されなくなっても、これを走らせ続ける鉄道が2002年まであった。1980年代半ばから、SD45型は中古の「お買い得」機関車を探していた地方の鉄道に人気があった。

形態：電気式ディーゼルCC機
動力：2686kW（3600馬力）のEMD20-645E
牽引力：（時速14.4kmの連続で）330kN
最高運転速度：時速125km
重量：185t
全長：20.053mまたは20.015m
ゲージ：1435mm

ニューヨーク・サスケハナ＆ウェスタン鉄道は1980年代に中古のSD45型群を入手した。その3620号が1989年3月にアッテイカ（ニューヨーク州）東部のディクソンズでデラウェア＆ハドソン鉄道の東行き貨物列車を引く。

アルコC-630型　各鉄道
アメリカ：1965年

　アルコのセンチュリー630型（C-630型）は、EMDのSD40型やGEのU30C型に張り合って製造された電動機6基の2238kW（3000馬力）ディーゼル機だった。これら3型式のうちスタイルは抜群に良かったが、実用上は最悪の評判を取った。アメリカの鉄道向けに造られたのは100両以下であり、またカナダでは50両を少し上回る程度がMLWで製造された。アメリカのC-630型は1965年から2年間だけ製造され、北アメリカの機関車で初めて交流・直流伝動システムを用いたことで知られる。このシステムは間もなくEMDとGEでも採用された。

形態：電気式ディーゼルCC機
動力：2238kW（3000馬力）の16気筒アルコ251Eディーゼル・エンジン
牽引力：（引出時）458kN
最高運転速度：時速105km
重量：入手不能
全長：21.184m
ゲージ：1435mm

このアルコC-630型機関車2032号（カナディアン・ナショナル鉄道）は1981年7月トロントのマクミラン貨物駅で無蓋車を移動させている。大部分のC-630型はカナダで最後を迎えた。

ディーゼル機関車とディーゼル列車　1962～2002年

K型CC機　西オーストラリア州営鉄道（WAGR）　　　オーストラリア：1966年

　WAGRのK型とR型はイングリッシュ・エレクトリックのロックリー工場で製造され、どちらもEE 12CSVTエンジンを動力としていた。北アメリカのフード式スタイルが英国で取り入れられていたら、イギリス国鉄の37型はこんな形をしていたかも知れない。1966年に登場して、10両のK型201～210号は標準ゲージ用に製造され、5両のR型1901～05号は狭軌用だった。K型機もR型機も1455kWとされていたが、次に狭軌用として製造されたRA型13両はそれより小さい1339kWとなっていた。1974年に出現したKA型は旧RA型3両の改軌だった。

　K型は最初パース～カルグーリー間の標準ゲージ線の建設用に使われ、その後穀物や旅客を輸送した。クーリアンオビング鉱山の鉄鉱石用にはK型4両が重連で働いた。K型の中には専用線などでの入換用に回ったものもある。R型は西オーストラリアの南部や西部でボーキサイト、塩、穀物や雑貨などの輸送にあてられた。

　イングリッシュ・エレクトリックの設計だが、まったくイギリス風ではないフード式のロード・スウィッチャーで、EEの豪州子会社ロックリーの製造である。長い機械室フードの内側にはV形12気筒の騒々しいエンジンが収まっている。

形態：電気式ディーゼルCC機
動力：(K型とR型) 1455kW、(KA型とRA型) 1340kWのEE　12CSVT系エンジン
牽引力：(時速18～19kmで) 225～264kN
最高運転速度：(K型とKA型) 時速128km、(R型とRA型) 時速96km
重量：(K型) 110t
全長：15.24～16.76m
ゲージ：(K型とKA型) 1435mm、(R型とRA型) 1067mm

120型　東ドイツ国鉄（DR）　　　ドイツ：1966年

　ソ連のヴォロシロフグラード工場から東ドイツへ客貨両用として大量に供給されたこの型は、最高速度の低さはあっても旅客輸送の優先度が貨物よりも低い体制下ではあまり邪魔にならなかった。

　燃料消費量は多かったが、ソ連全土やハンガリー、ポーランド、チェコスロヴァキアで使うために何千両も製造された。DRの120型はみな廃車されたが、オープンアクセス制度で生まれた事業者に購入されてドイツに舞い戻っているものもある。

DRの120型が2001年6月フランクフルト駅外側の信号機の間を行く。(DBの120電気機関車)

形態：本線の客貨両用電気式ディーゼル機
車輪配列：CC
動力：1470kWのコロムナV形ディーゼル・エンジン、直流発電機、吊掛式直流主電動機6基
牽引力：373kN
最高運転速度：時速100km
重量：116t
全長：17.55m
ゲージ：1435mm

第2部　ディーゼル機関車とディーゼル列車

DE10型　日本国有鉄道（JNR）　　　日本：1966年

　日本のDE10型機関車は本線の軽量列車用に1960年代に開発された、ほかに例のない非対称5軸のデザインの液体式ディーゼル機である。475両のDE10型は支線列車から蒸気機関車を追放するのに大きく役立ったが、貨物操車場での重量入換や側線からの貨車の出し入れなどにも使われた。
　DE15型はDE10型に冬期のスノープラウ運転用装置を加えたものである。日本の国鉄がリストラで貨物輸送を大幅に減少させたため、1970～80年代には多くのDE10型は余剰となった。しかし、JNRの事業部門別分割で生まれた貨物輸送事業者であるJR貨物では、本機を約150両使い続けている。JR東日本では8両ほどのDE10型とDE15型が使われており、JR東海、JR西日本、JR北海道、JR九州、JR四国にも少数がある。

形態：軽量液体式ディーゼルAAA－B機
動力：1000kWのDML6ZB系エンジン
牽引力：191kN
最高運転速度：時速85km
重量：65t
全長：14.15m
ゲージ：1067mm

日本の鉄道でいちばん数多いディーゼル機が非対称の車輪配列と片寄った中央運転台という姿を見せている。背の低い機械室ボンネットは操車場や終端駅での入換作業の際に前後の視界を良くするため重要である。

3100型BB機　韓国国鉄（KNR）　　　韓国：1966年

　韓国国鉄は1966年に746kWのアルコ／MLW製RS8型を49両導入した。3100型はふつう同国の北部地域で、主に貨物輸送に使用された。KNRではこの機関車の動力をアルコ251系エンジンからEMD645に交換してきて、3200型に改称しているが、旧型式の順番ではない。こうしたやり方は機関車の判別や経歴の観察をしようとする人たちをしばしば大きく混乱させるものである。しかし、当初スケネクタディで製造されたものは今でも見分けが付く。3100型のフードの形はEMDの動力装置を収めるために変わっており、屋根に高い部分が長くつくられていることと発する音の違いで、エンジンを載せ換えたものはすぐ判別されるからである。どの機関車もKNRの貨物機用のオレンジと黒色に塗装されている。

形態：貨物用電気式ディーゼルBB機
動力：709kWのEMD8-645系エンジン
牽引力：160kN
最高運転速度：時速105km
重量：72t
全長：14.65m
ゲージ：1435mm

ディーゼル機関車とディーゼル列車　1962〜2002年

EMD　GP38型　各鉄道

アメリカ：1966年

　1960年代のアメリカの機関車市場はSD45型のような新しいタービン過給器付きの高出力機一色であった。しかし、もっと中程度の出力を持つ機関車に対する需要も大きかった。GP38型はEMDが1960年代半ばに導入した新しい645ディーゼル・エンジンを採用した機関車のひとつであり、1950年代を通してEMDの機関車生産の主体として人気があった「ゼネラル・パーパス」（GP）機の改良型としてふさわしいものであった。本機は1492kW（2000馬力）を出す16気筒の645ディーゼル・エンジン（過給器なし）を採用していた。GP38型とその後継機GP38-2型は、入換作業のある区間列車から重量編成の石炭列車まで、どんな貨物運行でもこなすことのできる標準的な働き蜂機関車だった。ほとんどのアメリカの鉄道がこれを発注し、1970年代における新しい貨物機の代表例であった。

形態：電気式ディーゼルBB機
動力：1492kW（2000馬力）のEMD16-645E
牽引力：（時速17.2kmで）245kN
最高運転速度：時速104km
重量：119t
全長：18.034m
ゲージ：1435mm

ニューイングランド中央鉄道のGP38型3連が南行きの貨物608列車を引いてスタッフォード・スプリングス（コネティカット州）を抜けていく。この鉄道は旧セントラル・ヴァーモント鉄道の本線を運行している。

ここではニューイングランド中央鉄道のGP38型1両が1998年9月に秋の観光列車「グレイト・トレイン・エスケープス」を引いてニューロンドン（コネティカット州）の木橋を渡って行くのが見える。

第2部　ディーゼル機関車とディーゼル列車

EMD　GP40型　各鉄道

アメリカ：1966年

　EMDのGP40型は1965年に、同じ645エンジンを使った他の新型機とともに登場した。このエンジンは基本的には成功作567の設計を拡張したものだった。645付きの新型機は電気装置も改良され交流・直流伝動システムを備えていた（しかしまだ従来どおり直流の主電動機を使用していた）。GP40型は高速貨物列車用に設計された高出力の4基電動機付き機関車だった。その16-645エンジンは2235kW（3000馬力）を出す。これを最初に発注したのはニューヨーク・セントラルであり、それまでEMDの高出力4基電動

ギルフォード・レール・システムのGP40型が先頭に立ち、4両のGMD機が2002年3月にドーヴァー（ニューハンプシャー州）でポートランド（メイン州）行きの貨物列車を引いている。

機タイプを使っていた他の鉄道にも広まった。GP40型の変形として、旅客用のGP40P型などが生まれた。1972年にこのモデルはGP40-2型に引き継がれたが、要目はほとんど変わりなく、外観も基本的には同じだった。

ボルティモア＆オハイオ鉄道のGP40型3684号は保存されてボルティモア（メリーランド州）のボルティモア＆オハイオ鉄道博物館に展示されている。

形態：電気式ディーゼルBB機
動力：2235kW（3000馬力）のEMD16-645E3
牽引力：（時速21kmで）213kN
最高運転速度：時速104〜123km
重量：（CSX機の場合）126t
全長：18.034m
ゲージ：1435mm

328

ディーゼル機関車とディーゼル列車　1962〜2002年

EMD　SD40型　各鉄道　　　　　　　　　　　　　　　　　　　　　　　　　　　アメリカ：1966年

上：コンレールのSD40-2型は大部分の同型のような進歩したHTC台車ではなく、旧式のフレキシコイル台車を使っていた。旧コンレールのSD40-2型が2002年5月にリリー（ペンシルヴェニア州）のノーフォーク・サザン線で補機をつとめている。

　1966年に登場したSD40型は、たちまちアメリカの鉄道の多くで重量貨物列車用の標準型となった。高出力、信頼性、汎用性が結び合わされ、本線列車用として多くの場合にまず選ばれるのがSD40型となった。本機は新しい645Eエンジンの16気筒版を使っていた。SD40は60：17の歯車比では最高時速113kmで運転することができたが、これはほとんどのアメリカの鉄道で貨物運転にこれ以上は認められない最高速度だった。主発電機にはAR10、主電動機にはD77が使われていた。1972年にEMDはダッシュ2シリーズを導入したためこの型も改良され、以後のSD40-2型はアメリカの電気式ディーゼル機でベストセラーに数えられるものとなって、北アメリカ向けに4000両以上が製造された。

左：ユニオン・パシフィック鉄道はSD40型とSD40-2型をもっとも多数保有し、合わせて800両以上に達した。ここでは5両のSD40-2型がエコー（ユタ州）で東行き貨物列車を引く。

形態：電気式ディーゼルCC機
動力：2235kW（3000馬力）の16気筒645
牽引力：歯車比による
最高運転速度：歯車比により時速104〜141km
重量：173t
全長：（初期型の場合）20.015m
ゲージ：1435mm

EMD　SW1500型　各鉄道　　　　　　　　　　　　　　　　　　　　　　　　　アメリカ：1966年

　1966〜74年に製造されたエレクトロモーティヴ・ディヴィジョンのSW1500型は、12気筒の645エンジンを用いた入換機だった。このエンジンの導入により、それまでのSW1200型からSW1500型へとうまく引き継がれたことになる。
　実際にSW1500型を購入した米国鉄道は多かったが、1960年代の半ばのアメリカでは新しいディーゼル入換機の需要は激減していた。一部の鉄道では本機を本線の貨物列車にあてて、重連にして走らせたり、他のディーゼル機と組ませたりした。
　サザン・パシフィック鉄道はSW1500型の最大の保有者に数えられ、その広大な路線網で操車場や工場側線での入換用にこれを使った。645エンジンを使った入換機には他に8気筒のSW1000型とSW1001型があり、後者は天井の低いところでも走れるように運転台が小さくなっていた。

形態：電気式ディーゼルBB機
動力：1118kW（1500馬力）のEMD12-645
牽引力：（時速19.3kmで）200kN
最高運転速度：時速104km
重量：118t
全長：13.614m
ゲージ：1435mm

サザン・パシフィックは、入換機を大量に購入した最後のアメリカ大鉄道に数えられている。1992年にサウス・サンフランシスコ（カリフォルニア州）で、同社のSW1500型2680号が見える。

第2部　ディーゼル機関車とディーゼル列車

GMD　GP40TC型　アムトラック　　　　　　　　　　　　　アメリカ：1966年

1950年代後半～1960年代に北アメリカの旅客輸送が急激に減少したことは、新しい旅客用ディーゼル機の需要も大きく減少させた。1960年代半ばにトロントの近郊旅客輸送を行っているオンタリオ州政府（GOトランジット）は、GP40型の特別仕様機8両をゼネラル・モータース・ディーゼルに発注した。このGP40TC型は貨物用機関車のGP40型を改良したもので、台枠は通常のGP40型より1.981m長く、台車の中心間隔も長くなっていた。こうした長さが必要だったのは、それまでのような蒸気発生器ではなく、客車の暖房と照明用に補助発電機を備える必要があったからである。新車のGP40TC型を注文した事業者はGOトランジットだけだったが、1980年代後半にはそれがアムトラックに売却された。

形態：電気式ディーゼルBB機
動力：2235kW（3000馬力）のEMD16-645E3
牽引力：入手不能
最高運転速度：入手不能
重量：入手不能
全長：20.015m
ゲージ：1435mm

1960年代、オンタリオ州政府のGOトランジットはゼネラル・モータースのカナダにおける機関車製造子会社であるゼネラル・モータース・ディーゼルにGP40TC型を発注した。

GE　U30B型　各鉄道　　　　　　　　　　　　　　　　　アメリカ：1966年

1960年代半ばにゼネラル・エレクトリックは、競争する新型機の登場に合わせてユニヴァーサル級のロード・スウィッチャーBB機の出力を増加させた。1966年にはGE最初のU25B型より強力なU28B型が登場した。この年の終わりに同社はU30B型を登場させ、これはその後約10年間も製造が続いた。GEのU30B型はEMDのGP40／GP40-2型に対抗させるはずだったが、それほどの力強い売上は見られなかった。本機はユーザーの要求により、ノーズの高いものと低いものとが製造された。新車のU30B型を発注した鉄道にはバーリントン、ニューヨーク・セントラル、ウェスタン・パシフィックなどがあった。

形態：電気式ディーゼルBB機
動力：2235kW（3000馬力）のGE　7FDL-16
牽引力：（時速20.8kmの連続で）229kN
最高運転速度：時速127km
重量：123.5t
全長：18.339m
ゲージ：1435mm

ペンシルヴェニア州の貨物専門小鉄道であるレディング・ブルーマウンテン＆ノーザンの旧コンレールU30B機が1997年10月、ソロモン・ギャップで貨物列車を引く。

ディーゼル機関車とディーゼル列車　1962〜2002年

L型CC機　西オーストラリア州営鉄道（WAGR）　　　　オーストラリア：1967年

　鉄鉱石の専用鉄道は別として、WAGRのL型はオーストラリアにおける最大出力を持つ、最初のタービン過給器付きディーゼル機だった。クライド社で25両製造され、実際にはアメリカ国内で使われているSD40型を小さめの車両限界に合わせたものだった。最初はクーリアンオビング鉄鉱山でK型に代わって用いられ、その後本機はこの仕事をQ型に譲った。1990年代にはニューサウスウェイルズ州とヴィクトリア州で輸出用小麦粉を運ぶオーストラリア運輸ネットワーク（ATNアクセス）の手に渡ったものも若干ある。

　WAGRのL型CC機4両はダーウィンからアリススプリングスへの鉄道の工事列車に使用するため再起させられた。

形態：電気式ディーゼルCC機
動力：2460kWのEMD16-645系エンジン
牽引力：（時速21kmで）298kN
最高運転速度：時速134km
重量：137t
全長：19.36m
ゲージ：1435mm

CC72000型　フランス国鉄（SNCF）　　　　フランス：1967年

　アルストムが製造したフランス最強のディーゼル機関車で、パリ〜バーゼル間やブルターニュ地方の末端などの非電化線で主に急行旅客列車用に使われた。クレルモンフェラン経由でマッシフ・サントラールを越える本線で重い列車を牽引し、電化でそこを追われてからはアミアン〜カレー間やパリ〜トゥルーヴィル間に移った。

　大型で印象的なCC72000型はモノモーター式ボギー台車をはいていた。モロッコへ輸出されてタンジール支線に使われているものも少しある。

形態：本線の客貨両用電気式ディーゼル機
車輪配列：CC
動力：2648kWのV形16気筒SACMディーゼル・エンジン、直流発電機、台車枠に置かれたモノモーター式の直流主電動機2基
牽引力：（旅客用）189kN、（貨物用）362kN
最高運転速度：時速140〜160km
重量：114t
全長：20.19m
ゲージ：1435mm

第2部　ディーゼル機関車とディーゼル列車

50型　英国鉄道

イギリス：1967年

形態：本線の客貨両用電気式ディーゼル機
車輪配列：CC
動力：2014kWのV形16気筒イングリッシュ・エレクトリック16CSVTディーゼル・エンジン、直流発電機、吊掛式直流主電動機6基
牽引力：215kN
最高運転速度：時速160km
重量：117t
全長：20.88m
ゲージ：1435mm

この50型はロンドンのウォータールー駅からエクセターへの列車を引いて、ベイジングストーク近くのウォーティング・ジャンクションでボーンマス線の立体交差をくぐる。50型の一群はこうした運行のためにネットワーク・サウスイーストの塗装となった。

この「フーヴァース」（ファンの音がうるさいことから付けられたあだ名）は全体としては従来どおりの電気式ディーゼル機であるが、BRが動力回路に「近代的な」エレクトロニクスを採用するように主張したため、信頼性が低くなった。最初の仕業には、ロンドン〜クルー間の電化後、クルー〜グラスゴー間を重連で運転してグラスゴーまでの列車のスピードアップを図るというものがあった。

その後、クルー〜グラスゴー間の電化により50型は西部支社へ追われ、同支社の技術者は本機の信頼性を高めるため制御システムを簡素化した。50型とHSTによってブリストル、ウェールズ南部、ウェスト・カントリーへの本線から液体式機が追放された。保存されているものも少数ある。

GE　U30C型　各鉄道

アメリカ：1967年

形態：電気式ディーゼルCC機
動力：2235kW（3000馬力）のGE 7FDL-16
牽引力：（時速18.3kmで）329kN（各種あり、数字はバーリントン・ノーザン鉄道のU30C機のもの）
最高運転速度：時速113km
重量：176t
全長：20.498m
ゲージ：1435mm

ゼネラル・エレクトリックはそのユニヴァーサル・ラインの開発によって1960年代にアメリカ第2の電気式ディーゼル機メーカーの地位に上り、かつては共同製作者であったアルコをはるか下の3位へと突き落とした。アルコはその年代の終わりになるとアメリカ市場からは撤退した。GEの「Uボート」（ユニヴァーサル級はこう呼ばれるようになった）のうちでいちばん売れたのは電動機6基のU30C型で、重量貨物用機関車としてEMDのSD40／SD40-2型と真っ向から競争していた。1967年からの10年間に

右：チャールモント（マサチューセッツ州）近くで1986年1月2日に見られたU33C型は、FDL-16エンジンからU30C型よりも224kW（300馬力）多い出力を得ていた。この型はU30C型と同じ期間に375両製造された。

上：1983年2月26日にドルトン（イリノイ州）でファミリー・ラインズのU30C機1582号。CSXシステムに属する鉄道は「Uボート」をよく使っていた。

GEはアメリカで600両近いU30C型を販売し、さらに強力なU33C型とU36-C型も登場させた。これらの機関車はみな同じ7FDL-16エンジンを使用していた。1977年にはGEの改良型であるダッシュ-7級がユニヴァーサル級に取って代わり、U30C型に代わるC30-7型がいっそうの成功をおさめた。

332

ディーゼル機関車とディーゼル列車　1962〜2002年

753型・754型　チェコスロヴァキア国鉄（CSD）　　　　　チェコスロヴァキア：1968年

形態：汎用電気式ディーゼルBB機
動力：(753型)1325kW、(754型)1492kWのCKD　K12V230DR系エンジン
牽引力：185kN
最高運転速度：時速100km
重量：(753型)76.8t、(754型)74.4t
全長：16.5m
ゲージ：1435mm

　奇妙な運転台窓のスタイルから、本機は「ゴーグル」というあだ名をもらった。外観と違ってCSDの753型・754型はごくふつうの設計だった。計408両のT478.3型（のち753型）が1977年までに製造され、列車の蒸気暖房装置を備えていた。T478.4型（のち754型）は給電装置だけであり、原形は1975年に製造されて1978〜80年に84両が量産された。1989年以後の750型は753型を電気暖房に改造したものである。1993年にチェコスロヴァキアがチェコとスロヴァキアに分割された際には、両鉄道はそれぞれ750型を41両と18両、753型を275両と53両、754型を60両と26両取得した。750型に改造されたものはその後117両と45両に達した。スロヴァキア機は景色の美しい各地の山岳路線で区間列車を引いており、チェコ機は全土に配置されている。

　この機関車はエンジンの信頼性の低さと燃料消費量の多さから急速に廃車されており、チェコの余剰機は再生6K310DRエンジン付き（752.5型）か新製CATエンジン付き（753.7型）に改造されてイタリアで再使用されることになっている。

前に突き出た変わった運転台窓のスタイルは、「ゴーグル」というあだ名をなるほどと思わせる。内部はありきたりの電気式ディーゼル機関車であり、あらゆるディーゼル機の中でも防音にとくに手のかかるものだった。

218型　ドイツ連邦鉄道（DB）　　　　　西ドイツ：1968年

　DBは218型を400両以上購入し、西ドイツ全土で運転されていた。電化区間を離れた急行旅客列車の仕業をするかと思えば、一般貨物の仕業やプッシュプル式の区間列車もお手のものである。本機の大型高速ディーゼル・エンジンにより、エンジン1基のBB機でありながらエンジン2基を備えた以前のV200型よりも大出力が可能になっている。

DBの新しい赤（ノイエス・ロート）に塗装された218型182号が運行の合間に停車している。これはこれまで標準の赤色より少し明るいものである。

形態：本線の客貨両用液体式ディーゼル機
動力：1840kWのV形12気筒MTU MA12 V956TB10または2060kWのMTU MA12 V956TB11またはピールシュティック16PA4V200、フォイトのL820rs液体式伝動装置
牽引力：245kN
最高運転速度：時速140km
重量：76.5〜78.5t
全長：16.4m
ゲージ：1435mm

第2部　ディーゼル機関車とディーゼル列車

DJ型BBB機　ニュージーランド国鉄（NZR）　　　　ニュージーランド：1968年

　ニュージーランド国鉄はこのDJ型64両（主として貨物列車に用いられた）によって南島から蒸気機関車を無くした。軸重の制限からこの三菱製機関車はボギー台車3つの計6軸としなければならなかった。全部が粘着重量となるBBBという車輪配列を採用したものは世界中の電気機関車で見られるが、ディーゼル機の場合は（アルストムがアフリカ諸国に輸出したものを除いて）どちらかといえば珍しい。またDJ型は、直流の主電動機に給電するため交流発電機を備えたものとしては世界でもいちばん早い方だった。残念ながらこうした方式は技術的に不完全であり、当初の773kWエンジンは表示出力が大きすぎて信頼性に欠けたため、のち671kWに改められた。こうした出力低下にもかかわらず1986年にはもう廃車が始まり、最後のDJ型は1991年にNZRから退役した。

形態：電気式ディーゼルBBB機
動力：671kWのキャタピラーD398　V12系エンジン
牽引力：128kN
最高運転速度：時速96km
重量：64t
全長：14.1m
ゲージ：1067mm

客貨両用に設計されたこの中出力機の上回りはふつうのロード・スウィッチャーであるが、3つのボギー台車が見える。

EMD　FP45型　サンタフェ鉄道　　　　アメリカ：1968年

　1967年にサンタフェは、「スーパーチーフ」などといった人気の高いステンレス製流線形客車列車のために新しい旅客用機関車を必要としていた。同社ではEMDとGEの両方に半流線形ディーゼル機を発注した。EMDのF級のような初期の流線形では車体の外板が機関車の構体と一体化されていたのに対し、こうした第2世代の旅客用機関車はロード・スウィッチャーの下回りに金属製のカウル（外皮）をかぶせただけのものになっていた。最初サンタフェは、20-645E3エ

　サンタフェは「カウル」式機関車を最初に発注した鉄道であった。FP45型は旅客用にも貨物用にも使えたが、数の多いF45型は貨物専用の機関車だった。左はサンタフェのF45型5972号の拡大で、本機の車体幅いっぱいの運転台がよくわかる。

334

ディーゼル機関車とディーゼル列車　1962〜2002年

ンジン付きのFP45型を9両発注した。これらは客車に暖房用蒸気を送る大型の蒸気発生器を備えていた。後には貨物専用機も発注され、F45型と名付けられた。こちらはFP45型に似ているものの大型の蒸気発生器がないため、若干短かった。バーリントン・ノーザンとミルウォーキー・ロードもF45型を注文した。

1995年3月にフォンデュラック（ウィスコンシン州）近くのウィスコンシン・セントラル線でサンタフェ塗装のF45型5972号が貨物列車を引く。

形態：電気式ディーゼルCC機
動力と出力：不明
牽引力：（時速21kmで）316kN
最高運転速度：時速123km
重量：175t
全長：20.561m
ゲージ：1435mm

EMD　SD39型　　各鉄道
アメリカ：1968年

EMDのSD39型は1968〜70年まで製造されただけであるが、6基電動機付きの中出力ロード・スウィッチャーとして中継ぎの役割を果たした。外観はさらに強力なSD40型によく似ており、12気筒の645という小形で出力の小さいエンジンが主な違いだった。SDL39型を購入したのはミルウォーキー・ロードだけで、10両を発注した。

形態：電気式ディーゼルCC機
動力：1714kW（2300馬力）のEMD12-645E3
牽引力：（時速12.9kmで）365kN
最高運転速度：115km
重量：161t
全長：20.1m
ゲージ：1435mm

AB型CC機　　ウェストレール
オーストラリア：1969年

AB型は貨物列車用にA型、AA型、AB型の3型式が発注されたうちのひとつで、クライド社で1967〜69年に製造され、EMD567エンジンを付けたものがA型（G12級）14両であり、645エンジンのものがAA型とAB型（G22級）各6両であった。3型式とも現在オーストラリア本土で運転されているものはない。

形態：電気式ディーゼルCC機
動力：1231kW
牽引力：（時速14kmで）226kN
最高運転速度：時速100km
重量：99t
全長：15.04〜15.49m
ゲージ：1067mm

422型CC機　　オーストラリア・サザン鉄道
オーストラリア：1969年

422型はクライド製の箱形である。最初はメルボルン付近で使用され、シドニー方面への旅客列車にもあてられたが、1990年代後半に廃車された。16両がオーストラリア・サザン鉄道に移って次第に運行を再開しており、その他の2両はインターレールで、3両はフレート社で運行されている。

形態：電気式ディーゼルCC機
動力：1641kWのEMD16-645系エンジン
牽引力：（時速12kmで）271kN
最高運転速度：時速124km
重量：110t
全長：18.44m
ゲージ：1435mm

まったく四角い箱形の車体デザインからこの422型CC機が「飛んでいく煉瓦」というあだ名を付けられたことは、誰にもよくわかる。

第2部　ディーゼル機関車とディーゼル列車

MLU-14型CC機　バングラデシュ鉄道　　　　　　　　　　　　　　　　　　　　　　　　　　　　　　バングラデシュ：1969年

バングラデシュ鉄道は1965年以来広軌のアルコ機を購入し、その4年後にはメーターゲージ路線にDL535級も購入した。MLWが1969年に24両（2301〜2324号）を供給し、1978年に12両（2401〜2412号）を追加して、これらがMLU14型となった。この型はバングラデシュの1000mmゲージ網のどこへ行っても貨物列車や旅客列車で見られる。

バングラデシュで働くインド製のDL535級は、アルコ原設計の真四角な運転台と三角屋根のフードが特徴となっている。

形態：狭軌CC機
動力：1030kWのアルコ6-251系エンジン
牽引力：（時速11.6kmで）178kN
最高運転速度：時速96km
重量：70.5t
全長：13.818m
ゲージ：1000mm

MLW　M-630型　カナディアン・パシフィック鉄道　　　　　　　　　　　　　　　　　　　　　　　　　カナダ：1969年

アルコがアメリカでの機関車製造を止めてから数年間、そのカナダ子会社であるモントリオール機関車工場（MLW）は主としてアルコのセンチュリー・シリーズに基づく機関車を作り続けた。MLWの6基電動機形機種の主力はM-630型とM-636型で、それぞれC-630型とC-636型によく似ていた。

M-630型は16気筒のアルコ251ディーゼル・エンジンを使った2238kW（3000馬力）の機関車であった。C-630型とは違うスタイルのボギー台車を採用し、フードの形も少し違っていた。

M-630型をいちばん多く購入したのは、カナディアン・パシフィック鉄道（CPR）であった。1969年から3年という製造期の間に、70両近くが北アメリカで運行されるために作られた。M-630型には1990年代の終わりまでCPRで運転されているものがあった。

形態：電気式ディーゼルCC機
動力：駆動用に2238kW（3000馬力）の16気筒アルコ251Eディーゼル・エンジン
牽引力：（連続）329kN
最高運転速度：時速120km
重量：177t
全長：21.184m
ゲージ：1435mm

カナディアン・ナショナル鉄道の地域的分社化であるケイプ・ブルトン＆セントラル・ノヴァスコシアは本線の重量級列車にM-630型を最後まで使い続けてきた鉄道である。MLWのM-630型3両とRS-18型1両が1997年に東行きの貨物列車を引いて行く。

ディーゼル機関車とディーゼル列車　　1962～2002年

1983年5月29日、ノース・ヴァンクーヴァー機関区の給油線に見るブリティッシュ・コロンビア鉄道の724号は、M-630型の大きさと力強さを示している。

東風（DF）4型CC機　中国鉄道部

中国：1969年

形態：電気式ディーゼルCC機
動力：2430～2940kWの16V240ZJ系エンジン
牽引力：（連続）215～302kN、（最大）303～440kN
最高運転速度：時速100または120km
重量：138t
全長：20.5m
ゲージ：1435mm

　東風4型には旅客用や貨物用に歯車比を変えたものが何種類もあり、中国でいちばん数の多いディーゼル機関車である。本機のうち時速120kmの旅客用は1969年に大連機関車工場から初めて登場し、100kmの貨物用は1974年から2430kWのエンジンを付けて登場した。1984年までに東風4型が390両、東風4A型が360両生まれたのち、出力の増加した東風4B型に製造は移行し、貨物用の牽引力は大幅に引き上げられた。計4250両が大連、大同、四方、資陽の4工場で製造された。翌年には2650kWのエンジンを持つ東風4C型も出現したが性能は下回り、920両が製造された。東風4系の生産は1990年代にも続けられ、時速132kmの高速貨物用や2940kWの強力旅客用、非同期電動機を用いたもの、入換用に小さな運転台でフード式としたものなどが生まれている。

蒸気機関車は1990年代には東風4型のようなディーゼル機に交代した。ここではその2両が、各種の貨車をつないだ貨物列車（中国鉄道ではどこでも見られるもの）の先頭に立っている。

337

第2部　ディーゼル機関車とディーゼル列車

EMD　DDA40X型　ユニオン・パシフィック鉄道　　　アメリカ：1969年

ユニオン・パシフィックの「ダブル・ディーゼル」機のうち最大で最後に生まれたものは、EMD製の巨大なDDA40X型の47両だった。この機関車は、実際にはGP40型をひとつの台枠に載せたものであった。面白いことに本機は、1967年にサンタフェ鉄道がFP45型に採用した幅広のノーズを持つカウル式の車体であり、20年以上たってから北アメリカで普及する「セーフティ・キャブ」を予告していた。各機ともタービン過給器付きの16-645Eエンジン2基を動力としていた。DDA40X型は世界最大のディーゼル機関車であり、最初の大陸横断鉄道完成の100周年にあたる1969年に登場したことから、「センテニアルズ」と呼ばれて6900番代の番号を付けられていた。1985年までにはほとんど廃車されたが、6936号機関車1両だけはユニオン・パシフィックの保存車両の中に残されている。

形態：電気式ディーゼルDD機
動力：計4923kW（6600馬力）の16-645E3系ディーゼル・エンジン2基
牽引力：(引出時) 596kN
最高運転速度：入手不能
重量：247t
全長：30m
ゲージ：1435mm

ユニオン・パシフィックはDDA40X型を1両、保存車両群に持っており、この機関車は貸切旅客列車に使われたり、時には貨物列車を引くこともある。

CL型　オーストラリア・サザン鉄道　　　オーストラリア：1970年

クライド社はEMD機をブロークンヒル～ポートピーリー間の貨物列車のために製造したが、レイクリークの石炭やブロークンヒルの鉱石を輸送するためにも使われた。本機は1992～93年にモリソン・クヌッドセンで改造され、貨物用のCLF型7両と旅客用のCLP型10両（最高時速は130kmと140km）になった。その後CLP型は貨物用に転じたが、CLF型は原形が担当したのと同様な貨物用に止まっている。両機とも南オーストラリア州でオーストラリア国鉄から貨物部門を引き継いだオーストラリア・サザン鉄道が運行している。

北米のE型やF型を思わせる古典的な塗り分けで、1940年代におけるアメリカの流線形時代そのままの外観をしたCLF型やCLP型は、今日も大活躍している。

形態：電気式ディーゼルCC機
動力：2460kWのEMD16-645系エンジン
牽引力：(時速24kmで) 270kN
最高運転速度：時速140km
重量：129t
全長：19.58m
ゲージ：1435mm

ディーゼル機関車とディーゼル列車　1962〜2002年

CF7型　サンタフェ鉄道　　　　　　　　　　　　　　　　　　　　　　　　　アメリカ：1970年

形態：再製電気式ディーゼルBB機
動力：1119kW（1500馬力）のEMD16-567BC
牽引力：入手不能
最高運転速度：入手不能
重量：入手不能
全長：17.043m
ゲージ：1435mm

ジェネシー＆ワイオミング系の小鉄道に属するルイジアナ＆デルタ鉄道は旧サンタフェのCF7型群によって旧サザン・パシフィック鉄道の支線を運行している。同社のCF7型1503号がそのニューイベリア（ルイジアナ州）工場で見られる。

1960〜70年代のアメリカ鉄道では、1940〜50年代初期のEMD製F級を下取りにして新型機を購入する場合が多かった。サンタフェは違った方法をとり、1970〜78年の間にそのF7型を230両以上自家製のロード・スウィッチャーに改造してCF7型と名付けた。F級の車体は一体構造となっていたから、サンタフェではCF7型のために台枠もフードも運転台も作らなければならなかった。F7型の機械部分や電気部分はそのまま「新」CF7型に転用された。初期のCF7型はF7型の車体断面と同じ丸い屋根の運転台だったが、後のCF7型はそれより背が高く角張った運転台となった。

1980年代の初めにサンタフェはCF7型群を売り払い始め、小鉄道に買われたものが多い。アムトラックではSDP40F機と交換に少数を手に入れ、それを保線列車用にあてた。

まだサンタフェの塗装をしたCF7型2318号が1983年7月6日、シカゴのコーウイズ操車場にいる。全部で233両が製造され、この種の改造計画としては最大のものであった。

MLW　M-640型　CPR4744号　カナディアン・パシフィック鉄道（CPR）　　　　　　　　カナダ：1971年

アルコのエンジン1基による最強力のディーゼル機関車は、1971年モントリオール機関車工場で1両だけ製造されたM-640型だった。18気筒のアルコ251ディーゼル・エンジンを動力としたカナディアン・パシフィック（CPR）の4744号である。

外観はM-630型やM-636型に似ていたが、本機はその後部に大きな「コウモリの羽根」式のラジエーターを持っていた。当時、量産型のエンジン1基という電気式ディーゼル機は最高2686kW（3600馬力）であったから、4744号はずっと強力だった。EMDはアメリカでも非常に強力なディーゼル試作機を製造していた。

カナディアン・パシフィックでは15年間4744号を本線用の貨物機として使い、他のMLW製大形ディーゼル機関車と共通に運用していた。1985年に本機は大改造されて、交流駆動方式の試験台となった。

形態：電気式ディーゼルCC機
動力：2984kW（4000馬力）の18気筒アルコ251ディーゼル・エンジン
牽引力：（連続）354kN
最高運転速度：入手不能
重量：177t
全長：21.298m
ゲージ：1435mm

第2部　ディーゼル機関車とディーゼル列車

北京（BJ）型　中国鉄道部

中国：1971年

　中国鉄道部の北京型は1971年に原形が生まれた後、1975年に量産が開始された。当初は旅客用と考えられていたが、東風4型によって貨物用に追われたり退役させられ、340両が製造された。

　貨物用のものは1840kWのエンジンで時速90kmの歯車比となっている。重連用に片運転台式としたものも少し製造された。国境の車両授受用側線を走るために1524mmゲージの車輪を持つものも少数ある。

形態：旅客用および貨物用の液体式ディーゼルBB機
動力：1990kWの12V240ZJ系エンジン
牽引力：（連続）163kN、（最大）227kN
最高運転速度：時速120km
重量：92t
全長：16.505m
ゲージ：1435mm

液体式ディーゼル機と電気式ディーゼル機を外観で見分けることはできない。北京型は大量生産された液体式伝動のディーゼル機では中国で見られる唯一のものである〔他に東方紅型もある〕。

M41型「ラトラー」　ハンガリー国鉄（MÁV）

ハンガリー：1971年

　全部で107両の汎用機がMÁVのため、また7両がGySEV鉄道のために製造された。1967年の原形2両、M41-2001号と2002号はセンター・キャブ式で違った外観をしており、後にM42 001号と002号に改番されたが現存しない。量産型のM41機は両運転台式の簡素だが見苦しくない箱形の設計となった。M41 2001～2207号はMÁVのための新製であり、2208～2214号は当初GySEVの所属でMÁVに移籍された。M41型には電気式列車暖房の設備があり、MÁVではそれまでの暖房車を廃止することができた。本機はハンガリー全土に配置され、非電化の区間旅客車のほとんどを牽引している。最近は都市間列車にあてられて、こうした仕業からM62型を追放することができた。MÁVでは2010年以後も100両ほどを保有する考えで新しいエンジンを検討している。2001～2002年にM41 2207号（現M41 2301号）がMTU16V4000エンジンに、M41 2115号（現M41 2302号）がCAT3516エンジンに改造された。エンジンが交換されただけで、伝動装置は変わっていない。

形態：客貨両用液体式ディーゼルBB機
動力：1325kWのピールスティック12PA4-185系エンジン
牽引力：151kN
最高運転速度：時速100km
重量：66t
全長：15.5m
ゲージ：1435mm

M41型の全体としては簡素な箱形車体にも丸みがついている。バッファーの下部には電気式列車暖房（ホテル・パワー）の接続装置が見えるが、MÁVの各路線で働くこの汎用機には欠かせないものである。

92型1CC1機　ケニア鉄道

ケニア：1971年

形態：電気式ディーゼル1CC1機
動力：1876kWのアルコ12-251系エンジン
牽引力：（時速26.4kmで）193kN
最高運転速度：時速72km
重量：118t
全長：18.015m
ゲージ：1000mm

　1971年に15両の92型がモントリオール機関車工場（MLW）から東アフリカ鉄道（EAR）に納入され、1976年に行われたEARのケニア、タンザニア、ウガンダ各鉄道への分離によって、今日では全機がケニア鉄道で運行されている。本機は4軸ボギー台車の外側の軸が無動力の1CC1という車輪配列の設計なので、MLWのMX636級と呼ぶのはふさわしくない。簡易な線路上で

ここでは低いノーズを持ったMLWの「アフリカ・キャブ」がよく分かり、この型を他機と見間違えることのない外観が示されている。

ディーゼル機関車とディーゼル列車　1962〜2002年

の軸重を減らすため、イングリッシュ・エレクトリックが輸出機に採用したことのある方式に従ったものである。同じような機関車はMLWのMX615級54両としてナイジェリア鉄道にも供給された。ケニアの機関車は車体幅いっぱいの低いノーズを持つ、いわゆる「アフリカ・キャブ」で、これはMLWの他の輸出機には採用されていないスタイルである。これに似た小形のCC機で1120kWのアルコ8-251系エンジンを持つものも、1980年マラウィへ送られている。

Z型CC機　トランツレール　　　　　　　　　　　　　　　　　　　　　　　　　　　　　　　　　　　オーストラリア：1972年

イングリッシュ・エレクトリックのロックリー工場の後身であるオーストラリアGEC社からは2形式の機関車がタスマニアへ、どちらも少し供給された。Z型は西オーストラリア（WAGR）のK型とR型を下敷きにしており、ZA型はクイーンズランド（QR）の2350型に似ているが、原形の背が高くて短いフードではなく、低いノーズを持った違う車体となっている。Z型は1510kWの12CSVTエンジンを、5両のZA型は1900kWのものを備えていた。両型式ともタスマニアの幹線北部やベルバット、フィンガール、西部方面の路線で木材やチップの輸送が始まったために製造された。Z型とZA型は併用され、他の区間でも見られよう。興味深いことに、続く1973年のZB型16両は、ZA型の基礎となったQR機であり、電化でクイーンズランドを追われてタスマニアに売却され、1987〜88年に入線している。

形態：貨物用電気式ディーゼルCC機
動力：（Z型）1502kW、（ZA型）1900kW
牽引力：（Z型）221kN、（ZA型）289kN
最高運転速度：時速37.3km
重量：96t
全長：16.31m
ゲージ：1067mm

SNCF　RTG型　フランス国鉄(SNCF)　　　　　　　　　　　　　　　　　　　　　　　　　　　　　　　　フランス：1972年

SNCFは電化された本線以外での主な旅客列車のために、世界でもほとんど例のないガス・タービン列車を41編成購入した。オレンジ色のRTGは、シェルブール発着の急行列車をはじめ、リヨンからストラスブールやボルドーへ、カーンからトゥールへといったクロスカントリー列車に使われた。各編成にはタービン・エンジン2基があり、それぞれ液体ダイナミック式伝動装置で車輪を駆動していた。

形態：急行旅客用電気式ガス・タービン5両編成
ガス・タービン・エンジン：1端に1200kWのチュルボメカ・チュルモXⅡ、他の端に820kWのチュルモⅢF1、液体式伝動
最高運転速度：時速160km
重量：動力車（2両）54t、付随車（3両）37〜42t
全長：動力車26.22m、付随車25.5m

都市間の輸送サーヴィスにガス・タービン列車を運転したのは、ヨーロッパではSNCFだけであった。1978年にこの総括制御式2連は、電化前のシェルブールからパリへと発車しようとしている。

DX型CC機　ニュージーランド国鉄(NZR)　　　　　　　　　　　　　　　　　　　　　　　　　　　　　　　ニュージーランド：1972年

ゼネラル・エレクトリックはこの比較的軸重の大きいDX型貨物用機を49両製造し、最初これは北島の石炭輸送専用であったが、電化によって1980年代には南島に移ったものもある。1997年にその15両が改造されるとオティラ・トンネルを抜ける電気運転は廃止されたが、それは空気取入用ダクトの経路変更など「トンネル・モーター」機への改良と、トンネル自体にも換気装置が設けられたことによる。2両のDX型は大改造されてDXR型となったが、1両は運転台も新製され、他の1両は元のままである。

これはDX型の「トンネル・モーター」改造機で、機械室フードの側面には追加された空気ダクトがはっきりと見える。これは換気装置のないトンネルで排気ガスを吸い込まないよう、低いところから清浄な空気を取り入れるために必要であった。

形態：電気式ディーゼルCC機
動力：2050kWのGE　7FDL12系エンジン
牽引力：207kN
最高運転速度：時速120km
重量：97.5t
全長：17.9m
ゲージ：1067mm

第2部　ディーゼル機関車とディーゼル列車

RM型「シルヴァー・ファーン」A1A-2＋2-B　ニュージーランド国鉄（NZR）　　　ニュージーランド：1972年

「シルヴァー・ファーン」編成がかなり重いことは、その丈夫そうな外観からも推し量られる。そしてその丈夫さのおかげで、この車の寿命も長くなった。

　ニュージーランドの国章である「しだ」がこの変わった構成の2両編成電気式ディーゼル列車の名前に借りてこられた。3編成が日商岩井によって供給され、ニュージーランドで初めて運転される電気式ディーゼル動車となった。空調付きで飛行機式の96座席を持ち、NZRがこれまで製造した中でもっとも快適な車両でもあった。

　「シルヴァー・ファーン」は時々貸切用に使われるため南島に航送されるほかは、北島だけで運転された。両車とも端部の台車が動力付きで運転室があったが、主動力車はA1A-2の方で、主エンジンもこちらにあった。この編成はそれまでの英国製ドリューリー・フィアットのエンジンを持つ「ブルー・ストリーク」編成に代わってオークランド～ウエリントン間の列車にあてられ、臨時列車にも広く使われた。1991年12月からはオークランド～ロトルア間を1日2往復する「ガイザーランド急行」が機関車牽引の列車に代わって設定され、オークランド～タウランガ間の「カイマイ急行」もできた。これらは1999年まで運転され、その後は南島のクライストチャーチ～ダネーディン～インヴァーカーギル間本線で運転される予定であったが、これは実現しなかった。現在のニュージーランドにおける鉄道旅客輸送の不確実で荒廃した状態では「シルヴァー・ファーン」に決まった出番はなく、それでも臨時列車に使われている。

形態：急行用電気式ディーゼル2両編成
動力：670kWのV形12気筒、内径159mm、行程203mmのキャタピラD398TAエンジンが主電動機4基を駆動、補助にキャタピラD330T発電機用エンジン
牽引力：不明
最高運転速度：時速120km
総重量：107t
最大軸重：不明
全長：47.2m
製造者（製造契約者）：日商岩井（日本）
ゲージ：1067mm

EMD　SD45T-2型　サザン・パシフィック鉄道（SP）　　　アメリカ：1972年

　SD45T-2型は海抜の高いカリフォルニア州シエラ山地の横断に高性能を得たいというサザン・パシフィック（SP）の求めに応じて開発された。ドナー峠を越える路線では高出力のEMDディーゼル機も数多くの長大トンネルやスノーシェッドと酸素の不足からエンジンが過熱し、性能が低下していた。これを改めるため、EMDはSD45T-2型で空気の流し方を変えて、空気取入口をフードの上部から歩み板のところに下げ、機関車がトンネル内で涼しい空気を吸い込めるようにした。この変更を行うと同時に、1972年から導入された新しいダッシュ2系の機器も採用していた。サザン・パシフィックと子会社のコットン・ベルトは1972～75年に、SD45T-2型の全機247両を購入した。

旧SPのSD45T-2型でCEFXからトレド・ピオリア＆ウェスタンにリースされたものが、レミントン（インディアナ州）で見られる。

形態：電気式ディーゼルCC機
動力：2686kW（3600馬力）の20気筒645エンジン
牽引力：408.9kN
最高運転速度：時速114km
重量：176t
全長：21.539m
ゲージ：1435mm

ディーゼル機関車とディーゼル列車　1962〜2002年

GMD　GP40-2L型　カナディアン・ナショナル鉄道
カナダ：1973年

1970年代にエレクトロ・モーティヴのカナダ子会社であるゼネラル・モータース・ディーゼル社はカナディアン・ナショナルとトロントのGOトランジット向けに各種のGP40-2型を製造し、それらはノーズ部分が車体幅いっぱいで前面窓が4枚となっていた。呼び方は、GP40-2W型やGP40-2L型だったり、標準型運転台のものと区別しないただのGP40-2型だったりする。カナディアン・ナショナルでは幅広ノーズのGP40-2型をふつうの運転台のものや他のディーゼル機と併用するのが通例だった。カナダのほか、国際輸送にふり向けられてセントラル・ヴァーモント鉄道などアメリカにある子会社の列車に常時あてられるものもあった。

形態：電気式ディーゼルBB機
動力：2235kW（3000馬力）のEMD16-643E3
牽引力：入手不能
最高運転速度：入手不能
重量：入手不能
全長：20.015m
ゲージ：1435mm

時にはGP40W型とも呼ばれるGP40-2L型は、カナディアン・ナショナルとGOトランジットの両社向けに新製された。GOトランジットの710号がトロント郊外のエグリントン駅で見られる。

810型　チェコ鉄道（CD）
チェコスロヴァキア：1973年

軽量の2軸レールバスの好例と思われるこの車両は、チェコ共和国、スロヴァキア、ハンガリーの支線でどこでも見られる。2＋3列という窮屈な座席配置であるが、これらの諸国の間やオーストリア、ドイツへ国境を越えて行く路線にも810型は運行されている。

810型はヴァゴンカ・ストゥデンカにより680両が製造された。今日、チェコ鉄道（CD）は約530両、スロヴァキア（ZSR）は130両を運行している。さらに、多数のBaafx型（010型）付随車がレールバスとして使用されている。時速80kmという比較的低い速度も40kmが制限速度である多くの路線では問題ではない。ZSRでは一部のBaafx型を運転台の形を変えた811型、812型電気式レールバスに改造した。CDでは810型を制御車912型と連結運転させるため、新812型に改造している。ハンガリーは同様なBzmot型レールバス205両を導入し、現在ではやはり各種のRabaMANやヴォルヴォのエンジンと液体式伝動装置を用いて改造している。インターシティーの末端輸送用に2＋2の座席と空調付きになったものもあり、「インターピチ」として宣伝された。

形態：2軸ディーゼル・レールバス
動力：155kW
牽引力：入手不能
最高運転速度：時速80km
重量：20t
全長：13.97m
ゲージ：1435mm

130〜132型　東ドイツ国鉄（DR）
東ドイツ：1973年

のちにDBの230〜232型として知られるようになったこの大形機関車の一群は、700両以上がロシアのヴォロシロフグラード工場からDRに供給された。再統一以来、この機関車は西ドイツでも評判が良く、アーヘンやロッテルダムといったはるか西の方まで進出している。型式の区別は電気式列車暖房装置の有無や最高速度の違いによる。

ソ連製の電気式ディーゼルCC機が東ドイツの旧DRで旅客列車を引く。この型は再統一以後の西ドイツでも好評である。ブルガリアや旧ソ連を構成した国の一部で働いているものもある。

ブルガリアや他の旧ソ連諸国で使われているものもある。以下の要目は232型のもの。

形態：本線の客貨両用電気式ディーゼル機
車輪配列：CC
動力：2200kWのコロムナV形ディーゼル・エンジン、直流発電機、吊掛式直流主電動機6基
牽引力：340kN
最高運転速度：時速120km
重量：123t
全長：20.62m
ゲージ：1435mm

第 2 部　ディーゼル機関車とディーゼル列車

「インターシティ125」高速列車　英国鉄道

イギリス：1976年

ファースト・グレイトウェスタン社のプリマス行きHSTがデヴォン県のエクス河口にある港を過ぎて行く。この列車はファースト・グレイトウェスタン社が最初採用した濃緑とベージュ色に塗り分けられている。

　ある列車の設計が主な国有鉄道の未来を開かせたことがあるとすれば、BRにとってハイスピード・トレイン（HST）はまさにそれだった。将来に向けて振子式列車（そのひとつであるアドヴァンスト・パッセンジャー・トレイン（APT）はイギリスで開発されていた）を推す意見が盛んになってきた中で、この、ハイスピード・トレインは登場した。1972年にイギリス最速の時速200km（125マイル）を出せる非振子式列車の原型を製造することが企図されたが、当然反論もあがった。しかし原形をつくることの正しさは証明された。基本的には片運転台式で流線形・軽量の電気式ディーゼルBB機関車に過ぎない動力車2両が、BRのいわゆるマーク3型客車をつないだものの両端に置かれた。これらの客車は揺れまくら付きで新設計の空気バネ式ボギー台車を用い、これまでイギリスでは使われなかった23mという長大な車体であった。それまでのBRの客車は通常20mの長さである。鋼製の車体構造の巧みな設計によって、車体が延びても車両重量は増加しなかった。実際37トンというのは、技術上の効率化のお手本である。動力車を軽量化するため、高速のパックスマン・ヴァレンタ・エンジンが備えられ、交流発電機からバネ上搭載の直流主電動機4基に給電する。2基のエンジンを合わせて3357kW（4500馬力）という出力が高速運転を保証した。

　客車は完全空調で、1等車も普通車も共通の車体構造となっていた。車内では客車の床面と側面にエアラインの旅客機式の座席レールがあり、敷きつめたカーペットに邪魔されずに座席配置を簡単に変えることができた。

　HSTは原形の徹底的な試運転の後、98編成が量産され、西部支社（WR）向けのものは7両編成、その他は東海岸本線用（ECML）に8両編成だった。WR編成はロンドンのパディントン駅とスワンジーやブリストル、イギリス西南部を結ぶ急行列車に使われた。後にはチェルトナム行きの列車も加えられた。東部支社とスコットランド支社の

HSTがBRで製造された当時の塗色スタイルは、基本である青と灰色を用い、動力車を飾るためには黄色をふんだんに使った衝撃的なものであった。この列車はたちまち人気を集めた。

344

ディーゼル機関車とディーゼル列車　　1962〜2002年

編成はロンドンのキングズ・クロス駅とリーズ、ヨーク、ニューカースル、エジンバラ、アバディーンを結ぶECMLの列車にあてられた。

ECMLが電化された時、高速のプッシュプル式電気列車を導入することの手助けとして、動力車の一部には変わった改造が行われた。制御車がなかったことからHSTの動力車8両が運転台側の流線形の端面にバッファーを付けて、91型電気機関車がHSTから臨時に回したマーク3型客車（間もなく他に転用される）の編成と共に走る際の制御車として使われた。IC225用のマーク4型客車と制御車が完成するとHSTの編成は再現され、クロスカントリー列車にふり向けられた。これら一部の車両にはバッファーが異形として残っている。

続く時代には、とりわけ電化でHSTがECMLを追われた後、いろいろな変化があった。クロスカントリー用の車両群が形成され、HSTはロンドンのセントパンクラス駅からノッティンガムやシェフィールドへのミッドランド本線で走り始めた。BRがインターシティを売り出したことから、HSTも新しい塗装となった。窓周りは濃い灰色で、窓下の側面は明るいベージュ、屋根は濃い灰色だった。客車の窓のすぐ下には赤と白の線

7両編成列車の中にはクロスカントリー列車に使用するためWRから移されたものがあり、その後は民営化されたヴァージン・トレイン社に引き継がれている。

が引かれていた。全体として実にスマートであり、BRのイメージを高めた。BRの左右に向かう矢印マークは思い切って消され、燕の図案と特別の書体の「INTERCITY」という文字が描かれた。

HSTは時速200km（125マイル）を出して長い区間を運行するように設計されていた。ミッドランド本線やクロスカントリーの列車では頻繁に動いたり止まったりして、20分から40分ほどしか離れていない町の間を高速で走ることになる。これを「入れたり切ったり」とか「2拍子式」の運転と評した人もあるとおり、パックスマン・ヴァレンタのエンジンにかかるストレスは大きかった。暑い季節には停止から一生懸命加速してきたエンジンの熱が、アイドリングに移って減速しながら次の駅に止まるまでに発散されなければならない。HSTのラジエーター・システムは、冷却水の漏れがなくて内部に付着物がないというまったく極上の条件でなければ、こんな過酷な扱いには向いていなかった。こんなお守りをし続けることがいつも出来るわけではない。エンジンがいっそう手間のかかるものとなったことから、パックスマンでは試験的に同社のVP185というもっと近代的なエンジンを5基提供した。これは出力が同等で取付用の台座も同じであるが、部材が強化されて摩耗は少なく、冷却装置も大きくなっていた。事実、このエンジンが成功したことで、古いヴァレンタ・エンジンが摩耗するとHST動力車

への載せ換えにはこれが標準として使われている。VP185の信頼性は高く、旧エンジンの少なくとも2倍の時間運転されるまでオーバーホールの必要はない。

BRの民営化でこの列車にもいろいろな変化が、とくに塗装についてあった。ECML用の編成はグレイトノースイースタン鉄道（GNER）のものとなり、この会社は濃紺に赤帯を塗った。これらはリーズやエディンバラ以遠のブラッドフォード、アバディーン、インヴァネスへの列車に使われている。ミッドランド・メインライン（MML）社は8両編成を緑色で帯は橙色に塗り、ディーゼル列車による中間駅停車の快速列車を30分間隔のHSTとレスターで接続して走らせるようにした。MMLの輸送量は、これにより60％以上増加している。ヴァージン社はHSTをクロスカントリー区間で運転しているが、大部分は電気式ディーゼル列車「ヴォェジャー」に置き換えられようとしている。このおかげでGNERは輸送量の増加に対応してHSTを9両編成にするのに必要な客車を増備することができる。ファースト・グレイトウェスタン（FGW）のHST群は車内の配置や設備が優れていることで当然人気が高いが、同じことはGNERのものについても言える。FGWではこれらの列車で輸送量が増えてきたため、ブリストルとカーディフへ30分ごとにこれを走らせ、朝夕はさらに増発する時刻改正を行うことにしている。スウィンドンからロンドンのパ

ディントン駅へ朝のラッシュ時には15分間隔でHSTが走るというわけである。

すでに車齢25年以上であるとはいえ、HST群は今でも旅客に高い評価を得ており、イギリスの鉄道でこれから何年も見られることは間違いない。MMLがこれを補う快速ディーゼル列車を発注し、FGWが高速ディーゼル列車「アデランテ」を登場させているとはいえ、GNER、MML、FGWがそのHST群を全面的に置き換えるとはまだ言われていない。ヴァージン・トレインだけはそんな計画を発表したことがあったが、旅客輸送量増加の現状と予想から急いでそれを修正した。12本ほどはロンドンのパディントン駅に乗り入れる本線などの列車に使うため5両編成へと模様替え改造されている。これらは機構的に大幅に改善されるほか、内部はすっとスマートになり、同社の新高速列車用にふさわしい新塗装となるはずである。

(下記の要目は量産動力車（1編成2両）のもの)
形態：「インターシティ125」電気式ディーゼル動力車
車輪配列：BB
動力設備：1680kWのV形パックスマン・ヴァレンタ12RP200L高速ディーゼル・エンジン、ブラッシュの回転ダイオード付き交流発電機、バネ上搭載のブラッシュまたはGEC製主電動機4基、たわみ駆動で各軸へ
最高運転速度：時速200km
重量：70t
全長：17.805m
ゲージ：1435mm

第2部　ディーゼル機関車とディーゼル列車

56型　英国鉄道

イギリス：1976年

BRは石炭列車用の機関車を増やす必要から、ブラッシュ社に120両の大形ディーゼル機を発注した。ブラッシュでは最初の30両をルーマニアのエレクトロプテレに下請けさせ、残りはBRELのクルー工場とドンカスター工場が分け合った。ボギー台車の設計はルーマニアの060-DA型に基づき、車体はBRの47型に基づいていた。EEの16気筒エンジンを発展させたものがラストン社から供給され、貨車の自動積み卸し用に低速制御装置が備えられている。現在では一部が廃車されている。

形態：本線の貨物用電気式ディーゼル機
車輪配列：CC
動力：2425kWのV形16気筒ラストン16RK3CTディーゼル・エンジン、ブラッシュ交流発電機、吊掛式直流主電動機6基
牽引力：275kN
最高運転速度：時速130km
重量：126t
全長：19.355m
ゲージ：1435mm

BRレールフレートの灰色濃淡塗装をしたこの56型は、黒ダイヤのマークを描いて、石炭輸送用のものであることを示し、石炭車の列車を引いている。

071型CC機　アイルランド鉄道(CIE)

アイルランド：1976年

1976年にアイルランド鉄道（その頭文字であるCIEで知られる）は、EMDから6軸のJT22CW機関車071型（071〜088号）18両を購入した。新製当時071型は「ビッグ・エンジン」と呼ばれたが、それは100.5トンで17.3mもの長さがあり、12気筒の645E3を主動力として1844kW（列車牽引用には1679kW）の出力を持つ、アイルランドで走ったものとしてはまさに最大、最強力の機関車だったからである。しかし、今では1994〜95年に導入された201型の方が大きくて重い。071型は都市間旅客列車や直通貨物列車に使われており、ダブリンとロスレア〜ユーロポート間やダブリン〜スライゴー間では201型が現在のところ重量制限のため入線できないので、本機が選ばれている。

1998年8月、アイルランド鉄道の071型084号がダブリン行きの近郊旅客列車を引いて、旧グレイトノーザン線のボールブリガンに止まる。

形態：電気式ディーゼルCC機
動力：牽引用に1679kWのEMD12-645
牽引力：（時速24.2kmの連続）209kN
最高運転速度：時速144km
重量：100.5t
全長：本文参照
ゲージ：1600mm

ディーゼル機関車とディーゼル列車　1962〜2002年

EMD　F40PH型　アムトラック　　　　　　　　　　　　　　　　　　　　　　　　　　　アメリカ：1976年

　F40PH型は1976年に導入され、たちまちアメリカの標準型旅客用機関車となった。これは基本的にはGP40型ロード・スウィッチャー機を「カウル」式にしたもので、1971年に都市間旅客輸送の大部分を私鉄から引き継いだ国営旅客事業者であるアムトラックがF40PH型をいちばん多く走らせた。アムトラックでは全路線網の列車に本機をあて、東北回廊のボストン（マサチューセッツ州）とニューヘイヴン（コネティカット州）の間の非電化区間ではF40PH型がその最高速度を出すことができた。アムトラックは2002年までにその大部分を退役させ、主としてゼネラル・エレクトリックの「ジェネシス」型で置き換えている。近郊輸送の事業者やカナダのVIAレールではF40PH型がまだ運行されており、貨物用に改造されたものも少しある。

形態：電気式ディーゼル機
動力：2235kW（3000馬力）の16気筒645エンジン
牽引力：304kN
最高運転速度：時速103km
重量：117t
全長：17.12m
ゲージ：1435mm

2000年10月にアムトラックのF40PH型重連がパーマー（マサチューセッツ州）のCP83地点でアムトラックの「ヴァーモンター」号を引く。右ではCSXの新車AC6000型重連がセルカーク（ニューヨーク州）への西行き長大貨物列車を引いて発車を待っている。

GE　C30-7型　各鉄道　　　　　　　　　　　　　　　　　　　　　　　　　　　　　　　アメリカ：1976年

旧ノーフォーク＆ウェスタン鉄道のC30-7型とEMD機が、ともにノーフォーク・サザン鉄道の塗装になって、コンテナ2段積みの列車を引く。

　ゼネラル・エレクトリックでは1976〜86年の間に1100両以上のC30-7型を北アメリカ向けに製造しており、これはダッシュ8系が登場する以前GEでもっとも成功した型に数えられる。歯車比には3種類があって、83：20では時速43.5kmの運転、81：22では時速49km、79：24では時速52kmとなっていた。
　北アメリカの鉄道はC30-7型を主として石炭列車などの重量貨物用に購入したので、83：20の歯車比が本機を代表するものとなった。標準のC30-7型はGEのタービン過給器付き7FDL-16エンジンを使っていたが、C30-7A型と呼ばれるものは燃料効率の良いGEの7FDL-12を使っていた。

形態：電気式ディーゼルCC機
動力：2238kW（3000馬力）のGE7FDL-16
牽引力：（時速13.6kmで）402kN
最高運転速度：歯車比83：20で時速112km
重量：189t
全長：20.5m
ゲージ：1435mm

347

第2部　ディーゼル機関車とディーゼル列車

GE　B23-7型　各鉄道　　　　アメリカ：1977年

コンレールのB23-7型1933号は、同社の軌道検測列車の牽引に半永久的にあてられている。ここでは1987年8月にアルトゥーナ（ペンシルヴェニア州）西側の馬蹄形カーヴを回りながら上っていくのが見える。

GEが1977年に、それまでのユニヴァーサル級をダッシュ-7級に置き換えた時、中出力のロードスウィッチャーBB機であるU23B型もB23-7型に変わった。毎分1050回転で1676kW（2250馬力）を出す12気筒の7FDLディーゼル・エンジンを用いたB23-7型は、かなり重い貨物列車用や入換用、支線用に最適任であり、EMDのGP38-2型に匹敵するものとなった。本機をそろえた大鉄道にはコンレール、CSX、NS、サンタフェ、ユニオン・パシフィックなどがあった。最初にB23-7を発注した線はコンレールであり、支線の貨物列車などにこれをあてた。同社のニューイングランド支社では操車場での入換や支線貨物の運転だけでなく、5両以上連結して重い保線用列車を牽引させた。

形態：電気式ディーゼルBB機
動力と出力：1676kW（2250馬力）のGE FDL-12
牽引力：(歯車比83：20、時速6.2kmで) 271kN
最高運転速度：時速112km
重量：127t
全長：18.948m
ゲージ：1435mm

GE　C36-7型　各鉄道　　　　アメリカ：1978年

GEのC36-7型高出力機は1978年に出現し、それまでの主電動機6基で3600馬力のU36-C型の後継機となった。ほかのダッシュ-7級と同様、C36-7型はそれまでの設計に細かい改良を積み重ねて、機関車の信頼性の向上を目指していた。初期のC36-7型はGEの2237kW（3000馬力）C30-7型とほとんど同型であり、両機の主な違いは7FDL-16ディーゼル・エンジンの出力の変更であった。

1983年からGEはC36-7型の改良型として、ダッシュ-8級のような電算機制御と新しい粘着システムを採り入れたものを製造した。本機の最終型は出力がやや増加し、運転台の後方にはダイナミック・ブレーキのグリッドを収めた突出部があった。2002年には旧ユニオン・パシフィック鉄道のC36-7型がゼネラル・エレクトリックで改造され、エストニア鉄道に送られた。

形態：電気式ディーゼルCC機
動力と出力：2686kW（3600馬力）のGE 7FDL-16
牽引力：(歯車比83：20、時速17.6kmで)431kN
最高運転速度：時速112km
重量：189t
全長：20.5m
ゲージ：1435mm

コンレールのC36-7型25両は1985年に製造された。1997年にコンレールの同機がタイローン（ペンシルヴェニア州）で西行きの貨物列車を引く。

ディーゼル機関車とディーゼル列車　1962〜2002年

GE U20C型　ヨルダンのアカバ鉄道

ヨルダン：1980年

ヨルダンのアカバ鉄道はGEのU20C型をエル・アバヤッドやエル・ハサから紅海のアカバ港へ燐鉱石を輸送するための専用機とした。

　ヨルダンの鉄道は狭軌では一般的な1mゲージと植民地に多かった1067mmゲージの中間に当たる、1050mmという変わったゲージを採用している。ヨルダンのアカバ鉄道は1980年にブラジル製のゼネラル・エレクトリックU20C型18両を購入した。2002年には11両が可動状態である。U20C型はGEの輸出用標準型であり、いくつかの国に各種の細かい変更やオプションを加えて供給された。

　基本となるU20C型は運転台ひとつのロード・スウィッチャー式フード機で、ふつう1583kWとされるゼネラル・エレクトリック自製の12気筒7FDLエンジンを動力としている。本機の標準的なオプションには、重量が90トンから120トンまで、ゲージが1000mmから1676mmまで、動輪径が914mmまたは1016mm、といったものがあった。

形態：電気式ディーゼルCC機
動力：1583kWのGE　7FDL12系エンジン
牽引力：251kN
最高運転速度：時速100km
重量：112t
全長：17.2m
ゲージ：1050mm

DI4型　ノルウェー国鉄（NSB）

ノルウェー：1980年

　1950年代後半にさかのぼると、NSBは非電化の本線列車用にノハブ／GE標準の流線形CCディーゼル機関車を購入していた。これはデンマークのMX型とMY型（A1A-A1A）や当時ベルギーとルクセンブルグで、またその後ハンガリーで購入されたCC機と非常によく似ていた。このノハブ／GEのDI3型機関車が25年間よく働いたことから、NSBでは次の本線用ディーゼル・エンジンの購入にあたってもGE製を続けることとした。西岸のトロンヘイムから各方面に出ている非電化線、とりわけ北のボーデへの長距離線やオスロー方面へ山越えしていくレロス線に、5両の機関車が必要であった。これらの大形機はドイツのヘンシェルが製造した。バッファーや連結器の下か

第2部　ディーゼル機関車とディーゼル列車

ら前に向かっているスノープラウだけでなく運転台前面が突き出したデザインは、高速で深い雪の吹きだまりに出会った時、それをかき分けるように考えられているという。

NSBにとってこうした大形のDl4型CC機は、旧型機の置き換えと、ノルウェー西岸のトロンヘイムから出る勾配線で貨物輸送力を増加させるために必要であった。

形態：本線の客貨両用電気式ディーゼル機
車輪配列：CC
動力：2451kWのGM16-645E3B、NEBBの駆動用電気装置
牽引力：360kN
最高運転速度：時速140km
重量：114t
全長：20.8m
ゲージ：1435mm

040DL/DO型　チュニジア国鉄（SNCFT）　チュニジア：1980年

チュニジア国有鉄道（SNCFT）はハンガリーのガンツMAVAGから、ピールスティック・エンジンを備えたこの（よく似たデザインの）液体式ディーゼル4軸機関車2両を購入した。040DL型と040DO型はハンガリーのM41型に似ており、DL型はそれと同じ1325kWの出力、後のDO型は1764kWだった。

040DL型の231〜240号は1980年に、040DO型の281〜285号と321〜335号は1984年に製造された。もっとも、どちらの型も信頼性に欠けていた。

残るDL型の可動機はチュニス付近で回送旅客列車に使われているだけのようであり、DO型はチュニス〜モナスティール間で働いている。DL型は全部メーターゲージで製造され、現在でもそのままであるが、DL型は必要に応じSNCFTの交換台車とバッファーの移設によって改軌が可能である。狭軌線でも標準ゲージ線でも、両型式は空調付き客車の編成（もとディーゼル列車）を引いているのが見られるであろう。

SNCFTにとって残念なことに、040DL型も040DO型も実用上信頼性に欠けていたため、早く退役させられている。

形態：液体式ディーゼルBB機
動力：（DL型）1325kW、（DO型）1764kWのピールスティックPA4-185系エンジン
牽引力：143kN
最高運転速度：（DL型）時速110km、（DO型）時速130km
重量：（DL型）62t、（DO型）64t
全長：15.5m
ゲージ：（DL型）1000mm、（DO型）1000または1435mm

350

ディーゼル機関車とディーゼル列車　1962～2002年

EMD　GP50型　各鉄道

アメリカ：1980年

形態：電気式ディーゼルBB機
動力：2611kW（3500馬力）
牽引力：(歯車比70：17で) 285kN
最高運転速度：時速112km
重量：117.9t
全長：18.211m
ゲージ：1435mm

EMDは1970年代の後半に645系エンジンの出力をさらに引き上げ、GP40X型機関車の原形を試作した。1980年には好評のGP40-2型の後継機に、出力を高めたGP50型を登場させた。同系のCC機SD50型と同様、GP50型は16-645Fエンジンを動力としていた。GP50型の装備にはEMDの新しいスーパー・シリーズという車輪の空転防止装置があり、これは牽引力を増加させるために電算機による制御と対地速度検知レーダーからの入力を行うものだった。GP50型を最初に購入したのはシカゴ＆ノース・ウェスタンであり、サザン鉄道はフードの背が高いものを発注した。

645Fエンジンに報告された欠陥がGP50型の信頼性を低下させ、鉄道業界全般の不振が販売を不振に陥らせた。1985年にGMDでは新しいGP60型がGP50型の後継となった。

他の高出力BB機関車と同様、GP50型は高速の複合輸送コンテナ列車用を狙っており、シカゴ＆ノース・ウェスタンやサザンなどの鉄道がこの機関車を購入した。

GE　B36-7型　各鉄道

アメリカ：1980年

形態：電気式ディーゼルBB機
動力：2686kW（3600馬力）のGE FDL-12
牽引力：(歯車比83：20で) 287kN
最高運転速度：時速113km
重量：127t
全長：18.948m
ゲージ：1435mm

ゼネラル・エレクトリックのB36-7型は高速貨物列車用の電動機4基（車輪配列BB）の高出力機関車であり、急行複合輸送列車に重連で使われる場合が多かった。外観は出力の小さいダッシュ-7級4基電動機のGE製電気式ディーゼル機にそっくりだった。ふつうB36-7型は、GEのフローティング・ボルスター（FB）式台車をはいていた。本機を主として使った鉄道はサンタフェ、シーボード・システム（CSXの一部）、サザン・パシフィック、コンレールであった。コンレールはB36-7型3重連（またはGP40-2型との併結）を同社の高速「トレール・ヴァン」複合輸送列車によく使い、この列車はいつも時速113kmもの速度で運転していた。同じようにサザン・パシフィックは、B30-7型とB36-7型を同社のサンセット・ルートを走る複合輸送列車にあてていた。

高速の複合輸送列車から降ろされたCSXのB36-7型5834号ほか1両（EMDのGP40-2型）が、2000年12月にパーマー（マサチューセッツ州）のCP83地点（旧ボストン＆オーバニー線）で西行きの支線貨物列車を引く。

351

第2部　ディーゼル機関車とディーゼル列車

ME型　デンマーク国鉄(DSB)　　　デンマーク：1981年

デンマーク国鉄が購入した最後の本線用ディーゼル機関車は、主としてゼーランド島の急行旅客列車のためだった。最初、ME型はみなDSB標準の赤に塗装されていた。本機はDSBが採用した最初の交流駆動装置を備えた電気式ディーゼル方式であり、主電動機はとくに軽量化されていた。

形態：本線の客貨両用電気式ディーゼル機
車輪配列：CC
動力ユニット：2450kWの2サイクルV形16気筒ゼネラル・モータース16-645E3Bディーゼル・エンジン、交流発電機、吊掛式交流主電動機6基
牽引力：入手不能
最高運転速度：時速175km
重量：115t
全長：21m
ゲージ：1435mm

ゼネラル・モータースのエンジンと交流主電動機を持つME型CC機は、DSBが購入した際には最新のマシンだった。インターシティや区間旅客列車に使われている。

2180型　オーストリア連邦鉄道(ÖBB)　　　オーストリア：1982年

バイルハック社は鉄道用除雪車の製造で、列車の運行を保つには雪が大きな障害となるヨーロッパ大陸の鉄道だけでなく、それほど雪の多くないイギリスのような国でもよく知られている。この車両は車体幅いっぱいの運転台を後部に備えた、簡単な構造の自走式2軸車である。各車の前面には回転する刃先とスクリューが並んでいて、積もったり固まっている雪を除いたり砕いたりして、それを向きの変えられるシュートで線路端へ押し出すようになっている。1982年に購入された2180型は370kWのディーゼル・エンジン3基を持ち、1基は前進のため、2基は除雪用の刃先とスクリューの駆動のためで、1975年にÖBBが購入したよく似た小形車を改良したものである。イギリスでは同系車1両がスコットランドのハイランド地方にあるインヴァネスに配置され、1両がイングランドの東南部に置かれている。

形態：鉄道用除雪車
車輪配列：B
動力ユニット：370kWのディーゼル・エンジン3基、1基は駆動用、2基は除雪装置用
最高運転速度：時速80km
重量：43t
全長：12.35m
ゲージ：1435mm

MLW LRC　VIAレール　　　カナダ：1982年

形態：電気式ディーゼルBB機
動力と出力：2760kW（3700馬力）の16気筒251
牽引力：入手不能
最高運転速度：時速200km
重量：113.4t
全長：19.406m
ゲージ：1435mm

1980年代の初めにカナダの長距離旅客事業者・VIAレールは、重要なモントリオール～トロント間などの高速列車でユナイテッド・エアクラフト製のターボトレインに代わるものを求めていた。ボンバルディアはLRC（軽量・高速・快適）と称する近代的な軽量振子式列車システムを設計し、これにはカーヴを曲がる際に遠心力の作用を弱めて旅客の快適性を増すように強制振子方式を採用した。この列車の牽引のためにボンバルディアは16気筒のアルコ251ディーゼル・エンジンを動力とし、背の低いくさび形車体を持つ高速ディーゼル機を設計した。LRC機関車には6900番代の番号が付けられ、LRC振子式列車の牽引によく用いられるほか、ふつうの非振子式列車の牽引にも使われている。2002年までにLRC機関車は、GEの新しいジェネシス系で置き換えられている。

VIAレールのLRC機関車が1985年5月にトロント（オンタリオ州）で、非振子式客車5両の西行き列車を引く。この変わったスタイルの電気式ディーゼル機関車は、他の型と見間違えられることはない。

352

ディーゼル機関車とディーゼル列車　1962～2002年

A型CC機　フレート・オーストラリア　オーストラリア：1983年

B型から改造された11両のA型は、本来は急行旅客用だったが、現在は貨物用に使われている。1952年に26両のB型がクライド社で1178kWの16気筒567系エンジンを備えて製造され、ヴィクトリア州で最初の本線旅客用および貨物用ディーゼル機であったが、1980年代になると廃車されるか12気筒の645系エンジンに改造された。Vラインはもう車齢50年というA型を4両使っており、フレート・オーストラリアは7両を運行させている。

形態：電気式ディーゼルCC機
動力：1846kWのEMD12-645系エンジン
牽引力：(時速24kmの連続で) 212kN
最高運転速度：時速133km
重量：118t
全長：18.542m
ゲージ：1435mmおよび1600mm

Aクラスこそクラシック。最初の登場から50年経って、なお激務に耐えている。急行列車を引く2両が写っているが、21世紀に入ってもまだ見られる光景である。

58型　英国鉄道　イギリス：1983年

アイルランドのGM製標準型機関車に機器配置は似ているが、英国鉄道の58型電気式ディーゼルは簡素な、しかし変わった外観の貨物用ディーゼル機関車で、両端には車体幅いっぱいの運転台があるが、中間の車体は幅が狭くなっている。

全部で50両の58型が製造され、37型に使われた古いイングリッシュ・エレクトリック製から発展した近代的なラストン・エンジンを備えていた。エンジンは交流発電機を駆動し、そこからの電流は整流されて吊掛の直流主電動機6基に供給された。

配備された58型群はイギリスのミッドランド地方で石炭列車を牽引し、後にふつうの貨物用に落とされて、イングランド南部で最後を迎えた。イギリスで運転されているものはなく、牽引力の大きいGMの66型群に置き換えられた。執筆当時、本機の現在の所有者であるEWS社（イギリスの貨物鉄道会社）では58型の一部をオランダのACTSに売却しようと交渉中である。

形態：本線の貨物用電気式ディーゼル機
車輪配列：CC
動力ユニット：2462kWのV形12気筒ラストン12RK3ACTディーゼル・エンジン、ブラッシュ交流発電機、吊掛式直流主電動機6基
牽引力：275kN
最高運転速度：時速130km
重量：130t
全長：19.140m
ゲージ：1435mm

これは愛称をトートン・トラクション・デポットという58　050号で、EWSのマルーンと金色に塗装され、ディドコットで保線列車を引いている。この型はイギリスでは営業用から外されている。

第2部　ディーゼル機関車とディーゼル列車

141型　英国鉄道　　　　　　　　　　　　　　　　　　　　　　　　　　　　　イギリス：1984年

英国鉄道が古いディーゼル列車を何か安価なもので置き換えようとした時、道路のバス式の車体を貨車の下回りに載せたような2軸の機械式ディーゼル動車の原形が生まれた。141型はこうした方式の2両固定編成で最初に量産されたもので、各車1基の床下式ディーゼル・エンジンが液体式伝動で1軸を駆動する。20両の141型は終始評判が悪く、15年使われただけで退役させられた。142〜144型は健在である。

ウェスト・ヨークシャー旅客運輸事業団のマルーン色に塗られたこの141型はふつうの鉄道車両より車体幅が狭いが、それは道路を走るバスの部品を使って組み立てられたためである。

形態：地方線旅客用ディーゼル列車
ディーゼル・エンジン（各車）：149kWの6気筒レイランドTL11
伝動：液体式フォイトT211r
最高運転速度：時速120km
重量：25＋26t
全長：15.25m
ゲージ：1435mm

150型「スプリンター」　英国鉄道　　　　　　　　　　　　　　　　　　　　　イギリス：1984年

いまでは親しいものとなった150型「スプリンター」は、新世代の機械式ディーゼル列車の到来を告げ知らせるとともに、イギリスの支線旅客列車の多くで機関車牽引が終わったことを示すものともなった。

1983年、3両編成のディーゼル列車の原形2編成の製造契約がBRエンジニアリング社（BREL）に与えられた。最初に製造されたのは毎分2100回転で213kWのカミンズNT855R5エンジンを動力とし、カルダン軸でフォイトの液体式211伝動装置を駆動した。次の編成は最初ロールスロイスのイーグルC6280HRエンジンを備え、カルダン軸で全自動のR500歯車箱を駆動していた。その後の製品はカミンズ／フォイトの動力装置を備えるものとなった。原形編成の最高速度は時速120kmであった。これらはダービーからマトロックへの支線の定期旅客列車で綿密な試験が行われ、それまでの所要時間を10分も短縮した。

これら原形の成果が目覚ましいものであったことから、1984年11月には2両編成の「スプリンター」150 010〜150 150号の増備がヨークのBRELに発注された（3両編成の一部は150／2型中間車をはさんで運転された）。その後のヨークBREL製150／2型2両編成（150 201〜150 285号）は車端に貫通路があってそれまでの車両より見栄えが良く、併結して運行する際に運用上いっそう便利である。

150型「スプリンター」の2両編成の原形で、イギリス国鉄が地方鉄道用に当初使った薄青色とベージュに塗られている。

形態：汎用の旅客用ディーゼル列車
動力：213kWのカミンズNT855R5を1基
牽引力：入手不能
最高運転速度：時速121km
重量：38.45t
全長（平均の車両）：19.964m
ゲージ：1435mm

ディーゼル機関車とディーゼル列車　1962〜2002年

GE B39-8型「ダッシュ-8」　各鉄道　　アメリカ：1984年

LMXからリースされたGEのB39-8型3連が旧バーリントン鉄道（後バーリントン・ノーザン、現BNSF）のシカゴからオーロラ（イリノイ州）への3線式本線で長大な貨物列車を引く。

形態：電気式ディーゼルBB機
動力：2909kW（3900馬力）のGE 7FDL-16
牽引力：時速112km用の歯車比で（時速29.3kmの連続）303kN
最高運転速度：時速112km、オプションの歯車比で時速120km
重量：127t
全長：20.218m
ゲージ：1435mm

ゼネラル・エレクトリックは電気式ディーゼル機関車の性能や効率を高めようとする電算機制御システムの先駆者であった。1980年代の初めにはその電算機制御式機関車がダッシュ-8系として登場した。本機の量産前にGEでは北アメリカの鉄道向けに「量産前」ダッシュ-8機を若干製造し、サンタフェ鉄道では7400〜7402号という3両のB39-8型を運行した。これらの機関車は2909kW（3900馬力）の出力で、他の大出力BB機と同様、主として高速の複合輸送列車に用いられた。後にGEは量産B39-8型（B39-8E型とする文献もある）をサザン・パシフィックとLMX向けに製造しており、後者の所有機はリース用で最初はバーリントン・ノーザンで使われた。1980年代後半になるとB39-8型はダッシュ8-40B級にその座を譲った。

カースル型　北アイルランド鉄道（NIR）　　イギリス：1985年

1980年代の北アイルランド鉄道は、古くなったディーゼル列車を安価なものに置き換える必要があった。イングランドのBRELは、BRで廃車されたマーク1型客車の台枠を使った3両編成の設計を提示した。ボギー台車と車体（BRの近郊用455型電車列車に似たもの）は新製で、動力装置と電気部品などにはNIR手持ちの余剰品を使っていた。こうした半値の編成9本が北アイルランドに送られ、NIRの全線で運行されている。

NIRのカースル型ディーゼル列車がロンドンデリーへの線のダウンヒル付近で崖ぞいの海岸を行く。制御車と違って動力車の端面は非貫通式である。

形態：旅客用ディーゼル列車
動力：410kWの4気筒直立式イングリッシュ・エレクトリック4SRKTディーゼル・エンジン（3両編成に1基）、EEの直流発電機、動力車のボギー台車内側にEEの直流主電動機2基
最高運転速度：時速120km
重量：62.0＋30.4＋32.4t
全長：両端車20.28m、中間車20.38m
ゲージ：1600mm

第2部　ディーゼル機関車とディーゼル列車

DE11000型　トルコ国鉄（TCDD）　　　　トルコ：1985年

　TCDDはディーゼル動車をよく活用しており、ほとんどは動力車と付随車による支線用であるが、ハイデルパシャ（イスタンブール）～アンカラ間のボガジッチ急行などに使われる長距離急行用の編成もあった。ほとんどがドイツ製であった。ミュンヘンのクラウス・マッファイとトルコのテュロムサス工場との共同企業体による電気式ディーゼル動車85両は、1985～90年に支線用としてトルコで製造された。

　トルコの支線には気動車がとくに適していたが、近年はミニバスによる道路輸送の競争から旅客を輸送する支線は大幅に減っている。

形態：電気式ディーゼル動車
動力：780kW
牽引力：225kN
最高運転速度：時速80km
総重量：不明
全長：13.25m
ゲージ：1435mm

59型「フォスター・ヨーマン」　メンディップ・レール　　　　イギリス：1986年

　イギリスの線路で走る最初の私有本線用ディーゼル機関車は、「フォスター・ヨーマン」59型というゼネラル・モータースのCC機であった。3000トンもの石材列車を1両で牽引するため、59型には電子式の車輪クリープ制御があり、重量列車を引き出す時には車輪がごく僅か空転して、車輪とレールの粘着を最大にするようになっていた。ARC社とノーザン・パワーも本機を少し購入した。

　59型を先頭にした石材用ホッパー車の（イギリスにしては）非常に重い列車が、サマセットの石切場からロンドン都市圏へと曲がりくねってやってくる。

形態：本線の貨物用電気式ディーゼル機
車輪配列：CC
動力ユニット：2460kWの2サイクルV形16気筒GM16-645E3Cディーゼル・エンジン、GM交流発電機、吊掛式直流主電動機6基
牽引力：542kN
最高運転速度：時速95～120km
重量：126t
全長：21.35m
ゲージ：1435mm

ディーゼル機関車とディーゼル列車　1962～2002年

5047型ディーゼル列車　オーストリア連邦鉄道(ÖBB)　　オーストリア：1987年

オーストリアの鉄道には、山間の狭い谷を上っていく支線や、輸送量の少ない実に長大な支線などがいろいろある。イェンバッハ工場製の5047型はこうした条件に合わせて設計されたもので、成果をあげている。ふつうの両運転台式単行用で、車体側面の両端にはプラグドアの出入口がある。運転台にはくぐり戸があって運転士はそこから検札に回ることができ、旅客向け案内放送のためのマイクロフォンも運転台にある。

この車両はウィーンから半径200kmほどの低地や丘陵地帯でよく使われ、ソプロンやさらに南方で国境を越えてハンガリーへも走っている。オーストリアとハンガリー合弁のGySEV鉄道もこの車両を購入した。ÖBBは30両以上を保有している。5047型の成功から、付随車も購入された。

形態：支線旅客用ディーゼル列車
動力：420kWの6気筒ダイムラー・ベンツOM444Aディーゼル・エンジン（1両だけ）
伝動：液体式
最高運転速度：時速120km
重量：不明
全長：25.42m
ゲージ：1435mm

ÖBBの名車である5047型ディーゼル動車が支線を走ってきて本線の駅に到着する。この車両は車内設備が快適で中距離用にも適している。

628.2型　ドイツ連邦鉄道(DB)　　西ドイツ：1987年

支線などの旅客列車に使われていた古いエルディンゲン製のディーゼル・レールバスや蓄電池動車を置き換えるため、DBは2両編成のディーゼル列車460本を購入したが、それは628.2型（150本）と628.4型（エンジンを強化したもの）であった。これらの車両の設計は、少数が1974年に投入されて成功をみた原形にならったものであった。各2両編成のうち1両の床下には水平に置かれたディーゼル・エンジンがあり、液体式トルクコンヴァーターの歯車箱とカルダン軸を経由して片方のボギー台車の車輪を駆動していた。編成の片側3箇所には旅客の出入口ドアがあり、ふたつは両端の運転台の後方に、ひとつは片方の車両の連結部寄りに置かれていた。この編成はワンマン運転用の設計であった。

ドイツのたいていの駅でおなじみの光景だが、628型ディーゼル列車が支線行きホームを発車しようとしている。

形態：支線などの旅客用ディーゼル列車
動力：410kWの6気筒ダイムラー・ベンツOM444Aディーゼル・エンジン（1両だけ）
伝動：液体式フォイトT320rz
最高運転速度：時速120km
重量：40+28t
各車の全長：23.2m
ゲージ：1435mm

第2部　ディーゼル機関車とディーゼル列車

GE　ダッシュ8-40B型　各鉄道　　　アメリカ：1987年

　ダッシュ8-40B型はゼネラル・エレクトリックの高出力4基電動機式ダッシュ8系の量産型で、うまくB39-8型を置き換えるものとなった。ダッシュ8系は、性能と信頼性を高めるため電算機制御を採用したことが特色である。GE製の他の高出力4基電動機式機と同様、ダッシュ8-40B型（それまでのGEの命名法に合わせてB40-8型と呼ばれることも多い）は高速の複合輸送列車のように高出力が必要な用途のために設計された。主要な複合輸送業者（コンレール、サザン・パシフィック、サンタフェ）が本機の主な買い主だった。ニューヨーク・サス

1989年のバッファロー（ニューヨーク州）におけるサスケハナ鉄道2度目発注のダッシュ8-40B機。この鉄道のダッシュ8-40B型はほとんどが1990年代初めにCSXの所属となった。

ケハナ＆ウェスタン（複合輸送でコンレールと競争していた地域鉄道）も、ダッシュ8-40B型群を運行した。標準型の本機は、それ以前のダッシュ8系より運転台が角張っていた。サンタフェは、ノースアメリカン・セーフティ・キャブ（北米式安全運転台）としたダッシュ8-40BW型を発注した。

形態：電気式ディーゼルBB機
動力：2984kW（4000馬力）のGE 7FDL-16
牽引力：入手不能
最高運転速度：入手不能
重量：130.1t
全長：20.218m
ゲージ：1435mm

GE　ダッシュ8-40C型　各鉄道　　　アメリカ：1987年

形態：電気式ディーゼルCC機
動力：2984kW（4000馬力）のGE 7FDL-16
牽引力：入手不能
最高運転速度：入手不能
重量：176.6t
全長：21.539m
ゲージ：1435mm

　ゼネラル・エレクトリックのダッシュ8系は機関車の性能と信頼性を高めるため電算機制御を導入した。ダッシュ8-40C型は1987年に登場した6基電動機式だった。これはGEの製品でいちばんの成功作に数えられ、同社がアメリカの機関車メーカーで首位となるのに役立った。出力2984kW（4000馬力）のダッシュ8-40C型は重量貨物列車用に設計された強力機で、型式の「40」は馬力を、「C」は6基電動機を示していた。ダッシュ8-40C型のような本機の量産型は、それ以前のC32-8型のような量産以前の型が使っていたものより角張った運転台になっていた。ダッシュ8-40C型を最初に発注したのはユニオン・パシフィックで、9100～9300番代の番号を与えられた本機は256両を数えた。1995年にはシカゴ＆ノース・ウェスタンを譲り受けたため、さらにこの型（ユニオン・パシフィックではC40-8型と呼ぶ）が加わった。

4両のGEダッシュ8-40C型が、1989年9月、バーンズ（ワイオミング州）近くのアーチャー・ヒルを下る西行きの自動車輸送列車の先頭に立つ。各機は2984kW（4000馬力）を出すので、この編成ではEMDのSD40-2型5両よりも大きい合計11,931kW（16,000馬力）となる。

6400型　オランダ国鉄（NS）　　　オランダ：1988年

形態：本線の貨物用電気式ディーゼル機
車輪配列：BB
動力：1180kWのV形12気筒MTU 12V396TC13ディーゼル・エンジン、ブラウン・ボヴェリ交流発電機、吊掛式交流主電動機4基
牽引力：290kN
最高運転速度：時速120km
重量：80t
全長：14.4m
ゲージ：1435mm

　2200型と2400型ディーゼル機を置き換えるため、NSは貨物列車用と入換用に120両のBBフード式ディーゼル機を発注した。この

MaK製機関車は列車の重量に応じて1両から3両までの総括制御で運転され、3相交流電動機を持っている。ドイツやベルギーへ乗り入れる設備を持ったものも少数ある。6400型120両はNSの灰色と黄色の塗装で生まれたが、現在ではNSカーゴ（レーリオン社）の赤に塗り直されている。

NSはこの近代的な汎用BB機を120両購入し、貨物用と重量入換用に使用している。重量貨物列車では3両までの総括制御が使われる。

ディーゼル機関車とディーゼル列車　　1962〜2002年

IC3型　　デンマーク国鉄（DSB）
デンマーク：1989年

形態：急行用3両連接ディーゼル列車
動力：各294kWの8気筒ドイツBF8L ディーゼル・エンジン4基、液体式伝動
牽引力：入手不能
最高運転速度：時速180km
編成重量：97t
編成全長：58.8m
軌間：1435mm

都市間輸送を改善する必要に迫られたDSBは、画期的な方策を採り入れることに決定して、この奇抜ながら大成功した列車を生み出した。DSBのIC3型3両編成連接ディーゼル列車92本は、12両までの併結ができるようになっている。

IC3型の外観は、リブ付きで白塗りのふくらんだ側面となっている。防音は外部に対しても完全で、コペンハーゲンのような屋根付きの駅で各車床下のディーゼル・エンジンが回っていてもうるさくない。運転台の端面は貫通式の新奇なもので、運転士は広い前面窓のある中央部に座る。車両の前面をかこむのは厚く軟らかなゴム式のリングである。編成が併結されると運転台は車両内側の側面へと折り畳まれて貫通路が現れ、ゴムのリングは押し合って隣の車両との継ぎ目をふさぐ。

変わったことに、IC3型は後のIR4型電車列車（これも同様に革新的なデザインで製造されている）との編成でいつも運転されている。

デンマーク国鉄はこの奇妙な編成を92本保有し、どれもコペンハーゲンから出る都市間路線に使っている。このデザインでスウェーデンとイスラエルに輸出された編成もある。

240型　　ドイツ連邦鉄道（DB）
西ドイツ：1989年

1980年代後半にDBでは、インターシティ急行旅客列車や重量貨物列車を牽引できる大形のディーゼル機関車が必要になっていた。クルップでは3相式の電気動力装置を持つ原形3両を製造した。試験の後、これらはハンブルク北方への急行列車で運行された。ドイツの再統一で東ドイツ国鉄の232型機関車がDBに来たため、240型の必要性はなくなってしまった。DBでは本機をショート・ラインズというオランダの会社に売却し、同社ではこれをロッテルダムから出る貨物列車に使っている。

形態：本線の客貨両用電気式ディーゼル機
車輪配列：CC
動力：2650kWのV形12気筒MaK 12M 282ディーゼル・エンジン、交流発電機、交流主電動機6基
牽引力：400kN
最高運転速度：時速160km
重量：120t
全長：20.96m
ゲージ：1435mm

60型　　英国鉄道
イギリス：1989年

形態：本線の貨物用電気式ディーゼル機
車輪配列：CC
動力：2313kWの8気筒マーリーズ8MB 275Tディーゼル・エンジン、ブラッシュ交流発電機、吊掛式直流主電動機6基
牽引力：475kN
最高運転速度：時速100km
重量：129t
全長：21.335m
軌間：1435mm

1980年代の後半、イギリス国鉄はさらに重量列車牽引のできるディーゼル機関車を求めていた。入札に成功したのはブラッシュ社で、60型という機関車100両を納入した。粘着力を高めるため個別励磁式の主電動機を用いており、石炭、石油、鋼鉄、砕石の列車や一般貨物輸送にあてられた。BRのレール・フレート事業部ではこの機関車を濃淡3通りの灰色に塗り、輸送品目を示すマークを貼った。

この60型は砕石用ホッパー車の列車を引いている。60型の他の用途としては、石炭輸送や鋼材の重量品列車、あるいはハンバー河口のイミンガム精油所などからの100トン積みタンク車の長大列車がある。

第2部　ディーゼル機関車とディーゼル列車

158型　英国鉄道

イギリス：1989年

形態：急行旅客用ディーゼル列車
動力：260～300kWのカミンズNTA855R または260kWのパーキンス2006-TWH水平エンジン（各車1基）
伝動：液体式
最高運転速度：時速145km
重量：38～39t
各車の全長：22.57m
ゲージ：1435mm

英国鉄道の150型スプリンター系ディーゼル列車の最終発展型として登場したのは、完全空調・2重窓ガラス・絨毯敷きで最高時速145kmの急行用だった。158型は3両編成17本と2両編成155本から成っている。この車両は主な地方都市を結ぶクロスカントリー路線、例えばペナイン越えの幹線とかイースト・アングリア、ミッドランド、ウェールズや西南部などの間で運転されている。サウスウェスト・トレインズ社に所属する3両編成の159型（150型の改良）は、ディーゼル列車の旅客にいっそう高水準の快適性を与えている。

158型ディーゼル列車はイギリスのクロスカントリー路線に運転され、空調と2重窓による防音という便益を旅客にもたらしている。

601/651型　ギリシャ国鉄

ギリシャ：1989年

やや低速の本線で快適な長距離列車を運転するため、ギリシャ国鉄は装備の整った電気式ディーゼル列車群を用いている。12本は1989年に製造された4両編成で、さらに8本の5両編成が1995年にドイツのLEW（東ドイツの国営機関車製造・電気技術工場）から納入された。編成両端の動力車2両にはそれぞれ1343kWのディーゼル動力源があって、主電動機に給電する。列車は快適でゆったりした座席と空調装置とビュッフェを備えている。これらはアテネとギリシャ第2の都市・テッサロニキを結ぶ幹線や、テッサロニキとブルガリアやトルコとの国境を結ぶ何本かの長い単線の本線に使われている。併結して8～10両編成で運転することもでき、160kmという最高時速は幹線の改良がさらに進めば達成されるだろう。本線の電化後、これらは主としてアテネから沿岸や内陸の都市へと本線から分岐して行く列車に使われるものと思われる。

形態：都市間急行用の4両編成（601型）、5両編成（651型）電気式ディーゼル列車
動力：1343kWのディーゼル・エンジン（2基）、ボギー台車搭載の主電動機へ電気式伝動
牽引力：入手不能
最高運転速度：時速161km
重量：不明
全長：不明
ゲージ：1435mm

EMD　SD60M型　各鉄道

アメリカ：1989年

形態：電気式ディーゼル機
動力：2831kW（3800馬力）の16気筒710G
牽引力：（連続）445kN、（歯車比70：17、粘着係数25%の引出時）664kN
最高運転速度：入手不能
重量：入手不能
全長：21.819m
ゲージ：1435mm

1984年にエレクトロ・モーティヴは、同社の国内向け機関車系列で故障の多かった645Fエンジンの代わりに新しい710Gエンジンを動力とした、SD60系を登場させた。
2831kW（3800馬力）の出力を持つSD60系はSD50系より僅かに強力なだけであったが、信頼性は大きく向上していた。1989年にユニオン・パシフィック鉄道は最初のSD60M型を受け取ったが、これは北米式安全運転台、いわゆる「ワイド・ノーズ」運転台を初めて用いたものという点で画期的であっ

EMDのSD60M型は、近代的な北米式安全運転台というスタイル（新しい貨物用機関車では圧倒的に使われるようになった）をアメリカで初めて採用したものである。この写真では、旧コンレールのSD60M型が2001年11月にメキシコ（ペンシルヴェニア州）で、西行き列車を引いている。

ディーゼル機関車とディーゼル列車　1962～2002年

た。この形の運転台はアメリカの新製機関車で、乗務員を保護するために圧倒的に使われるようになった。EMDの型式表示に使われる「M」は、セーフティ・キャブ付きのものを示す。

後の機関車には絶縁式運転台（防音が大幅に強化された）付きのものがあり、これらはSD60I型と呼ばれる。SD60M型を走らせているのはユニオン・パシフィック、コンレール、バーリントン・ノーザン、スー・ラインなどである。

GE　ダッシュ8-40CW型　各鉄道　　アメリカ：1989年

アメリカの貨物用ディーゼル機関車の外観を大きく変化させたものに、1980年代後半～90年代前半における北米式安全運転台、いわゆる「ワイド・ノーズ・キャブ」の採用がある。ユニオン・パシフィックは1990年にダッシュ8-40CW型を発注して、最初のGE製の本形式を購入した。GE製品の称号で「W」とは北米式安全運転台付きの機関車を意味する。

ダッシュ8-40CW型は、機関車の重量を何トンか増加させた運転台のほか、機構的にはダッシュ8-40C型と変わりなかった。1990年代の半ばには、ほとんどの新製貨物用機関車がワイド・ノーズ・キャブで製造されるようになった。コンレール、CSX、サンタフェもダッシュ8-40CW型を購入し、一般貨物列車用にあてた。

形態：電気式ディーゼルCC機
動力：2984kW（4000馬力）のGE 7FDL-16
牽引力：入手不能
最高運転速度：入手不能
重量：180t
全長：21.539m
ゲージ：1435mm

ペンシルヴェニア州を横切る旧ペンシルヴェニア鉄道の本線は、北アメリカでも貨物輸送がもっとも頻繁なところに数えられ、ここに見るように3本の貨物列車が同時に動いている。中央の線路で道路鉄道両用トレーラー列車を引くのがGEのダッシュ8-40CW型である。

第 2 部　ディーゼル機関車とディーゼル列車

EL型CC機　オーストラリア国鉄
オーストラリア：1990年

オーストラリア国鉄のEL型14両は、ゼネラル・エレクトリックのC30-8型を同国でGEのライセンスを得ているゴニアン社が製造したものである。比較的新しくて10年ほど使用された本機は、オーストラリア国鉄が民営化された時に退役させられた。走行距離やエンジン使用時間が小さいため今後の使用が見込まれることから、1両を除きシカゴ貨車リース社に売却され、オーストラリア国内で他の事業者にリースされることになった。今日ではオーストラリア東部のフレート・オーストラリア、オーストラック、ラクラン・ヴァレー・レールフレートなどの会社で全機が運行されていることであろう。

形態：電気式ディーゼルCC機
動力：2462kWのGE　7FDL-12系エンジン
牽引力：(時速34kmで) 197kN
最高運転速度：時速140km
重量：114t
全長：19.6m
ゲージ：1435mm

ぐっと後退しているが平らな運転台前面と、全体のやや角張ったスタイルが特徴のEL型2両は、重量貨物用としてこのように背中合わせで重連運転される。

EMD　GP60M型　サンタフェ鉄道
アメリカ：1990年

1980年代後半、乗務員の労働環境を改善し安全にするために北米式安全運転台の開発を主導したのは、サンタフェ鉄道であった。1960年代のカウル式機関車や1970年代前半から使われてきたカナダ式キャブなどを参考に、北米式安全運転台は前方の視野と衝突の際の乗務員保護を改善するために設計された。

新しい運転台を使ったサンタフェ最初の機関車は、1990年に購入したEMDのGP60M型だった。これは1960年代以後初めて、同社の有名な「ウォーボンネット」(戦士の帽子) 式塗り分けで登場した新製機関車であった。スーパー・シリーズ機と名付けられたGP60M型は、もっぱら複合輸送の急行貨物列車にあてられた。本機を発注したのはサンタフェだけだった。

形態：電気式ディーゼル機
動力と出力：2835kW (3800馬力) のEMD 16-710G
牽引力：入手不能
最高運転速度：入手不能
重量：118t
全長：18.212m
ゲージ：1435mm

1990年代の初め、サンタフェのGP60M型は同社の大陸横断複合輸送列車の花形だった。サンタフェを含む何社かは、ふつうの運転台を持つGP60型を発注した。

ディーゼル機関車とディーゼル列車　1962〜2002年

EMD　F40PHM-2型　メトラ

アメリカ：1991年

形態：旅客用電気式ディーゼルBB機
動力：2384kW（3200馬力）のEMD16-645E
牽引力：入手不能
最高運転速度：入手不能
重量：入手不能
全長：17.2m
ゲージ：1435mm

F40PHM-2型は、EMDが1991〜92年にシカゴの近郊旅客鉄道メトラのために製造したものである。これはEMDが近年製造したF40PH-2型と基本的には同じで、主な違いは運転台の形を変えたことであった。F40PHM-2型は屋根が前方に延びており、ふつうのノーズはなく、前面窓部分が曲がって機関車前端につながっていた。こうした運転台のスタイルを初めて用いたのはEMDが試作したF69PH-AC型で、交流駆動技術を開発しようとしてアムトラックで使われたものである。

メトラのF40PH型と同様、F40PHM-2型も前照灯を2組持っていて、上部のものは首振り式だった。本機は主にシカゴのユニオン駅からオーロラへの路線で古くなったバーリントン・ノーザンのE9型を置き換えるために使われた。

F40PHM-2型はシカゴのメトラという通勤鉄道事業者独特の型であった。人気のキャンピングカーに似ているとして、これには「ウイネバゴス」というあだ名がついた。

165型　英国鉄道

イギリス：1992年

都市周辺の中距離列車用として、165型3両編成は旅客の快適性を大きく向上させた。旧グレイト・ウエスタン鉄道のゆったりした建築限界を利用したために標準より幅の広いネットワーカー・ターボ車は、初期の近郊用ディーゼル列車とはまったく違って、気持ちのいい環境の快適な座席を備えていた。車内に引戸があるため、車側のドアが停車中開いていても風が入ってくることはない。この車両はロンドンのパディントン駅からオックスフォード、ストラトフォード、ヘレフォードへの列車や、ロンドンのマリルボーン駅からアイルズベリーへの列車に使われている。

165型は2両（この写真）または3両の編成で製造され、ロンドンのパディントンとマリルボーン駅から出る近郊路線に使われている。ここに見るのは新製当時のネットワーク・サウスイーストの塗色をまとっている。

形態：都市周辺の中距離用ディーゼル列車
動力：260kWの水平式パーキンス2006-TWH（各車に1基）
牽引力：入手不能
伝動：液体式
最高運転速度：時速145km
重量：38t
全長：23m
ゲージ：1435mm

第2部　ディーゼル機関車とディーゼル列車

DK5600型　トルコ国鉄（TCDD）
トルコ：1992年

　10両のこの型は車体がトルコのテュヴァサス工場で、機械部分がブダペストにあるイギリスとハンガリー合弁のガンツ・ハンスレットで製造された。

　液体式ディーゼル動車はTCDDにとって目新しいものではなく、MANのエンジンとフォイトの伝動装置を持った急行用編成を1960年代から走らせていた。68席のこの車両は、本線の主要都市間で運転することを狙った比較的高速のものであった。

形態：液体式ディーゼル動車
動力：300kW
牽引力：不明
最高運転速度：時速120km
総重量：不明
最大軸重：不明
全長：不明
ゲージ：1435mm

EMD　SD70MAC型　バーリントン・ノーザン鉄道（BN）
アメリカ：1993年

　SD70MAC形より前の量産機はどれも直流主電動機を採用していた。1980年代の後半と1990年代の前半に、EMDはジーメンスと協力して重量列車用に実用的な交流駆動方式を開発した。交流駆動の利点には、電動機の制御の改善で牽引力の大幅な増加、ダイナミック・ブレーキの（低速での）効果的な使用、そして電動機の長寿化があった。

　バーリントン・ノーザンはパウダー川の石炭列車用にSD70MAC型を何百両も発注して開発を助けた。交流駆動で大幅に増加した出力のためSD40-2型5両の代わりに本機3両ですんだ。CSXとコンレールも少数のSD70MAC型を重量列車用に購入した。

　コンレールがCSXとノーフォーク・サザンに分割される直前、同社はCSXの仕様で製造されたSD70MAC型を15両EMDから受け取った。本機の重連がホフマンズ（ニューヨーク州）近くの10番水門で見える。

形態：交流駆動の電気式ディーゼルCC機
動力：2980kW（4000馬力）のEMD16-710G3C-T1
牽引力：（連続）609kN、（歯車比85：16、粘着係数33%の引出時）778kN
最高運転速度：入手不能
重量：入手不能
全長：22.555m
ゲージ：1435mm

ディーゼル機関車とディーゼル列車　1962〜2002年

GE　ダッシュ-9-44CW型　各鉄道

アメリカ：1993年

バーリントン・ノーザン・サンタフェ（BNSF）はコンテナ列車や一般貨物列車用として、GEのダッシュ-9-44CW型を標準型の機関車とすることにした。これらの本機はBNSFの「ヘリティジⅡ」式塗装をしている。

1993年にゼネラル・エレクトリックは国内向けの機関車に、重要な技術的設計変更を反映したダッシュ9系を登場させることになった。この改良により燃料効率は向上し、排気はきびしく制御され、粘着は改善された。外観上ダッシュ9系がダッシュ8系と明らかに違う点には、GEの「ハイAD」という新設計ボギー台車の採用があった。ダッシュ9系はGEの直流駆動式の標準となった。ダッシュ-9-44CW型と交流駆動のAC4400CW型とは見かけ上似ているが別のものである。

当初ダッシュ9系にはダッシュ-9-44CW型しかなく、これがシカゴ＆ノース・ウエスタン、サザン・パシフィック、サンタフェなどから注文された。後にはダッシュ-9-44C型などがノーフォーク・サザンから注文されるようになった。

GEのダッシュ-9-44CW型の特徴にはハイAD台車があった。このボギー台車はダッシュ9系と並んで製造されたAC4400CW型の一部でも使われた。

形態：電気式ディーゼルCC機
動力：3278kW（4400馬力）のGE　7FDL-16
牽引力：仕様により各種
最高運転速度：不明
重量：仕様により各種、181.6t
全長：22.403m
ゲージ：1435mm

第2部　ディーゼル機関車とディーゼル列車

GE「ジェネシス」ダッシュ-8-40BP型　アムトラック　　　　　　アメリカ：1993年

1990年代の初めには、20年近くもアムトラックの長距離旅客用車両群の主軸であったEMDのF40PH型群が古くなってきていた。アムトラックではゼネラル・モータースと協力して、まったく新しい旅客列車専用の機関車を設計することになった。新型機の呼称はAMD-103型とされた（初期にはこう呼ばれることが多かった）が、ダッシュ-8-40BP型としても知られ、アムトラックではP40型、GEでは「ジェネシス」（創世）型と呼ばれた。この機関車は新設計のモノコック車体を採用し、外皮は機関車の構体と一体になっていた。最初の「ジェネシス」機は1993年に製造され、800番代の番号を与えられた。現在の本機には、交流駆動のデュアル・モード式など3つの種類がある。

形態：旅客用電気式ディーゼルBB機
動力：2984kW（4000馬力）のGE 7FDL-16
牽引力：(歯車比74：20、時速53kmで)171kN
最高運転速度：時速165km
重量：121.8t
全長：21.031m

「ジェネシス」の重連とEMDのF40PH型の重連が旧サンタフェ線でアムトラックの「サウスウェスト・チーフ」を引く。「ジェネシス」は今日のアムトラックで使われている長距離旅客用機関車のうちもっとも多いものである。

201型CC機　アイルランド鉄道（CIE）　　　　　　アイルランド：1994年

1994年、アイルランド鉄道が201型機関車（JT42HCW系）の1号機を購入した時には、この鉄道ではエレクトロ・モーティヴの製品を30年以上経験していた。最初の201号はアントノフ124型飛行機で運ばれてきた。201型は両端に運転台があり、ダブリン〜ベルファスト間の「エンタープライズ」列車に使用するための給電装置を持っていた。201型の2両は北アイルランド鉄道の所有である。2002年現在、201型35両のうち5両が「エンタープライズ」用に塗装され、残りはアイルランド鉄道のオレンジと黒と黄色の塗装であった。本機は本線用機関車の主力型式として、アイルランド鉄道のほとんどの路線で見ることができる。

形態：電気式ディーゼルCC機
動力：駆動用に2253kWのEMD12-710G3B
牽引力：（連続）194kN
最高運転速度：時速161km
重量：112t
全長：20.949m
ゲージ：1600mm

2000年3月4日、アイルランド鉄道の201型がドネベート近くの築堤で近郊列車を引いていく。このEMD製機関車の第1号は1994年に飛行機で運ばれてきた。

366

ディーゼル機関車とディーゼル列車　1962〜2002年

MK5000C型　サザン・パシフィック鉄道(SP)　　アメリカ：1994年

1970年以後アメリカの本線用ディーゼル機の新製は、ゼネラル・モータースのエレクトロ・モーティヴ・ディヴィジョンとゼネラル・エレクトリックで独占されてきた。しかし1990年代の半ばに機関車の再製と鉄道資材供給の業者であるMKレールが、本線用ディーゼル機という競争の激しい市場に参入を図った。

重量貨物列車用にMKレールは、EMDとGEの同種の製品に対抗するよう設計されたMK5000C型という機関車を登場させた。本機はタービン過給器付き12気筒のキャタピラー3612ディーゼル・エンジンを動力とし、KATOエンジニァリング製の電気部品を備えていた。

小鉄道向けには、この機関車はアメリカで入手できる最強力の電気式ディーゼル機であった。原形3両はサザン・パシフィック向けに塗装され、2〜3年そこで使われた。公約に反してMK5000C型は原形の段階以上にはあまり進まず、目立たない存在に止まっている。

形態：電気式ディーゼルCC機
動力：3725kW（5000馬力）のキャタピラー3612ディーゼル・エンジン
牽引力：歯車比83：20で506kN
最高運転速度：時速112km
重量：仕様により177〜190t
全長：22.352m
ゲージ：1435mm

EMD　F59PHI型　各鉄道　　アメリカ：1994年

1994年にEMDは新しい旅客用機関車を登場させた。F59PHI型と名付けられ、丸っこい運転台が特徴という流線形のデザインであった。EMDの宣伝用文書は新型のイメージを「スヌーピー」と記していたが、本機とゼネラル・モータースのシヴォレー人気ミニヴァン車と

が似ていることから、多くの鉄道現場では「ルミナス」というあだ名で呼ばれるようになった。最初に購入したのはアムトラックで、F59PHI型を西海岸の中距離列車にあてている。ロサンゼルスのメトロリンクなどの近郊旅客事業者でも、本機を少数購入している。こ

の型を所有したいちばんの変わり種は煙草製造業者のマールボロで、宣伝の一環として本機2両を購入しデラックスな客車列車を引かせようとしたが、この企画は廃案になってしまった。

形態：旅客用電気式ディーゼルBB機
動力：2387kW（3200馬力）のEMD12-710G
牽引力：入手不能
最高運転速度：時速176km
重量：115.6t
全長：17.856m
ゲージ：1435mm

アムトラックのF59PHI型がサクラメントからサンノゼへの「キャピトル」を引いてデーヴィス（カリフォルニア州）近くのヨロ・バイパスを渡る。F59PHI型の内部の部品は、左ページに掲げたアイルランド鉄道201型と共通するものが多い。

WDG2型　インド国鉄　　インド：1995年

新登場したWDG2型は標準機としてよく働いてきたWDM2型を発展させたものである。同じアルコのエンジンを使いながらGEまたはABBのタービン過給器付きとし、

出力を1914kWから増強した。このエンジンが直流発電機ではなく交流発電機を駆動する。そしてWCAM3型、WAG7型電気機関車と同設計の高粘着ボギー台車に載っ

ている。WDG2型は運転台が後退してフードが長いためWDM2型と見分けがつく。

形態：貨物用電気式ディーゼルCC機
動力：2282kWのアルコ16-251系エンジン
牽引力：(時速19kmで) 258kN
最高運転速度：時速100km
重量：123t
全長：17.12m
ゲージ：1676mm

第2部　ディーゼル機関車とディーゼル列車

EMD　SD70I型　カナディアン・ナショナル鉄道(CN)　　　アメリカ：1995年

EMDの成功作SD70MAC型に対応する新しい直流機はSD70型で、これは交流機と同じ2980kW（4000馬力）の16-710G3エンジンを動力としていた。SD70型は購入する鉄道の希望によって運転台の仕様を基本形からいろいろ変えたものが製造された。SD70I型はワイド・ノーズ式のセーフティ・キャブを使っており、これは他の新しいEMD製機関車のものと似ている。違いは本機が乗務員の乗り心地をずっと静かで快適なものにするよう、機関車の他の部分とは物理的に絶縁されたEMDのいわゆる「ウィスパー・キャブ」（ささやく運転台）を採用していたことである。この方式は機関車のノーズ部分が縦に分かれていることで見分けが付く。SD70I型を購入したのはカナディアン・ナショナルだけである。

カナダの鉄道は「セーフティ・キャブ」の先駆者だった。ここではCNの5690号がリー（イリノイ州）の側線からタンク車の列車を引き出している。

形態：電気式ディーゼルCC機
動力：2980kW（4000馬力）のEMD16-710G3C-T1
牽引力：（連続）484kN、（引出時）707kN
最高運転速度：入手不能
重量：入手不能
全長：22.047m
ゲージ：1435mm

EMD　SD80MAC型　コンレール　　　アメリカ：1995年

アメリカの近代的な交流駆動の電気式ディーゼル機の中でもかなり風変わりなのは、1995年に製造されたコンレールのSD80MAC型30両である。この機関車は見かけ上SD90MAC型にそっくりだったが、駆動用には出力3730kW（5000馬力）の20気筒710Gエンジンを使っていた。1990年代の終わりに4476kW（6000馬力）の機関車が初めて使われるようになるまで、SD80MAC型はエンジン1基で最強力の電気式ディーゼル機であった。コンレールでは最初28両を購入し、4100代の番号を付けた。後に宣伝用の本機2両も購入した。SD80MAC型はコンレールの直流機群との違いを際立たせるように、みんな青と白の魅力的な塗色に塗られていた。1999年、ノーフォーク・サザンとCSXがコンレールの運行を分割した時、本機も両鉄道に分けられた。この機関車はHTCR-11という新設計の動力ボギー台車を備えており、これは曲線に入る時に長い台枠を操向し、レールへの衝撃も軽減するように作用するものである。本機はCPレールでも使われた。SD80MAC型はそのゴツゴツした外観から、機関車模型のファンに人気が高い。

形態：交流駆動の電気式ディーゼルCC機
動力：3730kW（5000馬力）のEMD20-710G3B
牽引力：（連続）653kN、（歯車比83：16、粘着係数35%の引出時）822kN
最高運転速度：時速120km
重量：192.7t
全長：24.435m
ゲージ：1435mm

ディーゼル機関車とディーゼル列車　　1962〜2002年

EMDのSD80MAC型重連が満載の砂利列車を引いて、ミドルフィールド（マサチューセッツ州）西の「トウィン・レッジズ」越えの勾配を上る。

EMD　SD90MAC-H型　　ユニオン・パシフィック鉄道　　　　　　　　アメリカ：1995年

　EMD製品で最強力の近代的ディーゼル機は、新しいGM16V256Hエンジンを動力とした交流駆動式の4476kW（6000馬力）SD90MAC-H型である。「H」系エンジンはそれまでのEMDのエンジンと大きく違って、2サイクルではなく4サイクルの設計となっていた。SD90MAC-H型は多少の混乱を引き起こしたが、それは新型エンジンの量産前にEMDがSD90MAC系の車体や台車に出力3208kW（4300馬力）の16気筒710Gエンジンを載せたものを大量に送り出し、いずれH系エンジンが出来たら載せ換える計画であったからである。この機関車はSD9043AC型と呼ばれたり、Hの付かないSD90MAC型と呼ばれたりしている。SD90MAC型と続くSD90MAC−H型を最初に、そしてもっとも多く採用したのはユニオン・パシフィックだった。

　未来の動力車と思われていたEMDのSD90MAC-H型は、その後2983〜3281kW（4000〜4400馬力）の機関車がほとんどの仕事をこなすようになって影が薄れてしまった。この大形機を発注した北アメリカの鉄道は、ユニオン・パシフィックとカナディアン・パシフィックだけだった。

形態：交流駆動の電気式ディーゼルCC機
動力：4476kW（6000馬力）のGM16V256H
牽引力：(連続) 755kN、(歯車比83：16の引出時) 889kN
最高運転速度：時速120km
重量：192.7t
全長：24.435m
ゲージ：1435mm

第2部　ディーゼル機関車とディーゼル列車

GE　AC4400CW型　各鉄道

アメリカ／カナダ：1995年

　AC4400CW型はゼネラル・エレクトリックが最初に売り出した交流駆動式のディーゼル機であり、1994年に登場して以来、近代的な電気式ディーゼル機関車としては売上でも性能でも最高のものに数えられている。

　電算機制御を採用したこの近代的機関車は、ゼネラル・エレクトリックの各軸にインヴァーターを置く交流電動機制御システムを採用している。GEの「ワイド・ノーズ」運転台を持った他の新型ディーゼル機と外観は似ているが、直流機と違ってAC4400CW型は機関車の左側（機関助士側）にあたる運転台後方に大きなインヴァーター室があることで見分けが付く。

　本機は超重量級の貨物列車に用いられる場合が典型的であり、石炭列車にあてられる標準機であろう。

　1990年代の終わりになると、ユニオン・パシフィック、カナディアン・パシフィック、CSXの各鉄道はみなAC4400CW型群を大量に運行していた。

形態：交流駆動の電気式ディーゼルCC機
動力：3267kW（4380馬力）のGE　7FDL-16
牽引力：各種
最高運転速度：時速120km
重量：188t、仕様により各種
全長：22.301m
ゲージ：1435mm

サザン・パシフィックのAC4400CW型重連が1997年3月に無線遠隔操縦による後部補機として空車回送される石炭列車をコロラド州境の山脈で押し上げる。

GE　AC6000CW型　ユニオン・パシフィック鉄道

アメリカ：1995年

　1両で4476kW（6000馬力）を出す機関車は、古い2238kW（3000馬力）の機関車を2対1で置き換えられるだろうと期待された。3相交流駆動と新型ディーゼル・エンジンの開発に成功したことで、エンジン1基が駆動用に4476kW（6000馬力）を出すCC機は可能になった。

　AC6000CW型はクーパー・ベセマーの流れを汲む通常の7FDLディーゼル・エンジンの代わりに、新しい7HDLエンジンを採用した。ユニオン・パシフィック（アメリカで本機を採用した2社の中のひとつ）が希望した時期には新型エンジンが間に合わなかったため、一部の機関車は7FDLエンジンを付け、とりあえず3282kW（4400馬力）の出力で製造された。ゼネラル・エレクトリックのAC6000CW型は従来のAC4400CW型より約1m長く、機関車後部に巨大なラジエーター部分がある。本機はGEの5GEB13交流主電動機を用いている。

形態：交流駆動の電気式ディーゼルCC機
動力：4476kW（6000馬力）のGE　7HDL-16
牽引力：（時速18.8kmで）738kN
最高運転速度：時速120km
重量：192.7t
全長：23.165m
ゲージ：1435mm

ディーゼル機関車とディーゼル列車　　1962～2002年

2002年5月、CSXのAC6000CW型重連がパーマー（マサチューセッツ州）東方のCP79地点で東行きの複合輸送列車を引く。こうしたGE製大形機の重連は旧ボストン＆オーバニー線での標準機となっている。

DE2550型　　エジプト国鉄（EGR）　　エジプト：1996年

旧ヘンシェル工場であるABBティッセンは1996年エジプト向けに、アブタルトゥールから紅海のサファルガ港までの新線で燐鉱石を運ぶための運転台ひとつの貨物機を45両製造した。この線は1996年に開業している。

ナイル・デルタ地帯での一般貨物用には両運転台式の機関車23両が続いた。両者ともメーカーではDE2550型と、EMDではJT22CW型とされている。

形態：電気式ディーゼルCC機
動力：1877kWのEMD12-645系エンジン
牽引力：282kN
最高運転速度：時速80または160km
重量：126t
全長：不明
ゲージ：1435mm

670型　　ドイツ連邦鉄道（DB）　　ドイツ：1996年

DBがディーゼル列車として試験するための原形を募った時に単行用の2階式2軸ディーゼル動車5両が出現したことは、かなり騒がれた。零細鉄道路線の財政を助けるために小形で安価なディーゼル動車を製造しようという企ては鉄道史でよく見られるところである。1950年代後半における英国鉄道の2軸レールバスは、運賃収入からはとても運行費はまかなえず、まして新型動車に投下された資本の回収などは思いも寄らないという状態を示す古典的な事例である。だがらドイツの2階式レールバスが生まれた時にも、疑念はいっそう深まっていた。赤い色に塗られて魅力的に見えた670型も広く用いられることはなく、2002年には5両のうちの1両だけがステンダル～タンゲルミュンデ間の支線でまだ運転されている。

形態：2軸2階式ディーゼル動車
動力：250kWの床下ディーゼル・エンジン
牽引力：不明
最高運転速度：時速100km
各車の重量：不明
全長：不明
ゲージ：1435mm

第2部　ディーゼル機関車とディーゼル列車

Di8型　ノルウェー国鉄(NSB)　　　　　　　　　　　　　　　ノルウェー：1996年

ノルウェー国鉄はその全路線で長年使ってきたノハブ／GM製の古いDi3型に代わる新しいディーゼル機関車を求めて苦心してきた。

そうした過程の最初は本書で前述したDi4型であったが、さらに機関車が必要であり、Di4型に似た外観のCC機Di6型が生まれた。

しかしDi6型機関車には初期故障が多すぎたため、NSBではこれをメーカーに返却した（その後更新され、他の線で臨時のリースにあてられている）。NSBではオランダの6400型BB機で3相式の設計が要求に合うか試験した後、もっと小形で軽量の機関車を採用することにした。新しいDi8型BB機は20両が運行されており、クルップ／ジーメンス製のフード式で、貨物列車に使われ満足できる成果をあげている。

形態：本線の貨物用電気式ディーゼル機
車輪配列：BB
動力：1570kWのディーゼル・エンジン、ジーメンス交流発電機、吊掛式3相交流主電動機4基
牽引力：270kN
最高運転速度：時速120km
重量：82t
全長：17.380m
ゲージ：1435mm

「カーゴ・スプリンター」多用途車両　各事業者　　　　　　　ドイツ／イギリス：1997年

昔からの貨物輸送は、貨車が国中の何千という箇所で荷積みされて引き出され、小形の機関車で集中作業駅に運ばれて長い列車に編成され、それが途中何度も入換されて大操車場へ入る。それから逆の手順をたどって最後に貨車は遠くの側線や小駅に着き、荷卸しが行われる。これは労働と設備を多く要するものであるため、ドイツのDBなどの鉄道は、ある貨物を発地から着地までできるだけ直行させるブロック式列車を運転しようとした。小口の貨物は貨車ではなくコンテナに積み込まれ、トラックで主要地点にあるコンテナ取扱駅に運ばれるとフラットな貨車に載せられ、ブロック式のコンテナ列車または一般の貨物列車として先へ運ばれる（後者の場合にはやはり操車場での入換が必要になる）。

こうした輸送や入換作業にはその都度機関車と職員が必要であり、貨車の連結・解結にも入換手が要る。そこでDBでは、貨物用の動力車列車という考案に興味を持った。一端には運転台があり、コンテナ輸送用にフラットな台枠があって、床下にはディーゼル・エンジンと伝動装置を備えて隣のボギー台車の車輪を駆動するという多用途車両（MPV）2両1組が試験的に開発された。1組のMPVの中間にはコンテナ貨車が半永久的に連結されることになる。貨車にはMPV同士を一体として運転できるように導管と配線が通っている。

この計画では、小駅で積み込まれた短い動力車列車が走り出して、他の駅からの同じような列車と併結され、本線を長い列車として運転されると、また切り離されてそれぞれの目的地に向かうように予想していた。実際には一般の貨物市場がこんなに整理されていることは希で、コンテナはいろいろなところからさまざまな量で集荷したり配達したりしなければならない。コンテナの流動がもっと規則的であれば、現在のようにブロック式のコンテナ列車を走らせて両端をトラック輸送することで市場に十分応えられる。ドイツでは貨物用動力車列車が1998～2000年の2シーズン運転されただけで、それほど需要はないと判定され、みな退役させられた。

一方イギリスでは、MPVという方式は線路の保守や更新に非常に役立つということになった。MPVは小さな保線用コンテナ（モジュール）を輸送できる。イギリスのネットワーク・レールではMPVを使って春と夏には除草剤を撒いており、そのモジュールは薬剤用のタンクとポンプを備えている。秋と冬には除草剤タンクの代わりに防氷液タンクと砂を溶かしたタンク、これらのためのポンプを載せ、MPVを使ってサードレールの氷結を防いだり、粘着力が弱い箇所の走行用レールに粘着増強剤の膜を貼ることができる。そのほかイギリスにはMPVを動力車とする列車が、架線の架設や交換用に2本と、架線柱の運搬や建植用に1本ある。下記の要目はウィンドホフ製の片運転台式MPVのものである。

形態：多目的貨物用ディーゼル動車
車輪配列：1AA1
動力：265kWのヴォルヴォ水平ディーゼル・エンジン2基
牽引力：不明
最高運転速度：時速95、120km
最大積載荷重：78t
全長：20.5m
ゲージ：1435mm

WDP-4型B11B機　インド国鉄　　　　　　　　　　　　　　　インド：1997年

1995年にエレクトロ・モーティヴ・ディヴィジョン（EMD）とヴァラナシ（インド）のディーゼル機関車工場（DLW）は、非同期電動機式機関車と710系エンジンについて当初は輸入し、その後は国産するという技術移転協定に調印した。インド国鉄の貨物用WDG4型はEMDのGT46MAC型にあたるものであり、旅客用のWDP4型はGT46PAC型に対応する。

WDG4型機の最初の13両は1997年にアメリカで完成し、次の8両は1998年の終わりに完全組立用キットとして輸入された。次の80両をDLWで現地生産するための部品はできており、2002年には最初の10両の登場が予定されている。

貨物機がふつうのCCという車輪配列であるのに対し、WDP4型は各ボギー台車の内側端の主電動機を省いてB11Bという非常に変わった形をしている。その他の点では両者とも高粘着式設計の同形台車を使っている。

WDP4型の最初の10両は2001年にEMDで製造され、DLWが今後これを量産することになっている。WDP4型は20000番代の番号を付けられ、これまでのところ12000番代のWDG4型とともにフブリを基地としている。

形態：WDG4型は重量貨物用CC機、WDP4型は旅客用B11B機
動力：2944kWのEMD16-710系エンジン
牽引力：WDG4型539kN、WDP4型269kN
最高運転速度：WDG4型時速120km、WDP4型時速160km
重量：WDG4型126t、WDP4型119t
全長：不明
ゲージ：1676mm

Aln DAP型　イタリア国鉄(FS)　　　　　　　　　　　　　　　イタリア：1997年

これは囚人輸送用の特別車であり、旅客用のような設備はない。内部はベンチ付きの個室に分かれており、輸送中「お客様」は鍵で閉じこめられる。これは1983年に登場したAln663型を基礎としたもので、本車そのものはAln668型の改良型である。FSでは400両以上のAln型ディーゼル動車が運行されている。

形態：機械式ディーゼル特別車
動力：340kW
牽引力：不明
最高運転速度：時速120km
総重量：不明
全長：不明
ゲージ：1435mm

ディーゼル機関車とディーゼル列車　1962〜2002年

TEM18型CC機　ロシア国鉄
ロシア：1997年

ロシア製のTEM18型は、TEM1型を始祖とする入換機関車の最新型である。中央ロシアのブリアンスク市にある同名の工場（BMZ）で製造される本機には、各種の重量、出力、ゲージあるいは環境対策のものがある。これまでに約150両が、どれもロシアの鉄道や専用線のために造られた。ガス動力のTEM18G型もある。

形態：重量入換用電気式ディーゼルCC機
動力：757〜993kWのPD4A系エンジン
牽引力：最高283kNまで
最高運転速度：時速100km
重量：108〜124t
全長：16.9m
ゲージ：1435〜1676mmに変更可能

EMD　DE30AC型　ロングアイランド鉄道（LIRR）
アメリカ：1997年

ニューヨークのロングアイランド鉄道は北アメリカに見られる近郊鉄道で最大手に数えられている。その路線はニューヨーク州のロングアイランド全島に拡がっており、ニューヨーク市への旅客を送り迎えする。

1950年代までLIRRはペンシルヴェニア鉄道の子会社で、電化が開始されていた。今日ではLIRRの路線の大部分はサードレールで電化されている。非電化線に直通列車を走らせるため、LIRRは2動力式のDE30AC型という、アメリカでももっとも変わった型に数えられる機関車を走らせている。スーパー・スティール・プロダクツで組み立てられた本機は、側面がステンレス製のモノコック車体に収めたEMDの12-710G3エンジンを使っている。

EMDのFL9型と同様、DE30AC型は電化区間のサードレールから乗り入れることができる。LIRRではDM30AC型というふつうの電気式ディーゼル機も運行している。

形態：電気式ディーゼル／電気機関車
動力：2235kW（3000馬力）のEMD12-710G3Bとサードレール集電の2動力
牽引力：入手不能
最高運転速度：入手不能
重量：入手不能
全長：22.86m
ゲージ：1435mm

AC6000CW型　BHP
オーストラリア：1998年

世界で最大重量であるとともに最長編成の列車という記録を持っているのは、オーストラリアで鉱石を輸送するBHP（ブロークンヒル・プロプライエタリー）の鉄道である。その列車を引くのは米国製のゼネラル・エレクトリックAC6000CW型だった。

BHPの全保有機関車8両は1人の機関士に操縦されて、記録破りの列車の運転にあてられた。各機は2両ずつの3組と単機2両に分散され、GEのロコトロール遠隔無線操縦システムで結ばれていた。2001年6月21日、重量99734トンの長さ7300m、貨車682両という列車が、BHPのマウント・ニューマン線でヤンディからポートヘッドランドまでの275kmを運転された。

BHPのポートヘッドランド鉄鉱山では、オーストラリア西北部の人里離れたピルバラ地域で鉱石を掘っている。BHPと同じピルバラ地域で採掘して重量品の鉄道輸送を行っている同業者には、ハマースレー鉄鉱がある。世界中ではスウェーデン、モーリタニア、ブラジル、南アフリカにこうしたバラ積み鉄鉱石輸送を専門とする鉄道がある。

マウント・ニューマンの採掘は1969年にBHP鉄道とともに始まり、現在では鉱石を毎年650億t輸送しているものと推定される。BHPには路線が600km以上、機関車が50両以上ある。

AC6000CW型は、機関車の全両数と列車ごとの両数を減らそうとして購入された。6070〜6077号は現在オーストラリアで運転されている最強力の動力車で、AC6000CW型はゼネラル・エレクトリック製では最強力のものであり、世界でも最大出力の貨物機であると言われている。

対抗するEMDのSD90MAC-H型も、やはり世界最大の出力であると言われる。GE機は1995年に登場した。4476kW（6000馬力）級という出力は、GEがそれまで40年以上製造してきた7FDLという鉄道動力用エンジンの能力を超えていた。

ゼネラル・エレクトリックでは排気量15.7リットルの気筒を持つ7HDLという新型エンジンのために、ドイツのドイッツMWM社と組んだ。AC6000CW型の電気装置は個別のインヴァーターを持つ非同期式交流主電動機によるものであり、これによって車輪径が違っていてもそれぞれが最大の牽引力を出すことができる。

世界では200両余りのAC6000CW型が運行されていて、米国のCSXが117両、ユニオン・パシフィックが79両、残りがBHPである。BHP機は米国仕様の216tより軽い。ユニオン・パシフィックはGE標準のハイAD台車を付けており、CSXは操向台車の最初の形を、BHPは次のもっと複雑な形を使っている。

形態：電気式ディーゼルCC機
動力：4660kW（6250馬力）のGE　7HDL-16系エンジン
牽引力：（時速19kmの連続）753kN、（最高）890kN
最高運転速度：時速120km
重量：198t
全長：23.165m
ゲージ：1435mm

66型　EWS鉄道（イギリスの貨物鉄道）
イギリス：1998年

形態：本線の貨物用電気式ディーゼル機
車輪配列：CC
動力：2385kWの2サイクルV形12気筒GM 12N-710G3B-ECディーゼル・エンジン、GM交流発電機、吊掛式直流主電動機6基
牽引力：409kN
最高運転速度：時速120km
重量：126t
全長：21.35m
ゲージ：1435mm

イギリスでの鉄道民営化の後、EWS（イングリッシュ・ウェルシュ＆スコッティッシュ）鉄道では古くなって信頼性も低い貨物機を置き換えるために、北アメリカから大形ディーゼル機を250両購入することにした。66型はゼネラル・モータース製の重量貨物牽引機59型の発展したものともいえたが、一般貨物用の設計だった。登場した66型はその信頼性と性能から、イギリス中の鉄道網のどこでも運行されている。EWS機の成功

ここでは2001年11月11日にEWSの66型がニューベリー駅（バークシャー県）の下り通過線から空車の石材用無蓋ボギー車列車を引き出す。

第2部　ディーゼル機関車とディーゼル列車

を見て、他のイギリスの貨物事業者2社も同型を購入した。コンテナ輸送のフレートライナー社では現在66型群を77両保有しており、うち6両は重量貨物牽引用の歯車比としている。GBレールフレート（GBRf）は新造の66型を12両保有している。ヨーロッパ大陸では現在30両以上が、主としてオランダとドイツやスカンディナヴィアで使われており、オープン・アクセス方式で生まれた貨物専門の小鉄道に好まれている。

66079号はEWSがイギリスの一般貨物用に発注した250両の1両である。大部分はGMのカナダ工場から、各単位の発注後1年以内に納品された。

170型「ターボスター」　各事業者　　　　　イギリス：1998年

民営化後、イギリスの列車運行会社はメーカーの標準設計の中から出来合いの近代的な列車を購入しようとした。アドトランツ（後にボンバルディアが買収）ではその「ターボスター」系ディーゼル列車用に、モジュール化された設計の車体を開発した。2〜3両編成の設計で、これまでより強力な床下エンジンから液体式で伝動し、完全空調されていたが、側面は両開きドアが2カ所という近郊用の配置になっていた。この列車は、アングリア社（ロンドン〜ノーリッチ間）やスコットレール社の急行用のように事業者が車内を快適でずっと余裕のあるものにしたところでは人気があった。セントラルトレインズ社ではこれをクロスカントリー列車に使っている。

このターボスターはミッドランド・メインライン社のロンドンとノッティンガムやダービィを結ぶ準急列車に使われている。同社では2004年から、これをもっと市場性があって高速の列車に置き換えることにしている。

形態：急行および区間の旅客用2、3両編成ディーゼル列車
動力：315kWの水平6気筒MTU　6R183 TD13Hディーゼル・エンジン
伝動：フォイトT211rzze液体式トルクコンヴァーター、歯車箱
最高運転速度：時速160km
重量：45t
全長：23.62m
ゲージ：1435mm

ディーゼル機関車とディーゼル列車　1962〜2002年

DE2000級　ギリシャ国鉄（OSE）　　　ギリシャ：1998年

OSEのA471型はスイスのアドトランツで製造されたエンジン2基の電気式ディーゼル機関車で、将来電気機関車に改造されることが予定されていた。

現在の形では時速160kmに制限され、AEGの電気動力装置は5500kWを出すだけだが、ボギー台車は時速200km用に設計されている。

A471型は規格向上と大改良中のアテネ〜テッサロニキ線での中期的な動力車とされている。この導入によりA551型、A301型、A321型、A351型といった他の型式は全部または大部分が消えてしまっている。

アテネからブルガリア国境への夜行列車とドラマを出発して行くA487号は、ギリシャのOSEに動力車の種類を減らすことを可能にした一群の機関車のひとつである。

形態：急行旅客用電気式ディーゼル機
動力：2100kWのMTU　12V386エンジン2基
牽引力：202kN
最高運転速度：時速160km
重量：90t
全長：18.5m
ゲージ：1435mm

67型　EWS鉄道（イギリスの貨物鉄道）　　　イギリス：1999年

イギリスの郵便列車は時速200kmで運転すべきだというのは、新しい発想である。英国の荷物用客車で時速200km以上の運転ができるものは現在のところないが、必要であれば中古のBT10型ボギー車を改造することはできる。こうした状況に対してEWSは、200km運転が可能な電気式ディーゼルBB機を30両ゼネラル・モータースに発注した。ローヤル・メール（郵便列車）と荷物列車がその主な用途である。製造はアルストムによりヴァレンシァ（スペイン）で行われた。

形態：本線の客貨両用電気式ディーゼル機
車輪配列：BB
動力：2385kWの2サイクルV形12気筒GM 12N-710G3B－ECディーゼル・エンジン、GM交流発電機、台枠に搭載の直流主電動機4基
牽引力：141kN
最高運転速度：時速200km
重量：90t
全長：19.69m
ゲージ：1435mm

EWSの67型はイギリスで最高速のディーゼル機関車である。これは最近アルストムがイランとイスラエルに輸出した新型機関車によく似ている。

第2部　ディーゼル機関車とディーゼル列車

643/644型「タレント」　ドイツ連邦鉄道(DB)　　　　　　　　　　　　　　　　　ドイツ：2000年

　ドイツ連邦鉄道（DB）は約15年間の休止期間を経て、地方線や近郊線向けディーゼル動車の増備を発注した。タルボート（後のボンバルディア）は、「タレント」級ディーゼル列車を643型と644型の2種類製造した。流線形の3両連接式で、外側のボギー台車の中間には低床式の部分があった。液体式伝動装置を備えているものもある。

　液体式ディーゼルのものは地方路線や支線の列車に用いられ、一定期間ごとに配置替えされている。しかしケルンのSバーンに使われているのは、旅客の出入口が多い電気式ディーゼルの編成である。
　「タレント」気動車は一部の私鉄でも使われている。中でも東ドイツの東メクレンブルク鉄道では、その列車の座席を上等なものにし、旅客に飲食を供する設備を設けている。電車化した「タレント」編成はオーストリアとスロヴァキア向けにも製造されている。
　表に示した要目は643／644型のディーゼル動車のものである。

形態：地方および近郊の旅客用液体式（電気式）ディーゼル列車
動力：315kWまたは550kWのディーゼル・エンジン
牽引力：入手不能
伝動：液体式トルクコンヴァーターまたは交流発電機と主電動機4基
最高運転速度：時速120km
重量：不明
全長：不明
ゲージ：1435mm

MaK　G2000型BB機　各事業者　　　　　　　　　　　　　　　　　　　　　　　ドイツ：2000年

　フォスローはベルリン・イノトランス2000展示会にG2000型BB機を登場させた。フォイトの伝動装置を持つ液体式ディーゼル機という、ドイツでは長い歴史のあるデザインである。斬新な非対称式の端面には、前後ともほぼ車体幅いっぱいの運転台と、入換手のための片寄せた出入台が置かれている。これは契約貨物の発着の際に列車の牽引機が自分の貨車の入換も行うことを狙った、オープン・アクセスで生まれた事業者向けの設計である。追加仕様としては無線遠隔操縦、長距離運行用燃料タンク、2500kWまでの動力装置、そして100～140kmの最高時速がある。10両がフォスローとアンゲル合弁のロコモーション・キャピタル社から発注され、さらに10両が実際の注文はないもののフォスローで見込み生産されている。

形態：貨物用液体式ディーゼルBB機
動力：2240kWのキャタピラー3516系エンジン
牽引力：283kN
最高運転速度：時速120km
重量：87.3t
全長：不明
ゲージ：1435mm

175型　ノースウェスト・トレインズ　　　　　　　　　　　　　　　　　　　　　　イギリス：2000年

　ノースウェスト・トレインズという列車運行事業者は、クロスカントリー列車用に優秀なディーゼル列車を必要とした。アルストムのバーミンガム工場は2両編成11本と3両編成の「コラディア」16本を納入した。列車は空調付きで、各車体の側面両端には横引きのプラグドアがあり、青にピンクと白の線というファースト・グループの塗装になっていた。

形態：急行用液体式ディーゼル列車
動力：335kWの床下水平式カミンズN14エンジン（各車1基）
伝動（各車）：液体式フォイトT211rzzeトルクコンヴァーターの歯車箱、カルダン軸で片方のボギー台車の車輪へ
最高運転速度：時速161km
重量：先頭車51t、中間車48t
全長：先頭車23.71m、中間車23.03m
ゲージ：1435mm

　175型は、バーミンガムやマンチェスターとチェスターやウェイルズ北部などといった主要都市を連絡する急行列車に用いられている。

220/221型「ヴォエジャー」　ヴァージン・トレインズ　　　　　　　　　　　　　　イギリス：2000年

　ヴァージン・トレインズではクロスカントリー用の機関車牽引列車やHSTを置き換えるため、最高時速200kmのディーゼル列車を非振子式の4両編成（220型）34本と振子式の5両編成（221型）44本発注した。これらは輸送量の多い路線では重連で、それ以外では単行で、これまでよりずっと頻繁に運転されている。ボンバルディアではこの列車をベルギーのブリュージュとイギリスのウェイクフィールドにある工場から予定どおり納入し、ごく僅かの初期故障だけで運行を始めた。

　220型のボギー台車はイギリスでは珍しい内側台枠式であり、221型の台車は車体傾斜機構を支持するように幅と強度を持ったふつうの外側台枠式である。どちらの列車

ディーゼル機関車とディーゼル列車　1962～2002年

も同じ車体と車内設備で、空調と快適な座席（間隔はやや狭いが）、売店付きビュフェを備えている。

「ヴォエジャー」はぐっと後退した流線形の前面、銀と赤の塗装という目を引く外観である。出入口のドアには目の不自由な人のために斜めの線がある。

形態：高速電気式ディーゼル4両編成（220型）、5両編成（221型）列車
動力：（各車1基）560kWの床下水平式カミンズ製ディーゼル・エンジン、アルストムのオニックス3相制御装置、回生制動装置、台枠下搭載の主電動機、カルダン軸で各ボギー台車の隣接する車軸へ
最高運転速度：時速200km
平均車両重量：（220型）46t、（221型）54t
全長：先頭車23.85m、中間車22.82m
ゲージ：1435mm

M9型CC機　スリランカ国鉄　　　　　　　　　　　　　　　　　　　　　スリランカ：2000年

スリランカ鉄道はアルストムが「プリマ」系としてモジュール化しているものの中から、AD32C型電気式ディーゼル機関車10両を発注した。この機関車は12気筒のRK215エンジンを備えた6軸車となっている。これより大出力だがよく似たマシンがシリア向けに30両製造中である。スリランカ向けのM9型は2000年に第1号が納入された。

形態：電気式ディーゼルCC機
動力：1350kWのラスt12RK215系エンジン
牽引力：240kN
最高運転速度：時速110km
重量：108t
全長：不明
ゲージ：1676mm

2070型　オーストリア連邦鉄道（ÖBB）　　　　　　　　　　　　　　　　オーストリア：2001年

形態：軽量の客貨両用液体式ディーゼル機
車輪配列：BB
動力：500kWの中速ディーゼル・エンジン、カルダン軸駆動の液体式伝動
牽引力：貨物用歯車比で233kN、旅客用歯車比で151kN
最高運転速度：貨物用歯車比で時速45km、旅客用歯車比で時速100km
重量：80t
全長：不明
ゲージ：1435mm

このこざっぱりした液体式ディーゼルBB機関車はオーストリア全土に拡がっており、主として短距離貨物用と重量入換用に使われている。

ディーゼル機関車群に関しては長く停滞していたオーストリア連邦鉄道（ÖBB）は、フォスロー／ジーメンスに中量級貨物機関車60両を発注し、さらに90両も購入を

第2部　ディーゼル機関車とディーゼル列車

計画している。この機関車によりDBからの中古V200型BB機を置き換え、同鉄道に残るロッド式入換機その他の初期のディーゼル機を全廃することができた。

2070型機関車は片寄った中央運転台を持つフード式である。これは貨物用と軽量旅客用に2種類の歯車比を選べることが面白い。

605型　ドイツ鉄道（DBAG）　　　　　　ドイツ：2001年

605型などの新しいICE列車を側面から見た時の、スラリとした流線形は印象的である。ディーゼル式ICEの車内設備は基本的には電車のものと変わりない。

高速電車列車インターシティー・エキスプレス（ICE）の成功に力を得て、DBは非電化線の重要な区間のために4両編成のディーゼル式ICE列車を購入することにした。こうした区間の多くはもともと高速鉄道として建設されていないため、出せる最高速度が曲線で抑えられる。そのためDBでは、ディーゼル式ICEの車体を振子式の設計とすることに決定した。

振子式列車の原理は1970〜80年代初期にイギリスとフランスで開発されたが、当時は両国ともそれ以上研究を進めなかった。1980年代にスウェーデンとイタリアの鉄道車両メーカーがこのアイディアを取り上げ、そこからその後の振子式列車の設計は発している。この原理は、非振子式の場合、理論上安全な曲線通過の最高速度よりもずっと低い速度で曲線を通過する時にも、お客は遠心力から不快感を覚えるということである。振子式の場合では曲線を通過する時に客車の車体がその重心を中心に傾斜することにより、30%ほど高い速度でもお客は外側への力をあま

ディーゼル機関車とディーゼル列車　　1962～2002年

り受けず、横に振られて不快感を覚えることがない。曲線に近づいた時に車体傾斜を指示するのは、車両前端のボギー台車（あるいは先頭車そのもの）に置かれた加速度計とジャイロスコープの合成作用である。ジャイロスコープは列車がさしかかった線路の高低の変化を示し、加速度計は曲線での横への動きを測定する。こうした指標が振子機構で計算されて必要な傾斜量や傾かせていく具合が決定される。ふつう振子は、車体の主台枠と台車枠との間に置かれた振子梁のようなものを液体式または電気式のシリンダーで動かすことによって行われる。最大の傾斜はふつう鉛直に対して6°～8°である。これにより列車は、お客が横向きに飛ばされることもなく、ふつう

の列車より20～30%高い最高速度で曲線を通過することができる。最近の列車での傾斜角度は（1980年代初期におけるイギリスのAPTとは違って）、横向きの力をぜんぶ打ち消すものではない。曲線を通過する列車には横向きの動きが多少あるものだとふつうのお客にはわかっていることに、技術者は気がついた。それまでぜんぶ打ち消すようにするとお客は乗り物酔いを起こすが、部分的に打ち消すのであればこうした問題はほとんど起こらない。
　振子式列車の欠点のひとつは、車体が重心を中心として傾くため、ふつうの大きさでつくられていると肩の部分が車両限界にふれることである。このため振子式列車は屋根に向かってぐっとしぼった車

体になっており、車内では荷棚が実用上狭く、頭上も窮屈になる。車内で閉所恐怖症になりそうだというお客もあるだろうが、これは車内デザインの質によることである。もうひとつの欠点は列車が高速で曲線を通過することから、軌道に働く横向きの力が増えることである。重い機関車の代わりに電車やディーゼルの列車を使うことで、この問題は緩和される。
　DBの振子式ICEは完全空調され騒音からは絶縁された快適な流線形列車で、旅客は外部の音からも外部の力からも守られている。塗装はICE標準の白で、車側の窓下には赤い帯を巻いている。振子式のディーゼルICEはニュルンベルクからライプチッヒとドレスデンへ、ミュンヘンからライプチッヒを経

てハンブルクへというクロスカントリー路線で運行されている。

形態：都市間急行用振子式の4両編成電気式ディーゼル列車
動力ユニット(4基)：425kWのディーゼル・エンジン、交流発電機、車体搭載の主電動機からカルダン軸でボギー台車の車輪へ
牽引力：入手不能
最高運転速度：時速200km
重量：220t
全長：103m
ゲージ：1435mm

M62.3型CC機　　ハンガリー国鉄（MÁV）　　　　　　　　　　　　　　　　　　　　　　　　　　　　　　　ハンガリー：2001年

　MÁVの細分類でM62.3型とされるのは、M62型貨物用機関車の改造である。MÁVでは2010年以後も使用できるように、約40両を確保する計画である。M41型のエンジン載せ換えと同様、EUの排気ガス規制に適合したMTUとCATのエンジンが搭載されている。本来の直流発電機は、交流発電機に置き換えられている。

形態：貨物用電気式ディーゼルCC機
動力：1500kWのMTU12V4000またはCAT3512系エンジン
牽引力：(時速20kmで) 196kN
最高運転速度：時速100km
重量：120t
全長：17.56m
ゲージ：1435m

AD43C型　　イラン・イスラム共和国鉄道（RAI）　　　　　　　　　　　　　　　　　　　　　　　　　　　　イラン：2001年

　何年かの空白の後、GECアルストム・ディーゼルのラストン（当時）は、新しいRK215系「プリマ」機関車をイラン、シリア、スリランカに輸出する3つの契約を獲得した。1991年に登場したRK215系は内径215mm、行程275mmの4サイクル・エンジンであり、ラストン最初の（自動車用と同じ）吊り下げ支持方式のクランク軸という設計であった。イングリッシュ・エレクトリックの設計によるそれ以前のラストン・エンジンは、（据置エンジンのような）台座の上に組み付ける式のものである。ラストンは現在ではアルストム系ではなく、MANグループとなっている。RAIが発注したAD43C型機関車は、3160kWの16気筒エンジンが交流発電機と3相非同期式主電動機をアルストムのオニックスIGBTシステムの制御により駆動するものであっ

た。契約によれば、最初の20両はアルストムで製造され、5両分のキットがイランでの組立用とされ、残りがイランで製造されることになっていた。最初のベルフォール（アルストム工場）製は2002年に登場し、2003年までに全機が納入されることになっている。旅客用は時速150km、貨物用は時速110kmで運転できる設計であり、旅客用の200～229号30両にはイラン各地方

の名前が付けられている。名前の付いていない貨物機は230～299号である。

形態：電気式ディーゼルCC機
動力：3160kWのラストン16RK215系エンジン
牽引力：補重なしで542kN、補重付きで662kN
最高運転速度：時速150km
重量：123t、補重により150tまで
全長：22.33m
ゲージ：1435mm

TER2N　NG型ディーゼル列車　　ルクセンブルグ国鉄（CFL）　　　　　　　　　　　　　　　　　　　　ルクセンブルグ：2001年

　この2階式NG（ニュー・ジェネレーション）の2～3編成は、ベルギーのグーヴィからルクセンブルグを通ってフランス東部のメッツまでの区間列車として運行されている。CFLはいつものとおり、SNCFが72本という大量のこの車両（Z23500型とされている）を発注したのに相乗りして、12本を手に入れている。

形態：電気式ディーゼル列車
動力：1500kW
牽引力：不明
最高運転速度：時速161km
総重量：不明
最大軸重：不明
全長：52.5m
製造者：アルストム・ボンバルディア
ゲージ：1435mm

ジーメンス「ヘルクレス」　　オーストリア連邦鉄道（ÖBB）　　　　　　　　　　　　　　　　　　　　　オーストリア：2002年

　オーストリア国鉄（ÖBB）は2001年からこの進歩した電気式ディーゼル機をジーメンスから購入し始めた。2050型、2043型、2143型の代替が目的であった。当初は70両の購入が確定され、80両が追加予定とされたが、これまでに30両が実行されている。ÖBBの「ヘルクレス」2016型はモジュール式の設計で、ÖBBの要求より車体も長かったが、これはジーメンスが将来の他の顧客向けにエンジンの大形化を可能にし、軸重を22.5トンにしようとしたからであった。
　本機は1000kWの電気ブレーキを働かせることができ、総括制御を備えてÖBBの在来の客車とのプッシュプル運行ができるだけでなく、隣国のスロヴァキアとドイツへ運転するための信号や安全装置を持っている。ジーメンスでは「ユーロスプリンター」という電気機関車とともに、このディーゼル機を「リージョンランナー」として

売り出している。

形態：汎用電気式ディーゼルBB機
動力：2000kWのMTU　16V4000系エンジン
牽引力：235kN
最高運転速度：時速140km
重量：80t
全長：19.275m
ゲージ：1435mm

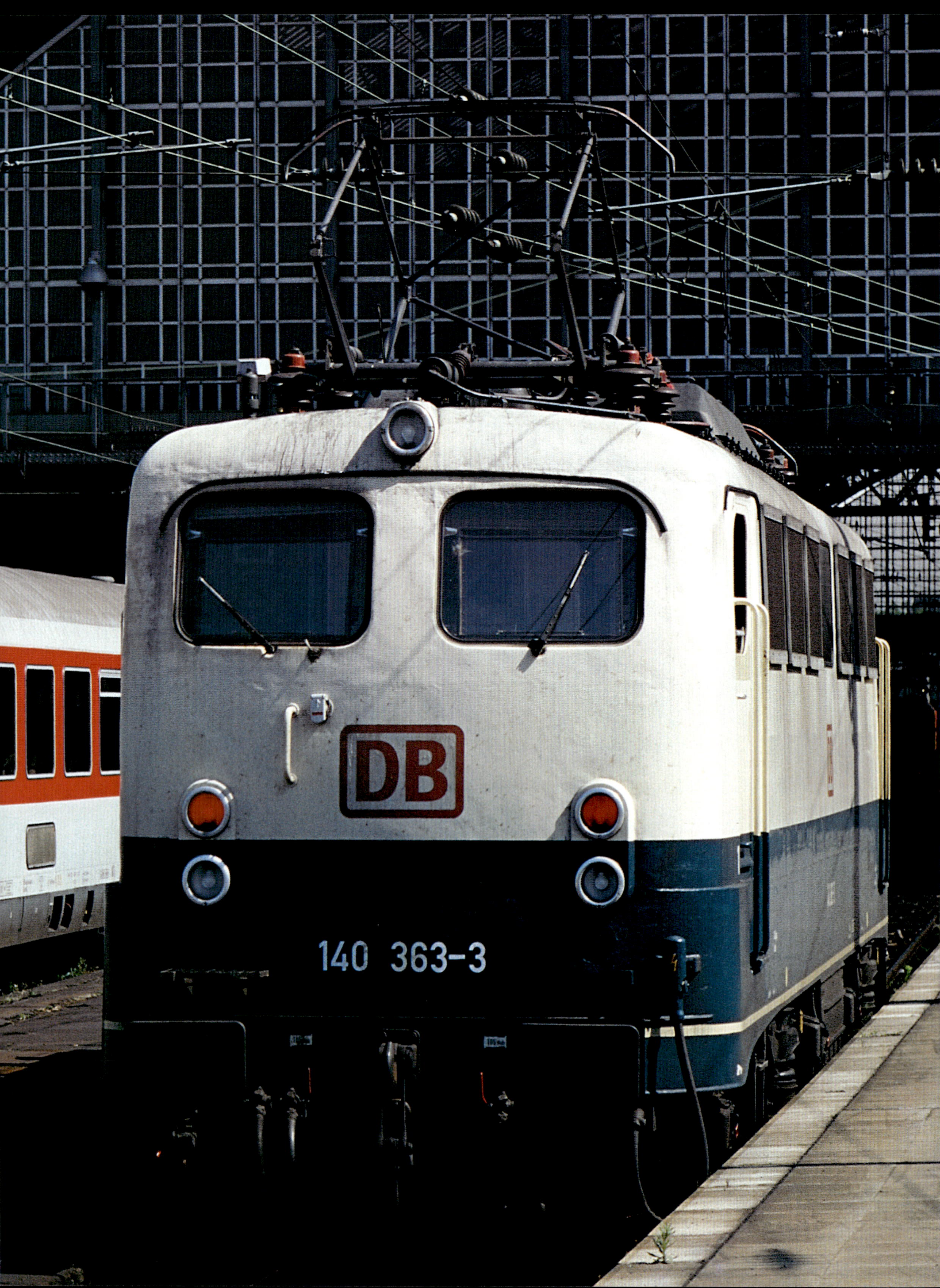
DB
140 363-3

第3部

電気機関車と電車列車

上：スイス連邦鉄道のRe6/6型BBB機。この重量牽引機は13両が1972年に製造された。最高時速は140kmであった。

左：ドイツ連邦鉄道の140.363号。この型は1957〜74年までに800両以上が製造され、西ドイツの鉄道の主力であった。

　　力源としての電気は、鉄道技術者の注目を初期の時代から浴びていた。1835年にオランダの発明家ストラティンとベッカーは蓄電池動力の2軸車の製作を試みた。1837年にトーマス・ダヴェンポートは米国ヴァーモント州の短いミニチュア線で電気機関車を走らせ、1842年にロバート・ダヴィッドソンはスコットランドのエジンバラ＆グラスゴー鉄道で標準ゲージの蓄電池機関車を試験運転した。こうした初期の電気についての先駆者に欠けていたのは適当な電力であり、それは1860年にイタリア人のアントニオ・パチノッティが発電機を発明するまでは得られなかった。

　しかし大形の内燃機関が生まれるまで、ごく限られた軽い入換作業をする以上の電力を機関車で発電したり蓄電することはできなかった。そのための方策はサードレールか架線によって外部から機関車に電力を供給し、強力な電動機を可能にすることであった。1879年にドイツの技師ヴェルナー・フォン・ジーメンスは2軸で2.2kWの小さな電気機関車を製造し、この現在でもミュンヘンに保存されているものが、近代的な電気列車の直接の始祖となっている。

　電気牽引は清潔、効率的で静かであるが、電気機関車

第3部

ここにはアムトラックのメトロライナー88列車が1982年9月26日、「北東回廊」の列車としてニューヨークへ向けハリソン（ニュージャージー州）を通過するのが見える。6両編成にはクラブ車とカフェ車が含まれている。

は製造にあたって非常に高価であり、架線かサードレールからの動力供給を必要とした。このための資本費追加は多くの鉄道会社はもちろん、国有鉄道でも困難だった。このため最初の電気列車は、長大トンネルとか非常な急勾配といった特別の場合に限られたものだった。「地下鉄道」には特に好都合であり、最初の電化された地下鉄はサードレールで電力を供給した1890年のシティ＆サウス・ロンドン鉄道で、1894～95年にはボルティモア＆オハイオ鉄道の架線式による路線が続いた。電気機関車が強い牽引力と高い加速度を合わせ持っていることは、近郊路線網で頻繁な運転をする鉄道にとって魅力的であった。これを最初に示したのは路面電車であり、その結果廃止に追い込まれた近郊鉄道も多かったが、こうして現在では都市高速鉄道路線で電気牽引だけが事実上使われるようになった。電力はいろいろな方式で送ることができ、最初に使われたのは直流であったが、1899年からス

イスのブルクドルフ～トゥーン間の山岳線には交流が採用された。最初は3相式で、架線が2本か3本要った（2本の場合には走行用レールが3つ目の回線となった）。集電は複雑だったようだが、1903年にはドイツのジーメンス・AEGの試験電車が時速200kmを超える速度を達成した。画期的な前進はスイスのエーリコン社による架線1本だけですむ単相交流の開発で、1905年に初めて用いられた。

1918年までにはヨーロッパやアメリカで多くの電化路線が運行されており、ニューヨーク～ニューヘイヴン間のようなやや長い路線とか、スウェーデン北部の鉄鉱輸送路線の一部などがあった。使われた電圧や周波数はさまざまで、1918年以後は標準化に進むが、それも国ごと

電気機関車と電車列車

のものだった。フランス、イギリス、オランダは直流1500Vを使っていた（ただし英国に広まったサードレール区間は600Vだった）。ドイツとスカンディナヴィア諸国は16.67ヘルツの単相交流15kVを使用した。ベルギー、

> 電気牽引が大きなうねりとなったのは1945年以後の50年間で、戦争で破壊されたシステムを復旧しなければならなかったことと、水力発電でも原子力でも化石燃料でも、自国産の動力源を使用したいという願いから来ていた。

イタリア、ロシア、スペインは直流3000Vを選択した。電力は主に専用の発電所から来た。1920年代にハンガリーの技師カルマン・カンドーは、50ヘルツ単相交流による饋電システムを研究していた。これは一般の産業用電力であり、専用の発電設備も変電所も必要としなかった。1970年代になるとこれがイギリス、フランス、トルコ、インドで、また日本の多くの路線で、標準的な饋電方式となった。しかし他の国々、とくにドイツやスウェーデンなどは、低周波数の16.67ヘルツ単相交流15kVを用い、イタリアは直流3000Vを使い続けている。この結果電気機関車や電車列車は、3種類あるいは4種類もの電力を受けることのできるものが開発されている。

電気牽引が大きなうねりとなったのは1945年以後の半世紀で、オランダのような国では戦争で破壊されたシステムを復旧しなければならず、他の国では水力発電、原子力、化石燃料のどれによるものでも、自国産の動力源を使用したいという願いから来ていた。大きく発展したのは電車列車であり、このため旅客用機関車の必要数は急激に減少した。スイスとドイツのペンデルツーク、イギリスのインターシティ列車のように、反対側に制御車を置いたプッシュプル編成で使われている機関車は多い。変圧器のような重い部品をふつう床下に置かなければならないため、出力の大きさ、客室の広さ、運転の静かさ、構造上の強さ、そして運転速度を兼ね備えた電車列車の設計は容易でなかった。新しい電動車は中形の機関車ほどの出力と牽引力を持ち、10両編成の高速列車で電動車2

両の出力は6300kWほどにも達して、400トンの列車を時速300kmで走らせるのに十分である。電気牽引の特質はまず1903年に驚異的に示され、1930年代、1950年代のイタリア、フランスによる記録破りの運転によっていっそう明らかになっていたが、上に述べたような性能の発揮を可能にし、諸都市間の移送では航空に匹敵しあるいは優るような多くの路線で、鉄道輸送の再生をもたらした。そして日本の本州と北海道、あるいはフランスとイギリスを結ぶ海底トンネルを運転できるのは、電気列車だけである。本節が明らかにするように、車輪とレールの関係を不要にする磁気浮上技術の開発も進んでいるが、電気牽引の潜在能力がまだ窮めつくされたとはいえないことも明らかである。

オーストリア連邦鉄道の1018型1D1機が見える。1940年製の本機は、当初はドイツ国鉄（ライヒスバーン）のE18型であった。

第3部　電気機関車と電車列車

ヴォルク電気鉄道の電車　ブライトン海岸　　　　　　　　　　　　　　　　　　　　　　　　イギリス：1884年

イギリス最初の、そして世界でもごく初期の、電気鉄道線は、ブライトン（サセックス県）の海岸に沿って敷かれたささやかな軽便鉄道システムだった。これは地元の発明家マグナス・ヴォルクの考案したもので、当初の610mmゲージの路線は1882年8月4日に、ヴォルク自身がちっぽけな2軸車を運転して公式に開業した。

この当初の路線は1280mに延長され、線路は改軌され、印象的な新車が入って1884年4月4日に開業式が行われた。中央の客室内には16人の座席があり、両端の出入台にも補助席が備えられていた。続いて同様な2台目も入った。堅いマホガニー製車体のこの電車2両は1940年代まで生き残って、ルース・ロードのトロリーバス車庫で解体された。

もっと新しい電車2両が海岸のヴォルク電気鉄道線に見える。この鉄道は世界最古の電気鉄道だと主張している。

形態：海岸の旅客用電車
動力：160V2線式、4.5kWのジーメンスD2電動機、ベルト伝動でカウンター軸を経て車軸へ
牽引力：入手不能
最高運転速度：時速16.1km
最大軸重：入手不能
全長：5.791m
ゲージ：1435mm

B機　シティ＆サウス・ロンドン鉄道　　　　　　　　　　　　　　　　　　　　　　　　　　イギリス：1890年

シティ＆サウス・ロンドン鉄道はロンドンで最初の深いチューブ線で、世界最初の地下電気鉄道であった。この鉄道の2軸電気機関車はサルフォードのマザー＆プラットに発注され、部品はゴートン（マンチェスター）のベイヤー・ピーコック製のものだった。14両の機関車が1889年に、翌年のキング・ウイリアム通り（シティ）からストックウエル（南ロンドン）まで8kmの開業に間に合うよう一括発注された。

この電気機関車の1両、13号が保存されている。科学博物館の所有であり、ロンドン交通博物館に貸し出されてアクトン電車区に置かれている。これは1907年まで現役であった。シティ＆サウス・ロンドンは1924年に他線と同じ直径のトンネルに改築されるまで、機関車牽引の列車を使っていた。

形態：地下近郊線
動力：不明
最高運転速度：時速40.2km
最大軸重：不明
重量：10.3t
ゲージ：1435mm

BB機　ボルティモア＆オハイオ鉄道マウント・ローヤル線　　　　　　　　　　　　　　　　　1896年：アメリカ

1890年代の半ばにボルティモア＆オハイオ鉄道（B&O）は、住宅地の下に長いトンネルを通すボルティモア・ベルトラインという改良路線の提案に対する反対運動を静めるため、幹線電化の先駆者となった。電化区間はごく短く、珍しい剛体式のような架線を用いていた。最初の電気機関車はゼネラル・エレクトリック製の短い連接式で、ギアレス電動機を使っていた。これらは蒸気列車を（蒸気機関車ごと）トンネルを通って牽引するために使われた。20世紀に入ってから架線は廃止されて、サードレールに変わった。1912年までに当初の機関車はもっと新しいものに置き換えられた。延長は僅か数キロであったが、B&Oの電化は輸送量の多い鉄道を電化することの実用性を示すものとなった。

形態：BB電機
動力：不明
牽引力：200kN
最高運転速度：時速96km
重量：87t
全長：8.267m
最大軸重：22t
ゲージ：1435mm

電気機関車と電車列車　1884〜1945年

ボルティモア＆オハイオ鉄道は1896年に新しいボルティモア・ベルトラインを電化して、幹線の蒸気鉄道では最初に電化をとり入れた。

B貨物機　ブルクドルフ・トゥーン鉄道（BTE）　スイス：1899年

　世界最初の3相交流による電化は、25‰までの勾配を持つ45kmのこの路線で用いられた。架線が2組必要だったものの、750Vの3相電流は変電所を不要にし、電動機の軽量化と下り勾配区間での電力回生を可能にした。旅客用には電車が用いられ、2軸機関車2両は貨物用として100トンまでの列車を最高時速32kmで牽引した。機関士は前端のオープン式出入台の後に立って操縦した。両端には四角い集電装置があった。両軸は中央のジャック軸からロッドで駆動された。当時電気機関車を設計する人は蒸機にならってロッド式をとるのがふつうで、低速の場合には効果的であった。1230mmという車輪径は、同程度の出力と用途の蒸気機関車とほとんど同じだった。1：1.88と1：3.72という2段階の歯車比は、低速で勾配を上るためであった。この「B」機関車は1両だけが保存されている。

世界で初めて3相交流を動力とし、保存されている「B」機関車。

形態：支線貨物用機関車
動力：架線からの3相交流750Vによる112kW電動機2基
牽引力：不明
最高運転速度：時速32km
総重量：30t
最大軸重：15t
全長：7.8m
製造者：ブラウン・ボヴェリ（チューリヒ）

385

第3部　電気機関車と電車列車

「A」および「S」A1A-A1A試験車（StES）　　　ドイツ：1901年

　StES（電気高速鉄道研究会）というのはジーメンス＆ハルシュケとAEG（アルゲマイネ電気会社）という電気メーカー2社が1899年に結成したコンソーシアムで、プロイセン政府と一部の銀行も加わっていた。その目的はもっぱら高速電気運転の実用性を試験することであり、ベルリンの西南にあるツォッセン～マリエンフェルト間23kmの軍用鉄道を試験用に使うことが認められていて、1901～03年まで実行された。3両が製造され、電車の「A」型はAEG、「S」型はジーメンスによるもので、他にジーメンス製のBB凸形機関車があった。電車はただの動力車ではなく実用車として、ふたつの客室に約50人の座席を備えていた。StESの規約は技術上目標とする範囲を定めており、その中には当時としては超高速である時速200～250kmの達成があった。最大軸重は16トンとされ、電車は3両までの付随車を牽引できるものでなければならなかった。

　複雑な給電システムが準備された。1879年にヴェルナー・フォン・ジーメンスが最初の機関車に採用した直流方式は却下され、交流によるき電が選ばれた。このためには線路の上ではなく横の柱から3本のカテナリー線が吊られていた。これから集電するため、A車は3本別々の弓形パンタグラフを車両の両端に段差を付けて突き出していた。S車はやはり両端に3つの集電装置を、こちらは1本の竿にまとめて取り付けていた。どちらのシステムも試験中に手直しが必要だった。使用する電力は10kVから14kVまで、3相交流の38ヘルツから48ヘルツまで変えることができ、電車の車上でA車は435V、S車は1150Vに変圧された。車両そのものは少し後の都市間電車に似ていて、鋼製の台枠の上に木造の車体がつくられ、客室は1等と2等に分かれていて、両端に運転台があった。2重屋根が通風と採光に役立った。屋根のダクトも変圧器の冷却に使われた。電気システムは別個の2組にまとめられ、片方が故障しても他方に影響しないようになっていた。高圧の設備は床下か屋根の部分に取り付けられ、スイッチは空気圧で操作された。ジーメンス車の電動機は吊掛式であり、AEG車では車軸をかこむ中空軸に電動機が置かれて垂直のバネで支持され、中空軸から車輪へはバネ入りの駆動装置があった。

　これほどの高電圧と高速度が一緒になったものを経験した人はこれまでなかった。制動距離、空気抵抗、制動圧力などといったことや、超高速の可動部品やブレーキや線路そのものに対する影響などが確定されなければならなかった。もともとの線路はごく軽くつくられていたので、1両の試験車は時速160kmで脱線した。その車は改造され、線路は重いレールと厚いバラストで敷き直されて、試験が再開された。1903年の9月から11月には制動試験が行われ、その過程で両車とも時速200kmを突破した。当時としてはセンセーショナルなことである。10月28日にA車は210.2kmに達したが、これは1931年のクルッケンベルクのプロペラ車まで破られなかった世界記録となり、電気列車では1953年にSNCFのCC7121号が239.8kmを出すまで達成されなかった。付随車を牽引しても速度や空気抵抗に変わりはないことがわかったが、プロイセンの3軸ボギー寝台車は試験車に引かれて時速174kmを出した時に脱線した。試験は1903年11月に終了した。両試験車はほとんど同水準の性能を発揮し、ライヒテルによれば時速230kmも達成可能だった。この試験により貴重なデータが集められたが、それで電化計画が急に拡大されることにはならなかった。電気鉄道を建設する資本費のほか、多くの実際上や運用上の問題が未解決だった。しかし、電気牽引は都市近郊、長大トンネル、山岳地帯といった特定の低速区間に適しているだけでなく、幹線での超高速にも使えるものであることが明確になった。

（要目はAEG車のもの）
形態：高速試験電車
動力：3本の架線から集電された50ヘルツの3相交流10kVによる186～560kWのギアレス同期電動機4基
牽引力：不明
最高運転速度：時速210km
総重量：60t
最大軸重：10t
全長：22.100m
製造者：ファン・デル・チーペン・シャリア（ケルン）、電気部品はAEG

電車列車　ランカシャー＆ヨークシャー鉄道（L&YR）　　　イギリス：1904年

L&YRは1916年以後、マンチェスター～ブリー間の電化に新しい車両をさらに登場させた。これは英国鉄道時代にブリーのボルトン通り駅での後年の車両のひとつ。これらは1962年まで使われた。

　ランカシャー＆ヨークシャー鉄道は早くも1904年に、リヴァプールのエクスチェンジ～サウスポート間を走る電車列車を登場させた。1200Vの直流サードレールき電を用い、最初は帰線用に走行レールとボンドで結ばれた第4のレールもあったが、これは後に廃止された。5両編成はピーク時には7両に増結された。幅3050mmというのはイギリスで走った客車でいちばん広いものだった。どれも1942年には退役していた。

形態：近郊用5両編成電車列車
動力：直流1200Vのサードレール集電、動力車3両に112kWの直流主電動機4基
最大軸重：不明
全長：18.290m
ゲージ：1435mm

電気機関車と電車列車　1884～1945年

Sモーター　ニューヨーク・セントラル鉄道　　　　　　　　　　　　　　　　　　　　　　　　アメリカ：1904年

　ニューヨーク・セントラルでは特に列車回数の多いニューヨーク市マンハッタンのパーク・アヴェニュー線の電化を検討していたが、1902年1月満員の旅客列車の衝突という惨劇があって、それが避けられなくなった。この事故はパーク・アヴェニューの地下トンネルで機関車の濃い煤煙のため見えにくくなっていた停止信号を冒進した列車が、前の列車に突っ込んだことによるものだった。問題は機関車のひどい煤煙であり、ニューヨーク市では市内で蒸気機関車の使用を禁止する法令を制定した。ニューヨーク・セントラルでは大がかりな電気鉄道の開発でこれに応えることとし、この企画は世界的に知られるグランド・セントラルという大拡張された新ターミナルの建設とともに推進された。実用的な電化を実施するため、同社では第一線の技術者たちを集めた。電気機関車の原形は1904年にスケネクタディー（ニューヨーク州）で、ゼネラル・エレクトリックによって製造された。最初の設計でこの機関車は1D1の車輪配列を採用してTモーターと呼ばれ、直流660Vをサードレールから集電していた。原形の成功を見て同型機群が造られた。1907年に脱線事故で多くの旅客が命を落としてから本機は2D2の車輪配列に改造され、Sモーターと改称された。後年は主として入換作業に転用された。1980年代の初めまで使われたものが少しあり、最初のS-1型電機など保存されているものも多い。

形態：サードレール旅客用1D1（のち2D2）電機
動力：直流660Vの1640kW
牽引力：145kN
最高運転速度：時速128km
重量：90.9t
全長：11.278m
最大軸重：16t
ゲージ：1435mm

ニューヨーク・セントラルのS-2型電機が1961年にブロンクス（ニューヨーク州）のモット・ヘイヴン操車場で。後年、こうした開発期の電機は入換用に使われた。

E69型　ロカールバーン社（ミュンヘン）　　　　　　　　　　　　　　　　　　　　　　　　　　ドイツ：1905年

　E69型と呼ばれるものには、1905年製から1930年製まで5両の電気機関車が含まれている。バイエルン南部のムルナウ～オーバーアンメルガウ間を走るミュンヘンのロカールバーン社（LAG）路線のために製造され、この線は最初1904年には5500Vの交流16ヘルツで電化されていて、後に5000Vの交流16.67ヘルツに変更された。LAGの1～5号はDBのE69.01～E69.05号、後にその169型となった。1954年に本機はDB標準の15kVに改められ、E69.02、E69.03号はハイデルベルクでの入換に転用された。この両機はほとんど同じ外観であるが、E69.01号とE69.05号は同じ凸形中央運転台式の変形である。E69.04号は当初は一端に運転台を置いていたが、1934年に同様な凸形に改造された。5両とも残っており、16002、16003号は動態保存の機関車として2002年の特別運転日に188691、188692号というドイツ連邦鉄道の新しい電算機用番号で使われた。

形態：区間旅客および貨物用B機
動力：E69.01号160kW、E69.02／03号306kW、E69.04号237kW、E69.05号565kW
牽引力：E69.01号24kN、E69.02／03号33kN、E69.04号30kN、E69.05号54kN
最高運転速度：E69.01号時速40km、E69.02～05号時速50km
重量：23.5～32t
最大軸重：11.8～16t
全長：7.35～8.7m
ゲージ：1435mm

第3部　電気機関車と電車列車

BB機　メトロポリタン鉄道　　　　イギリス：1905年

ここでは世界最初の地下鉄であるメトロポリタン鉄道のBB機が1907年にロンドンのベイカー・ストリート駅から旅客列車を引き出す。このウエスティングハウス製機関車には、その独特の形から「キャメルバック」（らくだの背）というあだ名がついた。

メトロポリタン鉄道は世界最初の地下鉄で、1863年1月10日に運行を開始した。復水器を備えた蒸気機関車が1906年までは動力となり、この年電化が行われた。英国ウェスティングハウス製で中央運転台と傾斜したボンネットの形から「キャメルバック」と呼ばれた電気機関車10両は、この鉄道に1906年登場した。1〜10号と名付けられ、最初はシティやベイカーストリートからウェンブレー・パークまで走り、そこで蒸気機関車に交代していた。電化が進むと、1908年から機関車の交換はハロー・オン・ザ・ヒルに変わった。

供給者はウェスティングハウスだったが、本機は実際にはサルトレーのメトロポリタン客貨車会社で製造された。この電機は当初巨大な巻上式の方向幕を付けていたが、1911年頃にはふつうの大きさのものに変えられた。1907年にはさらに10両の11〜20号というBB機が同じウェスティングハウスから入ったが、まったく別の設計だった。英国トムソン・ハウストンの電気部品だけを使い、前の機関車より3トンほど軽く、両端に運転台があって外観は大きく変わっていた。

11〜20号は1913年にボギー台車とトムソン・ハウストンの電動機を外してウェスティングハウス86M主電動機付きの新しいボギー台車をはいたため、電気部品の標準化が達成された。本機はメトロポリタン鉄道の輸送量の増加に不十分と判定され、この鉄道の895.2kWの「改造」機関車に活用された。

形態：近郊用電気機関車
動力：直流600V、596.8kWの英国ウェスティングハウス86M吊掛式主電動機4基
牽引力：不明
最高運転速度：不明
重量：50.8t
最大軸重：不明
ゲージ：1435mm

E550型　イタリア国鉄(FS)　　　　イタリア：1908年

イタリア国鉄(FS)は3相交流による電化を第二次世界大戦によってその拡張が止まる以前に同国の西北部で1900kmに達するまで行い、ヨーロッパでは独自の存在であった。1897年にレーテ・アドリアティーカ鉄道（イタリア半島東側の鉄道を統合したもの）のヴァルテリーナ線の電化が政府に助成されたことによって電化の進展が開始された。ハンガリーのガンツ社がレッコ〜ソンドリオ間を複線架空式のシステムで建設し、これが1906年に政府によって標準とされた。

アメリカのウェスティングハウス社はジェノヴァ近くに機関車工場をつくり、ガンツからカンドー技師を招いた。最初に建設されたのはイタリア内陸部とジェノヴァ港を結ぶジオヴィ勾配線で、E550型（「チンカンタ」＝50）というカスケード並列接続の制御装置を持つE機がこのために設計された。

1921年まで4群に分けて186両が製造され、車体に搭載された2基の電動機がジャック軸とヨークにより駆動していた。定格速度は時速50kmと低かったが、E550型は3相交流時代の終わり近くまで生き残っていた。しだいに直流に切り替えられ、交流はアックイ付近に1976年まであった。E550.025号はアメリカに寄贈され（現在セントルイスにある）、E550.030号はミラノに残っている。

形態：3相交流E電気機関車
動力：1500kWの車体搭載電動機2基
き電：16.67ヘルツの3相交流3300V、架空複線式
牽引力：（時速43.2kmで）139kN
最高運転速度：時速50km
重量：60.1〜64.0t
最大軸重：15t
全長：9.520m
ゲージ：1435mm

電気機関車と電車列車　1884〜1945年

1099型CC機　マリアツェル鉄道

オーストリア：1910年

今日残っている1099型は1910年製となっているものの、1959年から新しい車体に大改造されている。ザンクト・ペルテンからマリアツェルとグスヴェルクへのマリアツェル鉄道のためにクラウスでジーメンスの電気部品を付けて製造されたこの狭軌用機関車は、定期運行で1世紀を迎えることだろう。1898年から1907年にかけて少しずつ建設されたこの91kmの急勾配線は、早くから電化の候補となった。オーストリアで最初の重要な電化線であり、今日狭軌で残っている唯一の路線である。1099型の両ボギー台車には各1基の主電動機があって、ジャック軸とカップリング・ロッドによる伝動で3軸を駆動する。本機はこの線の輸送をぜんぶまかなっていたが、1994年には4090型電車が少数加わった。しかし全輸送をこなすほどの両数はなく、1099型は今日でも定期運行にあてられて、すぐに置き換えられる兆しはない。これまでに廃車されたのは1両だけである。

形態：軽便狭軌支線用CC機
動力：420kW
き電：25ヘルツの交流6600V
牽引力：(時速29kmで) 45kN
最高運転速度：時速50km
重量：50t
最大軸重：8.3t
全長：11.020m
ゲージ：760mm

オーストリア国鉄の005.9号がウィーン〜リンツ間本線との接続点であるザンクト・ペルテンの終端ホームで、南方のマリアツェル山地へ分け入ろうと出発を待っている。

第3部　電気機関車と電車列車

DD1型　ペンシルヴェニア鉄道(PRR)　　　　　　　　　　　　　　　アメリカ：1910年

ペンシルヴェニア鉄道とその子会社ロング・アイランド鉄道は、サードレールのDD1型電機をニューヨークのペンシルヴェニア駅への列車を引くのに使用した。

なって2BB2の車輪配列を用いていた。

ペンシルヴェニア鉄道では1910年と1911年にアルトゥーナ（ペンシルヴェニア州）にある有名なそのジュニアタ工場で、ウェスティングハウスの電気部品を用いて33組のDD1型を製造した。後には少数の本機が架線保守列車用に残されていた。

形態：旅客用2BB2電機
動力：直流600Vのサードレール式
出力：1587kW
牽引力：220kN
最高運転速度：時速128km
重量：144t
全長：19.787m
最大軸重：23t
ゲージ：1435mm

ペンシルヴェニア鉄道の最大事業に数えられるのは、ニューヨークのペンシルヴェニア駅と、ハドソン川、イースト川の下を通るトンネルの建設であった。こうした長いトンネルに列車を走らせるため、同鉄道では直流600Vの電化システムを選び、強力なサイドロッド式機関車群を設計した。

これらは2B形蒸気機関車のような構造のものを2両、半固定的に連結した機関車であった。ペンシルヴェニア鉄道の用語で2B機はD型と呼ばれることになっており、これをダブルにした電機はDD1型と

ニューヨークからワシントンDCまでの架線式電化を1930年代に完成するまで、ペンシルヴェニア鉄道ではDD1型サイドロッド式電機にペンシルヴェニア駅からハドソン川の下を潜ってニュージャージー・メドウズにあるマンハッタン・トランスファーまで列車を引かせ、そこで蒸気動力に引き継いでいた。

EC40型C+2z機　鉄道院　　　　　　　　　　　　　　　　　　　　日本：1911年

日本最初の電化された鉄道線は1904年に、中野から御茶ノ水まで12.5kmという短区間で開業した。次は1912年の碓氷峠を越える信越線のラック式区間で、この碓氷峠区間は最初サードレールの直流600Vで電化された。1911年に12両の機関車が輸入され、1919年にはやや重い14両が国鉄の工場で製造された。1934年以後は、より強力な日立製〔東芝・三菱・川崎製もあった〕機関車でみな置き換えられた。

形態：旅客用ラック式および粘着式機関車
動力：420kW
最高運転速度：時速20km
総重量：46t
最大軸重：15.3t
全長：9.746m
製造者：エスリンゲン（ドイツ）、電気部品はAEG

390

電気機関車と電車列車　1884〜1945年

Be5/7型1E1機　ベルン・レッチベルク・ジンプロン鉄道（BLS）
スイス：1911年

- 形態：客貨両用機関車
- 動力：16.67ヘルツ単相交流15kV架線式のき電による933kWの電動機2基、ジャック軸からコネクティングロッドで駆動
- 牽引力：176kN
- 最高運転速度：時速75km
- 総重量：91.4t
- 最大軸重：16.6t
- 全長：15.228m

この機関車は1912年に新開業したBLS鉄道のために12両製造され、これまでに造られた中でもっとも強力な電気機関車であった。2基の主電動機からの動力は、逆3角形をした重い鋼鉄の鋳物によって中央部動輪の両側にあるジャック軸に伝えられた。本機は1950年代半ばまで使われ、1両が保存されている。

延長14,612mのレッチベルク・トンネルの開通（1913年7月15日）を祝って、機関車側面に記された社名は「レッチベルク」を強調している。

E系のE50型　イタリア国鉄（FS）
イタリア：1912年

FSの前身の鉄道は、ジェノヴァ〜トリノ間のジオヴィ峠の急勾配用に特別設計の蒸気機関車を製造していた。その電化が決定し、システムはブダペストのガンツ社が1902年ヴァルテリーナ線に採用した15／16.67ヘルツの3相交流3000／3300Vによることになった。この機関車は貨物牽引用のコンパクトで粗野な印象の凸形機であり、カンドー技師がヴァルテリーナ線のためにガンツで製造したものの設計に似ていた。

- 形態：重量貨物機関車
- 動力：746kWの電動機2基、ジャック軸と3角形のコネクティングロッドを経由して5つの動軸を駆動
- 牽引力：131.4kN
- 最高運転速度：時速44km
- 総重量：60.2t
- 最大軸重：12t
- 全長：9.5m

BB機　ノース・イースタン鉄道
イギリス：1914年

- 形態：BB機
- 動力：直流1500V架線式、ジーメンスの主電動機4基、各軸は820.6kWの電動機から歯車で駆動
- 牽引力：125kN
- 最高運転速度：時速72.4km
- 重量：75.7t
- 最大軸重：不明
- 全長：11.99m
- ゲージ：1435mm

シルドン〜ニューポート間29kmは1915年ノース・イースタン鉄道によって電化された。これは電気牽引が重量石炭列車を引くのに適しているかどうかを試験するためであり、結果は成功だった。このためには架線式で屋根に2個のパンタグラフを持つ凸形電気機関車がダーリントン工場で10両、3〜12号という番号で製造された。1915年7月1日、3号が同線で最初の列車を牽引した。架線設備の維持費用と1930年代の不況から、ロンドン＆ノース・イースタン鉄道では1935年に電気運転を中止した。本機はダーリントン工場で12年間保存され、1947年にサウス・ゴスポート機関区へ移されたが、11号以外の機関車は使われずに1950年8月21日退役し、解体された。

11号は1942年ドンカスター工場に送られて改造され、電化されたウッドヘッド線のワースバラ勾配区間で補機として使われるはずだった。改造後の牽引力は167kNへと増加した。しかしウッドヘッド線の計画は戦争のためそのままになり、本機はまた保存された。1959年にはイルフォード機関区に移されて保線用機関車の100号となった。1960年には余剰となって1964年4月には退役し、同年ドンカスター工場で解体された。

10号はノース・イースタン鉄道がシルドン〜ニューポート間における重量石炭列車の牽引のために製造した3〜12号という凸形電気機関車のひとつだった。

第3部　電気機関車と電車列車

E91型BBB機　プロイセン王国鉄道(KPEV)　　　　ドイツ：1914年

　ベルリン～ブレスラウ間のシレジア山地を越える電化線のために製造されたいろいろな機関車のひとつがこれで、ドイツの電気機関車の設計でエポックを画するものだった。重量貨物列車用として1915～21年までに12両が製造され、従輪をなくして全重量を粘着牽引にあてた大形電気機関車としては最初のものに属する。車体は3つに分かれ、変圧器や制御スイッチは前後の部分に、運転台2箇所と荷物室は中央部分にあった。

形態：連接式重量貨物機関車
動力：単相交流15kV架線式のき電による873kWの電動機3基
牽引力：不明
最高運転速度：時速50km
総重量：101.7t
最大軸重：16.9t
全長：17.2m
製造者：リンケ・ホフマン工場（ブレスラウ）、電気部品はジーメンス

箱形EF-1型　ミルウォーキー鉄道　　　　アメリカ：1914年

　ミルウォーキー鉄道の最初の電気機関車はEF-1型という巨大な箱形機で、2両が半永久的に連結された2BB+BB2という車輪配列だった。22‰もの急勾配で貨物列車を牽引するため、本機は回生制動（電動機が発電機として働く）を備えていた。

形態：貨物用2BB+BB2電気機関車
動力：架線からの直流3000V
出力：2235kW（3000馬力）
牽引力：501kN
最高運転速度：入手不能
重量：261t
最大軸重：26t
全長：34.138m
ゲージ：1435mm

MP54型電車列車　ペンシルヴェニア鉄道(PRR)　　　　アメリカ：1914年

形態：近郊旅客用電車列車
動力：25ヘルツの交流11.5kV
出力：各車298kW
最高運転速度：時速104km、一部は時速128km
重量：59t（型式により相違）
全長：19.653m
最大軸重：入手不能
ゲージ：1435mm

　1915年にPRRはフィラデルフィア地域に拡がる近郊鉄道網を架線式の交流11kVで電化し始めた。架線が張られた最初の路線はブロードストリートからパオリまでの有名な本線だった。電化線での列車用としてPRRのアルトゥーナ工場は、P54型鋼製客車にウェスティングハウスの電気部品を付けてMP54型電車列車へと改造した。各車にはパンタグラフひとつがあり、片方のボギー台車に交流主電動機2基を備があった。車両の両端には運転装置とふたつの丸窓があり、MP54型を独特の「ふくろうの目玉」スタイルにしていた。MP54型は何百両も製造され、ニューヨーク～ワシントンDC間の電化後はPRRの電化線での見なれた光景となった。

ペンシルヴェニアのMP54型3両編成が1961年にPRRの本線をニューアーク（ニュージャージー州）へと向かう。この型の電車列車はPRRのレールを50年以上も走り続けた。

Be4/6型1BB1機　スイス連邦鉄道(SBB)　　　　スイス：1918年

形態：急行旅客用機関車
動力：16.67ヘルツ単相交流15kV架線式のき電による380kW電動機4基（2基1組）、各組はジャック軸で2軸ボギー台車を駆動
牽引力：196kN
最高運転速度：時速75km
総重量：106.5t
最大軸重：19.25t
全長：16.5m
製造者：SLM、ブラウン・ボヴェリ

　ルツェルンからイタリアのキアッソまでアルプスを貫くゴッタルト線は全線219kmのうち46kmがトンネルであり、ベルン・レッチベルク・ジンプロンに続く電化の対象となるのが当然であった。この線の完成予定（1921年5月）を目指して設計された本機は旅客用機関車として他の2社の競争作を破って選ばれ、1918～22年までに40両が製造された。連接式台車の機関車で、それぞれジャック軸で駆動される2連結軸を持つふたつの動力台車の上に車体が載っている。1時間の最大出力は時速60kmで1641kWであった。バッファーと連結器は車体台枠ではなくボギー台車に付けられていた。頑丈至極に作られていた優秀機Be4/6型は、50年以上も旅客列車や急行貨物列車を牽引した。

Be4／6型は230トンの列車を牽引し、時速60kmを保ってゴッタルトの勾配を上ることができた。

392

電気機関車と電車列車　1884〜1945年

「バイ・ポーラー」EP-2型　ミルウォーキー鉄道　　　アメリカ：1919年

　ミルウォーキー鉄道西端の電化区間は、ワシントン州のカスケード山脈を越えるものだった。旅客列車用に同社はゼネラル・エレクトリックを指名し、1919年に1BDDB1という車輪配列を用いた3車体連接式の巨大な電機5両がそこで製造された。これは当時多かったギアレスの2極（バイ・ポーラー）式電動機を用いており、電機子は動軸に固定されていた。

　EP-2型は中央運転台式で丸いフード部分が前後にある変わった外観をしていた。この電動機12基のマシンは当時としては極めて強力なものであり、ミルウォーキー鉄道では本機と蒸気機関車2両との「綱引き合戦」を派手に宣伝して興行し、強力ぶりを示して見せた。電機の勝ちだった。

形態：旅客用1BDDB1電機
動力：架線からの直流3000V
牽引力：（時速43kmで）187kN
最高運転速度：時速112km
重量：240.4t
全長：23.164m
最大軸重：17.5t
ゲージ：1435mm

ゼネラル・エレクトリックはミルウォーキー鉄道の太平洋岸電化用に、巨大なバイ・ポーラー電機5両を製造した。本機は1950年代に退役したが、1両はセントルイスで展示するため保存されている。

BB機　メトロポリタン鉄道　　　イギリス：1922年

　メトロポリタン鉄道の12号「サラ・シドンズ」は、1922年から製造されたBB電機で残る2両のひとつで可動状態にあり、工場や電車区の一般開放日にはよく見られる。

　この型の電気機関車20両は40年近くもメトロポリタン鉄道の本線列車の主軸だった。時々改造機に分類されたりするが、本機のうち18両はピカピカの新品だった。メトロポリタン鉄道の598.6kW電機6号と17号を試験的に改造してみた結果、新製の方が簡単だとわかった。バロー・イン・ファーネスのヴィッカース社がメトロポリタン・ヴィッカース社の代行として新造機をつくり、最初のものは1922年に納入された。この機関車のうち15両は1950年代に改装され、メトロヴィックの制御器や電気部品はBT-Hの制御装置に交換された。

　電気牽引から蒸気への接続点は1925年1月にハロー・オン・ザ・ヒルからリックマンスワースに変わり、1961年9月9日に機関車牽引が中止されて電車列車に切り替えられるまで続いた。一部の機関車は保線用や入換用に生き残った。

　1〜20号にはメトロポリタン鉄道地域の有名人にちなむ愛称が付けられていた。保存されているのは5号「ジョン・ハンプデン」（ロンドン交通博物館）と12号「サラ・シドンズ」の2両である。

形態：近郊旅客用機関車
動力：直流600V、895.2kWのメトロポリタン・ヴィッカースMV339自己通風式主電動機4基（各軸に1基）
牽引力：100kN
最高運転速度：時速104.5km
重量：62.18t
全長：12.04m
ゲージ：1435mm

メトロポリタン鉄道の12号「サラ・シドンズ」は、1922年から製造されたBB電機機関車で残っている2両のひとつである。12号は可動状態にあり、工場や電車区の一般開放日にはよく見られる。

第3部　電気機関車と電車列車

2C2機　ノース・イースタン鉄道（NER）　　　　　　　イギリス：1922年

動力：架線式直流1500V、1343kWのメトロポリタン・ヴィッカース主電動機6基
牽引力：125kN
最高運転速度：時速145km
重量：104t
全長：16.307m
ゲージ：1435mm

　1922年にノース・イースタン鉄道で当時の工作局長であったサー・ヴィンセント・レイヴンは、強力そうに見える高速電気機関車を1両作らせた。13号と名付けられ、ヨーク～ニューカースル間の本線を電化する提案に対する試作という目論見であったが、これはNERでは実現しなかった。
　ダーリントン工場で製造されたこの試験機関車は、中央運転台と3軸の大きな動輪を持っていた。本機が自力で試験走行したのは、シルドン～ニューポート間の電化線だけだった。そしてダーリントンに格納され、毎年の試験運転と展示のために引っ張り出されるだけであった。1925年7月2日にストックトン＆ダーリントン鉄道の百年祭があった時には、牽引されてパレードに加わっていた。
　1950年8月21日にはLNERの緑の塗装のまま退役となり、解体場に向かった。

レイヴンの高速機関車の原形13号は、NERのヨーク～ニューカースル間本線が電化されれば使おうとして造られた。

E330型1C1機　イタリア国鉄（FS）　　　　　　　イタリア：1914年

　「トレンタ」（＝30）として知られるイタリア国鉄のE330型1C1機は1914年に時速100kmの旅客列車用として登場した。ブレダ・ウェスティングハウス製の本機16両（E330.001～016号）は3軸の動輪上に51トンという大きな粘着重量があった。イタリアの3相交流で走る際に、16.67ヘルツでの同期速度は37.5、50、75および100kmであり、それぞれの出力は750、700、2000および1600kWであった。

　330.003号が3相交流を受けるために集電装置を大きく拡げている。E330型の車体は車輪部分が切り込まれた実に変わった形である。砂撒管が機関車の外側に取り付けられている。

形態：3相交流1C1電機
動力：2000kW
き電：複線架空式の16.67ヘルツ3相交流3300V
牽引力：（時速104kmで）93kN
最高運転速度：時速100km
重量：74t
最大軸重：17t
全長：11.008m
ゲージ：1435mm

EO型BB機　ニュージーランド国鉄（NZR）　　　　　　　ニュージーランド：1923年

形態：重量客貨両用機関車
動力：直流1500V架線式のき電による750Vで1時間定格133.6kWの電動機4基
牽引力：63kN
最高運転速度：時速58km
総重量：55.3t
最大軸重：13.8t
全長：11.7m
製造者：イングリッシュ・エレクトリック（イギリス）

　イングリッシュ・エレクトリックがニュージーランド最初の電気機関車である本機5両を納入し、すぐに予定どおりの区間で使用が開始された。それは南島のクライストチャーチとグレイマウスを結ぶ1067mmゲージの急勾配線のうち、新しく電化されたアーサー峠～オティラ間の山頂区間であった。最急30‰の勾配で海抜737mにある8.5kmの単線トンネルに通風装置はなく、この線の蒸気運行は非常に困難だった。
　電機の牽引する列車の重量は上り勾配で127トン以下とされ、ウェスティングハウスの自動ブレーキと空気ブレーキ、機関車本体の手動ブレーキという3種類のブレーキを備えていた。車体の屋根には大きな前照灯が載っていた。中央にあるニュージーランド国鉄式のバッファーを兼ねた連結器は、急曲線を走る機関車によくあるとおり、車体台枠ではなくボギー台車に取り付けられていた。1942年からは3両が総括制御で運転され、1両が予備機となり、もう1両が修理に入っていた。本機は当時少し改造され、片運転台式となった。3連は山頂区間をまたぐシャトル運行で381トンの列車を牽引することができ、それを1968年に東芝製のEA型に置き換えられるまでずっと続

電気機関車と電車列車　1884～1945年

EO型の4両はクライストチャーチ（ニュージーランド）で1969年に解体された。E.03号は動態保存され、1998年に架線を撤去した電化線より長生きしている。

アーサー峠西側のオティラ駅で山を背景に、02号を先頭とするEO型3連が貨物列車を引いてくる。1957年6月には、これらの電気機関車はまだ11年も働き続けることになっていた。

1080/1180型　オーストリア連邦鉄道（ÖBB）

オーストリア：1924年

菱形のパンタグラフは今では標準となっている。機関車はこのように後部のパンタグラフから集電するのがふつうであるが、火花が心配な貨物を輸送する時など前部のパンタグラフを上げる列車もある。

を取り入れた）勾配線用、1570型と1670型は平坦線用だった。1080型は1924／25年製、出力を強化した1180型は1926／27年製で、どちらも蒸気機関車風の重い固定5軸のものがジーメンスの電気部品を付けてクラウスから納入された。

この古老機の中には1990年代の初めまで補機用や回送列車用に生き残ったものがあり、非同期電動機付きの近代型機1063型で置き換えられた。

形態：貨物用E機
動力：1080型は1020kW、1180型は1300kW
き電：16.67ヘルツの交流15kV
牽引力：1080型は189kN、1180型は197kN
最高運転速度：時速50km
重量：1080型は77t、1180型は80.5t
最大軸重：20t
全長：12.75m
ゲージ：1435mm

第一次世界大戦後の賠償の支払いとチェコスロヴァキアからの石炭輸入の途絶によるエネルギー不足にうながされて、オーストリア政府は1920年に主要幹線の電化を法制化した。最初の対象区間はフォアアールベルク地方であり、1925～27年にアールベルク鉄道の電化が地元で水力発電された電力を使って、インスブルック・ブルデンツ・ブレゲンツからブッヘン、ザンクトマルクレーテン、リンダウまでの路線について始められた。電気機関車は数種類あり、自国設計の1080型と1180型は貨物用、1089型と1189型は（スイスの設計

操車場で入換をする1080型。この低速だが信頼できる機関車はÖBBで70年ほども貨車の牽引にあたった経歴を持ち、もっと高速の各型式を上回っている。

395

第3部　電気機関車と電車列車

EP5型（バイエルンEP5型、E52型） ドイツ国鉄（DRG／DRB）

ドイツ：1924年

　EP5型電気機関車は、1924年にドイツ国鉄がバイエルンの電化線用に導入した。

　本機は車体に搭載した4基の主電動機が2基1組でジャック軸を駆動し、当時の機関車で多かった大形電動機1基のものに比べて小形軽量の電動機が使えるようになっていた。1400mm径の巨大な動輪の上には車両の全長に及ぶ箱形の車体が載り、その両端には運転台が置かれていた。

　マッファイとWASSEG（ジーメンス・シュッケルトとAEGの合弁会社）で製造され、35両の機関車がEP5 21 501～535号として納入されたが、1927年にE52 01～35号となった。第二次世界大戦後まで生き残ったのは28両で、DBの152型となった。

　152型という称号は後にDBカーゴの「ユーロスプリンター」機に再使用され、これは現在も運行されている。

形態：重量旅客用2BB2機
動力：1660kW
き電：16.67ヘルツの交流15kV
牽引力：78kN
最高運転速度：時速90km
重量：140t
最大軸重：19.6t
全長：17.21m
ゲージ：1435mm

Ae3/6型電気機関車　スイス連邦鉄道（SBB）

スイス：1924年

　中距離旅客列車用にスイス連邦鉄道は、Ae3/6型機関車群を購入することに決定した。これは固定台枠式の車体で、3つの動軸と一端にはボギー台車、他端にはポニー台車を持っていた。主電動機は機関車の車体に搭載されていた。Ae3/6型114両はみな退役しているが、1～2両は保存されている。大形のAe4/7型2D1機は、電動機と動輪を増やしてAe3/6型を発展させたものである。

形態：本線の客貨両用電気機関車
車輪配列：2C1
動力：架線からの16.67ヘルツ交流15kV、1560kWの車体搭載単相交流主電動機3基、ビュッフリ式たわみ駆動
牽引力：147kN
最高運転速度：時速110km
重量：94または96t
最大軸重：不明
全長：14.7m

各軸へ個別の駆動装置を見せるAe3/6型電気機関車。交流電動機はスリップリング付きであった。

電気機関車と電車列車　1884～1945年

1CC1機　チリ・トランスアンディノ鉄道（FCCT）　　　　　　　　　　　　　　　　　　　　　　　　　　チリ：1925年

　南アメリカのアンデス山脈は鉄道技術者にとって、アルプスやロッキーにまさる難関であった。チリの「トランスアンディノ」は、アルゼンチンのメンドーサからアコンガグア山麓のウスパラータ峠を越えてチリのロスアンデスを結ぶ254kmのメーターゲージ線として建設された。山頂のラクンブレ・トンネルは3186mの高さにあり、両側は80‰の勾配で、ラックレールを3列に並べたアプト式の線路となっていた。1927～82年まで、中央のこの急勾配区間76kmは電化されていた。電圧は直流3000Vだった。

　101～103号という3両の機関車が発注され、1両はSLM製、2両はブラウン・ボヴェリ製だった。連接式というより1C機を背中合わせに組み合わせたものであったが、他のスイス製機関車と設計も外観もよく似ていた。各ユニットには3基の主電動機があり、その1基はラック車輪用だった。それを駆動している時の牽引力は220kNであった。
　150トンまでの列車がラック区間を時速15kmで引き上げられた。線路は地滑り、出水、雪害を受けやすく、それを保護するための施設に投資する力はなかった。

　1934～44年まで巨大な氷河の流れ出しで、長い区間が休止となった。ブラウン・ボヴェリでは1961年さらに2両の出力を強化した機関車を納入しており、これはラック区間において時速30kmで列車を牽引することができた。1978年には運行が中止され、1982年には路線が廃止されたが、2001年には復旧計画が提案されている。

形態：粘着式とラック式の客貨両用機関車
動力：架線からの直流3000Vによる239kWの電動機4基がジャック軸で動軸を駆動、その他403kWの電動機2基がラック車輪を駆動
牽引力：98kN
最高運転速度：時速40km
総重量：85.5t
最大軸重：12t
全長：16.12m

161BE型1ABBA1機　パリ・リヨン地中海鉄道（PLM）　　　　　　　　　　　　　　　　　　　　　　　　フランス：1925年

　北イタリアのミラノやトリノからモダーヌ、シャンベリー経由でフランスの都市リヨンへと頻繁に列車の走る国際路線には急勾配が多く、パリ・リヨン地中海鉄道ではこの区間で800トンの列車を牽引する重量級電気機関車を求めていた。
　その当時、商業用電力を使うカンドーの先駆的な方式がハンガリーのほかドイツのヘレンタール鉄道でも試みられていたが、フランスの鉄道は直流1500Vの給電方式に固執していた。
　このPLM機は1791kWを出したが、1930年には1時間2985kWの出力を持ち800トンの列車を上り勾配において時速85kmで牽引するAE.2型2CC2機がその後継となった。

形態：2車体式重量貨物用機関車
動力：1791kWの電動機2基が各車体の3軸を吊掛式で駆動
牽引力：不明
最高運転速度：時速80km
総重量：122t
最大軸重：不明
全長：20.58m
製造者：MTE（パリ）、トムソン・ウストン（ベルフォール）、シュナイダー（ルクルーゾー）

EA-1型2C1機　グレイト・インディアン半島鉄道（GIPR）　　　　　　　　　　　　　　　　　　　　　　インド：1925年

　この1676mmゲージの鉄道網の部分電化は1922年に始まり、最初はボンベイ（ムンバイ）近郊の列車回数の多い路線が対象だったが、後にはボンベイ～プーナ～マンマッド間の本線に及んだ。き電方式として選ばれたのは架線からの直流1500Vだった。
　この本線用に発注されたのがこの型の機関車22両で、GIPRのコンサルタントであったマーツ＆マクレランの定めた仕様によっていた。1928年に原形1両が納入された。
　箱形車体には両端を結ぶ中央通路があり、車体本体は3つの部分に分かれていた。1軸の従輪側には真空ポンプ、空気溜、電動機と制御装置への送風機などの補機が収められていた。制御装置は中央部、通路の両側に置かれており、ボギー台車側には抵抗器、ユニット・スイッチ、その他若干の制御装置があった。
　各軸の上に2基1組で置かれた6基の電動機からの動力は、減速歯車によって車軸をかこむ中空軸に伝えられた。この軸と車軸との結合は線路の凹凸などによって車輪が動くのを吸収するように設計されていた。電動機は6基全部を直列で、3基ずつ直列にしたふたつの並列で、あるいは2基ずつ直列にした3つの並列で動かすことができた。界磁の強弱も3段階が選べるため、抵抗器によらなくても全部で9種類の経済的な速度が可能であった。
　動輪は大きく、直径1599mmもあって、たっぷりした砂箱から砂が空気の力で車輪に送られる。ふたつの動軸は台枠に固定され、もうひとつは1軸先台車と結合されたクラウス・ヘルムホルツ式ボギーとなっていた。各車輪とも内側軸受式であった。
　GIPRの黒色に赤い縁取りの均整のとれた機関車で、両端はゆるやかに丸みを帯び、前面窓の上にはひさしもあって、箱形機ではこれ以上ないというほどにハンサムだった。これが入ったことで長距離輸送は大変革され、インドにおける「高速」時代が到来したと言われる。実用試験では、EA-1型は約365トンの列車を牽引して平均時速96kmを楽に保った。時速137kmで運転することもできたが、最高時速は112kmに押さえられていた。ボンベイからペシャワールまで2496kmを走る「パンジャブ・メール」は、その南端の区間で大幅にスピードアップされた。
　1930年にはEA-1型の引く「デカン・クイーン」急行がボンベイからプーナまで192kmを2時間45分で走り始めて、それほどすばらしい速度とはいえないものの、海岸からデカン高原への長い勾配を27‰で上っていくボーア～ガッツという区間もある路線ではこれまでにない早さだった。
　同系の貨物機EF-1型とともに、本機は電気牽引をよく広告するものとなった。それにもかかわらず、インドでは1945年以後に至るまで、電化はほとんど行われなかった。GIPRは後にインド国鉄の中央鉄道となり、EA型はWCM1型となった。本機は長い間使われたが、2000年にデカン高原の路線が交流25kVに変わることになり、1999年には全機が最終的に退役した。2両が保存され、1両はデリーの国立鉄道博物館に、もう1両はムンバイのネルー科学センターにある。

形態：急行旅客用機関車
動力：直流1500V架線式のき電による750V用の268.6kW電動機6基が、時速63kmの連続で77.8kNの牽引力
牽引力：149.4kN
最高運転速度：時速120km
総重量：110.6t
最大軸重：20t
全長：16.294m
製造者：メトロポリタン・ヴィッカース（イギリス）

第3部　電気機関車と電車列車

D型1C1機　スウェーデン国鉄（SJ）　　　スウェーデン：1925年

　電気機関車を使う大部分の鉄道が車輪・車軸を直接駆動するようになった後でも、SJはずっとジャック軸とコネクティング・ロッドによる駆動を好んでいた。もっともSJは高速の鉄道ではなかった。基本となる客貨両用1C1機をいろいろ変化させたものが25年以上も製造された。最初のものは美しい大工仕事といえるニス塗りの木造車体が金属製の台枠に載っていた。蒸気機関車の運転台と同様、木造の外皮は冬の寒さからの絶縁を狙っていた。SJの路線では旅客列車でも区間貨物列車でも417両製造されたこの型がいちばんおなじみの光景であり、後年製造された中には現在でも残っているものが多い。分類としてはDg型とされている。

形態：客貨両用機関車
動力：16.67ヘルツ単相交流15kV架線式のき電による930kWの電動機2基、歯車、ジャック軸、コネクティング・ロッドで車輪を駆動
牽引力：154kN
最高運転速度：時速100km
総重量：75t
最大軸重：17t
全長：13m
製造者：ASJ（リンヒェーピング）、ムータラ工場、NOHAB（トロルヘッタン）

木造車体の244号が南スウェーデンの地方駅ボロースにいる。これは27年間製造されたD型の最初のものであった。他の国ではロッド伝動の使用を止めてしまっていたのに、SJは1970年代までそれを使い続けた。

Ge6/6型　レーティッシェ鉄道（RhB）　　　スイス：1925年

形態：本線の客貨両用電気機関車
車輪配列：CC
動力：16.67ヘルツ交流11kVの架線式、794kW、各ボギー台車に1基の単相交流電動機がジャック軸と側面のカップリング・ロッドで駆動
牽引力：172kN
最高運転速度：時速55km
重量：66t
最大軸重：不明
全長：13.3m
ゲージ：1000mm

　Ge6/6型「ベビー・クロコダイル」は、スイス東南部の一角にあるみごとなメーターゲージ鉄道での嬉しい名物だった。レーティッシェ鉄道は、クール、ラントクワルトなどの町が張り付いているライン川の谷底から高く上った山地の町々村々への生命線である。
　この鉄道の本線としては、クールからアルブラ峠とトンネルを通ってアルプス山中へよじ登り、有名なスキー・リゾートのサンモリッツに至るもの、クールからラントクワルトを経由してクロスタース、ダヴォス、フィリズールに至るループ線、西のディーゼンティス（そこでフルカ・オーベルアルプ鉄道とつながる）に至る線、そして美しいエンガディン渓谷に沿ってスクオール・タラスプに行く鉄道がある。この鉄道沿線の大部分の地域に住んでいる人たちは、スイスで4番目の（いちばん知られていない）言語であるロマニッシェ語を話している。
　レーティッシェ鉄道の本線上部は、高さをかせぐために渓谷をループ線やスパイラル線で抜け、数え切れない陸橋を渡る。この鉄道はラック式ではないので、重い列車を牽引するには強力な機関車が必要である。
　近年の列車運行は、ボギー客車を13両ほどつないだ急行列車のほか、下部だけを走る区間電車列車が少々、そして（ごく最近まで）エンガディンやサンモリッツへ冬に物資を運ぶ時に唯一の信頼できる手段であった貨物列車から成っ

電気機関車と電車列車　1884〜1945年

ている。クールの西南部には、ライン渓谷を走るクール－ライヘナウ・タミンズ線の複線の片方を何キロか3線式（標準ゲージとメーターゲージ）にした区間がある。標準ゲージの線路が終わった先はメーターゲージが続いており、レーティッシェ鉄道では標準ゲージの貨車を狭軌の輸送用貨車に載せてずっと離れた貨物側線まで届けている。現在では山の下部に掘られた新しいトンネルがラントクワルトからフィリズールに至るループ線とエンガディン渓谷とを結んでおり、ここには自動車を運ぶシャトル列車が運行されている。こうして鉄道の性格や輸送品目は大きく変わった。のろのろと動くロッド駆動式の機関車は、この近代化された鉄道での出番はない。

一時はレーティッシェ鉄道の狭軌線で15両もの連接式「ベビー・クロコダイル」電気機関車が働いていた。このGe6/6型で近年まで生き残ったものは5両あった。1925年に登場した本機は客貨両用の設計であったが、定期運行の終わり頃にはクール〜ザメダン間の区間貨物列車にあてられていた。本機は観光客や鉄道ファンに非常に人気があり、そうした特別仕業のために1〜2両が残されている。

Ge6/6型機関車は連接式の設計である。中央の機器室は前後に運転台がある。屋根には箱形のパンタグラフがふたつ載っている。中央部の両端は動力ボギー台車に載っており、各台車はノーズ部の下に大形の主電動機を置いた3軸連結のユニットである。機関車の電動機はジャック軸を駆動し、それが側面のカップリング・ロッドで車輪を駆動する。列車牽引用の中央連結器はボギー台車の端に取り付けられている。本機は茶色に塗装され、ステンレスの浮き出し文字による車両番号と「RhB」という文字が掲げられている。

レーティッシェ鉄道のGe6/6型「ベビー・クロコダイル」電気機関車は、急勾配の山岳地帯で重量牽引をするという問題に対して初期の理想的な回答であった。2基の大形電動機がジャック軸とサイドロッドで駆動していた。

EL3A型箱形機　ヴァージニアン鉄道　　アメリカ：1925年

ヴァージニアン鉄道はアパラチア山地の石炭を輸送する会社であり、世界最大で最重量級の蒸気機関車を走らせていたことで知られていた。1920年代の半ばにこの鉄道はマレンス〜ロアノーク（ヴァージニア州）間216kmの山越え本線を、ウェスティングハウスの交流11kV架線式で電化した。同社ではサイドロッド式の3車体マンモス機EL3A型を、ボールドウィン・ウェスティングハウスから12両購入した。巨大な主電動機がジャック軸とサイドロッドで動輪を駆動した。ヴァージニアン鉄道ではこの巨人機を1950年代まで運行し、もっと新しいイグナイトロン整流器付きの電機に交代した。

形態：サイドロッド式1BB1＋1BB1＋1BB1電機
動力：架線からの25ヘルツ交流11kV
出力：(時速44kmでの1時間) 5315kW
牽引力：(時速45kmでの連続) 420kN、(引出時) 1233kN
最高運転速度：時速61km
重量：583t
全長：46.406m
ゲージ：1435mm

第3部　電気機関車と電車列車

E.401型2BB2機　パリ・オルレアン鉄道(PO)　フランス：1926年

　この時代には、歴史的に蒸機設計の影響を受けたことと、各軸直接駆動の技術的な問題が未解決だったことから、電気機関車の下部構造はまだ蒸気機関車にそっくりのものが大部分だった。先輪またはボギー先台車があり、次に置かれた直径の大きい連結動輪が主電動機の力で回転するジャック軸からコネクティング・ロッドやカップリング・ロッドで駆動される。ロッド式はふつう簡単な仕掛けで、コネクティング・ロッドが主動輪のクランクに結ばれ、他の動輪にはカップリング・ロッドが動力を伝える。英国ノース・イースタン鉄道の1922年製2C2機〔394ページ参照〕のように一種のバネ入り駆動となっていても、動輪は急行用パシフィック機と同等の2032mm径であった。

　カルマン・コンドーの指導の下に、ブダペストのガンツ機関車工場は電気牽引の発展に主導的地位を占め、1922年には自家用の電化された特別試験線を建設した。1923年にパリ・オルレアン鉄道がパリ～ヴィエルソン間204kmの線路を電化しようとした時、電気機関車の能力を明らかにしようということも同社で始まった。それまで電化はほとんどが山岳線や短距離で頻発運転する近郊線、専用線に限られていたが、これは急行の走る長距離クロスカントリー路線である。ガンツはPOが試験する原形機関車3両のうち2両を納入した。き電は直流1500Vであり、カンドーがいちばん手慣れていた方式ではなかった。彼は交流方式（当初は3相式）の先駆者であった。

　E.401型はすばらしい外観の機関車であり、銀灰色の塗装がそれをいっそう引き立てていた。歩み板は端梁の位置より高く、ジャック軸をさけるように置かれていた。車体は中央にあって前後方向への運転席を備え、フードの上へV形にぐっと突き出していた。フードの両端は丸味を帯びた先細になっていた。各フードの上にはパンタグラフが置かれていた。内側台枠・内側軸受式のボギー従台車にはサードレールの集電靴の取付装置があった。これは建築限界からカテナリー式の架線が使えないパリ都市圏内のトンネル用のものだった。主電動機は出力を弱めてサードレールの直流600Vが使えるようになっていた。しかしこの機関車でいちばん目立つ点は、複雑なシステムのコネクティング・ロッドであった。2基の電動機がそれぞれ主台枠に取り付けられた2軸を駆動する。カンドーのロッド方式はジャック軸で外側の動軸を駆動する。しかし、機関車が動いている時にはつながった補助ロッド類の金具が複雑なダンスを見せる。この補助ロッド類は、1751mmの大動輪が下部の板バネによって上下動ができるようにするため必要だった。外観では賞賛され、POの職員から「ラ・ベル・オングロワーズ」（ハンガリー美人）と呼ばれたものの、本機は実用上信頼性に欠けていた。故障が頻発し、出力は3580kWと高速急行列車用に十分だったにもかかわらず、当初見込んだ旅客用から貨物用に移されて、1942年には退役した。

形態：急行旅客用機関車
動力：直流1500V架線式または直流600Vサードレール式のき電による主台枠搭載の895kW電動機4基が、コネクティング・ロッドで2組の2軸動輪を駆動
牽引力：176kN
最高運転速度：時速120km
総重量：131.7t
最大軸重：18t
全長：16.04m
製造者：ガンツ（ブダペスト）

1045型BB機　オーストリア連邦鉄道(ÖBB)　オーストリア：1926年

　これは汎用の4軸全粘着式電気機関車として、能力を高めながら長年製造が続けられたシリーズである。3つの基本型は戦前のオーストリア国鉄（ÖBB）において1170.0型、1170.1型、1170.2型として登場し、戦時中のドイツ支配下で1938年からはドイツ国鉄（DRB）のE45.0型、E45.1型、E45.2型となっていた。戦後のオーストリア国鉄（ÖBB）はこれを1045型、1145型、1245型とした。出力と最高速度がしだいに高められたのは、重量の増加に比例している。3つの型は1980年代の終わりや1990年代半ばまで残り、最後の1245型は1993～95年から1163型が入ったことにより置き換えられた。

形態：客貨両用BB機
動力：1140kW
き電：16.67ヘルツ交流15kV
牽引力：最高196kN
最高運転速度：時速60km
重量：61t
最大軸重：21t
全長：12.89m
ゲージ：1435mm

この写真では1045型のコンパクトな形が見える。本機は後年主として操車場での入換用に限られるようになったが、非常に重い貨物列車に3重連で働くところも見られた。

電気機関車と電車列車　1884〜1945年

Ae4/7型　スイス連邦鉄道(SBB)　　スイス：1926年

2D1というAe4/7型の車輪配列は珍しく、電機はたいてい前後対称式になっている。これは本機の重量配分が片寄っているため、こうした特別な形をとったものである。

荷物・郵便列車用に落とされ、本機はサンゴタールのような山岳路線を除いてスイス全土で運転された。ベルン機関区ではローザンヌ操車場からの重量貨物に1995年まで重連を使っていた。新しい460型の登場がAe4/7型の退役を招いた。最後のAe4/7型は1996年の秋に運行から外されたが、それまでに800万km以上の営業運転を達成していた。

この長生きした型は、車体に搭載した単相交流の整流子主電動機（ブラウン・ボヴェリまたはSAAS製）4基が4動軸を駆動する固定台枠式の設計である。ビュッフリ式駆動装置は左右対称ではなく、機関車の両側で外観が異なる。全部で127両のAe4/7型と、よく似た114両のAe3/6I型が製造された。動軸がひとつ少ない後者は平坦な地域の専用である。その後の全粘着式Re4/4型機関車で置き換えられるまで、計127両のAe4/7型は第一線の旅客列車をほとんど牽引して1960年代まで働き続けた。区間列車や

形態：旅客用2D1機
動力：2294kW
き電：16.67ヘルツ15kV
牽引力：196kN
最高運転速度：時速100km
重量：118または123t
最大軸重：18t
全長：16.76または17.1m
ゲージ：1435mm

E466型1D1機　チェコスロヴァキア国鉄(CSD)　　チェコスロヴァキア：1928年

プラハ中央駅からの路線が電化されたのは1928年で、蒸気牽引との接続点まで急行列車を引く旅客用機関車が必要になった。E466型3両はシュコダで製造され、同じ1D1車輪配列の2両はチェコのF.クリツィク技師とブラウン・ボヴェリの協力によりCKDでつくられた。E466型は2基1組の電動機が動輪周囲の中空軸に取り付けられた歯車を駆動し、ユニヴァーサル・リンクで車輪に結ばれているという頑丈な機関車だった。

形態：急行旅客用機関車
動力：16.67ヘルツの単相交流15kV
牽引力：不明
最高運転速度：時速110km
総重量：86t
最大軸重：17.5t
全長：14.5m
製造者：シュコダ（プルゼニ）

EF1型CC機　グレイト・インディアン半島鉄道(GIPR)　　インド：1928年

ヴィンテツールのSLMはインド最初の重量貨物用電気機関車であるこの1676mmゲージの機関車第1号を、スイス国鉄のゴッタルト線用に1918年から製造されていた有名なCe6/8型「クロコディル」や同じ工場でレーティッシェ鉄道向けに造られたGe6/6型を下敷きにして製造した。しかしインドでは、この機関車は「ケクダ」（蟹）と呼ばれた。本機は、外部のロッド類に頻繁に注油しなければならなかったものの、非常に信頼性が高く、丈夫なことが示された。計41両に及んだこの型の増備機は、マンチェスター（イギリス）のヴァルカン・ファウンドリーでメトロポリタン・ヴィッカースの電気部品を付けて製造された。連接式の設計で、主変圧器を載せた中央の車体部分は、前後の動力ボギー台車の上で回転するようになっていた。台車には架線電圧と同じ1500V用に造られた電動機のユニットがあった。台車部分のボンネットと中央の車体とはほとんど隙間がなく、手風琴式の蛇腹で結ばれていた。電空式制御装置には9段階の力行位置があり、英国のニューポート・シルドン製回生制動装置が設けられていた。

ボンベイから内陸部へ走る路線での重量貨物列車がEF1型の主な任務であり、それを30年以上も果たし続けた。インド国鉄ではWCG1型と改称され、主にカルヤット〜ロナヴラ間の急勾配での補機として使われた。1970年代の半ばには退役が始まったが、1992年にはまだこうした仕業にあてられているものがあった。

形態：重量貨物用機関車
動力：直流1500V架線式のき電による2基1組の485kW電動機4基がヘリカル歯車2組とジャック軸で前後の3軸ボギー台車を駆動
牽引力：135.5kN
最高運転速度：時速80km
総重量：138.3t
最大軸重：23t
製造者：SLM（ヴィンテツール）、ヴァルカン・ファウンドリー（マンチェスター）

第3部　電気機関車と電車列車

EA1/WCP1型　インド国鉄
インド：1928年

WCP1型（当初はEA1型）は、ボンベイからプーナやマンマード間で旅客列車を引くために製造された、インドで初めて実用に供される電気機関車だった。台枠に固定された動軸ふたつと左右動のできる1軸は、それぞれ主電動機で駆動されていた。SLMとメトロポリタン・ヴィッカースで製造され、早く退役している。

形態：2BA1機
動力：1656kW
き電：直流1500V
牽引力：(時速59.2kmで) 95kN
最高運転速度：時速136km
重量：100t
最大軸重：20t
全長：17.214m
ゲージ：1676mm

E432型1D1機　イタリア国鉄
イタリア：1928年

ブレダ製40両のE432型（001〜040号）は、イタリア西北部に1900kmも拡がるイタリア国鉄お好みの3相交流3300V路線で運用された。水抵抗器制御システムを持つ本機は、4つの各動軸に18トンがかかり、時速100kmまで4段階の速度が選択できた。

形態：3相交流1D1電機
動力：2200kW
き電：複線架空式の16.67ヘルツ3相交流3300V
牽引力：161kN
最高運転速度：時速100km
重量：94t
最大軸重：18t
全長：13.910m
ゲージ：1435mm

E432.029号が1947年9月18日、アレッサンドリア機関区の給水タワーのそばに立つ。

EC型　ニュージーランド国鉄（NZR）
ニュージーランド：1929年

NZRのEC型6両はクライストチャーチ〜リッテルトン間電化のために、イングリッシュ・エレクトリックのディック・カー工場で1929年に製造された。これはヒースコート・トンネルの煙害緩和を目指したものだった。EC7号からEC12号まではこの区間専用とされ、1970年にディーゼル運転に切り替えられた。

形態：BB機
動力：885kW
き電：直流1500V
牽引力：112kN
最高運転速度：時速85km
重量：50.8t
最大軸重：12.5t
全長：12m
ゲージ：1067mm

HGe4/4型Bvz機　スイス連邦鉄道（SBB）
スイス：1929年

ローヌ川渓谷のブリークやヴィスプとマッターホルン山近くのツェルマットを結ぶラックと粘着式の鉄道では、6両の電気機関車をはるか昔の1929年に購入し、それが時々、繁忙期などにはまだ使われている。

HGe4/4型は一見したところレーティッシュ鉄道の「クロコディル」に似ているが、実際はBBという車輪配列である。中央には大形の車体があり、前後にはノーズ部分が突き出している。

形態：客貨両用のラックおよび粘着式電気機関車
車輪配列：BB
動力：架線からの16.67ヘルツ交流11kV、735kW の単相交流主電動機
牽引力：不明
最高運転速度：粘着区間で時速45km、ラック区間で時速25km
重量：47t
最大軸重：不明
全長：不明
ゲージ：1000mm

電気機関車と電車列車 1884〜1945年

P5型　ペンシルヴェニア鉄道(PRR)　　アメリカ：1930年

ペンシルヴェニア鉄道（PRR）では1920年代に、ニューヨークとワシントンDCを結ぶ列車回数の多い複々線の本線を電化し始めた。PRRは自家製の機関車設計で知られており、この区間の列車のために電機群の製造を開始した。P5型は2C2という車輪配列の箱形であり、いわばK4型パシフィック機の電機版だった。P5型は高速旅客列車用の予定だったが、横揺れがひどくて軸受けに亀裂が生じたため、PRRでは本機を貨物用に回した。

形態：客貨両用2C2電機
動力：架線からの25ヘルツ交流11.5kV
出力：2794kW
牽引力：(引出時) 254kN
最高運転速度：当初は時速144kmを目標、のち時速112kmに制限
重量：178t
全長：19.101m
最大軸重：35t
ゲージ：1435mm

1082型1E1機　オーストリア連邦鉄道(ÖBB)　　オーストリア：1931年

あらゆる電気機関車の中で、本機は（ボイラーの附属品の代わりにパンタグラフが載った姿で）タンク式の蒸気機関車にいちばん似通ったものだった。ある機関車史の専門家はこれを、「ヨーロッパに存在した電気機関車のうちでもっとも興味深いもの」と述べている。本機は10年以上ちゃんと走り続けたが、ほかの面白い設計と同じく一匹狼に終わった。その装置でいちばん目立つのは回転変流機であった。回転部分はボイラー大の大きな筒形ドラムに収められ、交流発電機は火室のところにあって、その後が運転台だった。5つの動軸はカップリングロッドで結ばれていたが、蒸気の内側シリンダーと同様、その動きは見えなかった。1080型貨物用E機と同じように、吊掛式の電動機3基が中央の3動軸を駆動していた。ÖBBでは電化線に、16.67ヘルツの単相交流15kVを選んでいた。1082型機関車は変圧器で電圧を下げ、回転変流機でそれを3相交流に変えた。それがさらに直流に変えられ、直流の主電動機3基に送られた。電動機は直列と並列で運転することができた。この機関車は綿密な試験の期間中よい成績をあげたと伝えられたが、1941年には退役して解体された。

形態：重量貨物用機関車
動力：16.67ヘルツ単相交流15kV架線式のき電による507.3kWの吊掛式電動機3基
牽引力：不明
最高運転速度：時速50km
総重量：不明
最大軸重：不明
全長：不明
製造者：ウィーン機関車製造所、ジーメンス・シュッケルト

V40型　ハンガリー国鉄(MÁV)　　ハンガリー：1931年

形態：本線の旅客用電気機関車
車輪配列：1D1
動力：架線からの50ヘルツ交流16kV、1620kW、車体に搭載の3相交流主電動機1基からカンドー式ロッド伝動でサイド・カップリングロッドへ
牽引力：166kN
最高運転速度：時速100km
重量：94t
最大軸重：18.5t
全長：13.83m
ゲージ：1435mm

ハンガリーの技術者は技術的革新を素早く取り入れた。1930年代の初めに、MÁVでは16kV50ヘルツの商用電圧・周波数で電化を行っていたが、この周波数は1950年代にフランスが（25kVで）実用化するまで他の鉄道では使われなかった。カンドー技師は回数式変換機を開発し、それがき電された電流を1000V3相交流に変えた。電動機の電極の組み合わせをつなぎ変えることによって、機関車の速度は電気の周波数に応じ時速25、50、75、100kmに固定することができた。電動機は機関車の車体に固定され、両端のクランクピンでジャックシャフトを駆動した。それがコネクティング・ロッドを駆動し、それがさらにサイド・カップリング・ロッドにカンドーの特許による三角形の装置で結ばれていて、バネが上下動できるようになっていた。このシステムはうまく作動し、29両の機関車がブダペスト〜ヘイジェシャロム間の路線に使われた。現在MÁVでは25kVで電化されている。

V40型は、商用周波数による本線用の単相交流電気機関車として世界最初のものであった。少なくとも2両が保存されている。

EP3型　ニューヘイヴン鉄道　　アメリカ：1931年

ゼネラル・エレクトリックはニューヘイヴン鉄道のため、1931年に車輪配列2CC2の箱形電機を10両製造した。EP3型と名付けられたこの電機は、ニューヘイヴン（コネティカット州）からニューヨークのグランドセントラルとペンステーション（後者とはニューヨークのヘルゲイト橋を渡る線で結ばれている）の両ターミナルへ向かう電化・複々線化された同社の本線で、長距離や近郊の旅客列車の牽引に常時使われた。またダンバリー（コネティカット州）への線などの電化された支線でも使われることになった。1938年にGEは、機構的には似ているが両端を流線形の車体にしたEP4型電機6両を製造した。

ニューヘイヴンのEP3型電機がグランドセントラルから出るニューヨーク・セントラル線にあるモットヘイヴン操車場を通っていく。この電機はサードレール区間も架線区間も走った。

第3部　電気機関車と電車列車

造した。第二次世界大戦の戦時中にGEとウェスティングハウスは、EF3型と称する流線形貨物用電機10両の追加発注を分け合った。大部分は1950年代後半に新しいEMDのFL9型で置き換えられた。

スタムフォード（コネティカット州）でのニューヘイヴン鉄道の箱形電機EP3型。この機関車の特徴は台枠の両端が車体より外側に延びて、ボギー台車が出入台の下にかかっていることである。

形態：旅客用2CC2電機
動力：架線からの25ヘルツ交流11kVまたはサードレールからの直流660V
牽引力：（引出時）304kN
最高運転速度：時速128km、1両は時速192kmの試験用に改造
重量：約183t
全長：入手不能
最大軸重：21t
ゲージ：1435mm

5BEL型プルマン電車列車　サザン鉄道(SR)　　イギリス：1932年

形態：5両編成プルマン電車列車
動力：サードレールからの直流660V、168kWのBTH吊掛式主電動機4基を持つ電動車2両、抵抗制御
牽引力：不明
最高運転速度：時速120km
重量：車両により40ないし63t
最大軸重：不明
全長：各車20.115m
ゲージ：1435mm

イギリスのサザン鉄道（SR）は、南海岸一帯やロンドン南郊でのサードレール式直流電化の発展に意欲的だった。同社最初の主な本線電化はロンドンのヴィクトリア駅、ロンドンブリッジ駅とブライトンの間であり、それに続いて南岸沿いにイーストボーン、ヘースティングス、リットルハンプトン、ボグノー、ポーツマスへと延長されていった。これらの路線のためにSRは自社のランシングとイーストレー工場で、乗り心地の良い側廊下式電車列車を製造した（一部は外注された）。目玉となるのはブライトンへの1時間ごと（「時速0分発」）の急行列車に使われる6両編成だった。両端に強力な電動機を4基ずつ備えた電動車があり、かなり勾配の多いこの路線で時速120kmを出すことができた。混雑時の列車はこの編成を2組つないで12両編成の列車となる。一方の編成にはスナックを提供する厨房車があった。もう一方は首都へ向かう時には朝食を、帰宅する時にはハイティー（軽食）を望む裕福なお客のためにプルマン車を連結していた。

蒸機牽引で朝夕運転されていた「サザン・ベル」（南の美人）というプルマン列車に代わる5両のオール・プルマン電車列車が3本、メトロポリタン・キャメルに発注された。その2本が朝の上りにあてられ、日中にブライトンへ戻る1本と、夕方の混雑時に戻ってくる1本とがあった。3本目は予備で、保守や修理の際に代役をつとめる。

1934年にこの列車は「ブライトン・ベル」と名付けられた。車両は1等と3等のプルマン車の混成であり、通常の運賃のほかにプルマン料金が必要で、どの座席にも食事やスナックが運ばれてきた。1等は中央通路の両側に1人用の座席がある豪華なもの、一方3等の座席は1+2の配置だった。ブライトンへの本線を時速走る列車と同様、5BEL編成は両端に電動車があり、それぞれ168kWの吊掛式主電動機2基を載せた動力ボギー台車をふたつ持っていた。速度の制御は運転台の制御器からリレーの作用でカムを動かす抵抗制御によって行われた。加速が続けば抵抗はひとつずつ少なくなって、やがて全電圧が主電動機にかかるようになる。

この列車の塗装は当初プルマンカー社のもので、鉄道とは別のこの会社はブライトンを出たところの3角線にあるプレストン・パークに自前の車庫と工場を持っていた。車両は茶褐色、窓周りクリーム色でふんだんに金線が入り、プルマンの紋章が運転台の窓下と車体側面の両端に掲げられていた。

1932年当時の本線用車両が1963年以後英国鉄道の新しい4CIG型や4BIG型で置き換えられても、5BEL編成は運行を続けた。プルマン列車の人気は地元名士やマスコミで高く、BRは運転を継続するしかな

電気機関車と電車列車　1884〜1945年

かった。1969年にBRがこの列車をオーバーホールして青と灰色に白線を入れたものに塗り直したところ、ブライトンへの他の列車を全部まかなっている新しい車両より古めかしく見えるようになった。こうして1972年には5BELをうまく退役させ、プルマン列車をなくすことができた。

ブライトン・ベル列車が海岸を目指す。褐色とクリームというプルマンカー会社の塗装で、幅広の紋章はBRの青と灰色になる前の時代の終わり頃に使われたものである。

VL19型CC機　ソヴィエト国鉄

ソヴィエト連邦：1932年

電化に関してロシアは早くから手がけていたが、先駆者のロモノソフが1926年に同国を去ってアメリカの鉄道界に移ったため、ソヴィエト国鉄は電機牽引を大々的に取り上げるのが遅れた。両大戦間には政治的な干渉と生産能力の不足がその発展を妨げた。事実、電気機関車専用の工場が作られたのは1947年になってからのことであった。最初の本線電化計画は、1928年に着手されて1932年に完成したカフカス山脈横断線のスラム峠越え（30‰の急勾配がある）であった。

その完成を前にして8両の電気機関車がアメリカのゼネラル・エレクトリックに（S型）、7両がスイスのブラウン・ボヴェリに（Si型）発注され、モスクワのディナモ工場ではGEの設計によりSs型という電動機の製造を始めた。どの機関車もCCの車輪配列だった。

スラム峠の電化は成功し、VL（ウラジミール・レーニン）19型が標準機とされることになった。その軸重19トンというのは、軌道改良や動力供給システムの新設なしに可能な最大と考えられた。最初の機関車は1932年11月にディナモ工場で完成した。1933年からさらに約145両が製造され、1938年にはより大形のVL22型に移行した。時速2071kWの出力を持つ抵抗制御式であり、GEやスイス製機関車のような回生制動は問題があったために採用されなかった。連結器は車体台枠ではなくボギー台車に取り付けられ、両端運転台の前には手摺の付いた出入台があった。

VL19型は1935年から新しく電化されたドネツ線で運行を開始し、2540トンもの列車を時速50〜60kmで牽引した。電気機関車6両の作業量はE型蒸気機関車の35ないし40両に代わるものだと言われたが、これはちょっと誇大宣伝であろう。最初のソ連製電気機関車VL19.01号はカシューリで保存されている。

形態：客貨両用機関車
動力：直流3000V架線式のき電による（GE設計の）340kWの主電動機6基
牽引力：245kN
最高運転速度：時速75km
総重量：120t
最大軸重：19t
全長：不明
製造者：ディナモ工場（モスクワ）

第3部　電気機関車と電車列車

Ee3/3型　スイス連邦鉄道（SBB）　　　　スイス：1932年

かつては鉄道網のどこでも見られたEe3/3型入換機は、長期間にわたり各種の速度や出力で製造され、今でも100両以上がスイス連邦鉄道で運行されている。

　この電気式入換機はかつてSBB路線のどこでも見ることができた。1928年に設計され、整流子電動機1基からジャック軸とコネクティング・ロッドで3動軸が結ばれた全粘着式マシンである。初期のものは両端に運転台と操車掛用の台があったが、後年のものはこのように中央運転台式となっている。製造は1932～66年に及び、年代により重量や性能はさまざまである。

形態：C入換機
動力：428～502kW
き電：16.67ヘルツ交流15kV
牽引力：88～118kN
最高運転速度：時速40～50km
重量：39～45t
最大軸重：13～15t
全長：9.51～9.75m
ゲージ：1435mm

2D2　5500型　エタ鉄道（ETAT）　　　　フランス：1933年

形態：重量旅客用2D2機
動力：2888kW
き電：直流1500V
牽引力：（時速49.6kmで）127kN
最高運転速度：時速120km
重量：141t
最大軸重：18t
全長：17.8m
ゲージ：1435mm

　2D2　5500型「ビッグ・ノーズ」は、フランスの各種2D2機のうちでもいちばん信頼性の高いものであった。1933年にパリ・オルレアン鉄道（PO）が2両の原形に続いて導入し、量産機E503～E537号（のちのSNCF2D2　5503～5537号）はBBCとCEMの電気部品を使ってフィーヴ・リールで製造された。これらは最初、POの直流1500V路線で急行旅客列車に使用された。

　スタイルの違う2型式（POのE538～545号とSNCFの2D2　5546～5550号）は第二次世界大戦による中断の前に出現し、戦後は全体として同じ機構と車輪配列の2D2　9100型へと発展した。2D2　5500型は50年近くも運行されたが、他の

1959年9月に2D2　5505号が、フランス西部トゥールの電気機関車区（蒸機用の古い扇形庫の隣に建てられた）の点検用ピットの上にいる。

406

電気機関車と電車列車　1884～1945年

2D2機はこれほどたくましくなくて、20年も持ったかどうかだった。
　1960年からはトゥールーズ機関区に集められて荷物列車や貨物用といった下働きにあてられ、1977年から退役していった。最後の本機は1980年の終わりまで生き残っていた。2D2 5518号はミュールーズの国立鉄道博物館にあり、5525号は個人で保存されている。

この写真の光景はトゥール駅で、空気抵抗を少なくするよう端面を改造された5545号が1960年10月1日にパリ行き急行を引き発車を待っている。

E04型1C1機　ドイツ国鉄（DRB）　　　　　　　　　　　　　　　　ドイツ：1933年

　E04型はAEGが1933年、平坦なザクセン地方のために製造したもので、動軸3つを持っていた。最初8両の本機は最高時速110kmであったが、次の15両は歯車比を変えて牽引力を減らす代わりに速度を上げ、130kmとしていた。最後の2両、E04 22と23号は旅客列車を推進運転するプッシュプル装置を初めて備えていた。

形態：快速旅客用1C1機
動力：2010kW
き電：16.67ヘルツ交流15kV
牽引力：83または63kN
最高運転速度：時速110または130km
重量：92t
最大軸重：20.5t
全長：15.12m
ゲージ：1435mm

E428型2BB2機　イタリア国鉄（FS）　　　　　　　　　　　　　　　イタリア1934年

形態：快速旅客用2BB2機
動力：2800kW
き電：直流3000V
牽引力：93～113kN
最高運転速度：時速100km
重量：E428 001～096号131t、E428 097～241号135t
最大軸重：18t
全長：19m
ゲージ：1435mm

　1930年代から、急速に拡大していくイタリア国鉄の直流3000V路線のためにブレダ、アンサルド、TIBB（イタリアのブラウン・ボヴェリ）、フィアット、レッジアーネはこの急行旅客用機関車を241両納入した。下部の連接式台枠はふたつに分かれ、一体の車体を支えていた。この型には外観の異なるものがいくつかあった。E428 096号までの機関車は小さな四角いノーズを持った箱形であったが、後のものは傾けたり曲線を持たせたりした半流線形のデザインであった。台枠に搭載された直流電動機8基が2基1組で4つの動軸を駆動していた。歯車比には3種類あり、時速72kmで113kNを最低として、時速78kmで103kN、そして最高は時速88kmで93kNという牽引力が選べた。違う歯車比を選べることは当時のイタリアにおける電気機関車開発の特徴で、仕業に応じて牽引力を上げるために速度を下げることができた。本機の一部は最初最高時速150kmであったが、後には100kmに落とされた。

文字どおり車のついた箱といった感じの動態保存機E428.014号が、2001年5月7日イタリアのピストリア機関区にいるのが見える。

407

第3部　電気機関車と電車列車

GG1型　ペンシルヴェニア鉄道（PRR）

アメリカ：1934年

一線級の列車を牽引して長寿を保ち、クラシックな姿態のペンシルヴェニア鉄道GG1型は、アメリカの機関車の中でもいちばんよく知られたものに数えられる。PRRはアメリカにおける電気牽引の先駆者に属する。ニューヨークのペンシルヴェニア駅の建設によって、ハドソン川・イースト川の下のトンネルを通るサードレール式直流600Vの電化が必要になった。PRRはフィラデルフィアの近郊列車も電化したが、サードレールではなく25ヘルツ交流11kVを使う高圧架線式を選択した。同社ではこの電化方式が今後の方向であると決定し、ニューヨーク～フィラデルフィア～ワシントンDC間の本線全部を電化するという野心的な計画を1928年に明らかにした。当時ここは北アメリカでもいちばん列車回数の多い本線に数えられており、貨物輸送も旅客輸送も抜群に賑わっていた。

電化計画に合わせてPRRでは、その蒸気機関車のうちもっとも成功したものに基づく箱形電気機関車を数型式開発した。P5型電機が2C2の車輪配列を使ったのは有名なK4型パシフィック機にならったものであり、重量旅客列車用を狙っていた。2B2のO1型は軽量旅客用の設計であり、同社の同じ車輪配列のL1型ミカドにならった1D1のL6型は貨物用の主力電機とされた。

しかしP5型に重大な問題が発生し、この型は高速旅客用に不適当だということになって、PRRの機関車計画は頓挫してしまった。問題にはひどい横揺れと車軸の亀裂もあったが、PRRではP5型が力不足で、最重量級の旅客列車の牽引には重連しなければならないことに気付かされた。P5型の前面運転台がつぶされた衝突から、同社では運転台をもっと後方に下げなければならなかった。

代わりの電機群の製造に取りかかる前に、PRRでは各種の車輪配列の中から高速列車用に最適のものを選び出す試験を行った。同社では2CC2という車輪配列のニューヘイヴン鉄道EP3型電機を借り入れ、1934年には中央運転台式で流

ペンシルヴェニア鉄道のGG1型4800号の拡大写真で、この鉄道のマークであるキーストーン（ペンシルヴェニア州のシンボルでもある）を示している。

1950年代にPRRはGG1型に、レイモンド・ローウィがデザインした5本線の「猫ひげ」の代わりに、太線1本の簡単な塗装をするようになった。

408

電気機関車と電車列車　1884～1945年

線形の原形機2両を製造した。ひとつは2D2形蒸気機関車にならった同じ車輪配列のもので、R1型と名付けられた。もうひとつはニューヘイヴンのEP3型の模作でGG1型と称された。詳しい試験を重ねた結果、PRRではGG1型を選ぶことにし、次の10年間に139両をそろえた。その花形電機の外観を向上させるため

いまストラスバーグ（ペンシルヴェニア州）で展示されているGG1型4800号は原形であり、4910号（左ページ）はローウィが手がけたスタイル変更を示している。

PRRのGG1型4800号はこの型の最初であり、量産機のような溶接ではなくリヴェット止めの外板を使っていたため、「リヴェット爺さん」というあだ名が付いた。

にPRRはインダストリアル・デザイナーのレイモンド・ローウィを雇い、彼は機関車の外側に付いていたものをスッキリさせ、有名な「猫ひげ」という5本線の塗装を考案し、もっとも重要なことに、それまでのリヴェット式ではなく溶接の車体を提案した。1930～50年代まで、GG1型の標準塗装は同社のブランズウィック・グリーン（写真では黒に写るほど非常に濃い緑色）に金色のピンストライプ、そして社紋のキーストーンの深紅色だった。GG1型の製造にはPRRのアルトゥーナ工場（ペンシルヴェニア州）やボールドウィン、ゼネラル・エレクトリックが当たった。当初のGG1型は旅客列車専用の機関車であった。時速161kmでの運転のために24：77の歯車比と1448mmの動輪を備え、18両編成の旅客列車を引いて簡単に加速し、最高速度に達することができた。動力は287kWの主電動機12基が各動軸に2基ずつあり、本機の連続出力は3447kWであった。短時間の急加速であれば、GG1型はもっと力を出すこともできた。後年、一部の本機は歯車比を変えて貨物用となった。

　1968年のペンシルヴェニアとニューヨーク・セントラルの合併後も、GG1型群は旅客用電機の主軸として働き続けた。1969年にはニューヘイヴン鉄道もペン・セントラルに統合された。その後のペン・セントラルの経営破綻が全国の旅客列車運行にあたるアムトラックを誕生させ、アムトラックでは北東回廊の列車用に旧PRRのGG1型群をかなり手に入れた。最後のGG1型はニュージャージー・トランジットが運行していて、1983年10月に最終運転が行われた。

形態：高速の客貨両用電機
動力：25ヘルツの交流11.5kV
出力：3442～3680kW
牽引力：（24：77の歯車比での引出時）314～333kN（重量により相違）
最高運転速度：時速161km
重量：208.6～216.3t
全長：24.232m
最大軸重：22.9t
ゲージ：1435mm

第3部　　電気機関車と電車列車

E18型1D1機　ドイツ国鉄(DRB)　　　　　　　　　　　　　　　　　　　　　　　　　　　　ドイツ：1935年

1969年5月にフランクフルト・アム・マイン中央駅でのE18.050号。半流線形の前頭は、ほぼ同時代のイタリア国鉄E428と好対照である。この型は1937年のパリ万国博覧会で金賞を得た。

　1930年代の初めまでにドイツでは、似たような15kVの電化区間が別々の3地域にできていた。バイエルンや南ドイツのミュンヘン、シュトゥットガルト周辺、ザクセンのライプツィッヒ、ハレ周辺、シュレジエンのブレスラウ（現在ポーランドのヴロツワフ）周辺である。1933年には、バイエルンとザクセンの路線をミュンヘン～ライプツィッヒ間の直通電化線で結ぶことが計画された。時速150kmの速度がE04型を使った試験の成功に基づいて採用された。新造のE18型にも電動機、伝動装置、動輪は同様なものが使われることになった。原形が発注され、1935年5月に1号機がAEGから納入された。E18.01号は翌月から高速試験に供され、ミュンヘン～シュトゥットガルト間で求められた性能をすべて満たし、ミュンヘン～アウクスブルク間では時速165kmの速度を達成した。DRBでは本機の量産を指示し、軍需生産優先に転換する際に

E18.053号までが製造中となっていた。
　この機関車のうち1936年に納入されたシリーズは、ミュンヘンからシュトゥットガルト、ニュールンベルク、レーゲンスブルクまでの間で運転された。他の8両はブレスラウ～ゲルリッツ間の路線で使われた。1942年11月には、ミュンヘン～ライプツィッヒ間で直通運転ができるように電化工事の完成をみた。もっともバイエルンとザクセンの路線では架線やパンタグラフに違いがあるため、いくらか問題もあった。ザクセンの架線は左右500mmのジグザグに張られ、パンタグラフの頂部は幅2100mmだった。バイエルンではジグザグが左右400mmであり、そこを基地とするE18型のパンタグラフ頂部は幅1950mmだった。後者の幅は1938年にドイツがオーストリアを併合して、DRBがÖBBを統合したことから起こったことであった。オーストリアではパンタグラフ頂部の

幅が狭かったため、バイエルンの機関車は直通運転用に当初の幅を狭くしていた。戦時中のため、規格の統一は進まなかった。1939年以前に存在したE18型計53両のうち、1945年には6両が敵によって完全に破壊され、6両がソ連占領地域に残り、2両がオーストリアに、39両が西側の連合国占領地域にあった。西ドイツ機もその約半分は大破しており、それを可動状態に戻すには大修理が必要だった。
　1954～55年にはAEGとクルップで2両のE18型が、開戦時に発注が取り消されたものの残りの部品を使って新造された。1977年にはDB（ドイツ連邦鉄道）で現役の本機は33両となっており、以後は全般修繕を行わないことにして、やがてすべて退役した。東ドイツでは5両の機関車がソ連によって戦利品として運び去られ、北極圏のウォルクタでの15kV電化計画にあてられた。しかしこれは実現せず、機関車は1952年に東ドイツへ返された。

DR（東ドイツ国鉄）では1955年に電気運転を再開した後、廃車のE17型からの回収部品を使ってE18型2両を現役として使うため改造した。1967年にDRでは時速180kmの運転を試験し、新しい車輪と中空の駆動軸を付けて歯車比を変更した。E18.19号とE18.31号はその後も可動機としてライプツィッヒに残り、E18.31号は早くから博物館用に指定されていた。オーストリアの2両はÖBBの1118型となり、この他に自国製の1018型8両があった。これらはドイツのものより数年長生きした。

形態：急行旅客用1D1機
動力：2840kW
き電：16.67ヘルツ交流15kV
牽引力：84kN
最高運転速度：時速150km
重量：108.5t
最大軸重：19.6t
全長：16.92m
ゲージ：1435mm

410

電気機関車と電車列車　1884〜1945年

E19型1D1機　ドイツ国鉄（DRB）　　　　　　　　　　　　　　　　　　　　　　ドイツ：1935年

　E19型は、基本的にはE18型に似た構造の高速用である。E19.01号とE19.02号は、1939年にAEGでシングル電機子式の電動機4基と20段の制御装置を備えて製造された。E19.11号とE19.12号はジーメンス製で、ダブル（串形）電機子式の電動機4基と15段の制御装置を持っていた。E19型1両はニュールンベルクで、かぎ十字マークが付いたまま保存されている。

形態：急行旅客用1D1機
動力：3720kW
き電：16.67ヘルツ交流15kV
牽引力：77kN
最高運転速度：時速180km
重量：113t
最大軸重：20.2t
全長：16.92m
ゲージ：1435mm

RAe2/4型電車「ローテ・プファイル」　スイス連邦鉄道（SBB）　　　　　　　　スイス：1935年

形態：単行用電車
動力：16.67ヘルツ15kV架線式のき電による200kWの電動機2基が外側軸を駆動
牽引力：25kN
最高運転速度：時速125km
総重量：不明
最大軸重：不明
全長：不明
製造者：不明

　「ローテ・プファイル」（赤い矢）は単行用のボギー電車で、両端の運転台の前には丸っこいボンネットが突き出ており、電車よりもディーゼル車のように見える。6両が製造され、RCm2/4型からの改造車2両もあった。モノクラスの設備を持つ旅客定員60人で、速度をできるだけ上げるため、座席の枠を鋼管製とし広窓にした軽量設計であった。そのほかの新装備には自動ドアがあった。新造当時はSBBを走る最速の車両であり、運転士を背の高い制御器のそばに立たせるのではなく座席を設けたというのもこの鉄道では最初だった。山岳や湖沼のリゾートへ行く標準ゲージ線で自家用車やバスと競争するために製造され、そうした点では大成功だった。事実、最大の問題はこれを利用したい人たちの多さに比べて輸送力が小さすぎ、付随車1両を牽引する力もないことだった。このため1936年には、大形の快速電車RCe2/4型が製造されることになった。第二次世界大戦後「赤い矢」は、定期列車よりも主に貸切用や特別列車に使われた。1両がルツェルンの交通博物館に保存されている。

保存された「ローテ・プファイル」の車両は、当時としては一種の流線形であっただろうが、バッファーや直立した四角い前面窓から、後年の旅客車に比べてずっとゴツい感じがする。

5400型2D2機　エタ鉄道（ETAT）　　　　　　　　　　　　　　　　　　　　　　フランス：1937年

　フランスの鉄道（すぐにSNCFとなる）向けに製造された2D2機は105両あったが、いちばん成功したのは22両のこの型だった。これにはスイスのブラウン・ボヴェリが開発したビュッフリ式伝動装置が使われていた。各軸駆動用の設計で、テンション・バーとユニヴァーサル・ジョイントにより電動機からの動力伝達を妨げずに車輪が上下左右に動けるようになっていた。時速96.5kmで3694kWを出し、重量急行列車を引いて長年働き続けた。実際、1960年代にもこの型の機関車はルマン〜パリ間の路線でまだ急行用に使われていた。

パリ・オルレアン鉄道（PO）は2D2機をフランスで最初に使用し、エタ（国有）鉄道の機関車はPOの1932年製をほとんどそのまま引き写していた。両機とも1938年からSNCFに統合されて5400型となった。

形態：急行旅客用機関車
動力：架線からの直流1500Vによる3780kW
牽引力：225.5kN
最高運転速度：時速130km
総重量：130t
最大軸重：18t
全長：17.780m
製造者：フィーヴ・リール・カイル、電気部品エレクトロ・メカニック社

411

第3部　電気機関車と電車列車

SR 4COR型　サザン鉄道（SR）
イギリス：1937年

　1937年に行われたロンドンのウォータールー駅からポーツマスへの路線の電化に当たり、サザン鉄道では運転台に至るまで貫通路付きの4両編成急行用電車列車群を発注した。計87本が製造され、ロンドンのヴィクトリア駅からリトルハンプトンやボグノーへの列車にもあてられた。サザン鉄道の緑色、後にはBRの青色に塗られ、1972年までに退役した。

形態：急行用4両編成電車列車
動力：サードレールからの直流660V、2両の電動車にそれぞれイングリッシュ・エレクトリックの168kW吊掛式直流主電動機2基、抵抗制御
牽引力：不明
最高運転速度：時速120km
重量：車両ごとに33〜47t
最大軸重：不明
全長：19.355m

4COR型＋4RES型＋4COR型の12両編成が南海岸を目指す。運転台の窓が片方しかないことの印象から、こうした編成には「ネルソン」というあだ名が付いた。

1018型1D1型機　オーストリア連邦鉄道（ÖBB）
オーストリア：1939年

　1018型はドイツのオーストリア占領時、ドイツ国鉄のE18型201〜208号として製造された。この8両はフロリズドルフ（ウィーン）で造られ、戦後オーストリアに返還されてÖBBで長距離の急行旅客列車に使われた。ドイツへ乗り入れるものもあり、E18型と共に使用された。1970年代には1118型（1990年代の初めまでリンツを基地に使用）と同様、運転台が改良された。

新式運転台を持つ1018 002-4号がウィーンからの列車を引いてリンツ駅に立つ。

形態：急行旅客用1D1機
動力：2840kW
き電：16.67ヘルツ交流15kV
牽引力：（引出時）196kN
最高運転速度：時速130km
重量：110t
最大軸重：19.6t
全長：16.92m
軌間：1435mm

412

電気機関車と電車列車　1884〜1945年

ETR200型　イタリア国鉄（FS）
イタリア：1939年

　1913年にイタリア国鉄（FS）は、当初のピストリア経由で24kmあった22‰勾配の曲がりくねった路線に代えて、イタリアの脊梁山脈を貫くフィレンツェ〜ボローニャ間の新線建設を開始した。これはミラノとローマを結ぶイタリアの最重要幹線の一部であったため、その速度向上は輸送量の増加に対処するには欠かせなかった。フィレンツェ北のプラトーの起点から距離は80kmしかなかったが、この線は1934年になってやっと完成された。工事は非常に大がかりなもので、18.5kmのアペニン・トンネルはじめ27のトンネル（かなり長大なものも含まれる）があり、高架橋や掘割や築堤も数多く、平均勾配は9‰に引き下げられてずっと対処しやすくなった。

　ディレッティシマ（まっすぐ）と呼ばれる線とはいえ急曲線が多く、山頂の前後には半径600〜800mのものがあった。この線は最初から電化されており、FSでは当時の政府に促されてその利点を活用するデラックスな高速列車を設定しようとした。ETR（エレットロトレノ）200型は高速都市間列車用に設計された3車体式の連接車だった。その流線形はトリノ工科大学の風洞試験で開発された。3両とも電動車で、両端車体の端部寄り台車は2軸とも動力付き、連接部の台車は外側の軸が動力付きだった。初期には車輪に取り付けられた鋼製タイヤが高速運転によって生ずるストレスに耐えられず、それが交換される前に人身事故が起こった。時速130km以上の速度ではパンタグラフ（イタリアの慣行どおり後部の1基が上げられていた）の挙動も問題であり、先頭に配置された2人の運転士に加えて3人目の運転士が後部に置かれてパンタグラフの観察と操作に当たった。イタリア流に3000Vの直流を使用していることで設計者は交流を変換するため必要な重い変圧器を省くことができ、それが軽量化に直結してこの列車を高速なものにした。

　1939年7月20日、フィレンツェ〜ミラノ間でETR200型の特別運転が準備された。列車は315kmの距離を何と115.2分で走り、平均時速は163.8kmであった。アペニン・トンネルへは159.3kmで突入し、最後の上りでは175.4kmまで加速した。ボローニャへ下る曲線区間で時速は144.8kmよりも下がらず、最高189.9kmが達成された。ボローニャを過ぎるとミラノまで、ごく一部の速度制限区間を除いてほとんど161km以上が保たれた。ピアチェンツァ直前の走りやすい区間で、列車は時速202.8kmという最高速度を達成した。車両の性能のほかにふたつのことがこの特別な成果を生んだ。通常の速度制限は試験のためにはほとんど引き上げられ、路線の電圧は3000Vから4000Vに上げられて、電動機がずっと大きな電力を得られるようにした。これほど遠くまで、これほど速く走った列車はそれまで世界になく、この記録は1964年まで破られなかった。これこそ速度記録が何度となく作られては破られた1930年代をしめくくるような、大見得を切った姿だった。たった1ヵ月後には第二次世界大戦が勃発して、ヨーロッパの鉄道マンはもっと真剣で重苦しい仕事に集中しなければならなかったのである。

　戦争が終わると、（1946年8月に）ETR200型によるミラノ〜フィレンツェ間の高速列車が再開された。1960〜66年の間にETR200型の編成は4つ目の車体を加えたほか改造や補修が行われ、ETR220型と称されることになった。

動力：直流3000V架線式のき電による1時間定格1100kWの62型（FSのE624型のもの）吊掛式電動機6基
牽引力：不明
総重量：103t
最大軸重：10t
全長：62.8m
製造者：ブレダ（ミラノ）

Ae8／14型1B1B1＋1B1B1機　スイス連邦鉄道（SBB）
スイス：1939年

　この変わったSBBのAe8／14型機は2両のAe4／7型機関車を背中合わせにしたものと言えるが、車輪配列は非対称の2D1から半車で1B1B1という対称式に変わった。本機はSBBが山岳路線、とりわけサンゴタルト線向けの強力な機関車を研究した成果である。3種類の原形の設計について評価が行われたが、実用上はもっと小形の機関車の方が効率的であると判明した。

　量産はされなかったが、Ae8／14保存されている2車体式のAe8／14型機関車がルツェルンの交通博物館でいつもの場所から外へちょっと引き出された。

第3部　電気機関車と電車列車

型11801号はサンゴタルト北麓にあるSBBのエアストフェルト機関区に動態保存機関車として残されている。同じようなビュッフリ式伝動のAe3/6型10664号とAe4/7型10976号も保存機関車として生き残っており、地元の記念日やイヴェントなどの際に時々特別列車を引いている。

形態：重量貨物用1B1B1＋1B1B1（2車体式）機
動力：4650kW
き電：16.67ヘルツ交流15kV
牽引力：490kN
最高運転速度：時速100km
重量：240t
最大軸重：19.5t
全長：34m
ゲージ：1435mm

スイス国鉄のユニークなAe8/14型の1両が1966年にラゴルヴォ（スイス）近くで長大貨物列車を引く

1020型CC機　オーストリア連邦鉄道（ÖBB）　　　　オーストリア：1940年

　ÖBBの1020型は戦時中のドイツによるオーストリアの占領から生まれた。戦争の終結時ドイツのE94型44両がオーストリアに残され、1020型として車籍に入るとともに、ウィーン製の3両がこれに加わった。1940～44年に製造のE94型はそれ以前のE93型を発展させ、大出力貨物用機関車の必要に応じて設計されたものだった。ウルム～シュトゥットガルト間のガイスリンガー勾配線区間は1933年に電化され、E93型はこの線の貨物用となって時速62kmにおける連続出力2214kWと定められた。18両は単純な設計に見えるが、変圧器や制御装置を載せた橋状の構造体が前後のボギー台車を結び、蓄電池や空気圧縮機、補機類は台車上部の背の低い箱に入っていた。E94型はこの配置を引き継ぎながら出力を強化していた。

　E94型の最初の11両は発注ずみのE93型を設計変更したもので、1938年のオーストリア併合により、87両が同地での運転のため発注された。1941年に至る追加で計画両数は計285両となった。納入は1940年に開始されて、最初の6両はオーストリアのインスブルック機関区に送られ、続く10両はフランケンのプレシッヒ・ローテンキルヘンへ、次の一群はシュレジエン地域（現在のポーランド領）でヴァルデンブルク、ディッタースバッハ、

この1020型機は1991年の撮影当時、ÖBBで現役であった。中央部の台枠構造がよく見える。1020.044号は新製時の状態に復元されている。

シュラウロートの各区に配置された15両により戦争遂行に重要な石炭輸送が行われた。1943年になると、E94型はドイツ（フランケン、ガイスリンガー・シュタイゲ、チューリンゲン、シュレジエン）とオーストリア（アールベルク、ブレンナー、タウエルン）の電化勾配線ならどこでも活躍が見られるようになった。空爆による損傷や資材不足の影響も受けた。

　E94 026号は3基の主電動機をアルミニュームの捲線にして使用を開始し、破損したE94 053号は主変圧器をアルミニュームの捲線に改造した。銅の不足から起こったことであった。E94 083号のように使用開始前に破壊されたものもあった。終戦にあたり、76両はドイツの西側占領地域で発見され、51両はオーストリアにあり、23両がソ連地域にあった。戦災にあったのは53両であった。戦利品として1946年に押収された25両のE94型は東へ送られ、約20両が1948～51年の間に可動状態となって、15kVで電化されたコシュ～ヴォルクータ間でTEL（トロフィー電気機関車）として使われた。1952年にこれらは荒廃した状態で東ドイツに返還され、しばらく放置されていたが、1956年からデッサウ工場でDRの254型として復元を開始した（1990年まで運行された）。西ドイツではDBが本機をドイツ南部で（主として貨物用に）徐々に使用を再開し、1954年にはE94 189～196、278～285号という新造機16両を加えた。1970年には、当時194型となっていた本機の中から時速100kmのものが細分類の194.5型として製造され、194 541～542号と194 562～585号となった。194型はドイツ南部で1988年頃まで貨物用として働き続けた。1020型は1967～80年の間に新しい運転台と675kWの電気制動付きに改修された。少なくとも36両が今でも残っており、15両がドイツに、19両がオーストリアにある。博物館用に復元されたものも多いが、興味深いことに2両のE94型（旧DRのE94 052号とDBのE94 051号）はPEGという事業者によって、貨物列車の営業運転のため2002年に復元された。

形態：重量貨物用CC機
動力：3000kW
き電：16.67ヘルツ交流15kV
牽引力：314kN
最高運転速度：時速90km
重量：118.5t
最大軸重：20t
全長：18.6m
ゲージ：1435mm

電気機関車と電車列車 1884～1945年

クラーゲンフルトへのタウエルン山脈越え路線にあるヴィラッハは1020型の最後の運行基地であり、写真の機関車はこの機関区から1995年まで出動し続けた。

E636型　イタリア国鉄(FS)

イタリア：1940年

形態：客貨両用BBB機
動力：2100kW
き電：直流3000V
牽引力：(歯車比大が時速54kmで) 113kN、(歯車比小が時速45kmで) 84kN
最高運転速度：歯車比大のもの時速105km、歯車比小のもの時速120km
重量：101t
最大軸重：17t
全長：18.25m
ゲージ：1435mm

　この連接式機は500両近くがイタリア国鉄に納入された。2軸ボギー台車3基という設計はその前のE626系から引き継いだものであったが、2車体の連接式は続くE646／645型やE656型の設計の標準となるものだった。E636型の製造はかなり長期にわたっており、最初は第二次世界大戦で中断される前の1940～42年で、再開後は1952～63年に行われた。多くは台枠に搭載されたクイル式伝動の電動機を持つ時速120km用であり、49両は吊掛式電動機で時速105km用の歯車比となっていた。2002年になるとまだ現役の300両は主として貨物用に使われているが、1990年代の終わりまでは山岳線を越える重い国際急行などの旅客列車用に常時使われていた。FS向けの469両のほか、同系の機関車50両がユーゴスラヴィア鉄道（JZ）の362型として納入された。しかし、これらは時速120km運転用に回生制動、2640kWの連続出力、18トンの軸重を持ったものであった。FSではE636型を少しずつ退役させており、一方で乗務員の待遇改善のため一部を空調付きの運転台とするなどの改良も行っている。

これはE636型がミラノ駅に進入するところ。2002年にこうした機関車は300両がまだ使われており、主に貨物用である。

415

第3部　電気機関車と電車列車

これはE636型070号が重い貨物列車を引いて北イタリアのグインカーノの町を抜けて行くところ。E636型機には1960年代の初めから旧ユーゴスラヴィアへ納入されたものも多い。

CC型　サザン鉄道(SR)　　　　イギリス：1941年

形態：本線の客貨両用CC電気機関車
動力：サードレールからの直流660V、1095kW、電動発電機による制御、吊掛式直流主電動機6基
牽引力：178または200*kN
最高運転速度：時速120km
重量：102または107*t
全長：17.295m
ゲージ：1435mm
*印は20003号の場合

サザン鉄道のCC電気機関車は2両がアシュフォード工場で製造され、1号は1941年に登場した。CC1号とCC2号という番号であった（後にBRの20001、20002号となった）。20003号はブライトン工場から1949年に登場した。これらの機関車は電動発電機（出力を安定させるためフライホイール付き）を備え、サードレールからの直流660Vの電流を加速時の主電動機で必要な低電圧に変えていた。フライホイールのもうひとつの利点は、機関車がサードレールの切れ目を通過する時にも電動発電機を回し続けることであった。CC型はサザン鉄道時代にはマラカイト・グリーンに塗られ、ついで銀灰色の線が入ったBR流の黒色に、そして最後に20001号がBRの青色で端面が黄色となって出現した。最後に残ったものが退役したのは1968年であった。

バリードとロワースの設計したCC電気機関車20002号がニューヘイヴン港行きのボート・トレインを引いてロンドンのヴィクトリア駅で発車を待っている。この列車は本機が常時使われたものだった。

「エレクトロ・ライナー」　シカゴ・ノースショア＆ミルウォーキー鉄道　　　　アメリカ：1941年

シカゴ・ノースショア＆ミルウォーキー鉄道は、シカゴ＆ノースウェスタンとミルウォーキー鉄道という蒸気鉄道線と平行しながら、その直行線で社名の両都市を結ぶ都市間電気鉄道（インタアーバン）であった。この線はシカゴのループという名高いサードレール式電化の都市高速鉄道（後にシカゴ交通公団が運営）と結ばれていた。この145kmの区間での競争は激しかった。生き残りをかけて、同社ではウェスティングハウスの電気部品を使った4車体連接式の流線形列車2本をセントルイス車両で製造させた。これらは「エレクトロ・ライナー」と名付けられ、アクア色（青系）とサーモン色（赤系）という目立つ塗装をしていた。ノースショア線の頻繁な運行に加えて、この列車もシカゴ〜ミルウォーキー間を毎日何回も往復した。ノースショアはインタアーバンとして最後まで生き残ったものに数えられ（1963年廃止）、「エレクトロ・ライナー」はフィラデルフィアのレッドアロー線に売却されて、そこでは「リバティー・ライナー」となった。

形態：4車体連接式高速電車列車
動力：架線またはサードレールからの直流650V
牽引力：入手不能
最高運転速度：時速136km
重量：95.5t
全長：47.346m
最大軸重：9.7t
ゲージ：1435mm

電気機関車と電車列車　1884〜1945年

2000/2050型　ソロカバナ鉄道　　　　　　　　　　　　　　　　　　　　　　　　　　　　　　　　　　　　　ブラジル：1943年

形態：貨物および旅客用1CC1機
動力：1350kW
き電：直流3000V
牽引力：137kN
最高運転速度：時速90km
重量：130t、粘着重量108.7t
最大軸重：18.29t
全長：18.59m
ゲージ：1000mm

メーターゲージのソロカバナ鉄道の電化は米国の戦争突入で中断され、46両の機関車の納入は1943年から1948年まで延ばされてしまった。当初2001〜2046号と予定されたうち、名目上GEが製造した25両（2001〜2025）とウェスティングハウス製の21両（2051〜2071）には違いがあった。頑丈に造られ連結されている1CC1台車は、動輪径が1117mmで従輪径が838mmだった。旅客列車には単機で、貨物列車には最高3連で使用され、サンパウロやソロカバから西への輸送を一手に引き受けた。1968年にはブラジルGE製で同程度の出力の2100型BB機が加わった。1995年に一部の2000型は退役したが、2000年になって民間事業者のフェロバン社がFEPASA（サンパウロ州がソロカバナ鉄道などを統合したもの）を買収して電気運転を中止したため、本機も突然の終末となった。2000型の一部はサンパウロ近郊での工事列車用に残されている。

Ae4/4型BB機　ベルン・レッチベルク・ジンプロン鉄道（BLS）　　　　　　　　　　　　　　　　　　　　　　スイス：1944年

1990年9月19日、Ae4/4型がブリーク駅で北行き国際列車の長い編成を引いて秋の日を浴びる。

　レッチベルク・トンネルは1906年に完成し、1913年にはこれを通過する路線が交流15kVの電気運転で通じた。単相交流の整流子電動機を車体に搭載し、機械的なジャック軸かビュッフリ式で伝動するのが1944年までのスイスにおける電気車の設計だった。ベルン・レッチベルク・ジンプロン（BLS）のAe4/4型は、各軸に736kWの動力がかかるという、世界最初の画期的な設計だった。SLMとブラウン・ボヴェリで製造され、それまでのスイス式電気車設計から決別して、全粘着式のボギー台車、完全バネ上搭載の主電動機、

417

第3部　電気機関車と電車列車

たわみ駆動方式を採用していた。8両が1944～55年に製造されて251～258号となった。1959年にはAe4/4型を2両背中合わせに固定連結した2車体式のAe8/8型が運転を開始した。3両のAe8/8型271～273号は1959～63年に新造され、274/275号が1965～66年に造られた。Ae8/8型はベルン～ブリーク～ドモドッソーラ間の重量貨物輸送に使われたほか、国際夜行寝台列車のいちばん重いものにも使われた。Ae4/4型は幅広い仕業にあてられたが、両型式とも1990年代後半にはBLSの465型が出現して余剰となった。1995年から両型式とも休車となり、Ae8/8型2両は火災で廃車となった。275号は予備機として残されている。Ae4/4型の最後の定期運行はトンネル越えの自動車輸送用シャトル・トレインだった。

Ae4/4型の頑丈な台枠が長年の酷使にも本機に長命を保たせ、また一方では80トンという重量も与えていた。

形態：重量旅客および貨物用BB機
動力：3238kW
き電：16.67ヘルツ交流15kV
牽引力：235kN
最高運転速度：時速125km
重量：80t
最大軸重：20t
全長：15.6m
ゲージ：1435mm

1001型1D1機　オランダ国鉄（NS）　　　　オランダ：1948年

1945年当時、荒廃して何もなくなり破壊された設備に直面したオランダ国鉄は、高速重量貨物の牽引も急行旅客列車の運行もできるという、これまでになく多能な型式の機関車を求めた。新型蒸気機関車はスウェーデンに発注されたが、こうした電機の開発はスイスに呼びかけられ（ほかの新型車両にはフランスとアメリカの影響があった）、この10両の機関車がSBBのAe4/6型と8/14型をお手本にして造られた。SLMの各軸独立駆動方式による主電動機8基というのがその汎用性の鍵であった。これらは何基かを低速では直並列で、時速100km以上の速度では並列で運転することができた。この機関車は1550mm径の動輪を持ち、パンタグラフは珍しい2重屋根の上に載っていた。営業に入ると本機は設計で期待されたとおりの万能性を発揮し、2000トンの石炭列車を時速60kmで、850トンの一般貨物を時速80kmで、250トンの客車急行を時速161kmで引いた（ただ、最後にあげたような速度は、当時のダイヤではほとんど必要とされなかった）。これは運輸担当の幹部にとって夢をかなえてくれたものと言えそうだが、製造と保守に費用がかかり、リンブルフ南方の炭坑線が高速の急行列車のターミナルからはやや離れていることが問題だった。それでも本機は、戦後の輸送復旧によく役立った。

形態：汎用機関車
動力：架線からの直流1500Vによる1時間3343kW、連続2836kWの主電動機8基
牽引力：176.5kN
最高運転速度：時速161km
総重量：99.6t
最大軸重：20t
全長：16.22m

101型　ベルギー国鉄（SNCB）　　　　ベルギー：1949年

第二次世界大戦後、ベルギーではひどく破壊された鉄道を復旧するのに時間がかかった。しかし国鉄では大がかりな電化計画に着手することができ、そのために20両のBB電気機関車を発注した。101型はSNCB標準の直流3000V架線式用として、主電動機4基を車体搭載の抵抗器を通した電流により加速させていくという単純な機構のものだった。客貨両用機として高速の旅客列車にも中量級の貨物列車にもよく対応できた。1953年からベルギーには大形でもっと近代的な機関車が入り、101型はほとんど貨物専用となった。ベルギーは1970年代に機関車の番号システムを「型式＋車号」方式からただの4桁のものに改めるという、変わったやり方をしたが、これにより101.001号は2901号となった。「29」型機関車の1両は現在保存されている。

形態：客貨両用BB電気機関車
動力：架線からの直流3000V、1620kW、抵抗制御、吊掛式直流主電動機4基
牽引力：不明
最高運転速度：時速100km
重量：81t
最大軸重：不明
全長：不明
ゲージ：1435mm

GE「リトル・ジョー」　各鉄道　　　　アメリカ：1949年

1948年にゼネラル・エレクトリックは、ロシア向けに非常に強力な近代的流線形電機を20両製造した。しかし米ソの冷戦が本機を当初の買い手に届けられなくし、GEではこの（当時のソ連首相「ビッグ・ジョー」スターリンにちなんで）「リトル・ジョー」と呼ばれることになった機関車のお客をさがした。ミルウォーキー鉄道では太平洋への本線のうちハーロウトン（モンタナ州）～エーヴェリー（アイダホ州）間という東部の電化区間（同社には離れた電化区間がふたつあり、西部のものはワシントン州にあった）用に、「リトル・ジョー」のうち12両を手に入れた。シカゴ地域のインタアーバンであるシカゴ・サウスショア＆サウスベンドは本機3両を引き受け、ブラジルのパウリスタ鉄道が残りの5両を購入することになった。ロシアの標準軌間は1524mmだったから、この機関車にはアメリカの1435mmゲージに合わせた新しい車輪が必要だった。

418

電気機関車と電車列車　1946〜2003年

形態：2DD2電機
動力：ミルウォーキーでは直流3000V、サウスショアでは直流1500V
牽引力：492kN
最高運転速度：時速112km
重量：243t
全長：27.076m
最大軸重：25t
ゲージ：1435mm、当初は1524mm用に製造

右：ミルウォーキー鉄道はもともとロシア向けに製造された「リトル・ジョー」電機20両のうち12両を受け取った。これらは同社のロッキー山脈の電化区間で使われた。一部は1974年まで運行されていた。

下：都市間電気鉄道のシカゴ・サウスショア＆サウスベンドは3両のリトル・ジョーを貨物用に1980年代の初めまで運転した。同社の貨物は現在ではディーゼル牽引となっている。

第3部　電気機関車と電車列車

2D2 9100型　フランス国鉄（SNCF）　　　　フランス：1950年

フランスの直流1500V線で長く働き続けた2D2の最終版として、35両の2D2-9100型機関車は外観が印象的であり、性能は信頼できるものだった。これらは、フランス国鉄（SNCF）の一部となったパリ・リヨン地中海鉄道（PLM）の、輸送量が多く長い勾配のある本線を戦後電化するために製造された。薄緑色に塗られた本機は30年以上も運行され、1980年代の初めにもPLM線の貨物でまだ使われていた。

PLM本線の電気運転開始にあたり、2D2-9100型が特急を引いてパリのリヨン駅に到着する。

形態：本線の客貨両用2D2電気機関車
動力：架線からの直流1500V、3690kW、抵抗制御、車体台枠に搭載の吊掛式直流主電動機4基、従輪4軸
最高運転速度：時速140km
重量：144t
最大軸重：22.35t
全長：18.08m
ゲージ：1435mm

E10型　ドイツ連邦鉄道（DB）　　　　西ドイツ：1950年

形態：急行旅客用BB電気機関車
動力：架線からの16.67ヘルツ交流15kV、3620kW、ノッチによる機械的制御、回生制動、台枠搭載の直流主電動機4基
牽引力：275kN
最高運転速度：時速150km
重量：85t
全長：16.490m
ゲージ：1435mm

1945年当時、ドイツ戦前の電気機関車880両のうちで可動状態にあるのは、4分の1足らずだった。1920年代のドイツ国鉄（DRB）の場合と同様、戦後の国鉄（DB）も新しい蒸機、ディーゼル機、電機の標準型各種を開発しなければならなかった。まず5種類のBB機の原形が製造され、駆動方式その他いろいろ違っているものの、寸法など似ている点も多かった。

この頃になると、高速の本線用電気機関車にロッド式駆動は適当

E10型BB機関車のうち後年のいっそう流線化された形のものが写っている。車側の通風口格子がきれいにまとめられていることに注目。

420

電気機関車と電車列車　1946〜2003年

急行旅客列車用に製造されたE10型は今日ではほとんど区間や支線の列車用であり、プッシュプル方式による運転もできる。

でないことが明らかになっていた。それに代わるものは車輪または車軸を駆動する各方式である。アルストムのユニヴァーサル・リンク駆動がE10 001号に、ジーメンスのゴム・リングによる伝動がE10 003号に、またディスク駆動が2種類、ブラウン・ボヴェリ式がE10 002号とセシュロン式（バネ板駆動方式）がE10 004, 005号に試みられた。もうひとつの目的は、最終的な量産に当たってできるだけ多くの標準部品を共用するようにさせることであった。ヘンシェル、クラウス・マッファイ、クルップというメーカーが、ブラウン・ボヴェリ、ジーメンス・シュッケルト、AEGという電気会社とともに参加した。主目的は万能で信頼して運行できる機関車を製造することであった。

大がかりな比較試験の結果、E10型機関車の最初200両の量産が発注された。ジーメンスのゴム・リングによる伝動、吊掛式電動機4基、HT規制に対応した2連変圧器を備え、車輪径は1250mmだった。

E10型の開発作業はドイツ、スイス、フランスの経験を大幅に取り入れていたが、その後のドイツにおける電気車発展の実際上の基礎となったものであり、輸送需要の増加と技術的進歩が出力を増大させ続け、出力対重量比を向上させ続けることになった。

V55型BC機　ハンガリー国鉄（MÁV）　　　　　　　　　　　　　　　　　　　　　　　　　　　ハンガリー：1950年

MÁVのV55型はハンガリーで戦後最初の電気機関車だったが、まだ相変換機と水抵抗器制御付きの同期電動機を使っていた。ハンガリーの技術者は非常に重い相分割装置を全粘着式に活用しようと、3軸ボギー台車と2軸ボギー台車各1基の非対称式5軸というやや変わった設計を生み出した。V55型の量産機は10両が製造されたが、工作と素材の質が劣っていたため信頼性のないものとなり、電気運転の大部分はV40型でまかなわれていた。

原形では同期による5段階の速度が可能だったが、その後の10両の量産機では速度の上限は包括的に時速100kmとされていた。

V55 014号は残ってブダペストの国立鉄道博物館で公式に保存されている。この博物館は市の北部、旧エスツァキ扇形庫のところにあり、2000年に一般に公開された。

形態：同期式BC電機
動力：2354kW
き電：50ヘルツ交流16kV
牽引力：208kN
最高運転速度：時速125km
重量：92.5t
最大軸重：18.5t
全長：14.6m
ゲージ：1435mm

1200型　オランダ国鉄（NS）　　　　　　　　　　　　　　　　　　　　　　　　　　　　　　オランダ：1950年

第二次世界大戦からの復興に当たり、オランダでは鉄道をほとんど何もないところから再建しなければならなかった。新しい機関車が至急に必要なため、オランダ、フランス、アメリカといったいろいろな国々から買い付けることでまかなわれた。1200型機関車35両は貨物牽引用とされ、オランダ製の電気部品とアメリカのボールドウィン製ボギー台車（まず緩衝として働く釣合梁が目立つ）を使ってオランダのウェルクスポールで最終組立したものだった。運転台前面のノーズが目立つ本機は走っていく姿を見るのが印象的であり、貨物用だけでなく旅客用にもよく使われた。当初は青の塗装でスマートに見えたが、1970年代後半にはその後NSの標準となった灰色と黄色に塗られた。NSでは1990年代後半まで使われ、少数は現在民間事業者のACTSで運行されている。

オランダ国鉄のCC電気機関車1204号がアメリカ風のゴツい姿を見せている。この機関車の一部は今日でも生き残って、ACTS社の貨物列車を引いている。

形態：客貨両用CC電気機関車
動力：架線からの直流1500V、2360kW、抵抗制御、吊掛式直流主電動機6基
牽引力：194kN
最高運転速度：時速135km
重量：108t
最大軸重：不明
全長：18.085m
ゲージ：1435mm

CC7100型　フランス国鉄（SNCF）

フランス：1952年

CC7100型は、現在では世界中で標準となっているボギー台車ふたつの電気機関車という近代的な設計をSNCFが初めて取り入れたものだった。

他の鉄道でも注目された。この型は130両以上が1956年からスペインのRENFE（国鉄）に276型機関車として納入されたが、それは同鉄道の1676mmゲージに改められ、架線からの直流3000Vで運転されるようになっていた。オランダでは1300型CC機の設計は、基本的にはSNCFのCC7100型と同じだった。これは同国で1952年に導入され、やはり重量貨物用として最後を迎えて、2001年の終わりにはすべて退役している。

　CC7100型が重々しい固定台枠の2D2機関車9100型に僅か2年遅れただけでPLM本線の急行列車に登場した時には、革命的なものに見えた。実際には原形のCC7001号と7002号の2両は、1949年から運転されていた。58両のCC7100型機関車は、フランスの急行用電気機関車で初めて全軸駆動としたものだった（イギリスの1941年製原形BB機EM1号、後のBR26000号「トミー」を思えば、遅すぎた改良と言えるかも知れない）。本機は主としてアルストムの設計に基づき、同社とCEM、フィーヴ・リールの協力により製造された高性能のマシンだった。

　設計は、現在ではまったくふつうのものと見られるだろう。3軸ボギー台車がふたつで、それぞれ各軸を個別に駆動する直流主電動機3基を備えていた。集電は架線から箱形のパンタグラフによるという、当時の典型的な設計だった。直流直巻式の主電動機は100年の間、鉄道の動力には理想的と見られてきた。この電動機の特性は出発時に大きな回転力を出し、速度が増加するにつれて回転力は減少し、列車が一定の最高速度に達するとそれを維持するため必要な大きさに保たれる。この特性は電動機に固有のもので、出発時に電機子の電圧を架線電圧以下に操作するもの（ふつうは抵抗器）以外に余分な装置は要らなかった。

　車体のデザインはすっきりしていて、運転台の前面は少し傾斜し、車体側面には機器室の採光用に4つの丸窓があった。やがてその後の新型機関車によりPLM線の急行用から追われて、重量貨物用やフランス西南部での仕業に回された。2000年におけるCC7100型の最終運転は、マルセーユ～トゥールーズ間での貨物用とスペイン国境へ向かうものだった。

　新製当時、本機はSNCF標準である青緑色の濃淡に塗られ、その中間には青線をはさんだステンレスの帯2本があった。この塗装は、この機関車が姿を消すまで変わらなかった。1955年にCC7107号は、ランド地方の平地を走る西南部の本線で高速における集電試験を実施するため選び出された。新製BB機のBB9004号も加わり、電気機関車としての世界速度記録である時速331kmを達成して、これは今でも破られていない。CC7107号はやはりこの試験で同じ速度を達成したとされているが、実際にはこれに近づいただけで同じ速度には達していなかった。この両機関車はミュールーズのフランス国立鉄道博物館に展示されている。

　この型の機関車はヨーロッパの

形態：本線の客貨両用CC電気機関車
動力：架線からの直流1500V、3240または3490kW、ボギー台車の台枠に搭載した直流主電動機6基
牽引力：225kN
最高運転速度：時速140km
重量：107t
最大軸重：不明
全長：18.922m
ゲージ：1435mm

7100型CC機が緑豊かなサヴォア地方の田園を通って、重量・長大編成の急行列車を引いて行く。

電気機関車と電車列車　1946～2003年

EW型BBB機　ニュージーランド国鉄（NZR）　　ニュージーランド：1952年

形態：BBB機
動力：1340kW
き電：直流1500V
牽引力：187kN
最高運転速度：時速96km
重量：76t
最大軸重：13t
全長：18.900m
ゲージ：1067mm

　これらの機関車は車輪配列BBBの連接式車体を持ち、1500Vのウェリントン地区電化区間で旅客用と貨物用に導入された。1967年にウェリントン〜ペカカリキ間のトンネル路盤が低下され、ディーゼル機がこの区間で運転できるようになると、EW型の仕事はしだいに減っていった。

左：EW型はイングリッシュ・エレクトリックとロバート・スティーヴンソン＆ホーソーンが製造した。1両が保存されている。

下：製造された目的の仕事とはとても言えないが、EW142号が1982年10月21日に客車4両の区間列車を引いてウェリントンにやって来る。

277型CC機　スペイン国鉄（RENFE）　　スペイン：1952年

　スペイン国鉄（RENFE）の277型はイングリッシュ・エレクトリック製で、フランスのアルストム製276型と平行して発注されたということが興味深い。277型75両はスペイン北部のカンタブリア山地用であった。1990年代には退役したが、一部は保存されている。電気関係も外観もよく似た機関車がインドとブラジルに送られた。

形態：重量旅客および貨物用CC機
動力：2208kW
き電：直流3000V
牽引力：（時速58kmで）136kN
最高運転速度：時速110km
重量：120t
全長：20.657m
ゲージ：1676mm

この機関車は、スピードを表すV型の帯などから古めかしく見えるようになるまで長生きしたが、最後まで性能は高かった。

第3部　電気機関車と電車列車

Ae6/6型　スイス連邦鉄道(SBB)

スイス：1952年

120両に及ぶAe6/6型は、SBBのサンゴタルトやジンプロンといったアルプス越えの輸送量の多い路線のためにSLM、ブラウン・ボヴェリ、エーリコンで製造された全粘着式である。650トンを牽引して26‰の勾配で時速75kmを出すようにというのが仕様だった。1952～53年の原形（2両）に牽引力を高めた少し重い量産機が1955～66年まで続いた。ボギー台車は重量の移動と平準化のために進歩した設計となっており、11401～11414号では台車を連結して縦と横の引張力を伝達するようにしていたが、11415号からは横だけに改められた。動力装置は、高圧での27段切換や永久並列接続の電動機などBLSのAe4/4型に似ていた。50両がエアストフェルト、70両がベリンツォーナ（つまりサンゴタルト峠の南北）に配置され、旅客用のAe4/7型と貨物用のCe6/8型1CC1機に置き換わった。Ae6/6型は後に貨物用に移され、1600トンもの列車を牽引した。スイスは電気機関車を長持ちさせることで知られており、93両がまだ毎日運行されていて、事故で廃車になったのは1両だけである。電算機による新しい番号システムでは610型となっている。

形態：重量旅客および貨物用CC機
動力：4300kW
き電：16.67ヘルツ交流15kV
牽引力：(11403～11520号) 392kN
最高運転速度：時速125km
重量：(11403～11520号) 128t
最大軸重：21.5t
全長：18.4m
ゲージ：1435mm

Ae6/6型がジジコンで貨物列車とともに写っている。全溶接の車体は重量を軽減するとともに、滑らかな外観にしている。この型の機関車にはどれもスイスの州や都市の名前が付けられている。

電気機関車と電車列車　1946〜2003年

122型　ベルギー国鉄（SNCB）　　　ベルギー：1953年

ヨーロッパで運転されている電気機関車の中ではいちばん古いものだが、SNCBの22型は近郊旅客列車や重量貨物列車をまだ牽引している。

後に22型となったこのまとまったデザインの電気機関車は、ベルギーにおける近代機の最初であり、好成績をあげた。これはSNCBの全線で、重量貨物列車や、当初は本線の旅客列車用に使われた。122型は最初の10年ほどは濃緑色に塗られていたが、後にはやや明るい青緑色となった。50年近い車齢でまだ使われているものの、新しい13型機関車による置き換えもすでに準備されている。

形態：本線の客貨両用BB電気機関車
動力：架線からの50ヘルツ交流25kV、2477kW、吊掛式直流主電動機4基
牽引力：353kN
最高運転速度：時速120km
重量：82〜86t
最大軸重：不明
全長：15.2m
ゲージ：1435mm

BB12000型　フランス国鉄（SNCF）　　　フランス：1953年

ヴァランシエンヌ〜ティオンヴィル間の25kV交流電化計画のために、SNCFは150両の中央運転台式BB機を購入した。こうした高圧交流電化の初期の時代には、いろいろな整流方式が試験された。BB13000型と重量級CC14000型の2型式も、この最初の本線電化のために発注された。BB12000型は客貨両用の機関車だった。後には他の機関車に置き換えられてほぼ貨物専用となっていた。全機が退役している。

形態：本線の客貨両用BB電気機関車
動力：架線からの50ヘルツ交流25kV、2477kW、吊掛式直流主電動機4基
牽引力：353kN
最高運転速度：時速120km
重量：82〜86t
最大軸重：不明
全長：15.2m
ゲージ：1435mm

先駆的なフランスの12000型BB機は、50ヘルツ25kVの機関車群を輸送量の多い本線鉄道においてヨーロッパで初めて使用したものだった。ここではBB12003号機関車が、1955年フランスのロンギュヨン駅側線に見える。

第3部　電気機関車と電車列車

EM2型　英国鉄道（BR）　　　　　　　　　　　　　　　　　　　　　　　　　イギリス：1953年

BRはEM2型CC機をマンチェスターのゴートン工場で7両製造し、マンチェスター～シェフィールド間で毎時運転されている旅客列車（多くは旧グレイト・セントラル線経由のロンドン、マリルボーン駅行きだった）にあてることにした。両数は毎時1本が原則の列車には余るほどだったが、後には停車駅の多い列車や、リヴァプールとマンチェスターをハーリッチのパークストン埠頭に結ぶ（ことになる）1日1本の「ボート・トレイン」も加わった。ブランズウイック・グリーン色のEM2型はBR標準の真空制動付き客車を牽引し、それらへ本機のボイラーから暖房用の蒸気を送った。実際には、貨物輸送が減少して時速95kmのEM1型が回されてくるようになると、それを使っても旅客列車の所要時間はそれほど延びないことがわかったため、EM2型のBRでの使用期間はごく短かった。

EM2型機関車はオランダ国鉄（NS）に売却され、6両がアムステルダム～ヘールレン～マーストリヒト～フェンローを結ぶ都市間列車に20年以上使われた。3両が保存されている。

古豪のEM2型27000号（後に「エレクトラ」と命名された）がシェフィールドからの列車を引いてきた後で、マンチェスターのロンドン・ロード駅にいる。

形態：本線の旅客用CC電気機関車
動力：架線からの直流1500V、1716kW、吊掛式直流主電動機6基、回生制動
牽引力：200kN
最高運転速度：時速145km
重量：104t
最大軸重：不明
全長：17.985m
ゲージ：1435mm

ETR300型「セッテベロ」　イタリア国鉄（FS）　　　　　　　　　　　　　　　イタリア：1953年

「セッテベロ」（美しい7）というのはトランプの役のことで、その7枚のカードがこの7車体式連接車編成のロゴとして使われていた。この編成は、両端の2車体連接式と中間の3車体連接式で構成されていた。これはヨーロッパで戦後初のデラックス列車であり、1等だけ、しかも最初はたった160人（後に190人）というお客のための設備を持ち、そのお客はみんな1等運賃のほかに高い特別料金を払った。両端の車両では運転席が少し後方の突き出たキューポラにあって、展望ラウンジを設けることができた。

「セッテベロ」編成が曲線を回ってくる有名なショット。これは1953年に、戦後ヨーロッパの新型急行列車のスピードとデラックスさを集大成したものとなった。

電気機関車と電車列車　1946〜2003年

このため端面の窓は「フリル入りのカーテン付き」という、ちょっと面食らわせるようなものになっていた。中間部の3車体は事業用車両だけで構成され、食堂・バー車、キッチンと荷物・郵便室、そして非常にゆったりした乗務員室が別々にあった。緑色と灰色に塗装された車体のデザインは流線形であったが、やや丸っこい坊主頭の車端だけは列車の他の部分ほど洗練されてはいなかった。連接部の間の流線形カヴァーなど20世紀後半の高速都市間列車を示唆するものもあったが、乗客1人当たり2トン以上という列車の重量比とはマッチしていなかった。内部は10座席のコンパートメントに分けられ、車両は防音が施された2重ガラス窓の空調付きであった。アメニティ設備としては、シャワー室、売店、放送・電話室があった。

パンタグラフは両端連接車の2番目の車両に搭載され、そのボギー台車6基は各軸を電動機が駆動するものだった。2軸ボギー台車は液体式緩衝器付きの板バネで支持され、台車台枠と中心ピヴォット間や側受にはゴムのパッドがあった。台車の乗り心地は一流だった。選び抜かれた運転士3人がこの列車に乗務し、2人が先頭のキューポラにいるほか3人目が後部にいて、その仕事は補機を監視することだった。前後の運転台は電話で結ばれていた。

「セッテベロ」はミラノ〜ボローニャ〜フィレンツェ〜ローマ間の路線（633.25km）を運行し、プラート〜ボローニャ間のアペニン〜トンネルで325mの最高地点に達した。1977年にローマ〜フィレンツェ間のディレッティシマ（直行線）の一部が完成するまで、初めの145kmでは在来の本線における急曲線のため、速度が時速112km以下に制限されていた。しかし5時間55分という運転時刻が達成され、1958年からは6時間5分となった。ローマからフィレンツェ（この終端駅で列車の向きが変わる）まで314kmの区間はFSにおける最長のノンストップ運転であった。アレッツォ〜フィレンツェ間やロンバルディア平野などの平坦な路線を持つ区間では、時速161kmの速度がいつも達成されていた。

ボローニャ〜ピアチェンツァ間146.8kmの線路を「セッテベロ」は72分で走ることになっていたが、1958年には、線路工事のためほとんど歩くような速度への徐行が2度あったものの、これより3.5分短い記録が作られた。出発から到着までの平均時速135.5kmである。

「セッテベロ」3編成（1編成が予備として必要）への後年の改良としては大出力電動機の取付があり、定格出力は28%増加した。当初の空気制動のほか発電あるいは回生制動も取り付けられ、車内信号が備えられた。1968年に「セッテベロ」はトランス・ユーロップ・エキスプレス（TEE）網に加えられ、最初はTEE68列車、後にTEE76列車となった。1976年にこの列車は「コロセウム」と改称され、1987年までこの名前で走ったのち臨時列車となって打ち切られた。

形態：急行用連接式電車列車
動力：架線からの3000Vによる187kWの電動機12基、歯車と中空軸たわみ駆動で12の軸を駆動
最高運転速度：時速161km
総重量：325t
最大軸重：17t
全長：165.202m
製造者：エルネスト・ブレダ（ミラノ）

Da型　スウェーデン国鉄（SJ）　　スウェーデン：1953年

戦後の軽量客貨両用電気機関車としては、スウェーデンのDa型は固定軸式という驚くほど古めかしいものであった。しかしこの機関車はスウェーデン全土で、どんな列車にも信頼されて働いた。スウェーデン国鉄（SJ）がもっと強力な機関車を購入するとDa型は第一線を退かされて、短い旅客列車や支線用、短距離の貨物用となった。1980年代まで残ったものがあり、1〜2両は民営化されたインフラ維持会社で今日でも生き残っている。

基本的なデザインは1920年代にさかのぼるスウェーデンのD系の最後として、Da型は90両が1953〜57年までに製造された。客貨両用を狙った本機は、30年間にわたりスウェーデン国鉄で活躍した。

形態：軽量客貨両用1C1電気機関車
動力：架線からの16.67ヘルツ交流15kV、1840kW、車体に搭載の大形交流主電動機1基がジャック軸とサイド・カップリング・ロッドで車輪を駆動
牽引力：205kN
最高運転速度：時速100km
重量：75t
最大軸重：不明
全長：13m
ゲージ：1435mm

第3部　電気機関車と電車列車

BB機　トルコ国鉄（TCDD）

トルコ：1953年

　トルコにおける電化は1953年にイスタンブールの西側ターミナルであるセルカジ駅からマルマラ海岸に沿ってハルカリまでの近郊線で始まり、これは1955年に完成された。これはオリエント急行などの長距離列車が行き来する路線でもあり、27kmの電化線で重量級の旅客列車や貨物列車を牽引するため3両のBB機が準備された。電気方式は50ヘルツの単相交流25kVという、間もなく国際標準となるものだった。この電圧や周波数システムが、ほとんど近郊輸送といったところに設けられたのは、これが最初だった。架線や地上施設は比較的安価ですみ、変電所の必要はなく、一般産業用と同じ周波数の電力を受けることができた。SNCFはこのシステムを1945年に採用しており、電化されたTCDD線でもフランスの影響は大きく、近郊用電車列車も機関車もフランス式のものがアルストムで、マテリエル・ド・トラクシォン・エレクトリーク（MTE）社（パリ）の変圧器や切換装置を使って製造された。機関車がまったくSNFC風の外観だったことは驚くに値しない。イスタンブール～アンカラ間の本線が電化されるまでの10年以上、これがTCDDでは唯一の電気機関車だった。1960年代後半には退役している。

形態：客貨両用機関車
動力：架線からの50ヘルツ交流25kVによる300kW主電動機（14極整流子式）4基
牽引力：156.8kN
最高運転速度：時速90km
総重量：77.5t
最大軸重：19.4t
全長：16.138m
製造者：アルストム（フランス）

ETA515型蓄電池動車　ドイツ連邦鉄道（DB）

西ドイツ：1954年

　戦時中にUボートのため行われた大形電池の開発は、動車の開発にも役立った。DBの515型は200両以上を数えた。使えるのは鉛蓄電池だけであったが、電池20個を入れたトラフ11個を床下に下げたETAではそれが車両重量の3分の1を占めた。定員86人の515型動車は815型付随車と連結運転した。ETAは1954年からミュンヘン（ミュンヘン東機関区）で使用開始され、翌年にはバーゼル、ブフロー、ハメルン、リンブルク、ルートヴィヒスハーフェン、オーバーラーンシュタイン、レクリングハウゼンでも走り始めて、全線に拡がった。アーヘンからマーストリヒトへといった国境を越える国際列車でも515型が使われた。最後の定期運行（ルール都市圏での）は1995年に終わった。

形態：単行の蓄電池動車
動力：200kW
牽引力：入手不能
最高運転速度：時速100km
重量：56t以下
最大軸重：14t
全長：23.5m
ゲージ：1435mm

WCM1型　インド国鉄

インド：1954年

　インド国鉄のWCM1型とWCM2型は非常によく似ており、イングリッシュ・エレクトリックとヴァルカン・ファウンドリーで製造された。1954年製の大形WCM1型7両はボンベイ地域の直流1500V用であり、1957年製の小形WCM2型12両は当初カルカッタ地域の直流3000V用だった。後にWCM2型は、カルカッタの電化線が交流25kVに改められたため、1500V用に改造された。両型式ともほとんど最後まで旅客用として使われ続け、WCM1型は高速の急行列車用に1990年代まであてられた。最後はカルヤン機関区に配属され、WCM1型に可動機はないが、WCM2型（やはりカルヤン所属）は2002年まで2両が可動状態で残っている。

　WCM1型とスペインの1952年製277型とが似ていることは偶然ではなく、どちらも主な点ではまったく同じイングリッシュ・エレクトリック／ヴァルカン・ファウンドリーの設計である。

形態：客貨両用CC電機
動力：2365kW
き電：直流1500V
牽引力：306kN
最高運転速度：時速120km
重量：124t
最大軸重：21t
ゲージ：1676mm

428

電気機関車と電車列車 1946～2003年

4E型1CC1機　南アフリカ鉄道(SAR)　　　　南アフリカ：1954年

形態：1CC1機
動力：1878kW
き電：直流3000V
牽引力：141kN
最高運転速度：時速96km
重量：157.49t
最大軸重：22t
全長：21.844m
ゲージ：1067mm

　南アフリカ鉄道にはメトロポリタン・ヴィッカース（後のAEI）が電気機関車を多く納入したが、4E型はそのパターンを破って英国ゼネラル・エレクトリック社（GEC）に発注され、ノースブリティッシュ・ロコモティヴ社でGECの電気部品を使って組み立てられた。その前の3E型と同様連接台車を持つ設計で、40両が納入された。設計は多くの点でアメリカのGEがブラジルのソロカバナ鉄道に納入した1000mmゲージのものに似ていたが、たまたま米国GEと英国GECを名乗る両社に特別の関係はなかった。その後のSARが発注したのはさらに改良された設計の5E型BB機だった。

　ここイースト・ロンドン近くの平坦線で見られる4E型は、本来はウースターとトーウス川の間（ケイプ州）のヘックス・リヴァー峠を上る長い勾配線での列車牽引が狙いだった。

1010型　オーストリア連邦鉄道(ÖBB)　　　　オーストリア：1955年

　ウィーン～ザルツブルク～インスブルック～ブレゲンツ間という基軸となる幹線の電化完成に向けて、ÖBBでは近代的な客貨両用電気機関車20両を（主として急行旅客列車用に）購入した。1010型（および同系の重量貨物用として30両作られた1110型）は、ÖBB標準の濃緑色で誕生し、45年間使われ続けた。最後の仕事は、オーストリアの道路網を渋滞させたり破壊しないで重いトラックにアルプスを越えさせるための自動車輸送列車の専用であった。オーストリアの型式命名法では、最初の桁が機関車の種類（1は電気機関車）、次の桁が同型の中での変種（0はそのうちの最初）、そして3番目と4番目の桁は型式（この場合は10）を示している。同型の中の機関車番号がそれに続く（例えば1010.015号）。

ÖBB後年の赤い塗装をした1010型CC電気機関車。本機はアールベルク越えの険しい山がちの本線用として、重量級列車をウィーンに運ぶため製造された。

形態：本線の客貨両用CC電気機関車
動力：架線からの16.67ヘルツ交流15kV、4000kW、吊掛式の直流主電動機6基
牽引力：275kN
最高運転速度：時速130km
重量：106t
最大軸重：不明
全長：17.86m
ゲージ：1435mm

第3部　　電気機関車と電車列車

後年の1010型電気機関車は1044型BB機関車によって重量級の列車からは外され、この写真では区間旅客列車を引いている。

5E型　南アフリカ鉄道（SAR）

南アフリカ：1955年

形態：汎用BB機
動力：1300kW
き電：直流3000V
牽引力：（時速43kmで）122kN
最高運転速度：時速96km
重量：86t
最大軸重：21.5t
全長：15.495m
ゲージ：1067m

SARは1955年イングリッシュ・エレクトリックに5E型を発注したが、その仕様はどんな必要にも応じられるBB機とし、重い列車には6両までの重連運転をするものとしていた。5E型の160両は全機イギリスで製造され、鋳鋼製のボギー台車はベルギー製で、車軸の低い位置から引張力を伝えて台車間のバネ入りリンクによる重量の移動を最小にしていた。この連結装置は連接式台車のように引張棒の力は受けないが、曲線での水平の力を弱めていた。

5E型は従来どおりの直並列抵抗制御機であり、回生制動付きだった。5E1型は最初AEIの電気部品で（1959年からはメトロポリタン・キャメル製となったが、ロンドン地下鉄と関係の深いこの会社製の機関車というのは珍しい）135両が組み立てられ、その後製造は南アフリカに移ってユニオン・キャレッジ＆ワゴン社に引き継がれた。

5E型はBB電気機関車だけを使用しようというSARの決意を示したものだった。牽引力は4E型より小さく、必要な時には重連をすることになる。

430

電気機関車と電車列車　1946～2003年

ここでは5E型764号と5E1型1078号の重連が1978年2月6日、ニューカースル（ナタール州）で「ダーバン・メール」を引いているのが見える。編成は客車15両と郵便車2両に及ぶ。

E8000型電車列車　トルコ国鉄（TCDD）

トルコ：1955年

　1955年には3両編成の電車列車28本がフランスのメーカーからトルコへ送られた。25kV運転用としてはもっとも初期のものであり、当時一般的だった変圧器とカム式タップ切換装置を使っていた。TCDDのE8000型は自国製の中間付随車をもう1両加え、この形で数年運転された後、これは外された。

形態：3両編成電車列車
動力：各ユニットごと1100kW
き電：50ヘルツ交流25kV
牽引力：入手不能
最高運転速度：時速90km
重量：120t
最大軸重：17.5t
全長：68m
軌間：1435mm
製造者：アルストム、ジューモン、ド・ディートリック

第3部　電気機関車と電車列車

EP5型　ニューヘイヴン鉄道　　　　　　　　　　　　　　　　　　　　　　　　　アメリカ：1955年

形態：旅客用CC電機
動力：架線からの25ヘルツ交流11kV
出力：(時速70kmで) 2980kW
牽引力：(引出時) 387kN、(連続) 151kN
最高運転速度：入手不能
重量：157t
全長：入手不能
最大軸重：30t
ゲージ：1435mm

　ニューヘイヴン鉄道の最後の新造電気機関車は1955～56年にゼネラル・エレクトリックで製造された両運転台式流線形のEP5型10両だった。これらは最新技術であるイグナイトロン整流器を使って同社の架線からの交流11kVを変換し、低圧の直流主電動機に送っていた。イグナイトロン整流管は水銀整流器方式の一種であった。EP-5型の車体スタイルは、アルコ・GE製のFA型電気式ディーゼル機に使われているものとよく似ていた。

ここには1961年の夏にブロンクスのウッドローン近くで、ボストン行きの旅客列車を引くニューヘイヴンのEP5型が写されている。

276型CC機　スペイン国鉄(RENFE)　　　　　　　　　　　　　　　　　　　　　　　　スペイン：1956年

　スペイン国鉄（RENFE）の276型は計136両に及び、基本的にはSNCFの標準ゲージ1500V用CC7100型を広軌3000V用にしたものだった。276型機関車は、1950年代のカタルーニャ地域電化のために納入された。最初の20両はアルストムが1952年に製造したが、実際には1956年まで運行を開始しなかった。その後の機関車はスペインで1965年までライセンス生産された。
　276型の退役は1990年代に始まり、特別の用途に残されているもののほかは全廃されている。

この写真は、276型がフランスの血を引くものであることを明らかにしている。これは「タルゴ」急行列車の塗色をしてマドリッドのアトーチャ駅での入換用に使われた2両のうちのひとつである。

形態：重量旅客および貨物用CC機
動力：2355kW
き電：直流3000V
牽引力：(時速49.5kmで) 162kN
最高運転速度：時速110km
重量：120t
最大軸重：20t
ゲージ：18.83m

電気機関車と電車列車　1946～2003年

EL-C型/EF-4型整流器式電気機関車　ヴァージニアン鉄道　　　アメリカ：1956年

　1955年にヴァージニアン鉄道ではマレンス～ロアノーク間（ヴァージニア州）の重量石炭列車用に最新のイグナイトロン整流器式電機を12両、ゼネラル・エレクトリックに発注した。ヴァージニアンの競争相手であるノーフォーク＆ウェスタンが1960年代の初めにこの鉄道を手に入れ、1963年までにその電気運転を止めた。ニューヘイヴン鉄道ではヴァージニアンの整流器式機を1964年に譲り受け、EF-4型と名付けた。

形態：重量貨物用CC電機
動力：架線からの25ヘルツ交流11kV
出力：2459kW
牽引力：(時速25.35kmでの連続)353kN
最高運転速度：時速104km
重量：177t
最大軸重：29t
全長：21.184m
ゲージ：1435mm

E40型　ドイツ連邦鉄道（DB）　　　西ドイツ：1957年

　E10型を客貨両用に改めたE40型は、濃緑色の塗装で見分けがついた。後には140型となったこの客貨両用BB機は900両近くに達し、110型の最高速度を低くした客貨両用版であった。現在でもドイツ全土、主として西側に拡がっており、重連で重量貨物を牽引したりターミナルで客車を入換したりしている。

形態：本線の客貨両用BB電気機関車
動力：架線からの16.67ヘルツ交流15kV、3620kW、機械式ノッチ制御、回生制動、直流主電動機4基
牽引力：275kN
最高運転速度：時速110km
重量：83t
全長：16.49m
ゲージ：1435mm

E40型BB機はドイツ全土のDB路線で運転されているのを見ることができ、ふつうは重量貨物を牽引しているが、客車の入換といったまったくありきたりの仕業にも使われている。

第3部　　電気機関車と電車列車

BB16000型　　フランス国鉄(SNCF)　　　　　　　　　　　　　　　　　　　　　　　　　　　　　　フランス：1958年

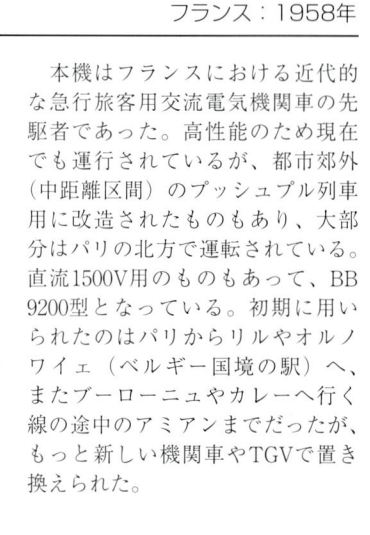

　本機はフランスにおける近代的な急行旅客用交流電気機関車の先駆者であった。高性能のため現在でも運行されているが、都市郊外（中距離区間）のプッシュプル列車用に改造されたものもあり、大部分はパリの北方で運転されている。直流1500V用のものもあって、BB9200型となっている。初期に用いられたのはパリからリルやオルノワイェ（ベルギー国境の駅）へ、またブーローニュやカレーへ行く線の途中のアミアンまでだったが、もっと新しい機関車やTGVで置き換えられた。

16000型はSNCFで最初の、すっきりしたBB台車の上に載る時速160km用の高出力25kV機関車でもあった。これはパリ北駅での撮影。

形態：本線の旅客用BB電気機関車
動力：架線からの50ヘルツ交流25kV、4130kW、直流主電動機4基
牽引力：309kN
最高運転速度：時速160km
重量：88t
最大軸重：不明
全長：16.68m
ゲージ：1435mm

BB16500型　　フランス国鉄(SNCF)　　　　　　　　　　　　　　　　　　　　　　　　　　　　　　フランス：1958年

形態：本線の客貨両用BB電気機関車
動力：架線からの50ヘルツ交流25kV、2580kW、台枠搭載の直流主電動機2基、旅客用と貨物用の歯車比
牽引力：（旅客用または貨物用歯車比で）192kNまたは324kN
最高運転速度：時速140kmまたは100km
重量：71～81t
全長：14.4m
ゲージ：1435mm

　アルストム製の本機はその後のフランスの機関車で普及する方式を初めて取り入れた。各ボギー台車に主電動機は1基だけで、そこからこれらは「モノモーター」と総称されることになる。各電動機には旅客用と貨物用の2種類の速度を出す歯車があり、その切換は機関車が停止している時にだけできた。この機関車は300両近くがフランス全土で使われた。

ここでは区間旅客列車を引いている万能選手の16500型「モノモーター」BB機は、重量貨物列車を重連で牽引することもお手のものだった。

434

電気機関車と電車列車　1946～2003年

SNCFの新しい塗色になった16500型機関車が2階式近郊列車の先頭に立つ。

4CEP型　英国鉄道（BR）　　　　　　　　　　　　　　　　　　　　　　　　　　　　イギリス：1958年

ケント県沿岸の本線電化にあたり、BRの南部支社は近代的な急行用電車列車群を発注した。貫通路付きで、車内装飾のスタイルはお手本にしたBRのマーク。系客車よりもいっそう近代的だった。4CEPの102編成とビュッフェ付き4BEPの20編成で蒸気列車を置き換え、速度を向上させてサーヴィスを改善した結果、旅客の輸送量は30％以上も増加した。

形態：急行用4両編成電車列車
動力：サードレールからの直流750V、イングリッシュ・エレクトリックの187kW吊掛式直流主電動機2基を持つ電動車2両、抵抗制御
牽引力：不明
最高運転速度：時速145km
重量：各車33～42t
全長：19.66m
ゲージ：1435mm

4CEP型、後のBR411型には、南部支社のサードレール区間で急行列車用に45年以上も使われたものがある。ここでは1959年フェイヴァーシャム（ケント県）で、旅客列車として走る4CEP型を少年たちが見物している。

第3部　電気機関車と電車列車

WCM3型とWCM4型　インド国鉄（IR）

インド：1958年

え、WCM3型はそれより小さい442kWの電動機を備えていた。両型式とも最後は貨物用だったが、WCM4型は当初は急行や快速の旅客列車用に使われた。車体のデザインは似ていて、端部にノーズのあるものとしては最後であった。

形態：CC機
動力：（WCM3型）1835kW、（WCM4型）2454kW
き電：直流3000V、のち直流1500V
牽引力：（WCM3型）276kN、（WCM4型）306kN
最高運転速度：時速120km
重量：（WCM3型）113t、（WCM4型）125t
最大軸重：21t以下
全長：不明
ゲージ：1676mm

WCM3型とWCM4型は、どちらも当初カルカッタ地域の直流3000V用として日立で製造されたよく似たデザインだった。イギリス製のWCM2型と同様、1958年の3両のWCM3型と1960年の7両のWCM4型はカルカッタの直流区間が交流25kVに改められることになったため、直流1500V用に改造された。日本製の両型式は弱め界磁を持つ主電動機各3基を直並列制御する通常の方式であった。WCM4型は日立の497kW吊掛式主電動機6基を備

上：煙は見えなくても、インド国鉄にはそれらしい「雰囲気」が欠けてはいない。ここではちょっと手入れの良くないWCM5型CC機が、ボンベイ〜ハイデラバード間の急行を引いている。WCM系は現在ではなくなっている。

右：日立製のWCM4型7両は、インドが輸入したボンネット・ノーズ式電気機関車の最後だった。ここに見えるのは1978年1月17日の撮影。

「こだま」　日本国有鉄道（JNR）

日本：1958年

形態：旅客用電車列車
動力：架線からの直流1500Vによる100kW電動機16基、中間電動車4両の車軸を歯車で駆動
牽引力：48.9kN
最高運転速度：時速125km
総重量：276.3t
最大軸重：9.6t
全長：166.42m
製造者：川崎、近畿車輛、汽車製造会社、電気部品は東芝製

1600kWの電動機は2、3、6、7号車にあって、ダイナミックブレーキとシュー式ブレーキを備え、付随車にはディスクブレーキがあった。
　この列車は定員425人で、たちまち日本の利用者に歓迎された。

この列車は日本の名高い「ブレット・トレイン」（新幹線）開発にあたってのモデルとなった。1958年当時、これが新しく電化された1067mmゲージの東京〜大阪間で平均時速80kmを出したことは立派なもので、553kmの区間を6時間50分で結んでいた。「こだま」は空調付きの車両8両で編成され、両端車にはキューポラ式に突き出した運転台があった。1時間定格出力

「こだま」の特徴的な高い運転台がよく見える。車両の屋根にあるのは空調装置を収めたもの。この列車の需要は大きく、当初の8両編成はすぐに12両に延長された。「こだま」は後に151系と改称された（出現当時は20系という呼称）。

436

電気機関車と電車列車　1946〜2003年

ChS2型　ソヴィエト国鉄
ソヴィエト連邦：1958年

ソ連国鉄は貨物用電気機関車には自国製を使っていたが、旅客用はチェコスロヴァキアのシュコダから購入した。1958年のChS2型原形は3516kWとあまり強力ではなかったが、1基700kWに強化された電動機ができてから量産機は満足なものとなった。1964〜73年までに改良された電動機を持つChS2型が計942両製造された。

形態：旅客用CC電機
動力：4200kW
き電：直流3000V
牽引力：(時速91.5kmで) 162kN
最高運転速度：時速140km
重量：125t
最大軸重：21t
全長：18.92m
ゲージ：1524mm

AL1型　英国鉄道(BR)
イギリス：1959年

この81型機関車はBR標準の青色塗装となり、以前の型式と同様な真空ブレーキ付きのほか、空気ブレーキ付きの列車も牽引できるように改造された。

イギリス国鉄がロンドンのユーストン駅からマンチェスター、リヴァプール、バーミンガムへの西海岸本線を交流25kVで電化すると決定した時、イギリスには高圧による鉄道電化の経験はほとんどなく、外国でもフランス以外にはそれほどなかった。どれも2240kWのBB機と定められた最初の機関車100両は、英国のメーカー5社に分けて発注された。その狙いは、いろいろな型式の経験を得ることで、今後さらに機関車が必要になれば、量産にあたって望ましい設計のものが選ばれるだろうということだった。AL1型機関車はバーミンガム鉄道客貨車会社で、アソシエーテッド・エレクトリカル・インダストリーズ（AEI）の電気部品を付けて製造された。ほかの各型式はベイヤー・ピーコック／メトロポリタン・ヴィッカーズ、イングリッシュ・エレクトリック、ノースブリティッシュ・ロコモティヴ社／GEC、イギリス国鉄／AEIの製造だった。これらはAL1〜AL5型と名付けられ（ALとはAC式機関車の意味）、後にBRが1970年代にもっと論理的な番号システムを採用した時、81〜85型と改称された。AL1型は25両が製造され、そのうち2両は歯車比を客貨両用に変えて最高時速を130kmに下げていた。

当初、交流を駆動装置のため直流に変換するのは水銀整流器によっていた。これはタンクの底で動揺する水銀の失弧のために3相の陰極を用いていた。こんなものがうまく働くということは驚きだったが、1950年代にはこれ以外に方法はなかった。その後、半導体による整流が発達したため、どちらかといえば信頼性の低い水銀整流器をシリコン整流器に変えることができた。主電動機の電圧は変圧器の捲線に結ばれたタップ切換装置で調整された。製造当時、この機関車にはパンタグラフが2基あったが、ひとつは外された。パンタグラフはフェーヴレーのシングル・アーム式だった。

時速160km用の機関車であることから、軌道へのストレスを小さくするため、主電動機は吊掛式ではなく、ボギー台車の台枠に完全にバネ上搭載されていた。車軸の駆動は、車輪の上下運動を吸収できるバネ式駆動装置によっていた。こんな複雑なものがいつも全面的に信頼できるわけではなかったが、この設計は本機の最後まで変わらなかった。BRが旅客・貨物の輸送を改善するに伴い、この機関車は新製当時引いていたような真空ブレーキ付きの車両だけでなく、空気ブレーキ付きの車両も引けるように改造された。AL1改め81型は1986年に時速130kmへと格下げされ、最後は荷物列車や貨物列車、ターミナル駅を出入りする空車の回送列車に使われていた。

形態：本線の旅客用BB電気機関車（2両は客貨両用機関車）
動力：架線からの50ヘルツ交流25kV、2385kW、水銀整流器とタップ切換装置式制御、直流主電動機4基
牽引力：222kN
最高運転速度：時速160km（2両は時速130km）
重量：81t
最大軸重：不明
全長：17.22m
ゲージ：1435mm

第3部　電気機関車と電車列車

WAG1型　インド国鉄（IR）

インド：1959年

インド国鉄のWAG1型はヨーロッパの50ヘルツ・コンソーシアムの設計であり、インド亜大陸で運行される実際上最初の25kV商用周波数による交流機関車であった。

機械部品と電気部品はコンソーシアムのメンバーから集められ、ラ・ブリュジョワーズ＆ニヴェルとソシエテ・デ・フォルジュ＆アトリエというベルギーの2社がWAG1型30両のヨーロッパでの組立にあたった。残りの92両は1963〜66年にインドのチッタランジャン機関車工場で製造された。

主電動機はジーメンスの出力2900kWで、アルストム設計のモノモーター式ボギー台車に取り付けられた。イグナイトロン整流器を用いた変圧器のタップ切換による制御で、主電動機は永久並列接続だった。回生制動装置があり、重連運転が可能だった。

形態：貨物用BB機
動力：2900kW
き電：50ヘルツ交流25kV
牽引力：293kN
最高運転速度：時速80km
重量：85t
最大軸重：21.3t
全長：20.66m
ゲージ：1676mm

165系　日本国有鉄道（JNR）

日本：1959年

1959〜71年まで各種の電車列車が区間列車や近郊列車用に製造され、日本の主要メーカーがこれに参加した。その中には日本車輌製造、近畿車輛、日立があり、電気部品は三菱と東京芝浦電気の手によった。製品は運行を止めないよう、丈夫で信頼性が高くなければならなかった。165系は電動車2両の3両1組であったが、編成は12〜13両にも及んだ。

形態：近郊用3両編成電車列車
動力：架線からの直流1500Vによる主電動機8基、2両の電動車の全軸を駆動
牽引力：31.3kN
最高運転速度：時速110km
総重量：108t
最大軸重：9t
全長：59.923m
製造者：日本車輛、川崎、汽車製造会社

165系は、他の型式と同様、混雑時には併結運転された。日本には世界でももっとも頻繁でよく利用されている近郊鉄道網があり、2分間隔の列車運転も珍しくない。

E321型とE322型　イタリア国鉄（FS）

イタリア：1960年

ここではC形機関車のE321.007号が1978年6月にローマ駅で客車の入れ換えに使われている。機関士の息子が運転台で楽しい午後を過ごしているようだ。

E321型は簡素な設計のロッド伝動式入換用電気機関車である。低いボンネットの下にある主電動機1基がジャック軸を回し、その回転力がカップリング・ロッドを通して3つの動軸を駆動する。

集電は運転台屋根にある箱形パンタグラフによっている。FSは旅客ターミナルのような軽い仕事には機関車1両を用いている。操車場のような重量級の仕事になると、こうした機関車の中にはスレーヴ機E322型と重連で使われるものもある。これはマスター機E321型と基本的には同型の機関車で、ただ運転台がないだけである。スレーヴ機はE321型から制御され、駆動用電流も受け取る。

E321型の中には2両のE322型スレーヴと連結して、牽引力をさらに大きくするものもある。

形態：入換用電気機関車（E321型）およびスレーヴ機（E322型）
車輪配列：スレーヴ1両との重連ではC＋C
動力：ユニットごとに架線からの直流3000V、190kW、車体搭載の直流主電動機1基、ジャック軸とサイド・カップリング・ロッドを駆動
牽引力：不明
最高運転速度：時速50km
重量：ユニットごとに36t
全長：ユニットごとに9.28m
ゲージ：1435mm

電気機関車と電車列車　1946～2003年

V41型BB機　ハンガリー国鉄(MÁV)
ハンガリー：1961年

　MÁVのV41型はワード・レオナード方式の回転式装置により同期電動機への電流を制御し、同期電動機は直流発電機2基を駆動し、そこからの電流が主電動機へ送られる。こうした複雑で重いものだったが、主変圧器の1次捲線を切り換えることにより15kVと25kVの複電圧に対応できた。現在では全機廃車されている。

形態：軽量列車牽引および入換用BB機
動力：1214kW
き電：50ヘルツ交流16または25kV
牽引力：152kN
最高運転速度：時速80km
重量：74t
最大軸重：18.5t
全長：12.29m
ゲージ：1435mm

CC機　ソヴィエト国鉄(SZD)
ソヴィエト連邦：1961年

　共産国ソ連が高出力の機関車を緊急に必要としながら国内の工場では25kV用の高出力機が製造できなかった時期に、ドイツのクルップはK型20両をソヴィエト国鉄(SZD)に納入した。本機はロシアにおける運行環境で典型的に見られるような極端な気温の変動の中で、重量列車を牽引することを求められた。K型は1970年代後半まで使用された。

形態：CC機
動力：4965kW
き電：50ヘルツ交流25kV
牽引力：(時速48.4kmで) 357kN
最高運転速度：時速100km
重量：138t
最大軸重：24t
全長：21.02m
ゲージ：1524mm

AM9型　英国鉄道(BR)
イギリス：1962年

　クラクトンとウォルトン・オン・ザ・ネーズへの電化のため製造されたBRの4両編成19本と2両編成4本の急行用車両群は、全車が貫通式でコモンウェルスのボギー台車をはいていた。これらは時速160km用の歯車比を持ち、25kV路線における急行用電車列車としては英国唯一のものであった。そのステータスを示すように急行用の客車と同様、マルーンに線入りの塗装が与えられていた。

形態：急行用4両編成電車列車 (2両編成もある)
動力：架線からの50ヘルツ交流25kV、電動車1両、GECの210kW吊掛式直流主電動機4基、タップ切換式制御
最高運転速度：時速160km
各車の重量：35～60t
最大軸重：不明
全長：両端車19.76m、中間車19.66m

AM9型電車列車、後の309型は、1988年に442型が導入されるまでイギリス最速の電車列車だった。1962年9月、AM9型610号がコルチェスター北駅に止まっている。

439

第3部　電気機関車と電車列車

V43型　ハンガリー国鉄(MÁV)　　　ハンガリー：1963年

西ヨーロッパの50ヘルツ車両製造グループによって設計され、本機の最初の7両はフランスのモノモーター式ボギー台車を使ってドイツのクルップで製造されたが、その後はハンガリーでガンツMAVAGにより製造され、計379両に達した。

V43型は、ヘイジェシャロム線の最重量級旅客・貨物列車を除けばどこでも変わらず見られる機関車である。GySEV鉄道でも、全機MÁVから購入した15両が運転されている。1999年からは近郊のプッシュプル列車用に改造されたV43.2型が生まれている。

形態：汎用BB機
動力：2290kW
き電：50ヘルツ交流25kV
牽引力：265kN
最高運転速度：時速130km
重量：80t
最大軸重：20t
全長：15.7m
ゲージ：1435mm

新しいV43型1081号が1963年ブダペストの東駅に止まっており、そのスッキリしたデザインは19世紀式の駅の建物と対照的である。赤い星はまだ共産主義が支配していることを示すもの。

VL80型BBBB機　ソヴィエト国鉄　　　ロシア：1963年

ソヴィエト国鉄のVL80型は交流25kV用2車体式整流器機関車で最初に量産されたものであり、6軸のVL60型と外観は似ていた。優に4000両を越えるものがノヴォシェルカスク工場で造られ、その中には何種類かがあって、1990年代まで製造が続けられた。最初のVL80型（25両）は水銀整流器付きだったが、量産型の大部分はシリコン整流器付きのVL80K型と電気抵抗制動のVL80T型であった（前者が718両、後者が1073両製造された）。続いて電気回生制動付きのVL80L型が373両生まれた。重連運転用の装置を持つVL80S型は1980年から製造が開始され、約3000両が造られた。その間、他にも実験的な変種がいくつか出現した。主な各種類（VL80K型、VL80T型、VL80R型、VL80S型）はロシアの交流電化された路線網で貨物列車用に残っている。

形態：貨物用2車体式BBBB機
動力：3160kW
き電：50ヘルツ交流25kV
牽引力：(時速52kmで) 220kN
最高運転速度：時速110km
重量：92t
最大軸重：23t
全長：16.42m
ゲージ：1524mm

この型式が導入されてから40年近くたつ2002年4月22日に、VL80T型2040号がオムスク地方のコロソフカ操車場で出番を待っている。

440

電気機関車と電車列車　1946～2003年

Dm3型　スウェーデン国鉄(SJ)　　　スウェーデン：1963年

Dm3型1DDD1機1両がスウェーデン北部のキルナから52両の重い鉄鉱石列車を引き出す。

　スウェーデンの遙かな北部を横切ってノルウェーへ何キロも入り込むのは、キルナ～ナルヴィク間の鉄鉱石輸送鉄道である。この鉄道はキルナから東へボスニナ湾のルーレオへも鉄鉱石を大量に輸送している。鉄鉱石用のボギー・ホッパー車52両をつないだ5200総トンもの列車が、単線のこの両鉄道で1日数回運転されている。SJは巨大な3車体式電気機関車群16両を購入した（ノルウェーのNSBはこれを分担するために強力なCC機3編成を備えた）。スウェーデンのDm3型機関車は、車体に搭載した大形交流電動機がジャック軸とカップリング・ロッドで4本の車軸を駆動するもの、3ユニットを半永久的に連結したものである。Dm3型は、現在では鉱山会社のLKABが子会社のMTABを介して所有するようになっている。

形態：重量貨物用3車体式電気機関車
動力：架線からの16.67ヘルツ交流15kV、7200kW、各ユニットに車体搭載の交流主電動機がジャック軸と連結動輪4軸を駆動
車輪配列：1DDD1
牽引力：940kN
最高運転速度：時速75km
重量：270t
最大軸重：不明
全長：35.25m
ゲージ：1435mm

スウェーデン国鉄のDm3型はそれぞれ出力7200kWの3ユニットを半永久的に連結して1編成としたものである。

第3部　　電気機関車と電車列車

このDm3型機はノルウェーのE115型CC機の前部に連結されている。鉱石列車の貨物は通常5200トンに及ぶ。

CC40100型　フランス国鉄(SNCF)

フランス：1964年

SNCFのスマートな4電流式40100型CC機が臨時列車を引いて、パリの北駅からの発車を待っている。ベルギー国鉄も同系の18型機関車6両を保有している。

ヨーロッパ中に国際急行旅客列車を運転しようとする時に直面する大問題は、架線式電化のシステムや電圧がいろいろ違っていることである。フランスだけでも直流1500Vと50ヘルツ交流25kVの2種類がある。ベルギーは直流3000Vである。ルクセンブルグも交流25kVである。オランダは直流1500Vを使っている。そしてドイツの鉄道は16.67ヘルツの交流15kVを使っている。

CC40100型機関車10両は、これら各種の電流をどれでも受けて運転するように設計された。このため各国の寸法の違いに合うよう4つのパンタグラフを持ち、貨物用ではないのにモノモーター機関車となっていた。

CC40100型の外観は、大きく内側に傾斜した運転台窓とリブ付きのステンレス車体で目を引くものとなった。この型の機関車が第一線を退くようになったのは、パリ・ブリュッセル・アムステルダム・ケルンを結ぶ各国共有のTGV「タリス」網が運行を開始してからである。

形態：本線の旅客用4電流式CC電気機関車
動力：架線からの50ヘルツ交流25kV・直流1500V・直流3000V・16.67ヘルツ交流15kV、(最初の4両)3710kWまたは(後の6両)4480kW、台車枠に搭載の直流主電動機2基
牽引力：196kN
最高運転速度：時速160km
重量：109t
最大軸重：不明
全長：22.03m
ゲージ：1435mm

442

電気機関車と電車列車　1946〜2003年

新幹線の16両編成　日本国有鉄道（JNR）

日本：1964年

100系の列車が1997年4月に東京から大阪へ向かう東海道新幹線で、静岡を疾風のように走り抜ける。

1964年に日本は、世界最初の高速鉄道を東京オリンピックに関連して登場させた。この全区間新設の路線は、高速旅客列車専用に最初から設計されたものだった。国鉄（JNR）の他の路線網が昔ながらの通路に1067mmゲージで敷かれていたのとは違って、新幹線と呼ばれるこの新線は、まったく踏切のない通路を走る1435mmゲージの線であった。

最初の区間は日本でもいちばん人口密度の高いところを通って、東京と大阪の二大都市を結んでいた。中間駅はちょうど10あった。わかりやすい列車運行のため線路配置は統一された簡素なものとなっていた。列車はやや急な勾配もある新線を運転するために特に設計されたものであった。在来の本線では20‰の勾配が使われてい

1992年登場の背を低くした300系列車は、それまでの日本の列車よりずっと高速で効率的であった。これは東京での撮影。

443

第3部　　電気機関車と電車列車

るところもあったが、対照的に新幹線の路線は高速運転が続けられるようにできる限りまっすぐで、長い高架橋区間の上を走っていた。東京〜大阪間の新幹線は延長515kmで、在来の1067mmゲージの東海道線（新幹線開業まで日本でもいちばん列車回数の多い路線だった）とほぼ平行に走っている。このため最初の新幹線は新東海道線と呼ばれた。

当初は12両編成の両運転台式新幹線電車列車がこの路線に使われた。その高速運転と独特な流線形の前頭部から、新幹線列車には欧米から来日した人たちによって「ブレット・トレイン」（弾丸列車）というあだ名が付けられた。JNRの用語では、これらはその後の型式と区別するため0系とされている。普通車は3＋2の座席で、快適だが簡素なもの。日本では「グリーン車」と呼ばれる1等車は2＋2の配置で、もっと大きく快適な座席となっている。

0系の各中間車は長さ24.5m、幅3.38m、高さ3.98mの寸法であった。列車の前頭は独特のノーズ部分を持ち、両側に二対のライトがあった。これは前部では白、後部では赤を示し、列車の進行方向がすぐにわかる。実際の運行で新幹線列車は両端駅の間を常時平均160kmやそれ以上で走るものが多く、20年近くも世界でずば抜けて速い定期運行列車となった。特別の試験走行ではもっと高速で運転された列車もあったが、0系の最高運転速度

日本の高速列車のうちいちばん古くて有名なのは、1964年に登場した当初の0系「ブレット・トレイン」である。現在では残り少なくなり、もっと新しい編成が新幹線を通っている。

は210kmとされていた。各停の列車は「こだま」、急行は「ひかり」と名付けられた。

新幹線は大成功で、旅客数は急速に増加した。やがて12両編成は16両に延長された。各車にそれぞれ主電動機があるため、延長しても出力の問題はない。1963年から1986年までの23年間に2300両以上の0系電車が製造された。これらは例の青と白に塗られていた。この最初の新幹線区間は世界でももっともよく利用される高速鉄道となっており、東京〜大阪の両都市を結ぶ路線には毎時片方向で10本またはそれ以上の列車がある。

当初の東京〜大阪間路線の成功を見て、JNRでは新幹線網の拡大を

この横顔は第2世代の日本式流線形を示しており、新幹線を有名にした1964年の「ブレット・トレイン」風より洗練されている。

開始した。まず最初の路線が西に延長された。その後、別の路線が東京の北へ建設された。後の路線はさらに高速で運転できるよう、当初の東海道新幹線よりいっそう高規格で建設されていた。大阪から西への路線は山岳地帯を通るため、長大トンネルが多くあった。東京から北への路線では日本国内の電気方式が違うため電化も違う基準のものとなった。最初の路線や西への路線で使われた60ヘルツ25kVではなく、北への路線では50ヘルツ25kVが使われた。この電化方式の変更は、よく両新幹線網の間に直通列車がない理由のひとつにあげられている。東京の中央駅で各新幹線の終点ホームは隣り合っているのに、東京行きの列車はみんなそこが終着である。

これらの新線に使うため新しい新幹線列車が開発された。これらは新技術を採用し、いっそう高速用に設計されていた。0系列車が列車の各軸を直流主電動機で動かすというこれまでと同じ駆動方式だったのに対して、後の列車の新式駆動システムでは動力軸が減らされ、効率が向上した。1982年に

は200系列車が東京から北への列車のため造られた。その初期のものは従来の0系列車に似ていたが、緑とクリームの塗装でスノープラウを備えていた。内部もそれまでの列車より進歩していた。車体はアルミニューム製で、電動機はサイリスター制御を使っていた。最初の200系列車の最高時速は240kmと定められていた。後の200系列車は100系列車とスタイルが似ており、時速275kmまで出せるものもある。

100系は1985年に使用開始され、東京から西への列車用の設計だった。これらは0系列車よりシャープな、角張ったスタイルだった。1987年のJNRの民営化以後、3つの別会社が新幹線の運行を担当することになり、いろいろな新しい列車が登場している。300系はくさび形のほっそりした前頭部を持つ超近代的な列車である。それまでの列車より背が低く、東京から西の路線で時速270kmを常時出すように設計されていて、大阪から西で最高速度を常時出している。300系列車は時速300kmの速度を出すことができ、強制通風の非同期電動機を用いる近代的な3相交流駆動方式を世界の高速列車で初めて採用したものに数えられる。東京から北への列車には400系6連や各種のE系が1990年代に登場した。このうちE1系とE4系は、収容力を増やすため2階式の設計を採用している。E1系

電気機関車と電車列車　1946〜2003年

は12両だけであり、一方E4系は8両編成であるが重連運転で16両とすることもできる設計である。

新幹線でもっとも高速なのはJR西日本の500系列車で、1997年に導入された。最初は大阪と西の博多を結ぶ「のぞみ」だけに使われた。最高速度300km用に設計され、駅間で世界最速の時刻と宣伝されている。こうした新車の登場にもかかわらず、JNR最初の0系は世界中によく知られた高速列車として残っている。約40年前のその登場以来、何千という写真が出版されており、そのおなじみの姿は日本を宣伝する文書でまだ使われている。0系の一部は東京と大阪の博物館に展示され、ヨーク（イギリス）の国立鉄道博物館にも入っている。

形態：0系旅客用高速電車列車
動力：架線からの60ヘルツ25kV
出力：11,846kW
牽引力：入手不能
最高運転速度：（通常運行で）時速210km
全長：（中間車）24.5m
最大軸重：16t
軌間：1435mm

200系列車が福島駅で停車しようと走ってくる。初期の200系は最初の0系と同じような流線形だったが、東京から北への新幹線路線で使われている。

第3部　　電気機関車と電車列車

Mat '64型　オランダ国鉄（NS）

オランダ：1964年

　合わせて214本の2両編成と32本の4両編成電車列車がNSの各停や一部の都市間路線用に納入され、4両編成のものはELD4型と呼ばれている。これらは以前有名だった「ドッグ・ノーズ」電車列車の後継者である。このあだ名は運転台の窓下から突き出たノーズの形から来ている。1964年の編成もこうしたノーズを持っていたが、それほど目立たなかった。この編成には分割・併合のため重々しいシャルフェンベルク式自動連結器が付いていて、それが効率的に行われた。この列車の内部は現代の標準からすれば無駄がない、むしろ簡素なものであったが、その後どれも各停用となっていることからすれば十分である。

形態：各停用2両または4両編成電車列車
動力：架線からの直流1500V、編成に2両の電動車、GECの210kW吊掛式直流主電動機4基（4両編成では8基）
最高運転速度：時速140km
各車の重量：35～47t
最大軸重：不明
全長：（両端車）26.07m、（中間車）24.93m
ゲージ：1435mm

この近郊列車用Mat '64型は斜めの広告入りパネルが窓にかぶさっている。

EU07型　ポーランド国鉄（PKP）

ポーランド：1964年

　EU07型がスレチョフでPKPの長距離旅客列車を引いている。ポーランドの基礎施設は投資不足に苦しまされ、かつての栄光を僅かに止めるだけという路線が多い。

　ポーランドの鉄道は1930年代からイギリスの電化技術を見習ってきており、1960年代の初めにポーランド国鉄（PKP）は近代的な新型電気機関車の製造をイギリスに求めた。1961～65年の間にPKPは20両のEU06型電機を使用開始した。これらは英国鉄道の83型を下敷きにしたものであり、イングリッシュ・エレクトリックがそのヴァルカン・ファウンドリー工場で製造した。1960年代半ばにポーランドのパファヴァークがこの型のライセンスを取得して、ヴロツワフ工場で基本的には同型の電機群を追加生産した。これらポーランド製のマシンはEU07型と呼ばれ、通常は旅客列車に使われた。ほとんどの点でこれはEU06型と同じである。パファヴァークでは1964年からの10年間に240両のEU07型を製造した。

形態：BB電機
動力：架線からの直流3000V
出力：2000kW
牽引力：入手不能
最高運転速度：時速125km
重量：83.5t
全長：入手不能
最大軸重：入手不能
ゲージ：1435mm

電気機関車と電車列車　1946～2003年

PKPの電機が2002年4月にクラクフ近くで午後の日を浴びる。こうしたポーランドの電機はイギリスの設計に基づいており、同じ時代のイギリスの電機に似ている。

060-EA型　ルーマニア国鉄（CFR）　　　　　　　　　　　　　　ルーマニア：1964年

060EA型の004号が旅客列車に連結される。この機関車には菱形のパンタグラフが付いており、前進する時には後部のパンタグラフを上げる。

第3部　電気機関車と電車列車

形態：本線の客貨両用CC電気機関車
動力：架線からの50ヘルツ交流27kV、5100kW、直流主電動機6基
牽引力：412kN
最高運転速度：(40型) 時速120km、(41型) 時速160km
重量：約120t
最大軸重：不明
全長：19.8m
ゲージ：1435mm

　CFRは本線の電化に当たり、重量級の汎用CC電気機関車を必要とした。スウェーデンのASEAにはRc2型という人気の高い機関車ができており、この設計を基礎にしてもっと大形のCC機を提供することができた。900両以上がルーマニア南部クラヨヴァのエレクトロプテレ工場で製造された。これらは後に40型と改称された。歯車比を変えて旅客列車運転用となった060-EA1型（後の41型）もあった。
　CFR標準の灰色塗装に金属の帯をしめたこの機関車は、電化区間なら国内のどこでも見られた。41型は国際・国内の旅客列車を牽引した。40型は、時には重連で、重量貨物列車を引いた。41型を機関区や乗務員が飾り立てることもよくあった。
　この型はエレクトロプテレからユーゴスラヴィアやブルガリアの鉄道にも輸出された。

この41型機関車には乗務員が線を描き加えて運転台の窓にカーテンまで付け、飾り立てられている。

42型　ブルガリア国鉄（BDZ）　　ブルガリア：1964年

　このシュコダ製機関車はいささか奇妙なデザインの運転台を持ち、グラスファイバーを機関車の製造に用いたもっとも初期の例に属する。プルゼニにあるシュコダではBDZ向けに90両の42型を、シリコン整流器とタップ切換式制御付きで1965〜70年の間に製造した。チェコスロヴァキアの23型と240型もこれに似ている。

形態：客貨両用BB機
動力：3200kW
き電：50ヘルツ交流25kV
牽引力：250kN
最高運転速度：時速110km
重量：85t
最大軸重：21.5t
全長：16.44m
ゲージ：1435mm

mP型荷物電車　オランダ国鉄（NS）　　オランダ：1964年

　オランダでいつも見られる光景ではなくなったが、きれいな黄と赤のmP型荷物電車がオランダの各主要都市を結ぶ郵便輸送にあてられていた。2〜3両の4輪荷物車を牽引することが多く、そのために客車用のバッファーやフック式連結器も付いていた。mP型は当初濃赤色で、ヴェルクスポールがこの万能車両を34両製造した。
　近年退役してから、mP型の中には線路保守会社で資材や職員の輸送用に使われているものもある。

形態：単行荷物電車
動力：架線からの直流1500V、ヘーマフの145kW吊掛式直流主電動機4基
最高運転速度：時速140km
重量：54t
全長：26.4m
ゲージ：1435mm

mP型の2連が郵便輸送にあてられているのが見える。オランダ国鉄はこれらを使ってユトレヒトの中心拠点から各地へと郵便列車を走らせた。

電気機関車と電車列車　1946〜2003年

279型と289型BB機　スペイン国鉄（RENFE）　　スペイン：1967年

1987年10月20日、279型がブルゴス山地のパンコルボ駅を貨物列車の先頭に立って通過する。

これらのよく似た2型式は、スペインの3000V区間（および国境を越えてフランスの1500V線）での運転に使われた直流2電圧式機である。最初の279型は後の289型（2年後に登場）より出力がやや小さかった。どちらも単電圧式の269型と機構的にも外観上も非常によく似て造られていた。今日では279型と289型はRENFEカルガスという貨物会社に属している。

同じ日、同じ場所を、やや強力な289型が通過していく。

形態：複電圧式BB電機
動力：(279型) 2700kW、(289型) 3100kW
き電：直流1500Vまたは3000V
牽引力：(低速用歯車比) 263kN、(高速用歯車比) 164kN
重量：(279型) 80t、(289型) 84t
最大軸重：21t
全長：17.27m
ゲージ：1676mm

SS（韶山）1型　中国鉄道部　　中国：1968年

韶山1型は中国国内の製造で初めての量産電気機関車であった。これはシリコン整流器とタップ切換式変圧器という方式を用いていたが、その他の点では以前フランスから輸入したイグナイトロン整流器式機関車（アルストム1960年製の6Y2型）を下敷きにしていた。

1968年までは6Y1型と呼ばれた韶山1型は3600kWの回生制動付きで、成都〜宝鶏間の秦嶺山地を越える運転のために設計されていた。この600kmの路線の電化は1958〜75年の間に行われた。

中国における本線の電化はようやく1960年になって宝鶏〜鳳州間90kmで開始され、6Y2型機関車がそのために輸入された。これ以前は鉱山の鉄道だけが電化されていた。こうして中国は50ヘルツ交流25kVで出発し、世界の他国での技術的進歩の恩恵を受けた。

1979年から株州電気機関車工場では、韶山1型に代わって高出力の韶山3型が生産ラインに乗った。

非常に清潔な韶山1型1234号が1977年蘭州機関区に止まっている。中国の機関車はたいてい中も外もよく保守されている。

形態：CC機
動力：3780kW
き電：50ヘルツ交流25kV
牽引力：301kN
最高運転速度：時速95km
重量：138t
最大軸重：23t
全長：20.368m
ゲージ：1435mm

第3部　電気機関車と電車列車

581系　日本国有鉄道(JNR)　　　日本：1968年

寝台車は、もっぱら機関車に引かれる客車と一般に考えられてきた。しかし1968年から日本には、寝台電車列車群がある。この当時、そしてそれ以前から、この国（とりわけ本州）が南北に長いことから、旅行には夜行列車が便利だった。

581系は12両編成で、食堂車と車掌室を除けば全部寝台用のスペースとなっていた。長手に3段式で置かれた寝台はみな同じ規格で、下段は料金が高かった。寝台数は444あった。車両は上段を畳んで日中も使用でき、座席は最大656人分あった。空調装置、水槽などは屋根のところにあった。両端の制御車には動力がなかった。その次が動力車であり、その車軸と他の4両の車軸が動力付きで、編成の半分が駆動されており、電動機の1時間出力は2800kWとされていた。

この列車は日本の1067mmゲージで造られていた。日本全国における電力システムの相違から、電動機は60ヘルツ交流と直流用、もっと新しい583系寝台列車は50および60ヘルツ交流と直流用であった。

しかし、本州と北の北海道とをレールで結ぶ世界最長の青函トンネル（53.85km）の建設にもかかわらず、日本では夜行寝台列車が衰退している。国内航空と主要路線における新幹線の高速昼行列車がその主因である。

青函トンネルがあっても狭軌の鉄道による東京から札幌への旅は一種の苦行と見られており、やがてこの線が新幹線方式に改められれば変わってくるだろう。休暇で旅行する人は581系のような最低限だが快適な設備よりも、週3回運転される豪華な「カシオペア」寝台車の方を好んでいる。

定期寝台列車はまだ多く、東京～出雲市間の「サンライズ出雲」、東京～高松間の「サンライズ瀬戸」、京都～大阪～長崎間の「あかつき」、新大阪～小倉～宮崎間の「彗星」などがある。しかし581系と583系寝台車の多くは近郊輸送用の通勤電車に改造されている。

形態：12両編成寝台電車列車
動力：架線式のき電による100kWの電動機24基が12両中6両の車軸を歯車で駆動
牽引力：142.9kN
最高運転速度：時速120km
総重量：553t
最大軸重：12t
全長：249m
製造者：日本車輌、汽車製造会社、川崎、日立、近畿車輛、東急車輛

EF66型BBB機　日本国有鉄道(JNR)　　　日本：1968年

原形（EF90型、後のEF66型901号）の開発から2年後に、55両のEF66型機が川崎〔一部は汽車会社〕から国鉄（JNR）へ納入された。少し改良されたEF66型28両は1989年から出現した。

EF66型の中間ボギー台車は、機械的てこと空気バネがあって横に移動できる。現在ではEF66型の大部分がJR貨物によって東海道・山陽本線の急行貨物用に運転され、13両がJR西日本で東京～九州間の旅客用に残っている。

両方のパンタグラフを上げたEF66型が日本の中央である京都の操車場にいるのが見える。その重量と出力にもかかわらず、本機の6軸は最大軸重わずか18トンに過ぎない。その主な用途には夜行の寝台列車がある。

形態：重量貨物用BBB機
動力：3900kW
牽引力：(時速72kmで) 192kN
最高運転速度：時速120km
重量：108t
最大軸重：18t
全長：18.2m
ゲージ：1067mm

電気機関車と電車列車 1946〜2003年

EA型　ニュージーランド国鉄（NZR）　　　　　　　　　　　　　　　　　　　　　　ニュージーランド：1968年

東芝はNZR南島のオティラ〜アーサー峠間で1923年製のEO型に代わるものとしてEA1〜5号を製造した。後にそれが置き換えた機関車の型式を引き継いでEO型と呼ばれるようになったEA型は、3重連で使われた。1998年になるとトンネルの換気装置と改良されたU26C型ディーゼル機関車ができたため、電化は廃止された。

形態：BB機
動力：960kW
き電：直流1500V
牽引力：103kN
最高運転速度：時速72km
重量：55t
最大軸重：18t
全長：11.6m
ゲージ：1067mm

El14型　ノルウェー国鉄（NSB）　　　　　　　　　　　　　　　　　　　　　　　　ノルウェー：1968年

ノルウェー国鉄（NSB）の電化はほとんどが第二次世界大戦後に行われた。オスローからベルゲン、トロンヘイム、スタヴァンゲルへの本線ではみんなEL14型が使われた。これは勾配と曲線の多い路線で重量級旅客列車を牽引できる強力なCC機だった。より高速で近代的な機関車が入ってきたためEl型は第一線の仕業からは退いたが、貨物用としてはまだ働いているのが見られる。

形態：本線の客貨両用CC電気機関車
動力：架線からの16.66ヘルツ交流15kV、5080kW、回生制動、直流主電動機6基
牽引力：350kN
最高運転速度：時速120km
重量：105t
全長：17.74m
ゲージ：1435mm

ノルウェー国鉄初期の濃赤色に塗られたこの14型CC機は、落石や氷から機関士を守るための格子が前面窓に付いている。目立つスノープラウにも注目。

342型　スロヴェニア国鉄　　　　　　　　　　　　　　　　　　　　　　　　　　　スロヴェニア：1968年

スロヴェニア国鉄の342型は客貨両用である。アンサルド製の本機は旧ユーゴスラヴィア国鉄から引き継いだものである。コペル港からの貨物が増加し続け、新型機がないことから、342型は全線で区間旅客や貨物用として働き続けることだろう。

形態：客貨両用BB機
動力：2280kW
き電：直流3000V
牽引力：177kN
最高運転速度：時速120km
重量：76t
最大軸重：19t
全長：17.25m
ゲージ：1435mm

第3部　電気機関車と電車列車

[メトロライナー]　ペンシルヴェニア鉄道(PRR)　　　　　　　　　　　　　　　　　　　アメリカ：1968年

　時速210kmもの速度での列車運転が可能であることを示す日本の新幹線が引き起こした世界的なセンセイションに促されて、ペンシルヴェニア鉄道はニューヨーク〜フィラデルフィア〜ワシントンDC間の北東回廊における高速列車の開発を始めた。連邦資金の助成を受けて、PRRでは「メトロライナー」と呼ばれる時速257kmが出せる高速電車列車を開発した。この列車が運転できるようになったころ、PRRはペンセントラル鉄道の一部となっており、メトロライナー列車は定期運行では時速177kmに制限された。ペンセントラルの破産ののち、アムトラックがメトロライナーを引き継いだ。1980年代の初めになると、当初のメトロライナー電車列車は他へ転用されて、この列車名は機関車牽引のものにあてられた。

形態：高速電車列車
動力：25ヘルツ交流11.5kV
牽引力：入手不能
最高運転速度：(営業運転)時速176km、(能力)時速256km
重量：149t(2両)
全長：51.816m(2両編成)
最大軸重：19t
ゲージ：1435mm

日本の新幹線の成功にも影響されて生まれたメトロライナーは、アメリカの高速電車列車だった。当初の車両が他の用途に回された後、この名前は何年も使われた。

103型　ドイツ連邦鉄道(DB)　　　　　　　　　　　　　　　　　　　　　　　　　　　西ドイツ：1969年

インターシティ客車を牽引するこの103型は、本線の直線区間では時速200kmの速度に達することができる。

電気機関車と電車列車　1946～2003年

原形4種類の評価を行なった後、DBでは強力な旅客用電気機関車145両を製造してインターシティ列車の革新を開始した。流線形の外観と高性能で静粛な運行ぶりから、103型は鉄道ファンの人気を集めた。インターシティ列車の1等車に合わせた赤とクリームに塗られ、後にはDB式の赤色のものも現れた。

形態：急行旅客用電機
動力：架線からの16.67ヘルツ交流15kV、7440kW、サイリスター制御、回生制動、台車枠に搭載の直流主電動機6基
車輪配列：CC
牽引力：314kN
最高運転速度：時速200km
重量：114t
全長：(103.215号まで) 19.5m、20.2m
ゲージ：1435mm

ここでは103.158号機関車が旅客列車を引いてケルン駅に止まっている。最後の103型は2003年に退役した。

32型　ブルガリア国鉄(BDZ) 　　　　ブルガリア：1970年

列車回数の多いソフィア～プロヴディフ間の本線は、当時国際的な標準となっていた50ヘルツ交流25kV方式によって1962年に電化された。さらに、首都からカルロヴォとルーマニア国境のルセへの路線が続いた。32型の4両編成79本は、ソフィア～プロヴディフ～カルロヴォ間の都市間列車に使われ始めた。モノクラス列車で座席定員は316人だった。

形態：4両編成列車
動力：660kW
牽引力：不明
最高運転速度：時速130km
総重量：不明
全長：不明
製造者：RVZ（ラトヴィアのリガ）

BB15000型　フランス国鉄(SNCF) 　　　　フランス：1971年

BB15000型65両は、フランスにおける交流25kV区間の急行旅客用機関車の主役である。BB7200型と同様の標準的なモノモーター式であるが、交流電化区間用に設計されていた。BB22200型という複電圧版もある。BB15000型は主にフランス東部で運行されている。

形態：本線の客貨両用BB電気機関車
動力：架線からの50ヘルツ交流25kV、4400kW、交流サイリスター制御、台車枠搭載の直流主電動機2基
牽引力：294kN
最高運転速度：時速160km
重量：90t
最大軸重：不明
全長：17.48m
ゲージ：1435mm

BB15000型が他社線であるルクセンブルグの駅に止まり、パリ東駅行き列車の先頭に立っている。

453

第3部　電気機関車と電車列車

WAM4型CC機　インド国鉄(IR)　　　　　　　　　　　　　　　　　　　　インド：1971年

形態：汎用CC機
動力：2715kW
き電：50ヘルツ交流25kV
牽引力：332kN
最高運転速度：時速120km
重量：113t
最大軸重：19t
全長：18.974m
ゲージ：1676mm

　WAM4型は、いろいろな輸入機を運行して実際上の経験を得た後、インド国内だけで設計・製造された最初の電気機関車であった（もっともボギー台車はアルコのトライマウント式だった）。この設計はその後のWAG5A型、WCG2型、WCAM1型にも使われた。WAM4型はシリコン整流器と高圧駆動制御システムを用いていたが、初期の機関車が用いたバネ上搭載の電動機は維持費が大きかったため、吊掛式の主電動機に戻っていた。本機は500両近くが製造され、基本型のほかに変形機もいくつかある。最高時速50kmのWAM4B型は鉱石列車用だった。WAM4P型は最高時速140kmの旅客用機関車で、電動機をぜんぶ並列に接続できる制御システムを持っていた。そのほか所属する機関区ごとに変えられた点がいろいろあった。WAM4型は今でも旅客用に広く使われている。

チッタランジャン工場ではこのゴツい万能機を客貨の各種の用途に500両以上製造した。

ET22型　ポーランド国鉄(PKP)　　　　　　　　　　　　　　　　　　　　ポーランド：1971年

　ポーランド国鉄でいちばん数の多い電機は、ドルメル社の電気部品を付けたパファヴァク社製のET22型である。この型は1971年に量産が始まり、1200両近くが造られた。各機は3000kWまでの出力を持つ直流直巻主電動機6基を備えていた。ET22型は重量貨物列車用の設計であるが、一部はいつも旅客列車にあてられていた。ロシアやウクライナへも達する長い寝台列車などには、ET22型電機があてられることがあった。典型的な仕業はPKP路線での石炭・鉱石列車やその他の重量貨物列車である。

形態：客貨両用（主として貨物用）CC電機
動力：架線からの直流3000V
出力：3000kW
牽引力：(時速50kmでの連続) 212kN
最高運転速度：時速125km
重量：120t
全長：19.24m
最大軸重：20t
ゲージ：1435mm

ET22型はポーランド国鉄（PKP）でよく見られる車両に数えられている。本機はふつう貨物用であるが、旅客用に使うこともできる。

電気機関車と電車列車　1946〜2003年

CC機　アルジェリア国鉄(SNCFA) アルジェリア：1972年

東ドイツのLEWとチェコスロヴァキアのシュコダという東欧の2メーカーの協力により、アルジェリア国鉄（SNCFA）向けのこの重量級鉱石列車用機関車が製造された。

6CE1〜32号と名付けられたこの機関車は、ジェベルオンク、テベッサとアンナーバ港との間の鉱石列車用に32両が製造された。

このCC機は機械的にはDR（東ドイツ国鉄）の25kV交流機251型に似ていたが、電気的にはCSD（チェコスロヴァキア国鉄）の3000V直流機181型に似ていた。1992年から6FE型が導入された後も、この型は約半数が使用されている。

アルジェリア国鉄の重量貨物用機関車6CE型28号は、この国の鉱山業に一役買っている。ここでは1990年遅くにドレア・オアシス近くで、海岸への燐鉱石列車を引いているのが見える。必要とあれば無線操縦の補機を列車の中間に組み込むこともできる。

形態：重量貨物用CC機
動力：2150kW
き電：直流3000V
牽引力：（時速32kmで）241kN
最高運転速度：時速80km
重量：130t
最大軸重：22t
全長：18.64m
ゲージ：1435mm

第3部　電気機関車と電車列車

8000型BBB機　韓国国鉄（KNR）　　　韓国：1972年

内方傾斜式でぎらつきを防止した窓と角張った前面は、この韓国の働き者がフランス流のアルストム設計であることをすぐに示してくれる。

形態：重量貨物用BBB機
動力：3990kW
き電：50ヘルツ交流25kV
牽引力：426kN
最高運転速度：時速85km
重量：128t
最大軸重：21t
全長：20.73m
ゲージ：1435mm

この交流を受けて直流に変換し駆動するサイリスター制御の発電制動付き機関車90両は、大きな技術的進歩を示すだけでなく、きびしい牽引力の要求にも応えるものだった。KNRの8000型機関車は曲線の多い25‰の勾配で重量列車を引くことが求められた（このため中央部のボギー台車は457mmの横動ができた）。内方傾斜式運転台を持つ本機の上部車体は、典型的なアルストムのデザインである。8000型は太白山脈を越えるソウル～プクピョン（北坪、現在は東海）間449km路線の電化のために導入された。

Re6/6型　スイス連邦鉄道（SBB）　　　スイス：1972年

形態：勾配線の貨物および旅客用BBB機
動力：7856kW
き電：16.67ヘルツ交流15kV
牽引力：（11601～11604）394kN、（11605～11689）398kN
最高運転速度：時速140km
重量：120t
最大軸重：20t
全長：19.31m
ゲージ：1435mm

　7856kWという出力は、SBBのRe6/6型を世界でも最強力の機関車のうちに数えられるものとしている。BBBという全粘着式の配列は、Re4/4Ⅱ型BB機と Ae6/6型CC機の要素を組み合わせたものである。Re4/4式のボギー台車を3つ並べて、Ae6/6型の全粘着重量以下でありながら、重量移動を軽減し曲線通過を容易にしている。11601、11602号は車体がヒンジ付きで2分割されていたが、11603、11604号はふつうの車体となり、量産機85両も同じデザインを用いていた。Re6/6型は導入以来サンゴタルト越えの客貨列車で主役をつとめ、1990年代後半に460型で一部置き換えられた。本機は21世紀に入っても現役として残ることであろう。

車齢27年とはいえ多くのスイスの電気機関車と同じく年を感じさせない姿で、Re6/6型が1997年9月ブリークに止まっている。

電気機関車と電車列車　1946～2003年

Sr1型　フィンランド国鉄(VR)　　　　　　　　　　　　　　　　　　　フィンランド：1973年

・フィンランドはロシア標準の1524mmゲージを使っており、直通輸送の相手といえばいつもロシアの鉄道だった。1970年代初めにフィンランド国鉄（VRの略称で知られる）が本線の電化を始めた時、最初の電気機関車Sr1型はロシアに発注された。機械部分と多くの電気部品はノヴォシェルカスク電気機関車工場で造られ、一部の工事はフィンランドのオイ・ストレームベルク社が担当した。第1号機は1973年に完成した。30年ほど使わ

フィンランド国鉄（VR）はSr1型電機を旅客列車にも貨物列車にも使っている。長距離急行列車がヘルシンキの中央旅客駅に近づく。

れて、Sr1型の運用範囲は広がっているが、それはVRがヨーロッパ標準の50ヘルツ交流25kVによる電化を次第に拡げていったためである。本機は客貨両用電機で、単行でも重連でも使われる。

形態：客貨両用BB電機
動力：50ヘルツ交流25kV
牽引力：(時速73kmで) 176.5kN
最高運転速度：時速140km
重量：84t
全長：18.96m
最大軸重：21t
ゲージ：1524mm

87型　英国鉄道　　　　　　　　　　　　　　　　　　　　　　　　　　イギリス：1973年

上：87型の最近の仕業は、ロンドンのユーストン駅とグラスゴー、マンチェスター、リヴァプール、バーミンガムを結ぶ都市間プッシュプル列車である。

下：製造当時の87型の中には複雑な構造のパンタグラフを載せたものもあった。

形態：本線の客貨両用BB電気機関車
動力：架線からの50ヘルツ交流25kV、3730kW、タップ切換式制御、台車枠搭載の直流主電動機4基、クイル式駆動装置で車軸を駆動
牽引力：258kN
最高運転速度：時速175km
重量：85t
最大軸重：不明
全長：17.83m
ゲージ：1435mm

英国鉄道がグラスゴーへの西海岸本線北部の電化を決定した時、そのためにはいっそう強力な機関車が必要となった。87型機関車35両は86型を発展させたものであった。出力は低めに設定されていたものの、性能は良かった。最初はBRの青に塗られ、その後はインターシティー列車の色となり、現在では赤いヴァージン・トレインの塗装となっている。

第3部　電気機関車と電車列車

381系　日本国有鉄道（JNR）　　　日本：1973年

　日本は車体傾斜列車の技術に関して早くから手を付けていた。それは旅客に働く遠心力を軽減しながら曲線での速度を安全に向上させるためだった。これは東海道線のように高速列車の運転のため必要なまったくの新線を敷く一方で行われたことであった。1970年には振り子式の傾斜装置が591系の3両編成電車列車で試みられた。9両編成の381系はこの技術に基づいている。車体のデザインは581系のものに基づいているが、傾斜させるために幅が狭くなっている。381系は「くろしお」列車として京都・大阪から太平洋岸のリゾートである白浜や新宮へ走り、1990年代に283系電車列車によって置き換えられた。

形態：急行用振り子列車
動力：電動車6両、各車100kWの主電動機4基
牽引力：入手不能
最高運転速度：時速120km
総重量：342t
最大軸重：9.75t
全長：191.7m

6E型BB機　南アフリカ鉄道（SAR）　　　南アフリカ：1973年

　電動機設計と絶縁材の進歩により、大幅に改良された6E型の連続牽引力はそれ以前の5E型より75%も高くなった。機構的には、ボギー台車の設計は変わったが電動機の吊掛式はそのままだった。6E型E1146～1225号の80両はボギー台車と車体の間に空気バネを備えていたものの、5E型、5E1型、6E1型のどれとでも重連運転ができた。

形態：汎用BB機
動力：2252kW
き電：直流3000V
牽引力：（時速41kmで）193kN
最高運転速度：時速112km
重量：89t
最大軸重：22.5t
全長：15.495m
ゲージ：1067mm

6E1型の1678号は1977年と1979年に製造されたもの。6E型の中でもこの型は960両あって、SARの電機ではいちばん数が多い。一色の塗装やマーク・番号の標記はこの車体にあまり似合っていないようだ。

1044型　オーストリア連邦鉄道（ÖBB）　　　オーストリア：1974

　スウェーデン流の設計によりオーストリアで製造された1044型140両余りは、オーストリアで最強力の機関車に数えられる。全国で旅客用にも貨物用にも見られ、主なインターシティやユーロシティ急行はほとんど一手に引き受けている。ÖBBの赤い塗装をしたこの独特の外観はドイツ南部でもおなじみで、北はミュンヘンやフランクフルトでも見られる。

形態：本線の客貨両用BB電機
動力：架線からの16.67ヘルツ交流15kV、5300kW、サイリスター制御、発電制動、台車枠搭載の直流主電動機4基
牽引力：314kN
最高運転速度：時速160km
重量：83t
最大軸重：不明
全長：16m
ゲージ：1435mm

これら5300kWのBB機は製造当時オーストリア最強力の機関車だった。全土で客貨両用に使われている。

電気機関車と電車列車　1946〜2003年

この1044型は1980年代の桃色とクリーム色に塗られた区間旅客列車を引いている。

181型　ドイツ連邦鉄道（DB）　　　　　　　　　　　　　　　西ドイツ：1974年

隣国にフランスとルクセンブルグがあるのだから、国境を越えるドイツの列車は国境の駅で機関車を交換しなくてもすむように各国の電化システムに合った機関車で運行するのが合理的である。ところが驚くことにDBは、長年こうした技術的には可能な方策をほとんど活用しなかった。25両の複電圧式BB機はフランクフルト・アム・マインからフランスのストラスブールやメッツへ、コプレンツからルクセンブルグへと運行されている。

ドイツの初期の複電圧式電気機関車は、側面のリブなど独特の外観をしている。

形態：本線の客貨両用複電圧式BB電機
動力：架線からの16.67ヘルツ交流15kVおよび50ヘルツ交流25kV、3200kW、発電制動、直流主電動機4基
牽引力：285kN
最高運転速度：時速160km
重量：83t
最大軸重：不明
全長：17.94m
ゲージ：1435mm

第3部　電気機関車と電車列車

250型　東ドイツ国鉄(DR)　　　　　　　　　　　　　　　　　　　　　　　　　　　東ドイツ：1974年

　旧DRの250型貨物用電気機関車は、再統一後の西ドイツで好評を得た東ドイツ電気機関車のもうひとつの例である。現在DBで（旧DBからの貨物用電機150型が既にあったため）155型と改称されている250型は、DRの主力貨物用電気機関車であった。このため東ドイツ（ドイツ民主共和国）の電化された本線ではどこでも、これが重量貨物列車を引いていた。
　本機はDRでサイリスター電子制御方式を用いた最初のものに属し、非常に高い牽引力を持っていた。どちらかといえば飾り気のない車体は、現在ではDBカーゴの赤色に塗られている。
　東ドイツの経済状態から大量貨物輸送が崩壊した後、余剰の155型は西ドイツで働き場所を見出し、ルール・ライン地方や南部のニュールンベルク、ミュンヘン周辺で見られるようになった。本機が旧DBの150型や140型機関車を置き換えている。

形態：本線の重量貨物用CC電機
動力：架線からの16.67ヘルツ交流15kV、5400kW、サイリスター制御、吊掛式直流主電動機6基
牽引力：465kN
最高運転速度：時速125km
重量：123t
最大軸重：不明
全長：19.6m

WCAM1型　インド国鉄　　　　　　　　　　　　　　　　　　　　　　　　　　　　インド：1974年

　インド国鉄のWCAM1型はCLW（チッタランジャン機関車工場）製の最初の複電圧式で、機械部分はWAM4型と同じだった。交流路線網と直流路線網はボンベイ（ムンバイ）・アーメダバード線のヴィラールで出会っており、WCAM1型はインドの他の路線ではふつう見られない。
　本機には交流用と直流用に別のパンタグラフがある。直流1500VでのWCAM1型の性能は低く、直列・並列式の抵抗制御を用いているが、実際には直列接続だけに制限されて、最高運転速度は時速75kmに過ぎない。25kVのき電は変圧・整流されて1500Vとなるが、制御システムはここでも問題で、実際には直列・直並列・並列接続の各最高ノッチだけで運転するように制限されている。この機関車は53両が製造され、21000番台のうちの大きな番号を与えられている。

形態：汎用複電圧式CC機
動力：（交流）2715kW、（直流）2185kW
き電：50ヘルツ交流25kVおよび直流1500V
牽引力：（交流）332kN、（直流）277kN
最高運転速度：（交流）時速110km、（直流）時速75km
重量：113t
最大軸重：19t
全長：20.95m
ゲージ：1676mm

この機関区風景ではインド国鉄の違った塗装の例が見える。このゴツいが乗務員には扱いにくい機関車の運行の中心はムンバイであった。

電気機関車と電車列車　1946〜2003年

2601型　ポルトガル国鉄(CP)
ポルトガル：1974年

形態：本線の客貨両用BB電機
動力：架線からの50ヘルツ交流25kV、2940kW、タップ切換制御、台車枠搭載のモノモーター式直流主電動機2基
牽引力：(旅客用歯車比) 205kN、(貨物用歯車比) 245kN
最高運転速度：(旅客用歯車比) 時速160km、(貨物用歯車比) 時速100km
重量：78t
最大軸重：不明
全長：17.5m
ゲージ：1676mm

　ポルトガルを訪ねるフランス人は、1970年代のCP主力電気機関車に出会ってわが家にいるような感じがするだろう。このアルストム設計の機関車は、フランスのSNCF・BB15000型にそっくりである。同じモノモーター式で、CPの場合は旅客用と貨物用で歯車比の変更ができる。2601型機関車は内方傾斜式の運転台窓を持つ外観のデザインまで同じである。12両はフランスで、残りはポルトガルのソレファメで製造された。本機はポルトガルの電化線全線で急行旅客列車を引いている。時には貨物列車にもあてられるが、こちらはもっと新しい5600型BB機の持ち場である。ポルトガルの機関車の塗装はふつうオレンジ色で、運転台前面に斜めの白線がある。

2601型BB機はシュッド・エキスプレスとかリスボン〜ポルト間のアルファ・エキスプレスといった列車を引いた。これらは警戒用の白線が入ったオレンジ色に塗られている。

ER200型14両編成　ソヴィエト国鉄
ソヴィエト：1974年

　モスクワ〜レニングラード（サンクトペテルブルグ）間用として、ER200型の設計はすでに1965年から始められた。原形の編成は1972年から行なわれたが、1990年には信頼性のないことが明らかになった。全編成は14両で、制御車2両と電動車12両から成り、速度制限や多くの貨物列車の間を縫って走るために加速度の大きい高出力としていた。

形態：急行用電車列車
動力：各電動車960kW
き電：直流3000V
牽引力：入手不能
最高運転速度：時速200km
重量：(電動車) 58t、(制御車) 48t
最大軸重：14.5t
全長：各車26.5m
ゲージ：1524mm

350型　スロヴァキア国鉄(ZSR)
スロヴァキア：1974年

　その外観から「ゴリラ」と呼ばれた原形のES499.0型2両は、スロヴァキア国鉄で最初の複電圧機であった。1976年には18両が続き、使用中のものはZSRに引き継がれた。350001号は時速160km運転用に改造され、同型の他機もこれに続くことであろう。

形態：急行旅客用BB機
動力：4000kW
き電：50ヘルツ交流25kVまたは直流3000V
牽引力：210kN
最高運転速度：時速140または160km
重量：89t
最大軸重：22.5t
全長：16.74m
ゲージ：1435mm

461

第3部　電気機関車と電車列車

GE　E60型　アムトラック
アメリカ：1974年

　1972年に初めてアムトラックは、引き継いだGG1型群の置き換えを狙って新しい電機26両をゼネラル・エレクトリックに発注した。新型機関車は高速旅客用の設計で、時速192kmでの運転用に計画されていた。1974～75年にかけて2種類のものが納入され、7両のE60CP型は旧型客車の暖房のために蒸気発生器を持ち、19両のE60CH型はアムトラックのバッド社製アムフリート車などの新型客車に電力を送るための装置を備えていた。E60型は高速での線路追随能力に問題があったため時速137kmほどに制限され、アムトラックは実用的な高速電機を海外に求めなければならなかった。1980年代にアムトラックはE60型の多くを売却したが、一部は保有機として残り、重量級の長距離列車に（2002年現在）まだ使われている。

形態：旅客用CC電機
動力：25ヘルツ交流12.5kVまたは60ヘルツ交流25kV
牽引力：334～364.4kN
最高運転速度：時速137km
重量：176t
全長：21.717m
最大軸重：29t
ゲージ：1435mm

1981年以後AEM-7型で大部分置き換えられたものの、アムトラックのGE製E60型電機は一部が北東回廊の旅客列車用に残っており、重量級の長距離列車を引くことが多い。

20型CC機　ベルギー国鉄(SNCB)
ベルギー：1975年

　20型機関車25両は1975～77年までにベルギーで造られた。1997年に13型が出現するまで、これはSNCBの最強力機だった。20年にわたり20型はブリュッセル～ルクセンブルグ間の幹線で旅客列車を引き、アントウェルペン（アンヴェルスまたはアントワープ）の港から貨車を引きだした。信頼性には技術上問題があって、近年は2線級の仕業に回されている。本機はいつも濃緑色に塗られてきた。

形態：本線の客貨両用CC電機
動力：架線からの直流3000V、5200kW、サイリスター制御、発電制動、台車枠搭載の直流主電動機6基
牽引力：314kN
最高運転速度：時速160km
重量：110t
最大軸重：不明
全長：19.5m
ゲージ：1435mm

晩年、SNCBの20型機関車はブリュッセル南駅で客車の入換えをしたり、アントウェルペンからの貨物列車を引いたりしていた。

462

電気機関車と電車列車　1946～2003年

V63型　ハンガリー国鉄(MÁV)　　　　　　　　　　　　　　　　　　　　　　　　　　　　　　　　　ハンガリー：1975年

現場では電子制御用ラックが積み重なっていることから「ハイファイ」とか、大形・強力であることから「ギガント」(巨人)と呼ばれているハンガリーのV63型は、2002型に「タウルス」が導入されるまでMÁVの運行する最強力の機関車だった。

V63型の量産は1980年に開始され、ガンツMAVAGで計56両が造られた。本機は主にブダペストから東の国際貨物・旅客列車に用いられ、スロヴァキアのブラスティラヴァまで乗り入れるものもあった。

V63型はガンツ自身が開発したサイリスター制御を用いており、2575kWの発電制動もサイリスターで制御される。この型の11両は最高時速160kmに改良されてV63.1型となっており、合わせて60両が現在運用されている。

形態：急行旅客用および重量貨物用CC機
動力：3680kW
き電：50ヘルツ交流25kV
牽引力：442kN
最高運転速度：時速120～160km
重量：116t
最大軸重：19.5t
全長：19.54m
ゲージ：1435mm

下の写真にはV63.021号が見える。MÁVの電機の塗色は20年前とほとんど変わっていないものの、長大・簡素でバランスのとれた外観のこの大形機には、じつに効果的な塗装である。

E656型BBB機　イタリア国鉄(FS)　　　　　　　　　　　　　　　　　　　　　　　　　　　　　　　　　イタリア：1975年

形態：重量貨物用および急行旅客用BBB機
動力：4800kW
き電：直流3000V
牽引力：(時速103kmで) 131kN
最高運転速度：時速160km
重量：120t
最大軸重：20t
全長：18.29m
ゲージ：1435mm

「カイマノ」(鰐)と呼ばれるE656型はイタリア国鉄(FS)伝統の直流電動機付き連接車体式電気機関車の最終発展段階を示すもので、ボギー台車3基式としても最後のものである。この設計はイタリア最初の直流3000V電化線であるフォッ

ギア～ベネヴェント間に1927年導入されたE625型が起源であった。それまでの本線電化は2本の架線による3相交流式で、機関車は固定台枠のE550型やE331型のような同期電動機付きのものだった。直流BBB機は、原形のE625型から生まれた量産機E626型(計448両)をはじめ、E636型(469両)、E645型、

1993年9月5日、E656.061号がトリエステ～ウディーネ間の列車を引いてモンファルコーネに到着する。この線には長い勾配区間があることから、強力な牽引機が必要である。

463

第3部　電気機関車と電車列車

E646型からE656型（211両）まで大量に製造された。2軸ボギー台車3基の設計はFSの路線の一部が急曲線であることから必要とされ、レールや車輪の摩耗と急勾配区間での重量移動の問題を軽減しながら機関車の曲線通過を導くように働くものだった。イタリアとスイスの鉄道はアルプス越えで同じような勾配と曲線の路線を持っており、速度が高まるにつれ曲線が大きな問題となった。FSの直流電化システムではスイスの交流システムのようにかさばった変圧器はいらないが、スイスでは（その重さから）機関車の車体中央部に変圧器を置かなければならず、連接式はとれなかった。イタリアの技術者には機関車設計にあたってそうした制約がなく、そのため連接式が好まれた。E656型ではバネ上搭載の直流直巻主電動機6基はダブル（串形）電機子式で、中空軸駆動装置に歯車で結ばれていた。ダブル電機子式の主電動機はやや古い方式であるが、これにより主電動機の組み合わせが変えやすくなり、運転にあたって経済的なノッチを選ぶことができた。電動機の組み合わせは次のようなものが可能だった。

（ⅰ）電動機12基を直列に、弱め界磁5段
（ⅱ）6基直列と6基直列、弱め界磁5段
（ⅲ）4基＋4基＋4基の並列、弱め界磁3段
（ⅳ）3基＋3基＋3基＋3基の並列、弱め界磁3段

アンサルド、アスジェン、エアコーレ、マレッリ、イタルトラフォ、TIBBの電気部品を使ってカセラルタ、カセルターネ、レッジアーネ、ソフェール、TIBBで製造

堂々とした信号所を背景にして、E656型が牽引列車に連結するためミラノ中央駅のホームにバックしていく。イタリア国鉄では連接式の電気機関車が長い間使われてきた。

されたE656型は、直流機関車設計の最終段階を代表するものであろう。後年の製品では静止式インヴァーター（回転式の電動発電機に代わる補機）のような電子技術が採用されていた。FSがビジネス・セクターによって分割されると、E656型458両は急行旅客営業用（154両）、区間旅客用（77両）、プッシュプル式区間旅客用（58両）、貨物用（169両）に分けられた。最近、E656型は最高時速150kmに下げられ、高速の都市間旅客列車にはもう使われていないが、重量級で低速の運行にはまだ当てられている。

Y0型「スプリンター」都市間連絡電車列車　オランダ国鉄（NS）　　　　オランダ：1975年

この頻発路線向けの高性能電車列車は、NSによって最初はハーグ近郊のステルメール市内線で運行された。エーリコンの電気部品によりタルボットで製造されたこの2両編成が「スプリンター」と名付けられたのは、その高加速性のためだった。8本のY0型と15本のY1型の編成で、1280kWの動力が全軸に伝動されていた。1994年以後は座席を減らし立席を増やした「スピッツペンデル」（ピーク・シャトル）に改造され、後にはさらに短距離列車用に改造された。

形態：頻発運転近郊用電車列車
動力：全軸駆動の1280kW
き電：直流1500V
牽引力：入手不能
最高運転速度：時速125km
重量：（2両）105t
最大軸重：13.2t
全長：52.22m
ゲージ：1435mm

363型　スロヴェニア国鉄　　　　スロヴェニア：1975年

スロヴェニア国鉄の363型は、SNCFのCC6500型に似た代表的なフランス流設計の内方傾斜形運転台である。「ブリギッテ」と呼ばれ、貨物用と旅客用に違った歯車比の2速度式モノモーター・ボギー台車を付けている。アドリア海のコペル港からの大量の貨物は363型の仕業であり、海面の高さから急勾配を上るには補助機関車を必要とする列車が大部分である。都市間旅客列車（リュブリアナが中心）も363型で牽引されている。

形態：CC電機
動力：2750kW
き電：直流3000V
牽引力：131kN
最高運転速度：時速125km
重量：114t
最大軸重：19t
全長：20.19m
ゲージ：1435mm

464

電気機関車と電車列車　1946～2003年

Rc4型　スウェーデン国鉄(SJ)　　　　スウェーデン：1975年

形態：本線の客貨両用BB電機
動力：架線からの16.67ヘルツ交流15kV、3600kW、サイリスター制御、直流主電動機4基
牽引力：290kN
最高運転速度：時速135km
重量：78t
最大軸重：不明
全長：15.52m
ゲージ：1435mm

　北欧の電気機関車の中でいちばん成功したものに属するであろうRc4型は、用途によって6種類に分けられる基本的には同系の機関車のひとつである。Rc1型～Rc6型の360両以上が1975年から製造され、このうち130両が現在Rc4型となっている。これらの何の変哲もないBB機はスウェーデン全土で旅客・貨物列車の大部分を引いており、Rc4型はそのうちでもサイリスター制御の客貨両用機である。
　リブ付きの車体側面によって外観上も特徴のある本機は、スウェーデンの輸出商品としても成功作である。オーストリア国鉄が10両を発注し（これらは最近スウェーデンの鉄道に売却された）、一部はアメリカに行き、旧ユーゴスラヴィアでは大量にライセンス生産されて、その中には現在セルビア、クロアチア、マケドニアで使われているものがある。ルーマニアには130両があり、クロアチアの機関車でトルコ国鉄に貸与されている一群もある。これらはみな交流25kV式である。

これは多くの輸出機の基礎となったスウェーデン国鉄のRc2型BB機で、その高速版がRc4型となった。

このスウェーデン国鉄Rc4型は、側面リブ付きの客車をつないだスウェーデンの典型的な旅客列車の先頭に立っている。スマートなオレンジ色の塗装だが、これは近年薄青色に変わっている。

465

第3部　電気機関車と電車列車

BB22200型　フランス国鉄(SNCF)　　　　フランス：1976年

　フランスが1500Vと25kVの電化網を持っていることから、直通列車は必ず複電圧式機関車が牽引しなければならないことになる。22200型機関車205両は、BB7200型とBB15000型の複電圧版（15000＋7200＝22200）である。実際に本機はチョッパー制御の直流機関車であり、変圧器と半導体整流器を持っていて、これらが25kV交流の架線の下を走る際には使われる。

　SNCFのBB22200型の中には、英国鉄道自体が92型機関車を用意するまで、英仏海峡トンネルを運行するように改装されたものがあった。

形態：複電圧式客貨両用BB電気機関車
動力：架線からの直流1500Vおよび50ヘルツ交流25kV、4360kW、交流変圧器と整流器、直流チョッパー制御、台車枠に搭載されたモノモーター式直流主電動機2基
牽引力：294kN
最高運転速度：時速160km
重量：90t
最大軸重：不明
全長：17.48m
ゲージ：1435mm

BB7200型　フランス国鉄(SNCF)　　　　フランス：1976年

　これらの近代的な客貨両用電機240両は直流電化の本線、とりわけフランス東南部で使われている。モノモーター式であるが、歯車比を変更する機構は持っていない。電子的制御による駆動装置が高速旅客用か重量貨物用かという必要に応じた特性を自動的に出させる。この交流版（BB15000型）と複電圧版（BB22200型）もある。

形態：本線の客貨両用BB電気機関車
動力：架線からの直流1500V、4040kW、直流チョッパー制御、台車枠に搭載の直流主電動機2基
牽引力：288kN
最高運転速度：時速160または200km
重量：84t
最大軸重：不明
全長：17.48m

ETR401型　イタリア国鉄(FS)　　　　イタリア：1976年

　振り子列車の発想は1960年代後半におけるイギリス、カナダ、イタリア、日本、スウェーデンでの開発作業から始まった。曲線が多いということは、高速が出せる列車でも速度制限が頻繁にあって平均速度が低くなるというわけである。その解決策はボギー台車に振り子機構を持たせ、列車が曲線に入ると客車の車体を自動的に内側に傾けて、乗客には不快感を与え

　1978年4月19日に15時20分発のアンコナ行きクロスカントリー急行としてローマのテルミニ駅1番ホームにいるのはETR401型である。最近この列車は歴史的記念物として更新された。

466

電気機関車と電車列車　1946〜2003年

ずに35〜45%高い速度で安全に運行できるようにすることである。イギリスのAPT（アドヴァンスト・パッセンジャー・トレイン）は1980年代に試験が繰り返され、1983〜85年にはロンドン〜グラスゴー間の臨時列車にも使われた。しかし設計には問題が多く、結局、このプロジェクトへの投資資金が得られないために打ち切られた。イタリアの振り子式原形である単行のY0160-71-99号は、曲線の多いピエドモント州のトロファレロ〜アスティ間や高速の出せるローマ〜ナポリ間の本線で試験された。これにより4両編成のETR401型が製造された。試験を繰り返した後FSはこれを購入し、1976年からローマ〜ナポリ間でデラックス高速急行として営業に使われた。

1等専用で乗客の定員は120人であり、3号車はバーと食堂になっていた。この列車は成功だったがこれに続くものはなく、振り子式は1985年まで本格的に取り上げられなかった。APTを放棄したイギリスは振り子式の技術をイタリアに売却し、ETR401型に使われた駆動装置の設計は全面的に改められた。1988年にまったく新しいETR450型が、イタリアとイギリスにおける設計の成果を盛り込んで登場した。ETR401型ではジャイロスコープと加速度計を各ボギー台車に付ける必要があり、費用がかかるとともに各ユニットの故障するおそれもあったが、ETR450型ではこれらを列車両端の台車だけに付けていた。他の台車の振り子機構は、このマスターと連動して自動的に働いた。

ETR401型は最近更新され、イギリスでもAPT−P列車を復元する作業が進められている。

形態：4両編成振り子式電車列車
動力：入手不能
牽引力：250kN
最高運転速度：時速171km
総重量：不明
最大軸重：入手不能
全長：26.9m
製造者：フィアット（トリノ）

E1100型CC機　モロッコ鉄道　　　　　　　　　　　　　　　　　　　　　モロッコ：1977年

日立がモロッコに納入した22両の機関車は、日本の機関車メーカーから初めてのアフリカ大陸向けという、重要な成果であった。従来はこの地域の歴史と旧植民国家の影響からフランスかイギリスのメーカーであったが、アルジェリアとモロッコはそれぞれ東ドイツとポーランドからの電気機関車によってこうした型を破っていた。E1100型が登場した時、貨物トンキロの約4分の3は燐鉱石であり、本機の設計はこれに対応するものであった。E1100型が発電制動を備え、時速100kmという低速度に反比例して大きな牽引力を持っていたことは、本機を重量鉱石列車の運行にまったく適切なものとした。E1100型は機構的にはJNRのEF81型に似ている。

カサブランカの後背地で、E1115号が近代的な燐鉱石貨車の長大列車を鉱山地帯から海岸へと引いていく。

形態：重量鉱石列車用CC機
動力：3000kW
き電：直流3000V
牽引力：314kN
最高運転速度：時速100km
重量：120t
最大軸重：20t
全長：19.7m
ゲージ：1435mm

第3部　電気機関車と電車列車

150型BB機　チェコスロヴァキア国鉄(CSD)　　　　チェコスロヴァキア：1978年

形態：急行旅客用BB機
動力：4000kW
き電：直流3000V
牽引力：(150型、時速101.2kmで) 138kN、
(151型、時速113.9kmで) 123kN
最高運転速度：(150型) 時速140km、(151
型) 時速160km
重量：82t
最大軸重：20.5t
全長：16.74m
ゲージ：1435mm

　CDの150型は複電圧式350型の直流版であるが、外観は同じでやはり「ゴリラ」と呼ばれている。チェコスロヴァキア国鉄（CSD）のE499型としてシュコダで製造され、全機27両がチェコ国鉄（CD）に引き継がれた。本機はプラハ・オロモウツ・ボフミン線でポーランドへのEC列車などの重たい昼行・夜行の旅客列車や郵便列車に、またスロヴァキア東部のコシツェへの「コシカン」急行や「オドラ」急行に使われている。

　時速160kmへの改良計画は長びいており、2002年までに12両ほどに施行されただけであるが、いずれ150型全部に施行されるであろう。

上：チェコスロヴァキア国鉄のE499型としてシュコダで製造された本機は、1950年代の有名な140型から発展したものである。

ここにDC機関車の標準である2色塗装で見えている150型には、これまでいろいろな塗色が施されてきた。これは側面の通風口を目立たなくしている。

468

トラン・ア・グランド・ヴィテス（TGV）　フランス国鉄（SNCF）　フランス：1978年

　世界最速の列車はフランスで運行され、現在では少し国境を越えたところまで行っている。これはもっぱら鉄道の輸送容量の問題から起こったことであった。パリからディジョン、リヨン、アヴィニオンを経てマルセーユやフレンチ・リヴィエラへ行くパリ・リヨン地中海（PLM）本線は輸送量の増加に圧迫されていた。今後の輸送量の成長から線増が必要だった。方法としてはパリ〜ディジョン間、その後リヨンまでのPLM本線を複々線化するか、別の経路で新しい鉄道を建設するかがあった。後者をとることが合意された。

　大胆にもSNCFは、最終的には時速約300kmを目指す設計の新しい高速線（フランス語でリーニュ・ア・グランド・ヴィテス、LGVと呼ばれる）をパリからリヨンまで中間駅をごく少なくして走らせることにした。曲線半径は大きく、勾配の変化もゆるやかにして、33‰より急な勾配も設けた。

　パリ〜リヨン間LGV用の最初の量産車は、動力車を両端につないだ客車8車体の連接列車だった。動力車は片運転台式流線形のBB電気機関車で、車体に搭載した電動機がカルダン軸でボギー台車の車軸を駆動していた。編成客車両端のボギー台車も2基の電動機で駆動された。列車は目を引く明るいオレンジ色に塗られ、ごく最近その後のTGVの灰色と青に変わっている。

　パリ〜リヨン間TGV列車がみごとに成功して、両都市間の航空輸送を大きく（今後も続くと思われるように）減少させたことは、TGV路線の拡大をもたらした。大西洋線の計画はTGVをパリからルマン、ナント方面の西へ向かわせ、TGVが在来線をブルターニュ、ボ

超高速用の設計である最初のTGV列車前頭部のシャープなラインは、営業面でも新しい高速輸送の優れたイメージであり、旅客をこの列車に惹き付け、成功を確実なものとした。

第3部　電気機関車と電車列車

大西洋線TGVの編成は10車体の連接式客車をはさむ動力車2両で構成されている。

その他、最近では地中海海岸への新線ができ、ストラスブールへも近く開通する。時速515kmという世界速度記録は大西洋線TGVの325号が保有している。以下の要目はTGV南東線のものである。

ルドーやスペイン国境まで走るようになった。こちらの列車は客車10車体の編成で、勾配がゆるやかなため客車自身には電動機がなく、2両の動力車で十分だった。大西洋線用のTGVの最高時速は300kmであった。パリ南東線の列車は280km用につくられていたが、その後高速化されている。

LGV北線はパリとリル、英仏海峡トンネルやベルギーのブリュッセルを結ぶ。リル行きやパリ周辺で北線・南東線・大西洋線を結ぶ新しい連絡線を走る列車には、TGVレジュー系（動力車2両と客車8車体の編成）が製造された。レジュー系の一部はSNCFの直流1500Vと交流25kV電化線だけでなく、イタリアの直流3000Vでも走ることができる。スイスの都市へ乗り入れできるように交流15kV用となっているものもある。パリ南東線の輸送量の増加からSNCFでは2階式TGV群を発注しており、日本のJR東日本の2階式新幹線にもみられる、2階式高速列車である。

TGVの列車群で成功しているのはパリとブリュッセル・アムステルダム・ケルンを結ぶ「タリス」である。「タリス」用の編成は独特のマルーンと灰色の塗装であり、とりわけパリ～ブリュッセル間などで輸送量の激増をもたらした。

形態：連接式高速電車列車
動力（列車単位）：架線からの直流1500Vと50ヘルツ交流25kV、6300kW、交流変圧器と整流器、車体搭載の直流主電動機12基
車輪配列：BB＋B2222222B＋BB
最高運転速度：時速300km
重量：（動力車）65t、（両端の客車）44t、（中間の客車）28t
全長：（動力車）22.15m、（両端の客車）21.845m、（中間の客車）18.7m
ゲージ：1435mm

TGV列車は営業上大成功でパリ～リヨン間の列車もよく賑わうようになり、大きな輸送需要に対応するためには2階式の列車が必要となった。

電気機関車と電車列車　1946～2003年

7E型CC機　南アフリカ鉄道(SAR)　　　　　南アフリカ：1978年

トランスヴァール州の炭鉱地帯にあるエルメロと外洋に面したリチャーズ・ベイを結んで大量貨物を輸送する重要幹線を新しく25kVで電化する際に、SARではサイリスター技術を取り入れた7E型を発注した。組み立ては南アフリカのUCWで、地元で製造したジーメンスとブラウン・ボヴェリからの電気部品を使って行われた。増備機は7E2型と呼ばれ、2002年にはその64両が本機67両とともに運行されていて、どれも「コールリンク」列車に当てられている。

機関車の交換風景。1988年11月24日、7E型の7008号がケイプタウンとデアールの中間地点ボーフォート・ウェストでトランス・カルー急行に連結される。

形態：重量貨物用CC機
動力：3000kW
き電：50ヘルツ交流25kV
牽引力：(時速35kmで) 300kN
最高運転速度：時速100km
重量：124t
最大軸重：21t
全長：18.465m
ゲージ：1067mm

9E型CC機　南アフリカ鉄道(SAR)　　　　　南アフリカ：1978年

南アフリカ鉄鋼業会社（ISCOR）は、シシェン～サルダニャ間で鉄鉱石を輸送するため864kmの路線を運営していた。この線は当初の資本投資を少なくするため50kVで電化されているが、その結果はパンタグラフや施設に十分な間隔を持たせるために、一方では車体の高さがほぼ3分の2となっている。

この機関車は個別励磁の吊掛式直流主電動機を使っている。9E型は片運転台式で、常時3両で20200トンの列車を牽引するようになっている。当初は31両の機関車が発注され、細部の異なる9E1型6両が続いた。この路線の運行は、鉄鋼業会社から南アフリカ鉄道（のちスポールネット社）に移管されている。

形態：重量貨物用CC機
動力：3696kW
き電：50ヘルツ交流50kV
牽引力：382kN
最高運転速度：時速90km
重量：168t
最大軸重：28t
全長：20.12m
ゲージ：1067mm

AEM-7型　アムトラック　　　　　アメリカ：1979年

2001年10月にワシントンのユニオン駅で見られたアムトラックの918号は、北東回廊の列車がアセラという愛称になったことを表す、さっぱりした塗装になっている。

1970年代の終わりに、アムトラックでは時代物である旧ペンシルヴェニア鉄道のGG1型は老朽化し、後継として製造されたGEのE60型は高速列車には不適当とされた。ニューヘイヴン～ニューヨーク～ワシントンDC間路線には新しい電機が必要となり、解決策としてヨーロッパ流の設計を取り入れた。フランスとスウェーデンの電機を試験し、スウェーデンのRc4型に手を加えたASEA製を採用した。AEM-7型は1979年からASEAのライセンスにより、ゼネラル・モータースのエレクトロ・モーティヴ・ディヴィジョンで製造が開始された。スウェーデンのご先祖に似ていたが、やや高速用に設計されていた。北東回廊での最高時速は200kmであった。

形態：高速BB電気機関車
動力：25ヘルツの交流12.5kV、60ヘルツの交流25kV
牽引力：237kN
最高運転速度：時速200km
重量：90.47t
全長：15.583m
最大軸重：22.6t
ゲージ：1435mm

第3部　電気機関車と電車列車

アムトラックのAREM-7型はスウェーデンのRc4型を起源とした。これらは20年間にわたり、北東回廊のアムトラックの列車で主役となった。今日でもボストン～ニューヨーク～ワシントンDC間を定期的に運行しており、近郊通勤輸送用の鉄道でAEM-7型を購入したところもある。

269型BB機　スペイン国鉄（RENFE）

スペイン：1980年

形態：汎用BB機
動力：3100kW
き電：直流3000V
牽引力：歯車比最大の143kNから歯車比最小の263KNまで各種
最高運転速度：歯車比小の時速80kmから歯車比大の時速160kmまで各種
重量：88t
最大軸重：22t
全長：17.27m
ゲージ：1676mm

スペイン国鉄（RENFE）の269型は日本製であり、三菱のライセンスでCAFにより、ウエスティングハウスの電気部品を付けて現地生産された。269型は2段式の歯車を持つモノモーター式のボギー台車を備え、製造当初の各型式のほか、輸送に適合するようにその後改良が加えられたものもいろいろある。最初の269.0型は時速80／

素っ気ないほど角張った外観の269.236号がタンク車の列車を引いて発車する。機関車と先頭の貨車との間には控車がはさまれている。

472

電気機関車と電車列車　1946～2003年

140kmであり、269.2型は時速100／160kmであり、また269.5型は時速90／160kmである。それぞれ貨物用、旅客とインターモーダル列車用、貨物とインターモーダル列車用に使われるものである。その後の改造で269.2型の歯車比を時速120km用だけにした269.7型がインターモーダル列車用に造られ、同じ269.2型を時速140km用に固定した269.9型が夜行の旅客列車用に造られた。後年の変化は事業部門の分割に伴い、それぞれの保有車群を最適なものとするために行われている。269型はスペインの旅客・貨物用の変わらぬ動力車として残ることであろう。

ここには地中海岸のスペイン・フランス国境駅であるポルブーで旅客列車を引いている269.259号が見える。イベリア半島の鉄道とその他のヨーロッパの路線網ではゲージの相違がまだ残っている。

21型と27型　ベルギー国鉄（SNCB）　ベルギー：1981年

この2型式は各60両あり、外観も内部の配置も同じである。21型は27型の低出力版である。27型が主に急行旅客用や重量貨物用であるのに対して、21型はもっと2線級の旅客・貨物列車にあてられている。

21型BB機2120号がM2系プッシュプル式近郊用客車という典型的な仕事についているのが見える。

形態：本線の客貨両用BB電気機関車
動力：架線からの直流3000V、27型は4380kW、21型は3310kW、チョッパー制御、台車枠に搭載の直流主電動機4基
牽引力：234kN
最高運転速度：時速160km
重量：27型は85t、21型は84t
最大軸重：不明
全長：18.65m
ゲージ：1435mm

第3部　電気機関車と電車列車

1141/2型　クロアチア国鉄（HZ）　　　　　ユーゴスラヴィア：1981年

形態：客貨両用BB機
動力：4080kW
き電：50ヘルツ交流25kV
牽引力：（時速103kmで）132kN
最高運転速度：時速120または140km
重量：78〜82t
最大軸重：20.5t
全長：15.47m
ゲージ：1435mm

　クロアチア国鉄（HZ）の1141型は旧ユーゴスラヴィア国鉄（JZ）の441型である。いろいろな亜種が生まれたが、スウェーデン国鉄のRc1型にほぼ似ているASEA製の原形Rb1型の設計に基づいていた。50ヘルツ交流電化推進企業グループに発注され、最初の80両はオーストリアのSGP製の輸入で、次の35両はキットをユーゴスラヴィアのラーデ・コンカーで組み立て、1970年からはザグレブでぜんぶ製造されるようになった。当初の441型の変形としては時速120km用の基本機441.0型、発電制動付き重連運転用の441.3型（26両）、441.3型をフランジ給油式にした441.4型（34両）、441.0型をフランジ給油式にした441.5型（32両）、時速140km用の441.6型（24両、ただし一部は441.7型に改造）、そして最後は441.6型を重連運転可能にした441.7型（55両）が生まれた。ユーゴスラヴィアの解体により、441型は現在いくつかの事業者に移っている。クロアチア国鉄（HZ）には94両、ボスニア国鉄（ZBH）には29両、マケドニア国鉄（MZ）には8両、そして残ったユーゴ（JZ）には96両がある。

　ザグレブ中央駅で写された1141.224号は急行を引いている。旧ユーゴスラヴィアという国家の崩壊によって、この型の機関車はいくつかの国に分けられた。

1600型　オランダ国鉄（NS）　　　　　オランダ：1981年

　すっかりフランス風のNS1600型BB機は、アムステルダムからハールレムやマーストリヒトへの都市間列車やラントシュタット都市圏の区間列車・通勤列車を引いている。1600型機関車58両は、本書に記したSNCFのBB7200型〔466ページ参照〕によく似ている。さいきん運営会社のNSライツィヘルができたことから、本機の最終25両は1800型と改称されることになった。

形態：本線の客貨両用BB電気機関車
動力：架線からの直流1500V、4400kW、直流チョッパー制御、台車枠に搭載の直流主電動機2基
牽引力：294kN
最高運転速度：時速160km
重量：83t
全長：17.48m
ゲージ：1435mm

243型　東ドイツ国鉄（DR）　　　　　東ドイツ：1982年

　この143型（旧DR243型）は西ドイツでプッシュプル式のSバーン近郊列車を走らせている。

　243型電気機関車は、東ドイツ国鉄（DR）の電気機関車で最高の成功作といわなければならない。計647両のこのサイリスター制御式機関車はドイツ再統一以来西ドイツで引く手あまたであり、DBに143型として編入されている。客貨両用機関車として運行されている143型は、旧DRの電化区間ではどこでも見ることができる。

　本機は急行旅客列車でもまだふつうに見られるほか、軽量貨物や区間・近郊のプッシュプル運転にも使われている。これが使いやすいものだったことから、DBでは戦後造ってきた140型や141型電気機関車を多く廃車することができた。

形態：客貨両用BB電機
動力：架線からの16.67ヘルツ交流15kV、3540kW、サイリスター制御、発電制動、車軸に直結する直流主電動機4基
牽引力：248kN
最高運転速度：時速120km
重量：82t
最大軸重：不明
全長：16.64m
ゲージ：1435mm

474

電気機関車と電車列車　1946〜2003年

Em型　ニュージーランド国鉄（NZR）　　　　　　　　　　　ニュージーランド：1982年

　この2両編成44本は1982〜83年NZRに納入されて機関車牽引の列車や古いイングリッシュ・エレクトリック製のDm型を置き換え、それらはこれ以後、ウエリントン周辺の近郊線で混雑時だけに使われるようになった。Em型はジョンソンヴィル支線を除く各線で運行され、2両編成のうち動力車には70人、付随車には78人の座席がある。現在では新しい青の塗装に変わってきている。

形態：2両編成近郊用電車列車
動力：400kWの主電動機4基が動力車の各軸を駆動、架線からの直流1500V
牽引力：不明
最高運転速度：時速100km
総重量：35.9t
最大軸重：不明
全長：20.7m
製造者：ガンツMAVAG（ハンガリーのブダペスト）、電気部品はGEC（イギリス）

下寄りの前面窓の位置とやや引っ込んだ扉がEm型の特徴である。他の路線と同様に、車体全面広告となった塗装も見られる。

250型CC機　スペイン国鉄（RENFE）　　　　　　　　　　　スペイン：1982年

　スペイン国鉄（RENFE）の250型はドイツの設計・製作だがフランス流のモノモーター式ボギー台車をはくという、変わった合成品である。ブラウン・ボヴェリの電気部品を使ってクラウス・マッファイとCAFで製造され、最後の5両は直流チョッパー制御の250.6型という、パワー・エレクトロニクスに早くから力点を置いたものとなっている。

形態：CC電機
動力：4600kW
き電：直流3000V
牽引力：低速用歯車で316kN、高速用歯車で197kN
最高運転速度：低速用歯車で時速100km、高速用歯車で時速160km
重量：124または130t
最大軸重：22t
全長：20m
ゲージ：1676mm

第3部　　電気機関車と電車列車

251型BBB機　スペイン国鉄（RENFE）

スペイン：1982年

　この6軸3台車の機関車30両は日本のEF66型〔450ページ参照〕に似た設計で、三菱・CAFマコサ・ウエスティングハウスの共同企業体により製造された。一時本機は重量級の国際列車や夜行列車の旅客用に使われていたが、RENFEでは現在この独特の形をした機関車を貨物用にあてており、時速100kmのやや低速だが牽引力は大きい歯車比で運転されている。

形態：貨物用BBB機
動力：4650kW
き電：直流3000V
牽引力：低速用歯車で349kN、高速用歯車で216kN
最高運転速度：低速用歯車で時速100km、高速用歯車で時速160km
重量：138t
最大軸重：23t
全長：20.7m
ゲージ：1676mm

急行旅客用機関車だった時代に251型がマドリッドからカディスへの線のアルマグロ近くで、背の低いタルゴ客車の編成を引く。

V46型BB機　ハンガリー国鉄（MÁV）

ハンガリー：1983年

　1983〜92年までガンツMAVAGで造られたこの凸形機関車60両は、MÁVの電化線で客貨車の入れ換えや客車の回送、軽量貨物用として使われた。

ここでは1994年3月28日にV46.023号が空の客車を動かしている。この機関車の大きな窓は、入換作業の際に前後の見通しを良くしている。

形態：BB機
動力：820kW
き電：50ヘルツ交流25kV
牽引力：（時速71kmで）153kN
最高運転速度：時速80km
最大軸重：20t
全長：14.4m
ゲージ：1435mm

電気機関車と電車列車　1946〜2003年

X10型　スウェーデン国鉄(SJ)　　　　　　　　　　　　　　　　　　　　　　　　　　　　　　　スウェーデン：1983年

大部分電化されているスウェーデンの区間列車には、とりわけストックホルム、イェーテボリ、ヴェステルオース、マルメーなどの大都市周辺で、たくさんの電車列車を使うことが必要になる。SJにはこうした近代的な2両編成が100本以上あり、ストックホルムやマルメー周辺の民営事業者が保有しているものも80本ほどある。これらは基本的には簡素な設備の近距離通勤列車である。さらに長距離の路線にはX11型〜X14型という上等な列車もあり、ゆったりした座席や便所を備えて、出入口ドアの数は少ない。

スウェーデン国鉄（SJ）のX10型近郊用電車列車は、地方自治体の財政援助を受けて運行されているものが多い。これらの自治体はその色を地域で運行する列車に塗らせようとするので、下の写真に見るとおりとなる。

形態：2両編成近郊用電車列車
動力：架線からの16.67ヘルツ交流15kV、1280kW、吊掛式主電動機
最高運転速度：時速140km
各車の重量：不明
全長：不明
ゲージ：1435mm

第3部　　電気機関車と電車列車

シュコダ27E型BBB機　チェコスロヴァキア国鉄（CSD）　　　　　　チェコスロヴァキア：1984年

　シュコダ27E型は、ボヘミア西北部の広大な褐炭露天掘り鉱山で使うための特殊機関車である。もとの共産主義経済が依存していた石炭火力の発電のためこの巨大な炭坑に土地を明け渡すよう、モストの町は1970年代に他へ移されてしまった。27E型は掘削が進むと線路を移していく不安定な路盤の上の仮設レールで使われる、頑丈な3車体式である。掘削機の真下で積み込み作業をするために時速0.5kmから3kmといった低速制御装置を持ち、上部から積み込む貨車のために架線が移設されるため機関車の屋根には側方集電装置4基が必要になる。一般運転用にふつうのパンタグラフもある。埃まみれのところで使われるため、噴霧装置と空気取入口の大形フィルターが標準装備となる。1984〜89年にかけて造られた90両がモストとソコロフ付近で鉱山を営むモステカ社とソコロフスカ社で使われている。

形態：BBB鉱山用特殊機
動力：2520kW
き電：直流1500V
牽引力：(時速28.7kmで) 314kN
最高運転速度：時速65km
重量：180t
最大軸重：30t
全長：21.56m
ゲージ：1435mm

163型BB機　チェコスロヴァキア国鉄（CSD）　　　　　　チェコスロヴァキア：1984年

　「パーシング」（ミサイル）と呼ばれているチェコとスロヴァキアのシュコダ製162型、163型、263型、362型、363型は、共通の部品を使っている。163／263／363型は最高時速120km、162型と362型は140kmである。162型と163型は直流3000V用、263型は50ヘルツ交流25kV用、362型と363型は複電圧用。時速120km機は363型が179両、263型が12両、163型が120両に達した。次の163型60両は、財政上の理由からチェコ国鉄（CD）もスロヴァキア国鉄（ZSR）も入手できなかった。その後CDが40両、ZSRが11両を受け取り、9両はイタリアの北ミラノ鉄道（FNM）に売り払われた。時速140kmの362001号は1990年に登場し、同じ年に162型60両も造られた。当初CDは1993〜94年にユーロシティ列車をプラハ〜ブルノ間の幹線で運転開始する際に時速140km機をさらに必要としていたため、363型と162型7両の台車を交換して時速140kmの362型と120kmの163.2型を造り出した。ZSRも1999〜2000年に同じような方策をとった。

形態：汎用BB機
動力：3060kW
き電：直流3000Vまたは50ヘルツ交流25kV
牽引力：209kN
最高運転速度：時速120kmまたは140km
重量：85〜87t
最大軸重：22t
全長：16.8m
ゲージ：1435mm

CD塗色の163型がプラハ近くで客車を引く。汎用機とされているが、本機は旅客用に使われることが多い。

電気機関車と電車列車　1946〜2003年

RBDe560型NPZ　スイス連邦鉄道（SBB）

スイス：1984年

　ペンデル・ツークと呼ばれる一端に動力車、他端に制御車を置いた3〜4両編成の列車は、スイスやドイツでは定着した方式である。NPZ（ノイエ・ペンデル・ツーク）はその最新型である。4編成の原形列車の試験が1981年からトゥーン〜ベルン間とフリブール〜ビール間で行われた。1984〜96年までに132編成が造られ、スイス国鉄の全支社で走っている。
　6編成はスイスだけでなくフランスの25kV架線の下でも走れるようになっており、国境越えのバーゼル〜ミュールーズ間レギオ列車にあてられている。これらはRBDe562型に分類されている。

　SBBのペンデル・ツーク編成が1999年5月7日、ゼムパッハへ向かう途中でローテンブルク駅に止まっている。これらの編成の設計には、新しいヨーロッパ路面電車のデザインの影響がはっきりと見える。

形態：都市間電車列車
動力：1650kW、16.67ヘルツ交流15kV
牽引力：166kN
最高運転速度：時速140km
総重量：70t
最大軸重：不明
全長：不明
製造者：SWG・SIG・ABB

第3部　電気機関車と電車列車

11型電機と都市間列車

ベルギー／オランダ：1985年

ブリュッセル～アントウェルペン～アムステルダム間で毎時運転されている都市間プッシュプル列車にNSは客車を、SNCBは機関車を提供している。どちらもスマートなマルーンと黄色の塗装である。11型機関車はSNCBの21型によく似ているが、最高時速は低く、ブリュッセル～アムステルダム間の仕業専用である。

SNCBの機関車とNSの客車によるブリュッセル～アントウェルペン～アムステルダム間のプッシュプル列車はスマートなマルーンと黄色の塗装である。

形態：プッシュプル急行旅客用BB電気機関車
動力：架線からの直流1500Vおよび3000V、3310kW、チョッパー制御、台車枠に搭載の直流主電動機4基
牽引力：234kN
最高運転速度：時速140km
重量：85t
最大軸重：不明
全長：18.65m
ゲージ：1435mm

EP09型BB機　ポーランド国鉄（PKP）

ポーランド：1985年

ポーランド国鉄（PKP）の路線網の中でもいちばん印象深いものにあげられるのは、ワルシャワから西南へカトヴィツェやクラクフに至る高速線である。この線ではワルシャワをドイツの首都ベルリンに結ぶ本線とともに、ポーランドで最速の旅客列車を走らせている。EP09型電機は1985年に導入され、時速160kmにも及ぶ速度で運転されている。これらはパファヴァク製で、それ以前の電機より角張った外観である。緑の濃淡に塗装されているPKPのほとんどの電機と違って、RP09型は茶色と黄色の装いである。本機はポズナン経由でベルリン～ワルシャワ間を走る「ベロリーナ」とか「ヴァルソヴィア」という列車に使われている。

ポーランド国鉄（PKP）のEP09-014号が2002年4月、クラコフ中央駅で春の日を浴びる。この型の電機はポーランドで最速の旅客列車に使われている。

形態：BB電機、架線からの直流3000V
動力：2920kW
牽引力：入手不能
最高運転速度：時速160km
重量：入手不能
全長：入手不能
最大軸重：入手不能
ゲージ：1435mm

電気機関車と電車列車　1946〜2003年

6E1型　南アフリカ鉄道(SAR、現スポールネット社)　　　南アフリカ：1985年

SARの6E1型はそれ以前の6E型と違って、空気バネの代わりに下の方にある斜めのロッドにより押し引きする力を車体と車輪の間で伝えるようになっていた。このロッドは台車中心の低いところからV形に立ち上がっているのが左右対称にはっきりと見える。6E1型は859両もが造られ、番号はE1226〜E1599とE1601〜E2085となっている。E1600号は25kV方式の開発を試験するための原形機であった。2001年になってスポールネットでは6E1型を新しい18E型に改造する大がかりな計画に着手した。

形態：汎用BB電機
動力：連続2252kW
き電：直流3000V
牽引力：(時速41kmで) 193kN
最高運転速度：時速113km
重量：89t
最大軸重：22t
全長：15.495m
ゲージ：1067mm

計386kNの牽引力を出すことのできる6E1型の1324号と1527号が、1978年2月4日ヨハネスブルグ近郊のジャーミストン操車場で貨物列車を引こうとしている。

3500/3600型　クイーンズランド州営鉄道　　　オーストラリア：1986年

これはクイーンズランド鉄道における貨物列車用BBB電気機関車3型式のうちの3番目であった。3100/3200型と3300/3400型に続いて、50両の3500/3600型はクライド社とウォーカー社によりASEAの電気部品を使って製造され、南部の炭坑のある盆地地域周辺で運行されている。機関車の型式のうちで3200型、3400型、3600型というのはそれぞれ3100型、3300型、3500型にGEハリス式の機関車操縦装置を加えたもので、この装置によれば編成の間に補機を置いて先頭機の運転士1人により遠隔操縦することができる。

形態：貨物用BBB機
動力：2900kW
き電：50ヘルツ交流25kV
牽引力：(時速40kmで) 260kN
重量：110t
最大軸重：18.5t
全長：20.02m
ゲージ：1067mm

重連でいっそうの大出力を発揮しようというクイーンズランド鉄道の3546号と3503号が1997年3月16日、石炭積みホッパー車の列車を引いて、ロックハンプトン南方のグラッドストーンを目指す。

第3部　電気機関車と電車列車

46型　ブルガリア国鉄（BDZ）　　　　　　　　　　　　　　　　　　　　　　　　　　　　ブルガリア：1986年

　ブルガリア国鉄（BDZ）の46型45両は、原形の060EA型を下敷きにしたエレクトロプテレ製で、ルーマニア国鉄の46型に似ていた。実際には46両が製造されたのだが、最初の46.001号は事故で大破してしまった。同じ46.001号を名乗った次の機関車は、まったく別の構造となっている。

形態：重量貨物および旅客用CC機
動力：5100kW
き電：50ヘルツ交流25kV
牽引力：280kN
最高運転速度：時速130km
重量：126t
最大軸重：21t
全長：19.8m
ゲージ：1435mm

120型　ドイツ連邦鉄道（DB）　　　　　　　　　　　　　　　　　　　　　　　　　　　　西ドイツ：1987年

　原形5両の運行に続く120型の量産機関車は60両に及んだ。この近代機はドイツ全土で主に都市間プッシュプル列車に使われ、時速200kmまで出すことができる。これらは所要時間を大幅に短縮するDBの高速新線（ノイバウシュトレッケ）でも走行できる設備を持っている。ICやEC（ユーロシティ）列車にプッシュプル方式を用いることで、フランクフルト・アム・マイン、シュトゥットガルト、ライプツィッヒといった中間ターミナル駅では迅速な折返しができる。120型は一部の貨物列車にも使われている。

ケルン中央駅に見えるこの120型BB機は都市間プッシュプル列車を運行している。この型は夜行貨物列車にもあてられることになっている。

形態：本線の客貨両用BB電機
動力：架線からの16.67ヘルツ交流15kV、5600kW、サイリスター制御、直流主電動機4基
牽引力：347kN
最高運転速度：時速200km
重量：84t
最大軸重：不明
全長：19.4m
ゲージ：1435mm

E492型　イタリア国鉄（FS）　　　　　　　　　　　　　　　　　　　　　　　　　　　　イタリア：1987年

　イタリア本土の電化区間は1950～60年代に直流3000Vの大きな路線網を形成しており、一部はそれ以前の3相交流式から改築されたものである。サルディニア島の鉄道は50ヘルツ交流25kVで電化することが計画され、事前に機関車25両が造られた。旅客用のE492型6両が造られたところでこの計画は中止となり、客貨両用のE491型19両は保管されている。

形態：旅客用および貨物用BB機
動力：E491型は3130kW、E492型は3510kW
き電：50ヘルツ交流25kV
牽引力：E491型は228kN、E492型は199kN
最高運転速度：E491型は時速140km、E492型は時速160km
重量：86t
最大軸重：21.5t
全長：17m
ゲージ：1435mm

Re4/4型、のち456型　スイス南東鉄道（SOB）　　　　　　　　　　　　　　　　　　　　　スイス：1987年

　新しいSOB（2001年創立）は、16.67ヘルツ交流15kVで電化された標準ゲージの路線120kmを持つ旧スイス南東鉄道（SOB）とボーデン湖トッゲンブルク鉄道（BT）が合併したものである。BT線はロマンスホルン～ラッパースヴィル～ルツェルン間路線の東の部分に当たり、そのRe4/4型機関車6両はBT自体の路線だけでなく、一部はスイス連邦鉄道（SBB）線、一部は旧SOB線を走る直通列車に使われている。

形態：汎用BB電機
動力：3200kW
き電：16.67ヘルツ交流15kV
牽引力：255kN
最高運転速度：時速130km
重量：68t
最大軸重：17t
全長：14.8m
ゲージ：1435mm

SBBの1971年製Re4/4Ⅲ型が国際貨物列車を引いてベリンツォーナを通過する。ジュットオストバーン（SOB）はこれと同じRe型機関車を運行していた。

482

電気機関車と電車列車　1946〜2003年

RBDe4/4型　スイス連邦鉄道（SBB）　　　　　　　　　　　　　　　　　　　　　　　　スイス：1987年

　色鮮やかな塗装から「コリブリ」（はちどり）というあだ名のついたこの系列の動力車は短距離や区間列車に使われ、ノイエ・ペンデル・ツーク（新しいプッシュプル列車）またはNPZと呼ばれている。運転台は車体幅いっぱいあり、他の端面は貫通路付きである。この車2両で改造した古い付随車何両かを中間にはさんだ電車列車として運行することができ、ジュネーヴ湖の北側やその他の地域で見られている。

- 形態：各停用電車列車の電動車
- 動力：架線からの16.67ヘルツ交流15kV、1650kW、電子制御システム、ボギー台車搭載の主電動機4基
- 牽引力：166kN
- 最高運転速度：時速140km
- 重量：70t
- 最大軸重：不明
- 全長：25m

SBBは付随車とともに列車を構成することができる電動車を多数運行している。上記の新しいRBDe4/4型は、この1960年製のRBe4/4型電動車から発展した。

E43000型　トルコ国鉄（TCDD）　　　　　　　　　　　　　　　　　　　　　　　　　　トルコ：1987年

　トルコ国鉄TCDDは、アンカラ〜イスタンブール間の本線を1989〜94年にかけて少しずつ電化していった。E43000型45両はこのためにテュロムサスと東芝で製造された。このボギー台車3つという機関車は典型的な日本式設計にならったものであり、2種類の歯車比があって、旅客列車用には時速120km、貨物用にはそれより低い時速90kmだが牽引力の大きいものとすることができる。全路線を直通運転するには架線の限界が2通りあるため、E43000型にはパンタグラフがふたつ必要になる。イスタンブール周辺での25kV電化の初期には、海岸の横風が架線を揺らすだろうと考えてパンタグラフ頂部を1950mmの広いものにしていた。後には限界を小さくとり、1600mmの狭いものでよいことになった。

- 形態：BBB機
- 動力：3180kW
- き電：50ヘルツ交流25kV
- 牽引力：最大275kN
- 最高運転速度：時速120km
- 重量：120t
- 最大軸重：20t
- 全長：18.2m
- ゲージ：1435mm

第3部　電気機関車と電車列車

この駅でのショットでは43000型がとても長大に見えるが、BB機よりあまり長くはなく、CC機ではこれより長いものも多い。中央のボギー台車には若干の左右動が許されている。

AM86型　ベルギー国鉄（SNCB）

ベルギー：1988年

ベルギー国鉄ではどの旅客線にも定時間隔で電車列車を運行している。1988年に登場した2両編成52本には変わった点がふたつあった。運転台前面と車体側面の外皮はぜんぶプラスティック製であり、運転台の前面窓は枠が突き出ているため「シュノーケル」というあだ名を付けられた。AM86型はブリュッセル、アントウェルペン、シャルルロワ、ハッセルト、ルーベンで見ることができる。

AM86型編成は鋼鉄やアルミニュームではなくプラスティックで覆われており、その結果「シュノーケル」として知られている。

形態：各停用2両編成電車列車
動力：架線からの直流3000V、1両の動力車床下に172kWの吊掛式主電動機4基
最高運転速度：時速120km
重量：各車59tと48t
全長：各車26.4m
ゲージ：1435mm

484

電気機関車と電車列車　1946～2003年

BB26000型　フランス国鉄(SNCF)　　　フランス：1988年

形態：客貨両用複電圧BB電気機関車
動力：架線からの直流1500Vおよび50ヘルツ交流25kV、5600kW、交流変圧器／直流へ整流、直流から3相交流へ、台車枠搭載のモノモーター式交流同期主電動機2基
牽引力：320kN
最高運転速度：時速200km
重量：91t
最大軸重：不明
全長：17.48m
ゲージ：1435mm

1980年代の終わりにSNCFは、汎用BB機「シビック」の設計で技術上一歩前進をみた。これはパンタグラフから受けた単相交流を通常どおり変圧し、直流に整流し（直流1500Vの架線の下では直流の電流がそのまま使われる）、それから電子的に3相に変換するという3相駆動方式をフランスの電気機関車で初めて使ったものであり、これによって主電動機の設計、構造や保守がはるかに簡単になる。

234両のBB26000型はフランスの本線のほとんどで客貨両用機として使われている。電子式駆動装置という設計の特長から出力の範囲は幅広く、急行旅客での時速200kmでも重量貨物列車でも自由自在である。

26000型はフランス最初の3相交流電動機付き電気機関車で、保守の簡素化に役立っている。

91型　英国鉄道(BR)　　　イギリス：1988年

ロンドンのキングズクロス駅からエジンバラやリーズへの電化の一環として、BRでは高速列車にプッシュプル編成を採用した。GECの部品を備えたBREL製のこの機関車は一端に流線形の運転台があり、他の端は切妻式で小さな予備運転台がある。この列車は最高時速225kmでの運転用に設計されていたが、必要な信号設備の改良は行われなかった。

91型BB機は電動機を車体下に吊り下げ、カルダン軸で駆動するという変わった駆動方式をとっている。

形態：高速旅客用BB電機
動力：架線からの50ヘルツ交流25kV、4540kW、サイリスター制御、台枠搭載の直流主電動機4基がカルダン軸により駆動
牽引力：不明
最高運転速度：時速200km
重量：80t
最大軸重：不明
全長：19.405m
ゲージ：1435mm

485

第3部　電気機関車と電車列車

442型　英国鉄道(BR)

イギリス：1988年

BRが1967年にロンドンのウォータールー駅からボーンマウスまでの本線を電化した時、その列車には機関車牽引の客車から改造したものを主に用意した。電気部品は確かに新品を使っていたが、これらは20年以内に寿命がきた。

改造客車の代わりは新しい24本の高性能列車だった。442型「ウェセックス・エキスプレス」はBRのマーク3客車の車体を空気バネ台車に載せた、ビュフェ付きの5両編成だった。新しい442型の電気駆動装置は古いボーンマウス編成のものを再利用していたが、これはまだ何十年も十分に使えるものだったからである。

この列車の導入は、ウェイマウスまでの電化の延伸と平行して行われた。内部は、2等座席の配置がやや窮屈だったものの、快適といえた。

1990年代後半に442型はさらに上等な設備に改装され、列車の外側はサウスウェスト・トレインズの鮮やかな色に塗られた。

BRのネットワーク・サウスウェスト部門の赤・白・青という塗装をした442型「ウェセックス・エキスプレス」の5両編成電車列車が、ウェイマウスからロンドンのウォータールー駅へ走る朝の列車としてレインズ・パークに近づく。

形態：急行用5両編成電車列車
動力：サードレールからの直流750V、カム軸式制御、編成中央の動力車床下に300kWの吊掛式直流主電動機4基
牽引力：不明
最高運転速度：時速160km
各車の重量：35～54t
全長：両端車23.15m、中間車23m
ゲージ：1435mm

EF30型BBB機　ニュージーランド国鉄(NZR)

ニュージーランド：1988年

オティラ・アーサー峠線からEO型（旧EA型）が退役すると、本機がニュージーランドで唯一の電気機関車となった。1980年にオークランド～ウェリントン間の1067mmゲージの「本線」区間が交流25kVで電化された後、1988～89年に22両がラフバラ（イギリス）のブラッシュ社から納入された。

ボギー台車3つという方式がこの重い機関車の重量を振り分けるのに役立った。2984kWという出力で、EF30型はこれまでニュージーランド国鉄で走った最強力の機関車でもあった。

ニュージーランドの機関車はどれでも同じだが、オークランド・ウェリントンの両都市を結ぶ「オーヴァーランダー」急行を引くだけでなく、急行貨物や重量貨物の列車にもよく使われるというように、汎用機となっている。

当初はEF30型と呼ばれ、今日ではただEF型として一般に知られている。ニュージーランド国鉄の民営化後、EF型は新制度の下でも走り続けている。しかし、現在では長距離旅客列車の将来がみんな危なくなっており、今後は貨物輸送だけに使われることになるかも知れない。

この型は18両が可動機として残り、30036号はオイオでの事故で廃車され、他の3両の機関車は現在休車となっている。

形態：重量級客貨両用機関車
動力：計2984kWの主電動機6基、架線からの50ヘルツ交流25kV
牽引力：不明
最高運転速度：時速105km
総重量：107t
最大軸重：18t
全長：19.6m
製造者：ブラッシュ（英国ラフバラ）

電気機関車と電車列車　1946～2003年

X2000型振り子列車　　スウェーデン国鉄(SJ)　　　　　　　　　　　　　　　　　　　　　　　　　　　　スウェーデン：1989年

　ヨーロッパで最初に振り子列車方式を本格的に採用しようとした2カ国のひとつがスウェーデンであった。この国が堅い岩山や地盤のある山がちの地形であるため、その本線も非常に曲線が多い。主な都市は何百キロメートルも離れているため、従来の列車では長い時間がかかる。高速列車に適した経路に新しい鉄道を建設することは、とくに堅い岩を削ってトンネルや掘割りを作らなければならないスウェーデンでは大変な費用がかかる。だからスウェーデンは、既存の本線に振り子列車を使うのに理想的な国である。

　列車が線路の曲線を曲がる時、客車の車体が重心を中心にして傾くことは、乗客に働く遠心力を少なくする。だからふつうの列車に許されるよりずっと高い速度で曲線を通過しても、それほどの不快感は覚えない。列車が脱線したり転覆することはないのだから、ふつうの列車より高速での曲線通過は技術的に安全である。こうして振り子方式は、曲線の通過速度を高めながら乗客の快適性をある程度の水準に保つためだけのものである。車体の傾斜は、その車両の前方のボギー台車かその前の車両にある感知装置からの信号を受けて、車体の主台枠と台車枠との間の振子梁を液体式シリンダーで動かすことによって行われる。垂直に対して8度までの傾斜角により、乗客には不快感を与えずにふつうの列車より20～30%高い速度を出して曲線を走行することができる。X2000型の振り子は遠心力をぜんぶ打ち消すものではない。乗客は列車が曲がる時には多少の遠心力を感じるものと思っているので、車体の傾斜角によって60ないし70%の遠心力だけをいつも打ち消すようにすればよい。それでも各線の状況によるが、10ないし20%の時間短縮はできる。

　SJのX2型、のちにX2000型として営業に入ったものは、一端に動力車、他端に客室のある制御車を置いた7両編成である。この編成の場合、動力車に客室はなく、曲線での振り子もない。だから運転士や同乗する鉄道係員は、高速での曲線通過の際に遠心力をフルに経験することになる。付随車はみんな振り子をするが、これはスウェーデンの本線では走行中ほとんど絶え間なしに起こることである。この列車では振り子がうまく制御されているため、乗客が気にするようなものではなく、たいていはスムースで快適に旅をしていくことができる。実際、この列車の設備は非常に快適で、それはSJとメーカーの力によるものである。

　X2000型列車は格好良くぐっと突き出た運転台前面で、やって来ればすぐに見分けることができる。後に製造されたのは第一級の路線以外でも使われるもので、その中には4両や5両編成のインター・レギオと呼ばれるものもある。X2000型が見られる本線としては、ストックホルムからイェーテボリへ、コペンハーゲンからエーアソン海峡を通ってマルメーやストックホルムへ、ストックホルムからスンツヴァルへ、イェーテボリからマルメーへ、ストックホルムからオスロー（ノールウェイ）へなどがある。

形態：急行旅客用振り子式電動列車
動力：架線からの16.67ヘルツ交流15kV、サイリスター制御、動力車だけに車体搭載の主電動機4基、計3260kW
牽引力：不明
最高運転速度：時速200km
各車の重量：不明
最大軸重：不明
全長：不明
ゲージ：1435mm

非振り子式の動力車を先頭にしたX2000型の列車が橋を渡り、高速インターシティ列車としてストックホルム中央駅を出ていく。このすばらしい列車の付随車は振り子機能を備えている。

第3部　電気機関車と電車列車

1700型　オランダ国鉄(NS)　　　　　　　　　　　　　　　　　　　　　　　　　　　　　オランダ：1990年

アルストム製の成功作1600型を基礎として、その9年後に導入されたNSの1700型BB機は、オランダ全土でインターシティ列車に使われ、ラントシュタット地域（アムステルダム、ロッテルダム、ユトレヒト）で2階式の近郊プッシュプル列車に使われている旅客用機関車である。本機81両はそれまでの機関車をサイリスター制御の設計に改めたもので、全体が黄色、屋根と台枠が濃灰色というNSの塗色になっている。

形態：本線の旅客用BB電気機関車
動力：架線からの直流1500V、4400kW、直流サイリスター制御、台車枠搭載の直流主電動機2基
牽引力：294kN
最高運転速度：時速160km
重量：83t
最大軸重：不明
全長：17.48m
ゲージ：1435mm

NSのアルストム製1700型BB電気機関車。この型はオランダの南北交通軸でインターシティ列車によく使われている。

Re450型　スイス連邦鉄道(SBB)　　　　　　　　　　　　　　　　　　　　　　　　　　　　スイス：1990年

450型115両はチューリヒ地域でのSバーン列車専用のプッシュプル機関車となっている。チューリヒ空港に着いたお客は、都心への旅を450型で続けることだろう。Re4/4型の一族であるが、本機はSBBが新型車両に電算番号システムを導入するまでは10500番代となっていた。ASEAブラウン・ボヴェリ製の3相非同期主電動機がSLM製の軸重移動式ボギー台車に搭載されている。450型はふつうのプッシュプル列車に使われるものであるが、片運転台式で客車側には運転台のないことが興味をひく。

形態：プッシュプル近郊旅客用BB機
動力：3200kW
き電：16.67ヘルツ交流15kV
牽引力：240kN
最高運転速度：時速130km
重量：78t
最大軸重：19.5t
全長：18.4m
ゲージ：1435mm

チューリヒ近郊列車網のS3系統で2階式プッシュプル客車を引く450.086-4号が一部地下式のシュテットバッハ駅から出てくる。

電気機関車と電車列車　1946〜2003年

470型　チェコスロヴァキア国鉄（CSD）
チェコスロヴァキア：1991年

　5両編成の2階式近郊電車というこの原形は、1991年に初めて登場した。しかし470型は量産に入らず、設計を変更し新技術を採用した471型に交代している。1104kWの470型1階式電動車が070型2階式付随車3両を中間にはさんだ定員602人（2等）の2編成は完成した。この電車列車は旧チェコスロヴァキア国鉄（CSD）が発注したもので、チェコ共和国とスロヴァキアへの分割がこのプロジェクトの進行を妨げ、大げさな機器を持つ重い1階式電動車の470型は、電子式駆動制御システムの急速な発展によって追い抜かれてしまった。10両全部がチェコ鉄道のものとなり、プラハ・コリーン・パルドゥビツェ線に残ってふつうの旅客列車に使われている。

形態：5両編成2階式電車列車の原形
動力：2208kW
き電：直流3000V
牽引力：入手不能
最高運転速度：時速120km
重量：317t
最大軸重：16t
全長：132m
ゲージ：1435mm

401型インターシティ・エキスプレス　ドイツ連邦鉄道（DB）
ドイツ：1991年

　ドイツにおけるより高速の旅客列車運転への試みは、日本やフランスでの急速な拡大に比べて注意深く進められてきた。しかし、現在DBはかなりの高速列車網を持っている。DBは本線の基礎施設を改善し続け、各線の各区間で最大の速度が出せるように努めてきた。こうして従来の本線でも多くの部分で、すでに時速200kmまでの運行ができるようになっている。103型と120型電気機関車はこの速度が出せるように造られており、最新機の101型も同じである。

　大胆な方策をとらなければ所要時間の適切な短縮はできないことが明らかになった時、DBは曲線があったり輸送量が多いために高速運転が妨げられている本線をバイパスする新しい鉄道の建設計画を決定した。これらはノイバウ・シュトレッケ（新設区間）と呼ばれるものである。その中にはマンハイムとシュトゥットガルトの間、ハノーファーから南へヴュルツブルクまでの長い区間、そして（ドイツ再統一後建設された）ベルリンのシュパンダウ駅とヴォルフスブルクを結びハノーファーとブラウンシュヴァイクに達する高速線がある。さらに最近ケルンとフランクフルト・アム・マインの間でも高速路線が開通した。これらの線は列車が時速300kmやそれ以上で走行するように設計されている。

　最初のインターシティ・エキスプレス（ICE）列車は401型の系列に含まれている。動力車2両とその中間に立派な客車が12両という編成である。動力車はBBの車輪配列で、前端は流線形、後端は貫通路付きである。客車はみなふたつのボギー台車に載っており（つまりフランスTGVの連接式を真似せず）、全編成は時速280kmで走行することができる。この列車の内部は、おそらくフィンランドのものを除けば、ほとんどのヨーロッパの列車よりもゆったりとつくられている。座席は快適であり、2等も快適さではたいていの鉄道の1等に負けない。1等車室はきわめてよく設備されている。この列車の車内には線路に沿っての進行状況を明かりで示す地図が備えられている。どの列車にも食堂車がある。

　ICE列車は白に窓下の赤帯という簡素な塗装である。この塗色はその後、DBのインターシティやユーロシティ用車両にも使われている。60本の401型ICEのほか、4型式のICEがある。半分の編成で流線形の制御車を一端に置いたものが402型である。これは途中で切り離して複数の目的地へ向かわせることができる。最近のケルン〜フランクフルト間高速線向けに現在造られているのはICE3系で、駆動装置を端部の動力車に集中するのではなく、列車全体に分散させたものである。これは時速300km運転用に設計されている。これによる列車にはアムステルダムからケルンへというものがあり、このためオランダ国鉄も少数のICE3型を保有している。

形態：高速旅客用電動列車
動力：架線からの16.67ヘルツ交流15kV、各動力車4800kW、各動力車に車体搭載の主電動機4基
牽引力：不明
最高運転速度：時速280km
各車の重量：動力車80t、付随車52〜56t
最大軸重：不明
全長：動力車20.56m、付随車26.4m
ゲージ：1435mm

DBの流線形ICE列車は全体が白で、赤い閃光が先頭から後尾まで流れる塗色になっている。このスタイルはその後、DBのインターシティ列車全部に広まった。

第3部　電気機関車と電車列車

252型BB機　スペイン国鉄(RENFE)　　　　　　　　　　　　　　　　　　　　　　　　　　　　　　　　　　　スペイン：1991年

ジーメンスの「ユーロスプリンター」に属するRENFEの252型75両には標準ゲージと広軌の機関車があり、また単電圧用と複電圧用とがある。1991～94年に納入された最初の15両はマドリッド～セヴィリア間のAVE高速線でタルゴを時速220km運転するため、1435mmゲージのボギー台車をはいていた。

その他の機関車は1676mmゲージの時速160kmである。最初の31両だけが複電圧式で軌間も変えられたが、大部分は広軌に改造された。それ以外は直流の広軌専用である。

RENFEの252.049号が1997年6月に旅客列車を引いて、ヴァレンシアへの途中でアリカンテに止まる。

形態：汎用BB電機
動力：5600kW
き電：直流3000Vと50ヘルツ交流25kV
牽引力：300kN
最高運転速度：時速220km
重量：90t
最大軸重：22.5t
全長：20.38m
ゲージ：1435または1676mm

X12型　スウェーデン国鉄(SJ)　　　　　　　　　　　　　　　　　　　　　　　　　　　　　　　　　　　　　スウェーデン：1991年

X10型電車列車の高性能からSJでは、それほど輸送量の多くない都市間列車用にその改良型を開発することになった。X12型は、上等な座席と便所付きで出入口の少ない2両編成としたものである。現在SJにはこれが18本あり、その他7本ほどが民間事業者によって運行されている。

形態：2両編成都市間電車列車
動力：架線からの16.67ヘルツ交流15kV、1280kW、吊掛式主電動機
牽引力：不明
最高運転速度：時速160km
各車の重量：不明
最大軸重：不明
全長：不明
ゲージ：1435mm

Re460型　スイス連邦鉄道(SBB)　　　　　　　　　　　　　　　　　　　　　　　　　　　　　　　　　　　　　スイス：1991年

SBBのRe460型は、スイスの都市間列車網の速度と輸送力を向上させようという「バーン2000」構想を推進する動力車の主役となっている。最初1987年に発注され(納入は1996年末になって完了した)、当初の計画ではぜんぶで119両のうち、重運用75両がサンゴタルト越えの路線での重量貨物用の設計であり、約30両が急行旅客列車用であった。その後SBBが再編され事業部門に分割されたことから、こうした区分は逆になり、79両が旅客部門に、40両がSBBカーゴに属している。EU加盟国ではないというものの、SBBはイタリア～フランス～ドイツ間のアルプス越え通過貨物を大量に輸送している。エアストフェルト～キアッソ間のサンゴタルト線は貨物輸送の主軸となる回廊であるが、北側には2.6／2.8‰、南側には2.1／2.6‰という急な上り勾配があって、輸送力の制約となっている。SBBが7900kWのRe6/6型から20年もたって6100kWという低出力の460型を造ったことは奇妙に見えるかも知れないが、Re6/6型の重連では連結器強度の限

ここではバーン2000を表す460型機関車がベルン郊外の村を通過している。

電気機関車と電車列車　1946～2003年

460.005-2号機が1996年4月ザンクトガレン（スイス）に止まって、旅客を乗せている。

界を超えてしまう。460型重連の計12200kWで最大牽引重量1300トンというのは、よく使われるRe6/6型＋Re4/4型（俗称Re10/10型）の計12550kWという標準的な出力と同等である。2000トンの貨物列車がエアストフェルトまでやって来ても、そこから南の1300トン制限を乗り越えようとすれば、Re4/4型またはRe6/6型を1両前部か後部の補機として1600トンまでは増やすことができるが、2000トンとするには列車を分割して中間に補機をつながなければならない。

SBBでは1998年に、アメリカで開発されたGEハリス式機関車操縦装置という列車に分散配置された機関車を無線操縦するシステムを使って、試験を開始した。SBBカーゴではその460型の約半数とRe4/4型、Re6/6型の60両以上にこのシステムを取り付けている。そのほかの利点には、下り勾配の速度を向上させることもあった。ゴッタルト線を貨物列車は時速75kmの標準速度で上っていたが、下りの場合はブレーキが過熱しないよう時速40kmと75kmを繰り返すため低い平均速度となっていた。この操縦装置では列車中間補機のブレーキをきちんと操作することができるため、列車につないだ全機関車の電気ブレーキが能力いっぱいに働いて、下り勾配でも時速75kmを保つことができる。

1999年からは低地地域で460型の4重連が許されている。「バーン2000」の旅客用車両は、振り子式電車列車や、在来の客車をプッシュプル用に改造するための制御車や、同じくプッシュプル式の新しい2階式列車などの混成である。1994年シンドラー社に発注された60両のIC-Bt型制御車は、設計も運転席配置も460型と同じ運転台を持っている。スイスの都市間列車にはチューリヒ中央駅でプッシュプル運転により折り返すものが多いが、方向転換が簡素化された結果、機関車8両と客車60両が節約された。こうした列車はできる限りぜんぶ460型で運行することになっており、14両で定員928人という輸送力の大きい列車がジュネーヴ～ザンクトガレン間、ザンクトガレン～ブリーク間、バーゼル～クール間、バーゼル～インターラーケン間、ルツェルン～チューリヒ空港間の運行に使われている。これらはみんなチューリヒ中央駅で向きを変える。460型はシンドラー製のIC2000という1等86人、2等113人の新しい2階式客車による編成（定員計755人）とも組んで運転されている。

スイスでもうひとつ重要な貨物輸送の回廊は、独立のBLSが運営しているレッチベルク線である。465型というのは460型を出力強化したものである。1994年に8両が納入され、主として古くなった1940年代製のAe4/4型とAe8/8型を置き換えるためであった。2000年にはさらに10両が、トラックを運ぶローラ列車の増発用としてBLSで運行されるために（ただし法的な理由からSBBの資金により）登場している。

形態：汎用BB機関車
動力：4800kW
き電：16.67ヘルツ交流15kV
牽引力：275kN
最高運転速度：時速230km
重量：81t
最大軸重：20t
全長：18.5m
ゲージ：1435mm

6FE型CC機　アルジェリア国鉄（SNTF）　　　　　　　　　　　　　　　　　　　　　　　　アルジェリア：1992年

アルジェリア国鉄SNTF（ソシエテ・ナシオナル・デ・トランスポール・フェロヴィエール）では車齢20年の6CE型を一部置き換えるため、GECアルストムとACEC（シャルルロワ電気製造工場）にこの貨物用機関車14両を発注した。これらはアルジェリア東部のジュベルオンク、テベッサとアンナーバ港の間で燐などの鉱石を運ぶために使われている。

形態：CC機
動力：2400kW
き電：直流3000V
牽引力：266kN
最高運転速度：時速80km
重量：132t
最大軸重：22t
全長：17.48m
ゲージ：1435mm

491

第3部　電気機関車と電車列車

127型原形　ドイツ連邦鉄道(DB)　　　　　　　　　　　　　　　　　　　　　　　　　　　　　　　　ドイツ：1992年

　1990年代の初めに、新しい3相式の電子技術を駆動システムに用いることが効率を高めることを示す原形が造られた。これはき電された交流または直流を周波数・電圧が可変（VVVF）の3相交流に変換するものである。127 001号はジーメンスの電気部品を付けてクラウス・マッファイで生まれた。「ユーロスプリンター」という商品名を名乗るこの型は、DBの101型の基礎となった。

形態：本線の客貨両用BB機
動力：架線からの16.67ヘルツ交流15kV、5600kW、3相制御システム、車体に搭載の主電動機4基
牽引力：不明
最高運転速度：時速220km
重量：84t
最大軸重：不明
全長：20.38m

323型　英国鉄道(BR)　　　　　　　　　　　　　　　　　　　　　　　　　　　　　　　　　　　　イギリス：1992年

　灰色と緑のウェスト・ミッドランド旅客輸送事業団（PTE）塗装をした323型編成が、バーミンガム周辺地域でセントラル・トレインズ社の近郊輸送にあてられている。

　えてこの型は、BRの民営化によって車両の運行区域が定められた際に、レールトラック社の路線なら（一地域だけでなく）全国どこでも走ってよいという証明を初めてもらった電車列車だったことが特長であった。

形態：3両編成近郊用電車列車
3両編成の動力：架線からの50ヘルツ交流25kV、1168kW、吊掛式主電動機8基
牽引力：不明
最高運転速度：時速145km
重量：各車39と41t
全長：23.4m
ゲージ：1435mm

　イギリスの近郊用電車列車のうちで、323型はいくつかの点で変わっている。都市間用だけに使われていた車体長23mという長い車体を近距離用ではこれだけが使っている。

　323型の車体構造はアルミニューム合金製で、英国では他にも例はあったが一般的ではなく、さらにゲート式サイリスター制御システムを使って整流された電圧可変の電流を編成両端に置かれた各電動車の直流主電動機4基に送っていた。

　これらは最高時速145kmで、列車回数の多いバーミンガムやマンチェスター周辺の本線を運行しなければならない中長距離の郊外線列車用にも好適だった。それに加

　こうしてマンチェスターのピカデリー駅を出ていく323型電車列車は、グレイト・マンチェスターPTEの塗色になっている。

電気機関車と電車列車 1946〜2003年

465型「ネットワーカー」 英国鉄道(BR) イギリス：1992年

BRの設計した465型「ネットワーカー」電車列車の4両編成は計247本をABBとGECアルストムが分担して製造し、アルストムは2両編成43本も納入した。設計仕様が非常に厳密なものであったため、両メーカー製の外観はほとんど同じである。

この「ネットワーカー」電車列車は各制御電動車に主電動機4基を持ち、回生電流をサードレールへ送り返せるようになっている。

形態：4両または2両編成近郊用電車列車
編成の動力：サードレールからの直流750V、1120kW、動力車に吊掛式主電動機4基
牽引力：不明
最高運転速度：時速120km
重量：各車29〜39t
最大軸重：不明

全長：両端の電動車20.89m、中間の付随車20.06m
ゲージ：1435mm

ケント県北部の複々線中距離路線で「ネットワーカー」465型電車列車がロンドンを目指す。これらはアドトランツとアルストムで見かけが同じように造られた。

787系 JR九州 日本：1992年

日本各島のうち南端にある九州にはそこだけの鉄道があり、福岡、熊本、鹿児島の主要都市間を南北に走るのが主軸となっている。サイリスター制御の直流電動機で登場時には技術的に斬新なものとされた787系の7両編成列車は、定期急行列車2本に使われている〔7または6両編成が特急「リレーつばめ」、「有明」、「きらめき」、「かいおう」に使われている〕。

形態：長距離急行用列車編成
最高運転速度：時速130km

493

第3部　電気機関車と電車列車

E1300型BB機　モロッコ国鉄（ONCFM）　　　モロッコ：1992年

平坦線の高速運転として、アルストムMTEの1992年製であるE1300型が、マラケシュ～カサブランカ間の急行を引いてベレシッド近くを行く。

モロッコ国鉄＝オフィス・ナシオナル・デ・シュマン・ド・フェール・デュ・マロック（ONCFM）は、フランス国鉄（SNCF）の成功作BB7200型を下敷きにした電気機関車を1990年代に少しずつ2種類、GECアルストムから購入した。最初の18両は1992年にアルストムMTEから入り、時速160kmの旅客用の歯車比であった（E1300型）。次の9両のE1350型は1999年GECアルストムSCIFから入り、時速100kmの貨物用歯車比だった。

フランス製のモノモーター式電気機関車の大部分が旅客・貨物という用途に合わせて2種類の歯車比を変えられるようになっているのに対し、モロッコの2型式とフランスのBB7200型は1種類の歯車比に固定されている。E1350型は古くなったE900型機に代わって燐鉱石輸送に当たるようになり、4680トン搭載の列車を引いている。この輸送は、モロッコにおける全輸送量の約3分の2に相当する。

形態：BB電機
動力：4000kW
き電：直流3000V
牽引力：E1300型－275kN、E1350型－330kN
最高運転速度：E1300型－時速160km、E1350型－時速100km
重量：85.5t
最大軸重：21.5t
全長：17.48m
ゲージ：1435mm

AVEの100型および252型　スペイン国鉄（RENFE）　　　スペイン：1992年

マドリッド～セヴィリア間のAVE高速線のためにRENFEでは、TGVスタイルの8車体式連接列車であるアルストム製の100型18本を持っている。この列車の信頼性はすぐれたものである。

252型「ユーロスプリンター」機関車11両はAVE線でタルゴ列車を引いている。タルゴ列車は、コルドバで高速線を離れてマラガへの広軌区間に入る時にはゲージの自動変換装置を通る。252型の広軌版もあり、63両がその他のスペイン各線で運行されている。

形態：高速旅客電車列車
軌間：AVEは1435mm
列車の動力：架線からの50ヘルツ交流25kVと直流3000V、8800kW、車体搭載の主電動機、カルダン軸で動軸へ
牽引力：不明
最高運転速度：時速300km
重量：各動力車65t
最大軸重：不明

各車の全長：動力車22.15m、端部車21.845m、中間車18.7m

ユーロスター　ユーロスター・コンソーシアム　　　ベルギー／イギリス／フランス：1993年

1994年11月14日、ロンドンのウォータールー国際ターミナルからパリとブリュッセルへユーロスターが走り始めたことは、鉄道旅行に新時代が到来したことを告げ知らせるものだった。ユーロスターによる速度と快適性は鉄道がヨーロッパの航空網に真っ向から対抗し、3つの首都をすばらしい列車で結び合わせることになった。

世界でもいちばん複雑な機構の列車に数えられる373型のユーロスター編成は、3種類の違った電気方式によって運行し、3カ国内で定期列車として運転することができる。イギリスでは直流750Vのサードレール式、海峡トンネル内やフランスとベルギーでは交流25kVの架線式で運行し、ベルギーの直流3000V架線式にも対応でき、一部の編成はフランス国内でSNCFの直流1500V架線式で運行できる設備も持っている。

1987年7月29日に英仏固定リンク条約が締結されてから、BR（イギリス）、SNCF（フランス）、SNCB（ベルギー）という主な関係鉄道3社の間で、適切な列車のタイプを検討するための長々しい協議が始まった。英仏海峡の下にトンネルを作ることが真面目に提案されたのは、1802年という昔のことで

494

電気機関車と電車列車　1946〜2003年

ユーロスターの発想は、ヨーロッパの航空網と真っ向から競争する、格好のいい上等な列車を走らせることであった。その点では大成功だったが、営業面では（これまでのところ）とうてい当初の目標に達していない。

あった。何度となく着工されたように見えた末に、海峡トンネルの建設は1987年12月1日に開始された。作業坑は1990年12月1日に貫通し、2本の本坑は翌年の5月と6月につながった。列車は、別の運転規則や制限事項を定めている関係国の違った鉄道システムを運行できるものでなければならなかった。いちばん明白な違いは限界の点で、イギリスの鉄道では建造物と車両の寸法がベルン式の広い限界によっている他のヨーロッパ諸国に比べてずっと小さかった。

設計のためのコンソーシアムがフランスのTGV式列車のメーカーとして成功しているGECアルストムの主導で作られた。TGVは新しい列車の機構面での原形となったが、外形は当然イギリスの限界に収まるように設計されなければならなかった。軸重は、この列車が従来のTGV路線で運行できるように17トン以下とされた。20車体の連接式編成が選ばれたが、それは車体搭載の主電動機で軌道の負担を軽減するよう、重心を低くするためだった。当初の契約は1989年12月18日にブリュッセルで結ばれた。20車体の編成は運転台付き動力車1と客車9という10車体の編成を2組つないだものであった。全編成には794席（ファーストクラス210席、スタンダードクラス584席）があった。座席はファーストクラスが2＋1、スタンダードクラスが2＋2の配置で、向かい合わせと一方向との両方があった。

ユーロスターの車両はヨーロッパ各地のメーカーで製造され、フランスのベルフォールとイギリスのウォッシュウッド・ヒース（バーミンガム）で編成に組み上げられた。最初の編成は1992年にベルフォールで造られ、翌年の1月から試運転を始めた。その初めての動力試運転はストラスブール〜ミュールーズ間であった。1993年6月にはこれが直流での試運転のためイギリスにやって来た。ユーロスター列車は交流でも直流でも、サードレール式でも架線式でも走れなければならない。違う動力方式の間の切換は、列車が無電区間に入って走行中に運転士の手動操作によって行われる。

フランスの2番目の編成は1993年5月に試験用に納入され、その年の7月からパリ〜リル間で高速走行試験を開始した。この試験で、この編成は初めて時速300kmという速度に到達した。イギリス製の最初の編成は1993年10月にウォッシュウッド・ヒースから、ロンドンのユーロスター専用保守基地であるノースポール国際デポに納入された。パディントン駅から数分行ったところのグレイトウェスタン本線沿いにあるこの基地は、3km近い長さのものである。この基地は日常の点検部門と重整備・修理部門とに分けられている。点検庫はイギリスの車両基地で最長の建造物であり、20車体の編成を全部収容することができる。整備工場の方は編成の半分だけを処理することができる。ノースポール基地にはユーロスター全編成用の国際供給センターがある。数多くの部品が保管されており、隣の本線からは予備の前頭部が見える。

この編成は本線では直流750Vを使っているが、基地の中では交流25kVが使われている。シャルフェンベルク連結器を付けた通常型の機関車や控車が、基地内での車両の移動や基地外での救援用に使われている。各編成の点検はふつう毎日、毎週、4週ごと、3カ月ごと、6カ月ごと、18カ月ごとといった間隔で行われる。他にユーロスターの保守基地はランディ（パリ）とフォレスト（ブリュッセル）にある。ユーロスター編成の寿命は15年と予想されている。

登場当時からユーロスター編成は黄色の端面を持った白と青の鮮やかな塗装で、運転台の横にはユーロスターの名前をはっきりと掲げて出現した。1999年には一部の編成に全面広告塗装のものも現れた。

王室による海峡トンネル路線の開通式は1994年5月6日に行われ、女王陛下は373004号の編成でロンドンのウォータールー駅からコケルまで乗車して、フランス大統領フランソワ・ミッテランと出会った。正式の営業は1994年11月14日に開始され、ウォータールー国際駅からパリ北駅とブリュッセル南駅まで1日2本ずつの列車が走った。

第3部　　電気機関車と電車列車

ユーロスターの設計はイギリスの限界に収まらなければならず、運行する各国ごとに違う電力方式で運転できなければならない。その結果、373型ユーロスター編成（上）は、世界でももっとも複雑な車両に数えられている。ユーロスターの予備編成にはGNERの濃紺色に塗られ（下）、同社の「ホワイト・ローズ」列車に使われているものもある。

所要時間はロンドン～パリ間3時間、ロンドン～ブリュッセル間3時間15分だった。1996年2月からは、3つの首都の間を毎週250本以上の列車が走るようになった。一部の列車はフランスのカレー・フレタンとリルに停車し、1996年1月8日からはイギリス第2のユーロスターの駅がケント県のアシュフォード国際駅として開業した。ユーロスターは1995年5月23日に100万人目の乗客を、同年8月31日に200万人目を、12月23日に300万人目を輸送した。1996年2月には、1994年11月の開業以来10,000本の列車を走らせた。ユーロスターUK社（旧ユーロスター旅客サーヴィス社）は38本の編成のうち18本を購入し、フランス（SNCF）は16本を、ベルギー（SNCB）は4本を持つことになった。イギリスのエジンバラ、グラスゴー、マンチェスター、ミルトン・ケインズ、ピーターバラといったところへリージョナル・ユーロスター列車を走らせようという計画は実現しなかった。これは「ノース・オヴ・ロンドン」と呼ばれる373/2型の16車体（動力車1と客車7が2組）から成る短い編成を使う予定であった。リージョナル編成はその後しまい込まれていた。

しかし2000年にGNER社（イギリス）はこの編成の2本を借り入れ、ロンドンのキングズ・クロス駅と

496

電気機関車と電車列車　1946〜2003年

ヨークを結ぶ同社の「ホワイト・ローズ」列車に使うことにした。その後借入編成が追加され、一部はGNERの濃紺色に塗り直されて、2002年夏の時刻表からはロンドン〜リーズ間の「ホワイト・ローズ」列車ということになって、ヨークにはこうしたすばらしい列車が来なくなった。フランスでも同じように、SNCFは余っている20車体編成の一部を国内列車用に使っている。

独立した海峡トンネル・レール・リンク線がイギリスにできるまで、ユーロスターはイングランド南部では既存の鉄道施設に乗り入れなければならない。輸送量の多い通勤路線で旧式の列車と並んで走ることになるわけである。

形態：英白仏海峡トンネル急行旅客用列車
動力：架線からの交流25kV、サードレールからの直流750V、架線からの直流3000V（一部の編成は架線からの直流1500Vにも対応）
牽引力：不明
重量：829.2t
最大軸重：不明
最高運転速度：時速300km
列車の全長：381m
ゲージ：1435mm

9000型　海峡トンネルのシャトル

イギリス／フランス：1993年

　海峡トンネルで乗用車を運ぶシャトル列車とトラックを運ぶシャトル貨物列車の動力車となるのは強力なBBB電気機関車2両で、1両が列車の先頭、1両が後尾に置かれる。9000型機関車38両は1992年から、ASEAブラウン・ボヴェリの電気部品を使ってラフバラ（イギリス）のブラッシュ・トラクションで製造された。シャトル貨物列車は1994年5月19日から運行開始された。

　各機関車は長さ22m、レール面からの高さ4.2m、幅2.97mである。牽引するシャトル貨車より小さな限界のものだとはいえ、イギリスで鉄道の本線を走るには大きすぎる。各機関車は出力5595kWで、他の機関車が故障した時には2400トンの列車を自力で牽引できるが、これは海峡トンネルを通って運行するには欠かせないこととされている。き電は海峡の前後でも海峡トンネルそのものでも架線からの25kVである。

　BBBという車輪配列はイギリスでもフランスでも一般的ではないが、例えばイタリアではよく使われているものである。シャトル用機関車には十分な粘着力を持たせるために（11‰の急勾配もあるので）、またフォークストンとコケルの折返し用ループ線での曲線の摩耗を防ぐために、6軸が必要と考えられた。3つのボギー台車は基本的には同形であるが、中央のものは左右動を大きくとっている。この機関車は最高時速160kmであり、通常は時速140kmで運転される。各機関車は2軸ボギー台車3基を持ち、架線からの交流25kVの電流を用いて、6軸とも動力付きである。摩擦ブレーキと電気回生ブレーキの両方が使われている。

　運転士は先頭の機関車の運転台に乗務し、列車長は後尾の機関車の運転台に配置されている。列車長は緊急時にはシャトルを（編成の半分または全列車）運転できるよう訓練されている。各9000型機関車の後部には単機回送用や遠隔操作入換用に小さな運転台が付い

497

第3部　　電気機関車と電車列車

ている。

　機関車群の半分は西向きで、もう半分は東向きである。全機がフランスのユーロトンネル・ターミナル内にあるコケル区に配置されている。最初の38両の機関車（9001～9038号）は海峡トンネルの開業前に道路と海上を通ってコケルに納入された。9030号は1996年11月の海峡トンネル火災事故に巻き込まれて廃車され、新しい9040号機関車に置き換えられた。9039号は欠番である。

　海峡トンネルの開業後、予想外の輸送量増加に対応するため、追加の機関車が発注された。9100型（9101～13号）は先端にだけ運転設備があり（つまり後部の小さい運転台はなく）、運転台への踏段など若干の変更点がある。1999年にはシャトル貨物列車の専用として9700型機関車（9701～9707号）が

海峡トンネルのシャトル用9000型機関車と専用貨車との高さの違いはこれではっきりと見える。この機関車はイギリスの本線を走るには大きすぎる。

発注され、これは同じスタイルの車体であるが出力が強化されている。

　機関車の塗装はユーロトンネル色のグレーと白である。9000型機関車は長けたの高さのところに当初のル・シャトルを表示する緑と青の帯を巻いていたが、これはユーロトンネル色の塗装に変えられた。本機はイギリスの本線を走ることがないため、運転台前面に黄色の警戒色パネルを置く必要はない。最初に愛称を付けられた機関車は、オペラ歌手にちなむ9012号「ルチアーノ・パヴァロッティ」であった。

イギリスのフォークストン・ターミナルとフランスのカレー・ターミナルを運転する乗用車輸送用ツーリスト・シャトルの全編成は、機関車2両、旅客車用貨車24両、積込用車2両、積卸用車2両で構成されている。この編成の積載量は乗用車180両、または乗用車120両とバス12両（あるいはミニバス36両）である。トラック・重量貨物車輸送用の貨物シャトルは44トン車を運ぶことができる。全長730mのこの列車は両端に機関車1両ずつのほか、クラブカー1両、積卸用車1両、重量貨物車用貨車14両、積込用車1両、さらに積卸用車1両、重量貨物車用貨車14両、積込用車1両で構成されている。重量貨物車用貨車1両にはふつう重量貨物車1両が積載される。シャトル列車のターミナル間の所要時間は35分である。

形態：海峡トンネルのシャトル列車用機関車
動力：架線からの交流25kV、非同期3相のABB6PH、5595kW
牽引力：400kN
最高運転速度：時速160km
重量：132t
最大軸重：不明
全長：21.996m
ゲージ：1435mm

電気機関車と電車列車　1946～2003年

92型　英国鉄道(BR)　　　　イギリス：1993年

形態：本線の客貨両用複電圧式CC電気機関車
動力：架線からの50ヘルツ交流25kVとサードレールからの直流750V、交流では5040kW、直流では4000kW、3相非同期制御、主電動機6基
牽引力：400kN
最高運転速度：時速140km
重量：126t
全長：21.34m
ゲージ：1435mm

　BRの25kV電化区間とは南部支社のサードレール式直流750V区間で隔てられている25kV電化の海峡トンネルができたことから、国際貨物列車のためにフランスでも、海峡トンネルでも、またBRのサードレールや25kVの路線でも運行できる複電圧式の機関車が必要ということになった。
　ブラッシュ・トラクション製の92型機関車46両はこれらのどの路線でも運行でき、各鉄道ごとに違う信号システムにも（SNCFを除いて）対応できる。92型機関車は貨物用だけでなく、夜行の国際寝台車旅客列車用としても設計された。もっとも後者の点は需要が少ないと見られた結果、必要とはならなかった。

ピカピカの92型複電圧式CC電機92026号が、これを造ったクルーのアドトランツ工場の外に立っている。

5601型　ポルトガル国鉄(CP)　　　　ポルトガル：1993年

　ポルトガルの電化区間が少し延長され、輸送量も増加したため、より強力な電気機関車の必要性が高まってきた。CPではクラウス・マッファイ／ジーメンス製の「ユーロスプリンター」という客貨両用のBB機関車を選定した。5601型機関車はポルトガルにおける重量貨物牽引機の主力であり、急行旅客列車の仕業をアルストム製の2601型機関車と分け合っている。

形態：本線の客貨両用BB電機
軌間：1676mm
動力：架線からの50ヘルツ交流25kV、5600kW、3相制御、車体搭載の主電動機4基
牽引力：不明
最高運転速度：時速200km
重量：88t

最大軸重：不明
全長：20.38m

3300型BBB機　クイーンズランド州営鉄道(QR)　　　　オーストラリア：1994年

　クイーンズランド鉄道の3300／3400型は、1970年代に主として輸出向けに開発された炭鉱地帯を1980年代に電化するため製造された同系の6軸BBB機3型式のひとつである。列車はブラックウォーターからロックハンプトンへ運転され、列車の中間に補機2～3両をはさんだ最大5両の機関車が遠隔無線操縦装置を使っている。

形態：貨物用BBB電機
動力：3000kW
き電：50ヘルツ交流25kV
牽引力：(時速40kmで) 260kN
最高運転速度：時速80km
重量：113t

最大軸重：19t
全長：20.55m
ゲージ：1067mm

61型　ブルガリア国鉄(BDZ)　　　　ブルガリア：1994年

　シュコダBDZ製の61型は低出力の中央運転台式電気機関車で、主な旅客駅や貨物操車場での先導、空車回送、入換、側線出入用に設計された。61型の設計は1990年以後のチェコスロヴァキア国鉄209001号におけるサイリスター制御式機関車の開発に基づくものである。

形態：入換用BB電機
動力：960kW
き電：50ヘルツ交流25kV
牽引力：122kN
最高運転速度：時速80km
重量：74t

最大軸重：18.5t
全長：14.4m
ゲージ：1435mm

S699型CC機　チェコ鉄道(CD)　　　　チェコ共和国：1994年

　チェコスロヴァキア国鉄（CSD）が貨物は時速95km、旅客は時速155kmで運転しようと考えた非同期電動機式機関車であるが、1994年に原形機が実際に出現した時にはスロヴァキア国鉄（ZSR）もチェコ鉄道（CD）もこれを必要としなかった。現在ではボヘミア西北部にある褐炭輸送の専用線で使われている。

形態：原形のCC機
動力：5220kW
き電：直流3000V
牽引力：575kN
最高運転速度：時速95km
重量：120t

最大軸重：20t
全長：20.346m
ゲージ：1435mm

第3部　電気機関車と電車列車

Sr2型電機　フィンランド国鉄（VR）　　　　　　　　　　　　　　　　　　　　　フィンランド：1994年

VR（フィンランド国鉄）は、スイスのロック2000型（現在ではSBBスイス連邦鉄道）の460型およびベルン・レッチベルク・ジンプロン鉄道（BLS）の465型として使われている）を下敷きにした両運転台式の近代的な電気機関車群を1995年に発注した。VRのSr2型はいくつかの点でスイスの同系機と違っている。外観では、Sr2型にはスイス機にあるようなスカートが付いていない。電気的には、Sr2型は16.67ヘルツ15kVではなく50ヘルツ25kV用の設計である。フィンランドの運転士は右側に坐るが、スイスでは運転士が左側に坐る。2002年本書の執筆時点でVRはSr2型を46両発注しており、30両以上が実際に就役していて、長距離急行旅客用と貨物用の両方に使われている。

2001年9月、フィンランド国鉄（VR）の3220号がヘルシンキからの急行列車を引いてオウルに着いた。現在のVRの電化区間はオウルまでだが、さらに北へと延長されている。

形態：客貨両用BB電機
動力：(1時間最大) 6000kW、(連続) 5000 kW
牽引力：(引出時) 300kN、(連続) 240kN
最高運転速度：入手不能
重量：83t
全長：13m
最大軸重：20.75t
ゲージ：1524mm

IRM型　オランダ国鉄（NS）　　　　　　　　　　　　　　　　　　　　　　　　　　オランダ：1994年

IRM型2階式「レギオ・ランナー」編成の最初の80本は、タルボットとド・ディートリクから3両編成と4両編成で納入された。その後、それぞれ4両と6両の編成に延長されている。これらは地域または都市間の列車に使われて、NSのほとんどの本線で（よく重連のものも）見ることができる。各電動車は連結側に動力ボギー台車を持っており、3両または4両の編成では主電動機が4基あることになる。

形態：急行用2階式電車列車
動力車の動力：架線からの直流1500V（25kVを追加予定）、604kW、1台車に主電動機2基
牽引力：不明
最高運転速度：時速160km
各車の重量：50～62t
最大軸重：不明
全長：電動車27.28m、中間車26.5m

Ge4/4Ⅲ型BB機　レーティッシェ鉄道（RhB）　　　　　　　　　　　　　　　　　　スイス：1994年

レーティッシェ鉄道（RhB）は交流11kVを動力とする276kmの路線を運行している。Ge4/4Ⅲ型はいわばSBBの460型を狭軌用に縮めて、GTO技術と急曲線でのレールの摩耗を防ぐための操向式台車を採用したものである。当初は9両（641～649号）が造られた。その後、1999年に開通した新しいヴェリエナ・トンネル線のために650～652号が追加された。

増備のGe4/4Ⅲ型3両によってこの延長19kmのトンネルを通る乗用車輸送用シャトル列車が頻繁に運行されるようになり、またこの新線によってサンモリッツという重要なリゾートへの全体の所要時間も短縮できるようになった。

ほとんど同型の機関車がスイス西部のローザンヌ付近にあるビエール・アプル・モルジュ鉄道（BAM）に21、22号として、またモントルー・オーバーラント・ベルノワ鉄道（MOB）にも8001～8004号という15kVき電が可能で（予定どおり3線式のレールが敷かれれば）インターラーケンへの乗り入れもできるものが入っている。

形態：BB機
動力：1700kW
き電：16.67ヘルツ交流11kV
牽引力：170kN
最高運転速度：時速100km
重量：62t
最大軸重：15.5t
全長：16.05m
ゲージ：1000mm

電気機関車と電車列車　1946〜2003年

冬景色にフルカ・オーベルアルプ塗色のGe4/411号が乗用車輸送シャトル列車の先頭に立っている。比較的軽量の本機はこの列車のために特に設計されたものである

325型　ローヤル・メール　　　　　イギリス：1995年

形態：4両編成の郵便電車列車
各車の動力：架線からの50ヘルツ交流25kVおよびサードレールからの直流750V、980kW、吊掛式主電動機4基
最高運転速度：時速160km
各車の重量：29〜50t
最大軸重：不明
全長：20.35m
ゲージ：1435mm

郵便輸送用の快速電車列車という発想はヨーロッパ大陸の鉄道では珍しくないが、イギリスでは325型編成の出現まで見られなかった。この複電圧式4両編成16本はABB製でローヤル・メールの所有であり、民営化後レールトラック路線で運行が認められた最初の列車であった。各車とも車輪付き郵便コンテ

郵便用電車列車325型3組をつないだ12両編成がイギリスの西海岸本線をクルーからロンドンへと快走し、ウィルスデンの新しい集配基地を目指す。

第3部　電気機関車と電車列車

ナの迅速な積み卸しができるように設計されていた。各車に12トンが積載できる。325型は複電圧運行用の装置を持ち、東海岸や西海岸の本線で走るほか、ウェスト・ロンドン線を通ってテムズ川より南のサードレール電化網にも直通できる。12両編成で運転される列車も多い。テムズリンクが走らせている成功作の複電圧式旅客用編成319型を下敷きにしたもので、主電動機4基を持つ中間電動車1両が組み込まれている。

BVmot型電車列車　ハンガリー国鉄（MÁV）　　　　ハンガリー：1995年

ブダペストで営業しているBVmot型003号。この外形や性能は、ヨーロッパの電車列車がますます似通って標準化されてきたことを示している。

ル〜ナジカニジャ間の路線で使われていた。これまでMÁVの量産型都市間電車列車で、この原形を模倣したものはない。

形態：4両編成の急行用電車列車原形
動力：各編成1755kW
き電：50ヘルツ交流25kV
牽引力：入手不能
最高運転速度：時速160km
重量：電動車68t、全編成206t
最大軸重：17t
全長：103.2m
ゲージ：1435mm

ハンガリー国鉄（MÁV）のBVmot型動力車、001〜003号の編成は派手な塗装で、ハンガリーの偉人の名前が付けられていた。しかし実際の性能は、外観の与える印象ほどのものではなかった。

この4両編成の急行電車列車のうち3本は、ハンガリー国鉄（MÁV）で使われている。都市間輸送用で、最高時速は160kmである。BVmot型電車列車は、4軸駆動でBBという車輪配列の動力車1両と、付随車3両という設計である。1845kWの電気ダイナミック・ブレーキが備えられている。設計と製造はイギリスのハンスレット社とブダペストのガンツ（以前は国営のガンツMAVAGであった）との共同企業体であるガンツ・ハンスレットによって行われた。

ヨーロッパの都市間列車最高水準の内部設備を持つBVmot型編成は営業運転では信頼性が低く、3編成とも運行休止となることが多かった。当初の運行はブダペスト〜セゲド間であったが、2002年になるとブダペスト〜カポスヴァー

電気機関車と電車列車　1946〜2003年

471型電車列車　チェコ鉄道(CD)　　　　　　　　　　　　　　　　　　　　　　　　　　　　　チェコ共和国：1996年

471型は制御車971型、付随車071型とともに編成の変更が自由な2階式列車である。モラフスコスレッカ車両会社に最初発注されたのは、スイスの特許によるアルミニューム車体にシュコダの電気部品を付けた3両編成6本と2両編成4本だった。1階の床高550mmというのはCDの駅の低いホームに合っている。471型は現在パルドゥビツェ〜プラハ間で走っている。

形態：2階式近郊用電車列車	全長：各車26.4m
動力：各電動車2000kW	ゲージ：1435mm
き電：直流3000V	
牽引力：入手不能	
最高運転速度：時速140km	
重量：電動車66t	
最大軸重：17t	

SA型　デンマーク国鉄(DSB)　　　　　　　　　　　　　　　　　　　　　　　　　　　　　　　　デンマーク：1996年

コペンハーゲン近郊用の代替車として造られたSA型60本は、ふつうの4両編成の長さを持つ8車体の1軸車であった。各中間車は1軸に載っており、隣の車両の端部で支えられていた。この斬新な編成は成功して、旅客にも好評である。

形態：近郊用の8車体連接式電車列車	最大軸重：不明
動力：架線からの直流1500V、各編成1720kW	全長：不明
牽引力：不明	
最高運転速度：時速120km	
重量：不明	

WCAM3型　インド国鉄　　　　　　　　　　　　　　　　　　　　　　　　　　　　　　　　　　　インド：1996年

バラット重電気社（BHEL）製の複電圧（直流と交流）用近代型であるWCAM3型は、インド国鉄の他の車両と同じような機械・電気部品を使っているが、技術面では進歩している。主電動機はWAP4型と同じ吊掛式の強制通風630kW日立製であるが、粘着力の大きいボギー台車に搭載されていた。

形態：客貨両用CC機	全長：不明
動力：直流で3432kW、交流で3730kW	ゲージ：1676mm
き電：直流1500Vと50ヘルツ交流25kV	
牽引力：直流で254kN、交流で327kN	
最高運転速度：時速105km	
重量：113t	
最大軸重：19t	

タリス　各鉄道　　　　　　　　　　　　　　　　　　　　　　　　　　　　　　　　　　フランス／ベルギー／ドイツ／オランダ：1996年

新しいタリスの4321号編成が1997年7月8日、パリの北駅でブリュッセルとアムステルダムへの発車を待っている。左手にはSNCFの15.014号が見える

「タリス」という言葉に意味はない。これはこの列車が運行される各国の言葉で発音しやすく覚えやすいように考え出されたブランド名である。この列車にはSNCF（フランス）、SNCB／NMBS（ベルギー）、DB（ドイツ）という関係各鉄道のロゴもマークも付いていない。パリ、ブリュッセル、アムステルダム、ケルンという都市を結ぶ運行は、なかば民営化された商業的な運営となっている。運転は1996年6月に開始され、当初はパリ、ブリュッセル、アムステルダムを結ぶPBAと称された。1997年12月にはベルギーを貫く高速線が開通した（それまでタリスは時速160kmの在来線を運行していた）。同時にケルンまでの直通運行も開始された。2001年4月になるとエール・フランスでは早々にパリ〜ブリュッセル間の運航を中止したが、それは1日の乗客がタリスの13,700人に対してたった450人しかなくなってしまったからであった。タリスの運ぶ乗客の50%はこの区間であり、所要時間はたった1時間33分、平均時速は222kmである。2002年になると、タリスは年間600万人を運んでいる。当初はPBKAと呼ばれる1種類の編成だけが発注された。これは10両編成のものが27本発注されたが、設計と製造の遅れからPBA編成10本とPBKA編成17本に変更された。PBA編成は、それまでのSNCF第2世代TGVである「レジュー」を3電圧式にしたものであり、これによりタリスは予定どおり運行を開始することができた。PBKA編成は第3世代に属し、付随車は1階式であるが、動力車はSNCFの「デュプレックス」編成としてフランスでは2階式車両を牽引しているものと同じである。PBAもPBKAも動力車、付随車8両、動力車という10両編成であり、計377座席がある。細かい違いを知らなくてもすぐ簡単に見分ける方法は、PBA編成は4500番代の番号で、運転台前面窓がふたつに分かれていることである。PBKA編成は4300番代であり、運転台前面窓は分かれ

第3部　電気機関車と電車列車

1999年2月、きらめくタリス列車がリルやパリへの新しい高速線に向かってブリュッセルのシャールベーク駅を通過する。

ていない。PBKA編成の製造は1994年1月にSNCF、SNCB／NMBS、NS、DBAGからGECアルストムが主導しフランスのド・ディートリク、ベルギーのACECトランスポールおよびボンバルディア・ユーロレールを含むコンソーシアム（主電動機はオランダのホレックが供給）に発注された。保有することになったのはSNCFが6本、NSが2本、SNCBがDBの資金による9本であったが、実際には2本を保有しなかった。番号表を示すとSNCBが4311～4317号、DBが4321、4322号、NSが4331、4332号、SNCFが4341～4346号となる。SNCFの編成はパリのル・ランディを基地としており、他の編成はみんなブリュッセルのフォレスト基地に置かれている。どの編成もフランス、ドイツ、オランダ、ベルギーの4種類のき電方式や5種類の信号保安システム（フランスは高速線と在来線で違うシステムとなっている）の下で運行できる。この4電圧方式や信号装置の重量が加わったことと、フランスのLGV線で17トンという軸重制限を守らなければならないことが、当初この列車の設計を遅らせた。オランダでは最高時速が160kmに制限され、直流1500V式き電による出力が3680kWに制限されていることから、運行には若干の制約がある。10本のPBA編成はドイツで運行する設備を持っていない。

形態：都市間高速列車
動力：8800kW
き電：50ヘルツ交流25kV、直流1500V、直流3000V、16.67ヘルツ交流15kV
牽引力：入手不能
最高運転速度：時速300km
重量：10両編成で388t
最大軸重：17t
全長：10両編成200.19m、電動車22.15m、付随車18.7m
ゲージ：1435mm

504

電気機関車と電車列車　1946～2003年

EI18型　ノルウェー国鉄(NSB)　　　　　　　　　　　　　　　　　　　　　　　　　　　　　　　　ノルウェー：1996年

　ノルウェー国鉄(NSB)では1990年代に古くなった機関車を大量に置き換える必要があって、スイス連邦鉄道で成功をおさめていた460型の設計に基づく機関車を22両購入した。流線形の外観で側面はリブ付きのこの機関車は、世界でももっとも音のしないものであり、オスロー～ベルゲン間の本線やトロンヘイム、スタヴァンゲル行きに使われている。

形態：本線の客貨両用BB電機の原形
動力：架線からの16.67ヘルツ交流15kV、5400kW、3相制御、車体搭載の主電動機4基
牽引力：275kN
最高運転速度：時速200km
重量：80t
最大軸重：不明
全長：18.5m
ゲージ：1435mm

ノルウェーEI18型の流線形の外観とリブ付きの側面は、その祖先がスイス460型であることを示している。この写真のEI18型はオスロー東駅に到着したところ。

13型　ベルギー国鉄(SNCB)　　　　　　　　　　　　　　　　　　　　　　　　　　　　　　　　ベルギー：1997年

　SNCBでは電機群のうち古くなったものを置き換えるために13型60両を発注した。これは3相交流駆動装置を用いた複電圧式客貨両用の設計だった。この機関車はオステンデからブリュッセル経由ユーペンまでのプッシュプル式都市間列車に使われ、今後はブリュッセル～ケルン間の列車をアーヘンまで引くことになるだろう。それ以外では13型は主として貨物用に使われている。

形態：本線の客貨両用BB電機
動力：架線からの直流3000Vと50ヘルツ交流25kV、5000kW、3相交流制御、台車枠搭載の主電動機4基
牽引力：288kN
最高運転速度：時速200km
重量：90t
最大軸重：不明
全長：19.11m

SS(韶山)8型BB機　中国鉄道部　　　　　　　　　　　　　　　　　　　　　　　　　　　　　　中国：1997年

　この型の原形2両は1994年に株州工場で開発され、1997年から本機の量産が行われた。中国国鉄のSS(韶山)8型は当初、広深高速線用に製造され、現在では電化された各幹線で使われている。約200両が運用されており、同型がまだ製造中で、輸出用にも向けられる。

形態：BB機
動力：3600kW
き電：50ヘルツ交流25kV
牽引力：126kN
最高運転速度：時速170km
重量：88t
最大軸重：22t
全長：17.516m
ゲージ：1435mm

第3部　　電気機関車と電車列車

101型　ドイツ連邦鉄道(DB)

ドイツ：1997年

　ドイツ再統一前にドイツ連邦鉄道と呼ばれたDBは、西ドイツの主要都市を一定間隔で毎時運転される機関車牽引の都市間快速列車網を1970年代に作り上げた。標準的な編成は、最低2両の1等車、バー・食堂車1両および最高9両の2等車であった。これらの列車は、運転時刻が正確だったことから、同一ホームでの乗換が次々とできることが特長だった。例えばマインツ～ドルトムント間の路線では、30分ごとにインターシティー列車2本が2～3分の違いでケルン中央駅の島式ホームをはさんで到着し、乗客はさっと簡単に列車を乗り換えることができる。この2本の列車は、1本がルールの各都市経由、もう1本がヴッパー渓谷経由という違ったルートをたどって、ドルトムントでまたホームをはさんで出会い、さらに乗換が行われる。

　101型が国中に広がり、ほとんどどこでも目に止まることから、DBではこれを広告用に使っているが、見苦しいものも多いようだ。

　運転の信頼性については、本書で述べた有名な103型CC電機〔452～3ページ参照〕という優秀な機関車のあることが役立っていた。さらに120型という近代的な機関車が加わったことから、インターシティー列車は運行区間や回数を増やすことができた。120型にはプッシュプル式での列車運転ができる点も加わっており、このためにDB

上：101型は万能機関車である。プッシュプル式の都市間列車とともに、全国各地や国境を越えたところまでユーロシティー列車を引いて頼りにされている。

506

電気機関車と電車列車　1946～2003年

では流線形の2等制御車をそろえた。

ドイツ再統一の効果のひとつとしてベルリン、ライプツィッヒ、ドレスデンがインターシティー網に加わり、とくにライプツィッヒは、フランクフルト・アム・マイン、シュトゥットガルト、ミュンヘンといった他の多くの駅とともに、インターシティー列車の方向転換が必要なところとなった。ミュンヘンからフランクフルトへの列車にはニュールンベルクでも方向転換しなければならないものがある。

103型機関車145両が30年間も信頼性高く活躍し、電気機関車としては恐らく世界最高の運行距離を達成したことを考えれば、その退役の時期を迎えて代替機が必要となってきた。一方機関車メーカーのアドトランツでは、3相急行用機の原形128 001号を製造していた。本機はDBの路線で詳しく試験され、深い印象を与えた。

ドイツ国鉄（ドイツ再統一後の統合された鉄道）では103型を置き換えるために新しい強力BB機101型145両をアドトランツに発注し、1997年から納入が始まった。本機は非常に高い能力を持つマシンであり、電気部品は近代化されて3相式駆動装置を備え、プッシュプル運転が可能だった。各主電動機はそれぞれ3相電力変換装置から給電され、粘着と負荷の条件に応じて各電動機から最大の出力が得られるようになっていた。主電動機は機関車の車体に搭載され、カルダン軸によって各軸を駆動する。この機関車はDB最新の色調である赤色（フェアケールス・ロート＝交通の赤）に塗られ、運転台前面はDBというロゴの両側に白い四角がある。この塗装は単純な流線形をした本機の外観を強調するのに役立っている。もっともこれは、DBが（財政上は）幸運にも多くの機関車に施させることができた広告塗装の大部分については、あたらない。見る人の頭が痛くなるようなもの（人気のある痛み止めの広告）だとすれば、広告の塗装がそれを起こしているのではないかという声もある。

101型はドイツ国内の定期インターシティー、ユーロシティー（EC）列車で、120型の担当するもの以外はみんな引き継いだ。本機はオーストリアのウィーンといった遠くでも見られ、今ではDBを代表する機関車型式となっている。

形態：本線の急行旅客用BB電機
動力：架線からの16.67ヘルツ交流15kV、6400kW、3相制御、車体搭載の主電動機4基
牽引力：300kN
最高運転速度：時速220km
重量：87t
全長：19.1m
ゲージ：1435mm

ヒースロー・エキスプレス332型　ヒースロー・エキスプレス　　イギリス：1997年

ロンドンのウェスト・エンドとヒースロー空港を地上線の快速列車で結ぶという計画は1998年にようやく実現した。パディントンからの本線がヘイズ＆ハーリングトン駅を過ぎるとすぐに新しい支線が南へと分岐していく。この支線は空港の滑走路を避けるためにすぐ地下に入り、ターミナル1、2、3用とターミナル4用との2駅を持っている。

時速160kmのヒースロー・エキスプレス列車がロンドンのパディントン駅でお客を乗せる。空港行は所要15分で15分ごとの発車である。

列車は所要15分で、運転間隔は15分ごとに1本である。この所要時間を達成するため、最高時速は160kmとされた。4両編成の電車列車14本が1997～98年にジーメンスから、サラゴサ（スペイン）のCAF工場で組み立てられて納入された。

全編成は完全空調付きで、各編成の制御車1両には1等室がある。内部には旅客にニュースや旅行案内を伝えるTV受像器がある。

形態：空港急行用4両編成電車列車
各編成の動力：架線からの50ヘルツ交流25kV、1400kW、主電動機4基
牽引力：不明
最高運転速度：時速160km
重量：36～49t
全長：両端車23.74m、中間車23.15m
ゲージ：1435mm

第3部　　電気機関車と電車列車

ジーメンスが設計・製造した332型ヒースロー・エキスプレス列車は、曲面ガラスの運転台前面窓を持つ流線形の端面である。この列車の運転士の半数以上は女性である。

電気機関車と電車列車　1946〜2003年

DDAR（7800）型　オランダ国鉄（NS）　　　　　　　　　　　　　　　　　　　　　　　　　　　　　オランダ：1997年

首都のデン・ハーフ（ハーグ）、最大の都市であるアムステルダム、ロッテルダム、ユトレヒト、そしてホーゴフェンスやハールレムといった重要な工業都市のある中部ホランド地方は、オランダ経済の中でも成長力の高い地域である。アムステルダム、ロッテルダム、ユトレヒトはラントシュタットという呼び名で一括されることが多く、オランダでもっとも人口が集中している。ラントシュタットにはオランダの主要国際空港であるスキポール（アムステルダム近郊）もある。

この地域が効果的に機能を果たし続けるためにはオランダ国鉄（NS）が鍵となる。ラントシュタット周辺やその内部では通勤者が大量にあり、混雑時にはあらゆる方向に人々が移動するが、その大部分は鉄道が輸送している。

近年は、旅客数が増加し続けてもこの輸送の流れを妨げないようにすることが求められてきた。それを達成するためにNSは、過去50年間、緊密に構成された近郊鉄道輸送網を育ててきた。これらの列車は、確実・強固に連結・解放のできるシャルフェンベルク自動連結器を使って分割・併合を頻繁に行うことのできる電車列車によって運行されるものが大部分で、これにより線路容量も増加した。

1985年からNSでは主要都市の通勤列車の輸送量が増加し続けていることに対して、その車両群に2階式近郊用車両を加えることで対応してきた。最初の15本ほどの編成は1700型機関車によるプッシュプル列車で、アムステルダムからの中距離用であった。

しかし1992年からは、ラントシュタット地域の混雑時などの近郊用に3〜4両編成の2階式客車79本が登場した。これらの編成は当初、やはり1700型電気機関車を動力としていた。

これらの2階式車両はNSの車両限界が非常に大きいことを利用して、ヨーロッパでもいちばん断面の大きな車両に数えられるものを生み出した。このため、2階式とはいいながら上下移動の空間は大きく天井も高く、たった4両で576人の旅客を坐らせて運ぶことができた。2階建の設計は「フランス式」で、2階室の両端に階段を置き、これがボギー台車の上にある上下移動用のスペースと出入口につながる。このことは出入口はオランダの駅ホームに合わせた高いものであるが、1階の床はホームの高さよりずっと低く、2階はかなり高いということになる。

こうしたオランダの列車の運転台前面は、後方に傾斜した前面窓を持つ均整のとれたデザインである。NSの他の電車列車と違って、これらは機関車牽引のためバッファー付きである。どれもNSの黄色で屋根は濃灰色、運転台の窓回りは黒に塗られ、車体側面には斜めの青い帯がある。

1997年になるとNSは、これらの列車の大部分で1700型機関車に代わる強力な制御電動車mDDM型50両の納入を受け始めた。この動力車はいくつかの点で変わっている。外見は2階式であるが、旅客設備は2階だけにある。2階の高さはこの車が牽引・推進する客車の2階より低い。各動力車の2階の下には電気設備用のコンパートメントがあり、その側面にはハッチが開いている。著者の知る限り世界中の電車列車の動力車で例のないことであるが、BBBという3台車式の車軸配列になっている。

これは一見、たった3〜4両の付随車を動かすのには過剰なように思えることだろう。しかし恐らく、オランダの輸送網が急激に見えるほどの拡大を続けるならば、今後はこの車をもっと長い編成の列車に使うことが考えられるのだろう。

形態：近郊用電車列車のBBB動力車
動力：架線からの直流1500V、2400kW、主電動機6基
牽引力：不明
最高運転速度：時速140km
重量：不明
最大軸重：不明
全長：26.4m

WL86型BBBB機　ロシア国鉄（RZD）　　　　　　　　　　　　　　　　　　　　　　　　　　　　　　ロシア：1997年

ロシアのコロムナ工場（現在ではコロメンスキー・ザボードと呼ばれる）は、時代遅れになった効率の低い設計のものを何十年も大量生産してきたことから前進しようと苦心して、出力増加のために複数車体を持つものを作り出すだけというソヴィエト流の考えを捨て、いくつかの種類の電気機関車を登場させた。

WL86型BBBB機は5つのモデルが開発され、4つは原形が造られた。EP100型とEP101型は時速200kmと160km用の直流機、EP200型と201型は同様の交流機である。

これら各モデルは共通の機構を持つもので、特異な4軸ボギー台車2基に載っている。容量8000kWの発電制動と1200kWのホテル・パワー（客車への給電装置）もこのモデルの特徴である。

世界の他のメーカーがこの市場にますます興味を抱いている中で、EP200型の原形機とロシア国鉄（RZD）向けに先行試作された8両のEP101型を除いて、量産機が生まれるかどうかは疑問である。とりわけ、本機に見られる4軸台車は世界の他の国で受け入れられるとは思えないからである。

形態：BBBB機
動力：EP100、101型は9600kW、EP200、201型は8000kW
直流3000Vまたは50ヘルツ交流25kV
牽引力：235kNまたは284.5kN
最高運転速度：時速160または200km
重量：180t
最大軸重：22.5t
全長：25m
ゲージ：1524mm

ジーメンス「タウルス」　オーストリア連邦鉄道（ÖBB）　　　　　　　　　　　　　　　　　　　　　　　オーストリア：1998年

ジーメンスの「ユーロスプリンター」系から発展した「タウルス」は最初オーストリアに登場し、ÖBBがこの名前を付けた。ドイツのDB152型は「ユーロスプリンター」に属するものだったが、オーストリアではさらに仕様を変えたものを400両発注した。これらは技術的には似ているが、特徴のあるスタイルの車体で、ブレーキ・ディスクは別の軸に付けられ（DBの152型は車軸にディスクを付けている）、ボギー台車の軌道への圧力が少なくなっている。軌道への圧力が問題となり、その後ÖBBではDB152型のオーストリア乗り入れを禁止した。DBでは発注していた152型25両を「タウルス」182型に変更して直通運転が続けられるようにした。

ジーメンス系のディスポロク社（車両プール保有会社）には、ネットログ社などで使われるほかフーパック社にも入ったES64U2型が属している。ドイツの各機とÖBBの1016型は15kVであるが、1116型は15kVと25kVの両用である。同様な複電圧式機がハンガリー国鉄（MÁV）の1047型10両として、またGySEVの1047.5型5両として運行されている。

形態：汎用BB機
動力：6400kW
き電：16.67ヘルツ交流15kVまたは50ヘルツ交流25kV（直流1500Vと3000Vも計画中）
牽引力：300kN
最高運転速度：時速230km
重量：85t
最大軸重：21.5t
ゲージ：1435mm

第3部　電気機関車と電車列車

DDJ1型電車列車　中国鉄道部　　　中国：1998年

　DDJ1型電車列車編成は、中国国内で開発された最初の高速(すなわち時速200km以上の)列車である。BB動力車1両、1階式中間車4両と2階式中間車1両、1階式制御車1両で構成されている。計438人の旅客を座らせるDDJ1型は2000年に営業を開始した。

形態：高速電車列車
動力：3600kW
き電：50ヘルツ交流25kV
牽引力：入手不能
最高運転速度：時速220km
重量：440t
最大軸重：20t
全長：各編成176m
ゲージ：1435mm

「プリマ」　フランス国鉄(SNCF)　　　フランス：1998年

　フランスのアルストム車両グループが造り出した「プリマ」とは、電気機関車にもディーゼル機関車にも使える各種のモジュール式設計である。汎用としてあるいは各種の用途に向けて形を変えたり、鉄道側の個別の条件に合わせることができる。電気車部門でアルストムはプリマを、ジーメンスの「ユーロスプリンター」やボンバルディア(旧アドトランツ)の「オクテオン」系列を持つドイツのメーカーと競争しながら売り込んでいる。

　基本となる「プリマ」群には現在、一般貨物用・時速140kmの4軸機EL4200B系、急行旅客用・時速220kmのEL4200B系、重量級国際旅客用・時速220kmの4軸機EL6000B系、重量貨物用・時速140kmの6軸機EL6300C系がある。歯車比を時速100kmに下げた出力9600kWのBB機重連も、急勾配におけるとくに重量級の仕事のために用意されている。カタログにあるどの機関車もヨーロッパにある4種類の電気方式のどれでも、また何種類でも運転できるように適合させることができる。50ヘルツ交流25kV(フランス、ルクセンブルグ、デンマーク、ハンガリー、チェコ共和国、スロヴァキア、ブルガリア、ギリシャ、ルーマニア)、16.67ヘルツ交流15kV(ドイツ、オーストリア、スイス、スウェーデン、ノルウェー)、直流3000V(ベルギー、イタリア、スペイン、チェコ共和国、スロヴァキア、ポーランド)、直流1500V(フランス、オランダ)で運転できる機能は設計に組み込まれている。IGBT技術を使ったアルストムのオニックス駆動装置が電機でもディーゼル機でも非同期主電動機を駆動するが、ディーゼル機の場合は直流主電動機を使うオプションもある。「プリマ」は燃料消費、排気ガス、騒音などのどれでもヨーロッパの環境問題に対処するように設計されている。違う電気方式で使えることに加えて、4軸台車と6軸台車とか車体長の大小といったモジュール式の構造がある。電気式ディーゼル機関車ではイギリスのDE32B型とかイラン向けのDE43型など、同じ機械部品が使われている。これまでのところ「プリマ」系電機の発注は、フランス国鉄(SNCF)の貨物営業部門だけから来ている。

　1000両以上の老朽電気機関車を置き換えるため当初は400両以上の注文が予定され、そのうち120両がすぐに確定した。2001年に納入が開始されたが、SNCF貨物では時速140kmのBB機を3種類の電気方式で発注している。直流1500Vと50ヘルツ交流25kVの複電圧式(BB27000型)90両、直流1500V・50ヘルツ交流25kV・16.67ヘルツ交流15kVの3電圧式(BB37000型)29両、直流1500V・直流3000V・50ヘルツ交流25kVの3電圧式(BB37500型)1両である。2002年半ばにはアヴィニオン機関区にBB27000型がそろって、老朽化したCC7100型の最終機を運用から退かせることができた。新しい貨物専用機関車の導入はSNCFの動力車政策の変革を示すものであり、これまでの傾向は旧型機を旅客用から貨物に回すということだった。

　BB27000型は時速57kmから140kmの間のどこでも4200kWの連続出力を持ち、時速57kmでの連続牽引力は250kNであり、36%という理想的な粘着条件では最大350kNの牽引力となるように設定されている。本機は発電ブレーキと回生ダイナミックブレーキの両方を備えている。これらのマシンは貨物列車専用のため、客車への給電装置(ホテル・パワー)は備えていない。2001年にはさらに180両が2003～07年に納入されるよう発注された。SNCFではディーゼル機関車をまだ発注していないが、同系機は輸出用の注文もいくつか受けている。ベルフォールで製造されたものはラストンのRK215エンジンを付けてイラン、イスラエル、スリランカ、シリアに送られている。イスラエルとイギリス向けのものにはEMD710エンジンが指定され、スペインのヴァレンシアで造られている。

形態：汎用設計のBBまたはCC機
動力：各6300kWまでの選択可能
き電：直流1500V、直流3000V、50ヘルツ交流25kV、16.67ヘルツ交流15kVのうちのどれか、またはその全部
牽引力：各種
最高運転速度：時速230kmまで設定可能
重量：BB機は90tまで、CC機は135tまで設定可能
最大軸重：22.5tまで設定可能
全長：各種
ゲージ：1435mm

H561型BB機　ギリシャ国鉄(OSE)　　ギリシャ：1998年

　ギリシャの国鉄であるOSEに初めて導入された本線用電気機関車として、今後の主力機のさきがけとなるもの。H561型の最初の6両は、テッサロニキとマケドニア国境イドメニの間76kmで使うために投入された。ジーメンスの成功作「ユーロスプリンター」に基づくこの「ヘラス・スプリンター」は、アテネ～テッサロニキ間511kmの本線が近い将来電化される際には、24両が追加発注されるものと思われる。

　この線は現在200kmにわたり大改良工事中で、これには経路の変更、複線化、信号改良が含まれている。土木工事が完成すれば、続いて電化が行われるであろう。

形態：重量級貨物および旅客用CC機
動力：5000kW
き電：50ヘルツ交流25kV
牽引力：300kN
最高運転速度：時速200km
重量：90t
最大軸重：22.5t
全長：20.38m
ゲージ：1435mm

3000型BB機　ルクセンブルグ国鉄(CFL)　　　　　　　　　　　　　　　　　　　　　　　　　　　　　　　　　　　　　ルクセンブルグ：1998年

　ルクセンブルグ国鉄(CFL)の3000型とベルギー国鉄(SNCB)の13型は同じ複電圧式の交直流機関車である。これらは高速旅客と重量貨物用として自線内とフランスへの乗り入れに使われている。アルストムの電気部品を付けたACEC社(ベルギー)製である3000型の一風変わった車体スタイルは、高速ですれ違う時に架線集電用のパンタグラフによる空気抵抗を減少させる。CFL3000型は、ルクセンブルグ最初の電気機関車である3600型を大部分置き換えた。

形態：汎用BB機
動力：5200kW
き電：50ヘルツ交流25kVまたは直流3000Vまたは直流1500V
牽引力：288kN
最高運転速度：時速200km
重量：90t
最大軸重：22.5t
全長：19.11m
ゲージ：1435mm

電気機関車と電車列車　1946〜2003年

3000型機の3015号が2000年9月、フランス・ルクセンブルグ国境のモンテナック近くで旅客列車を引く。

フリトーゲットAS（空港列車）BM71型　ノルウェー国鉄（NSB）　　　　　　　　　　　　　　　　　　　　　　　　　　　　ノルウェー：1998年

ノルウェーがオスローの東北ガーデモエンに新空港を建設した時には、線形の良い鉄道支線も準備された。快速運転用には3両編成の新しい電車列車16本が導入された。高級な設備の内装を持つ空調付きで、半流線形の端部はやや無骨な印象を与え、灰色に塗られている。

形態：空港連絡急行用の3両編成電車列車
各編成の動力：架線からの16.67ヘルツ交流15kV、1950kW、主電動機
牽引力：不明
最高運転速度：時速210km
重量：不明
最大軸重：不明
全長：不明

EU43型　ポーランド国鉄（PKP）　　　ポーランド：1998年

1990年代後半にPKPは、ヴロツワフのアドトランツ（現在のダイムラークライスラー・レールシステム）パファヴァク工場に、ドイツへの乗り入れ用として複電圧式電機を小数発注した。イタリアのE412型を下敷きにした本機はEU43型と名付けられ、国際直通列車に使われるはずだったが、E412型をポーランドで試験したにもかかわらず、いろいろな困難によって定期運行への実用化は遅れた。（数字はイタリアのE412型電機のもの）

形態：複電圧式BB電機、直流3000Vおよび16.67ヘルツ交流15kV
動力：入手不能
牽引力：入手不能
最高運転速度：時速200km
重量：入手不能
全長：入手不能
最大軸重：入手不能
ゲージ：1435mm

第3部　電気機関車と電車列車

HHL型電機　アムトラック

アメリカ：1998年

　アムトラックが待ち望んでいた北東回廊路線の一部・ボストン（マサチューセッツ州）とニューヘイヴン（コネティカット州）の間の電化に関連して、アムトラックでは電気機関車の増備を発注した。HHL型（時にはHHL-8型と表示される）は、時速240km用として著名なアセラ・エキスプレスの6両編成列車と同じスタイルの運転台と先頭部を持つ、両運転台式の流線形機である。型式名のHHとはハイ・ホースパワー（高出力）の意味である。この執筆時点では650～664号という15両の機関車が、アセラ・エキスプレス列車も製造したアルストムとボンバルディアの共同企業体によって造られている。HHL型は出力5968kWであり、AEM-7型電機より長い編成を牽引できる。最初の本機は1998年に製造された。

　アムトラックのHHL型は北東回廊の重量級列車に使われている。アセラ・エキスプレス列車と同じスタイルをしているものの、この機関車は振り子列車編成に固定連結されているのではなく、両運転台式となっている。

形態：高速BB電気機関車
動力：25ヘルツの交流12kV、60ヘルツの交流12kV、60ヘルツの交流25kV
出力：5968kW
牽引力：入手不能
最高運転速度：時速200km
重量：100t
最大軸重：不明
全長：入手不能
ゲージ：1435mm

ET型電車列車　DSB／SJエーアソン海峡連絡線

デンマーク／スウェーデン：1999年

　2000年7月にはスウェーデンとデンマークを結ぶエーアソン連絡線の開通を見た。これはデンマーク・スウェーデン・ドイツをつなぐ地域に3本作られる地上リンクの2番目である。それ以前にできたストア海峡リンクは、西部の本土地域とコペンハーゲンのある東部の島というデンマークのふたつの主な部分を結び合わせるものである。エーアソン・リンクはそのデンマーク東部とスウェーデンとを結ぶ。3番目のフェマーン・ベルト・リンクは計画段階であり、デンマークとドイツを結ぶことになる。

　エーアソン・リンクの旅客輸送用には、快速高性能の3両編成電車列車がデンマーク国鉄DSBとスウェーデン国鉄SJから共同発注された。最初のアドトランツに対する発注は27本で、さらに18本の追加分が予定されていた。17本はDSBの所有するET型となり、10本はSJのX31型となる。追加分は改訂されて計44本となり、20本がDSB、20本がSJとなった。鋼製車体の車両はアドトランツ（その後ボンバルディアに統合された）のAIM系モジュール設計の電車列車に属するが、ゴムでかこんだ端部はそれ以前DSBに納入されたものに外観が似ている。圧力入りゴム式の端部は連結面の周囲をかこんで密着させ、運転席は編成が併結された時には畳み込まれる。これは途中で分割や併合を行い、しかも列車全長にわたり広い貫通路を設ける必要があることから考案されたものである。

　このデザインは1989年DSBのIC3型連接式ディーゼル編成に初めて使われ、この編成はストア海峡リンクが開通するまでデンマークの昼行都市間列車にどこでも見られた。1996年DSBのIR4型はストア海峡リンク用の出力1680kWという4両編成の電車列車版であり、エーアソン・リンク用のET型はさらに高出力の2120kWである。デンマークの鉄道は50ヘルツ交流25kVで電化されており、スウェーデンは16.67ヘルツ交流15kVを使っているので、ET型編成は複電圧式で、電圧の自動検知と切換装置を持っている。5組までの連結運転ができる。

　エーアソン・リンクそのものは、トンネルと橋を持つ道路・鉄道両用の構造物である。スウェーデンから西への最初の区間は橋である。高い橋の両側の勾配はスウェーデン側が12.5‰、デンマーク側が15.5‰とされている。さらに西へ進むと線路は全長4055mのペベルホルメン人工島（トンネル工事で掘り出された土砂で作られた）を渡る。トンネルは鉄道2線と道路2車線を含む長さ175mのコンクリートの箱を沈めて、これを20個つないだものである。ここを通る列車はデンマークのコペンハーゲンやエルシングエーアとスウェーデンのヘルシングボリやマルメを結ぶ。20分ごとに走るシャトル列車が毎日5時から24時まで運転され、所要時間は30分で途中4駅に停車する。IC3型ディーゼル編成はこの区間を通るユーロシティ列車としてハンブルクから運転されている。貨物列車はDSBゴーズ（貨物）のEG型とDBカーゴの185型で運転されることになっている。SJは適当な複電圧式の機関車を持っていない。

形態：急行用3両編成電車列車
動力：2120kW
き電：50ヘルツ交流25kVまたは16.67ヘルツ交流15kV
牽引力：入手不能
最高運転速度：時速180km
重量：153t
最大軸重：19t
全長：3両編成で78.9m
ゲージ：1435mm

電気機関車と電車列車　1946〜2003年

EG型CC機　　デンマーク国鉄（DSB）　　　　　　　　　　　　　　　　　　　　　　　　　　　　　　　　　　　　　デンマーク：1999年

1999〜2000年にドイツのジーメンスとクラウス・マッファイから計13両の重量貨物用機関車がデンマークへ納入され、さらに7両の追加発注はまだ実行されていない。1997年に発注されたEG型は、デンマーク国鉄の貨物部門・DSBゴーズによるグレイト・ベルト海峡連絡線経由の重量貨物用の仕様に従ったものである。この連絡線は長年検討されてきたもので、この地域でデンマーク・スウェーデン・ドイツを結ぶ3線のひとつである。グレイト・ベルトあるいはストア海峡リンクの具体的な設計作業は1965年に開始されたが、工事は1978年に凍結され、1986年になってやっと正式の着工が指令されて再開された。

ストア海峡リンクの基礎施設本体の工事は1996年の終わりに完成され、西は6.6kmの橋梁、ついで3kmのスプロゴ島横断、そして東は8kmのトンネルという3つの主要区間から成っている。吊橋は長さ115kmもの線をたばねた85cm厚のケーブルで支えられており、2本のトンネルは海底に沈められている。

グレイト・ベルト・リンクは東の大きな島であるシェランと西の本土であるユランという、デンマークのふたつの地域を結んでいる。首都のコペンハーゲンと同国の主要空港はシェランにあり、鉄道と道路のリンクを太くすることが強く求められた。デンマークのふたつの部分を結ぶ鉄道輸送はずっと鉄道連絡船によってきており、貨物輸送は1日20列車ほどに限られていた。リンクの完成によりDSBはドイツ経由でパートナーであるEU諸国との直通鉄道連絡ができ、貨物輸送は大幅に増加することになる。

新しい鉄道の工事は、コペンハーゲンを中心とする現存の50ヘルツ交流25kV網を拡大するものである。旅客列車は成功作であるIC3型ディーゼル列車を下敷きにした新しいIR4型連接式電車列車によって行われた。驚くことかも知れないが、連絡線における週末混雑時の輸送にはME型電気式ディーゼル機関車によるものもある。

国内旅客輸送の所要時間は、この区間に140本の列車が走れることから、約1〜2時間短縮される。貨物列車は100本まで設定することができる。

グレイト・ベルト・リンクの鉄道は1997年4月に正式に開業し、すぐ近くにあったコアセー〜ニューボー間の連絡船から置き換えられた貨物列車40本が走り出した。たった2カ月後にはレズビュハウン〜プットガルテン間の連絡船からの転換で貨物列車は50%増加したが、この連絡船は現在では旅客列車用に使われて残っている。開通にあたり在来のEA型機関車は急勾配に対応して重連または3重連で使われた。新しいEG型は2000トンの列車を平坦線では時速120kmで引き、同じ列車をストア海峡リンクの16‰勾配でも引くことができる。EG型はジーメンスの「ユーロスプリンター」一族に属し、車体外観のスタイルはDBカーゴの152型に似ている。

他の「ユーロスプリンター」と違ってEG型はCC機である。現代のヨーロッパにおける他の各機は4軸の車輪配列BBとなっている。6軸という配列はストア海峡とエーアソンの両リンクにおける列車重量と勾配から必要とされた。デンマーク〜スウェーデン間のエーアソン・リンクは2000年に開通し、直通貨物列車はスウェーデンのマルメからエーアソンを通ってデンマークに達し、さらにそれを通り抜けてストア海峡経由でドイツはじめヨーロッパ各国につながることができて、EG型の運行範囲は拡がった。ハンブルクへの直通は2002年に開始された。

形態：重量貨物用複電圧式CC機
動力：6500kW
き電：50ヘルツ交流25kVまたは16.67ヘルツ交流15kV
牽引力：400kN
最高運転速度：時速140km
重量：129t
最大軸重：21.5t
全長：20.95m
ゲージ：1435mm

3103号はデンマークで最強力の機関車に属し、重量貨物列車を引いてドイツとスウェーデンに乗り入れできる。

「ジュニパー」電車列車　　ガトウィック・エキスプレス　　　　　　　　　　　　　　　　　　　　　　　　　　　　　　　　　　イギリス：1999年

「ジュニパー」というのは、英国鉄道民営化後の列車運行会社用として発注された3型式の電車列車のブランド名である。列車運行会社とこうした新車の資金を出した車両保有会社は、製造コストを引き下げて長期的に利益となるようなメーカーの標準設計を活用することに熱心だった。現在までに納入された「ジュニパー」は、テムズ川以南の直流網用の2型式と、スコットランドのグラスゴー近郊・ストラスクライド地域における交流用の1型式である。

営業についた最初のアルストム製「ジュニパー」群は、460型「ガ

第3部　　電気機関車と電車列車

トウィック・エキスプレス」編成8本であった。これはガトウィック空港に着いてロンドンのヴィクトリア駅へ急ごうとする外人旅行者に印象的なように設計された空調付きの8両編成である。もともと近郊用に提案された「ジュニパー」系標準の車体スタイルであることから、車体側面の前後両端には幅広い出入口がある。これは実際大きな荷物を扱うのには具合がいいが、その他の点では上等な都市間列車であるはずのものには似つかわしくない。8両の客車のうち5両が動力付きで、それぞれ片方のボギー台車に主電動機を2基持っている。電動車1両はとくに重い荷物を積む荷物車である。この編成には回生ブレーキが付いている。「ガトウィック・エキスプレス」編成は赤と灰色の目立つ塗装をしており、屋根は赤色である。

サウスウェスト・トレインズ社の458型は、ロンドンのウォータールー駅からウインザー、レディング、オールトンなどの方面への近郊用として造られた4両編成30本である。460型と違ってこの編成は前端に折り畳み式の貫通路を持ち、併結運転の際には全列車が貫通できる。塗装は442型急行用編成ではすばらしかったサウスウェスト・トレインズ社の塗色模様を縮めたようなものとなっている。

スコットレール社はグラスゴー地域の近郊用に334型「ジュニパー」3両編成40本を持っている。これは458型に似ているが、全室式の運転台で貫通路はない。（「ジュニパー」編成の中間はどれも貫通路付きである。）イギリスにおいては新しいものとして、この編成の運転台の中には監視テレビのモニターが付けてあり、運転士は運転台の窓から体を乗り出したり外へ出ないでも旅客の乗降を見て安全にドアを閉めることができる。この編成はグラスゴーからペースレー、エア、ラーグス方面へ走っており、ダンバートンやヘレンスバーグを通る市内横断線にも使われるようになった。スコットレールはストラスクライド旅客事業団のマルーンとクリームの塗装スタイルに基づいているが、側面には青い電光を描いたさらにモダンな塗り方にしている。

「ジュニパー」の導入は長く引き延ばされた経過をたどった。各型式はレールトラックの車両受け入れ手続きを通過しなければならず、その上、運行に入ると信頼性にい

前頭で目立つ円錐形と赤い屋根のガトウィック・エキスプレス電車列車は上空からの方がはっきりと見えるので、「ガトウィック・エキスプレス」という文字は各電動車の屋根に書かれている。

514

電気機関車と電車列車　1946〜2003年

ろいろ予想外の問題のあることが判明した。改修プログラムが一部はメーカーのウォッシュウッド・ヒース（バーミンガム）工場で、また整備基地でも行われた。ガトウィック編成は現在使われているが、マーク2型客車を73/2型機関車で牽引する古い編成3本が予備となっている。スコットレールの編成は導入が進んでいるものの、458型はやっと一群としてお目見えし始めたところである。

形態：8両編成（460型）・4両編成（458型）・3両編成（334型）電車列車
編成の動力：458型と460型はサードレールからの直流750V、334型は架線からの50ヘルツ交流25kV、3相交流駆動制御、4基（334型）・6基（458型）・10基（460型）の吊掛式主電動機
牽引力：不明
最高運転速度：時速160km
重量：34〜45t
最大軸重：不明
全長：両端車21.16m、中間車19.94m
ゲージ：1435mm

458型「ジュニパー」電車列車の8006号がロンドンのウォータールー駅で発車を待っている。

「アセラ・エキスプレス」　アムトラック　　　　　　　　　　　　　　アメリカ：1999年

何年もの検討と計画の末、アムトラックは1990年代の終わりにやっとボストン（マサチューセッツ州）までの全線を電化し、ボストン〜ニューヨーク〜フィラデルフィア〜ワシントンDC間の北東回廊路線を運行する新しい高速列車を発注した。長い間、アムトラックの列車はニューヘイヴン（コネティカット州）でディーゼル機関車から電気機関車に交代していた。ニューヘイヴン鉄道は複動力式のFL9型機を使って機関車交換の必要をなくしていたが、アムトラックに引き継がれてからボストン〜ニューヨーク間の列車の大部分がワシントンDCまで直通されるようになったため、この機関車を使う利点はずっと少なくなった。

2000年12月にアムトラックは時速240kmまで出せる6両編成の振り

アメリカ最速の列車は最高時速240kmに達するアムトラックの「アセラ・エキスプレス」である。こうした流線形列車のひとつがワシントンのユニオン駅に見える。

515

第3部　電気機関車と電車列車

子式高出力列車による「アセラ・エキスプレス」を導入した。これはボンバルデイアの振り子システム（当初はカナダのLRC列車用に考案されたもの）とフランスのTGVに採用されているものに似たアルストムの電気駆動装置を使っている。

現在ではボストン～ワシントン線の全線が電化されているとはいえ、この路線の複雑な歴史の結果、いくつかの違った電化システムが路線の数箇所にまだ残っている。このため「アセラ・エキスプレス」は北東回廊を走る際に、それぞれの電圧や周波数に合わせなければならない。各列車は半永久的に連結された流線形の機関車式動力車を両端に置いている。

形態：8両（動力車を除き6両）編成の高速電車列車
動力：25ヘルツ交流12kV、60ヘルツ交流12kV、60ヘルツ交流25kV
出力：9200kW
牽引力：（引出時）222kN
最高運転速度：時速240km
重量：全編成566t
列車の全長：全編成202.082m
動力車の全長：21.209m
最大軸重：入手不能
ゲージ：1435mm

「アセラ・エキスプレス」列車は北東回廊の一部であるニューロンドン（コネティカット州）～ボストン間で時速240kmまで出すことができるが、ワシントンのユニオン駅を出る時にはもっと低い速度に制限されている。

IORE型CC機　ルオサヴァーラ・キルナヴァーラ社（LKAB）　スウェーデン：2000年

IORE型機関車は、スウェーデンの鉄鉱企業であるルオサヴァーラ・キルナヴァーラ社（LKAB）による鉄道物流への大きな投資の中でも動力に相当するものである。鉄道輸送の自由化によってLKABは輸送費節減の機会を捕らえることができ、1993年1月に鉱石輸送の権利を与えられた。同社ではマルムトラフィク・イ・キルナAB（MTAB）とマルムトラフィクAS（MTAS）というふたつの子会社（それぞれスウェーデンとノルウェーにある）によって、1996年7月から運行を開始した。

MTABとMTASはキルナとマルムベリエトの鉱山からナルヴィクとルーレオの港へ、またスヴァッパヴァーラの集約・パレット化基地から、2千万トンの鉄鉱石製品を輸送する。キルナ～ナルヴィク間では10ないし12列車が、ルーレオ

IORE型機関車は背中合わせの2車体式で運転されて10800kWを出し、間もなく計8100トンの列車を牽引するであろう。

電気機関車と電車列車　1946〜2003年

へは1列車が毎日運転されている。そのほか、マルムベリエト〜ルーレオ間とキルナ〜スヴァッパヴァーラ間にも各4列車が毎日運転されている。軸重を30トンに増やすなどの方策をとった新しい機関車と貨車に投資することにより、列車を数少なく、より長大で重量級のものにすることが主な狙いである。

LKABの競争相手であるオーストラリア、ブラジル、カナダ、南アフリカで採掘される鉱石は広大な露天掘りからであるのに対し、スウェーデンの鉱石は費用のかかる、ややこしい地下深くの鉱山のものである。トンキロ当たりの鉄道輸送費用も海外の競争相手より2〜4倍ほどで、そこでは軸重30トン以上の貨車を150〜250両もつないだ列車を走らせることができる。1998年6月にLKABでは、アドトランツ（ドイツ）から機関車9両、トランスヴェルク（南アフリカ）から鉱石車209両という1.1兆スウェーデン・クローナの車両代替投資を承認した。

Uanoo型というこの新型貨車は南アフリカ流の軌道負担の少ないボギー台車を持つ積載重量100トンのものであり、これまでのUad型という80トン級の貨車を置き換える。新型貨車の効果は、鉄道運行のあらゆる面で大幅に費用を節約することである。各列車の編成は52両から68両へと増加され、1年の列車数は7000から4000へと減少され、貨車の総数は250両減少され、列車速度は時速50kmから60kmへと増加され、こうしてトンキロ当たりの費用は45％の節減になると見込まれている。輸送にかかる費用が競争相手と同じ水準なら、LKABは年間の生産額を3千万トンに増加させる力を持っている。列車の重量が増加しても1両の機関車の走行距離が減少するため、機関車の必要数は少なくてすむ。これが、これまでの19両に対して9両の機関車しか要らない理由でもある。

アドトランツに発注され、その後同社はボンバルディアに統合されたが、2000年8月には最初のIORE型機関車がドイツのカッセル工場から納入された。残る8両は2002〜04年という長い期間をかけて納入されるだろう。受取検査と試運転ののち、IOREの1号機は2002年に従来のUad型貨車を牽引して定期運行に入った。2000年末には新型貨車の先行製作分68両が試験運転のために造られた。

最初、IORE型機関車は補重なしの300トンを12本の車軸に負担させて運転され、基礎施設の改良が行われて30トンまでの軸重が可能になれば1350kNという牽引力を限度いっぱい出せることになる。各軸には吊掛式の3相非同期主電動機が1基ずつ備えられ、ひとつのボギー台車には3軸があって、各台車には1基ずつの水冷式GTOインヴァーターがある。アドトランツのMITRAC診断・情報システムが備えられ、粘着力の制御が行われる。回生ブレーキが備えられて、エネルギー消費を30％節減すると見込まれている。電気ブレーキの最大出力は10800kWで、最大ブレーキ力は750kNとなる。9両のIORE型機は、1969〜70年製でSJから引き継いだ7176kWの3車体式Dm3型15両と、重連で運転される10190kWのE115型6両（旧NSBの1967年製）とを置き換えるものと期待されている。

形態：重量鉱石列車用の2車体式CC機
動力：2車体で10800kW
き電：16.67ヘルツ交流15kV
牽引力：2車体の補重なしで1200kN、補重付きで1350kN
最高運転速度：時速80km
重量：2車体で300t（補重なし）、360t（補重付き）
最大軸重：25t（補重なし）、30t（補重付き）
全長：2車体で45.8m
ゲージ：1435mm

IMU120型都市間列車　エアトレイン・シティリンク　　オーストラリア：2001年

2001年5月に開業したこの路線はブリスベーン空港をブリスベーン市内と結ぶとともに、南にあるゴールドコーストのリゾート地とも結んでいる。クイーンズランド鉄道と同じ1067mmゲージを走るこの列車は、QRシティレールと郊外線事業体との共同運行となっている。線路は8.5kmにわたり高さ12.5mのコンクリート高架橋を走る。ステンレス車体の3両編成の都市間電車列車4本が造られ、制御電動車（A車）、付随車、制御電動車（B車）で旅客定員は220人である。動力車はIGBT交流駆動システムを備えている。電空式ブレーキは電算機で制御される。

市内と空港とは毎時4本の列車が所要22分で運転され、1本おきの列車がゴールドコーストのロビーナまで行く。旅客が増えれば回数や編成長を増やすことができる。

形態：都市間用3両編成列車
動力：180kWの3相非同期主電動機8基、架線からの50ヘルツ交流25kV
最高運転速度：時速140km
総重量：130t
最大軸重：14t
全長：72.6m

146型電気機関車　ドイツ鉄道（DBAG）　　ドイツ：2001年

ドイツは近年、1950年代と1960年代に納入された機関車が年数に達したため、古い電気機関車を何百両も置き換えている。新型の中には145型という客貨両用の成功作があり、最初の80両が納入された。145型から派生したものに、フランスその他の隣国への乗り入れができるようにした15kVと25kVの複電圧運行用185型がある。185型機関車はいずれ400両ができるであろう。もうひとつ145型からの派生は146型で、近代的な2階建て車両などのプッシュプル式区間列車の動力という特定の用途のために生まれたものである。これらはアーヘンからケルンやビーレフェルトといった区間ではすっかり定着して使われている。他の最近のDB機関車と同様、その塗装はフェアケールス・ロート（交通赤色）である。

形態：区間旅客プッシュプル列車用BB機
動力：架線からの16.67ヘルツ交流15kV、連続出力4200kW、電子制御、回生ブレーキ、各軸を直接駆動する主電動機4基
牽引力：260kN
最高運転速度：時速160km
重量：86t
全長：18.9m

「ペンドリーノ」390型　ヴァージン・トレインズ　　イギリス：2001年

形態：9両編成の振り子式高速電車列車
動力：架線からの50ヘルツ交流25kV、アルストムONIX800駆動装置が7両の動力車に各2基、計5950kWの連続定格、発電・回生ブレーキ、各動力車の床下に主電動機2基、それぞれ隣接の車軸をカルダン軸により駆動
牽引力：不明
最高運転速度：時速225km
各車の重量：50〜62t

全長：制御車23.05m、中間車23.9m
ゲージ：1435mm

イギリスの西海岸本線（WCML）を国内でいちばん賑わっていると評する人が多い。たしかに長距離旅客や区間列車、そして貨物も多く運ばれている。ロンドンをスコットランドのグラスゴー、エジンバラと結び、マンチェスター、リヴァプール、バーミンガムへの支線もあるWCMLは、1960〜74年に電化された。現在、長距離旅客列車は主として機関車を動力とする時速175kmのプッシュプル編成で、1時間ごとあるいはそれ以下の間隔で（バーミンガムまでは30分

第3部　　電気機関車と電車列車

上：ヴァージン社の「ペンドリーノ」列車のよく目立つ、親しみのもてる前面のスタイルは、鉄道に新しい旅客をたくさん引き付けるだろうと期待されている。この列車は時速225kmの設計で、振り子式である。

ごとに）、ヴァージン・トレインズによって運行されている。ランカスターより先、スコットランドまでの長い区間の線路は、急曲線というよりは大きく曲線を描いていくものの、曲線は非常に多く、列車の所要時間は振り子式によって大きく縮められるだろう。

フランチャイズを受ける時の約束で、ヴァージン・トレインズではWCML用の車両を全部、時速225kmの高速が出せるように設計された振り子列車群53本によって置き換えることにしている。この速度を達成して全所要時間を25%縮めるには、基礎施設の保有会社が軌道と信号設備を改良しなければならず、こうした大プロジェクトは実行が困難になった。結局、レールトラック社はこの路線に計画された最高速度を可能にすることができず、最高時速200kmだけが近い将来実施されると予告している。

こうしてヴァージン社は現状の長い所要時間と低い利用度に対し、390型群を増備しようとしている。これによる速度向上の例として、ロンドンのユーストン駅からマンチェスターのピカディリー駅までは現在2時間40分であるが、振り子式なら最高時速200kmでも2時間に短縮される。

「ペンドリーノ」のような高速列車の車体傾斜は、ふつうの列車より25%ほど高速で安全に、旅客の快適性を遠心力でそこなわずに、曲線を通過させることができる。

390型列車は電動車の7両編成で、2両には集電用のパンタグラフと変圧器があり、ファーストとスタン

518

電気機関車と電車列車　1946〜2003年

ダードの両クラスの設備と、全乗客が利用できるビュッフェがあり、ファーストクラスには食堂もある。主電動機は全車に分散配置されている。これにより重量を列車全体に分散させ、車両の総重量はかなりあるにもかかわらず、軸重を最小にすることができる。

本書で先に述べたドイツのICE振り子式ディーゼル列車〔378〜9ページ参照〕と同様、「ペンドリーノ」390型は振り子式を用いることによって、乗客に遠心力による不快感を与えずに列車がもっと高速で曲線を走れるようになっている。ボギー台車はフィアット／SIGの確立された技術に基づくもので、振り子の作動には電気を用いている。

列車そのものは都市間用スタイルの上質なもので、9両から成り、全車空調付きで座席は快適であり、通勤者やビジネス客を引き付け、引きとめるようにと、娯楽番組用のヘッドフォンやラップトップ式電算機その他の業務用機器のために出力端末も備えている。

バーミンガムにあるイギリスのメーカー・アルストム社では、レスター県に試験線を持っており、先行製作された2本の列車をいろいろな軌道や架線の下で走らせて、振り子機構や駆動装置を十分に試験することができる。この列車はマンチェスターのロングサイト区で保守されている。

390型が全部営業用に入ったら、ヴァージン社ではロンドン〜バーミンガム間で20分ごと、マンチェスターへ30分ごと、リヴァプールとグラスゴー／エジンバラへ1時間ごとに列車を走らせ、現在の列車をほとんど倍増させることができるだろう。

8600系　ダブリン地域高速運輸　　アイルランド：2001年

DART（ダブリン地域高速運輸）と呼ばれるダブリンの近郊電車輸送は、1984年に郊外のブレーとハウスへの運行によって始められた。2000年と2001年に南はグレーストーンズ、北はマラハイドまでの延長線が開通し、また旅客数が激増したことによって、DARTの車両は増加が必要になり、2種類の電車列車が付け加えられた。

新型電車列車のひとつは日本の三菱が製造した8500-8600系車両であった。これらの半固定連結の1組は電動車（8500型）と制御車（8600型）から成っている。各車には旅客40人用の座席がある。最初の8500-8600系車両は2001年5月に営業に入った。この他にDARTの新型電車列車には、スペインのアルストムで造られた8200／8400系車両がある。

ダブリン地域高速運輸では混雑時には満員で走ることも多い。2000年にはDARTの近郊輸送におけるピーク時の混雑を緩和するため、2系列の新車が納入された。8606号がダブリンのコノリー駅に見える。

形態：近郊旅客用電車列車
動力：架線からの直流1500V
牽引力：入手不能
最高運転速度：時速100km
重量：電動車39t
全長：20m
最大軸重：9.75t
ゲージ：1600mm

第3部　電気機関車と電車列車

MLX01型　マグレヴ試験列車　鉄道総合技術研究所

日本：2001年

　フランスのTGVは、レールの上を走る車輪で時速500km以上の速度が達成できることを示した。しかし日本・ドイツ・アメリカでは、技術者が車輪を使わない新世代の陸上輸送の開発に努めてきている。「マグレヴ」システムは特別製の軌道上で列車を磁気浮上・推進の原理により移動させ、ほとんど摩擦なしに駆動するというものである。運転中実際に接触するのはU字形のコンクリート製路盤の中で列車の位置を保持させる誘導車輪だけである。日本では、東京〜大阪間の列車を2時間半かかる新幹線に対して1時間で走らせることが狙いである。これには時速500kmの速度が必要となる。山梨県にある18.4kmの実験線では5両編成のMLX01型試験車が、1999年4月14日に時速552kmをすでに達成し、2003年12月2日には有人走行で時速581kmを達成した。軌道側面に取り付けられた2種類の軌道コイルが通電された時には、浮上および上下誘導用と推進用の力が伝わる。

　マグレヴを実用的なシステムに開発するには巨額の費用がかかり、多くの技術的な問題に囲まれている。リニア式同期電動機を駆動するため車両に取り付けられている超伝導磁石は外部からの障害に対して極めて敏感であり、それによって動力が減少したり失われることになる。設計者たちは鉄道技術の新しいフロンティアを開きつつあり、そのためには他分野の技術も取り入れていて、その中には車両の屋根から羽根を上げる空力式列車ブレーキなどがある。このような事情により、巨額の投資にもかかわらず、マグレヴが標準規格となるのか、それとも鉄道発達の長い歴史の中でモノにならなかったあの「大気圧式鉄道」や「ホーヴァー・トレイン」などと同じ運命をたどるのか、まだどちらとも言えない。

形態：磁気浮上式鉄道
動力：不明
磁気力：700kA
牽引力：入手不能
最高運転速度：時速500km
総重量：不明
最大軸重：入手不能
全長：不明

1998年6月18日に撮影された実験線のこの写真はマグレヴに必要な基礎施設の大きさを示すもので、マグレヴ列車が実験線のボウストリング・アーチ式コンクリート橋を渡っている。

電気機関車と電車列車　1946〜2003年

マグレヴ実験の運行司令センターが山梨県都留市の線路際にそびえる。こうした司令室から無人運転の列車が何百キロもの線路上で監視され、制御されることだろう。

4023/4024型「タレント」　オーストリア連邦鉄道（ÖBB）　オーストリア：2002年

2002年にボンバルディアとELINからオーストリア国鉄（ÖBB）へ納入されているのは、3車体編成（4023型）11本と4車体編成（4024型）40本の電車列車（EMU）群である。この下敷きとなっているのは、ドイツの「タレント」系連接式ディーゼル列車である。

これらのオーストリア向け電車版は、ふたつの用途にあてられる。ザルツブルク周辺の区間列車用（3車体編成）と、ウィーンの近郊国電区間でこれまでの4030型電車列車を置き換えるためである。

ディーゼル版と同様、これらの列車は低いホームからの旅客乗降用に床面の一部が低くなっている。このためこの両電車列車の編成両端には、低床部分から階段で上る部分ができている。高床部分は動力ボギー台車や装置の上に置かれている。

この列車の外観は流線形で、時速160kmまでの高速運転の設備がある。これはその他の中距離用車両でも見られるもので、例えばイギリスでは321型電車列車が同じ最高時速となっている。

形態：区間用（3車体）および近郊用（4車体）の連接式電車列車
動力（各編成）：架線からの16.67ヘルツ交流15kV、2000kW、各軸を直接駆動する主電動機
牽引力：不明
最高運転速度：時速160km
重量：不明
最大軸重：不明
全長：不明

680型　チェコ鉄道（CD）　チェコ共和国：2003年

ウィーン〜プラハ〜ベルリン間は最高時速160kmのヨーロピアン・コリドー路線の一部である。これ以上の高速は当面期待できないが、振り子列車を使えば時速230kmは可能である。チェコ鉄道は当初1995年にこうした列車を発注したが、計画は遅延している。執筆時点では7両編成7本が2003年に納入されると確かめられた。スロヴァキア国鉄ではブラティスラヴァ〜コシツェ間用としてこうした列車に関心を持っている。

形態：振り子式の急行旅客用複電圧式電車列車
動力：4000kWの計画
き電：直流3000Vまたは50ヘルツ交流25Vまたは16.67ヘルツ交流15kV
牽引力：入手不能
最高運転速度：時速230kmの計画
重量：不明
最大軸重：13.5tの計画
全長：不明
ゲージ：1435mm

第3部　電気機関車と電車列車

「トランスラピート」磁気浮上式列車　トランスラピート共同企業体　　ドイツ：2003年

トランスラピート磁気浮上式列車は、通常の鉄道システムで現在達成できるものをはるかに越える時速500kmまでの速度向上を経済的なエネルギー消費で行おうとしている。

人々は1934年以来、通常の列車よりはるかに高速で走行する「ホーヴァー・トレイン」のために磁力を利用できないかという夢を抱いてきた。その年、ヘルマン・ケンパーは磁気浮上列車の考案でドイツの特許を取った。彼はあまりにも時代に先駆けていたため、この構想が実験で具体化されるまでにはさらに30年がかかった。実際、同じ時期にイギリスの研究者も磁気浮上式列車を開発し、その成果としてバーミンガム空港と国際駅との間にマグレヴ・シャトルが建設されて、多少のトラブルはあっても20年以上使われた後、ごく最近廃止された。

1971年にメッサーシュミット・ベルコヴ・ブローム（MBB）社は、ミュンヘン近くの延長660mの軌道で旅客輸送用車両を公開した。「トランスラピート02」と呼ばれるこの車両は非同期「ショートステーター」式リニア・モーターを用い、ふつうの回転式電動機なら整流子コイルに当たるものが軌道に沿って線状に敷かれていて、初期の「リニア・モーター」を実現していた。このシステムでは軌道に直接触れることなく車両を浮上・誘導する力を生み出すため、反発する電磁装置を使っていた。

その他のシステムも研究された。AEGテレフンケン／BBC／ジーメンスはエルランゲンに900mの実験線を作り、超伝導コイルを用いた電磁誘導式浮上システムを開発しようと1972年には車両の試験を行った。2年後にはティッセン・ヘンシェル社とブラウンシュヴァイク工科大学が「ロングステーター」システムを開発し、ここでは車両上と軌道沿いのコイルの役割が置き換えられていた。この方式は1977年にドイツの連邦科学技術省から、今後の研究開発にあたってのモデルとして承認された。この決定がマグネットバーン・トランスラピート共同企業体の結成をうながした。1980年にはいっそう長い（後には31.5kmに及ぶ）実験線が、（ライネ～エムデン間の鉄道線に隣接する）北ドイツのエムスランドで運行を始めた。実験線は中央部の直線区間と、両端には大きな曲線半径のループ線を持っている。その能力は時速450kmまでの列車を試験することだったが、その後のトランスラピートは時速500kmまで出すものが提案されている。

トランスラピートの原理は、鋼鉄製のレールの上で鋼鉄製の車輪をころがせるのでない。列車にはとくに動く部分がなく、前進の際には空気と風の抵抗を受けるだけということである。各車両の外側下部には、軌道梁の側面を包み込むように見える長手の構造体が付いている。この構造体には電磁装置が2組備えられている。軌道両側の下面に対し上向きに置かれているのは、軌道桁の下面に敷き伸ばされたステーターを吸引する浮上用電磁石である。運転時にはこれが車両を軌道の磁石に向かって持ち上げ、空中に浮上するようにす る。軌道の両側にはリアクション・レールがあるが、これは実際には軌道桁外側の表面にある長い板のことである。車両にはこのレールに面して一連の駆動用電磁石があり、これがレールに働く推進用磁界の高調波によって前進する力を与える。この方式は車両側に動的な電磁装置をみんな搭載しているので、軌道全長にわたって電磁装置を長々と敷設するよりもずっと安上がりである。

会社によれば列車を浮上させるのに使う動力は、その空調システムを運転するのに必要なものよりも少ない。前進は簡単に行え、加速は時速0kmから300kmまで5kmで行えるほど早い。これに比べて（トランスラピート・インターナショナル社提供のデータによれば）、ふつうのDBのICE列車が同じ速度まで加速するのには31kmを要する。エムスランドの試験車は80万km以上を走行して、この設備の

電気機関車と電車列車　1946〜2003年

信頼性を証明した。こうした試験には最長1665kmのノンストップ運転や、1日2460kmの最長運転もあった。会社によれば乗り心地は快適で、ふつうの鉄道が軌道のゆがみによってよく上下左右に揺れるようなことは起こらない。19トンほどの貨物を運べる貨車を製造することもできる。

トランスラピート・インターナショナル社は、これが従来の鉄道よりずっと高速で都市間を結ぶことのできる実証ずみの製品であり、例えばドイツの主要都市間ならどこでも1時間ないし3時間で行けるようになる可能性を開くものであると主張している。トランスラピート社は、立体交差したりあるいは地上に敷かれるこの軌道の建設費は、従来方式の新しい高速鉄道のものとそれほど違わないと信じている。

こうしたことから、ドイツの再統一によりこれまでドイツ国内での国境、あるいは「鉄のカーテン」となっていたところを越える交通を至急に改良しなければならなくなったため、マグレヴ式鉄道はハンブルクと首都に復活したベルリンとの間を結ぶものと考えられた。緊急性がキーワードであった。ドイツ連邦鉄道（DB）は既設鉄道線の改良に着手し、両都市間の高速線の建設についても協定を結んだ。現在ではトランスラピート共同企業体に参加しているため、DBは長期的な都市間輸送の高速化におけるマグレヴの可能性に大きな関心を抱き、こうした革新が実現する時にはそれに加わっていたいと望んだ。1994年に連邦政府はドイツにおける高速マグレヴ路線の計画を可能にする法律を制定した。DBでは新しいハンブルク〜ベルリン間のトランスラピート線を譲り受けて運営するつもりであると決定した。

中止の理由は公表された限りでは明らかでないが、2000年1月に全関係者は、ベルリン〜ハンブルク間のマグレヴ線を事実上打ち切りとすることに合意した。費用が高騰し始めていたとか、両都市間を越えて車両を運行する（例えばハンブルクからベルリン経由でドレスデンやプラハへ高速列車を走らせる）のにあまり長くないハンブルク〜ベルリン間が在来システムでないのでは困るといったことが推測されている。

しかし、ミュンヘンでは地方政府が国際空港を37kmのトランスラピート線で結ぶことを支持しており、ライン・ルール地方でもドルトムントとエッセン、ジュッセルドルフを連絡するトランスラピート線に対して強い熱意が寄せられている。この両プロジェクトは可能性があるようなので、今後数ヶ月か数年のうちに進展があったという発表が期待されるかも知れない。アメリカでもピッツバーグでのマグレヴ線とかワシントンDCとボルティモアを結ぶ線に関心の示されている兆候がある。オランダ政府も、アムステルダム／ロッテルダムと北ドイツを結ぶ在来方式の高速線の提案に対して、トランスラピート軌道を用いる可能性との比較検討を行っている。

しかし、トランスラピート・システムを最初に営業に用いることにして建設を行っているのは中国である。2001年には上海空港連絡線の軌道建設工事が開始された。2002年6月には最初のマグレヴ車両がカッセルのティッセン・クルップ工場を離れて中国の上海に向け出荷され、8月9日現地に到着した。

形態：磁気浮上式高速列車
軌道：浮上用ステーター電磁石とロングステーター式推進用リアクション・レールを備えた鋼鉄製またはコンクリート製の桁
動力：電磁気による浮上とロングステーター式推進
最高運転速度：時速500kmまで
重量：各車53t
全長：両端車27m、中間車24.8m—1列車に10両まで

トランスラピート浮上式列車の最初の実用化は中国で、上海空港への連絡用である。

用語解説

ティモシー・ハックワースの最後の設計、ストックトン＆ダーリントン鉄道の「ダーウェント」号（1845年）。水槽車のブレーキがはっきり見える。

〔この項に限り原書の翻訳だけではなく、訳者による書き下ろしも加わっている。原書はもちろんABC順になっているから、訳書ではアイウエオ順にしたほか、邦訳では不要と思われる項目は除き、原書になくても邦訳読者に必要と思われる項目を新たに設けた。欧文用語は、和文用語解説の後ろに掲載した。〕

アトランティック
4-4-2（2B1）車輪配列のこと。由来については57ページ参照。

アルコ
アメリカン・ロコモティヴ社の略称。

アルストム（Alstom）
フランスに本社を置くメーカーで、イギリスのGECとフランスのアルストム（Alsthom）の統合により成立して一時はGECアルストムと称した。各国に工場を持っている。

安全弁
蒸気圧が定められたボイラー圧を超えた場合、自動的に蒸気を排出させて圧力を下げる装置。ボイラーの上に付いていることが多い。

インジェクター
1859年フランスの技術者アンリ・ジファールが開発した、生蒸気あるいはシリンダーで仕事をした後の蒸気の力でタンクから水をボイラーに注ぐ装置。

ヴァルヴ・ギア→弁装置

ヴァンダービルト式炭水車
143ページS型の写真を参照。円筒形の水タンクの上前方に石炭入れが置かれる形をとる。

内側シリンダー
車輪や台枠の内側に置かれたシリンダー。イギリス人の設計者はシリンダーその他の動力機構を人の目に触れるところに出すのを嫌い、内側の見えないところに隠したがる傾向があった。しかし、これは保守・点検にとっては不便であるので、次第に改められた。

液体式ディーゼル機関車（または動車）
ディーゼル機関の動力を液体式のトルクコンヴァーターを介して車輪に伝える車両で、英語ではディーゼル・ハイドローリックという。

オープンアクセス制度
線路保有者がその使用を他の事業者に開放し、鉄道輸送の競争を促進する政策（EUにおいて行われているもの）をいう。

回生ブレーキ
電気車のダイナミック・ブレーキのうち主電動機を発電機として働かせ、発生した電力をトロリー線経由で発電所や変電所に返送したり他の電気車に供給するものをいう。

加減弁
ボイラーからシリンダーへの蒸気の流れを加減する装置。

1835年「デア・アドラー（わし）」号のレプリカ。初期のボイラーの直径が小さいことがよくわかる。煙室の下に内側シリンダーの端が見える。

用語解説

火床面積（火格子面積と呼ばれることもある）
火室の床面積。ボイラー出力はほぼこれに比例すると考えられる。

カットオフ
シリンダーに送り込む蒸気を断つこと、さらに転じて締め切り比率を言う。例えば、発車時には約75～80％で締め切り、その後勾配の度合などを考慮して小さくしていく。高速運転の時は約15～20％にする。

カテナリー式
車両の集電装置に送電するため線路上に置かれる架線は、路面電車などではブラケットやスパン線による直接吊架式とするが、一般には架線柱の間にカテナリー線を張り、それから集電装置に接するトロリー線を吊り下げるカテナリー式とする。

過熱装置
ボイラーが許す限りまで生じた蒸気（飽和蒸気という）はシリンダーに送られるが、その間に温度が落ちシリンダー内で水になって効率が落ちることもある。これを防ぐために種々の方法が試みられたが、もっとも有効だったのが、ドイツの物理学者ウィルヘルム・シュミットが開発した過熱装置だった。飽和蒸気を煙室内に設けられた過熱管に導いてさらに温度を高めてからシリンダーに送るのである。これで効率が高まり、以後ほとんどの蒸気機関車がこれを採用して「過熱蒸気機関車」となった。過熱装置を持たぬ機関車はこれと区別するため後に「飽和蒸気機関車」と呼ばれることとなった。

カプロッティ式弁装置
「弁装置」についてはその項を参照。イタリアの技術者アルトゥーロ・カプロッティの開発した弁装置で、棒やテコではなく回転軸で操作する。通常ポペット弁（その項を参照）を使用する。

ガラット式（機関車）
216ページ15A型の写真がもっともよく形を示している。イギリスの技術者H・W・ガラットが開発して特許を取り、イギリスのベイヤー・ピーコック社が製造権を持つので、通常「ベイヤー・ガラット式」と呼ぶ。前後に2台の炭水車がそれぞれシリンダーと動輪群を持ち、その中間にボイラーを乗せた台枠が橋をかけたように置かれている。荒涼とした土地で給水・給炭設備を置けない長距離路線で重い列車を引くため、長くて大きい機関車を必要とするが、カーブがきつくて、重い軸重の車が走れないというジレンマの解決策である。

カルダン軸
主電動機から車輪への伝動に使われる軸（シャフト）で、一端または両端にユニヴァーサル・カップリングがあり、主電動機を台枠に搭載しながら車輪の上下動を許す機構になっている。

機械式ディーゼル機関車（または動車）
ディーゼル機関の動力を自動車と同様の歯車式の変速機を介して車輪に伝える車両で、英語ではディーゼル・メカニカルという。

軌間→ゲージ

ギースル式ブラスト管
オーストリアの技術者A・ギースル＝ギースリンゲンが1951年に開発したブラスト管（その項を参照）。

き（饋）電システム
変電所からトロリー線やサードレールを経て電気車に電力を供給する回路をいう。

きのこ弁→ポペット弁

逆転器
動力車の前進・後進を操作する装置。蒸気機関車の場合最初はてこ式、ねじ式など手動だったが、後に労働組合の要求もあって、動力を利用して操作するものも導入された。

キャメル・バック（らくだの背）
詳しくは60～61ページを参照。写真を見れば意味は理解できるだろう。

給水温め器
ボイラーに注ぎ入れる水をあらかじめ温めて蒸気発生効率を高める装置。さまざまな方式が開発され特許が生まれた。

キルシャップ式煙突
フィンランドの技術者キララと、フランスの技術者シャプロンが1919～26年にかけて開発して特許を取った蒸気排出装置。2人の名の前半を取って付けてある。

クイル式
動軸の周囲にバネ付きの中空軸

ニュージーランドの4両のフェル式蒸気機関車がリマタカの坂道で観光列車を引いてゆっくり走る。先頭はNo.201。1955年10月撮影。

（クイル）を置き、動力を伝える伝動装置をいう。主電動機の電機子軸を中空軸とした歯車なしの方式と、主電動機の小歯車から大歯車に伝動し、大歯車が中空軸に取り付けられている歯車付きの方式とがある。本来はドイツ語でフェーデルといったが、この言葉にはバネと羽毛という2つの意味があり、英訳にあたって羽毛（クイル）と誤ったためにこの名前が生じた。

クラック弁
「クラック」は「カチッ」という音を模したもの。一方にしか流れない（逆流しない）弁で、ボイラーに給水するのに使う。

クランク
（「曲軸」と邦訳されたこともあった）往復運動を回転運動に変える装置。

クロスヘッド
（「滑頭」と邦訳されたこともあった）ピストン棒と主連棒を接ぐ重要な装置。

ゲージ
邦訳すると「軌間」。左右のレールの内側の間隔のこと。国により、路線により種々違ったゲージを採用しているが、国際標準ゲージは4フィート8インチ1/2（1435mm）、日本は鉄道開業以来3フィート6インチ（1067mm）が長いこと標準とされて来た。

原動力
電気式ディーゼル機関車では車上のディーゼル機関が原動力となり、これが発電機を駆動して主電動機への電力を発生させる。電気式ガスタービン機関車のガスタービンも同様である。

合成弁装置
1929年にイギリスのナイジェル・グレズリー（114～115ページK1型の項参照）が開発して特許を取ったので、「グレズリー式弁装置」とも呼ばれる。3シリンダー蒸気機関車の内側のシリンダーを操作するために、それまでに一般化していたワルシャート式弁装置の左右外側2個の動きを位相差によって合成し、中央内側のシリンダーのピストン弁を動かす。原理としては正しいが、実際には欠陥も生じ、保守・点検者を悩ませることとなった。

コンソリデイション
2-8-0（1D）車輪配列のこと。由来については33ページ参照。

サイリスター
電流を制御するスイッチ機能を持つ半導体素子のことをいう。

サドル・タンク機関車
サドルとは馬の背の上に置かれた鞍のこと。同じようにボイラーの上にかぶさるように水タンクが置かれた蒸気機関車。49ページ写真参照。

サンタフェ
2-10-2（1E1）車輪配列のこと。由来については76～77ページ参照。

サンドウィッチ台枠
木製の板台枠を補強するため、その両側に薄い鉄板をはり付けた台枠。

シカゴ・アンド・ノースウェスタン鉄道4-6-4（2C2）E-4型のNo.4003は1938年アルコ社製で、1942年4月25日ネブラスカ州オマハ駅で停車中。ボイラー圧は21kg/cm²、アメリカの「ハドソン」型の中では最高の牽引力を持った。

用語解説

ナイジェル・グレズリーの1両きりの4シリンダー複式、4-6-4（2C2）No.10000は1929年製で、後に3シリンダー単式に改造されて、英国鉄道No.60700となった。1952年7月ヨークを出発してロンドン、キングス・クロスに向かう。

シェイ式
43ページの図版と説明を参照。縦形のクランク軸を通して動輪を動かす蒸気機関車である。

軸重
車両の車輪1対（つまり1本の車軸の両端に付いている2個の車輪）がレールに及ぼす重量。軽い（あるいは弱い）レールの線路の上を走る車両は軸重の制限を受ける。

ジーメンス
ドイツに本社を置くメーカーで、統合により各国に工場を持っている。

車両限界
車両の高さや幅が許される最大の限度。トンネル、橋、駅のプラットフォームなどの建築物によって決定される。イギリスとヨーロッパ大陸やアメリカとを比べると、ゲージ（その項参照）は同じでも車両限界がひどく違っている（イギリスは小さい）ことに気づく。

車輪配列
動力によって動かされる車輪を「動輪」、それ以外の車輪を「従輪」と呼ぶ。ある一定方向に走ることを原則とする機関車では、動輪の前に置かれる従輪を「先輪」と呼ぶ。蒸気機関車の車輪配列を表記する方法はいろいろあるが、本書では、まず主として英米で行われている「ホワイト式」、次にカッコして日本で通常行われている方式を記すことにしている。例えば、先輪4（2軸）、動輪6（3軸）、従輪2（1軸）の場合は「4-6-2（2C1）」のように記す。この他に英米などで、特定の車輪配列に名前を付けることがある。上の例の機関車は「パシフィック」となる。主な名は独立した項目として挙げられている。ディーゼル機関車や電気機関車の場合には、動輪軸数をABC……で、従輪軸数を123……で示す。

シュー
電気車の集電装置として用いられるシュー（集電靴）は軌道上のサードレールに接して電力を取り入れるものをいい、ブレーキ・シュー（制輪子）は車輪を押しつけて摩擦力により車両を停止させるものをいう。

従輪→車輪配列

蒸気乾燥装置
ボイラーで発生した蒸気がシリンダーで仕事をする前に温度が落ちて水になるのを防ぐために、この装置がいろいろ試みられ特許が生まれた。しかし過熱装置（その項を参照）が開発されると、効率の点でそれに及ばないので乾燥装置は使われなくなった。

ストーブ煙突
イギリスでは蒸気機関車の煙突に何らかの装飾を付けるのが通例で、ただの円筒形のものを「ストーブ煙突」と軽蔑の意味をこめて呼ぶことがある。本書の中でもこの言葉が使われている。日本では「パイプ煙突」と呼ばれている。

すべり弁
シリンダーに蒸気を入れたり排出させたりする弁装置（その項を参照）の一種で、平たい長方形の面の上を弁が前後にすべって動く。

スレーヴ機
ディーゼル機関車や電気機関車のうち運転台を持たず、他の機関車の補助として列車に連結し運転されるものをいう。

制御車
電車列車またはディーゼル列車で、編成の先頭（および後尾）に置かれる運転台付きの車両。動力付きの電動制御車やディーゼル動車ではなく、無動力の場合もある。

メキシコの狭軌機関車。メキシコ国鉄2-8-0（1D）Nos.262と279はアメリカ製。1966年3月、アメカ操車場にて。

整流器
交流を直流に変換して主電動機に送る装置をいう。

セルカーク
2-10-4（1E2）車輪配列をカナダではこう呼んだ。

先輪→車輪配列

総括制御
複数の動力車をひとつの運転台から制御できる方式（英語ではマルティプル・ユニット）であり、これによる電車列車はemu、ディーゼル列車はdmuと呼ばれる。これに対し連結運転をしない路面電車などは直接制御の方式を用いる。

送風器→ブロウワー

ダイナミック・ブレーキ
車輪とシューやブレーキディスクなどの摩擦力によらずに運動エネルギーを変換して速度を落とすブレーキで、とりわけ機械式または液体式のディーゼル車両において機関の圧縮またはトルクコンヴァーターによって行われるものをいう。

タービン過給器
ディーゼル機関で排気によりタービンを駆動しシリンダーの圧力を増加させる装置をいう。

タリス
パリからアムステルダムやケルン方面に運転されるＴＧＶ列車のブランド名であり、言葉そのものに意味はない。

単式・複式
正確には「単膨張式（機関車）」・「重複膨張式（機関車）」となる。ボイラーで発生した生蒸気をシリンダーで膨張させピストンを動かす仕事をさせた後、すぐに排気として外に吐き出す―時には別の仕事、例えば「給水温め器」（その項を参照）に利用する―のが「単式」である。蒸気をまずひとつのシリンダー（高圧シリンダーと呼ぶ）で仕事をさせた後、別のシリンダー（低圧シリンダーと呼ぶ）でもう一度同じ仕事をさせるのが「複式」である。エネルギーを有効に使うため複式が流行したことがあったが、「過熱装置」（その項を参照）など他のよりよい方式が開発された後は複式はすたれた。日本では最初の国産蒸気機関車（54ページ参照）は複式だったが、その後あまり多くは使われなかった。だから、わざわざ「単式」と言う必要もないのである。

吊掛式
主電動機の一端は動軸に乗り、他の端は台枠に吊り掛けられている伝動装置で、動力は主電動機の小歯車から動軸の大歯車に伝えられる。構造は簡単であるが、主電動機の重量の約半分はバネ下重量となって線路に衝撃を与える。

ディーゼル列車
ディーゼル動車の単行またはそれが少数の付随車を牽引するものではなく、編成中に複数の動力車があっても先頭の運転台から総括制御（マルティプル・ユニット・コントロール）できる列車のこと。英語ではディーゼル・マルティプル・ユニットの頭文字からdmuと呼ぶ。

デカポッド
直訳すると「10本足」（イカ）だが、2-10-0（1E）車輪配列を指す。

テキサス
2-10-4（1E2）車輪配列をアメリカではこう呼んだ。

電気式ディーゼル機関車（または動車）
車上のディーゼル機関が発電機と結ばれ、その発電した電力により主電動機を駆動する車両で、英語ではディーゼル・エレクトリックと呼ばれる。なお初期にディーゼル機関ではなくガソリ

タイ鉄道の戦後製4-6-2（2C1）821-50型。サン・ソンにて1974年1月1日撮影。排煙板に新年祝賀メッセージ。

用語解説

1960年9月にウェスタン・パシフィック鉄道の「カリフォルニア・ゼファー」がオークランド（カリフォルニア州）の操車場にいる。牽引するのはEMD製FP7A型3連で、先頭は805-A号である。これらの機関車には蒸気発生器があり、列車暖房用に17,730リットルの水を搭載していた。

ン機関を用いたものは、ガス・エレクトリックと呼ばれた。

電車列車
路面電車のような単行を主体とする電車ではなく、編成中に複数の電動車があっても先頭の運転台から総括制御（マルティプル・ユニット・コントロール）できる列車のこと。英語ではエレクトリック・マルティプル・ユニットの頭文字からemuと呼ぶ。

伝熱面積
火室や煙管など水に熱を伝えるのに役立つ表面積をすべて加えたもの。

動力給炭装置
人の手によらず機械動力によって火室に石炭を投入する装置。通常太い鋼鉄製の管の中でらせん形の棒が回転する仕組みになっている。

動輪→車輪配列

吐出管→ブラスト管

ドーム
ボイラーの上の突起。通常そこに蒸気溜めが納められ、運転室から操作する加減弁（その項を参照）によって蒸気を管を通してシリンダーに送り込む。車によって、また時代の流行によって形が変わり、砂箱と一緒になって長く伸びているものもある。イギリスの蒸気機関車には上に突き出ていないものもある。イギリス人の設計者はボイラーの上や外側には何もとり付けないのを好む傾向があるから。

熱サイフォン
火室の中に斜に通っている水パイプで、通常逆Y字の形をしている。水を熱して通りをよくする助けとなる。

粘着力
動力車の動輪がスリップしたり空転したりすることなくレールの上を走る力のこと。動輪にかかる重量が大きいほどこの力は大きくなる。

ノーザン
4-8-4（2D2）車輪配列のこと。

背圧ブレーキ
シリンダーに運転と逆方向に動くよう蒸気を入れてブレーキとする装置。さまざまな方式が試みられた。

排煙板
もともと蒸気機関車には付いていなかったものだが、煙突から吐き出される煙が後方に流れて運転台からの視界が悪くなり、事故の原因ともなったので、走る時の空気の流れを調節して煙を上方に吹き上げるためにこの板を考案した。普通は走り板の上に真直ぐ屏風のように立てるが、ドイツでは煙室の脇に翼のようにとり付けるものが流行し（「ウィッテ式」と呼ばれた）、日本でも九州の国鉄の機関車にとり付けられたことがある。この他にも、煙突のすぐ脇に付けた小さなものなど、いろいろな形のものがある。

ハイスラー式
50～51ページの写真と説明を参照。アメリカの技術者チャールズ・ハイスラーが1891年に開発して特許を取った、クランク軸を通して動輪に動きを伝える蒸気機関車。

バークシャー
2-8-4（1D2）車輪配列のこと。

箱形（キャブ式）機
ディーゼル機関車などで、車体の側面が車両の幅いっぱいに置かれ

529

1951年8月、ヴァージニアン鉄道の片運転台式ＧＥ7800型重連がナロウズ（この鉄道の電力を発電していたところ）近くのニュー・リヴァーをさかのぼって、空車の石炭列車を西へ引いていく。

ているもの。これに対し入換機では、幅の狭いフード部分の外側に歩み板がある。

パシフィック
4-6-2（2C1）車輪配列のこと。由来については67〜68ページ、Q型4-6-2の項参照。

走り板
機関車の側面に付けられた細い歩み板で、手摺りが付いていることもある。蒸気機関車の場合、国によってその位置が違う。イギリスではボイラーの最下部と同じ高さに設けることが多く、動輪の上部を覆う容器（スプラッシャーという）が必要となる。アメリカでは動輪の上までの高さに設けることが多い。

発電ブレーキ
電気車のダイナミック・ブレーキのうち主電動機を発電機として働かせ、発生した電力を車上の抵抗器で熱として放散させるものをいう。

バッファー
日本語で「緩衝器」と訳す。日本ではあまり見られないが、車体の端の左右に大きな鋲のようなものが付いていて、この根元に付いているバネで連結時の衝撃を和らげる。これをとり付けている車端の横梁が「バッファー・ビーム（梁）」である。

ハドソン
4-6-4（2C2）車輪配列のこと。

パニエ・タンク機関車
「パニエ」とはフランス語で「かご」「バスケット」の意。2個の大きなかごを紐でつなぎ動物の背から左右に吊して物を運ぶ習慣があった。バランスをよくするためである。これを真似てボイラーの左右の上部に水タンクを置く形の機関車をこう呼んだ。

バルティック→ボールティック

パンタグラフ
電気車の集電装置のうち屋根上に設けられ、トロリー線に接して伸縮する菱形（またはその半分の形）のものをいう。

ハンプ
貨車操車場に設けられた人工の山で、その上に線路が敷いてある。貨車の列を後ろから機関車で押し上げ、頂点に達したところで1両ずつ切り離すと貨車は自動的に坂を下り、仕分け線に入って行く。「こぶ」という意味の英語だが、日本語で「坂阜」と記された。

ピストン弁
蒸気をシリンダーに入れたり、そこから排出させるために用いられる弁で、すべり弁（その項を参照）より効率がよいので次第にこれにとって代るようになった。

ビッセル式台車
蒸気機関車の1軸先輪台車が回転軸によって自由に方向を変えることができ、カーブを曲りやすくしている。1858年にアメリカの技術者リーヴァイ・ビッセルが特許を取った。

ビュッフリ式
スイスのブラウン・ボヴェリ社が開発した電気機関車の動力伝達方式で、車輪の上下動などを許しながら、台枠に搭載した主電動機の動力が可撓式の歯車を介して各車軸に伝えられるようになっている。

複合輸送
鉄道と道路という違ったモード間で共同一貫（インターモーダル）輸送を行うこと。アメリカでは大形コンテナやトレーラーを貨車（フラットカー）に積載するコンテナ・オン・フラットカー（COFC）やトレーラー・オン・フラットカー（TOFC）が使

用語解説

われ、コンテナの2段積みも行われている。

複式→単式・複式

プッシュプル列車
通常は機関車が先頭にいて列車を引き、反対方向に行く時は機関車をつけ変えるものだが、この列車は機関車が後部から列車を押してそのまま走る。列車の最前部に運転台があって、運転士が機械を操作する。かつてはこのような列車を特に区別してこう呼んだものだが、現在では固定編成の電気・ディーゼル列車では珍しくなくなったので、わざわざこの名を使うことはしないようだ。以前の例は76ページ、蒸気動車の写真に見ることができる。

フード式
ディーゼル機関車などで、運転台は車体幅全体に及んでいるが、機械室を覆う幅の狭い「フード」部分の両側には歩み板があるものをいう。

ブラスト管（吐出管）
蒸気機関車のシリンダーで仕事を終えた後の蒸気を吐き出す管で、煙室内に置かれ煙を煙突からよく排出する助けをする。

フランコ・クロスティ式ボイラー
詳しい説明と写真は120ページを参照。煙突が先頭に付いていない珍しい形の蒸気機関車である。

プルマン
アメリカ人ジョージ・モーティマー・プルマンが1860年代に大形で乗心地よく贅沢な設備の客車を製作して特許を取り、1867年にシカゴでプルマン社を設立した。優等客車を製造するだけでなく、それを従業員とともに各鉄道会社に貸（リース）して特急列車に連結させた。寝台車、食堂車、パーラー車など、当時目新しい客車は人気を呼び、乗客は運賃を鉄道会社に払う他に、プルマン客車利用料金をプルマ

そびえ立つシカゴの摩天楼を背景に、メトラ塗装のＥＭＤ製Ｆ４０ＰＨＭ―２型機関車が２階式の近郊列車を引く。

531

1983年10月13日シャイアン（ワイオミング州）機関区に、ユニオン・パシフィックのＧＥ製ＣＣ機2両、Ｕ30Ｃ型の2851号とＣ30－7型の2462号が立つ。後者は「Ｕボート」と呼ばれた前者に置き換わるものだった。

ン社に払っても争って乗ってくれた。「プルマンで行く」（「豪華な旅行をする」の意味）という語が英語辞典に載るほどになった。プルマン車はイギリスにも進出したが、ヨーロッパ大陸ではワゴンリ（その項参照）にはばまれて失敗した。

プレイリー
2-6-2（1C1）車輪配列のこと。

ブロウワー（送風器）
蒸気機関車の場合では火室に風を送り込んで燃焼をよくする（とくに機関車が停車していて排気を送り込むことができない時に）ための装置。

ベイヤー・ガラット式→ガラット式

変圧器
電圧を上下させるもので、交流の電気車ではトロリー線からの高圧を車上の主変圧器によって調整する。

偏心輪
円の中心から外れた場所を軸として回転する円板。この円周に棒を接げると回転運動を往復運動に変えることができる。弁装置（例えばスティヴンソン社式リンク・モーション。20〜21ページ、ボイトの項参照）などで応用される。

弁装置（ヴァルヴ・ギア）
蒸気機関車の機関士がシリンダーへ蒸気を送り込んだり、そこから蒸気を排出させたり、前進・後進させたりするための装

この写真は1938年11月ブライトンの水族館終点でのヴォルク電気鉄道8号を示す。ブライトンの海岸に沿って走るこの鉄道は、1883年8月3日に開業した。

532

用語解説

オーストリア国鉄の電機、ディーゼル機、蒸機が1970年12月30日ヒーフラウ（オーストリア）に並んでいる。ＢＢ電機1042.55号はホームに着いており、その隣にはディーゼル機20.1502号と「戦時形」1Ｅ機52.836号がいる。

置。初期のものとしてはスティヴンソン社式、20世紀になってからはワルシャート式が代表的なものだが、それ以外にも多くの方式があり、特許を取っている。

飽和式→過熱式

ボギー台車
車体や台枠に固定されずに、回転軸などによって接続しているので、自由に方向を変えることができる台車。現在長い車体の車はほとんどこれを使っている。

ポペット（きのこ）弁
円板とこれにつながる軸で構成される弁で、形がきのこに似ているので「きのこ弁」の訳語が生まれた。内燃機関で用いられるが、一部の蒸気機関車でも用いられた。

ボールティック
4-6-4（2C2）車輪配列のことを主としてヨーロッパでこう呼ぶ。アメリカでは「ハドソン」と呼ぶ。

ボンネット式
ディーゼル機関車や電車などで運転台の窓下から前方に突き出た流線形の部分があるものをいう。1960年代後半までアメリカの本線用箱形ディーゼル機関車ではボンネット式が一般的だったが、その後は箱形車体とする場合でも角張った「カウル」式が使われるようになった。

ボンバルディア
カナダに本社を置くメーカーで、ドイツのアドトランツ（ABBダイムラーベンツ・トランスポーテイション社の呼び名）などがこれに統合された。なお、アドトランツは、ABBヘンシェル（スウェーデンのASEAとドイツ、スイスのブラウン・ボヴェリが合併したもの）とAEGダイムラーベンツの統合により成立していた。

マウンテン
4-8-2（2D1）車輪配列のこと。

マレー式
6ページの写真を参照。1884年にフランスの技師者アナトール・マレーが開発して特許を取った蒸気機関車の方式。1887年に軽便鉄道用機関車に、さらに1890年には標準軌用に採用した。4シリンダー複式（「単式・複式」の項を参照）で、1個のボイラーの下に、シリンダーと動輪の組み合わせ機構が2個前後に並ぶ。後部シリンダーは高圧で、動輪は台枠に固定されている。前部シリンダーは低圧で、動輪は独立して自由に動ける。マレーはこれ以前の1874年に複式2シリンダーを開発して特許を取っているが、「マレー式」と後世の人が呼ぶ時には、上に述べた2動輪群の

方式を指している。

ミカド
2-8-2（1D1）車輪配列のこと。由来については60ページ参照。

モーガル
2-6-0（1C）車輪配列のこと。

モノモーター式
ボギー台車に主電動機を1基搭載して各動軸に伝動するものをいう。

煉瓦アーチ
火室の中にとり付けられた耐火煉瓦製アーチ。燃焼で生じたガスの流れを迂回させて温度を低下させないようにする。

レンツ式弁装置
オーストリアの技術者フーゴー・レンツが開発した弁装置で、可動カム軸とポペット弁（その項を参照）を使用する。

ローラー・ベアリング
日本語では「コロ軸受け」と訳された。回転軸（例えば車軸など）を受ける軸受けは、以前「平軸受け」が普通だったので、円錐台形金属のローラー・ベアリングや球形金属のボール・ベアリングを特に区別して記した。現在では金属軸受けが普通になったので特記することはなくなった。

ワゴンリ
フランス語で寝台車の意味。ベルギー人ジョルジュ・ナゲル＝マケールスは若い頃アメリカに渡ってプルマン（その項参照）の成功を見てから、ヨーロッパ大陸で同じ事業を始めようと決意した。1872年ベルギーで「国際寝台車会社」通称「ワゴンリ社」を設立し、プルマン社と同じように贅沢な設備の寝台車や食堂車を従業員つきで各鉄道に貸（リース）して特急列車に連結させた。アメリカのプルマン社と違うところは、ヨーロッパでは長距離特急列車は国際列車が多いことで、ワゴンリ社の乗務員は多くの言語を操り、国境での手続きをすべて客の代りに引受けてくれた。ワゴンリ客車は「オリエント特急」ほか有名列車で多くの乗客を魅了し、大成功を収めることができた。

「A」と「B」のユニット
主としてアメリカで、2両1組のディーゼル機関車などのうち、一端に運転台のある「A」と、運転台のない「B」（「ブースター」とも呼ぶ）を組み合わせた編成をいう。3両のA-B-A編成や、A-Bユニットを背中合わせにつないだA-B-B-A編成もある。

AVE
フランスのＴＧＶの方式にならったスペインの高速鉄道で、標

ここに写っているのは1996年新製直後のタイ国鉄4540号というＧＥ製CM22-7i型ＣＣ機である。これらの機関車はハジャイ〜バンコク間の急行列車に使われている。

用語解説

TEE
トランス・ユーロップ・エクスプレスの頭文字で、第二次大戦後にヨーロッパ数カ国の鉄道が運行した国際都市間急行列車網をいう。

TGV
トラン・ア・グランド・ヴィテスの頭文字で、フランス国鉄（SNCF）の開発した高速鉄道のこと。

VVVFインバーター制御
半導体を用いて直流を交流に変換し、可変電圧・可変周波数（ヴァリアブル・ヴォルテイジ・ヴァリアブル・フリーケンシー）方式によって主電動機の制御を行なうことをいう。

TGV流にならう列車は、当初の導入後いろいろ変わった形で応用されてきた。ここでは2階式の219号編成がパリのリヨン駅に到着する。

準ゲージを採用し、まずマドリッド〜セヴィリア間で開業した。

EMD
エレクトロ・モーティヴ・ディヴィジョンの頭文字で、電気式ディーゼル機関車の製造のためにゼネラル・モータース社が設立した。

GEC
ゼネラル・エレクトリック・カンパニーの頭文字で、電動機や電気機関車の製造を行うアメリカの電気メーカーのこと。

HST
ハイスピード・トレインの頭文字で、イギリスにおける最高時速200kmの列車の呼び名である。

ICE
インターシティ・エキスプレスの頭文字で、ドイツ連邦鉄道（DB）が開発した高速列車のこと。

オールド・サムブルック（コネティカット州）で撮影された最高時速240ｋmのアムトラック「アセラ・エキスプレス」2004号編成。これはＴＧＶの「そっくりさん」だが、ＴＧＶの要素を取り入れているのは駆動装置とボギー台車の部分だけである。

535

索引

あ行

アイアン・デューク（GWR） 23-4
アイルランド
　蒸気機関車 47, 182-3, 238
　ディーゼル機関車 252-3
　電気機関車 519
　電気式ディーゼル機 310, 346, 366
アイルランド鉄道 238, 310, 346, 366
「アセラ・エキスプレス」（アムトラック） 515-16
アチソン・トピカ&サンタフェ鉄道（アメリカ） 76-7, 204
アドラー（NFR） 17
アトラス（P&RR） 23
アトラス・ASEA製の気動車（SMR） 246
「アトランティック」No.153 57
アトランティック・コースト（大西洋岸）線（アメリカ） 57
アドリア鉄道網（イタリア） 67
アムトラック（アメリカ）
　電気式ディーゼル機 330, 347, 366
　電気機関車（電機） 382, 462, 471-2, 512, 515-6
アメリカ
　液体式ディーゼル機 282, 306
　蒸気機関車
　　1830-46 9, 15-6, 17, 18, 20, 21, 23
　　1849-80 25, 28, 30, 33, 43
　　1885-1903 44-6, 55, 57, 68, 76-7
　　1904-25 78, 91, 106-7, 124, 131-2
　　1926-30 133-4, 137-8, 141, 144, 147
　　1933-36 6, 156, 161, 169, 170, 173-4
　　1937-41 177, 179, 180, 185, 190-3
　　1942-45 197-201, 202, 204, 207
　電気機関車
　　1896-1919 384-5, 387, 390, 392, 393
　　1925-49 399, 403-4, 408-9, 416, 418-9
　　1955-74 432, 433, 452, 462
　　1979-99 382, 471-2, 512, 515-6
　電気式ガス・タービン機 278
　電気式ガソリン動車 246
　電気式ディスティレート 258
　電気式ディーゼル機
　　1925-49 247, 258-60, 261-2, 264, 265, 266, 267, 268, 269, 270-1, 272-5, 280-1
　　1953-60 290, 294, 295, 299, 301, 305
　　1962-66 316, 318, 319, 324, 327, 328, 329, 330
　　1967-72 245, 332, 334-5, 338, 339, 342
　　1976-84 347, 348, 351, 355
　　1987-95 358, 360, 361, 362, 363, 364, 365, 366, 367, 368-9, 370-1
アメリカ陸軍輸送部隊 190-1, 197-8, 199-200
アリカ・ラパス鉄道（ボリビア） 101
アルコ（アメリカ）
　アルコC-420 318
　アルコC-630型 324
　アルコDL109 V型 266
　アルコFA/FB型 270
　アルコPA/PB型 274-5
　アルコRS-1型 268
　アルコRS-2/RS-3型 272-3
　アルコRS-11型 294
　アルコS-2型 266-7

アルジェリア国鉄 455, 491
アルゼンチン
　蒸気機関車
　　1885-1906 44, 67, 80
　　1910-1921 89, 104, 115
　　1923-1963 121, 125, 139, 216, 240
アルゼンチン国鉄 115
アルゼンチン中央鉄道 216
アールパード・ディーゼル動車（MÁV） 257-8
アンゴラ 217
「アンデス」型 167-8
アンドレ・シャプロン 65, 84, 187
イギリス
　→ 北アイルランド鉄道も見よ
　液体式ディーゼル機
　　1960-64 303, 308-9, 321
　　1989-2000 360, 363, 376
　蒸気機関車
　　1825-46 10, 12, 13-15, 19, 22
　　1851-80 26, 30-1, 32, 35-7, 38, 41-2
　　1889-99 48, 56, 59-60, 62, 63
　　1900-08 65, 70-1, 75-6, 82
　　1911-22 92-3, 98, 103, 114-5, 117-8, 119
　　1923-29 122-3, 129, 132-3, 135, 136, 143
　　1930-35 145, 154-5, 157, 158, 159-160, 162-6
　　1936-48 171, 189-90, 195, 196, 203, 211-12
　　1949-54 11, 214-15, 220-2, 225, 229-30
　ガス・タービン機 308
　ディーゼル機関車
　　1933-52 255-6, 263, 286
　　1984-98 354, 372, 374
　電気機関車
　　1884-1932 384, 386, 388, 391, 393, 394, 404-5
　　1937-58 412, 416, 426, 435
　　1959-92 437, 439, 457, 485, 486, 492, 493
　　1993-2001 494-7, 501-2, 507-8, 513-5, 517-9
　電気式ガス・タービン機 279
　電気式ディーゼル車
　　1935-57 260, 276-7, 284, 289, 296
　　1958-61 242, 298-9, 300, 302-3, 306-7
　　1962-86 312-3, 322, 332, 344-5, 346, 353, 356
　　1989-2000 359, 373-4, 375, 376-7
イギリス政府供給省 203
イタリア
　液体式ディーゼル機 310
　蒸気機関車
　　1884-1912 44, 82-3, 84, 99
　　1918-22 112, 115, 120
　ディーゼル機関車 372
　電気機関車
　　1908-28 388, 391, 394, 402
　　1934-53 407, 413, 415-6, 426-7
　　1960-76 438, 463-4, 466-7
イタリア国鉄
　液体式ディーゼル機 310
　蒸気機関車
　　1906-12 82-3, 84, 99
　　1918-22 112, 115, 120

ディーゼル機関車 372
電気機関車
　1908-28 388, 391, 394, 402
　1934-53 407, 413, 415-6, 426-7
　1960-76 438, 463-4, 466-7
イタリア上部鉄道 44
イラク国鉄 187
イラン 172, 379
イラン・イスラム共和国鉄道（イラン） 379
イラン縦貫鉄道 172
イリノイ・セントラル鉄道（アメリカ） 131-2
イーリー鉄道（アメリカ） 30, 106
インジェクター、蒸気動力による 10, 29
「インターシティ125」高速列車（BR） 344-5
インターシティ・エキスプレス, 401型（DB） 489
インダス・ヴァレイ官営鉄道（インド） 42
インド
　液体式ディーゼル機 293
　蒸気機関車
　　1856-80 28, 30, 39, 42
　　1905-27 78-9, 86, 105, 137
　　1939-59 182, 207-8, 215, 239
　電気機関車
　　1925-58 397, 401, 402, 428, 436
　　1959-96 438, 454, 460, 503
　電気式ディーゼル機 314-5, 367, 372
インド国鉄
　液体式ディーゼル機 293
　蒸気機関車 39, 137, 207-8, 215, 239
　電機機関車 402, 428, 436, 438, 454, 460, 503
　電気式ディーゼル機 314-5, 367, 372
インドネシア国鉄 289
ヴァージニアン鉄道（アメリカ） 399, 433
ヴァージン・トレインズ（イギリス） 376-7, 517-9
ヴィクトリア州営鉄道（オーストラリア）
　液体式ディーゼル機 299
　蒸気機関車 117, 139, 142, 188, 218
「ヴィットリオ・エマヌエレ」型（SFAI） 44
ウィーン・グロッグニッツ鉄道（オーストリア） 25
ウェスタン&アトランティック鉄道（アメリカ） 28
ウェスティングハウス, ジョージ 10
ウェストレール（オーストラリア） 335
「ヴォエジャー」, 220/221型（VT） 376-7
ヴォルク電気鉄道の電車 384
ウガンダ鉄道 104
「ウートランス」, 2型（NR） 34
ウトン式火室 60-1
ウルグアイ 90, 116, 291
ウルグアイ中央鉄道 90, 116
エーアソン海峡連絡（デンマーク／スウェーデン） 512
エアトレイン・シティリンク（オーストラリア） 517
英国鉄道
　液体式ディーゼル機 303, 308-9, 321,

360, 363
ガス・タービン機 308
蒸気機関車 11, 220-2, 225, 229-30
サザン鉄道
　電気式ディーゼル機 284
　蒸気機関車 214-5
西部管理局
　蒸気機関車 211
　電気機関車
　　1953-62 426, 435, 437, 439
　　1973-93 457, 485-6, 492-3, 499
　電気式ディーゼル機
　　1953-59 289, 296, 298-9, 300
　　1960-65 242, 302-3, 306-7, 312-3, 322
　　1967-89 332, 344, 345, 346, 353, 359
東部管理局, 蒸気機関車 211-2
エクスペリメント（実験）（M&HR） 9, 16
エジプト
　蒸気機関車 30, 61, 102
　電気式ガソリン動車 246
　電気式ディーゼル機 284, 371
エジプト国鉄 61, 102, 246, 284, 371
エスト（東）鉄道（フランス） 75, 85, 127, 250-2
エタ鉄道（フランス）
　ガソリン動車 254-5
　蒸気機関車 110
　電気機関車 411
エタ・ベルジュ（ベルギー） 31, 68, 89
エチオピア 74, 107, 320
エリザベート皇后鉄道（オーストリア） 41
エリトリア鉄道 154
「エリー製」, フェアバンクス・モース（MR） 269
「エレクトロ・ライナー」（CNS&MRR） 416
エレファント（象）（SVR） 25
オーストラリア
　液体式ディーゼル機 299
　蒸気機関車
　　1877-92 40, 44, 46, 51-2
　　1903-09 53, 58, 73, 87
　　1922-41 117, 139, 142, 188
　　1943-52 201, 202, 209, 218-9, 223
　電気機関車 481, 499, 517
　電気式ディーゼル機
　　1949-59 278, 284, 291, 300
　　1966-70 325, 331, 335, 338
　　1972-98 341, 353, 362, 373
オーストラリア・サザン鉄道 335, 338
オーストラリア国鉄 362
オーストリア
　液体式ディーゼル機 319, 357, 377-8
　蒸気機関車
　　1848-97 25, 41, 47, 58-9
　　1900-11 64, 73, 87-8, 91-2
　　1912-31 96, 101, 148
　ディーゼル機関車 352
　電気機関車
　　1910-26 383, 389, 395, 400
　　1931-55 403, 412, 414-5, 429-30
　　1974-2002 458-9, 509, 521
　電気式ガソリン機 248
　電気式ディーゼル機 379
オーストリア連邦鉄道（ÖBB）

索引

液体式ディーゼル機 319, 357, 377-8
蒸気機関車 148
ディーゼル機関車 352
電気機関車
　1924-39 383, 395, 400, 403, 412
　1940-2002 414-5, 429-30, 458-9, 509, 521
電気式ガソリン機 248
電気式ディーゼル機 379
オスマン・アナトリア鉄道（トルコ）96
オーディン（ZRC）22
オランダ
　蒸気機関車 19, 94, 143, 146, 205, 206
　電気機関車
　　1948-64 418, 421, 446, 448
　　1975-90 464, 474, 480, 488
　　1994-97 500, 503-4, 509
　電気式ディーゼル機 290, 291, 296-7, 358
オランダ国鉄
　蒸気機関車 143, 146, 205, 206
　電気機関車
　　1948-75 418, 421, 446, 448, 464
　　1981-97 474, 480, 488, 500, 509
　電気式ディーゼル機 290, 291, 296-7, 358
オランダ鉄道会社 19
オランダ領東インド（現インドネシア）
　→インドネシア国鉄も見よ
　蒸気機関車
　　1880-1912 42, 54, 67, 98
　　1916-28 110-1, 119, 139
オルデンブルク国鉄（ドイツ）34

か行

海峡トンネル → ユーロスター：9000型を見よ
開平（カイピン）路面軌道（中国）44
ガウン＆マークス（P&RR）20
カウンティ・ドネゴール鉄道（アイルランド）252-3
「カーゴ・スプリンター」多用途車両（各事業者）372
「カースル」型（GWR）122-3
カースル型（NIR）355
ガス発生燃焼方式 240-1
ガトウィック・エキスプレス（イギリス）513-5
カナダ
　蒸気機関車
　　1836-1929 17, 96, 142-3
　　1936-44 170, 174-5, 203
　電気式ディーゼル機
　　1956-73 295, 336-7, 339, 343
　　1982-95 352, 368, 370
カナダ・ノーザン鉄道 96
カナディアン・ナショナル鉄道（カナダ）203, 343, 368
カナディアン・パシフィック鉄道（カナダ）
　蒸気機関車 142-3, 170, 174-5
　電気式ディーゼル機 336-7, 339
カムデン＆アムボイ鉄道（アメリカ）15-6
ガラット式（CAR）147
ガラット式（PLM）177-8
カリフォルニア州ベルト鉄道（アメリカ）137-8
「カリフラワー」（LNWR）41-2

カレドニアン鉄道（イギリス）59-60, 82
韓国国鉄 326, 456
北アイルランド鉄道 355
キットソン・スティル 184
「キャメルバック（らくだの背）」（P&RR）60-1
ギリシャ
　蒸気機関車 93, 225
　電気機関車 510
　電気式ディーゼル機 360, 375
ギリシャ国鉄 225, 360, 375, 510
「キング」型（GWR）135
クイーンズランド州営鉄道（オーストラリア）209, 481, 499
グーチ、ダニエル 23-4
「クープ・ヴァン」、C型（PLM）62-3
クラウス・マッファイ液体式ディーゼル機（SP）306
クランプトン、トマス・ラッセル 21, 26
クランプトン・タイプ（P-SR）26
「クリークスロコモティヴ（戦時型機関車）」、52型（DRG）194-5
グレイト・イースタン鉄道（イギリス）65
グレイト・インディアン半島鉄道（インド）
　蒸気機関車 28, 30
　電機機関車 397, 401
グレイト・ウェスタン鉄道（イギリス）
　蒸気機関車
　　1847-1908 23-4, 70-1, 75-6, 86
　　1923-34 122-3, 135, 159
　ディーゼル機関車 255-6
　電気式ガス・タービン機 279
グレイト・サザン鉄道（アイルランド）182-3
グレイト・セントラル鉄道（イギリス）92-3, 103
グレイト・ノーザン鉄道（アメリカ）30, 144
グレイト・ノーザン鉄道（イギリス）35-6, 62, 114-5, 117-8
「グレイト・ベア（大熊）」型（GWR）86
「クレイトン」、17型（BR）312
グレン、アルフレッド・ド 65
クロアチア国鉄 474
クロス・コンパウンド型（CFE）74
クロスティ博士、ピエロ 120
「クロード・ハミルトン」、1900型（GER）65
ケイプ州営鉄道（南アフリカ）52, 54, 76
ケニア 233-4, 340-1
ケニア鉄道 340-1
国営鉄道（オランダ領東インド［現在のインドネシア］）
　蒸気機関車
　　1880-1900 42, 54, 67
　　1912-28 98, 110-1, 139
「こだま」（JNR）436
ゴムタイヤ 251
コルドバ・フアトスコ鉄道（メキシコ）72
コンソリデイション型（L&MR）33
コンレール（アメリカ）368-9

さ行

サクラメント・ヴァレー鉄道（アメリカ）25

サザン・パシフィック鉄道（アメリカ）
　液体式ディーゼル機 306
　蒸気機関車 141, 177, 180
　電気式ディーゼル機 281, 342, 367
サザン鉄道（イギリス）
　蒸気機関車 132-3, 143, 144-5, 189-90, 195
　電気機関車 404-5, 412, 416
ザ・ジェネラル（将軍）（W&AR）28
サスケハナ（P&RR）27-8
サッチャー・パーキンズ型（B&OR）31
「サンタフェ」900型（AT&SFR）76-7
サンタフェ鉄道（アメリカ）334-5, 339, 362
サン・ピエール（PRR）20
シェイ式機関車 43
ジェニー・リンド（Wilson）22
「ジェネシス」ダッシュ-8-40BP型, GE（Amt）366
ジェネラル（将軍）、ザ（W&AR）28
シカゴ＆ノースウェスタン鉄道（アメリカ）179
シカゴ・ノースショア＆ミルウォーキー鉄道（アメリカ）416
シカゴ・ミルウォーキー・セントポール＆パシフィック鉄道（アメリカ）169, 177
磁気浮上式列車（マグレヴ列車）520-1, 522-3
試験ガス・タービン機GT3号（BR）308
試作機関車 19-1001号（DRB）189
シティ＆サウス・ロンドン鉄道（イギリス）384
ジファール、アンリ 10, 29
ジブチ・アディスアベバ鉄道（エチオピア）320
ジボウティ・アディスアババ鉄道（エチオピア）107
ジーメンス 379, 381, 509
ジーメンス、ヴェルナー・フォン 381
ジャーヴィス、ジョン 9, 10, 16
「シャーク・ノーズ」、ボールドウィン（各鉄道）275
シャム → タイを見よ
シャム王国鉄道（タイ）68, 196-7, 253
車輪、ゴムタイヤの 251
シュコダ27E型BBB機（CSD）478
シュタインブルック（V-GR）25
ジュッドバーン（南部鉄道）（オーストリア）96, 101
「ジュニパー」電車列車（GE）513-5
シュミット、ヴィルヘルム 10, 69-70
蒸気凝結装置 32, 226
蒸気式タービン機 165-6
蒸気・ディーゼル機関車（SR）184
蒸気動車（GWR）76
「上游」型（RPR）76
ジョン・ブル（C&AR）15-6
「シルヴァー・ファーン」、RM型（NZR）342
新幹線の16両編成（JNR）443-5
「人民」型（RPR）238
スイス
　蒸気機関車
　　1847-1902 25, 26, 50, 72
　　1904-13 78, 95, 104
　ディーゼル機関車 283
　電気機関車
　　1899-1925 385, 391, 392, 396, 398-9
　　1926-39 401, 402, 406, 411, 413-4
　　1944-87 381, 417-8, 424, 456, 479, 482

　　1987-94 483, 488, 490-1, 500-1
　電気式ガス・タービン 268
　電気式ディーゼル機 296-7
スイス・ロコモティヴAm4/6型（SBB）268
スイス中央鉄道 50
スイス南東鉄道 482
スイス連邦鉄道
　蒸気機関車 72, 78, 95, 104
　ディーゼル機関車 283, 296-7
　電気機関車
　　1918-32 392, 396, 401, 402, 406
　　1935-84 381, 411, 413-4, 424, 456, 479
　　1987-91 483, 488, 490-1
　電気式ガス・タービン 268
スウィッチャー（入れ換え用機関車）（SBRC）137-8
スウェーデン
　蒸気機関車
　　1867-1902 34, 53, 72
　　1907-14 85, 88, 105-6
　電気機関車
　　1925-83 398, 427, 441-2, 465, 477
　　1989-2000 481, 490, 512, 516-7
　電気式ディーゼル機 246, 249
スウェーデン国鉄
　蒸気機関車
　　1867-1902 34, 53, 72
　　1907-14 85, 88, 105-6
　電気機関車
　　1925-75 398, 427, 441-2, 465
　　1983-91 477, 487, 490
スウェーデルマンランド・メインランド鉄道（スウェーデン）246
「スクール」型（SR）144-5
スーダン鉄道 235
スティヴンソン、ロバート 10, 13-5, 17
スティヴンソン社式リンク・モーション 21
ストックトン＆ダーリントン鉄道（イギリス）12, 22
「スプリンター」、150型（BR）354
「スプリンター」都市間連絡電車列車、Y0型（NS）464
スペイン
　液体式ディーゼル機 315
　蒸気機関車
　　1857-1942 29, 147, 196
　　1953-61 227-8, 237, 239
　電気機関車
　　1952-67 423, 432, 449
　　1980-92 472-3, 475, 476, 490, 494
スペイン国鉄
　液体式ディーゼル機 315
　蒸気機関車 196, 227-8, 237, 239
　電気機関車
　　1952-80 423, 432, 449, 472-3
　　1982-92 475, 476, 490, 494
スマトラ国鉄（オランダ領東インド［現インドネシア］）119
スミルナ・カッサバ鉄道（トルコ）101
スリー・ナイン、999（NYC&HRR）55
スリランカ 292, 377
スリランカ国鉄 377
スロヴァキア国鉄 461
スロヴェニア国鉄 451, 464
西部鉄道（インド）78-9
「セイント（聖人）」型（GWR）70-1
セガン、マルク 10, 13
「セッテベロ」、ETR300型（FS）426-7

537

索引

ゼネラル・エレクトリック
　ゼネラル・エレクトリック44t機（各鉄道）267
　ゼネラル・エレクトリック製ガス・タービン機（UP）278
　GE AC4400CW型（各鉄道）370
　GE AC6000CW型（UPR/BHP）370-1, 373
　GE B23-7型（各鉄道）348
　GE B36-7型（各鉄道）351
　GE B39-8型「ダッシュ-8」（各鉄道）355
　GE C30-7型（各鉄道）347
　GE C36-7型（各鉄道）348
　GE E60型（Amt）462
　GE U25B型（各鉄道）305
　GE U30B型（各鉄道）330
　GE U30C型（各鉄道）332
　GE U50C型（UP）319
　GE ダッシュ8-40B型（各鉄道）358
　GE ダッシュ8-40C型（各鉄道）358
　GE ダッシュ8-40CW型（各鉄道）361
　GE ダッシュ-9-44CW型（各鉄道）365
　GE「ジェネシス」ダッシュ-8-40BP型（Amt）366
　GE「リトル・ジョー」（各鉄道）418-9
　U20C型（JAR）349
ゼネラル・モータース・ディーゼル社
　GMD GP40-2L型（CNR）343
　GMD GP40TC型（Amt）330
「ゼファー」、バーリントンの（BR）258-60
ゼーランド鉄道（デンマーク）22
「セルカーク」型、T1（CPR）142-3
セルビア・クロアチア・スロヴェニア鉄道 123
セルビア国鉄 101
「前進」型（RPR）235
「センティピード」DR-12-8-1500/2型（PRR）269
「先頭運転室つき」AC-5型（SPR）141
ソヴィエト国鉄
　液体式ディーゼル機 315
　蒸気機関車
　　1931-38 149-50, 156, 161, 179
　　1939-54 184, 206, 224, 230
　電気機関車 405, 437, 439, 440, 461
　電気式ディーゼル機 247, 287, 299, 304, 305, 321
ソヴィエト連邦 → ロシアを見よ
速度記録
　蒸気機関車 75-6, 156-7, 163-5
　電気機関車 470-1
　内燃動車 253-4
ソロカバナ鉄道（ブラジル）417

た行

第59番型（EAR）233-4
タイ 68, 196-7, 253
タイ国鉄 243, 534
タイプ2 CB機（BR）298
ダーウェント（S&DR）22
「タウルス」（ÖBB）509
ダージリン・ヒマラヤ鉄道（インド）49
タスマニア鉄道（オーストラリア）87
ダッシュ8-40B型（各鉄道）358
ダッシュ8-40CW型（各鉄道）361
ダッシュ8-40C型（各鉄道）358
「ダッシュ-8」、B39-8型（各鉄道）355

ダッシュ-9-44CW型（各鉄道）365
「ダッチェス」型（LMS）154-5
「ダナラスター2世」、No.776（CR）59-60
タービン式ディーゼル機関車 256
ダブリン地域高速運輸（アイルランド）519
「ターボスター」、170型（各事業者）374
「ターボモーティヴ」型（LMS）165-6
タラゴナ・バルセロナ・フランス鉄道（スペイン）29
タリス（各事業者）503-4
「タレント」、4023型（ÖBB）521
「タレント」、643/644型（DB）376
チェコスロヴァキア国鉄
　蒸気機関車
　　1920-45 114, 132, 152-3, 204
　　1948-55 209, 213, 219, 220, 228, 232
　電気機関車 401, 468, 478, 489
　電気式ディーゼル機 333
チェコ鉄道 319, 343, 499, 503, 521
チェサピーク&オハイオ鉄道（アメリカ）170, 197
地下鉄道 382, 384
チャーチワード, ジョージ・ジャクソン 70-1, 75-6, 86
チャールストン&ハンバーグ鉄道（アメリカ）15
チャールストンの最良の友（C&HR）15
「チャレンジャー」型（UP）173-4
チャンプレイン&セントロレンス鉄道（カナダ）17
中央アラゴン鉄道（スペイン）147
中央メキシコ鉄道 72
中華民国国鉄 156, 170
中国
　液体式ディーゼル機 340
　蒸気機関車
　　1881-1936 44, 156, 162, 170
　　1956-69 235-6, 238, 240
　電気機関車 449, 505, 510
　電気式ディーゼル機 337
中国（日本）84
中国鉄道部（中国）
　液体式ディーゼル機 340
　蒸気機関車 235-6, 238, 240
　電気機関車 449, 505, 510
　電気式ディーゼル機 337
中国のロケット号（KT）44
チュートニック（LNWR）48
チュニジア国鉄 350
朝鮮総督府鉄道 113, 161
チリ 291, 397
チリ・トランスアンディノ鉄道 397
デ・アーレンド（わし）（HISM）19
帝国営鉄道（KKStB / KK ÖStB）（オーストリア）
　1888-1900 47, 58-9, 64
　1903-11 73, 87, 91-2
ディーゼル機関車
　蒸気 245
　タービン式 256
　歴史 243-5
ディーゼル博士, ルドルフ 243
泥炭焚き（CIE）238
「ディレクター」、429型（GCR）103
デ・ウィット・クリントン（M&HR）16
「デカポッド（10本足）」（DPSR）46
鉄道
　競争（他の輸送方法との）7
　普及 6-7

鉄道総合技術研究所（日本）→ JRを見よ
デュアル・モード機 295
「デュプレックス・ドライヴァー」、T1型（PRR）200-1
デラウェア&ハドソン鉄道（アメリカ）156
「テリヤ」（LBSCR）37
「デルティック」、55型（BR）306-7
電気機関車
　→ EMDも見よ
　交流 382-3
　直流 383
　歴史 381-3
電気式ガス・タービン機 278, 279, 341
電気式ガソリン（ガス・エレクトリック）動車（アメリカ）246
電気式ガソリン動車（EGR）246
電車列車（L&YR）386
デンマーク
　液体式ディーゼル機 359
　蒸気機関車 22, 55, 69, 83, 125
　電気機関車 503, 513
　電気式ディーゼル機 260, 302, 352
デンマーク国鉄
　液体式ディーゼル機 359
　蒸気機関車 55, 69, 83, 125
　電気機関車 503, 513
　電気式ディーゼル機 260, 302, 352
ドイツ（1949年以前、1990以後）
　液体式ディーゼル機 257, 260, 376
　ガソリン動車 254
　蒸気機関車
　　1835-93 17, 20-1, 34, 39, 53
　　1902-08 69-70, 77, 81, 85-6
　　1913-26 103, 117, 127-8, 132
　　1928-35 140, 151, 156-7, 162
　　1939-42 181, 188, 189, 194-5
　ディーゼル機関車 247, 248, 250
　電気機関車
　　1901-35 386, 387, 392, 396, 407, 410, 411
　　1991-2001 489, 492, 503-4, 506-7, 517
　電気式ディーゼル機 253-4, 296-7, 371, 372, 376, 378-9
　マグレヴ・シャトル 522-3
ドイツ国鉄（DRG / DRB）
　液体式ディーゼル機 257, 260
　蒸気機関車
　　1922-32 117, 127-8, 132, 140, 151
　　1934-42 156-7, 181, 188, 189, 194-5
　ディーゼル機関車 248, 250
　電気機関車 396, 407, 410, 411
　電気式ディーゼル機 253-4
ドイツ鉄道 378, 517
ドイツ連邦鉄道
　液体式ディーゼル機
　　1952-64 285, 288, 321
　　1968-2000 333, 357, 376
　蒸気機関車 220, 236
　蓄電池動車 428
　電気機関車
　　1950-74 380, 420-1, 433, 452-3, 459
　　1987-2001 482, 489, 492, 506-7, 517
　電気式ディーゼル機 297, 359, 376
　ディーゼル機関車 286, 371, 372
東風（DF）4型CC機（CSR）337
「ドヴレグッペン」、49型（NSB）166-7
ドーチェスター（C&StLR）17
トラン・ア・グランド・ヴィテス（TGV）（SNCF）469-70

「トランス・ペナイン」、124型（BR）303
「トランス・ユーロップ・エキスプレス」（NS, SBB）296-7
トランスラピート共同企業体 522-3
「トランスラピート」磁気浮上式列車（TC）522-3
トランツレール（オーストラリア）341
トルコ
　液体式ディーゼル機 364
　蒸気機関車 96, 101, 112, 176
　電気機関車 428, 431, 483-4
　電気式ディーゼル機 356
トルコ国鉄
　液体式ディーゼル機 364
　蒸気機関車 112, 176
　電気機関車 428, 431, 483-4
　電気式ディーゼル機 356
「トレイン・マスター」、H-24-66型（各鉄道）290
トレヴィシック, リチャード 10
ドンナ・テレサ・クリスティナ鉄道（ブラジル）189
ドン・ペドロ・セグンド鉄道（ブラジル）46

な行

「ナイアガラ」型, S1（NYC）207
ナイジェリア 130, 213
ナイジェリア官営鉄道 130
ナイジェリア鉄道 213
西オーストラリア州営鉄道
　蒸気機関車 53, 218-9
　電気式ディーゼル機 291, 325, 331
西ドイツ
　液体式ディーゼル機 285, 288, 321, 333, 357
　蒸気機関車 220, 236
　蓄電池動車 428
　電気機関車
　　1950-57 380, 420-1, 433
　　1969-87 452-3, 459, 482
　電気式ディーゼル機 296-7, 359
日本
　液体式ディーゼル機 326
　蒸気機関車
　　1871-97 36, 54, 57, 60
　　1907-48 84, 104, 172, 213
　電気機関車
　　1911-64 390, 436, 438, 443-5
　　1968-92 450, 458, 493
　マグレヴ・シャトル 520-1
日本官営鉄道 36, 57
日本国有鉄道
　液体式ディーゼル機 326
　電気機関車
　　1911-59 436, 438
　　1964-73 443-5, 450, 458
日本鉄道 60
日本鉄道省 172
ニュー・サウスウェイルズ州営鉄道（オーストラリア）
　蒸気機関車
　　1877-96 40, 44, 51-2, 58
　　1903-52 73, 126, 201, 223
　電気式ディーゼル機 284, 300
ニュージャージー中央鉄道（アメリカ）247
ニュージーランド国鉄

索引

蒸気機関車 7, 40, 49, 67-8, 108-9, 151-2
電気機関車
　1923-52 394-5, 402, 423
　1968-88 451, 475, 486
電気式ディーゼル機 292, 293, 334, 341, 342
ニューヘイヴン鉄道（アメリカ） 295, 403-4, 432
ニューヨーク・シカゴ＆セントルイス鉄道（アメリカ） 161
ニューヨーク・セントラル・ハドソン・リヴァー鉄道（アメリカ） 55
ニューヨーク・セントラル鉄道（アメリカ）
　蒸気機関車 138, 180, 202, 207
　電気機関車 387
ニュルンベルク・フュルト鉄道（ドイツ） 17
「ネットワーカー」, 465型（BR） 493
「ノーザン」S1型（GN） 144
ノーザン・パシフィック鉄道（アメリカ） 147
ノース・イースタン鉄道（イギリス） 119, 391, 394
ノースウェスト・トレインズ（イギリス） 376
ノーフォーク＆ウェスタン鉄道（アメリカ） 191-2
ノリス, ウィリアム 18
ノリス, セプティマス 31
ノリス機関車（B&OR） 18, 31
ノール（北）鉄道（フランス）
　1839-86 19, 30, 34, 47
　1900-49 65, 121-2, 149, 214
ノルウェー国鉄
　蒸気機関車 79, 90, 109, 116, 166-7
　電気機関車 451, 505, 511
　電気式ディーゼル機 349-50, 372
ノルテ（北）鉄道（スペイン） 41
ノルト（北）鉄道（スイス） 25
ノルト・オスト（北東）鉄道（スイス） 26

は行

バイエルン王国営鉄道（ドイツ） 39, 85-6
ハイスラー式歯車機関車 50-1
「バイ・ポーラー」EP-2型（MR） 393
「ハイメック」, 35型（BR） 308-9
バイヨンヌ・ビアリッツ鉄道（フランス） 40
ハイランド鉄道（イギリス） 56
「バークシャー」型（ICR） 131-2
歯車式機関車 43, 50-1
箱形EF-1型（MR） 392
パシフィック型（NER） 119
ハックワース, ティモシー 12, 22
バッドのレール・ディーゼル・カー（RDC）（各鉄道） 282
「ハドソン」型, JI（NYC） 138
パリ・オルレアン鉄道（フランス）
　蒸気機関車 38, 84, 150
　電気機関車 400
パリ・ストラスブール鉄道（フランス） 26
パリ・リヨン地中海鉄道（フランス）
　蒸気機関車 62-3, 96, 177-8
　電気機関車 397
　電気式ディーゼル機 263

パリ・リヨン鉄道（フランス） 26
パリ・ルーアン鉄道（フランス） 20
バーリントン・ノーザン鉄道（アメリカ） 364
バーリントン鉄道（アメリカ） 258-60
ハルムスタッド・ネッシショー鉄道（スウェーデン） 249, 256
ハンガリー国鉄
　液体式ディーゼル機 340
　蒸気機関車
　　1869-1910 34, 44, 60, 88, 90
　　1914-28 104, 112, 125, 141
　ディーゼル機関車 249, 257-8
　電機機関車
　　1931-63 403, 421, 439, 440
　　1975-95 463, 476, 502
　電気式ディーゼル機 293-4, 318, 323, 379
バングラデシュ鉄道 336
東アフリカ鉄道（ケニア） 233-4
東インド鉄道 86, 182
東ドイツ
　蒸気機関車 233
　電気機関車 460, 474
　電気式ディーゼル機 325, 343
東ドイツ国鉄（DR）
　蒸気機関車 233
　電気機関車 460, 474
　電気式ディーゼル機 325, 343
ヒースロー・エキスプレス332型（HR） 507-8
「ビッグ・グッズ」（HR） 56
ビッグ・ボーイ（UP） 6, 192-3
「標準」型, JF（SMR） 162
ピラエウス・アテネ・ペロポネソス鉄道（ギリシャ） 93
フィラデルフィア＆コロンビア鉄道（アメリカ） 17
フィラデルフィア＆レディング鉄道（アメリカ）
　蒸気機関車
　　1839-46 20, 21, 23
　　1854-97 27-8, 43, 60-1
フィラデルフィア・ジャーマンズタウン＆ノリスタウン鉄道（アメリカ） 18
フィンランド国鉄（VR）
　液体式ディーゼル機 320
　蒸気機関車
　　1903-17 74, 102, 107, 111
　　1927-40 134, 175, 186-7
　電気機関車 457, 500
フェアバンクス・モース
　H-24-66型「トレイン・マスター」 290
　フェアバンクス・モース（F-M）Cライナー（各鉄道） 284
　フェアバンクス・モース「エリー製」（MR） 269
　フェアバンクス・モースH10-44型（各鉄道） 269
フェアリー（FR） 36-7
フェアリー型機関車（MR） 94
フェスティニオグ鉄道（イギリス） 36-7
ブエノスアイレス太平洋鉄道（アルゼンチン） 89, 139
ブエノスアイレス大南部鉄道（アルゼンチン）
　蒸気機関車
　　1885-1906 44, 67, 80
　　1914-23 104, 121, 125
フェル式走行法 40
「フォスター・ヨーマン」, 59型（MR） 356

フォーニー・タンク機関車（MR） 44-6
ブガッティ気動車（ETAT） 254-5
複式2.6型（NR） 65
複式（MR） 66
複式機関車
　ウェッブ, F・W 48
　ヴォークレイン, サミュエル・M 105-6
　グレン, アルフレッド・ド 65
　スミス, ウォルター 66
　フォン・ボリエス, アウグスト 53
　ブスケ, ガストン・デュ 47, 65
　マレー, アナトール 40
ブスケ, ガストン・デュ 65
ブラウン・ボヴェリ, 電気式ガス・タービン 268
ブラジル
　電気式ディーゼル機 285
　電気機関車 417
　蒸気機関車 46, 142, 189, 213
ブラジル中央鉄道 285
ブラジル鉄道省 213
ブラック・ファイヴ（LMS） 159-60
プラネット（惑星）型（L&MR） 13-5
フランコ, アッティリオ 120
フランコ・エチオピア鉄道（エチオピア） 74
フランコ・クロスティ 99, 120
フランコ・クロスティ式ボイラー 99, 120
フランス
　ガソリン動車 250-2, 254-5
　蒸気機関車
　　1828-63 13, 19, 20, 26, 30
　　1870-99 34, 38, 40, 47, 62-3
　　1900-16 65, 84, 85, 96, 110
　　1925-38 127, 149, 150, 177-8
　　1940-49 187, 210-1
　ディーゼル機関車 283, 317-18
　電気機関車
　　1925-50 397, 400, 406-7, 411, 420, 422
　　1953-75 425, 434-5, 442, 453, 466
　　1978-98 469-70, 485, 494-8, 503-4, 510
　電気式ガス・タービン 341
　電気式ディーゼル機 263, 317, 331
フランス国鉄（SNCF）
　蒸気機関車 187, 210-1, 214
　ディーゼル機関車 283, 317-8
　電気式ガス・タービン 341
　電気機関車
　　1933-64 420, 422, 425, 434-5, 442
　　1971-98 453, 466, 469-70, 485, 510
　電気式ディーゼル機 317, 331
ブラント・システム（アメリカ） 68
「フリーゲンデ・ハンブルガー」, SVT877型（DRB） 253-4
振子式列車 378-9, 487
「ブリタニア」7MT型（BR） 221-2
フリトーゲトAS（空港列車）BM71型（NSB） 511
「プリマ」（SNCF） 510
「プリンセス・オヴ・ウェイルズ（皇太子妃）」（MR） 66
「プリンセス・ロイヤル」型「ダッチェス」（LMS） 154-5
ブルガリア
　液体式ディーゼル機 316
　電気機関車 448, 453, 482, 499
　蒸気機関車 32, 102, 148-9, 189
ブルガリア国鉄
　液体式ディーゼル機 316
　電気機関車 448, 453, 482, 499

蒸気機関車 102, 148-9, 189
ブルクドルフ・トゥーン鉄道（スイス） 385
「ブルー・プルマン」（BR） 302-3
「ブルボネ」型（P-LR） 26
プルマン列車（イギリス） 302-3, 404-5
「ブルーマー」型式（LNWR） 26
プレイリー型（LS&MSR） 77
ブレーキ, 初期の 10
プレジデント（先例）型（LNWR） 38
「ブレット・トレイン」（日本） 443-5
フレート・オーストラリア（オーストラリア） 353
ブレーメン・テディングハウゼン鉄道（ドイツ） 254
プロイセン → ドイツを見よ
プロイセン王国営鉄道（ドイツ）
　蒸気機関車
　　1893-1904 53, 69-70, 77
　　1906-13 81, 97, 103
　ディーゼル機関車 247
　電気機関車 392
プロブレム型（LNWR） 29
ベイヤー・ガラット型（式）
　1929-49 142, 147, 156, 216
　1952-55 223, 230-2, 233-4
「ヘヴィー・ハリー（重量級ハリー）」, H型（VR） 188
北京（BJ）型（CSR） 340
ベリー機関車（L&BR） 17
ペルー 167-8, 294
ベルギー
　蒸気機関車
　　1845-1902 21, 31, 68
　　1910-39 89, 161, 181
　電気機関車
　　1949-85 418, 425, 462, 473, 480
　　1988-97 484, 494-7, 503-4, 505
　電気式ディーゼル機 292, 305
ベルギー国鉄
　蒸気機関車 161, 181
　電気機関車
　　1949-81 418, 425, 462, 473
　　1985-97 480, 484, 494-7, 505
　電気式ディーゼル機 292, 305
「ヘルクレス」（ÖBB） 379
ベルペール, アルフレッド 10, 31
ベルリン・アンハルト（停車場）鉄道（プロイセン） 20-1
ベルン・レッチベルク・ジンプロン鉄道（スイス） 391, 417-8
ペルー中央鉄道 167-8
ペルー南部鉄道 294
ベンガル・ナグプール鉄道（インド） 105
ベンゲラ鉄道（アンゴラ） 217
ペンシルヴェニア鉄道（アメリカ）
　蒸気機関車
　　1910-23 91, 106-7, 124
　　1939-44 185, 200-1, 204
　電気機関車 390, 392, 403, 408-9, 452
　電気式ディーゼル機 269
弁装置 10
「ペンドリーノ」390型（VT） 517-9
ヘンリー・オークリー（GNR） 62
ボイト（BAR） 20-1
ボイラー製作 10
ボギー台車, 初期の 9, 10, 16
ポーランド国鉄
　蒸気機関車
　　1922-47 121, 176, 208

索引

1950-53 216, 222, 226
電気機関車 446-7, 454, 480, 511
ボリビア 101
ボルティモア&オハイオ鉄道（アメリカ）
蒸気機関車 18, 31
電気機関車 384-5
電気式ディーゼル機 261-2
ボールドウィン，マシアス 17, 23
ボールドウィン「シャーク・ノーズ」（各鉄道） 275
ポルトガル国鉄
蒸気機関車 94, 130-1
電気機関車 461, 499
電気式ディーゼル機 278, 311

ま行

マダガスカル鉄道 87
「マーチャント・ネイヴィ（商船隊）」型（SR） 189-90
「マッカーサー」，TC S-118型（USATC） 199-200
マドリード・サラゴサ・アリカンテ鉄道（スペイン） 29
マリアツェル鉄道（オーストリア） 389
マレー・アナトール 40, 47, 48, 50, 85
マレー型（B&OR） 78
マレー型（CFM） 87
マレー式DD50型（DEI） 110
マレー式R441型（FE） 154
マレー式複式型（ER） 85
マレー鉄道 178
マンハッタン鉄道（アメリカ） 44-6
ミカ1型（KGR） 113
「ミカド」型（NR） 60
「ミシュリーヌ」，5軸気動車（ER） 250-2
ミズーリ・パシフィック鉄道（アメリカ） 124
ミッドランド鉄道（イギリス） 30-1, 66
南アフリカ
蒸気機関車
1892-1925 52, 54, 76, 131
1929-38 143-4, 146-7, 168, 179
1939-81 8, 184, 226-7, 230-2, 240-1
電気機関車 429, 430-1, 458, 471, 481
南アフリカ鉄道
蒸気機関車
1925-38 131, 143-4, 146-7, 168, 179
1939-81 8, 184, 226-7, 230-2, 240-1
電気機関車 429, 430-1, 458, 471, 481
南オーストラリア鉄道 46, 202, 278
南満州鉄道（中国） 162
ミルウォーキー鉄道（アメリカ） 269, 392, 393
メキシコ 57, 63, 72, 94, 208
メキシコ国鉄 208
メキシコ鉄道 57, 63, 94
メトラ（アメリカ） 363
メトロポリタン鉄道（イギリス） 32, 388, 393
「メトロライナー」（PRR） 382, 452
メンディップ・レール（イギリス） 356
モスクワ・サンクトペテルブルク鉄道（ロシア） 21
モノレール 47
モホーク&ハドソン鉄道（アメリカ） 16
モロッコ 299, 467, 494
モロッコ国鉄 494

モロッコ鉄道 299, 467
モントリオール機関車工場（カナダ）
MLW LRC（VIA） 352
MLW M-630型（CPR） 336-7
MLW M-640型（CPR） 339
MLW RS-18型（各鉄道） 295

や行

ヤロスラフ・ウォログダ・アルハンゲルスク鉄道（ロシア） 57
ユーゴスラヴィア 101, 123
「ユニオン・パシフィック」，9000型（UPR） 133-4
ユニオン・パシフィック鉄道（アメリカ）
蒸気機関車 6, 133-4, 173-4, 185, 192-3
電気式ガス・タービン機 278
電気式ディスティレート 258
電気式ディーゼル機 319, 338, 369, 370-1
「ユニオン」（UR） 173-4
ユニオン鉄道（アメリカ） 173
ユーロスター（EC） 494-7
ユーロスター・コンソーシアム（ベルギー／イギリス／フランス） 494-7
ヨルダン 222, 349
ヨルダンのアカバ鉄道 349
ヨルダン王国鉄道 222

ら行

ライオン（L&MR） 19
「ラトラー」，M41型（MÁV） 340
ラルティグのモノレール（L&BR） 47
ランカシャー&ヨークシャー鉄道（イギリス） 48, 386
ランカスター（P&CR） 17
ラントヴュールデン（OSB） 34
「リヴァ（川）」型（NR） 213
リヴァプール&マンチェスター鉄道（イギリス） 13-5, 19
リエージュ・エ・ナミュール鉄道（ベルギー） 21
リオ・トゥルビオ産業鉄道（アルゼンチン） 240
リスタウェル&バリーバニヨン鉄道（アイルランド） 47
「リーダー」型（BR, SR） 214-5
「リトル・ジョー」，GE（各鉄道） 418-9
リハイ&マホノイ鉄道（アメリカ） 33
リューベック・ビューヒェン鉄道（ドイツ） 42
「リントーク」列車，3両編成（DSB） 260
リンマット（NR） 25
ルオサヴァーラ・キルナヴァーラ社（スウェーデン） 516-7
ルクセンブルク国鉄 379, 510-1
ルーズ・ヴァルナ鉄道（ブルガリア） 32
ルーマニア国鉄
蒸気機関車 172-3, 183
電気機関車 447-8
電気式ディーゼル機 301
レイクショア&ミシガン南部鉄道（アメリカ） 77
レインヒルのコンテスト 12-3
レオポルディナ鉄道（ブラジル） 142
「レッド・デヴィル（赤い悪魔）」，26型

（SAR） 240-1
レーティッシェ鉄道（スイス） 398-9, 500-1
レールバス，AA（2軸駆動） 254
連接式蒸気機関車 → フェアリーを見よ
ロイヤル・ジョージ（S&DR） 12
「ロイヤル・スコット」型（LMS） 136
「ロイヤル・ハドソン」，H1型（CPR） 174-5
ロカールバーン社（ドイツ） 387
ロケット号（L&MR） 10
ロコモーションNo.1（S&D） 12
ロシア
液体式ディーゼル機 315
蒸気機関車
1843-1912 21, 57, 77, 94, 99-100
1915-38 109, 149-50, 156, 161, 179
1939-54 184, 206, 224, 230
電気機関車 405, 437, 439, 461, 509
電気式ディーゼル機
1924-58 247, 287
1960-97 304-5, 321, 373
ロシア国鉄 77, 94-5, 99-100, 109, 373, 509
ロックアイランド鉄道（アメリカ） 268
ローデシア鉄道 133, 216
「ローテ・プファイル」，RAe2/4型電車（SBB） 411
「ロード・ネルソン」型（SR） 132-3
ローヤル・メール（イギリス） 501-2
ロングアイランド鉄道（アメリカ） 373
ロンドン&サウスウェスタン鉄道（イギリス） 63
ロンドン&ノースイースタン鉄道（イギリス） 145, 158, 163-5, 171, 196
ロンドン&ノースウェスタン鉄道（イギリス） 26, 29, 38, 41, 48
ロンドン&バーミンガム鉄道（イギリス） 17
ロンドン・ブライトン南海岸鉄道（イギリス） 37, 98
ロンドン・ミッドランド&スコッティッシュ鉄道（イギリス）
蒸気機関車
1925-33 129, 136, 154-5
1934-35 157, 162-3, 165-6
ディーゼル機関車 263
電気式ディーゼル機 260, 276-7

わ行

ワイナンズ，ロス 27-8
ワルシャート，エジード 10

数字

01型（DRG） 127-8
01型（SHS） 123
01.49型（PKP） 222
02型 液体式ディーゼル入換機（BR） 303
020型（CFP） 130-1
030型（MZA） 29
04型BB機（BDZ） 316
04型ディーゼル入換機関車（BR） 286
040DL/DO型（SNCFT） 350
05型（DRG） 156-7
060-DA型（CFR） 301
060-EA型（CFR） 447-8
071型CC機（CIE） 346

08型ディーゼル入換機関車（BR） 289
1型（SNCB） 161
1号タンク機関車（IJR） 36
1B1ガス・タービン機関車（HNR） 256
1CC1機（FCCT） 397
1E1機（SR） 247
2型（RFIRT） 240
2型「ウートランス」（NR） 34
2-6-4（1C2）タンク機関車（BR） 11, 220-1
2-8-0（1D）型（GCR） 92-3
2B2機（KPEV） 247
2C2機（NER） 394
2D2機（WAGR） 291
2D2 5500型（SNCF） 406-7
2D2 9100型（SNCF） 420
2MT型（BR） 225
3両編成「リントーク」列車（DSB） 260
4.1200型（NR） 149
4CEP型（BR） 435
4E型1CC1機（SAR） 429
4F型（LMS） 129
5気動車「ミシュリーヌ」（ER） 250-2
5BEL型プルマン電車列車（SR） 404-5
5E（SAR） 430-1
5P5F型（LMS） 159-60
6型（CGR） 54
6E1型（SAR） 481
6E型BB機（SAR） 458
6FE型CC機（SNTF） 491
7型（BAGS） 44
7型（CGR） 52
7B型（BAGS） 67
7E型CC機（SAR） 471
8E型（BAGS） 121
8F型（LMS） 162-3
9E型CC機（SAR） 471
9F型（BR） 229-30
10型（DB） 236
10型（EB） 89
11型（BDZ） 189
11型（CFB） 217
11型電機と都市間列車 480
11B型（BAGS） 104
11C型（BAGS） 125
12型（RR） 133
12型（SNCB） 181
12B型（BAGS） 80
12L型（CAR） 216
12M型（FCS） 115
13型（SNCB） 505
14型（BR） 321
15A型（RR） 216
15CA型（SAR） 146-7
15F型（SAR） 179
16D型（SAR） 131
16E型（SAR） 168
17型「クレイトン」（BR） 312
18型（EB） 68
19D型（SAR） 184
20型（SDZ） 101
20型CC機（SNCB） 462
21型（NSB） 79
21型（SNCB） 473
22型（DRG） 117
22型（MÁV） 141
24型（SAR） 8
25型（SAR） 226-7
26型「レッド・デヴィル（赤い悪魔）」（SAR） 240-1

索引

27型（NSB）90
30型（EAR）233
31型（BR）296
31b型（NSB）116
32型（BDZ）453
32a型（NSB）109
34型（CFOA）96
35型「ハイメック」（BR）308-9
37型（BR）303
40型（BR）298-9
40型A1A-A1A機（NSWGR）284
42型（BDZ）448
42.01型（TIR）172
44型（BR）300
44型（DRG）132
46型（BDZ）482
46型（TCDD）176
46.01型（BDZ）148-9
47型（BR）242, 312-3
47型（NS）205
48型（NSWGR）300
49型「ドヴレグッペン」（NSB）166-7
50型（BR）332
52型（BR）309-10
52型「クリークスロコモティヴ（戦時型機関車）」（DRG）194-5
55型「デルティック」（BR）306-7
56型（BR）346
56型（KKStB）47
56型（MR）178
56型（TCDD）112
58型（BR）353
59型「フォスター・ヨーマン」（MR）356
60型（BR）359
60型（LBE）162
61型（BDZ）499
61型（DRB）181
65型タンク機関車（DB）220
66型（EWS）373-4
67型（EWS）375
73型（BR）322
78型タンク機関車（ÖBB）148
80型タンク機関車（DRG）140
85型タンク機関車（DRG）151
86型タンク機関車（DRG）140
87型（BR）457
91型（BR）485
92型（BR）499
92型1CC1機（KR）340-1
93型（NSWGR）40
97型タンク機関車（DRG）188
97型タンク機関車（KEB）41
101型（DB）506-7
101型（SNCB）418
103型（DB）452-3
109型（SR）96
120型（DB）482
120型（DR）325
121型BB機（CIE）310
122型（SNCB）425
124型「トランス・ペナイン」（BR）303
127型原形（DB）492
130型（DR）343
131型（DR）343
131型タンク機関車（CFR）183
132型（DR）343
141型（BR）354
141F型（RENFE）227-8
142型（CFR）172-3
146型電気機関車（DB）517

150型BB機（CSD）468
150型「スプリンター」（BR）354
151.3101型（RENFE）196
153～7号（DTCR）189
158型（BR）360
160.A.1号（SNCF）187
161BE1ABBA1機（PLM）397
163BB機（CSD）478
165型（BR）363
165系（JNR）438
170型（KKStB）58-9
170型「ターボスター」（各事業者）374
175型（NWT）376
180型（KKÖStB）64
201型CC機（CIE）366
202型（SNCB）292
203型（SNCB）292
204型（SNCB）292
206型（KKStB）73
212型（SNCB）305
218型（DB）333
220型（MÁV）44
220/221型「ヴォエジャー」（VT）376-7
231C型（NR）121-2
231C型（PLM）96
232型（SR）179
232.U.1（NR/SNCF）214
240型（DB）359
240.P1型（PO）150
241-A型（ER）127
242.12型（ER）75
242.A.1型（SNCF）210-1
243型（DR）474
250型（DR）460
250型（ER）30
250型CC機（RENFE）475
251型BBB機（RENFE）476
252型BB機（RENFE）490
269型BB機（RENFE）472-3
276型CC機（RENFE）432
277型CC機（RENFE）423
279型BB機（RENFE）449
282型（RENFE）239
289型BB機（RENFE）449
290型（DB）321
310型（KKÖStB）91-2
321型（MÁV）60
323型（BR）492
323型B機（DRB）257
324型（MÁV）88
325型（RM）501-2
328型（MÁV）112
335型（MÁV）34
342型（SR）451
350型（ZSR）461
350型BB機（SAR）278
352型BB機（RENFE）315
363型（SR）464
375型（MÁV）90
381系（JR）458
384型（ERA）61
387型（CSD）132
401型インターシティ・エキスプレス（DB）489
422型CC機（ASR）335
424型（MÁV）125
429型（KKStB）87-8
429型「ディレクター」（GCR）103
433型（CSD）209
434.2型（CSD）114
442型（BR）486

464型（CSD）152-3
464.2型（CSD）232
465型「ネットワーカー」（BR）493
470型（FS）84
470型（FS）84（ママ）→ 470型「ネットワーカー」
471型電車列車（CD）503
476.0型（CSD）213
477.0タンク機関車（CSD）220
498.1型（CSD）228
500型（RA）67
500型（SR）235
520型（SAR）202
534.03型（CSD）204
551型2D2機（RSR）253
556型（CSD）219
581系（JNR）450
601型（MÁV）104
601/651型（HRO）360
605型（DB）378-9
628.2型（DB）357
629型タンク機関車（SR）101
640型（FS）84
643/644型「タレント」（DB）376
670型（DB）371
680型（CD）521
685型（FS）99
740型（FS）112
741型（FS）120
749型BB機（CD）319
753型（CSD）333
754型（CSD）333
800型（GSR）182-3
810型（CD）343
835型タンク機関車（FS）82-3
900型（BDZ）102
940型タンク機関車（FS）115
999（スリー・ナイン）（NYC&HRR）55
1001型1D1機（NS）418
1010型（ÖBB）429-30
1018型1D1型機（ÖBB）383, 412
1020型CC機（ÖBB）414-5
1044型（ÖBB）458-9
1045型BB機（ÖBB）400
1080/1180型（ÖBB）395
1082型1E1機（ÖBB）403
1099型CC機（MB）389
1141/2型（HZ）474
1200型（CP）311
1200型（NS）421
1400型（MoPac）124
1500型（MoPac）→ 1500型
1500型タンク機関車（BR, WR）211
1600型（NS）474
1700型（NS）488
1900型「クロード・ハミルトン」（GER）65
2000/2050型（SR）417
2043型（ÖBB）319
2070型（ÖBB）377-8
2090型B機（ÖBB）248
2131型（NR）41
2143型（ÖBB）319
2180型（ÖBB）352
2400型（NS）291
2601型（CP）461
2900型（ATSF）204
3000型（BAP）139
3000型BB機（CFL）510-1
3100型BB機（KNR）326
3300型BBB機（QR）499

3500/3600型（QR）481
4000型（UP）6, 192-3
4001型（NS）206
4024型「タレント」（ÖBB）521
4500型と3500型（POR）84
5047型ディーゼル列車（ÖBB）357
5400型2D2機（SR）411
5500型（JNR）57
5601型（CP）499
6400型（NS）358
8000型BBB機（KNR）456
83.10型タンク機関車（DR）233
8600系（DART）519
9000型 海峡トンネルのシャトル（イギリス／フランス）497-8
9000型「ユニオン・パシフィック」（UPR）133-4
9600型（JNR）104
10000号と10001号（LMS）276-7
10201～10203号（BR, SR）284
18000号（BR）279
68000型（SNCF）317
68500型（SNCF）317

欧文

A型（CMSP&PRR）169
A型（SJ）85
A型CC機 353
A1型（GNR）117-8
A3/5型（SBB）72
A4型（LNER）163-5
AA（2軸駆動）レールバス（BTR）254
AA20-1型（SSR）161
Ab型（NZR）108-9
ABB 245
AB型CC機（WR）335
ABmot型（MÁV）249
AC4400CW（各鉄道）370
AC6000CW（UP）370-1, 373
AD43C型（RAI）379
AD60C型（NSWGR）223
Ae3/6型電気機関車（SBB）396
Ae4/4型BB機（BLS）417-8
Ae4/7型（SBB）401
Ae4/6型（SBB）424
Ae8/14型 413-4
AECディーゼル動車 255-6
AEM-7型 471-2
AL1型（BR）437
Aln DAP型（FS）372
AM9型（BR）439
AM86型（SNCB）484
ANR → オーストラリア国鉄を見よ
AP型（EIR）86
ASR → オーストラリア・サザン鉄道を見よ
AVEの100型（RENFE）494
「A」および「S」A1A-A1A試験車 386
A1型（BR, ER）211-2
B型（SJ）88
Bサドル・タンク機関車（DHR）49
B貨物機（BTE）385
B機（C&SLR）384
B2型（FCC）72
B23-7型（各鉄道）348
B36-7型（各鉄道）351
B39-8型「ダッシュ-8」（各鉄道）355
B50型（SS）42
B51型（SS）67

541

索引

B&O → ボルティモア＆オハイオ鉄道を見よ
BAGS → ブエノスアイレス大南部鉄道を見よ
BAP → ブエノスアイレス太平洋鉄道を見よ
BAR → ベルリン・アンハルト（停車場）鉄道を見よ
BB機（B&O） 384-5
BB機（HNR） 249
BB機（MR） 388, 393
BB機（NER） 391
BB機（TCDD） 428
BB7200型（SNCF） 466
BB12000型（SNCF） 425
BB15000型（SNCF） 453
BB16000型（SNCF） 434
BB16500型（SNCF） 434-5
BB22200型（SNCF） 466
BB26000型（SNCF） 485
B-BR → バイヨンヌ・ビアリッツ鉄道を見よ
BD1型2C2+2C2機262号（PLM） 263
BDZ → ブルガリア国鉄を見よ
Be4/6型1BB1機（SBB） 392
Be5/7型1E1機（BLS） 391
BESA型旅客列車用機関車（WR） 78-9
BHP（オーストラリア） 373
BLS → ベルン・レッチベルク・ジンプロン鉄道を見よ
BNR → バーリントン・ノーザン鉄道；ベンガル・ナグプール鉄道を見よ
BR → 英国鉄道；バーリントン鉄道；バングラデシュ鉄道を見よ
BTE → ブルクドルフ・トゥーン鉄道を見よ
BTR → ブレーメン・テディングハウゼン鉄道を見よ
BVmot型電車列車（MÁV） 502
C4/5型（SBB） 78
C5/6型（SBB） 104
C12型機関車（SS） 54
C27タンク機関車（SS） 110-1
C30-7型（各鉄道） 347
C36-7型（各鉄道） 348
C-36型（NSWGR） 126
C-38型（NSWGR） 201
C53型（DEI） 111
C62型（JNR） 213
C-420型（各鉄道） 318
C-630型（各鉄道） 324
C型「クープ・ヴァン」（PLM） 62-3
Cライナー，フェアバンクス・モース（F-M）（各鉄道） 284
C&AR → カムデン＆アンボイ鉄道を見よ
C&HR → チャールストン＆ハンバーグ鉄道を見よ
C&O → チェサピーク＆オハイオ鉄道を見よ
C&SLR → シティ＆サウス・ロンドン鉄道を見よ
C&StLR → チャンプレイン＆セントローレンス鉄道を見よ
CAR → アルゼンチン中央鉄道；中央アラゴン鉄道を見よ
Cc型（SJ） 53
CC型（SR） 416
CC機（SNCFA） 455
CC機（SZD） 439
CC50型（SS） 139

CC200型C2C機（PNKA） 289
CC7100型（SNCF） 422
CC40100（SNCF） 442
CC72000型（SNCF） 331
CD → チェコ鉄道を見よ
CDRJC → カウンティ・ドネゴール鉄道を見よ
CF7型（SFR） 339
CFB → ベンゲラ鉄道を見よ
CFE → ジブチ・アディスアベバ鉄道；フランコ・エチオピア鉄道を見よ
CFL → ルクセンブルグ国鉄を見よ
CFM → マダガスカル鉄道；モロッコ鉄道を見よ
CFOA → オスマン・アナトリア鉄道を見よ
CFP → ポルトガル国鉄を見よ
CFR → ルーマニア国鉄を見よ
CGR → ケイプ州営鉄道；中華民国国鉄を見よ
ChME3型（SSR） 321
ChS2型（SSR） 437
CICFE → ジボウティ・アディスアババ鉄道を見よ
CIE → アイルランド鉄道を見よ
CL型（ASR） 338
CMSTP&PRR → シカゴ・ミルウォーキー・セントポール＆パシフィック鉄道を見よ
CNJ1000型（CRNJ） 247
CNR → カナダ・ノーザン鉄道；カナディアン・ナショナル鉄道を見よ
CNS&MR → シカゴ・ノースショア＆ミルウォーキー鉄道を見よ
CNW → シカゴ＆ノースウェスタン鉄道を見よ
CP → ポルトガル国鉄を見よ
CP1500型（CFP） 278
CPR → カナディアン・パシフィック鉄道を見よ
CR → カレドニアン鉄道；セイロン鉄道を見よ
CRNJ → ニュージャージー中央鉄道を見よ
CSD → チェコスロヴァキア国鉄を見よ
CSR → 中国鉄道部を見よ
CUR → ウルグアイ中央鉄道を見よ
D型1C1機（SJ） 398
D1型（DSB） 69
D51型（JNR） 172
D235型C機（FS） 310
DA型（NZR） 293
Da型（SJ） 427
DART → ダブリン地域高速運輸を見よ
DB → ドイツ連邦鉄道を見よ
DD1型（PRR） 390
DD.17型（QGR） 209
DDA40X型（UP） 338
DDAR（7800）型（NS） 509
DDJ1型電車列車（CSR） 510
DE10型（JNR） 326
DE30AC型（LIRR） 373
DEⅡ型（NS） 290
DE2000級（HRO） 375
DE2550型（EGR） 371
DE11000型（TCDD） 356
DF型2CC2機（NZR） 292
DG/DH型（NZR） 293
D&H → デラウェア＆ハドソン鉄道を見よ
DHR → ダージリン・ヒマラヤ鉄道を見よ
DI4型（NSB） 349-50

Di8型（NSB） 372
DIV型タンク機関車（KBStB） 39
DJ型BBB機（NZR） 334
DK5600型（TCDD） 364
DL109 V型（各鉄道） 266
DL500型（SRP） 294
Dm3型（SJ） 441-2
DNEF → ブラジル鉄道省を見よ
DPSR → ドン・ペドロ・セグンド鉄道を見よ
DR → 東ドイツ国鉄を見よ
DRG/DRB → ドイツ国鉄を見よ
DSB → デンマーク国鉄を見よ
DTCR → ドンナ・テレサ・クリスティナ鉄道を見よ
Dv12型（VR） 320
DX型CC機（NZR） 341
DY型（IR） 293
E型（RSR） 99-100
E型タンク機関車（CP） 94
E系のE50型（FS） 391
E04型1C1機（DRB） 407
E-4（CNW） 179
E6型（PRR） 91
E10型（DB） 420-1
E10型タンク機関車（SSS） 119
E18型1D1機（DRB） 410
E19型1D1機（DRB） 411
E40型（DB） 433
E60型（Amt） 462
E69型（LB） 387
E91型BBB機（KPEV） 392
E321型（FS） 438
E322型（FS） 438
E330型1C1機（FS） 394
E.401型2BB2機（PO） 400
E428型2BB2機（FS） 407
E432型1D1機（FS） 402
E466型1D1機（CSD） 401
E550型（FS） 388
E636型（FS） 415-6
E656型BBB機（FS） 463-4
E1100型CC機（MR） 467
E1300型BB機（ONCFM） 494
E8000型電車列車（TCDD） 431
E43000型（TCDD） 483-4
EA型（NZR） 451
EA1/WCP1型（ISR） 402
EA-1型2C1機（GIPR） 397
EB → エタ・ベルジュを見よ
EB3/5型（SBB） 95
EC型（NZR） 402
EC40型C+2z機（JNR） 390
Ee3/3型（SBB） 406
EF1型CC機（GIPR） 401
EF30型BBB機（NZR） 486
EF66型BBB機（JNR） 450
EFCB → ブラジル中央鉄道
EG型CC機（DSB） 513
EIR → 東インド鉄道を見よ
EL3A型箱形機（VR） 399
El14型（NSB） 451
El18型（NSB） 505
EL型CC機（ANR） 362
EL-C型/EF-4型整流器式電気機関車（VR） 433
Em型（NZR） 475
EM2型（BR） 426
EMD（エレクトロ・モーティヴ・ディヴィジョン）
→ 電気機関車も見よ

16型CC機（各鉄道） 291
DDA40X型（UP） 338
DE30AC（LIRR） 373
EA型（B&O） 261-2
E級、E7型（各鉄道） 273-4
FT型4両編成 265
F級、F7型（各鉄道） 270-1
F40PH型（Amt） 347
F40PHM-2型（MET） 363
F59PHI型（各鉄道） 367
FL9型（NHR） 295
FP45型（SFR） 334-5
GP7/GP9型（各鉄道） 280
GP20型（各鉄道） 301
GP30型（各鉄道） 316
GP38型（各鉄道） 327
GP40型（各鉄道） 328
GP50型（各鉄道） 245, 351
GP60M型（SFR） 362
SD7/SD9型（SPR） 281
SD24型（各鉄道） 299
SD39型（各鉄道） 335
SD40型（各鉄道） 329
SD45型（各鉄道） 324
SD45T-2型（SPR） 342
SD60M型（各鉄道） 360-1
SD70I型（CNR） 368
SD70MAC型（BNR） 364
SD80MAC型（Con） 368-9
SD90MAC-H型（UPR） 369
SW1型（各鉄道） 264
SW1500（各鉄道） 329
EO型BB機（NZR） 394-5
EP09型BB機（PKP） 480
EP3型（NHR） 403-4
EP5型（NHR） 432
EP5型（バイエルンEP5型、E52型）（DRB） 396
ER → イーリー鉄道；エスト（東）鉄道を見よ
ER200型14両編成（RR） 461
ET型電車列車（DSB/SJ） 512
ET6型（CGR） 170
ET22型（PKP） 454
ETA515型蓄電池動車（DB） 428
ETR200型（FS） 413
ETR300型「セッテベロ」（FS） 426-7
ETR401型（FS） 466-7
EU07型（PKP） 446-7
EU43型（PKP） 511
EW型BBB機（NZR） 423
EWS鉄道（イギリスの貨物鉄道） 373-4, 375
F型（ISR） 39
F型（SJ） 105-6
F-2a型（CPR） 170
F3型（FCM） 57
F7型（CMSTP&PRR） 177
F10型タンク機関車（SS） 98
FA → フレート・オーストラリアを見よ
FA/FB型（各鉄道） 270
FCC → 中央メキシコ鉄道；ペルー中央鉄道を見よ
FCCH → コルドバ・フアトスコ鉄道を見よ
FCCT → チリ・トランスアンディノ鉄道を見よ
FCM → メキシコ鉄道を見よ
FCS → アルゼンチン国鉄を見よ
FD型（SR） 149-50
FE → エリトリア鉄道を見よ

索引

FEF-2型（UP）185
FR → フェスティニオグ鉄道を見よ
FS → イタリア国鉄を見よ
G型（SJ）34
G3型（FCM）63
G8型（KPEV）69-70
GCR → グレイト・セントラル鉄道を見よ
Ge4/4Ⅲ型BB機（RhB）500-1
Ge6/6型（RhB）398-9
GEC → ゼネラル・エレクトリック社を見よ
GER → グレイト・イースタン鉄道を見よ
GG1型（PRR）408-9
GIPR → グレイト・インディアン半島鉄道を見よ
GMA型（SAR）230-2
GNR → グレイト・ノーザン鉄道（アメリカ）；グレイト・ノーザン鉄道（イギリス）を見よ
GP20型（各鉄道）301
GP30型（各鉄道）316
GP38型（各鉄道）327
GP40型（各鉄道）328
GP40TC型（Amt）330
GP50型（各鉄道）245, 351
GP60M型（SFR）362
GP7/GP9型（各鉄道）280
GS2型（SP）177
GS6型（SP）180
GSR → グレイト・サザン鉄道を見よ
GTO3型タンク機関車（NS）146
GWR → グレイト・ウェスタン鉄道を見よ
H型タンク機関車（NZR）40
H型「ヘヴィー・ハリー（重量級ハリー）」（VR）188
H1型「ロイヤル・ハドソン」（CPR）174-5
H-6-g型（CNR）96
H8型（C&O）197
H10-44型、フェアバンクス・モース（各鉄道）269
H-24-66型「トレイン・マスター」（各鉄道）290
H561型BB機（OSE）510
HGe4/4Bvz機（SBB）402
HHL型電機（Amt）512
HISM → オランダ鉄道会社を見よ
HNR → ハルムスタッド・ネッショー鉄道を見よ
HR → ハイランド鉄道を見よ
Hr1型（VR）175
HRO → ギリシャ国鉄を見よ
HS型（BNR）105
Hv1型（VR）107
HZ → クロアチア国鉄を見よ
IC3（DSB）359
ICR → イリノイ・セントラル鉄道を見よ
IMU120型都市間列車（AC）517
IORE型CC機（LKAB）516-7
IR → インド国鉄を見よ
IRM型（NS）500
ISR → イラク国鉄；インド国鉄を見よ
IVSR → インダス・ヴァレイ官営鉄道を見よ
J型（N&W）191-2
J3型（C&O）170
J-3a型（NYC）180
JAR → ヨルダンのアカバ鉄道を見よ
JF「標準」型（SMR）162
JI「ハドソン」型（NYC）138
JNR → 日本国有鉄道を見よ

JR → ヨルダン王国鉄道を見よ
JR（日本）493, 520-1
JR九州（日本）→ JRを見よ
JVAR → ヤロスラフ・ウォログダ・アルハンゲルスク鉄道を見よ
K型（DSB）55
K型（NZR）7, 151-2
K型（VR）117
K型（WAGR）53
K型CC機（WAGR）325
K型ベイヤー・ガラット（TR）87
K1型（GNR）114-5
K4型（PRR）106-7
K9型（PS）68
Ka型（NZR）7
KBSTB → バイエルン王国営鉄道を見よ
KEB → エリザベート皇后鉄道を見よ
KF1型（CGR）156
KGR → 朝鮮総督府鉄道を見よ
KKSTB → 帝国営鉄道を見よ
KNR → 韓国国鉄を見よ
KPEV → プロイセン王国営鉄道を見よ
KR → ケニア鉄道を見よ
KT → 開平（カイピン）路面軌道を見よ
L型（IVSR）42
L型（SR）206
L型CC機（WAGR）331
L4-a型（NYC）202
L-304型（NSWGR）44
L&BR → リスタウェル&バリーバニヨン鉄道；ロンドン&バーミンガム鉄道を見よ
L&MR → リヴァプール&マンチェスター鉄道；リハイ&マハノイ鉄道を見よ
L&NR → リエージュ・エ・ナミュール鉄道を見よ
L&YR → ランカシャー&ヨークシャー鉄道を見よ
LBE → リューベック・ビューヒェン鉄道を見よ
LBSCR → ロンドン・ブライトン南海岸鉄道を見よ
LIRR → ロングアイランド鉄道を見よ
LKAB → ルオサヴァーラ・キルナヴァーラ社を見よ
LMS → ロンドン・ミッドランド&スコッティッシュ鉄道を見よ
LNER → ロンドン&ノースイースタン鉄道を見よ
LNWR → ロンドン&ノースウェスタン鉄道を見よ
LR → レオポルディナ鉄道を見よ
LRC（VIA）352
LS&MSR → レイクショア&ミシガン南部鉄道を見よ
LSWR → ロンドン&サウスウェスタン鉄道を見よ
Lv型（SR）224
M1型（PRR）124
M2型 A1A-A1A機（CR）292
M9型CC機（SLR）377
M41型「ラトラー」（MÁV）340
M44型入換機（MÁV）293-4
M61型（MÁV）318
M62型CC機（MÁV）323
M62.3型CC機（MÁV）379
M-630型（CPR）336-7
M-640型（CPR）339
M-10000（UP）258
M&HR → モホーク&ハドソン鉄道を見よ

Ma型（SEK）225
Ma型（SJ）72
MaK G2000型BB機（各事業者）376
Mat '64型（NS）446
MÁV → ハンガリー国鉄を見よ
MB → マリアツェル鉄道を見よ
ME型（DSB）352
MK5000C型（SPR）367
MLU-14型CC機（BR）336
MLX01型 マグレヴ試験列車（JNR）520-1
MOPAC → ミズーリ・パシフィック鉄道を見よ
MP54型電車列車（PRR）392
mP型荷物電車（NS）448
MR → シカゴ・ノースショア&ミルウォーキー鉄道；マレー鉄道；マンハッタン鉄道；ミッドランド鉄道；メトロポリタン鉄道；メンディップ・レール；モロッコ鉄道を見よ
MS型（UR）104
MX型（DSB）302
MZA → マドリード・サラゴサ・アリカンテ鉄道を見よ
N1型（CUR）90
N&W → ノーフォーク&ウェスタン鉄道を見よ
NDEM → メキシコ国鉄を見よ
NER → ノース・イースタン鉄道；ノルト・オスト（北東）鉄道を見よ
NFR → ニュルンベルク・フュルト鉄道を見よ
NGR → ナイジェリア官営鉄道を見よ
NHR → ニューヘイヴン鉄道を見よ
NIR → 北アイルランド鉄道を見よ
No.1（GNR, GB）35-6
No.1（GNR, USA）30
No.101（SCP）101
No.148（R-VR）32
No.776「ダナラスター2世」（CR）59-60
No.7238（GWR）159
No.10000（LNER）145
NP → ノーザン・パシフィック鉄道を見よ
NR → ノール（北）鉄道；ノルテ（北）鉄道；ノルト（北）鉄道を見よ
NS → オランダ国鉄を見よ
NSB → ノルウェー国鉄を見よ
NSWGR → ニュー・サウスウェイルズ州営鉄道を見よ
NWT → ノースウェスト・トレインズを見よ
NYC → ニューヨーク・セントラル鉄道を見よ
NYC&HRR → ニューヨーク・セントラル・ハドソン・リヴァー鉄道を見よ
NYC&SLR → ニューヨーク・シカゴ&セントルイス鉄道を見よ
NZR → ニュージーランド鉄道を見よ
ÖBB → オーストリア連邦鉄道を見よ
Ok-22型（PKP）121
ONCFM → モロッコ国鉄を見よ
OSB → オルデンブルク国鉄を見よ
OSE → ギリシャ国鉄を見よ
P1型（PRR）83
P1型3連節機関車（ER）106
P2型（LNER）158
P5型（PRR）403
P-6型（NSWGR）51-2
P8型（KPEV）81
P36型（SR）224
P-38（SR）230

PC型（ISR）187
P&CR → フィラデルフィア&コロンビア鉄道を見よ
P&RR → フィラデルフィア&レディング鉄道を見よ
PA/PB（各鉄道）274-5
P-LR → パリ・リヨン鉄道を見よ
PKP → ポーランド国鉄を見よ
PLM → パリ・リヨン地中海鉄道を見よ
Pm-36型（PKP）176
PNKA → インドネシア国鉄を見よ
PO → パリ・オルレアン鉄道を見よ
PO^3（SS）94
PO4型（NS）143
PRR → パリ・ルーアン鉄道；フィラデルフィア&レディング鉄道；ペンシルヴェニア鉄道を見よ
P-SR → パリ・ストラスブール鉄道を見よ
Pt-47型（PKP）208
Q型（NZR）67-8
Q1型（SR）195
Q2型（PRR）204
Q34型（GIPR）28
QR-1型（NDEM）208
R型（SAR）46
R型（VGR）218
RA → アドリア鉄道網を見よ
RAe2/4型電車「ローテ・プファイル」（SBB）411
RAI → イラン・イスラム共和国鉄道を見よ
RBDe4/4（SBB）483
RBDe560型NPZ（SBB）479
Rc4型（SJ）465
Re4/4型、のち456型（SOB）482
Re6/6型（SBB）381, 456
Re450型（SBB）488
Re460型（SBB）490-1
RENFE → スペイン国鉄を見よ
RFIRT → リオ・トゥルビオ産業鉄道を見よ
RhB → レーティッシェ鉄道を見よ
RIR → ロックアイランド鉄道を見よ
RM → ローヤル・メールを見よ
RM型「シルヴァー・ファーン」（NZR）342
RR → ロシア国鉄；ローデシア鉄道を見よ
RPR → 中華民国国鉄を見よ
RS-1型（RIR）268
RS-2/RS-3型（各鉄道）272-3
RS-3型（EFCB）285
RS-11型（各鉄道）294
RS-18型（各鉄道）295
RSR → シャム王立鉄道を見よ
RVR → ルーズ・ヴァルナ鉄道を見よ
RZD → ロシア国鉄を見よ
S型（CUR）116
S型（DSB）125
S型（NSWGR）73
S型（RSR）94-5
S型（SAR）143-4
S型（VR）139
S1「ナイアガラ」型（NYC）207
S1型（PRR）185
S-2型（各鉄道）266-7
S3型（KPEV）53
S-3型（NYCSLR）161
S3/6型（KBSTB）85-6
S9型（KPEV）77
S699型CC機（CD）499
S&D → ストックトン&ダーリントン鉄

543

索引

道を見よ
SAR → 南アフリカ鉄道；南オーストラリア鉄道を見よ
SA型（DSB） 503
SATA 1型（KGR） 161
SBB → スイス連邦鉄道を見よ
SBRC → カリフォルニア州ベルト鉄道を見よ
SCP → スミルナ・カッサバ鉄道を見よ
SD7/SD9型（SPR） 281
SD24型（各鉄道） 299
SD39型（各鉄道） 335
SD40型（各鉄道） 329
SD45型（各鉄道） 324
SD45T-2型（SPR） 342
SD60M型（各鉄道） 360-1
SD70I型（CNR） 368
SD70MAC型（BNR） 364
SD80MAC型（Con） 368-9
SD90MAC-H型（UPR） 369
SDZ → セルビア国鉄を見よ
SEK → ギリシャ国鉄を見よ
SFAI → イタリア上部鉄道を見よ
SFR → アチソン・トピカ&サンタフェ鉄道を見よ
SHS → セルビア・クロアチア・スロヴェニア鉄道を見よ
SJ → スウェーデン国鉄を見よ
SMR → スォェーデルマンランド・メインランド鉄道を見よ
SNCB → ベルギー国鉄を見よ
SNCF → フランス国鉄を見よ
SNCF RTG型（SNCF） 341
SNCFA → アルジェリア国鉄を見よ
SNCFT → チュニジア国鉄を見よ
SNTF → アルジェリア国鉄を見よ
SOB → スイス南東鉄道を見よ
SPAP → ピラエウス・アテネ・ペロポネソス鉄道を見よ
SPR → サザン・パシフィック鉄道を見よ
SR → サザン鉄道；ジュッドバーン（南部鉄道）；スーダン鉄道；セルビア・クロアチア・スロヴェニア鉄道を見よ
Sr1型（VR） 457
Sr2型電機（VR） 500
SR 4COR型（SR） 412
SRP → ペルー南部鉄道を見よ
SS → 国営鉄道（オランダ領東インド［現在のインドネシア］）を見よ
SS（韶山）1型（CSR） 449
SS（韶山）8型BB機（CSR） 505
SSR → ソヴィエト国鉄を見よ
SSS → スマトラ国鉄を見よ
SVR → サクラメント・ヴァレー鉄道を見よ
SVT877型「フリーゲンデ・ハンブルガー」（DRB） 253-4
SZD → ソヴィエト国鉄を見よ
SZE → スイス中央鉄道を見よ
Sモーター（NYC） 387
T1「セルカーク」型（CPR） 142-3
T1型「デュプレックス・ドライヴァー」（PRR） 200-1
T9型（LSWR） 63
T18型（KPEV） 97
T161型（KPEV） 103
T-524（NSWGR） 58
T-B&FR → タラゴナ・バルセロナ・フランス鉄道を見よ
TCDD → トルコ国鉄を見よ
TC S-118型「マッカーサー」（USATC） 199-200
TC-S160型（UASATC） 197-8
TE3型CC機（SSR） 287
TE10型CC重連（SSR） 299
TEM2型（SSR） 304
TEM18型CC機（RR） 373
TEP-60型CC機（SSR） 305
TER2N NG型ディーゼル列車（CFL） 379
TG300型CC機（SSR） 315
TG400型CC機（SSR） 315
TIR → イラン縦貫鉄道を見よ
Tk2型（VR） 74
Tk3型（VR） 134
TKt48型（PKP） 216
TMⅡ型（SBB） 283
TR → タスマニア鉄道を見よ
T/R → トランスレールを見よ
Tr1型（VR） 186-7
Tv1型（VR） 111
Ty51型（PKP） 226
U型（SR） 77
U1-f型（CNR） 203
U20C型（JAR） 349
U25B型（各鉄道） 305
U30B型（各鉄道） 330
U30C型（各鉄道） 332
U50C型（UP） 319
UPR → ユニオン・パシフィック鉄道を見よ
UR → ウガンダ鉄道；ユニオン鉄道を見よ
USATC → アメリカ陸軍輸送部隊を見よ
V型液体式ディーゼルB機（VR） 299
V2型（LNER） 171
V4型（LNER） 196
V16型 のちV140型（DRB） 260
V40型（MÁV） 403
V41型BB機（MÁV） 439
V43型（MÁV） 440
V46型BB機（MÁV） 476
V55型BC機（MÁV） 421
V63型（MÁV） 463
V3201型2C2機（DRG） 248
VGR → ヴィクトリア州営鉄道を見よ
V-GR → ウィーン・グロッグニッツ鉄道を見よ
VIAレール（カナダ） 352
VL19型CC機（SR） 405
VL80型BBBB機（SZD） 440
Vr1型（VR） 102
W型（NZR） 49
W型（WAGR） 218-9
W&AR → ウェスタン&アトランティック鉄道を見よ
WAG1型（IR） 438
WAGR → 西オーストラリア州営鉄道を見よ
WAM4型CC機（IR） 454
WCAM1型（ISR） 460
WCAM3型（IR） 503
WCM1型（IR） 428
WCM3型（ISR） 436
WCM4型（ISR） 436
WDG2型（ISR） 367
WDM-2型（IR） 314-5
WDP-4型B11B機（ISR） 372
WL86型BBBB機（RZD） 509
WM型タンク機関車（EIR） 182
WP型（IR） 207-8
WR → ウェストレール；西部鉄道を見よ
WT型（IR） 239
X型（VR） 142
X10型（SJ） 477
X12型（SJ） 490
X2000型振り子列車（SJ） 487
X-3800型ディーゼル動車（SNCF） 283
X4300型（SNCF） 317-8
XC型（IR） 137
Y0型「スプリンター」都市間連絡電車列車（NS） 464
Y43型（GIPR） 30
Ya-01型（SR） 156
Ye型（RSR） 109
YP型（IR） 215
Z型CC機（T/R） 341
Z-5型（NP） 147
Z530型（SPAP） 93
ZRC → ゼーランド鉄道を見よ
ZSR → スロヴァキア国鉄を見よ